全国高等医药院校药学类专业第五轮规划教材

工业药剂学

第4版

（供药物制剂、制药工程、生物制药、中药、药学专业使用）

主　编　潘卫三　杨星钢

副主编　高建青　刘　伟

编　者　（以姓氏笔画为序）

王文喜（浙江工业大学药学院）
王永军（沈阳药科大学）
王建新（复旦大学药学院）
邢建峰（西安交通大学药学院）
刘　伟（郑州大学药学院）
刘志东（天津中医药大学）
杨星钢（沈阳药科大学）
何　伟（中国药科大学）
张　烜（北京大学药学院）
张　娜（山东大学药学院）
陈建明（福建中医药大学）
罗　雷（西南大学药学院）
高建青（浙江大学药学院）
潘　昊（辽宁大学药学院）
潘卫三（沈阳药科大学）

中国健康传媒集团
中国医药科技出版社

内容提要

本教材为“全国高等医药院校药学类专业第五轮规划教材”之一。共16章，首先介绍了药物制剂设计基础（其中包括处方前研究和生物药剂学简介）；然后以各种剂型为主线，按照溶液剂与溶胶剂，混悬剂与乳剂，注射剂与滴眼剂，散剂、颗粒剂、胶囊剂与丸剂，片剂，膏剂、膜剂与凝胶剂，栓剂，气雾剂、喷雾剂与粉雾剂，固体分散体、包合物与微粒，缓（控）释制剂，经皮吸收制剂和靶向制剂的顺序，具体介绍各种制剂的处方设计基本原理、制备工艺以及所涉及的常用或较新的制剂设备；最后两章是药物制剂的稳定性和药品（药物制剂）的包装，较为深入地介绍了保证药物制剂稳定性的基本原理和常用方法，同时根据国家新颁布的有关法规增加了一些关于药物制剂包装的法规、方法、材料等较新的内容。本教材为书网融合教材，即纸质教材有机融合电子教材、教学配套资源（PPT、微课、视频、图片等）、题库系统、数字化教学服务（在线教学、在线作业、在线考试），使教学资源更加多样化、立体化。

本教材内容由浅入深，具有较强的可读性和实用性，可作为全国高等医药院校药物制剂、制药工程和药学等相关专业师生的必备教材，也可作为广大从事药物制剂生产、科研和管理技术人员的重要参考书。

图书在版编目（CIP）数据

工业药剂学/潘卫三，杨星钢主编．—4版．—北京：中国医药科技出版社，2019.12

全国高等医药院校药学类专业第五轮规划教材

ISBN 978-7-5214-1499-8

Ⅰ.①工…　Ⅱ.①潘…　②杨…　Ⅲ.①制药工业-药剂学-医学院校-教材　Ⅳ.①TQ460.1

中国版本图书馆CIP数据核字（2019）第301074号

美术编辑　陈君杞

版式设计　友全图文

出版　**中国健康传媒集团**｜中国医药科技出版社

地址　北京市海淀区文慧园北路甲22号

邮编　100082

电话　发行：010-62227427　邮购：010-62236938

网址　www.cmstp.com

规格　889×1194 mm $^1/_{16}$

印张　32 $^3/_4$

字数　733千字

初版　2001年8月第1版

版次　2019年12月第4版

印次　2024年6月第5次印刷

印刷　大厂回族自治县彩虹印刷有限公司

经销　全国各地新华书店

书号　ISBN 978-7-5214-1499-8

定价　85.00元

版权所有　盗版必究

举报电话：010-62228771

本社图书如存在印装质量问题请与本社联系调换

获取新书信息、投稿、为图书纠错，请扫码联系我们。

数字化教材编委会

主　编　潘卫三　杨星钢

副主编　高建青　刘　伟

编　者　（以姓氏笔画为序）

王文喜（浙江工业大学药学院）
王永军（沈阳药科大学）
王建新（复旦大学药学院）
邢建峰（西安交通大学药学院）
刘　伟（郑州大学药学院）
刘志东（天津中医药大学）
杨星钢（沈阳药科大学）
何　伟（中国药科大学）
张　烜（北京大学药学院）
张　娜（山东大学药学院）
陈建明（福建中医药大学）
罗　雷（西南大学药学院）
高建青（浙江大学药学院）
潘　昊（辽宁大学药学院）
潘卫三（沈阳药科大学）

常务编委会

名誉主任委员 邵明立 林蕙青

主 任 委 员 吴晓明（中国药科大学）

副 主 任 委 员 （以姓氏笔画为序）

叶 敏（北京大学药学院）
匡海学（黑龙江中医药大学）
朱依谆（复旦大学药学院）
吴春福（沈阳药科大学）
宋少江（沈阳药科大学）
张志荣（四川大学华西药学院）
姚文兵（中国药科大学）
宫 平（沈阳药科大学）
郭 姣（广东药科大学）
彭 成（成都中医药大学）

委 员 （以姓氏笔画为序）

田景振（山东中医药大学）
朱卫丰（江西中医药大学）
李 高（华中科技大学同济医学院药学院）
李元建（中南大学药学院）
李青山（山西医科大学药学院）
杨 波（浙江大学药学院）
杨世民（西安交通大学药学院）
陈燕忠（广东药科大学）
侯爱君（复旦大学药学院）
祝晨蔯（广州中医药大学）
夏焕章（沈阳药科大学）
柴逸峰（第二军医大学药学院）
黄 园（四川大学华西药学院）

秘 书 夏焕章（沈阳药科大学）

唐伟方（中国药科大学）
李晓菁（广东药科大学）

出版说明

“全国高等医药院校药学类规划教材”，于20世纪90年代启动建设，是在教育部、国家药品监督管理局的领导和指导下，由中国医药科技出版社组织中国药科大学、沈阳药科大学、北京大学药学院、复旦大学药学院、四川大学华西药学院、广东药科大学等20余所院校和医疗单位的领导和权威专家成立教材常务委员会共同规划而成。

本套教材坚持“紧密结合药学类专业培养目标以及行业对人才的需求，借鉴国内外药学教育、教学的经验和成果”的编写思路，近30年来历经四轮编写修订，逐渐完善，形成了一套行业特色鲜明、课程门类齐全、学科系统优化、内容衔接合理的高质量精品教材，深受广大师生的欢迎，其中多数教材入选普通高等教育“十一五”“十二五”国家级规划教材，为药学本科教育和药学人才培养做出了积极贡献。

为进一步提升教材质量，紧跟学科发展，建设符合教育部相关教学标准和要求，以及可更好地服务于院校教学的教材，我们在广泛调研和充分论证的基础上，于2019年5月对第三轮和第四轮规划教材的品种进行整合修订，启动“全国高等医药院校药学类专业第五轮规划教材”的编写工作，本套教材共56门，主要供全国高等院校药学类、中药学类专业教学使用。

全国高等医药院校药学类专业第五轮规划教材，是在深入贯彻落实教育部高等教育教学改革精神，依据高等药学教育培养目标及满足新时期医药行业高素质技术型、复合型、创新型人才需求，紧密结合《中国药典》《药品生产质量管理规范》(GMP)、《药品经营质量管理规范》(GSP)等新版国家药品标准、法律法规和《国家执业药师资格考试大纲》进行编写，体现医药行业最新要求，更好地服务于各院校药学教学与人才培养的需要。

本套教材定位清晰、特色鲜明，主要体现在以下方面。

1.契合人才需求，体现行业要求 契合新时期药学人才需求的变化，以培养创新型、应用型人才并重为目标，适应医药行业要求，及时体现新版《中国药典》及新版GMP、新版GSP等国家标准、法规和规范以及新版《国家执业药师资格考试大纲》等行业最新要求。

2.充实完善内容，打造教材精品 专家们在上一轮教材基础上进一步优化、精炼和充实内容，坚持“三基、五性、三特定”，注重整套教材的系统科学性、学科的衔接性，精炼教材内容，突出重点，强调理论与实际需求相结合，进一步提升教材质量。

3.创新编写形式，便于学生学习 本轮教材设有“学习目标”“知识拓展”“重点小结”“复习题”等模块，以增强教材的可读性及学生学习的主动性，提升学习效率。

4.配套增值服务，丰富教学资源 本套教材为书网融合教材，即纸质教材有机融合数字教材，配套教学资源、题库系统、数字化教学服务，使教学资源更加多样化、立体化，满足信息化教学的需求。通过“一书一码”的强关联，为读者提供免费增值服务。按教材封底的提示激活教材后，读者可通过PC、手机阅读电子教材和配套课程资源（PPT、微课、视频、图片等），并可在线进行同步练习，实时反馈答案和解析。同时，读者也可以直接扫描书中二维码，阅读与教材内容关联的课程资源（“扫码学一学”，轻松学习PPT课件；“扫码看一看”，即可浏览微课、视频等教学资源；“扫码练一练”，随时做题检测学习效果），从而丰富学习体验，使学习更便捷。

编写出版本套高质量的全国本科药学类专业规划教材，得到了药学专家的精心指导，以及全国各有关院校领导和编者的大力支持，在此一并表示衷心感谢。希望本套教材的出版，能受到广大师生的欢迎，为促进我国药学类专业教育教学改革和人才培养做出积极贡献。希望广大师生在教学中积极使用本套教材，并提出宝贵意见，以便修订完善，共同打造精品教材。

中国医药科技出版社

2019年9月

前言

工业药剂学（industrial pharmacy）是研究药物制剂在工业生产中的基本理论、技术工艺、生产设备和质量管理的科学，是药剂学的重要分支学科，其基本任务是研究和设计如何将药物制成适宜的剂型并能批量生产品质优良、安全有效的制剂，以满足治疗与预防的需要。

本教材为“全国高等医药院校药学类专业第五轮规划教材”之一，是在上版教材内容的基础上，结合“十三五”期间教学改革和教学研究经验进行再版修订。本次修订主要做的工作如下：增加了工业药剂学领域的新理论、新发展、新实例，及时更新与实际工业生产密切相关的制剂技术、工艺设计、质量控制，以及关于药物制剂包装的法规、方法、材料等内容，使内容体现工业药剂的最新发展现状和发展趋势。同时将教材建设为书网融合教材，即纸质教材有机融合电子教材、教学配套资源（PPT、微课、视频、图片等）、题库系统、数字化教学服务（在线教学、在线作业、在线考试），使教学资源更加多样化、立体化。

本教材共有16章内容，首先介绍了药物制剂设计基础（其中包括处方前研究和生物药剂学简介）；然后以各种剂型为主线，按照溶液剂与溶胶剂，混悬剂与乳剂，注射剂与滴眼剂，散剂、颗粒剂、胶囊剂与丸剂，片剂，膏剂、膜剂与凝胶剂，栓剂，气雾剂、喷雾剂与粉雾剂，固体分散体、包合物与微粒，缓（控）释制剂，经皮吸收制剂和靶向制剂的顺序，具体介绍各种制剂的处方设计基本原理、制备工艺和所涉及的常用或较新的制剂设备，并适当增加与实际工业生产密切相关的制剂技术、工艺设计、质量控制等内容，也强化了新剂型和新制剂的设计、研究等方面的介绍；最后两章是药物制剂的稳定性和药品（药物制剂）的包装，较为深入地介绍了保证药物制剂稳定性的基本原理和常用方法，同时增加或更新了关于药物制剂包装的法规、方法、材料等最新内容。

本教材内容由浅入深，具有较强的可读性和实用性，可作为全国高等院校药物制剂、制药工程和药学等相关专业师生的必备教材，也可作为广大从事药物制剂生产、科研和管理技术人员的重要参考书。

本教材在编写的过程中，得到了北京大学、复旦大学、浙江大学、郑州大学、西安交通大学、山东大学、浙江工业大学和中国药科大学等院校多位专家学者的大力支持，在此表示感谢！

由于药剂学正处于迅速发展阶段，包括工业药剂学在内的各种专业知识也处于不断更新中，所以书中所介绍的工业药剂学知识可能不够全面。在此，衷心期望有关专家学者提出批评和建议，以使再版修订时进一步完善。

编　者

2019年9月

目录

第一章　绪　论

扫码“学一学”

第一节　概　述

一、药剂学、剂型与制剂的概念

药剂学（pharmaceutics）是研究药物制剂的基本理论、处方设计、制备工艺、质量控制和合理应用的综合性技术科学。为了对药剂学这一概念具有更为深刻的理解，我们应当首先掌握好剂型与制剂的概念。

药物（drugs）一般都是由化学合成方法、植物提取方法或生物技术方法所制得的物质，其形态往往是粉末状态、结晶状态或者是浸膏状态，病人是无法直接使用的。因此，有必要将这些状态的药物加工成便于病人使用的某种给药（应用）形式（如丸剂、冲剂、片剂 、膜剂、栓剂、软膏剂、胶囊剂、气雾剂、滴鼻剂、乳剂等），这些为适应治疗或预防的需要而制备的药物应用形式，即称为药物剂型，简称剂型（dosage form）。目前国内外《药典》中收载的剂型有几十种。显然，一种药物可以制成不同的剂型，例如：加替沙星可制成片剂的形式供口服给药，也可制成注射剂的形式用于静脉给药，还可以制成滴眼剂的形式供眼部给药。

同样，一种剂型中可以有许多种不同的药物，如片剂中有盐酸二甲双胍片、格列本脲片、硝苯地平缓释片、土霉素片、格列吡嗪控释片、氧氟沙星片、维拉帕米缓释片、头孢氨苄片等，注射剂中有塞替派注射液、头孢拉定注射液、左氧氟沙星注射液、氨基酸注射液等。因此，在各种剂型中都包含有许多不同的具体品种，亦即根据《药典》或国家药品监管部门批准的标准、为适应治疗或预防的需要而制备的药物应用形式的具体品种，称为药物制剂，简称制剂（preparations）。凡按医师处方专为某一病人调制的并确切指明具体用法、用量的药剂称为方剂，方剂一般是在医院药房中调配制备的，研究方剂的调制理论、技术和应用的科学称为调剂学。

在充分理解上述的剂型与制剂的含义后，我们就可以很容易地把药剂学的内涵分成如下三个层次加以理解：第一，药剂学所研究的对象是药物制剂；第二，药剂学的研究内容有基本理论、处方设计、制备工艺和合理应用四个主要方面；第三，药剂学是一门综合性很强的技术科学。

药剂学的研究对象为药物制剂，药剂学的研究内容为：对于任何一个药物制剂的生产制造，都必然涉及有关的基本理论、处方设计、制备工艺和合理应用四个方面的问题。可以设想，当要研制一种药物的注射剂时，首先要研究或改善这种药物的水溶性、考察它在水中是否稳定等，这些都属于基本理论的研究范畴；下一步就要进行处方设计的有关工作，如该注射剂中应该加入多少毫升水、应加入哪种有助于药物稳定的抗氧化剂、应如何调节 pH 值等；进一步就要开展有关制备工艺的研究，如药物的粉碎方法、药液的配制与过滤、如何进行灌装及灭菌等；最后，该注射剂的合理应用问题必须在有关研究的基础上，明确地写在使用说明书中，如肌内注射或静脉注射，每次儿毫升、每日几次等。因此，药剂学的研究内容理所当然地包括药物制剂的基本理论、处方设计、制备工艺和合理应用四个方面的问题。从以上的论述中还可以很清楚地看出：药剂学的研究涉及许多相关的学科，从数学、化学、物理学、生物化学、微生物学、药理学、物理化学到化工原理与机械设备等，因此说药剂学是一门综合性技术科学。

二、剂型的分类及其重要性

（一）剂型的分类

由于常用的剂型有40余种，因此有必要按照适当的方法进行分类以便于学习和掌握。

1. 按给药途径分类 这种分类方法与临床使用密切结合，亦即将给药途径相同的剂型分为一类，它能反映出给药途径与应用方法对剂型制备的特殊要求。缺点是同一种制剂，由于给药途径和应用方法的不同，可能在不同给药途径的剂型中出现，例如，溶液剂可以在口服、皮肤、黏膜、直肠等多种给药途径出现。

（1）经胃肠道给药剂型 这类剂型是指药物制剂经口服进入胃肠道，经胃肠道吸收而发挥药效，其给药方法比较简单，如常用的散剂、片剂、颗粒剂、胶囊剂、溶液剂、乳剂、混悬剂等，容易受胃肠道中的酸（或酶）破坏，药物一般不能简单的采用这类剂型。

（2）非经胃肠道给药剂型 这类剂型是指除经胃肠道口服给药途径以外的所有其他剂型。①注射给药剂型，如注射剂（包括静脉注射、肌内注射、皮下注射、皮内注射多种注射途径）。②呼吸道给药剂型，如喷雾剂、气雾剂、粉雾剂等。③皮肤给药剂型，如外用溶液剂、洗剂、搽剂、软膏剂、硬膏剂、糊剂、贴剂等，给药后在局部起作用或经皮吸收发挥全身作用。④黏膜给药剂型，如滴眼剂、滴鼻剂、眼用软膏剂、含漱剂、舌下片剂等，黏膜给药可起局部作用或经黏膜吸收发挥全身作用。⑤腔道给药剂型，如栓剂、气雾剂等，用于直肠、阴道、尿道、鼻腔、耳道等，腔道给药可起局部作用或吸收后发挥全身作用。

2. 按分散系统分类 这种分类方法，便于应用物理化学的原理来阐明各类制剂的特征，但不能反映用药部位与用药方法对剂型的要求，甚至一种剂型由于分散介质和制法不同，可以分到几个分散体系中，如注射剂就可分为溶液型、混悬型、乳剂型等。

（1）溶液型 这类剂型是药物以分子或离子状态分散于分散介质中所构成的均匀分散体系，也称为低分子溶液，如芳香水剂、溶液剂、糖浆剂、酯剂、注射剂等。

（2）胶体溶液型 这类剂型是药物以高分子形式分散在分散介质中所形成的均匀分散体系，也称为高分子溶液，如胶浆剂、火棉胶剂、涂膜剂等。

（3）乳剂型 这类剂型是油类药物或药物油溶液以液滴状态分散在分散介质中所形成的非均匀分散体系，如口服乳剂、静脉注射乳剂、部分搽剂等。

（4）混悬型 这类剂型是固体药物以微粒状态分散在分散介质中所形成的非均匀分散体系，如合剂、洗剂、混悬剂等。

（5）气体分散型 这类剂型是液体或固体药物以微粒状态分散在气体分散介质中所形成的分散体系，如气雾剂。

（6）微粒分散型 这类剂型通常是药物以不同大小微粒呈液体或固体状态分散，如微球剂、微囊剂、纳米囊等。

（7）固体分散型 这类剂型是固体药物以聚集体状态存在的分散体系，如片剂、散剂、颗粒剂、丸剂等。

3. 按制法分类 这种分类法不能包含全部剂型，故不常用。例如，浸出制剂是用浸出方法制成的剂型（流浸膏剂、酊剂等）；无菌制剂是用灭菌方法或无菌技术制成的剂型（注射剂）等。

4. 按形态分类 这种分类法是将药物剂型按物质形态分类，即分为液体剂型（如芳香水剂、溶液剂、注射剂、合剂、洗剂、搽剂等），气体剂型（如气雾剂、喷雾剂等），固体剂型（如散剂、丸剂、片剂、膜剂等）和半固体剂型（如软膏剂、糊剂等）。形态相同的剂型，制备工艺也比较相近，例如，液体剂型制备时多采用溶解、分散等方法，固体剂型多采用粉碎、混合等方法，半固体剂型多采用熔化、研和等方法。

以上的剂型分类方法各有特点，但均不完善，各有其优缺点。因此，本书根据医疗、生产实践、教学等方面的长期沿用习惯，采用综合分类的方法。

（二）剂型的重要性

药物剂型与给药途径、临床治疗效果有着十分密切的关系，现简述给药途径与药物剂型的关系如下：

纵观人体，我们可以找到十余个给药途径，如口腔、舌下、颊部、胃肠道、直肠、子宫、阴道、尿道、耳道、鼻腔、咽喉、支气管、肺部、皮内、皮下、肌肉、静脉、动脉、皮肤、眼等。药物剂型必须根据这些给药途径的特点来制备，例如，眼黏膜给药途径以液体、半固体剂型最为方便，注射给药途径须以液体剂型使用才能实现。有些剂型可经多种途径给药，如溶液剂可经口服、皮肤、鼻腔、直肠等多种途径给药。总之，药物剂型必须与给药途径相适应。

良好的药物剂型可以发挥出良好的药效，从以下几个方面即可以明显看出剂型的重要性。

（1）剂型可改变药物的作用性质 例如，硫酸镁口服剂型用作泻下药，但5%注射液静脉滴注，能抑制大脑中枢神经，有镇静、镇痉作用。

（2）剂型可改变药物的作用速度 剂型的不同，可使药物的作用速度不同，例如，注射剂、吸入气雾剂等，发挥药效很快，常用于急救；丸剂、缓控释制剂、植入剂等属长效制剂。医师可按疾病治疗的需要选用不同作用速度的剂型。

（3）改变剂型可降低（或消除）药物的毒副作用 氨茶碱治疗哮喘病效果很好，但有引起心跳加快的毒副作用，若改成栓剂则可消除这种毒副作用；缓释与控释制剂能保持血药浓度平稳，从而在一定程度上降低药物的毒副作用。

（4）剂型可产生靶向作用 如静脉注射的脂质体新剂型是具有微粒结构的制剂，在体内能被网状内皮系统的巨噬细胞所吞噬，使药物在肝、脾等器官浓集性分布，即发挥药物剂型的肝、脾靶向作用。

（5）剂型可影响疗效 固体剂型，如片剂、颗粒剂、丸剂的制备工艺不同会对药效产生显著的影响，药物晶型、药物粒子大小的不同，也可直接影响药物的释放，从而影响药物的治疗效果。

第二节 药剂学的任务与发展

一、药剂学的任务

药剂学的主要任务可以从科研、生产、临床等若干方面归纳如下：

（1）基本理论的研究　为了提高制剂的生产水平和技术含量，制成安全、有效、稳定的制剂，必须对药剂学的有关基本理论进行研究。例如，分散系物理化学理论、生物药剂学和药物动力学理论等，都显著地促进了药剂学的不断发展；关于片剂的成型理论，对于片剂的生产和质量控制有重要的指导意义；以表面活性剂形成胶束的理论来增加药物溶解度，在药剂学中已有了一定的应用，很有必要进行更为深入的理论研究；用流变学的基本方法，作为混悬液、乳浊液、软膏等剂型质量控制的客观指标，可以优化制剂的质量；把物理化学的动力学理论与药剂学制剂稳定性相结合，可以预测药物制剂的有效期，对提高药物制剂的安全性具有重要意义。

（2）新剂型的研究与开发　因为剂型是药物应用的具体形式，所以除了药物本身的性质和药理作用外，某个药物的具体剂型也直接影响着该药的临床效果。常用的片剂、丸剂、胶囊、溶液剂、注射剂等普通制剂，很难完全满足高效、速效、低毒、控制药物释放和发挥定向给药作用等多方面实际要求。例如，普通片剂需要一日数次服药，不仅使用不便、容易漏服，而且血中药物浓度的波动较大、峰谷现象严重（峰浓度时会超过治疗浓度范围而增加毒副作用，谷浓度时又达不到有效治疗浓度而失去治疗作用）。目前已有多种缓释、控释新剂型的开发，一般是通过有效地控制药物释放，延长服药间隔，使血药浓度达到并保持在治疗浓度范围之内，克服峰谷现象，从而减少副作用、提高疗效，并增加了病人服药的顺应性。又如多柔比星对肿瘤细胞的杀伤力很强，但它对心肌细胞的毒性也很大，会使病人无法坚持用药，若制成具有靶向性的多柔比星脂质体（liposomes，是国外已上市的一种新剂型）给药系统（drug delivery system，DDS），可增加多柔比星对肿瘤细胞的靶向作用，避免其心肌毒性，从而达到提高疗效、降低毒性的双重作用。透皮给药系统（transdermal therapeutic systems，TTS）也是一种新剂型，它可避免口服给药可能发生的肝脏首过效应及肠胃灭活，可维持恒定的血药浓度或药理效应，达到长效、减少副作用、延长作用时间、加强用药顺应性、患者自主用药等多方面的目的。因此，积极研究与开发新的剂型是药剂学的一项非常重要的任务。

（3）新辅料的研究与开发　高分子材料在药物剂型中的应用非常广泛，制剂处方中的很多辅料（辅助成型等的材料）都属于高分子材料，在某种意义上讲，没有辅料就没有剂型，没有新的高分子辅料也没有新剂型。伴随着新剂型的研究与开发，制剂的种类不断增加，对辅料种类和性能的要求也越来越高。目前现有的药用辅料已经满足不了新剂型的需要和制剂工业的迅速发展。缓控释制剂及靶向制剂的不断涌现，完全依赖于性能优良的新辅料的支持。例如，采用肠溶辅料——丙烯酸树脂对普通片剂进行包衣，可以达到肠定位释放药物，减少胃酸和部分酶对药物的破坏；又如使用生物可降解、生物相容性好的高分子辅料聚乳酸将药物制成微球、小丸或圆片，可以植入体内给药，达到每月用药一次甚至每年用药一次的目的；在透皮给药系统中，提高药物的透皮吸收率是关键，所以对新的透皮吸收促进剂氮酮（azone）以及植物挥发油的研究越来越多。总之，新型药用辅料对于制剂性能的改良、生物利用度的提高及药物的缓控释等都有非常显著的作用。因此，药用辅料的更新换代越来越成为药剂工作者关注的焦点。随着有关方面的研究增多，各种新型药用辅料不断问世，并在实践中得以广泛应用。

（4）制剂新机械和新设备的研究与开发　任何药物制剂，都是由适当的制剂机械和设备生产出来的，研制适合于我国实际情况的制剂新机械和新设备，对于提高我国的制剂生产效率、保证制剂质量、使制剂产品进入国际市场具有重要意义。例如，高速渗透泵激光打孔机的研制成功，使我国的渗透泵控释片剂实现了工业化生产，缩小了我国缓控释制剂技术与国际先进水平的差距。

（5）中药新剂型的研究与开发　中医药是中华民族的宝贵遗产，在继承、整理、发展和提高中医中药理论和中药传统剂型的同时，运用现代科学技术和方法，研制开发现代化的中药新剂型，是中医药走向世界的必由之路。目前，我国已研制开发了中药注射剂、中药颗粒剂、中药片剂、中药胶囊剂、中药滴丸剂、中药栓剂、中药软膏剂、中药气雾剂等20多种新的中药剂型，丰富和发展了中药的剂型和品种，提高了中药的疗效。但是，中药新剂型的研究与开发仍然是我国药剂学的一项长期而艰巨的重要任务。

（6）生物技术药物制剂的研究与开发　生物技术是当今世界科学技术活动中最活跃、最具有前途的新技术，从中派生的医药生物技术，为新药的研制开创了一条崭新的道路，如预防乙肝的基因重组疫苗、治疗严重贫血症的红细胞生长素、治疗糖尿病的人胰岛素、治疗侏儒症的人生长激素、治疗血友病的凝血因子等特效药都是现代生物技术医药新产品（生物技术药物），它们正在改变医药科技界的面貌，为人类解决疑难病症提供了最有希望的途径。这些生物技术药物的出现，为药剂学提出了新的课题：因为生物技术药物本身普遍具有活性强、剂量小的优点和性质不稳定的缺点，要将它们用于临床治疗，必须将其制成安全稳定的制剂和使用方便的新剂型，这是摆在药剂学工作者面前的一项新的任务。

（7）医药新技术的研究与开发　药剂学发展史已经证明，医药新技术应用于药剂学会大大促进药剂学的发展，如微囊化技术、固体分散技术、包合技术（某些难溶性药物被环糊精衍生物包合后可制成注射剂）等，使制剂的质量显著提高，制剂的品种和数量也不断增加。例如，纳米技术可将药物加工成100nm左右的超微颗粒，再进一步制成方便携带和使用的超微颗粒气雾剂，可大大提高多种药物的生物利用度。因此，医药新技术的研究与开发也是今后药剂学的重要任务之一。

二、药剂学的发展

（一）国外药剂学的发展

国外药剂学发展最早的是埃及与巴比伦王国（今伊拉克地区），《伊伯氏纸草本》是约公元前1552年的著作，记载有散剂、硬膏剂、丸剂、软膏剂等许多剂型，并有药物的处方和制法等。被西方各国认为是药剂学鼻祖的格林（Galen，公元131～201年）是罗马籍希腊人（与我国汉代张仲景同期），在格林的著作中记述了散剂、丸剂、浸膏剂、溶液剂、酒剂等多种剂型，人们称之为“格林制剂”，至今还在一些国家应用。在格林制剂等基础之上发展起来的现代药剂学已有150余年的历史：1843年Brockedon制备了模印片，1847年Murdock发明了硬胶囊剂，1876年Remington等发明了压片机，使压制片剂得到迅速发展。1886年Limousin发明了安瓿，使注射剂也得到了迅速发展。

进入20世纪以后，由于各基础学科的迅速发展，学科划分越来越细，从而使药剂学逐渐形成了一门独立的学科。例如，1947年有人研制成缓释制剂并于20世纪70年代以后应用于临床。随着与医药科学相关的各种基础理论科学的发展，药剂学的发展首先表现在对基础理论方面的研究有了较大的提高。从50年代开始，把物理化学的基本原理与药剂学的剂型相结合，发展了药剂学的基本理论，如药物稳定性、溶解理论、流变学、粉体学等，促进了药剂学的发展。60～80年代药剂学发展到一个新的阶段，即生物药剂学阶段：人们对药物制剂在体内的生物效应有了新的认识，从而改变了过去认为只有药物本身的化学结构才决定药效的片面看法，认识到剂型因素在一定条件下对药物的药效具有决定性影响，从而使药物制剂的生物利用度测定成为新药研究不可缺少的重要内容。对药物在体内的吸收、分布、代谢、排泄过程及影响因素等药物动力学的研究引起重视，临床药学、社会药学也于80年代在国外兴起，也引起科学界的高度重视。

新辅料、新工艺和新设备的不断出现，也为药剂学的发展奠定了十分重要的基础，高速压片机的出现，使片剂的生产实现了自动化，大幅度提高了片剂的生产效率和产品质量，同时也对片剂的辅料和制粒方法提出更高要求。经皮吸收制剂的发展也十分迅速，新型促渗剂的使用，大大提高了药物的透皮吸收效果，离子导入法经皮吸收的研究，已成为重点研究课题之一。可使药物按一定规律缓慢或恒速地释放、在体内较长时间保持有效药物浓度的缓控释制剂，近年来发展较快，并在临床达到了提高药效、延长药物作用时间和减少副作用的目的。近年来具有给药方便、吸收快、无首过效应、生物利用度高等特点的黏膜给药制剂已引起高度重视，包括鼻黏膜、眼黏膜、口腔黏膜（舌下、口含）、阴道黏膜、子宫黏膜等。靶向给药制剂也取得重要成果，静脉乳剂、复合乳剂、微球制剂、纳米粒制剂、脂质体制剂等都有很大发展，其中多柔比星脂质体等三个脂质体产品已上市。

（二）国内药剂学的发展

我国历史悠久，对世界文明包括医药做出了巨大的贡献。早在夏禹时代就制成了至今仍为常用的剂型——药酒。据历史记载，公元前1766年已有汤剂这一剂型出现，是应用最早的中药剂型之一。在《黄帝内经》中已有汤剂、丸剂、散剂、膏剂及药酒等剂型的记载；在我国汉代张仲景的《伤寒论》（公元142～219年）中和《金匮要略》中又增加了栓剂、洗剂、软膏剂、糖浆剂等剂型，并记载了可以用动物胶、炼制的蜂蜜和淀粉糊为黏合剂制成丸剂。公元15世纪，我国医药学家李时珍编著了《本草纲目》，其中收载了药物1892种，剂型40余种，充分体现了中华民族在药剂学的漫长发展过程中曾经做出了重大的贡献。

从19世纪初到1949年之前，国外医药技术对我国药剂学的发展产生了一定影响，如引进了一些技术并建立了药厂（主要是简单的合成和进口原料加工生产注射剂、片剂等制剂），但规模较小、水平较低、产品质量较差。新中国成立后，我国的医药事业有了飞速发展。1950年全国制药工业会议确定，在优先发展原料药以解决“无米之炊”的基础上发展制剂工业。为了适应医药工业的发展，1956年上海医药工业研究院药物制剂研究室成立，多次召开全国性的注射剂和片剂等生产经验交流会，促进了我国医药制剂工业的迅速发展。

改革开放以来，在药用辅料的研究方面，开发了若干新材料。例如，已先后开发稀释剂微晶纤维素、可压性淀粉，黏合剂聚维酮，崩解剂羧甲基淀粉钠、低取代羟丙基纤维素，薄膜包衣材料丙烯酸树脂系列产品，优良的表面活性剂泊洛沙姆、蔗糖脂肪酸酯，栓剂基质半合成脂肪酸酯等。在生产技术和设备方面的进步也很大。例如，已研制成功的微孔滤膜及与之配套的聚碳酸酯过滤器用于控制注射剂中的微粒性异物，显著提高了注射液的质量；设计制造多效蒸馏水生产设备，节约能源并提高了注射用水的质量；生产并应用了更先进的灭菌设备和技术，使灭菌效果更为可靠。在口服固体制剂的生产中，广泛地推广应用新辅料，采用微粉化技术及其他提高药物溶出度的新技术，提高了产品质量；在片剂等生产中采用了流化喷雾制粒和高速搅拌制粒技术，使产品质量得以提高；采用薄膜包衣技术，既节约工时、材料，又提高产品质量。在缓控释制剂方面，已有一些品种获得新药证书和生产批文；透皮吸收给药系统已有产品被批准生产；靶向、定位给药系统的研究也取得很大进展，如脂质体、微球、纳米粒等。

第三节 药剂学的分支学科及其密切相关学科

由于药剂学是以多门学科的理论为基础的综合性技术科学，在其不断发展过程中，各学科互相影响、互相渗透，已形成了许多药剂学的分支学科。现将这些分支学科及其密切相关学科给予简单介绍。

一、物理药剂学

物理药剂学（physical pharmacy，亦称物理药学）是运用物理化学原理、方法和手段，研究药剂学中有关处方设计、制备工艺、剂型特点、质量控制等内容的边缘科学。由于药物制剂的加工过程主要是物理过程或物理化学过程，所以从 20 世纪 50 年代开始，物理药剂学逐渐发展起来，它的出现和发展使药剂学由简单的剂型制备迈向科学化和理论化。近年来，物理学的理论和方法在药剂学的应用日渐增多，这对物理药剂学的发展起到了进一步的促进作用。国内外已有物理药剂学相关的专著和教科书，在本书中也编入了许多物理药剂学的内容。

二、工业药剂学

工业药剂学（industrial pharmacy）是研究药物制剂在工业生产中的基本理论、技术工艺、生产设备和质量管理的科学，是药剂学重要的分支学科。其基本任务是研究和设计如何将药物制成适宜的剂型，并能批量生产出品质优良、安全有效的制剂，以满足医疗与预防的需要，这也是本书所介绍的主体内容。

三、生物药剂学与药物动力学

生物药剂学（biopharmaceutics）是研究药物在体内的吸收、分布、代谢与排泄的机制及过程，阐明药物因素、剂型因素和生理因素与药效之间关系的边缘科学。它从 20 世纪 60 年代迅速发展，着重研究药物的体内过程，在药物的处方（剂型）设计、制剂工艺以及最大限度地提高生物利用度等方面进行了大量的基础性研究，例如，固体制剂尤其是片剂的溶出速率问题、生物利用度问题等，为各种药物制剂的有效性和安全性提供了科学保证，它与药物动力学具有密不可分的联系。

药物动力学（pharmacokinetics）是采用数学的方法，研究药物的吸收、分布、代谢与排泄的体内经时过程及其与药效之间关系的科学。它在 20 世纪 70 年代发展为一门独立的学科，已成为药剂学的重要基础学科和边缘学科，为指导制剂设计、剂型改革、安全合理用药等提供了量化的控制指标。

四、临床药学

临床药学（clinical pharmacy）是以病人为对象，研究合理、有效与安全用药的科学，与药剂学密切相关。它的主要内容包括：临床用制剂和处方的研究；药物制剂的临床研究和评价；药物制剂的生物利用度研究；药物剂量的临床监控；药物配伍变化及相互作用研究等。临床药学的出现使药剂工作者直接参与对患者的药物治疗活动，符合医药结合的时代要求，可以较大幅度地提高临床治疗水平。

五、药用高分子材料学

药用高分子材料学（polymer science in pharmaceutics）是研究各种药用高分子材料的制备、结构和性能及其在药物制剂中应用的一门学科，它对创制新剂型、新制剂和提高制剂质量起着重要的支撑作用和推动作用，因此与药剂学密切相关。高分子材料在药物剂型的应用非常广泛，制剂处方中的很多辅料（辅助成型等的材料）都属于高分子材料，从某种意义上讲，没有辅料就没有剂型，没有新的高分子辅料就没有新剂型。目前已经形成了“药用高分子材料学”这一新的学科（在国内药物制剂专业中也设置了“药用高分子材料学”这门课程并出版了有关教材）。药用高分子材料学主要是应用高分子物理、高分子化学和聚合物工艺学的有关内容，为新剂型设计和新剂型处方提供新型高分子材料和新方法。

第四节　药物制剂的质量控制

一、药典

（一）概述

药典（pharmacopoeia）是一个国家记载药品标准、规格的法典，其特点为：由权威医药专家组成的国家药典委员会编辑、出版，由国家政府颁布、执行，具有法律约束力；所收载的品种是疗效确切、副作用小、质量稳定的常用药品及其制剂；明确规定其质量标准，并在一定程度上反映国家在药品生产和医药科技方面的水平。因此，药典在保证人民用药安全有效、促进药物研究和生产等方面具有重大作用，只有严格实施药典的规定，才能保障药品的安全、有效。

随着科学技术水平的不断提高，新的药物和新的制剂不断地被开发，对药物及制剂的质量要求也更加严格，药品的检验方法也在不断更新，因此，各国的药典经常需要修订。例如，《美国药典》和《中国药典》是每5年修订出版一次（在新版药典中，不仅增加新的品种，而且增设一些新的检验项目或方法）。在新版药典出版之前，往往由国家药典委员会编辑出版增补本，以利于新药和新制剂在临床的应用，这种增补本与药典具有相同的法律效力。

（二）中华人民共和国药典

《中华人民共和国药典》（简称《中国药典》），其中收载的品种是医疗必需、临床常用、疗效肯定、质量稳定、副作用小、我国能工业化生产并能有效控制（或检验）质量的原料药及其制剂。

新中国成立后，1953年颁布了第一部《中国药典》（1953年版），收载各类药品531种，1957年编印了《中国药典》（1953年版）第一增补本；1963年又颁布了《中国药典》（1963年版）。从1963年版开始，《中国药典》分为一、二两部，一部专门收载中药，二部收载化学药品、抗生素、生物制品及其制剂，共收载中西药品1310种；在1977年版中，共收载中西药品1925种，并增加了气雾剂、冲剂、滴丸剂和滴耳液等剂型；在1985年版中，共收载中西药品1489种，并且所收载品种的质量标准均有一定的提高，如药品的理化鉴别增加了薄层扫描法、高效液相层析法、紫外光谱法、红外光谱法、荧光分析法和原子吸收分光光度法等；在1990年版中，共收载中西药品1751种，并分别于1993年和1996年出版了与之相配套的《药典注释》和《临床用药须知》，为《中国药典》的临床应用提供了重要的参考资料。

在1995年版《中国药典》中收载品种共计2375种。一部收载920种，其中中药材、植物油脂等522种，中药成方及单味制剂398种；二部收载1455种，包括化学药、抗生素、生化药、放射性药品、生物制品及辅料等。二部药品外文名取消了拉丁名称，一律使用英文，中文名称只收载药品法定通用名称，不再列副名。在2000年版《中国药典》中共收载药品2691种，其中一部收载992种，二部收载1699种，并对附录作了较大幅度的改进和提高，一部新增附录10个，修订附录31个；二部新增附录27个，修订附录32个。二部附录中首次收载了药品标准分析方法验证等六项指导原则，对统一、规范药品标准试验方法起到了重要的指导作用。从2005年版《中国药典》开始，分成了三部，共收载药品3214种，其中一部收载中药及中成药1146种，二部收载化学药1967种，三部收载生物技术药物101种，还首次将药用辅料集中列出，方便使用者查阅并增加了分散片、巴布剂等新的剂型。2010年版《中国药典》收载品种总计4567种，其中新增1386种。药典一部收载药材和饮片、植物油脂和提取物、成方制剂和单味制剂等，品种共计2165种，其中新增1019种（包括439个饮片标准）、修订634种；药典二部收载化学药品、抗生素、生化药品、放射性药品以及药用辅料等，品种共计2271种，其中新增330种、修订1500种；药典三部收载生物制品，品种共计131种，其中新增37种、修订94种。

从2015年版《中国药典》开始，分为四部出版：一部收载药材和饮片、植物油脂和提取物、成方制剂和单味制剂等；二部收载化学药品、抗生素、生化药品以及放射性药品等；三部收载生物制品；四部收载通则，包括：制剂通则、检验方法、指导原则、标准物质和试液试药相关通则、药用辅料等。共收载品种5608种，一部收载品种2598种，其中新增品种440种。二部收载品种2603种，其中新增品种492种。三部收载品种137种，其中新增品种13种、修订品种105种。首次将上版药典附录整合为通则，并与药用辅料单独成卷作为四部。四部收载通则总数317个，其中制剂通则38个、检测方法240个、指导原则30个、标准物质和对照品相关通则9个；药用辅料收载270种，其中新增137种、修订97种。

《中国药典》（2020年版）由一部、二部、三部、四部构成，收载品种总计5929个。一部收载药材和饮片、植物油脂和提取物、成方制剂和单味制剂等，品种共计2713种。二部收载化学药品、抗生素、生化药品以及放射性药品等，品种共计2722种。三部收载生物制品153种。四部收载通则总计359个，包括制剂通则、检验方法、指导原则、标准物质和试液试药相关通则；药用辅料341种。

（二）外国药典

据不完全统计，世界上已有近50个国家编制了国家药典，另外还有3种区域性药典和世界卫生组织（WHO）编制的《国际药典》等，这些药典无疑对世界医药科技交流和国际医药贸易具有极大的促进作用。例如，《美国药典/国家处方集》（The United States Pharmacopeia/The National Formulary，USP/NF）；《英国药典》（British Pharmacopoeia，BP）；《日本药局方》（Pharmacopoeia of Japan，JP）；《国际药典》（Pharmacopoeia Internationalis，Ph. Int.），是世界卫生组织（WHO）为了统一世界各国药品的质量标准和质量控制的方法而编纂的，但它对各国无法律约束力，仅作为各国编纂药典时的参考标准。

二、国家药品标准

除《中国药典》以外，还有部（局）颁标准收载由卫健委或国家药品监督管理局新批准生产的药物及制剂，作为这些药品的质量标准。某些已生产多年、疗效肯定，但质量标准仍需进一步提高的药品也收载在上述这些药品标准中。

我国的药品质量标准，过去是由省、自治区和直辖市的卫生部门批准和颁发（常称之为地方性药品标准）。目前，国家药品监督管理局已经对其中临床常用、疗效较好、生产地区较多的品种进行质量标准的修订、统一、整理和提高，使其升为部（局）颁标准。

三、药品生产质量管理规范与药品安全试验规范

药品生产质量管理规范（Good Manufacturing Practice for Pharmaceuticals，GMP）是药品生产与质量全面管理监控的通用准则，适用于药品及其制剂生产的全过程。GMP 是世界卫生组织（WHO）对世界医药工业生产和药品质量要求的指南，是加强国际医药贸易、相互监督、检查的统一标准。

（一）国外 GMP 的发展过程

GMP 作为制药企业药品生产和质量管理的法规，在国外已有五十多年的历史。美国 FDA 于 1963 年首先颁布了 GMP，这是世界上最早的一部 GMP，在实施过程中，经过数次修订，可以说是至今较为完善、内容较详细、标准最高的 GMP。现在美国要求，凡是向美国出口药品的制药企业以及在美国境内生产药品的制药企业，都要符合美国 GMP 要求。

1969 年世界卫生组织也颁发了自己的 GMP，并向各成员国家推荐，受到许多国家和组织的重视，经过三次的修改，也成为一部较全面的 GMP。1971 年，英国制订了《GMP》（第一版）；1977 年又修订了第二版；1983 年公布了第三版，现已由欧共体 GMP 替代。1972 年，欧共体公布了《GMP 总则》指导欧共体国家的药品生产，1983 年进行了较大的修订，1989 年又公布了新的 GMP，并编制了一本《GMP 补充指南》。1992 年又公布了欧洲共同体药品生产管理规范新版本。1974 年，日本以 WHO 的 GMP 为蓝本，颁布了自己的 GMP，现已作为一个法规来执行。1988 年，东南亚国家联盟也制订了自己的 GMP，作为东南亚联盟各国实施 GMP 的文本。

此外，德国、法国、瑞士、澳大利亚、韩国、新西兰、马来西亚及中国台湾等国家和地区，也先后制订了 GMP，到目前为止，世界上已有 100 多个国家、地区实施了 GMP 或准备实施 GMP。当今世界上 GMP 分为三种类型。

国家颁发的 GMP，例如，中华人民共和国国家药品监督管理局颁布的《药品生产质量管理规范》（1998 年修订）；美国 FDA 颁布的《cGMP》（现行 GMP）；日本厚生省颁布的《GMP》。

地区性制订的 GMP，例如，欧洲共同体颁布的《GMP》；东南亚国家联盟颁布的《GMP》。

国际组织制订的 GMP，例如，世界卫生组织（WHO）颁布的《GMP》（1991 年）。

（二）我国 GMP 的推行过程

我国提出在制药企业中推行GMP是在20世纪80年代初，比最早提出GMP的美国，迟了二十年。1982年，中国医药工业公司参照一些先进国家的GMP制订了《药品生产管理规范》（试行稿），并开始在一些制药企业试行。1984年，中国医药工业公司又对1982年的《药品生产管理规范》（试行稿）进行修改，变成《药品生产管理规范》（修订稿），经原国家医药管理局审查后，正式颁布并在全国推行。1988年，根据《药品管理法》，国家卫生部颁布了我国第一部《药品生产质量管理规范》（1988年版），作为正式法规执行。1991年，根据《药品管理法实施办法》的规定，原国家医药管理局成立了推行GMP、GSP委员会，协助国家医药管理局，负责组织医药行业实施GMP和GSP工作。1992年，国家卫生部又对《药品生产质量管理规范》（1988年版）进行修订，变成《药品生产质量管理规范》（1992年修订版）。1992年，中国医药工业公司为了使药品生产企业更好地实施GMP，出版了《GMP实施指南》，对GMP中一些条文作了比较具体的技术指导，起到比较好的效果。1993年，原国家医药管理局制订了我国实施GMP的八年规划（1983~2000年）。提出"总体规划，分步实施"的原则，按剂型的先后，在规划的年限内达到GMP的要求。1995年，经国家技术监督局批准，成立了中国药品认证委员会，并开始接受企业的GMP认证申请和开展认证工作。1998年，国家药品监督管理局总结近几年来实施GMP的情况，对1992年修订的GMP进行再次修订，于1999年6月18日颁布了《药品生产质量管理规范》（1998年修订版），1999年8月1日起施行，使我国的GMP更加完善，更加切合国情、更加严谨，便于药品生产企业执行。《药品生产质量管理规范》（1998年修订版）共有14章88条具体标准与要求，并有附录对无菌药品、非无菌药品、原料药、生物制品、放射性药品、中药制剂等生产和质量管理特殊要求进行了补充规定。《药品生产质量管理规范（2010年修订）》自2011年3月1日起施行。2010年版GMP与1998年版相比从管理和技术要求上有相当大的进步。特别是对无菌制剂和原料药的生产方面提出了很高的要求，新版GMP条款内容更加具体、指导性和可操作性更强；在生产条件和管理制度方面的规定更加全面、具体，进一步从生产环节确保了药品质量的安全性、稳定性和均一性。

药物非临床研究质量管理规范（Good Laboratory Practice，GLP）是试验条件下，进行药理、动物试验（包括体内和体外试验）的准则，如急性、亚急性、慢性毒性试验，生殖毒性试验，致癌、致畸、致突变以及其他毒性试验等临床前试验，是保证药品安全有效的法规。

药物非临床研究质量管理规范是1965年由日本制药团体联合会发表，1975年日本已规定研究开发新药必须进行动物试验，并规定了试验基本观点、技术和方法。美国于1976年由美国食品药物管理局（FDA）提出GLP草案，1978年正式实行，1979年订入美国联邦法律中。目前加拿大、德国、法国、瑞典及欧盟等都已制订了GLP。我国的GLP工作起步较晚，20世纪80年代末，GLP的概念才被引入中国，自1993年12月起，我国才开始起草、试点实施GLP规范，由国家科委发布了《药品非临床研究质量管理规定（试行）》，但由于种种原因，我国的GLP未能得到很好的推广和实施。

随着经济的发展和人民卫生意识的增强，国内对GLP的认识有了很大提高，在GLP体系的建立和完善上，也取得了一些可喜的进展，GLP规范的国际互认也逐渐受到了人们的重视。国家药品监督管理局不断吸取总结我国试行GLP数年来的基本经验，并参照发达国家和世界卫生组织的GLP原则，对GLP规范进行了3次修订。1999年，SDA首次修改发布《药品非临床研究质量管理规范（试行）》，明确了各层次人员的职责、质量保证部门的职责，明确了 GLP 的监督、检查及认证部门。2003 年，经 SFDA 局务会审议通过，再次修订 GLP 规范。2007 年，SFDA 第三次修订 GLP 规范，将 GLP 规范由试行改为正式实施。由此可见，国家正逐步加大推进实施 GLP 的力度，我国的 GLP 规范正迈向正规化、国际化。

四、处方、处方药与非处方药

（一）处方的概念与分类

处方系指医疗和生产部门用于药剂调制的一种重要书面文件，有法定处方、医师处方和协定处方。所谓法定处方主要是指药典、部颁（国家）标准收载的处方，它具有法律的约束力，在制造或医师开写法定制剂时，均需遵照其规定。所谓医师处方是医师对个别病人用药的书面文件，该处方除了作为发给病人药剂的书面文件外，还具有法律上、技术上和经济上的意义。协定处方是指根据医院内部或某一地区医疗的具体需要，由医师与医院药剂科协商制订的处方，它适合于常用药物的大量配置和贮备。就临床而言，也可以这样说：处方是医师为医疗或预防的需要而开写给药局的有关制备和发出某种制剂的书面凭证。

（二）处方药与非处方药

2019 年 12 月 1 日起实施的《中华人民共和国药品管理法》规定："国家对药品实行处方药与非处方药的分类管理制度"，这也是国际上通行的药品管理模式。通过加强对处方药的监督管理，以及对非处方药的监督管理，以及药品生产、经营行为，引导公众科学合理用药，将对减少药物滥用和药品不良反应的发生，保护公众用药安全有效，起到十分重要的作用。因此，国家食品药品监督管理局 1999 年 6 月 11 日通过了《处方药与非处方药分类管理办法》（试行）并于 2000 年 1 月 1 日起施行。

处方药的英语称谓是 prescription drug，非处方药的英语称谓是 nonprescription drug，但是在国外，由于非处方药是患者可以自行判断、购买和使用并能保证安全的药品，所以又经常被称之为"可在柜台上买到的药物"（over the counter，OTC），因此，OTC 已成为全球通用的非处方药的俗称。处方药和非处方药不是药品本质的属性，而是管理上的界定。无论是处方药还是非处方药都是经过国家药品监督管理部门批准的，其安全性和有效性是有保障的。

所谓处方药是必须凭执业医师或执业助理医师处方才可调配、购买并在医师指导下使用的药品，所以只应针对医师等专业人员作适当的宣传介绍。《中华人民共和国药品管理法》明确规定："处方药可以在国务院卫生行政部门和国务院药品监督管理部门共同指定的医学、药学专业刊物上介绍，但不得在大众传播媒介发布广告或者以其他方式进行以公众为对象的广告宣传"。

所谓非处方药是由专家遴选的、不需执业医师或执业助理医师处方，经过长期临床实践被认为患者可以自行判断、购买和使用并能保证安全的药品，主要是用于治疗各种消费者容易自我诊断、自我治疗的常见轻微疾病。非处方药标签和说明书除必须符合国家药品监督管理局规定外，其用语应当科学、易懂，便于消费者自行判断、选择和使用。在非处方药的包装上，必须印有国家指定的非处方药专有标识，每个销售基本单元包装必须附有标签和说明书。

扫码"练一练"

（潘卫三）

第二章　药物制剂设计基础

扫码“学一学”

学习目标

1. 掌握　药物制剂处方前研究包含的内容；生物药剂学分类系统的内容与对处方研究的指导意义。

2. 熟悉　药物制剂设计研究在新药研发、药物生产和临床应用过程中的重要性。

药物制剂的设计系指根据疾病预防与治疗的需求、药物理化性质与生物学特性等因素，确定药物的给药途径与剂型，并通过设计和筛选合理的处方与工艺、包装材料和规格等，得到能被工业化与临床应用的制剂产品。药物制剂的设计是决定药品质量与疗效的重要环节，应遵循以下基本原则：安全性、有效性、可控性、稳定性和顺应性；另外，还应考虑成本、知识产权以及节能环保等因素。

药物制剂设计应该贯穿于新药研发的整个过程，如先导化合物的优化以及候选化合物的确定、给药途径与剂型设计、处方与工艺的筛选，以及已上市药物的制剂改良等。药物制剂设计是药物产品质量的有效保证，质量不是通过质检来实现，而是通过设计而赋予，即“质量源于设计”（quality by design，QbD）。根据临床用药需求设定制剂的目标产品特征与质量特征，系统地研究处方与制剂工艺因素对关键质量指标的影响和机制，选择能够保证产品质量的因素范围作为产品的设计空间。在实际生产中根据具体情况，在设计空间的范围内进行参数的优化、筛选，从而保证药品的质量。

在进行药物制剂设计时，首先必须进行充分的处方前研究工作，以保证后续研究的顺利进行。

第一节　药物制剂的处方前研究

处方前研究旨在为制得稳定、安全与经济的剂型提供基础与保障。处方前研究主要包括对药物的物理、化学及生物学性质等进行一系列的考察。需要了解的药物信息主要包括：药物的稳定性、给药途径、药动学、生物利用度等；对于新化合物还应了解分子的优化数据，如与溶解、溶出相关的盐与前药等。通过这些信息能潜在地建立药物理化性质与溶解度等有关的动力学关系，并指导辅料的筛选等。对于生物药物，应关注其结构信息（一级、二级、三级结构）与稳定性的关系等。

一、药物的基本性质

药物的理化性质是药物剂型和制剂设计中的基本要素之一，在某种程度上可能会限制剂型和给药途径的选择，所以在药物设计时应充分考虑理化性质的影响。理化性质的研究主要包括测定溶解度、pK_a、油水分配系数、盐型、固有溶出速率、粉体学性质（粒径与形状、晶体与多晶型、堆密度、流动性、表面特性、可压性以及吸湿性等）。

（一）溶解度和 pK_a

1. **溶解度** 溶解度是指在规定温度和压力下溶质在一定体积溶剂中达饱和时溶解的量。根据溶解度大小，溶质可分为极易溶解（1000mg/ml）、易溶（100mg/ml）、溶解（30mg/ml）、略溶（10mg/ml）、微溶（1mg/ml）、极微溶（0.1mg/ml）和几乎不溶或不溶（0.01mg/ml）等。通常高溶解性药物定义为最高剂量药物能溶解于250ml各种pH生理条件的溶液中；难溶性药物溶解度通常小于100μg/ml，有可能导致吸收不完全。药物必须处于溶解状态才能被吸收，所以无论采用何种给药途径，药物都必须具有一定的溶解度。溶解度是药物重要的基本性质，在一定程度上决定药物适合制成剂型的类型。药物的溶解度主要与分子结构、溶剂化作用、晶型、粒子大小和温度等有关。对于易溶于水的药物，可以制成固体或者液体剂型，适合于各种给药途径；对于难溶性药物，特别是BCSⅡ类药物，溶解或溶出速率是其在消化道吸收的限速过程，加入适量增溶剂、助溶剂、潜溶剂，或减小药物的粒径等能提高溶解度。

溶解度可分为特性溶解度（intrinsic solubility）和平衡溶解度（equilibrium solubility），其中平衡溶解度也可称为表观溶解度（apparent solubility，AS）。特性溶解度是指不含任何杂质的药物在溶剂中不发生解离或缔合，也不发生相互作用时的饱和溶液的浓度。很多药物属于弱酸性或者弱碱性，对于这类药物若要测其特性溶解度需要抑制化合物的解离，应分别在酸性和碱性溶液中测定，但在测量中若要完全抑制药物解离和排除溶剂的影响不切实际，所以通常测定的溶解度为AS。AS的测定过程为：配置不饱和-饱和浓度的系列梯度溶液，置恒温振荡或搅拌平衡60～72小时，测定溶液中药物浓度，当浓度达平衡不变时，即为该温度的平衡溶解度。在某个pH条件下，解离型药物的AS为其非解离部分的溶解度S_0与解离部分溶解度S_A^-之和，S_0也即特性溶解度。根据剂型与制剂的要求，需要测定药物在多种溶剂系统中的溶解度，如水、0.9% NaCl溶液、pH 1～8的缓冲系统等。

2. **pK_a** pK_a指的是在特定条件下有机弱酸（碱）的平衡常数（也称电离常数），用于界定有机物中两个实体分离的倾向，是衡量药物酸、碱性的重要参数。大部分药物为有机弱酸或弱碱，其中弱酸性药物约占75%，弱碱性药物约占20%；在不同的pH介质中，该类药物存在解离型和非解离型两种形式，比例不同，溶解度也不同，所以pK_a对药物的溶解度、消化道吸收与稳定性等至关重要。强酸如盐酸在所有生理pH条件下完全解离，弱酸（碱）的离子化程度与pH相关。通过调节pH增大一些难溶性药物的溶解度。

药物在体内的吸收、分布、代谢和疗效以及对皮肤、黏膜、肌肉的刺激性都与药物pK_a有关。通常解离型药物较难穿过生物膜而被吸收，而非解离型药物能有效透过生物膜。

溶液的pH、药物的pK_a以及解离状态的关系可以用Handerson-Hasselbach方程表示：

对于弱酸性药物 $$pH = pK_a + \log\frac{[A^-]}{[HA]} \tag{2-1}$$

对于弱碱性药物 $$pH = pK_a + \log\frac{[B]}{[BH^+]} \tag{2-2}$$

式中，[HA]、[A^-] 分别为未解离和解离弱酸的浓度；[B]、[BH^+] 分别为未解离和解离弱碱的浓度。

通过上述公式，根据不同pH时所对应的药物溶解度可测定pK_a；如果已知 [HA] 或 [B] 和pK_a，则可预测任何pH条件的药物的溶解度（非解离型和解离型溶解度之和）。测定药物pK_a的方法主要有电导滴定法、电位法、分光光度法、毛细管电泳法等。

（二）油水分配系数（partition coefficient，log*P*）

药物 log*P* 值与生理现象关联密切，如溶解性、透膜性、吸收、蛋白吸附、体内分布与消除等。log*P* 系指药物在两个不相混溶的溶剂中溶解并达到平衡时浓度的比值。通常用辛醇/水分配系数界定药物分子的亲脂性。由于与生物膜脂层的溶解度参数接近，正辛醇常作为油相测定 log*P*。通常 log*P* 值越高，药物的亲脂性越强，越易穿透细胞膜转运和吸收。

log*P* 代表药物分配在油相和水相中的比例：

$$P=\frac{\text{在油相中药物的质量浓度}}{\text{在水相中药物的质量浓度}} \tag{2-3}$$

通常采用摇瓶法测定 log*P* 值，蒸馏水与正辛醇混合后室温搅拌，静置过夜，分液后得到水饱和正辛醇与正辛醇饱和水，将药物溶于正辛醇饱和水溶液中，用体积为 V_2 的正辛醇相提取体积为 V_1 的药物饱和水溶液，在恒定温度下振摇至平衡，分别测定两相中药物浓度，也即实验前后水相中药物浓度 C_0 与 C_1 以及 V_2 的浓度 C_2，则水相中的剩余药量 $M=C_1V_1-C_2V_2$，分配系数可用下式求得：

$$P=\frac{C_2\ V_2}{M} \tag{2-4}$$

如果药物在两相中都是以单体存在，则分配系数为药物在两相中的溶解度之比，只要测定两个溶剂中药物的溶解度即可求得分配系数。

如果药物在两相中都是以非解离型存在，则分配系数为药物在两相中的特性溶解度之比；如果药物以解离形式存在，根据药物在水相中的浓度（药物分子解离和非解离部分浓度之和）计算得到的分配系数称为表观分配系数，也称为分布系数（distribution coefficient）。若测分配系数，则需根据 pK_a 计算该 pH 下非解离型药物的浓度，再进行计算。

（三）药物的多晶性

由于受各种因素的影响，物质在结晶时，其原子、分子内或分子间键合方式发生改变，导致原子或分子在晶格空间排列不同，形成多种晶格结构的现象，称为同质多晶现象（polymorphism），或称为多晶型现象。同质多晶是药物的重要物理性质之一（图 2-1）。不同晶型结构的化合物具有不同的理化性质（如溶解度、熔点、密度、蒸气压、光学和电学等），稳定性和机械性能等，可能导致药物的生物利用度的不同，甚至产生药物活性的差异。因此在药物制剂设计中需要要对化合物的晶型进行研究与表征。

在不同条件下，药物各晶型之间会发生相互转化，如一个化合物具有多晶型，其中只有一种晶型是最稳定的、能量最低的，称为稳定型（stable form），其他的为亚稳定型（metastable form，MF）或不稳定型，MF 最终都会转变成稳定型，这种转变可能需要几分钟到几年的时间。MF 实际上是药物存在的一种高能状态，通常熔点低，溶解度大。另外也存在无结晶性的状态，即无定形粉末（amorphous particle）或简称无定形，无定形是分子或原子的无序结构，同一物质只有一种无定形存在。无定形不属于多晶型，无定形与晶型的物理性质存在很大差异，但在一定条件下可以转换。这种晶型之间相互转化，能潜在影响药物的稳定性与药物制剂的性质如吸收速率和疗效等。在不同温度、光照、湿度等条件下，晶型可能失水或者吸收水分从而造成晶型的转变，不同种类的溶剂也会对晶型产生影响。例如粉碎过程中由于机械作用产热引起温度升高，在制粒过程中黏合剂的种类及干燥过程等工艺均可能引起晶型的转变。

药物多晶型制备方法主要包括：溶液结晶法和热处理结晶法。溶液结晶法主要通过冷

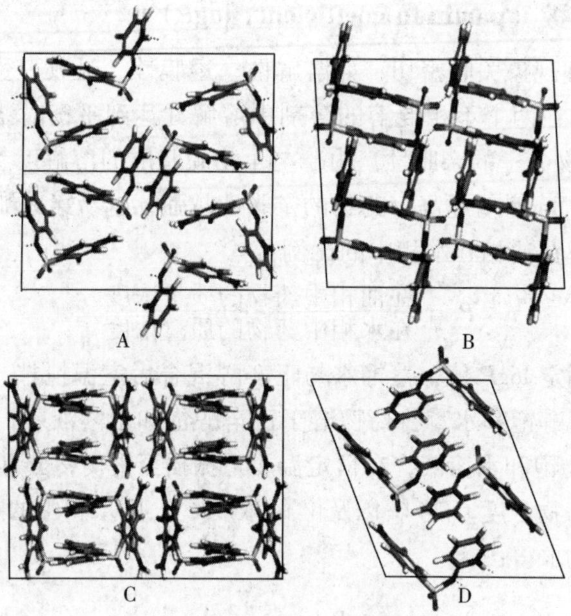

图2－1　磺胺吡啶的四种多晶形

却、蒸发、改变溶剂系统、改变溶液 pH 等方式降低药物在溶液中的溶解度，通过对结晶过程参数的控制而产生不同的晶型。对于热稳定的药物，采用热处理结晶法。主要是利用温度的变化，控制升温降温过程参数获得不同晶型。研磨和使用添加剂等其他方法也是制备不同晶型的常用手段，由于研磨的速度、时间、添加剂及其用量等过程参数不同而导致物质分子重排，获得新的晶型。这些方法既可用于获得单一化合物的多晶型，又可通过控制过程参数以获得特定的假晶型、无定形或共晶。

研究药物多晶型的常用方法有：熔点法、X 射线衍射法、红外分析法、差示扫描量热法和差示热分析法、溶出速度法、热台显微镜法等。在进行晶型研究时，应选择具有专属性的晶型检查方法。对于具有多晶型的药物，在稳定性考察试验中也应设置晶型考察指标，以确定适宜的贮存条件，确保晶型稳定。对于多晶型的药物应充分研究在处方和工艺筛选过程中各种因素对晶型可能产生的影响，减少低效、无效晶型的产生，确保药品的稳定性、有效性和安全性。

（四）盐型

为改善药物的溶解度和结晶度，常将化合物制备为不同的盐，常见有钠盐、钾盐、羧酸盐、盐酸盐及硫酸盐等。为制成溶液剂或者提高药物溶出速率，可选择将药物制成溶解度更大的盐型；为达到缓释效果或者减少药物的溶解，常将药物制成难溶性或不溶性盐。不同的盐型也可能对药物的熔点、吸湿性以及多晶型现象等产生影响，所以在确定先导化合物时需要筛选得到适宜的盐型。

（五）固有溶出速率

固有溶出速率（intrinsic dissolution rate）系指单位时间内药物溶解进入溶液主体的量，反映了药物从固体表面进入溶出介质的速率，能潜在表明化合物是否会出现因为溶出速度过低而影响生物利用度。固体化合物的溶出过程包括两个连续的阶段，首先是溶质分子从固体表面溶解，形成饱和层，然后溶质分子通过饱和层和溶液主体之间形成的扩散层，在对流作用下进入溶液主体。固体化合物溶出速率可依据 Noyes-Whitey 方程求算：

$$\frac{\mathrm{d}C}{\mathrm{d}t}=\frac{DS}{h}(C_s-C) \tag{2-5}$$

式中，$\mathrm{d}C/\mathrm{d}t$ 为溶出速度；D 为溶解药物的扩散系数；S 为固体的表面积；C_s为溶质在溶出介质中的溶解度；C 为 t 时间溶液主体中溶质的浓度；h 为扩散层的厚度。

因此，溶出速率大小主要取决于化合物在水或其他水性介质的溶解度，但受化合物的粒度、晶型、润湿性以及溶液的黏度、pH、缓冲体系等因素的影响。根据 Noyes - Whitey 理论，在满足漏槽条件时，溶出速率仅取决于固体颗粒的表面积。因此，保持固体表面积不变，即可测得药物固有溶出速率。

（六）药物的吸湿性

吸湿性（hygroscopicity）是指固体表面从周围环境空气中吸附水分的现象。药物吸附水分的速度和程度取决于药物的理化性质与环境的相对湿度（relative humidity，RH）。根据吸湿能力的不同，可将物料分为四类。①不吸湿物料：在相对湿度小于 90% 条件下，物料完全不吸潮；②轻微吸湿物料：在相对湿度小于 80% 条件下，物料完全不吸潮；③中等吸湿物料：在相对湿度小于 60% 条件下放置 7 天，物料的吸潮大于 5%；④易吸湿物料：在相对湿度小于 40% ~50% 条件下，物料能吸潮。粉末由于比表面积大，大多具有不同程度的吸湿性，从而导致粉末的流动性下降、固结、润湿、液化等，甚至促进化学反应而降低药物的稳定性。空气的相对湿度越大，物料越易吸湿。但药物的水溶性不同，则有不同的吸湿规律。

粉末吸湿达到平衡时的相对湿度称为临界相对湿度（critical relative humidity，CRH），此时粉末的吸湿速度最快，平衡曲线急剧上升。CRH 是水溶性药物粉末固定的特征参数，常用来评价粉末吸湿的难易程度。物料的 CRH 越小则越易吸湿，反之则不易吸湿；将生产及贮藏环境的相对湿度控制在药物的 CRH 值以下，或选择 CRH 值大的物料作防湿性辅料和内包装材料，以减少吸湿。

吸湿性的测定方法为，将药物置于已知相对湿度的环境中（贮于恒温恒湿箱或具有饱和盐溶液的干燥器中），一定时间后将药物取出称重，测定吸水量（增重），绘制药物的平衡吸湿曲线，以样品的平衡吸湿量对各个相对湿度作图，从曲线斜率急剧变化处即可得到该样品的 CRH。

（七）药物的粉体学性质

药物的粉体学性质主要包括粒子形状、大小、粒度分布、粉体密度、附着性、流动性、润湿性和吸湿性等，能影响药物制剂的处方设计、制剂工艺和制剂产品的质量等。如流动性、含量、均匀度、稳定性、颜色、味道、溶出速度和吸收速度等均受药物粉体学性质的影响。用于固体制剂的辅料如填充剂、崩解剂、润滑剂等的粉体性质也可改变或改善主药的粉体性质，提高药物制剂的质量。

（八）药物的稳定性与辅料的配伍

热、光、氧气、水分、pH 及辅料等均可能影响药物的稳定性。若药物分解变质，不仅使药效降低，且会因降解产物导致不良反应。因此，药物稳定性的考察是处方前研究的重要工作。稳定性研究的目的是考察原料药及其制剂的性质在温度、湿度、光线等条件下随时间的变化规律，为药品的生产、包装、贮存、运输条件和有效期的确定提供科学依据。药物的稳定性主要包括化学稳定性、物理稳定性和微生物学稳定性。在所要求的贮藏条件下，药物含量或效价都应保持在质量标准要求的限度以上。在处方前研究中，要根据药物的结构、性质及给药途径进行分析，研究导致药物不稳定的原因，如降解反应、氧化反应、聚合反应等。药物稳定性的试验方法主要包括影响因素试验、加速试验与长期试验。

因为固体制剂中通常需要加入填充剂、崩解剂、黏合剂与润滑剂等辅料，这些辅料大多数表现为化学惰性，但也不排除辅料与药物混合后出现配伍变化，所以需要考察这些辅料与主药之间是否存在相互作用，对药物的物理稳定性或者化学稳定性是否存在影响。对于溶液中药物的稳定性，主要考察在系列 pH 条件下药物的降解行为，还需要考察重金属、抗氧剂等辅料在氧化、光照等条件下对药物稳定性的影响。

二、药物的生物药剂学与药动学特性

1. 生物药剂学分类系统 生物药剂学分类系统（biopharmaceutics classification system，BCS）是根据药物溶解性与细胞膜渗透性的高低，对药物进行分类的一种科学方法。将口服吸收药物分为四类（图 2－2）：当药物的最大应用剂量能在 pH1～7.5 范围内、不大于 250ml 的水性缓冲液介质中完全溶解，即为高溶解性药物；反之，则为低溶解性药物。高渗透性是指药物在肠道吸收达 90% 以上，否则即为低渗透性药物。通常，在 pH1～7 范围内，对于溶解度≥10mg/ml 的药物，其吸收不会被溶出影响；而对于 < 0.1mg/ml 的药物，其吸收会受限于溶出速率。

BCS 分类系统的提出对药物制剂设计具有重要的指导意义。对于 BCS Ⅰ类药物，溶解度和渗透性均较大，只要处方中不含影响其溶解和渗透的辅料即可，其吸收会较理想，适合做成口服制剂；对于 BCS Ⅱ类药物，因低溶解度限制了吸收，增加药物溶解度或加快药物溶出速率能显著提高吸收，常用的方法主要包括微粉化降低粒径、制成包合物或固体分散体、制成磷脂复合物、采用共晶技术等；对于 BCS Ⅲ类药物，处方设计时应重点关注其渗透性；对于 BCS Ⅳ类药物，由于溶出和渗透均为药物吸收限速过程，因此制剂开发的难度和风险均较大。对于 BCS Ⅰ与Ⅱ类药物，进行制剂研发时，有可能被生物豁免。

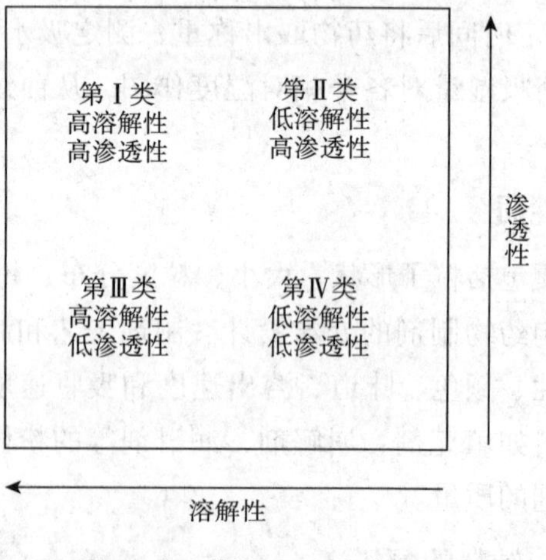

图 2－2 药物 BCS 分类系统

2. 药物的吸收、分布与消除 一般药物在体内的过程为吸收、分布、代谢、排泄。药物进入体循环后，通过循环系统（血液循环或淋巴循环）分布到全身各组织器官，在作用部位达到一定浓度并在一定时间内维持这一浓度，发挥治疗作用，最后被消除、排泄。

吸收是指药物从给药部位进入体循环的过程。比如口服给药，药物必须透过胃肠道的生物膜，才能进入循环系统。药物的理化性质能明显影响吸收。由于生物膜是一种类脂性半透膜，故脂溶性药物较容易透过。利用模型可预测药物的口服吸收效率，一类是通过模型计算机软件进行模拟预测；一类是建立体外细胞和模型组织，通过测量药物在这些体内模型中的数据进行推算。口服给药剂型中，溶液剂的吸收最快，其次是混悬剂、散剂、胶囊剂、片剂，包衣片作用更慢。

药物的分布速度受血流速度、毛细血管的透过性、药物与各组织的亲合性、药物与大分子物质的结合性等影响。肝是药物代谢的主要部位，因其含有大量代谢酶，但其他组织也含有一定量的代谢酶，对某些药物亦具有生物转化作用。而肾是药物排泄主要器官。

药物分布与消除速度决定了血液和作用部位药物的浓度，从而决定给药次数，所以在确定剂型和处方设计前，应充分了解药物的分布和消除等特点。

3. 药物的体内动力学研究　在处方前研究中，主要通过查阅文献了解药物本身的体内动力学性质和参数，以便针对药物本身体内分布、消除特征，结合其物理化学性质，选择给药途径，并设计适宜的剂型。如具有首过效应的药物，可选择非胃肠道给药或采用剂型设计降低首过效应的影响；如维生素 B_2 只在十二指肠上部吸收，可设法延长其在胃内的停留时间，改善吸收。

三、药物的药理和毒理特性

在制剂的设计过程中，必须对药物的药理、药效、毒理等特性进行充分了解，在此基础上进行剂型和处方的设计，保证药物的安全性、有效性、稳定性、质量可控性以及低成本，以确保药物在应用时能最大程度地发挥疗效，降低毒性。

1. 药理和药效学性质　在药物制剂设计过程中，首先应了解药物的作用机制和药效学性质，如药物的作用部位与靶点及治疗窗等，指导制剂的设计，增强药物治疗有效性。

药物的疗效除与原料药本身的性质有关外，还与剂型和给药途径紧密相关。如治疗心绞痛的药物硝酸甘油，采用相同的给药途径，不同的剂型会产生不同的效果，口腔速崩片接触唾液 10 秒内，即崩解吸收，作用迅速；舌下片则需要约 2 分钟的时间才能发挥作用；普通片吸收慢，不适于作急救用药。同时也需要根据治疗目的进行给药途径的选择，如果是对心绞痛进行急救，宜选用舌下给药，因其吸收速度快；如需起到预防作用，应选用透皮贴剂，因为其能长时间维持药效。

2. 毒理学特性　药物的毒副反应主要来源于化学结构本身，也与药物制剂的设计有关，所以要提高药物治疗的安全性，降低刺激性或毒副作用。首先要考虑给药途径，如具有胃肠道不良反应的药物红霉素对胃有较强的刺激性，可以选择制成肠溶片或者胶囊；对于治疗窗较窄的药物，宜设计为缓控释制剂，以减小峰谷波动，维持平稳的血药浓度，降低毒副作用；处方中的辅料也会引起毒性，如抗癌药物紫杉醇由于溶解度低，在制成注射剂时需要加入一定量的聚氧乙烯蓖麻油增溶药物，但该增溶剂具有很强的刺激性。若将紫杉醇制成脂质体，则可避免使用具有强刺激性的增溶剂。

第二节　药物制剂设计的生物药剂学基础

一、概述

生物药剂学（biopharmaceutics）是研究药物及其剂型在体内的吸收、分布、代谢与排泄过程，阐明剂型因素、机体生物因素与药效之间关系的学科。

生物药剂学能为药物质量的评价、剂型与给药途径的设计、处方与生产工艺的优化提供有力支持，为临床用药提供科学依据，使药物发挥最佳疗效。

药物的剂型因素不仅指药剂学中注射剂、片剂等剂型概念，还包括与剂型有关的各种因素：①药物的某些化学性质（如同一药物的不同盐、酯、络合物或衍生物等）；②药物的某些物理性质（如粒径大小、晶型、溶解度、溶出速率等）；③药物的剂型及用药方法；④制剂所用辅料种类、性质及用量；⑤处方中药物的配伍及相互作用；⑥制剂的工艺过程、操作条件及贮存条件等。

机体的生物因素主要包括种属差异（如兔、鼠、猫、犬和人的差异），种族差异（如肤色、人种的不同）、性别差异、年龄差异，以及生理与病理条件差异，遗传因素等。

药效是机体对药物作用的反映，包括治疗效果、副作用和毒性等。

生物药剂学的研究贯穿药物制剂研发和使用的各个阶段。它与生物化学、药理学、物理化学、药效学及药物动力学等学科联系密切，并且互相渗透。

二、药物的膜转运与吸收机制

药物通过生物膜（或细胞膜）的现象称为膜转运（membrane transport），膜转运对于药物的吸收、分布、代谢和排泄等体内过程有着重要的作用。药物的吸收（absorption）是指药物从给药部位进入体循环的过程。胃肠道上皮细胞是口服药物吸收至全身循环的主要介质和屏障。因此了解和掌握生物膜的结构及功能、胃肠道的结构和特性，对研究药物膜转运机制、改善药物的吸收性质、提高药物疗效具有非常重要的意义。

（一）生物膜的结构

细胞外表面的质膜和各种细胞器的亚细胞膜统称为生物膜。药物在吸收部位通过生物膜屏障转运进入循环系统。生物膜主要由膜脂、蛋白质和少量糖类组成（图 2－3），具有流动性、不对称性以及半透性，这些性质与物质转运，细胞融合、细胞表面受体功能等有密切关系。

生物膜的结构是以流动的脂质双分子层为基架，其中镶嵌表在蛋白（extrinsic protein），可伸缩活动，具吞噬、胞饮作用；另一类内在蛋白（intrinsic protein）贯穿于整个脂膜，组成生物膜的受体、酶、载体和离子通道等。膜的这种结构与物质跨膜转运密切相关。

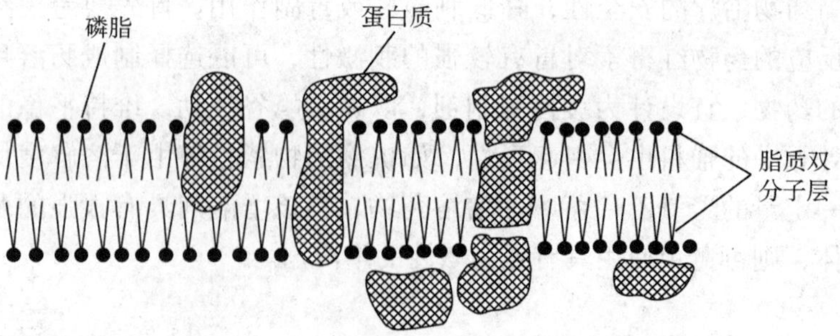

图 2－3　生物膜液晶流动镶嵌模式示意图

（二）药物通过生物膜的转运机制

药物的膜转运途径包括细胞通道转运和细胞旁路通道转运两种。经细胞通道转运是药物的主要转运途径，按机制可分为被动转运、载体媒介转运及膜动转运等。药物的吸收转运是一个非常复杂的过程，转运机制与药物性质、吸收部位、生理特征以及环境等因素有关。某种药物能以一种或多种转运机制进行。大多数药物吸收以单纯扩散为主。

1. 被动转运　被动转运（passive diffusion）是指药物分子由高浓度区向低浓度区扩散的过程，分为单纯扩散和膜孔扩散。药物透膜的运行方向和通量与膜两侧的浓度梯度、电位梯度、渗透压梯度以及膜对药物的屏障作用有关。被动扩散的特点包括：①顺浓度梯度；②转运速度与膜两侧的浓度差成正比；③扩散过程不需要载体，也不消耗能量；④膜对药物无特殊选择性；⑤无饱和现象和竞争抑制现象，一般也无部位特异性。

（1）单纯扩散　单纯扩散（simple diffusion）是指药物的跨膜转运受膜两侧浓度差限制的过程。脂溶性药物能溶于液态脂质膜而通过细胞膜进入血液循环。药物的脂溶性大小和油水分配系数决定了药物进入脂质层的难易。对于弱酸或弱碱性药物在体内可部分解离，解离度影响药物的单纯扩散。未解离的分子型药物易通过脂质双分子层，而离子型药物不易透过生物膜。所以解离度小、脂溶性大的药物易吸收。药物的解离度取决于解离常数（pK_a）和体液的 pH。大多数药物在消化道内的吸收以被动扩散机制透过生物膜。

单纯扩散可以用 Fick 第一定律解释：

$$\frac{dC}{dt} = \frac{DAk}{h}(C_1 - C_2) \qquad (2-6)$$

式中，dC/dt 为扩散速度，D 为扩散系数，A 为扩散面积，h 为膜的厚度，k 为油水分配系数，C_1为胃肠道中的药物浓度，C_2为血中药物浓度。

单纯扩散属于一级速率过程。

（2）膜孔转运　膜孔转运（membrane pore transport）是被动转运的另一种形式。在细胞膜上有许多孔径0.4～0.8 nm 大小的微孔，水溶性的小分子物质（乙醇、尿素、糖类等）和水可由此扩散通过。而离子型药物所带电荷影响膜孔扩散。膜孔转运在药物的吸收仅占次要地位。

2. 载体媒介转运　借助生物膜上的载体蛋白，使药物透过生物膜而被吸收的过程称为载体媒介转运（carrier－mediated transport），分为促进扩散和主动转运两种形式。

（1）促进扩散　促进扩散（facilitated diffusion）又称易化扩散，是指一些非脂溶性物质借助细胞膜上的转运蛋白，由膜的高浓度一侧向低浓度一侧扩散的过程。

与单纯扩散相同，促进扩散也是顺浓度梯度扩散，不消耗能量。但是促进扩散的速度要比单纯扩散更快，效率更高；促进扩散存在最大转运速率，因为膜上载体蛋白的结合位点存在饱和性；载体蛋白具有结构特异性，只能转运某种结构的物质；结构类似物会产生竞争作用。

（2）主动转运　主动转运（active transport）是指药物借助载体或酶促系统由低浓度或低电位差的一侧转运到较高一侧的跨膜过程，又称逆流转运。主动转运有如下特点：①逆浓度梯度或化学势梯度转运；②需要消耗机体能量；③由于转运蛋白的数量和活性均有限，因此转运能力具有饱和现象；④结构类似的物质发生竞争抑制现象；⑤受代谢抑制剂的影响；⑥具有结构特异性和部位特异性，如胆酸和维生素 B_2的主动转运只在小肠上段进行，维生素 B_{12} 在回肠末端部吸收。米氏（Michaclis－Menten）方程能描述药物主动转运的过程。

3. 膜动转运　膜动转运（membrane mobile transport）是指依靠细胞膜的主动变形，将药物摄入细胞内（胞饮和吞噬）或从细胞内释放到细胞外（胞吐）的转运过程。入胞作用对蛋白质和多肽的吸收非常重要，并且有一定的部位特异性（如蛋白质在小肠下段的吸收最为明显）。细胞内不能消化的物质以及合成的分泌蛋白则可以通过胞吐的途径排出细胞。

（三）药物转运器

转运器（transporters）是具有特定转运功能的一类转运蛋白，转运器中单个的转运蛋白称为转运体（transporter）。药物转运器具有高度的特异性，与底物分子非共价结合，当底物达到一定浓度时达到饱和。转运器在很多组织和器官中具有表达，包括肝脏、小肠、肾脏、脑、胎盘等重要位置。通常情况下，药物转运器的表达被高度限制在极化细胞的某一侧，保证了药物向同一方向协同转运。其中，中、低通透性药物的吸收受肠道转运器影响较大。转运器能够识别并转运外源性或内源性底物，保护机体免受外界毒素的侵害，对药物的治疗效果和毒副作用有较大影响，在药物吸收、分布、代谢、排泄等过程中起到重要作用。

药物转运器的分类方式有以下几种：根据体内药动学行为的不同，分为吸收型转运器和分泌型转运器；根据基因代码的不同，分为溶质载体转运器（SLC 转运器）和 ATP－结合盒转运器（ABC 转运器）；根据转运器对药物的不同作用，可分为药物内流转运器（drug influx transporter，DIT）以及药物外排转运器（drug efflux transporter，DET）。

1. 药物内流转运器　转运底物进入细胞，增加胞内底物浓度的转运器称为药物内流转运器，主要包括以下几种。

（1）核苷转运器　核苷转运器（nucleoside transporter，NT）可以分为非 Na^+ 依赖的平衡转运器（ENT）和 Na^+ 依赖的集中转运器（CNT）两类。ENT 主要表达在细胞基底膜上，对底物选择性较低；CNT 主要表达在小肠组织细胞，底物特异性强，其中 CNT1、CNT2 的底物分别以嘧啶类和嘌呤类为主，CNT3 的底物类型比较丰富，例如吉西他滨、齐多夫定、氟尿嘧啶核苷等。NT 能潜在决定腺苷、抗病毒及抗肿瘤药物体内药动学性质与生物活性。

（2）肽类转运器　肽类转运器（peptide transporter，PEPT）位于小肠上皮细胞刷状缘膜，底物为二肽或三肽，对 β－内酰胺类抗生素、血管紧张素转化酶抑制剂、肾素抑制剂和凝血酶抑制剂等药物的口服吸收具有重要作用。肽类转运器尚能介导一些不含肽键药物的转运。

（3）葡萄糖转运器　葡萄糖转运器（glucose transporter）分为两类：钠离子依赖的继发性主动转运器（SGLT）和非钠离子依赖的促进扩散转运器（GLUT）。SGLT1 是 SGLT 家族中的重要成员，主要位于小肠顶端膜，在肠道中主动转运葡萄糖。SGLT 还可以转运肌醇、脯氨酸及葡萄糖衍生物等。GLUT 的不同亚类对葡萄糖的亲合力和转运容量有很大的不同。

（4）其他转运器　有机阳离子转运器（organic cation transporter，OCT）对很多内源性胺类以及其他有机阳离子药物（如抗组胺药、抗心律失常药、β－肾上腺素受体阻滞剂等）的吸收和消除发挥重要作用。

有机阴离子转运多肽（organic anion transporting polypeptide，OATP）主要分布于肝、肾、肺、脑、肠道等组织。OATP 具有非常广的底物谱，能转运具有多种不同结构特点的内源性和外源性物质，在药物的吸收、消除和组织分布中发挥关键性的作用。

氨基酸转运器（amino acid transporter）是介导氨基酸跨膜转运的转运器。对底物具有高度选择性，在氨基酸营养机体细胞和神经调节中起作用。

维生素转运器（vitamin transporter）主要转运水溶性维生素，对脂溶性维生素无转运效果。此外，叶酸转运器能转运维生素 B_1、还原型叶酸及其衍生物。

胆酸转运器（bile acid transporter）能介导生理胆酸盐的吸收，参与胆固醇类化合物、环肽类药物以及多种胆盐的吸收。

2. 药物外排转运器　药物外排转运器（DET）即依赖 ATP 分解释放的能量，将底物逆向泵出细胞，降低胞内底物浓度的转运器。DET 在许多具有分泌、排泄功能的正常组织上具有较高的表达。DET 对抗肿瘤药物的外排作用会导致肿瘤细胞内药量减少，产生“多药耐药”（multidrug resistance，MDR）。细胞耐药是细胞维持自身稳定的机制之一，也是抗肿瘤药物难以发挥作用的主要因素。

（1）P－糖蛋白　P－糖蛋白（P－glycoprotein，P－gp）广泛存在于人体各组织细胞中（如肝、肾、肠的上皮细胞、脑组织、卵巢和睾丸等），通过 ATP 提供的能量，能将药物从胞内泵出胞外。肠上皮细胞刷状缘膜中的 P－gp 则能将药物从浆膜侧泵回至黏膜侧，导致药物吸收减少。P－gp 底物非常广泛，通过抑制或诱导 P－gp 的功能和表达能潜在改变 P－gp 底物的体内药动学性质。

（2）多药耐药相关蛋白　多药耐药相关蛋白（multi－drug resistance associated protein，MRP）是一类跨膜转运蛋白，广泛分布于正常组织中，但表达水平低；而在肿瘤组织中往往呈高表达，影响着化疗药物在体内的吸收、分布和排泄等。MRP1 可能通过促进药物与谷胱甘肽结合物的外排导致耐药。MRP2 分布在各组织器官细胞的顶端膜，能够转运多种化疗药物，被认为是引起肿瘤细胞多药耐药的原因之一。

（3）乳腺癌耐药蛋白　乳腺癌耐药蛋白（breast cancer resistance protein，BCRP）在乳腺癌细胞、胎盘、小肠、肝、肾、脑中均有分布。BCRP 的结合能力高，作用机制与 P－gp 十分相似，底物广泛，包括蒽环类、喜树碱类似物、核苷类似物等。

三、药物的胃肠道吸收及其影响因素

药物从给药部位进入体循环的过程为吸收。除血管内给药（如静脉注射给药）以外，非血管内给药（如胃肠道给药、肌内注射给药、透皮给药等）都存在吸收过程。药物只有吸收进入体循环，才能发挥治疗作用。药物吸收与给药途径、生理因素、药物的理化性质、药物剂型等因素有关。

（一）药物在胃肠道的吸收

胃肠道由胃、小肠和大肠三部分组成。

胃是胃肠道中最为膨大的部分，口服药物在胃内的停留过程中大部分可被崩解、分散和溶解，但由于吸收表面积较小，血流速率慢，药物在胃部停留时间也相对较短，除一些弱酸性药物可在胃中吸收，大多数药物吸收较差。药物在胃中的吸收机制主要是被动扩散。

小肠由十二指肠、空肠和回肠组成。小肠表面有环状皱褶、绒毛和微绒毛，故吸收面积极大。其中绒毛最多的是十二指肠，向下逐渐减少。因此小肠（特别是十二指肠）是药物和食物等吸收的主要部位，微绒毛是吸收过程进行的主要区域。小肠中药物的吸收以被动扩散为主，同时也是某些药物主动转运的特异部位。小肠液的 pH 为 5～7.5，有利于弱碱性药物的吸收。

大肠包括盲肠、结肠和直肠。大肠黏膜上没有环状皱襞和绒毛结构，表面积小，因此对药物的吸收不起主要作用，大部分运行至结肠的药物可能是缓释制剂、肠溶制剂或溶解度很小而残留的部分，结肠段药物降解酶较少，活性较低，有可能是蛋白质多肽类药物吸收较理想的部位。一部分药物在直肠下端可避免肝脏首过效应，是直肠给药（如栓剂）的良好吸收部位。大肠中药物的吸收也以被动扩散为主，兼有胞饮和吞噬作用。

（二）影响药物胃肠道吸收的生理因素

1. 消化系统因素

（1）胃肠液的成分与性质　胃液的主要成分是胃酸，因此胃液的 pH 为酸性，是弱酸性药物的最佳吸收部位，而小肠较高的 pH 环境，有利于弱碱性药物的吸收。消化道中不同的 pH 环境（pH 1.2～8.5）能影响药物的解离状态，改变药物的吸收，也可能影响药物的稳定性。

胃肠液中含有酶类、胆盐及黏蛋白等物质，对药物的吸收产生不同的影响。酶类可以消化食物，但也可能造成多肽及蛋白质药物分解失效。胆盐能够增加难溶性药物的溶解度，提高药物的生物利用度。黏蛋白可能会干扰药物吸收。胃肠道黏膜表面覆盖的黏多糖－蛋白质复合物在保护黏膜的同时，也可能影响药物的吸收。在复合物表面的静态水层是高脂溶性药物透膜吸收的重要屏障。

胃液能够通过润湿药物粒子及水化片剂的包衣层，促进体液渗入制剂。小肠则可以利用绒毛将小肠液重吸收，是药物吸收的重要媒介。

（2）胃排空　胃蠕动可使食物与药物充分混合，同时有粉碎和搅拌作用，使与胃黏膜充分接触，有利于胃中药物的吸收，同时将内容物向十二指肠方向推进。胃内容物从胃幽门部排入十二指肠的过程称为胃排空（gastric emptying），单位时间内胃内容物的排出量称胃排空率（gastric emptying rate）。胃排空率与胃内容物的理化性质、黏度与渗透压、食物组成以及服用药物等因素有关。稀的流体食物较固体食物胃排空快；胃内容物黏度低，渗透压低或大量饮水时胃排空速率较大；糖类、蛋白质、脂肪所需要的胃排空时间依次递增；服用麻醉药、抗组胺药物时使胃排空减慢。

胃排空速率慢，药物与胃黏膜接触时间延长，有利于弱酸性药物吸收。胃排空加快，到达小肠部位时间缩短，吸收快，生物利用度提高。少数主动吸收药物如核黄素等在十二指肠由载体转运吸收，胃排空速率快，大量的核黄素同时到达吸收部位十二指肠，出现饱和现象而吸收不完全，生物利用度下降；若饭后服用，胃排空速率小，核黄素连续不断的缓慢转运到吸收部位，主动转运不致产生饱和，有利于提高生物利用度。

（3）肠内运行　小肠的固有运动有节律性分节运动，蠕动运动和黏膜与绒毛的运动三种。肠的固有运动可促进固体制剂的进一步崩解，使之与肠液充分混合溶解，增加药物与吸收黏膜表面的接触，有利于药物的吸收。一般药物与吸收部位的接触时间越长，吸收越好。内容物经过十二指肠、空肠和回肠的速度依次减慢。一些药物影响小肠运动速度，从而影响药物的吸收过程。

结肠运动主要包括将内容物向下推进和混合运动，混合运动能增加结肠表面积，增加溶解状态药物的吸收，但结肠内水分较少，因此，结肠处药物吸收不完全。

胃肠道运动还受生理、病理因素影响。例如妊娠期、痢疾、低血糖等。

（4）食物的影响　食物能延缓或减少药物吸收，也可能促进药物的吸收或者不影响药物吸收。

食物通常能够减慢药物的胃排空速率，故主要在小肠吸收的药物多半会推迟吸收；食物在消化时要消耗胃肠内水分，使胃肠道内的体液减少，从而延迟固体制剂的崩解与药物的溶出；另外由于食物存在，增加了胃肠道内容物的黏度，妨碍了药物向胃肠道壁的扩散，也会使吸收变慢。如空腹服用对乙酰氨基酚在 20 分钟以内就能达到峰浓度，而早饭后服用则需要在 2 小时后才能达到峰浓度，且禁食血药浓度峰值时比非禁食时要高。

当食物中含有较多脂肪时，由于能够促进胆汁分泌，增加血液循环，特别是能够增加淋巴液的流速，增加难溶性药物的吸收。如灰黄霉素水溶性差，在脂肪类食物中溶解度增大，吸收增加。由于食物减慢胃排空率，可提高一些主动转运及有部位特异性转运药物（如核黄素）的吸收率。进食后组织器官血流量的增加可使普萘洛尔等药物生物利用度增大。一些食物会对药物吸收产生特殊的影响，如口服柚汁后，钙拮抗剂的吸收总量增加。

（5）胃肠道代谢作用　消化道黏膜内存在各种消化酶和肠道菌丛产生的酶，这些酶对食物有消化作用，也可以使部分药物发生代谢反应而失活。因此药物的胃肠道代谢也是一种首过效应，对药物疗效有一定的影响。

2. 循环系统因素

（1）胃肠血流速度　由消化道上皮细胞吸收的药物经循环系统转运至全身各部位，因此，循环系统的循环途径和流量的大小都对药物吸收及血药浓度产生影响。在胃的吸收中，血流量可影响胃的吸收速度，服用苯巴比妥的同时饮酒，可使血流加速，胃吸收量增加。而由于小肠黏膜有充足的血流量，这种现象在小肠中不起显著作用。

（2）肝首过效应　透过胃肠道生物膜吸收的药物经肝门静脉入肝后，在肝药酶作用下药物可产生生物转化。药物进入体循环前的降解或失活称为“肝首过代谢”或“肝首过效应（liver first pass effect）”。肝首过作用越强，药物被代谢的越多，血药浓度下降也越快，药效受到的影响越明显。

（3）肝肠循环　肝肠循环（enterohepatic cycle）是指经胆汁排入肠道的药物，在肠道中重新被吸收，经肝门静脉返回肝脏的现象。肝肠循环现象在药动学上表现为在药-时曲线上出现双峰现象，而在药效学上表现为药物的作用时间显著延长。

（4）胃肠淋巴系统　药物从消化道向淋巴系统中的转运，也是药物吸收转运的重要途径之一。淋巴液的流速比血流慢得多，通常药物的淋巴系统的转运几乎可忽略。但一些难以进入毛细血管的脂肪及与脂肪结构相似的药物或大分子药物比较容易进入毛细淋巴管。经淋巴系统吸收的药物不经肝脏，不受肝脏首过作用的影响。因而对在肝脏中首过作用强的大分子药物及一些抗癌药，定向淋巴系统吸收和转运很有临床意义。位于黏膜固有层的疏松结缔组织中的淋巴小结的集合体，称为派伊尔结（Payer's paches，PP）。PP 中存在 M 细胞，通过靶向 M 细胞能增加药物的淋巴转运。尽管如此，M 细胞在整个肠道上皮层的占比不足 1%。通常脂质递药系统如脂质体具有较好的淋巴靶向性。

3. 疾病因素　疾病主要造成生理功能紊乱而影响药物吸收，疾病可影响胃肠道 pH、肠绒毛生理功能、胃肠运动等，造成药物吸收减少；经手术切除胃或小肠的患者，大多对药物吸收不理想；肝脏疾病伴有的其他脏器功能变化，如甲状腺功能异常等，均会影响药物体内过程。

（三）影响药物胃肠道吸收的药物因素

药物在胃肠道的吸收除了会受到胃肠道生理环境的制约，还会受到药物理化性质及其在胃肠道中稳定性的影响。因此，药物制剂处方前研究需要考虑这些因素。

1. 药物的理化性质

（1）药物的解离度与脂溶性　胃肠道上皮细胞结构主要是类脂质双分子层，是药物吸收所需要跨越的一道屏障。药物透过上皮细胞吸收的速率与其解离性质和脂溶性有关。一般脂溶性好的非解离型有机弱酸或弱碱比脂溶性小的解离型药物更易吸收。

药物在胃肠道吸收部位的解离由其解离常数 pK_a 与消化道液 pH 决定，其关系可用pH-

分配假说 Henderson－Hasselbalch 方程表示：

$$\text{弱酸性药物：} pK_a - pH = \log(C_u / C_i) \quad (2-7)$$

$$\text{弱碱性药物：} pK_a - pH = \log(C_i / C_u) \quad (2-8)$$

式中，C_u、C_i分别表示未解离型和解离型药物的浓度。由公式可知，弱酸性药物在胃中主要以非解离型存在，故吸收较好。而弱碱性药物在 pH 较高的小肠中更有利于吸收。例如，水杨酸的 $pK_a = 3.0$，在胃液的 pH = 1.0 时，非解离型与解离型的比例为 100：1，有 99% 以上的水杨酸在胃中呈分子型，易被胃吸收；而弱碱性药物奎宁 $pK_a = 8.4$，在胃中的未解离型只有千万分之一，几乎全部为离子型，故不被吸收；在小肠中，随着 pH 上升，分子型比例增加，所以奎宁在小肠中吸收良好。

药物的脂溶性大小可用油水分配系数进行评价。通常药物的油水分配系数大，脂溶性较好，易被吸收。但油水分配系数与吸收并非简单的比例关系。脂溶性太强的药物因难以从类脂膜中游离进入水溶性体液中，而导致吸收率下降。

由于药物的 pK_a和脂溶性对吸收影响很大，因此对某些胃肠道吸收不良的药物，将其分子结构稍加改造，改变 pK_a和脂溶性，则可能增加吸收。例如，口服红霉素丙酸酯的血药浓度高于红霉素数倍，这是由于酯的油水分配系数比游离碱大 180 倍。在小肠液的 pH 条件下，前者分子型与离子型药物浓度的比值，远远高于后者（红霉素丙酸酯 $pK_a = 6.9$，红霉素 $pK_a = 8.6$），所以红霉素丙酸酯在小肠内吸收较好。还有不少药物在不改变药理作用的情况下制成“前体药物”增进其脂溶性。例如，氨苄西林制成匹氨西林后脂溶性增加，其吸收比母体好得多，生物利用度提高 60%。口服吸收后，此酯快速水解成氨苄西林，保持原来的疗效。

运用 pH－分配假说虽然能解释药物的 pK_a及环境 pH 与药物吸收的一般关系，但该假说存在一定的局限性。一般情况下，小肠的实际吸收水平比按 pH－分配假说计算值要大，主要是由于：①小肠吸收表面微环境 pH 比肠腔内低；②小肠有丰富的血流和较大的吸收表面积；③解离型药物也能通过细胞膜上的含水微孔以及细胞旁路通道吸收。此外，对于两性药物，pH 在等电点时药物最易被吸收。

（2）药物的溶出速度　溶出速度（dissolution rate）是指在一定溶出条件下，单位时间内药物溶解的量。口服固态剂型如片剂、丸剂、胶囊剂、颗粒剂等后，药物通常须先经过崩解、分散并溶解在胃肠液中，才能被上皮细胞吸收。如果药物溶出很快，或药物以溶液形式给药且在胃肠道内还能保持溶解状态，则药物的吸收速度就主要取决于其透过生物膜屏障的能力。但对难溶性药物或溶出速度很慢的药物或者制剂，药物的溶出往往成为影响其吸收的限速阶段，即药物的吸收速度主要受药物在体内的溶出速度的支配，在这种情况下，溶出速度能较大程度地影响药物起效时间、药效强度和持续时间。

药物从固体制剂中的溶出过程，可以用 Noyes－Whitney 方程［式（2－5）］描述。

由于一个指定化合物的 D 和 h 是固定的，即 $D/h = KD/h = K$（称为溶出速度常数）；$C_s - C$ 是扩散层与溶液中的药物浓度差，在受溶出速度限制的吸收过程中，由于溶解了的药物立即被吸收，药物浓度 C 可以认为接近于零，即 $C_s >> CC_s >> C$，故上式可改写成：

$$dC/dt = KSC_s \quad (2-9)$$

从式（2－9）可知，药物的溶出速率与 S（即药物的表面积）、C_s（即药物的溶解度）和 K（即溶出速率常数）成正比。扩散系数 D 与分子容积和溶液的黏度成反比，分子容积大，溶液黏度高，则溶出速率下降。对于一种给定的药物，其扩散系数和溶解度常随温度升高而增大。此外，增加溶出介质的搅拌速度也能增加溶出速率。

由于主药的溶出速度太慢可能造成药物制剂无效，故对于溶解度小的药物制成的片剂或其他固体剂型，各国药典常规定要测定其溶出速率，作为体外控制质量的方法之一。

影响制剂中药物溶出速率的主要因素包括：①粒子大小：从 Noyes – Whitney 方程可知，药物的溶出速率与药物粒子的表面积成正比，药物粒子越小，溶出速率越快。因此，可采用微粉化的技术，如研磨、机械粉碎、气流粉碎和制成固体分散体等，增加某些难溶性药物溶出速率和吸收。②多晶型：约 1/3 的有机化合物具有多晶型。多晶型分为稳定型、亚稳定型和不稳定型三种。各种晶型往往具有不同的物理性质如密度、熔点、溶解度、溶出速率等，它们的生物活性和稳定性也有所不同。稳定型熵值最小，熔点最高，化学稳定性好，溶解度最小，溶出速率慢、药物在体内吸收速率慢，制成的制剂生物利用度较差；不稳定型与此相反，但易于转化成稳定型而难以操作；亚稳定型介于上述二者之间，具有较大的熵值和较低的熔点，在常温下较稳定，有利于制剂的制备。亚稳定型溶出速率较快，制剂口服后生物利用度高。由于晶型能够影响药物的吸收速率和药理活性，在进行制剂制备时，应选择适宜的晶型和操作工艺。③溶剂化物：药物结晶中含有溶剂分子称为溶剂化物。当溶剂为水时称为水合物。药物经溶剂化后，溶解度和溶出速率会发生改变，一般溶出速率大小顺序为：有机溶剂化物 > 无水物 > 水合物。如氨苄西林在 42℃时水合物为稳定型，无水物为不稳定型；30℃时无水物与三水合物的溶解度分别为 12mg/ml 与 8mg/ml。④成盐：将难溶性的弱酸（碱）制成钾盐或钠盐，能够在胃肠液中迅速溶解，可使制剂的溶出速率增大，生物利用度提高。例如，青霉素 V 的原型、钾盐及钙盐口服给药后的吸收速率的差异与其相应的溶出速率差异相一致，钾盐吸收最好，其次为钙盐与原型。

2. 药物在胃肠道的稳定性　某些药物由于胃肠道的 pH 与酶的作用，有可能导致药物降解或失活，从而影响药物的吸收。采用肠溶包衣技术或制成药物的衍生物或前体药物等能降低潜在的影响。例如，青霉素的衍生物氨苄西林在 pH 1 时半衰期为 5 小时，在胃酸中稳定性远高于青霉素，可口服给药。又如，用于治疗骨髓增生异常综合征的地西他滨，在体内易在肠道黏膜和肝脏代谢失活，将其制成 L – 缬氨酸酯前药和 L – 苯丙氨酸酯前药后，胃液及小肠液中半衰期均大于 1.5 小时，且生物利用度显著提高。

（四）影响药物胃肠道吸收的剂型因素

剂型是根据药物的理化性质及临床治疗目的而设计的载药形式，剂型能影响药物的吸收。对于胃肠道给药途径，影响药物吸收的剂型因素主要包括药物的剂型、辅料及制备工艺等因素。

1. 剂型对吸收的影响　剂型可以通过释放与透膜性影响吸收。前一过程以剂型因素为主，后一过程以生理因素为主，且二者紧密相关。

同一药物经加工制成不同的剂型后，往往呈现不同的效应，影响药物的起效时间、作用强度、作用部位及持续时间、副作用等。有时由于剂型种类或处方，制剂工艺等不同，药物在胃肠道的吸收速度和吸收量存在较大差异。

在不同的口服剂型中，溶液剂中的药物是以分子或离子状态分散在介质中，溶液剂吸收最快；口服乳剂的吸收较混悬剂快，主要因为处方中的乳化剂能增加肠道黏膜的通透性，促进吸收。混悬颗粒中的药物必须先溶出，才能被吸收，因此相对于溶液剂，影响混悬剂中药物吸收的因素还包括药物粒子大小和晶型等；散剂比表面积大，易分散，服用后药物可不经崩解和分散而直接溶解释放，所以药物的吸收也较其他固体口服剂型快。胶囊剂制备时无需压制过程，服用后在胃中崩解快，囊壳破裂后，药物颗粒可迅速分散，故药物的释放吸收快，吸收较好；在胃肠道中，片剂首先需要崩解、分散成细小颗粒，直至药物溶解形成溶液后，才能被机体吸收；对于包衣制剂，药物被吸收前需要经历包衣层的溶解，因此包衣材料的溶解性能和衣层厚度均可影响药物吸收。因此，对于不同口服剂型，吸收速度的大致顺序为：水溶液剂 > 乳剂 > 混悬剂 > 散剂 > 胶囊剂 > 片剂 > 包衣片剂。

2. 辅料对吸收的影响 辅料是药物制剂的必要组成部分，主要包括稀释剂、黏合剂、崩解剂、润滑剂等，旨在保证制剂中药物的均一、有效和稳定等。药物制剂中的辅料虽为惰性材料，但其对制剂有效性可能存在的潜在影响。

（1）稀释剂（diluents） 稀释剂的主要作用是吸附和分散。稀释剂和药物种类的不同，可能会影响药物的吸收。例如，碳酸镁及三硅酸镁能吸附阿托品，使其药效降低。稀释剂的用量也可能影响药物的吸收。当溶解度不佳的药物粉末装入胶囊时，随着加入稀释剂的增多，药物从胶囊中释放的速度反而会随之降低，弱稀释剂兼具崩解作用，则加入的稀释剂的量越多，胶囊崩解和药物释放越快。

（2）黏合剂（cohesives） 制粒过程中加入黏合剂可增加粉末间的黏结力，便于制粒，但加入过量的黏合剂能导致制剂崩解和药物溶出的延迟，且不同种类的黏合剂对药物释放的影响也不尽相同。例如，选取三种不同的黏合剂制备的氢氯噻嗪片，其崩解度和溶出度顺序为：5% 淀粉浆 > 10% 阿拉伯胶浆 > 2% PVP 醇溶液。

（3）崩解剂（disintegrants）及润湿剂（humectants） 崩解剂主要用于瓦解或对抗黏合剂与压片过程所带来的片剂内部的结合力，对片剂、胶囊等固体制剂有较大的影响，尤其对于难溶性药物。崩解剂的种类及用量将直接影响药物的释放。一般崩解剂的用量越大，制剂崩解及药物释放越快，药物的吸收也越迅速。

（4）润滑剂（lubricants） 润滑剂常为疏水性物质（如硬脂酸镁）或水不溶性物质（滑石粉）。疏水性可使胃肠消化液难以渗入制剂内部，影响崩解与溶出，从而影响药物的吸收。滑石粉虽具有亲水性，但也可影响一些药物的体内口服吸收，如非那西丁、B 族维生素、四环素等。

（5）增稠剂（viscosity - increasing agents） 增稠剂主要是用于增加液体制剂黏度的附加剂，随着黏度的增加，液体制剂中药物的溶出及扩散速度降低，药物吸收将受到影响。例如，分别给予大鼠水杨酸钠的水溶液和含有 2% MC 的溶液后发现，药物在血浆和脑中出现的速度，后者慢于前者。

（6）表面活性剂（surfactants） 表面活性剂在药物制剂中有广泛应用，但其毒性（包括长毒与急毒）必须被密切关注，因为现有的表面活性剂中不管用于何种给药途径，均不同程度地出现了各种毒性。大多数表面活性剂用于口服给药相对安全，但长期给药也会出现消化道毒性等。如环孢素微乳制剂连续口服两周后，需要停药一段时间后再给药，主要是因为处方中含有大量表面活性剂会对消化道产生明显的刺激作用。对于外用制剂，表面活性剂，特别是阳离子表面活性剂，长期应用或高浓度使用也会对皮肤或黏膜产生各种损害如脱脂、过敏反应等。

通常认为表面活性剂能增加难溶性药物的亲水性，但其用量一般控制在临界胶束浓度（critical micelle concentration，CMC）以下，以免表面活性剂形成胶束，影响药物吸收。表面活性剂还具有良好的润湿作用。润湿剂在片剂、颗粒剂、混悬剂等剂型的制备过程中有广泛的应用，润湿剂也会影响制剂的体内行为如溶出与吸收等。如制备复方硫黄洗剂时，由于硫黄颗粒不溶于水，表面的疏水性难以被液体润湿和分散，处方中加入了一定量吐温－80后，表面活性剂疏水链在疏水表面吸附，降低了固－液界面的界面张力和接触角，使固体易被润湿且均匀分散于液体中。又如在片剂制备中，制粒过程中加入一定量的润湿剂，不仅增加了颗粒的流动性，利于片剂的生产；另一方面，当片剂口服并转运到消化道后，润湿剂能促进水分子渗入片芯，使崩解剂易于吸水，促进片剂崩解，加快片剂的润湿、崩解和药物溶出的过程。

（7）药物与药物、药物与辅料间相互作用　①胃酸调节：合并用药时，药物在吸收部位的相互作用会影响药物的吸收，药物引起的胃肠道pH或胃肠蠕动速率的变化也会影响药物的吸收；②络合作用：药物在制剂中与辅料发生络合、吸附及形成胶束等相互作用时，都能降低药物在吸收部位的浓度，从而减少了药物的吸收；③吸附作用：许多辅料具有“活性”固体表面或吸附剂的作用，因此可能会影响药物的吸收；④固体分散作用：固体分散作用既可加快药物的溶出，也能延缓药物的释放，依赖于载体材料的性质，如采用水溶性载体，将药物以分子、高能、胶体或微晶状态分散，则可增加药物溶出，如以难溶性或肠溶性载体制备固体分散体，则能减缓药物的释放；⑤包合作用：将药物分子包嵌于另一种物质分子的空穴结构内的制剂技术称为包合作用，药物被包合后，通常其溶解度、溶出速度得到改善，口服生物利用度提高。

3. 制备工艺对吸收的影响

（1）混合　混合方法不同可影响药物的溶出速率，且对小剂量药物的影响更明显。粉体性质（粒子的粒径、形态、密度等）、混合方式、混合时间、操作条件及设备等均会影响混合效果。如用溶媒分散法将剂量小的药物配成溶液再与辅料混合，与直接将药物与辅料混合相比，能明显增加分散均匀度与药物的溶出。有报道，华法林的干粉直接与辅料混合压制的片剂与先将华法林溶于乙醇再与辅料混合制成的片剂相比，后者的溶出速率明显加快。

（2）制粒　颗粒的质量对于片剂中药物的吸收具有很大的影响，采用同样处方，若制粒方法不同，不仅得到颗粒的大小、形状、密度和机械强度不同，而且颗粒的崩解性、药物的溶解性可能也会有明显差异，同时会影响药物的疗效。

（3）压片　压片是在一定的压力条件下将颗粒或粉末状的药物压实成片的过程。压力的大小将影响片剂的孔隙率，从而影响片剂的崩解与药物的溶出。一般情况下，压力增大，片剂孔隙率减小，硬度增大，比表面积减小，崩解时间延长，溶出速率变慢。

（4）包衣　衣膜材料和厚度会影响药物吸收的快慢。许多包衣材料为离子型聚合物，受胃肠道内盐类及pH的影响较大，尤其是肠溶衣材料。一些肠溶衣片的疗效与胃肠道pH及片剂在胃中的滞留时间有关，此外，肠溶片的衣层厚度也会影响肠衣片的崩解度，进而影响药物吸收。

包衣制剂贮存过久也会影响药物体内释放，一般情况下，高湿度的贮存环境会使溶出速率减慢。例如，糖衣片在高湿环境中易发生软化、溶化和黏结而影响溶出速率。

四、药物的分布

药物的分布（distribution）是指药物从给药部位吸收进入血液后，由循环系统运送至体内各脏器组织（包括靶组织）中的过程。药物在体内分布是不均匀的，不同的药物具有不同的分布特性。分布与疗效密切相关，还与蓄积和毒副作用等相关。

（一）分布的特性

1. 组织分布与药效 药物分布是决定药效产生的关键步骤。药物的分布速度决定药效产生的快慢，分布越快药效产生越迅速。而药物与组织的亲合力是决定药物在该组织中分布和累积的主要因素。药物对作用部位的亲合力越强，药效就越强越持久。利用靶向制剂可改变药物的分布性质，提高靶组织的药物浓度。

2. 组织分布与化学结构 大多数的药物作用依赖于药物的化学结构。因此药物的理化性质如疏水性、酸碱性、解离度以及药物的空间构型、立体构型、药物与体内受体和转运体的亲合性与药物分布密切相关。药物的脂溶性是影响药物分布的主要因素之一。脂溶性高的药物更易透过细胞膜，从而进入组织细胞。若药物结构中含有较大的烃基、卤素原子、苯环等非极性结构，可导致药物的脂溶性增大，使其作用增强。具有不同立体构型的药物对一些功能蛋白的选择性和结合强度存在差异，也可导致其在体内的分布差异。此外，机体内存在大量的转运蛋白如 P－gp 等，这些蛋白对不同构型的药物具有特异性的识别可影响药物的组织分布。

3. 组织分布与蓄积 蓄积（accumulation）是指长期连续用药后在机体的某些组织中的药物浓度有逐渐升高的趋势的现象。一些脂溶性大的药物易与某些组织如脂肪组织有特殊的亲合性，使得该药物从组织中解脱入血的速度比进入组织的速度慢，则该组织就可能成为药物的贮库或导致蓄积中毒。有些药物可能通过与蛋白质分子或其他大分子结合而在组织中蓄积。在设计、合成新药时，降低脂溶性可减少药物在体内的蓄积，降低致畸等毒副反应的发生。在临床长期连续或反复使用同一药物时应考虑药物蓄积现象。

4. 表观分布容积 表观分布容积（apparent volume of distribution，V）是描述药物在体内分布程度的重要参数，将体内药量与血药浓度联系起来。它是假设药物在充分分布的前提下，体内全部药物按血中同样浓度分布时所需的体液总容积。表示全血或血浆中药物浓度与体内药量的比例关系，其单位以 L 或 L/kg 表示，通常用下式表示：

$$V = D/C \tag{2-10}$$

式中，D 表示体内药量，C 表示相应的血药浓度。

表观分布容积不是指体内含药物的真实容积，没有生理学意义。表观分布容积与药物的理化性质、药物的蛋白质结合、药物在组织中的分布及体液总量密切相关，可以用来评价体内药物在血浆和组织间动态分布特性。

人体体液包括细胞外液与细胞内液，其中细胞外液包括血浆与组织间液。体重 60 kg 的成人约有总体液 36 L，其中血浆容量约为 2.5 L，组织间液约为 8 L，细胞内液约为 25 L。大多数药物的表观分布容积都小于或等于总体液。如安替比林在血液中和组织中均匀分布，因此其表观分布容积近似于总体液量；一些水溶性药物或血浆蛋白结合率高的药物如水杨酸等其在组织中的药物浓度低于血液中，因此它的 V 值通常小于体液总量；而一些脂溶性药物易于被细胞或脂肪组织摄取，与外周组织高度结合，导致组织中的药物浓度高于血液中的浓度，V 值常大于体液总量，如地高辛的 V 为 600 L。不同的药物其表观分布容积的下限为 0.041 L/kg（相当于血浆容积），而其上限可以超过 20 L/kg。

通过将某一药物的表观分布容积值与人的血浆量比较，可以了解药物的分布程度，也可用来推测该药物在体液中的分布量与组织摄取量。当一种药物具有较大的表观分布容积时，一般意味着机体组织对该药物具有较大的接触面积或高度选择性，药物从机体消除较慢，比不能分布到深部组织中去的药物的药效要强、毒性要大。

（二）影响分布的因素

1. 血液循环速度与血管透过性　药物向各组织的分布通过血液循环进行。血循环快、血流量大的器官或组织的药物转运速度和转运量较大。人体各脏器组织的血流量和血流速度明显不同，通常在肝、脑、肾、肺等器官药物分布快且含量多，而皮肤、肌肉、脂肪等组织药物分布慢且含量少。

药物经毛细血管从循环系统向组织转移。毛细血管壁主要由一层内皮细胞和基膜组成，是具有微孔的类脂质屏障。毛细血管通透性取决于管壁的类脂质屏障和微孔。一般脂溶性药物易通过被动扩散透过毛细血管壁，小分子的水溶性药物分子可从毛细血管的微孔中透出。随着药物分子量增大，膜孔透过性变小。通过主动转运途径进入细胞的药物则与管壁细胞表面的转运体蛋白的数量及活性有关。在病理条件下，毛细血管通透性的改变可影响药物的分布。

2. 药物与血浆蛋白的结合及药物的相互作用　药物与血浆蛋白的结合为可逆性疏松结合，结合型药物分子量增大，不能跨膜转运、代谢和排泄，并暂时失去药理活性。结合具有饱和性与可逆性，有竞争置换现象，可使游离型药物浓度增加，导致中毒。另外，血浆蛋白过少或变质时药物血浆蛋白结合率下降，也易发生毒性反应。

药物与血浆蛋白结合不仅受药物的理化性质、给药剂量、药物与蛋白质的亲合力、药物相互作用等影响，还与动物的种属、性别差异、组织生理和病理状态有关。

药物的相互作用对蛋白结合率高（80% 以上）的药物影响较大。药物与血浆蛋白结合后，血浆中药物的游离型和结合型之间保持动态平衡关系。血浆蛋白与药物的结合位点相对稳定，有一定空间构象选择性，当多个药物同时竞争一个结合位点时可产生药物间的相互作用，从而引起药物分布变化进而导致药理作用的变化。血浆蛋白结合率高的药物对药物的置换作用敏感，当有另一个药物与其竞争结合位点时，使该药物游离型浓度大量增加，引起该药的分布容积、半衰期、肾清除率等一系列的改变，最终导致药效的改变甚至出现不良反应。

3. 药物与组织亲合力　药物与不同组织的亲合力不同是造成药物在体内选择性分布的重要原因之一。除血浆蛋白外，其他组织细胞内存在的蛋白、脂肪、DNA、酶以及黏多糖类等高分子物质，亦能与药物发生非特异性结合。组织结合与血浆蛋白结合原理相同，药物在组织与血液间仍保持动态平衡关系。由于结合物不容易渗出细胞膜，对于与组织成分高度结合的药物，其在组织中的浓度往往高于其在血浆中游离药物的浓度。

药物的蓄积可能延长药效作用时间，但许多药物在体内大量蓄积的组织，往往不是药物发挥疗效的部位。如吩噻嗪、氯喹及砷沉积在头发中，四环素沉积在骨骼和牙齿中，其半衰期可达数月之久。一些多环类芳香族化合物如氯喹及吩噻嗪能与黑色素作用，引起视网膜病变。因此应注意多次用药在体内蓄积过多而产生中毒。

4. 药物理化性质　生理情况下细胞内液的 pH 为 7.0，细胞外液与血液 pH 相同为 7.4，而弱酸性药物在体内的环境下易解离而不易进入细胞内。因此，多数情况下弱酸性药物在细胞外液的浓度高于细胞内，弱碱性药物则相反。改变血液的 pH 可改变药物的分布情况。

大多数药物通过微孔或跨膜转运的方式进入细胞，分子量小、脂溶性大的非解离型药物易透过细胞膜。对于通过主动转运方式进入细胞的药物，药物的化学结构、立体构象、与转运蛋白的结合能力等因素会影响药物的转运效率。药物给药系统如纳米粒，脂质体等可改变药物表面性质从而明显的改变药物的体内分布特征。

（三）淋巴系统转运

血液循环与淋巴循环共同构成体循环。由于血流速度比淋巴流速快200~500倍，故药物主要通过血液循环转运。但药物的淋巴系统转运有时也具有重要意义，如某些特定物质，如脂肪、蛋白质等大分子物质转运必须依赖淋巴系统；当传染病、炎症、癌转移等使淋巴系统成为病灶时，必须使药物向淋巴系统转运。淋巴循环可使药物不通过肝脏从而避免首过效应。

药物的性质如分子量的大小决定了其主要的转运途径。一般认为，分子量在5000Da以上的大分子物质，经淋巴管转运的选择性倾向较强；分子量在5000Da以下的低分子物质，几乎全部由血管转运。由淋巴转运的大分子物质，最后也汇集于血液中。根据这一原理，当由于治疗需要，期望药物选择性地浓集于淋巴系统时，可以通过改造药物的分子大小达到目的。如采用高分子修饰法，如氢氧化铁与右旋糖酐形成右旋糖酐铁等；或利用脂质体、微球、纳米粒、复合乳剂等载体制剂，这些制剂向淋巴分布的倾向性高，能够将其中包含的药物带入淋巴液中发挥作用。给药途径不同也影响药物的淋巴转运效率，其中皮下给药与口服脂质给药系统具有较高的淋巴靶向作用。

（四）血脑屏障与胎盘屏障

1. 血脑屏障（blood－brain barrier，BBB） 血脑屏障存在于血液循环和脑实质之间，是体内最为有效的生物屏障。它由单层脑毛细血管内皮细胞形成连续性无膜孔的毛细血管壁，细胞之间存在紧密连接，几乎没有细胞间隙。毛细血管基膜（脑侧）被星形胶质细胞包围，形成了较厚的脂质屏障，限制内源性、外源性物质的交换，保护中枢神经系统，使其具有更加稳定的化学环境。BBB主要分为血－脑屏障，血－脑脊液屏障与脑脊液－脑屏障。

BBB包括由生理结构构成的被动物理屏障，以及由外排药泵蛋白（如P－gp、MRP、BCRP）等形成的主动屏障两部分。药物在血液－脑脊液间的药物转运受药物在血液中的解离度、油水分配系数、药物与血浆蛋白的结合程度等因素的影响。因此，一些脂溶性较强、油水分配系数高的小分子药物和必需的营养物质可以通过被动扩散、主动转运的方式透过BBB进入脑内。如吩噻嗪类安定药具有很高的脂溶性，故均能迅速向脑内转运；而分配系数低的*N*－乙酰基－4－氨基安替比林和磺胺脒透过性极差。在血浆pH7.4时，弱酸性药物主要以解离型存在，而弱碱性药物主要以分配系数较大的非解离型存在，因此弱碱性药物容易向脑脊液转运。大分子药物和水溶性药物如一些蛋白、基因类药物等很难进入脑内，一些外排药泵蛋白可将其识别并排除脑外，这些因素成为中枢神经系统疾病治疗的主要障碍。病理条件下如脑膜炎可使膜通透性变大，从而使一些水溶性药物透过膜屏障。

由于血脑屏障的存在使很多脑部疾病的药物治疗受限。可以通过改变药物的结构，如引入亲脂性基团，制成前药，增加药物的脂溶性；使用高渗甘露醇溶液或缓激肽类似物暂时破坏血脑屏障；改变给药途径如通过鼻腔给药；通过分子化修饰脂质体、纳米粒和胶束等方式实现跨血脑屏障细胞途径的转运；通过开颅手术直接将药物输送到病灶部位或鞘内注射的方式给药等方法，达到增加脑部药物传递的目的。

2. 胎盘屏障 胎盘屏障是指胎盘绒毛与子宫血窦间的屏障，它能将母体与胎儿的血液分开，对母体与胎儿间的体内物质和药物交换起着十分重要的作用。

胎盘屏障的物质交换过程类似于血脑屏障。这种交换可通过被动扩散和转运蛋白介导主动转运进行。非解离型、游离型药物脂溶性越大，越易透过。脂溶性低，离子化的物质如季铵盐类转运极少。分子量600Da以下的药物容易透过胎盘，分子量1000Da以上的水溶性药物难以透过。糖类的转运通过有载体参与的促进扩散机制透入胎盘内，K^+、Na^+、氨基酸和嘧啶等化合物通过主动转运机制进入胎儿体内。一些外排转运蛋白如P-gp、MRP等对阻止外来物质干扰胎儿发育等具有重要作用。

影响药物通过胎盘的因素主要有药物的理化性质，如脂溶性、解离度、分子量等，药物的蛋白结合率，胎盘的功能状况，如胎盘血流量、胎盘代谢、胎盘生长等，以及药物在孕妇体内的分布特征等。在妊娠后期绝大多数药物可通过胎盘到达胎儿体内。

当孕妇患有严重感染、中毒或其他疾病时，胎盘的正常功能受到破坏，使药物的透过性也发生改变，临床用药时应引起足够注意。

3. 其他生物屏障　其他生理屏障还有血眼屏障、血关节囊液屏障等。为使药物能在眼或关节囊液部位达到有效浓度，可采用局部给药方式。

（五）脂肪组织的分布

一般情况下，成人的脂肪组织占体重的10%～30%。脂肪组织内的药物分布影响着体内其他组织内药物的分布和作用。脂肪组织中血管较少，为血液循环最慢的组织之一，故药物向脂肪组织的转运较缓慢。影响药物在脂肪组织中分布的因素，主要有药物的解离度、脂溶性以及蛋白结合率等。药物的脂溶性越高，在脂肪组织中的分布和蓄积越多。脂肪组织起药物的体内贮库作用，它如同药物与蛋白结合一样，会影响药效的显现和调节作用时间的长短。

（六）微粒递药系统的分布

微粒载药系统（microparticle drug delivery system，MDDS）是指药物与适宜的载体经过一定的分散包埋技术制得具有一定粒径的微粒制剂。主要包括属于粗分散体系的微粒给药系统，如混悬剂、乳剂、微囊、微球等，它们的粒径在100nm～100μm范围内，以及属于胶体分散体系的微粒给药系统，主要包括纳米乳、脂质体、药物纳米晶、纳米粒、纳米囊、胶束等，它们的粒径一般小于100nm。

MDDS可改变药物原有的分布特征，提高药物的生物利用度和稳定性，或使药物定时、定位、定量的递送到特定组织、器官或细胞，进而提高药物治疗或诊断效果，降低药物的毒副作用。

影响微粒给药系统体内分布的因素有细胞和微粒的相互作用，如内吞、吸附、融合、膜间作用等，微粒的理化性质，如粒径、表面电性等，微粒的生物降解性以及病理生理情况等。

五、药物的代谢

药物的代谢是指药物在体内吸收、分布的同时，在机体各种酶以及体液的作用下发生一系列化学反应，导致药物化学结构改变的过程。药物的代谢产物通常比原形药物的极性更大、离子化程度更高、与血浆蛋白及组织的结合力变小，更适于肾脏排泄和胆汁排泄。多数药物代谢后其活性减弱或失去活性。也有些药物经代谢转变成药理活性物质，这个过程被称为活化过程，即为前体药物的设计原理。有些药物代谢后还可能产生毒性物质。也有部分药物在体内不经过代谢直接以原药的形式排出体外。因此，药物代谢不仅直接影响药物作用的强弱和持续时间的长短，而且还会影响药物治疗的安全性。

药物代谢主要在肝脏内进行，肝外组织中如肠、肺、脑、肾、血液、皮肤及性器官等也能代谢药物。药物在体内的代谢反应可分为Ⅰ相代谢反应和Ⅱ相代谢反应两大类。Ⅰ相代谢反应包括氧化、还原和水解反应。这些反应可分别由氧化酶（如细胞色素 P450 系统、黄素单加氧酶系统、单胺氧化酶系统等）、还原酶（如乙醇脱氢酶、醛－酮还原酶等）、水解酶（如酯键水解酶、环氧水解酶等）等介导使药物被氧化、还原或水解，使药物结构中增加了羟基、氨基或羧基等极性基团。通常脂溶性强的药物经Ⅰ相代谢反应生成极性基团，极性增大，脂溶性降低，利于排泄。Ⅱ相代谢反应主要是结合反应，包括甲基化结合反应、葡萄糖醛酸化结合反应、硫酸化结合反应、谷胱甘肽结合反应等。药物或Ⅰ相代谢反应的产物分别由多种转移酶介导发生结合反应，进一步增加了药物的极性，使其更易从胆汁或尿液排出体外，因此Ⅱ相代谢反应是真正的“解毒”途径。某些药物经Ⅰ相代谢后其极性已足以使之从肾脏排泄，则不发生第二阶段反应，如哌替啶变为哌啶酸。也有的药物只进行Ⅱ相代谢，然后由肾脏排泄，如甲丙氨脂直接与葡萄糖醛酸结合。当然也有不少药物不经代谢以原形排泄。药物在机体内代谢大多有酶参与进行，且多发生在肝脏或其他组织的内质网上。有时用药剂量增加到某种程度以上时，代谢反应会出现饱和现象，以致血药浓度异常增高，甚至会造成药物中毒。

影响药物代谢的因素主要有生理因素与剂型因素。生理因素包括种属、种族、年龄、性别、妊娠、疾病等；剂型因素包括给药途径、剂量、剂型、手性药物、药物相互作用等。此外，食物、环境等因素也能影响药物的代谢。

六、药物的排泄

药物经机体吸收、分布及代谢等一系列过程后，体内药物或其代谢物排出体外的过程称为药物的排泄。药物的排泄与生物转化统称为药物的消除。排泄与药效、药效维持时间及毒副作用密切相关。当药物的排泄速度增大时，血中药物量减少，药效降低；由于疾病或药物相互作用等原因使排泄速度降低时，血中药物量会增大，此时若不及时调整给药剂量，往往会产生毒副作用。

不同药物的排泄途径不同。肾脏是多数药物排泄的主要器官，一般药物在体内的代谢产物或以原形通过肾由尿排出；部分药物也可通过胆汁分泌进入肠道，最后随粪便排出；某些药物及其代谢产物还可经乳腺、唾液腺、汗腺等途径排泄，挥发性药物如吸入性麻醉剂等可通过呼吸系统经肺排出体外。

（一）肾脏排泄

肾脏是机体排泄药物及其代谢产物最重要的器官。肾排泄对药物的体内过程、有效性、安全性非常重要。药物的肾排泄是指肾小球滤过、肾小管分泌和肾小管重吸收的总和。药物总的排泄率可表示为：

药物的肾排泄＝药物滤过＋药物分泌－药物重吸收

1. 肾小球的滤过作用 血液由入球小动脉进入肾小球，肾小球毛细血管内皮极薄，管壁上有很多直径为 6～10nm 的小孔，通透性极高，药物可以膜孔扩散的方式滤过。血液中除血红蛋白（分子量在 66000Da 以上）和大分子蛋白质不能滤过外，大部分物质均可滤过进入肾小囊腔中，成为肾小球滤过液或原尿。肾小球的滤过速度取决于毛细血管壁的通透性、肾小球的有效滤过压。滤过作用的大小以肾小球滤过率表示。

2. 肾小管重吸收　肾小管重吸收是肾小管上皮细胞重新将小管液中的水分和某些溶质部分或全部转运回血液的过程。肾小球滤过的水分，约 99% 被重吸收回到血液。溶解于血浆中的机体必需成分及药物，也同样经过反复滤过和重吸收。肾小管重吸收存在被动扩散和主动转运两种机制。

大多数外源性物质如药物的重吸收属于被动过程，其重吸收的程度取决于药物的脂溶性、pK_a、尿量、尿液的 pH 等。肾小管管壁细胞的类脂膜结构，使脂溶性大的非解离型药物如硫喷妥易于重吸收，而脂溶性小的药物则不易被吸收，自尿液中排出体外。弱电解质药物如苯巴比妥、水杨酸等的重吸收高度依赖于尿液的 pH。这些药物的排泄取决于 pK_a、脂溶性、与蛋白质结合程度以及化合物以原形排泄的程度等。如果药物主要以原形经尿排泄，则因尿 pH 的变化而导致尿药排泄速度明显差异。但如药物大多数以代谢物经尿排泄时，因代谢物极性和水溶性较大，使肾小管重吸收减少，则 pH 对排泄速度影响不大。此外，尿量会影响药物在尿液中的浓度，从而影响药物的重吸收过程。

3. 肾小管主动分泌　肾小管分泌是将药物转运至尿中排泄的主动转运过程。肾小管的主动转运（分泌）主要发生在近曲小管。肾小管的主动分泌主要由有机阴离子所介导的阴离子分泌机制和有机阳离子转运体所介导的阳离子分泌机制进行。以对氨基马尿酸（PAH）为代表的有机酸的分泌是通过阴离子分泌机制进行的，因此阴离子分泌机制又称为 PAH 机制。大部分有机酸的分泌存在竞争性抑制，如丙磺舒可抑制青霉素在肾小管的分泌，从而延长其抗菌作用。许多类似有机胺类化合物的有机碱主要由近曲小管的阳离子分泌机制进行。阳离子分泌机制又称为有机碱分泌机制。

（二）胆汁排泄与肠肝循环

除肾脏排泄外，胆汁排泄是许多原形药物及其代谢物的最主要的排泄途径。一些极性大，能主动分泌，分子量大于 300Da 的药物具有较高的胆汁清除率，而分子量大于 5000Da 的药物则较难经胆汁排泄。体内一些重要物质如维生素 A、维生素 D、维生素 E、维生素 B_{12}和性激素及其代谢产物等从胆汁中排泄非常显著。药物的胆汁排泄的机制可分为被动转运和主动转运。大多数药物是通过主动转运机制排泄的。经胆汁排泄的药物其排泄速率和程度受药物的理化性质如分子大小、极性、分子量和生物学因素如动物种属、性别、年龄、胆汁流量、生物转化过程及肝脏转运蛋白的活性等因素影响。

肠肝循环是指经胆汁或部分经胆汁排入肠道的药物或代谢物，在小肠转运期间经门静脉又返回至肝脏的现象叫作肠肝循环。药物的理化性质如极性、分子量和肝内生物转化作用，肠道内的吸收和代谢作用及肠内 P－gp 等均可影响肠肝循环。肠肝循环是某些口服药物出现第二个血药浓度高峰及双峰现象的主要原因。具有肠肝循环的药物在体内的消除半衰期延长，生物利用度提高。胆汁排泄量是具有肠肝循环的药物体内消除量的重要影响因素。这类药物若与某些药物合用，或改变制剂工艺，或因病理原因使肠肝循环情况发生变化，会影响药物的血药浓度、药效的强度和毒性。

第三节　药物动力学原理

一、概述

药物动力学（pharmacokinetics）简称药动学，是定量研究药物在生物体内的过程，并运用数学原理和方法阐述药物在机体内动态规律的一门学科。除可作为药效学和毒理学评价的借鉴外，药动学也是指导新药定向合成、先导化合物设计与筛选，以及申报临床试验或进一步申报生产所必须提交的重要资料。此外，作为药剂学的重要基础学科，药动学研究还能为给药途径的选择、剂型的确定、给药方案的优化等提供参考依据。

二、药物动力学基本概念

（一）隔室模型

药物的体内过程一般包括药物的吸收、分布、代谢与排泄。为了定量地研究药物在这些过程中的变化情况，用数学方法模拟药物体内过程而建立起来的数学模型，称为药动学模型。常用的药动学模型有隔室模型、非隔室模型、非线性药动学模型、生理药动学模型，以及药动学和药效学结合模型等，其中隔室模型最为常用。

隔室模型（compartment model），也称作房室模型，它假设人体作为一个系统，内分若干隔室。这里所谓的“隔室”并不代表解剖或生理上的固定结构或成分，它的划分与器官或组织的血流量、膜通透性、药物与组织的亲合力等因素密切相关。根据药物在体内的动力学特征，隔室模型可分为单室、二室和多室模型（图 2-4）。其中单室模型是将机体视为一个整体，药物进入体循环后，可迅速地在整个机体处于均一的动态平衡状态；二室模型是把机体看成药物分布速度不同的两个单元组成的体系，其中药物分布较快的一个单元称为中央室，另一个分布相对较慢的单元称为周边室；多室模型是把机体看成药物分布速度不同的多个单元组成的体系，即由一个中央室和多个周边室组成。

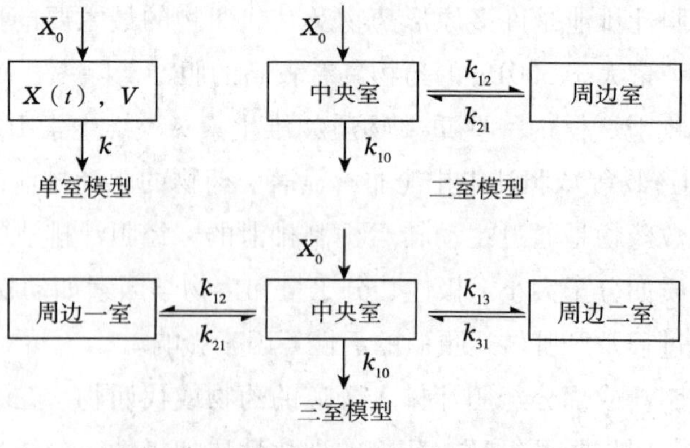

图 2-4　单室、二室以及三室模型示意图

以隔室模型分析药物体内过程的基本原则就是在合理描述实验数据的前提下，采用的隔室数应尽量少。隔室数的确定主要取决于给药途径、药物的吸收速度、采样点的安排以及采样周期的长短、血药浓度测定分析方法的灵敏度等因素。

（二）血药浓度－时间曲线

多数药物的血药浓度与药理效应之间呈平行关系，因此研究血药浓度的变化规律对了解药理作用强度的变化极为重要，这也是药动学研究的中心问题。以时间为横坐标，血药浓度为纵坐标，即可绘出血药浓度－时间曲线（drug concentration－time curve），简称药时曲线。通过药时曲线可定量地分析药物在体内的动态变化，此外还可以求算出许多重要的药动学参数，比如药物的消除速率常数（k）、半衰期（$t_{1/2}$）、药时曲线下面积（AUC）、生物利用度（F）、达峰时间（t_{max}）与达峰浓度（C_{max}）等，这些参数对于药物制剂的设计与评价均具有重要的意义。

（三）速率常数

一定量的药物从一个部位转运到另一个部位，转运过程的快慢可以用速率常数来表示。速率常数有很多种，包括吸收速率常数、分布速率常数以及消除速率常数等，其中消除速率常数是最主要的一种。它表示单位时间内药物被消除的分数，其单位是时间的倒数，如 min^{-1} 或 h^{-1} 等。在机体内药物可以通过多种途径消除，每种途径的消除都有一个相应的速率常数，如肝代谢速率常数（k_b）、肾排泄速率常数（k_e）、胆汁排泄速率常数（k_{bi}）、肺排泄速率常数（k_{lu}）。消除速率常数具有加和性，体内总消除速率常数（k）是各个途径消除速率常数之和，其表达式如下：

$$k = k_b + k_e + k_{bi} + k_{lu} + \cdots\cdots \qquad (2-11)$$

对正常人来说，线性消除的药物其消除速率常数一般是恒定的，只依赖于药物自身的性质，而与剂型或给药方法无关。

（四）半衰期

药物的半衰期（half time，$t_{1/2}$）是指体内药量或血药浓度下降一半所需的时间，它可反映出药物从体内消除的快慢。根据半衰期的长短，一般可将药物分为超短半衰期（$t_{1/2}$ < 1 小时）、短半衰期（1 小时 < $t_{1/2}$ < 4 小时）、中长半衰期（4 小时 < $t_{1/2}$ < 8 小时）、长半衰期（8 小时 < $t_{1/2}$ < 24 小时）及超长半衰期（$t_{1/2}$ > 24 小时）等五类。药物的半衰期与人体的生理或病理状况有关，因此它的任何变化将反映出机体消除器官功能的改变。如肾功能衰退时，半衰期会延长，故针对肾功能衰退的患者，药物剂量要进行调整。在临床药物动力学研究中，需要对此类病人的半衰期作个别测定，然后才能制订给药方案。

（五）平均滞留时间

在非隔室模型中，可用统计矩法计算药物在体内的平均滞留时间（mean residence time，*MRT*），*MRT* 代表了导入机体的所有药物分子在体内停留的平均时间。由于绝大多数药物在体内的消除呈指数函数衰减，因此 *MRT* 值的“平均”实际上遵从“对数－正态分布”。对于静脉注射给药而言，MRT_{iv} 表示的是被机体消除给药剂量的 63.2% 所需的时间，而不是消除 50% 药物所需要的时间。*MRT* 的大小与给药方法有关，非瞬时给药的 *MRT* 值总是大于静脉注射时的 MRT_{iv}。

（六）清除率

清除率（clearance，*CL*）是指机体或机体内某些清除器官、组织在单位时间内能清除掉相当于多少体积的流经血液中的药物，即单位时间内从体内清除的药物表观分布容积。它的计算公式如下：

$$CL = (-dX/dt)/C = k \cdot V \tag{2-12}$$

式中，dX/dt 代表机体或清除器官在单位时间内清除的药量，除以 C 后，换算为体积数，清除率单位用 ml/（min · kg）表示。从式中可知，机体或机体某消除器官中药物的清除率是消除速率常数与分布容积的乘积。所以清除率参数包括了速度与容积两种要素，具有明确的生理学意义。

（七）生物利用度与生物等效性

生物利用度（bioavailability）表示药物被吸收进入体循环的速率和程度。它的研究方法主要有血药浓度法、尿药浓度法和药理效应法等。具体方法的选择要取决于研究的目的，测定药物的分析方法和药物的药动学特征等。根据选择参比制剂的不同，生物利用度有绝对生物利用度（absolute bioavailability，F_{abs}）和相对生物利用度（relative bioavailability，F_{rel}）之分。绝对生物利用度是以静脉注射剂作为参比制剂，计算得到的药物吸收进入体循环的相对量；而相对生物利用度是以非静脉途径给药的其他制剂作为参比制剂计算得到的。二者计算公式如下：

$$\text{绝对生物利用度}\ F_{abs} = \frac{AUC_T/X_T}{AUC_{iv}/X_{iv}} \times 100\% \tag{2-13}$$

$$\text{相对生物利用度}\ F_{rel} = \frac{AUC_T/X_T}{AUC_R/X_R} \times 100\% \tag{2-14}$$

式中，T 和 R 分别代表受试制剂和参比制剂，iv 表示静脉注射剂，X 表示给药剂量。

生物等效性是指同一种药物的不同制剂在相同的试验条件下，给以相同的剂量，反映其吸收速率和程度的主要参数无明显的统计学差异。生物利用度与生物等效性都是评价制剂质量的重要指标，二者研究方法与步骤基本一致，只是研究目的有些不同。生物利用度强调反映药物活性成分到达体内循环的相对量和速度，是新药研究过程中选择合适给药途径和确定用药方案的重要依据之一；而生物等效性则重点在于以预先确定的等效标准和限度进行的制剂间的比较，它是保证含同一药物的不同制剂体内行为具有一致性的依据，是判断所研发产品可否替换已上市药品的使用依据。

三、药物动力学在药物新剂型中的应用

为了使药物在临床上呈现适宜的治疗作用，在剂型设计时除了要考虑药物自身的理化性质与药理活性外，还应结合药动学因素进行制剂学的研究。尤其对于一些新剂型而言，药动学的研究在制剂的设计与评价方面起着重要的桥梁作用。

（一）缓释/控释制剂

缓释/控释制剂是生物药剂学和药动学发展的结果，也是研究最多、发展最快的药物新剂型。与普通制剂相比，缓释/控释制剂要求药物在体内长时间地保持安全有效的血药浓度，相对生物利用度一般应在普通制剂的 80% ~120%，稳态时峰浓度（C_{max}）与谷浓度（C_{min}）之比应等于或小于普通制剂，并且达峰时间（t_{max}）明显延长。需要指出的是，缓释/控释制剂的药动学研究应在单次给药与多次给药两种条件下进行，并且需要结合制剂的具体类型以及释药规律来建立它们的药动学模型。此外，缓释/控释制剂要求进行体内外相关性试验，它应反映整个体外释放曲线与血药浓度 - 时间曲线之间的关系，只有当体内外具有相关性时，才能通过体外释放曲线预测体内情况。

药物的半衰期长短是设计缓释/控释制剂需要考虑的一个重要方面。一般半衰期在 2 ~8

小时的药物较为理想，如茶碱、硝酸异山梨酯等。另外对于一些半衰期短、治疗指数窄的药物，可设计每12小时服药1次；半衰期长或者治疗指数宽的药物则宜24小时服药一次。一般不宜制成缓释/控释制剂的药物有：半衰期很短（1小时）或很长（24小时）的药物。单服剂量很大（>1g）的药物。药效剧烈、溶解度小，吸收无规律或吸收差或吸收易受影响的药物。在体内有特定吸收部位的药物。抗菌类药物的一般由于其抗菌效果依赖于峰浓度，故不宜制成控释制剂。在实际的缓释/控释制剂开发研究中，随着制剂技术的不断进步，对药物的要求已发生了一些观念性的变化，许多限制已被打破。

此外，针对许多呈现周期性节律变化的疾病，如高血压、哮喘、心绞痛等心脑血管疾病，根据疾病治疗的需要，出现了脉冲释药系统等新型给药方式。它能根据人体的生物节律变化特点，按照生理和治疗的需要，定时定量地释放药物，并达到有效治疗剂量。该给药方式不仅提高了药物的疗效，还能降低给药剂量以降低毒副作用。目前投入这类研究的药物主要有平喘药物、心血管药物、H_2受体拮抗剂以及胰岛素等。理想的脉冲给药系统是多次脉冲控释制剂，但是目前研究较多的是单次脉冲给药，又称为定时释药制剂或择时释药制剂。

（二）靶向给药制剂

靶向制剂，又称靶向给药系统（targeted durg delivery system，TDDS），是指借助载体、配体或抗体将药物通过局部给药、胃肠道给药或全身血液循环而选择性地浓集定位于靶组织、靶器官、靶细胞或细胞内结构的给药系统。理想的靶向制剂应具备定位浓集、控制释药以及载体无毒且可生物降解三个要素。

普通药物制剂的药动学研究侧重于药物的吸收和血液中动力学参数的求算，因此不能完全反映靶向制剂的药物体内动力学过程。对于靶向给药制剂而言，必须以靶器官或靶组织为目标，研究靶部位的药物动力学规律，并且要注重靶组织的药物分布和靶向效率的评价，同时也要适当考察细胞摄取和胞内过程，研究应深入到细胞水平和分子水平。目前用于靶向给药制剂研究的药动学模型主要有隔室模型、生理药动学模型和药动学/药效学结合模型等。采用这些药动学模型可以定量描述靶向递药系统的给药剂量与药物作用部位浓度间的关系，以及模型中每一部分的药物浓度变化，对其靶向性进行定量地评价。

靶向制剂的评价应该根据靶向的目标来确定，常用的评价靶向给药制剂靶向性的指标有：①相对摄取率 $r_e = (AUC_i)_p / (AUC_i)_s$，其中$AUC_i$是由浓度－时间曲线算得的第$i$个器官或组织的药时曲线下面积，下标p和s分别表示靶向制剂和普通对照制剂；②靶向效率 $t_e = (AUC)_{靶} / (AUC)_{非靶}$；③峰浓度比（$C_e$），$C_e = (C_{max})_p / (C_{max})_s$。影响制剂靶向性的处方因素主要包括靶向系统的粒子形态、粒径大小与分布、表面电位、物理弹性、表面修饰等。

四、药动学与给药方案的设计

给药方案是指在药物治疗中患者用药的计划表，包括给药途径、给药剂量、给药速度、给药间隔和给药方法的选择与确定。在临床上，合理的给药方案设计对于制剂发挥安全有效的治疗作用至关的重要。然而目前绝大多数的给药方案是多年临床用药的药效学积累和总结，虽然适用于大部分人，但不适用于对药物高度敏感或耐受的患者。考虑药物的治疗作用受多种因素影响，并且患者间还存在个体差异，因此必须借助临床药动学研究来制订科学合理的给药方案。尤其对于肝、肾功能损伤患者，通过研究药物在疾病状态下的药动学特点，对制定和调整个体化的用药方案有着十分重要的意义。

根据患者情况和药物的药动学参数进行临床给药方案设计，常用方法有以下几种：根据半衰期设计给药方案；根据平均稳态血药浓度设计给药方案；根据安全有效血药浓度范围设计给药方案；根据稳态最小或最大血药浓度设计给药方案等。此外在给药方案设计的过程中，还应结合适当的临床疗效评价和监测。一般而言，在药物有效治疗浓度已确定的情况下，可按以下步骤制订给药方案：首先根据治疗目的和药物性质，选择最佳的给药途径和药物制剂；其次根据药物的治疗指数和半衰期，用药物动力学方法估算血药浓度允许波动的幅度，以确定最佳给药间隔；再者，根据已知的有效治疗浓度范围，用药动学方法计算最适剂量（包括负荷剂量和维持剂量）；最后，按以上的初步给药方案用药于患者，观察疗效与反应，同时监测血药浓度，进行安全性、有效性评价和剂量调整，直到获得临床最佳给药方案。

扫码“练一练”

（何　伟）

第三章　溶液剂与溶胶剂

扫码“学一学”

学习目标

1. **掌握**　液体制剂的定义、分类、特点和质量要求；增加难溶性药物溶解度的方法；常用的防腐剂；表面活性剂类型、性质和应用。

2. **熟悉**　液体制剂的常用溶剂和附加剂；溶液剂、糖浆剂的概念、特点及制备方法。

3. **了解**　溶胶剂的构造和性质；芳香水剂、酊剂、醑剂、甘油剂、高分子溶液剂的概念和应用。

第一节　概　述

一、液体制剂的定义和分类

液体制剂系指药物分散在适宜的分散介质中制成的液体形态的供内服或外用的制剂。

液体制剂通常是将药物（包括固体、液体和气体药物），以不同的分散方法和不同的分散程度分散在适宜的分散介质中制成的液体分散体系。液体制剂的理化性质、稳定性、药效甚至毒性等均与药物粒子分散程度有密切关系，研究液体制剂应着眼于制剂中药物粒子分散的程度。药物以分子或离子状态分散在介质中，可形成均匀分散的液体制剂，制剂处于稳定状态，如低分子溶液剂、高分子溶液剂；药物以微粒状态分散在介质中，则形成非均匀分散的液体制剂，这种状态的液体制剂处于物理不稳定的状态，如溶胶剂、乳剂、混悬剂。液体制剂品种多，临床应用广泛，在药剂学中占有重要地位。

液体制剂可按分散体系、给药途径等进行分类。

（一）按分散体系分类

被分散物的大小决定了分散体系或液体制剂的特征，见表3－1。

1. 均相液体制剂　即溶液剂，为均匀分散体系，在外观上是澄明溶液。

（1）小分子溶液剂　也称溶液剂，是由低分子药物以分子态或离子态分散在分散介质中形成的液体制剂。

（2）高分子溶液剂　是由高分子量化合物以分子或离子态分散在分散介质中形成的液体制剂。

2. 非均相液体制剂　为热力学不稳定的多相分散体系。

（1）溶胶剂　固体药物微细粒子（粒径1～100nm）分散在水中形成的非均匀状态液体制剂。

（2）混悬剂　由不溶性固体药物以微粒状态分散在分散介质中形成的非均匀分散体系。

（3）乳剂　由两种互不相溶的液体在乳化剂的作用下制成的非均匀分散体系。

表 3－1　分散体系中被分散物的大小与液体制剂的特征

制剂类型	被分散物的大小（nm）	特征
小分子溶液剂	<1	分子或离子分散的均相澄明溶液，热力学稳定体系，扩散快，能透过滤纸和某些半透膜
高分子溶液剂	1～100	分子或离子分散的均相澄明溶液，热力学稳定体系，扩散慢，能透过滤纸，不能透过半透膜
溶胶剂	1～100	分子或离子聚集体分散的非均相透明溶液，热力学不稳定体系，扩散慢，能透过滤纸，不能透过半透膜
乳剂	>100	液体微粒分散的非均相体系，热力学不稳定体系，聚结和重力不稳定，扩散很慢或不扩散，显微镜下或肉眼可见
混悬剂	>500	液体微粒分散的非均相体系，热力学不稳定体系，聚结和重力不稳定，扩散很慢或不扩散，显微镜下或肉眼可见

（二）按给药途径分类

液体制剂有很多给药途径，由于制剂种类和用法不同，液体制剂的给药途径可分为：

1. 内服液体制剂　如合剂、溶液剂、糖浆剂、乳剂、混悬剂等。

2. 外用液体制剂

（1）皮肤用液体制剂　如洗剂、搽剂、涂膜剂等。

（2）五官科用液体制剂　如洗耳剂、滴耳剂、滴鼻剂、含漱剂、滴牙剂、涂剂等。

（3）直肠、阴道、尿道用液体制剂　如灌肠剂、灌洗剂等。

二、液体制剂的特点和质量要求

液体制剂在临床上应用广泛，其具有以下特点。

（1）药物是以分子或微粒状态分散于分散介质中，分散度大，吸收快，能迅速发挥药效，生物利用度较高。

（2）服用方便，易分剂量，特别适用于吞咽困难以及经常需调整剂量的老年、儿童患者服用，给药途径广泛，可用于内服，也可用于皮肤、黏膜和腔道给药。

（3）能够降低某些易溶药物如溴化物、水合氯醛经口服后在胃肠道局部浓度太高而产生的刺激性。

液体制剂的缺点主要是贮运携带不方便；水性制剂易霉变；非水溶剂溶媒成本高；非均相液体制剂易产生物理不稳定性；配伍禁忌多；包装材料要求高；化学性质不稳定的药物制成液体制剂较易分解失效。

液体制剂的质量要求如下。

（1）均相液体制剂外观应澄明，非均相液体制剂应分散均匀。

（2）有效成分浓度准确、稳定、久贮不变。

（3）制剂应具有一定的防腐能力，不得有发霉、酸败、变色、异物、产生气体或其他变质现象。

（4）口服制剂应适口，外用制剂应无刺激性。

（5）包装容器应方便携带和便于患者用药。

三、药物溶解、溶解度与溶解速率

药物在液体介质中的溶解过程、溶解度和溶解速度对开发、制备液体药剂很重要，直接关联液体制剂的质量和性状。

（一）药物溶解

药物溶解是药物作为溶质分散于溶剂中成为溶液的过程。溶质相当于分散质，溶剂相当于分散剂，分散质的粒子直径 <1nm，可为分子或离子。

药物溶解通常经过两个过程：溶质分子（或离子）的扩散过程，这种过程为物理过程，需要吸收热量；溶质分子（或离子）和溶剂分子之间的作用，这种过程是化学过程，放出热量。

一些药物溶解后，会改变原有溶剂的性质，如一些在水中可离解的药物，溶解在水中，会发生电离，产生离子，使形成的溶液具有导电性（纯水不导电）。

（二）药物溶解度

药物溶解度系指在一定温度（气体在一定压力）下，在一定量溶剂中溶解药物的最大量。药典中溶解度通常以溶质 1g（ml）溶于若干毫升溶剂中表示。如硼酸 1g 分别能在水 18ml、乙醇 18ml 和甘油 4ml 中溶解。一般溶解度指在一定的温度下，某物质在 100g 溶剂中达到饱和状态时所溶解的克数。

在《中国药典》（2020 年版）中，对溶解度问题做出如下规定：

极易溶解系指溶质 1g（ml）能在溶剂不到 1ml 中溶解。

易溶系指溶质 1g（ml）能在溶剂 1 ~ 不到 10ml 中溶解。

溶解系指溶质 1g（ml）能在溶剂 10 ~ 不到 30ml 中溶解。

略溶系指溶质 1g（ml）能在溶剂 30 ~ 不到 100ml 中溶解。

微溶系指溶质 1g（ml）能在溶剂 100 ~ 不到 1000ml 中溶解。

极微溶解系指溶质 1g（ml）能在溶剂 1000 ~ 不到 10000ml 中溶解。

几乎不溶或不溶系指溶质 1g（ml）在溶剂 10000ml 中不能完全溶解。

试验法：除另有规定外，称取研成细粉的供试品或量取液体供试品，于 25℃ ±2℃ 一定量的溶剂中，每隔 5 分钟强力振摇 30 秒，观察 30 分钟内的溶解情况，如无目视可见溶质颗粒或液滴时，即视为完全溶解。

特性溶解度，也称固有溶解度，是指不含任何杂质的药物在溶剂中不发生解离也不发生相互作用时的溶解度，是药物重要的物理参数之一。了解特性溶解度可以对药物剂型的选择以及对处方、工艺、药物的晶型、粒子大小等做出适当的考虑。药物在水中的特性溶解度小于 1%（10mg/ml）时，口服给药就可能出现吸收问题。尤其是对于一个新化合物而言其特性溶解度是首先要测定的参数。

现有药物绝大多数是在水中可解离的弱酸性或弱碱性化合物，非解离性化合物不到 5%。要测得准确的特性溶解度，需排除药物解离和溶剂成分的作用，样品必须不含杂质，这是相当不容易的。在一般情况下，测定的溶解度往往是平衡溶解度或称表观溶解度。测定方法是配制各种浓度的药物溶液（部分溶液样品中药物过量），恒温条件下振荡使达溶解平衡，取滤液测定药物浓度，以实际测得浓度对配制浓度作图，所得曲线的转折点所对应的浓度即为平衡溶解度，如果药物不解离且与溶剂没有相互作用，转折点以前曲线部分为直线，斜率为 1，转折点后的线段与横轴平行。

一般需在低温（4 ~ 5℃）和体温（37℃）两种条件下进行，以便对药物及其制剂的贮存和使用情况作出考虑，如需进一步了解药物稳定性对溶解度影响，还应在不同 pH 条件下测定溶解度。

（三）影响药物溶解度的因素

1. 药物和溶剂的性质　药物在溶剂中的溶解性符合“极性相近”原则，即极性相似者相溶。极性大的药物溶解于极性大的溶剂中；极性小的药物溶解于极性小的溶剂中；药物和溶剂的极性越相近，药物越易溶解。

2. 温度　温度对药物溶解度的影响取决于溶解过程是吸热还是放热。若溶解过程是吸热的，溶解度随温度升高而升高；固体药物溶解时，由于需要拆散晶格而必须吸收热量，所以大多数固体药物在液体中的溶解度通常随温度的升高而增加；反之，若溶解过程为放热的，溶解度则随温度升高而降低。热不稳定的药物，溶解温度不宜太高。

3. 晶型　同一化学结构的药物，由于结晶条件不同，如溶剂、温度、冷却速度，形成结晶时分子排列与晶格结构不同，因而形成不同的晶型，即产生多晶型。同一药物的不同晶型在外观、溶解度、熔点、溶出度等方面可能会有显著不同，影响药物稳定性、生物利用度及疗效，在口服固体制剂中表现得尤为明显。

在一定的温度和压力下，只有一种晶型在热力学上是稳定的，由于从亚稳态转变为稳态的过程通常非常缓慢，因此许多结晶药物都存在多晶型现象。

一般来说，亚稳定型药物比稳定型的熔点低，溶解度大。要注意亚稳定型是不稳定的，在一定条件下会趋向转变为稳定型，要注意重结晶、熔融状态下不同的冷却条件和研磨等造成的多晶型转换等问题。

无定型药物溶解度和溶解速率一般都较其结晶型大，例如，新生霉素在酸性溶液中形成无定型，其溶解度比结晶型大 10 倍。无定型与晶型在一定条件下可以转换。

药物结晶含有溶剂者称为溶剂化物，也称为假晶型。使用不同的溶剂可得到不同的晶型、假晶型。水、甲醇、乙醇、丙酮、三氯甲烷、甲苯等多种溶剂都可以导致假晶型的出现。区分晶型和假晶型的简单方法是用热台显微镜观察分散在硅油中的药物颗粒的熔融过程。假晶型物质在受热时将因溶剂的气化而出现气泡，晶型物质仅在熔融时成为液滴。利用热分析手段检查溶剂峰的存在亦可进行判断。溶剂化物与非溶剂化物的熔点、溶解度和溶解速率等物理性质不同，在多数情况下，溶解度和溶解速率按水合物 < 无水物 < 有机化物的顺序排列。如醋酸氟氢可的松的正戊醇化合物溶解度比非溶剂化物提高 5 倍。

4. 同离子效应　对电解质类药物，当水溶液中含有的离子与其解离产生的离子相同时，可使其溶解度降低。在溶解过程中，常把处方中难溶性的药物先溶解于溶剂中。

5. pH 的影响　多数药物为有机弱酸、弱碱及其盐类，这些药物在水中溶解度受 pH 影响很大。溶液 pH 和药物的 pK_a 以及药物溶解度之间的关系可用 Handerson-Hasselbach 方程式（3－1）和式（3－2）表示：

对于弱酸性药物，有：$pK_a - pH = \lg(C_u/C_i)$　　（3－1）

对于弱碱性药物，有：$pK_a - pH = \lg(C_i/C_u)$　　（3－2）

式中，C_u 和 C_i 分别为非解离型和解离型药物的浓度。

从上述方程可以看出，pH 每改变 1 个单位，药物的溶解度将有 10 倍的改变。在设计这些药物的制剂处方或是临床应用这些药物的制剂时，从已知的 pK_a 值和上述方程可以预测一定 pH 条件下弱电解质药物的溶解度。

（四）提高药物溶解度的方法

有些药物溶解度较小，即使制成饱和溶液也达不到治疗所需的有效浓度，因此，提高难溶性药物的溶解度很重要。提高药物溶解度的方法主要有以下几种。

1. 制成可溶性盐　一些难溶性的弱酸性和弱碱性药物，极性小，在水中溶解度很小或不溶。使其成盐变为离子性极性化合物，可提高其在极性溶剂——水中的溶解度。

弱碱性药物一般制成其盐酸、硫酸、酒石酸、乳酸、枸橼酸、磷酸盐等；弱酸性药物主要制成钠盐和钾盐。弱酸性和弱碱性药物成盐以提高其在水中溶解度，同时要注意稳定性、吸湿性、pH、毒性、刺激性等因素可能发生的变化。

2. 应用混合溶剂或潜溶剂　潜溶剂为水和其他溶剂，如乙醇、甘油、丙二醇、聚乙二醇等，以某一比例形成的混合溶剂，药物在该混合溶剂中的溶解度比在以其他比例形成的混合溶剂和纯溶剂中的溶解度大。药物在某一比例的混合溶剂中溶解度出现极大值的现象称为潜溶，如苯巴比妥在90%乙醇溶液中有最大溶解度。

3. 加入助溶剂　助溶剂为在溶剂中与难溶性药物形成可溶性络合物、复盐或分子缔合物等，从而提高药物溶解度的小分子化合物。

难溶于水的碘，可用碘化钾做助溶剂，与之成为络合物；咖啡因在水中的溶解度小，用苯甲酸钠助溶，形成分子复合物。助溶剂的浓度与难溶性药物的溶解度之间呈直线关系。由于一般助溶剂的用量都较大，故宜选用没有生理作用、无刺激性和毒性、价廉易得的物质。常用的助溶剂有有机酸及其钠盐，如苯甲酸钠、水杨酸钠、对氨基苯甲酸等；酰胺类化合物，如乌拉坦、尿素、烟酰胺、乙酰胺等。

4. 使用增溶剂　增溶剂即具有增溶能力的表面活性剂，增溶质为被增溶的物质。每1g增溶剂能增溶药物的克数称为增溶量。增溶指某些难溶性药物在表面活性剂的作用下，溶解度增大，形成澄清溶液的过程。

在液体制剂的制备过程中，有些药物在溶剂中达到饱和浓度，仍满足不了临床治疗所需的药物浓度，可加入增溶剂提高药物的溶解度。如煤酚在水中的溶解度仅3%左右，而在肥皂溶液中，高达50%左右，即所谓的“煤酚皂”溶液。

对于以水为溶剂的药物，增溶剂的最适HLB值为15～18。常用的增溶剂多为非离子型表面活性剂，如聚山梨酯和聚氧乙烯脂肪酸酯类等。

5. 粒子大小　对于可溶性药物，粒子大小对于溶解度影响不大，但对于难溶性药物，粒子小于100nm时，其溶解度与微粒大小有关，溶解度随粒径减小而增加。因此，我们可以用减小粒径的办法来增加难溶性药物的溶解度，微粉化就是最好的例子。

6. 新技术　将难溶性药物制成固体分散体，药物高度分散在载体材料（PEG、Poloxamer等）制成药物制剂的中间体。亦可使用环糊精包合技术，将药物（客分子）包嵌在环糊精（主分子）的空穴中，从而大大增加药物溶解度。脂溶性大的药物还可以制成微乳、纳米混悬剂达到增溶效果。

（五）溶解速率及其影响因素

溶解速率系指单位时间内溶解药物的量。有的药物虽然有较大溶解度，但要达到溶解平衡需要很长时间，应提高其溶解速率。溶解速率的大小与药物的吸收和疗效有直接关系。

第二节　溶剂、附加剂和表面活性剂

一、溶剂和附加剂

溶液剂中的溶剂，以及溶胶剂、混悬剂、乳剂等液体制剂中的分散介质，统称为液体制剂的溶剂。可根据需要加入多种附加剂，如助溶剂、抗氧剂、矫味剂、着色剂、稳定剂、防腐剂等。

（一）溶剂

液体制剂的溶剂对药物起溶解和分散作用，液体制剂制备方法的确定、理化性质（即稳定性）及所产生的药效等，都与溶剂有密切关系。制备液体制剂时应选用适宜的溶剂。优良溶剂的条件是：对药物应具有较好的溶解性和分散性；溶剂的化学性质稳定，不与药物或附加剂发生反应；不影响药效的发挥和含量测定；毒性小、无刺激性、无不适的臭味。具备上述所有条件的溶剂很少，应灵活恰当选用，注意混合溶剂的使用。

药物溶解与溶剂的种类和极性有密切关系。溶剂的极性可用介电常数表征，极性大者，介电常数也大。按极性大小，即介电常数的大小，溶剂可分为极性溶剂（介电常数为30～80）、半极性溶剂（介电常数为5～30）和非极性溶剂（介电常数为0～5）。

1. 极性溶剂

（1）水　最常用溶剂，本身无药理作用。大多数无机盐、极性大的有机物、糖、蛋白质、生物碱及其盐、苷类、胶、鞣质及某些色素均可溶于水中。

水能与乙醇、甘油、丙二醇等溶剂混合形成潜溶剂，提高某些难溶性药物的溶解度。应引起注意的是许多药物在水中易发生水解和氧化，水性液体制剂易霉变，不宜久贮。日常饮用水的杂质较多，不能作为液体制剂的溶剂使用。液体制剂所用的水应为纯化水，纯化水为饮用水经蒸馏法、离子交换法、反渗透法或其他适宜的方法制备的制药用水，不含任何附加剂，其质量应符合《中国药典》（2020年版）纯化水项下的规定。制备纯化水的原水通常为饮用水，必须符合中华人民共和国国家标准GB5749－85《生活饮用水卫生标准》。纯化水一般应临用前制备。

（2）甘油　为无色、澄清的黏稠液体，味甜，有引湿性，毒性小，可内服，也可外用。甘油能与水、乙醇和丙二醇任意混溶，在丙酮中微溶，在三氯甲烷或乙醚中均不溶。甘油对硼酸、鞣质、苯酚等的溶解度比水大，可作为这些药物的溶剂。甘油比水黏度大而化学活性小，浓度在30%以上时有防腐性，多作为黏膜用药的溶剂；对皮肤有保湿防止干燥、滋润、延长药物局部疗效等作用。无水甘油有吸水性，对皮肤黏膜有刺激性。10%甘油水溶液无刺激性，对一些刺激性药物可起到缓和作用。口服溶液中含甘油12%（g/ml）以上时，有甜味，能防止鞣质的析出。大剂量口服可引起头痛、口渴及恶心等不良反应。

（3）二甲基亚砜　无色、几乎无味或微有苦味的透明的油状液体，吸湿性强。可与水、乙醇、丙酮、三氯甲烷、乙醚和苯等任意混溶。溶解范围广，许多难溶于水、甘油、乙醇、丙二醇的药物，在本品中往往可以溶解，能溶解石蜡等碳氢化合物。

2. 半极性溶剂

（1）乙醇　最常用的有机半极性溶剂，为无色澄清液体，易挥发，易燃。乙醇与水、甘油、丙二醇、三氯甲烷或乙醚能任意混溶。乙醇的溶解范围广，能溶解大部分有机物质和植物中成分，如生物碱及其盐类、苷类、挥发油、树脂、鞣质及某些有机酸和色素等。乙醇毒性比其他有机溶剂小，20%以上的乙醇水溶液即具有防腐作用，40%以上乙醇水溶液能延缓某些药物（如苯巴比妥钠等）的水解。含乙醇的液体制剂应密闭贮存。

（2）丙二醇　药用一般选1,2－丙二醇。丙二醇的性质与甘油相近，黏度较甘油小，可作为内服及肌内注射剂溶剂。丙二醇毒性小、无刺激性，能与水、乙醇、甘油等任意比例混合。能溶解磺胺类、维生素A、维生素D、性激素、氯霉素、挥发油等。一定比例的丙二醇和水的混合溶剂能延缓一些药物的水解，增加稳定性。丙二醇对药物透过皮肤和黏膜有一定的促进作用，与一些氧化剂有配伍禁忌。

（3）聚乙二醇　分子质量 $<$ 1000Da 的聚乙二醇常温下为液体；分子质量 $>$ 1000Da 的聚乙二醇为半固体或固体。液体制剂中常用分子质量为 300～600Da 的聚乙二醇，为无色澄明液体，理化性质稳定，能与水、乙醇、丙二醇、甘油等溶剂任意混合。聚乙二醇的水溶液能溶解许多水溶性无机盐和水不溶性的有机药物。聚乙二醇对一些易水解的药物有一定的稳定作用。在洗剂中，能增加皮肤的柔韧性，具有一定的保湿作用。

3. 非极性溶剂

（1）脂肪油　常用非极性溶剂，如麻油、豆油、花生油、橄榄油、棉籽油等植物油。植物油不能与极性溶剂混合，而能与其他非极性溶剂混合。脂肪油能溶解油溶性药物，如激素、挥发油、游离生物碱和许多芳香族药物。脂肪油容易酸败，易受碱性药物的影响而发生皂化反应，影响制剂的质量。脂肪油多为外用制剂的溶剂，如洗剂、搽剂、滴鼻剂等。

（2）液体石蜡　从石油产品中分离得到的液状烃的混合物，分为轻质和重质两种。液体石蜡为无色澄明油状液体，无色无臭，化学性质稳定。接触空气易氧化，可加入油性抗氧剂。液体石蜡与其他非极性溶剂混合，能溶解生物碱、挥发油及一些非极性药物等。在肠道中不分解也不吸收，能使粪便变软，有润肠通便作用。可作口服制剂和搽剂的溶剂。

（3）乙酸乙酯　无色透明液体。微臭，相对密度为 0.897～0.906（20℃），有挥发性和可燃性，在空气中容易氧化、变色，需加入抗氧剂。乙酸乙酯能溶解挥发油、甾体药物及其他油溶性药物，常作为搽剂的溶剂。

（二）防腐剂、矫味剂和着色剂

1. 防腐剂

（1）防腐剂的定义和作用　防腐剂系指具有抑菌作用，能抑制微生物生长发育的物质。防腐剂对微生物繁殖体有杀灭作用，对芽胞有抑制其发育为繁殖体的作用。防腐剂的作用有多种不同机制，例如，醇类可使微生物蛋白质变性；苯甲酸、尼泊金类等能与病原微生物酶系统结合，竞争其辅酶；阳离子表面活性剂等可增加菌体细胞膜的通透性，使细胞膜破裂、溶解等。

杀菌剂系指能破坏和杀灭微生物的物质，能在短时间内杀灭微生物。

（2）液体制剂染菌数的限量要求　液体制剂特别是以水为溶剂的液体制剂，易被微生物污染。若含有营养物质，如糖类、蛋白质，微生物更易在其中滋生与繁殖。抗生素和消毒防腐药液体制剂，也会染菌生霉，如呋喃西林溶液会染菌霉变，因为各种抗菌药物对其抗菌谱以外的微生物难以发挥作用。微生物包括霉菌、真菌和细菌等。细菌通常喜欢偏碱性介质，其他菌喜欢酸性介质。微生物难以在 pH 3 以下或 pH 9 以上环境生长。绝大多数水性制剂的 pH 在微生物容易生长的 pH 范围，必须防止微生物生长。液体制剂一旦染菌就会引起理化性质的变化，严重影响制剂质量，有时还会产生细菌毒素有害于人体。

2020 年版《中国药典》对液体制剂规定染菌数的限量要求如下：

口服给药制剂：细菌数，每 1g 不得超过 1000 个，液体制剂每 1ml 不得超过 100 个；霉菌数和酵母菌数，每 1g 或 1ml 不得超过 100 个；不得检出大肠埃希菌。

局部给药制剂：用于手术、烧伤及严重创伤的局部给药制剂应符合无菌。

眼部给药制剂：细菌数，每 1g 或 1ml 不得超过 10 个；霉菌数和酵母菌数，每 1g 或 1ml 不得检出；金黄色葡萄球菌、铜绿假单胞菌、大肠埃希菌等致病菌每 1g 或 1ml 不得检出。

耳、鼻及呼吸道吸入给药制剂：细菌数，每1g、1ml或10cm²不得超过100个；霉菌数和酵母菌数，每1g、1ml或10cm²不得超过10个；金黄色葡萄球菌、铜绿假单胞菌，每1g、1ml或10cm²不得检出；鼻及呼吸道给药制剂，每1g、1ml或10cm²不得检出大肠埃希菌。

阴道、尿道给药制剂：细菌数，每1g或1ml不得超过100个；霉菌数和酵母菌数，每1g或1ml应小于10个；金黄色葡萄球菌、铜绿假单胞菌，每1g或1ml不得检出。

直肠给药制剂：细菌数，每1g不得超过1000个，每1ml不得超过100个，霉菌数和酵母菌数，每1g或1ml不得超过100个；金黄色葡萄球菌、铜绿假单胞菌、大肠埃希菌等致病菌，每1g或1ml不得检出。

其他局部给药制剂：细菌数，每1g、1ml或10cm²不得超过100个；霉菌数和酵母菌数，每1g、1ml或10cm²不得超过100个；金黄色葡萄球菌、铜绿假单胞菌每1g、1ml或10cm²不得检出。

含动物组织（包括提取物）的口服制剂每10g或10ml不得检出沙门菌。

霉变、长螨者以不合格论处。

原料药参照相应制剂微生物限度标准执行。

严格按照GMP生产是防止细菌污染的根本措施，但即使是严格灭菌后的制剂甚至是抗生素类药物制剂，在贮存或使用过程中仍可能因与外界环境接触而滋生微生物，因此在液体制剂以及一些半固体乳膏剂、凝胶剂中添加防腐剂是重要的防腐措施。

（3）防腐剂应用的基本要求　优良防腐剂本身应无毒、无刺激性；能溶解达到有效的浓度、性质稳定；与主、辅药配伍时，不改变药物的作用，也不受药物的影响降低防腐作用；对大部分微生物有较强的防腐力；不影响药剂的色、香、味等。某些大体积静脉给药的血液替代品或营养液不允许含有防腐剂。

防腐剂有不同的性质和应用范围。防腐剂的选择首先要考虑在处方和制备过程中最可能污染的微生物的种类，应注意同一种防腐剂在不同溶液中（或不同防腐剂在同一溶液中）的防腐作用强弱和防腐浓度有很大差别。根据制剂的品种和性质选择不同的防腐剂和不同的浓度。防腐剂的用量会因季节有所不同。在乳剂中使用的防腐剂应考虑防腐剂的油/水分配系数，避免防腐剂集中分布在油相而不足以防止水相中微生物的繁殖。为了保证药物有效性，防腐剂应在水性制剂中溶解并达到足够的浓度。一般来说，只有防腐剂的非解离部分或分子形式才具有防腐能力，因为离子部分难以渗入微生物。选用的防腐剂在制剂处方的pH下必须大部分以非解离形式存在。

（4）常用防腐剂　防腐剂可分为酸碱及其盐类，如苯酚、山梨酸及其盐等；中性化合物类，如三氯叔丁醇、聚维酮碘等；汞化合物类，如硫柳汞、硝酸苯汞等；季铵化合物类，如苯扎溴铵、溴化十六烷铵、度米芬等。

下面介绍几种常用防腐剂：

对羟基苯甲酸酯类：亦称为羟苯酯类或尼泊金类，包括对羟基苯甲酸甲酯、乙酯、丙酯或丁酯，无毒、性质稳定，用量小，对霉菌抑制能力好，对细菌抑制较差。羟苯酯类的溶解度及在水中的抑菌浓度见表3－2。从表3－2中可知，羟苯酯类抑菌作用随其酯基的碳数增多而增大，在水中的溶解度减小。混合使用羟苯酯具有协同作用，常用的配比为乙酯和丙酯（1∶1）或乙酯和丁酯（4∶1），浓度均为0.01%～0.25%。羟苯酯类最好不与聚山梨酯和聚乙二醇合用。聚山梨酯类表面活性剂虽能提高防腐剂在水中的溶解度，但两者之间会发生络合作用，使羟苯酯类仅有少部分处于游离状态，使防腐能力下降。羟苯酯类会降低三氯叔丁醇、苯甲醇等防腐剂的防腐能力，对甲醛、山梨酸、苯甲酸及硝酸苯汞影响较小。羟苯酯类遇铁变色，对羟基苯甲酸丁酯比甲酯易被塑料吸附。

表3－2 羟苯酯类的溶解度和抑菌浓度

酯类	溶解度（g/100ml，25℃）				水溶液中抑菌浓度（%）
	水	乙醇	甘油	丙二醇	
甲酯	0.25	52	1.3	22	0.05～0.25
乙酯	0.16	70	—	25	0.05～0.15
丙酯	0.04	95	0.35	26	0.02～0.075
丁酯	0.02	210	—	110	0.01

苯甲酸及其盐：苯甲酸亦称安息香酸，为白色有丝光的鳞片状结晶，或针状结晶，或单斜棱晶，无臭或微带安息香或苯甲醛的气味。苯甲酸有吸湿性，水中的溶解度为：0.34g/100ml（25℃）；4.55g/100ml（90℃）。苯甲酸易溶于乙醇；在热空气中微挥发，在100℃左右升华，在酸性条件下能与水蒸气同时挥发。苯甲酸0.25%和尼泊金0.05%～0.1%联合应用防止发霉和发酵比较好，特别适用于中药液体制剂。

山梨酸及其盐：山梨酸为白色至微黄白色结晶性粉末，有特臭，在空气中长期放置易氧化变色；微溶于水，0.16g/100ml（20℃）；溶于乙醇，10g/100ml。

山梨酸是对人体毒性最小的防腐剂，对霉菌和细菌有较强的抑制作用，对细菌最低抑菌浓度为2～4mg/ml（pH＜6.0），对酵母、真菌最低抑菌浓度为0.8%～1.2%。未解离的山梨酸分子发挥抑菌作用，酸性溶液防腐效果较好。可用在水中溶解度更大的山梨酸钾、山梨酸钙等来代替山梨酸（1g山梨酸钾相当于0.746g山梨酸）。

苯扎溴铵：又称新洁尔灭，为阳离子表面活性剂。淡黄色黏稠液体，低温时形成蜡状固体，极易潮解，有特臭、味极苦。无刺激性。溶于水和乙醇，微溶于丙酮和乙醚。本品在酸性和碱性溶液中稳定，耐热压。作防腐剂使用浓度为0.02%～0.2%。

醋酸氯己定：又称醋酸洗必泰，微溶于水，溶于乙醇、甘油、丙二醇等溶剂中，为广谱杀菌剂，用量为0.02%～0.05%。

其他防腐剂：一些挥发油也有防腐作用，如桉叶油为0.01%～0.05%；桂皮油为0.01%；薄荷油为0.05%。

2. 矫味剂 矫味剂指能够掩蔽药物的不良臭味或改善药物臭味的一类添加剂，主要用于供口服给药的液体药剂。矫味剂有甜味剂、芳香剂、胶浆剂以及泡腾剂等类型，可根据不同制剂的臭味及矫味要求选择应用或合并应用。

（1）甜味剂 甜味剂可分为天然的和合成的两类。天然甜味剂包括蔗糖、单糖浆、橙皮浆、桂皮糖浆等，不但能矫味而且能矫臭。山梨醇、甘露醇等也可作甜味剂。甜菊苷有清凉甜味，甜度约为蔗糖的300倍，常用量为0.01%～0.05%。本品甜味持久且不被吸收，但甜中带苦，故常与蔗糖糖精钠合用。合成的甜味剂有糖精钠，甜度为蔗糖的200～700倍，易溶于水，但水溶液不稳定，长期放置甜度降低，常用量为0.03%。阿司帕坦，为天门冬酰苯甲氨酸甲酯，也称蛋白糖，为二肽类甜味剂，又称天冬甜精。甜度比蔗糖高150～200倍，不致龋齿，可以有效地降低热量，适用于糖尿病、肥胖症患者。

（2）芳香剂 芳香剂系在制剂中添加的香料和香精，以改善制剂的气味和香味，香料分天然香料和人造香料两大类。天然香料有植物中提取的芳香性挥发油，如柠檬、樱桃、茴香、薄荷挥发油等，以及它们的制剂，如薄荷水、桂皮水等。人造香料也称调合香料，是由人工香料添加一定量的溶剂调合而成的混合香料，如苹果香精、香蕉香精等。

（3）胶浆剂　胶浆剂具有黏稠缓和的性质，通过干扰味蕾的味觉而矫味，如阿拉伯胶、羧甲基纤维素钠、琼脂、明胶、甲基纤维素等的胶浆。在胶浆剂中加入适量糖精钠或甜菊苷等甜味剂，可增强矫味作用。

（4）泡腾剂　有机酸与碳酸氢钠混合在一起，遇水后反应产生大量二氧化碳。二氧化碳能麻痹味蕾起矫味作用，对盐类的苦味、涩味、咸味有所改善。有机酸与碳酸氢钠，和甜味剂、芳香剂合用，可得到清凉饮料类的佳味。

3. 着色剂　着色剂为改变制剂外观色泽的一类添加剂，包括天然色素和合成色素。色素在制剂中的用量通常在0.0005%～0.001%。

常用的天然色素有植物性和矿物性色素。植物性色素：红色的有苏木、甜菜红、胭脂虫红等；黄色的有姜黄、胡萝卜素等；蓝色的有松叶兰、乌饭树叶；绿色的有叶绿酸铜钠盐；棕色的有焦糖等。矿物性的如氧化铁（棕红色）。

合成色素的特点是色泽鲜艳，价格低廉，大多数毒性比较大，用量不宜过多。我国批准的内服合成色素有苋菜红、柠檬黄、胭脂红、胭脂蓝和日落黄，通常配成1%贮备液使用，用量不得超过万分之一。外用色素有伊红、品红、美蓝、苏丹黄G等。

选用食用色素时，色、味、臭应力求与天然物或习惯相协调，如薄荷味选用绿色，橙皮味选用橙黄色，樱桃味选用红色等；要注意患者对色泽的心理，如安眠药常用暗色，咳嗽糖浆常用咖啡色或樱桃色等。

二、表面活性剂

（一）概述

任何纯液体在一定条件下都具有表面张力，20℃时，水的表面张力为72.75mN/m。当水中加入溶质时，溶液的表面张力因加入溶质而发生变化，如一些有机盐可以使水的表面张力略有增加，一些低级醇则使水的表面张力略有下降，而高级脂肪酸盐可使水的表面张力显著下降。

1. 表面活性剂　表面活性剂的定义迄今无统一的描述，从名称看包括三方面的含义："表（界）面"、"活性"和"添加剂"，即为一类在加入很少量就能明显降低溶剂（通常为水）的表面（或界面）张力，改变物系界面状态，能够产生润湿、乳化、起泡、增溶及分散等一系列作用的添加剂。一般把具有很强表面活性、能使液体的表面张力显著降低的物质称为表面活性剂。

2. 表面活性剂的结构特征　表面活性剂能在很低浓度下显著降低溶液的表面张力与其分子的结构特点密不可分。表面活性剂分子通常由两部分构成：一部分为亲油（疏水）基团，由非极性碳氢链、硅烷基、硅氧烷基或碳氟链构成；一部分为亲水基团。这两部分分子处于表面活性剂分子的两端，形成不对称的结构。表面活性剂分子是一种双亲分子，具有既亲油、又亲水的双亲性质。图3－1为阴离子、阳离子、非离子和两性表面活性剂典型品种的两亲分子结构示意图。它们的亲油基为碳氢链，亲水基为—SO_4^-、—$N^+(CH_3)_3$、—$O(C_2H_4O)_6H$和—COO^-等。

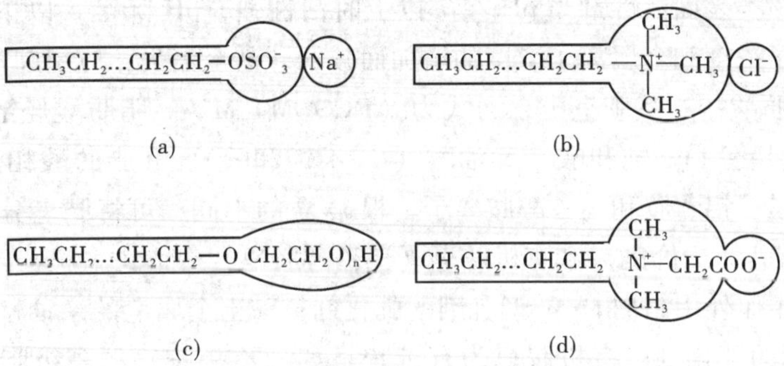

图3-1　表面活性剂两亲分子结构示意图

（a）十二烷基硫酸钠；（b）十二烷基三甲基氯化铵；（c）月桂醇聚氧乙烯醚；（d）十二烷基甜菜碱

（二）分类及常用表面活性剂

表面活性剂品种很多，可从不同角度进行分类，如按照离子类型、亲水基结构、疏水基种类、特殊性等进行分类。

按照离子类型分类是最常用的分类方法。根据表面活性剂在水溶液中的状态和离子类型可将其分为非离子型表面活性剂和离子型表面活性剂。

非离子型表面活性剂在水溶液中不能解离产生任何形式的离子，如脂肪醇聚氧乙烯醚；离子型表面活性剂在水溶液中能够发生电离，并产生带正电或带负电的离子。根据离子类型又可分为阴离子型表面活性剂、阳离子型表面活性剂、两性离子表面活性剂等。

- 表面活性剂
  - 非离子型表面活性剂
  - 离子型表面活性剂
    - 阴离子表面活性剂
    - 阳离子表面活性剂
    - 两性离子表面活性剂

非离子型表面活性剂：

$$RO(CH_2CH_2)_nH, R=C_{12\sim18}, n=15\sim16$$

脂肪醇聚氧乙烯醚

阴离子表面活性剂：

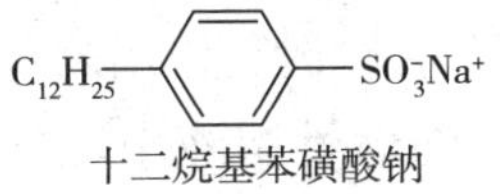

十二烷基苯磺酸钠

阳离子表面活性剂：

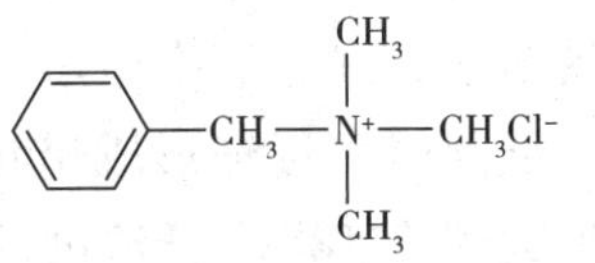

两性离子表面活性剂：

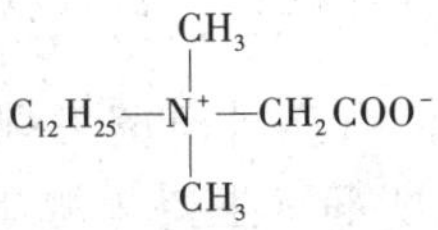

十二烷基甜菜碱

1. 阴离子表面活性剂　解离后活性部分为阴离子的表面活性剂称为阴离子表面活性

剂，带有负电。该类表面活性剂当pH在7以上时活性强，pH降至5以下时活性较弱，表面活性常随氢离子浓度和金属离子浓度的增加而减弱，甚至消失，应引起注意。

（1）高级脂肪酸盐　系肥皂类，通式为（RCOOM）$_n$M^{n+}。脂肪酸烃链R一般为C_{12}～C_{20}，常用的有硬脂酸（C_{18}饱和酸）和油酸（C_{18}不饱和酸），和脂肪酸相连的金属M通常为钠、钾、钙、镁、铝、胺和三乙醇胺离子。根据M的不同，可将肥皂分为碱金属皂（一价皂）、碱土金属皂（二价皂）和有机胺皂（三乙醇胺皂）等。

碱金属皂常用作外用制剂O/W型乳剂的乳化剂；碱土金属皂的亲油性强，常用作外用制剂W/O型乳剂的乳化剂；有机胺皂为有机胺（如三乙醇胺）的高级脂肪酸盐，弱碱性（pH 8），无刺激性，常用作外用乳剂或乳化软膏基质，在贮存过程中往往颜色变深，应避免与金属接触或避光保存。

《中国药典》（2020年版）收载了硬脂酸，硬脂酸为白色或类白色有滑腻感的粉末或结晶性硬块，其剖面有微带光泽的细针状结晶；有类似油脂的微臭，无味。在三氯甲烷或乙醚中易溶，在乙醇中溶解，在水中几乎不溶，常用作O/W型乳剂的乳化剂。

（2）硫酸化物　主要是硫酸化脂肪油和高级脂肪醇硫酸酯类，通式为$ROSO_3^-M^+$，其中脂肪烃链R为C_{12}～C_{18}。硫酸化脂肪油的代表是硫酸化蓖麻油，俗称土耳其红油，为黄色或橘黄色黏稠液，有微臭，约含48.5%的总脂肪油，可与水混合，为无刺激性的去污剂和润湿剂，可代替肥皂洗涤皮肤，也可用于挥发油或水不溶性杀菌剂的增溶。高级脂肪醇硫酸酯类中常用的是十二烷基硫酸钠（SDS，又称月桂醇硫酸钠）、十六烷基硫酸钠（鲸蜡醇硫酸钠）、十八烷基硫酸钠（硬脂醇硫酸钠）等。它们的乳化性也很强，并比肥皂类稳定，较耐酸和钙、镁盐，但可与一些高分子阳离子药物发生作用而产生沉淀，对黏膜有一定的刺激性，主要用做外用软膏的乳化剂，有时也用于片剂等固体制剂的润湿剂或增溶剂。

（3）磺酸化物　主要是指脂肪族磺酸化物和烷基芳基磺酸化物等。通式分别为$R\cdot SO_3^-M^+$和$RC_6H_5\cdot SO_3^-M^+$。它们的水溶性及耐酸、耐钙、镁盐性比硫酸化物稍差，在酸性介质中不水解，对热也较稳定。常用的品种有二辛基琥珀酸磺酸钠（阿洛索－OT）、二己基琥珀酸磺酸钠、十二烷基苯磺酸钠等，由于其黏度低、起泡性、去污力、油脂分散性都较强，故为目前广泛应用的洗涤剂。另外，甘胆酸钠、牛磺胆酸钠等胆酸盐也属此类，常用做胃肠道脂肪的乳化剂和单硬脂酸甘油酯的增溶剂。

2. 阳离子表面活性剂　这类表面活性剂起作用的部分是阳离子，亦称阳性皂，主要为季铵化物，特点是水溶性大，在酸性与碱性溶液中较稳定，毒性大和杀菌力强，常用作消毒、杀菌防腐剂，很少单独用作药剂辅料，常用品种有苯扎氯铵和苯扎溴铵等。

苯扎氯铵为氯化二甲基苄基烃铵的混合物，为白色蜡状固体或黄色胶状体，水溶液显中性或弱碱性，在水或乙醇中极易溶解，在乙醚中微溶。苯扎溴铵为溴化二甲基苄基烃铵的混合物，常温下为黄色胶状体，低温时可逐渐形成蜡状固体，水溶液呈碱性，在水或乙醇中易溶，在丙酮中微溶，在乙醚或苯中不溶。低浓度的苯扎氯铵或苯扎溴铵溶液无刺激性，与阴离子表面活性剂存在配伍禁忌。

3. 两性离子表面活性剂　这类表面活性剂的分子结构中同时具有正、负电荷基团，在酸性溶液中表现阳离子型的杀菌作用；在碱性溶液呈现阴离子的起泡去污作用。

卵磷脂是天然的两性离子表面活性剂，主要来源于大豆和蛋黄，由磷酸脂型的阴离子部分和季铵盐组成，基本结构为：

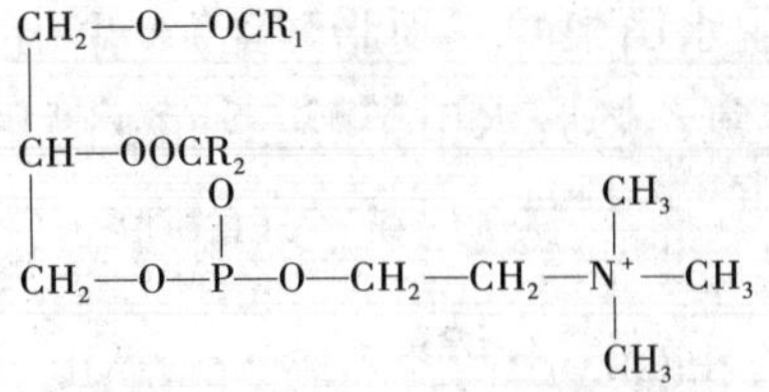

不同来源和不同制备过程的卵磷脂中各组分的比例可发生很大的变化，影响其使用性能。例如，在磷脂酰胆碱含量高时可作为水包油型乳化剂，而在肌醇磷脂含量高时则为油包水型乳化剂。卵磷脂外观为透明或半透明黄色或黄褐色油脂状物质，对热十分敏感，在60℃以上数天内即变为不透明褐色，在酸性和碱性条件以及酯酶作用下容易水解，不溶于水，溶于三氯甲烷、乙醚、石油醚等有机溶剂，是制备注射用乳剂及脂质微粒制剂的主要辅料。

合成的氨基酸型和甜菜碱型两性离子表面活性剂的阴离子部分主要是羧酸盐，阳离子部分为季铵盐或胺基。由胺基构成者即为氨基酸型表面活性剂（$R \cdot {}^{+}NH_2 \cdot CH_2CH_2 \cdot COO^-$）；由季铵盐构成者即为甜菜碱型表面活性剂［$R \cdot {}^{+}N \cdot (CH_3)_2 \cdot CH_2 \cdot COO^-$］。氨基酸型在等电点时亲水性减弱，可能产生沉淀，而甜菜碱型则无论在酸性、中性及碱性溶液中均易溶。常用的一类氨基酸型两性离子表面活性剂“Tego”杀菌力很强而毒性小于阳离子表面活性剂。

4. 非离子表面活性剂　这类表面活性剂分子中亲水基团为聚乙二醇基（即聚氧乙烯基）和多元醇（如甘油、山梨醇等），亲油基团为长链脂肪酸或长链脂肪醇以及烷基或芳基等。它们的毒性、刺激性和溶血作用较小，在水中不解离，稳定性高，不易受强电解质、无机盐类、酸、碱的影响；与其他类型表面活性剂相容性好，在水和有机溶剂中亦有较好的溶解性能；能与大多数药物配伍，在药剂上应用广泛，不但可用于外用、口服制剂，有的还可用于注射剂，个别品种也用于静脉注射剂。常用的有以下几类。

（1）脂肪酸山梨坦类（司盘类）　脂肪酸山梨坦又称为脱水山梨醇脂肪酸酯，商品名为司盘（Span），山梨醇分子内脱去1分子或2分子水后与脂肪酸结合而成的酯，是一种复杂的混合物。根据反应的脂肪酸的不同，有不同的产品，并附以各种号数加以区别。如司盘20（脱水山梨醇单月桂酸酯）、司盘40（脱水山梨醇单棕榈酸酯）、司盘60（脱水山梨醇单硬脂酸酯）、司盘65（脱水山梨醇三硬脂酸酯）、司盘80（脱水山梨醇单油酸酯）和司盘85（脱水山梨醇三油酸酯）等。其通式为：

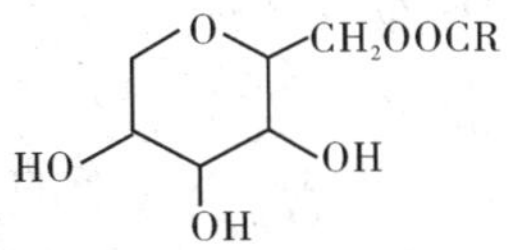

司盘为黏稠状、白色至黄色的油状液体或蜡状固体，不溶于水，易溶于乙醇，在酸、碱、酶的作用下易水解，亲油性较强，药剂中一般用作W/O型乳化剂，或O/W型乳化剂的辅助乳化剂，多用于搽剂和软膏剂中，亦可用作注射用乳剂的辅助乳化剂。

（2）聚山梨酯（聚山梨酯类）　聚山梨酯又称为聚氧乙烯脱水山梨醇脂肪酸酯，商品名为聚山梨酯（Tween），是由司盘与环氧乙烷进行加成反应，在脱水山梨醇的羟基上结合聚氧乙烯基而生成的亲水性化合物，也是一种复杂的混合物。聚山梨酯与司盘一样，由于脂肪酸的不同而有不同的品种，如聚山梨酯20（聚氧乙烯脱水山梨醇单月桂酸酯）、聚山梨酯40（聚氧乙烯脱水山梨醇单棕榈酸酯）、聚山梨酯60（聚氧乙烯脱水山梨醇单硬脂酸酯)、聚山梨酯65(聚氧乙烯脱水山梨醇三硬脂酸酯)、聚山梨酯80(聚氧乙烯脱水山梨醇单油酸酯)和聚山梨酯85(聚氧乙烯脱水山梨醇三油酸酯)等。其通式为:

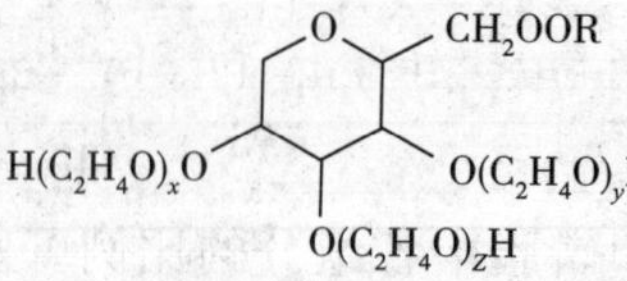

聚山梨酯是黏稠的黄色液体,对热稳定,在酸、碱、酶作用下可水解。由于分子结构中增加了亲水性的聚氧乙烯基,更易溶于水,易溶于乙醇以及多种有机溶剂,不溶于油。药剂中常作为润湿剂、分散剂、乳化剂和增溶剂。

(3)聚氧乙烯脂肪酸酯　系由聚乙二醇与长链脂肪酸缩合而成的酯,通式为 $R\cdot COO\cdot CH_2(CH_2OCH_2)_nCH_2\cdot OH$,商品名为卖泽(Myrj)。根据聚乙二醇部分的分子质量和脂肪酸品种不同而有不同品种。这类表面活性剂有较强水溶性,乳化能力强,为O/W型乳化剂,常用的有聚氧乙烯40硬脂酸酯等。聚氧乙烯40硬脂酸酯(Myrj 52)呈蜡状或液体,熔点40~51℃,常作为O/W型乳膏的乳化剂及新型栓剂的基质,如洗必泰和红霉素栓剂,可以和卵磷脂混合配伍用作注射用乳剂的乳化剂,也可以和一些阴离子表面活性剂配伍作乳化剂。

(4)聚氧乙烯脂肪醇醚　系由聚乙二醇与脂肪醇缩合而成的醚,通式为 $R\cdot O\cdot(CH_2OCH_2)_nH$。常见商品有苄泽(Brij),由 C_{12} 以上的脂肪醇引发2~24个环氧乙烷聚合而得。苄泽30、苄泽35、苄泽56、苄泽58、苄泽98等为不同分子质量的聚氧乙烯基与月桂醇、鲸蜡醇、油醇缩合而成的产品。西土马哥(Cetomacrogol)为白色蜡状固体,是聚乙二醇与鲸蜡醇的缩合物,与鲸蜡醇合用时可增强其乳化能力;与酚类配伍时,因络合作用而失效;与季铵类合用能降低药物的抗菌活性。平平加O(Perogol O)为白色乳膏状物,由油醇引发15个单位的环氧乙烷聚合而得,易溶于水,为O/W型乳化剂,可用作增溶剂、增敏剂。埃莫尔弗(Emolphor)是一类聚氧乙烯蓖麻油化合物,由油醇引发20个单位以上的环氧乙烷聚合而得,为淡黄色油状液体或白色糊状物,易溶于水和醇及多种有机溶剂,HLB值在12~18范围,具有较强的亲水性质。常用作增溶剂及O/W型乳化剂。

(5)聚氧乙烯-聚氧丙烯共聚物　用作表面活性剂的聚氧乙烯-聚氧丙烯共聚物[泊洛沙姆(Poloxamer),或普朗尼克(Pluronic)]是一类三嵌段聚合物,两端为聚氧乙烯嵌段,中间为聚环氧丙烷嵌段。其结构简式为:

$$—HO\ (C_2H_4O)_a\ (C_3H_6O)_b\ (C_2H_4O)_cH$$

a,c 基本相同,b 大于15。

其中聚氧乙烯为亲水基,亲油基位于两个可变换的亲水基(a,c)之间,相对分子质量从1000到15000不等,随着相对分子质量的增加,本品由液体变为固体,其水溶性可以从不溶于水到溶于水;分子中聚氧乙烯部分比例增加,水溶性增加,聚氧丙烯部分增加,则水溶性下降,亲油性增加。不同泊洛沙姆编号及其平均分子质量和化学组成见表3-3。

表3-3　泊洛沙姆的相对平均分子质量和组成

泊洛沙姆编号	相对平均分子质量	三嵌段中的单体单元数		
		环氧乙烷	环氧丙烷	环氧乙烷
124	2200	11	21	11
188	8350	75	30	75

续表

泊洛沙姆编号	相对平均分子质量	三嵌段中的单体单元数		
		环氧乙烷	环氧丙烷	环氧乙烷
237	7700	62	39	62
338	14000	128	54	128
407	11500	98	67	98

泊洛沙姆广泛用作增溶剂、乳化剂、稳定剂、分散剂、混悬剂和包衣剂。其胶体和凝胶性质可应用在给药系统中。泊洛沙姆124、188、237、338和407已收载在《美国国家处方集》中，泊洛沙姆188收载于《英国药典》。

（三）表面活性剂水溶液的性质

1. 表面活性剂分子的胶束化 胶束化是表面活性剂的重要性质之一，也是产生增溶、乳化、洗涤、分散和絮凝等作用的原因。

（1）胶束化 表面活性剂分子的疏水（亲油）基团之间由于疏水作用在水中易于相互靠拢、缔合，从而逃离水分子的包围，如图3-2所示，当表面活性剂在溶液表面的吸附达到饱和后，它们在水溶液中由一定数量的离子或分子组成缔合体——胶束，此时，再提高表面活性剂的浓度已不能显著增加溶液中单个分子或离子的浓度，而只能形成更多的胶束。胶束化可看作一种相分离行为，即所谓的相分离模型，其依据是表面活性剂性质如表面张力等与形成新相相似，随浓度增加发生突变。然而，一般来说，一个胶束具有的表面活性剂分子或离子数目并不大（30~2000），不足以作为一个相，可称之为“准相”。胶束化也可看成单个分子或离子与胶束处于缔合-解离平衡之中，即所谓的质量作用模型。

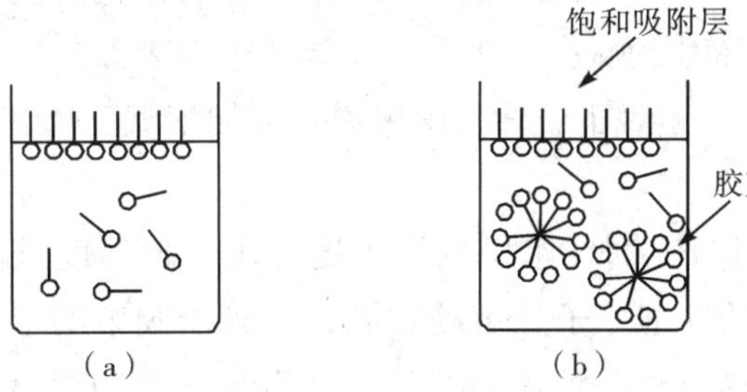

图3-2 表面活性剂分子在表面的吸附和胶束形成示意图

（a）溶液表面活性剂分子的定向排列；（b）溶液内部表面活性剂胶束的形成

（2）临界胶束浓度 表面活性剂溶液的表面张力随着表面活性剂浓度的增大而降低，当浓度增大到一定值后，即使浓度再增大，溶液的表面张力变化也不大，此时表面活性剂从离子或分子状态缔合成稳定的胶束，这个开始形成胶束的最低浓度被称为临界胶束浓度（critical micell concentration，CMC）。临界胶束浓度越小，表明该表面活性剂形成胶束和达到表面（界面）吸附饱和所需的浓度越低，从而改变表面性质，产生增溶、乳化、起泡等作用所需的浓度越低。临界胶束浓度是表面活性剂溶液性质发生显著变化的“分水岭”。

（3）胶束的形状和大小 一般认为，在表面活性剂浓度不是很大时（超过不多），没有其他添加剂的溶液中胶束大多呈球状（图3-3a）；在十倍于CMC或更浓的溶液中，胶束一般为非球状的，如棒状（图3-3b）；随溶液浓度不断增加，棒状胶束聚集成束状（图3-3c）；浓度更大时，形成层状（图3-3d）或块状胶束（图3-3e）。从球形结构到层状结构，表面活性剂的碳氢链从紊乱分布转变成规则排列，溶液变得黏稠，完成从液态向液晶态转变，表现出明显的光学各向异性性质。在高浓度的表面活性剂水溶液中，如有少量的非极性溶剂存在，则可能形成反向胶束，即亲水基团向内、亲油基团向外的非极性液体。油溶性表面活性剂，如钙肥皂、丁二酸二辛基磺酸钠和司盘类表面活性剂在非极性溶剂中也可形成类似反向胶束。

胶束的形状受无机盐和有机添加剂的影响，与胶束大小密切相关。胶束大小一般由胶束聚集数来度量。所谓胶束聚集数指缔合成胶束的表面活性剂分子或离子的数量。

胶束聚集数 = 胶束量/表面活性剂分子量

一般来说，表面活性剂中亲油基碳原子数增加，表面活性剂在水中的聚集数增大；亲油基相同时，聚氧乙烯基团数越大，胶束聚集数越小。

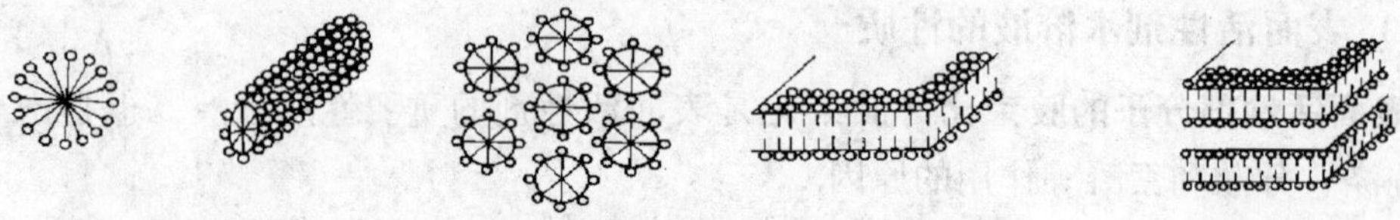

图 3-3　表面活性剂溶液中胶束结构的演化

(a) 球状；(b) 棒状；(c) 束状；(d) 层状；(e) 块状

(4) 影响 CMC 的因素

1) 表面活性剂的类型　离子型的表面活性剂 CMC 比非离子型的 CMC 表面活性剂的 CMC 大的多（约 100 倍），聚集数则较低（离子型 10~100，非离子型 >100）。如月桂醇聚氧乙烯醚在 25℃ 的聚集数为 5000。

2) 表面活性剂的结构　疏水性越强，CMC 越低。对于离子型表面活性剂，同系物中烃基每增加一个碳原子，CMC 约减少一半；对于非离子型表面活性剂，每增加两个碳原子，CMC 下降至原来 1/10。反之，对于极性基团来说，增加聚氧乙烯基的数目，CMC 升高，聚集数降低。

3) 温度　离子型表面活性剂在水中的溶解度有限，随温度升高缓慢增大，CMC 随升温略有增大。升温使表面活性剂分子热运动加剧，不利于胶束的形成，CMC 增大。非离子型表面活性剂澄清溶液加热至某一温度时溶液突然混浊，表明温度升高会使非离子型表面活性剂的溶解度降低。

此外电解质、外加有机物和氢离子浓度等对 CMC 都有影响。

(5) CMC 的测定　表面活性剂溶液浓度达到 CMC，各种物理化学性质有突变，如摩尔电导、黏度、渗透压、密度、光散射等。可利用这一现象测定 CMC，如表面张力法（在表面活性剂浓度较低时，随着浓度的增加，溶液的表面张力急剧下降，当到达临界胶束浓度时，表面张力的下降则很缓慢或停止，以表面张力对表面活性剂浓度的对数作图，曲线转折点相对应的浓度即为 CMC）、电导法（仅适合于表面活性较强的离子表面活性剂的测定）、光散射法、染料法、荧光探针法等。

2. 亲水-亲油平衡值　1949 年 Griffin 第一个提出了用亲水-亲油平衡值（hydrophile-lipophile balance，HLB）来表示表面活性剂亲水或亲油能力的大小，是亲水基和亲油（疏水）基之间在大小和力量上的平衡程度的量度。一般将表面活性剂的 HLB 值范围限定在0~40，其中非离子型表面活性剂的 HLB 值范围为 0~20。规定完全由疏水性碳氢基团组成的石蜡分子的 HLB 值为 0，完全由亲水性的聚氧乙烯基组成的聚氧乙烯的 HLB 值为 20，既具碳氢链又具有聚氧乙烯链的表面活性剂的 HLB 值介于两者之间。一些常用表面活性剂的 HLB 值列于表 3－4。

表 3－4　常用表面活性剂的 HLB 值

表面活性剂	HLB 值	表面活性剂	HLB 值
阿拉伯胶	8.0	聚山梨酯 20	16.7
西黄蓍胶	13.0	聚山梨酯 21	13.3
明胶	9.8	聚山梨酯 40	15.6
单硬脂酸丙二酯	3.4	聚山梨酯 60	14.9
单硬脂酸甘油酯	3.8	聚山梨酯 61	9.6
二硬脂酸乙二酯	1.5	聚山梨酯 65	10.5
单油酸二甘酯	6.1	聚山梨酯 80	15.0
十二烷基硫酸钠	40.0	聚山梨酯 81	10.0
司盘 20	8.6	聚山梨酯 85	11.0
司盘 40	6.7	卖泽 45	11.1
司盘 60	4.7	卖泽 49	15.0
司盘 65	2.1	卖泽 51	16.0
司盘 80	4.3	卖泽 52	16.9
司盘 83	3.7	聚氧乙烯 400 单月桂酸酯	13.1
司盘 85	1.8	聚氧乙烯 400 单硬脂酸酯	11.6
油酸钾	20.0	聚氧乙烯 400 单油酸酯	11.4
油酸钠	18.0	苄泽 35	16.9
油酸三乙醇胺	12.0	苄泽 30	9.5
卵磷脂	3.0	西土马哥	16.4
蔗糖酯	5～13	聚氧乙烯氢化蓖麻油	12～18
泊洛沙姆 188	16.0	聚氧乙烯烷基酚	12.8
阿特拉斯 G－263	25～30	聚氧乙烯壬烷基酚醚	15.0

表面活性剂的 HLB 值与其应用性质有密切关系，但在实际应用中并无非常严格的界限。HLB 在 3～8 的表面活性剂适宜于作 W/O 型乳化剂；HLB 值在 7～9 的表面活性剂适宜于作润湿剂与铺展剂；HLB 值在 8～16 的表面活性剂适宜作 O/W 型乳化剂；HLB 值在 13～18 的表面活性剂适宜于作增溶剂，如图 3－4 所示。

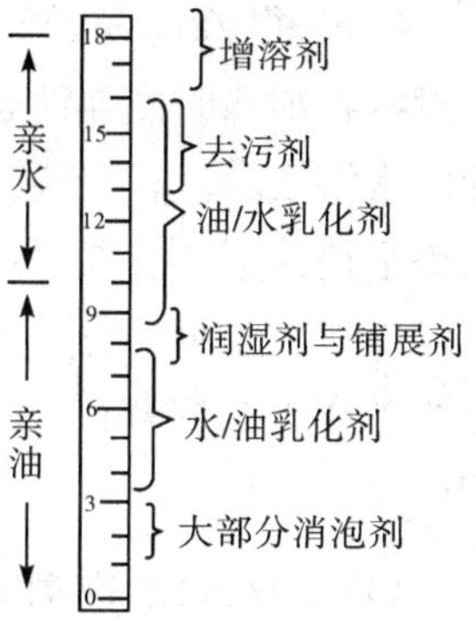

图 3－4　不同 HLB 值表面活性剂的适用范围

表面活性剂的 HLB 值可通过实验求得，简便的测定方法是溶解度法：在常温下将表面活性剂溶于水中，观察溶解情况，根据分散或溶解的程度来估计 HLB 的近似值。加水后如不分散 HLB 1～4；分散较差 HLB 3～6；剧烈振荡后成乳浊液 HLB 6～8；稳定乳白色分散系 HLB 8～10；半透明至透明 HLB 10～13；透明溶液 HLB ＞ 13。

非离子型表面活性剂的 HLB 值具有加和性，简单的二组分非离子型表面活性剂体系的 HLB 值可用下式求得：

$$\mathrm{HLB}_{AB}=\frac{\mathrm{HLB}_A\cdot W_A+\mathrm{HLB}_B\cdot W_B}{W_A+W_B} \tag{3-6}$$

式中，HLB_A和HLB_B分别代表A、B两种表面活性剂的HLB值；HLB_{AB}为两种混合乳化剂的HLB值；W_A和W_B分别为表面活性剂的重量（或百分重量）。

例如，用30%司盘20（HLB=8.6）和70%聚山梨酯20（HLB=16.7）组成的混合表面活性剂的HLB值为14.27。

3. 起昙与昙点 一般来说，表面活性剂的溶解度随温度的升高而增大。然而，一些非离子型表面活性剂的水溶液加热至某一温度时，溶液由澄清变为混浊，冷却后恢复澄明，这一现象称为起浊或起昙。起浊现象是可逆的，它是含有聚氧乙烯的非离子型表面活性剂特有的现象。起昙的原因是温度升高可导致聚氧乙烯链与水之间的氢键断裂，使表面活性剂溶解度急剧下降和析出，溶液出现混浊；当温度降低，聚氧乙烯链与水之间重新生成氢键，溶液恢复澄明。

大部分含聚氧乙烯醚型的非离子型表面活性剂存在浊点，所谓昙点是指1%的聚氧乙烯醚型非离子型表面活性剂溶液加热时由澄明变浑浊时的温度。温度高于浊点，溶液发生分相，许多性能和效能均下降。

不同表面活性剂的昙点也不同。一般碳氢链相同时，聚氧乙烯链越长，水化程度高，浊点越高；聚氧乙烯链相同时，碳氢链越长，浊点越低。如聚山梨酯20、60、80的昙点分别为95℃、76℃和93℃，大多数此类表面活性剂的浊点在70～100℃。泊洛沙姆108、泊洛沙姆188等聚氧乙烯类非离子型表面活性剂，与水形成的氢键作用较大，在常压下升温至沸点也不发生起昙现象，因此，不是所有含聚氧乙烯基的非离子型表面活性剂都有起昙现象。

起昙现象对于药物制剂有影响。含有能起昙的表面活性剂的溶液，在温度达到昙点时析出表面活性剂，增溶和乳化作用降低，可能使被增溶物析出或乳剂破坏，在降低温度后可能恢复原状，也可能难以恢复。对含这类表面活性剂的药物制剂加热灭菌需考虑其加热稳定性问题。在非离子型表面活性剂西土马哥的溶液中加入酚类，由于相互作用，使昙点降至室温以下，影响酚的防腐作用，为配伍禁忌。

4. Krafft点 离子型和部分非离子型表面活性剂存在Krafft点，它是指1%的表面活性剂溶液在加热时由浑浊忽然变澄清时相应的温度。Krafft点越低，表明该表面活性剂溶液的低温水溶性越好；Krafft点越高，其溶解度越低。在Krafft点时，溶液中表面活性剂分子和胶束平衡共存，表面活性剂浓度等于临界胶束浓度。在低于Krafft点时，表面活性剂溶液中不可能形成胶束，也不可能具有胶束派生的一系列胶体性质和应用性能。例如，十二烷基硫酸钠和十二烷基磺酸钠的Krafft点分别约为8℃和70℃，后者在室温的表面活性不够理想。

（四）表面活性剂的复配

在实际应用中，经常复配不同类型的表面活性剂以达到增效作用。下面介绍一些复配体系。

1. 表面活性剂混合体系

（1）阴离子－阴离子表面活性剂复配　十二烷基苯磺酸钠与脂肪醇聚氧乙烯醚硫酸酯类阴离子表面活性剂复配会产生加和增效作用，使表面张力降得更低，使洗涤性、去污性以及对酯类的润湿性和乳化性均有提高。十二烷基苯磺酸钠与十二烷基硫酸钠复配不会产生加和增效作用。只有具有特定结构的阴离子－阴离子表面活性剂的复配才产生加和增效作用。

（2）阴离子－阳离子表面活性剂复配　阴离子与阳离子表面活性剂分子之间的相互作用较强，它们的复配体系在降低表面张力、混合胶束的形成方面具有较强的加和增效作用，在润湿、稳泡和乳化性能方面有较大提高。辛基硫酸钠与辛基三甲基溴化铵按不同比例复配后，溶液的临界胶束浓度和表面张力如表 3－5 所示。

表 3－5　辛基硫酸钠与辛基三甲基溴化铵复配体系的临界胶束浓度（CMC）和表面张力（γ）

性质	$C_8H_{17}SO_4Na$（a）	$C_8H_{17}N(CH_3)_3Br$（b）	混合物（a∶b，mol/mol）			
			1∶1	1∶10	10∶1	50∶1
CMC（mol/L）	0.14	0.26	0.0075	0.033	0.025	0.05
γ（mN/m）	39	41	23	23	25	

应该注意的是阴离子－阳离子表面活性剂复配时，易于生成不溶性的盐从溶液中析出，失去活性。

（3）阴离子－两性表面活性剂复配　在阴离子－两性表面活性剂复配体系中，两种表面活性剂分子的作用方式与介质的酸碱性有关。如直链烷基苯磺酸钠与十二烷基甜菜碱复配体系，在一定组成范围内，表面张力降低，性质上存在最大加和增效作用。

（4）阴离子－非离子型表面活性剂复配　阴离子－非离子型表面活性剂复配既可能提高也可能降低胶束的增溶作用。如脂肪醇聚氧乙烯醚溶液中加入少量十二烷基硫酸钠，对丁巴比妥的增溶作用显著降低；十二烷基硫酸钠与失水山梨醇单十六酸酯复配的水溶液对二甲基氨基偶氮苯有更大增溶作用。

（5）阳离子－非离子型表面活性剂复配　在阳离子表面活性剂中加入非离子型表面活性剂可使临界胶束浓度显著降低，如十六烷基三甲基溴化铵与壬基酚聚氧乙烯醚复配后的临界胶束浓度从 85mol/L 以上可降低到 30mol/L 左右。

（6）非离子－非离子型表面活性剂复配　多数聚氧乙烯型非离子型表面活性剂本身就是混合物，其性质与单一物质相比有较大差异。通常疏水基相同、聚氧乙烯链长相近的两种非离子型表面活性剂混合，容易形成混合胶束。当两种表面活性剂的聚氧乙烯链长相差较大时，混合物的亲水性大于两者的平均值，油溶性品种可能增溶到水溶性表面活性剂的胶束中。

2. 表面活性剂与非表面活性剂混合体系

（1）与中性无机盐的配伍　在离子表面活性剂的溶液中加入可溶性的中性无机盐，主要受反离子的影响。反离子的结合率和浓度高，表面活性剂的 CMC 降低显著，从而增加胶束数量，增加烃类增溶剂的溶量。当溶液中存在大量的钙离子、镁离子等多价反离子时，则可能降低阴离子表面活性剂的溶解度，产生盐析现象。无机盐对非离子型表面活性剂的影响小，但在高浓度时（>0.1mol/L）可破坏表面活性剂聚氧乙烯等亲水基与水分子的结合，使浊点降低。

（2）有机添加物　脂肪醇与表面活性剂分子形成混合胶束，烃核的体积增加，对碳氢化合物的溶解量增加，一般对碳原子在 12 以下的脂肪醇有较好效果。一些多元醇，如果糖、木糖、山梨醇等也有类似效果。与之相反，一些短链醇不仅不能与表面活性剂形成混合胶束，还可能破坏胶束的形成，如 $C_1 \sim C_6$ 的醇等。

极性有机物，如尿素、N－甲基乙酰胺、乙二醇等均升高表面活性剂的 CMC，因为这些极性分子与水分子发生强烈的竞争，此外这些物质也是表面活性剂的助溶剂，增加其溶解度，均影响胶束的形成，例如，尿素可使十二醇聚氧乙烯醚的 CMC 升高 10 倍。

（3）水溶性高分子　明胶、聚乙烯醇、聚乙二醇及聚维酮等水溶性高分子对表面活性剂有吸附作用，减少溶液中游离表面活性剂分子量，因此临界胶束浓度升高。阳离子表面活性剂与含羧基的羧甲基纤维素、阿拉伯胶、果胶酸、海藻酸以及含磷酸根的核糖核酸、去氧核糖核酸等生成不溶性复凝聚物。但在含有高分子的溶液中，一旦有胶束形成，其增溶效果显著增强，这可能因是两者疏水链的相互结合使胶束烃核增大，也可能是电性效应，像聚乙二醇因结构中醚氧原子的存在，有未成键电子对与水中的 H^+ 结合而带有正电荷，易与阴离子表面活性剂结合。

（五）生物学性质

1. 对药物吸收的影响　研究发现表面活性剂的存在影响药物的吸收。药物从胶束中扩散的速度和程度及胶束与胃肠生物膜融合的难易程度对药物吸收具有重要影响。如果表面活性剂可顺利从胶束内扩散或胶束迅速与生物脂质膜融合，则药物的吸收增加，例如，应用聚山梨酯 80 明显促进螺内酯的口服吸收。表面活性剂溶解生物膜脂质，增加上皮细胞通透性，从而改善吸收，如十二烷基硫酸钠改善头孢霉素钠、四环素、磺胺素、氨基苯磺酸等药物的吸收。但长期的类脂质的损失可能造成黏膜损害。

2. 毒性　一般的表面活性剂毒性大小为：阳离子表面活性剂 ＞阴离子表面活性剂＞非离子型表面活性剂。两性离子型表面活性剂的毒性小于阳离子表面活性剂。动物实验证实：小鼠口服 0.063% 氯化烷基二甲铵后显示慢性毒性作用；口服 1% 二辛基琥珀酸磺酸钠仅有轻微毒性，相同浓度的十二烷基硫酸钠则没有毒性反应。据实际人体观察，口服聚山梨酯 80，每日剂量 4.5 ~ 6.0g，连服 28 天，有的人服用达 4 年之久，未见明显的毒性反应。阳离子表面活性剂常作消毒杀菌用，阴离子表面活性剂常用于外用制剂，非离子型表面活性剂可用于口服制剂。表面活性剂用于静脉给药的毒性大于口服，只有少数表面活性剂如 Poloxamer 188 和卵磷脂等可用作静脉注射用。

表面活性剂的毒性还表现在具较强的溶血作用。表面活性剂的溶血作用顺序为：阴离子型 >阳离子型 >非离子型。如月桂醇硫酸钠在低浓度 0.001% 就有强烈溶血作用，禁用于注射剂中；非离子型表面活性剂溶血作用较小，含聚氧乙烯基的非离子型表面活性剂中，以聚山梨酯类溶血作用最小，其顺序为：聚氧乙烯烷基醚 >聚氧乙烯烷基芳醚 >聚氧乙烯脂肪酸脂 >聚山梨酯类；聚山梨酯 20 > 聚山梨酯 60 > 聚山梨酯 40 > 聚山梨酯 80。目前聚山梨酯类表面活性剂仍只用于某些肌内注射液中。

3. 刺激性　虽然各类表面活性剂都可用于外用制剂，但长期使用，可能对皮肤或黏膜造成损害。各类表面活性剂对皮肤黏膜的刺激性大小顺序与表面活性剂的毒性一致。如季铵盐类化合物高于 1% 即可对皮肤产生损害，十二烷基硫酸钠产生损害的浓度为 20% 以上，聚山梨酯类对皮肤和黏膜的刺激性很低，一些聚氧乙烯醚类表面活性剂在 5% 以上浓度即产生损害作用。表面活性剂对皮肤和黏膜的刺激性，随温度和湿度的增加而加重。

4. 生物降解　生物降解是指含碳有机物在微生物作用下转化为可供细胞代谢使用的碳源，分解成二氧化碳和水的现象。在提倡环保的今天，一般要求在法定试验时间（19 天）内，初级生物降解应达到 80% 以上，否则禁止使用。

（六）功能与应用

表面活性剂能够显著降低体系的表面张力，当浓度超过临界胶束浓度时，在溶液中形成胶束。表面活性剂具有增溶、乳化、润湿、起泡和消泡、分散和絮凝等作用。

1. 增溶作用

（1）增溶作用的定义和特点　一些水不溶性或微溶性药物在表面活性剂胶束溶液中的溶解度显著增大，形成透明胶体溶液，这种作用称为增溶作用。例如，灰黄霉素在37℃水中的溶解度为 7.14×10^{-4} mol/L，当在水溶液中加入 1 mol/L 胆酸钠时，灰黄霉素的溶解度增加到6.18mol/L。增溶作用已广泛用于提高难溶性药物的溶解度，如甾体药物（各类睾丸酮、黄体酮、己炔雌二醇、醋酸可的松、洋地黄毒苷等）、抗生素（氯霉素、灰黄霉素、土霉素等）、脂肪性维生素（维生素 A、D、E、K 等）、磺胺类（磺胺嘧啶、磺胺噻唑等）、生物碱（蛇木碱）、挥发油等，经增溶后可达到临床治疗所需浓度。常用的增溶剂为聚山梨酯类和聚氧乙烯脂肪酸酯类等，用作增溶剂的表面活性剂最适宜 HLB 值为 13～18。

增溶剂不仅可增加难溶性药物溶解度，而且可防止药物的氧化、水解，提高药物的稳定性。如维生素 A 和 D 易氧化失效，用非离子型表面活性剂增溶，能防止其氧化，比醋酸维生素 A 混悬液或维生素 A 的油溶液稳定得多。

（2）增溶作用的方式　了解增溶的方式，掌握被增溶物与胶束之间的相互作用，对有效地应用增溶作用具有十分重要的意义。

增溶作用主要有四种方式：

1）在胶束内核的增溶　非极性分子，如饱和脂肪烃等通常被增溶在胶束内核中，增溶后胶束体积会增大，如图 3－4（a）所示。

2）在表面活性剂分子之间的增溶　与表面活性剂分子结构相似的极性有机化合物，如长链的醇、胺、脂肪酸等两亲分子，一般增溶于胶束的“栅栏”之间，增溶后胶束并不增大，如图 3－4（b）所示，被增溶物的非极性基团插入胶束内部，极性基团插入表面活性剂极性基团之间，非极性基团较大的分子插入胶束的程度增大，甚至将极性基团也拉入胶束内核。

3）在胶束表面的吸附增溶　一些既不溶于水、也不溶于油的小分子极性化合物如邻苯二甲酸二甲酯吸附在胶束表面而增溶，如图 3－4（c）所示，一些高分子化合物等也采用此种增溶方式。

4）聚氧乙烯链间的增溶　以聚氧乙烯基为亲水基团的非离子型表面活性剂，通常将被增溶物包藏在胶束外层的聚氧乙烯链之间，如图 3－4（d）所示，易极化的碳氢化合物，如苯、乙苯、苯酚等短链芳香烃类化合物常以这种方式被增溶。

在表面活性剂溶液中，上述四种方式的胶束增溶作用对被增溶物的增溶量大小顺序为：4）＞2）＞1）＞3）。

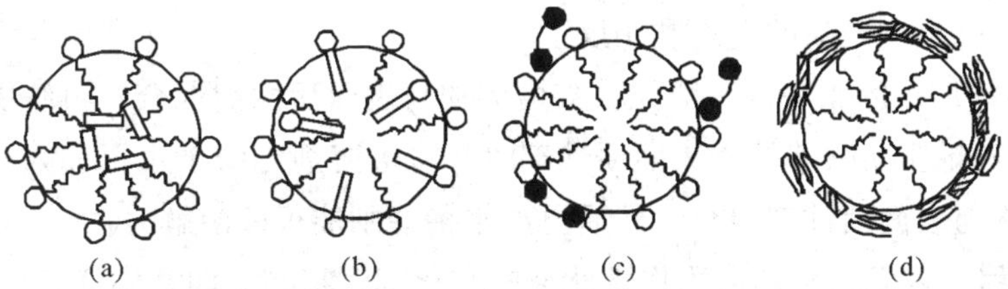

图3-4　表面活性剂的增溶方式

：表面活性剂分子；：不易极化的非极性有机化合物；：两亲分子(被增容物的非极性链插入胶束内部)；：不溶于水也不溶于油的小分子极性化合物；：较易极化的氮氢化合物；：以聚氧乙烯基为亲水基团的非离子表面活性剂分子

表面活性剂增溶量的测定方法与溶解度的测定方法相同，向一定体积已标定浓度的表面活性剂溶液中滴加被增溶物，当达到饱和时被增溶物析出，溶液变混浊，此时，已滴入溶液中的被增溶物的物质的量（mol）即为增溶量。增溶量除以表面活性剂的物质的量（mol）即为增溶力，表面活性剂的增溶力表示其对难溶或不溶物增溶的能力。

当表面活性剂用量固定，被增溶物达到饱和时的浓度即为最大增溶浓度（maximum additive concentration，MAC）。表面活性剂的浓度、温度、压力一定时，增溶量是恒定值。例如，1g 十二烷基硫酸钠可增溶 0.262g 黄体酮，1g 聚山梨酯 80 或聚山梨酯 20 可分别增溶 0.19g 和 0.25g 丁香油。在达到 MAC 后，继续加入被增溶物，若被增溶物为液体，体系将转变成乳状液；若被增溶物为固体，则溶液中将有沉淀析出。

（3）影响增溶作用的因素

1）表面活性剂的化学结构　不同化学结构的表面活性剂具有不同的增溶力：具有相同亲油基的表面活性剂对烃类和极性有机物的增溶力大小顺序：非离子型 > 阳离子型 > 阴离子型；在表面活性剂同系物中，碳原子数越多，临界胶束浓度越低，形成的胶束越大，增溶力越大。如羧酸钾对乙苯增溶力随碳氢链增长而增大（表 3－6）；亲油基部分带有分支结构的表面活性剂增溶力较直链的小；带有不饱和结构或在分子上引入第二极性基团的表面活性剂对烃类增溶作用减小，而对长链极性物增溶作用增大。

表 3－6　乙苯在 0.5mol/L 羧酸钾溶液中的增溶作用（25℃）

表面活性剂	$C_9H_{19}COOK$	$C_{11}H_{23}COOK$	$C_{13}H_{27}COOK$
增溶力	0.174	0.424	0.855

2）被增溶物的化学结构　脂肪烃和烷基芳烃被增溶的程度随其链长增长而降低，随不饱和度和环化程度增大而增大。烷烃的氢原子被羟基、氨基等极性基团取代后，被增溶程度明显增大。

3）温度　温度对增溶的影响，因表面活性剂种类及被增溶物的不同而不同。多数情况下，温度升高，增溶作用增大。对于离子型表面活性剂，温度升高使极性和非极性物的增溶量增加；对于含有聚氧乙烯基的非离子型表面活性剂，温度升高，聚氧乙烯基与水分子之间氢键遭到破坏，水化作用减小，胶束容易生成，聚集数增加，当温度升高到接近表面活性剂的浊点时，胶束聚集数急剧增多，对非极性烃类及卤代烷烃的增溶力大为提高。

4）表面活性剂的用量　表面活性剂的浓度要大于 CMC，保证形成胶束；具体用量要由试验确定。用量应严格控制。过量应用，不仅有可能增加毒副作用；而且由于胶束对药物的吸附，有可能影响产品的生物利用度。

5）被增溶物加入的顺序　一般先将被增溶物与表面活性剂混合，再缓缓加水。用聚山梨酯 80 或聚氧乙烯脂肪酸酯等为表面活性剂时，将增溶剂先溶于水再加入药物，药物几乎不溶；先将药物与表面活性剂混合，然后再加水稀释则能很好溶解。

2. 乳化作用　表面活性剂可用作乳状液的乳化剂，将在第四章中详细介绍。

3. 润湿作用　所谓润湿指一种流体被另一种流体从固体表面或固－液界面所取代的过程。表面活性剂可改变固－液界面润湿性质，主要起两方面的作用：①表面活性剂在固体表面吸附，形成定向排列的吸附层，降低界面自由能，有效改变固体表面的润湿性质；②提高液体的润湿能力，在水与低能固体表面组成的体系中，由于水的表面张力比固体临界表面张力高，不能铺张，加入表面活性剂作为润湿剂，使水能很好的润湿固体。

4. 起泡和消泡作用　泡沫是气体分散在液体中的分散体系，气体是分散相（不连续相），液体是分散介质（连续相）。

（1）表面活性剂具有起泡作用　向含有表面活性剂的水溶液中充气或施以搅拌，可形成被溶液包围的气泡，表面活性剂分子疏水的碳氢链伸入气泡的气相中，亲水的极性头伸入水中，在气泡的气－液界面形成定向吸附的单分子膜；当气泡上升到液面时，进一步吸附液体表面的表面活性剂分子，露出水面与空气接触的部分形成位于液面两端的双分子膜，使气泡寿命较长，随着气泡不断产生，堆积在液体表面形成泡沫。具有良好起泡作用的通常是阴离子表面活性剂。

（2）表面活性剂具有稳泡作用　表面活性剂可提高液膜表面黏度，增加泡沫稳定性，延长泡沫寿命。具有稳泡作用的一般为非离子型表面活性剂。

（3）表面活性剂具有消泡作用　一般认为，带短链聚氧乙烯链的非离子型表面活性剂和聚氧乙烯聚氧丙烯嵌段共聚物具有较好的抑泡作用，防止泡沫的产生。具有破坏能力的表面活性剂叫消泡剂，好的消泡剂既能快速消泡，又能在相当长时间内防止泡沫生成。

5. 分散和絮凝作用　固体微粒的分散和絮凝主要是通过使用表面活性剂来实现的。用于使固体微粒均匀、稳定地分散于液体介质中的低分子表面活性剂或高分子表面活性剂统称为分散剂；用于使固体微粒从分散体系中聚集或絮凝的表面活性剂叫絮凝剂。

6. 其他应用　表面活性剂还常用作助悬剂、洗涤剂和去污剂、消毒剂或杀菌剂等，具有柔软平滑、抗静电作用等。

第三节　溶液型液体制剂

溶液型液体制剂系指小分子药物分散在溶剂中制成的均匀分散的液体制剂。溶液型液体制剂可以供口服、腔道使用，也可外用，包括小分子溶液剂和高分子溶液剂等。

小分子溶液剂指小分子药物分散在溶剂中制成的均匀分散的液体制剂，包括溶液剂、芳香水剂、糖浆剂、酊剂、醑剂、甘油剂等；高分子溶液剂指高分子量化合物溶解于溶剂中制成的均匀分散的液体制剂，所用溶剂一般为水，也可用乙醇、乙醚、丙酮、三氯甲烷等。

一、溶液剂

溶液剂系指原料药物溶解于适宜溶剂中所形成的澄明液体制剂。

溶液剂大多以水为溶剂，亦可以乙醇、植物油或其他液体为溶剂。溶液剂配制时根据需要可加入抗氧剂、防腐剂、助溶剂、矫味剂、着色剂等附加剂。

溶液剂制备过程中经常遇到一些问题，必须予以认真对待，否则将影响溶液剂的质量。有些易溶性药物溶解缓慢，在溶解过程中应采用粉碎、搅拌、加热等措施；易氧化的药物溶解时，宜将溶剂加热放冷后再溶解药物，同时应加适量抗氧剂，以减少药物氧化损失；对易挥发性药物应在最后加入，以免因制备过程而损失。

溶液剂的制备方法有三种，即溶解法、稀释法和化学反应法。

1. 溶解法　溶解法是将固体药物直接溶于溶剂中的制备方法，适用于较稳定的化学药物。

溶解法制备过程如下：药物的称量→溶解→滤过→质量检查→包装等。具体方法：①

取处方总量1/2～3/4量的溶剂，加入称好的药物，搅拌使其溶解，处方中如有附加剂或溶解度较小的药物，应先将其溶解于溶剂中，再加入其他药物使溶解，根据药物性质，必要时可将固体药物先行粉碎或加热溶解，难溶性药物可加适当的助溶剂使其溶解；②滤过，并通过滤器加溶剂至全量，滤过可用普通滤器、垂熔玻璃滤器及砂滤棒等；③滤过后的药液应进行质量检查，如处方中含有糖浆、甘油等液体时，用少量水稀释后加入溶液剂中，如使用非水溶剂，容器应干燥；④制得的药物溶液应及时分装、密封、贴标签及进行外包装。

例3－1 复方碘溶液

【处方】 碘50g 碘化钾100g 蒸馏水加至1000ml

【制法】 取碘化钾，加入100ml蒸馏水中，加入碘搅拌溶解，溶解后再添加蒸馏水至全量，混匀，分装。

碘化钾为助溶剂，溶解碘化钾时尽量少加水，以增大其浓度，有利于碘的溶解。碘具氧化性，应保存在玻璃磨口塞密封的瓶中；碘是生物碱沉淀剂，不宜与生物碱配伍应用。

本品口服用于补充碘质，调节甲状腺功能。

2. 稀释法 稀释法系指将药物制成浓溶液，使用前稀释至需要浓度供临床应用的方法。

用稀释法制备溶液剂时需注意浓溶液的性质与浓度以及所需稀溶液的浓度。可用下列公式计算：浓溶液浓度×浓溶液体积＝稀溶液浓度×稀溶液体积。挥发性药物浓溶液稀释过程中应注意挥发损失，以免影响浓度的准确性。例如，过氧化氢溶液市售品一般为30%（g/ml），药典规定的临床应用溶液浓度为2.5%～3.5%（g/ml），可用稀释法。

例3－2 过氧乙酸溶液

【处方】 过氧乙酸（20%）50ml 蒸馏水加至1000ml

【制法】 将少量蒸馏水加入容器内，逐渐加入过氧乙酸（20%）溶液，搅拌使混合均匀，补加水至1000ml，搅匀。

本品为消毒剂。

3. 化学反应法 化学反应法系指通过化学反应制备溶液的方法。配制时除特殊规定外，应先将反应物分别溶解在适量的溶剂中，然后将一种溶液加入到另一种溶液中，随加随搅拌，使化学反应比较温和和可控地进行，停止反应后过滤，自滤器上添加适量的溶剂至足量，搅匀。

例3－3 复方硼砂溶液

【处方】 硼砂15g 碳酸氢钠15g 液化苯酚3ml 甘油35ml 蒸馏水加至1000ml

【制法】 取硼砂及碳酸氢钠溶于约700ml蒸馏水中，另取液化苯酚加入甘油中，搅匀后倾入上述溶液中，随加随搅拌，静置半小时或待不发生气泡后，过滤，自滤器上添加蒸馏水使成1000ml，搅匀，加曙红着色成粉红色。

本品系经化学反应制备的。其化学反应如下：

$$Na_2B_4O_7 \cdot 10H_2O + 4C_3H_5(OH)_3 \longrightarrow 2C_3H_5(OH)NaBO_3 + 2\ C_3H_5(OH)HBO_3 + 13H_2O$$

$$C_3H_5(OH)HBO + NaHC\ O_3 \longrightarrow C_3H_5(OH)NaBO_3 + CO_2\uparrow + H_2O$$

化学反应结果生成甘油硼酸钠，呈碱性，有除去酸性分泌物作用。少量酚具有轻微局部麻醉和抑菌作用。本品可用食用色素着色成红色，以示外用。着色剂应在含量测定合格后加入。

本品为含嗽剂。用于口腔炎、咽喉炎及扁桃体炎等。

二、糖浆剂

糖浆剂系指含有原料药物的浓蔗糖水溶液。纯蔗糖的近饱和水溶液称为单糖浆或糖浆，浓度为85%（g/ml）或64.7%（g/g）。糖浆剂中的药物可以是化学药物，也可以是药材的提取物。

蔗糖和芳香剂能掩盖某些药物的苦味、咸味及其他不适臭味，容易服用，尤其受儿童欢迎。糖浆剂易被真菌、酵母菌和其他微生物污染，变混浊或变质。糖浆剂中蔗糖浓度高时，渗透压大，微生物的生长繁殖受到抑制。低浓度的糖浆剂应添加防腐剂。

糖浆剂在生产与贮藏期间应符合下列有关规定：糖浆剂含糖量应不低于45%（g/ml）；澄清，在贮存期间不得有发霉、酸败、产生气体或其他变质现象；含药材提取物的糖浆剂，允许含少量轻摇即散的沉淀；根据需要糖浆剂中可加入附加剂；如需加入防腐剂，山梨酸和苯甲酸的用量不得超过0.3%，羟苯甲酯不得超过0.05%；如需加入色素时，应符合有关规定，并避免对检验产生干扰；必要时可添加适量的乙醇、甘油和其他多元醇作稳定剂；糖浆剂应密封，避光置于干燥处贮存。

糖浆剂根据用途不同分为：①单糖浆，不含任何药物，除供制备含药糖浆外，一般作为矫味剂、助悬剂等应用。②矫味糖浆，如橙皮糖浆、姜糖浆等，主要用于矫味，有时也作助悬剂用。③药物糖浆，如磷酸可待因糖浆等，主要用于疾病的治疗。

糖浆剂制备方法主要有溶解法和混合法。

1. 溶解法　溶解法可分热溶法与冷溶法两种。①热溶法：热溶法是将蔗糖加入沸腾的蒸馏水中，继续加热使其全溶，降温后加入药物，搅拌溶解、滤过，通过滤过器加新煮沸的蒸馏水至全量，分装，即得。热溶法有很多优点，蔗糖在水中的溶解度随温度升高而增加，在加热条件下蔗糖溶解速度快，趁热容易滤过，可以杀死微生物。加热过久或超过100℃时，使转化糖的含量增加，糖浆剂颜色容易变深。热溶法适合于对热稳定的药物和有色糖浆的制备。②冷溶法：将蔗糖溶于冷蒸馏水或含药的溶液中制成糖浆剂。本法适用于对热不稳定或挥发性药物，制备的糖浆剂颜色较浅，制备所需时间较长并容易污染微生物。

例3-4　单糖浆

【处方】蔗糖850g　水适量　全量1000ml

【制法】取水450ml，煮沸，加蔗糖，搅拌使溶解。继续加热至100℃，用脱脂棉滤过，自滤器上添加适量的热水，使其冷至室温时为1000ml，搅匀。

本品可作为赋形剂、矫味剂，是无色至淡黄白色的浓厚液体，味甜，遇热易发酸变质。本品应遮光，密封，在30℃以下保存。

制备时，加热溶解、滤过、灌装和包装密封等操作要尽快完成。并注意：①宜将蔗糖投入沸水中，快速搅拌并将药液升温至100℃，宜用夹套锅蒸气加热，而不用直火加热；②趁热滤过或保温滤过（尤其在北方室温较低时），防止污染；若采用垂熔玻璃滤器，滤板孔径40~80μm即可。

如果单糖浆制成完全饱和的蔗糖溶液，在冷藏的情况下，会使蔗糖较大量地结晶而析出，溶液中蔗糖浓度大大降低，影响质量。

2. 混合法　混合法系将药物与糖浆均匀混合制备糖浆剂的方法，适用于制备含药糖浆。本法的优点是方法简便、灵活，可大量配制，也可小量配制。所制备的含药糖浆含糖量较低，要注意防腐。

糖浆剂中药物加入的方法：水溶性固体药物，可先用少量蒸馏水使其溶解后与单糖浆混合；水中溶解度小的药物可酌加少量其他适宜的溶剂使药物溶解，然后加入单糖浆中，搅匀，即得；可溶性液态药物或药物的液体制剂可直接加入单糖浆中，必要时滤过；含乙醇的液体药剂与单糖浆混合时常发生混浊，可加入适量甘油助溶；水性浸出药剂，含杂质较多，需纯化后加到单糖浆中。

混合法制备糖浆剂应在避菌环境中进行，各种用具、容器应进行洁净或灭菌处理，并及时灌装；应选择药用白砂糖；生产中宜用蒸气夹层锅加热，温度和时间应严格控制。糖浆剂应在30℃以下密闭贮存。

例3-5 小儿百部止咳糖浆

【处方】 百部（蜜制）100g 苦杏仁50g 桔梗50g 桑白皮50g 麦冬25g 知母25g 黄芩100g 陈皮100g 甘草25g 天南星（制）25g 枳壳（炒）50g

【制法】 以上十一味，加水煎煮两次，分别为3小时和2小时，合并煎液，滤过，滤液静置6小时以上，取上清液，浓缩至适量；取蔗糖650g加水煮沸制成糖浆，与上述浓缩液混匀，煮沸，放冷，加入苯甲酸钠2.5g与香精适量，加水至1000ml，搅匀，静置，滤过。

本品为棕褐色的黏稠液体，味甜。

本品用于清肺、止咳、化痰。用于小儿痰热蕴肺所致的咳嗽、顿咳，症见咳嗽、痰多、痰黄黏稠、咳吐不爽，或痰咳不已、痰稠难出者；百日咳见上述证候者。

例3-6 磷酸可待因糖浆

【处方】 磷酸可待因5g 蒸馏水15ml 单糖浆加至1000ml

【制法】 取磷酸可待因溶于蒸馏水中，加单糖浆至全量。

本品为镇咳药，用于剧烈咳嗽。口服，1次2~10ml，1日10~15ml。极量1次20ml，1日50ml。

糖浆剂在工业生产中容易发生霉败、沉淀、变色等。

（1）霉败 糖浆剂特别是低浓度的糖浆剂容易被微生物污染后长霉和发酵，引起酸败混浊、药物变质。尤其应注意防止糖浆被酵母菌污染。酵母菌污染后，在其发酵过程中产生的CO_2气体能使贮瓶爆破，甚至造成严重事故。

（2）沉淀 糖浆剂中沉淀的产生主要是由于糖的质量低、含浸出制剂或配伍不当等。不纯的糖含有大量蛋白质、黏液质等高分子杂质，在贮藏过程中高分子杂质逐渐聚集而呈现浑浊或沉淀。为了使糖浆澄明，往往在过滤糖浆前添加少量的澄清剂搅拌混合，必要时可在加热前加入，充分搅匀，然后加热至100℃，放置稍冷后过滤。澄清剂可将高分子或多价离子杂质吸附而使之不通过滤器。常用的澄明剂有蛋清、蛋白粉（干燥蛋清）、骨炭、精制滑石粉、硅藻土等。含有流浸膏、浸膏和酊剂的糖浆剂中存在高分子杂质，在浓糖液中这些杂质会逐渐沉出。

（3）变色 蔗糖为双糖，在加热或酸性条件下易水解，水解后生成转化糖，改变糖浆的甜味，转化糖比蔗糖要甜。含转化糖的糖浆具有还原性，可防止某些药物氧化变质，但也能加速糖浆本身的发酵变质。糖浆加热过度，使蔗糖焦糖化，变成琥珀色。

糖浆剂加热时间不能太长，pH应控制在适宜范围；不能用高压锅灭菌。一些食用色素着色的糖浆容易出现变色现象，色素遇还原性药物或在光线作用下会逐渐褪色。

三、芳香水剂

芳香水剂系指芳香挥发性药物的饱和或近饱和的水溶液。用乙醇和水混合溶剂制成的含大量挥发油的溶液，称为浓芳香水剂。芳香挥发性药物多数为挥发油。芳香水剂应澄明，具有与原有药物相同的气味，不得有异臭、沉淀和杂质。芳香水剂浓度一般都很低，可作矫味、矫臭和分散剂用。芳香水剂多数易分解、变质甚至霉变，不宜大量配制和久贮。

芳香水剂的制备方法有三种，即溶解法、增溶法和蒸馏法。制备方法因原料的不同而不同。纯净的挥发油或化学药物多用溶解法，含挥发性物质的植物药材多用蒸馏法。

1. 溶解法 如取挥发油 2ml 或挥发性药物细粉 2g，置带塞大玻瓶中，加微温蒸馏水 1000ml，用力振摇 15 分钟使其饱和，冷至室温，静置 4 ~ 8 小时，用预先经蒸馏水润湿过的滤纸过滤，滤液呈透明状，通过滤器添加适量蒸馏水，使成全量，摇匀。制备时可加滑石粉 15g 或纸浆适量，与挥发油一起研匀以利分散，再加适量蒸馏水，振摇 10 分钟，反复过滤至药液澄明，再由滤器添加适量蒸馏水使成全量，摇匀。

2. 增溶法 一般可用适量的非离子型表面活性剂，如聚山梨酯 80，或水溶性有机溶剂如乙醇与挥发油混溶后，加蒸馏水适量，摇匀。含表面活性剂的芳香水剂并非真溶液，实为增溶的胶体溶液。

例 3 -7 浓薄荷水

【处方】 薄荷油 20ml 乙醇（90%）600ml 滑石粉 50g 蒸馏水加至 1000ml

【制法】 取薄荷油，加乙醇使溶解，分次加蒸馏水，随加随振摇，使成全量，加入滑石粉，再振摇，放置 4 小时后，滤过，分装。

本品为浓芳香水剂，是醇水溶液，含醇量为 52% ~56%。乙醇起增溶作用，乙醇量下降，影响澄明度；滑石粉起助滤与分散作用，可增加挥发性物质的分散度以加速挥发性物质的溶解，吸附剩余的挥发性物质及杂质以利溶液澄明，所用滑石粉不宜过细，以免滑石粉通过滤材使滤液混浊。本品为驱风、矫味药。用于矫味和供稀释配制薄荷水用，可缓解胃肠胀气与绞痛。

3. 蒸馏法 称取一定重量的生药，装入蒸馏器中，加适量水使生药润透，加热蒸馏，注意避免烧焦，可采用水蒸气蒸馏，馏液达一定量后，停止蒸馏，除去馏液中过多的油分，并用经蒸馏水润湿的滤纸过滤得澄明溶液。

四、酊剂

酊剂系指将原料药物用规定浓度的乙醇提取或溶解而制成的澄清液体制剂，也可用流浸膏稀释制成。供口服或外用。这里的药物包括化学物质和药材。

酊剂除另有规定外，每 100ml 相当于原饮片 20g，含有毒剧药品的中药酊剂，每 100ml 应相当于原饮片 10g。

酊剂可用溶解法、稀释法、浸渍法或渗漉法制备。

1. 溶解法或稀释法 取原料药物粉末或流浸膏，加规定浓度的乙醇适量，溶解或稀释，静置，必要时滤过，即得。

2. 浸渍法 取适当粉碎的药材饮片，置有盖容器中，加入溶剂适量，密盖，搅拌或振摇，浸渍 3 ~5 日或规定的时间，倾取上清液，再加入溶剂适量，依法浸渍至有效成分充分浸出，合并浸出液，加溶剂至规定量后，静置，滤过，即得。

3. 渗漉法 用适量溶剂渗漉，至漉液达到规定量后，静置，滤过。渗漉法的要点如下：根据药材的性质可选用圆柱形或圆锥形的渗漉器；药材须适当粉碎后，加规定的溶剂均匀湿润、密闭放置一定时间，再装入渗漉器内；药材装入渗漉器时应均匀，松紧一致，加入溶剂时应尽量排除药材间隙中的空气、溶剂应高出药材面；浸渍适当时间后进行渗漉，渗漉速度应符合各品种项下的规定；收集85%药材量的初漉液另器保存，续漉液经低温浓缩后与初漉液合并；调整至规定量，静置，取上清液分装。

例3-8 碘酊

【处方】 碘20g 碘化钾15g 乙醇500ml 水适量 全量1000ml

【制法】 取碘化钾，加水20ml溶解后，加碘及乙醇，搅拌使溶解，再加水适量使成1000ml。

本品为红棕色的液体，有碘与乙醇的特臭。色泽随浓度增加而变深。

忌与升汞、红汞溶液同用，以免生成碘化汞钾，增加毒性。

本品为消毒防腐药。用于皮肤感染和消毒。

例3-9 复方樟脑酊

【处方】 樟脑3g 阿片酊50ml 苯甲酸5g 八角茴香油3ml 乙醇（56%）适量 制成1000ml

【制法】 取苯甲酸、樟脑与八角茴香油，加56%乙醇900ml溶解后，缓缓加入阿片酊与56%乙醇溶液适量，使全量成1000ml，搅匀，滤过。

本品为黄棕色液体，有樟脑与八角茴香油的香气。味甜而辛。本品为镇咳、镇痛药、止泻药。

五、醑剂

醑剂系指挥发性药物制成的浓乙醇溶液，可供内服或外用。凡用于制备芳香水剂的药物一般都可制成醑剂。醑剂中的药物浓度一般为5%～10%。醑剂中乙醇浓度一般为60%～90%。醑剂中的挥发油容易氧化、挥发，长期贮存会变色等。醑剂应贮存于密闭容器中，不宜长期贮存。

醑剂制法与芳香水剂相同，包括溶解法及蒸馏法。醑剂是高浓度醇溶液，所用器械应干燥，滤器与滤纸应先用乙醇润湿，以防遇水药物析出，成品浑浊。

例3-10 复方樟脑醑

【处方】 樟脑20g 薄荷脑20g 液化苯酚20ml 甘油50ml 乙醇（70%）适量 全量1000ml

【制法】 取樟脑及薄荷脑，加70%乙醇溶液适量，搅拌使溶解，滤过，滤液中加入液化苯酚及甘油后，添加乙醇溶液使成全量，搅匀，分装。

本品为几乎无色澄清液体，有特臭。

本品具有清凉、止痒、消毒作用。用于皮肤瘙痒症。

六、甘油剂

甘油剂系指药物溶于甘油中制成的专供外用的溶液剂。甘油剂用于口腔、耳鼻喉科疾病。甘油吸湿性较大，应密闭保存。

甘油剂的制备可用溶解法，如碘甘油；化学反应法，如硼酸甘油。

七、高分子溶液剂

高分子溶液剂系指高分子溶解于溶剂中制成的均匀分散的液体制剂。以水为溶剂的高分子溶液剂称为亲水性高分子溶液剂或胶浆剂；以非水溶剂制备的高分子溶液剂称为非水性高分子溶液剂。

（一）高分子溶液的特性

1. 高分子的荷电性　溶液中高分子化合物因解离而带电，有的带正电，有的带负电。某些高分子化合物所带电荷受溶液 pH 的影响。蛋白质分子中含有羧基和氨基，在水溶液中，当溶液的 pH > 等电点时，蛋白质带负电，pH 小于等电点时，蛋白质带正电，在等电点时，蛋白质不带电，这时高分子溶液的许多性质发生变化，如黏度、渗透压、溶解度、电导等都变为最小值。高分子溶液的这种性质广泛应用于药剂学的剂型设计中，具有重要意义。

2. 高分子的渗透压　亲水性高分子溶液与溶胶不同，有较高的渗透压，渗透压的大小与高分子溶液的浓度有关。其溶液的渗透压可用下式表示：

$$\pi/C = \mathrm{R}T\ (1/M + \mathrm{B}C)$$

式中，π 为渗透压；C 为高分子溶液的浓度（g/L）；R 为气体常数；T 为绝对温度；M 为分子质量；B 为特定常数，它是由溶质和溶剂相互作用的大小来决定的。由式可见，π/C 对 C 呈直线关系。

3. 高分子溶液的黏度与分子质量　高分子溶液是黏稠性流体，其黏度与分子质量之间的关系可用式（3－4）表示。因此可根据高分子溶液的黏度来测定高分子化合物的分子质量。

$$[\eta] = KM^{\alpha} \tag{3-4}$$

式中，K，α 分别为高分子化合物与溶剂之间的特有常数。

4. 高分子溶液的聚结特性　高分子化合物含有大量亲水基，能与水形成牢固的水化膜，可阻止高分子化合物之间的相互凝聚，使高分子溶液处于稳定状态。但高分子水化膜的荷电发生变化时易出现聚结沉淀。如：①向溶液中加入大量的电解质，由于电解质的强烈水化作用，破坏高分子的水化膜，使高分子凝结而沉淀，这一过程称为盐析；②向溶液中加入脱水剂，如乙醇、丙酮等也能破坏水化膜而发生聚结；③其他原因，如盐类、pH、絮凝剂、射线等的影响，使高分子化合物凝结沉淀，称为絮凝现象；④带相反电荷的两种高分子溶液混合时，由于相反电荷中和而产生凝结沉淀。

5. 凝胶性　一些亲水性高分子溶液，如明胶水溶液或琼脂水溶液，在温热条件下为黏稠性流动液体，在温度降低时，高分子溶液就形成网状结构，分散介质被全部包含在网格状结构中，形成不流动的半固体状物，称为凝胶，如软胶囊的囊壳就是这种凝胶。形成凝胶的过程称为胶凝。凝胶失去网状结构中的水分时，体积缩小，形成干燥固体，称为干胶。

（二）高分子溶液的制备

高分子溶液制备通常采用溶解法。高分子溶解过程分为两个阶段：溶胀和溶解。在溶胀阶段，高分子固体颗粒因溶剂分子扩散进入而发生体积膨胀，高分子溶剂化程度增大，高分子链之间作用力降低，此阶段一般不搅拌或加热，时间较长；在溶解阶段，高分子链逐渐扩散到溶剂中，形成分子水平均匀分散的均相体系，高分子完全溶解，此阶段需要搅拌或加热，以加速高分子溶液的形成。和制备小分子溶液相比，高分子溶液制备时间较长。

高分子样品与溶剂接触时，宜采用适当方法使样品颗粒分散、润湿，防止聚结成团。

不同高分子在水中溶胀所需条件不同，制法也不完全一样。如制备明胶、阿拉伯胶、西黄蓍胶溶液时，应先将高分子样品粉碎成小块，于水中浸泡3～4小时，使其吸水膨胀，然后加热并搅拌使其溶解形成溶液。甲基纤维素水溶液在冷水中制备。淀粉浆为在水中溶胀后加热至60～70℃溶解制得。将胃蛋白酶撒于水面，待其自然溶胀后再搅拌即形成高分子溶液，如果将其撒于水面后立即搅拌易形成团块，影响进一步溶胀。

例3－11 胃蛋白酶合剂

【处方】 含糖胃蛋白酶（1∶1200）20g 稀盐酸20ml 单糖浆100ml 橙皮酊20ml 羟苯乙酯溶液（5%）10ml 蒸馏水1000ml

【制法】 取约750ml蒸馏水加稀盐酸、单糖浆，搅匀，缓缓加入橙皮酊、羟苯乙酯溶液（5%），随加随搅拌，然后将含糖胃蛋白酶（1∶1200）撒在液面上，待其自然膨胀溶解后，再加蒸馏水使成1000ml，轻轻混匀，分装，即得。

胃蛋白酶在pH 1.5～2.5时活性最大，处方中加稀盐酸调节pH。胃蛋白酶不得与稀盐酸直接混合，盐酸浓度>0.5%时，胃蛋白酶活性被破坏，须加蒸馏水稀释后配制。配制时应将胃蛋白酶分撒于液面上，使其自然膨胀，不可猛烈振摇或搅拌；不得用热水配制，在50℃以上胃蛋白酶会产生沉淀。胃蛋白酶与碘、胰酶、鞣酸、浓乙醇、碱及重金属盐均有配伍禁忌。本品不宜过滤，因为胃蛋白酶在盐酸酸性溶液中带正电（其等电点为2.75～3.00），而湿润的滤纸或棉花带负电，有吸附作用。如必须过滤时，滤材需先用相同浓度的稀盐酸湿润，以饱和滤材表面电荷，消除对胃蛋白酶活性的影响，然后过滤。

例3－12 心电图导电胶

【处方】 氯化钠180g 淀粉100g 甘油200g 羟苯乙酯溶液（5%）6ml 蒸馏水加至1000ml

【制法】 取氯化钠溶于适量蒸馏水中，加入羟苯乙酯溶液（5%）加热至沸；另取淀粉用少量冷蒸馏水调匀，将上述氯化钠溶液趁热缓缓加入制成糊状，加入甘油，再加蒸馏水使成1000ml搅匀，分装，即得。

本品为具流动性的无色黏稠液体。

本品供心电图及脑电图检查时电极导电用。

第四节 溶胶剂

一、概述

溶胶剂系指固体药物微细粒子分散在水中形成的非均匀状态液体制剂，溶胶剂中分散的粒子大小为1～100nm，是众多分子或离子的集合体，一般称为胶粒，属热力学不稳定系统。将药物制成溶胶剂，它们的药效会出现显著的变化。目前溶胶剂在临床上很少使用，但它们对药剂学却十分重要。

二、溶胶剂的构造和性质

（一）溶胶剂的双电层构造

溶胶剂中固体微粒由于自身的解离或吸附溶液中某种离子而带有电荷，带电的微粒表面必然吸引带相反电荷的离子，称为反离子。吸附的带电离子和反离子构成吸附层，少部分反离子扩散到溶液中，形成扩散层。吸附层和扩散层分别是带相反电荷的带电层称为双电层，也称扩散双电层。双电层之间的电位差称为 ζ 电位，也称为电动电位。由于胶粒电荷之间的排斥作用和在胶粒周围形成的水化膜，可防止胶粒碰撞时发生聚结。ζ 电位愈高，斥力愈大，溶胶也就愈稳定。ζ 电位降低至 20～25mV 以下时，溶胶产生聚结而不稳定。

（二）溶胶剂的性质

光学性质：由于丁铎尔（Tyndall）效应，当强光线通过溶胶剂时从侧面可见到圆锥形光束，这是由于胶粒粒度小于自然光波长而产生的光衍射。溶胶剂的混浊程度用浊度表示，浊度愈大，表明散射光愈强。溶胶剂的颜色与光线的吸收和散射有密切关系。

电学性质：由于胶粒表面带某种电荷和双电层构造，溶胶剂表现出各种电学性质。在电场的作用下胶粒或分散介质发生移动，产生电位差，这种现象称为界面动电现象。溶胶剂的电泳现象就是界面动电现象引起的。

动力学性质：胶粒在分散介质中发生无规则的运动，这种运动称为布朗运动。它是由于胶粒受溶剂水分子不规则地撞击产生的。胶粒愈小，布朗运动愈激烈，其运动的激烈程度不随时间而改变，随温度的升高而增加。与真溶液一样，胶粒会从高浓度区域向低浓度区域扩散，胶粒比小分子尺寸大，热运动较弱，扩散较小分子慢。胶粒一方面受到重力作用而下降，另一方面由于布朗运动又有促使其浓度均一的趋势。当这两种相反的作用相等时，胶粒的分布达到平衡。胶粒的扩散速度、沉降速度及分散介质的黏度等都与溶胶剂的动力学性质有关。

（三）溶胶剂的稳定性及其影响因素

1. 稳定性　溶胶剂是热力学不稳定体系，具有如下特性：①粒子间有相互聚结而降低其表面能的趋势，具有聚结不稳定性；②胶粒的布朗运动使胶粒在重力场中不易沉降，具有动力学稳定性，布朗运动又会促使胶粒相互碰撞，增加粒子间聚结的机会，一旦粒子聚结变大，布朗运动减弱，动力学稳定性降低，发生聚沉；③带相同表面电荷的胶粒之间的静电斥力使胶粒不易聚结，具有静电稳定性，这是溶胶剂稳定的主要因素；④由于双电层中离子有较强水化作用而在胶粒周围形成水化膜，ζ 电位愈高，扩散层愈厚，水化膜也愈厚，在一定程度上增大了胶粒的稳定性。

2. 影响溶胶剂稳定性的一些因素

（1）电解质　溶胶剂的 ζ 电位对电解质的加入非常敏感。随着电解质浓度的增加，ζ 电势的数值降低，甚至可以改变电性。随着外加电解质浓度增大，越来越多的反离子进入吸附层，双电层的厚度变薄，ζ 电势下降。通常当 ζ 电位降低至 25～30mV 及以下时，胶粒易发生聚集。当双电层被压缩到与吸附层叠和时，ζ 电势趋近于零，溶胶聚沉最严重。外加电解质中异电性离子的价数高，或者吸附能力强，在溶剂化层内可能吸附过多的异电性离子，使 ζ 电势改变电性，由正变负或由负变正。

不论何种电解质，只要浓度达到一定数值，都会引起聚沉作用。通常与胶粒电荷相反的离子聚沉作用大，反离子价数越高，聚沉能力越强；同电性离子的聚沉作用小，通常同电性离子的价数越高，电解质的聚沉能力越低。

（2）胶粒体系的相互作用　带相反电荷的溶胶互相混合，可能发生聚沉。两种带相反电荷溶胶的电荷量相等时会完全聚沉，否则可能会不完全聚沉，甚至不聚沉。

（3）高分子　高分子对溶胶剂稳定性的影响具有两重性。亲水性高分子吸附在胶粒表面，使其水化作用增强，防止胶剂粒之间或胶粒与电解质之间的直接接触，起稳定和保护溶胶的作用，可显著提高溶胶剂的稳定性；若溶胶剂中高分子量太少，可能起桥梁作用，通过架桥方式使胶粒在一定程度上连在一起，容易聚结，降低溶胶剂的稳定性，这种现象称为敏化作用。

三、溶胶剂的制备方法

1. 分散法 分散法就是把药物的粗大粒子分散达到胶粒的尺寸范围。分散法通常包括胶体磨法、胶溶法、超声分散法和高压匀浆法等。

机械分散法：常采用胶体磨进行制备。分散药物、分散介质以及稳定剂从投入口处加入胶体磨中，胶体磨以 10000r/min 转速高速旋转将药物粉碎成胶体粒子，可以制成质量很好的溶胶剂。

胶溶法：使新生的粗分散粒子重新分散的方法。

超声分散法：用 20000Hz 以上超声波所产生的能量使粗分散粒子分散成溶胶剂的方法。

2. 凝聚法 凝聚法一般是先制成难溶物的过饱和溶液，再使之互相结合成胶粒而得到溶胶剂，通常包括物理凝聚法和化学凝聚法。

物理凝聚法：改变分散介质的性质使溶解的药物凝聚成为溶胶剂。

化学凝聚法：借助于氧化、还原、水解、复分解等化学反应制备溶胶剂的方法。

制备溶胶剂时，常利用溶胶剂不能透过半透膜的性质，采用渗析法和超过滤法对溶胶剂进行纯化。

扫码“练一练”

（杨星钢）

第四章　混悬剂与乳剂

学习目标

1. **掌握**　混悬剂和乳剂的作用特点；混悬剂和乳剂的物理稳定性；牛顿流体、非牛顿流体，及触变性流体的性质特点。

2. **熟悉**　混悬剂和乳剂的制备方法；乳剂中乳化剂选用的原则；制剂流体学性质的测定方法。

3. **了解**　混悬剂和乳剂的质量要求；纳米混悬剂的制备及其应用；乳剂形成机制；流变学在药剂学中的应用。

第一节　混悬剂

扫码“学一学”

一、概述

混悬剂（suspensions）系指难溶性固体药物以微粒的状态分散于液体分散介质中形成的非均相分散体系。混悬剂属于粗分散体系，分散相微粒大小一般为0.5～10μm，小者可达0.1μm，大者可达50μm。大多混悬剂所采用的液体分散介质为水，有时根据需要也可采用植物油。

1. 作用特点

（1）有助于难溶性药物制成液体制剂　难溶性药物，或药物的剂量超过溶解度，或两种溶液混合析出固体药物等状况下需要配制液体制剂时，可将其配制成混悬剂。

（2）便于服用　与固体制剂相比，液体制剂便于吞服，特别适合于婴幼儿、老人的用药需求。

（3）提高药物的稳定性　液体制剂中药物的稳定性取决于溶解在液体中的药物浓度，与总的药物浓度无关，混悬剂中药物主要以固体微粒的形式存在，因此，混悬剂可提高药物的稳定性。

（4）掩盖药物不良气味　固体药物的气味与其分散度有很大关系，分散度越大，气味越浓，混悬剂属于粗分散体，可掩盖药物的不良气味。

（5）产生长效作用　混悬剂中难溶性药物由于溶解度较低，从而降低药物的溶出速度，达到长效作用。

由于混悬剂中药物不易分散均匀，剂量不易控制准确，因此，出于安全和有效性考虑，毒剧药或剂量小的药物不宜制成混悬剂。

2. 质量要求

（1）药物本身化学性质稳定，使用中药物含量符合要求。

（2）混悬剂在贮存中微粒应该沉降很慢，而且沉降后不应该结块，振摇后能均匀分散，使用时很容易从容器中均匀倒出。

（3）根据用途不同，混悬剂中微粒的大小有不同要求，大小应分布均匀，并在贮存期间应保持不变。

（4）口服混悬剂应色香味适宜，外用混悬剂应易于涂布。

二、混悬剂的物理稳定性

混悬剂中药物微粒与分散介质存在很大的界面，具有较高的表面自由能，微粒有自发聚结降低自由能的趋势。表现为药物微粒与微粒之间相互聚结，粒径变大，聚结物不易分散；另外，混悬剂中药物微粒在重力的作用下易产生沉降，是一个动力学不稳定体系，因此，混悬剂主要存在物理不稳定性问题。

（一）混悬剂的物理不稳定现象

1. 微粒的沉降　在重力的作用下，几乎所有的混悬剂微粒都会发生沉降，其沉降速率可用 Stokes 公式来描述：

$$v = \frac{2r^2(\rho_1 - \rho_2)g}{9\eta} \tag{4-1}$$

式中，v 为沉降速率，cm/s；r 为微粒半径，cm；ρ_1 和 ρ_2 分别为微粒与介质的密度，g/ml；g 为重力加速度，cm/s^2；η 为分散介质的黏度，g/（cm·s）。Stokes 公式是在理想状态下推导出来的，如微粒呈球形，且大小均匀，微粒沉降过程中不发生湍流，微粒间不碰撞，微粒与分散介质无亲和作用等。但绝大多数混悬剂不符合这种条件，因此不能简单采用这个公式来计算微粒的沉降速率。但是，该公式清楚地反映出影响混悬剂沉降速率的因素，从而为混悬剂的处方工艺设计提供理论指导。

由 Stokes 公式可知，混悬剂微粒沉降速率与微粒半径的平方、微粒与分散介质的密度差成正比，与分散介质的黏度成反比。因此，为了降低微粒的沉降速率，提高混悬剂的物理稳定性，药剂学常采用的办法有：①尽可能减少微粒的半径；②减少微粒与分散介质的密度差；③增加分散介质的黏度。其中通过减少微粒的粒径以降低微粒的沉降速率是最有效的办法。如某粉末平均粒径为 2.5μm 时，在水中沉降速率为 1.02×10^{-4}cm/s，平均粒径为 0.25μm 时，在水中沉降速率为 1.02×10^{-6}cm/s，说明粒径的减小大大降低了微粒的沉降速率。在实际混悬剂处方中加入助悬剂是一个行之有效的办法。助悬剂一方面可增加分散介质的黏度，另一方面可降低分散介质与微粒间的密度差，从而降低微粒的沉降速率，一些高分子助悬剂除了具有上述作用外，还可以被微粒吸附增加微粒的亲水性，降低微粒的沉降速率。

2. 絮凝与反絮凝　混悬剂微粒之间是有相互作用的。由于药物分子的解离或微粒从溶液中吸附带电粒子等原因导致微粒荷电，由于微粒具有相同的荷电性质，使微粒间存在静电斥力，同时微粒间还存在吸引力，即范德华力。这两种作用力是微粒间距离的函数，常用位能表示。以 V_R 表示斥力位能，V_A 表示吸引位能，微粒间总位能（V_T）为：

$$V_T = V_A + V_R \tag{4-2}$$

以位能（V）为纵坐标，以两微粒间距离（H）为横坐标作图，得位能曲线，如图4-1所示。由图可知，当两个微粒接近时，微粒间的斥力位能和吸引位能同时增大。但当两微粒相距较远时，双电层未发生重叠，微粒间只有远距离的吸引位能，总位能为负值；随着微粒间距离的缩短，双电层发生部分重叠，斥力位能开始作用，斥力位能逐步抵消部分吸引位能，使总位能出现一个最低值（第二最低值，S 点）；随着距离的缩短，双电层重叠程度的增加，斥力位能逐渐增加，使总位能逐步提高，由负值变正值，直至达到最大值（B点）；随着间距进一步缩短，吸引位能又逐步占主导，总位能逐步下降，直至最低值（第一最低值，P点）。

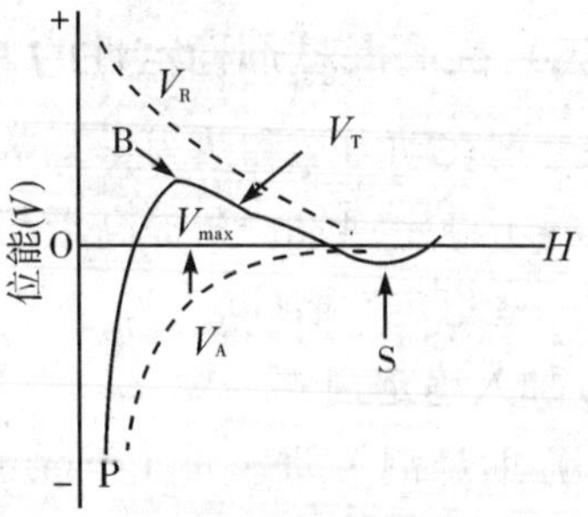

图4-1　微粒间的距离与位能的关系

对于混悬剂的稳定性，在位能曲线上有三点值得关注。一是微粒距离较远的S点（第二最低值），此时吸引位能稍大于斥力位能，微粒呈疏松的聚集体，即絮凝状态，但振摇后微粒又很容易重新分散，这是混悬剂保持的最佳间距和状态。二是B点（最大值），该点总位能最大，处于非絮凝状态，斥力位能最大，最不容易聚结，从理论上讲，此时混悬剂最稳定，但这种稳定性难以持久。这是因为：与S点相比，此时微粒间相距更近，一旦受到外界的某种影响使微粒间距进一步缩短，则吸引位能将迅速增加，甚至超过斥力位能，导致微粒聚结，从而影响稳定性。三是P点（第一最低值），总位能处于最低值，微粒间距处于最近，此时微粒间由于强有力的吸引而聚结成饼块，不易再分散，导致混悬剂彻底破坏。

由于混悬剂中微粒总位能处于第二最小值时最稳定，即吸引位能稍大于斥力位能，因此，在药剂学中常在混悬剂中加入适量的电解质，以降低微粒表面的ζ电位，减小微粒间的斥力位能，从而使引力位能稍大于斥力位能，微粒呈疏松的聚集体，使混悬剂处于稳定状态。混悬微粒形成疏松聚集体的过程称为絮凝（flocculation），所加入的电解质称为絮凝剂。加入电解质后微粒的ζ电位一般控制在20～25mV，使其正好产生絮凝作用。混悬剂达到絮凝状态时具有以下特征：微粒沉降速率快，但沉降物较疏松，有明显的沉降面，沉降体积大，经振摇后能迅速恢复均匀的混悬状态。

适量的电解质可部分中和微粒的ζ电位，减少斥力而产生絮凝现象，当增大电解质加入量可能反而使微粒的ζ电位增大，从而使混悬剂从絮凝状态变成非絮凝状态，这一转变的过程称为反絮凝，这时所加入的电解质称为反絮凝剂。混悬剂处于反絮凝状态时，微粒沉降速率缓慢，一旦沉降，沉降物结块而无法重新分散，导致混悬剂更不稳定。

3. 微粒增大与晶型转化　混悬剂中药物微粒大小往往是不一致的，而且贮存过程中微粒的大小和数量是不断变化的，即小的微粒数不断减少，大的微粒不断增大，导致混悬剂不稳定。微粒的大小与溶解度存在很大关系，当药物微粒小于0.1μm时，两者关系可用Ostwald Freundlich方程来表示：

$$\lg\frac{S_2}{S_1}=\frac{2\sigma M}{\rho \mathrm{R} T}\left(\frac{1}{r_2}-\frac{1}{r_1}\right) \tag{4-3}$$

式中，S_1、S_2分别是半径为r_1、r_2的药物溶解度；σ为表面张力；ρ为药物的密度；M为分子量；R为气体常数；T为绝对温度。由式（4-3）可知，小微粒的溶解度大于大微粒的溶解度，混悬剂中小微粒逐渐溶解变得越来越小，甚至彻底溶解，导致小微粒数目也变得越来越少。相反，大微粒就变得越来越大，数目越来越多，使沉降速率加快，混悬剂稳定性降低。因此，在制备混悬剂时，不仅要考虑微粒的大小，还需考虑微粒大小的均匀性。

如果混悬剂中药物属于多晶型药物，则混悬剂存在结晶增大和晶型转化的不稳定问题。在贮存过程中，药物的亚稳定晶型会不断溶解，而稳定晶型不断增大甚至结块，同时亚稳定型不断转化为稳定型。由于亚稳定型溶解度较大，溶出速率较快，体内吸收较好，因此，晶型的转化不仅影响混悬剂的稳定性，而且降低药效。

（二）提高混悬剂稳定性的方法

混悬剂在动力学和热力学均为不稳定体系，在贮存过程中会发生微粒沉降、聚结、晶型转化等不稳定现象。为提高混悬剂的稳定性，保证用药的有效性，在混悬剂配制过程中常采取一些稳定性措施。

1. 加入稳定剂

（1）助悬剂　助悬剂（suspending agents）系指能增加分散介质的黏度以降低微粒沉降速率或使微粒亲水性增加降低微粒聚结和晶型转化的赋形剂。助悬剂主要包括：低分子助悬剂、高分子助悬剂、硅酸盐类和触变胶助悬剂等。

1）低分子助悬剂　有甘油、糖浆和山梨醇等。甘油常用于外用混悬剂。糖浆和山梨醇常用于内服混悬剂的助悬剂，兼有矫味作用。

2）高分子助悬剂　高分子助悬剂可分为天然的和合成的两类。天然高分子助悬剂主要有阿拉伯胶、西黄蓍胶、琼脂、海藻酸钠、淀粉等。天然高分子助悬剂安全好，常用于内服混悬剂中，但天然高分子助悬剂容易被微生物或酶类分解而失去黏性，因此使用时需加防腐剂。

合成高分子助悬剂主要有甲基纤维素、羧甲基纤维素钠、羟丙基甲基纤维素、羟乙基纤维素钠、聚维酮、聚乙烯醇、卡波普等。此类助悬剂大多性质稳定，受 pH 影响较小，但使用时应注意与药物或其他附加剂的配伍变化。

3）硅酸盐类　主要有硅皂土、硅酸镁铝、硅酸铝等。这些物质不溶于水，但能吸水膨胀，体积增大至自身 12 倍，形成高黏度并具触变性和假塑性的凝胶，从而增加混悬剂的稳定性。通常在碱性条件下，此类助悬剂助悬效果会更好。

4）触变胶　触变胶可看作凝胶和溶胶的等温互变体系，在静止贮存过程中形成高黏度的凝胶可阻止微粒的沉降，而一经振摇即可从凝胶转变成溶胶，可增加流动性。因此，触变胶作助悬剂一方面有助于混悬剂的长期放置稳定，另一方面便于倾倒、涂布等取用，并且剂量准确，因此是一个理想的混悬剂的稳定剂。硬脂酸铝在植物油中可形成触变胶，硅皂土、硅酸镁铝在水中也可形成触变胶。

（2）润湿剂　润湿系指固 - 气两相结合状态转变为固 - 液两相结合状态的过程。很多疏水性药物，如硫黄、甾醇类药物、阿司匹林等不易被水润湿，给配制混悬剂带来困难。润湿剂系指能降低疏水性药物与水之间的界面张力，从而增加疏水性药物被水润湿的附加剂。

润湿剂有两类，表面活性剂类和溶剂类。表面活性剂类润湿剂常采用 HLB 值 7 ~ 11 的表面活性剂，如聚山梨酯类、聚氧乙烯蓖麻油类、泊洛沙姆等，为比较常用的润湿剂，但缺点是振摇后可能产生较多的泡沫。溶剂类润湿剂主要有乙醇和甘油等溶剂。

（3）絮凝剂与反絮凝剂　絮凝剂可使混悬剂处于絮凝状态，增加混悬剂的稳定性。使用中，絮凝剂和反絮凝剂的种类、性能、用量、混悬剂所带电性，以及其他附加剂等均对絮凝效果产生影响，应在试验的基础上加以选择。

2. 其他方法

（1）药物的影响　由 Stokes 公式可知，减小微粒的粒径可提高混悬剂的稳定性，但微粒不能太小。因为过小微粒一旦沉降很容易在容器底部形成更紧密的聚集体，质地坚硬，不容易再分散。其次，药物微粒的形状也影响稳定性。一般球形或圆柱形微粒形成的混悬剂比不对称的针形微粒更稳定。另外，药物浓度对混悬剂稳定性也有影响。药物浓度过高，药物与药物碰撞机会增大，聚结机会增大，影响稳定性。

（2）温度的影响　温度升高可降低混悬剂黏度，影响稳定性。药物的溶解度随温度的升高而增大，在温度升高时促进微粒的溶解，而温度降低时药物又重新析出，因此，温度的变化会导致混悬剂微粒增大。

（3）制成干混悬剂　大多数混悬剂为液体制剂，但出于稳定性考虑，干混悬剂越来越引起重视。干混悬剂是指难溶性固体药物与适宜的辅料制成的粉状或颗粒状物，在临用时加水振摇，即可分散成混悬剂。由于干混悬剂是固体状制剂，贮存过程中不存在微粒沉降、聚结、结饼等不稳定现象，从而提高混悬剂的稳定性。

三、混悬剂的制备

（一）分散法

分散法是将固体药物通过适宜的方法粉碎成一定细度，并分散在液体介质中制备混悬剂的方法，是目前较常用的混悬剂制备方法。对不同性质的药物具体操作方法有所不同：①对于亲水性药物，如氧化锌、炉甘石、碳酸钙、碳酸镁等，一般先将药物粉碎到一定细度，加入处方中的液体适量，研磨到适宜的分散度，最后加入处方中的液体至全量；②对于疏水性药物，如硫黄、樟脑等，不易被水润湿，必须在药物中先加适量的润湿剂研匀后再加处方中液体，研磨混匀；③对于质重、硬度大的药物可采用中药制剂常用的“水飞法”，即在加水研磨后加入大量水搅拌混匀，静置，倾出上层液体，研细的细颗粒滞留在上层液体中，剩下粗颗粒再进行研磨，如此反复至不剩粗颗粒为止；④小量制备可用乳钵，大量生产可用均质机、胶体磨等机械设备。

例4－1　复方硫黄洗剂

【处方】沉降硫黄30g　硫酸锌30g　樟脑醑250ml　羧甲基纤维素钠5g　甘油100ml　蒸馏水加至1000ml

【制法】取沉降硫黄置乳钵中，加入甘油研磨成细腻糊状；将硫酸锌溶解于200ml蒸馏水中；另将羧甲基纤维素钠用200ml蒸馏水制成胶浆，在搅拌下加入乳钵中研匀，移入量器中，慢慢加入硫酸锌溶液，搅匀，在搅拌下以细流加入樟脑醑，加蒸馏水至全量，搅匀，即得。

【注解】沉降硫黄为强疏水性、质轻药物，甘油作为润湿剂使硫黄在水中均匀分散；羧甲基纤维素钠为助悬剂，可增加分散介质的黏度，提高混悬剂的稳定性；樟脑醑系10%樟脑乙醇溶液，加入时应急剧搅拌，以免樟脑因溶剂改变而析出大颗粒。

例4－2　硫糖铝口服混悬剂

【处方】硫糖铝100g　琼脂50g　阿拉伯胶50g　苯甲酸钠3g　蒸馏水加至1000ml

【制法】取新鲜蒸馏水用20%盐酸配制成稀盐酸溶液（pH为3～4），置洁净的配料桶中，取处方量的硫糖铝，边加边搅拌使其溶解。按处方取琼脂、阿拉伯胶于适量水中，加热溶解，倾入上述配料桶中，缓缓加入苯甲酸钠，混匀，再添加水至全量1000ml。加20%氢氧化钠调节pH至5.5左右，充分搅拌，经高压均质机匀化成微粒为1μm左右的混悬剂。

【注解】硫糖铝不溶于水，溶于稀酸溶液，故在酸性水中搅拌使其充分溶解。琼脂和阿拉伯胶为助悬剂，苯甲酸钠为防腐剂。本品具有较强的抗酸和胃黏膜保护作用，因本制剂与胃黏膜接触面大，生物利用度高而疗效明显。

例 4－3 阿奇霉素干混悬剂

【处方】 阿奇霉素 23kg（效价 910μ/mg） 糖粉 293kg 甘露醇 123.2kg 微粉硅胶 6.7kg 羧甲基纤维素钠 4.3kg 阿斯巴甜 2.1kg 无水碳酸钠 1.4kg

【制法】 分别将糖粉及无水碳酸钠用粉碎机 100 目粉碎；阿奇霉素原料过 60 目振荡筛；羧甲基纤维素钠过 100 目振荡筛。将 100kg 糖粉用 32 目铁丝筛网过入二维干混机中；再依次将阿奇霉素、甘露醇、微粉硅胶、羧甲基纤维素钠用 32 目铁丝筛网过入二维干混机中；然后分别将无水碳酸钠、阿斯巴甜与约 10 倍量糖粉的混合粉用 32 目铁丝筛网过入二维干混机中，最后将剩余糖粉用 32 目铁丝筛网过入二维干混机中。混合 60 分钟至均匀后，分装成 20.93 万包，即得。

【注解】 制备过程中阿奇霉素没有经粉碎，只是过 60 目筛，从而不破坏其完整的晶型，口服时可掩盖药物的苦味；羧甲基纤维素钠作为助悬剂；甘露醇、阿斯巴甜为矫味剂。

例 4－4 静脉注射多西他赛纳米混悬剂

【处方】 多西他赛 5g 精制大豆卵磷脂 2.5g 无水乙醇 5ml 注射用水至 1000ml

【制法】 称取处方量的多西他赛和精制大豆卵磷脂，溶解于处方量的无水乙醇中，快速注入 0℃水相中（pH6.5 Tris 缓冲液），水相的搅拌速率为 400r/min，析出结晶后继续搅拌 10 分钟，5000r/min 高速离心 10 分钟，弃去上清液，更换注射用水，定容，经 600bar（1bar = 100 000Pa）高压均质 20 个循环即得。

【注解】 本法可避免有毒副作用的表面活性剂，如聚山梨酯 80 的使用。精制大豆卵磷脂为稳定剂。有机相注入水相的速率影响粒子大小，注入越快，混悬粒子粒径越小，因此制备过程中采用瞬间注入法，即用尽量短的时间将药物有机相与水相混合。制备中水相的温度对粒径也有一定影响，随着温度升高，平均粒径减小，但粒径分布变大。

（二）凝聚法

1. 物理凝聚法 物理凝聚法又称微粒结晶法，即快速搅拌下在药物的饱和溶液中滴加另一种冷溶剂，使药物快速结晶，可制成 10μm 以下（占 80%～90%）微粒，将微粒分散在适宜介质中制成混悬剂。

例 4－5 醋酸可的松滴眼液中混悬药物微粒的制备

【处方】 醋酸可的松 1.2 kg 三氯甲烷 6000ml 石油醚 15500ml

【制法】 将醋酸可的松放入搪瓷桶中，加三氯甲烷搅拌溶解，用 G3 垂熔漏斗减压除去杂质。取石油醚置冰盐浴下冷却至 5℃以下，在搅拌下将醋酸可的松三氯甲烷溶液滴加至石油醚中，并保持在 5℃以下，析出醋酸可的松微粒结晶，于布氏漏斗减压过滤，石油醚洗涤，结晶抽干，真空干燥，过 140 目筛 2 次，即得制备醋酸可的松滴眼液用的药物微粒。

【注解】 醋酸可的松在水中不溶，其滴眼液为混悬剂，配制之前需将药物制成微粒；药物微粒大小应在 5～15μm 之间，过粗会损伤角膜，有刺激性，且会影响其疗效。

2. 化学凝聚法 系采用化学的方法使两种或两种以上的化合物生成不溶性药物微粒制成混悬剂的方法。为使得到的微粒细小均匀，其化学反应需在稀溶液中进行，同时需急速搅拌。

例 4－6 磺胺嘧啶混悬液

【处方】 磺胺嘧啶 100g 氢氧化钠 16g 枸橼酸钠 50g 枸橼酸 29g 单糖浆 400ml 4% 尼泊金乙酯醇溶液 10ml 蒸馏水加至 1000ml

【方法】将磺胺嘧啶混悬于200ml 蒸馏水中，氢氧化钠用适量蒸馏水溶解，在搅拌下将氢氧化钠溶液缓缓加入磺胺嘧啶混悬液中，使磺胺嘧啶成钠盐溶解，另将枸橼酸钠、枸橼酸加适量蒸馏水溶解，过滤，滤液缓缓加入磺胺嘧啶钠溶液中，不断搅拌，析出细微磺胺嘧啶微粒，最后加入单糖浆和尼泊金乙酯醇溶液，并加蒸馏水至1000ml，摇匀即得。

【注解】磺胺嘧啶不溶于水，当磺胺嘧啶与氢氧化钠作用后生成的磺胺嘧啶钠能溶于水中，但当加入偏酸性枸橼酸缓冲液后，该溶液又会析出细小的磺胺嘧啶微粒。

四、纳米混悬剂

难溶性药物通过传统的制剂方法常常难以在口服后达到治疗疾病要求的生物利用度，或难以制成供静脉给药的制剂，从而大大限制药物的应用。纳米混悬剂（nanosuspensions）是针对难溶性药物开发的一种新剂型，是以少量表面活性剂或高分子材料做稳定剂，由纳米级药物颗粒组成的多相分散体系。药物平均粒径小于 1μm，一般为200 ~ 500nm。纳米混悬剂可以作为最终产品，也可以作为一种中间体，进一步加工成各种口服制剂或注射剂，以及适合其他给药途径的最终制剂。目前已有 10 多个纳米混悬剂被批准上市，如表 4 – 1 所示。纳米混悬剂具有以下作用特点：①纳米混悬剂药物粒径小，溶出快，生物利用度高；②由于纳米混悬剂所用药用辅料少，提高了制剂的使用安全性；③提高药物制剂的稳定性；④增加对黏膜的黏附性，不仅提高生物利用度，并可延长药物作用时间；⑤控制纳米混悬剂中药物粒子的粒径和（或）进行表面修饰可实现药物的靶向给药。

表 4 – 1　已上市的纳米混悬剂

药品名/商品名	研发公司	适应证	剂型	制备方法	批准时间
西罗莫司/Rapamune	Wyeth	免疫抑制剂	片剂	介质研磨	2000 – 08
硫酸吗啡/Avinza	King	癌症疼痛	胶囊剂	介质研磨	2002 – 03
苯哌啶醋酸甲酯/Ritalin LA	Novartis	抗多动症	缓释胶囊剂	介质研磨	2002 – 06
盐酸替扎尼定/Zanaflex	Acorda	肌肉松弛药	胶囊剂	介质研磨	2002 – 08
阿瑞吡坦/Emend	Merck	抗呕吐	胶囊剂	介质研磨	2003 – 03
非诺贝特/Tricor	Abbott	降血脂	片剂	介质研磨	2004 – 11
紫杉醇/Abraxan	Bioscience	抗肿瘤	静脉粉针	高压均质	2005 – 01
右旋苯哌啶醋酸甲酯/Focalin XR	Novartis	抗多动症	缓释胶囊剂	介质研磨	2005 – 05
非诺贝特/Triglide	Skypharma	降血脂	片剂	高压均质	2005 – 07
醋酸甲地孕酮/Megace ES	Par	短效避孕药	口服混悬液	介质研磨	2005 – 07
纳米氧化铁/Feraheme	Amag pharmas	贫血	静脉注射剂	沉淀法	2009 – 03
棕榈酸帕潘立酮/Invega Sustenna	Johnson&johnson	抗精神病	肌内注射剂	介质研磨	2009 – 07
阿立哌唑/Abilify Maintena	Otsuka	抗精神病	肌内注射剂	介质研磨	2013 – 03
硝苯呋海因钠/Ryanodex	EaglePharma	肌肉痉挛	静脉注射剂	高压均质	2014 – 07
棕榈酸帕潘立酮/Invega Trinza	Johnson&johnson	抗精神病	肌内注射剂	介质研磨	2015 – 05
阿立哌唑月桂酸酯/Aristada	Alkermes	抗精神病	肌内注射剂	介质研磨	2015 – 10
格拉司琼/Sustol	Heron Therapy	抗化疗呕吐	皮下注射剂	介质研磨	2016 – 08

（一）纳米混悬剂的制备

纳米混悬剂的制备可分为自小而大（bottom – up）和自大而小（top – down）两种技术。Top – down 技术系将大的药物颗粒分散成小的药物粒子，包括介质研磨法、高压均质法，这两种方法是目前生产纳米混悬剂最主要的方法。Tottom－up 技术系将药物溶液加入到另外一种非溶剂中，使药物析出，包括沉淀法、乳化法等。

1. 介质研磨法 系将药物粉末分散在表面活性剂溶液中，放入研磨室内与研磨介质混合，在研磨杆的高速剪切下，使药物粒子之间及其与研磨介质、研磨室内壁等发生猛烈的碰撞，从而粉碎得到纳米级的药物粒子。研磨介质通常为玻璃珠、氧化锆粉末或高交联聚苯乙烯树脂。介质研磨法适用范围广，粒径分布窄，制备过程简单，适合工业化生产。

2. 高压均质法 系药物粗混悬液被高压均质机的高压泵导入均质阀中，在剪切、撞击和空穴等作用下，细化成纳米混悬液。高压均质法生产周期短，可避免微生物的污染。

3. 沉淀法 将药物溶解到一定的溶剂中形成药物溶液，然后将药物溶液加入到另一不能溶解药物但与溶解药物溶剂互溶的溶剂中，药物浓度过饱和，而析出结晶，通过控制析晶条件制得纳米混悬剂。

4. 乳化法 将药物溶解在适宜的有机溶剂中，然后分散在含有表面活性剂的水相中，制成 O/W 型乳剂，通过高剪切、超声、高压均质等处理，控制乳滴粒径，蒸发有机溶剂，即可制得纳米混悬剂。

（二）纳米混悬剂的给药途径

1. 口服给药 将水溶性差的药物制成纳米混悬剂后，由于药物的粒径减小，溶解度和溶出速率提高，从而提高了难溶性药物的生物利用度。且由于药物的粒径小，使得口服后对生物黏膜具有一定的生物黏附性，可以增加药物在胃肠道内的滞留时间，以及在胃肠道中的吸收，使得药物生物利用度提高。例如，平均粒径 0.16μm 的普伦斯特混悬剂体内吸收分别是平均粒径 0.89μm、3.13μm、18.21μm 混悬剂的 1.38、1.79、3.50 倍。

2. 注射给药 纳米混悬剂作为皮下、肌内、皮内等注射给药，药物可在局部缓慢释放，起长效作用；作为静脉给药，纳米混悬剂由于药物含量高、所用辅料少，减少静脉注射给药由于大量使用辅料增溶而导致的毒副作用及过敏反应等的发生，提高使用的安全性，另外，纳米混悬剂具有一定靶向作用。

3. 眼部给药 将难溶性药物制成纳米混悬剂用于眼部给药，有利于增加药物在黏膜的黏附性，促进药物吸收，提高药效，降低给药次数，提高患者的顺应性。

4. 肺部给药 纳米混悬剂粒径较小，能到达肺泡深处，避免药物在呼吸道上的沉积，同时也大大增加了吸收面积，使得药物的生物利用度显著提高，且由于表面活性剂等辅料的用量较少，而大大提高制剂的安全性。

另外，纳米混悬剂还可通过鼻腔黏膜、中枢神经系统等途径给药。

五、混悬剂的质量评价

评价混悬剂的质量主要是研究其物理稳定性，常用的评价方法有以下几种。

（一）微粒大小的测定

混悬剂中微粒的大小及其分布不仅影响混悬剂的质量和稳定性，也影响混悬剂的生物利用度和药效。混悬剂中微粒的大小常采用显微镜法测定，另外还可通过库尔特计数法、浊度法、光散射法、漫反射法等测定。

（二）沉降体积比的测定

沉降体积比是指沉降物的体积与沉降前混悬剂的体积之比。测定方法：将混悬剂置于具塞量筒内，密闭，用力振摇 1 分钟，记下混悬剂的体积（V_0）或高度（H_0），静置一定时间后，观察澄清液与沉降物之间的界面即沉降面，记下沉降面不再改变时的沉降物体积（V）或高度（H）。按下式计算混悬剂的沉降体积比 F：

$$F=\frac{V}{V_0}=\frac{H}{H_0} \tag{4-4}$$

F 值在 0～1 之间，F 值越大，表示沉降物的高度越接近混悬剂高度，混悬剂越稳定。口服混悬剂沉降体积比应不低于 0.90。

混悬剂开始沉降时，沉降面随时间逐渐下降，因此沉降体积比是时间的函数。以沉降体积比 F 为纵坐标，沉降时间 t 为横坐标，可得沉降曲线，曲线的最高点即起始点为 1，随时间逐渐下降直至与横坐标平行。从沉降曲线的形状可以判断混悬剂的稳定性，如沉降曲线下降比较缓慢平和，则混悬剂比较稳定。

（三）絮凝度的测定

絮凝度是评价混悬剂絮凝程度的参数，系指絮凝状态混悬剂的沉降体积比（F）与反絮凝状态混悬剂沉降体积比（F_∞）的比值：

$$\beta=\frac{F}{F_\infty} \tag{4-5}$$

絮凝度 β 表示由絮凝所引起的沉降物体积增加的倍数，例如，反絮凝状态混悬剂的 F_∞ 值为 0.18，絮凝状态混悬剂 F 值为 0.90，则 $\beta=5$，说明絮凝状态混悬剂沉降体积是反絮凝状态混悬剂沉降体积的 5 倍。β 降为 1 时，为理论上的最小值，说明没有絮凝作用。β 值越大，絮凝效果越好，混悬剂越稳定。

（四）沉降物再分散性测定

优良的混悬剂经过贮存后再振摇，沉降物应能很快重新再分散，这样才能保证服用时分剂量的准确性。测定时，将混悬剂置于具塞试管或量筒内，静置沉降，然后用人工或机械的方法振摇，使沉淀物重新分散成均匀体系。根据振摇的次数和时间说明混悬剂再分散性质，振摇次数越少或振摇时间越短，表明混悬剂再分散性越好。

（五）ζ 电位的测定

混悬剂中微粒表面具有 ζ 电位，电位的高低可表明混悬剂所存在状态。一般 ζ 电位在 25mV 以下，混悬剂呈絮凝状态，ζ 电位在 50～60 mV 时，混悬剂呈反絮凝状态。ζ 电位可通过电泳法测定，ζ 电位与微粒电泳速率的关系如下：

$$\zeta=4\pi\frac{\eta V}{\varepsilon E} \tag{4-6}$$

式中，η 为混悬剂的黏度；V 为微粒电泳速率；ε 为介电常数；E 为外加电场。通过测得微粒电泳速度，即可计算出 ζ 电位。

（六）流变学的测定

混悬剂的流变学通过旋转黏度计进行测定，在 25℃ 条件下测定混悬剂在不同切变速率下的黏度，计算切变应力，以切变应力对切变速率作图，得流变曲线。通过流变曲线确定混悬剂的流动类型，评价混悬剂的流变学性质。若混悬剂呈触变流体、塑性流体、假塑性流体性质，则能有效减缓混悬剂微粒的沉降速率，提高稳定性。

扫码“学一学”

第二节　乳　剂

一、概述

乳剂（emulsions）系指两种互不相溶的液体混合，其中一种液体以细小液滴分散于另一种液体中形成的非均相液体分散体系。乳剂中以液滴状态存在的液体称为分散相、内相或非连续相，另一液体则称为分散介质、外相或连续相。乳剂两相中通常一相是水或水溶液，称为水相，用 W 表示；另一相是油或与水不相溶的其他有机液体，称为油相，用 O 表示。此外，作为乳剂的前体制剂自乳化给药系统（self - emulsifying drug delivery systems）是乳剂的一种特殊形式，是由药物、油、表面活性剂和助表面活性剂所组成的均一、澄清的溶液。一般装入胶囊中，当进入胃肠道内或与水接触后，通过胃肠蠕动或温和搅拌即可在较短时间内自发形成乳剂。

（一）乳剂的组成

乳剂为热力学不稳定体系，在油相和水相之间存在很大的界面，因而存在很大的界面张力，必须有乳化剂来降低油水间界面张力使体系稳定，因此，乳剂是由水相、油相、乳化剂所组成。

（二）乳剂的分类

1. 按乳剂结构分类　乳剂按结构可分为水包油（O/W）型乳剂和油包水（W/O）型乳剂，O/W 型乳剂是油相以液滴分散于水相中，而 W/O 型乳剂是水相以液滴分散于油相中，如图 4 - 2 所示。O/W 型和 W/O 型乳剂的主要区别方法见表 4 - 2。另外还有复乳，如水/油/水型复乳、油/水/油型复乳，分别用 W/O/W 或 O/W/O 表示。

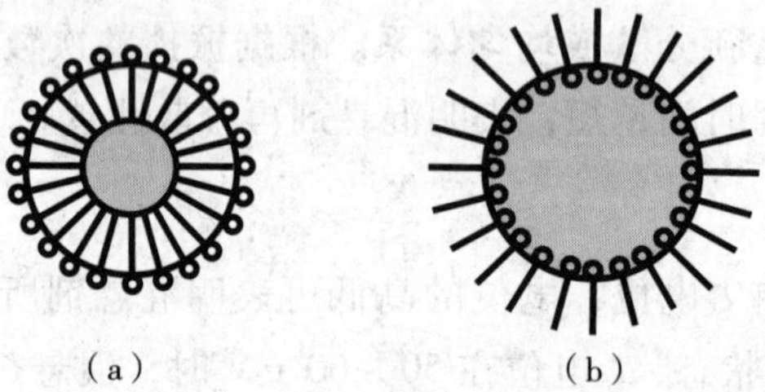

图 4 - 2　乳剂结构示意图

（a）水包油（O/W）型乳剂；（b）油包水（W/O）型乳剂

表 4 - 2　区别乳剂类型的方法

	O/W 型乳剂	W/O 型乳剂
外观	通常为乳白色	接近油的颜色
皮肤上的感觉	无油腻感	有油腻感
稀释	可用水稀释	可用油稀释
导电性	导电	不导电或几乎不导电
水溶性染料	外相染色	内相染色
油溶性染料	内相染色	外相染色

2. 按乳滴大小分类　根据乳滴大小，将乳剂分为普通乳、亚微乳、纳米乳。普通乳乳

滴大小一般在1～100μm之间，乳剂为不透明的乳白色液体，口服乳粒径可达十几至几十微米。亚微乳粒径大小一般在0.1～1.0μm，静脉注射乳剂即为亚微乳。纳米乳乳滴粒径在0.01～0.1μm，过去曾将纳米乳叫作微乳。当乳滴粒子小于0.1μm时，乳剂粒子小于可见光波长的1/4，即小于120nm时，乳剂粒子处于胶体分散范围，这时光线通过乳剂时不产生折射而透过乳剂，肉眼看到的是透明或半透明液体。

（三）乳剂的作用特点

①乳剂中乳滴分散度很大，药物吸收和药效发挥很快，有利于提高生物利用度；②油性药物制成乳剂能保证剂量准确，而且使用方便；③O/W型乳剂可掩盖药物的不良臭味，而且可加入矫味剂使乳剂变得可口；④外用乳剂能改善对皮肤、黏膜的渗透性，减少刺激性；⑤静脉注射乳剂不但作用快，药效高，而且具有一定靶向作用。

二、乳剂的形成机制

乳剂是由水相、油相、乳化剂经乳化制成，由于水相与油相之间存在很大的界面张力，在没有外加作用力和乳化剂存在的条件下，要将水相和油相混合均匀并放置稳定几乎是不可能的。有关乳剂形成机制至今已提出很多学说，但每种学说都难以概括乳剂形成原理的全貌，以下是两种比较经典的乳剂形成学说——界面张力学说、界面吸附膜学说。

（一）界面张力学说

乳化的过程是两相液体间新界面形成的过程，油水之间存在很大的界面张力，乳滴会自发聚集变大甚至分层。乳化剂是一种表面活性剂，乳剂形成过程中可被吸附于油水界面，通过降低界面张力，达到乳滴的长期稳定。

（二）界面吸附膜学说

乳剂中的乳化剂在油水界面形成一层有规律排列的单分子吸附膜。乳化剂分子中的极性基团向水相，非极性基团向油相，形成定向排列吸附膜，具有一定的机械强度。界面吸附膜像屏障似的阻碍乳滴合并，使乳剂稳定。界面吸附膜在油水界面的附着性和坚固性越大，乳剂越稳定。

乳化剂种类不同，在乳剂中可形成以下几种类型的界面吸附膜。

1. 单分子界面吸附膜　表面活性剂类乳化剂被吸附于乳滴表面，形成定向排列的单分子界面吸附膜，一方面降低油水界面张力，另一方面可起机械保护作用，增加乳剂的稳定性。

2. 多分子界面吸附膜　亲水性高分子化合物类乳化剂被吸附于乳滴表面，形成黏弹性的多分子界面吸附膜。如阿拉伯胶为乳化剂，形成的多分子界面吸附膜厚度为0.2μm，并荷负电。

3. 固体微粒界面吸附膜　可同时被水相和油相润湿的细小固体微粒（小于0.1μm）吸附于乳滴表面，形成固体微粒界面吸附膜。如硅皂土和氢氧化镁等都可作为固体微粒乳化剂使用。

4. 复合吸附膜　两种或两种以上的乳化剂被吸附于乳滴表面，形成牢固的复合吸附膜。如十六烷基硫酸钠和胆固醇混合乳化剂在液滴周围形成的复合膜，具有高黏度、柔软性，允许液滴变形以对抗其被破坏。

三、乳化剂

乳化剂是指可阻止乳滴合并使乳剂稳定的第三种物质。其在乳剂形成、稳定性以及药效发挥等方面起重要作用。理想的乳化剂应具有下列条件：①有较强的表面活性，能显著降低油水之间的界面张力；②有较强的乳滴表面附着性，能形成牢固的界面吸附膜，阻止液滴的合并；③使乳滴荷电，产生静电屏障；④能增加分散介质的黏度，增加乳剂物理稳定性；⑤安全性好，不产生近期或长期的毒副作用和局部刺激性；⑥稳定性好，不与处方中的药物和其他成分发生作用，乳化性受各种因素的影响小。

（一）乳化剂的种类

1. 表面活性剂类乳化剂　表面活性剂类乳化剂分子中有较强的亲水基和亲油基，乳化能力较强，性质比较稳定，在油水界面容易形成单分子吸附膜。但单分子吸附膜不够稳定，常复合使用形成复合吸附膜，可提高稳定性。有关表面活性剂的详细内容，可参考本书第三章第二节内容。

2. 天然乳化剂　大多天然乳化剂亲水性较强，能形成多分子界面吸附膜，形成O/W型乳剂。这类乳化剂能增加分散介质黏度，并具荷电性，因此能增加乳剂的稳定性。天然乳化剂容易霉败而失去乳化作用，因此乳剂配制中常加适当的防腐剂。另外，这类乳化剂降低油水界面张力有限，乳剂配制时用量较大，作功较多。

（1）阿拉伯胶　阿拉伯胶是阿拉伯酸的钠、钙、镁盐的混合物，可形成O/W型乳剂，广泛用于内服乳剂。常用量10%～15%，稳定pH为4～10。因本品黏度低，单独使用制成的乳剂容易分层，故常与西黄蓍胶、果胶、琼脂等混合使用。阿拉伯胶内含有氧化酶，易使其腐败或与一些药物有配伍禁忌，故在使用前应在80℃加热30分钟加以破坏。

（2）西黄蓍胶　可形成O/W型乳剂，其水溶液具有较高的黏度，pH 5时溶液黏度最大，0.1%溶液为稀胶浆，0.2%～2%溶液呈凝胶状。西黄蓍胶乳化能力较差，一般与阿拉伯胶合并使用以增加后者的黏度，故常作辅助乳化剂。

（3）明胶　为O/W型乳化剂，用量为油的1%～2%。明胶是蛋白质，在水溶液中随pH不同可带正电或负电，在等电点时所得的乳剂最不稳定。此外，明胶易腐败，使用时须加防腐剂。

（4）磷脂　由大豆或卵黄提取，分别称为豆磷脂或卵磷脂，其主要成分为磷脂酰胆碱。本品为O/W型乳化剂，乳化力较强，常用量1%～3%，可供内服或外用，精制品可供静脉注射。

（5）其他　如琼脂、海藻酸钠、白及胶、杏胶、果胶、酪蛋白、胆固醇等，乳化作用较弱，但能提高乳剂的黏度及增加乳化膜的强度，多作为辅助乳化剂使用。

3. 固体微粒乳化剂　一些溶解度小、颗粒细微的固体粉末，乳化时可被吸附于油水界面，形成固体粉末乳化膜，且不受电解质影响，如和非离子型表面活性剂混合使用效果更好。常用的有氢氧化镁、氢氧化铝、二氧化硅、硅皂土等亲水性粉末，为O/W型乳化剂；氢氧化钙、氢氧化锌、硬脂酸镁等亲油性固体粉末，为W/O型乳化剂。

（二）乳化剂的选用

乳化剂的选择应根据乳剂的使用目的、药物的性质、处方的组成、欲制备乳剂的类型、乳化方法等综合考虑，适当选择。

1. 根据给药途径选择　口服乳剂可以选择无毒的天然亲水性高分子乳化剂，如阿拉伯胶、西黄蓍胶等，根据需要也可选用毒性小的非离子型表面活性剂类乳化剂，如油酸山梨坦、聚山梨酯、平平加 O、泊洛沙姆等。外用乳剂应选择对局部无刺激性、长期使用无毒性的乳化剂，如软皂、有机胺皂和非离子型表面活性剂；肌内注射可选用非离子型表面活性剂，如聚山梨酯；静脉用乳剂应选择精制的磷脂、泊洛沙姆 188 等乳化剂。

2. 根据乳剂类型选择　O/W 型乳剂应选择 O/W 型乳化剂；W/O 型乳剂应选择 W/O 型乳化剂。乳化剂的 HLB 值为这种选择提供了重要的依据，一般 HLB 值为 8 ~ 18 适合用作 O/W 型乳化剂，HLB 值为 3 ~ 6 适合用作 W/O 型乳化剂。

3. 混合乳化剂选择　在乳剂处方设计中常采用混合乳化剂。①混合乳化剂可改变 HLB 值，以改变乳化剂的亲水亲油性，使其有更大的适用性，如磷脂与胆固醇混合比例为 10∶1 时，可形成 O/W 型乳剂，比例为 6∶1 时则形成 W/O 型乳剂。②混合乳化剂可形成复合吸附膜，增加乳化膜的稳定性，如油酸钠为 O/W 型乳化剂，与鲸蜡醇、胆固醇等亲油性乳化剂混合使用，可形成络合物，增强乳化膜的牢固性。③混合乳化剂可增加乳剂黏度，如阿拉伯胶与西黄蓍胶合用，可增加水相的黏度；硬脂醇与蜂蜡合用可增加油相黏度，提高乳剂稳定性。但不是所有的乳化剂均能混合使用，非离子型乳化剂可以混合使用，如聚山梨酯和脂肪酸山梨坦等。非离子型乳化剂可与离子型乳化剂混合使用。但阴离子型乳化剂和阳离子型乳化剂混合使用时要注意配伍变化。

此外，选择乳化剂时还要考虑乳化剂的性能、乳化温度、电解质等的影响。

四、决定乳剂类型的因素

乳剂的基本类型有 W/O 型和 O/W 型。决定乳剂类型因素很多，其中最重要的因素是乳化剂的性质和相体积分数。

1. 乳化剂的性质　乳化剂的种类主要有表面活性剂类乳化剂、天然乳化剂及固体微粒乳化剂三类。①对于表面活性剂类乳化剂，形成乳剂的类型取决于乳化剂结构中亲水基亲油基的大小。若亲水基大于亲油基，乳化剂伸向水相的部分大于伸向油相的部分，乳化剂降低与水相之间的界面张力大于降低与油相之间的界面张力，界面吸附膜向界面张力较大的一面弯曲，即向油的一侧弯曲，油就形成小油滴，分散在水中，形成 O/W 型乳剂。相反，若乳化剂的亲油基大于亲水基，乳化剂降低与油相之间的界面张力大于降低与水相之间的界面张力，使界面吸附膜向水的一侧弯曲，水成分散相，形成 W/O 型乳剂。②对于天然乳化剂，因其亲水性强，降低与水相的界面张力较强，主要形成 O/W 型乳剂。③对于固体微粒乳化剂，若亲水性大则被水相湿润，降低与水相的界面张力较大，形成 O/W 型乳剂。若亲油性大则被油湿润，降低与油相的界面张力较大，形成 W/O 型乳剂。但要注意当乳化剂亲水性太大，极易溶于水时，所形成的乳剂反而不稳定。

2. 相体积分数　相体积分数是指分散相占乳剂总体积的分数，常用 Φ 表示。在实际制备中，相体积分数一般在 10% ~50% 之间，相体积分数超过 50% 时，乳滴之间的距离很近，乳滴易发生碰撞而合并或引起转相，使乳剂不稳定。一般而言，形成乳剂的两相的体积相差越大，该乳剂越稳定。但相体积分数过小，常引起乳剂很快分层。在不考虑乳化剂作用的情况下，一般相体积大的作分散介质，但不绝对。O/W 型乳剂因有静电屏障，故在相同条件下 O/W 型乳剂比 W/O 型乳剂更易于形成，而且稳定，所以其允许分散相体积大于分散介质体积，甚至高达 74%。而 W/O 型乳剂因无静电屏障，其分散相体积要求小于 40%，否则会发生转相。

五、乳剂的稳定性

乳剂属于热力学和动力学都不稳定体系，放置贮存过程中常发生以下不稳定现象。

（一）分层

乳剂的分层系指乳剂放置后出现分散相乳滴上浮或下沉的现象，又称乳析。分层的主要原因是由于分散相和分散介质之间的密度差造成的。因为油的密度往往小于水，因此，O/W 型乳剂一般出现分散相粒子上浮，而 W/O 型乳剂则相反。分层的乳剂其乳化剂的界面吸附膜并没有被破坏，乳滴仍保持完整，经振摇后仍能恢复均匀的乳剂，故分层是个可逆过程。但分层后的乳剂外观较粗糙，也容易引起絮凝甚至破裂。质量好的乳剂分层速率相当缓慢，以致不易观察。

乳滴上浮或下沉的速度符合 Stokes 公式。乳滴越小，上浮或下沉的速率越慢。减小分散相和分散介质之间的密度差，增加分散介质的黏度，都可减小乳剂分层速率。此外，乳剂分层也与分散相的相体积分数有关，通常分层速率与相体积分数成反比，相体积分数低于 25% 乳剂很快分层，达 50% 时就能明显减小分层速率。

（二）絮凝

乳剂中的乳滴发生可逆的聚集现象称为絮凝。但由于乳滴乳化膜尚未破坏，阻止了絮凝时乳滴的合并，乳滴仍保持完整。发生絮凝的原因是乳滴的电荷减少，ζ 电位降低，乳滴产生聚集而絮凝。因此，乳剂中的电解质和离子型乳化剂的存在是产生絮凝的主要原因。絮凝是可逆的，经振摇，仍能恢复成均匀的乳剂。但絮凝的乳剂以絮凝物为单位移动，增加分层速率。因此，絮凝的出现表明乳剂稳定性的降低，通常是乳剂破裂的前奏。通过加入适当的电解质，增加乳滴表面的 ζ 电位，可避免出现絮凝状态。

（三）转相

由于某些条件的变化使乳剂由 O/W 型转变为 W/O 型或相反变化称为转相。转相主要是由于乳化剂的性质改变而引起的。如油酸钠是 O/W 型乳化剂，加入氯化钙后生成油酸钙，变为 W/O 型乳化剂，乳剂则由 O/W 型转变为 W/O 型。乳剂转相过程中具有转相临界点，当生成或外加性质相反的乳化剂量在临界点以下时，乳剂不会发生转相；当在临界点时乳剂被破坏，不属任何类型；只有在临界点以上时乳剂才会发生转相。此外，转相也可由相体积分数造成，对于 W/O 型乳剂，相体积分数 50% 以上时容易发生转相，而 O/W 型乳剂相体积分数达 90% 时才容易发生转相。因此，乳剂配制过程中注意乳化剂性质的变化以及相体积分数的变化，以避免转相。

（四）合并与破裂

合并系指乳剂中乳滴的界面吸附膜破坏导致乳滴变大的过程，合并进一步发展则导致乳剂分为油、水两层不相混溶的液体称为破裂。由于乳滴周围界面吸附膜的破坏，虽经振摇也不可能恢复到原来的分散状态，因此破裂是不可逆的。合并和破裂主要是向乳剂中加入能与乳化剂起反应的物质，使乳化剂的界面吸附膜破坏或稳定性降低，导致乳剂破裂或加快破裂速度。如向一价肥皂为乳化剂制备的 O/W 乳剂中加入阳离子型乳化剂或其他阳离子成分时，由于乳滴上的电荷被中和而引起乳剂破裂；当加入强酸时，生成无乳化力的脂肪酸，导致乳剂的破裂；若加入二价或三价金属盐，如氯化钙等，则根据加入量的不同，可使乳剂破裂或转相。乳剂的稳定性与乳滴的大小有密切关系，乳滴愈小乳剂就愈稳定，但如果乳滴大小不均一，小乳滴通常填充于大乳滴之间，使乳滴的聚集性增加，容易引起乳滴的合并。所以为了保证乳剂的稳定性，制备乳剂时尽可能地保持乳滴大小的均一性。此外，外相的黏度增加，可降低乳滴合并的速度。

（五）酸败

受外界因素（光、热、空气等）及微生物的作用，使乳剂中油、乳化剂等发生变质的现象称为酸败。所以乳剂中通常需加入抗氧剂和防腐剂，防止氧化或酸败。

六、乳剂的制备方法及乳化机械

乳剂常根据不同的制备量、给药途径、乳化剂的种类等选用不同的制备方法和乳化机械设备，图4－3为用于静脉注射乳剂的生产线。

图4－3　静脉注射乳剂的生产线

（一）乳剂常用的制备方法

1. 油中乳化剂法　油中乳化剂法又称干胶法，系将乳化剂（胶）先分散于油相中研匀后加水相制备初乳，再逐渐加水相稀释至全量。在初乳制备中，若乳化植物油，则初乳中油、水、乳化剂的比例为4∶2∶1；若乳化挥发油，其比例为2∶2∶1；乳化液体石蜡时，其比例为3∶2∶1。本法适合于阿拉伯胶或阿拉伯胶与西黄蓍胶的混合胶作乳化剂。

2. 水中乳化剂法　水中乳化剂法又称湿胶法，系将乳化剂（胶）先分散于水相中研匀后加油相制备初乳，再逐渐加水相稀释至全量。初乳中油、水、乳化剂的比例与上法相同。

3. 两相交替加入法　本法是向乳化剂中每次少量交替地加入水或油，边加边搅拌，即可形成乳剂。天然胶类、固体微粒乳化剂等可用本法制备乳剂。当乳化剂用量较多时，本法是一个很好的方法。

4. 新生皂法　新生皂法是将植物油与含有碱的水相分别加热至一定温度后，混合搅拌使其发生皂化反应，生成的新生皂为乳化剂，从而得到稳定乳剂的方法。植物油中含有硬脂酸、油酸等有机酸，加入氢氧化钠、氢氧化钙、三乙醇胺等，在高温（70℃以上）生成的新生皂为乳化剂。在植物油中加氢氧化钙由于生成二价皂而制得W/O型乳剂，而加氢氧化钠、氢氧化钾或三乙醇胺由于生成一价皂而制得O/W型乳剂。本法适合于乳膏剂的制备。

5. 机械法　将油相、水相、乳化剂混合后用乳化机械制成乳剂的方法。机械法制备乳剂时可以不考虑混合顺序，借助于机械提供的强大能量，很容易制成乳剂。不同的设备可制备得到粒径不同的乳剂。

6. 纳米乳的制备 纳米乳乳滴小，界面积大，需要更多的乳化剂才能乳化，一般用量为油量的20%～30%，而普通乳剂中乳化剂用量低于油量的10%。为了有利于形成更小的乳滴，处方中常加入助乳化剂。助乳化剂可提高界面吸附膜的牢固性和柔顺性，同时可增大乳化剂的溶解度，进一步降低界面张力，有利于纳米乳的稳定。助乳化剂为药用短链醇，或适宜HLB值的非离子型表面活性剂。常用的有正丁醇、乙二醇、乙醇、丙二醇、甘油、聚甘油酯等。纳米乳制备时，首先要通过伪三元相图找出纳米乳形成区域，由于乳化剂具有一定毒副作用，因此，在乳化剂取低含量的基础上，根据纳米乳形成区域，确定水相、油相、助乳化剂的处方量。确定处方后，将各成分按比例混合，适当搅拌，即可制得纳米乳，无须做很大的功，且与各成分加入的次序无关。

7. 复合乳剂的制备 采用二步乳化法制备，第一步先将水、油、乳化剂制成一级乳剂，再以一级乳剂为分散相与含有乳化剂的水相或油相再乳化制成二级乳剂即复合乳剂。如制备O/W/O型复合乳剂，先选择亲水性乳化剂制备O/W型一级乳剂，再选择亲油性乳化剂分散于油相中，在搅拌下将一级乳剂加入油相中，充分分散即得O/W/O型复合乳剂。

8. 自乳化剂的制备 自乳化剂是由药物、油、表面活性剂和助表面活性剂组成，各组成的比例通常根据所绘制的平衡相图和测定的粒径来确定。在实际处方研究中需要综合考虑药物的溶解度、乳化区域、自乳化速度和程度，以及辅料的毒副作用等。处方确定后，将处方中各种成分按比例混合即可制得自乳化制剂，与各成分加入的次序无关。

（二）乳化机械

根据其作用原理可分为四类。

1. 机械搅拌器 可分为低速搅拌器和高速搅拌器，一般低速搅拌器最高转速为4000r/min左右，而高速搅拌器转速能达到每分钟一万转以上，机械搅拌器常用于初乳的制备。组织捣碎乳化机为高速搅拌器。如图4－4所示。

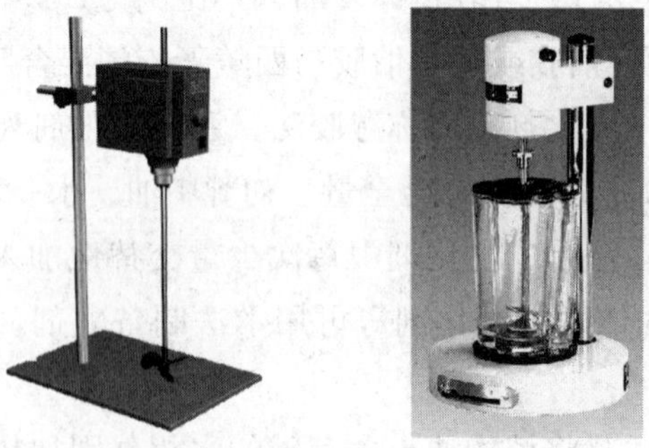

(a)　　(b)

图4－4　机械搅拌器

（a）低速搅拌器；（b）组织捣碎乳化机

2. 超声乳化器 用10～15kHz高频振动制备乳剂。乳化时间短，液滴细而匀，但因能量大可引起某些药物分解。可制备O/W和W/O型乳剂，但黏度大的乳剂不宜用本法制备，如图4－5所示。

3. 高剪切乳化机 是一种由电动机带动转子和相匹配的定子做相对高速旋转，料液在转子和定子之间的缝隙中受到剪切力、摩擦力和高频振动力，使液体乳化。转子和定子间的缝隙可以按要求调节，在10μm之内。图4-6分别是实验用高剪切乳化机和生产用胶体磨，均为高剪切乳化设备。

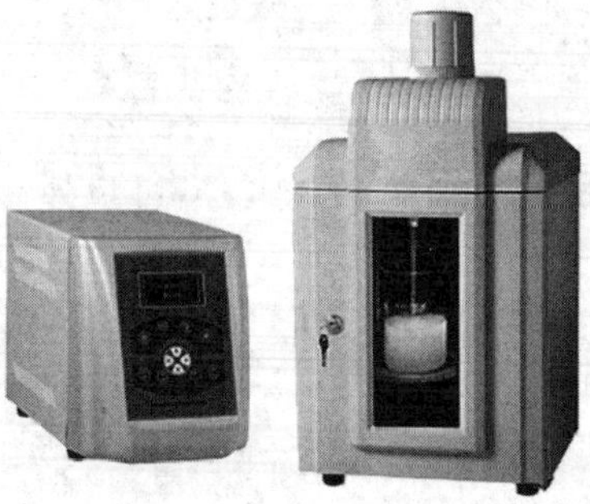

图4-5 超声乳化器

4. 高压均质机 高压均质机主要由高压泵和均质阀两部分组成，工作原理是料液在高压泵的加压下进入可以调整间隙的均质阀时，能得到极高的流速（300~500m/s），从而在均质阀里形成一个巨大的压力下跌，瞬间失压的物料以极高的流速喷出，碰撞在阀组件之一的碰撞环上，产生剪切、撞击和空穴3种效应，达到细化和均质的作用，把原先比较粗糙的乳浊液，加工成极细微、均匀、稳定的乳剂。其工作原理图和实验室用均质机如图4-7和图4-8所示。

（a） （b）

图4-6 高剪切乳化机

（a）实验用高剪切乳化机；（b）生产用胶体磨

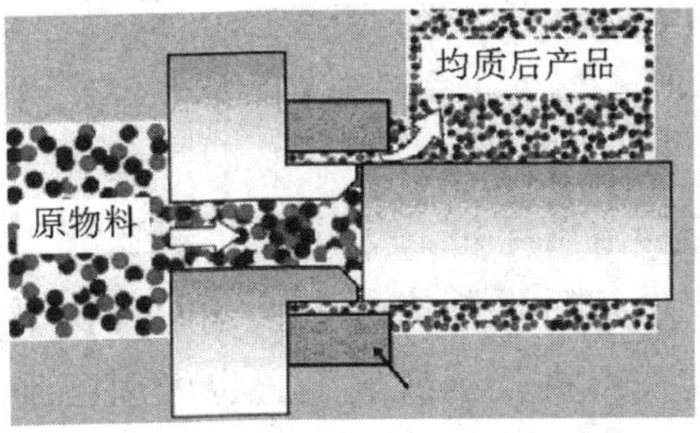

图4-7 高压均质机原理示意图

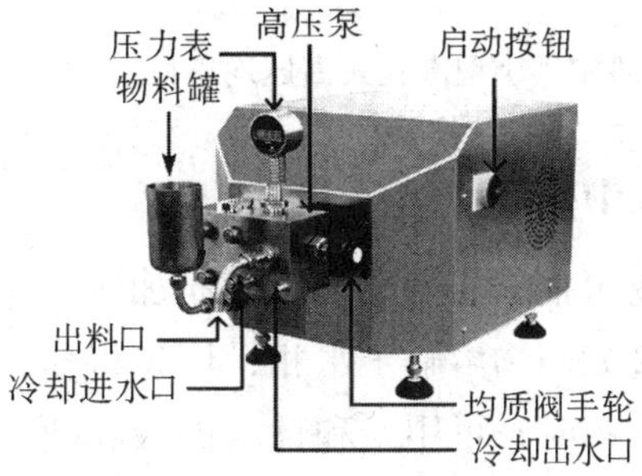

图4-8 实验室用高压均质机

目前国外多家单位研究推出微孔式均质设备，微孔均质阀结构和均质原理如图4-9所示。料液经高压泵加压后通过均质阀中的微孔管道，微孔孔径0.2mm甚至更小，料液在微孔内的速度达200m/s以上，在微孔内形成很大的速度梯度，而且形成的两股高速射流在交汇处相互对撞，料液再以极高的流速喷出。整个过程只有1/10秒，产生了撞击、气穴、涡旋、振动、射流等多种效应，处理过的物料粒径可均匀细化到100nm以下。图4-10和图4-11分别是国外实验室用小型和中试微孔式高压均质机。

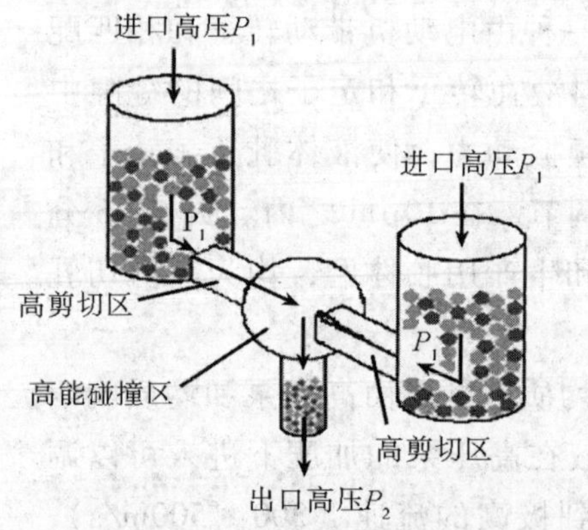

图 4-9 微孔式均质原理示意图

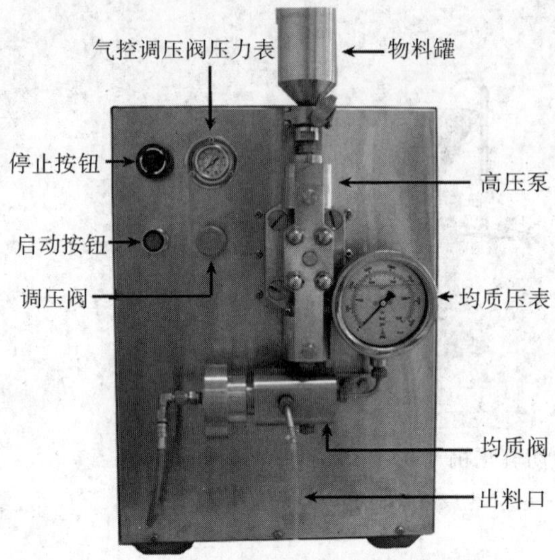

图 4-10 实验室用小型微孔式高压均质机

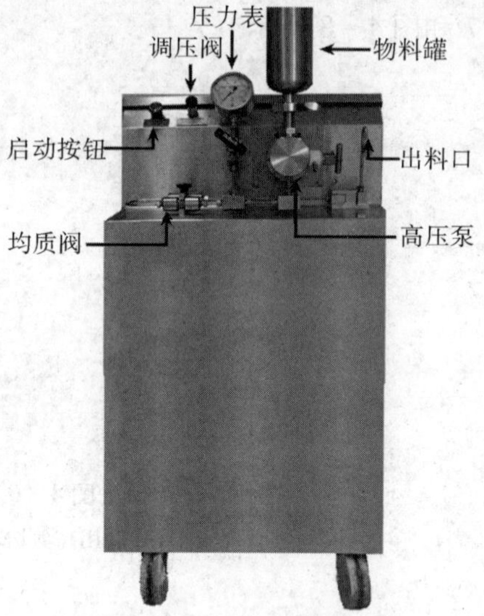

图 4-11 中试微孔式高压均质机

（三）乳剂中药物的加入方法

乳剂中药物可根据药物的溶解性质加入。①如药物溶解于油相，可先将药物溶于油相再制成乳剂；②如药物溶解于水相，可先将药物溶于水相后再制成乳剂；③如药物不溶于油相也不溶于水相时，可用亲和性大的液相研磨药物，再将其制成乳剂，也可用已制成的少量乳剂研磨药物至细，再与乳剂混合均匀。处方中若含有电解质、酊剂等影响乳剂稳定性成分，可先将其用水溶解或稀释，然后缓缓加于乳剂中，搅匀；对于含香料等挥发性成分应最后加入乳剂中，温度 <40℃。

（四）乳剂制备的影响因素

1. 乳化剂用量 乳化剂浓度过低时，液滴界面不能达饱和吸附，不足以形成紧密界面吸附膜，强度低。因此，要使乳剂稳定，必须加入足量乳化剂。但如乳化剂的量太多，则黏度太大，同时成本增加。一般乳化剂在普通乳剂中的用量为 5～100g/L。

2. 乳化温度 制备乳剂时需要外加能量（加热、研磨、搅拌等），乳剂的黏度愈大，所需乳化功也就愈大。升高温度不仅能降低黏度，而且能降低界面张力，有利于乳剂的形成。但温度升高的同时也增加乳滴的动能，使乳滴合并甚至破裂，所以乳化温度一般控制在60～70℃；用非离子型乳化剂时，温度不宜超过其昙点。

3. 乳化时间　乳化时间对乳化过程的影响较为复杂，在乳化开始阶段，搅拌、研磨等可促使乳滴的形成；乳滴形成后继续长时间搅拌等可使乳滴之间碰撞机会增大，导致乳滴合并，甚至使乳剂完全破裂。因此，乳剂形成后应避免长时间搅拌或研磨。另外，乳化时间与乳化剂的乳化效果、乳化机械的效率等都有关，所以最适宜的乳化时间一般需凭经验或预试验而定。

（五）乳剂制备举例

例4－7　鱼肝油乳剂

【处方】鱼肝油500ml　阿拉伯胶细粉125g　西黄蓍胶细粉7g　糖精钠0.1g　挥发杏仁油1ml　羟苯乙酯0.5g　纯化水加至1000ml

【制法】将阿拉伯胶与鱼肝油研匀，一次加入250ml纯化水，用力沿一个方向研磨制成初乳，加糖精钠水溶液、挥发杏仁油、羟苯乙酯醇溶液，再缓缓加入西黄蓍胶胶浆，加纯化水至全量，搅匀即得。

【注解】处方中鱼肝油为药物、油相；阿拉伯胶为乳化剂；西黄蓍胶为稳定剂（增加分散介质黏度）；糖精钠、杏仁油为矫味剂；羟苯乙酯为防腐剂。

例4－8　脂肪乳注射液

【处方】精制大豆油200g　精制蛋黄磷脂12g　注射用甘油25g　注射用水加至1000ml

【制法】称取处方中的精制蛋黄磷脂置高速组织捣碎机内，加甘油与煮沸的注射用水450ml，在氮气流保护下捣碎成均匀的磷脂分散液。将磷脂分散液倾入均质机物料罐中，缓慢加入90℃的精制大豆油，在氮气流下乳化至乳滴粒径小于1μm后，加水至足量，用5～15μm的玻砂漏斗过滤，罐装、充氮、压盖，高压灭菌即得。应在25℃以下（避免冷冻）贮存。

【注解】精制大豆油为油相，此外还可用橄榄油、中链甘油三酯、鱼油、麻油、棉籽油等；精制蛋黄磷脂为乳化剂，还可使用大豆磷脂；注射用甘油为渗透压调节剂。

例4－9　丁酸氯维地平脂肪乳注射液

【处方】丁酸氯维地平0.5g　精制大豆油200g　精制蛋黄磷脂12g　注射用甘油22.5g　油酸0.3g　EDTA－2Na 0.05g　NaOH适量　注射用水加至1000ml

【制法】称取处方量的丁酸氯维地平、油酸、精制蛋黄磷脂，在80℃溶解在精制大豆油中，构成油相。称取处方量的注射用甘油、EDTA－2Na加注射用水溶解，加热至80℃，构成水相。在氮气流保护下将油相与水相混合，剪切，制成初乳。将初乳用高压均质机高压均质处理3次，NaOH调节pH至6.0～8.0，经1μm微孔滤膜过滤，罐装、充氮、压盖，高压灭菌即得。

【注解】丁酸氯维地平脂肪乳注射液用于不宜口服或口服无效的高血压的治疗。油酸为乳剂的稳定剂，可使乳滴荷负电荷，增加乳滴之间斥力，使乳剂更稳定。EDTA－2Na为金属螯合剂，增加药物化学稳定性。

例4－10　氟比洛芬自乳化剂

【处方】氟比洛芬50g　油酸乙酯500g　聚山梨酯80 35g　PEG 400 15g

【制法】称取处方量的氟比洛芬，分别加入处方量的油酸乙酯、聚山梨酯80，以及PEG400，在40℃混合溶解即得。

【注解】氟比洛芬为非甾体类消炎镇痛药物，不溶于水，生物利用度低。油酸乙酯为油相，聚山梨酯 80 为表面活性剂，PEG400 为助表面活性剂。本制剂在 0.1mol/L 盐酸人工胃液中，轻轻振摇形成均一、透明的淡蓝色微乳，采用粒度仪测定乳滴粒径为 73.8nm。

七、乳剂的质量评价

乳剂的种类很多，用途与给药途径不一，很难规定统一的质量标准。下列物理稳定性的评价方法，有助于乳剂质量的评定。

（一）乳剂粒径大小的测定

乳剂粒径大小是衡量乳剂质量的重要指标。不同用途的乳剂对粒径大小要求不同，如静脉注射乳剂，90% 乳滴粒径应在 1μm 以下，不得有大于 5μm 的乳滴；肺靶向乳剂粒径在 7～12μm，通过肺机械滤取而对肺靶向。其他用途的乳剂粒径也都有不同要求。乳剂粒径测定常采用显微镜测定法（测定范围 0.2～100μm）、库尔特计数法（测定范围 0.6～150μm）、激光散射光谱法（测定范围 0.01～2μm）、透射电镜法（测定范围 0.01～20μm）等方法。

（二）分层现象的观察

乳剂由于分散相和分散介质之间的密度差，长期放置后出现分散相乳滴上浮或下沉的分层现象。尽管乳剂分层是可逆的，经振摇后仍能恢复均匀的乳剂，但分层后的乳剂外观较粗糙，也容易引起絮凝甚至破裂。因此，分层快慢是衡量乳剂稳定性的重要指标。为了在短时间内观察乳剂的分层，用离心法加速其分层。测定方法：以每分钟 4000 转的转速离心 15 分钟，不应观察到分层现象。此外，将乳剂置 10cm 离心管中以 3750r/min 速度离心 5 小时，相当于 1 年的自然分层效果。

（三）乳滴合并速率的测定

对于一定大小的乳滴，其合并速率符合一级动力学规律，其直线方程为：

$$\lg N = \lg N_0 - \frac{Kt}{2.303} \tag{4-7}$$

式中，N、N_0 分别为 t 和 t_0 时间的乳滴数；K 为合并速率常数；t 为时间。如果乳滴合并成大液滴所需的平均时间短，即 K 大，说明乳剂不稳定。

（四）稳定常数的测定

乳剂离心前后光密度变化百分率称为稳定常数，用 K_e 表示，其表达式如下：

$$K_e = \frac{(A_0 - A)}{A} \times 100\% \tag{4-8}$$

式中，A_0、A 分别为离心前、后乳剂稀释液的吸光度；K_e 为稳定常数。测定方法：取乳剂适量于离心管中，以一定速度离心一定时间，从离心管底部取出少量乳剂，稀释一定倍数，以蒸馏水为对照，用比色法在可见光某波长下测定吸光度 A，同法测定原乳剂稀释液吸收度 A_0，代入公式计算 K_e。离心速度和波长的选择可通过试验加以确定。K_e 值愈小乳剂愈稳定。本法是研究乳剂稳定性的定量方法。

扫码“学一学”

第三节　流变学

在外力作用下物质发生变形与流动的性质称为流变性，而研究流变性的科学称为流变学。在药剂学中很多剂型，如乳膏剂、糊剂、混悬剂、乳剂等，在处方工艺设计、质量评定等均涉及流体的流变性，所以流变学的基本原理对很多剂型的制备、贮存、稳定以及使用等都具有重要的指导意义。

一、流变学的基本概念

流体在外力的作用下表现出流动性，不同的流体，其流动的难易程度是不同的。例如，水容易流动，而油不容易流动。水与油在流动能力上的这种差异是由于它们内部对流动起阻碍作用的内摩擦力大小不同造成的。流体流动时所表现出来的这种内摩擦阻力称为流体的黏度，换言之，黏度系指流体对流动的阻抗能力。

为了进一步说明流体的一些基本概念，考察流体在两块很大平板之间的流动情况。如图4－12所示，将A板固定，让B板以速度 v 向 x 方向作匀速运动，各液层在 x 方向的流速随着与板面距离 y 的不同而改变。图中用长短不同，相互平行的箭头线段表示各层流体的流速。显然，紧靠B板的液层流速最大，其流速为 v，紧靠A板的流层几乎不流动，因此各层的速度不同，便形成速度梯度 dv/dy，或称切变速度。对于任意相邻的两液层，慢速液层对快速液层的流动产生阻力，要使两液层保持相同的速度，必须对慢速液层施加与阻力大小相等而方向相反的推动力F，称为剪切力。研究表明，对处于层流状态下的液体，剪切力F与两液层之间的接触面积A及剪切速度 dv/dy 成正比，即

$$F = \eta A \frac{dv}{dy} \qquad (4-9)$$

单位面积的剪切力称为切变应力，用 S 表示，如果用 D 表示切变速度，则

$$S = \frac{F}{A} = \eta D \quad 或 \quad D = \frac{S}{\eta} \qquad (4-10)$$

式中，η 为黏度系数，简称黏度。该公式即为牛顿黏度公式。凡是符合牛顿黏度公式的液体称为牛顿流体，如低分子物质的稀溶液；实际上大部分液体，如高分子溶液、胶体溶液、乳剂、混悬剂、软膏以及固－液的不均匀体系，其黏度不符合牛顿黏度公式，称之为非牛顿流体，可以用流变曲线对其流变性质进行研究。

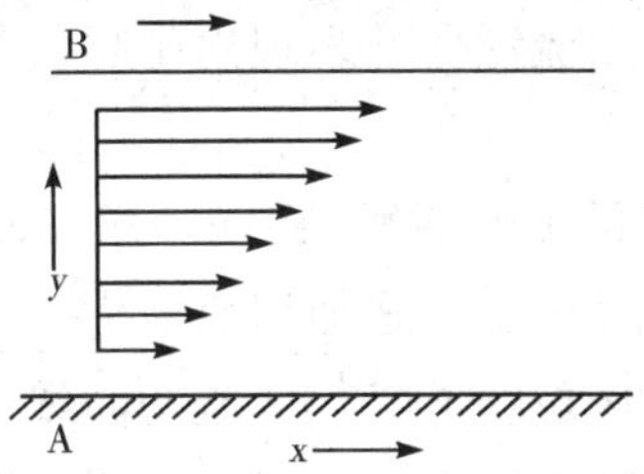

图4－12　流体在两平行板间的黏性流动

二、流变性质

（一）牛顿流体

根据式（4－10），牛顿流体的切变速度 D 与切变应力 S 成正比关系，其关系曲线即流变曲线为一条通过坐标原点的直线，如图4－13（a）所示。这时直线斜率的倒数表示黏度，黏度与切变速度无关，是个常数。

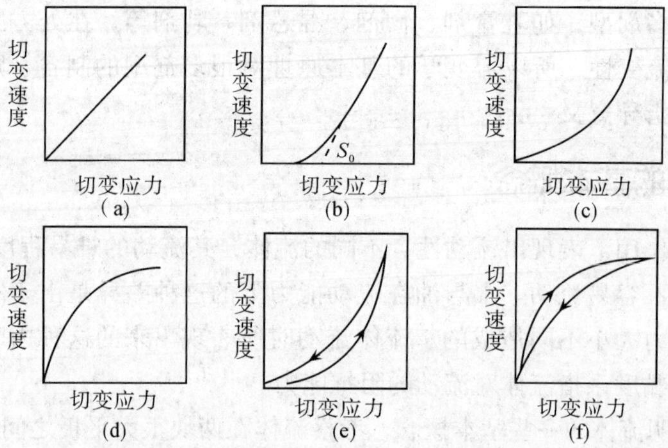

图 4－13　不同流体的流变曲线

(a) 牛顿型流变曲线；(b) 塑性流变曲线；(c) 假塑性流变曲线；
(d) 胀性流变曲线；(e) 假塑触变型流变曲线；(f) 胀性触变型流变曲线

(二) 非牛顿流体

非牛顿流体的切变速度 D 与切变应力 S 不成正比关系。根据流变曲线类型可将非牛顿流体分为塑性流体、假塑性流体、胀性流体、触变流体等。

1. 塑性流体　塑性流体的流动曲线如图 4－13 (b) 所示，曲线不经过坐标的原点。其特点是当施加的切变应力 S 较小时，流体不产生流动现象，当 S 大于 S_0时流体才开始流动。使流体开始流动的这一临界切变应力数值 S_0 称为致流值或屈服值，也是流动曲线直线部分外延至与切变应力轴（横轴）的交点。当 S 大于 S_0时流体开始流动，并且切变速度 D 和切变应力 S 呈直线关系，其直线斜率的倒数为塑性黏度。塑性流体的流动公式可用下式表示：

$$D = \frac{S - S_0}{\eta} \qquad (4-11)$$

产生塑性流体的原因是体系中粒子受到范德华力或氢键的作用，在静止状态时容易形成立体网状结构。要使体系流动，先要破坏这些网状结构。所以当 S 小于 S_0时，体系不流动，而当 S 大于 S_0时，体系才开始流动，并表现出牛顿流体的特点。因此，致流值 S_0是流体结构稳定性的定量标志。

2. 假塑性流体　假塑性流体的流变曲线如图 4－13 (c) 所示，是一条通过坐标原点的凹形曲线。由于不存在致流值，故只要一施加切变应力，流动即开始。假塑性流体的黏度不是定值，随切变应力 S 的增加其黏度下降。从流变曲线某一特定点切线斜率的倒数求得黏度为表观黏度，因此，假塑性流体的表观黏度一定要标明测定时的切变速度。假塑性流体的流动公式可用下式表示：

$$D = \frac{S^n}{\eta_a} \qquad (4-12)$$

式中，η_a为表观黏度；n 为指数。n 越大，非牛顿性越大，$n = 1$ 时为牛顿流体。

假塑性流体的表观黏度随着切变速度的增加而降低，这与流动时粒子具体取向有很大关系。大分子或溶胶粒子本身结构都是不对称的，静止时可有各种可能的取向。当切变速度增加时，不对称粒子逐渐将长轴转向流动方向排列，即这些粒子顺着流动方向呈线状排列，这就减小了对流动的阻碍作用，表观黏度随之降低。切变速度越大，粒子的随流动方向线状取向作用越完全，体系的表观黏度也就越小。当切变速度增至足以使粒子全部顺流定向以后，切变速度与切变应力又恢复正比关系。西黄蓍胶、海藻酸钠、甲基纤维素、PVP等溶液均是具有代表性的假塑性流体。

3. 胀性流体　胀性流体的流变曲线如图4－13（d）所示，是一条通过坐标原点的凸形曲线。它与假塑性流体正好相反，其表观黏度 η_a 随着切变速度增加而增加。由于胀性流体在切变过程中体积增加，故称之为胀性流体。也可用式（4－12）来描述其胀性特征，只是 n 大于1，且 n 值越大，其胀性特征越明显。

胀性流体不如塑性流体和假塑性流体常见。但含有高浓度（50%）细小的反絮凝粒子的分散系，常表现为胀性流动性质。在切变应力为零的情况下，粒子紧密靠拢，间隙很小，但并不聚结，粒子间的液层具有润滑作用，因而流动的阻力较小。因此在低切变速度时（如倾倒），流体粒子流动较为容易，体系的表观黏度较低。当切变速度增加，体系中的许多粒子被搅在一起，甚至结成团块，液层原有的润滑作用相应减小，流动阻力增大，于是胀性流体的表观黏度随之上升，有时甚至最终变成糊状，流动停止。

4. 触变流体　触变流体的流变曲线如图4－13（e）所示。它由逐渐增加切变应力得到的上行曲线和逐渐降低切变应力得到的下行曲线构成。这两条曲线并不重合，切变应力下降曲线相对于上升曲线发生左移，形成了环状滞后曲线，称为滞后圈。从流变曲线可得知，对于同样的切变应力 S，上行曲线和下行曲线上流体的黏度是不同的，下行曲线上的黏度明显低于所对应上行曲线的黏度。触变流体的这种性质导致流体在静止呈高黏度的半固体状态，而振摇时呈低黏度的流动状态，有利于微粒制剂如混悬剂的贮存稳定性和使用的剂量准确性。

通常触变流体是由不对称的粒子或大分子组成，这种大分子能通过各种辅助键相互作用，形成疏松的二、三维结构。因此，当不发生切变的情况下，流体呈半固体的胶状，当切变发生时，切变输入的能力使键断开，破坏了二、三维结构，产生胶溶转变，故降低黏度。当切变应力被解除，二、三维结构会逐渐恢复。但这一过程不是立即发生的，而是取决于分子在布朗运动影响下恢复到原始状态的时间。恢复所需的时间（从几分钟到几天不等）直接与物质所受切变应力的时间长短有关，因为时间长短将会影响结构破坏的程度。因此，由于流体的原始结构状态不能马上恢复，导致在流变曲线上上行曲线和下行曲线不能重合，形成滞后圈，滞后圈的面积大小可作为衡量流体结构破坏的程度，也就是下行曲线越左移，滞后圈面积越大，流体结构破坏的程度越大。

对于某些已经破坏了结构的流体，无论停止切变多长时间也不能恢复原来的结构，即重复测定的流变曲线只能得到下行曲线，这种性质称之为切变破坏，而不是触变性。用大量辅助键稳定的高分子聚多糖形成的凝胶就是具有这种性质的例子。这样的系统在切变过程中广泛重组，于是三维结构变成二维结构，原来类胶的性质不再恢复。

另外，胀性流体流变曲线中若下行曲线与上行曲线不重合，发生右移，这也是一种触变现象，如图4－13（f）所示。这种现象的产生也是由于胀性流体的结构被切变应力破坏而不能及时恢复，导致胀性流体的黏度随切变应力的增加而增加，而随着切变应力的降低，由于胀性流体的结构不能立刻恢复，其黏度不能立刻随之降低。

三、流体流动性质的测定

（一）牛顿流体流动性质的测定

1. 毛细管黏度计　这类黏度计利用液体自身的重量或外加压力，测定流体经过一定长度的标准毛细管所需要的时间或速度，计算流体的黏度。一般用已知黏度的液体（通常用水）作对比，根据以下公式计算待测液体的黏度。

$$\frac{\eta_1}{\eta_2}=\frac{\rho_1 t_1}{\rho_2 t_2} \tag{4-13}$$

式中，η_1、η_2分别为待测液体和已知液体的黏度；ρ_1、ρ_2分别为待测液体和已知液体的密度；t_1、t_2分别为待测液体和已知液体经过一定长度标准毛细管所需要的时间。由公式可计算出待测液体的黏度 η_1。图 4－14 是毛细管黏度计装置，是一具有 X、Y 两个球和毛细管 CD 的 U 型玻管，测定时将玻管垂直置于恒温水浴中，将一定量待测液体注入球体 Y 至刻度 E，从 U 型管的另一出口用吸球将液体吸到刻度 A 以上约 1cm，用秒表测定液体从 A 经测定球 X 下降到 B 的时间 t。通过分别测定已知黏度液体的经过时间和待测液体经过时间即可计算得到待测液体的黏度 η_1。

毛细管黏度计是测定牛顿流体黏度常用的仪器，具有设备易得，操作简便，且由于测定时采用对比的方法，故不需要对仪器进行特殊的校正。常用的毛细管黏度计有平氏黏度计和乌氏黏度计两种。毛细管黏度计有各种不同的内径，以供测定各种不同黏度的液体使用，为减少测定误差，选用时以流出时间不少于 100 秒为佳。

2. 落球黏度计 落球黏度计原理是在含有一定温度试验液的垂直玻璃管内，使具有一定密度和直径的玻璃制或钢制的圆球自由落下，通过测定球落下时的速度，可以得到试验液的黏度。图 4－15 为 Hoeppler 落球黏度计。测定方法是将待测液体和圆球装入玻璃管内，外围水槽为恒温水浴，测定时将圆球置于玻璃管上端，然后准确地测定圆球落下时经过上下两个标记线的时间，反复测定数次，利用下式计算得到牛顿流体的黏度。

$$\eta = t \times (\rho_s - \rho_1) \times K \tag{4-14}$$

式中，t 为圆球落下时经过两个标记线所需时间；ρ_s、ρ_1分别为测定温度条件下圆球和待测液体的密度；K 为仪器常数，可用已知黏度的液体求得。

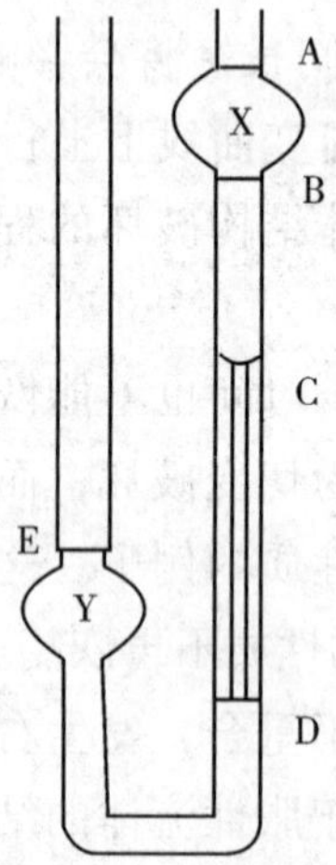

图 4－14 毛细管黏度计

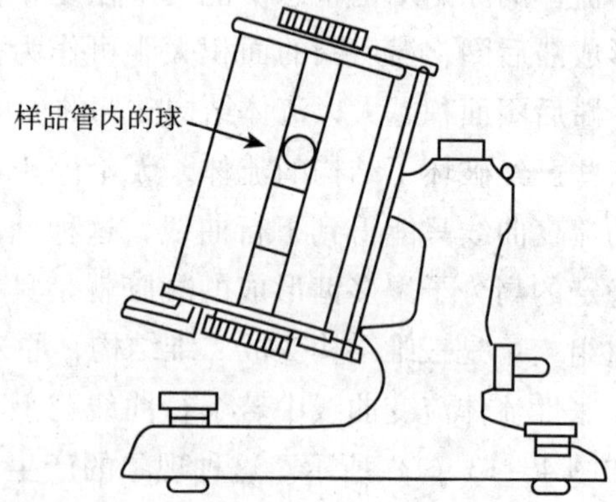

图 4－15 Hoeppler 落球黏度计

（二）非牛顿流体流动性质的测定

对于非牛顿流体，一般不采取测定某一切变速度下的黏度，因为非牛顿流体的黏度不是常数，而是随切变速度的变化而变化。如图 4－16 代表四种不同流动性质的流体的流变曲线。四条曲线均交于 A 点，具有相同的切变速度。因此若以这一切变速度进行测量，则四种完全不同流动性质的流体可得相同的黏度，而在 A 点以外的各点可得不同的黏度。因此，非牛顿流体的流动性质应采用可改变切变速度的黏度计测定，并结合考察其有关物理特性加以衡量。测定非牛顿流体流动性质的黏度计有旋转式黏度计，这类黏度计借助于在流体中旋转物体的黏性阻力来测定黏度。仪器的主要优点是切变速度可调范围广，并可自动调节至程序控制切变速度，因此可直接得到流变曲线。

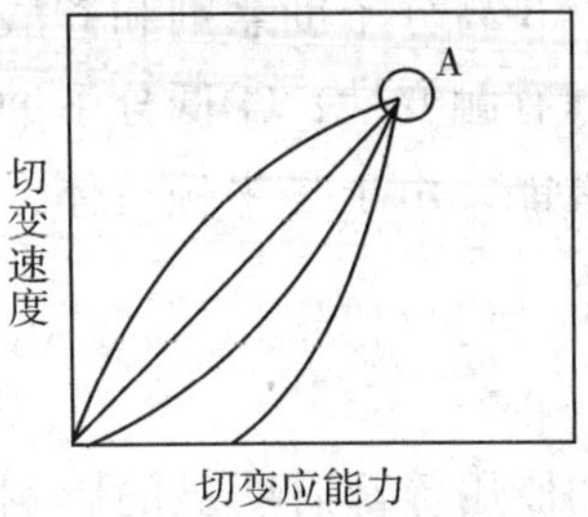

图 4－16　四种不同性质流体的流动曲线

1. Searle 型圆筒黏度计　由静止固定的外筒和内部旋转的内筒或旋转子组成，为双重圆筒型黏度计的一种类型。其原理是通过待测液在内筒和外筒间的间隙内产生切变［如图 4－17（a）所示］，此时内筒旋转产生的转矩与待测液的黏度成正比，内筒旋转过程中负载于待测液上黏性引力而产生转矩，通过驱动轴和内筒或内部旋转子连接的弹簧及监测器测定待测液的黏度。

2. 圆锥平板黏度计　由固定的平板和变速电机驱动的圆锥组成。测定原理是待测液在固定的平板和旋转圆锥的间隙中进行切变［如图 4－17（b）所示］，切变速度可由仪器的速度选择器控制，在圆锥上产生旋转力矩（切力），可从所附的指示器上读出，然后以每分钟的转速或切变速度对刻度读数（切变应力）作图，可得待测液的流变曲线。

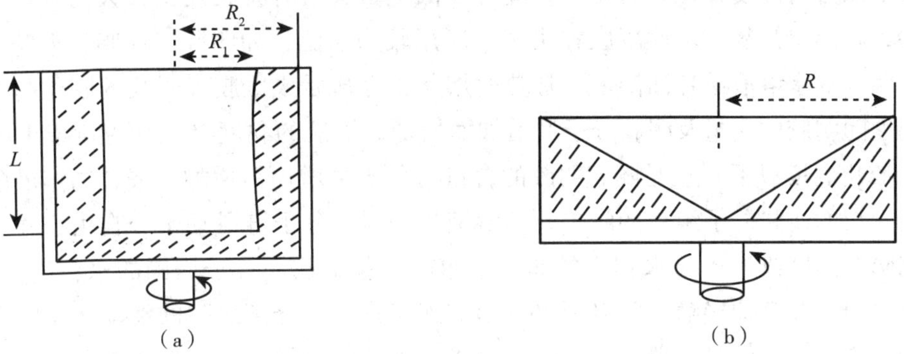

图 4－17　旋转黏度计工作原理示意图

（a）双重圆筒型；（b）圆锥平板型

四、流变学在药剂中的应用

流变学在药剂学特别是在混悬剂、乳剂、凝胶剂、软膏剂等剂型设计、处方组成以及制备、质量控制等方面具有广泛的应用。

（一）混悬剂

理想的混悬剂在贮存中微粒应该沉降很缓慢，使用时，通过振摇后混悬剂很容易从容器中均匀倒出，对于外用混悬剂又能很容易铺展。要做到这一点，就需要混悬剂在静置时具有很高的黏度，而当使用振摇时，具有较低的黏度。因此，在混悬剂处方设计组成时，助悬剂的选择尤为重要。①高分子助悬剂，如西黄蓍胶、海藻酸钠、羧甲基纤维素钠等水溶液具有假塑性流体性质，由其配成的混悬剂静置时具有较高黏度，稍微振摇，即具有很好流动性；②硅酸盐类，如硅皂土、硅酸镁盐、硅酸铝等配制的混悬剂具有触变性，触变流体是呈高黏度的半固体状态，而振摇时呈低黏度的流动状态，非常有利于混悬剂贮存稳定及使用时容易倒出，剂量准确；③高分子助悬剂和硅酸盐类助悬剂配伍使用，制得的混悬剂既具有假塑性流体性质，又具有触变性；④低分子助悬剂如甘油溶液为牛顿流体，当使用较大浓度时具有较好的助悬性能，由于是牛顿流体，黏度不随外力变化，使用时即便使劲振摇也不容易倒出。

（二）乳剂

乳剂的黏度对其生产、贮存和使用等都有明显的影响。一般黏度太小，产品放置一段时间后易分层；黏度太大，则产品不易流动，给加工带来困难，并影响产品的包装和使用。除了很稀的药用乳剂（相体积分数低于5%）以外，几乎所有的乳剂均表现非牛顿流体的性质。流体乳剂通常是假塑性，接近半固体乳剂的性质呈塑性并有明显的屈服值。改变分散相的浓度、分散介质性质、乳化剂的性质和用量、分散相粒子大小与粒度分布以及乳剂中有无粒子聚集等因素均可引起乳剂黏度的明显变化。如减小粒径能增加黏度；在平均粒径相同的情况下较宽的粒度分布比较窄粒度分布的黏度低。另外，温度对乳剂的黏度影响较大。如W/O型乳剂经冷藏（4℃）或冷冻（-20℃）处理后，黏度较常温均有不同程度的增加，且增幅很大。因此，为了降低经低温贮存的乳剂黏度，增加注射乳剂的通针性，在注射前宜加温到20℃以上后再使用。

（三）凝胶剂

凝胶剂以具有高度弹性力为特征，应力在低于屈服值时凝胶经受较大的弹性变形，当应力撤除，则形状恢复。水性凝胶在医药中应用较为广泛，如明胶、琼脂、果胶、甲基纤维素等。明胶的水溶液或甘油溶液，加热时熔化，冷却后成凝胶，明胶的胶化是一可逆过程。其温度随明胶的含量及明胶分子量增加而增加。溶液的黏度（胶化温度以上）及凝胶的刚度（胶化温度以下）也是随着明胶的含量与分子量增加而增加。聚合物溶液的高黏度主要是由于长的线状分子缠绕的结果，当溶液流动时，分子链滑动十分自由，并且缠绕解开。但当降低温度或加入与水相容的非水溶媒时，包围在大分子周围的水合层变得稀薄，聚合物链之间相互直接接触，并以两价链形成连接物，对分子之间的滑动产生阻力，当这些链的相互连接足够多时，则在整个溶液形成三维的网状结构，即形成凝胶。聚合物凝胶牢固且富有弹性，当切变应力大于屈服值时，凝胶破碎而不是流动。只有接近胶化温度或固体含量低的凝胶，才能液化成溶胶，在切变应力作用下流动。

（四）软膏剂

流变性是软膏剂最基本的性质。作为优良的软膏剂应具有适宜的黏稠度，易涂布于皮肤或黏膜，不融化，黏稠度随季节变化很小等特性。软膏剂的流变学性质主要取决于软膏基质的处方组成。如在软膏基质中增加液体石蜡的用量可降低软膏的黏稠度，而在处方中增加石蜡、十八醇、硬脂酸等用量则可增加软膏剂黏稠度。另外，药物的加入对软膏的黏稠度也会产生很大的影响。因此，软膏剂处方在充分考虑各影响因素前提下经研究才能确定。软膏剂具有触变性，在外加作用力时黏度降低，静止时黏度升高，不利于流动。这些性质可以使软膏剂长时间内紧贴、黏附或铺展在用药部位，既可以起局部治疗作用，也可以起全身治疗作用。

（五）流变学性质对药物吸收的影响

药物在介质中的扩散与介质的黏度有很大的关系，黏度增大往往降低药物的扩散速度，从而影响药物的吸收。通常溶解药物的介质呈牛顿流体性质，但在胃黏液中存在高分子量的黏蛋白，其浓度在2%以内时呈牛顿流体性质，超过这一浓度即显示非牛顿流体性质。在制剂中应用亲水性胶则有助于形成非牛顿流体，如灰黄霉素这类药物分散在不同浓度的甲基纤维素溶液中，具有假塑性流体性质，明显延缓药物的吸收。黏度大小还能影响药物的传递。例如，经皮吸收或经注射部位的吸收，均可因溶媒的黏度增加而减少。如果注射剂具有高黏弹性，则可形成贮库而明显延长药物的吸收。

（陈建明）

扫码“练一练”

第五章 注射剂与滴眼剂

学习目标

1. 掌握 注射剂的概念、种类、特点和质量要求；注射剂的处方组成；热原的来源、组成、性质和去除方法；制药用水的种类、原水的处理方法和蒸馏法制备注射用水的一般流程；溶液型注射剂的制备工艺；注射剂的质量检查；静脉输液的种类、特点和质量要求；等渗、等张的概念和调节；灭菌的定义及灭菌方法的分类；影响眼用制剂吸收的因素。

2. 熟悉 注射剂常用溶剂和附加剂的种类、性质及作用；混悬型、乳剂型和中药注射剂的制备；注射剂处方和工艺设计的一般考虑原则；输液的制备工艺流程；注射用无菌粉末的概念、特点、生产工艺；灭菌及无菌技术相关理论及操作；滴眼剂的处方设计及质量要求；新型注射剂的类型、特点及其应用。

3. 了解 输液生产过程中出现的问题及解决方法；注射剂生产过程中出现的问题及解决方法；不同洁净度级别对环境的要求及各级别洁净室的适用范围；空气过滤的机制及其影响因素；注射剂无菌工艺的验证相关知识；注射剂生产车间的设计原则。

扫码“学一学”

第一节 概 述

一、注射剂的概念

将药物直接注入体内以治疗疾病是许久以前医药工作者的愿望，但都由于感染等问题而不能应用。直至19世纪初，人们确定了微生物的致病作用，并发现了灭菌方法，于1852年又发明了注射器，此后注射给药在临床上逐渐开始应用。但是，注射剂的大量使用还是在20世纪50年代以后。随着药剂学、微生物学和材料学的发展，注射剂已日趋完善，现已成为临床上应用最为广泛的剂型之一，尤其患者需要急救时，更是其他剂型无法取代的。

注射剂俗称针剂。根据《中国药典》（2020年版）制剂通则的描述，注射剂（injection）系指原料药物或与适宜的辅料制成的供注入体内的无菌制剂，包括注射液、注射用无菌粉末和供临用前稀释的注射用浓溶液。

二、注射剂的给药途径

注射剂几乎可以注射到人体的任何器官或部位，包括关节腔、滑膜内、鞘内、动脉内，急救时也可以直接注入心脏。常见的给药途径有静脉、肌内、皮内、皮下注射等。

1. 静脉注射（intravenous injection，IV） 将药物注入静脉内，直接进入体循环，无吸收过程，故可准确迅速地达到最佳血药浓度水平。静脉注射分静脉推注和静脉滴注或输注。静脉推注用量较小，一般5～50ml；静脉滴注用量大，可达数千毫升。静脉注射剂多为水溶液，必须能与血液混合。非水溶液、混悬液或乳浊液易引起毛细血管栓塞，一般不宜静脉注射。但近年来成功制得了平均粒径 $<1\mu m$ 的乳剂、脂质体、纳米粒等非均相微粒分散体系，可用于静脉注射。凡能导致红细胞溶解或使蛋白质沉淀的药液，均不宜静脉注射。

2. 肌内注射（intramuscular injection IM）　肌内注射一次剂量一般在1～5ml，水溶液、油溶液、混悬液、乳浊液均可作肌内注射。但刺激性太大的药物不宜肌内注射，以免引起局部刺激。肌内注射给药后，药物要经过吸收进入血液过程，所以起效较慢，但通常较静脉注射给药作用时间持久。

3. 皮下注射（subcutaneous injection，SC）　注射于真皮和肌肉之间的软组织内，药物吸收速度较慢，注射剂量通常为1～2ml，皮下注射剂主要是水溶液，由于皮下感受器官较多，具有刺激性药物或黏稠的混悬液因可能导致硬化、蜕皮或脓肿应尽量避免皮下注射。

4. 皮内注射（intracutaneous injection，ID）　皮内注射系注于表皮和真皮之间，一次给药量在0.2ml以下，通常为0.1ml，常用于过敏性试验或疾病诊断，如青霉素皮试等。

5. 脊椎腔注射（intrathecal injection）　注射部位是脊椎四周蛛网膜下腔内。由于神经组织比较敏感，脊髓液循环较慢，易出现渗透压紊乱，能很快引起头痛和呕吐，所以脊椎腔注射产品质量应严格控制，其渗透压应与脊椎液相等，是pH与脊髓液相当的水溶液，不得含有微粒等异物，不得添加抑菌剂，注射量不超过10ml。

此外，尚有穴位注射、腹腔注射等。近年来一些抗肿瘤药物采用动脉内注入，直接进入靶组织，提高了药物疗效。

三、注射剂的特点

1. 注射剂的优点

（1）药效迅速、剂量准确、作用可靠　药物不经过消化系统和肝脏而直接进入人体组织或血管，不会受到消化液的破坏和食物的影响。特别是静脉注射，不需经过吸收阶段，适用于抢救危重患者。

（2）适用于不宜口服的药物　某些药物，如青霉素或生物技术药物可被消化液破坏，庆大霉素、链霉素口服不易吸收，只能制成注射剂，才能发挥应有的疗效。

（3）适用于不能口服给药的患者　某些患者，如昏迷、肠梗阻、严重呕吐、不能吞咽或昏迷的患者，可以注射给药和补充营养。

（4）可以产生局部作用　如盐酸普鲁卡因与泼尼松用于封闭疗法。

（5）可以产生定向作用　脂质体或静脉乳剂注射后，在肝、肺、脾等器官药物分布较多，有定向作用。近年更出现了主动靶向和物理靶向的注射剂，具有更明确的定向性。

2. 注射剂的缺点

（1）使用不便　注射剂一般不能自己使用，应根据医嘱由经过训练的医护人员注射，以保证安全。

（2）注射疼痛　注射剂注射时可引起疼痛，药液的刺激性也能引起疼痛。

（3）安全性不及口服制剂　注射剂直接进入血液和机体组织，无法中途终止给药，故使用不当更易发生危险。

（4）制造过程复杂，生产成本高　注射剂质量要求高，对生产设备和环境的要求高，所以生产费用较大，价格也较高，尤其近年出现的乳剂、脂质体和微球等微粒制剂的生产成本更是大得惊人。

四、注射剂的分类

《中国药典》（2020年版）将注射剂分为注射液、注射用无菌粉末与注射用浓溶液，而注射液又有溶液型、乳状液型和混悬型之分。

1. 注射液 系指原料药物与适宜辅料制成的供注射入体内的无菌溶液型、乳状液型和混悬型注射液。对于易溶于水且在水溶液中稳定的药物，则制成水溶液型注射剂，如氯化钠注射液等。有些在水中不稳定的约物，若溶于油，可制成油溶液型注射液，如二巯基丙醇注射液。根据分子质量的大小，又可将其分为低分子溶液型（如盐酸普鲁卡因注射液）和高分子溶液型（如右旋糖酐注射液）。对于水不溶性药物或油性液体药物，根据医疗需要可以制成乳剂型注射剂，如静脉注射脂肪乳剂等。水难溶性药物或注射后要求延长药效作用的药物，可制成水或油混悬液，如醋酸可的松注射液，这类注射剂一般仅供肌内注射。注射液按体积可分为小体积注射液或称小水针、小针，大体积注射液（除另有规定外，一般不小于100ml）或称大针，因其常用于供静脉滴注给药，也称静脉输液。

2. 注射用浓溶液 系指原料药物与适宜辅料制成的供临用前稀释后静脉滴注用的无菌浓溶液，如新山地明注射液。生物制品一般不宜制成注射用浓溶液。

3. 注射用无菌粉末 注射用无菌粉剂亦称粉针，系指原料药物或与适宜辅料制成的供临用前用无菌溶液配制成注射液的无菌粉末或无菌块状物。可用适宜的注射用溶剂配制后注射，也可用静脉输液配制后静脉滴注。无菌粉末用溶剂结晶法、喷雾干燥法或冷冻干燥法等制得。如遇水不稳定的药物青霉素钠、α－干扰素等的无菌粉末。

五、注射剂的质量要求

1. 无菌 注射剂成品中不应含有任何活的微生物，包括病原性微生物和非致病的微生物及其芽孢都不得含有。

2. 无热原或细菌内毒素 无热原是注射剂的重要质量指标，特别是供静脉注射及脊椎腔注射的药物制剂，均需进行热原或细菌内毒素检查，合格后方能使用。

3. 可见异物和不溶性微粒 注射剂要在规定条件下检查，不得有肉眼可见的浑浊或异物。鉴于微粒引入人体所造成的危害，对静脉用注射剂的澄明度要求更严格，还需进行不溶性微粒的检查。

4. 安全性 注射剂不能引起对组织刺激或发生毒性反应，特别是非水溶剂及一些附加剂，必须经过必要的动物实验，确保使用安全。

5. 渗透压 注射剂的渗透压要与血浆的渗透压相等或接近，供静脉注射的大剂量注射剂还要求具有等张性。

6. pH 注射剂的pH值要求与血液相等或接近（血液pH7.4），一般pH控制在4～9，脊椎腔注射剂要求控制在5～8。

7. 稳定性 注射剂多为液体型制剂，所以稳定性问题比较突出，故要求注射剂具有必要的物理、化学和生物学稳定性，以确保产品在贮存期内安全有效。

8. 降压物质 有些注射液，如复方氨基酸注射液，其降压物质必须符合规定，以保证用药安全。

9. 其他 如澄清度、色泽、含量、装量及其差异等均应符合规定。

扫码"学一学"

第二节　注射剂的溶剂与附加剂

一、注射剂的溶剂

（一）注射用水

由于具有优越的安全性和经济性，水是最为常用的溶剂。水的极性很强，分子间通过氢键相互缔合。根据相似相溶的规律，多数极性药物均能在水中溶解。作为注射剂溶剂使用的水应具有很高的质量要求，除氯化物、硫酸盐、钙盐、硝酸盐、亚硝酸盐、总有机碳、易氧化物、不挥发物与重金属按纯化水检查应符合规定外，还规定 pH 应为 5.0 ~ 7.0，氨含量不超过 0.00002%，热原检查应符合规定（内毒素小于 0.25 EU/ml）。根据《中国药典》的规定，注射用水是纯化水经蒸馏所得的水，又称重蒸馏水，纯化水不能直接用于注射剂的配制。

（二）非水溶剂

1. 注射用油

（1）植物油　系通过压榨植物的种子或果实而得。常用的注射用油为大豆油，其他植物油，如麻油、茶油、花生油、玉米油、橄榄油、棉籽油、蓖麻油等经精制后也可供注射用。有些患者对某些植物油有变态反应，因此在产品标签上应标明名称。植物油应贮存于避光、密闭容器中，日光、空气会加快油脂氧化酸败，可加入没食子酸丙酯、维生素 E 等抗氧剂。

注射用油应无异臭，无酸败味。色泽不得深于黄色 5 号标准比色液，在 10℃时应保持澄明。酸值、碘值、皂化值是评价注射用油质量的重要指标。酸值表示油中游离脂肪酸的多少，酸值高表明油脂酸败严重，不仅影响药物稳定性，且有刺激作用。碘值表示油中不饱和键的多少，碘值高，则不饱和键多，油易氧化，不适合注射用。皂化值表示油中游离脂肪酸和结合成酯的脂肪酸的总量多少，过低表明油脂中脂肪酸分子质量较大或含不皂化物（如胆固醇等）杂质较多；过高则脂肪酸分子质量较小，亲水性较强，失去油脂的性质。《中国药典》关于注射用大豆油的具体规定为：碘值为 126 ~ 140；皂化值为 188 ~ 195；酸值不大于 0.1；且在 450nm 波长处的吸光度应不超过 0.045。

（2）中链脂肪酸甘油三酯（medium - chain tryglycerides，MCT）　即辛癸酸甘油酯，是椰子仁油/棕榈仁油经水解、分馏得到 C_{10}/C_8脂肪酸后，再与甘油酯化得到的半合成的饱和脂肪酸酯，主要的脂肪酸是辛酸（$C_8H_{16}O_2$）和癸酸（$C_{10}H_{20}O_2$），它们的含量不低于 95%。具有极好的氧化稳定性，熔点为 -15℃，黏度低，代谢速度几乎与葡萄糖和酒精一样迅速，不产生脂肪蓄积，也是胆固醇的优良溶解剂；中链油与药品的相溶性好，许多药物不溶于其他油脂，却能很好的溶于中链油中。

（3）油酸乙酯（ethyl oleate）　浅黄色油状液体，有微臭，不溶于水，能与乙醇和脂肪油混溶。其性质与花生油类似，但其黏度更小，可被组织迅速吸收。采用本品制备的激素注射液，可增加药效，如用本品制成的苯丙酸睾丸素注射液，比用麻油为溶剂的作用更强，作用时间更长。

（4）苯甲酸苄酯（benzyl benzoate）　无色油状液体，不溶于水和甘油，能与乙醇

(95%)、脂肪油相混溶。一些药物不溶于油而能溶于苯甲酸苄酯中，借此达到与油相混溶的目的。如二巯基丙醇油注射液，苯甲酸苄酯不仅作为助溶剂，而且能够增加二巯基丙醇的稳定性。

2. 其他非水溶剂

(1) 乙醇　本品与水、甘油等可任意混合，适用于在水中溶解度小或不稳定，而在稀醇中稳定的药物。采用乙醇为注射用溶剂时浓度可高达50%，如氢化可的松注射液。可供肌内或静脉注射，但浓度超过10%肌内注射就有疼痛感。

(2) 甘油 (glycerin)　本品的黏度和刺激性均较大，不宜单独使用。与水或醇可任意混合。利用它对许多药物具有较大溶解性的特点，常与乙醇、丙二醇、水等混合应用。如地巴唑注射液。常用浓度一般为1%~50%。

(3) 丙二醇 (propylene glycol)　供注射用的是1，2-丙二醇，能与水、乙醇、甘油相混溶，有一定的刺激性，溶解范围较广，可供肌内、静脉等给药。如地西泮注射液。常与水制成复合溶剂使用，常用浓度为10%~60%。

(4) 聚乙二醇 (polyethylene glycols，PEG)　供注射用的为平均分子质量300~400Da的聚乙二醇，为无色略有微臭液体，能与水、乙醇相混合，化学性质稳定。常用浓度为1%~50%。如塞替派注射液。

(5) 二甲基乙酰胺 (dimethylacetamide，DMA)　本品为澄明的中性液体，能与水、乙醇任意混合。连续使用时，应注意其慢性毒性。

二、注射剂的附加剂

为了确保注射剂的有效性、安全性与稳定性，注射剂中除主药外还需添加其他物质，这些物质统称为“附加剂”。其作用包括：①增加药物的溶解度；②提高药物的稳定性；③抑制微生物生长；④调节pH值和渗透压；⑤减轻疼痛或对组织的刺激性等。附加剂的基本要求是：在有效浓度时对机体安全、无害、无刺激性；与主药无配伍禁忌；不影响主药疗效；对产品含量测定不产生干扰。注射剂中所使用的附加剂名称和用量必须在成品标签中明示。注射用附加剂应符合药典或药政部门颁布的标准要求，并有相应的质量标准。

注射剂常用的附加剂主要有增溶剂、助溶剂、抗氧剂、金属络合剂、pH和渗透压调节剂、抑菌剂、止痛剂等，见表5-1。

表5-1　常用注射剂的附加剂

附加剂	浓度范围（%）	附加剂	浓度范围（%）
增溶剂、润湿剂或乳化剂		**抗氧剂**	
聚山梨酯80	0.05~4.0	亚硫酸氢钠	0.1~0.2
聚维酮	0.2~1.0	焦亚硫酸钠	0.1~0.2
卵磷脂	0.5~2.3	硫代硫酸钠	0.1
脱氧胆酸钠	0.21	硫脲	0.05~0.1
普洛沙姆188	0.2	二丁基羟基甲苯	0.005~0.02
聚乙二醇-40蓖麻油	7.0~11.5	丁基羟基茴香醚	0.005~0.02
聚氧乙烯蓖麻油	1~65	**抑菌剂**	
pH调节及缓冲剂		0.5%的苯酚	0.5~1.0
醋酸、醋酸钠	0.22、0.8	甲酚	0.3

续表

附加剂	浓度范围（%）	附加剂	浓度范围（%）
pH 调节及缓冲剂		**抑菌剂**	
枸橼酸、枸橼酸钠	0.5、4.0	三氯叔丁醇	0.25 ~ 0.5
乳酸	0.1	苯甲醇	1 ~ 2
酒石酸、酒石酸钠	0.65、1.2	羟苯丁酯、丙酯	0.015、0.01
磷酸氢二钠、磷酸二氢钠	1.7、0.71	**局麻剂**	
助悬剂		盐酸普鲁卡因	1.0
甲基纤维素	0.03 ~ 1.05	利多卡因	0.5 ~ 1.0
羧甲基纤维素钠	0.01 ~ 0.75	苯甲醇	1.0 ~ 2.0
明胶	2.0	三氯叔丁醇	0.3 ~ 0.5
螯合剂		**渗透压调节剂**	
EDTA - 2Na 或 EDTA - CaNa	0.01 ~ 0.05	氯化钠	0.5 ~ 0.9
抗氧剂		葡萄糖	4 ~ 5
亚硫酸钠	0.1 ~ 0.2	甘油	2.25

第三节　热　原

扫码“学一学”

一、热原的定义与组成

注射后能使恒温动物的体温异常升高的物质，称为热原（pyrogen）。热原主要是微生物的代谢产物，为磷脂、脂多糖及蛋白质组成的复合物，存在于细菌的细胞壁和细胞膜之间，也称内毒素（endotoxin），其中脂多糖是其主要成分，具有极强的热原活性，因此，有时热原、内毒素和脂多糖等名称混用。大多数细菌都能产生热原，但革兰阴性杆菌的致热能力最强，其次是革兰阳性杆菌类，霉菌、酵母菌，甚至病毒也能产生热原。脂多糖组成因菌种不同而不同，相对分子质量一般为 1×10^6 左右。含有热原的注射液注入体内后，大约半小时就能产生发冷、寒战、体温升高、恶心呕吐等不良反应，严重者出现昏迷、虚脱，甚至有生命危险。因此，注射剂的生产过程必须严格控制热原的污染。

二、热原的性质

（1）耐热性　热原在 100℃ 加热不降解，要在 250℃ 受热 30 ~ 45 分钟、200℃ 受热 60 分钟或 180℃ 受热 3 ~ 4 小时才可使热原彻底破坏，故在通常注射剂的热压灭菌法中热原不易被破坏。

（2）水溶性　由于磷脂结构上连接有多糖，所以热原能溶于水。

（3）滤过性　热原一般为 1 ~ 5nm，即使微孔滤膜也不能截留，但可被超滤膜截留。

（4）不挥发性　热原本身不挥发，故可用蒸馏法制备注射用水。

（5）吸附性　热原可被活性炭吸附，然后用常规滤器可将它去除。

（6）其他　热原能被强酸强碱破坏，也能被强氧化剂如高锰酸钾或过氧化氢等破坏，超声波及某些表面活性剂（如去氧胆酸钠）也能使之失活。

三、热原的主要污染途径

（1）溶剂　是热原污染的主要来源。蒸馏设备结构不合理，操作与接收容器不当，贮藏时间过长均易发生热原污染问题。故注射用水应新鲜使用，蒸馏器质量要好，环境应洁净。

（2）原辅料　容易滋长微生物的药物和辅料，如葡萄糖、乳糖可因贮存年久、包装损坏常致污染热原。用生物方法制造的药品（如右旋糖酐、水解蛋白或抗生素等）常因致热物质未除尽而引起发热反应。

（3）容器、用具、管道与设备等　如未按 GMP 要求认真清洗处理，常易导致热原污染。

（4）制备过程与生产环境　制备过程中室内卫生差，操作时间过长，产品灭菌不及时或不合格，均增加细菌污染的机会，从而可能产生热原。

（5）输液器具　有时输液本身不含热原，往往由于输液器具（输液瓶，乳胶管、针头与针筒等）污染而引起热原反应。临床上出现的热原反应大多是这一原因。目前临床上采取在配液中心配液的方法，可以有效减少此类热原反应。

四、热原的去除方法

（1）高温法　凡能经受高温加热处理的容器与用具，如针头、针筒或其他玻璃器皿，在洗净后于 250℃加热 30 分钟以上，可破坏热原。

（2）酸碱法　玻璃容器、用具用重铬酸钾硫酸清洗液或稀氢氧化钠液处理，可将热原破坏。热原亦能被强氧化剂破坏。

（3）吸附法　注射液常用优质针剂用活性炭处理，用量为 0.05% ~0.5%（*W/V*）。此外，将 0.2% 活性炭与 0.2% 硅藻土合用，除热原效果较好。

（4）蒸馏法　利用热原的不挥发性，在多效蒸馏水器制备蒸馏水时，热原仍留在浓缩水中。为了防止热原随水蒸气中的雾滴带入蒸馏水内，在蒸发室的上部设有隔沫装置以分离雾滴和上升蒸气，或采用旋风分离法进行水气分离，确保去除热原。

（5）离子交换法　一些不能用活性炭吸附的药液可考虑用#301 弱碱性阴离子交换树脂与#122 弱酸性阳离子交换树脂，如用于除去丙种胎盘球蛋白注射液中的热原。

（6）凝胶过滤法　用二乙氨基乙基葡聚糖凝胶（分子筛）可制备无热原去离子水。

（7）反渗透法　用反渗透法通过三醋酸纤维膜除去热原，这是近几年发展起来的有使用价值的新方法。国内反渗透技术还不是很成熟，除热原的效果还不可靠。

（8）超滤法　热原的相对分子质量一般为 1×10^6 左右，所以采用截留相对分子质量为 5 万的超滤膜即可除去热原。采用超滤法除热原尤其适用于中药注射剂，即可除去热原，又不存在吸附问题。

（9）其他方法　采用两次以上湿热灭菌法，或适当提高灭菌温度和时间，处理含有热原的葡萄糖或甘露醇注射液亦能得到热原合格的产品。微波也可破坏热原。

注射用水的生产厂家可使用任何合适的方法来将产品中的热原除去。由于热原为有机物质，一种易将其除去的更普通的方法是使之氧化成易被去除的气体或不挥发的固体从而从水中分离。高锰酸钾通常作为氧化剂，并可通过加入少量的氢氧化钡来增强其效果。氢氧化钡的作用是增加溶液的碱性，与溶液中存在的酸性化合物生成不挥发的钡盐。将这两种试剂加入已被蒸馏数次的水中，将严格的无菌条件下收集的化学物质的馏分再重复蒸馏。此法在适当的操作下可得到高纯化的无菌无热原的水。但是，在每种情况下都必须进行药典规定的热原检查以保证无致热物质。

扫码"学一学"

第四节　注射用水的制备

一、制药用水

《中国药典》收载的制药用水包括饮用水、纯化水、注射用水和灭菌注射用水。制药用水的原水通常为饮用水，为天然水经净化处理所得的水，其质量应符合我国《生活饮用水卫生标准》。饮用水可作为药材净制时的漂洗、制药用具的粗洗用水。除另有规定外，也可作为饮片的提取溶剂。纯化水为饮用水经蒸馏法、离子交换法、反渗透法或其他适宜方法制得的制药用水，不含任何附加剂。纯化水可作为配制普通药物制剂用的溶剂或试验用水，非灭菌制剂用器具的精洗用水，也可作为非灭菌制剂所用饮片的提取溶剂，但不得用于注射剂的配制与稀释。注射用水为纯化水经蒸馏所得的无热原水。注射用水可作为注射剂的溶剂或稀释剂及注射用容器的精洗用水，也可作为配制滴眼剂的溶剂。灭菌注射用水为注射用水按注射剂生产工艺制备所得，主要用于注射用灭菌粉末的溶剂或注射剂的稀释剂。

二、注射用水的制备

（一）原水的处理

1. 吸附过滤法　利用硅藻土、活性炭等物质的吸附性能，采用吸附过滤法可除去原水中的悬浮物质、有机物、细菌及铁、锰等杂质。通常采用石英砂滤器、活性炭滤器及细滤过器组合而成的滤过器滤过。石英砂滤器可滤除较大的固体杂质，活性炭滤器可吸附有机物，细滤过器由聚丙烯多孔管上缠绕聚丙烯滤线组成，可除去5μm以上的细小微粒。

2. 离子交换法　离子交换法是制备纯化水的常用方法，利用阳、阴离子交换树脂分别同水中存在的各种阳离子与阴离子进行交换，从而达到纯化水的目的。最常用的阳离子交换树脂为#732 型苯乙烯强酸性阳离子交换树脂，其极性基团是磺酸基，可用简化式 $RSO_3^-H^+$ 和 $RSO_3^-Na^+$ 表示，前者为氢型，后者为钠型，钠型的树脂比较稳定，因而树脂保存时均为钠型，临用前需转化为氢型，它可吸附水中阳离子，并将氢离子交换至水中，和水中的阴离子组成相应的无机酸。最常用的阴离子交换树脂为#717 苯乙烯强碱性阴离子交换树脂，其极性基团为季铵基，可用简化式 $RN^+(CH_3)_3Cl^-$ 或 $RN^+(CH_3)_3OH^-$ 表示，前者为氯型，后者叫OH 型，氯型较稳定，便于保存，临用前需转化为OH 型。当通过阳离子交换树脂的水（已含有无机酸）再经OH 型阴离子交换树脂时，水中的阴离子被树脂交换除去，树脂上的 OH^- 被置换到水中并与水中的 H^+ 结合成水，这样可使原水得到纯化。OH 型苯乙烯强碱性阴离子交换树脂对热原还有较强的吸附作用，可除去部分热原和细菌。

离子交换法的优点是：设备简单，可节省能源与冷却水，成本低，经处理后的水化学纯度高，一般比电阻可在100 万 Ω · cm 以上。缺点是：除热原效果不可靠，而且离子交换树脂需经常再生，耗费酸碱，还需定期更换破碎树脂。

生产中一般采用联合床的组合形式，即阳离子树脂 →阴离子树脂 →阴、阳混合树脂。经阳离子床后水的 pH 值大大降低，这时的阴离子如 CO_3^{2-}、HCO_3^- 主要以 H_2CO_3的形式存在，因此为减轻阴离子床的负担，大生产时常在阳离子床后加脱气塔，除去二氧化碳。使用一段时间后，树脂中的 H^+ 和 OH^- 被大量交换，离子交换能力下降，制得水的比电阻低于100 万 Ω · cm，这时需再生树脂或更换。树脂再生时可用水力进行反冲，使树脂内部脏物排出，直至流出清洁的水。将水加满至树脂表面，再按阴阳离子树脂转型法操作，酸碱的用量为树脂体积的2~3倍。

3. **电渗析法** 电渗析法是20世纪50年代发展起来的一种水处理技术，效率较高，无需耗酸碱，非常经济，但对于不带电荷的物质去除能力极差，所得水的纯度较低，比电阻较低，一般在10万Ω·cm左右，故常用于离子交换法的前处理。

电渗析是依据在电场作用下离子定向迁移及交换膜的选择性透过而设计的。阳离子交换膜含有带负电荷的酸性活性基团（$R-SO_3^-$），能选择性地使溶液中的阳离子透过，而溶液中的阴离子则因受阳离子膜上所带负电荷基团的同性排斥作用而不能透过；同理，阴离子交换膜呈正电性使阴离子透过而阳离子不能透过。图5-1为电渗析原理示意图，在电场力的作用下，水中的阳离子向阴极移动，通过阳离子交换膜，但被阴离子交换膜阻挡，在该区浓集；阴离子向阳极移动，通过阴离子交换膜，而被阳离子交换膜阻挡而浓集；这样在阳、阴离子交换膜之间交替形成淡水区和浓水区，收集淡水区的水即可获得含有较低离子的纯化水。

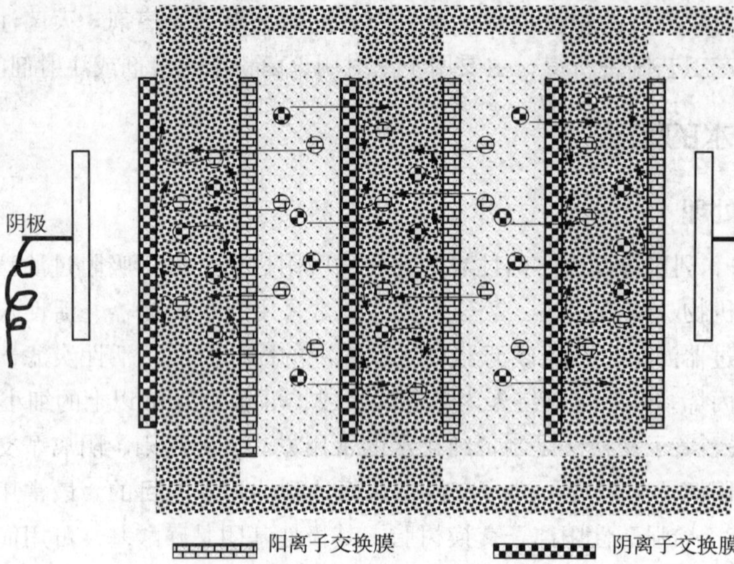

图5-1 电渗析原理图

4. **反渗透法** 渗透是由半透膜两侧不同溶液的渗透压差所致，低浓度一侧的水向高浓度一侧转移。若在盐溶液上施加一个大于该盐溶液渗透压的压力，则盐溶液中的水将向纯水一侧渗透，从而达到盐、水分离，这一过程称为反（逆）渗透（reverse osmosis），如图5-2所示。反渗透法使用的半透膜有醋酸纤维素膜和聚酰胺膜等，它们的半透性机制至今尚无一致公认的解释，目前常见的学说主要有选择性-毛细管流动学说、溶解扩散学说、空隙开闭学说等。现以醋酸纤维膜的盐水处理为例，说明选择性-毛细管流动学说。

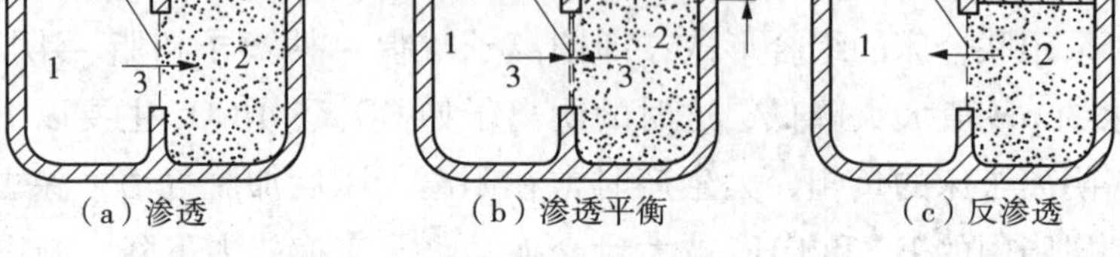

图5-2 渗透、渗透平衡及反渗透

根据 Gibbs 吸附公式，在恒温下水和膜界面的溶质吸附量为：

$$r = \frac{-C}{RT}\left[\frac{d\sigma}{dc}\right] \quad (5-1)$$

式（5－1）中，r 为溶质在界面上的吸附量；σ 为溶液的表面张力；c 为溶质的浓度。水溶液的表面张力随溶质浓度的不同而有显著的差异，假如溶质能提高水的表面张力，即 $d\sigma/dc>0$，则 $r<0$，此为负吸附，表明表面层溶质浓度比溶液内部的小。而氯化钠和其它盐类能增加水的表面张力，因此在氯化钠溶液与空气接触的界面上能形成一纯水层。若多孔膜的化学结构适宜，使之与盐水溶液相接触时，膜表面可选择性地吸附水分子而排斥溶质分子，在膜的界面形成一纯水层（1～2 个分子的厚度）。通过加压使这一纯水层不断通过膜上毛细孔渗出，即可得到纯化水。图 5－3、图 5－4 分别为反渗透膜的构造示意图和生产型反渗透机组的外观图。

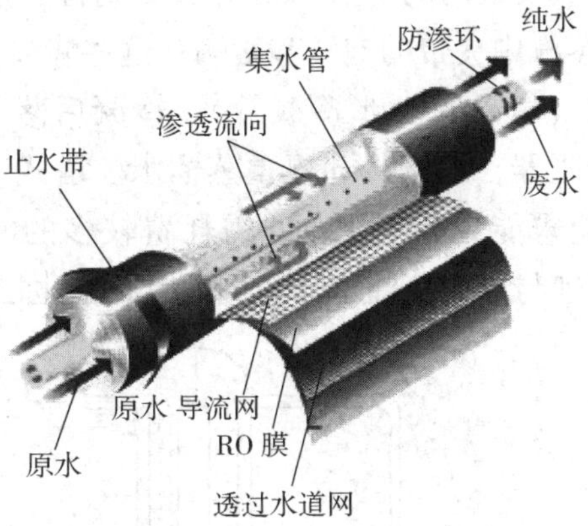

图 5－3　反渗透膜构造示意图

图 5－4　生产型反渗透机组

一般情况下，一级反渗透装置能除去一价离子 90%～95%，二价离子 98%～99%，同时能除去微生物和病毒，但除去氯离子的能力达不到药典要求。二级反渗透装置能较彻底地除去氯离子。有机物的排除率与其分子质量有关，相对分子质量大于 300 的化合物几乎可全部除尽，故可除去热原。反渗透法除去有机物微粒、胶体物质和微生物的原理，一般认为是机械的过筛作用。反渗透法制水具有耗能低、水质高、使用及保养方便等优点。《美国药典》从第 19 版开始就收载了此法为制备注射用水的法定方法之一，但国内目前主要用于原水的纯化。

（二）蒸馏法制备注射用水

蒸馏法制备注射用水是在纯化水的基础上进行，它可除去水中所有不挥发性微粒、可溶性盐和高分子材料，是制备注射用水最经典、最可靠的方法。

1. 蒸馏水器 蒸馏法所用的设备——蒸馏水器式样多，常见的有塔式和亭式蒸馏水器、多效蒸馏水器及气压式蒸馏水器，后两者现在应用较为广泛。

（1）塔式蒸馏水器 塔式蒸馏水器主要由蒸发锅、隔沫装置和冷凝器三部分组成，基本结构如图 5－5 所示。制备蒸馏水时，首先在蒸发锅内放入大半锅蒸馏水或去离子水，打开进气阀，由锅炉来的蒸汽经蒸气选择器除去夹带的水珠，再经加热蛇管进行热交换，在使锅中水加热的同时本身变成回气水喷入废气排出器中，此时不冷凝气及废气（CO_2、NH_3等）则从废气排出器内的小孔排出。而冷凝水则流入蒸发锅内，以补充蒸发锅中的水量，过量的水则由溢流管排出。蒸发锅内的单蒸馏水由于受蛇管加热蒸发并通过隔沫装置（由挡板和中性玻璃管组成），蒸汽中夹带的泡沫和雾滴被这些障碍物挡住，流回蒸发锅内，蒸气则继续上升到第一冷凝器（塔顶的 U 形冷凝管），冷凝后落于挡水罩上，并汇集到挡水罩周围的凹槽而流入第二冷凝器，继续冷却得重蒸馏水。塔式蒸馏水器生产能力大，可达 50～100L/h，但缺点是热能未能充分利用，并需耗费较多的冷却水，现大生产已基本不用。亭式蒸馏水器的工作原理与塔式蒸馏水器相同而且目前也已很少使用。

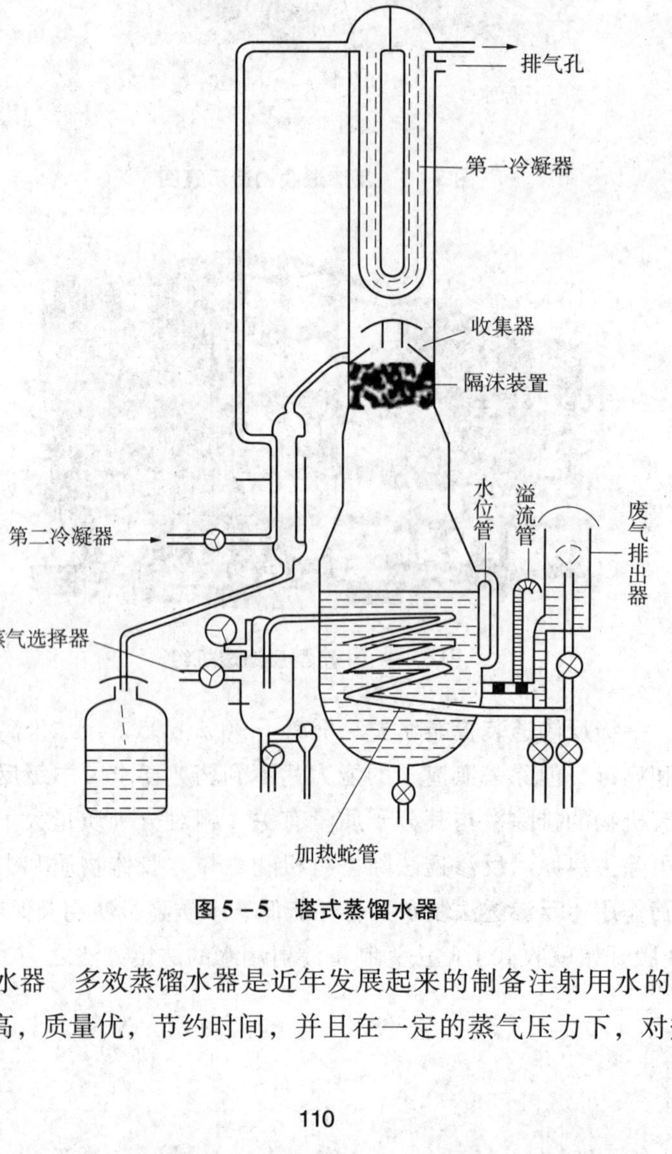

图 5－5 塔式蒸馏水器

（2）多效蒸馏水器 多效蒸馏水器是近年发展起来的制备注射用水的主要设备，其特点是耗能低，产量高，质量优，节约时间，并且在一定的蒸气压力下，对热原有较强的去除作用，因此逐步取代传统的塔式蒸馏器而获得广泛应用。多效蒸馏水器的工作原理与多效蒸发器是一样的，利用前一效蒸发出的二次蒸汽作为后一效的加热蒸汽，前一效的浓缩水作为后一效原水再次被加热蒸发，所以蒸汽的利用率高。多效蒸馏水器可分为列管式、盘管式和板式三种型式。盘管式多效蒸馏水机系采用盘管式多效蒸发来制取蒸馏水的设备，又称塔式多效蒸馏水器，结构见图5-6。此种蒸馏水机出水温度在80℃以上，有利于蒸馏水的保存。该蒸发器是属于蛇管降膜蒸发器，蒸发传热面是蛇管结构，蛇管上面设有进料水分布器，将进料水均匀地分布到蛇管的外表面，蛇管内通入加热蒸汽，将进料水部分蒸发，剩余的水流至器底排出。二次蒸汽经除沫器分出雾滴后，将外来进料水预热，出蒸发器，由导管送入下一效，作为该效的热源；未蒸发的水由底部节流孔流入下一效的分布器，继续蒸发。进料水经泵升压后，进冷凝冷却器。然后顺次经第五效至第一效预热器，最后进入第一效的分布器，喷淋到蛇管外表面，部分进料水被蒸发，蒸汽作为第二效热源，未被蒸发的进料水流入第二效分布器。以此原理顺次流经第三效，直至第五效，第四效底部排出少量的浓缩水，大部分被泵抽吸循环使用。由锅炉来的蒸汽进入第一效蛇管内，冷凝水排出。第一效产生的二次蒸汽进入第二效蛇管作为热源。第二效的二次蒸汽作为第三效热源，直至第五效。由第二效至第五效的冷凝水汇集到冷凝冷却器，在此与第五效二次蒸汽的冷凝水汇流到蒸馏水贮罐。

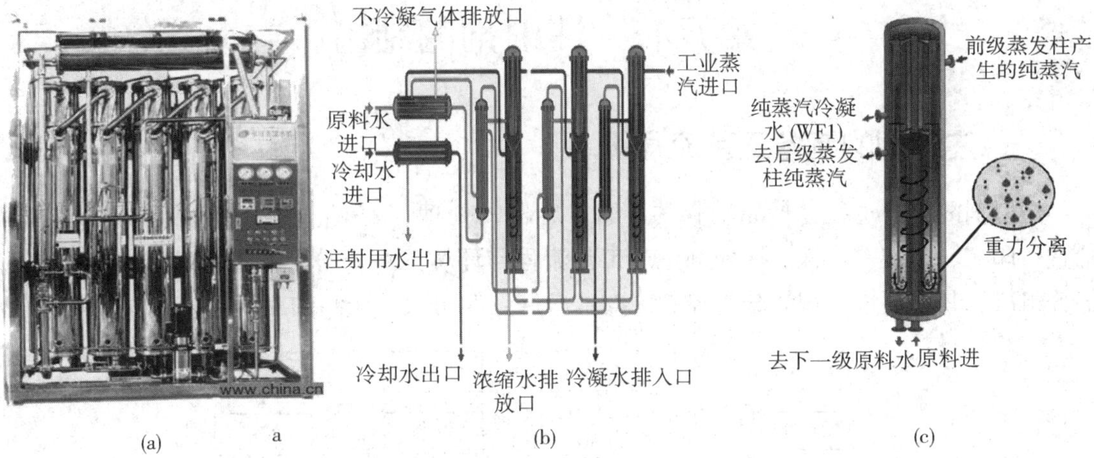

图5-6 多效蒸馏水器及示意图

（a）多效蒸馏水器机组；（b）三效多效蒸馏水器示意图；（c）单效多效蒸馏水器示意图

（3）气压式蒸馏水器　又称热压式蒸馏水器，是20世纪60年代在国外发展起来的产品，主要由自动进水器、热交换器、加热室、蒸发室、冷凝器及蒸汽压缩机等组成。其通过蒸汽压缩机使热能得到充分利用，也具有多效蒸馏水器的特点，无需冷却水，但电能消耗较大，故适用于供应蒸汽压力较低，工业用水比较短缺的厂家使用。

为保证注射用水的质量，现在药厂一般采用综合法制备注射用水，不同厂家的流程组合略有差异，主要根据原水质量、设备环境和工艺要求进行。图5-7是一种常见的综合法制备注射用水的流程。

2. 注射用水的收集和贮存　接收蒸馏水时，初流液应弃去一部分，检查合格后，方能收集。收集时，防止灰尘及其他异物落入，最好采用带有无菌过滤装置的密闭收集系统。注射用水的贮存方式和静态贮存期限应经过验证确保水质符合质量要求，如可在80℃以上保温，70℃以上保温循环，或4℃以下保存。

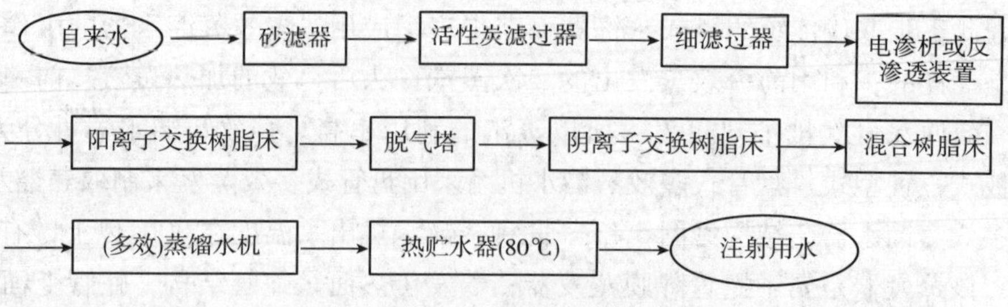

图 5-7 综合法制备注射用水流程图

3. 注射用水的检查

（1）注射用水应为无色的澄明液体，无臭，无味。

（2）pH 应为 5.0 ~ 7.0。

（3）氨、氯化物、磷酸盐与钙盐、硝酸盐与亚硝酸盐、总有机碳、易氧化物、不挥发物与重金属，应符合《中国药典》规定。

（4）细菌内毒素 每 1ml 中含内毒素量应小于 0.25EU。

（5）微生物限度 取本品不少于 100ml，采用薄膜过滤法处理后，细菌、霉菌和酵母菌总数每 100ml 不得超过 10cfu。

扫码“学一学”

第五节 注射剂的制备

一、注射剂的制备工艺流程图

注射剂的生产过程包括原辅料的准备、容器的处理、配液、过滤、灌封、灭菌、质量检查、印字、包装等步骤。注射剂生产工艺流程与环境区域划分见图 5-8。总流程图由四部分组成，其中环境区域划分为控制区与洁净区，对可灭菌产品洁净区可划分为控制区。

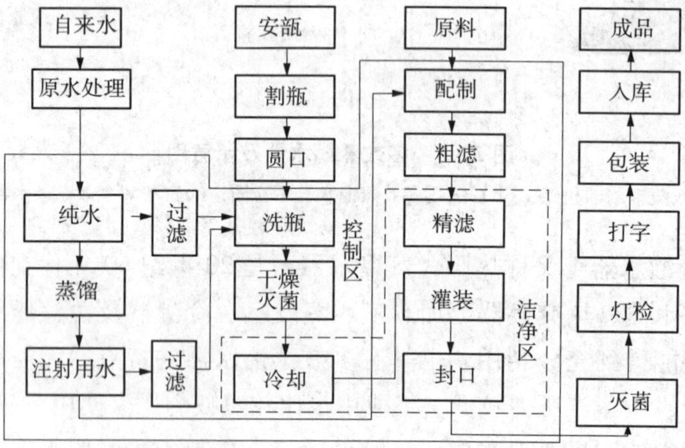

图 5-8 注射剂生产工艺流程与环境区域划分

二、注射剂原辅料的准备

注射剂的原辅料必须使用“注射用规格”，符合《中国药典》所规定的各项杂质检查与含量限度。必要时需经精制处理，可另行制定内控标准。不同批号的原料药，生产前必须做小样试制，并经严格检验合格后方能使用。活性炭要使用针用规格的炭。

配制前，应正确计算原料的用量，称量时应两人核对。若在制备过程中（如活性碳吸附）药物含量易下降，应酌情增加投料量。含结晶水药物应注意其换算。投料量可按下式计算：

原料（附加剂）用量 = 实际配液量 × 成品含量%

实际配液量 = 实际灌注量 + 实际灌注时损耗量

三、注射剂容器的处理

（一）注射剂容器种类和式样

注射剂的容器用来灌装各种性质不同的注射剂，在制造过程中需经高温灭菌，并且要在各种不同的环境下长期贮藏。因此，要求注射剂的容器应有很高的密闭性和机械强度，化学性质稳定，使得容器表面与药液在长期接触过程中不会发生脱落、降解、物质迁移等现象，也不能使药液发生变化。目前使用的注射剂容器主要是由硬质中性玻璃制成的安瓿或其他式样的容器（如西林瓶、输液瓶等）。由于塑料工业的发展，注射剂的包装也有采用塑料容器（如软塑料袋、硬塑料袋等）。为了减少污染，可使用塑料的一次性的注射器包装（disposable syringe，注射液直接装入注射器中）。

国标 GB2637 – 1995 规定水针剂使用的安瓿一律为曲颈易折安瓿，即在安瓿上有一环或刻痕，用时不用锉刀就很易折断，损坏率低，使用方便，其容积有 1ml、2ml、5ml、10ml、20ml 几种规格。安瓿的色泽多采用无色安瓿，对光敏感的药物可采用琥珀色安瓿，可滤除紫外线。但要注意琥珀色安瓿玻璃中的氧化铁对产品中有些成分的催化作用。

粉末安瓿用于分装注射用药物粉末，故瓶颈口粗或带喇叭口，便于药物的分装，在颈与身的连接处有沟槽，以便临用时锯开灌入溶剂后使用。此种安瓿使用不便，近年来开发了一种可同时盛装粉末与溶剂的注射容器，特别适用于一些在溶液中不稳定的药物。容器分两隔室，上面隔室盛溶剂，下面隔室装无菌药物粉末，中间用特制的隔膜分开。使用时，将顶上的塞子压下，使隔膜打开，溶液流入下隔室，经震荡将药物溶解后使用。

（二）安瓿的质量要求与检查

制备安瓿的玻璃应符合以下要求：①应无色透明，以便于检查澄明度、杂质以及变质情况；②应具有低的膨胀系数、优良的耐热性，以耐受洗涤和灭菌过程中所产生的热冲击，使之在生产过程中不易冷爆破裂；③要有足够的物理强度以耐受热压灭菌时产生的较高的压力差，并避免在生产、装运和保存过程中造成破损；④应具有高度的化学稳定性，不与注射液发生物质交换；⑤熔点较低，易于熔封；⑥不得有气泡、麻点及砂粒等。目前制造安瓿的玻璃主要有中性玻璃、含钡玻璃与含锆玻璃。中性玻璃是低硼硅酸盐玻璃，化学性质较好，适合于近中性或弱酸性注射液，如各种输液、葡萄糖注射液、注射用水等。在中性玻璃中加入适量氧化钡，不仅能降低熔融温度，而且可以显著提高耐碱性能，可做碱性较强注射剂的容器，如磺胺嘧啶钠注射液（pH 10 ~ 10.5）。含锆玻璃系含少量氧化锆的中性玻璃，具有更高的化学稳定性，耐酸、耐碱性能均好，不易受药液侵蚀，可用于盛装乳酸钠、碘化纳、磺胺嘧啶钠、酒石酸锑钾等注射液。除玻璃组成外，安瓿的制作、贮藏、退火等技术，也在一定程度上影响安瓿的质量。

为保证注射剂的质量，安瓿要经过一系列物理、化学等检查，合格方能使用。物理检查的内容主要包括安瓿外观、尺寸、应力、清洁度、热稳定性等，具体要求及检查方法可参照国家标准中有关安瓿的规定。化学检查主要是玻璃容器的耐酸性、耐碱性和中性检查，可按有关规定的方法进行。有时还需作装药试验，特别当安瓿材料变更或盛装新研制的注射剂时，必须证明药液与容器之间无相互作用或对注射剂的质量无影响方能应用。

（三）安瓿的洗涤

以前使用直颈安瓿的颈丝很长，使用时需切割成所需长度后方能使用，故直颈安瓿检验合格后还需经切割和圆口操作，但现在都使用易折安瓿，不需割圆工序而直接洗涤。质量较好的安瓿可直接进行洗涤，但一般的安瓿可先热处理后再进行洗涤。即将安瓿用去离子水灌满，质量较差的安瓿可用0.1%的盐酸或0.5%醋酸水溶液，100℃蒸煮30分钟，使瓶内的灰尘和附着的砂粒等杂质脱落洗除，同时也是一种化学处理，使微量的游离碱和金属离子等溶解于水中，而使玻璃表面形成硅酸胶保护膜，延缓药液对玻璃的浸蚀，使安瓿的化学稳定性提高。

目前国内常见的安瓿洗涤方法有甩水洗涤法、加压喷射气水洗涤法和超声波洗涤法等。

1. 甩水洗涤法 将安瓿经灌水机灌满滤净的水，再用甩水机将水甩出，如此反复三次，以达到清洗的目的。此法洗涤的清洁度一般可达到要求，但耗水量多，占地面积大，洗涤质量不如加压喷射气水洗涤法好，一般适用于5ml以下的安瓿，目前已很少使用。

2. 加压喷射气水洗涤法 加压喷射气水洗涤法是目前生产上常用的洗瓶方法，特别适用于大安瓿的洗涤。它是利用已滤过的蒸馏水与压缩空气交替地由针头喷入安瓿内进行清洗。压缩空气的压力一般294.2~392.3kPa（3~4kg/cm^2），冲洗顺序为气－水－气－水－气，一般4~8次。此种方法洗涤水和空气的滤过是关键问题，特别是压缩空气中常夹带油雾及尘埃，不易除去，过滤不完全反而污染安瓿，以致出现“油瓶”。近年来国内已有无润滑油空气压缩机，此种压缩机出来的空气含油雾较少，滤过系统可以简化。最后一次洗涤用水，应使用通过微孔滤膜精滤的注射用水。

3. 超声波洗涤法 利用超声技术清洗安瓿是近二三十年来发展起来的一项新技术，具有清洗洁净度高、速度快等特点，特别是对盲孔和各种形状的物体，洗净效果独特。将安瓿浸没在超声波清洗槽中，利用水与玻璃接触面的空化作用而洗除表面的污渍，不仅保证安瓿内部无尘、无菌，也可使外壁洁净，而达到洁净指标。目前国内已有引进和仿制的超声波洗瓶机用于生产，也有采用加压喷射气水洗涤与超声波洗涤相结合的洗涤机组上市。

近年来还出现了一些免洗涤的安瓿产品，这些安瓿在严格控制污染的车间生产，采用严密的包装，使用时只用洁净空气吹洗即可，这为注射剂高速自动化生产创造了有利条件。还有一种密封安瓿，使用时在净化空气下用火焰开口，直接灌封，这样可以免去洗瓶、干燥、灭菌等工作。

（四）安瓿的干燥与灭菌

安瓿洗涤后，一般要在烘箱内用120~140℃温度干燥。盛装无菌操作或低温灭菌液的安瓿则须用180℃干热灭菌1.5小时。采用碳化硅电热板辐射源表面涂上适宜远红外涂料，如氧化钛、氧化锆等氧化物的远红外线隧道式自动干燥灭菌机，温度可达250~350℃。为了防止污染，可在电热红外线隧道式自动干燥灭菌机中附带局部层流装置，安瓿在连续的层流洁净空气的保护下，经过350℃的高温，很快就完成了干热灭菌（一般350℃经5分钟就能达到安瓿灭菌的目的），而且安瓿极为洁净。灭菌好的空安瓿存放柜应有净化空气保护，安瓿存放时间不应超过24小时。

四、溶液型注射剂的制备

（一）配制

1. 配制用具的选择与处理　配制注射液的用具和容器均不应影响药液的稳定性。常用装有搅拌器的夹层锅配制，以便加热或冷却。配制药液的容器应使用化学稳定的材料，如玻璃、不锈钢、耐酸碱搪瓷、陶瓷、无毒聚氯乙烯及聚乙烯塑料等。配制浓的盐溶液不宜选用不锈钢容器；需加热的药液不宜选用塑料容器。配制用具使用前，要用洗涤剂或硫酸清洁液处理干净。临用前用新鲜注射用水荡洗或灭菌后备用。每次配液后应立即刷洗干净，玻璃容器可加入少量硫酸清洁液或75%乙醇放置，以免长菌，用时再依法洗净。

2. 配液方法　分为稀配法和浓配法两种方法。稀配法是将原料药加入所需的溶剂中一次配成所需的浓度，再行过滤，操作简便，质量优良的原料药可采用该法。浓配法是将全部原料药加入部分溶剂中配成浓溶液，加热过滤，必要时也可冷藏后再过滤，然后稀释至所需浓度，适用于质量较差的原料，溶解度小的杂质可以在浓配时滤过除去。

配制所用注射用水的贮存时间不得超过12小时。配制油性注射剂一般先将注射用油在150～160℃、1～2小时灭菌，冷却至适宜温度（一般可在主药熔点以下20～30℃）时加药配制，待溶液温度降至60℃以下时趁热滤过。

3. 注意事项　配制注射液时应在洁净的环境中进行，所用器具、原料和附加剂应尽可能无菌，以减少污染；配制剧毒药品注射液时要特别细心，严格称量与校核，有些仪器宜分开使用，并谨防交叉污染；对不稳定的药物更应注意调配顺序（先加稳定剂或通惰性气体等），有时要控制温度与避光操作；对于不易滤清的药液可加0.1%～0.3%的活性炭或通过铺有炭层的布氏漏斗，也可加入纸浆或纸浆混炭滤过，效果较好。但使用活性炭时要注意其对药物如生物碱盐等的吸附作用，特别对小剂量药物的吸附，要通过加炭前后药物含量的变化，确定能否使用，活性炭在酸性溶液中吸附作用较强，在碱性溶液中有时出现“胶溶”或脱吸附作用，反而使溶液中的杂质增加，故活性炭最好用酸处理并活化后使用。也可采用超滤法除去细菌、热原及不溶物。

（二）滤过

配制好的注射液在灌装前需要滤过，以除去各种不溶性微粒，确保成品的澄明度。

1. 滤过机制　根据固体粒子被截留的方式不同，过滤过程可分为介质滤过和滤饼滤过。介质滤过系指药液中的固体粒子被滤过介质截留而达到固－液分离的操作，包括表面筛析和深层截留两种作用。表面筛析（截留）是指药液中固体粒子的粒径大于滤过介质的孔径，粒子被截留在滤过介质表面的作用。这种滤过利用了粒子筛分原理，被截留的粒度与介质的孔径紧密相关且分离度高。常用的滤过介质有微孔滤膜、超滤膜和反渗透膜等，因此这种滤过也称膜滤过或表面滤过。深层截留是指粒径小于滤过介质孔径的固体粒子进入到介质深部被其内弯弯曲曲的不规则孔道截留而分离的作用。深层截留必须保证介质层的足够深度，从而使小于介质孔径的粒子通过介质层的概率足够小。砂滤棒、垂熔玻璃漏斗、多孔陶瓷、石棉滤过板等则属于此种过滤机制。

一般来说，药液中固体粒子含量少于0.1%时属于介质过滤。这种情况多数以收集澄清的滤液为主要目的进行滤过，如注射剂的过滤、除菌过滤等。若药液中固体粒子的含量大于1%时，在滤过过程中固体粒子沉积在过滤介质表面形成滤饼层，逐渐增厚的滤饼层起拦截颗粒的作用，这种滤过称滤饼滤过。如药物的重结晶、药材浸出液的滤过常属于滤饼滤过。

2. 滤过的影响因素　表面滤过和深层截留的速度与阻力主要由滤过介质所控制，滤饼滤过的速度和阻力主要受滤饼的影响。一般来说，滤饼滤过具有较大的阻力，液体由滤渣层的间隙滤过。假定该间隙为均匀的毛细管束，那么液体的流动遵循 Poiseuille 公式：

$$V = \frac{P\pi r^4 t}{8\eta l} \tag{5-2}$$

式（5-2）中，V 为液体的滤过体积，P 为滤过时的操作压力（或滤床面上下压差），r 为毛细管半径，l 为滤层厚度，η 为滤液黏度，t 为过滤时间。V/t 即为滤过速度，由此可知影响滤过速度的因素有：①操作压力，操作压力越大则滤速越快，因此常采用加压或减压滤过法，但压力过大或滤过时间过长时，小微粒有可能漏下；②滤液的黏度，黏度越大，则滤过速度越慢，由于液体的黏度随温度的升高而降低，为此趁热滤过可提高滤过速度；③滤材中毛细管半径，毛细管越细，阻力越大，不易滤过。为了提高滤过效率，可使用助滤剂。助滤剂是一种特殊形式的滤过介质，具有多孔性、不可压缩性，在其表面可形成微细的表面沉淀物，阻止沉淀物接触和堵塞滤过介质，从而起到助滤的作用，常用的助滤剂有纸浆、硅藻土、滑石粉、活性炭等；④滤层厚度，滤速与滤层厚度成反比，故沉积滤饼的量越多，则阻力越大，滤速越慢；常采用预滤过，以减少滤渣厚度。上述影响因素同样适用于表面筛析及深层截留。

3. 滤器与滤过装置　凡能使悬浮液中的液体通过、又将其中固体颗粒截留，达到固液分离目的的多孔物质都可作滤过介质。它是各种滤器的关键组成部分，因此滤过介质的选用直接影响滤器的生产能力及滤过效果。滤器按其截留能力可归类为粗滤（预滤）及精滤（末端过滤）。粗滤时常用的滤过介质有滤纸、棉、绸布、尼龙布、涤纶布、砂滤棒等。精滤时常用的滤过介质有：垂熔玻璃、微孔滤膜、超滤膜等。

（1）微孔滤膜滤过器　微孔滤膜是用高分子材料制成的薄膜滤过介质。在薄膜上分布有大量的穿透性微孔，孔径为 0.25～14μm，分成多种规格。常用的有圆盘形和圆筒形两种，圆筒形内有微孔滤膜滤过器若干个，过滤面积大，适用于注射剂的大生产。

微孔滤膜的特点是：①孔径小而均匀、截留能力强，不受流体流速、压力的影响；②质地轻而薄（0.1～0.155mm），而且孔隙率大，滤速快，与同样截留指标的其他滤过介质相比，滤速快 40 倍；③滤膜是一个连续的整体，滤过时无介质脱落；不影响药液的 pH；④滤膜吸附性小，不滞留药液；⑤滤膜用后弃去，药液之间不会产生交叉污染。由于微孔滤膜的滤过精度高，广泛应用于注射剂生产中。主要缺点是：易于堵塞，有些纤维素类滤膜稳定性不理想。

微孔滤膜的常用材料：①醋酸纤维素膜，适用于无菌过滤、检验分析测定，如过滤低分子质量的醇类、水溶液、酒类、油类等。②硝酸纤维素膜，适用于水溶液、空气、油类、酒类除去微粒和细菌。不耐酸碱，溶于有机溶剂，可以在 120℃、30 分钟热压灭菌。③醋酸纤维与硝酸纤维混合酯膜，性质与硝酸纤维素膜类同，但实验表明，可适用于 pH 3～10，10%～20% 的乙醇，50% 的甘油，30%～50% 的丙二醇，而 2% 聚山梨酯 80 对膜有显著影响。④聚酰胺（尼龙）膜，适用于过滤弱酸、稀酸、碱类和普通溶剂，如丙酮、二氯甲烷、乙酸乙酯的过滤。⑤聚四氟乙烯膜，用于滤过酸性、碱性、有机溶剂的液体。可耐 260℃高温。⑥聚偏氟乙烯膜（PVDF），过滤精度 0.22～5.0μm，具有耐氧化性和耐热的性能，适用 pH 值为 1～12。⑦其他，还有聚碳酸酯膜、聚砜膜、聚氯乙烯膜、聚乙烯醇醛、聚丙烯膜等多种滤膜。

为了保证微孔滤膜的质量，对制好的膜应进行必要的质量检查，通常主要测定孔径大小、孔径分布、流速等。孔径大小一般用气泡点压法测定（图5-9），每种滤膜都有特定的气泡点，它是滤膜孔隙度额定值的函数，是推动空气通过被液体饱和的膜滤器所需的压力。在未达到此压力之前，滤孔仍滞留液体，当压力不断增加达到克服滤膜上较大孔中液体的表面张力时，则液体就从孔中排出，使气泡出来，这个压力值就是气泡点。通过实验测定气泡点，可以算出薄膜孔径的大小。我国《药品生产质量管理规范》规定微孔滤膜使用前后均要进行气泡点试验。

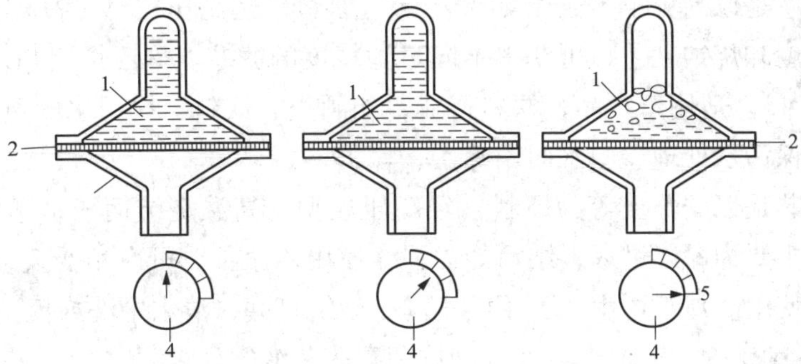

图5-9　气泡点压测定示意图

1. 水；2. 微孔滤膜；3. 滤器；4. 压力表；5. 气泡点压力

微孔滤膜滤过器的安装方式有两种，即圆盘形膜滤器（单层板式压滤器）和圆筒形膜滤器。圆盘形膜滤器由底盘、底盘圆圈、多孔筛板（支撑板）、微孔滤膜、板盖垫圈及板盖等部件所组成（图5-10、图5-11）。滤膜安放时，反面朝向被滤过液体，有利于防止膜的堵塞。安装前，滤膜应放在注射用水中浸渍润湿12小时（70℃）以上。安装时，滤膜上还可以加2~3层滤纸，以提高滤过效果。圆筒形膜滤器由一根或多根微孔滤过管组成，将滤过管密封在耐压滤过筒内制成。此种过滤器面积大，适于大量生产。

图5-10　微孔滤膜滤过装置外观图

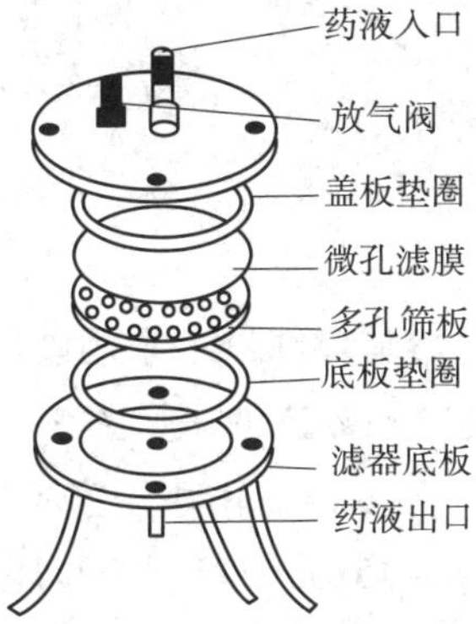

图5-11　微孔滤膜滤过器组成示意图

（2）微孔滤芯　微孔滤芯是用各种渗透性材质（化学纤维、多孔塑料、陶瓷、金属纤维等）做成的管状结构的过滤介质。滤芯一端密封、一端与滤液集液管相连，药液从滤芯外表面流向内腔滤除不溶性微粒。按结构和材质可分为缠绕式滤芯、折叠式滤芯、微孔塑料滤芯、微孔陶瓷滤芯、微孔金属滤芯等（图5-12）。微孔滤芯的纳污量大，当量过滤面积大，流量大，但清洗较为麻烦。

缠绕式滤芯是用聚丙烯纤维、玻璃纤维、金属纤维等按特定的规律缠绕在滤芯骨架上而成，呈外松内紧的交叉结构，从而形成许多曲折的蜂窝状的细微孔道。根据选用纤维线的粗细、缠绕的密度和张力的大小，可制成过滤精度为0.1～150μm的各种规格的滤芯。缠绕式滤芯最大的优点是价格低廉。

折叠式滤芯是由各种不同过滤精度的过滤介质折叠成均匀的波纹状，固定在滤芯骨架上而成。具有过滤面积大、过滤精度高等优点。常用的有聚丙烯（PP）折叠膜、尼龙（NL）折叠膜、聚醚砜（PES）折叠膜、聚偏二氟乙烯（PVDF）折叠膜和醋酸、硝酸混纤（CN～CA）折叠膜微孔滤芯等。

微孔塑料滤芯是以高分子聚合物如聚乙烯为原料，经高压成型、高温烧结而成。控制聚合物原料的粒度和烧结工艺，可获得不同过滤精度的滤芯。聚乙烯（PE）筒式微孔滤芯适用的pH为1～13。适用于食品、饮料行业，如酒类、饮料、饮用水的过滤；纯水、超纯水的预过滤；环保污水处理、中水回用等。

陶瓷微孔滤芯是以硅藻土等为原料，经高压成型、高温烧结而成，适合过滤强酸、强碱及有机溶剂。主要为深层过滤，纳污能力强，使用寿命长。可以耐受反复高温高压灭菌，或在高温下连续使用。易于再生，可用毛刷洗，砂纸打磨，清水中洗或反洗。适用的pH为1～13，常用于各种针剂、大输液以及各种抗菌素等药液的预过滤。

钛棒滤芯是由钛粉经成形、高温烧结而成的金属微孔滤芯，具有耐腐蚀、耐高温、强度大、阻力小、过滤精度可靠、易再生等特点。F2300G－30的钛滤棒的滤速较大，常用于注射液的脱碳过滤。而F2300G－60的微孔钛滤片适用于代替滤膜滤器中的不锈钢或塑料筛支撑微孔滤膜，具有不引起滤膜破裂、渗漏等优点。

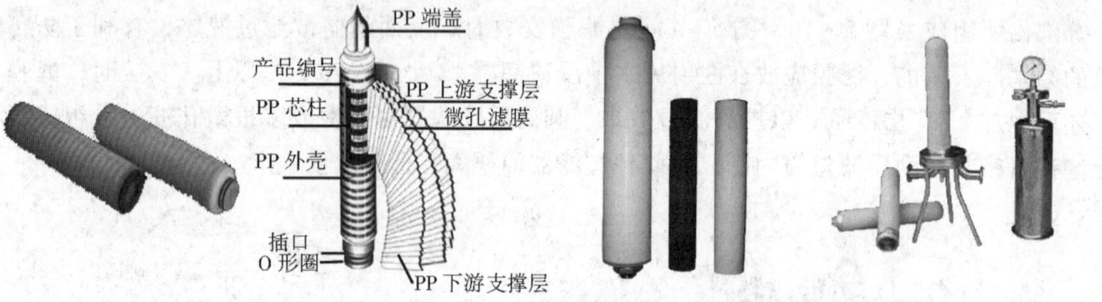

图5－12　各种微孔滤芯

（3）垂熔玻璃滤器　系用硬质玻璃细粉烧结而成。通常有垂熔玻璃漏斗、垂熔玻璃滤球和垂熔玻璃滤棒三种，见图5－13。垂熔玻璃滤器在注射剂生产中常作精滤或膜滤前的预滤。规格有1～6号，由于厂家不同，代号则不同。一般，3号（15～40μm）多用于常压滤过，4号（5～15μm）可用于减压或加压滤过，6号（2μm）用于无菌滤过。

垂熔玻璃滤过器的特点是：化学性质稳定，除强碱与氢氟酸外几乎不受化学药品的腐蚀；滤过时无介质脱落，对药物无吸附作用，对药液的pH无影响；易于清洗，可以热压灭菌。缺点是：价格较贵，脆而易破，操作压力不能超过98kPa。

（4）超滤器　超滤（ultrafiltration）是在一定压力下使滤料液体以切向流经由高分子复合物形成的非对称性的微孔结构和半透膜介质，依靠膜两侧的压力差作为推动力，以错流方式进行过滤，部分比膜孔小的分子透过滤膜，而比膜孔大的分子和微粒子如蛋白质、水溶性高聚物、细菌等被截留在剩余的液体中，从而达到分离、分级、纯化、浓缩目的的一种新型膜分离技术，也有错流过滤（cross filtration）之称。超滤过程为动态过滤，分离是在流动状态下完成的。溶质仅在膜表面有限沉积，超滤速率衰减到一定程度而趋于平衡，且通过清洗可以恢复。

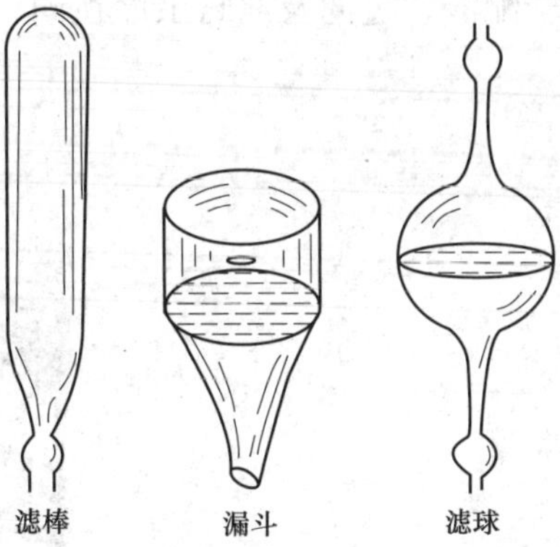

图 5-13　各种垂熔玻璃滤器图

超滤膜是有机高分子聚合物制成的多孔膜，常用材质有 PP、PE、PES 和 PVDF 等，其孔径常以截留的分子质量来表示，可为 3000 ~ 100 000Da 不等。如分子质量截留值为 10000Da 的超滤膜，能截留溶液中分子质量 10000Da 以上的高分子及大小相当的胶体微粒。超滤装置与反渗透装置相似，有板式、管式（内压列管式和外压管束式）、卷式、中空纤维式等形式（图 5-14）。超滤膜截留的水溶性生物大分子、有机胶体、多糖及微生物等物质极易黏附和沉积于膜表面上，造成严重的浓差极化甚至堵塞，这是超滤法使用时最主要的问题，通常可加大液体流量，加强湍流和加强搅拌，也可采取物理或化学的洗涤措施加以解决。

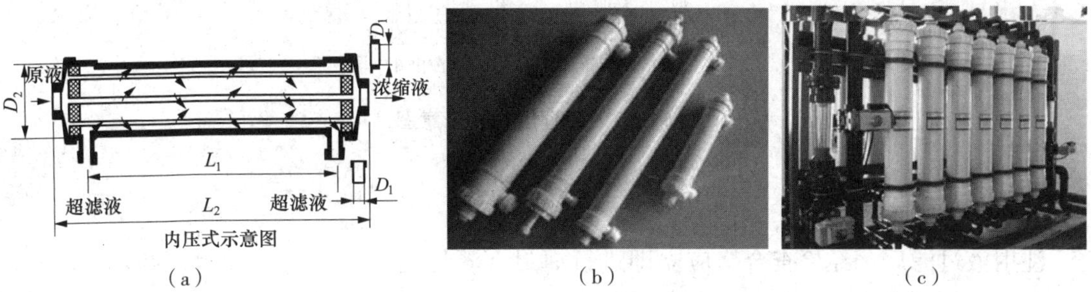

图 5-14　中空纤维超滤膜装置及其结构示意图

（a）中空纤维超滤膜内、外压示意图；（b）中空纤维超滤膜器件；（c）超滤装置组合图

（5）压滤器　可用加压或减压的方法将滤液压入滤器内，通过包有微孔滤膜的多孔性空心圆柱过滤，见图 5-15。固体留于外层，滤液自上端压出。下端进口处可接洗液，滤完后即将洗液压入进行冲洗。将多孔空心圆柱换成陶瓷质的砂滤棒也可使用。这种滤过器使用方便，操作简单。缺点是滤过表面积小，滤过效率不高。

其他：另外还有板框压滤器见图 5-16、图 5-17，核孔膜、多孔聚乙烯烧结管过滤器等。

4. 过滤方式　常见的过滤方式有高位静压过滤、减压过滤与加压过滤三种。高位静压过滤用于生产量不大、缺乏加压或减压设备的情况，特别在有楼房时，药液在楼上配制，通过管道过滤到楼下进行灌封。此法压力稳定，质量好，但滤速慢。减压过滤适用于各种滤器，设备要求简单，但压力不够稳定，操作不当，易使滤层松动，影响质量。加压过滤多用于药厂大量生产，压力稳定，过滤快、质量好、产量高。由于全部装置保持正压，如果过滤时中途停顿，对滤层影响也较小，同时外界空气不易漏入过滤装置。但此法需要离心泵和压滤器等耐压设备，适于配液、过滤及灌封工序在同一平面的情况。

图 5－15　压滤器

图 5－16　板框压滤器

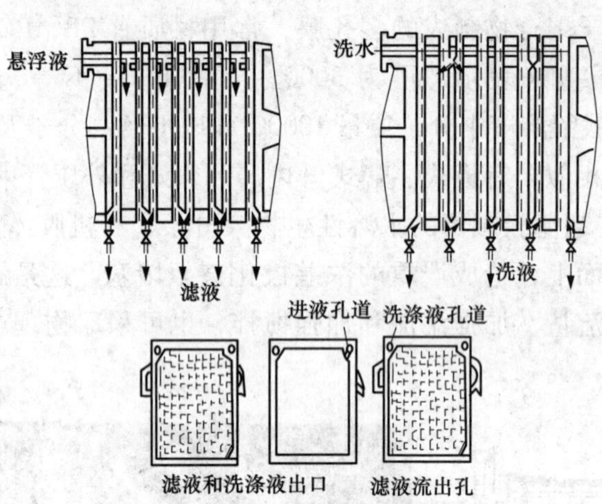

图 5－17　板框压滤器示意图

（三）灌封

注射液过滤后，经检查合格应立即进行灌封。灌封包括灌注药液和封口两步，应在同一室内进行，灌注后立即封口，以免污染。灌封是注射剂制备中洁净度要求最高的地方，应严格控制物料的进出和人员的流动，采用尽可能高的洁净度（A 级）。

药液灌封要求做到剂量准确，药液不沾瓶，不受污染。注入容器的量要比标示量稍多，以抵偿在给药时由于瓶壁黏附和注射器及针头的吸留而造成的损失，保证用药剂量。易流动液体可增加少些，黏稠性液体宜增加多些，具体可参考《中国药典》的有关内容。为使灌注容量准确，在每次灌注前，必须用精确的小量筒校正注射器的吸取量，然后试灌若干支安瓿，合乎规定后再行灌注。

安瓿封口要严密不漏气，颈端圆整光滑，无歪头、尖头、焦头、瘪头和小泡。由于拉封封口严密，不会像顶封那样易出现毛细孔，故目前规定用拉封。灌封分手工灌封和机械灌封两种。

1. 手工灌封　手工灌封常用于小试，手工灌注针头一般采用拉尖的玻璃管或不锈钢针头。由于玻璃管具有毛细管作用，针头易呈缩水现象，故药液不易黏瓶壁。但若操作不当，药液仍可黏瓶，在封口时会造成焦头而影响澄明度。采用软针头（塑料）灌注，可以减少玻屑脱落的几率。

封口的方式应采用拉封法。按火焰多少，可以分为单火焰法和双火焰法，双火焰法较常用，封口速度快，质量较高。火焰多采用煤气或汽化汽油，同时以压缩空气或氧气助燃。封口时火焰要调节好，防止发生鼓泡、封口不严等废品。

2. 机械灌封　大生产采用机械灌封，主要由自动灌封机完成。灌封机上的灌注药液由四个动作协调进行：①移动齿档送安瓿；②灌注针头下降；③灌注药液入安瓿；④灌注针头上升后安瓿离开同时灌注器吸入药液。四个动作顺序进行，而且必须协调。灌液部分还有自动止灌装置，以防止在机器运转过程中，遇到个别缺瓶或安瓿用完尚未关车的情况时，不使药液注出而污损机器和浪费。灌好液体并被充气的安瓿传送至封口位置，其颈部被煤气、压缩空气或氧气产生的高温火焰（高达1400℃）软化后被拉丝抽断而使安瓿闭合。封口火焰的温度对封口的质量有很大的影响，火焰过大，拉丝钳还未下来，安瓿丝头已被火焰加热熔化并下垂，无法完成拉丝；火焰过小，则拉丝钳下来时安瓿玻璃尚未软化，不是拉不动，就是将整支安瓿拔起，均影响生产操作。

灌封中可能出现的问题有计量不准确，封口不严（毛细孔），出现焦头、瘪头、鼓泡等废品。出现焦头的主要原因是安瓿瓶颈黏有药液，封口时炭化所致。充 CO_2 的产品容易发生瘪头或鼓泡，可考虑预热，在熔封上方加一保温挡板，并适当控制火焰，以减少废品的产生。

3. 通气问题　某些易氧化药物的注射液，安瓿内要通入惰性的气体以置换安瓿中的空气，常用的有氮气和二氧化碳。安瓿应先通气，再灌注药液，最后又通气。通气效果，可用测氧仪进行残余氧气的测定。二氧化碳在水中的溶解度比氮气大，比重又比氮气大，因而一般用二氧化碳的效果比氮气好。二氧化碳易使安瓿爆破，可以考虑预热，并在熔封上方加一保温挡板。但钙盐，磺胺类盐等对二氧化碳不稳定的药物不适用。通氮气前后对药液的 pH 值影响不大，通二氧化碳时对 pH 4.5 以下的药液影响不大，而当药液 pH 在 4.5 ~ 7.0 时，灭菌后可使 pH 下降 0.2 ~ 0.5，这一点应当特别注意。

4. 注射剂生产的联动化　注射剂的生产对环境要求很高，且要经历多道工序，若能将这些工序联接起来，组成联动机，不仅可提高注射剂的生产效率，而且对其质量的提高也大有好处。我国已制成洗、灌、封联动机，但灭菌包装还没有联动。有些联动机，在洗涤、干燥灭菌、灌封各部分装上局部层流装置，可以用于生产无菌产品，有利于提高产品质量。有些将整个过程安排在自动生产线上，先从防护箱中取出装药容器，并用空气吹洗，装有防护罩的传送机携带容器高速通过灭菌隧道，依次进行充填、封口，然后进入邻室包装。包装以前的整个过程均需安排在无菌室中，关键的部分用罩子保护起来，并采用局部层流覆盖洁净区，保证高度洁净的环境。

（四）灭菌与检漏

1. 灭菌　除采用无菌操作生产的注射剂之外，注射剂在灌封后必须尽快进行灭菌，以保证产品的无菌。一般地，注射剂从配制到灭菌不应超过 12 小时。灭菌的方法和时间应根据药物的性质来选择，必须既要保证药液的稳定，又要保证灭菌效果。必要时，可采用几种灭菌方法联合使用。对热不稳定的产品，在避菌条件较好的情况下生产的注射剂，一般 1 ~ 5ml 安瓿可用流通蒸气 100℃灭菌 30 分钟，10 ~ 20ml 安瓿采用 100℃灭菌 45 分钟。灭菌时间还可根据情况适当延长或缩短，但必须按灭菌效果 F_0 值大于 8 进行验证（为保证无菌，

实际操作 F_0 值达到 12 时灭菌较可靠）。但是对于流通蒸气 100℃ 30～60 分钟能否彻底灭菌，尚有争论。因此，凡能耐热的产品，宜采用 115℃ 30 分钟灭菌。为确保灭菌的可靠，可在灭菌锅内放置化学指示剂或生物指示剂。生产上多采用自动控制仪，可定时、自动记录灭菌过程中的全部情况。

2. 检漏 安瓿如果有毛细孔或微小的裂缝存在，则微生物或污物可以进入安瓿，影响注射剂质量及使用安全性。因此，灭菌后的注射剂需进行检漏。

检漏一般应用灭菌检漏两用灭菌器。灭菌完毕后稍开锅门，从进水管放进冷水淋洗安瓿，使温度降低，然后关紧锅门并抽气，抽气完毕开启色水阀，将颜料溶液吸入灭菌锅中至盖过安瓿后，关闭色水阀，开启放气阀（此时颜色溶液进入漏气安瓿中），再将色水抽回贮器中，开启锅门，用热水淋洗安瓿后，剔去带色的漏气安瓿。也可在灭菌后，趁热立即于灭菌锅内放入颜色水，安瓿遇冷内部压力收缩，颜色水即从漏气的毛细孔进入而被检出。此外还可将安瓿倒置或横放于灭菌器内，灭菌与检漏同时进行，这些方法均较简便，可根据情况选用。还可用仪器检查安瓿裂隙。

（五）质量检查

1. 澄明度（可见异物）检查 澄明度检查，不但可以保证用药安全，而且可以发现生产中的问题。例如，白点多为原料或安瓿产生；纤维多半因环境污染所致；玻屑往往是由于割口灌封不当所造成。

我国对澄明度检查的要求为，取供试品，分别在黑色和白色背景下检查，对无色注射液光照度应为 1000～1500lx，对于有色注射液光照度应为 2000～3000lx，对于混悬型注射液光照度应为 4000lx，用目检查，应符合国家药监局《澄明度检查细则和判断标准》的规定。国内生产的 BY－1 型澄明度检测仪可以用于澄明度检查，并可调节照度，使用方便。具体试验方法和结果判断标准参看《中国药典》（2020 年版）。

2. 热原检查 热原检查可采用家兔法和内毒素法。具体试验方法和结果判断标准参看《中国药典》（2020 年版）。

（1）家兔法 由于家兔对热原的反应与人体相同，所以可以用家兔来检查热原，是各国药典法定的方法。即将一定剂量的供试品静脉注入家兔体内，然后在规定时间内测定家兔体温升高情况以判断供试品所含热原是否符合规定。试验结果的准确性与家兔的选择、动物饲养条件及规范的操作等有关，具体方法及结果判断标准参阅《中国药典》。家兔法测定热原的优点是结果准确可靠，缺点是操作烦琐费时，实验条件要求严格。此外，该法不适用于放射性药品或肿瘤抑制剂等，因为这些药物本身会给家兔机体带来一定的不适，包括体温升高。

（2）内毒素法 也称鲎试验法（limulus lysate test），特点是灵敏度高，操作简单，实验费用少，可迅速获得结果，适用于生产过程中的热原控制及成品的热原检查，近年已被列入各国药典成为法定方法。其原理是利用鲎的变形细胞溶解物（amebocyte lysate）与内毒素之间的胶凝反应。具体操作方法和结果鉴定参阅《中国药典》。鲎试验法特别适用于某些不能用家兔进行热原检测的品种，但对革兰阴性菌以外的内毒素不够灵敏，故尚不能代替家兔热原试验法。

然而，一些注射剂不能用鲎试验法进行检查，因为其中的活性成分可干扰检查结果，如盐酸哌替啶、盐酸异丙嗪、甲苯异噁唑青霉素钠、磺胺异噁唑和盐酸万古霉素等。

由于鲎试验法检查对细菌内毒素的存在非常敏感，在某些情况下药物的活性成分会干扰检查，可将其稀释两倍以上后再检查。包括盐酸苯海拉明、盐酸麻黄碱、盐酸哌替啶、盐酸异丙嗪、盐酸硫胺等，都可用此法来进行检查。

3. 无菌检查　注射剂在灭菌操作完成后，除在灭菌过程中对有关参数进行控制外，还必须抽出一定数量的样品进行无菌试验，以检查制品的灭菌质量。通过无菌操作制备的成品更应注意无菌检查的结果。具体检查方法参见《中国药典》（2020 年版）。

4. 不溶性微粒　澄明度检查只能检查大于 50μm 的微粒和异物，但是不可见的微粒和异物注入人体也能造成严重的后果，所以《中国药典》规定对静脉用注射剂中的不溶微粒的大小和数量进行检查。其检查方法有光阻法和显微镜计数法，为了保证检查的准确性，所用的溶剂使用前须经不大于 1.0μm 的微孔滤膜滤过。

5. 其他检查　有些注射剂品种如生物制品要求检查降压物质，以猫为实验动物，可参照《中国药典》（2020 年版）规定的方法进行。此外药典还规定了注射剂的装量检查。注射剂的鉴别、含量测定、pH 值的测定、毒性试验、刺激性试验等按具体品种要求进行检查。

（六）印字与包装

注射剂生产的最后环节是在安瓿或小瓶上印字或贴签，内容包括注射剂的名称、规格、批号及有效期。印字后的安瓿即可装入纸盒，盒外贴标签，盒内应附详细说明书，供使用时参考。包装对保证注射剂的贮存期的稳定性具有重要意义，如避光及防破损。一般用内衬瓦楞纸盒分隔成行盛装。塑料包装是近年来发展起来的一种新型包装形式，安瓿塑料包装一般有热塑料包装和发泡包装，发泡包装机已试制成功，使包装质量进一步提高。目前不少生产单位已制成了印字、装盒、贴签及包装等联成一体的印包装联动机，大大提高了安瓿的印包效率。

（七）溶液型注射剂的举例

例 5-1　维生素 C（抗坏血酸）注射液

【处方】 维生素 C 104g　依地酸二钠 0.05g　碳酸氢钠 49g　亚硫酸氢钠 2g　注射用水加至 1000ml

【制法】 在配制容器中，加配制量 80% 的注射用水，通二氧化碳饱和，加维生素 C 溶解后，分次缓缓加入碳酸氢钠，搅拌使完全溶解，加入预先配制好的依地酸二钠溶液和亚硫酸氢钠，搅拌均匀，调节药液 pH 6.0～6.2，添加二氧化碳饱和的注射用水至足量，用垂熔玻璃漏斗与微孔滤膜滤过，并在二氧化碳或氮气流下灌封，最后用 100℃ 流通蒸汽灭菌 15 分钟。

【用途】 本品为维生素类药，参与机体新陈代谢，减轻毛细管脆性，增加机体抵抗能力。临床上用于预防及治疗坏血病等。

【注解】（1）维生素 C 分子中有烯二醇式结构，故显强酸性。注射时刺激性大，产生疼痛，故加入碳酸氢钠，使维生素 C 部分中和成钠盐，以避免疼痛。同时碳酸氢钠起调节 pH 的作用，可增强本品的稳定性。

（2）维生素 C 的水溶液与空气接触，自动氧化成脱氢抗坏血酸。脱氢抗坏血酸再经水解则生成 2，3-二古罗糖即失去治疗作用，此化合物再被氧化成草酸及 L-丁糖酸。成品分解后呈黄色，原因可能为维生素 C 自身氧化水解生成糠醛或原料生产中带入产品的杂质，糠醛在空气中继续氧化聚合而呈黄色。

（3）本品质量好坏，关键是抗坏血酸原料的质量，碳酸氢钠质量也很重要，故原辅料质量要严格控制。影响本品稳定性的因素还有空气中的氧、溶液的 pII 和金属离子（特别是铜离子）等。因此生产上采取充填惰性气体、调节药液 pH、加抗氧剂及金属络合剂等措施。但实验表明抗氧剂只能改善本品色泽，对稳定制剂的含量没有作用，亚硫酸盐和半胱氨酸对改善本品色泽作用较显著。

（4）本品的稳定性易受温度的影响。用 100℃ 流通蒸汽灭菌 30 分钟，含量减少 3%，而 100℃ 15 分钟只减少 2%，故以 100℃ 流通蒸汽灭菌 15 分钟为宜。但操作过程应尽量在避菌条件下进行，以防污染。

例 5-2 利福霉素钠注射液

【处方】 利福霉素钠（以 $C_{37}H_{47}NO_{12}$ 计）250g　维生素 C 32.5g　焦亚硫酸钠 20g　丙二醇 350ml　氢氧化钠适量　依地酸钙钠 0.05g　注射用水加至 5000ml

【制法】（1）取处方量利福霉素钠、丙二醇加入注射用水 3000ml 中，通二氧化碳饱和，加热搅拌使溶解，按溶液量的 0.1% 加入针用活性炭，80℃ 搅拌 30 分钟，过滤至溶液澄明，备用。

（2）取处方量维生素 C、焦亚硫酸钠加入注射用水 1000ml 中，搅拌使溶解，按溶液量的 0.1% 加入针用活性炭，80℃ 搅拌 30 分钟，过滤至溶液澄明，备用。

（3）混合上述两溶液，用 1% 氢氧化钠调 pH 6.0～7.5，补注射用水至全量后，过 0.2μm 微孔滤膜，测定含量后，溶液中通二氧化碳，并在二氧化碳或氮气流下灌封于 5ml 棕色安瓿中，115℃ 灭菌 30 分钟，质检，装箱。

【用途】 本品为抗生素类药。用于结核杆菌感染的疾病和重症耐甲氧西林的金黄色葡萄球菌、表皮葡萄球菌以及难治性军团菌感染的联合治疗。

【注解】（1）利福霉素是由 Rifamycins B 氧化、水解、还原得到的，为橙红色或暗红色结晶性粉末。易溶于甲醇、乙醇、丙醇、乙酸乙酯，微溶于水（pH <6）、石油醚，溶于乙醚、碳酸氢盐溶液。遇光、氧极易分解或氧化。利福霉素显弱酸性，可以与氢氧化钠成盐而溶于水。

（2）本品含有多个羟基，易氧化，除调节 pH 外，还加入维生素 C 和焦亚硫酸氢钠作为抗氧剂。抗氧剂加入的量也应严格控制，量少了达不到目的，量多了又会使利福霉素进一步还原。

（3）影响本品稳定性的因素还有空气中的氧、溶液的 pH 和金属离子等。因此生产上采取充填惰性气体、调节药液 pH、加抗氧剂、金属络合剂等措施。

（4）因 pH 高时本品容易氧化，而 pH 低时本品又无法溶解足够量，因此加入丙二醇，既可改善溶解性又可以起到延缓水解的目的。

（5）温度影响本品的稳定性。用 100℃ 流通蒸汽灭菌 30 分钟，有关物质基本不增加，而 115℃、30 分钟灭菌，有关物质明显增加，所以应严格控制灭菌时间和温度。操作过程应尽量在避菌条件下进行，以防污染。

例 5-3 氯霉素注射液

【处方】 氯霉素 131.25g　丙二醇 881.5g　亚硫酸氢钠 1.0g　注射用水加至 1000ml

【制法】 将丙二醇加热至 80℃，加入氯霉素搅拌溶解，加入亚硫酸氢钠（事先用注射用水溶解）搅拌，加注射用水至全量，搅拌均匀，调节 pH 6.0～7.8，过滤，灌封，用流通蒸汽 100℃、30 分钟灭菌。

【用途】 本品为广谱抗生素，对革兰阴性杆菌及革兰阳性杆菌、立克次体感染有效。用于治疗伤寒、副伤寒、细菌性痢疾、百日咳、肺炎及杆菌性脑膜炎。

【注解】（1）氯霉素微溶于水，处方中加入丙二醇作为混合溶剂增加溶解度。

（2）氯霉素在 pH 6.0 最稳定，在强碱性溶液中迅速破坏，主要为酰胺水解和脱氢，应控制 pH 在 6.0～7.8。

（3）氯霉素含有两个羟基，易氧化，除调节 pH 外，还加入亚硫酸氢钠作为抗氧剂。

五、混悬型注射剂的制备

混悬液是一种固体微粒分散于液体的分散体系，凡不溶于水也无合适溶剂可溶解的药物，采取增溶、助溶等方法仍不能制得治疗所需浓度的药物，在水中不稳定或需制成某种缓控释或靶向制剂注射给药的药物均可制成混悬型注射剂。

（一）混悬型注射剂的质量要求

混悬型注射剂除了满足注射剂的基本要求，如无菌、pH、安全性、稳定性等之外，还要满足其特殊要求：颗粒粒径大小要均匀，一般应小于 15μm，15～20μm 者不应超过 10%；要具有良好的通针性和再分散性，能顺利通过 18～21 号针头，不易堵塞与发泡；颗粒沉降不能太快，贮存过程中不结块，若有可见沉淀，振摇时应容易分散均匀；在振摇和抽取时，不会产生持久的泡沫。因此，混悬型注射剂制备时主要考虑原料微粉化成微粒和微粒分散在介质中的稳定性两个问题。

（二）混悬型注射剂的制备方法

（1）分散法　采用球磨机、流能磨、喷雾干燥、冷冻干燥等方法制得符合注射混悬液要求的无菌原料，然后将其分散于含各种附加剂的灭菌溶剂中，如普鲁卡因青霉素混悬液。

（2）结晶法　使药物溶液在一定条件下（温度、搅拌速度、溶剂加入速度）通过溶剂转换作用析出微细结晶，然后去除有机溶剂、灭菌、滤过，再将所得结晶加溶剂至所需要量。如睾酮混悬液，先将睾酮溶解在丙酮中，然后经灭菌滤过，此睾酮溶液以无菌操作加入到灭菌溶剂中，使睾酮结晶，混悬液用灭菌溶剂稀释，使结晶沉降，倾出上清液，如此重复若干次，直到丙酮全部除去，加灭菌注射用水至足量灌封。

（3）化学反应法　两种溶液型化合物反应生成不溶性药物，使药物悬浮于分散介质中。

（三）混悬型注射剂的制备注意事项

混悬型注射剂制备中，应选用合适的晶型。晶型不仅与稳定性有关，而且影响生物利用度。醋酸可的松有 5 种晶型，晶型Ⅰ、Ⅲ在干燥状态下都是稳定的，但在水中特别在温热的混悬液中，能迅速转变为含结晶水的晶型Ⅴ，如果静止不动，则可结成饼块。在混悬液生产过程中，常常出现晶型的转变，因此要设法加以防止，方法是选用适宜的助悬剂与表面活性剂。

在混悬型注射剂中常用的助悬剂有羧甲基纤维素钠、甲基纤维素、海藻酸钠等，用量一般为 0.5%～1%。还有用单硬脂酸铝作助悬剂，如油制普鲁卡因青霉素注射液。另外处方中常加入 0.1%～0.2% 聚山梨酯 80 作润湿剂。在大部分已上市的混悬剂的处方中采用的助悬剂都是羧甲基纤维素钠，而羧甲基纤维素钠在灭菌加热时容易产生结块现象。目前助悬剂倾向于应用 HPMC 和 PVP。应用 PVP 时要注意控制乙烯吡咯烷酮单体的含量。

（四）混悬型注射剂举例

例 5－4 醋酸可的松注射液

【处方】醋酸可的松微晶 25g 硫柳汞 0.01g 氯化钠 3g 聚山梨酯 80 1.5g 羧甲基纤维素钠（30～60cPa·s）5g 注射用水加至 1000ml

【制法】（1）硫柳汞加于 50% 量的注射用水中，加羧甲基纤维素钠，搅匀，过夜溶解后，用 200 目尼龙布滤过，密闭备用。

（2）氯化钠溶于适量注射用水中，经 4 号垂熔漏斗滤过。

（3）将（1）项溶液置水浴中加热，加（2）项溶液及聚山梨酯 80 搅匀，使水浴沸腾，加醋酸可的松，搅匀，继续加热 30 分钟。取出冷至室温，加注射用水调至总体积，用 200 目尼龙布过筛两次，于搅拌下分装于瓶内，扎口密封。100℃ 30 分钟振摇下灭菌。

【用途】本品为糖皮质激素，具有抗炎、免疫抑制、抗毒素和抗休克作用，适用于肾上腺皮质功能减退症及垂体功能减退症，也用于治疗过敏性和炎症性疾病，抢救危重中毒性感染。

【注解】（1）醋酸可的松为白色或类白色的结晶性粉末，不溶于水，微溶于醇及三氯甲烷，制成混悬型注射剂时，可按下列方法先制备微晶：将二甲基甲酰胺置反应缸中，加热至 60～65℃，加入醋酸可的松搅拌至全溶，用 G_4 垂熔玻璃漏斗抽滤（滤瓶外用 80～90℃ 热水浴保温），滤液一次性加入 5℃ 以下的注射用水中，保持混合液在 15℃ 以下继续搅拌 30 分钟，用双层绸布滤过，微晶用注射用水反复洗涤，将二甲基甲酰胺及水抽干，真空干燥。

（2）醋酸可的松有 5 种晶型，Ⅰ、Ⅲ型在干燥状态下很稳定，但在温热的混悬液中能迅速转变成含水的晶型Ⅴ。若静置不动，则可结成饼块，影响通针性，故本品常采用边振摇边灭菌的方法防止结块（旋转灭菌锅），加入表面活性剂也能阻碍晶粒的转型，故本处方中加入聚山梨酯 80 等用于防止主药微晶在灭菌或贮藏时的成长。

（3）处方中氯化钠为等渗调节剂，硫柳汞为抑菌剂，羧甲基纤维素钠为助悬剂，其用量由分子质量和黏度决定，控制溶液的黏度为 10～14 cPa·s。

例 5－5 普鲁卡因青霉素注射液

【处方】普鲁卡因青霉素 3 亿单位 无水枸橼酸钠 14.4g 羧甲基纤维素钠 4.8g 聚山梨酯 80 0.86g 三氯叔丁醇 5g 注射用水加至 1000ml

【制备】取无水枸橼酸钠、羧甲基纤维素钠、聚山梨酯 80、三氯叔丁醇加注射用水至 1000ml 过夜溶解后，滤过，115℃ 30 分钟灭菌，放冷后作为溶媒。在无菌室加入普鲁卡因青霉素制备混悬液，必要时用胶体磨研磨均匀后，灌封于 1ml 安瓿，即得。

【用途】本品为抗生素，应用于青霉素高度敏感病原体所致的轻度、中度感染。

【处方及工艺分析】

（1）青霉素钾（或钠）盐易溶于水，但极易水解成青霉噻唑酸或青霉酸，制成普鲁卡因青霉素后在水中的溶解度急剧下降（约 5000 单位/ml），故制成的水混悬液比溶解性青霉素的水溶液稳定。

（2）由于普鲁卡因青霉素受热易分解，故本产品最终不能采取加热方法灭菌，也不能通过过滤除菌。生产时可将不含药的溶液先行灭菌，再于无菌室内加药分散后直接灌封，要严格注意无菌操作，并在处方中加入三氯叔丁醇作为抑菌剂。

六、乳状液型注射剂的制备

油溶性药物除了可选用注射用油制备成油注射液外，还可以将其制备成 O/W 或 W/O/

W 型的乳状液型注射液供注射用。乳状液型注射液可增加油相的表面积，使其在体内的吸收加快；同时 O/W 型乳浊液可与体液互溶，使油性药物静脉注射成为可能；乳状液型注射液还可使药物具有一定器官靶向性。

（一）乳状液型注射剂的质量要求

乳状液型注射剂通常以静脉注射较多。乳状液型注射剂除应符合注射剂的一般规定外，其分散相乳滴的粒度 90% 应在 1μm 以下，不得有大于 5μm 的乳滴；应能耐受热压灭菌，在灭菌和贮存期间应能保持各成分稳定不变，粒子大小不得超限；应具备适宜的 pH 值；无溶血和降压作用等。

（二）乳状液型注射剂的制备方法

乳状液型注射剂的制备一般以湿胶法较多，即先将乳化剂制成胶浆，然后加入油，通过各种乳化设备制成乳剂、滤过、分装、灭菌即可。常用的乳化设备有胶体磨、高速组织捣碎机、高压乳匀机、超声波发生器等。小量制备一般可用组织捣碎机制得稳定的浓缩乳剂，然后稀释成乳剂；亦可先用高速组织捣碎机制备初乳，然后进行超声处理；或将油相、水相和乳化剂通过胶体磨反复匀化处理。

（三）乳状液型注射剂的稳定性

乳状液型注射剂的稳定性，包括物理稳定性和化学稳定性。物理稳定性包括分层、破裂、转相、絮凝等。此外，由于乳剂制备中多用磷脂为乳化剂，磷脂对光、热、氧均不稳定，影响乳剂化学稳定性。

提高乳剂稳定性的方法有改变乳化剂的种类浓度、油相的种类及比例，选择不同的助乳化剂以及制备方法等。

（四）乳状液型注射剂举例

例 5－6　前列地尔乳注射液

【处方】前列地尔 10mg　油酸 4.8g　大豆油 200g　HCl 或 NaOH 调 pH6.0　精制蛋黄卵磷脂 36g　甘油 50g　注射用水加至 2000ml

【制法】（1）称取处方量的甘油加适量注射用水，搅拌使溶解，配成甘油水溶液，按溶液量的 3% 加入针用活性炭，室温搅拌 15 分钟，过滤至溶液澄明，作为水相，备用。

（2）分别称取处方量的油酸和大豆油，按质量的 3% 加入针用活性炭，80℃搅拌 15 分钟，过滤至溶液澄明，备用。

（3）将处方量的前列地尔、油酸和大豆油混合，搅拌溶解，使成为均一溶液，作为油相。

（4）将（1）、（3）、处方量卵磷脂和适量注射用水混合用均质机快速剪切直至形成均匀的初乳。

（5）将所得的初乳补加注射用水至全量，调节 pH 至 6.0 左右，混合均匀后，在 90MPa 高压乳匀 3 次，制得粒径均一、平均粒径在 400nm 以下的乳剂。

（6）将制得液体分装，充氮气，灌封，100℃流通蒸汽灭菌 45 分钟，质检，贴签，装箱。

【用途】本品用于治疗慢性动脉闭塞症（血栓闭塞性脉管炎、闭塞性动脉硬化症）引起的四肢溃疡及微小血管循环障碍引起的四肢静息疼痛，改善心脑血管微循环障碍。

【注解】（1）前列地尔为二十碳不饱和脂肪酸，在 13 碳和 14 碳之间有一不饱和键，极易氧化，水溶液极不稳定，又因疏水性较强，将其制成 O/W 型乳剂不仅可解决其溶解性，还可提高其稳定性，使前列地尔不易失活。另外，本品具有易于分布到受损血管部位的靶向特性，从而发挥本品的扩张血管、抑制血小板凝集的作用。

（2）本品在制备时，首先制得的是 W/O 的初乳，然后进一步制成 O/W 的乳剂，通过转型，可以使制得的乳剂的粒子比较小。

七、中药注射剂的制备

中药注射剂系指以中医药理论为指导，采用现代科学技术和方法，从中药、天然药物的单方或复方中提取的有效物质制成的可供注入体内的溶液、乳状液及供临用前配制溶液的粉末或浓溶液的无菌制剂。

中药注射剂的制备工艺过程，除对中药材进行预处理和有效成分的提取、精制等外，其他步骤与一般注射液生产工艺基本相同。有效成分的提取和精制是中药注射剂的关键，应根据其性质最大限度地保留有效成分，尽可能地除去无效成分。但存在的问题是许多中药的有效成分尚不明确，也有些成分提纯后往往药效并不理想。

“水醇法”是提取有效成分和除去杂质的常用方法，包括水提醇沉法和醇提水沉法。水醇法不能除尽鞣质、水溶性色素及树脂等杂质。除去鞣质的方法有碱性醇溶液沉淀法、酸性醇溶液沉淀法、明胶沉淀法、聚酰胺吸附法等。如果有效成分已明确，则可以采用分级超滤法除去大分子和小分子，使纯度提高。如对金银花中绿原酸的提取，超滤法与醇沉法相比较，结果显示 70% 醇沉法较超滤法得到的提取物多，但绿原酸得率低，超滤法较水提醇沉法能更有效地保留有效成分。

例 5-7 柴胡注射液（Bupleuri Injection）

【处方】 柴胡 1000g　氯化钠 8.5g　聚山梨酯 80 10ml　注射用水加至 1000ml

【制法】 取柴胡饮片（或粗粉）1000g 加 10 倍量的水，加热回流 6 小时后蒸馏，收集初蒸馏液 6000ml 后，重蒸馏至 1000ml。含量测定（276nm 测吸收度为 0.80）后，加氯化钠和聚山梨酯 80，使全部溶解，过滤，灌封，100℃灭菌 30 分钟即得。

【用途】 本品为柴胡挥发油的灭菌溶液，用于流行性感冒的解热止痛。

【注解】（1）本品所用原料为伞形科柴胡属植物。

（2）柴胡根及果实中含微量挥发油并含脂肪酸约 2%，挥发油为柴胡醇。

（3）柴胡中挥发油用一般蒸馏法很难提尽，故先加热回流 6 小时后蒸馏，使得组织细胞中的挥发油在沸腾状态下溶于水中，提高含量。重蒸馏后的残液还可套用于下批材料。

（4）聚山梨酯 80 为非离子型表面活性剂，对挥发油的增溶效果并不强，可用丙二醇代替。

扫码“学一学”

第六节　静脉输液

一、概述

（一）定义

静脉输液（infusion solution）是由静脉滴注输入体内的大剂量（一次给药在 100ml 以上）注射液。通常包装在玻璃或塑料的输液瓶或袋中，不含防腐剂或抑菌剂。使用时通过输液器调整滴速，持续而稳定地进入静脉，以补充体液、电解质或提供营养物质。例如：生理盐水、等渗葡萄糖注射液、水解蛋白注射液及右旋糖酐注射液等。近年又出现了含药输液。由于其用量大而且是直接进入血液的，故质量要求高，生产工艺等亦与小容量注射剂有一定差异。

（二）静脉输液的特点

静脉输液是注射剂的一种，故具有注射剂的所有优点，也具有注射剂的使用不便、生产工艺要求高等缺点。但作为静脉滴注给药的大容量注射剂，与小容量的注射剂相比，还具有给药剂量大、血压浓度波动小等优点，尤其适用于半衰期短、治疗指数小的药物。

（三）静脉输液的种类及临床用途

1. 电解质输液　主要用于大量脱水患者补充体内水分、电解质，纠正体内酸碱平衡，维持体液渗透压，恢复人体的正常生理功能等。近年来，电解质输液已从单一电解质逐步向复方电解质发展，如复方氯化钠注射液、乳酸钠林格注射液等。

2. 营养输液　主要用于不能口服吸收营养的患者，为患者提供糖、脂肪、氨基酸、微量元素和维生素等营养成分，使不能正常进食或超代谢的患者仍能维持良好的营养状态、纠正负氮平衡、促进伤口愈合、延长生存期等。营养输液有糖类（葡萄糖、果糖等）输液、脂肪乳输液、氨基酸输液、维生素输液等。

3. 渗透压输液　主要用作血容量扩充剂和高渗利尿脱水剂，前者是利用水溶性高分子化合物溶液所产生的胶体渗透压来增加血容量，维持血压达到预防和治疗休克的目的；后者利用药物溶液所产生的高渗透压达到脱水利尿作用，并有降低眼压、颅内压以及防治急性肾功能衰竭。这类输液有右旋糖酐注射液、羟乙基淀粉注射液以及甘露醇注射液等。

4. 含药输液　为了避免临床使用输液配制产生的污染和配伍变化，可将常需静脉滴注给药的药物直接制成输液。如乳酸左氧氟沙星注射液、苦参碱葡萄糖注射液等。

（四）静脉输液的质量要求

静脉输液的质量要求与注射剂基本是一致的，但由于这类产品注射量大，直接进入血液循环，故对无菌、无热原及澄明度三项要求更加严格，无菌、无热原及澄明度也是当前输液生产中考虑的主要质量问题。含量、色泽、pH 也应符合人体的生理要求，渗透压应与人体血液基本相同或偏高渗，不可引起血象的任何异常变化，无毒性，不损害肝脏、肾脏等。此外，输液要求不能有产生过敏反应的异性蛋白及降压物质。输液中不得添加任何抑菌剂，在贮存过程中应保持质量稳定。乳状液型或混悬型大体积注射液，还要求微粒直径小于 1μm。胶体输液，除符合注射剂有关质量要求外，代血浆应不妨碍血型试验，不妨碍红细胞的携氧功能，在血液循环系统内，可保留较长时间，易被机体吸收，不得在脏器组织中蓄积。

二、等渗溶液与等张溶液

人体细胞膜一般具有半透膜的性质，如果细胞内外的渗透压不同，水会从低浓度的一侧向高浓度的一侧扩散而使细胞发生溶胀或萎缩。因此注射剂尤其是静脉输液必须等渗，以防溶血现象的发生。对静脉补液、营养液、电解质或渗透利尿药，应在标签上注明溶液的渗透压摩尔浓度，以提供临床医师参考。

（一）输液渗透压的计算

临床上用渗透摩尔量（简称渗量，Osm）或渗透毫摩尔量（mOsm）作为体液渗透压的单位，1000mOsm = 1Osm。计算的原理是根据稀溶液的依数性，即渗透压大小由溶液中溶质的质点数目所决定。1mOsm 为 1mmol 分子（非电解质）或 1mmol 离子（电解质）所产生的渗透压。各溶液的理想毫渗透压摩尔浓度可按下列公式计算：

$$毫渗透压摩尔浓度（mOsmol/L）=\frac{溶质浓度（g/L）}{溶质摩尔质量（g/mol）}\times n\times 1000 \quad (5-3)$$

式中，n 为溶质分子溶解时生成的离子数或化学物种数，在理想溶液中，葡萄糖 $n=1$，氯化钠 $n=2$，氯化钙 $n=3$，氯化铝 $n=4$。

正常人体血液中阳离子 Na^+（140mOsmol/L）、Ca^{2+}（2.5mOsmol/L）、K^+（5mOsmol/L）、Mg^{2+}（1.5mOsmol/L），共产生 149mOsmol/L 的渗透压摩尔浓度。如果单位体积中阳离子的毫渗透压摩尔浓度与阴离子的毫渗透压摩尔浓度相等（NaCl、KCl 与 $MgSO_4$ 等确实如此，$CaCl_2$ 与 $MgCl_2$ 等则不然，但后者的量在血液中较少），再加上阴离子产生大约等量的毫渗透压摩尔浓度，总毫渗透压摩尔浓度约为 298mOsmol/L，实测值与按上述公式计算的理想值存在偏差，正常范围为 280～310mOsmol/L。从临床的观点凡输液的毫渗透压摩尔浓度为 298mOsmol/L，则认为与血液等渗。

例 5-8 复方氯化钠注射液内含氯化钠 0.85%、氯化钾 0.03% 和氯化钙 0.033%，请计算其渗透压。

解：氯化钠的毫渗透压摩尔浓度 = (8.5/58.5) ×1000×2 = 291（mOsmol/L）

氯化钾的毫渗透压摩尔浓度 = (0.3/74.5) ×1000×2 = 8（mOsmol/L）

氯化钙的毫渗透压摩尔浓度 = (0.33/111) ×1000×3 = 9（mOsmol/L）

总毫渗透压摩尔浓度 = 291 + 8 + 9 = 308（mOsmol/L）

在生理范围及很稀的溶液中，其渗透压摩尔浓度与理想状态下的计算值偏差较小；随着溶液浓度的增加，与计算值比较，实际渗透压摩尔浓度下降，例如，0.9% 氯化钠注射液，理想渗透压摩尔浓度是 $2\times 1000\times 9/58.5 = 308$mOsmol/L，而实际在此浓度时氯化钠溶液的 n 稍小于 2，其实际测得值是 286mOsmol/L；复杂混合物（如水解蛋白注射液）的理论渗透压摩尔浓度不容易计算，因此通常采用实际测定值表示。在注射剂的制备时常用冰点降低法和氯化钠等渗当量法计算渗透压调节剂的用量。

（二）等渗调节

1. 冰点降低数据法 一般情况下，血浆的冰点为 -0.52℃，根据物理化学原理，任何溶液的冰点降低 0.52℃，即与血浆等渗。表 5-2 列出一些药物的 1% 水溶液的冰点降低数据，根据这些数据可以计算该药物配成等渗溶液的浓度。

表 5-2 一些药物水溶液的冰点降低与氯化钠等渗当量

名称	1% 水溶液的凝固点降低值（℃）	1g 药物氯化钠的等渗当量（E）	等渗浓度溶液的溶血情况		
			浓度（%）	溶血（%）	pH
硼酸	0.28	0.47	1.9	100	4.6
盐酸乙基吗啡	0.19	0.15	6.18	38	4.7
硫酸阿托品	0.08	0.10	8.85	0	5.0
盐酸可卡因	0.09	0.14	6.33	47	4.4
氯霉素	0.06				

续表

名称	1%水溶液的凝固点降低值（℃）	1g 药物氯化钠的等渗当量（E）	等渗浓度溶液的溶血情况		
			浓度（%）	溶血（%）	pH
依地酸钙钠	0.12	0.21	4.50	0	6.1
盐酸麻黄碱	0.16	0.28	3.2	96	5.9
无水葡萄糖	0.10	0.18	5.05	0	6.0
葡萄糖（含 H_2O）	0.091	0.16	5.51	0	5.9
氢溴酸后马托品	0.097	0.17	5.67	92	5.0
盐酸吗啡	0.086	0.15	—	—	—
碳酸氢钠	0.381	0.65	1.39	0	8.3
氯化钠	0.58	—	0.9	0	6.7
青霉素钾	—	0.16	5.48	0	6.2
硝酸毛果芸香碱	0.133	0.22	—	—	—
聚山梨酯 80	0.01	0.02	—	—	—
盐酸普鲁卡因	0.12	0.18	5.05	91	5.6
盐酸丁卡因	0.109	0.18	—	—	—

例 5-9 用氯化钠配制 100ml 等渗溶液，问需要多少氯化钠？

从表 5-2 中查得，1% 氯化钠溶液的冰点降低为 0.58℃，设氯化钠在等渗溶液中的浓度为 $X\%$，则 $1\%:X\% = 0.58:0.52$。解之得 $X=0.9\%$，即配制 100ml 的等渗氯化钠溶液需 0.9g 氯化钠。

等渗调节剂的用量，可用式（5-4）计算：

$$W = \frac{0.52 - (a_1 + a_2 + a_3 + \cdots\cdots)}{b} \tag{5-4}$$

式（5-4）中，W 为配成等渗溶液所需加入等渗调节剂的最终浓度（%，g/ml）；a_i 为溶液中各物质引起的冰点下降度；b 为等渗调节剂 1%（g/ml）溶液的冰点下降度。

例 5-10 配制 200ml 2% 盐酸麻黄碱溶液，需要加多少氯化钠，使成等渗溶液？

查表 5-2，得 $a = 0.16\times2=0.32$℃，$b = 0.58$℃，代入式（5-4）得：

$$W = \frac{0.52-0.32}{0.58} = 0.35$$

配制 200ml 时，$2\times0.35=0.7$，即需增加 0.7g 的氯化钠，可使 2% 的盐酸麻黄碱溶液 200ml 成为等渗溶液。

对于成分不明或查不到冰点降低数据的注射液，可通过实验求出冰点降低数据，再依上法计算。计算时选用药物的冰点降低值，其浓度应与配制溶液的浓度相近，结果才更为准确。

2. 氯化钠等渗当量法 氯化钠等渗当量系指与 1g 药物呈等渗效应的氯化钠量。例如，盐酸普鲁卡因的氯化钠等渗当量为 0.18，即 1g 的盐酸普鲁卡因在溶液中产生的渗透压与 0.18g 氯化钠在相同体积溶液中产生的渗透压相等。当溶液中氯化钠的等渗当量为 9g/L 时，则为等渗溶液。

例 5-11 已知盐酸麻黄碱的氯化钠等渗当量为 0.28，若配制 2% 的盐酸麻黄碱溶液 200ml，欲使其等渗，需加入多少克氯化钠？

氯化钠的量 $=200\times0.9\%-0.28\times2\%\times200=0.68$，即需加入 0.68g 氯化钠。

（三）等张调节

等渗溶液是指渗透压与血浆相等的溶液，因为渗透压是溶液的依数性之一，可用物理化学实验方法求得，因而等渗是个物理化学概念。但是，根据这个概念计算配制出某些药物的等渗溶液，结果导致不同程度的溶血，因而提出等张的概念。所谓等张溶液是指与红细胞膜张力相等的溶液，在等张溶液中既不会发生红细胞体积改变，更不会发生溶血，所以等张是个生物学概念。

红细胞膜对于许多药物的水溶液来说可视为理想的半透膜，即它只能让溶剂分子出入，而不让溶质分子通过，因此，许多药物的等渗浓度与等张浓度相同或相近。如0.9%的氯化钠溶液，既是等渗溶液又是等张溶液。但对于有些药物，如盐酸普鲁卡因、甘油及尿素等，红细胞就不能看作理想的半透膜，因它们能迅速自由地通过细胞膜，同时促使细胞膜外水分进入细胞，使红细胞胀大破裂引起溶血。这类药物一般加入适量氯化钠或葡萄糖后即可避免溶血。例如，2.6%的甘油溶液与0.9%的氯化钠溶液具有相同的渗透压，但是2.6%的甘油100%溶血，所以是不等张的，如果制成含10%甘油、4.6%木糖醇、0.9%氯化钠的复方甘油注射液，就不发生溶血现象，红细胞也不胀大变形。

一个药物的等张浓度，可用溶血法进行测定。将人的红细胞放在各种不同浓度的氯化钠溶液中（0.36%～0.45%），则出现不同程度的溶血。同样，将人的红细胞液放入某种药物不同浓度的溶液中，也将出现不同程度的溶血。将两种溶液的溶血情况比较，对溶血情况相同者认为它们的渗透压也相同。

根据渗透压的大小与摩尔浓度成正比的原理，可列出下式：

$$P_{NaCl} = i_{NaCl} \cdot C_{NaCl}; \quad P_D = i_D \cdot C_D \tag{5-5}$$

式中，P 为渗透压；C 为摩尔浓度；D 代表药物；i 为渗透系数。如果 $P_{NaCl} = P_D$ 则下式成立：

$$\frac{1.86 \times 100\text{ml 溶液中 NaCl 的克数}}{58.48} = \frac{i \times 100\text{ml 溶液中某药物的克数}}{\text{药物的克分子量}} \tag{5-6}$$

式中，1.86是氯化钠的渗透系数，58.45是氯化钠的分子质量。根据上式可以算出 i 值，则不难求出药物的等张浓度。例如，用上述溶血法测得无水氯化钙的 i 值为2.76，则可求出相当于0.9%氯化钠的氯化钙重量：

$$\frac{1.86 \times 0.9}{58.45} = \frac{2.76 \times X}{110.99}$$

则 $X = 1.15\text{g}$，计算结果表明1.15%即为无水氯化钙的等张浓度。

上述方法测得的渗透系数称为溶血法的 i 值，它与用物理化学方法求得的 i 值可能略有不同。

三、静脉输液的制备

（一）输液车间的基本要求

输液是大容量注射剂，制备工艺与注射剂几乎相同，但对生产环境的洁净度要求更高，过滤、灌装、压塞等工序常需局部A级的洁净度。根据我国《药品生产质量管理规范》规定，输液的生产工艺流程，需根据输液生产条件与质量监控原则，要求区域划分、人物分流、布局合理、洁净工房相对集中，便于管理；避免往返迂回流动，防止交叉污染；配套设施齐全、力求先进完善，不仅硬件工程要达标，更重要的是质量监控、技术管理等要做到安全、文明、达标的封闭式生产。

（二）输液的制备工艺流程图

输液的制备工艺流程见图5－18。

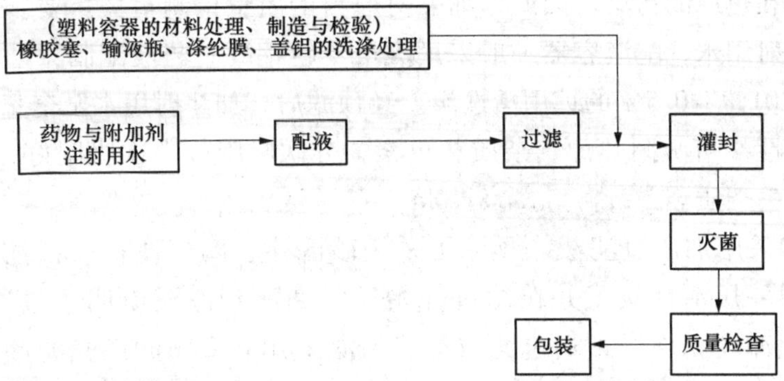

图5－18　输液的制备工艺流程图

（三）包装容器及处理

1. 玻璃输液瓶　瓶口内径必须符合要求，光滑圆整，大小一致，否则将影响密封程度，造成贮存期间污染长菌。输液瓶的材料一般采用硬质中性玻璃，物理化学性质应稳定，具有耐酸、耐碱、耐药液腐蚀及能进行热压灭菌的特点，质量要求应符合国家标准。

一般玻璃瓶清洗的方法是先用常水冲去表面灰尘，再用冲瓶机（一般压力为1kg/cm^2）70℃左右的2%氢氧化钠或3%碳酸钠溶液冲洗内壁约10秒，随即以常水冲洗碱液再用蒸馏水冲洗；也有用酸洗和重铬酸钾清洁液洗，后者既有强力的消灭微生物和热原的作用，还能中和瓶壁游离碱。

2. 塑料包装　输液塑料包装主要分为塑料瓶和塑料袋。采用聚乙烯（PE）或聚丙烯（PP）等无毒塑料制成，具有耐水耐腐蚀、机械强度高、化学稳定性好、可以热压灭菌、重量轻、运输方便、不易破损等优点。但存在湿气和空气可透过，影响贮存期质量的缺点。同时其透明性和耐热性也较差，强烈振荡，可产生轻度乳光等。塑料袋应经热原检查、毒性试验、抗原试验、变形试验及透气试验，合格后才能使用。

输液塑料袋先用清水将袋面洗净，也可将袋浸入1%温碱液（50～60℃）中2～3分钟取出，用水冲袋外碱液，然后灌入蒸馏水荡洗2～3次，再灌入150ml蒸馏水，用玻璃塞住袋口，热压灭菌（0.5kg/cm^2）30分钟，临用前将袋内的蒸馏水倒掉，用滤净的注射用水荡洗干净（约3次），甩干后灌装药液。

PP瓶分为挤吹瓶和拉吹瓶。而PE瓶都是挤吹瓶，也有用三合一机器制造的，制瓶、灌注、封口一步完成。

3. 胶塞　玻璃输液瓶所用胶塞对输液澄明度影响很大，质量应符合下列要求：①富于弹性及柔软性，针头刺入和拔出后应立即闭合，并能耐受多次穿刺无碎屑脱落；②具耐溶性，不致增加药液中的杂质；③可耐受高温灭菌；④有高度的化学稳定性、不与药物成分发生相互作用；⑤对药液中药物或附加剂的吸附作用应达最低限度；⑥无毒性及溶血作用。目前天然橡胶塞已被淘汰而改用T型丁基胶塞（药用氯化丁基橡胶塞或药用溴化丁基橡胶塞的简称），丁基胶塞的特点是气密性好、化学成分稳定、杂质少，不用翻边加膜。有时为了保证药物的稳定性，可在胶塞的内缘加上稳定涂层。丁基胶塞洗涤时不用像橡胶塞需经酸碱处理而可直接用蒸馏水动态漂洗，使用时用滤净的注射用水逐支冲洗即可。

（四）输液的配制与滤过

输液剂的原辅料必须使用注射用规格，如果纯度不够不仅影响输液的澄明度，而且注射后易产生毒副作用，甚至危及生命。输液常用的糖、氨基酸等也是微生物的营养物质，极易导致微生物和热原的污染。因此，加强对原料的质量检测至关重要。输液配制必须采用新鲜合格的注射用水，配液容器一般采用夹层不锈钢罐。药液配制方法多用浓配法。采用溶液体积的0.01%～0.5%的针用活性炭。经预滤后，加注射用水至全量，精滤，合格后即可灌装。加活性炭可吸附热原、杂质和色素，分次吸附较一次吸附好，并可作助滤剂。浓配法有利于除去杂质。

输液过滤多采用加压过滤法。预滤可采用砂滤棒、陶瓷滤棒、钛滤棒等。过滤时，滤棒上应先吸附一层活性炭，并在滤过开始反复回滤到滤液澄明。过滤过程中，不要随意中断，以免冲动滤层，影响过滤质量。精滤采用0.22μm微孔滤膜或微孔滤芯等。为保证输液的质量，药厂大多采用加压三级滤过装置，即砂滤棒－垂熔玻璃滤球－微孔滤膜。末端滤过也可采用双层微孔滤膜，第一层孔径3μm，第二层孔径0.8μm。也有的工厂在微孔滤膜后加超滤，不仅除去尘粒、细菌，而且可除去热原，大大提高输液的质量。

（五）输液的灌封

输液经精滤并检查澄明度合格后应立即灌封。玻璃瓶的输液灌封由药液灌注、加胶塞和轧盖三步组成，目前国内药厂多用旋转式自动灌装机、自动翻塞机、自动落盖轧口机完成整个灌封过程，实现了机械化联动生产，提高了工作效率和产品质量。国外输液生产广泛使用从容器的洗净至灌封的全自动生产线，使容器的自动供给—洗净、干燥、灭菌、冷却—药液的罐装—加塞、封口等各个工艺连续在无菌、无尘环境下进行，高效地生产出高质量的产品。灌封完成后，应进行检查，对于轧口不紧、松动的输液，应剔出处理，以免灭菌时冒塞或贮存时变质。塑料输液袋灌封时，将最后一次洗涤水倒空，以常压灌至所需要量，排尽袋内空气，电热封口。灌封时药液维持在50℃。

（六）输液的灭菌

为了减少微生物的污染，一般要求输液在罐封后随即送往灭菌工段，输液从配制到灭菌不宜超过4小时。输液常采用热压灭菌，由于输液容器大且厚，灭菌开始时应逐渐升温，一般预热20～30分钟，待达到灭菌温度115℃时，维持30分钟，然后停止升温。采用热压灭菌锅灭菌时，应待锅内压力下降到零，放出锅内蒸汽，使锅内压力与大气压相等后，再缓慢（约15分钟）打开灭菌锅门，绝对不能带压操作。对于大容器，采用F_0值时应大于8分钟，常用12分钟。

近年开发了一种如图5－19的大输液水浴式灭菌器，适用于玻璃瓶硬装、非PVC的软袋及PP或PE塑料瓶等软包装大输液及液体包装物品的灭菌处理，是以高温过热软化水为灭菌介质的全自动（亦可手动）新型灭菌器。其特点是以循环均匀喷淋的方式对灌装药品加热升温和灭菌，消除了蒸汽灭菌因冷空气存在而造成的温度死角，同时冷却时采用普通水间接冷却，内部的软化循环不会快冷降温，确保无爆瓶、爆袋的现象，且能实现较低温度下的均匀灭菌，并可避免在灭菌后的冷却过程中由于冷却水不洁而造成大输液再污染现象。

图 5-19　大输液水浴式灭菌器

（七）输液的质量检查

1. 可见异物（澄明度）与不溶性微粒检查　输液可见异物按《中国药典》规定的方法，用目检视，应符合规定。如发现崩盖、歪盖、松盖、漏气等产品，亦应剔除。

由于肉眼只能检出 50μm 以上的微粒，为了提高静脉用注射剂产品的质量，《中国药典》规定了注射液中不溶性微粒检查法。100ml 以上的静脉滴注用注射液，每 1ml 中含 10μm 以上的微粒不得超过 25 粒，含 25μm 以上的微粒不得过 3 粒。测定方法，除另有规定外，一般先采用光阻法测定，当光阻法测定结果不符合规定或供试品不适于光阻法测定时，应采用显微计数法测定。具体方法参照《中国药典》（2020 年版）。

2. 热原与无菌检查　对于输液，热原和无菌检查都非常重要，必须按《中国药典》（2020 年版）规定方法进行检查。需要注意的是，输液的无菌检查应更注重灭菌的工艺过程，经过验证的工艺参数（如温度、时间、饱和蒸气压、F_0 值及其他关键参数）均应达到要求，以保证最后的无菌检查合格。

3. 其他　外观、含量测定、装量检查、pH、渗透压、降压物质及密封检查，根据具体品种要求进行测定。

（八）输液的包装

输液经质量检验合格后，应立即贴上标签。标签上应印有品名、规格、批号、有效期、使用事项、生产日期等项目，以免发生差错，并供使用者随时备查。贴好标签后装箱，封妥，送入仓库。包装箱上亦应印上品名、规格、生产厂家等项目。装箱时应注意装严装紧，便于运输。

四、输液存在的问题及解决方法

输液生产中主要存在三个问题，即细菌污染、热原反应和澄明度。有许多因素可影响输液的质量，如输液容器及其配件的质量、原辅料的纯度、工艺操作、生产设备、环境卫生、运输贮藏、气候及其他因素等，应根据生产实际认真分析原因并解决。

（一）染菌

输液染菌主要是由生产过程中严重污染、灭菌不彻底、瓶塞不严、漏气等造成。有些芽胞需 120℃灭菌 30～40 分钟，有些放射性线菌需 140℃灭菌 15～20 分钟才能杀死。若输液为营养物质时，细菌易生长繁殖，即使经过灭菌，大量尸体的存在，也会引起致热反应。最根本的办法就是尽量减少制备生产过程中的污染，同时还要严格灭菌，严密包装。

（二）热原反应

输液的热原反应，在临床上时有发生。关于热原的污染途径及防止方法，参阅本章第三节相关内容。但使用过程中的污染必须引起注意，经调查25例输液热原反应，发现有21例是由输液器和输液管道引起。因此，一方面要加强生产过程的质量控制，同时更要重视使用过程中的污染。国内现已规定使用一次性全套输液器，包括插管、导管、调速、加药装置、末端过滤、排除气泡及针头等，应在输液器出厂前进行灭菌，避免使用过程中污染热原。

（三）澄明度与微粒

1. 异物与微粒的危害 较大的微粒，可造成局部循环障碍，引起血管栓塞；微粒过多，造成局部堵塞、供血不足及组织缺氧而产生水肿和静脉炎；异物侵入组织，由于巨噬细胞的包围和增殖可引起肉芽肿；此外，微粒还可引起过敏反应、热原样反应。《中国药典》对微粒大小及允许限度作了规定。

2. 微粒产生的原因及解决办法 微粒产生的原因是多方面的。

（1）工艺操作中的问题 如车间的空气洁净度不符合要求，输液瓶、胶塞洗涤不净，滤器选择不当，过滤方法不好，灌封操作不合要求，工序安排不合理等都会增加澄明度的不合格率。因此，应该严格遵循标准操作规程（standard operation practice，SOP）。

（2）输液容器与附件 胶塞与输液容器存在质量问题，在贮存期中污染药液，输液中发现的小白点主要是钙、镁、铁、硅酸盐等物质，这些物质主要来源于胶塞和玻璃输液容器。

（3）原料与附加剂 辅料中杂质含量较多时，不仅影响输液的澄明度，而且影响药液的稳定性。因此应该严格控制原辅料的质量。

五、举例

（一）电解质输液

例5-12 乳酸钠注射液

【处方】 乳酸102.8g 氢氧化钠40.0g 注射用水加至1000ml

【制法】 取乳酸，加适量注射用水稀释，另将氢氧化钠加注射用水制成20%溶液，将氢氧化钠溶液逐渐加到乳酸溶液中至溶液转为澄明，pH呈中性，煮沸1~3小时，再继续加氢氧化钠溶液至稳定的中性，加溶液总量0.02%的针用炭，继续煮沸10分钟，过滤除炭，加注射用水至全量，反复回滤至澄明，灌封，121.5℃热压灭菌20分钟，即得。

【用途】 用于解除腹泻失水，糖尿病、肾炎等所引起的酸中毒。

【注解】（1）本品为乳酸与氢氧化钠等摩尔反应生成等摩尔的乳酸钠，但由于乳酸实为乳酸与乳酸缩合体的混合物，平均含量为87.5%，欲配制11.2%的乳酸钠注射液，应取计算量的乳酸，另外乳酸生产时经蒸发脱水产生乳酯乳酸，继续加热生成乳酐，加氢氧化钠既可生成乳酸钠，又可促进乳酐水解成乳酸钠。

（2）乳酸钠的相对分子质量为112.06，11.2%的乳酸钠为1摩尔分子浓度的注射液，为高渗溶液。应用时将其再加5倍的注射用水稀释。

（3）本品在制备过程中，由于溶液中和时，pH控制较困难，所以可以在稀释液中加入过量的NaOH溶液，并在115℃加热60分钟，使水解与中和作用更完全后，取出放冷，加酚红指示剂数滴，再用稀盐酸中和过量的NaOH。本品pH为6.5~7.5。

（4）本品宜灌装于优质耐碱性输液瓶中。

（二）营养输液

由于某种原因，患者一切所需营养完全由非胃肠途径输入体内，这种疗法称为全胃肠外营养（total parenteral nutrition）。这种营养方法一般是将营养液通过静脉给药，所以又叫全静脉营养。糖、脂肪、蛋白质是人的三大营养成分，而营养输液主要有碳水化合物的输液、静脉注射脂肪乳剂、复方氨基酸输液。对于持久的全静脉营养，还必须配合给予适量的电解质、维生素和微量元素，才能保证全部营养物质。

例5-13　葡萄糖注射液

【处方】

含量	5%	10%	20%	25%	50%
注射用葡萄糖	50g	100g	200g	250g	500g
1%盐酸	适量	适量	适量	适量	适量
注射用水加至	1000ml	1000ml	1000ml	1000ml	1000ml

【制法】按处方量将葡萄糖投入煮沸的注射用水内，使成50%~60%的浓溶液，加盐酸适量，同时加浓溶液量0.1%（g/ml）的活性炭，混匀，加热煮沸约15分钟，趁热滤过脱炭。滤液加注射用水稀释至所需量，测定pH及含量合格后，反复过滤至澄明即可灌装封口，115℃、30分钟热压灭菌，即得。

【用途】5%、10%葡萄糖注射液，具补充体液、营养、强心、利尿、解毒作用，用于大量失水、血糖过低等症。25%、50%葡萄糖溶液，因其渗透压高，能将组织内体液引到循环系统内由肾排出，用于降低眼压及因颅压增加引起的各种病症。高浓度的葡萄糖溶液还可以与氨基酸输液混合输注，用作高能营养。

【注解】（1）本品易染菌，制备时，注意工艺卫生，防止交叉污染。需在避菌洁净的条件下，精心操作，谨慎快捷。整个过程制备时间不得超过8小时，从灌装到灭菌应不超过4小时。

（2）葡萄糖注射液有时产生云雾状沉淀，一般是由于原料不纯或滤过时漏炭等原因造成，一般采用浓配法解决，滤膜过滤，并加入适量盐酸，中和胶粒上的电荷，加热煮沸使糊精水解，蛋白质凝聚，同时加入活性炭吸附、过滤除去。

（3）葡萄糖注射液另一个不稳定的表现为　颜色变黄和pH下降。有人认为葡萄糖在酸性溶液中，首先脱水形成5-羟甲基呋喃甲醛，5-羟甲基呋喃甲醛再分解为乙酰丙酸和蚁酸，同时形成一种有色物质。其反应过程如下：

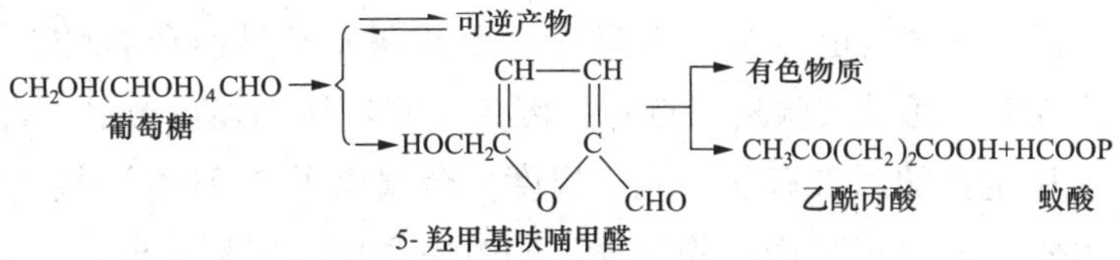

虽然5-羟甲基呋喃甲醛本身无色，但有色物质一般认为是5-羟甲基呋喃甲醛的聚合物，由于酸性物质的生成，所以灭菌后pH下降。影响稳定性的因素，主要是灭菌温度和溶液的pH。因此，为避免溶液变色，一方面要严格控制灭菌温度与时间，同时应调节溶液的pH，根据生产经验，半成品溶液pH为3.8~4.0较为佳，经灭菌，其pH值变化不大；溶液色泽亦浅，灭菌后应及时冷却，并可酌加1g/L硫代硫酸钠，防止糖溶液分解变色。

例 5－14 复方氨基酸注射液（输液）

【处方】 L－赖氨酸盐酸盐 19.2g L－缬氨酸 6.4g L－蛋氨酸 6.8g L－组氨酸盐酸盐 4.7g L－亮氨酸 10.0g L－苯丙氨酸 8.6g L－异亮氨酸 6.6g L－苏氨酸 7.0g L－精氨酸盐酸盐 10.9g L－色氨酸 3.0g 甘氨酸 6.0g L－半胱氨酸盐酸盐 1.0g 亚硫酸氢钠 0.5g 1mol/L 氢氧化钠适量注射用水加至 1000ml

总氨基酸浓度按游离碱计为 8.33%，含氮量 13.13mg/ml，pH 6.0。

【制法】 将各氨基酸溶于 800ml 热注射用水中，加亚硫酸钠，使溶解，加 1mol/L 氢氧化钠调节 pH 至 6.0～7.0，加注射用水适量，加入 10g 针用炭脱色，保温搅拌 15 分钟，过滤除炭，用 0.2μm 微孔滤膜过滤至澄清，灌封，充氮，加塞，轧盖，121.5℃灭菌 20 分钟即可。

【用途】（1）改善外科手术前患者的营养状态，使大型手术成为可能。

（2）供给胃肠道及消化吸收障碍患者的蛋白质营养成分，对创伤、烧伤患者补充术后蛋白质严重损失。

（3）纠正肝硬化和肝病所致蛋白质合成紊乱，治疗肝昏迷。

（4）提供慢性、消耗性疾病，急性传染病、恶性肿瘤患者的静脉营养。

【注解】（1）氨基酸输液的目的是提供机体生物合成蛋白质所需的氨基酸，并保证氨基酸的有效利用。异亮氨酸、亮氨酸、赖氨酸、苏氨酸、色氨酸、蛋氨酸、缬氨酸、苯丙氨酸为必需氨基酸。精氨酸、组氨酸，在人体合成速度相当低，新生儿往往不能自身合成，为半必需氨基酸。甘氨酸、丙氨酸、脯氨酸、谷氨酸、天门冬氨酸、半胱氨酸、丝氨酸、酪氨酸等在体内能够经碳水化合物或脂肪酸的代谢中间物合成，或由必需氨基酸转化生成为非必需氨基酸。必需氨基酸与半必需氨基酸两类必须加入，而非必需氨基酸可加入一种或数种以补充氮素维持机体的氮平衡。同时只有 L－型氨基酸才能被人体利用，因此，原料选用必须注意。

（2）氨基酸在水中的溶解度不同，苯丙、缬、异亮、亮、蛋和色氨酸为难溶性氨基酸，甘、苏、组、精和赖氨酸为易溶性氨基酸。制备时应先将难溶于水的先溶，配制温度控制在 60～80℃，然后放置至 30～40℃滤过。

（3）在配制过程中，尽量减少空气中的氧对输液质量的影响，除增加抗氧剂、空间充氮气、避光外，应严防细菌、热原的污染。

（4）产品质量问题主要为澄明度问题，其关键是原料的纯度，一般需要反复精制，并要严格控制质量；其次是稳定性，表现为含量下降，色泽变深。含量下降以色氨酸最多，赖氨酸、组氨酸、蛋氨酸含量也有少量下降。色泽变深通常是由色氨酸、苯丙氨酸、异亮氨酸氧化所致。抗氧剂应通过实验进行选择，因为有些抗氧剂能使产品变浑浊。

（5）影响产品稳定性的因素有氧、光、温度、金属离子、pH 等，故配制时应严格控制 pH，加入抗氧剂并通氮气以提高产品稳定性。同时应避免金属离子混入，避光保存。

例 5－15 静脉注射脂肪乳剂

【处方】 精制大豆油 150.0g 注射用甘油 25.0g 精制蛋黄卵磷脂 12.0g 注射用水加至 1000.0ml

【制法】（1）搅拌分散 称取处方量豆磷脂置高速组织捣碎机内捣碎后，加入处方量甘油与煮沸的注射用水 500ml。在氮气流下搅拌至形成均匀的半透明状的磷脂分散体系。

（2）高压匀化 将上述磷脂分散体系放入二步高压匀化机，加入精制豆油与注射用水，在氮气流下匀化多次，经出口流入乳剂收集器内。

（3）滤过　将乳剂冷却后，于氮气流下经垂熔玻璃过滤器过滤。

（4）灌封　将过滤的乳剂，灌封于250ml输液瓶中，严封、轧盖。

（5）灭菌　先将密封的瓶装乳剂浸入水浴中，预热至90℃，再于121℃热压灭菌15分钟，取出浸于热水中，再缓缓通入冷水使温度逐渐下降，冷却后置4～10℃处贮存。

【用途】为需要进行静脉营养的患者提供能量和必需脂肪酸，也为经口服途径不能维持和恢复正常必需脂肪酸水平的患者提供必需脂肪酸。

【注解】（1）静脉注射脂肪乳剂　是一种浓缩的高能量肠外营养液，是以植物油脂为主要成分，加乳化剂与注射用水而制成的水包油型乳剂，能完全被机体代谢与利用。

（2）原料和乳化剂的选择　原料一般选用植物油，如大豆油、麻油、红花油、棉籽油等，通常以精致大豆油为宜。乳化剂常用的有卵磷脂、豆磷脂等。一般以卵磷脂为好，卵磷脂的磷脂酰胆碱的含量对粒径的大小及灭菌后粒径的变化关系重大，含量在98%以上时，制得的乳剂粒径可达400nm以下，灭菌后粒径也不发生变化。稳定剂常用油酸钠。国外几种脂肪乳的处方见表5－3。

表5－3　静脉注射脂肪乳剂处方

组成（g/100ml）	Intralipid[a]		Liposyn Ⅱ[b]		Lipofundin[c]
	10%	20%	10%	20%	10%
大豆油	10	20	5	10	
红花油			5	10	
棉籽油					10
卵磷脂	1.2	1.2	1.2	1.2	
大豆磷脂					1.2
甘油	2.25	2.25	2.5	2.5	
山梨醇					5
注射用水加至	100ml	100ml	100ml	100ml	100ml

注：a. 瑞典Kabi－vitrum A. G. 处方；b. 美国Abbott Laboratories处方；c. 德国Braum处方。

（3）质量要求　注射用乳剂除应符合注射剂各项规定外，还必须符合下列条件：①微粒直径<1μm，微粒大小均匀；不得有大于5μm的微粒。②成品耐受高压灭菌，在贮存期内乳剂稳定，成分不变。③无副作用，无抗原性，无降压作用与溶血作用。

成品经过显微镜检查观察，测定油滴分散度，并进行溶血试验、热原试验、降压试验、油及甘油含量、过氧化值、酸价、pH等项质量检查。

静脉注射用脂肪乳临床应用时，会出现恶心、呕吐、胃肠痛、发热等急性反应，以及轻度贫血、肝脾肿大、胃肠障碍等慢性反应。慢性反应往往是由于长期给药致血脂过高而引起的。所以，在连续使用时须经常进行生物学检查。

（三）血浆代用液

血浆代用液又称血浆扩张剂，在机体内有代替血浆的作用，它是等渗无毒的胶体溶液，静脉注射后能维持血压，扩充血容量。

例5－15　右旋糖酐70葡萄糖注射液

【处方】右旋糖酐70（平均相对分子质量7万）60g　葡萄糖50g　注射用水加至1000ml

【制法】将注射用水适量加热至沸，加入计算量的右旋糖酐，使浓度为 12% ~15%，搅拌使溶，加入 1.5% 的活性炭，保持微沸 1 ~2 小时，加压滤过脱炭，浓溶液加注射用水稀释成 6% 的溶液，加入处方量的葡萄糖，搅拌约 15 分钟，再加入针用炭，加热至沸，粗滤除炭，加水至全量，经精滤并复滤至澄明，冷却至室温，取样，测定含量和 pH，pH 宜控制在 4.4 ~4.9，再加 0.5% 的活性炭，搅拌，加热至 70 ~80℃，反复回滤，至药液澄明后灌装，于 112℃灭菌 30 分钟。

【用途】中分子右旋糖酐与血浆有同样的胶体特性，可以提高血浆胶体渗透压，增加血容量，维持血压。用于治疗低血容量性休克，如外伤性出血性休克等。

【注解】(1) 右旋糖酐是用蔗糖经 Leuconcstoc mesenteroides 菌属 1226 号菌发酵后产生的葡萄糖聚合物。其通式为 $(C_6H_{10}O_5)_n$。右旋糖酐按相对分子质量不同可分为中分子量 (4.5 万至 7 万)（右旋糖酐 70)、低分子质量 (2.5 万至 4.5 万)（右旋糖酐 40) 和小分子质量 (1 万至 2.5 万)（右旋糖酐 20) 三种。相对分子质量愈大，排泄愈慢，一般中分子右旋糖酐 24 小时排出 50% 左右，低分子则排出 70%。同时特性粘数也是其重要物理特性，中分子特性黏数为 19.1 ~26.0，低分子特性黏数为 16.0 ~19.0。

(2) 右旋糖酐 40 或右旋糖酐 20 注射液有 6% 和 10% 的氯化钠或葡萄糖注射液，而右旋糖酐 70 注射液只有 6% 氯化钠或葡萄糖注射液。

(3) 因右旋糖酐经生物合成制备，易夹杂热原，故活性炭用量较大。同时因本品黏度高，需在较高温度下滤过。本品灭菌一次，其相对分子质量下降 3000 ~5000，受热时间不能过长，以免产品变黄。本品在贮存过程中易析出片状结晶，主要与贮存温度和相对分子质量有关。

低分子右旋糖酐有扩容作用，但作用时间短。它还能改变红细胞的电荷，使红细胞获得一层有阴电荷的多糖外衣，由于相同电荷相斥，可防止红细胞相互黏着，同时也可防止红细胞与毛细管（亦负阴电荷）的黏附，因此，可避免血管内红细胞凝聚，减少血栓形成，增加毛细管的流量，改善微循环。

例 5 –16 羟乙基淀粉 40 氯化钠注射液（706 代血浆）

【处方】羟乙基淀粉 60.0g　氯化钠 9g　注射用水加至 1000ml

【制法】取 30% 羟乙基淀粉液约 200ml，加 0.2% 的注射剂用炭，煮沸 15 分钟，另取注射用水 400ml，加氯化钠 9g，使溶解，合并上述两种溶液，加热至 60 ~70℃，过滤，滤液测含量与 pH，补加注射用水至 1000ml。过滤后在 60 ~65℃保温下灌封，用 100℃灭菌 45 分钟。成品为黄色或浅黄色澄明溶液，pH 为 5 ~7。

【用途】低血容量状态引起障碍，即血液黏滞度、血浆黏滞度增加，红细胞聚集和纤维蛋白原水平升高，另外，血小板聚集、血液凝固性、血管通透性增加，两种循环障碍致使各器官血流量和氧供量减少，出现器官功能衰竭。羟乙基淀粉容量补充治疗依靠迅速有效地提高血容量、血浆容量、充盈压和心排血量，改善血液动力学，通过降低血细胞比容、血液和血浆黏滞度，红细胞和血小板聚集和高凝状态改善血液流变学，改善循环和微循环水平。为此，羟乙基淀粉能够预防低血容量以及休克导致的器官并发症，改善患者的预后。

【注解】(1) 羟乙基淀粉注射液是将淀粉经酸水解后再在碱性条件下与环氧乙烷反应（羟乙基化）而成。引入羟乙基使水解淀粉在输入血管后不易被水解，不参与机体代谢，而在血循环系统中，以原型保持较长时间，其平均相对分子质量以2.5万至4.5万为宜，过大则易在体内蓄积，过小则易从血管中排出。羟乙基淀粉氯化钠注射液根据分子质量分为羟乙基淀粉40氯化钠注射液和羟乙基淀粉20氯化钠注射液。

（2）本品系一种较安全的代血浆品，物理性能较右旋糖酐稳定，但对抗体而言，几乎不能参与代谢，如果大量或长期连续应用，会引起机体排泄器官及网状内皮系统的负担增加。

（3）本品在制备过程中需注意控制铁离子在0.2μg/ml以下，否则，澄明度降低，甚至会出现絮状物。

（四）含药输液

因药物的溶解度低而无法制成浓溶液和为了避免临床上使用前配液时产生二度污染，近年来又出现了含药输液，但应注意此类输液存在稳定性较差和体积过大不宜储运等问题。

例5-18　盐酸氧氟沙星氯化钠注射液

【处方】盐酸氧氟沙星2.23g　氯化钠9g　依地酸二钠0.5g　注射用水加至1000ml

【制备】取1/5处方量的注射用水，加入预先溶解的依地酸二钠，搅匀，加入处方量的盐酸氧氟沙星和氯化钠，搅拌溶解，加入5g活性炭，70~80℃搅拌20分钟，过滤脱炭，加注射用水至足量，用1mol/L NaOH溶液调节pH至4.2~5.8，分别经0.45和0.22μm的微孔滤膜过滤至澄明，充氮灌装，115℃灭菌30分钟，喷淋冷却。

【用途】用于治疗敏感细菌所致的各种呼吸系统、泌尿系统、生殖系统、皮肤、肠道等部位的中度、重度感染。

【注解】（1）氧氟沙星在金属离子存在的情况下，易氧化变质，而使成品颜色加深，因此，本处方中加入依地酸二钠起络合作用，以防止主药氧化。

（2）活性炭对氧氟沙星具有较强的吸附作用，故活性炭的用量需合理控制，同时应增加氧氟沙星的投药量，如果原料质量较高也可采用“主药后加法”，即待氯化钠溶解并加入活性炭煮沸适当时间后，再投入氧氟沙星，这样可大大减少活性炭对主药的吸附。

（3）氧氟沙星注射液的颜色容易超标，除要严格控制灭菌温度和时间外，灭菌后还应快速降温，如用先热水后常水喷淋、风扇鼓风等措施，将药液的温度降下来，以避免其颜色超标。

第七节　注射用无菌粉末

扫码“学一学”

注射用无菌粉末也称粉针，系指原料药物与适宜辅料制成的供临用前用无菌溶液配制成的无菌粉末或无菌块状物。可用适宜的注射用溶剂配制后注射，也可用静脉输液配制后静脉滴注。凡是在水溶液中不稳定的药物，如青霉素、头孢菌素类及一些医用酶制剂（胰蛋白酶、辅酶A）及血浆等生物制剂，均需制成注射用无菌粉末。

根据生产工艺条件和药物性质不同，用灭菌溶剂结晶法、喷雾干燥法制得的粉末称为注射用无菌分装产品，以冷冻干燥法制备的生物制品注射用无菌粉末，也可称为注射用冻干制剂。将药物制成粉针不仅可以提高药物的稳定性，而且极大地方便了药物的贮藏和运输。

一、注射用无菌分装产品

（一）注射用无菌分装产品理化性质的测定

为了制定合理的生产工艺，应对注射用无菌分装产品进行物理化学性质的测定，包括物料的热稳定性、临界相对湿度、粉末晶型和松密度等。

1. 物料热稳定性的测定 此项测定的目的，是确定产品最后能否进行灭菌处理。例如，结晶青霉素在150℃ 1.5小时或170℃ 1小时，效价均无损失，因此，本品在干燥状态是耐热的，目前生产中最后经120℃、1小时的灭菌是比较安全的。

2. 临界相对湿度的测定 物料吸湿后流动性差，影响装量的准确性，同时物料吸湿后还影响其稳定性，故应测定物料的临界相对湿度，生产时分装室的相对湿度应控制在分装产品的临界相对湿度以下。

3. 粉末的晶型和松密度检查 粉末晶型与制备工艺有密切关系，如喷雾干燥法制得的多为球形，机械分装易于控制。溶剂结晶者有针形、片状或各种形状的多面体等，针形粉末分装时最难掌握。青霉素钾盐系针状结晶，为了解决分装装量问题，生产中将分离后的湿晶体通过螺旋挤压机，使针状结晶断裂，然后通过颗粒机，再真空干燥，即能符合分装要求。

（二）注射用无菌分装产品的生产工艺

1. 原材料准备 安瓿或小瓶及胶塞均按本章前述方法处理并灭菌。玻璃瓶可用电烘箱180℃干热灭菌1.5小时，胶塞洗净后要用硅油进行硅化处理，再125℃干热灭菌2.5小时，灭菌好的空瓶存放柜应有净化空气保护，瓶子存放时间不超过24小时。无菌原料可用灭菌结晶法、喷雾干燥等方法制备，必要时在无菌条件下进行粉碎、过筛等操作，制得符合分装要求的注射用无菌粉末。

2. 分装 分装必须在高度洁净的无菌室中按照无菌操作法进行，分装时多以容积进行定量。手工分装常采用刮板式分装器，机械分装设备有螺旋式自动分装机、直管式自动分装机和真空吸粉式自动分装机（气流分装机）等。分装机宜有局部层流装置，见图5-20。分装好的小瓶立即加塞，并用铝塑组合盖密封，一般分装和加塞在同一台机器完成。为了避免铝屑污染产品，轧盖常与分装开分，轧盖则在另一台设备完成。若是安瓿，分装后应立即用火焰熔封。

图5-20 带有层流装置的超负荷运转和分装线

3. 灭菌和异物检查 对于在干燥状态下耐热的品种，可进行补充灭菌，以确保安全。如结晶青霉素在干燥状态是稳定的，故生产上采用密封后在120℃灭菌1小时。对于不耐热的品种，必须严格进行无菌操作，因为终产品不能灭菌。异物检查一般在传送带上用眼睛进行检视。澄明度检查为抽检，将样品溶解后，按规定方法进行检查。

4. 印字包装　检验合格的产品进入贴签或印字（安瓿）工序，可由贴签机进行瓶口封蜡和贴标签，最后塞入说明书完成包装。目前生产中均已实现机械化。

（三）注射用无菌分装产品的质量控制

注射用无菌分装产品除了应进行含量测定、可见异物、装量差异等注射剂的一般检查项目外，还应特别注意其吸湿、无菌、检漏和澄明度等问题。

1. 吸湿　无菌分装产品在分装过程中应注意防止吸潮问题的发生，此外，铝盖也可能封口不严，应确保封口严密。

2. 无菌　无菌分装产品系在无菌操作下制备，稍有不慎就有可能使局部受到污染，而微生物在固体粉末中繁殖又较慢，不易为肉眼所见，危险性更大。为了保证用药安全，解决无菌分装过程中的污染问题，应采用层流净化装置，为高度无菌提供可靠的保证。对耐热产品可进行补充灭菌。

3. 检漏　粉针的检漏较困难。耐热的产品可在补充灭菌时进行检漏，漏气的产品在灭菌时吸湿结块。不耐热的产品可用亚甲蓝水检漏，但可靠性无法保证。

4. 装量差异　无菌分装的产品由于粉末吸潮结块、流动性差、粉末质轻、密度小、针状结晶不易准确分装等原因容易造成装量差异不合格，应针对具体产品采取相应的解决措施。

5. 澄明度　对无菌分装产品，由于未经配液及滤过，往往使粉末溶解后出现毛状物、小点，以致澄明度不合要求。因此从原料的处理开始至轧口或封口止，均应严格控制生产环境的洁净度，杜绝一切可能的污染。

二、注射用冷冻干燥制品

（一）冷冻干燥的原理及特点

1. 冷冻干燥原理　冷冻干燥就是把含有大量水分的物质，预先进行降温冻结成固体，然后在真空的条件下使水蒸气直接升华，而物质本身留在冻结时的冰架中，因此物质干燥后体积不变，疏松多孔。冷冻干燥原理可用水的三相图加以说明，如图5－21所示。图中OA线是冰和水的平衡曲线，在此线上冰、水共存；OB线是水和水蒸气的平衡曲线，在此线上水、气共存；OC线是冰和水蒸气的平衡曲线，在此线上冰、气共存；O点是冰、水、气的平衡点，在这个温度和压力时冰、水、气共存，这个温度为0.01℃，压力为613.3Pa（4.6mmHg）。从图中可以看出当压力低于613.3Pa时，不管温度如何变化，只有水的固态和气态存在，液态不存在。固相（冰）受热时不经过液相直接变为气相；而气相遇冷时放热直接变为冰。根据平衡曲线OC，对于冰，升高温度或降低压力都可打破气固平衡，使整个系统朝着冰转变为气的方向进行。

2. 冷冻干燥的特点　冷冻干燥具有以下突出优点：①冷冻干燥在低温下进行，因此对许多热敏性的物质特别适用。如蛋白质、微生物类不会发生变性或失去生物活力。②在低温下干燥时，物质中的一些挥发性成分损失很小，适合对一些化学产品、药品和食品干燥。③由于在冻结的状态下进行干燥，因此体积几乎不变，保持了原来的结构，不会发生浓缩现象。干燥后的物质疏松多孔，呈海绵状，加水后溶解迅速而完全，几乎立即恢复原来的性状。④干燥在真空下进行，氧气极少，一些易氧化的物质得到了保护。⑤干燥能排除95%～99%以上的水分，使干燥后产品能长期保存而不致变质。⑥产品中的微粒物质比用其他方法生产者少，因为污染机会相对少。⑦产品剂量准确，外观优良。

但是，冷冻干燥对溶剂的选择范围很窄，生产设备要求较高，干燥时间长，生产能耗大是该方法的突出缺点。另外，冻干粉针制备过程中采用的是过滤除菌，不如高温灭菌效果可靠，因此，能制成注射液的尽量不要制成冻干制剂。

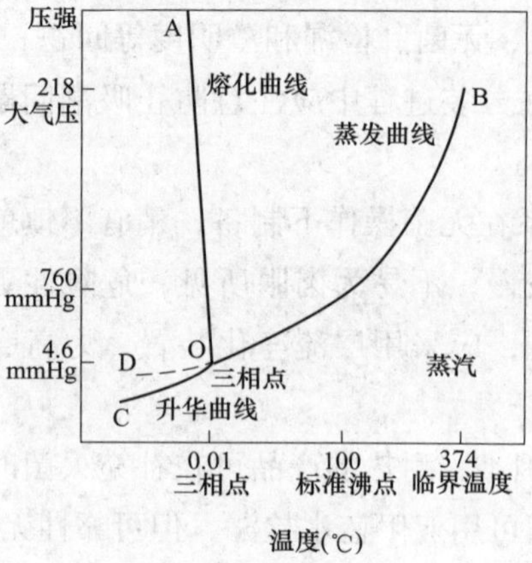

图5－21　水的三相平衡图（未按比例尺度）

（二）冷冻干燥的生产工艺及设备

1. 冷冻干燥的生产工艺　药品的冷冻干燥是指把药品溶液在低温下冻结，然后在真空条件下升华干燥，除去冰晶，待升华结束后，再进行解吸干燥，除去部分结合水的干燥方法。该过程主要可分为药品溶液制备、预冻、一次干燥（升华干燥）和二次干燥（解吸干燥）、密封保存等五个步骤。产品在冻干之前的操作基本与溶液型注射液相同，但分装时应注意厚度要较薄，以方便冻干。分装之后的工艺如下：

（1）预冻　制品在干燥之前必须进行预冻，否则不经预冻而直接抽真空，会使药液产生沸腾冲瓶的现象，部分药液冒出瓶外或使产品表面凹凸不平，影响产品的外观和溶解速率。预冻温度应低于产品的低共熔点10～20℃，预冻时间一般2～3小时，有些品种需要更长时间。预冻有速冻和慢冻两种方法，速冻法就是在产品进箱之前，先把冻干箱温度降到－45℃以下，再将产品装入箱内速冻，形成细微冰晶，制得的产品疏松易溶。特别对于生物制品，此法引起蛋白质变性的几率很小，故对于酶类或活菌活病毒的保存有利。慢冻法是将产品直接放入冻干箱后再降低温度，该法冻干效率高，但形成的结晶较粗，见图5－22。实际工作中应根据具体情况合理选用。

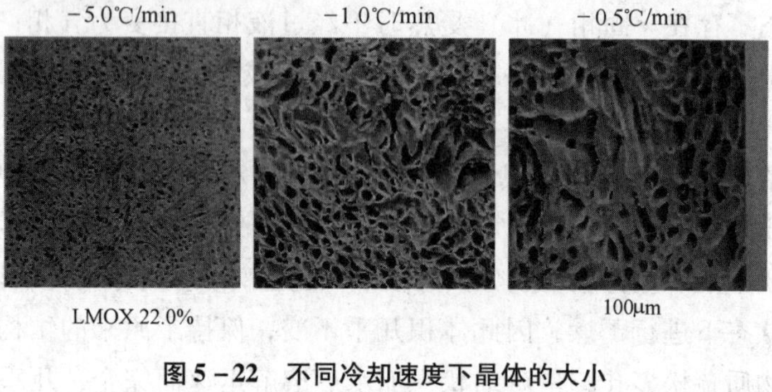

图5－22　不同冷却速度下晶体的大小

对新产品进行冻干时，应先测出其低共熔点（eutectic point），以便控制冷冻温度，在低共熔点以下，保证冷冻干燥顺利进行。低共熔点是在水溶液冷却过程中，冰和溶质同时析出结晶混合物（低共熔混合物）时的温度，其测定方法有热分析法和电阻法。

（2）升华干燥　升华干燥可采用一次升华法或反复预冻升华法。

一次升华法系先将处理好的产品溶液在干燥箱内预冻至低共熔点以下 10～20℃，同时将冷凝器温度下降至 -45℃以下，启动真空泵，当真空度达到 13.33Pa（0.1mmHg）以下时关闭冷冻机，通过搁板下的加热系统缓缓加温，以提供制品升华过程中所需的热量，制品的温度逐渐升高至低共熔点以下 3～5℃，维持此温度至除去自由水。这种方法适合于低共熔点在 -10～-20℃的产品，且溶液浓度、黏度不大，装量厚度在 10～15mm 的情况。

反复预冻升华法适用于低共熔点较低或结构复杂、黏稠的产品，如多糖或中药提取物等难于冻干的产品。这些产品在升华过程中，往往冻块软化，产生气泡，并在制品表面形成黏稠状的网状结构，从而影响升华干燥、影响产品外观。此时，可用反复预冻升华法。例如，某制品低共熔点为 -25℃，可速冻到 -45℃左右，然后将制品升温到低共熔点附近（-27℃），维持 30～40 分钟，再降温至 -40℃。如此反复处理，使制品晶体结构改变，制品表层外壳由致密变为疏松，有利于水分升华。此法可缩短冷冻干燥周期，适用于一些难于冻干的产品。

（3）二次干燥　当升华干燥阶段完成后，为尽可能除去残余的水，需要进一步干燥，称为二次干燥或再干燥。二次干燥温度，根据制品性质确定，如 0℃、25℃等。二次干燥可保证冻干制品含水量 <1%，并有防止回潮作用。制品在保温干燥一段时间后，整个冻干过程即结束。

2. 冷冻干燥机　冷冻干燥机（简称冻干机）按功能分，由制冷系统、真空系统、加热系统和控制系统四个主要部分所组成。按结构分，由冻干箱、冷凝器（或称水气凝集器）、冷冻机、真空泵和阀门、电器控制元件等组成。图 5-23 表示冻干机的示意图。

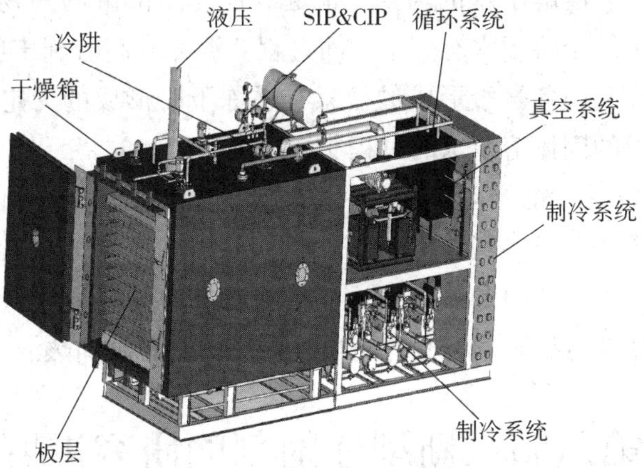

图 5-23　冷冻干燥机示意图

（三）冷冻干燥制品的质量控制

冷冻干燥制品除应符合一般注射剂的一些质量控制标准外，应为完整的块状物或海绵状物，具有足够的强度，不易碎成粉，外形饱满不萎缩，色泽均一，干燥充分，保持药物稳定，加入溶剂后能迅速恢复成冻干前的状态。冷冻干燥制品常见的问题有含水量偏高、喷瓶、外形不饱满或萎缩成团块以及澄明度问题等。

1. **含水量偏高** 冻干时装量过厚，干燥过程中热量供给不足，冷凝器温度偏高，真空度不够，未采用真空压塞，出箱时制品温度低于室温等原因均可能导致冻干产品含水量偏高。

2. **喷瓶** 预冻温度过高，产品预冻不够完全，升华时供热过快或者局部过热，均会使部分产品熔化为液体。在高真空下，这些液体会从已干燥的固体界面下喷出形成喷瓶。防止措施是预冻温度应在低共熔点以下 -10 ~ -20℃，同时加热升华温度不要超过低共熔点。

3. **产品外形不饱满或萎缩** 这种现象的发生一般可能是冻干开始时水分升华过快，制品形成的已干外壳结构致密，升华的水蒸气穿过阻力过大，水蒸气在已干部分停留时间过长，使这部分药品逐渐潮解以致体积收缩，外形不饱满或萎缩。另外，制品中固体成分过少也是出现上述现象的原因之一。特别是黏度大的样品更易出现这种问题。解决方法有加入或改变填充剂、采用反复预冻升华法、改善结晶状态和产品的通气性，使水蒸气顺利逸出。

（四）冷冻干燥制品举例

例 5-17 注射用法莫替丁

【处方】法莫替丁 20g　L-门冬氨酸 8g　甘露醇 10g　注射用水 1000ml　制成 1000 支

【制法】取法莫替丁及 L-门冬氨酸加注射用水 500ml，50℃搅拌约 30 分钟，至全溶，加甘露醇搅拌溶解，加溶液量 0.1% 的活性炭，保温搅拌 15 分钟过滤除炭，补加注射用水至全量，过 0.22μm 微孔滤膜，灌装，每支 1ml，冷冻干燥，真空加塞，轧盖，半成品质量检查合格后印字包装。

【用途】①消化性溃疡出血。②应激状态时并发的急性胃黏膜损害和非甾体类抗炎药引起的消化道出血。

【注解】（1）法莫替丁及 L-门冬氨酸均微溶于水，法莫替丁显弱碱性，与门冬氨酸可形成易溶于水的盐。只有溶解于水的药物才能起反应，未溶解的药物可以继续溶解，再起反应，所以使法莫替丁完全溶于水有一个时间过程。温度升高有利于反应的进行。

（2）法莫替丁与 L-门冬氨酸形成的盐只有在冻干时形成的无定形固体能够迅速溶于水，在其他条件下形成的固体溶于水的过程非常缓慢。

（3）尽管门冬氨酸是二酸，但与法莫替丁起反应时只有一个酸根参与。

（4）因法莫替丁与 L-门冬氨酸均微溶于水，除非等摩尔加入，否则将有不溶性物。

（5）只有法莫替丁与 L-门冬氨酸形成的盐在冷冻时可以形成低共熔混合物，其他无机酸和有机酸形成的盐在冷冻时均有晶体析出且再溶解时必须加热。

第八节　新型注射剂的研究进展

扫码“学一学”

近年来，随着制剂新工艺、新技术的发展，除传统溶液剂型外，已逐渐发展出可注射的凝胶、乳剂、微球、纳米粒、脂质体等新型注射剂，包括注射缓控释及靶向制剂等很多品种已经应用于临床。由于新型注射剂在增强疗效、降低副作用、延长作用时间、提高患者顺应性等方面的独特优势，越来越受到人们的青睐。

（一）难溶性药物注射剂

将难溶性药物制成注射剂后，可以通过药物在注射部位的缓慢溶解，使活性药物缓慢吸收进入循环系统，作为局部作用的药物贮库，实现缓释或控释作用。不溶性盐（酯）和不溶性的药物复合物一般制备成灭菌混悬剂，混悬粒子应是药物结晶，灭菌过程不应使药物失去活性且能够缓慢释放。

这类制剂的治疗领域主要包括肾上腺皮质激素的抗炎及免疫抑制作用、激素的补充治疗作用、抗精神病药对精神病的治疗及激素用于避孕等。已经上市的肾上腺皮质激素类缓释产品多为母体药物水不溶性酯的灭菌混悬剂，如 Celestone Soluspan® 为人工合成的糖皮质激素倍他米松的一种水不溶性醋酸酯及水溶性的磷酸钠盐的混合物。另一种常用的药物为胰岛素，注射用胰岛素的生产是用氯化锌沉淀形成胰岛素锌结晶，可以分为 4 种类型：速效、短效（常规胰岛素）、中效和长效形式。中效和长效处方可以保持活性组分在皮下注射后缓慢释放。例如，中效精蛋白胰岛素为硫酸鱼精蛋白和胰岛素锌结晶在加有缓冲剂的注射用水中相混合而成的灭菌混悬液，这种混悬液的固相含有胰岛素、鱼精蛋白和锌形成的结晶。特慢效胰岛素锌“Utralentezinc”就是加入氯化锌制备的，混悬剂的固相主要是结晶，这种浑浊和乳状的混悬液是粒径为 10～40μm 的特性晶体混合物。如果药物有合适的不溶性盐，并且有确切的疗效，即可以用这种相对简单的方法制备缓释注射剂。

（二）非水性溶液和混悬剂

此类注射剂主要包括注射用油性溶液和油性混悬型缓释制剂，一般采用肌内注射给药，少数文献中有报道皮下注射给药的例子。

注射用非水性溶液和混悬剂系将药物置于油溶性溶剂中，制成可注射的非水性溶液或混悬剂。其主要目的之一就是确保注射给药后能够在较长时间内维持药物的治疗作用。目前，一些避孕药通常制成油性溶液或油性混悬液，如庚酸炔诺酮以蓖麻油为溶剂，可每 2 个月注射给药 1 次。用于避孕的醋酸甲羟孕酮注射液为其微细颗粒的混悬液，每三个月深部肌内注射一次即可。用于治疗前列腺癌的阿倍瑞克注射液为首个促性腺激素释放激素拮抗剂贮库型注射用混悬剂，通过臀部肌内注射给药，初始第 1 个月每 2 周注射 1 次，而后每 4 周注射 1 次。

（三）缓释微球

微球是以高分子聚合物作为载药基质制备的给药系统。所使用的聚合物材料一般要求无毒、无刺激，生物相容性好以及不影响药物的药理活性。常用于制备微球的材料包括天然高分子材料（明胶、白蛋白、淀粉和海藻酸盐等）、合成高分子材料，主要有聚酯类，如聚乳酸（PLA）、聚羟基乙酸（PGA）或两者的共聚物 PLGA，以及聚羧酸酐类等。目前，已有多个成熟的微球制剂产品上市，如注射用亮丙瑞林微球，临床用于治疗前列腺癌、子宫内膜异位症等疾病，皮下注射 1 次可维持 1 个月有效，目前已成功开发每 2 个月注射 1 次的亮丙瑞林微球，解决了普通注射剂需每天注射的问题。奥曲肽在临床上用于治疗胃肠胰内分泌肿瘤，如促胃液素瘤、胰岛瘤等，主要采用皮下和静脉注射给药，$t_{1/2}$ 为 90 分钟，每日多次用药。将其制备成注射用奥曲肽微球缓释制剂后，采用深部肌内注射给药，药效可以维持 1 个月。利培酮微球长效注射剂是一种广泛应用于治疗精神分裂症的制剂，其以可生物降解的载体材料为骨架制成，每 2 周给药 1 次。

（四）脂质体

脂质体为两亲性分子在水中自发形成的由双分子膜包裹的球状囊泡，既可包载脂溶性药物又可包载水溶性药物，亲水性药物可载入脂质体的亲水内核中，脂溶性药物可嵌入脂质的分子层之间。目前国际上已有十余种静脉给药脂质体制剂被批准上市。注射用缓释脂质体可通过皮下或肌内注射途径给药，给药后脂质体滞留在注射部位或被注射部位的毛细血管摄取，并随脂质体的逐步降解释放药物，使药物在相当长的时间内维持有效治疗浓度。

目前成功上市的脂质体主要有紫杉醇脂质体、多柔比星脂质体、两性霉素 B 脂质体、柔红霉素脂质体等。通常药物制备成脂质体注射剂后 $t_{1/2}$ 显著延长，如多柔比星静脉注射后在体内的消除 $t_{1/2}$ 为 17. 3 小时，制备成脂质体后 $t_{1/2}$ 可延长至 69. 3 小时。

（五）纳米粒

纳米粒由高分子物质组成，粒径为 10 ~ 1000nm，药物可以溶解、包裹于其中或吸附在表面上。可分为骨架实体型纳米球和膜壳药库型纳米囊。根据需要选择合适的材料，制成供静脉、肌内或皮下注射的聚合物胶体缓（控）释注射剂。注射用纳米粒具有靶向给药、缓释药物、增溶难溶性药物和提高生物大分子药物生物利用度、降低药物毒副作用等优点，近年来已成为生物医药领域的研究热点。

目前，临床上应用的治疗晚期肾细胞癌的坦罗莫司纳米粒注射液，以及用于治疗乳腺癌的白蛋白结合型紫杉醇纳米粒注射液等，均具有良好的治疗效果，同时有效地改善了患者的顺应性。

（六）乳剂

乳剂可作为药物的缓释传递系统，根据乳剂类型不同可以使亲水性和疏水性药物都能与乳剂的内相结合，使药物避免与体液和组织直接接触，药物从内相扩散至外相需要一定的时间，具有一定的缓释效果；另外，药物在体液和组织中能够保持较低浓度，可以降低药物的毒副作用。

乳剂是小分子药物的理想载体，药物可以分散到油相或水相中。O/W 型乳剂可应用于运送小分子药物，而与 O/W 型乳剂相比，W/O 型乳剂具有流动性差、难于注射的缺点，所以很少应用。此外乳剂也是疫苗、蛋白、基因等生物技术类药物的优良递送载体。

注射用乳剂在临床上的应用领域较为广泛，如治疗外周血管疾病的药物、镇静和抗焦虑的药物，以及营养补充剂等。如前列腺素 E_1（PGE_1）是血管扩张药物，且能够抑制血小板聚集，具有疏水性，可以选择乳剂处方。将 PGE_1 溶于含有大豆卵磷脂的油相中，制得乳剂后药物主要存在于油相或相界面中。通过与血液中的血浆蛋白相互作用，药物从乳剂的内相中缓慢释放。PGE_1 的溶液剂药物释放很快，但乳剂处方释放 PGE_1 至少需要 4 小时，与溶液剂相比发挥了药物的缓释作用，降低了副作用。

（七）即型凝胶

注射用即型凝胶（injectable *in situ* gel）是高分子材料以溶液或半固体状态给药后，在用药部位因外界刺激（如温度、pH、离子强度、光和特异化学物质等）发生响应，产生分散或构象的可逆转化，从而形成的半固体或液体注射制剂。原位凝胶系统大多无确定形状，在注射后能够流入并填充于组织间隙，注射后能在体内发生相变，特别适于局部植入。

原位凝胶具有亲水性三维网络结构及良好的组织相容性，同时，独特的溶液 – 凝胶转变性质使其兼有制备简单、使用方便、与用药部位特别是黏膜组织亲和力强、顺应性好、滞留时间长以及控制释药性能良好等诸多优点。某些原位胶凝系统可利用细注射针管给药，实现精确定位给药，特别适用于局部给药。

根据原位凝胶系统的制备原理，该技术分为两类：物理变化型，如在非水溶剂中的聚合物注射后产生沉淀；化学变化型，如注射后与聚体产生交联。

目前，又有多个注射用原位凝胶制剂上市，如用于牙周释放治疗牙周疾病的甲硝唑原位凝胶（Elyzol），用于治疗前列腺癌的醋酸亮丙瑞林注射用原位凝胶制剂（Eligard），其药效可以维持1个月。

近年来发展起来的ReGel是一种可以于肿瘤内注射的原位凝胶，其水溶液具有受热反向胶凝的性质，利用该平台制备的紫杉醇原位凝胶（OncoGel™）肿瘤内注射后可以缓慢释放药物长达50天，对肿瘤具有很好的治疗效果。

（八）体内植入制剂

植入给药系统（implantable drug delivery systems，IDDS）系一类经手术植入皮下或经针头导入皮下的控药制剂，又称皮下植入控释剂型，释放的药物经皮下吸收直接进入血液循环起全身作用，避免首过效应，生物利用度高。该系统给药后作用时间较长，但需医师进行植入和取出。如庆大霉素－聚酸酐经模压法制成的植入棒剂，用于治疗慢性骨髓炎，局部植入后可缓慢释药进入病灶，疗效显著，已被美国FDA批准进入Ⅱ期临床研究。一种用于治疗糖尿病性黄斑水肿的可生物降解的缓释类固醇制剂地塞米松眼玻璃体内植入剂（Ozurdex）2014年被美国FDA批准上市。

第九节　洁净室与空气净化技术

洁净室是指将一定空间范围内的空气中的微粒子、有害空气、细菌等污染物排除，并将室内的温度、洁净度、室内压力、气流速度与气流分布、噪音振动及照明、静电控制在某一需求范围内，而所给予特别设计的房间。即是不论外在的空气条件如何变化，其室内均能具有维持原先所设定要求的洁净度、温湿度及压力等性能的特性。

空气净化技术是指以创造洁净的空气为主要目的的空气调节措施。根据不同行业的要求和洁净标准，可分为工业洁净和生物洁净两类。工业洁净系指除去空气中悬浮的尘埃；生物洁净系指不仅除去空气中的尘埃，而且除去细菌等以创造空气洁净的环境。药物制剂行业中的空气净化需要生物洁净。在净化的空气环境中制药是防止药品受到污染、提高药品质量的重要措施之一。

一、洁净室的净化标准及适用范围

目前国际上尚没有统一的洁净室净化标准。各国规定主要是涉及尘埃和细菌两个方面的因素。空气中的悬浮粒状物大多小于10μm，而且粒度分布在4μm附近及1μm以下出现峰值，因此将5μm及0.5μm作为划分洁净度等级的标准粒径。洁净区与非洁净区之间、不同级别洁净区之间的压差应当不低于10Pa。必要时，相同洁净度级别的不同功能区域（操作间）之间也应当保持适当的压差梯度。洁净室的温度与湿度应与药品的生产工艺要求相适应，如无特殊要求，厂方应当有适当的照明、温度、湿度和通风，确保生产和贮存的产品质量以及相关设备性能不会直接或间接的受到影响。

根据我国2010年版GMP规定，洁净区的设计必须符合洁净度的要求，包括达到“静态”和“动态”的标准。其中“静态”是指所有生产设备均已安装就绪，但没有生产活动且无操作人员在场的状态；“动态”是指生产设备按预定的工艺模式运行并有规定数量的操作人员在现场操作的状态。无菌药品生产的洁净区可分为A、B、C、D四个级别。

A 级：高风险操作区，如灌装区、放置胶塞桶和与无菌制剂直接接触的敞口包装容器的区域及无菌装配或连接操作的区域，应当用单向流操作台（罩）维持该区的环境状态。单向流系统在其工作区域必须均匀送风，风速为 0.36 ~ 0.54m/s（指导值）。应当有数据证明单向流的状态并经过验证。在密闭的隔离操作器或手套箱内，可使用较低的风速。

B 级：指无菌配制和灌装等高风险操作 A 级洁净区所处的背景区域。

C 级和 D 级：指无菌药品生产过程中重要程度较低操作步骤的洁净区。

以上各级别空气悬浮粒子的标准规定和洁净区微生物监控的动态标准如表 5－4 和表 5－5 所示。

表 5－4　洁净区各级别空气悬浮粒子标准规定

洁净度级别	悬浮粒子最大允许数/立方米			
	静态		动态	
	≥0. 5μm	≥5. 0μm	≥0. 5μm	≥5. 0μm
A 级	3520	20	3520	20
B 级	3520	29	352000	2900
C 级	352000	2900	3520000	29000
D 级	3520000	29000	不作规定	不作规定

另外，应当对微生物进行动态监测，评估无菌生产的微生物状况。监测方法有沉降菌法、定量空气浮游菌采样法和表面取样法（如棉签擦拭法和接触碟法）等。洁净区微生物监测的动态标准，见表 5－5。

表 5－5　不同洁净区微生物监测的动态标准

洁净度级别	浮游菌（cfu/m^2）	沉降菌（ϕ90mml，cfu/4h）	表面微生物	
			接触（ϕ55mm，cfu/碟）	5 指手套（cfu/手套）
A 级	<1	<1	<1	<1
B 级	10	5	5	5
C 级	100	50	25	—
D 级	200	100	50	—

注：①表中各数值均为平均值；②单个沉降碟的暴露时间可少于 4 小时，同一位置可使用多个沉降碟连续进行监测并累积计数。

无菌药品中终端灭菌产品与非终端灭菌产品的生产操作环境可参考表 5－6、表 5－7 中的示例进行选择。

表 5－6　无菌药品中终端灭菌产品生产操作环境的要求

洁净度级别	终端灭菌产品生产操作示例
C 级背景下的部分 A 级	高风险产品[a]的灌装（或灌封）
C 级	产品的灌装（或灌封）；高污染风险产品[b]的配制和过滤；眼用制剂、无菌软膏剂、无菌混悬剂的配制、灌装（或灌封）；直接接触药品的包装材料和器具终端清洗后的处理
D 级	轧盖；灌装前物料的准备；产品的配制（指浓配或采用密闭系统的配制）和过滤直接接触药品的包装材料与器具的终端清洗

注：a. 此处的高污染风险是指产品容易长菌、灌装速度慢、灌装用容器为广口瓶、容器须暴露数秒后方可密封等状况；b. 此处的高污染风险是指产品容易长菌、配制后需等待较长时间方可灭菌或不在密闭系统中配制等状况。

表 5－7　无菌药品中非终端灭菌产品生产操作环境的要求

洁净度级别	非终端灭菌产品的无菌生产操作示例
B 级背景下的 A 级	处于未完全密封[a]状态下产品的操作和转运，如产品灌装（或灌封）、分装、压塞、轧盖[b]等；灌装前无法除菌过滤的药液或产品的配制；直接接触药品的包装材料、器具灭菌后的装配以及处于未完全密封状态下的转运和存放；无菌原料药的粉碎、过筛、混合、分装
B 级	处于未完全密封[c]状态下的产品置于完全密封容器内的转运；直接接触药品的包装材料、器具灭菌后处于密闭容器内的转运和存放
C 级	灌装前可除菌过滤的药液或产品的配制；产品的过滤
D 级	直接接触药品的包装材料、器具的终端清洗、装配或包装、灭菌

注：a. 轧盖前产品视为处于未完全密封状态；b. 根据已压塞产品的密封性、轧盖设备的设计、铝盖的特性等因素，轧盖操作可选择在 C 级或 D 级背景下的 A 级送风环境中进行；c. 级送风环境应当至少符合 A 级区的静态要求。

二、空气净化技术

大气中存在各种浮游微粒，如灰尘、纤维、煤烟、花粉、霉菌、孢子、细菌（附着于尘埃粒子上）等，因此对进入注射剂生产车间特别是洁净区的空气进行净化，对保证注射剂的质量具有重要意义。空气的净化一般采用空气过滤法，即当含有粉尘的空气通过多孔过滤介质时，粉尘被微孔截留或孔壁吸附而与空气分离。

1. 空气过滤的机制　常用的空气滤过介质为错综复杂排列的纤维层，当空气流过纤维层时，其滤过的机制比较复杂，主要包括惯性作用、扩散作用、拦截作用、静电作用、重力作用、分子间范德华力等作用。在实际过滤器中可能有多种机制同时发挥作用，只是其中一种或两种机制起主要作用。

2. 影响空气过滤的因素

（1）尘粒粒径　粒径越大，惯性、拦截、重力沉降作用越大；粒径越小，扩散作用越明显。而中间粒径的过滤效率较低，因此常以中间粒径的尘粒来检查高效滤过器的效率。

（2）滤过风速　风速越大，惯性作用越强，但风速过强会将附着的尘粒吹出，并且使滤过的阻力增加。风速越小，扩散作用越强，滤过阻力越小，能捕集小尘粒，因此常用极小的风速捕集更小的尘粒。

（3）介质纤维直径与密实性　纤维越细及密实，与空气接触面积就越大，惯性及拦截作用越强，但过于密实阻力增加，扩散作用减弱。

（4）附尘作用　随过滤的进行，在纤维表面沉积的粒子逐渐增多而拦截效果增加，但到一定程度后尘粒有再次飞散的可能，因此需要定期清洗滤过介质。

3. 空气过滤器　空气过滤器是把滤材装进金属或木质框架内组成单元滤过器。使用时将单个或多个单元滤过器装入通风管或通风柜的空气滤过箱中。在空气净化系统中，过滤器按过滤效率可分为初效过滤器、中效过滤器、亚高效过滤器和高效过滤器四类（图 5－24）。

初效过滤器：主要滤除大于 5μm 的悬浮尘粒，过滤效率可达 20%～80%，通常设在上风侧的新风过滤，除用于捕集大粒子外，还能防止中、高效过滤器被大粒子堵塞，以延长中、高效过滤器的寿命。因此也叫预过滤器，一般采用易于拆卸的平板型或袋型。

中效过滤器：主要用于滤除大于 1μm 的尘粒，过滤效率达到 20%～70%，滤材有玻璃纤维、新型无纺布等，具有阻力小、过滤效率高、大风量、容尘量大、质量轻等特点。一般置于高效过滤器之前，以延长其寿命。

亚高效过滤器：主要滤除小于 1μm 的尘粒，过滤效率在 95%～99.9%，置于高效过滤器之前以保护高效过滤器，常采用叠式过滤器。

高效过滤器：主要用于滤除小于1μm的尘粒，对粒径为0.3μm的尘粒的滤过效率在99.97%以上。一般高效过滤器的滤材为超细玻璃纤维密摺而成，其特点是效率高、阻力大、不能再生，因此一般装在通风系统的末端，在中效过滤器或在亚高效过滤器的保护下使用，并且安装时正反方向不能倒装。

过滤器应当尽可能不脱落纤维。严禁使用含石棉的过滤器。过滤器不得因与产品发生反应、释放物质或吸附作用而对产品质量造成不利影响。

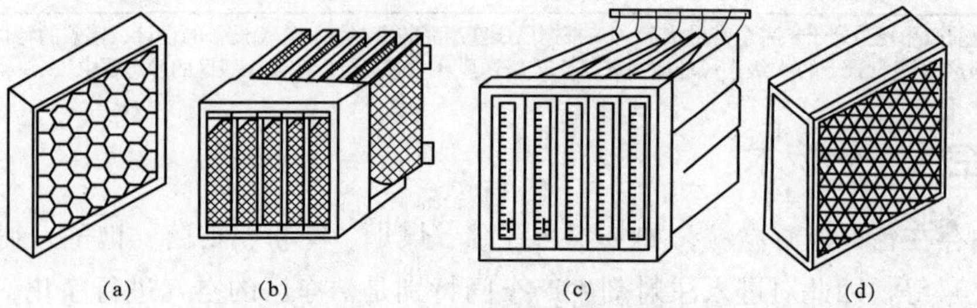

图5-24　空气过滤器示意图

(a) 板式过滤器；(b) 契式过滤器；(c) 袋式过滤器；(d) 折叠式过滤器

三、洁净室的气流形式

经高效过滤器送出来的洁净空气进入洁净室后的流向直接影响室内的洁净度。气流的形式有层流和乱流两种。

(1) 层流　系指空气流线相互平行的单一流动，又称平行流或单向流。层流的流动形式类似气缸内活塞动作，把室内发生的粉尘以整层推出室外。即使气流遇到人、物等发尘部位，尘粒随平行流迅速流出，从而保持室内空气的洁净度。层流可达到A级的洁净度。按气流流动方向层流又可为平行层流及垂直层流，如图5-25、图5-26所示。水平层流以高效过滤器为送风口布满一侧壁面，对应壁面为回风墙，气流以水平方向流动。垂直层流以高效过滤器为送风口布满顶棚，地板全部做成回风口，使气流自上而下平行流动。垂直层流的端面风速在0.25m/s以上，换气次数在400次/小时左右，造价以及运转费用较高。

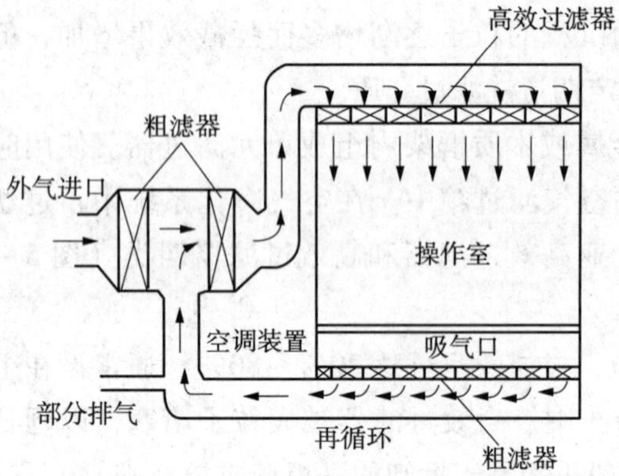

图5-25　垂直层流型气流方式

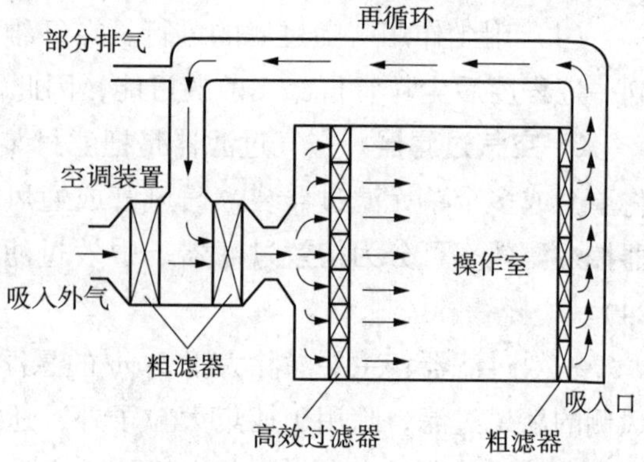

图5-26　水平层流型气流方式

由于层流洁净室的造价高，有时进行小规模操作，可在局部进行层流净化来完成。如输液灌装及注射用无菌粉末的分装均要求较高的洁净度级别，可在B级的洁净室内安装A

级的超净工作台，既可达到洁净度要求又可降低成本。

（2）乱流　系指气流按不规则的运动轨迹流动，这是因为送风与回风面积都较层流小。送入的洁净空气快速扩散至全室，室内含尘空气被洁净空气稀释而降低粉尘的浓度，从而达到净化空气的目的。此种气流形式，不能达到完全除尘的效果，室内洁净度与送风及回风位置、形式及换气次数有关。一般10000级的换气次数≥25次/小时，10万级则≥15次/小时。图5－27表示乱流洁净室多种送、回风形式，根据洁净等级和生产需要进行选择。

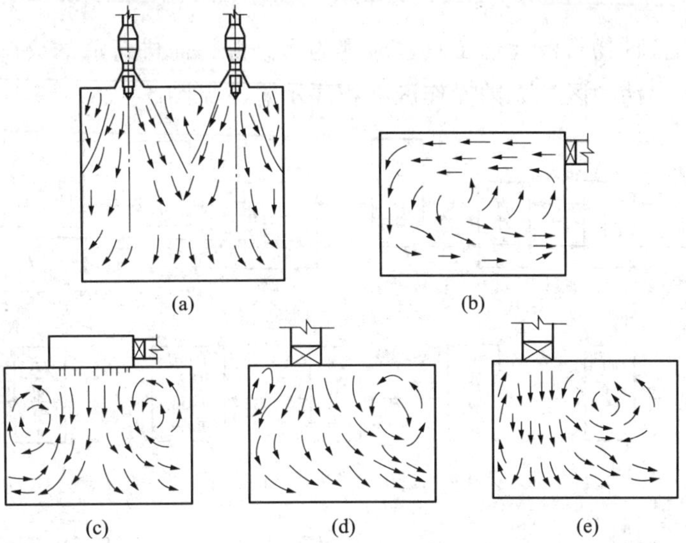

图5－27　乱流洁净室送、回风布置形式

（a）密集流线型散发器顶送双侧下回；（b）孔板顶送双侧下回；（c）上侧送风同侧下回；（d）带扩散板高效过滤器风口顶送单侧下回；（e）无扩散板高效过滤器风口顶送单侧下回

四、洁净室的管理

1. 空气过滤器清洗及测试　新风口的初效过滤器一般每周清洗一次，中效过滤器每月清洗一次。高效过滤器应每月测试风速及尘粒数目，当高效过滤器的风量为原来的70%时，应进行更换。

2. 洁净室的清洁消毒　洁净室应每周进行彻底的消毒（如用甲醛蒸气）。每日用消毒清洁剂（种类应当多于一种）对门窗、墙面、地面、室内用具及设备外壁进行清洁，并开启紫外光灯消毒。具体内容参阅无菌与无菌技术的无菌操作法。必要时可采用熏蒸的方法降低洁净区内卫生死角的微生物污染。洁净室还应按规定进行监测温度、湿度、空气压力、风速、尘粒数及菌落数等。

3. 对进入洁净室人与物的要求　洁净室在正常状态下污染来源主要为操作者。尘粒检查表明仅手与头动作即可散发大于0.3μm的尘粒数目为50万/分钟，如以3.2km/h的速度走动，尘粒数目可达500万/分钟之多，因此进入洁净区的人员应经淋浴、更衣、风淋后才能进入。进入洁净室的人员要尽量避免不必要的讲话、动作及走动。工作服及其质量应当与生产操作的要求及操作区的洁净度级别相适应，其式样和穿着方式应当能够满足保护产品和人员的要求。各洁净区的着装要求规定如下：

D级洁净区：应当将头发、胡须等相关部位遮盖。应当穿合适的工作服和鞋子或鞋套。应当采取适当措施，以避免带入洁净区外的污染物。

C级洁净区：应当将头发、胡须等相关部位遮盖，应当戴口罩。应当穿手腕处可收紧的连体服或衣裤分开的工作服，并穿适当的鞋子或鞋套。工作服应当不脱落纤维或微粒。

A/B级洁净区：应当用头罩将所有头发以及胡须等相关部位全部遮盖，头罩应当塞进衣领内，应当戴口罩以防散发飞沫，必要时戴防护目镜。应当戴经灭菌且无颗粒物（如滑石粉）散发的橡胶或塑料手套，穿经灭菌或消毒的脚套，裤腿应当塞进脚套内，袖口应当塞进手套内。工作服应为灭菌的连体工作服，不脱落纤维或微粒，并能滞留身体散发的微粒。

进入洁净室的各种物料及运送工具也应视为污染源，需进行清洁灭菌才能进入洁净室。人员和物料进出洁净区和无菌操作区的程序示意图见图5－28。

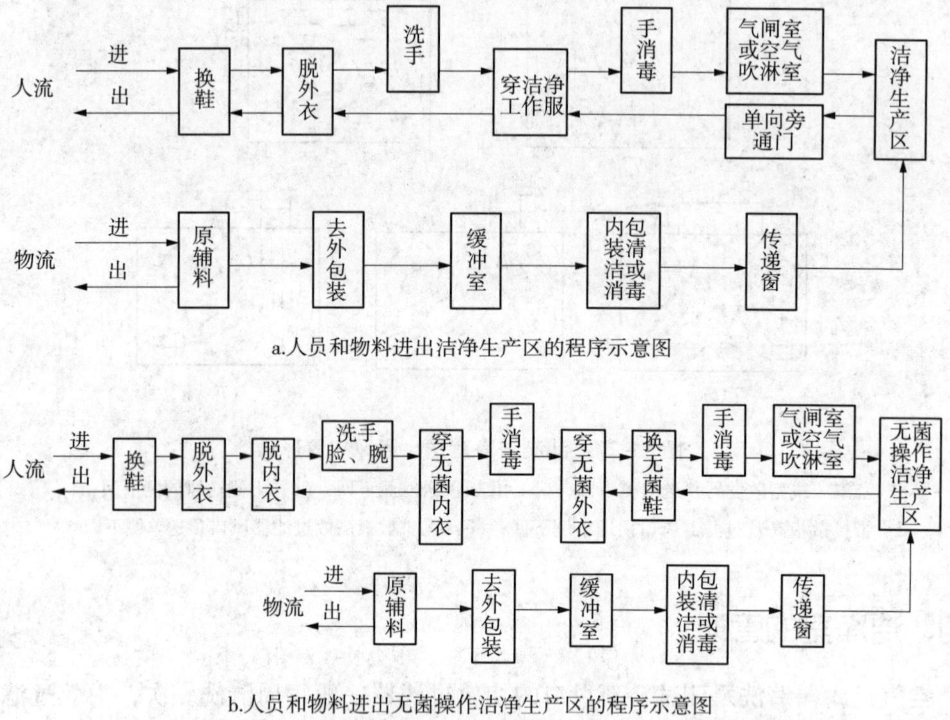

a.人员和物料进出洁净生产区的程序示意图

b.人员和物料进出无菌操作洁净生产区的程序示意图

图5－28 人员和物料进出洁净区和无菌操作区的程序示意图

第十节 注射剂的灭菌

扫码“学一学”

一、概述

根据临床实践的需要，发展了许多可以直接注入机体或与黏膜、创面直接接触的药剂，由于这类制剂直接作用于人体血液系统，在使用前必须保证灭菌或无菌。灭菌和无菌技术是药剂制备中一个重要的操作过程，对注射剂、眼用制剂等无菌制剂尤为重要。

灭菌（sterilization）是指用适当的物理或化学手段将物品中活的微生物杀灭或除去的过程。所应用的方法或技术称为灭菌法。采用灭菌法杀灭或除去所有活的微生物繁殖体和芽孢的一类药物制剂称为灭菌制剂。

无菌（sterility）系指在物体或任一给定的介质中，不含任何活的微生物。

无菌操作法（aseptic technique）系指在整个操作过程中利用和控制一定条件，使产品避免微生物污染的一种操作方法或技术。采用无菌操作方法或技术制备的不含任何活的微生物繁殖体和芽孢的一类药物制剂称为无菌制剂。

从广义上讲，上述灭菌制剂与无菌制剂都属于无菌制剂。《中国药典》规定，无菌制剂要进行无菌检查，而非无菌制剂（如口服制剂、一般局部用制剂、吸入剂、腔道用制剂等）要进行微生物限度的检查，即允许有规定量的微生物存在，但不得有某些种类的微生物存在。

消毒（disinfection）系指用物理或化学方法杀灭物体上或介质中的病原微生物。对病原微生物具有杀灭或除去作用的物质称为消毒剂。

防腐（antisepsis）系指用物理或化学方法防止和抑制微生物生长繁殖，亦称抑菌。对微生物的生长或繁殖具有抑制作用的物质称为防腐剂或抑菌剂。

药剂学中采用灭菌与无菌技术的主要目的是杀死或除去药剂中的微生物繁殖体和芽孢，最大限度地提高药物制剂的安全性，保护制剂的稳定性。但药剂学中的灭菌法与微生物学上的要求又不尽相同，在药剂学中选择灭菌方法，不但要达到灭菌目的，又不能破坏药物的稳定性和有效性。因此，应根据药物的性质及临床治疗要求，选择适当的灭菌方法，或将几种方法综合应用。

从严格意义上讲，无菌药品应完全不含有任何活的微生物，但由于目前检验手段的局限性，绝对无菌的概念不能适用于对整批产品的无菌性评价，因此目前所使用的"无菌"概念，是概率意义上的"无菌"。一批药品的无菌特性只能通过该批药品中活微生物存在的概率低至某个可接受的水平，即无菌保证水平（sterility assurance level，SAL）来表征。而这种概率意义上的无菌保证取决于合理且经过验证的灭菌工艺过程、良好的无菌保证体系以及生产过程中严格的 GMP 管理。

无菌药品通常的灭菌方式可分为物理灭菌法（包括干热灭菌法、湿热灭菌法、射线灭菌法、过滤除菌法等）和化学灭菌法（包括气体灭菌法、药液消毒法等）。按工艺的不同分为终端灭菌工艺（sterilizing process）和无菌生产工艺（aseptic processing）。其中终端灭菌工艺系指将完成终端密封的产品进行适当灭菌的工艺，由此生产的无菌制剂称为终端灭菌无菌药品，湿热灭菌和辐射灭菌均属于此范畴。无菌生产工艺系指在无菌环境条件下，通过无菌操作来生产无菌药品的方法，除菌过滤和无菌生产均属于无菌生产工艺。部分或全部工序采用无菌生产工艺的药品称为非终端灭菌无菌药品。

二、F 与 F_0 值

近年来灭菌过程和无菌检验中存在的问题已引起人们的注意。研究发现在一般灭菌条件下，产品中还有存在极微量微生物的可能性，而现行的无菌检验方法往往难以检出被检品中的极微量微生物。为了保证产品的无菌，有必要对灭菌方法的可靠性进行验证，F 与 F_0 值即可作为验证灭菌可靠性的参数。

1. D 值　研究表明，微生物受高温等作用被杀灭时，在一定温度范围内其死亡速率符合一级动力学过程，即：

$$\frac{dN}{dt} = -kN \tag{5-7}$$

或：

$$\lg N_t = \lg N_0 - \frac{kt}{2.303} \tag{5-8}$$

式（5－8）中，N_0为原有微生物数；N_t为灭菌时间为 t 时残存的微生物数；k 为灭菌速率常数。式（5－8）也可改写成：

$$t = \frac{2.303}{k}(\lg N_0 - \lg N_t) \quad (5-9)$$

D 值系指在一定温度下，杀灭 90% 微生物（或残存率为 10%）所需的灭菌时间。根据 D 的定义则有：

$$D = \frac{2.303}{k}(\lg 100 - \lg - 10) = \frac{2.303}{k} \quad (5-10)$$

D 值是微生物的耐热常数。在一定灭菌条件下，不同微生物具有不同的 D 值；同一微生物在不同灭菌条件下，D 值亦不相同，如含嗜热脂肪芽胞杆菌的 5% 葡萄糖水溶液，121℃蒸气灭菌的 D 值为 2.4 分钟，105℃的 D 值为 87.8 分钟。因此，D 值随微生物的种类、环境、灭菌方法、灭菌温度变化而变化。

2. *Z* 值　随着温度的升高，微生物的死亡速率加快，所以灭菌温度不同，灭菌所需时间也不同，即 k 增加，D 值随之下降。在一定温度范围内，$\lg D$ 与温度 T 呈直线关系。

$$直线的斜率 = \frac{\lg D_2 - \lg D_1}{T_2 - T_1} \quad (5-11)$$

由于此斜率为负值，为避免引入负数，提出 Z 值的概念。

$$Z = \frac{T_2 - T_1}{\lg D_2 - \lg D_1} \quad (5-12)$$

故 Z 值为降低一个 $\lg D$ 值所需升高的温度，即灭菌时间减少到原来的 1/10 所需升高的温度或在相同灭菌时间内，杀灭 99% 的微生物所需提高的温度，即：

$$\frac{D_2}{D_1} = 10^{\frac{T_1 - T_2}{Z}} \quad (5-13)$$

设 $Z = 10℃$，$T_1 = 110℃$，$T_2 = 121℃$。按式（5－3）计算可得：$D_2 = 0.079D_1$，即 110℃灭菌 1 分钟与 121℃灭菌 0.079 分钟的灭菌效果相当。

3. *F* 值　F 值系指在一定灭菌温度（T）下，给定的 Z 值所产生的灭菌效果与在参比温度（T_0）下给定的 Z 值所产生的灭菌效果相同时所相当的时间（equivalent time）。以分钟为单位，其数学表达式为：

$$F = \Delta t \sum 10^{\frac{T - T_0}{Z}} \quad (5-14)$$

式中，Δt 为测量被灭菌物品温度的时间间隔，一般为 0.5～1.0 分钟或更小。F 值常用于干热灭菌，如干热灭菌的参比温度用 170℃，破坏大肠杆菌内毒素的 Z 值为 54℃，则采用 250℃干热灭菌破坏上述内毒素的 F 值为 750 分钟。

4. F_0 值　F_0值系指在一定灭菌温度（T）、Z 值为 10℃所产生的灭菌效果与 121℃、Z 值为 10℃所产生的灭菌效果相同时所相当的时间（分钟）。F_0值目前仅限于热压灭菌。物理 F_0值的数学表达式为：

$$F_0 = \Delta t \Sigma 10^{\frac{T - 121}{10}} \quad (5-15)$$

按式（5－15）定义的 F_0又叫做物理 F_0值。

按式（5－8），灭菌过程中，只需记录被灭菌物品的温度与时间，就可计算出 F_0值。如表 5－6 中的灭菌程序，8 分钟从 100℃升至 115℃，恒温 30 分钟，然后同样用 8 分钟降温至 100℃，Δt 取 1 分钟，即每分钟测定一次温度。

表5-8　灭菌过程中不同时间的温度

时间（分钟）	0	1	2	3	4	5	6	7	8~38	39	40	41	42	43	44	45	46
温度（℃）	100	102	104	106	108	110	112	114	115	114	112	110	108	106	104	102	100

将表5-8数据用式（5-15）计算 F_0 值，结果为8.40分钟，即上述灭菌程序共46分钟的灭菌效果与121℃、8.40分钟的灭菌效果相当。

F_0 值还可以看作 $D_{121℃}$ 与微生物数目的对数降低值的乘积。按此定义的 F_0 值叫生物 F_0 值，其数学表达式为：

$$F_0 = D_{121℃} \times (\lg N_0 - \lg N_t) \quad (5-16)$$

式中，N_t 为灭菌后预计达到的微生物残存数，即染菌度概率（probability of nonsterility），一般当 N_t 达到 10^{-6} 时（原有菌数的百万分之一），即认为达到可靠灭菌效果。因此，生物 F_0 值可认为是以相当于121℃热压灭菌时，杀灭容器中全部微生物所需要的时间。

F_0 值的计算对灭菌过程的设计及验证灭菌效果极为有用，它将温度与时间对灭菌的效果统一在 F_0 值中，而且更为精确。当产品以121℃湿热灭菌时，灭菌器内的温度虽能迅速升到121℃，而被灭菌物品内部则不然，通常由于包装材料性能、灭菌物品的数量、摆放位置及其他因素使灭菌器内各处温度不均匀。从式（5-15）可以看出，F_0 值将随着产品温度（T）变化而成指数性的变化，故温度即使很小的差别（如0.1~1.0℃），将对 F_0 值产生显著的影响。同时 F_0 值要求测定灭菌物品内的实际温度，故用 F_0 值来检测验证灭菌效果具有重要的意义。由于 F_0 值是将不同灭菌温度计算到相当于121℃热压灭菌时的灭菌效力，故 F_0 值可作为灭菌过程的比较参数。

为了准确测定 F_0 值，需要研究影响 F_0 值的因素：

（1）温度　由于温度的微小差别将使 F_0 值发生显著的变化，因此首先应保证温度测定的准确性。应该选择灵敏度高，重现性好，精密度为0.1℃的热电偶，并对其进行校验；灭菌时应将热电偶的探针置于被测样品的内部，经灭菌器通向灭菌柜外的温度记录仪（一般附有 F_0 显示器）。

（2）容器大小、形状及热穿透系数。

（3）灭菌产品溶液黏度及容器充填量。

（4）容器在灭菌器内的数量及分布　该项因素在生产过程中影响最大，故必须注意灭菌器内各层、四角、中间位置热分布是否均匀，并根据实际测定数据，进行合理排布，使测得的 F_0 值更为可靠。

（5）灭菌工艺和灭菌器的验证　要求灭菌器内热分布应均匀，重现性好。

为了确保灭菌效果，生产过程应尽量减少微生物的污染，采取各种有效措施使每个容器的含菌数控制在一定水平以下（一般含菌数为10以下，即 $\lg N_t < 1$）。计算、设置 F_0 值时，应适当考虑增加安全系数，一般增加理论值的50%，即规定 F_0 值为8分钟，则实际操作应控制在12分钟。

三、物理灭菌法

物理因素对微生物的化学成分和新陈代谢影响极大，故可用许多物理方法来达到灭菌的目的。利用蛋白质与核酸具有遇热、射线不稳定的特性，采用加热、射线和滤过方法，杀灭或除去微生物的技术称为物理灭菌法（physical sterilization）或物理灭菌技术。常用的物理灭菌法有干热灭菌法、湿热灭菌法、过滤除菌法和射线灭菌法。

（一）干热灭菌法

通过加热可以破坏蛋白质与核酸的氢键，导致蛋白质变性或凝固，核酸破坏，酶失活，从而使微生物死亡。细菌芽孢比繁殖体耐热高，因此灭菌应以杀灭芽孢为标准。

干热灭菌法系指在干燥环境中进行灭菌的技术，其中包括火焰灭菌法和干热空气灭菌法。

1. 火焰灭菌法 火焰灭菌法系指直接在火焰中灼烧灭菌的方法，将灭菌物品通过火焰 3 ~4 次，每次时间 20 秒以上。该法灭菌迅速、可靠、简便，适用于耐火焰材质（如金属、玻璃及瓷器等）的物品与用具的灭菌，不适合药品的灭菌。

2. 干热空气灭菌法 干热空气灭菌法系指用高温干热空气灭菌的方法。由于干热空气穿透力弱，各处温度的均匀性差，且干燥条件下微生物的耐热性强，必须长时间受高热作用才能达到灭菌的目的。因此，干热空气灭菌法采用的温度一般比湿热灭菌法高。为了确保灭菌效果，《中国药典》（2020 年版）规定，使用干热灭菌的条件为：采用温度 - 时间参数或者结合 F_H值（F_H值为标准灭菌时间，系灭菌过程赋予被灭菌物品 160℃下的灭菌时间）综合考虑。干热灭菌温度范围一般为 160 ~ 190℃，当用于除热原时，温度范围一般为 170 ~400℃，无论采用何种灭菌条件，均应保证灭菌后的物品的即非无菌概率（Probability of a Nonsterile Unit，PNSU）$\leqslant 10^{-6}$。该法适用于耐高温的玻璃和金属制品以及不允许湿气穿透的油脂类（如油性软膏基质、注射用油等）和耐高温的粉末化学药品的灭菌，不适于橡胶、塑料及大部分药品的灭菌。

（二）湿热灭菌法

湿热灭菌法系指用高压饱和蒸汽、沸水或流通蒸汽进行灭菌的方法。由于蒸气潜热大，穿透力强，使微生物菌体中的蛋白质、核酸发生变性，因此此法的灭菌效率比干热灭菌法高，是制剂生产过程中应用最广泛的一种灭菌方法。具有可靠、操作简便，易于控制和经济等优点。缺点是不适用于对湿热敏感的药物。湿热灭菌法包括热压灭菌法、流通蒸气灭菌法、煮沸灭菌法和低温间歇灭菌法。

影响湿热灭菌的主要因素有：

微生物的种类与数量：微生物的种类不同，耐热、耐压性能存在很大差异，不同发育阶段的微生物对热、压的抵抗力不同，其耐热、耐压的次序为芽孢 > 繁殖体 > 衰老体。微生物数量愈少，所需灭菌时间愈短。

蒸气性质：蒸气有饱和蒸气、湿饱和蒸气和过热蒸气。饱和蒸气热含量较高，热穿透力较大，灭菌效率高；湿饱和蒸气因含有水分，热含量较低，热穿透力较差，灭菌效率较低；过热蒸气温度高于饱和蒸气，但穿透力差，灭菌效率低，且易引起药品的不稳定性。因此，热压灭菌应采用饱和蒸气。

药品性质和灭菌时间：一般而言，灭菌温度愈高，灭菌时间愈长，药品被破坏的可能性愈大。因此，在设计灭菌温度和灭菌时间时必须考虑药品的稳定性，即在达到有效灭菌的前提下，可适当降低灭菌温度或缩短灭菌时间。

介质的性质：介质 pH 对微生物的生长和活力具有较大影响。一般情况下，在中性环境微生物的耐热性最强，碱性环境次之，酸性环境则不利于微生物的生长和发育。介质中的营养成分愈丰富（如含糖类、蛋白质等），微生物的抗热性愈强，应适当提高灭菌温度和延长灭菌时间。

1. 热压灭菌法　热压灭菌法系指用高压饱和水蒸气加热杀灭微生物的方法，该法为热力灭菌中最有效、用途最广的方法，具有很强的灭菌效果，能杀灭所有细菌繁殖体和芽胞，灭菌效果可靠，适用于耐高温和耐高压蒸气的药物制剂、玻璃容器、金属容器、瓷器、橡胶塞、滤膜过滤器等。

在一般情况下，热压灭菌法通常采用温度-时间参数或者结合 F_0 值（F_0 值为标准灭菌时间，系灭菌过程赋予被灭菌物品121℃下的灭菌时间）综合考虑，但无论采用何种灭菌温度和时间控制参数，都必须证明所采用的灭菌工艺和监控措施在日常运行过程中能确保物品灭菌后的 PNSU $\leqslant 10^{-6}$。

热压灭菌系在热压灭菌器内进行。热压灭菌的设备种类较多，如卧式热压灭菌柜、立式热压灭菌柜和手提式热压灭菌器等，生产中以卧式热压灭菌柜最为常用。主要通蒸气加热，有的也用电或煤气等加热。

卧式热压灭菌柜是一种大型灭菌器，用坚固的合金制成，带有夹套，柜内备有带轨道的格架，可分为若干层，用于放置灭菌的药品。灭菌柜顶部装有两只压力表，一只用于指示蒸气夹套内的压力，一只用于指示灭菌柜内的压力。两压力表中间为温度表。灭菌柜的一侧是进气阀、夹套放气阀和放水阀等，柜的上方安装有排气阀和安全阀等。

卧式热压灭菌柜的操作方法一般可分为三个阶段。①准备阶段：清洗灭菌柜，夹套先用蒸气加热10分钟，使夹套中蒸气压力上升至灭菌所需压力；②灭菌阶段：将待灭菌的物品置于铁丝篮中，排列于格架上，推入柜内，关闭柜门，并将柜门闩紧。将热蒸气通入柜内，当温度上升至规定温度（如115℃）时，开始记录灭菌时间，灭菌过程中柜内压力应比较稳定；③后处理阶段：到达灭菌时间后，先将蒸气关闭，排气，待蒸气压力降至“0”点，开启柜门，冷却后将灭菌物品取出。

热压灭菌柜使用时注意的事项包括：①必须使用饱和蒸气；②使用前必须将灭菌器内的空气排尽。如果灭菌器内有空气存在，则压力表上所显示的压力是蒸气和空气两者的总压而非单纯的蒸气压力，温度达不到规定值。而且由于水蒸气被空气稀释，妨碍了水蒸气与灭菌物品的充分接触，因此空气的存在降低了水蒸气的灭菌效果；③灭菌时间必须由全部被灭菌物品温度真正达到所要求的温度时算起；④灭菌完毕后，应避免灭菌柜内的压力骤然下降，待压力降至零后，才能放出锅内蒸气，使锅内压力和大气压相等后，先将柜门小开，再逐渐开大，以避免内外压力差太大而使物品冲出或使玻璃瓶炸裂。

2. 流通蒸气灭菌法　流通蒸气灭菌法系指在常压下，采用100℃流通蒸气加热杀灭微生物的方法。灭菌时间通常为30～60分钟，但不能保证杀灭所有的芽胞，是非可靠的灭菌法，所以必要时需要加入适当的抑菌剂，如酚类和三氯叔丁醇等。该法适用于消毒及不耐高热制剂的灭菌。

3. 煮沸灭菌法　煮沸灭菌法系指将待灭菌物置沸水中加热灭菌的方法。煮沸时间通常为30～60分钟。该法灭菌效果较差，不能确保杀灭所有的芽孢。常用于注射器、注射针等器皿的消毒。必要时可加入适量的抑菌剂，如三氯叔丁醇（0.2%～0.5%）、甲酚（0.1%～0.3%）、氯甲酚（0.05%～0.1%）、苯酚（0.1%～0.5%）、硝酸苯汞或醋酸苯汞（0.001%～0.002%）等，以提高灭菌效果。

4. 低温间歇灭菌法　低温间歇灭菌法系指将待灭菌物品用60～80℃加热1小时后，杀灭微生物繁殖体，然后在室温条件下放置24小时，让待灭菌物中的芽胞发育成繁殖体，再次加热灭菌，如此加热和放置反复操作3～5次，直至杀灭所有芽胞。该法适合于不耐高温、热敏感物料和制剂的灭菌。其缺点是费时、工效低、灭菌效果差，必要时可加入适量抑菌剂以提高灭菌效率。

（三）射线灭菌法

射线灭菌法系指采用辐射、微波和紫外线杀灭微生物和芽胞的方法。

1. 辐射灭菌法 辐射灭菌法系指用放射性核素（^{60}Co 和 ^{137}Cs）放射的 γ 射线杀菌的方法，辐射灭菌剂量一般为 2.5×10^{4} Gy（戈瑞）。射线可使微生物的分子直接发生电离而产生能破坏微生物正常代谢的自由基，终端使微生物遭到破坏。其特点是：不升高产品温度，穿透力强，灭菌效率高，特别适合于不耐热物料和制剂的灭菌，可用于固体、液体药物的灭菌，尤其对已包装的产品如中药制剂也可灭菌，因而大大减少了污染机会。但该法设备费用较高，对操作人员存在潜在的危险性，对某些药物（特别是溶液型）可能导致药效降低或产生毒性物质和发热物质等。

经证明对产品质量没有不利影响的，方可采用辐射灭菌。辐射灭菌应当符合《中国药典》和注册批准的相关要求。辐射灭菌工艺应当经过验证。验证方案应当包括辐射剂量、辐射时间、包装材质、装载方式，并考察包装密度变化对灭菌效果的影响。

2. 紫外线灭菌法 紫外线灭菌法系指用紫外线照射杀灭微生物和芽胞的方法。其原理是紫外线可使核酸蛋白变性，且能使空气中氧气产生微量臭氧，而达到共同杀菌作用。用于灭菌的紫外线波长一般为 200～300nm，灭菌力最强的波长为 254nm。

该方法属于表面灭菌。由于紫外线是以直线传播，较易穿透清洁空气及纯净的水，若水中悬浮物或盐类增多时，则穿透程度显著下降，故其适合于照射物表面灭菌、无菌室空气及蒸馏水的灭菌，但不适合于药液的灭菌及固体物料深部的灭菌。紫外线可被不同的表面反射或吸收，穿透力微弱，普通玻璃即可吸收紫外线，因此装于容器中的药物不能用紫外线灭菌。紫外线的灭菌效果与辐射强度和照射剂量呈正相关，辐射强度与距离平方成反比，照射剂量与照射时间成正比，故紫外灯同被照物之间的距离和照射时间要适宜。紫外线对人体有害，照射过久易发生结膜炎、红斑及皮肤烧灼等伤害，故一般在操作前开启 1～2 小时，关闭后进行操作。若必须在操作过程中照射时，对操作者的皮肤和眼睛应采取适当的防护措施。

3. 微波灭菌法 微波灭菌法是通过微波照射产生的热能杀灭微生物和芽胞的方法。微波是指频率为 300 MHz～300 kMHz 的电磁波。在微波照射下，电场方向每秒改变几亿至几十亿次，按电场方向排列的极性分子将随之发生剧烈的位置变化，分子在急速旋转中相互撞击、摩擦而产生热能。微波灭菌同时利用了微波的热效应和非热效应（生物效应），热效应可使细菌蛋白质变性，非热效应可干扰细菌正常的新陈代谢，破坏微生物生长条件。微波的生物效应使得该技术在低温（70～80℃）时即可杀灭微生物，而不影响药物的稳定性。微波能穿透到介质和物料的深部，可使介质和物料表里一致地加热，具有低温、常压、高效、省时（一般为 2～3 分钟）、低能耗、无污染、易操作、易维护、产品保质期长等特点。该法适合液态和固体物料的灭菌，且对固体物料具有干燥作用。

（四）过滤除菌法

过滤除菌法系指使药液通过无菌的滤器除去活的或死的微生物的方法，属于机械除菌方法。该法适合于对热不稳定的药物溶液、气体、水等的灭菌。灭菌用过滤器应有较高的滤过效率，能有效地除尽物料中的微生物，滤材与滤液中的成分不发生相互交换，滤器易清洗，操作方便等。可终端灭菌的产品不得以过滤除菌工艺替代终端灭菌工艺。

繁殖型细菌很少有小于1μm者，芽孢大小约为0.5μm或更小些，为了有效地除尽微生物，对于以过筛作为滤过机制的滤器，如纤维素酯膜滤器，其孔径必须小于芽孢体积，以阻止细菌和芽孢进入滤孔内，常用的除菌过滤器有0.22μm或0.3μm的微孔滤膜滤器；对于靠阻留于孔道之内或静电作用的滤器，孔径可稍大于所要滤除的颗粒，如G6（号）垂熔玻璃漏斗（孔径为1.5～2.0μm）可用于无菌滤过。滤过灭菌应在无菌条件下进行操作，为了保证产品的无菌，必须对滤过过程进行无菌检测。过滤除菌法利用表面过滤原理，能除去微生物，但无法截留热原（热原的大小为1～5nm）。

四、化学灭菌法

化学灭菌法系指用化学药品直接作用于微生物而将其杀灭的方法。该法仅对微生物繁殖体有效，不能杀灭芽孢。故化学灭菌的目的在于减少微生物的数目，以控制一定的无菌状态。化学杀菌剂的杀灭效果主要取决于微生物的种类与数量、物体表面光洁度或多孔性以及杀菌剂的性质等。使用化学杀菌剂不应损害药物制剂的质量。

1. 化学气体灭菌法　化学气体灭菌法系指采用化学品的气体或蒸气（如环氧乙烷、甲醛、丙二醇、甘油和过氧乙酸蒸气等）进行灭菌的方法。该法特别适合环境消毒以及不耐加热灭菌的医用器具、设备和设施等的消毒，亦用于粉末注射剂，不适合对产品质量有损害的场合。同时应注意残留的杀菌剂和与药物可能发生的相互作用。用于药物灭菌的气体应具备下列条件：①在室温时能形成气体或蒸气；②穿透力强，并容易自被灭菌物上移去；③灭菌快，毒性低，在低浓度时就具有杀菌作用；④无腐蚀性、爆炸性及刺激性。

2. 药液灭菌法　药液灭菌法系指采用杀菌剂溶液进行灭菌的方法。该法主要作为其他灭菌法的辅助措施，用于物体表面，如皮肤、无菌器具和设备、无菌室的地面、台面等的消毒。常用消毒液有75%乙醇、1%聚维酮碘溶液、0.1%～0.2%苯扎溴铵（新洁尔灭）溶液、约2%的酚或煤酚皂溶液等。

五、无菌操作法

无菌操作法系指整个操作过程控制在无菌条件下进行的一种操作方法。该法适合一些不耐热药物注射剂、眼用制剂、皮试液、海绵剂和创伤制剂的制备。按无菌操作法制备的产品，一般不再灭菌，故无菌操作法对于保证无菌产品的质量非常重要。无菌操作须在无菌操作室或无菌操作柜内进行。无菌操作室或无菌操作所用的一切用具、材料及环境，均须采用适当方法灭菌。

1. 无菌操作室的灭菌　无菌室的灭菌往往需要几种灭菌法同时应用。首先采用空气灭菌法对无菌室进行灭菌，可采用甲醛溶液加热熏蒸法、丙二醇蒸气熏蒸法、过氧乙酸熏蒸法等气体灭菌法并结合紫外线灭菌的方法对无菌室进行灭菌。甲醛溶液加热熏蒸法灭菌较彻底，是常用的方法之一。使用时，液态甲醛在其中汽化成甲醛蒸气，经蒸气出口送入总进风道，由鼓风机吹入无菌室，连续3小时后，关闭密熏12～24小时，并应保持室内湿度>60%，温度>25℃，以免低温导致甲醛蒸气聚合而附着于冷表面，从而降低空气中甲醛浓度，影响灭菌效率。密熏完毕后，将25%的氨水经加热，按一定流量送入无菌室内，以清除甲醛蒸气，然后开启排风设备，并通入无菌空气直至室内排尽甲醛。每天在操作前开启紫外灯照射1～2小时，中午休息时再灭菌0.5～1小时，以保证室内的无菌状态。

除此之外还要定期采用药液消毒法灭菌，包括用3%酚溶液、2%煤皂酚溶液、0.2%苯扎溴铵或75%乙醇在室内喷洒或擦拭室内墙壁、地面、用具等。

2. 无菌操作　无菌操作室、层流洁净工作台和无菌操作柜是无菌操作的主要场所。无菌操作室要求达到A级空气净化的条件。操作人员进入无菌操作室前要严格按照操作规程，经过不同的洁净区，经洗澡、更换灭菌的工作服和清洁的鞋子等净化处理，不得外露头发和内衣，以免污染。无菌操作所用的一切物品、器具及环境，均需按前述灭菌法灭菌，如安瓿应150～180℃、2～3小时干热灭菌，橡皮塞应121℃、1小时热压灭菌等。物料通过适当方式在无菌状态下送入室内。人流和物流要严格分离，以避免交叉污染。

小量无菌制剂的制备，普遍采用层流洁净工作台进行无菌操作，该设备具有良好的无菌环境，使用方便，效果可靠。

六、无菌检查法

无菌检查法系用于检查要求无菌的药品、生物制品、医疗器械、原料、辅料及其他品种是否无菌的一种方法。若供试品符合无菌检查法的规定，仅表明供试品在该检验条件下未发现微生物污染。

无菌检查应在环境洁净度B级背景下的局部A级洁净度的单向流空气区域内或隔离系统中进行，其全过程应严格遵守无菌操作，防止微生物污染，防止污染的措施不得影响供试品中微生物的检出。单向流空气区、工作台面及受控环境应定期按医药工业洁净室（区）悬浮粒子、浮游菌和沉降菌的测试方法的现行国家标准进行洁净度确认。隔离系统应定期按相关的要求进行验证，其内部环境的洁净度须符合无菌检查的要求。日常检验需对试验环境进行监测。

凡属无菌制剂均应严格按照《中国药典》（2020年版）中“无菌检查法”项下的具体规定和方法进行检验，判定合格后，方可应用。无菌检查法包括直接接种法和薄膜过滤法。直接接种法是将供试品溶液接种于培养基上，培养数日后观察培养基上是否出现浑浊或沉淀，并与阳性及阴性对照品比较。薄膜过滤法是取规定量供试品溶液经薄膜过滤器滤过后，将滤过后的薄膜接种于培养基上或直接用显微镜观察，进行阴性与阳性对照，此法灵敏度高，不易产生假阴性结果，操作也较简便。

第十一节　注射剂无菌工艺的验证

扫码“学一学”

无菌制剂包括直接注入体内的注射剂或直接用于创面及黏膜的非胃肠给药制剂。由于这类制剂的给药部位特殊，无菌制剂的质量及安全风险显著高于其他类别制剂，必须保证终端产品的无菌性。无菌制剂的无菌保证措施、生产工艺、终端灭菌工艺、工艺验证内容与方法、无菌保证水平等，都直接关系患者的用药安全及临床治疗效果。应当特别指出的是，无菌产品的无菌保证不能依赖于终端产品的无菌检验，而是取决于生产过程中采用合格的灭菌工艺、严格的GMP管理和良好的无菌保证体系。

基于质量源于设计的药品研发与质量控制的理念，为保证无菌药品的无菌保证水平符合要求，研发者在产品的研发过程中应根据药品的特性选择合适的灭菌方式，并系统地评估生产的各环节及各种因素对无菌保证水平的影响，根据风险的高低与风险发生的可能性等来针对性地验证灭菌工艺的可靠性，验证的内容、范围与批数等取决于工艺与产品的复杂性以及生产企业对类似工艺的经验多少等因素。只有在研发中经过系统而深入的研究与验证，获得可靠的灭菌工艺，并在日常的生产过程中严格执行该工艺，才能真正保证每批药品的无菌保证水平符合预期的要求。

一、注射剂的无菌保证工艺

（一）注射剂的无菌保证工艺

注射剂无菌保证工艺是指为实现规定的无菌保证水平所采取的经过充分验证后的灭菌（无菌）生产工艺。目前，注射剂的无菌保证工艺主要有两种。

1. 终端灭菌工艺（terminal sterilization process） 在控制微生物污染量的基础上，在药品灌封后，通过湿热灭菌方式除菌。一般来说，本方法成本低，无菌保证水平高，适宜于大容量注射剂和小容量注射剂的灭菌。

2. 无菌生产工艺（aseptic processing） 是指在无菌系统环境下，通过除菌过滤法或无菌操作法，以防止污染为目的，消除导致污染的各种可能性来保证无菌水平。一般来说，由于本方法对环境系统的要求高，且影响无菌操作的因素多而使得无菌保证水平比终端灭菌工艺低。无菌生产工艺一般适宜于粉针剂，亦可适宜于临床需要但不能进行终端灭菌的小容量注射剂。

因此，终端灭菌工艺和无菌生产工艺具有不同的系统要求、不同的除菌方法和不同的无菌保证结果。

评价无菌保证工艺是否有效曾一度主要通过对终产品抽样进行无菌检验来判断。由于微生物在产品中的分布是不均匀的，且抽检样品的数量有限，故抽检的结果不能真实代表整批产品的无菌状态。目前更为注重无菌保证工艺的设计是否合理、所用的设备与工艺是否经过充分的验证，在此基础上，切实按照验证后的工艺进行生产，这样才能保证灭菌（无菌）工艺的可靠性。

“无菌保证水平”（sterility assurance level，SAL）是评价灭菌（无菌）工艺效果的重要指标。SAL 的定义为产品经灭菌/除菌后微生物残存的概率。该值越小，表明产品中微生物存在的概率越小。终端灭菌工艺和无菌生产工艺实现产品无菌的方法有本质的差异，从而决定了由这两类工艺生产的产品应该达到的最低无菌保证水平的巨大差异。终端灭菌无菌产品的无菌保证水平为残存微生物污染概率$\leqslant 10^{-6}$，非终端灭菌无菌产品的无菌保证水平至少应达到95%置信限下的污染概率$<0.1\%$。由此可见，非终端灭菌无菌产品存在微生物污染的概率远远高于终端灭菌无菌产品，故仅限于临床必须注射给药而确实无法耐受终端灭菌的产品。为尽量减少非终端灭菌无菌产品污染微生物的概率，鼓励企业在生产中采用隔离舱等先进技术设备。

（二）注射剂剂型选择的原则

剂型的选择主要考虑药物的理化性质、稳定性和生物学特性，以及临床治疗的需要和临床用药的顺应性，此外，还要考虑制剂工业化生产的可行性和生产成本等。注射剂包括大容量注射剂（除另有规定外，一般不小于100ml，生物制品一般不小于50ml）、小容量注射剂（20ml 以下）以及粉针剂三种剂型，开发成注射剂不但要遵循上述原则，同时还要考虑制剂的无菌保证水平，也就是应优先选择无菌保证水平高的剂型。如果某主药可以制成无菌保证水平高的剂型，却选择了无菌保证水平低的剂型，则应视为剂型选择不合理。在给药途径一致的情况下，剂型的选择以尽可能安全为原则。

如果主药在水溶液中稳定性较好，同时又可以耐受湿热灭菌，则适于开发成小容量注射剂或大容量注射剂；其采用的灭菌方式的无菌保证值应在6以上（微生物残存概率$<10^{-6}$）。如果主药在水溶液中稳定，但不能耐受湿热灭菌，则不宜开发成大容量注射剂，可以开发成小容量注射剂或冻干粉针剂，但应注意设备和容器等的灭菌，以及冻干机、灌装和封口的环境等，即通过无菌生产工艺确保产品达到无菌要求；无菌生产工艺的无菌保证值通常不超过3（微生物残存概率$<10^{-3}$）。如果主药在水溶液中不稳定，则不宜开发成小容量注射剂、大容量注射剂和冻干粉针剂，可以开发成无菌分装的粉针剂。如果改变上市产品的剂型（粉针剂、小容量注射剂、大容量注射剂互换），不但应证明变更后的剂型在安全、有效和质量可控性方面更具优势，而且其无菌保证水平也不能降低。

（三）注射剂灭菌工艺的选择

注射剂的灭菌是保证制剂质量和用药安全性的重要工艺步骤。为保证灭菌的有效性和制剂的无菌保证水平，注射剂灭菌工艺选择的原则是：优先选择无菌保证水平高的终端灭菌工艺，只有在经充分的工艺研究证明无法耐受终端灭菌工艺的前提下，才选择非终端灭菌工艺。为此，欧盟“欧洲药品评价局（EMEA）”专门制定了规范性文件“Guideline on the sterilisation of the medicinal product，active substance，excipient and primary container”，其中包括“灭菌方法选择决策树”(decision trees for the selection of sterilization methods)，分别规定了水溶液性无菌制剂和其他无菌制剂灭菌方法选择的原则，分别见图5-29、图5-30。

注射剂生产过程中，除应选择适当的灭菌工艺外，还应对灭菌前产品中污染的微生物严加监控，并采用各种措施降低微生物污染水平，确保终产品达到无菌保证要求。此外为判断灭菌工艺对产品质量的影响，应进行灭菌前后的质量对比研究，且考察项目需全面，相关方法需验证。

灭菌工艺的选择一般按照灭菌工艺的决策树进行，湿热灭菌工艺是决策树中首先考虑的灭菌工艺。湿热灭菌法是利用高压饱和蒸汽、过热水喷淋等手段使微生物菌体中的蛋白质、核酸发生变性而杀灭微生物的方法。高温在杀灭微生物的同时，可能对药品的质量也有所影响。如果产品不能耐受湿热灭菌，则需要考虑采用无菌生产工艺。所以，对于药品的灭菌工艺的考察和确定，首先是考察其能否采用湿热灭菌工艺，能否耐受湿热灭菌的高温。

目前湿热灭菌方法主要有两种：过度杀灭法（$F_0 \geqslant 12$）和残存概率法（$8 \leqslant F_0 < 12$）。用其他F_0值小于8的终端灭菌条件的工艺，则应该按照无菌生产工艺要求。这两种湿热灭菌方法都可以在实际生产中使用，具体选择哪种灭菌方法，在很大程度上取决于被灭菌产品的热稳定性。药物是否能耐受湿热灭菌工艺的高温，除了与药物活性成分的化学性质相关外，很大程度上还与所用的溶剂、辅料、氧气、原料药中的杂质等密切相关。只有经过理论和试验都证明了即使采用各种可行的技术手段，活性成分依然无法耐受终端灭菌工艺的情况下，才能选择无菌保证水平较低的除菌过滤等无菌生产工艺。如国内外的生产研究和实践证明，复方氨基酸注射液中除半胱氨酸在121℃会分解外，如果将溶液中的溶解氧浓度降低到0.1ppm，含有胱氨酸等18种氨基酸的复方氨基酸注射液至少可以在121℃灭菌10分钟以上（F_0值$\geqslant 10$）。但如果不控制溶解氧，即使加入500mg/L的亚硫酸盐类抗氧剂，也只能在110℃灭菌30分钟以上（F_0值$\leqslant 3$）。可见灭菌前各生产步骤的工艺研究和控制，对产品能否采用终端灭菌工艺有时具有决定性的影响。

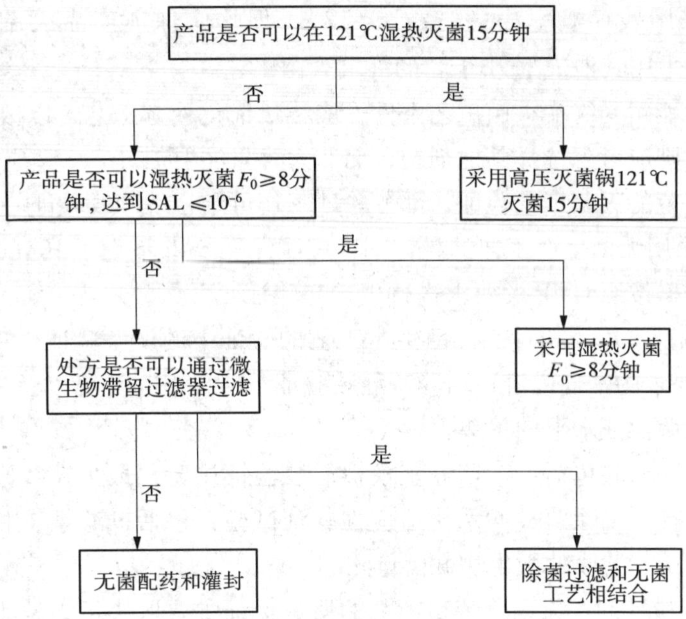

图5-29 溶液性药品灭菌方法选择决策树

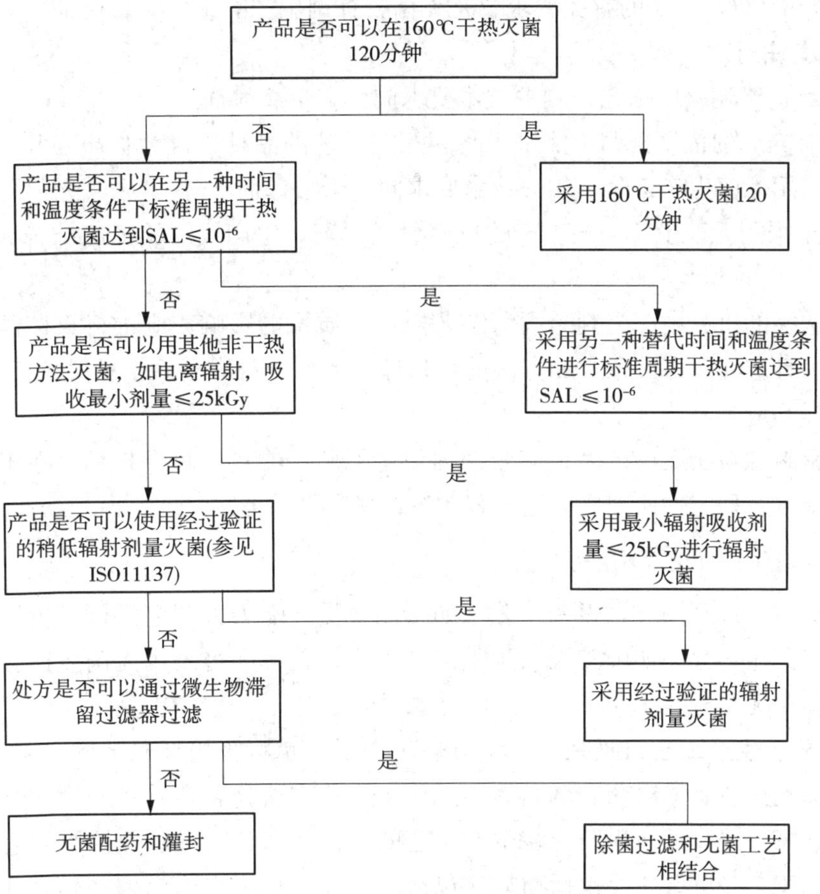

图5-30 非水液体制剂、半固体和干粉产品灭菌方法选择决策树

（四）无菌保证工艺的技术要求

1. 大容量注射剂

（1）应采取终端灭菌工艺，建议首选过度杀灭法（F_0≥12），如产品不能耐受过度杀灭的条件，可考虑采用残存概率法（$8 \leqslant F_0 < 12$），但均应保证产品灭菌后的 SAL 不大于 10^{-6}。原则上不应采用其他 F_0 值小于 8 的终端灭菌工艺。

（2）如产品不能耐受终端灭菌工艺条件，应尽量优化处方工艺，以改善制剂的耐热性。如确实无法耐受，则应考虑选择其他剂型，而非大容量注射剂。

（3）应进行规范的灭菌工艺验证，部分验证工作可结合生产线验证一并进行。

2. 粉针剂 采用无菌生产工艺的粉针剂，应能保证 SAL 不大于 10^{-3}，这主要取决于无菌生产工艺是否严格按照 GMP 的要求进行生产与验证。

（1）冻干粉针剂 冻干粉针剂无菌生产工艺的验证中的设备验证、环境监测是冻干粉针剂生产线 GMP 要求的常规内容；培养基灌装验证是对设备、环境以及人员操作的一种系统验证，是判断无菌保证水平的关键手段。

常规的工艺验证试验包括：①培养基模拟灌装验证试验，最少在线灌装三批，每瓶产品均应进行无菌检查。②除菌过滤系统适应性验证试验，包括过滤系统相容性测试、过滤前后滤膜完整性测试、滤膜的微生物截留量测试。

（2）无菌分装粉针剂 无菌分装粉针剂的质量保证主要取决于无菌生产线的基本条件和对生产工艺各环节严格的质量控制。生产工艺的控制和验证要求对不同的无菌分装产品是一致的。严格执行 GMP 的有关要求，是无菌粉针剂生产的重要质量保证。

3. 小容量注射剂

（1）应首选终端灭菌工艺，相关技术要求同大容量注射剂。

（2）如有充分的依据证明不能采用终端灭菌工艺的品种，且为临床必须注射给药的品种，可考虑采用无菌生产工艺，相关技术要求同冻干粉针剂。

（3）对于采用无菌生产工艺生产的小容量注射剂，生产线的验证应结合无菌生产工艺进行。

在剂型选择的研究中，为判断灭菌工艺对产品质量的影响，应进行灭菌前后产品质量对比的研究，且应注意考察条件和方法的合理性，考察项目需全面，相关分析方法需验证，同时研究用样品应具有代表性。

容器的密封性对于无菌产品在有效期内保持无菌性能具有重要作用，在工艺研究、包装材料的选择以及稳定性研究中，应加强对容器密封性的考察。

（五）无菌生产工艺的研究

无菌药品应首选采用终端灭菌工艺。如不能耐受终端灭菌工艺条件，应尽量优化处方工艺，以改善其耐热性。如确实无法耐受终端灭菌工艺，则可采用无菌生产工艺。无菌生产工艺通常包括无菌分装生产工艺和除菌过滤生产工艺。

1. 无菌分装生产工艺的研究 无菌分装生产工艺是将采用经验证的灭菌/除菌工艺过程处理后的原料药或者原料药和辅料，用无菌生产的方法分装到采用经验证的灭菌工艺处理的容器中，密封得到的。无菌分装生产工艺的工艺研究和生产过程控制的重点是影响无菌保证水平的工艺步骤，主要包括物料（包括原料药、辅料、内包装材料等）的质量控制、原材料暴露于环境中可能再污染的操作步骤等。

关于物料的质量控制，采用无菌分装生产工艺的制剂所涉及的各种物料，都必须采用适当的灭菌/除菌工艺处理后方可使用。各种物料的灭菌/除菌工艺，都应是经过验证的、控制良好的工艺。同时需要对各种物料的无菌性、细菌内毒素水平等进行严格控制，通过研究确定相应的质控标准。

无菌分装的生产工艺是将原料药或者原料药和辅料经分装设备分装至内包装材料中后密封得到。分装步骤是影响产品质量和无菌保证水平的关键生产步骤，应结合生产设备和产品特点进行工艺参数的研究，包括分装速度和分装时间等。

无菌分装生产工艺能否达到设定的无菌保证水平，与整个生产过程的控制密切相关，应按照 GMP 要求及产品具体生产工艺情况进行生产环境和生产过程的控制。在进行无菌生产工艺验证时，应采用最差条件进行验证，在实际生产过程中，对生产过程和工艺参数的控制均不能超过经验证的最差条件的控制范围。

2. 过滤除菌生产工艺的研究　过滤除菌的无菌生产工艺是通过除菌过滤器，将药液中的微生物除去得到无菌滤液。采用过滤除菌工艺时，同样需要对影响无菌保证水平的工艺步骤及工艺参数进行详细的研究，主要包括物料的质量控制、除菌过滤器的选择及除菌过滤工艺参数的研究、除菌过滤生产过程的控制等。

对于采用过滤除菌生产工艺的制剂，需注意对配制药液使用的原料药、辅料（包括注射用水）等原材料的微生物种类及数量进行检查，掌握潜在的污染微生物的总体特性情况，通过研究确定相应的质控标准。采用过滤除菌生产工艺的制剂所使用的内包装材料，必须采用适当的经验证的灭菌工艺处理后方可使用。

除菌过滤生产工艺所使用的除菌过滤器，通常为标称孔径 0.2μm 或更小的除菌级的过滤器。除菌过滤器的过滤效能是评价除菌过滤工艺的重要参数，需要对除菌过滤器的过滤效能进行验证。通常，影响除菌过滤器的除菌过滤效能的因素包括：①药液的性质，如药液的黏度、表面张力、pH、渗透压等；②过滤步骤的工艺参数，如过滤的压力、流速、时间、温度等；③除菌过滤器的相关参数，如除菌过滤器与药液的相容性、除菌过滤器的过滤总量和使用周期等。除菌过滤器的过滤效能可因产品和操作条件不同而显著不同。除菌过滤器的选择及工艺参数的研究可结合上述影响除菌过滤器的过滤效能的因素进行。在实际生产过程中，在过滤除菌前后均需要进行滤器完整性测试。由于微生物通过过滤器的概率随着待过滤溶液中微生物数量的增加而增加，除菌过滤工艺中需对待过滤溶液的微生物负荷情况进行研究和控制，通常情况下，终端除菌过滤前，料液的微生物负荷应不超过 10cfu/100ml。应通过研究确定无菌生产各操作环节的时间控制范围，如料液配制后待过滤的存放时间、药液过滤操作的时间、过滤后至灌装前放置的时间、灌封操作的时间、灭菌后的内包装材料及密封件允许的放置时间等。各生产环节操作时间的确定需提供相应的试验数据。

二、灭菌（无菌）生产工艺验证

为保证注射剂灭菌的可靠性，应进行灭菌工艺的验证并提供完整系统的工艺验证资料。工艺的验证包括对生产环境、设备条件是否符合设计要求的验证，以及对采用的灭菌工艺是否可确保制剂的无菌保证水平的验证。对于直接接触药品的包装材料及容器生产设备等的灭菌亦应进行验证。

（一）终端灭菌无菌药品的灭菌工艺验证

灭菌工艺验证的前提是生产设备已经完成安装和运行确认。终端灭菌工艺的验证一般分为物理验证和生物学验证两部分，物理验证包括热分布、热穿透试验，生物学验证主要是微生物挑战试验。物理验证是证实灭菌效果的间接方式，而微生物挑战试验则直接反映灭菌的效果，两者不能相互替代。

1. 物理验证

（1）空载热分布试验　空载热分布试验的目的主要是了解整个灭菌设备的运行情况，确认灭菌室内的温度均匀性，测定灭菌腔内不同位置的温差状况，确定可能存在的冷点。空载热分布试验通常采用足够数量的热电偶或热电阻作温度探头，进行编号后将它们固定在灭菌柜腔室的不同位置。温度探头的安放位置需要根据设备类型和不同位置下的灭菌风险评估而定，应包括可能的高温点、低温点，灭菌柜温度控制探头处、靠近温度记录探头处，其他的探头可以均匀地分布于灭菌柜腔室内，以使温度的检测具有较好的代表性。温度探头在试验前后至少需要两个温度点进行校正。温度探头安放结束后，即可以按照设定的灭菌程序进行灭菌。

（2）装载热分布试验　装载热分布试验的目的是了解设备在装载条件下内部的温度分布状况，包括高温点、低温点的位置，为后续的评估和验证打下基础。装载热分布一般在空载热分布的基础上进行。温度探头的个数和安放的位置一般同空载热分布试验，注意一定要在空载热分布试验确定的冷点安放温度探头。温度探头安放在待灭菌的容器的周围，注意不能介入待灭菌的容器。

装载热分布试验需要考虑最大、最小和生产过程中典型装载量情况，进行试验时，应尽可能使用待灭菌产品，如果采用类似物，应结合产品的热力学性质等进行适当的风险评估。待灭菌产品的装载方式和灭菌工艺的各项参数的设定应与正常生产时一致，应采用图表的方式说明产品的装载情况，并评估探头放置是否合理。如果待灭菌产品存在不同包装规格或浓度规格，应评估验证所采用的样品和装载方式是否能充分反映所有样品的实际装载情况。每一装载量的热分布试验需要至少进行三次。温度探头在试验前后同样均需要进行校正。

（3）热穿透试验　热穿透试验是考察灭菌柜和灭菌程序对待灭菌产品适用性的一项试验。热穿透试验的目的是确认产品内部也能达到预定的灭菌温度。对于药物而言，灭菌程序既要赋予产品一定的 F_0 值，以保障产品的 SAL $\leqslant 10^{-6}$。同时灭菌程序又不应使产品受热过度而造成药物部分降解，以致同一灭菌批次的产品出现质量不均一。

热穿透试验所用的温度探头的个数和安放位置需要根据热分布试验的结果确定。一般可以采用足够数量的温度探头。应将热穿透温度探头置于液体容器中的冷点，即整个包装中最难灭菌的位置。如果有数据支持或有证据表明将探头放在产品包装之外也能够反映出产品的热穿透情况，风险能够充分得到控制，也可以考虑将探头放在容器之外。插有温度探头的产品的安放位置包括热分布试验确定的冷点和高温点、其他可能的高温点、灭菌柜温度探头附近、温度记录探头处。

热穿透试验的步骤及要求与装载的热分布试验基本相同，每一装载方式的热穿透试验也需要至少进行三次。通过热穿透试验可以确定在设定的灭菌程序下，灭菌柜内各个位置的待灭菌产品是否能够到达设定的温度。结合灭菌前微生物污染的检测，可以确定灭菌柜内各个位置的待灭菌产品是否能够获得设定的 F_0 值。

对于 F_0 值最大点位置的样品，由于其受热情况最为强烈，因此应评估该位置下产品的稳定性情况，以进一步确认灭菌对于产品的稳定性没有影响。

（4）热分布和热穿透试验数据的分析处理　在物理确认试验中，应确认关键和重要的操作参数并有相应的文件和记录。通常需要关注的主要参数包括：每个探头所测得温度的变化范围、不同探头之间测得的温度变化范围、探头测得的温度与设定温度之间的差值、探头测得超过设定温度的最短及最长时间、F_0的下限及上限、灭菌阶段结束时的最低F_0值、灭菌阶段的最低和最高压力、饱和蒸汽温度和压力之间的关系、灭菌阶段腔室的最低和最高温度、热穿透温度探头之间的最大温差或F_0的变化范围、热分布试验中温度探头间的最大温差、最长平衡时间、最少正常运行的探头数等。

合格标准应结合灭菌条件、灭菌设备的特点以及产品的实际情况制定。通常情况下，灭菌柜腔室最冷、最热点和平均温度之间的温差应不超过2.5℃。保温时间内温度波动应在±1.0℃之内，如果温度差别过大，提示灭菌柜的性能不符合要求，需要寻找原因并进行改进，重新进行验证。另外对于热敏感的药物，还应该控制灭菌柜的升温和降温时间，以保证热能的输入控制在合理的范围以内，不会对产品的热稳定性造成影响。

2. 生物学验证 湿热灭菌工艺的微生物挑战试验是指将一定量已知D值的耐热孢子（生物指示剂）在设定的湿热灭菌条件下灭菌，以验证设定的灭菌工艺是否确实能达到产品所需的标准灭菌时间和F_0。此项验证工作能够如实反映灭菌工艺条件对微生物的杀灭效果，从而证明该灭菌工艺所赋予相关产品的无菌保证水平是否符合要求。

（1）生物指示剂选用的一般原则 一般情况下，生物指示剂选择的原则性要求是：孢子稳定、非致病菌、易于培养、有效期长、保存及使用方便、安全性好。针对具体的灭菌工艺和具体的产品，还应注意所用的生物指示剂的耐热性应强于待灭菌产品中的污染菌。

湿热灭菌工艺常用的生物指示剂有以下几种：嗜热脂肪芽孢杆菌、枯草芽孢杆菌、凝结芽孢杆菌、梭状芽孢杆菌等。对于采用过度杀灭法的灭菌程序，生物指示剂系统主要是嗜热脂肪芽孢杆菌的孢子。残存概率法由于其热输入量比较低，因此在验证中使用的生物指示剂的耐热性可以小于嗜热脂肪芽孢杆菌的孢子。

（2）生物指示剂的使用和放置 实际验证过程中可以直接采用市售的生物指示剂成品或将生物指示剂接种在待灭菌产品上。采用市售品时，只要供应商具有相应的质量体系认证资质，在测试中其提供的生物指示剂的D值就可以被接受。采用将生物指示剂接种到待灭菌产品的方法，由于生物指示剂在不同介质或环境中的耐热性会有所不同，首先应考虑产品对生物指示剂耐热性的影响。所以对于具体的品种而言，如果需要将生物指示剂接种至产品之中，应测定生物指示剂在该产品中的耐热性，即D值。如果生物指示剂与产品不相容，可以用与产品相似的溶液来代替产品。

生物指示剂的用量需要根据生物指示剂在待灭菌样品中的耐热性来确定，其用量应符合挑战性试验的要求。生物指示剂的用量可以采用阴性分数法或者残存曲线法计算，可以根据实际情况（如污染菌的耐热性、拟用的生物指示剂的D值等）选择合适的计算方法。

应结合产品特点和热分布、热穿透的实际结果来确定生物指示剂的放置位置。装有生物指示剂的容器应紧挨于装有测温探头的容器，在灭菌设备的冷点处必需放置生物指示剂。灭菌柜的其他部位应装载产品或者类似物，以尽可能的模仿实际生产时的状况。

（3）灭菌生物指示剂的验证 应该按照产品设定的灭菌工艺进行灭菌。

（4）检查和培养 可以根据生物指示剂的生长特性以及验证时的包装方式，采用适当的方法进行检查和培养。将指示剂放入培养基中进行培养。需要注意不同的生物指示剂所需要的培养条件也各不相同，针对使用的生物指示剂确定培养条件，同时应放置阴性和阳性对照样品。

（5）试验结果的评价 根据生物指示剂的D值和接种量推算产品在灭菌过程中实际达到的SAL值。验证新的灭菌工艺时，每个产品的每个规格的每一灭菌程序，至少需要连续进行三次生物指示剂验证试验。如果试验的重现性好，所有试验的结果均提示 SAL$\leqslant 10^{-6}$，则验证结果提示该灭菌工艺为验证合格的灭菌工艺。如果各次验证的结果不一致，需要分析原因，采取相应的改进措施后重新进行验证工作。

（二）非终端灭菌无菌药品的工艺验证

如果药品的热稳定性很差，难以进行终端灭菌，不得不采用无菌工艺进行生产。无菌生产工艺的特点决定其产品的无菌保证水平远低于终端灭菌产品。无菌生产工艺特别强调维持生产环境的无菌洁净状态并予以监控，以及对药液过滤前微生物污染水平的控制。目前国际上较普遍的非终端灭菌无菌产品的无菌保证标准是在95%置信限下产品中微生物残存概率不超过0.1%。

无菌生产工艺的验证主要包括培养基模拟灌装试验，应当尽可能模拟常规的无菌生产工艺，包括所有对无菌结果有影响的关键操作，及生产中可能出现的各种干预和最差条件。新建的无菌生产工艺的生产线在正式投产前必须进行连续三批无菌培养基模拟灌装试验。在生产用的设备、设施、人员结构及工艺方法有重大变更时都应进行培养基模拟灌装试验。实际生产中每半年应至少进行一次培养基模拟灌装试验。

对于除菌过滤无菌生产工艺的验证，还包括对除菌过滤系统的验证，如过滤器的微生物截留验证、过滤器与待过滤药液的相容性验证、过滤器的完整性验证等。

1. 培养基模拟灌装验证 无菌生产工艺应通过培养基模拟灌装验证。验证的基本原理是：采用一定量微生物的培养基溶液模拟整个正常生产过程，验证无菌灌装操作的可靠性。即溶液配制、除菌过滤和接收、灌装、密封等过程，将模拟生产的产品，按《中国药典》（2020年版）无菌检查的培养条件培养足够时间，并逐瓶检查产品有无染菌。应当根据产品的剂型、培养基的选择性、澄清度、浓度和灭菌的适用性选择培养基。应当尽可能模拟常规的无菌生产工艺，包括所有对无菌结果有影响的关键操作，包括生产中可能出现的各种干预和最差条件，各种干预和最差条件的考虑需要体现风险控制的理念。通常可能出现的各种干预和最差条件包括：①人员数量和他们的活动、换班、休息、更衣（需要时）；②设备调试，正常停车、非正常停车、意外事故（如检修等）；③采用灭菌后所允许放置的最长时间的设备或者车间进行生产；④模拟生产时间最长的批量所需的时间；⑤采用最慢的填充速度和最大的包装容器（即最长的暴露时间）；采用最快的填充速度和最小的包装容器（即容易伴随更多干预的生产情况）。总之，在试验计划中，总体研究设计和运行时间应该模拟可能出现的各种干预和最差操作条件，覆盖所有实际生产过程涉及的操作。

培养基模拟灌装试验的首次验证，每班次应当连续进行3次合格试验。空气净化系统、设备、生产工艺及人员重大变更后，应当重复进行培养基模拟灌装试验。培养基模拟灌装试验通常应当按照生产工艺每班次半年进行1次，每次至少一批。

培养基灌装容器的数量应当足以保证评价的有效性。批量较小的产品，培养基灌装的数量应当至少等于产品的批量。培养基模拟灌装试验的目标是零污染，应当遵循以下要求。

（1）灌装数量少于5000支时，不得检出污染品。

（2）灌装数量在5000～10000支时 ①有1支污染，需调查，可考虑重复试验；②有2支污染，需调查后，进行再验证。

（3）灌装数量超过10000支时 ①有1支污染，需调查；②有2支污染，需调查后，进行再验证。

（4）发生任何微生物污染时，均应当进行调查。

2. 除菌过滤系统验证　除菌过滤是指采用物理截留的方法去除液体或气体中的微生物，以达到无菌药品相关质量要求的过程。除菌过滤系统的验证一般包括微生物截留研究、析出物和释放物研究、相容性研究和药液吸附性研究。

（1）微生物截留研究　除菌过滤器微生物截留试验是通过模拟实际过滤工艺，过滤含有一定量生物指示菌的溶液，确认除菌过滤器的微生物截留能力。

（2）析出物和释放物研究　析出物指在人为或挑战性条件（如溶剂、温度或时间）下，从某一材料中脱离的任何化学组分。释放物是指在正常储存或使用条件下，从接触面上进入产品或工艺流体中的物质。潜在的析出物或释放物的来源包括但不限于：膜组件（如成形剂、表面活性剂、抗氧化剂、残留溶剂、支架层）和塑料组件（如封盖、外壳、支架、O 型圈）。影响释放物的因素可能包括过滤液的化学性质、灭菌方法、接触时间、温度和过滤量与面积之比。有机溶液的过滤产生的释放物可能比水溶液过滤要更高。

（3）相容性研究　过滤器的相容性研究用来评估过滤装置与料液的化学相容性，以避免可能的过滤器受损或变形，并能防止料液受到释放物或微粒物质的污染。化学相容性试验应涵盖整个装置，试验的设计应考虑料液性质、过滤温度和接触时间等。由于过滤装置与过滤料液或溶剂之间可能存在诸多化学相互作用，过滤器生产商所提供的代表性的化学相容性表通常只作为过滤器使用者的参考，过滤器使用者需要进行更全面的测试。通常的化学相容性试验包括：接触料液前后的目视检查、过滤过程中流速变化、滤膜重量变化、过滤前后起泡点变化等。

（4）药液吸附性研究　吸附是所过滤的料液中的某些成分黏附在滤膜上的过程，可能影响料液的构成和浓度。过滤器中吸附性的材料包括滤膜、硬件和支撑性材料。吸附试验条件可以根据实际生产条件确定，流速、过滤时间、料液浓度、防腐剂浓度、温度和 pH 等因素都可能影响吸附效果。吸附试验中采用的检测方法可以采用产品质量标准中所确定的相关检测方法。

第十二节　注射剂生产车间的设计

扫码“学一学”

注射剂的生产要求洁净的生产环境，应根据 GMP 的要求进行厂房的位置选择和车间的结构设计，使厂区环境和车间的设计布局适合注射剂生产的要求，并能有效的避免因交叉污染等因素影响药品质量，使产生差错的危险降至最低限度。

无菌药品按生产工艺的不同可分为终端灭菌产品和非终端灭菌产品，后者由于半成品不能采用任何形式的终端灭菌工艺去除微生物，所以需要采用无菌生产工艺进行生产。根据注射剂类型的不同，对生产车间有不同的设计要求。

一、终端灭菌小容量注射剂生产工艺流程及环境区域划分

终端灭菌小容量注射剂生产过程包括原辅料的准备、配制、灌封、灭菌、质检、包装等步骤，其流程及环境区域划分示例见图 5－31。

按照 GMP 的规定，最终灭菌小容量注射剂生产环境分为三个区域：一般生产区、C 级洁净区、C 级背景下的局部 A 级洁净区。一般生产区包括安瓿外清处理、半成品的灭菌检漏、异物检查、印包等；C 级洁净区包括物料称量、浓配、质检、安瓿的洗烘、工作服的洗涤等；C 级背景下的局部 A 级洁净区包括稀配、灌封。

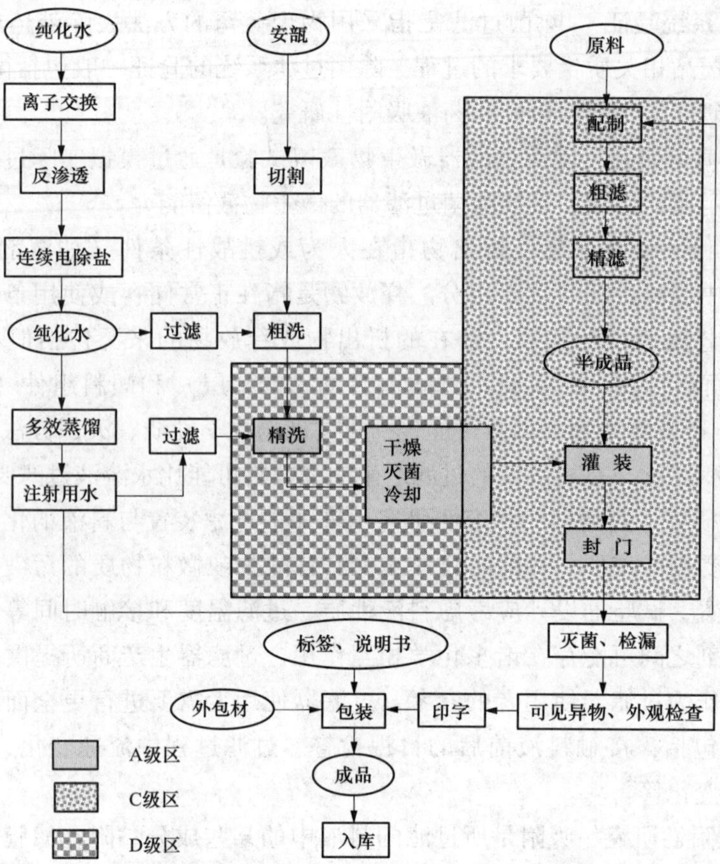

图 5－31　终端灭菌小容量注射剂生产工艺流程及环境区域划分示意图

二、非终端灭菌小容量注射剂生产工艺流程及环境区域划分

非终端灭菌小容量注射剂生产过程包括原辅料的准备、配制、除菌过滤、灭菌灌装、封口、质检、包装等步骤，其流程及环境区域划分示例见图 5－32。

常规非终端灭菌小容量注射剂分装车间流程如下：原辅料分别经过浓配、过滤、稀配、除菌过滤等工序，等待分装；检验合格的包装材料（西林瓶或安瓿瓶）经理瓶、洗瓶、烘瓶（灭菌）传至灌装间，灌装操作在 A 级层流保护下进行；灌装完成后进行轧盖或封口操作，完成整个分装过程。

按照 GMP 的规定，非终端灭菌小容量注射剂生产环境分为一般生产区（D 级洁净区）、C 级洁净区、B 级洁净操作环境下的局部 A 级洁净区。一般生产区包括安瓿外清处理、半成品的灭菌检漏、异物检查、印包等；C 级洁净区包括物料称量、灌装前可除菌过滤的药液或产品的配制、产品的过滤、质检、安瓿的洗烘、工作服的洗涤等；B 级背景下的 A 级操作包括产品的过滤除菌、灌装、封口，以及灌装前无法除菌过滤的药液或产品的配制等。

终端灭菌和非终端灭菌两种剂型在生产工艺上有相近之处，但两者之间存在本质区别。其区别在于终端灭菌小容量注射剂是在药液灌装后完成灭菌的，而非终端灭菌注射液除了对药液进行过滤除菌外，还需要对操作的每个环节和步骤进行无菌控制。小容量注射剂采用联动线进行操作时，由于灭菌烘箱和灌封机带有 A 级洁净区系统，洗瓶在 D 级的操作环境下，灌封操作则在 C 级洁净区背境下的 A 级洁净区操作，就能够达到终端灭菌药品的环境要求。而对于采用非终端灭菌操作的药品，洗瓶时在 D 级的操作环境下，灌封操作只允许在 B 级洁净操作环境下采用局部 A 级洁净区操作。

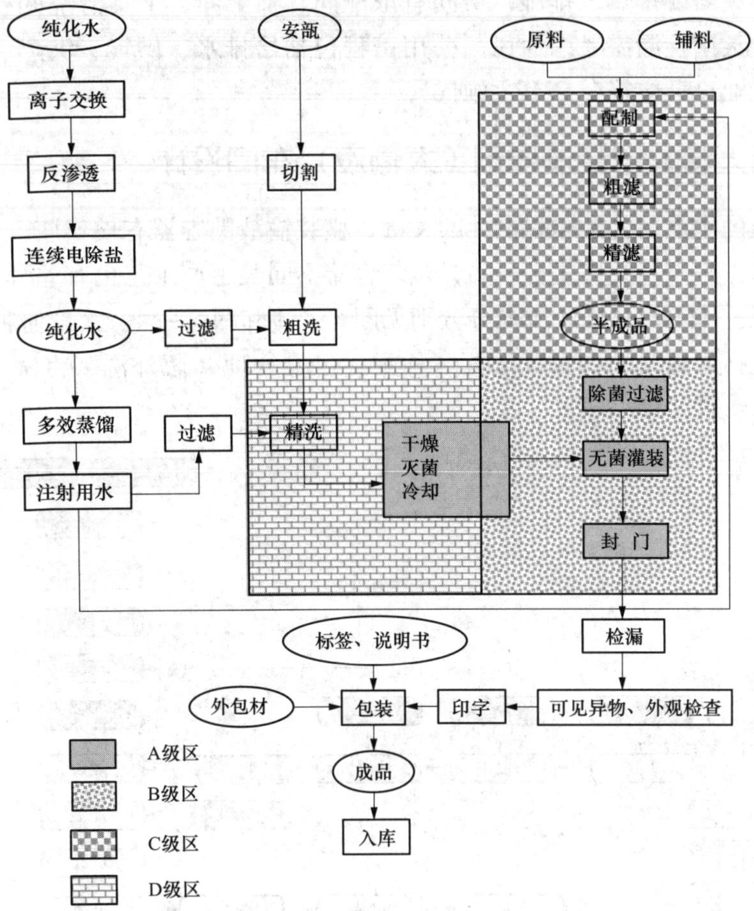

图 5－32　非终端灭菌小容量注射剂生产工艺流程及环境区域划分示意图

三、小容量注射剂的车间设计

洁净区与非洁净区之间、不同级别洁净区之间的压差应当不低于 10Pa。必要时，相同洁净度级别的不同功能区域（操作间）之间也应当保持适当的压差梯度。如工艺无特殊要求，厂房应当有适当的照明、温度、湿度和通风，确保生产和贮存的产品质量以及相关设备性能不会直接或间接的受到影响。各工序需安装紫外线灯。

车间设计要贯彻人、物流分开的原则。人员在进入各个级别的生产车间时，要先更衣，不同级别的生产区需有相应级别的更衣净化措施。生产区要严格按照生产工艺流程布置，各个级别相同的生产区相对集中，洁净级别不同的房间相互联系中设立传递窗或缓冲间，使物料传递路线尽量短捷、顺畅。物流路线的一条线是原辅料，物料经过外清处理，进行浓配、稀配；另一条线是安瓿瓶，安瓿经过外清处理后，进入洗灌封联动线清洗、烘干。两条线汇聚于灌封工序。灌封后的安瓿再经过灭菌、检漏、擦瓶、异物检查，最后进行外包装，即为整个生产过程。

辅助用房的合理设置是制剂车间 GMP 设计的一个重要环节。厂房内设置与生产规模相适应的原、辅材料，半成品、成品存放区域，且尽可能靠近与其联系的生产区域，减少运输过程中的混杂与污染。存放区域内应安排待验区、合格品区和不合格品区。

水针生产车间内地面一般做耐清洗的环氧自流坪地面，隔墙采用轻质彩钢板，墙与墙、墙与地面、墙与吊顶之间接缝处采用圆弧角处理，不得留有死角。

水针生产车间需要排热、排湿，房间有浓配间、稀配间、工具清洗间、灭菌间、洗瓶间、洁具室等，灭菌检漏需考虑通风。公用工程包括给排水、供气、供热、强弱电、制冷通风、采暖等专业设计应符合 GMP 原则。

四、终端灭菌大容量注射剂（大输液）车间设计

掌握大输液的生产工艺是车间设计的关键，盛装输液的容器有玻璃瓶、聚乙烯塑料瓶、聚氯乙烯（PVC）软袋、共挤复合膜等，包装容器不同其生产工艺也有差异，共挤复合膜、玻璃瓶的输液工艺流程及环境区域划分分别见图 5-33 和图 5-34。无论何种包装容器其生产过程一般均包括原辅料的准备、浓配、稀配、包材处理（瓶外洗、粗洗、精洗等）、灌封、灭菌、灯检、包装等工序。

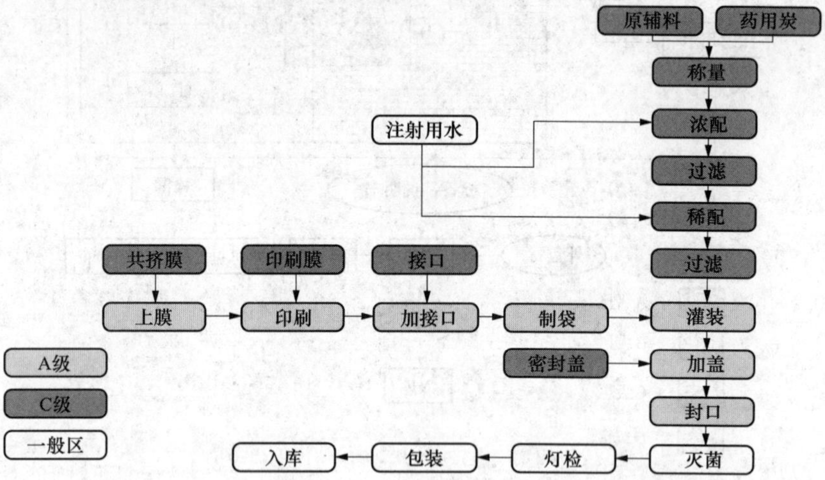

图 5-33　终端灭菌大容量注射剂（共挤复合膜）工艺流程及环境区域划分示意图

大容量注射剂车间的一般性技术要求包括：

（1）大输液车间控制区包括 A 级洁净区、B 级洁净区，C 级环境下的局部 A 级层流，控制区温度为 18～26℃，相对湿度为 45%～65%。各工序需安装紫外线灯。

（2）洁净生产区一般高度为 2.7m 左右较为合适，上部吊顶内布置包括风管在内的各种管线加上考虑维修需要，吊顶内部高度需为 2.5m。

（3）大输液生产车间内地面一般做耐清洗的环氧自流坪地面，隔墙采用轻质彩钢板，墙与墙、墙与地面、墙与吊顶之间接缝处采用圆弧角处理，不得留有死角。

（4）洁净生产区需用洁净地漏，百级区不得设置地漏。

（5）浓配间、稀配间、工具清洗间、灭菌间、洗瓶间、洁具室需排热、排湿。在塑料颗粒制瓶和制盖的过程中均产生较多热量，除采用低温水系统冷却外，空调系统应考虑相应的负荷，塑料颗粒的上料系统必须考虑除尘措施。洗瓶水配制间要考虑防腐与通风。

（6）纯化水和注射用水管道设计时要求 65℃ 回路循环，管道安装坡度一般为 0.1%～0.3%（1‰～3‰），不锈钢材质。支管盲段长度不应超过循环主管管径的 6 倍。

（7）不同环境区域要保持 5～10Pa 的压差，1 万级洁净区对 10 万级洁净区保持5～10Pa 的正压，10 万级洁净区对一般生产区保持 5～10Pa 的正压。

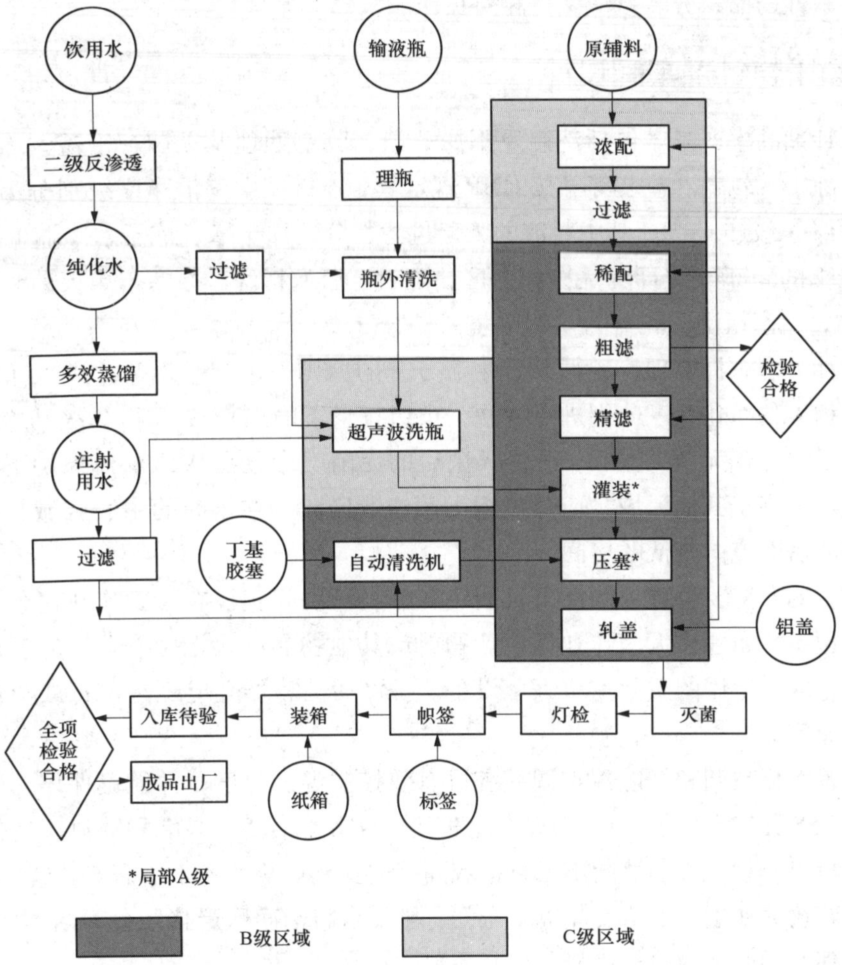

图 5-34　终端灭菌大容量注射剂（玻璃瓶）工艺流程及环境区域划分示意图

五、无菌分装粉针剂的车间设计

无菌分装粉针剂的生产工序包括原辅料的擦洗消毒、西林瓶粗洗、精洗、灭菌干燥、胶塞处理及灭菌、铝盖洗涤及灭菌、分装、轧盖、灯检、包装等步骤，按 GMP 规定其生产区域空气洁净度级别分为 A 级、C 级背景下的局部 A 级和 C 级。其中无菌分装、西林瓶出隧道烘箱、胶塞出灭菌柜及其存放等工序需要局部 A 级层流保护，原辅料的擦洗消毒、瓶塞精洗、瓶塞干燥灭菌为 C 级背景下的局部 A 级，瓶塞粗洗、轧盖为 C 级环境。

车间设计要做到人、物流分开的原则，按照工艺流向及生产工序的相关性，有机地将不同洁净要求的功能区布置在一起，使物流短捷、顺畅。粉针剂车间的物流基本上有以下几种：原辅料、西林瓶、胶塞、铝盖、外包材及成品出车间。进入车间的人员必须经过不同程度的更衣分别进入 C 级背景下的局部 A 级和 C 级洁净区。

车间设置净化空调和舒适性空调系统能有效控制温、湿度，并能确保培养室的温、湿度要求；如工艺无特殊要求，厂房应当有适当的照明、温度、湿度和通风，确保生产和贮存的产品质量以及相关设备性能不会直接或间接的受到影响。各工序需安装紫外线灯灭菌。

车间内需要排热、排湿的工序一般有洗瓶区隧道烘箱灭菌间、洗胶塞铝盖间、胶塞灭菌间、工具清洗间、洁具室等。

级别不同洁净区之间保持 10Pa 的正压差，每个房间应有测压装置。如果是生产青霉素或其他高致敏性药品，分装室应保持相对负压。

六、冻干粉针剂车间设计

冻于粉针剂的生产工序包括洗瓶及干燥灭菌、胶塞处理及灭菌、铝盖洗涤及灭菌、分装加半塞、冻干、轧盖、包装等。按 GMP 规定其生产区域空气洁净度级别分为 A 级、C 级背景下的局部 A 级和 C 级。其中料液的无菌过滤、分装加半塞、冻干、净瓶塞存放为 A 级或 C 级背景下的局部 A 级即为无菌作业区，配料、瓶塞精洗、瓶塞干燥灭菌为 C 级背景下的局部 A 级，瓶塞粗洗、轧盖为 C 级环境。

车间设计力求布局合理，遵循人、物流分开的原则，不交叉返流。进入车间的人员必须经过不同程度的净化程序分别进入 A 级、C 级背景下的局部 A 级和 C 级洁净区，进入 A 级区的人员必须穿戴无菌工作服，洗涤灭菌后的无菌工作服在 A 级层流保护下整理。无菌作业区的气压要高于其他区域，应尽量把无菌作业区布置在车间的中心区域，这样有利于气压从较高的房间流向较低的房间。

辅助用房的布置要合理，清洁工具间、容器具清洗间宜设在无菌作业区外，非无菌工艺作业的岗位不能布置在无菌作业区内。物料或其他物品进入无菌作业区时，应设置供物料、物品消毒或灭菌用的灭菌室或灭菌设备。洗涤后的容器具应经过消毒或灭菌处理方能进入无菌作业区。

车间设置净化空调和舒适性空调系统可有效控制温、湿度；并能确保培养室的温、湿度要求；如工艺无特殊要求，厂房应当有适当的照明、温度、湿度和通风，确保生产和贮存的产品质量以及相关设备性能不会直接或间接的受到影响。各工序需安装紫外线灯。

若有活菌培养如生物疫苗制品冻干车间，则要求将洁净区严格区分为活菌区与死菌区，并控制、处理好活菌区的空气排放及带有活菌的污水。

第十三节　眼用制剂

扫码“学一学”

一、概述

眼用制剂（ophthalmic preparations）系指直接用于眼部发挥治疗作用的无菌制剂。眼用制剂可分为眼用液体制剂（滴眼剂、洗眼剂、眼内注射溶液）、眼用半固体制剂（眼膏剂、眼用乳膏剂、眼用凝胶剂）、眼用固体制剂（眼膜剂、眼丸剂、眼内插入剂）等。眼用液体制剂也可以固态形式包装，另备溶剂，在临用前配成溶液或混悬液。

各类眼用制剂具有不同的特点和用途。滴眼剂系指药物与适当辅料制成的供滴入眼内的无菌液体制剂，可分为水性或油性溶液、混悬液或乳状液；洗眼剂系指由药物制成的无菌澄明水溶液，供冲洗眼部异物或分泌液、中和外来化学物质的眼用液体制剂；眼内注射溶液系指由药物与适宜辅料制成的无菌澄明溶液，供眼周围组织（包括球结膜下、筋膜下及球后）或眼内注射（包括前房注射、前房冲洗、玻璃体内注射、玻璃体内灌装等）的无菌眼用液体制剂；眼膏剂系指原料药物与适宜基质均匀混合，制成溶液型或混悬型膏状的无菌眼用半固体制剂；眼用乳膏剂系指原料药物与适宜基质均匀混合，制成乳膏状的无菌眼用半固体制剂；眼用凝胶剂系指原料药物与适宜基质均匀混合制成凝胶状无菌眼用半固体制剂，其黏度大，易与眼泪混合。眼膜剂系指原料药物与高分子聚合物制成的无菌药膜，可置于结膜囊内缓慢释放药物的眼用固体制剂。眼丸剂系指原料药物与适宜辅料制成的球形、类球形的无菌眼用固体制剂；眼内插入剂系指原料药物与适宜辅料制成的适当大小和形状，供插入结膜囊内缓慢释放药物的无菌眼用固体制剂。

眼用制剂主要用于杀菌、消炎、散瞳、麻醉、降低眼压等。用于制备眼用制剂的药物主要有抗生素类、甾体激素类、降压类和麻醉类等。眼用制剂不仅可以用于治疗眼部疾病，还可以起到缓解眼部疲劳、补充泪液等作用。

二、眼用药物吸收途径及影响吸收的因素

（一）吸收途径

虽然眼以外部位给药经分布可到达眼部，但由于药物浓度较低影响疗效，因此，眼科用药大多采用眼部局部给药。药物溶液滴入结膜囊内后主要经过角膜和结膜两条途径吸收。药物与角膜表面接触并渗入角膜，进一步进入房水，经前房到达虹膜和睫状肌，药物主要被局部血管网摄取，可发挥局部作用；药物经结膜吸收，并经巩膜转运至眼球后部，由于结膜内血管丰富，结膜和巩膜的渗透性能比角膜强，药物在吸收过程中可经结膜血管网进入体循环，不利于药物进入房水，同时也有可能引起药物全身吸收后的副作用。有些角膜透过性差的药物有明显的结膜吸收，如菊粉、庆大霉素、前列腺素等都有明显的结膜吸收。

脂溶性药物一般经角膜渗透吸收，亲水性药物及多肽蛋白质类药物不易通过角膜，主要通过结膜、巩膜途径吸收。亲水性药物的渗透系数与其分子质量相关，分子质量增大，渗透系数降低。药物经何种途径吸收进入眼内，很大程度上依赖于药物本身的理化性质、给药剂量及剂型。

（二）影响吸收的因素

1. 生理因素

（1）角膜的通透性　大多数需要发挥局部作用的眼用药物，如散瞳、扩瞳、抗青光眼药物，都需要透过角膜进入房水，然后分布于周边组织，如睫状体、晶状体、玻璃体、脉络膜、视网膜。

角膜厚度为0.5～1mm，主要由脂质结构的上皮、内皮及两层之间的亲水基质层组成。上皮和内皮的脂质含量为基质层的100倍，基质层主要由水化胶原构成，角膜组织实际上为脂质－水－脂质结构。角膜上皮对于大多数亲水性药物构成扩散限速屏障，而亲脂性很高的药物又难以透过角膜基质层。因此药物分子必须具有适宜的亲水亲油性才能透过角膜。地塞米松三种衍生物的家兔角膜透过性显著不同，具有两亲性特点的醋酸酯房水浓度最高，水溶性大的磷酸钠盐与油溶性高的醇型浓度均低。

角膜上皮层对微生物的侵袭是一个有效的屏障。上皮层受到损伤，角膜就易受感染，可以导致严重的角膜溃疡甚至失明。同时损伤的角膜药物通透性增大，可能造成局部过高浓度，带来不利影响。

（2）药物从眼睑的溢出　人正常泪液容量为7μl，在不眨眼的情况下能容纳30μl左右的液体，经常眨眼，只能保持10μl。而通常一滴滴眼液为50～70μl，约70%的药液从眼睑溢出而损失；在眨眼的情况下多达90%的药液从眼睑溢出而损失，加之泪液对药液的稀释损失更大。因此，增加滴药次数，有利于提高药物的疗效。

（3）药物从外周血管消除　眼结膜含丰富的血管与淋巴管，并且当有外来物引起刺激

时，血管扩大，因而透入结膜的药物以很大比例进入血液，使眼部药物浓度降低，甚至引起全身副作用。

（4）刺激性　滴眼剂的刺激性较大时，可增加泪液的分泌，使药物的浓度受到稀释，并溢出眼外，同时使结膜的血管与淋巴管扩张，增加外周血管对药物的消除，降低药效。通过加入缓冲液、增加稠度、调节等渗等措施减小滴眼剂的刺激性，有利于发挥药效。

2. 剂型因素

（1）药物脂溶性　角膜主要由类脂物质组成，因而脂溶性药物容易渗入，水溶性药物则较易深入角膜的水性基质层，两相都能溶解的药物容易通过角膜完全解离的药物难以透过完整角膜。角膜表面覆盖泪液层，药物能溶解于其中，也能促进药物透过角膜。

（2）表面张力　滴眼剂表面张力越小，越有利于泪液与药液的充分混合，同时也利于药物与角膜接触，使药物容易透过。滴眼剂中适量的表面活性剂有促进吸收的作用。

（3）黏度　增加滴眼剂的黏度，可延长药物与角膜的接触时间，有利于药物透过角膜。

（4）渗透促进剂　眼部给药量有限，且药物停留时间短，易流失，因而眼部用药生物利用度较低。为了提高生物利用度，常常需要使用渗透促进剂。眼渗透促进剂对刺激性要求较高。浓度为0.5%或更低浓度的聚乙烯醚非离子表面活性剂及烷基多糖能促进肽类药物的眼部吸收，且没有刺激性。烷基糖苷中，具有12～14碳链的麦芽糖衍生物作用最强。

渗透促进剂种类不同，增加药物眼内透过性的作用部位也有区别。例如，EDTA、牛磺胆酸、癸酸以及皂苷都能够显著增大β受体阻滞剂的角膜透过性，对结膜渗透也有一定促进作用。但角膜和结膜对吸收促进剂的反应不同，癸酸和皂苷对角膜的作用明显，而对结膜作用较弱；牛磺胆酸则对结合膜作用比角膜强。

3. 给药方法　滴眼液给药后通常眼前部组织中（角膜、结膜、巩膜、房水、睫状体）药物浓度比眼后部组织高。此时眼表面给药很难达到治疗眼后部组织疾患的作用，治疗严重的眼后部疾病宜采用结膜下注射、玻璃体内注射和球后注射。药物注射入结膜下或眼角后部的特农囊（眼球囊，Tenuous capsule）时，可借助于简单扩散过程通过巩膜进入眼内，对睫状体、脉络膜和视网膜发挥作用。若将药物作球后注射，则药物同样以简单扩散方式进入眼后段，可对球后的神经及其他结构发挥作用。

三、滴眼剂的质量要求

滴眼剂是最常用的眼用制剂。虽然是外用剂型，但由于眼睛的解剖生理特点及眼黏膜组织较为娇嫩，一旦受到损伤后果严重，因此滴眼剂质量要求类似注射剂，对渗透压、pH、无菌、可见异物等均有要求。

（1）pH　正常眼泪的pH为7.4，正常眼睛可耐受的pH为5.0～9.0，pH 6～8时无不适感，过于偏酸或过于偏碱对眼都会有明显的刺激性，因过于偏酸时可凝固眼黏膜的蛋白质，过于偏碱时可使眼黏膜的上皮细胞硬化或膨胀。滴眼剂的pH应综合考虑药物的疗效、刺激性、稳定性和溶解度的要求，往往选用适宜的缓冲液配制，使pH较为恒定。

（2）渗透压　除另有规定外，滴眼剂应于泪液等渗。眼球能适应的渗透压范围相当于浓度为0.6%～1.5%的氯化钠溶液，超过2%时有明显的不适感。低渗溶液应该用合适的调节剂调成等渗，如氯化钠、硼酸、葡萄糖，等。

（3）无菌　滴眼剂系无菌制品。对眼部有外伤的患者或手术用的滴眼剂要绝对无菌，而且不得加抑菌剂，因常用抑菌剂会刺激眼内组织，这类滴眼剂多为单剂量包装。一般滴眼剂（用于无眼外伤者）要求无致病菌，即不得含有铜绿假单胞菌和金黄色葡萄球菌。一般滴眼剂是多剂量包装，患者在多次使用时，容易染菌，故应加抑菌剂，于下次再用之前恢复无菌，尽量选用安全风险小的抑菌剂，产品标签应标明抑菌剂种类和标示量。

（4）可见异物　除另有规定外，滴眼剂的可见异物照《中国药典》（2020 年版）四部通则可见异物检查法中滴眼剂项下的方法检查，应符合规定。即在静置一定时间后轻轻旋转时均不得检出烟雾状微粒柱，且不得检出金属屑、玻璃屑、长度或最大粒径超过 2mm 的纤维和块状物等明显可见异物。

（5）黏度　滴眼剂的黏度适当增大，可使药物在眼内停留的时间延长，同时可减少对眼的刺激性和提高药效，黏度以 4.0 ~ 5.0mPa · s 为宜。

（6）粒度　除另有规定外，混悬型滴眼剂照下述方法检查，应符合规定。取供试品强烈振摇，立即量取适量（或相当于主药 10μg）置于载玻片上，照《中国药典》（2020 年版）四部通则粒度和粒度分布测定法检查，大于 50μm 的粒子不得过 2 个，且不得检出大于 90μm 的粒子。

（7）稳定性　很多眼用药物如毒扁豆碱、后马托品、乙基吗啡等是不稳定的，如一些酯类化合物易水解而失活。在滴眼剂的处方设计时，在保持药物有效性的前提下，尽可能满足药物稳定所需的条件。

（8）其他　除另有规定外，混悬型滴眼剂的沉降物不应结块或聚集，经振摇应易再分散，并应检查沉降体积比。同时，每个容器的装量一般不超过 10ml。包装容器应无菌、不易破裂，其透明度应不影响可见异物检查。眼用制剂应遮光密封贮存，且在启用后最多使用 4 周。

四、滴眼剂的处方设计与附加剂

（一）处方设计

从眼部的生理因素考虑，给药的理想体积是 5 ~ 10μl，滴眼剂的药物浓度宜高，滴入体积以少为好。滴眼剂以配成水溶性滴眼剂为宜，解决溶解度、稳定性、有效性和安全性是处方设计的关键。如药物为水不溶性，可考虑制成混悬剂或乳剂。制备混悬剂主要是考虑粒度大小及分布、混悬颗粒的分散等。

（二）附加剂

1. pH 调节剂　滴眼剂的 pH 对主药的溶解度、稳定性及眼黏膜的刺激性均有很大关系。滴眼液常用的缓冲溶液有巴氏硼酸盐缓冲液、沙氏磷酸盐缓冲液、吉斐缓冲液、醋酸钠 - 硼酸缓冲液等。

2. 等渗调节剂　一般高渗的滴眼液，可使外眼组织失去水分，使组织干燥而产生不适之感，但临床上也用高渗滴眼液如 5% 氯化钠消除角膜水肿；低渗的滴眼液能使外眼组织细胞胀大，而产生刺激感。因此滴眼液应配成等渗溶液。眼用溶液最常用的等渗调节剂为氯化钠、硼酸、葡萄糖、硼砂、氯化钾、甘油等。等渗调节剂用量的计算参见本书相关内容部分。

3. 抗氧剂　有些滴眼剂在配制后、使用时或贮存期间，由于氧化作用逐渐变色、分解或析出沉淀，使药效减弱、消失或毒性增强。为了避免氧化，可加入适当的抗氧剂。常见抗氧剂参见本章的第二节中注射剂的附加剂部分。

4. 助悬剂与增稠剂 在水不溶性药物滴眼液，如可的松滴眼液及咪康唑滴眼液中，助悬剂可以增加分散介质的黏度、减慢微粒的沉降速率，并可吸附在微粒表面，成为阻止微粒聚集结块的屏障。

增稠剂用于滴眼剂中，可起到保湿作用，以及减低表面张力，增加药物在结膜囊内的滞留时间，延长药液与眼组织的接触时间，增强角膜透性，提高生物利用度，减轻药物对眼的刺激性。例如，0.25%的后马托品水溶液无睫状肌麻痹和散瞳作用，当加入1%甲基纤维素时，便可使瞳孔由3mm扩大到7mm。复方托品酰胺滴眼液中加入0.5%～1%甲基纤维素，使扩瞳作用增强。常用的助悬剂与增稠剂有MC、CMC－Na、HPMC、PVA、PVP等。

5. 抑菌剂 眼科常用的滴眼剂为多剂量包装，在使用和保存过程中有可能被泪液及空气中的微生物污染，严重影响治疗效果，因此滴眼液加入适量的抑菌剂，使其在使用过程中保持无菌，是十分必要的。

药用抑菌剂种类繁多，适于滴眼剂应用者，需具备下述条件：①抑菌谱广、作用迅速，能广泛地抑制及杀死细菌及霉菌，特别是能迅速杀灭对眼组织损害严重的铜绿假单胞菌与金黄色葡萄球菌。②对眼组织无毒、无刺激性、不引起过敏反应。③性质稳定，可与主药配伍用，对容器无反应。

常用的抑菌剂主要有：①羟苯烷基酯类（尼泊金类）；②季铵盐类（苯扎氯铵、苯扎溴铵）；③醇类（三氯叔丁醇、苯氧乙醇）；④有机汞类（硝酸苯汞、硫柳汞）等。两种以上的防腐剂联合应用，发挥协同作用，达到强效、速效的抑菌作用。如0.005%苯扎溴铵＋0.4%苯乙醇，0.001%硝酸苯汞＋0.4%苯乙醇等。

五、滴眼剂的制备工艺及实例

（一）制备工艺流程

滴眼剂一般有下列三种工艺，流程如下：

1. 一般滴眼剂的生产工艺

原辅料 ⟶ 配滤 ⟶ 加热灭菌
瓶塞 ⟶ 洗瓶 ⟶ 灭菌
} 灭菌分装 ⟶ 质量检查 ⟶ 印字包装

2. 不稳定的药物

原辅料 ⟶ 配滤 ⟶ 滤过灭菌
瓶塞 ⟶ 洗瓶 ⟶ 灭菌
} 灭菌分装 ⟶ 质量检查 ⟶ 印字包装

3. 用于眼外伤及眼部手术的制剂 应制成单剂量包装，如安瓿瓶，并按注射液的生产工艺进行，保证完全无菌。

（二）滴眼剂的制备工艺

1. 容器及附件的处理 滴眼液灌装的容器有塑料瓶和玻璃瓶两种。目前最常用的滴眼剂容器为塑料瓶，塑料瓶有软塑料瓶和硬塑料瓶两种，后者常配有带滴管的密封瓶盖，使用方便。塑料瓶体软而有弹性、不易破裂、容易加工，包装价廉，轻便，但应注意塑料与药液之间的相互作用，如吸收或吸附抑菌剂，会影响抑菌效果，也可能会吸收或吸附某些主药，使含量降低；塑料瓶具有一定的透气性，不适宜盛装对氧敏感的药物溶液；塑料中的增塑剂或其他成分也会溶入药液中，使药液不纯。因此通过试验后才能确定能否选用。塑料瓶可用气体灭菌。

玻璃瓶一般为中性玻璃，配有滴管和铝盖。中性玻璃对药液的影响小。透明度高、耐热、遇光不稳定者可选用棕色瓶，可使滴眼剂保存时间较长。其中以配有橡胶帽塞的滴眼剂最为简单实用。玻璃瓶洗涤方法与注射剂容器相同，可用干热灭菌。

橡胶塞、橡皮帽直接与药液接触，亦有与塑料类似的吸附等缺点，但接触面积小，常采用饱和吸附的办法解决。橡胶塞、橡胶帽的处理方法与输液橡胶塞的处理方法类似。

2. 药液的配滤　滴眼剂要求无菌，小量配制可在无菌操作柜中进行，大量生产，要按注射剂生产工艺要求进行。所用器具于洗净后干热灭菌，或用灭菌剂（75%乙醇配制的0.5%度米芬溶液）浸泡灭菌，用前再用新鲜蒸馏水洗净。操作者的手宜用75%乙醇酒精消毒，或戴灭菌手套，以避免细菌污染。

滴眼剂的配制与注射剂工艺过程几乎相同。对热稳定的药物，配滤后装入适宜的容器中，灌装灭菌。对热不稳定的药物可用已灭菌的溶剂和用具在无菌柜中配制，操作中应避免细菌的污染。药物、附加剂用适宜溶剂溶解，必要时加活性炭（0.05%～0.3%）处理，经滤棒、垂熔滤球或微孔滤膜过滤至澄明，加溶剂至足量，灭菌后做半成品检查。

3. 无菌灌封　目前生产上均采用减压灌装。灌装方法要随瓶的类型和生产量的大小而改变。其中间歇式减压灌装工艺是：将灭菌过的滴眼剂空瓶，瓶口向下排列在一平底盘中，将盘放入一个真空灌装箱内，由管道将药液从贮液瓶定量地（稍多于实灌量）放入盘中，密闭箱门，抽气使成一定负压，瓶内空气从液面下小口逸出。然后将空气通过洗气瓶装置通入，恢复常压。药液即灌入瓶中，取出盘子，立即封口并旋紧罩盖即可。

最后是质量检查与印字包装。

（三）滴眼剂举例

例5－20　硝酸毛果芸香碱滴眼液（pilocarpine nitrate eye drops）

【处方】硝酸毛果芸香碱10.0g　无水磷酸二氢钠4.63g　无水磷酸氢二钠4.37g　氯化钠4.3g　羟苯乙酯0.3g　注射用水加至1000ml

【制法】取羟苯乙酯溶于适量热注射用水中，加无水磷酸二氢钠、无水磷酸氢二钠、氯化钠、硝酸毛果芸香碱依次溶解，过滤，添加注射用水至1000ml，混匀，100℃流通蒸气灭菌30分钟，无菌分装，即得。

【注解】①本品毒性较大，操作时应注意。②本品在碱性溶液中不稳定，易生成异毛果芸香碱，或降解生成毛果芸香酸而失效。本品对光、高温均不稳定；遇碱金属盐类、硼砂或鞣酸等均能析出沉淀。③硝酸毛果芸香碱对热稳定，配液时可加热以加速溶解，用100℃流通蒸气灭菌。④硝酸毛果芸香碱的水溶液显酸性，处方中用无水磷酸二氢钠和无水磷酸氢二钠共同作为pH调节剂，调节pH至规定值，用氯化钠作为等渗调节剂，以减少刺激性。

【用途】本品具有缩瞳、降低眼压的作用，用于治疗青光眼。

扫码"练一练"

（王文喜　王建新）

第六章　散剂、颗粒剂、胶囊剂与丸剂

学习目标

1. **掌握**　粉体概念以及粉体性质对固体制剂工艺和质量的影响；散剂、颗粒剂、胶囊剂与丸剂的概念、特点及制备方法。

2. **熟悉**　粉体的性质；粉碎、筛分、混合等单元操作常用方法与设备；散剂、颗粒剂、胶囊剂与丸剂的制备设备。

3. **了解**　散剂、颗粒剂、胶囊剂与丸剂的质量检查及其包装与贮存。

扫码“学一学”

第一节　粉体学基础

一、概述

临床常用的药物制剂如散剂、颗粒剂、胶囊剂、片剂和丸剂等，均以固体状态存在，总称固体制剂（solid preparations）。与液体制剂相比，固体制剂具有物理、化学稳定性好，生产成本较低，服用与携带方便等特点。因此，目前临床所用的药物制剂中固体制剂约占70%以上。在固体剂型的制备过程中，无论是经过粉碎得到的粉末，还是经制粒所得的颗粒、小丸，甚至是片剂等的集合体都属于粉体的范畴。块状原料经加工成粉体后，其粒径、形态、比表面积和表面状态不同，理化特性将发生很大的变化，故影响原料在生产中的粉碎、过筛、混合、结晶、沉降、过滤、干燥等工艺过程及各种剂型（如散剂、颗粒剂、胶囊剂、片剂和混悬剂等）的成型。此外，粉体的基本特性（如粒径、表面积等）直接影响药物的稳定性、释放与疗效。因此，粉体学已成为药剂学的基础知识之一。阐明粉体固有的物理性质，为固体制剂的处方设计、生产工艺、质量控制以及产品包装等提供了重要的理论依据和技术方法。

粉体（powder）是指由无数个细小固体粒子组成的集合体。研究粉体的基本性质及其应用的科学称为粉体学（micromeritics）。粒子（particles）是粉体运动的最小单元，通常所说的“粉”、“粒”都属于粉体学的范畴。通常将粒径小于100μm的粒子称为“粉”，大于100μm的粒子称为“粒”。可见组成粉体的粒子可能是单个粒子（称为一级粒子，primary particle），也可能是多个单体粒子聚结在一起的粒子（称为二级粒子，second particle）。

二、粉体粒子的性质

（一）粒子径与粒度分布

粒子大小（particle size）是其在空间所占据的线性尺寸，是粉体的最基本性质。粒子大小可用粒径表示，而粒度分布则表示粒径的均匀性。通常组成粉体的各个粒子的大小、形态不同，而且不规则，无法用某一个轴的长度来准确表示其大小，因此，利用几何学和物理学概念定义粒子径。对于一个不规则粒子，其粒径的测定方法不同，所测得的粒径值及其物理意义也不同。

1. 粒子径的表示方法

（1）几何学粒子径（geometric diameter）　即在显微镜下观察粒子几何学尺寸所确定的粒子径，见图 6－1。

1）三轴径　反映粒子的三维尺寸。在粒子的投影平面图上测定长径 l 与短径 b，在投影平面的垂直方向测定粒子的高度 h，以此表示粒子的长径、短径和高度。

2）定方向径（投影径，projected diameter）　在粒子的投影平面上，某定方向的直线长度，常见的有以下几种：

定方向接线径（Feret 径）：在一定方向上粒子的投影面外接平行线之间的距离。

定方向等分径（Martin 径）：在一定方向上将粒子的投影面积两等份分割时的长度。

定方向最大径（Krummbein 径）：在一定方向上切割粒子投影面的最大长度。

3）投影面积圆相当径（Heywood 径）　与粒子投影面积相等的圆的直径。

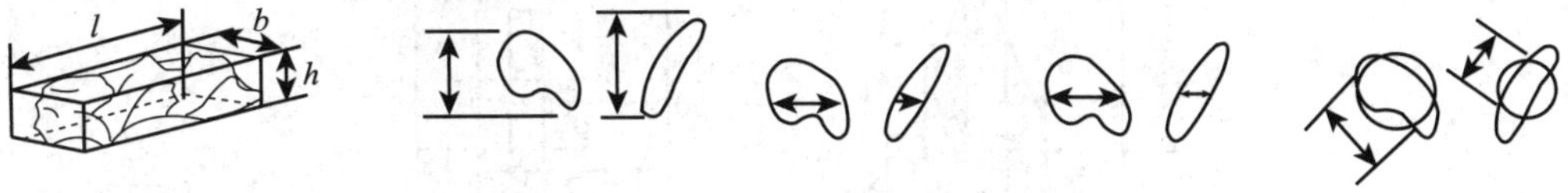

图 6－1　粒径的表示方法

（a）三轴径；（b）Feret 径；（c）Krummbein 径；（d）Martin 径；（e）Heywood 径

4）球相当径（equivalent diameter）　用一个具有相同体积或相同投影面积的球体代表形态不规则的粒子，并用此球体的直径代表被测粒子的径，用这种方法测得的粒径称为球相当径。球相当径分为：

等体积球相当径（equivalent volume diameter）：与被测粒子等体积的球体直径，记作 D_V，即 $D_V=(6V/\pi)^{\frac{1}{3}}$。采用库尔特计数器测定。

等表面积球相当径（equivalent surface diameter）：与被测粒子等表面积的球体直径，记作 D_S，即 $D_S=(S/\pi)^{\frac{1}{2}}$。采用透过法、吸附法测得比表面积后计算求得。

等比表面积球相当径（equivalent specific surface diameter）：与被测粒子等比表面积的球体直径，记作 D_{sv}，即 $D_{sv}=\frac{D_V^3}{D_S^2}$。测定方法同上。

（2）沉降速度相当径（settling velocity diameter）　在液相中与粒子沉降速度相等的球形粒子的直径。该粒径根据 Stocks 方程计算，又称 Stocks 径或有效径（effective diameter），记作 D_{stk}。

$$D_{stk}=\sqrt{\frac{18\eta}{(\rho_1-\rho_2)\cdot g}\cdot\frac{h}{t}} \tag{6－1}$$

式中，ρ_1、ρ_2 分别表示被测粒子与液相的密度；η 表示液相的黏度；h 表示等速沉降距离；t 表示沉降时间。

（3）筛分径（sieving diameter）又称细孔通过相当径。指粒子通过粗筛网且被截留在细筛网时，粗细筛孔直径的算术或几何平均值，记作 d。见式（6－2）、式（6－3）。

算术平均径

$$d=\frac{a+b}{2} \tag{6－2}$$

几何平均径　　$d=\sqrt{a\cdot b}$　　(6－3)

式中，a 为粒子通过的粗筛网直径；b 为粒子被截留的细筛网直径。

2. 粒度分布　粉体多由不同粒径的粒子群组成，粒度分布（particle size distribution）表示不同粒径的粒子群在粉体中的分布情况，是反映粒子大小的均匀程度的重要参数。除粒径大小外，粒度分布对粉体的相对密度、流动性等性质也有很大的影响，还可影响药物的溶出和生物利用度。

粒度分布常用频率分布和累积分布表示。频率分布（frequency size distribution）表示各个粒径的粒子群在总粒子群中所占的百分数（微分型）；累积分布（cumulative size distribution）表示大于或小于某一粒径的粒子群在总粒子群中所占的百分数（积分型）。频率分布和累积分布可用表格法、柱状图或曲线表示，见图 6－2。由于粒度分布基准有个数基准、质量基准、面积基准、体积基准等，测定基准不同，粒度分布曲线也不同，因此，表示粒度分布时必须注明测定基准。在制药工业的粉体处理过程中，质量和个数基准分布应用较多。

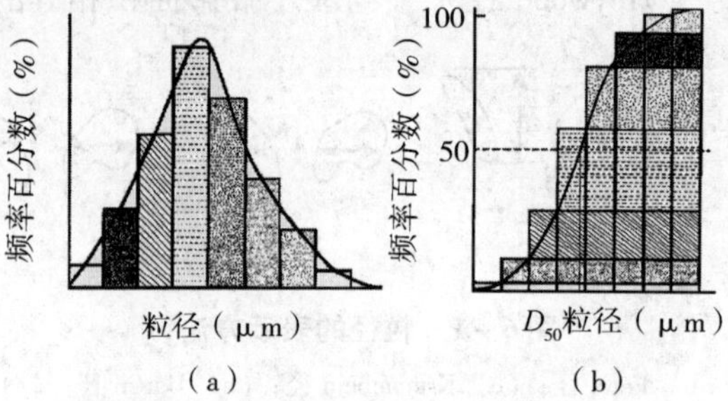

图 6－2　用图形表示的粒度分布示意图

（a）个数基准频率分布；（b）个数基准累积分布

3. 平均粒子径　由于组成粉体的粒子大小不一，所以不能用某一个粒子的粒径代表粉体所有粒子的大小。通常需要测定若干粒子的粒径，然后用这些粒子的平均粒径（mean diameter）表示粉体的大小。平均粒径的表示方法有多种，见表 6－1。中位径（中值径）是最常用的平均径，在累积分布图中累积值正好为 50% 所对应的粒子径，常用 D_{50} 表示。

表 6－1　各种平均粒径与计算方法

名称	个数基准平均径
算术平均径（arithmetic mean diameter）	$\frac{\sum nd}{\sum n}$
长度平均径（surface length mean diameter）	$\frac{\sum nd^2}{\sum nd}$
面积平均径（surface mean diameter）	$\sqrt[2]{\frac{\sum nd^2}{\sum n}}$
体积平均径（volume mean diameter）	$\sqrt{\frac{\sum nd^2}{\sum n}}$
众数径（mode diameter）	频数最多的粒子直径
中位径（medium diameter）	累积中间值（D_{50}）
几何平均径（geometric mean diameter）	$\sqrt[\pi]{(d_1^{n_1}\cdot d_2^{n_2}\cdots\cdots d_n^{n_n})}$

续表

名称	个数基准平均径
调和平均径（harmonic mean diameter）	$\frac{\sum n}{\sum (n/d)}$
体面积平均径（volume surface mean diameter）	$\frac{\sum nd^3}{\sum nd^2}$
重量平均径（weight mean diameter）	$\frac{\sum nd^4}{\sum nd^2}$
比表面积径（specific surface diameter）	$\varphi/\rho S_W$

注：d 为粒径；n 为粒子数；φ 为比表面积形状系数；ρ 为粒子的真密度；S_W 为重量比表面积。

4. 粒子径的测定方法　根据测定原理的不同，粒子径的测定方法分为直接测定法和间接测定法。直接测定法有显微镜法和筛分法；间接测定法有库尔特计数法、沉降法、比表面积法和吸附法等，这些方法均是利用与粒子大小有关的某些特性，如渗透性、沉降速度和光学性质等来间接测定粒子径的。表 6 – 2 列出了粒径的不同测定方法与粒径的测定范围。

表 6 – 2　粒径的测定方法与测定范围

测定方法	粒径范围（μm）	粒子的粒径
光学显微镜法	0.5 ~ 500	定向径或等圆径
电子显微镜法	0.001 ~ 10	定向径或等圆径
筛分法	>40	筛孔
库尔特计数法	1 ~ 600	体积等价径
重力沉降法	1 ~ 100	Stock 径
离心沉降法	0.01 ~ 10	等价径
气体渗透法	0.01 ~ 40	比表面积径
气体吸附法	0.001 ~ 10	比表面积径
激光衍射法	0.01 ~ 2000	体积等价径

（二）粒子形态

粒子形态是指一个粒子的轮廓或表面上各点所构成的图像。粒子形态不仅与粉体的流动性、比表面积、堆密度、吸附性及溶出度等密切相关，还直接影响粉体在操作中的行为。粉体中粒子的形态具多样性，可以定性地描述为球形、立方形、片状、纤维状、针状、鳞状等。为了用数学方式定量地描述粒子的几何形状，常将粒子的各种大小的无量纲组合称为形状指数（shape index），将测得的粒子各种大小和粒子的体积或面积之间的关系称为形状系数（shape factor）。

1. 形状指数

（1）球形度（degree of sphericility）　表示粒子投影面接近于球体的程度。

$$\varphi = \frac{\text{粒子投影面相当径}}{\text{粒子投影面最小外接圆直径}} \tag{6-4}$$

（2）圆形度（degree of circularity）　表示粒子投影面接近于圆的程度。

$$\varphi_c = \frac{\pi d_H}{L} \tag{6-5}$$

式（6-5）中，d_H 为投影面积圆相当径；L 为粒子的投影周长。

2. 形状系数 粒径为 d，实际体积为 V，实际面积为 S 的粒子的各形状系数表示如下：

（1）表面积形状系数 φ_S（surface shape factor）

$$\varphi_S = \frac{S}{d^2} \tag{6-6}$$

（2）体积形状系数 φ_V（volume shape factor）

$$\varphi_V = \frac{V}{d^3} \tag{6-7}$$

（3）比表面积形状系数 φ（specific surface volume factor）

$$\varphi = \frac{\varphi_S}{\varphi_V} \tag{6-8}$$

（三）粒子的比表面积

粒子的比表面积（specific surface area）是单位重量（或体积）粒子所具有的表面积，常以体积比表面积和重量比表面积表示。比表面积不仅对粉体性质，而且对制剂性质和药物作用都有重要的意义。

1. 体积比表面积 指单位体积粉体的表面积（S_V，cm^2/cm^3）。

$$S_V = \frac{6}{d} \tag{6-9}$$

2. 重量比表面积 指单位重量粉体的表面积（S_W，cm^2/g）。

$$S_W = \frac{6}{d\rho} \tag{6-10}$$

式中，d 为粒径；ρ 为粉体的粒密度。

由于粒子表面粗糙，又多有裂缝或孔隙，因此，粉体的真正比表面积既应包括其外表面积，也应包括粒子裂缝及孔隙中的内表面积。常用的测定法有气体吸附法（gas adsorption method）和气体透过法（gas permeability method）。

（四）粉体的密度与空隙率

1. 粉体的密度（density） 指单位体积粉体的质量。由于粉体粒子间及粒子内部存在空隙、裂缝或孔隙，因此，不同方法测得体积含义不同。根据所指体积不同粉体密度分为真密度、颗粒密度和堆密度。一些药物与辅料的真密度见表6-3。粉体的密度常用液浸法、压力比较法或量筒法等方法测定。

（1）真密度（true density，ρ_t） 指粉体质量（W）除以真实体积（V_t，不包括粒子内外空隙）所得的值。

$$\rho_t = \frac{W}{V_t} \tag{6-11}$$

（2）颗粒密度（granule density，ρ_g） 指粉体质量（W）除以包括开口与封闭细孔在内的粒子体积（V_g）所得的值。

$$\rho_g = \frac{W}{V_g} \tag{6-12}$$

（3）堆密度（bulk density，ρ_b） 指粉体质量（W）除以该粉体所占容积的体积（V）所得的值。

$$\rho_b = \frac{W}{V} \tag{6-13}$$

表6-3　一些药物与常用辅料的真密度

物质名称	真密度（g/cm³）	物质名称	真密度（g/cm³）
维生素C	1.688	交联CMC-Na	1.543
磺胺嘧啶	1.5	枸橼酸	1.542
磺胺噻唑	1.5	糊精	1.542
苯巴比妥	1.3	葡萄糖	1.54
碱式碳酸铋	6.86	木糖醇	1.52
氧化铝	4.0	预胶化淀粉	1.516
氧化镁	3.581	甘露醇	1.514
氧化钙	3.3	山梨醇	1.507
碳酸镁	3.04	玉米淀粉	1.478
滑石粉	2.75	L-HPC	1.46
碳酸钙	2.72	羧甲淀粉钠	1.443
白陶土	2.6	阿拉伯胶	1.42
碳酸氢钙二水化物	2.389	甲基纤维素	1.341
氯化钠	2.16	羟丙甲纤维素	1.326
酒石酸	1.76	西黄蓍胶	1.318
硼酸钠	1.73	苯甲酸	1.3
硫酸镁	1.65	明胶	1.27
海藻酸	1.601	羟丙纤维素	1.222
蔗糖	1.6	交联聚维酮	1.22
		乳酸	1.21
		硬脂酸镁	1.092
MCC	1.59	月桂硫酸钠	1.07
果糖	1.58	硬脂酸	0.98
α-乳糖-水	1.552	硬脂醇	0.895

2. 粉体的空隙率（porosity，ε）　常指总空隙率$\varepsilon_{总}$，即粉体粒子间的空隙和粒子本身孔隙所占的总体积与粉体总体积的比值。由于颗粒内、颗粒间均有空隙，因此相应地将其空隙率分为颗粒内空隙率$\varepsilon_{内}$、颗粒间空隙率$\varepsilon_{间}$。

$$\varepsilon_{总}=\frac{V-V_t}{V}=1-\frac{V_t}{V}=1-\frac{\rho_b}{\rho_t} \tag{6-14}$$

$$\varepsilon_{内}=\frac{V_g-V_t}{V_g}=1-\frac{V_t}{V_g}=1-\frac{\rho_g}{\rho_t} \tag{6-15}$$

$$\varepsilon_{间}=\frac{V-V_g}{V}=1-\frac{V_g}{V}=1-\frac{\rho_b}{\rho_g} \tag{6-16}$$

粉体的空隙率与粒子形态、大小及排列等相关，对粉体的加工性质及其制剂质量有重要的影响。

（五）粉体的流动性与填充性

1. 粉体的流动性　粉体的流动性（fluidity）是粉体的重要性质之一，与粒子的大小、形状、表面状态、空隙率、含湿量以及粒子间摩擦力和黏附力等因素有关。粉体的流动性对散剂的分装，颗粒剂、胶囊剂与片剂等的重量差异，以及正常的生产操作影响较大。粉体的流动性常用休止角、流出速度和压缩度来表示。

（1）休止角（angle of repose，θ） 粒子在粉体堆积层的自由斜面上滑动时，当所受重力和粒子间摩擦力达到平衡时处于静止状态，此时粉体堆积层的斜面与水平面的夹角即休止角。休止角可直接测定，也可根据粉体层的高度和圆盘半径计算而得，即 $\tan\theta$ = 高度/半径。休止角是检验粉体流动性好坏的最简便的方法。一般认为 $\theta \leqslant 30°$ 时，粉体流动性好，$\theta \leqslant 40°$ 时可以满足生产过程中流动性的需求。常用的测定方法有注入法、排出法和倾斜角法等，如图 6－3 所示。值得注意的是，测量方法不同所得数据不同，重现性较差，因此不能把休止角看作粉体的一个物理常数。

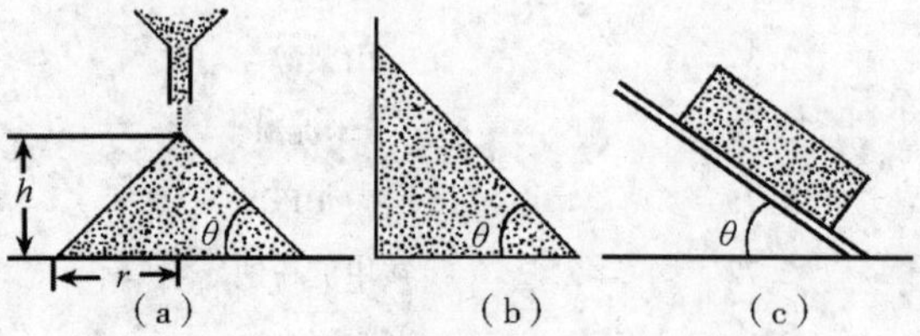

图 6－3 测定休止角的方法

（a）注入法；（b）排出法；（c）倾斜角法

（2）流出速度（flow velocity） 指单位时间内粉体通过一定孔径流出的量。流出速度快，流动性好，反之流动性差。

（3）压缩度（compressibility） 将一定量的粉体在无振动的状况下装入量筒后测量最初松体积；通过振动使粉体处于最紧状态，测量最终的体积；计算最松密度 ρ_0 与最紧密度 ρ_f，根据式（6－17）计算压缩度 C。

$$C = \frac{\rho_f - \rho_0}{\rho_f} \times 100\% \quad (6-17)$$

通常压缩度小于 20% 时流动性较好，20% ~40% 时流动性差，大于 40% 时流动性极差。

粉体的流动性受其粒子大小、形状、表面结构、空隙率和密度等因素影响，可通过适当增大粒径、改善粒子形态及表面粗糙度、控制粉体含湿量或加入润滑剂等方法提高粉体流动性。

2. 粉体的填充性 粉体的填充性（packability）是粉体集合体的基本性质，在颗粒剂、胶囊剂、片剂等生产过程中具有重要意义。填充性的常用表示方法有：①堆比容（specific volume）是粉体单位质量（1g）所占的体积；②堆密度（bulk density）是粉体单位体积（cm^3）的质量；③空隙率（porosity）是粉体的松体积中空隙所占体积比；④空隙比（void ratio）是空隙体积与粉体真体积之比；⑤填充率（packing fraction）是粉体真体积与松体积之比；⑥配位数（coordination number）是一个粒子周围相邻的其他粒子个数。其中，堆密度与空隙率反映粉体的填充状态，紧密填充时堆密度大，空隙率小。

由于粉体颗粒形态多样并非都是球形，而且其填充具有随机性，受多种因素影响，主要有：①壁效应，即粉体在容器壁附近形成特殊的排列结构。靠近容器壁面处的颗粒比主体区的颗粒装填得疏松，相应地靠近壁面处的空隙率比主体区大。②物料的含水量，因颗粒表面吸附的水分在颗粒间形成液桥力，从而导致粒间黏着力增大，形成二级、三级粒子，即团粒。由于团粒较一级粒子大，同时，团粒内部保持松散的结构，致使整个物料堆积率下降。③粉体颗粒形状，一般地说，空隙率随颗粒圆形度的降低而增高。在松散堆积时，有棱角的颗粒空隙率较大，与紧密堆积时正相反。表面粗糙度越高的颗粒，空隙率越大。④粒度大小，粒度越小，由于粒子间的团聚作用，空隙率越大。随粒径增大，粒子自重增大，与之相比，凝聚力的作用可以忽略，粒径变化对空隙率的影响大大减小。因此，当粒度超过某一定值时（即临界值），粒度大小对空隙率无影响。但粒径大于或小于临界粒径时，对粉体颗粒的行为均有显著影响。此外，物料的填充速度也很重要。对于粗颗粒，较高的填充速度会使物料有较小的松密度，但对于黏聚力大的细粉，降低填充速度可得到松散的堆积。

（六）粉体的吸湿性与润湿性

1. 吸湿性（moisture absorption）　是指固体表面吸附水分的现象。粉体吸湿后，可产生聚集、结块，流动性降低，甚至发生变色、分解等变化而使药物稳定性降低。

药物粉体的吸湿性与空气状态有关。当空气中的水蒸气分压大于药粉表面水分产生的水蒸气压时发生吸湿；反之，药物粉体发生风干；而当空气水蒸气分压等于药物粉体表面水蒸气压时，吸湿与干燥达到动态平衡，此时药物粉体的含水量称为吸湿平衡量。药物粉体的吸湿性可用吸湿平衡曲线表示，即在不同湿度下测定平衡吸湿量，再以吸湿量对空气相对湿度作图即得吸湿平衡曲线。

（1）水溶性药物的吸湿性　在相对湿度较低的环境下水溶性药物几乎不吸湿，而当空气相对湿度增加到一定值时，吸湿量迅速增加（图6－4），此时的相对湿度称为临界相对湿度（critical relative humidity，CRH）。CRH为水溶性药物固有的特征参数，用来衡量药物吸湿的难易程度。某些水溶性药物的CRH值见表6－4。

在药物制剂中当两种或两种以上水溶性药物或辅料混合后，混合物吸湿性更强。根据Elder假说，水溶性药物或辅料混合物的CRH约等于各成分CRH的乘积，而与各成分的量无关。即：

$$CRH_{AB} = CRH_A \cdot CRH_B \tag{6-18}$$

式中，CRH_{AB}为A和B物质混合后的临界相对湿度；CRH_A、CRH_B为分别表示A物质与B物质的临界相对湿度。由式（6－18）可知水溶性药物混合物的CRH低于其中任何一个成分的CRH，因此更易吸湿。

表6－4　某些水溶性药物的临界相对湿度（37℃）

药物名称	CRH值（%）	药物名称	CRH值（%）
果糖	53.5	枸橼酸钠	84
溴化物（二分子结晶水）	53.7	氯化钾	82.3
盐酸毛果芸香碱	59	蔗糖	84.5
硫代硫酸钠	65	米格来宁	86
重酒石酸胆碱	63	硫酸镁	86.6
尿素	69	安乃近	87
枸橼酸	70	苯甲酸钠	88
苯甲酸钠咖啡因	71	对氨基水杨酸钠	88
抗坏血酸钠	71	盐酸硫胺	88
酒石酸	74	氨茶碱	92

续表

药物名称	CRH 值（%）	药物名称	CRH 值（%）
氯化钠	75.1	安替比林	94.8
盐酸苯海拉明	77	葡萄糖醛酸内酯	95
水杨酸钠	78	半乳糖	95.5
乌洛托品	78	维生素 C	96
葡萄糖	82	烟酸	99.5

（2）水不溶性药物的吸湿性　水不溶性药物的吸湿性随相对湿度的变化而缓慢发生变化（图6-5），无临界值。水不溶性药物混合物的吸湿性具有加和性。

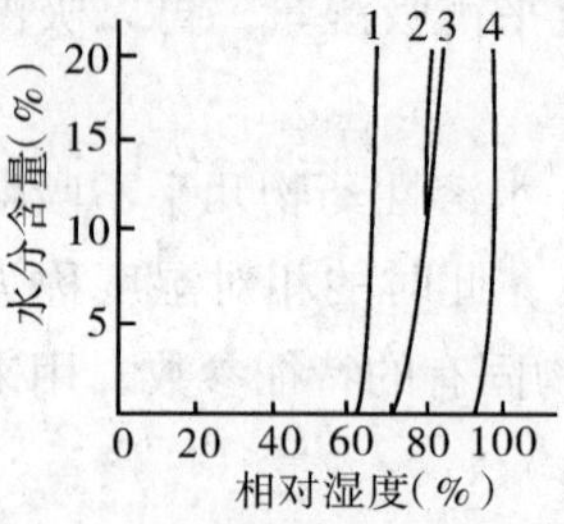

图 6-4　水溶性药物的吸湿平衡曲线

1. 尿素；2. 枸橼酸；3. 酒石酸；4. 对氨基水杨酸钠

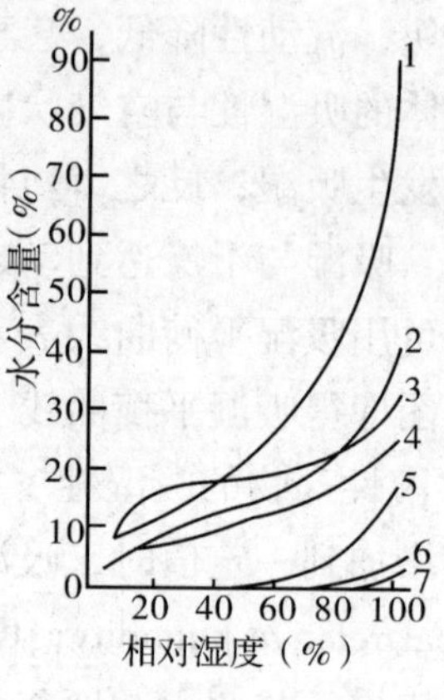

图 6-5　水不溶性药物的吸湿平衡曲线

1. 合成硅酸铝；2. 淀粉；3. 硅酸镁；4. 天然硅酸铝；5. 氧化镁；6. 白陶土；7. 滑石粉

2. 润湿性（wetting）　是指固体界面由固-气界面变成固-液界面的现象。粉体的润湿性对颗粒剂、片剂等固体制剂的崩解性、溶解性等具有重要意义。粉体的润湿性用接触角（θ）表示，即液滴在固液接触边缘的切线与固体平面间的夹角。当液滴滴在固体表面时，根据润湿性的不同会出现几种不同形态。当 $\theta=0°$，为完全润湿（图 6-6a）；当 $\theta=180°$，为完全不润湿（图 6-6b）；当 $0°<\theta\leqslant 90°$，为可以润湿（图 6-6c）；当 $90°<\theta<180°$，为不能润湿（图 6-6d）。接触角与固、液、气三相的界面张力有如下关系（Young 方程）：

$$\gamma_S=\gamma_{SL}+\gamma_L\cdot\cos\theta \tag{6-19}$$

式中，γ_S，γ_L，γ_{SL}分别为固-气、液-气、固-液间的界面张力。

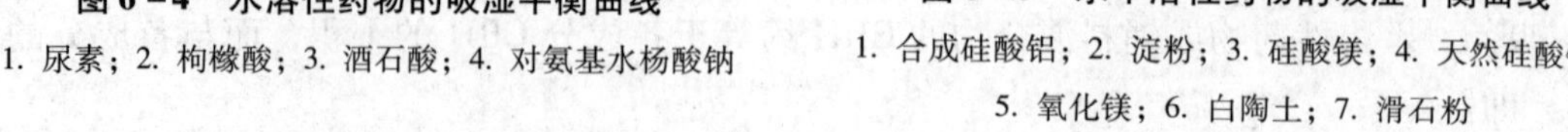

（a）$\theta=0°$　（b）$\theta=180°$　（c）$0°<\theta\leqslant 90°$　（d）$90°<\theta<180°$

图 6-6　液滴在固体表面的形状

粉体的润湿性在制剂生产中有十分重要的意义。如湿法制粒、制剂包衣、混悬液制备等都要求原辅料具有良好的润湿性。片剂、胶囊剂、颗粒剂的崩解与药物溶出，都与润湿性有关。水在一些常用药物粉末中的接触角见表6－5。

表6－5　一些常用药物粉末的接触角

药物名称	接触角（°）	药物名称	接触角（°）
水杨酸	103	地高辛	49
乙酰水杨酸	74	吲哚美辛	90
氨基比林	60	异烟肼	49
对氨基水杨酸	57	非那西汀	78
氨苄西林（无水物）	35	保泰松	109
氨苄西林三水化物	21	泼尼松	63
巴比妥	70	泼尼松龙	43
异戊巴比妥	102	磺胺嘧啶	71
苯巴比妥	70	磺胺甲基嘧啶	58
咖啡因	43	茶碱	48
地西泮	83	甲磺丁脲	72

接触角的测定方法可分为三类：①直接测量法，即用量角器直接测量固液接触界面的接触角。②液滴尺寸测量法，即通过测定在固体表面上的液滴尺寸来计算接触角。③高度测量法，即根据液体与固体表面的润湿程度，测定在垂直的固体表面上液体升高的高度计算接触角。如管式透过法，在一玻璃管中精密充填粉体，下端用滤纸封口后浸入水中，测定水在粉体中上升的高度与时间，由式（6－20）计算接触角。

$$h^2 = \frac{r\gamma_L \cos\theta}{2\eta} \cdot t \tag{6-20}$$

式中，h为t时间内液体上升的高度；γ_L，η为分别表示液体的表面张力与黏度；r为粉体层内毛细管半径。片剂崩解时，水首先浸入片剂内部的毛细管而后浸润片剂，式（6－20）对预测片剂的崩解有一定指导意义。

（七）粉体的压缩性、黏附性与黏着性

1. 压缩性（compressibility）　压缩性表示粉体在一定压力下体积减小的能力；成形性（compatibility）表示粉体在压力下结合成一定形状压缩体的能力。粉体的压缩性和成形性是紧密联系的，因此把两者简称为压缩成形性。片剂的制备过程就是将药物粉末或颗粒压缩成形的过程。因此，压缩成形理论及各种物料的压缩特性，对于处方筛选与工艺选择具有重要意义。

粉体的压缩成形机制较为复杂，由于涉及因素很多，其机制尚未完全清楚。现在有几种比较认可的说法：①压缩时伴随粒子间距离缩短，从而产生范德华力、静电力等；②粒子受压发生塑性形变，使粒子间接触面积增大，结合力增强；③粒子受压破碎产生具有较大表面自由能的新生表面；④受压变形的粒子相互嵌合而产生机械结合力；⑤在压缩过程中物料摩擦而产生热，特别是颗粒间支撑点处局部温度较高，使熔点较低的物料部分熔融，压力解除后重新固化而在粒子间形成“固体桥”；⑥水溶性成分在粒子的接触点处析出结晶而形成“固体桥”等。

2. 黏附性（adhesion）和黏着性（cohesion）　粉体在处理过程中常发生黏附器壁或出现团聚的现象。黏附性是指不同分子间产生的引力，如粉体粒子与器壁间的黏附；黏着性是指同分子间产生的引力，如粒子间发生黏附而形成聚集体。其产生的主要原因：①干燥状态下由粉体颗粒所带电荷产生的静电力与范德华力；②湿润状态下由粒子表面附着水分形成的液体桥；③粒子表面不平滑引起的机械咬合力。

粉体颗粒的黏附和聚集对粉体的流动性、分散性和压制性起着重要作用。通常粒度越小的粉体越易发生黏附与凝聚，因而影响其流动性、填充性等，采用造粒方法增大粒径或加入助流剂等可有效防止粉体黏附或团聚。

扫码“学一学”

第二节　散　剂

一、概述

散剂（powders）系指原料药物或与适宜的辅料经粉碎、均匀混合制成的干燥粉末状制剂。作为传统剂型，散剂在中药制剂中的应用比化学药更为广泛。中药散剂系指饮片或提取物经粉碎、均匀混合制成的粉末状制剂。散剂可分为口服散剂和局部用散剂。口服散剂一般溶于或分散于水、稀释液或其他液体中服用，也可直接用水送服。局部用散剂可供皮肤、口腔、咽喉、腔道等处应用；专供治疗、预防和润滑皮肤的散剂也可称为撒布剂或撒粉。散剂除了直接应用外，还可进一步加工制成颗粒剂、胶囊剂、片剂、粉雾剂、软膏剂、混悬剂等。

散剂对粒度有明确要求。除另有规定外，口服用散剂为细粉，儿科用和局部用散剂应为最细粉。

散剂具有以下特点：①散剂的粒径小，比表面积大，起效快；②外用时覆盖面积大，可同时发挥保护和收敛等作用；③制备工艺简单，剂量易于控制，便于婴幼儿服用；④贮存、运输、携带比较方便。但应注意药物制备成散剂，由于分散度大会造成化学活性、气味、刺激性、吸湿性等方面的不良影响，故刺激性强，遇光、热、湿不稳定的药物一般不宜制成散剂。

二、散剂的制备

散剂的制备工艺一般按图6－7所示流程进行：

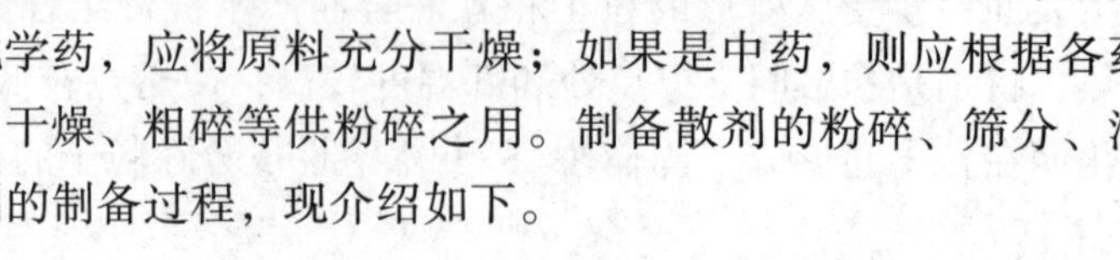

图6－7　散剂的制备工艺流程图

物料粉碎前通常对物料要进行前处理，即将物料加工成符合粉碎所要求的粒度和干燥程度等。如果是化学药，应将原料充分干燥；如果是中药，则应根据各药材的性质进行适当处理，如洗净、干燥、粗碎等供粉碎之用。制备散剂的粉碎、筛分、混合等单元操作也适合其他固体制剂的制备过程，现介绍如下。

（一）粉碎

1. 粉碎（crushing）　是借助机械力将大块物料破碎成适宜大小的颗粒或细粉的操作。其主要目的在于减小粒径，增加比表面积，为制剂的制备提供所需粒径的物料。通常把粉

碎前的粒度 D_1 与粉碎后的粒度 D_2 之比称为粉碎度或粉碎比（n）。

$$n=\frac{D_1}{D_2} \tag{6-21}$$

粉碎的药剂学意义在于：①增加表面积，有利于提高难溶性药物的溶出速度以及生物利用度；②有利于制剂各成分混合均匀；③有利于提高固体药物在液体、半固体、气体中的分散度；④有利于天然药物中有效成分的提取等。因此，粉碎对药品质量有很大影响，但也应注意粉碎过程可能带来的不良影响，如粉尘飞扬、爆炸、热分解、晶型转变、黏附与团聚性的增大、堆密度的减小、在粉末表面吸附的空气对润湿性的影响等。

2. 粉碎的机制　粉碎过程主要是利用外加机械力的作用破坏物质分子间的内聚力来实现的。当物料受到外力的作用时在局部产生很大应力，开始表现为弹性变形，当施加的压力超过物料的屈服应力时物料发生塑性变形，当应力超过物料本身的分子间的内聚力时即可产生裂隙，并发展成为裂缝直至破碎。

粉碎过程常用的外加力有冲击力、压缩力、剪切力、弯曲力、研磨力等（图6-8）。被粉碎物料的性质、粉碎程度不同，所需施加的外力也有所不同。冲击、压碎和研磨作用对脆性物质有效，纤维状物料用剪切方法更有效；粗碎以冲击力和压缩力为主，细碎以剪切力、研磨力为主；要求粉碎产物能产生自由流动时，用研磨法较好。实际多数粉碎过程是上述的几种力综合作用的结果。

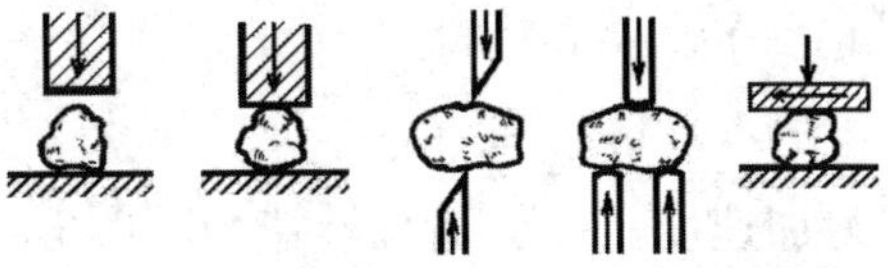

图6-8　粉碎用各种外加力示意图

(a) 冲击；(b) 压缩；(c) 剪切；(d) 弯曲；(e) 研磨

3. 粉碎的方法　根据物料的性质、产品粒度的要求以及粉碎设备的形式等不同情况，可采用不同的粉碎方法。

（1）闭塞粉碎与自由粉碎　闭塞粉碎是指在粉碎过程中，已达到粒度要求的粉末不能及时排出而继续随粗粒一起重复粉碎的操作。该法中粉末成了粉碎过程的缓冲物，降低了粉碎效果，能量消耗大，常用于小规模的间歇操作。自由粉碎是指在粉碎过程中已达到粉碎粒度要求的粉末能及时排出，该法操作效率高，常用于连续粉碎。

（2）开路粉碎与循环粉碎　开路粉碎是把粉碎物料连续地供给粉碎机的同时不断地从粉碎机中把已经粉碎的细物料取出的操作，即只通过一次粉碎机就完成物料粉碎的操作。该法操作简单，粒度分布宽，适于粒度要求不高的粉碎。循环粉碎是经粉碎机粉碎的物料通过筛网或分级设备使粗粒重新返回到粉碎机再粉碎的操作。本法消耗能量低，粒度分布窄，适于粒度要求较高的粉碎。

（3）干法粉碎与湿法粉碎　干法粉碎是使物料处于干燥状态下进行粉碎的操作。在制剂生产中多采用干法粉碎。湿法粉碎是指在药物中加入适量的水或其他液体进行研磨的操作。湿法粉碎由于液体对物料有一定渗透力和劈裂作用而利于提高粉碎效率，降低能耗，并可避免操作时粉尘飞扬，减轻某些有毒药物或刺激性药物对人体的危害。

（4）低温粉碎　低温粉碎是利用物料在低温时脆性增加、韧性与延伸性降低的性质以提高粉碎效率的方法。对温度敏感的药物、软化温度低而容易形成“饼”的药物、极细粉的粉碎常采用低温粉碎。

(5) 混合粉碎　将两种以上的物料一起粉碎的操作称为混合粉碎。该法可避免一些黏性物料或热塑性物料在单独粉碎时黏壁以及物料间的聚结等现象，可将粉碎与混合操作同时进行。

4. 粉碎的设备

(1) 球磨机（ball mill）　由水平放置的回转圆筒和内装一定数量大小不同的钢或瓷的圆球所组成。当圆筒转动时，圆球由于离心力的作用，随筒体一起回转，并被带到一定高度，然后在重力作用下抛落下来，对物料进行冲击；同时，圆球在球磨机内存在有滑动和滚动，对物料起研磨作用；在圆球冲击和研磨的共同作用下，物料被粉碎和磨细。图6-9a表示水平放置球磨机的示意图，图6-9b~图6-9d分别表示球磨机内球的运动情况。粉碎效果与圆筒的转速、球的大小与重量、球与物料的装量等有关。圆筒转速过低时（图6-9c），球随筒体上升至一定高度后往下滑落，此时对物料有较强研磨作用，但无冲击作用，对大块物料粉碎效果差。转速过高时（图6-9d），球与物料受到的离心力超过其重力而随筒体旋转，失去物料与球体的相对运动。当转速适宜时（图6-9b），大部分球随筒体上升至一定高度，并在重力与惯性力作用下沿抛物线抛落，此时对物料的粉碎是冲击和研磨的联合作用，粉碎效果最好。可见圆筒的转速对物料的粉碎影响较大。临界转速是使球体在离心力的作用下开始随圆筒做旋转运动的速度。临界速度 V_C（critical velocity）可用式(6-22)表示。

$$V_C = (gr)^{\frac{1}{2}} \tag{6-22}$$

式中，r 为离心半径；g 为重力加速度。一般适宜转速为（0.5~0.8）V_C。

根据物料的粉碎程度选择适宜大小的球体，一般来说球体的直径越小、密度越大，对物料粉碎的粒径越小，适合于物料的微粉碎，甚至可达纳米级粉碎。一般球和粉碎物料的总装量为罐体总容积的50%~60%。球磨机粉碎效率较低，粉碎时间较长，但由于密闭操作，适合于贵重物料的粉碎、无菌粉碎、干法粉碎、湿法粉碎、间歇粉碎，必要时可充入惰性气体，所以适应范围很广。

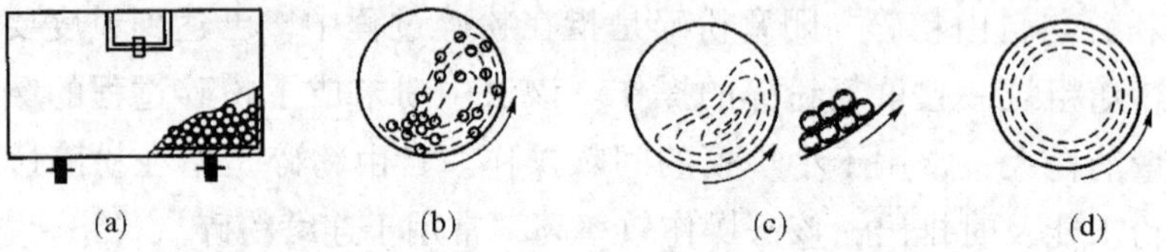

图6-9　球磨机与球的运动状况示意图

(a) 球磨机结构；(b) 适宜运动速度；(c) 过慢运动速度；(d) 过快运动速度

(2) 冲击式粉碎机（impact mill）　冲击式粉碎机对物料的粉碎以冲击力为主，适用于脆性、韧性物料以及中碎、细碎、超细碎等，应用广泛，因此有“万能粉碎机”之称。其典型的粉碎结构有锤击式（图6-10）和冲击柱式（图6-11）。

锤击式粉碎机：在高速旋转的旋转轴上安装有数个锤头，机壳上装有衬板，下部装有筛板。当物料进入粉碎室时，由于高速旋转锤头的冲击和剪切作用以及被抛向衬板的撞击等作用而被粉碎，细粒通过筛板出料，粗粒继续在粉碎室内被粉碎。粉碎粒度可通过锤头的形状、大小、转速以及筛网的目数来调节。

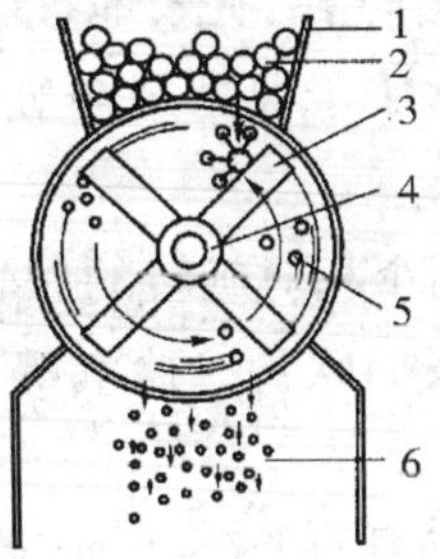

图 6－10　锤击式粉碎机示意图

1. 料斗；2. 原料；3. 锤头；
4. 旋转轴；5. 未过筛颗粒；6. 过筛颗粒

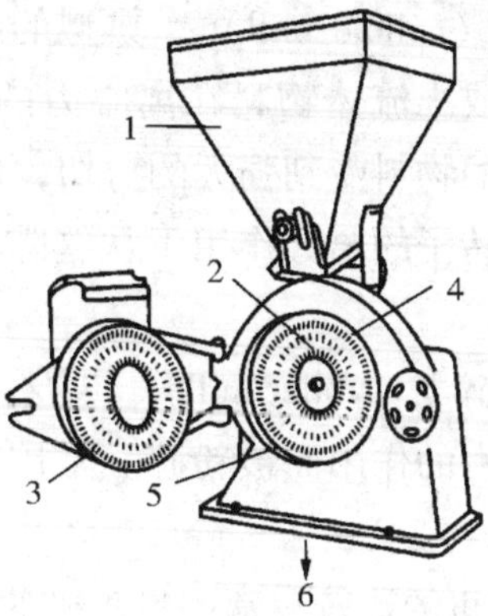

图 6－11　冲击柱式粉碎机示意图

1. 料斗；2. 转盘；3. 固定盘；
4. 冲击柱；5. 筛圈；6. 出料

冲击柱式粉碎机（或转盘式粉碎机）：在高速旋转的转盘上固定有若干圈冲击柱，与转盘相对应的固定盖上也固定有若干圈冲击柱。物料由固定板中心轴向进入粉碎机，受离心力作用从中心部位被甩向外壁的过程中受到冲击柱的冲击，而且冲击力越来越大（因为转盘外圈线速大于内圈线速），最后物料达到转盘外壁环状空间，细粒由底部的筛孔出料，粗粒在机内重复粉碎。粉碎程度与盘上固定的冲击柱的排列方式有关。

（3）气流粉碎机（jet mill）　系利用高速气流使物料颗粒之间以及颗粒与器壁之间碰撞而产生粉碎作用的粉碎机。目前工业上常用的有循环管式气流粉碎机、扁平式气流粉碎机等，其结构如图 6－12 所示。700～1000kPa 的压缩空气通过喷嘴沿切线进入粉碎室时产生超音速气流，物料被高速气流引射进入粉碎室，物料被气流分散、加速，粒子之间、粒子与器壁间发生强烈撞击、冲击、研磨而得到粉碎。压缩空气夹带的细粉由出料口进入旋风分离器或袋滤器进行分离，较大颗粒由于离心力的作用沿器壁外侧重新带入粉碎室，重复粉碎过程。粉碎程度与喷嘴的个数和角度、粉碎室的几何形状、气流的压缩压力以及进料量等有关。

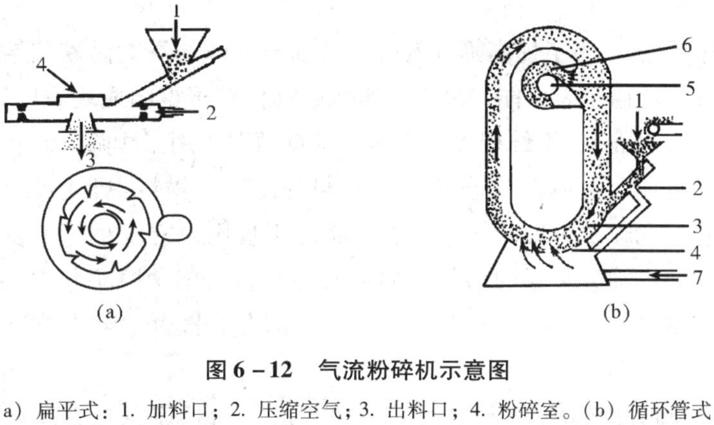

图 6－12　气流粉碎机示意图

（a）扁平式：1. 加料口；2. 压缩空气；3. 出料口；4. 粉碎室。（b）循环管式：
1. 加料口；2. 文丘里管；3. 粉碎室；4. 喷嘴；5. 出料口；6. 分级器；7. 压缩空气

气流粉碎机的粉碎有以下特点：①可进行粒度要求为 3～20μm 的超微粉碎；②由于高压空气从喷嘴喷出时产生焦耳－汤姆逊冷却效应，故适用于热敏性物料和低熔点物料的粉碎；③设备简单，易于对机器及压缩空气进行无菌处理，适用于无菌粉末的粉碎；④与其他粉碎机相比粉碎费用高，用于对粒度要求较高的药物粉碎。

（4）胶体磨（colloid mill） 典型的胶体磨由定子（stator）和转子（rotor）组成，其工作原理是流体或半流体物料在离心力的作用下，通过高速相对运动的定齿与动齿之间，使通过齿面之间的物料受到强大的剪切，研磨及高频振动等作用，有效地被粉碎成胶体状。粉碎产物在旋转转子的离心作用下从缝隙中排出。胶体磨常用于混悬剂与乳剂等分散系的粉碎。

（5）滚压粉碎机（roller mill） 物料通过滚压粉碎机两个相对旋转的压轮之间的缝隙，受压缩力与剪切力的作用而被粉碎。常用于半固体分散体系如软膏、栓剂等基质中物料的粉碎等。

5. 几种粉碎机的比较 常用粉碎机的粉碎机制、应用范围如表6－6所示。粉碎时可根据物料的性质与粉碎产品的要求选择适宜的粉碎机。

表6－6 各种粉碎机的性能比较

粉碎机类型	粉碎作用力	粉碎后粒度（μm）	适应物料
球磨机	磨碎、冲击	20～200	可研磨性物料
滚压机	压缩、剪切	20～200	软性粉体物料
冲击式粉碎机	冲击	4～325	大部分医药品物料
胶体磨	磨碎	20～200	软性纤维状物料
气流粉碎机	撞击、研磨	1～30	中硬度物料

（二）筛分

筛分是按粒子的大小、相对密度、带电性以及磁性等粉体学性质将粒子群进行分离的方法。筛分法（sieving method）是借助筛网孔径大小将物料进行分离的方法，其操作简单、经济，且分级精度较高，是医药工业中应用最广泛的分级操作之一。

筛分的目的就是为了获得较均匀的粒子群，这对药品质量以及制剂生产的顺利进行都有重要的意义。如颗粒剂、散剂等制剂都有药典规定的粒度要求；而在混合、制粒、压片等单元操作中，粒度的均匀性对混合度、粒子的流动性、充填性、片重差异等具有显著影响。

1. 影响筛分的因素 为了提高筛分效率，将筛分操作的影响因素归结如下：①物料粒径的分布。粒径越小，由于表面能、静电等影响容易使粒子聚结成块或堵塞筛孔无法操作，一般筛分粒径不小于70μm，聚结现象严重时可根据情况采用湿法筛分。物料的粒度越接近于分界直径（即筛孔直径）越不易分离。②物料的湿度。物料中含湿量增加，黏性增加，易成团或堵塞筛孔。③粒子的形状。粒子表面状态不规则，密度小等不易过筛。④筛面运动性质及其装置参数。筛分装置的参数，如筛面的倾斜角度、振动方式、运动速度、筛网面积、物料层厚度及过筛时间等，应保证物料与筛面充分接触，给小粒径的物料通过筛孔的机会。

2. 筛分设备 筛分用的药筛分为冲眼筛和编织筛。冲眼筛系在金属板上冲出圆形的筛孔而成，筛孔坚固，不易变形，多用于高速旋转粉碎机的筛板及药丸等粗颗粒的筛分。编织筛是由具有一定机械强度的金属丝（如不锈钢、铜丝、铁丝等），或非金属丝（如丝、尼龙丝、绢丝等）编织而成。其优点是单位面积上的筛孔多、筛分效率高，可用于细粉的筛选。用非金属丝制成的筛网耐用且具有一定弹性。尼龙丝一般不影响药物的稳定性，在制剂生产中应用较多，但筛线易于移位致使筛孔变形，分离效率下降。

药筛的孔径大小用筛号表示，《中国药典》（2020 年版）规定的药筛为国家标准的 R40/3 系列（表 6 -7）。标准筛用“目” 来表示筛孔的大小，“目” 是指每英寸（2.54cm）长度内所编织筛孔的数目。

表 6 -7　《中国药典》（2020 年版）所用标准药筛

筛号	筛孔内径（平均值，μm）	目数
一号筛	2000 ± 70	10
二号筛	850 ± 29	24
三号筛	355 ± 13	50
四号筛	250 ± 9.9	65
五号筛	180 ± 7.6	80
六号筛	150 ± 6.6	100
七号筛	125 ± 5.8	120
八号筛	90 ± 4.6	150
九号筛	75 ± 4.1	200

为了便于区别固体粒子的大小，《中国药典》（2020 年版）规定把固体粉末分为六级，还规定了各个剂型所需要的粒度。粉末分等如下：

最粗粉：能全部通过一号筛，但混有能通过三号筛不超过 20% 的粉末。

粗　粉：能全部通过二号筛，但混有能通过四号筛不超过 40% 的粉末。

中　粉：能全部通过四号筛，但混有能通过五号筛不超过 60% 的粉末。

细　粉：能全部通过五号筛，并含能通过六号筛不少于 95% 的粉末。

最细粉：能全部通过六号筛，并含能通过七号筛不少于 95% 的粉末。

极细粉：能全部通过八号筛，并含能通过九号筛不少于 95% 的粉末。

医药工业中常用筛分设备的操作要点是将欲分离的物料放在筛网面上，采用不同方法使粒子运动，并与筛网面接触，使小于筛孔的粒子漏到筛下。根据筛面的运动方式不同分为旋转筛、摇动筛、旋动筛及振荡筛等。

（1）旋动筛　如图 6 -13（a）所示。根据药典规定的筛序，即从上到下按孔径大小排列，最上为筛盖，最下为接收器。把物料放入最上部的筛上，盖上盖，固定在摇动台进行摇动和振荡数分种，即可完成对物料的分级。此种筛可用电机带动，水平旋转的同时定时地在上部锤子的敲打下进行上下振荡运动。处理量少时可用手摇动。常用于测定粒度分布或少量剧毒药、刺激性药物的筛分。

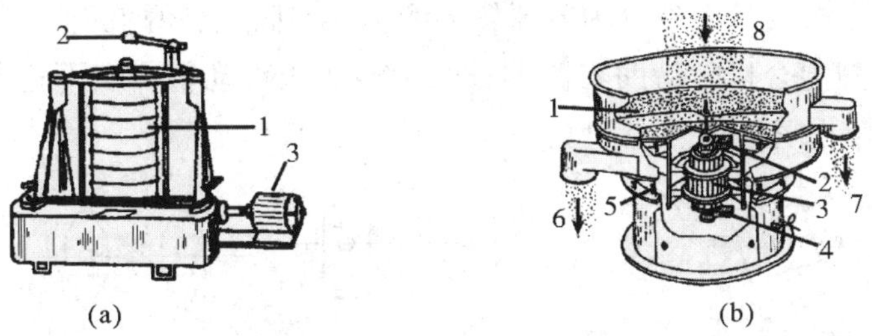

图 6 -13　筛分设备示意图

（a）旋动筛：1. 药筛；2. 锤子；3. 电机。（b）振荡筛：1. 筛网；2. 上部重锤；3. 电机；4. 下部重锤；5. 弹簧；6. 细料排出口；7. 粗料排出口；8. 进料口

（2）振荡筛　如图6－13（b）所示。在电机的上轴及下轴各装有不平衡重锤，上轴穿过筛网与其相连，筛框以弹簧支撑于底座上，上部重锤使筛网产生水平圆周运动，下部重锤使筛网发生垂直方向运动，故筛网的振荡方向有三维性，物料加在筛网中心部位，筛网上的粗料由上部排出口7排出，筛分的细料由下部的排出口6排出。振荡筛具有分离效率高、单位筛面处理能力大、占地面积小、维修费用低、重量轻等优点，被广泛应用。

此外，还有其他筛分设备，如滚筒筛、多用振动筛等。

（三）混合

1. 混合　两种以上组分的物料均匀混合的操作统称为混合（mixing）。混合操作以物料含量的均匀一致为目的，通常以细微粉体为对象，是保证制剂产品质量的重要措施之一。

在制剂生产的过程中混合结果直接影响制剂的外观和内在质量。如在片剂生产中会出现斑点，崩解时限及硬度不合格等。特别是安全范围窄的药物，活性高、含量非常低的药物以及需要长期服用的药物，主药的含量不均匀对治疗效果带来极大的影响，甚至带来毒性反应。因此，合理的混合操作是保证制剂产品质量的重要措施之一。

药剂学中的固体微粉具有以下特点：①粉体的种类多；②粒子的形状、大小、表面粗糙度不均匀；③粒度小、密度小，附着性、凝聚性和飞散性强；④混合成分多；⑤微量混合时，最少成分的混合比（稀释倍数）较大。

2. 混合机制　混合机内粒子通过随机的相对运动进行混合，混合机制包括Lacey提出的三种运动方式。

（1）对流混合　固体粒子群在机械转动的作用下，产生较大的位移时产生的总体混合。

（2）剪切混合　由于粒子群内部力的作用结果，产生滑动面，破坏粒子群的团聚状态而进行的局部混合。

（3）扩散混合　由于粒子的无规则运动，在相邻粒子间发生相互交换位置而进行的局部混合。

在实际的操作过程中上述的三种混合方式并不是独立进行，而是相互联系的，出现在同一混合器内，但所表现的程度因混合器的类型、粉体性质、操作条件等不同而存在差异。一般来说，混合开始阶段以对流与剪切混合为主导作用，随后扩散混合的作用增加。必须注意，混合不同粒径的、自由流动的粉体时常伴随分离而影响混合程度。混合效率用混合度表示，混合度是混合过程中物料混合均匀程度的指标。

3. 混合方法与设备　目前实验室常用的混合方法有搅拌混合法、研磨混合法、过筛混合法。在制剂生产中多采用容器旋转或搅拌的方法使物料发生整体和局部的移动而达到混合的目的。固体的混合设备大致分为容器旋转型和容器固定型两大类。

（1）容器旋转型混合机　借助容器本身的旋转作用带动物料上下运动而使物料混合的设备。其形式多样，如图6－14。

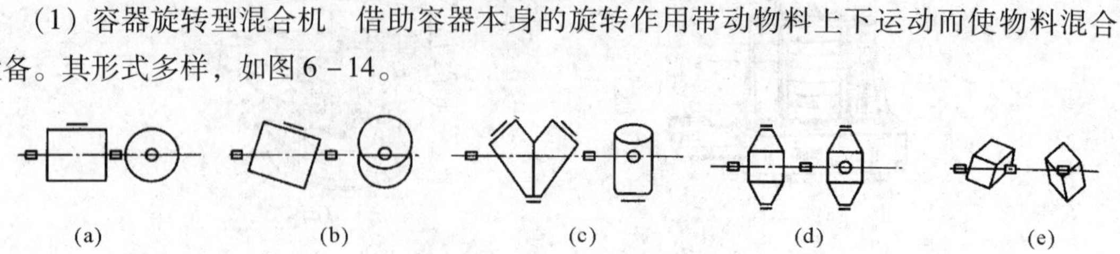

图6－14　旋转型混合机示意图

（a）水平圆筒型；（b）倾斜圆筒型；（c）V型；（d）双锥型；（e）立方型

1）水平圆筒型混合机　是水平筒体在轴向旋转时带动物料向上运动，并在重力作用下物料往下滑落的反复运动中进行混合。总体混合以对流、剪切混合为主，而轴向混合以扩散混合为主。该混合机的混合度较低，但结构简单、成本低。操作中最适宜转速为临界转速的70%～90%；最适宜充填量约为30%。

2）V型混合机　由两个圆筒成V型交叉结合而成（图6－15）。交叉角α为80°～81°，圆筒直径与长度之比为0.8～0.9。物料随圆筒旋转时被分成两部分，两部分物料再重新汇合在一起，如此反复循环，在较短时间内即能混合均匀。本混合机以对流混合为主，混合速度快，在旋转混合机中效果最好，广泛应用于物料的混合操作中。操作中最适宜转速可取临界转速的30%～40%；最适宜充填量为30%。

3）双锥型混合机　在短圆筒两端各连接一个锥型圆筒而成，旋转轴与容器中心线垂直。物料在混合机内的运动状态与混合效果类似于V型混合机。

（2）容器固定型混合机　是物料在容器内靠叶片、螺带或气流的搅拌作用进行混合的设备。

1）搅拌槽型混合机　由固定混合槽和螺旋状二重带式搅拌桨组成，混合槽可以绕水平轴转动以便于卸料（图6－16）。物料在搅拌桨的作用下不停地向上下、左右、内外的各个方向运动，从而达到均匀混合。混合时以剪切混合为主，混合时间较长，混合度与V型混合机类似。这种混合机亦可适用于造粒前的捏合（制软材）操作。

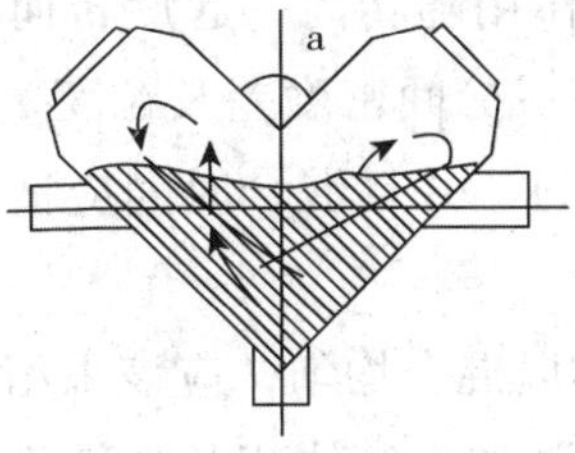

图6－15　V型混合机示意图

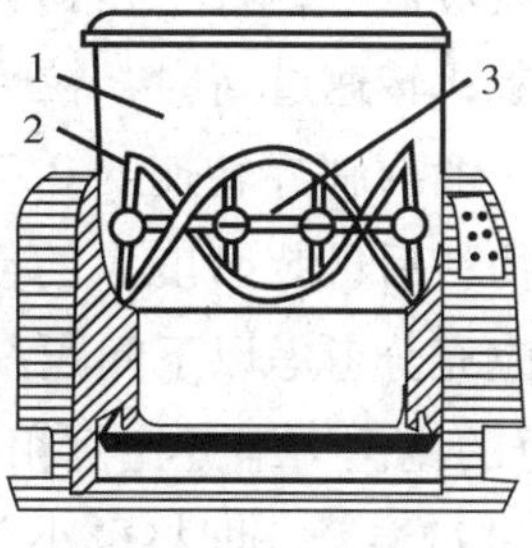

图6－16　搅拌槽型混合机示意图

1. 混合槽；2. 搅拌桨；3. 固定轴

2）锥形垂直螺旋混合机　由锥形容器和内装的1～2个螺旋推进器组成（图6－17）。螺旋推进器的轴线与容器锥体的斜线平行，螺旋推进器在容器内既有自转又有公转，自转的速度约为60r/min，公转速度约为2r/min，容器的圆锥角约为35°，充填量约30%。在混合过程中物料在推进器的作用下自底部上升，又在公转的作用下在全容器内产生涡旋和上下循环运动。该种混合机混合速度快、混合度高，混合所需动力消耗较其他混合机少。

4. 混合的影响因素　在多种固体物料进行混合时往往伴随离析现象，妨碍物料的良好混合，降低混合程度。影响混合效果的因素很多，归纳起来有物料因素、设备因素、操作因素等。

（1）物料粉体性质对混合的影响　如粒径大小及粒度分布、粒子形状及表面状态、粒子密度及堆密度、含水量、流动性、粒子的表面电荷、黏附性、团聚性等物料的粉体性质都会影响混合过程。特别是各个成分之间粒径、粒子形态、密度等差异显著时，混合过程中或混合后容易发生离析现象而无法混合均匀。一般情况下，小粒径、大密度的颗粒易于在大颗粒的缝隙中往下流动而影响均匀混合；球形颗粒容易流动而易产生离析；当混合物料中含有少量水分可有效地防止离析。一般来说，粒径对混合的影响最大，密度的影响在

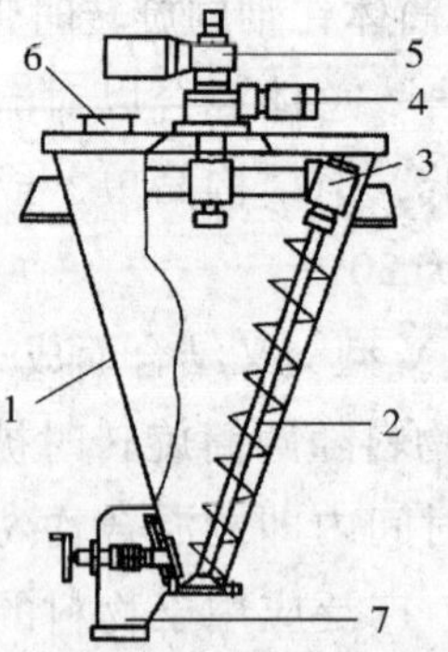

图6-17　锥形垂直螺旋混合机示意图

1. 锥形筒体；2. 螺旋桨；3. 摇动臂；4. 马达；5. 减速器；6. 加料口；7. 出料口

流化操作中比粒径更显著。各成分的混合比也是非常重要的因素，混合比越大，混合度越小。

（2）设备类型对混合的影响　混合机的形状及尺寸，内部插入物（挡板等），材质及表面情况等都会影响混合效果。应根据物料的性质选择适宜的混合器。

（3）操作条件对混合的影响　物料的充填量、装料方式、混合比、混合机的转速及混合时间等都会影响混合效果。V型混合机的装料量占容器体积的30%左右时，混合度最大。转动型混合机的转速过低时，粒子在物料层表面向下滑动，各成分粒子的粉体性质差距较大时易产生分离现象；转速过高时，粒子受离心力的作用随转筒一起旋转而几乎不产生混合作用。适宜转速一般取临界转速的0.7~0.9倍。各成分间密度差及粒度差较大时，先装密度小或粒径大的物料后再装密度大的或粒径小的物料，并且混合时间应适当。为了达到均匀的混合效果，应充分考虑以下问题：

1）各混合组分的比例　组分比例相差过大时，难以混合均匀，应该采用等量递加混合法（又称配研法）进行混合，即将量小药物研细后，再加入等体积其他细粉研匀，如此倍量增加混合至全部混匀，再过筛混合即可。

"倍散"系指在小剂量的毒剧药或贵重药中添加一定量的填充剂制成的稀释散。倍散中稀释倍数由剂量而定：剂量0.1~0.01g可配成10倍散（即9份稀释剂与1份药物混合），0.01~0.001g配成100倍散，0.001g以下应配成1000倍散。配制倍散时应采用等量递加混合法。常用的稀释剂有乳糖、糖粉、淀粉、糊精、沉降碳酸钙、磷酸钙、白陶土等惰性物质，一般采用配研法制备，为便于观察混合是否均匀，可加入少量色素。

2）各混合组分的密度　各组分密度差异较大时，应将密度小者先放入混合器中，再放入密度大者，以避免密度小者浮于上面而密度大者沉于底部而不易混匀。但当粒子粒径小于30μm时，各组分密度大小将不会成为导致分离的因素。

3）各组分的黏附性与带电性　有的药物粉末对混合器械具有黏附性，影响混合也易造成损失，一般应将量大或不易吸附的药粉或辅料垫底，量少或易吸附者后加入。混合时摩擦而带电的粉末不易混匀，常可加少量表面活性剂或润滑剂加以克服，如硬脂酸镁、十二烷基硫酸钠等具有抗静电作用。

4）含液体或易吸湿成分的混合　如处方中含有液体组分时，可用处方中其他固体组分或吸收剂吸收该液体至不润湿为止。常用的吸收剂有磷酸钙、白陶土、蔗糖和葡萄糖等。若含有易吸湿组分，则应针对吸湿原因加以解决。如结晶水在研磨时释放而引起湿润，可用等摩尔无水物代替；若某组分的吸湿性很强（如胃蛋白酶等），可在低于其临界相对湿度条件下，迅速混合并密封防潮；若混合引起吸湿性增强，则不应混合，可分别包装或包衣后混合。

5）形成低共熔混合物　有些药物按一定比例混合时，可形成低共熔混合物而在室温条件下出现润湿或液化现象。易发生低共熔现象的药物有水合氯醛、樟脑、麝香草酚等，此时应尽量避免形成低共熔物的混合比。

6）组分间的化学反应　含有氧化性和还原性或其他混合物后易起化学变化的药物组分，应分别对药物进行包装，服用时混合，或将某组分粉末包衣后混合。

（四）分剂量

分剂量是将混合均匀的物料按剂量要求进行分装的过程。常用分剂量的方法有重量法和容量法。重量法准确，适合于含有细料和毒性药物的散剂；容量法快捷，机械化生产多采用，但药粉的流动性、堆密度、吸湿性等以及操作速度均能影响其准确性。

（五）包装贮存

散剂的质量除了与制备工艺有关以外，还与散剂的包装、贮存条件等密切相关。由于散剂比表面积大，易吸湿、潮解、结块、霉变或氧化等。因此，散剂的包装应注意防潮与密封，贮存于阴凉干燥处，避免高温和光照。

散剂一般采取密封包装与密闭贮藏。用于包装的材料有多种，可用透湿系数（*P*）来评价包装材料的防湿性，*P* 小者，防湿性能好。表 6－8 列举了常用包装材料的透湿系数 *P*。

表 6－8　常用包装材料的透湿系数 *P*

名称	*P* 值	名称	*P* 值
蜡纸 A	3	滤纸	1230
蜡纸 B	12	聚乙烯	2
蜡纸 C	22	聚苯乙烯	6
亚麻仁油纸	160	聚乙烯丁醛	30
桐油纸	190	硝酸纤维素	35
玻璃纸	222	醋酸乙烯	50
硫酸纸	534	聚乙烯醇	270

除另有规定外，散剂应密闭贮存，含挥发性药物或易吸潮药物的散剂应密封贮存。生物制品散剂应采用防潮材料包装，置 2～8℃密封贮存和运输。

三、散剂的质量要求

《中国药典》（2020 年版）收载了散剂的质量检查项目，主要有如下几项。

1. 粒度　除另有规定外，化学药品局部用散剂和用于烧伤或严重创伤的中药局部用散剂及儿科用散剂，照下述方法检查，应符合规定。

检查法：除另有规定外，取供试品 10g，精密称定，照粒度和粒度分布测定法（单筛分法）测定。化学药散剂通过七号筛（中药通过六号筛）的粉末重量，不得少于 95%。

2. 外观均匀度　取供试品适量，置光滑纸上，平铺约 $5cm^2$，将其表面压平，在亮处观察，应色泽均匀，无花纹与色斑。

3. 水分　中药散剂照水分测定法（通则 0832）测定，除另有规定外，不得超过9.0%。

4. **干燥失重** 化学药和生物制品散剂，除另有规定外，取供试品，照干燥失重测定法测定，在105℃干燥至恒重，减失重量不得过2.0%。

5. **装量差异** 单剂量包装的散剂，照下述方法检查，应符合规定。

检查法：除另有规定外，取供试品10袋（瓶），分别精密称定每袋（瓶）内容物的重量，求出内容物的装量与平均装量。每袋（瓶）装量与平均装量相比较，按表中的规定，超出装量差异限度的散剂不得多于2袋（瓶），并不得有1袋（瓶）超出装量差异限度的1倍。凡有标示装量的散剂，每袋（瓶）装量应与标示装量相比较。

表6-9 散剂装量差异限度

平均装量或标示装量	装量差异限度（中药、化学药）	装量差异限度（生物制品）
0.1g及0.1g以下	±15%	±15%
0.1g以上至0.5g	±10%	±10%
0.5g以上至1.5g	±8%	±7.5%
1.5g以上至6.0g	±7%	±5%
6.0g以上	±5%	±3%

凡规定检查含量均匀度的化学药和生物制品散剂，一般不再进行装量差异的检查。

6. **装量** 除另有规定外，多剂量包装的散剂，照最低装量检查法（通则0942）检查，应符合规定。

7. **无菌** 除另有规定外，用于烧伤、严重创伤或临床必需无菌的局部用散剂，照无菌检查法（通则1101）检查，应符合规定。

8. **微生物限度** 除另有规定外，照非无菌产品微生物限度检查：微生物计数法（通则1105）和控制菌检查法（通则1106）及非无菌药品微生物限度标准（通则1107）检查，应符合规定。凡规定进行杂菌检查的生物制品散剂，可不进行微生物限度检查。

四、散剂举例

例6-1 冰硼散

【处方】冰片50g 硼砂（煅）500g 朱砂60g 玄明粉500g

【制法】以上四味，朱砂水飞成极细粉，硼砂粉碎成细粉，将冰片研细，与上述粉末及玄明粉配研，过筛，混合，即得。

【功能与主治】清热解毒、消肿止痛。用于热毒蕴结所致咽喉疼痛、牙龈肿痛、口舌生疮。

【用法与用量】吹敷患处，每次少量，一日数次。

【贮藏】密封，置阴凉处。

【注解】①朱砂主含硫化汞，为粒状或块状，色鲜红或暗红，具光泽，质重而脆，水飞法可获极细粉。玄明粉系芒硝经风化干燥而得，含硫酸钠不少于99%；②本品朱砂有色，易于观察混合的均匀性。本品用乙醚提取，重量法测定，冰片含量不得少于3.5%。

例6-2 七厘散

【处方】血竭500g 乳香（制）75g 没药（制）75g 红花75g 儿茶120g 冰片6g 人工麝香6g 朱砂60g

【制法】以上八味，除人工麝香、冰片外，朱砂水飞成极细粉；其余血竭等五味粉碎成细粉；将人工麝香、冰片研细，与上述粉末配研，过筛，混匀，即得。

【功能与主治】 化瘀消肿，止痛止血。用于跌扑损伤，血瘀疼痛，外伤出血。

【用法与用量】 口服，一次 1～1.5g，一日 1～3 次；外用，调敷患处。

【贮藏】 密封，置阴凉处。

扫码“学一学”

第三节　颗粒剂

一、概述

颗粒剂（granules）系指原料药物与适宜的辅料混合制成具有一定粒度的干燥颗粒状制剂。颗粒剂可分为可溶性颗粒（通称为颗粒）、混悬颗粒、泡腾颗粒、肠溶颗粒，根据释放特性不同还有缓释颗粒和控释颗粒等。《中国药典》（2020 年版）规定颗粒剂粒度范围是不能通过一号筛（2000μm）与能通过五号筛（180μm）的颗粒总和不能超过供试量的 15%。

与散剂比较，颗粒剂有以下特点：①飞散性、附着性、团聚性、吸湿性等均较小；②服用方便，适当加入芳香剂、矫味剂、着色剂等可以制成色、香、味俱全的药物制剂；③必要时可对颗粒进行包衣，使颗粒具有防潮性、缓控释性及肠溶性等。④由于颗粒剂粒度范围较大，在多种成分颗粒的混合与分剂量时易产生离析现象，从而导致剂量不易准确。

二、颗粒剂的制备

颗粒剂的制备主要涉及制粒技术。制粒（granulation）系指粉末状的药物原料中加入适宜的润湿剂或黏合剂，经加工制成具有一定形状和大小颗粒状物体的操作。制粒方法分为湿法制粒与干法制粒两大类。而制粒前药物的粉碎、过筛、混合等操作，与散剂制备过程相同。颗粒剂的制备工艺流程见图 6－18。

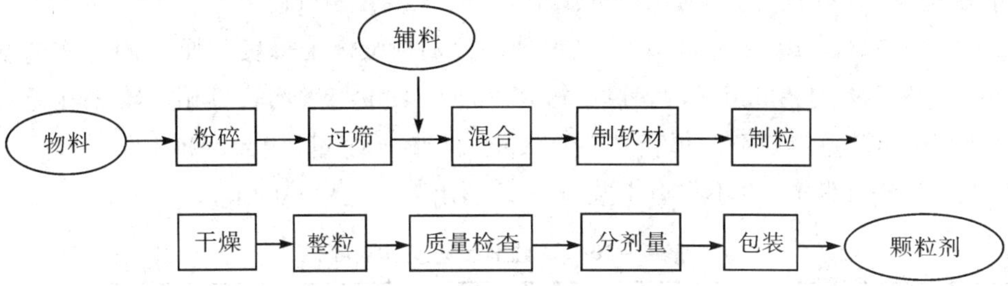

图 6－18　颗粒剂的制备工艺流程图

目前颗粒剂的制备主要采用湿法制粒，具体操作如下：

1. 制软材　将药物与适宜的稀释剂（淀粉、蔗糖、糊精或乳糖等）、必要时加入崩解剂（淀粉、纤维素衍生物等）充分混匀，加入水或其他黏合剂后制软材。制软材是湿法制粒的关键技术，一般根据经验“手握成团，轻压即散”为原则掌握软材的质量。

2. 制湿颗粒　常用挤出制粒法制备湿颗粒，即采用机械挤压的方式使软材通过筛网，即可得到湿颗粒。近年来有许多新的制粒技术用于生产，如流化床制粒、搅拌制粒等。流化制粒也称“一步制粒法”，可在同一设备内一次完成物料的混合、制粒、干燥等过程。

3. 干燥　制得的湿颗粒需加以干燥，以除去水分，防止颗粒受压变形与结块。常用设备有厢式干燥器、流化床干燥器等。

4. **整粒与分级** 湿颗粒在干燥过程中，某些颗粒常出现粘连，甚至结块。通过对干燥后的颗粒进行整粒，使粘连、结块的颗粒散开，获得具有一定粒度的均匀颗粒，这就是整粒的过程。一般通过筛分法进行整粒和分级。

5. **质量检查与分剂量** 将制得的颗粒进行含量检查与粒度测定等，按剂量装入适宜袋中。机械化生产多用容量法分剂量。为保证剂量的准确性，应使颗粒均匀一致，流动性好，控制工作间的相对湿度与温度，避免其吸湿。

三、颗粒剂的质量检查

颗粒剂的质量检查，除主药含量、外观外，《中国药典》（2020 年版）还规定了粒度、干燥失重、水分（中药颗粒剂）、溶化性及装量差异等检查项目。

1. **粒度** 除另有规定外，照粒度和粒度分布测定法（第二法 双筛分法）检查，不能通过一号筛与能通过五号筛的总和不得超过 15%。

2. **水分** 中药颗粒剂照水分测定法测定，除另有规定外，水分不得超过 8.0%。

3. **干燥失重** 除另有规定外，化学药品和生物制品颗粒剂照干燥失重测定法测定，于 105℃干燥（含糖颗粒应在 80℃减压干燥）至恒重，减失重量不得超过 2.0%。

4. **溶化性** 除另有规定外，颗粒剂照下述方法检查，溶化性应符合规定。含有中药原粉的颗粒剂不做溶化性检查。

可溶颗粒检查法 取供试品 10g（中药单剂量包装取 1 袋），加热水 200ml，搅拌 5 分钟，立即观察，可溶性颗粒应全部溶化或轻微浑浊。

泡腾颗粒检查法 取供试品 3 袋，将内容物分别转移至盛有 200ml 水的烧杯中，水温为 15～25℃，应迅速产生气体而呈泡腾状，5 分钟内颗粒均完全分散或溶解在水中。

颗粒剂按上述方法检查，均不得有异物，中药颗粒还不得有焦屑。

混悬颗粒以及已规定检查溶出度或释放度的颗粒剂可不进行溶化性检查。

5. **装量差异** 单剂量包装的颗粒剂按下述方法检查，应符合规定。

检查法 取供试品 10 袋（瓶），除去包装，分别精密称定每袋（瓶）内容物的重量，求出每袋（瓶）内容物的装量与平均装量。每袋（瓶）装量与平均装量相比较［凡无含量测定的颗粒剂或有标示装量颗粒剂，每袋（瓶）装量应与标示装量比较］，超出装量差异限度的颗粒剂不得多于 2 袋（瓶），并不得有 1 袋（瓶）超出装量差异限度 1 倍（表 6－10）。

表 6－10 颗粒剂装量差异限度

平均装量或标示装量	装量差异限度
1.0g 及 1.0g 以下	±10%
1.0g 以上至 1.5g	±8%
1.5g 以上至 6.0g	±7%
6.0g 以上	±5%

凡规定检查含量均匀度的颗粒剂，一般不再进行装量差异检查。

6. **装量** 多剂量包装的颗粒剂，照最低装量检查法（通则 0942）检查，应符合规定。

7. **微生物限度** 以动物、植物、矿物质为来源的非单体成分制成的颗粒剂，生物制品颗粒剂，照非无菌产品微生物限度检查：微生物计数法（通则 1105）和控制菌检查法（通则 1106）及非无菌药品微生物限度标准（通则 1107）检查，应符合规定。生物制品规定检查杂菌的颗粒剂，可不进行微生物限度检查。

四、颗粒剂的包装与贮存

颗粒剂应密封，置干燥处贮存，防止受潮。生物制品应在2～8℃保存和运输。

五、颗粒剂举例

例6－3　复合维生素B颗粒

【处方】 盐酸硫胺1.20g　核黄素0.24g　盐酸吡多辛0.36g　烟酰胺1.20g　泛酸钙0.24g　枸橼酸2.00g　蔗糖粉995g　制成1000g

【制法】 将核黄素分次用蔗糖粉稀释后混合，再加入盐酸硫胺、烟酰胺混合均匀；将盐酸吡多辛、泛酸钙、枸橼酸溶于适量蒸馏水中，加入上述药粉中制软材，过16目筛制粒，湿颗粒于60～65℃干燥，干颗粒过16目筛整粒，再经五号筛除细粉，分装，检查，包装。

【作用与用途】 用于营养不良，厌食、脚气病及因缺乏维生素B所致的各种疾患的辅助治疗。

【用法与用量】 开水冲服，一日2次，一次1包。

【贮藏】 密闭，置阴凉干燥处保存。

例6－4　感冒清热颗粒

【处方】 荆芥穗200g　薄荷60g　防风100g　柴胡100g　紫苏叶60g　葛根100g　桔梗60g　苦杏仁80g　白芷60g　苦地丁200g　芦根160g

【制法】 以上十一味，取荆芥穗、薄荷、紫苏叶提取挥发油，蒸馏后的水溶液另器收集；药渣与其余防风等八味加水煎煮两次，合并煎液，滤过，滤液与上述水溶液合并。合并液浓缩成相对密度为1.32～1.35（50℃）的清膏，取清膏加蔗糖、糊精及乙醇适量，制成颗粒，干燥，加入上述挥发油，混匀，制成1600g；或将合并液浓缩成相对密度为1.32～1.35（50℃）的清膏，加入辅料适量，混匀，制成无糖颗粒，干燥，加入上述挥发油，混匀，制成800g；或将合并液减压浓缩至相对密度为1.08～1.10（55℃）的药液，喷雾干燥，制成干膏粉，取干膏粉，加乳糖适量，混合，加入上述挥发油，混匀，制成颗粒400g，即得。

【功能与主治】 疏风散寒，解表清热。用于风寒感冒，头痛发热，恶寒身痛，鼻流清涕，咳嗽咽干。

【用法与用量】 开水冲服，一次1袋，一日2次。

【规格】 每袋装12g；6g（无蔗糖）；3g（含乳糖）。

【贮藏】 密封。

【注解】 ①中药颗粒剂系指饮片提取物与适宜的辅料或饮片细粉制成具有一定粒度的颗粒状制剂，分为可溶性颗粒、混悬颗粒和泡腾颗粒。②中药颗粒剂制备过程中，中药饮片应按各品种项下规定的方法进行提取、纯化、浓缩成规定的清膏，采用适宜的方法干燥并制成细粉，加适量辅料（不超过干膏量的2倍）或饮片细粉，混匀并制成颗粒；也可将清膏加适量辅料（不超过清膏量的5倍）或饮片细粉，混匀并制成颗粒。③由于饮片提取物引湿性较大，因此在制软材时，不宜选用水或黏合剂，而应选用不同浓度的乙醇调整软材干湿度，黏性愈大，醇浓度愈高，常用浓度为80%～95%。④中药颗粒剂水分不得大于8.0%。

扫码“学一学”

第四节　胶囊剂

一、概述

（一）胶囊剂的概念与特点

胶囊剂（capsules）系指原料药物或与适宜辅料充填于空心胶囊或密封于软质囊材中的固体制剂。构成上述空心胶囊壳或软质囊材的材料简称囊材，主要成分是明胶、甘油、水及其他药用辅料，如增塑剂、色素、防腐剂等。空心胶囊壳或软质囊材的组成成分比例不同，制备方法也不同。

胶囊剂具有如下特点：①能掩盖药物的不良臭味，提高药物稳定性。装在胶囊壳中的药物与外界隔离，免受空气、光线、水分的影响，对具不良臭味和不稳定的药物有一定遮蔽、保护和稳定作用；②药物在体内起效快。药物是以粉末或颗粒状态充填于胶囊中，制备时不受压力等因素的影响，与片剂、丸剂等比较，在胃肠道中迅速分散、溶出和吸收；③液态药物固体剂型化。液态药物或含油量高的药物可充填于软质胶囊中形成固体制剂，服用、携带方便；④可延缓或定位释放药物。将药物按需要制成缓释颗粒装入胶囊中，以达到缓释延效作用；制成肠溶胶囊即可将药物定位释放于小肠；亦可制成直肠或阴道给药的胶囊剂，使药物定位释放于这些腔道；治疗结肠炎的药物，以及以结肠为主要吸收部位的多肽类、蛋白质类药物，可以制成结肠定位释放胶囊剂。

由于明胶是胶囊壳的主要囊材，所以下列药物不宜制成胶囊剂：①药物的水溶液或乙醇溶液，会使胶囊壁溶化；②易风干或易潮解的药物，可使胶囊壁软化或使胶囊壁脆裂；③易溶性的刺激性药物，胶囊壳溶化后可使局部药物量过大而刺激胃黏膜。

（二）胶囊剂的分类

根据胶囊剂的溶解与释放特性，胶囊剂可分为硬胶囊（通称为胶囊）和软胶囊，根据释放特性不同还有缓释胶囊、控释胶囊和肠溶胶囊等。

1. 硬胶囊（hard capsules）　系指采用适宜的制剂技术，将原料药物或加适宜辅料制成的均匀粉末、颗粒、小片、小丸、半固体或液体等，充填于空心胶囊中的胶囊剂。

2. 软胶囊（soft capsules）　系指将一定量的液体原料药物直接包封，或将固体原料药物溶解或分散在适宜的辅料中制备成溶液、混悬液、乳液或半固体，密封于软质囊材中的胶囊剂。可用滴制法或压制法制备。软质囊材一般是由胶囊用明胶、甘油或其他适宜的药用辅料单独或混合制成。

3. 缓释胶囊（sustained release capsules）　系指在规定的释放介质中缓慢地非恒速释放药物的胶囊剂。

4. 控释胶囊（controlled－release capsules）　系指在在规定的释放介质中缓慢地恒速释放药物的胶囊剂。

5. 肠溶胶囊（enteric capsules）　系指用经肠溶材料包衣的颗粒或小丸充填于胶囊而制成的硬胶囊，或用适宜的肠溶材料制备而得的硬胶囊或软胶囊。肠溶胶囊不溶于胃液，但能在肠液中崩解而释放活性成分。

二、胶囊剂的制备

（一）硬胶囊剂的制备

硬胶囊剂的制备一般分为空胶囊的制备和填充物料的制备、填充、套合囊帽等工艺过程，工艺流程如图 6－19 所示。

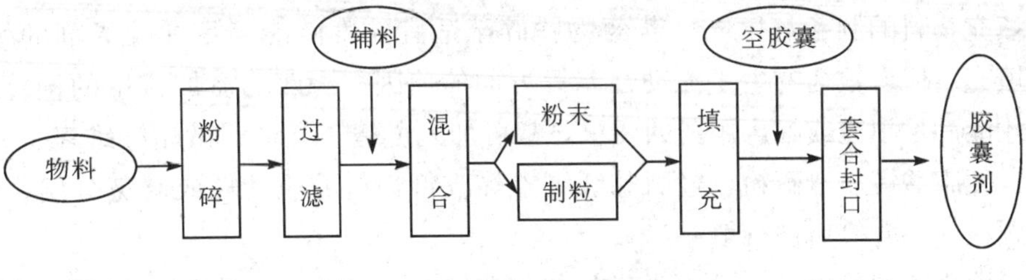

图 6－19　硬胶囊剂制备工艺流程

1. 空胶囊的制备

（1）空胶囊的组成　明胶是空胶囊的主要成囊材料，是由骨、皮水解而制得的。由酸水解制得的明胶称为 A 型明胶，等电点 pH 7～9；由碱水解制得的明胶称为 B 型明胶，等电点 pH 4.7～5.2。以骨骼为原料制得的骨明胶，质地坚硬，性脆且透明度差；以猪皮为原料制得的猪皮明胶，富有可塑性，透明度好。为兼顾囊壳的强度和塑性，采用骨、皮混合胶较为理想。还有其他胶囊，如淀粉胶囊、甲基纤维素胶囊、羟丙基甲基纤维素胶囊等，但均未广泛使用。明胶的冻力强度与黏度是影响空胶囊质量的主要参数，冻力强度可反映胶的坚固度或拉力，质量越纯，分子质量越大，含水解产物越少，其冻力强度越高，所制成的空胶囊有较坚固的拉力与弹性。明胶相对分子质量越大，黏度越大，一般明胶的黏度控制在 4.3～4.7mPa·s，黏度过大，制得的空胶囊厚薄不均，表面不光滑；黏度过小，所需干燥时间长，壳薄而易破损。为增加韧性与可塑性，一般加入增塑剂，如甘油、山梨醇、羧甲基纤维素钠、羟丙基纤维、油酸酰胺磺酸钠等；为减小流动性、增加胶冻力，可加入增稠剂琼脂等；对光敏感药物，可加遮光剂二氧化钛（2%～3%）；为美观和便于识别，可加食用色素等着色剂；为防止霉变，可加防腐剂苯甲酸乙酯等。当然，并非任何一种空胶囊都必须具备以上组分，而应根据具体情况加以选择。

（2）空胶囊的制备工艺　空胶囊由囊体和囊帽组成，其主要制备流程如下：

溶胶→蘸胶（制坯）→干燥→拔壳→切割→整理

一般由自动化生产线来完成，生产环境的温度应为 10～25℃，相对湿度为 35%～45%，空气净化度 10000 级。空胶囊可用 10% 环氧乙烷与 90% 卤烃的混合气体进行灭菌。为便于识别，可用食用油墨在其表面印字。

（3）空胶囊的规格和质量　空胶囊共有 8 种规格，常用的为 0～5 号，随号数由小到大，容积则由大到小（表 6－11）。

表 6－11　空胶囊的号数与容积

空胶囊号数	0	1	2	3	4	5
容积（ml）	0.75	0.55	0.40	0.30	0.25	0.15

明胶空心胶囊的质量要求：囊体应光洁、色泽均匀、切口平整、无变形、无异臭。松紧度、脆碎度、崩解时限、黏度、亚硫酸盐（以 SO_2计）含量、对羟基苯甲酸酯类含量、氯乙醇含量、环氧乙烷含量、干燥失重、灼烧残渣、铬含量（不得超过2ppm）、重金属、微生物限度应符合规定。在温度10～25℃，相对湿度35%～65%条件下密闭保存。

2. 填充物料的制备、填充与套合封口

（1）填充物料的制备与填充　若药物粉碎至适宜粒度就能满足硬胶囊剂的填充要求，即可直接填充。但多数药物由于流动性差等方面的原因，一般均需加适量的稀释剂、润滑剂等辅料才能满足填充或临床用药的要求。常可加入蔗糖、乳糖、微晶纤维素、改性淀粉、二氧化硅、硬脂酸镁、滑石粉、羟丙基纤维素等改善物料的流动性或避免分层。也可加入辅料制成颗粒、小丸等后进行填充。

胶囊剂填充机型号很多，但从填充方式上可归为四种类型，见图6-20：（a）型是由螺旋钻压进物料；（b）型是用柱塞上下往复压进物料；（c）型是自由流入物料；（d）型是在填充管内，先将药物压成单位量药粉块，再填充于胶囊中。从填充原理看，（a）、（b）型填充机对物料要求不高，适合于不易分层、复方组分或流动性较差的物料；（c）型填充机要求物料具有良好的流动性，常需制粒才能达到；（d）型适于流动性差但混合均匀的物料，如针状结晶药物、易吸湿药物等。

胶囊剂生产中多采用全自动硬胶囊填充机（图6-21、图6-22），其工作流程如图6-23、图6-24所示。整个操作过程类似高速旋转压片机，充填时物料颗粒流动性好，可采用活塞-滑块定量方式充填胶囊；而充填粉末物料时流动性不好，采用填塞式或间歇插管式定量充填方式。该种胶囊机生产量可达2.4万～4.8万粒/小时，可充填胶囊型号为00～5号，胶囊上机率大于98%，装量精度高。

（2）胶囊规格的选择与套合　封口应根据药物的填充量选择空胶囊的规格，首先应按药物的规定剂量所占容积来选择最小空胶囊，可根据经验试装后决定，但常用的方法是先测定待填充物料的堆密度，然后根据应装剂量计算该物料容积，以决定应选胶囊的号数。将药物填充于囊体后，即可套合胶囊帽。目前多使用锁口式胶囊，密闭性良好，不必封口；使用非锁口式胶囊（平口套合）时需封口，封口材料常用不同浓度的明胶液，如明胶20%、水40%、乙醇40%的混合液等，在囊体和囊帽套合处封上一圈胶液，烘干，即得。

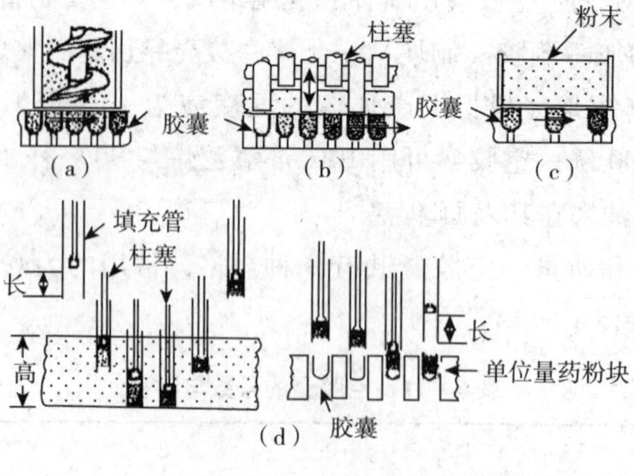

图6-20　硬胶囊药物填充机类型示意图

图 6－21　全自动硬胶囊填充机

图 6－22　全自动硬胶囊填充机主工作区

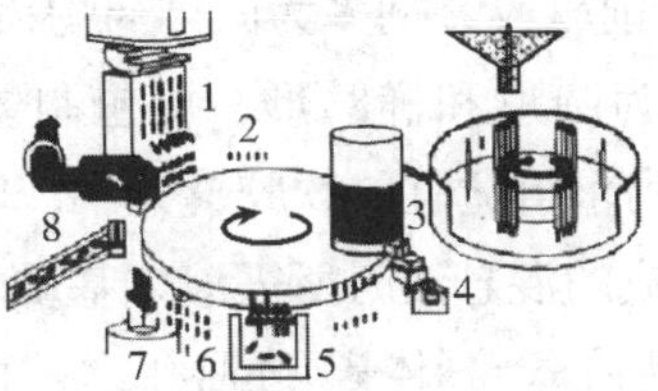

图 6－23　全自动硬胶囊填充机工作流程图

1. 胶囊排序入模，胶囊体、帽分离；2. 胶囊体、帽错开准备填充物料；
3. 充填粉末药柱；4. 充填颗粒或粉末；5. 剔出体、帽未分离胶囊；
6. 上下模块重合，套合胶囊；7. 成品顶出；8. 清理模块

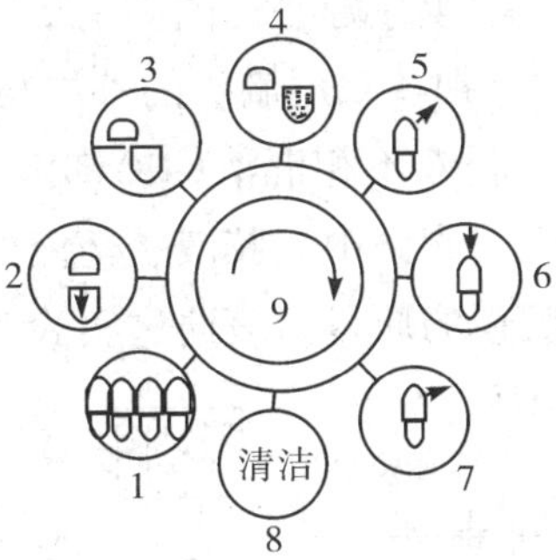

图 6－24　全自动硬胶囊填充机主工作盘及各区域功能流程图

1. 排序与定向区；2. 拔囊区；3. 体帽错位区；4. 药物充填区；5. 废囊剔除区；
6. 胶囊闭合区；7. 出囊区；8. 清洁区；9. 主工作盘

（二）软胶囊剂的制备

1. 囊壳组成　软胶囊囊壳主要由明胶、增塑剂、水三者所构成，其重量比例通常是干明胶: 干增塑剂: 水 =1:（0.4 ~0.6）:1。软胶囊囊壳的可塑性与弹性是软胶囊剂的特点，也是软胶囊剂成形的基础。所以，若增塑剂用量过低或过高，则囊壳会过硬或过软；由于在软胶囊的制备中以及在放置过程中仅仅是水分的损失，因此，明胶与增塑剂的比例对软胶囊剂的制备及质量有着十分重要的影响。常用的增塑剂有甘油、山梨醇或两者的混合物。

2. 填充药物与附加剂的要求　由于软质囊材以明胶为主，因此对蛋白质性质无影响的药物和附加剂才能填充，如各种油类和液体药物、药物溶液、混悬液，少数为固体物。但应注意，液体药物含水 5% 以上或为水溶性、挥发性、小分子有机化合物，如乙醇、酮、酸

及酯等，均能使囊壁软化或溶解；醛类可使明胶变性；此外，乳剂与囊壁接触后因失水而使乳剂破裂，囊壁变软。因此，上述情况均不宜制成软胶囊剂。液态药物 pH 以 2.5～7.5 为宜，否则易使明胶水解或变性，导致泄漏或影响崩解和溶出，可选用磷酸盐、乳酸盐等缓冲液调整。

软胶囊的内容物为固体药物粉末时，为了便于填充常以 PEG400 或植物油作为分散介质制备成混悬液。为确保在填装软胶囊时药物分散均匀，剂量准确，混悬液中还应加入助悬剂。在油状介质中通常需加入 10%～30% 的油蜡混合物作助悬剂，油蜡混合物组成为氢化植物油 1 份、蜂蜡 1 份，熔点为 33～38℃的短链植物油 4 份；以 PEG400 作分散介质，可用 1%～15% PEG 4000～6000 为助悬剂，常加入 5%～10% 甘油或丙二醇改善 PEG400 对囊壁的硬化作用。为提高生物利用度，使药物能均匀地分散在介质中，需将药物粉碎（小于 100μm），并在填装前用胶体磨研匀。

3. 软胶囊剂大小的选择 目前软胶囊剂多为固体药物粉末混悬在油性或非油性（PEG400 等）液体介质中包制而成，通常为圆形和椭圆形，可包制体积为 5.5～7.8ml。为便于成形，一般要求软胶囊尽可能小一些。为求得适宜的软胶囊大小，可用“基质吸附率”（base adsorption）来计算，即 1g 固体药物制成的混悬液时所需液体基质的克数，可按下式计算：

基质吸附率 = 液体基质重量/固体药物重量

根据基质吸附率，称取基质与固体药物，混合匀化，测定其堆密度，便可决定制备一定剂量的混悬液所需模具的大小。显然固体药物粉末的形态、大小、密度、含水量等，均会对基质吸附率有影响，从而影响软胶囊的大小。

4. 软胶囊剂的制备方法 常用滴制法和压制法制备软胶囊。

（1）滴制法 由具有双层滴头的滴丸机（图 6－25）完成。以明胶为主的软质囊材（一般称为胶液）与所包裹药液，分别在双层滴头的外层与内层以不同速度流出，使定量的胶液将定量的药液包裹后，滴入与胶液不相混溶的冷却液中，由于表面张力作用使之形成球形，并逐渐冷却、凝固成软胶囊。滴制中，胶液、药液的温度、滴头的大小、滴制速度、冷却液的温度等因素均会影响软胶囊的质量，应通过实验考查以筛选适宜的工艺条件。

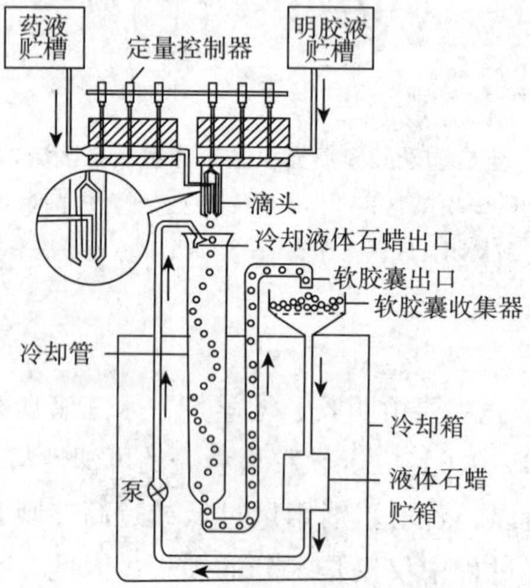

图 6－25 软胶囊滴制法生产过程示意图

（2）压制法 系将胶液制成厚薄均匀的胶带，再将药液置于两个胶带之间，用钢板模或旋转模压制软胶囊的一种方法。目前生产上主要采用旋转模压法，其制囊机（图 6－26；

模具的形状可为椭圆形、球形或其他形状，见图6－27）及模压过程参见图6－28。该机由涂胶机箱、鼓轮制出的两条胶带连续不断地向相反方向移动，在接近旋转模时，两胶带靠近，此时药液由填充泵经导管至楔形注入器，定量注入胶带之间，向前转动中被压入模孔、轧压、包裹成型，剩余的胶带即自动切断分离。为防止胶带与模孔粘连，在胶带与模孔接触面上涂润滑油，之后用石油醚洗涤胶丸以除去润滑油，再于21～24℃、相对湿度40%条件下干燥。

图6－26　转辊式软胶囊机

图6－27　软胶囊机滚模

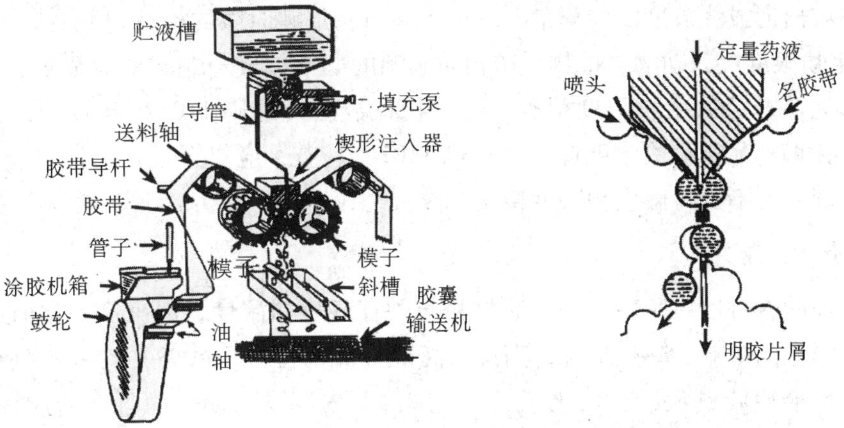

图6－28　自动旋转轧囊机旋转模压示意图

（三）肠溶胶囊剂的制备

制备肠溶胶囊剂的方法可分为两类：一类是先制备肠溶性填充物料，即将药物与辅料制成的颗粒以肠溶材料包衣后，填充于胶囊而制成肠溶胶囊剂。另一类方法是通过甲醛浸渍法或肠溶包衣法，使胶囊壳具有肠溶性而制成肠溶胶囊剂。甲醛浸渍法是胶囊剂经一定浓度的甲醛溶液处理，明胶与甲醛作用生成甲醛明胶，只能在肠液中溶解。但此种处理法受甲醛浓度、处理时间、成品贮存时间等因素影响较大，使其肠溶性极不稳定。肠溶包衣法是在胶囊剂表面包被肠溶衣料，常用肠溶包衣材料有醋酸纤维素酞酸酯（CAP）、羟丙甲纤维素酞酸酯（HPMCP）、聚乙烯醇酞酸酯（PVAP）、丙烯酸树脂Ⅰ、Ⅱ、Ⅲ号等。

三、胶囊剂的质量检查与贮存

（一）质量检查

胶囊剂的质量应符合《中国药典》（2020年版）“制剂通则”项下对胶囊剂的要求。

1. 外观 胶囊外观应整洁，不得有黏结、变形、渗漏或囊壳破裂现象，并应无异臭。

2. 水分 中药硬胶囊剂应进行水分检查。取供试品内容物，照水分测定法（通则0832）测定，除另有规定外，不得过9.0%。硬胶囊内容物为液体或半固体者不检查水分。

3. 装量差异 照下述方法检查，应符合规定。

检查法 除另有规定外，取供试品20粒（中药10粒），分别精密称定重量，倾出内容物（不得损失囊壳），硬胶囊剂囊壳用小刷或其他适宜的用具拭净；软胶囊或内容物为半固体或液体的硬胶囊囊壳用乙醚等易挥发性溶剂洗净，置通风处使溶剂挥尽，再分别精密称定囊壳重量，求出每粒胶囊内容物的装量与平均装量。每粒装量与平均装量相比较（有标示装量的胶囊剂，每粒装量应与标示装量比较），超出装量差异限度的不得多于2粒，并不得有1粒超出限度1倍。

表6－12 胶囊剂装量差异限度

平均装量或标示装量	装量差异限度
0.30g以下	±10%
0.30g及0.30g以上	±7.5%（中药±10%）

凡规定检查含量均匀度的胶囊剂，一般不再进行装量差异的检查。

4. 崩解时限 除另有规定外，照崩解时限检查法（通则0921）检查，均应符合规定。凡规定检查溶出度或释放度的胶囊剂，一般不再进行崩解时限的检查。

5. 微生物限度 以动物、植物、矿物质来源的非单体成分制成的胶囊剂，生物制品胶囊剂，照非无菌产品微生物限度检查：微生物计数法（通则1105）和控制菌检查（通则1106）及非无菌药品微生物限度标准（通则1107）检查，应符合规定。规定检查杂菌的生物制品胶囊剂，可不进行微生物限度检查。

（二）包装与贮存

由胶囊剂的囊材性质所决定，包装材料与贮存环境如湿度、温度和贮藏时间对胶囊剂的质量都有明显的影响。一般来说，高温、高湿（相对湿度>60%）对胶囊剂可产生不良的影响，不仅会使胶囊吸湿、软化、变黏、膨胀、内容物结团，而且会造成微生物滋生。因此，必须选择适当的包装容器与贮存条件。一般应选用密闭性能良好的玻璃容器、透湿系数小的塑料容器和泡罩式复合铝塑包装。除另有规定外，胶囊剂应密封贮存，其存放环境温度不高于30℃，湿度应适宜，防止受潮、发霉、变质。生物制品应在2～8℃贮存和运输。生物制品原液、半成品和成品的生产及质量控制应符合相关品种要求。

四、胶囊剂举例

例6－5 速效感冒胶囊

【处方】对乙酰氨基酚300g 维生素C 100g 胆汁粉100g 咖啡因3g 马来酸氯苯那敏3g 10%淀粉浆适量 食用色素适量 共制成硬胶囊剂1000粒

【制法】①取上述各药物分别粉碎，过80目筛；②将10%淀粉浆分成a、b、c 3份，a份加食用胭脂红少许制成红糊；b份加食用橘黄少量（最大用量为万分之一）制成黄糊；c份不加色素为白糊；③将对乙酰氨基酚分成3份，一份与马来酸氯苯那敏混匀加红糊；另一份与咖啡因混合加白糊；第三份与胆汁粉、维生素C混匀加黄糊，分别制软材，过14目尼龙筛制粒，于70℃干燥至水分在3%以下，整粒；④将上述三种颜色颗粒混匀，装入空胶囊，即得。

【作用与用途】抗感冒药。用于感冒引起的鼻塞、头痛、咽喉痛、发热等。

【用法与用量】口服，一次 1 ~ 2 粒，一日 3 次。

【贮藏用法与用量】密闭，置阴凉干燥处。

【注解】本品为一种复方制剂，所含成分的性质、数量各不相同，为防止混合不均匀和填充不均匀，采用适宜的制粒方法使制得颗粒的流动性良好，经混合均匀后再进行填充，这是一种常用的方法；另外，加入食用色素可使颗粒呈现不向的颜色，一方面可直接观察混合的均匀程度，另一方面若选用透明胶囊壳，将使制剂看上去比较美观。

例 6 - 6　胃康灵胶囊

【处方】白芍 317.5g　白及 238.1g　三七 9.9g　甘草 317.5g　茯苓 238.1g　延胡索 158.7g　海螵蛸 31.7g　颠茄浸膏 2.1g　制成 1000 粒

【制法】以上八味，白及、三七、海螵蛸粉碎成细粉；甘草加水煎煮四次，第一、二次每次 3 小时，第三、四次每次 2 小时，煎液合并过滤，静置 24 小时，取上清液，备用；白芍、延胡索、茯苓加水煎煮两次，第一次 3 小时，第二次 2 小时，煎液过滤，滤液合并，静置 24 小时，取上清液，与上述上清液合并，浓缩至适量，加入上述细粉及颠茄浸膏，搅拌，干燥，粉碎成细粉，加入适量的辅料，混匀，装入胶囊，即得。

【功能与主治】柔肝和胃，散瘀止血，缓急止痛，去腐生新。用于脾胃不和、瘀血阻络所致的胃脘疼痛，连及两胁，嗳气，泛酸；急、慢性胃炎，胃、十二指肠溃疡，胃出血见上述证候者。

【用法与用量】口服。一次 4 粒，一日 3 次。饭后服用。

【贮藏】密闭，置阴凉干燥处。

例 6 - 7　硝苯地平胶丸（软胶囊）

【处方】硝苯地平 5g　聚乙二醇 400 220g　制成 1000 丸

【制法】将硝苯地平与 1/8 量的聚乙二醇 400（PEG400）混匀，用胶体磨研细，加入剩余量的 PEG400 混合。另配明胶液（明胶 100 份、甘油 55 份、水 120 份），在室温 25℃ ±2℃、相对湿度 40% 条件下，药液与明胶液用压丸机轧制，（每丸重 225mg），于 28℃ ± 2℃、相对湿度 40% 条件下干燥 20 小时，即得。

【作用与用途】使血管平滑肌松弛，降低血压。治疗轻、中、重度高血压。

【用法与用量】一次 1 ~ 2 粒，一日 3 次。口服或舌下含化。

【规格贮藏】5mg。

【贮藏】密闭，置阴凉干燥处。

【注解】硝苯地平胶丸制备采用压制法。硝苯地平系光敏性药物，生产中应避光。本品不溶于植物油，因而采用 PEG400 为介质。PEG400 易吸湿使胶丸壁硬化，故干燥后囊壁仍应保留约 5% 水分。

例 6 - 8　维生素 AD 胶丸（软胶囊）

【处方】维生素 A 3000 单位　维生素 D 300 单位　明胶 100 份　甘油 55 ~ 66 份　水 120 份　鱼肝油或精炼食用植物油适量

【制法】取维生素 A 与维生素 D_2 或 D_3，加鱼肝油或精炼食用植物油（在 0℃左右脱去固体脂肪），溶解，并调整浓度至每丸含维生素 A 应为标示量的 90.0% ~ 120.0%，含维生素 D 应为标示量的 85.0% 以上，作为药液待用；另取甘油及水加热至 70 ~ 80℃，加入明胶，搅拌溶化，保温1～2小时，除去上浮的泡沫，滤过（维持温度），加入滴丸机滴制，以液体石蜡为冷却液，收集冷凝的胶丸，用纱布拭去黏附的冷却液，在室温下吹冷风4小时，放于25～35℃下烘4小时，再经石油醚洗涤两次（每次3～5分钟），除去胶丸外层液体石蜡，再用95%乙醇洗涤一次，最后在30～35℃烘干约2小时，筛选，质检，包装，即得。

【作用与用途】治疗佝偻病和夜盲症；治疗小儿手足抽搐症；预防维生素AD缺乏症。

【用法与用量】成人一次1丸，一日1～2次；儿童用量请咨询医师。

【贮藏】避光、密封，阴凉干燥处保存。

【注解】维生素AD胶丸采用滴制法制备。在制备胶液的“保温1～2小时”过程中，可采取适当的抽真空的方法以便尽快除去胶液中的气泡、泡沫。

第五节　丸　剂

扫码“学一学”

丸剂（pills）系指药物与适宜的辅料以适当方法制成的球状或类球状固体制剂。一般供口服应用。丸剂种类较多，主要有滴丸剂、小丸（微丸）剂以及中药丸剂等。由于辅料的不同，丸剂可以发挥缓释或速释的作用。

一、滴丸剂

（一）概述

滴丸剂系指原料药物与适宜的基质加热熔融混匀，滴入不相混溶、互不作用的冷凝介质中制成的球形或类球形制剂。主要供口服用，也可供如眼、耳、鼻、直肠、阴道等局部使用。

滴丸剂的主要特点有：①生产设备简单、操作方便、有利于劳动保护，生产周期短，生产率高；②质量稳定，剂量准确，工艺条件易于控制；③液态药物固体化；④药物溶出速率快，生物利用度高；⑤可利用不同的基质，还可制成缓释或控释的滴丸剂。

（二）滴丸剂的基质与冷凝液

1. 滴丸剂的基质　滴丸剂常用的基质有水溶性基质和非水溶性基质两大类。水溶性基质常用的有聚乙二醇类（如聚乙二醇6000、聚乙二醇4000等）、泊洛沙姆、硬脂酸聚烃氧（40）酯、明胶等。非水溶性基质常用的有硬脂酸、单硬脂酸甘油酯、氢化植物油、十六醇、十八醇、虫蜡等。

2. 冷凝液　冷凝液用来冷却滴出的含药液滴使之冷凝而形成滴丸，必须安全无害，且与主药和基质不发生作用。冷凝液的选择通常根据滴丸剂基质的性质来决定，主药与基质均应不溶于冷凝液中；冷凝液的密度应适中，能使滴丸在冷凝液中缓慢上升或下降。非水溶性基质常用的冷凝液有水或不同浓度的乙醇溶液；水溶性基质常用的冷凝液有液体石蜡、植物油和二甲基硅油等。

（三）滴丸剂的制备

1. 滴丸剂的制备工艺　滴制法是指将药物均匀分散在熔融的基质中，再滴入不相混溶的冷凝液里，冷凝收缩成丸的方法。要保证滴丸圆整成形、丸重差异合格的关键是：选择适宜基质，确定合适的滴管内外口径，滴制过程中保持恒温，滴制液液压恒定，及时冷凝等。

滴丸剂的制备工艺流程如图 6－29。

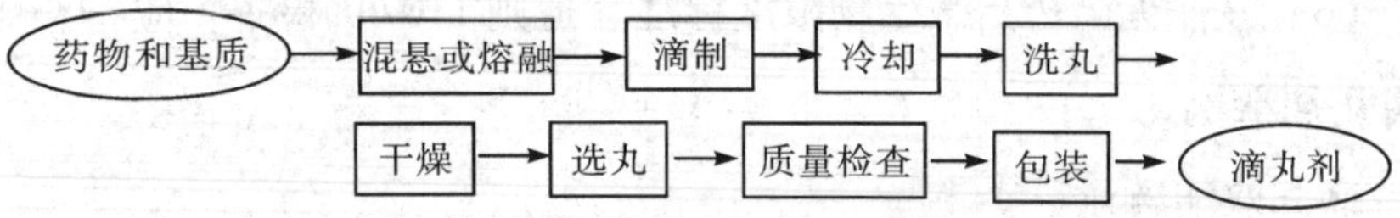

图 6－29　滴丸剂制备工艺流程

2. 设备　可根据滴丸与冷凝液相对密度差异，选用不同的滴制设备，如图 6－30 所示，(a) 图用于滴丸密度小于冷凝液者，(b) 图则相反。工业上可用多滴头的滴丸机，如 20 个滴头的滴丸机，其生产能力类似 33 冲压片机。

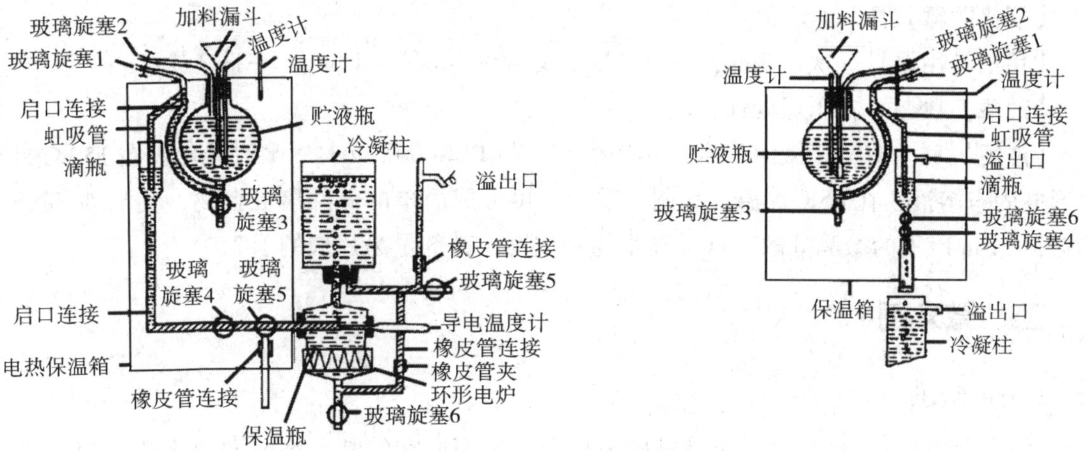

（a）由下向上滴　　　　（b）由上向上滴

图 6－30　滴丸剂设备示意图

（四）滴丸剂的质量检查

滴丸剂的质量应符合《中国药典》(2020 年版)“制剂通则”项下对滴丸剂的要求。

1. 外观　外观应圆整，大小、色泽应均匀，表面应无冷凝介质黏附。

2. 重量差异　取供试品 20 丸，精密称定总重量，求得平均丸重后，再分别精密称定各丸的重量。每丸重量与标示丸重相比较（无标示丸重的，与平均丸重比较），按表 6－13 中的规定，超出重量差异限度的不得多于 2 丸，并不得有 1 丸超出限度 1 倍。包衣滴丸应在包衣前检查丸芯的重量差异，符合规定后方可包衣，包衣后不再检查重量差异。

表 6－13　重量差异限度要求

标示重量（或平均重量）	重量差异限度
0.03g 及 0.03g 以下	±15%
0.03g 以上至 0.1g	±12%
0.1g 以上至 0.3g	±10%
0.3g 以上	±7.5%

3. 溶散时限　除另有规定外，取供试品 6 丸，选择适当孔径筛网的吊篮，照崩解时限检查法（通则 0921）片剂项下的方法进行检查。滴丸应在 30 分钟内全部溶散，包衣滴丸

应在1小时内全部溶散。

4. 微生物限度 照非无菌产品微生物限度检查：微生物计数法（通则1105）和控制菌检查（通则1106）及非无菌药品微生物限度标准（通则1107）检查，应符合规定。

（五）滴丸剂举例

例6-9 联苯双酯滴丸

【处方】 联苯双酯1.5g PEG6000 13.35g 聚山梨酯0.15g 制成1000粒

【制法】 取以上各成分，在油浴上加热至150℃熔化成溶液。滴制温度85℃，滴速约30丸/分钟，冷却液为二甲基硅油。

【用途】 用于慢性迁延性肝炎伴谷丙转氨酶升高者，也可用于化学毒物、药物引起的谷丙转氨酶升高。

【规格贮藏】 1.5mg。

【用法与用量】 一次7.5mg，一日3次，必要时一次9~15mg，一日3次。

【贮藏】 密封，在干燥处保存。

【注解】 联苯双酯极微溶于水，对热稳定；与PEG6000以1:9比例混合，在150℃时可以形成固态溶液，在85℃保温、滴制、骤冷，可形成简单的低共熔混合物，使95%联苯双酯粒径5μm以下的微晶分散，可提高生物利用度，其剂量为片剂的1/3。

二、微丸剂

（一）概述

微丸剂系指将药物与适宜的辅料均匀混合，选用适宜的黏合剂或润湿剂以适当方法制成的球形或类球形固体制剂。粒径通常为0.5~2.5mm，主要用于口服。微丸剂流动性好，一般可直接分装应用，也可填充于硬胶囊中或压制成片剂应用。

微丸剂作为多单元型给药系统，即一个剂量往往由分散的多个单元组成，与单剂量一个释药单位组成的剂型如片剂相比有如下特点：①微丸剂在胃肠道内的释药过程受胃排空的影响小，药物吸收的个体差异小；②微丸剂口服后与胃肠道黏膜接触面积大，可减少药物对胃肠道的刺激性；③微丸剂有较大的表面积，释药完全迅速，生物利用度高；④几种不同释药速率的微丸可组合成多单元系统以获得理想的释药速率，取得预期的血药浓度，达到理想的疗效；⑤微丸剂的释药行为是组成一个剂量的各个微丸释药行为的总和，个别微丸在制备上的失误或缺陷不致对整个制剂的释药行为产生严重影响，因而在释药规律的重现性、一致性方面优于缓释片剂，安全性好；⑥可将不同药物分别制成微丸，再将其组合成复方制剂，增加药物稳定性，提高疗效，降低不良反应，且生产时便于质量控制和含量测定；⑦微丸剂的粒径均匀，流动性较好，不易压碎，在装胶囊和压片时易操作、均匀性好；⑧能掩盖某些药物的不良气味。

根据药物释放特性，微丸剂可分为普通微丸和缓控释微丸。近年来，微丸剂被认为是较理想的缓释、控释剂型之一。可根据不同需要制成速释、缓释或控释微丸。缓控释微丸是由药物与阻滞剂混合制成或先制成丸芯后再包裹缓控释衣膜制备而成。根据处方组成和结构及溶出机制不同，可将其分为：

1. 骨架型微丸 是由药物与骨架材料混合，通过适当方法制成的微丸。根据所用骨架材料不同，可分为凝胶骨架型微丸、蜡质类骨架型微丸和不溶性骨架型微丸等。

2. 膜控型微丸　是将含药微丸或空白丸芯上药后的微丸，在其外包裹不同材料的衣膜而制备的微丸。根据所用包衣材料不同，可分为胃溶型微丸、肠溶型微丸和缓控释微丸。

3. 膜控和骨架技术相结合制成的微丸　是在骨架型微丸基础上进一步包薄膜衣制成，可从更多的角度来控制药物释放。首先，可以通过骨架材料的选择控制药物释放，对于易溶于水的药物，常加入一些水不溶性填充剂来控制药物释放速率；对于难溶性药物，可在骨架材料中加入水溶性填充剂、表面活性剂或崩解剂，使药物首先分散成小颗粒，再进一步释放出来，也可加入一些在液体环境下可产生较强渗透压的物质如糖类，利用渗透压原理促使药物扩散出来；其次，可通过衣膜材料的选择控制药物释放。

（二）微丸剂制备技术与设备

微丸剂的制备方法主要有旋转－滚动制丸法、挤压－滚圆制丸法、离心－流化制丸法（流化床制粒）、喷雾冻凝法和喷雾干燥法等。微丸剂制备方法：

1. 旋转－滚动制丸法　又称泛丸法，常用的设备是包衣锅（图6－31）。

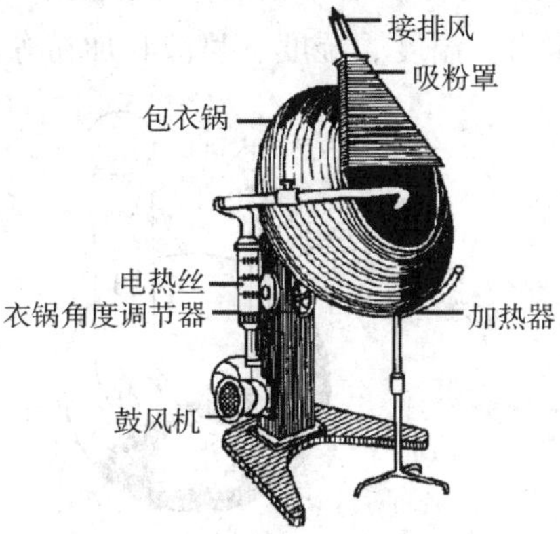

图6－31　包衣锅的示意图

（1）传统包衣机制丸法　在包衣锅旋转－滚动制丸法中，微丸的成型可分为包层法和附聚法。包层法是指溶液或粉末均匀的附着在预先制好的母核上，使丸粒的体积逐层的增大，此法载药量较少。在传统包衣机中，用包层法制丸时，把母核置于包衣锅中，喷洒适量的黏合剂溶液，一边滚一边撒入药物粉末。在黏合剂作用下，粉末附着于母核上，母核与加入锅内的粉末进行撞击和摩擦，干燥后再如此反复操作，直到获得一定大小和含药量的微丸，即粉末上药法。也可将药物溶解或混悬在溶液中，喷包在母核上，一边喷液一边干燥成丸，即溶液上药法。附聚法是指药物粉末相互黏附聚成丸粒，制丸时，在少量粉末中喷入少量润湿剂或黏合剂使其润湿，粉末相互黏附，在滚动和搓动作用下使粉末聚集在一起形成大量的母核。母核在滚动时进一步压实，并在转动过程中在母核表面均匀喷液和撒入药粉，使其继续长大，如此反复，直到获得一定大小的微丸。

传统包衣机制丸的优点是：设备简单，投资成本低，易于推广，有广泛的基础。缺点是：物料的投入量较难控制，批间重现性差；干燥效率低，劳动强度大；粉层污染大，成品收率低，不易于水溶性包衣等。所以其改良应从提高喷洒的均匀性、提高物料的的翻动效果、提高包衣效率及干燥速率等着手。其改良途径有安装合适的喷雾装置、在锅内安装导流板、改变锅子形状等。

按包衣机的形式可分为无孔包衣机和微孔包衣机两种。无孔包衣机除了传统包衣机之外，还有埋管式高效包衣机。无孔包衣机既适合于包层法又适合于附聚法，而微孔包衣机仅适合于包层法中的溶液上药法。

（2）埋管式高效包衣机制丸法　为改善传统包衣机的包衣效率低和干燥能力差等缺点，发明了埋管式高效包衣机。它的热风是从包衣筒中心气体分配管一侧导入，分配到两个风桨中，并从风桨上密布的微孔中吹入微丸层间，在排风机抽风负压作用下，热风上升穿过微丸层，从气体分配管的另一层抽走，经除尘后排出，完成热交换。此包衣机用于溶液上药法时，自动喷洒包衣材料，风桨下摆插入微丸层内，在负压状态下进行热交换，使喷洒在微丸表面的包衣介质得到快速均匀的干燥，形成坚固、致密、平整、光滑的包衣层。当包衣机用于粉末上药法时，先由喷枪喷洒黏合剂，再由自动加粉计量装置加粉，可使母核均匀的增大，而且生产重复性非常精确，这时风桨上摆，离开微丸层；当上述工作结束后，需加热干燥时，将风桨下摆插入微丸层内，多次反复，即完成上药过程；然后进行缓（控）释包衣。埋管式高效包衣机的优点是：上药、包衣时间短，生产效率高；热利用率比传统包衣机高，能量损失小；微丸的翻动效果好；密闭环境生产，药物交叉污染少；包衣材料损失少等。缺点是：清洗困难，设备价格昂贵。其发展方向应该是在位清洗，自动控制，如热风进排气流量、锅内的压力、温度、湿度、喷液和加粉等。

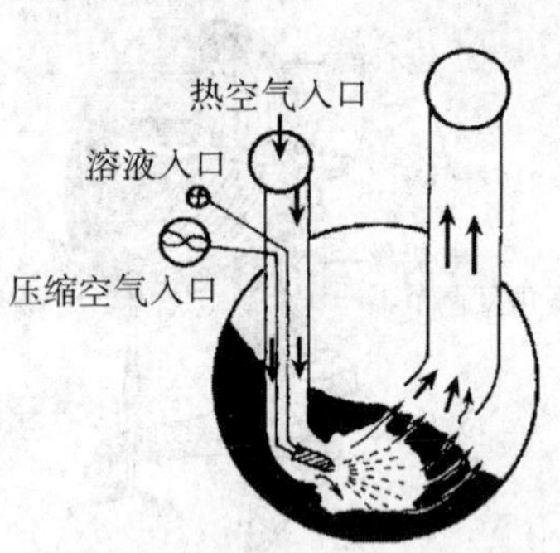

图6－32　埋管式包衣机的示意图

（3）微孔高效包衣机制丸法　微孔高效包衣机是在有孔高效包衣机的基础上改进而来。包衣筒圆柱面的空隙小于0.5mm，包衣过程中，溶液经蠕动泵由压缩空气雾化后喷洒至母核表面，同时热风对微丸进行加热、干燥，及时排出包衣筒内的废气，使丸芯表面快速形成坚固、细密、平整和光滑的衣膜。采用水溶性衣料喷雾包覆时，要求微丸表面蒸发快，干燥时间短，因此要提高进入包衣滚筒的热风温度。优点是：全密闭生产，可防止交叉污染；自动化程度高，由程序控制包衣的全过程；热交换较充分，干燥速率快，能耗低，无尘。适用于水溶性、有机性衣料包衣。缺点是：不易清洁，微孔难以制作且成本高。

（4）影响微丸圆整度的因素　旋转－滚动制丸法中，影响微丸圆整度的因素很多，主要有药物粉末的性质，赋形剂及黏合剂的种类和用量，环境的温度、湿度，物料一次投入量的多少，包衣锅的形状、转速及母核的形状等。

2. 挤压－滚圆制丸法　是目前应用最广的制丸法。将药物与辅料等混合均匀，加入润湿剂或黏合剂溶液制成软材；然后采用适宜的挤压机将软材通过具有一定孔径的孔或筛，制成圆柱形颗粒或条状挤出物，再经滚圆机滚圆成丸。适合空白母核或骨架型微丸的制备。

（1）螺杆式挤压成条和切断滚圆　螺杆式挤出机是由料槽、挤出螺杆、筒体、孔板等组成，见图6－33（a）。工作时螺杆将软材均匀的随着螺旋方向由进料端连续不断的挤压推进至出料端，在孔板处遇阻，并通过小孔被紧密的挤出，形成圆柱体条状物。

滚圆机由进料口、离心转盘、物料仓、热风干燥等组成，见图6－33（b）。离心转盘上有几何形状的齿纹，起到增加摩擦、切断条状物料的作用。其工作原理是从挤出机下落的条状物料在滚圆机内，经摩擦、切断成长度相等的短圆柱状颗粒，切断是由高速旋转的转盘上的破断齿自动完成。切断后的短圆柱状颗粒在滚圆机内迅速滚制成圆球，同时在离心转盘与筒体狭窄缝隙间吹入干燥气流，在机械滚制过程中加入了流化床的作用，使所有丸粒都处于三维随机滚动中，有助于制得质量好的球粒。

该设备的优点：制粒效率高，一批物料仅需 10 分钟；制得的微丸大小均匀，真球度高，成品收率高。缺点：对黏度大、流动性差的物料难以制成微丸，清洗困难。

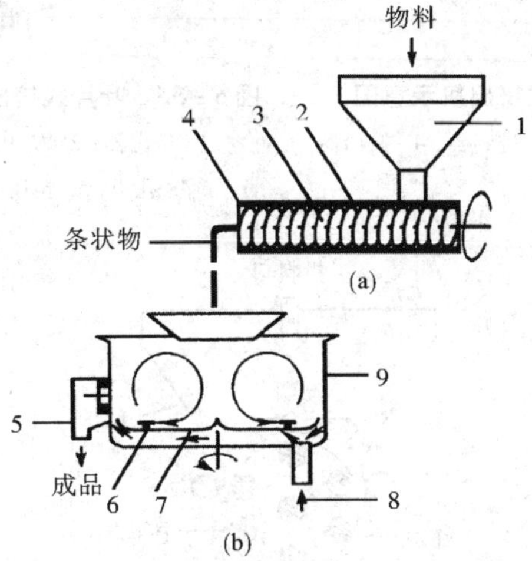

图 6－33　螺杆式挤出滚圆机工作原理示意图

（a）螺杆式挤出机；（b）滚圆机

1. 料槽；2. 筒体；3. 挤出螺杆；4. 孔板；5. 出料器；

6. 破断齿；7. 转盘；8. 热风气流；9. 外筒体

（2）叶片式挤压成条和切断滚圆　叶片式挤出机，如图 6－34 所示，上面是锥形的物料槽，下面是圆柱状的孔板，位于中间的转轴及轴的圆周上的三个叶片组成进料器，以顺时针方向旋转，外圈是由四个安装在转盘上的叶片组成的挤出器，以逆时针方向旋转。其工作原理如图 6－35 所示，当软材加入进料器之后，进料器上的叶轮将这部分物料沿着顺时针方向转动，而挤出器边缘处、靠叶片转向一侧堆积的上一轮留下的物料则随着挤出器作逆时针方向旋转。当上一轮留下的物料与进料器叶片传来的物料相遇时，挤出器一侧的物料受到挤压，从孔板的小孔中挤出，形成圆柱体的条状物。当挤出器的叶片转过后，对于该孔而言，供挤出的物料就暂时中断，孔板外侧被挤出的条状物便自由下落。这一轮进料器叶片上的物料，就是下一轮挤出器叶片上的物料，实现叶片式挤出机周而复始地以间歇式出条方式出料。

滚圆机的工作原理与图 6－33（b）的原理相同，只不过转盘上的齿形和分布的位置不同。

该设备的优点：挤出的条状物疏密均匀，滚制的微丸真球度高；挤出力大，对黏度大、流动性差的物料也能出条；挤出效率高；运动部件拆卸、清洗方便，符合我国《药品生产质量管理规范》要求。但设备制作难度大，价格昂贵。

（3）摇摆式挤出成条和切断滚圆　摇摆式挤条（图 6－36）是利用转子刀作正反转的往复运动，转子与筛网接触，将软材挤出成条。其特点：①采用筛网挤出，通孔面积大，产量高；②可选择小至 30 目的筛网操作，从而制得直径为 0.5mm 微粒（条）；③挤压力小，操作中物料不会产生升温，特别适合热敏性物料。

滚圆机与图6-33（b）的原理相同，只不过转盘上的齿形和分布的位置不同。

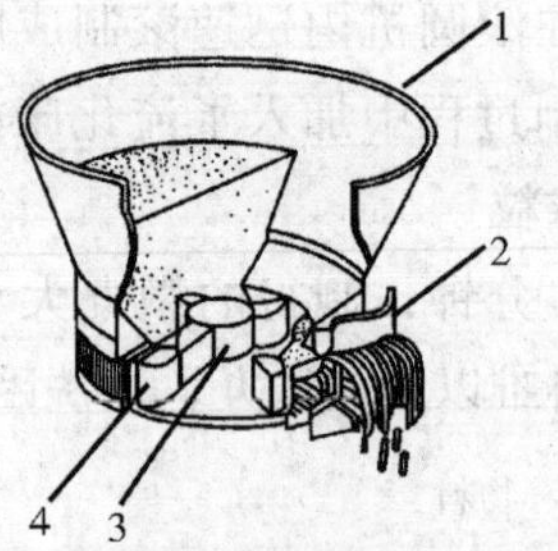

图6-34　叶片式挤出机示意图

1. 物料槽；2. 孔板；3. 进料器；4. 挤出器

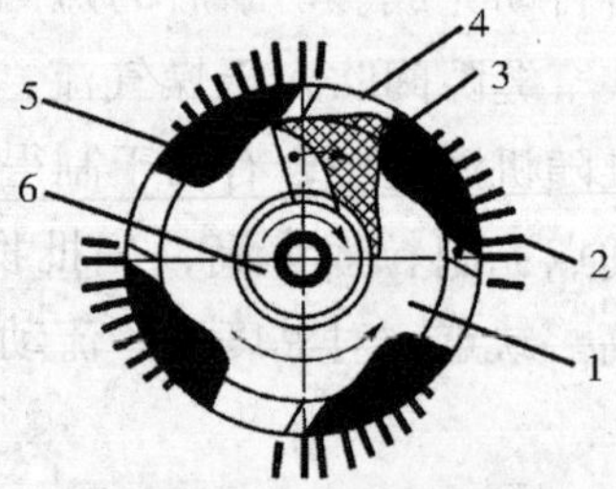

图6-35　叶片式挤出机挤出原理示意图

1. 挤出器；2. 挤出条状物；3. 进料；4. 孔板；5. 挤压物料；6. 进料器

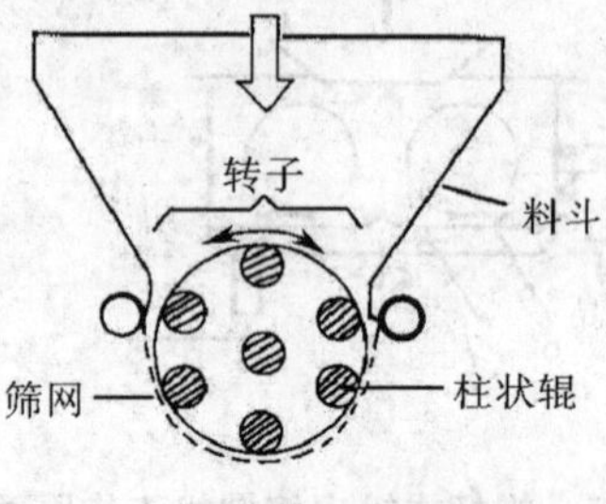

图6-36　摇摆式挤出机示意图

（4）挤压-滚圆制丸法的特点　挤压-滚圆制丸法制得的微丸与其他技术制得的微丸相比，在成品丸的理化和机械特性、释药行为和体内过程以及制剂的处方、工艺控制等方面，都有其独特的优点：①微丸的圆整度和流动性好；粒度分布更集中，相应的收率较高；硬度大，脆碎度小；形状、大小均一，工艺重现性好。这些特性更有利于进一步包衣，从而获得衣膜分布均匀、释药特性理想的膜控小丸。②微丸载药量相对较大，如果药物和辅料理化特性允许，可制成含药量达80%以上的微丸；载药量的可变范围较宽，可在1%（或更小）至95%（或更大）之间。③微丸密度大，活性成分含量均匀，可选择的填充剂种类多。④生产效率高，劳动强度小，工艺过程参数化，易于控制，便于科学管理。该工艺对于水溶性药物缓释制剂较为适宜。

（5）影响微丸质量及释药行为的因素　影响微丸质量及释药行为的因素可从处方和工艺两方面考虑。处方因素如软材流变性/机械特性；润湿剂、黏合剂的种类和用量；辅料与药物的粒度以及辅料和药物的性质等对微丸质量及释药行为均有很大影响。制备微丸时，操作条件不同会在很大程度上影响微丸的质量，滚圆速度与时间影响成丸大小，干燥的方法和时间对微丸的机械性能和骨架结构可产生影响。另外挤出机类型、挤出机筛网特性、挤出温度、滚圆机载料量大小等工艺因素对微丸的机械特性、表面结构和释药速度的影响均较大。

3. 离心-流化制丸法　离心-流化制丸包衣机是一台同时具有流化作用的离心机，主要由离心转盘、外筒体、喷雾系统、供粉装置、热风系统等组成，如图6-37所示。它可在一密闭系统内完成混合、起模、成丸、干燥、包衣全过程，又可直接投入空白母核进行粉末上药和包衣。

（1）制丸方法　在离心转盘上加入一定量的物料并鼓风，物料在离心力和摩擦力的作用下，在离心转盘与筒体的过渡曲面上形成涡旋运动的粒子流，使粒子得以翻滚和搅拌。通过一个可以自动调节切线角度的喷枪喷入适量雾化的黏合剂，靠丸粒的激烈运动使其表面均匀润湿，并由渐进式加料器将药粉加到被喷湿的丸粒表面，使散布的药粉均匀附着在其表面，凝聚成丸，然后在离心转盘和外筒体间的环缝中不断吹入热风，使凝聚的丸粒腾起，反复操作，丸粒不断增大直至所需大小。干燥后可喷入缓（控）释包衣液，便完成微丸的制备。

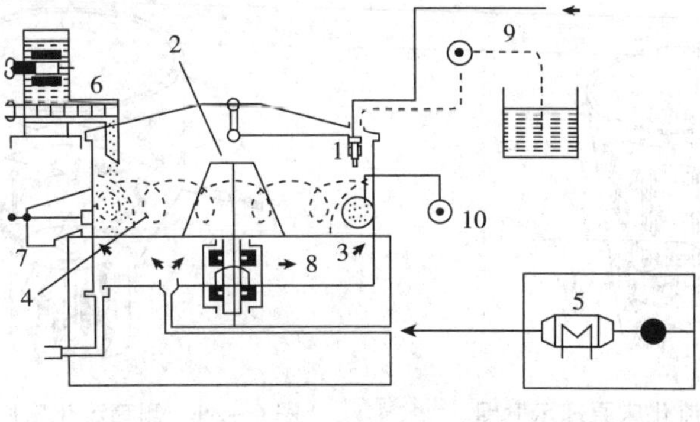

图6-37　离心-流化造丸包衣机示意图

1. 喷嘴；2. 转盘；3. 进气；4. 粒子层；5. 热交换器；
6. 粉末加料器；7. 出料口；8. 气室；9. 计量泵；10. 湿分计

（2）离心-流化制丸法的特点　离心-流化制丸法制出的丸粒均匀致密、成丸速度快、表面光洁、真球度高、药粉黏锅少，既适用于骨架型微丸又适用于膜控型微丸的制备。但对于一些流动性差、黏度大的药粉就难以起模、成丸。如果能在加粉器的出口处同时输入有一定速度和压力的气体将聚合粘连在一起的粉团吹打成雾状，则制成的微丸会更均匀，收率更高。

（3）影响离心-流化制丸质量的因素　在离心-流化制丸的过程中，除处方因素外，影响制丸质量的因素有喷液量、鼓风量的大小、离心转盘的转速、影响黏合剂雾化效果的喷气量的大小、供粉速度等，其中以供粉方式及喷液量影响较大。

4. 流化床制丸法　流化床装置由空气压缩系统、加热系统、喷雾系统及控制系统组成。按喷雾系统的安装位置，流化床装置可分为顶喷、底喷和侧喷三种。该方法是将物料置于流化室内，一定温度的空气从床层下部通过筛板吹入流化室，使药物、辅料在流化状态下混合均匀，然后喷入雾化黏合剂，粉末开始聚集成均一的球粒，当颗粒的大小达到规定的要求时，停止喷雾，形成的颗粒直接在雾化室内干燥。顶喷装置是流化床用于制粒、包衣的最初形式，制粒强度低，不适宜制备微丸。由于顶喷装置在包衣、制粒工艺上的局限性，出现了底喷和侧喷装置，使应用范围得到拓宽。

（1）底喷装置　机身是由一个锥形的物料槽及扩展室、气流分配板、喷嘴（雾化器）、捕集室等组成，如图6-38所示。与顶喷装置在机身方面不同的是，在物料槽内部设置了一个圆柱形的气流分配隔圈，其高度可以调节；而且气流分配板上的开孔不像顶喷装置上均匀排列，而是在气流分配隔圈正下方具有较大的开孔率，使得在该区域内具有足够的气流保证物料形成输送状流态化，而隔圈外的开孔率低，气流的流速小。隔圈内的物料在气流推动下，向扩展室运动，当达到一定高度时，物料在自身重力下落入隔圈外，因隔圈外所对应的气流小，不足以完全克服物料自身重力，此时的物料就形成规则的流化床状态。喷嘴安装在气流分配板中心，包衣液是通过喷嘴雾化加入到系统内，喷嘴自下而上喷液，方向与物料运动方向相同，雾化液滴至丸粒的距离短而密集。当雾化液滴接触到隔圈内的丸粒时，在其表面铺展、结合。当丸粒流化至扩展室时，包衣液中多余的水分被蒸发掉。

该设备的优点：热交换效果好，衣膜层的形成速度极快，且致密；流化状态是有序的，包衣膜厚薄均匀连续；物料间不易相互粘连成团；可采用较高的操作温度，因而效率极高，能包粒径小于50μm的微丸，且不易黏结长大。适用于各种缓（控）释包衣。

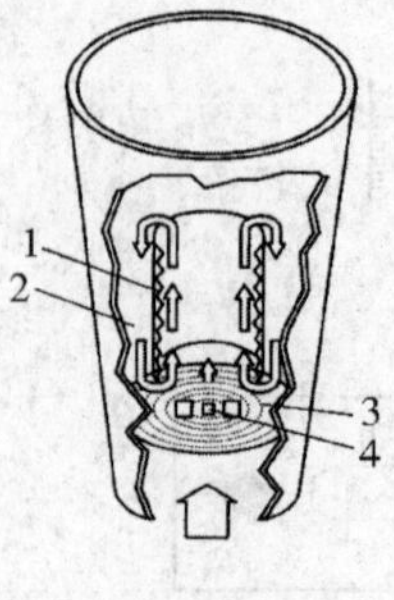

图6-38　底喷流化床原理示意图

1. 气流分配隔圈；2. 流化室；3. 气流分配板；4. 喷嘴

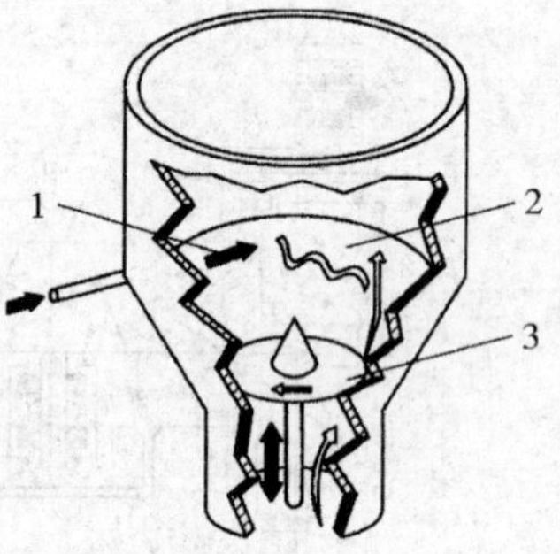

图6-39　侧喷流化床原理示意图

1. 喷嘴；2. 流化室；3. 转盘

（2）侧喷装置　侧喷装置改善了制粒强度并解决了制丸问题。与上述两种装置在机身方面的区别是流化室是由一个圆柱形物料槽及扩展室组成，物料槽底部没有气流分配板，取而代之的是一个转盘，如图6-39所示。静止时，转盘边缘紧贴物料槽壁。工作时，转盘可以提升，使得转盘与物料槽壁之间形成一个环形间隙，以便热风气流通过，并调节进入物料槽的气体量。该装置用于制粒和制丸时，流化的物料粉末在转盘的旋转作用与通入空气的吹动作用下，沿流化床的周边以螺旋运动的方式旋转，黏合剂喷洒在物料上，使其聚结成粒；再通过离心力作用，使颗粒不断沿光滑壁面滚动，制成致密的球形丸粒；用于包衣及包裹敷层时，通常把粉末分散在湿润的丸粒层中，表面附着粉末的丸粒在转动、旋转过程中被压实，被流动空气干燥，反复的润湿、粉末附着、压实、干燥，可得到致密的球形丸粒。

该设备的优点：由于转盘的旋转作用，不需用高速气流即可保持良好的流动状态，从而减少了微粉的悬浮，因此在床层内与喷雾的雾滴接触、聚积成粒的比例增大；由于转盘的转动与分散作用，使颗粒的粒径比另外两种装置制备的要小，且致密，粒度分布均匀；适用于制粒、制丸、包裹敷层和包衣。

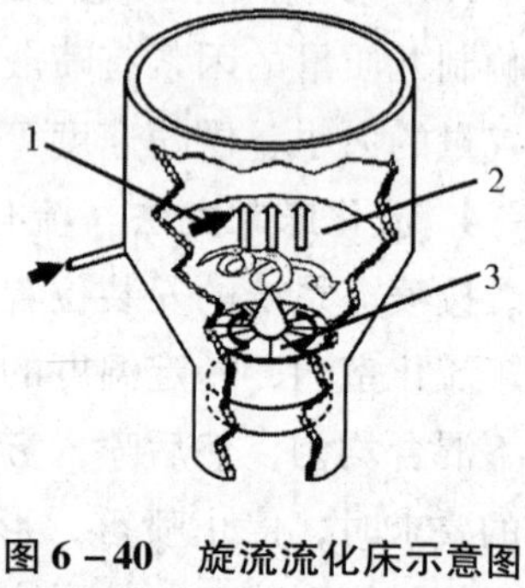

图6-40　旋流流化床示意图

1. 喷嘴；2. 流化室；3. 涡旋导风板

（3）旋流流化床制丸　旋流流化床（图6-40）是德国Huttlin公司20世纪末推出的一项全新的流态化装置。

该设备特点：热空气以辐射切向进入，物料作三维运动，与顶喷流化床比较达到快速混合时并不产生分层；物料在床内形成旋转翻腾，比顶喷更为规则，因而利于实现粉、粒、丸均匀包衣；物料在床内运行同时产生自转，其表面成膜厚度均匀，因而可应用于缓（控）释包衣；三流体雾化器，其内层气用于雾化，外层气则在出口处将雾化区与物料隔离，确保无粘连；雾化器埋入物料层底喷操作，雾粒到达物料表面距离极短，包衣时，雾粒不会形成喷雾干燥。

（4）流化床制丸法的特点　该法的优点是在一个密闭的系统内完成混合、制粒、干燥、包衣等工序；制得的小丸大小均匀，粒度分布较窄，外形圆整，无粘连；流化床设有粉末回收装置，原辅料不受损失，包衣液的有机溶剂也可回收，有利于操作环境的改善和生产成本的降低，生产过程劳动强度小，质量易控制。

以上介绍的是实际生产中微丸的制备工艺及装置，均适合于批量生产微丸。

5. 其他类型制丸法

（1）球状成型机制丸法即在药物和辅料的混合物中，加入黏合剂，制软材，经筛网制粒，制成湿颗粒投入球状成型机内高速滚动成丸的方法。

（2）液晶中晶析制丸法即将药物与适宜高分子材料在液相中析出，同时在搅拌作用下聚结而形成微丸的方法。

（3）振动喷嘴微成型技术制丸法，即将熔融的丸芯物料通过一个振动喷嘴滴入冷却液中制备小丸的方法。丸芯的直径取决于振动喷嘴的直径、振动的频率和振幅。采用该法时必须考虑丸芯物料的溶解度、密度和熔点，制备丸芯的物料在室温时须为固态，加热后为液态，形成的液滴在冷却液中不溶解、不扩散，熔融和固态时丸芯的密度应大于冷却液密度。该法的关键在于选择的溶剂体系的种类和比例、药物浓度、操作温度和搅拌速度等也影响制剂的质量。

（4）喷雾干燥法即将药物溶液或混悬液喷雾于干燥室内，在热气流的作用下使雾滴中的液体迅速蒸发而直接干燥成丸的方法。

（5）喷雾冷凝法即将药物与融化的脂肪类或蜡类的混合物从顶部喷入到冷却塔中，使液滴受冷、硬化而成丸的方法。

微丸的制备方法与装置有许多种，各有优缺点。在选择时应根据药物与辅料特性、产品要求、批量规模和实际条件等因素综合考虑，合理选择。

（三）微丸剂处方及包衣材料

丸芯处方包含填充剂，如蔗糖（糖粉）、糊精、淀粉及微晶纤维素等。黏合剂，如PVP、HPMC的醇水液等。包衣材料，如羟丙基甲基纤维素（HPMC）、羟丙基纤维素（HPC）、乙基纤维素（EC）、Eudragit RL或RS和醋酸纤维素等。增塑剂，如蓖麻油、邻苯二甲酸二乙酯、柠檬酸三乙酯、丙二醇和PEG等。致孔剂，如PEG类、PVP、蔗糖以及盐类等。

（四）微丸剂质量的评价

微丸剂质量的评价指标主要有粒径、圆整度、脆碎度、堆密度等，以上指标均可通过直接或间接法测得。

1. 粒径　参照《中国药典》（2020年版）粒度和粒度分布测定法检查。

2. 圆整度　微丸剂的圆整度的评价方法：①测定微丸的最大直径和最小直径的比，比值越接近1，微丸的圆整度越好。②测定微丸的滑动角，即将一定量小丸置于一平板上，将平板一侧抬起，测量在微丸开始滚动时，倾斜平面与水平面所形成的角。此角越小，微丸圆整度越好。③测定形状因子，通过计算机辅助成像分析法测量微丸的投影面积及周边长，计算形状因子，数值越大，偏离圆整度越大。④测定微丸的休止角，休止角越小，微丸流动性越好，微丸圆整度越好。

3. **堆密度** 采用量筒法可测定微丸的堆密度。

4. **脆碎度** 参照《中国药典》（2020年版）片剂脆碎度检查法测定。

5. **水分** 参照《中国药典》（2020年版）水分测定法测定。

6. **溶出度或释放度** 参照《中国药典》（2020年版）溶出度测定法（合并释放度测定法）测定。

（五）微丸举例

例6-10 硝酸异山梨酯缓释微丸

【处方】 硝酸异山梨酯200g 蔗糖颗粒（24~32目）640g 乳糖300g 乙基纤维素65g PEG 6000 65g 16.7% HPC水溶液150ml

【制法】 将蔗糖颗粒放入包衣锅中，于40℃将16.7% HPC水溶液以5~7ml/min的速度喷雾加入，同时缓慢加入硝酸异山梨酯和乳糖的混合物，干燥后得到颗粒（24~32目）1120g，取此颗粒500g放入15r/min转速包衣锅中，喷入乙基纤维素和PEG 6000混合液［以乙醇：二氯甲烷=（1：1）混合液作溶剂］，于40℃ 10r/min条件下得到干燥微丸590g，装于胶囊即得。

三、中药丸剂

（一）概述

中药丸剂系指饮片细粉或提取物与适宜的辅料以适当方法制成的球形或类球形固体制剂。根据赋形剂不同，分为蜜丸、水蜜丸、水丸、糊丸、蜡丸和浓缩丸等。①蜜丸系指饮片细粉以炼蜜为黏合剂制成的丸剂，又分大蜜丸（丸重≥0.5g）和小蜜丸（丸重<0.5g）。②水蜜丸系指饮片细粉以炼蜜和水为黏合剂制成的丸剂。③水丸系指饮片细粉以水（或根据制法用黄酒、醋、稀药汁、糖液、含5%以下炼蜜的水溶液等）为黏合剂制成的丸剂。④糊丸系指饮片细粉以米粉、米糊或面糊等为黏合剂制成的丸剂。⑤蜡丸系指饮片细粉以蜂蜡为黏合剂制成的丸剂。⑥浓缩丸系指饮片或部分饮片提取浓缩后，与适宜的辅料或其余饮片细粉，以水、炼蜜或炼蜜和水为黏合剂制成的丸剂；根据所用黏合剂不同，分为浓缩水丸、浓缩蜜丸和浓缩水蜜丸。中药丸剂根据制备方法不同又可分为泛制丸、塑制丸和滴制丸。

中药丸剂是一种传统剂型，其作用持久、缓和，比散剂服用方便，便于携带；制备时可根据药物性质、气味等分层冷制，掩盖药物不良气味和防止氧化、变质等；对毒剧、刺激性药物可延缓药物释放而降低毒性和胃肠道的刺激性。但有服用量大、小儿吞服困难、微生物易超标、生物利用度低等缺点。

（二）中药丸剂常用辅料

中药丸剂主要由饮片细粉组成，加入润湿剂、黏合剂、吸收剂或稀释剂等，有助于丸剂的成型。

1. **润湿剂** 若饮片细粉本身具有黏性，仅需加润湿剂诱发其黏性，便于黏结成丸。常用的有水、酒、醋、水蜜、药汁等。

（1）水 系指蒸馏水或冷沸水。

（2）酒 常用黄酒（含醇量为12%~15%）和白酒（含醇量为50%~70%）。

（3）醋 常用米醋（含醋酸为3%~5%）。

（4）水蜜　一般以炼蜜 1 份加水 3 份稀释而成，兼具润湿与黏合作用。

（5）药汁　将处方中不易粉碎的药材，可煎煮取汁，既保留该药材有效成分，又可作为润湿剂使用。

2. 黏合剂　一些含纤维、油脂较多的药材细粉，需加适当的黏合剂才能成型。常用的黏合剂有蜂蜜、米糊或面糊、药材清（浸）膏、糖浆等。

（1）蜂蜜　所用蜂蜜应符合《中国药典》（2020 年版）规定。蜂蜜作黏合剂独具特色，兼有滋补、矫味、润肺止咳、润肠通便和解毒作用。蜂蜜中含有 64.0% 以上的还原糖，能防止药物中有效成分的氧化。作黏合剂使用时，一般需经炼制，炼制程度视制丸物料的黏性而定，一般分为三种：①嫩蜜，系指蜂蜜加热至 105～115℃所得的制品，含水量 17%～20%，相对密度 1.35 左右，用于黏性较强的药物制丸；②中蜜，系指蜂蜜加热至 116～118℃出现翻腾的均匀淡黄色细气泡的制品，含水量 14%～16%，相对密度 1.37 左右，用于黏性适中的药物制丸；③老蜜，系指蜂蜜加热至 119～122℃，出现较大红棕色气泡的制品，含水量 10% 以下，相对密度 1.40 左右，用于黏性较差的药物制丸。

（2）米糊或面糊　以米、糯米、小麦及神曲等的细粉制成的糊，可用冲糊法、煮糊法、蒸糊法制备。所制糊丸干燥后坚硬，溶散速度较慢，常用于含剧毒药和刺激性药物的丸剂制备。

（3）药材清（浸）膏　含纤维较多或体积较大的药材用浸出方法制备得到的清（浸）膏，大多具有较强的黏性，可以同时兼作黏合剂使用，与处方中其他药材细粉混合后制丸。

（4）糖浆　常用蔗糖糖浆或液状葡萄糖，既具黏性，又具有还原作用，适用于黏性弱、易氧化药物的制丸。

（5）蜂蜡　利用蜂蜡熔化后能与药材细粉混合，当接近凝固点时具有可塑性而制丸。

3. 吸收剂　中药丸剂处方中的药材细粉可作为浸出物、挥发油的吸收剂，或小剂量药物的稀释剂。此外，也可用碳酸钙、淀粉、糊精、乳糖等作吸收剂。

4. 崩解剂　中药丸剂中加入适量的崩解剂，以利于丸剂服用后崩解和释放，常用淀粉、微晶纤维素、羧甲基淀粉钠、羟丙基甲基纤维素等。

（三）中药丸剂制备方法

中药丸剂的制备方法主要有塑制法和泛制法。

1. 塑制法　系将饮片细粉与适宜辅料（如润湿剂、黏合剂、吸收剂或稀释剂）混合制成具可塑性的丸块、丸条后，再分粒、搓圆制成丸剂的方法。其主要工艺流程如图 6－41。

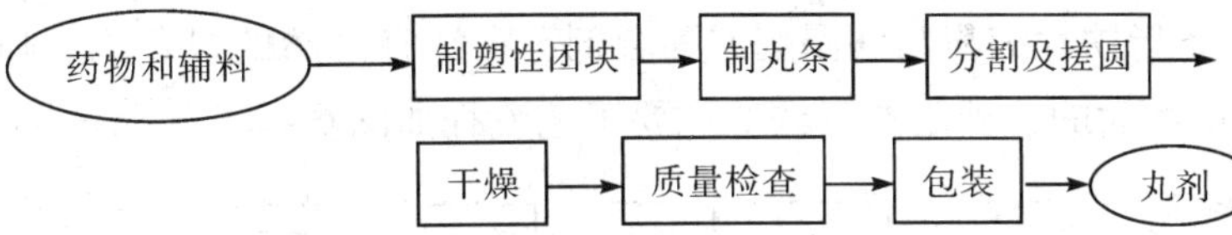

图 6－41　塑制法制备中药丸剂的工艺流程

塑制法主要用于蜜丸、糊丸、蜡丸等的制备，大生产时可依次使用捏合机、螺旋式出条机和双滚筒式轧丸机制丸，或具有此三种功能的联合制丸机生产。

（1）原辅料的准备　除另有规定外，供制丸剂用的药粉应为细粉或最细粉。所用的辅料主要是黏合剂，按适当方法加以处理，备用。

（2）制丸块　将混匀的饮片粉末加入适量的炼蜜或其他黏合剂，充分混匀，制成不开裂、不黏手、不黏附器壁的可塑性丸块。生产中常用带有 S 形桨的混合机。丸块的软硬程度及黏稠度，直接影响丸粒成型和贮藏是否变形。

如蜜丸制备时的丸块的塑性与炼蜜程度、和药蜜温、用蜜量直接相关。药粉与炼蜜的比例及和药蜜温，视药材质地、药粉粗细及含水量等具体情况而有所不同。药粉与炼蜜质量比一般按1∶(1~1.5)，特殊药粉也可高于1∶2或低于1∶1。炼蜜常以60~80℃加入为宜；一般夏季或处方中含有树脂类、胶类及挥发性药材时蜜温一般在60℃左右，秋、冬季在70~80℃为佳。

(3) 制丸条　少量手工制备常用搓丸板，大生产多采用螺旋或挤压式丸条机。丸条要求表面光滑，粗细出条一致，内部充实无空隙。

(4) 分割和搓圆　手工制丸可使用搓丸板，切割并搓圆成型。大生产时多采用双滚筒和三滚筒式轧丸机、中药自动制丸机等。全自动制丸机用于制备蜜丸、水蜜丸、浓缩丸、水丸，实现一机多用，如图6-42所示。其主要部件由加料斗、推进器、出条嘴、导轮及一对刀具组成。药料在加料斗内经推进器的挤压作用通过出条嘴制成丸条，丸条经导轮被直接传递至刀具切、搓后制成丸粒。其制丸速率可通过旋转调节钮调节。

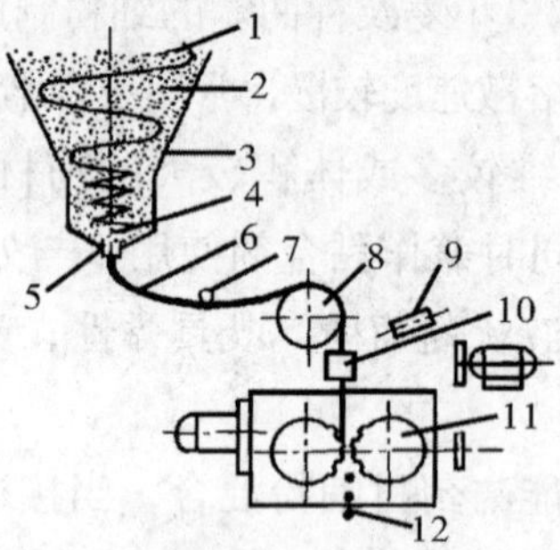

图6-42　中药全自动制丸机工作原理示意图

1. 推进器；2. 药坨；3. 加料斗；4. 条片斗；5. 出条嘴；6. 药条；
7. 自控轮；8. 导轮；9. 喷头；10. 导向架；11. 制丸刀；12. 药丸

(5) 干燥和整理　根据丸剂性质选择不同温度、不同方法进行干燥，一般水蜜丸、水丸、浓缩水蜜丸和浓缩水丸均应在80℃以下干燥；含挥发性成分或淀粉较多的丸剂（包括糊丸）应在60℃以下干燥；蜜丸一般不干燥，直接用消毒蜡纸包装。制成的丸剂往往大小不一，可用人工挑选整理，或用筛丸机、选丸机筛选，获得大小均匀的丸剂。整理工序可在丸粒干燥前进行，以便及时将过大或过小的丸粒返工。

2. 泛制法　系指饮片细粉与润湿剂或黏合剂，在适宜翻滚的设备内，通过交替撒粉与润湿，使药丸逐层增大的一种制丸方法。主要工艺流程如图6-43。

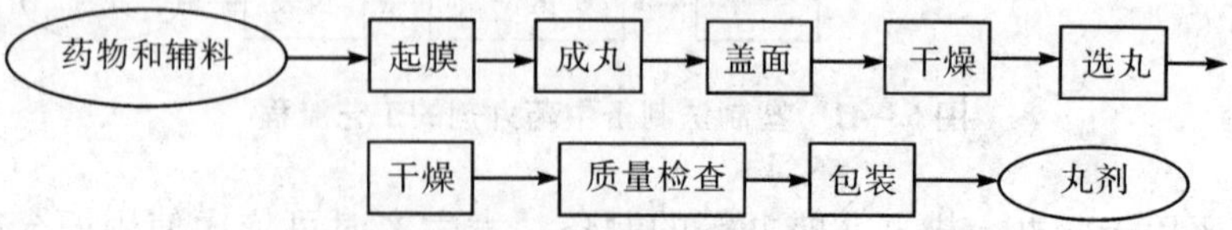

图6-43　泛制法制备中药丸剂的工艺流程

泛制法主要用于水丸、水蜜丸、糊丸、浓缩丸和微丸的制备。常用设备为小丸连续成丸机及包衣机。现代的包衣、造粒机就是利用泛制法的基本原理，使物料混合、起模、成丸、包衣、干燥等过程在同一机器内完成。

(1) 原料的准备　除另有规定外，供制丸剂用的药粉应为细粉或最细粉。若处方中有药材需制药汁等，应按规定制备。

（2）起模　是制备丸粒基本母核的操作。模子也称母子，是利用湿润作用诱导出药粉的黏性，使药粉之间相互黏成细小的颗粒，并在此基础上层层增大而成的丸模。起模是泛制法制丸的关键操作，模子的形状直接影响成品的圆整度，模子的粒径和数目影响成型过程中筛选的次数、丸粒规格及药物含量均匀度。起模的关键在于选择黏性适宜的药粉起模，如黏性过大，加水后易黏成团块；黏性过小，药粉松散不易成模。

起模的方法有两种：①药粉直接起模，在泛丸锅中喷少量水使之润湿，撒少量粉末，转动泛丸锅，刷下锅壁附着的粉粒，再喷水、撒粉，反复操作多次，使粉粒逐渐增大，至泛成直径约 1mm 左右的球形颗粒时，筛取一号筛和二号筛之间的颗粒，即为丸模。②湿颗粒起模，将药粉用水混匀，制成适宜的软材。再将软材过二号筛，取颗粒置泛丸锅中，经旋转、滚撞、摩擦，即成圆形，取出过筛分等，即得丸模。

（3）成型　系指将已经筛选均匀的丸模，逐渐加大至接近成品的操作。其操作同起模。在成型的过程中，应控制丸粒的粒度和圆整度，每次加水、加粉量应适宜，分布要均匀。

（4）盖面　系指将已经加大、合格、筛选均匀的丸粒，用饮片细粉或清水继续在泛丸锅中滚动，使之达到成品规定的大小标准，丸粒表面致密、光洁、色泽一致。有干粉盖面、清水盖面和清浆盖面等方法。

①干粉盖面：丸粒充分润湿，一次或分数次将用于盖面的药物细粉均匀撒在丸上，滚动一定时间，至丸粒表面光、圆、紧密即可。②清水盖面：加清水使丸粒充分润湿，滚动一定时间，迅速取出，干燥。否则成品干燥后色泽不一。③清浆盖面：清浆是指用药粉或废丸粒加水制成的药液。操作方法与清水盖面法相同，但应注意分布均匀。

（5）干燥　泛制丸含水量大，易发霉，盖面后应及时干燥。干燥温度一般应在 80℃以下，含挥发性成分或遇热易分解成分的丸剂，应控制在 50～60℃。干燥方式有烘房与烘箱干燥、远红外线干燥、微波干燥和沸腾干燥等。

（6）选丸　为保证丸粒圆整、大小均匀、剂量准确，丸粒干燥后，可用手摇筛、振动筛、滚筒筛、检丸器及连续成丸机组等筛选分离。

①滚筒筛：筛子为薄铁皮卷成的圆筒，筒上布满筛孔，分三段，筛孔由小到大，目的是使丸粒在随筛筒滚动时按不同大小分档。②检丸器：分上下两层，每层装 3 块斜置玻璃板，且相隔一定距离。利用丸粒圆整度不同、滚动速度不同筛选，丸粒越圆，滚动越快，能越过全部间隙到达好粒容器，而畸形丸粒与之相反，不能越过间隙漏于坏粒容器。该检丸器仅适用于体积小，硬质的丸剂。③立式检丸器：由薄的金属铁板制成，丸粒沿一螺旋形的斜面滚下，利用滚动时产生的离心力不同，将合格与畸形的丸粒分开。从螺旋板的外侧收集合格的丸粒，从螺旋板的内侧收集畸形的丸粒。

（四）中药丸剂质量要求

中药丸剂的质量应符合 2020 年版《中国药典》四部通则中的“制剂通则”项下对中药丸剂的要求。

1. 外观　应圆整，大小、色泽应均匀，无粘连现象。蜜丸应细腻滋润、软硬适中。蜡丸表面应光滑无裂纹，丸内不得有蜡点和颗粒。

2. 水分　照水分测定法（通则 0832）测定。除另有规定外，蜜丸和浓缩蜜丸中所含水分不得超过 15.0%；水蜜丸和浓缩水蜜丸不得超过 12.0%；水丸、糊丸和浓缩水丸不得超过 9.0%；蜡丸不检查水分。

3. **重量差异** 除另有规定外，以10丸为1份（丸重≥1.5g的以1丸为1份），取供试品10份，分别称定重量，再与每份标示重量（每丸标示量×称取丸数）相比较（无标示重量的丸剂，与平均重量比较），按表6-14规定，超出重量差异限度的不得多于2份，并不得有1份超出限度1倍。

表6-14 中药丸剂重量差异限度

标示重量（或平均重量）	重量差异限度
0.05g及0.05g以下	±12%
0.05g以上至0.1g	±11%
0.1g以上至0.3g	±10%
0.3g以上至1.5g	±9%
1.5g以上至3g	±8%
3g以上至6g	±7%
6g以上至9g	±6%
9g以上	±5%

包糖衣的丸剂应检查丸芯的重量差异并符合规定，包糖衣后不再检查重量差异，其他包衣丸剂应在包衣后检查重量差异并符合规定；凡进行装量差异检查的单剂量包装丸剂，以及进行含量均与度检查的丸剂不再进行重量差异检查。

4. **溶散时限** 除另有规定外，取供试品6丸，选择适当孔径筛网的吊篮（丸剂直径在2.5mm以下的用孔径约0.42mm的筛网；在2.5~3.5mm的用孔径约1.0mm的筛网；在3.5mm以上的用孔径约2.0mm的筛网），照崩解时限检查法（通则0921）片剂项下的方法加挡板进行检查。小蜜丸、水蜜丸和水丸应在1小时内全部溶散；浓缩丸和糊丸应在2小时内全部溶散。蜡丸照崩解时限检查法（通则0921）片剂项下肠溶衣片检查法检查，应符合规定。除另有规定外，大蜜丸及研碎、嚼碎后或用开水、黄酒等分散后服用的丸剂不检查溶散时限。

5. **微生物限度** 照非无菌产品微生物限度检查：微生物计数法（通则1105）和控制菌检查（通则1106）及非无菌药品微生物限度标准（通则1107）检查，应符合规定。

（五）中药丸剂包装与贮存

一般小丸常用塑料瓶、玻璃瓶等包装，大蜜丸、小蜜丸、浓缩丸多用纸盒、蜡壳、塑料小圆盒、铝塑泡罩等材料包装。如蜜丸先用蜡纸包裹，装于蜡浸过的纸盒内；或将药丸装于两个螺口相嵌形成的塑料小圆球内，外面蘸取一层蜡衣，将接口封严。除另有规定外，丸剂应密封贮存，防止受潮、发霉、虫蛀、变质。

（六）中药丸剂举例

例6-11 牛黄解毒丸

【处方】人工牛黄5g 雄黄50g 石膏200g 大黄200g 黄芩150g 桔梗100g 冰片25g 甘草50g

【制法】以上八味，除人工牛黄、冰片外，雄黄水飞成极细粉；其余石膏等五味粉碎成细粉；将冰片、人工牛黄研细，与上述粉末配研，过筛，混匀。每100g粉末加炼蜜26~36g与适量的水，泛丸，制成水蜜丸，低温干燥；或每100g粉末加炼蜜100~110g制成大蜜丸，即得。

【性状】 本品为棕黄色的大蜜丸或水蜜丸；有冰片香气，味微甜而后苦、辛。

【功能与主治】 清热解毒。用于火热内盛，咽喉疼痛，牙龈肿痛，口舌生疮，目赤肿痛。

【用法与用量】 口服，水蜜丸一次2g，大蜜丸一次1丸，一日2～3次。

【注意】 孕妇禁用。

【规格】 水蜜丸，每100丸重5g；大蜜丸，每丸重3g。

【贮藏】 密封。

【注解】 ①本品是由全药材粉末用泛制法或塑制法制得的水蜜丸或大蜜丸。制丸前，根据各药材性质和用量，分别采取水飞法等粉碎方法获得极细粉或细粉，然后用配研法混合，保证混合的均匀性；②采用高效液相色谱法测定黄芩含量，本品含黄芩以黄芩苷计，水蜜丸每1g不得少于10.0mg；水蜜丸每丸不得少于20.0mg。

扫码“练一练”

（邢建峰）

第七章　片　剂

学习目标

1. **掌握**　片剂的概念、特点、种类和质量要求；片剂的常用辅料；片剂的制备方法；包衣的目的和种类，药典对片剂质量控制的要求，常见片剂的处方分析。

2. **熟悉**　片剂的崩解机制及影响因素；片剂成型的影响因素及生产中可能发生的问题及解决方法；片剂的质量检查；片剂的处方工艺设计；包糖衣和包薄膜衣的材料与工序，滚转包衣法的方法与设备，脆碎度、重量差异、崩解时限、溶出度和含量均匀度检测的方法，片剂处方工艺设计。

3. **了解**　压片、包衣常用设备，流化包衣和压制包衣的方法，包衣过程中易出现的问题及原因分析，片剂质量控制的目的及意义，包衣片的质量检查，片剂的包装。

第一节　概　述

扫码“学一学”

一、片剂的概念及种类

（一）片剂的概念

片剂（tablets）系指原料药物或与适宜的辅料制成的圆形或异形的片状固体制剂。片剂产品外观以圆形片居多，异形片有胶囊形、橄榄形、三角形、菱形、心形等。在国内外药物制剂中，片剂占有重要地位，是目前品种最多、产量最大、使用最广泛的剂型之一。

片剂的使用有着悠久的历史，早在10世纪后叶就有模印片（molded tablets）。1843年，第一个手动制片装置获得专利授权。1872年，John Wyeth等人创制了压片机，并出现了压制片（compressed tablets）。19世纪以来，特别是近四十年来，国内外药学工作者对片剂的研究日趋深入，已从单纯的经验阶段进入定量阶段。对片剂的成型理论、崩解机制、溶出理论、硬度及其影响因素的研究取得了很大进展，为提高片剂质量、保证药物疗效提供了理论依据。片剂不仅在片形、色泽、大小等外观指标上更趋于完美，通过应用安全的生物标记材料，实现了单个片剂本身的防伪，而且在内在质量上，如稳定性、溶出度、含量均匀度和生物利用度方面也有了明确的标准并不断提高，保证了用药的安全性和有效性。此外，各种新颖的片剂也陆续出现，如各种性质的薄膜衣片、多层片、咀嚼片、口腔崩解片、贴片等可以满足不同的治疗要求。片剂辅料的研究与生产日益受到重视，例如，开发生产了优质的黏合剂、崩解剂、各种型号的包衣材料及多种复合辅料等，尤其发达国家药用辅料的发展趋势体现了生产专业化、品种系列化、应用科学化，对改善片剂的生产条件及提高片剂质量起到促进作用。片剂的生产技术和有关设备也有很大发展，如超微粉化设备、连续在线混合机、多功能混合机、各种新的制粒技术和设备、粉末直接压片技术及设备、冻干法制片技术（生产口腔崩解片的一种方法）、高速自动化压片机、高效包衣机、新型包装设备及材料等，推动了片剂品种的多样化、提高了片剂的质量、实现了连续化规模生产。药品生产企业实施 GMP，为进一步提高产品质量打下牢固的基础。

模印片现在已很少应用，冷冻干燥法生产口腔崩解片的技术适用品种较少，现在广泛应用的是压制片，药典和习惯所称的片剂都是指压制片而言，因此，本章重点介绍压制片。压制片有圆片状或异形片状（胶囊形、橄榄形、三角形、菱形、心形等）；有厚有薄；半径有大有小；有平有突；有刻度（1/2、1/3、1/4 刻度）或无刻度；刻有、印有标记或无标记；包衣或未包衣；加色素或无色素；单层、双层或三层。见图 7-1。

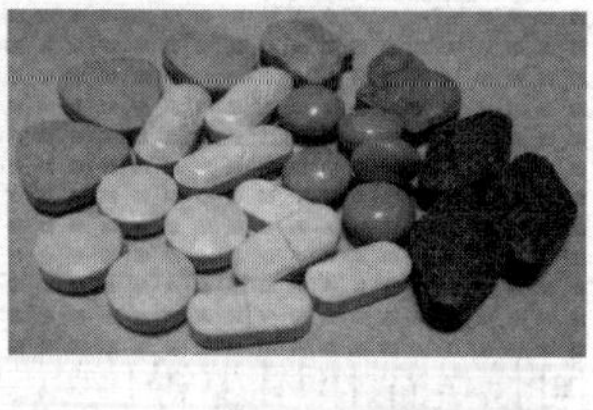

图 7-1　不同形状的片剂

（二）片剂的种类

目前市场上的片剂以口服普通片为主，另有含片、舌下片、口腔贴片、咀嚼片、分散片、可溶片、泡腾片、阴道片、阴道泡腾片、缓释片、控释片、肠溶片与口崩片等，以满足多种临床需求。按给药途径、药物吸收部位进行归纳，可分为口服用片剂、口腔用片剂、外用片剂。

1. 口服用片剂　系指供口服的片剂。大部分这类片剂口服后，药物经胃肠道吸收而发挥作用，也有的口服后药物在胃肠道发挥局部作用。口服片剂主要有以下几种：

（1）普通片剂（conventional tablets）　系指由药物与辅料混合经压制而成的普通常规释药片剂。片重一般为 0.1~0.5g，吞服时以水送下，经胃肠道吸收而发挥治疗作用。如安乃近片、卡马西平片等。

（2）包衣片（coated tablets）　系指在普通压制片的外表面包上衣膜的片剂。根据包衣所用材料的不同，又可将包衣片分为糖衣片、薄膜衣片和肠溶衣片。

1）糖衣片（sugar coated tablets）　是以蔗糖为主要包衣材料进行包衣而制得的片剂，如盐酸小檗碱糖衣片、布洛芬糖衣片等。

2）薄膜衣片（film coated tablets）　是以羟丙甲纤维素等高分子成膜材料为主要包衣材料进行包衣而制得的片剂，如尼索地平薄膜衣片、盐酸伐昔洛韦片等。

3）肠溶衣片（enteric coatea tablets）　是指用肠溶性包衣材料进行包衣的片剂。对片剂包肠溶衣可以防止某些药物在胃内分解失效、对胃的刺激或控制药物在肠道内定位释放，肠溶片一般不得掰开服用，如红霉素肠溶片、阿司匹林肠溶片、奥美拉唑镁肠溶片等。

（3）咀嚼片（chewable tablets）　系指于口腔中咀嚼后吞服的片剂。咀嚼片一般应选择甘露醇、山梨醇、蔗糖等水溶性辅料作填充剂和黏合剂，具有适宜的硬度。如去羟肌苷咀嚼片、对乙酰氨基酚咀嚼片等。

（4）分散片（dispersible tablets）　系指在水中能迅速崩解并均匀分散的片剂。分散片中的药物应是难溶性的，分散片可加水分散后口服，也可含于口中吮服或吞服。如阿奇霉素分散片、罗红霉素分散片等。

（5）泡腾片（ effervescent tablets）　系指含有碳酸氢钠和有机酸，遇水可产生气体而呈泡腾状的片剂。泡腾片不得直接吞服，应用时将其放入水杯中迅速崩解后饮用。泡腾片中的药物应是易溶性的，加水产生气泡后应能溶解。有机酸一般用枸橼酸、酒石酸、富马酸等。此种片剂崩解现象直观有趣，非常适合儿童服用，也适用于吞服药片有困难的患者。如维生素 C 泡腾片、对乙酰氨基酚泡腾片等。

（6）缓释片（sustained release tablets）　系指在规定的释放介质中缓慢地非恒速释放

药物的片剂。缓释片应符合《中国药典》缓释制剂的有关要求并应进行释放度检查，除说明书标注可掰开服用外，一般应整片吞服。具有服药次数少、治疗作用时间长等优点。如氨茶碱缓释片、盐酸安非他酮缓释片等。

(7) 控释片（controlled release tablets）　系指在规定的释放介质中缓慢地恒速释放药物的制剂。控释片应符合《中国药典》中控释制剂的有关要求并应进行释放度检查，除说明书标注可掰开服用外，一般应整片吞服。具有血药浓度平稳、服药次数少、治疗作用时间长、副作用小等优点。如硝苯地平控释片、硫酸吗啡控释片等。

(8) 口崩片（orally disintegrating tablets）　系指在口腔内不需要用水即能迅速崩解或溶解的片剂。此类片剂一般适合于小剂量药物，应用时将其置于口腔内待片剂崩解或溶解后借助简单的吞咽动作即可服用，口感良好，容易吞咽，常用于吞咽困难或不配合服药的患者。如利培酮口崩片、氯雷他定口崩片等。

2. 口腔用片剂

(1) 含片（buccal tablets）　系指含于口腔中缓慢溶化产生局部或全身作用的片剂。含片中的药物应是易溶性的，主要起局部消炎、杀菌、收敛、止痛或局部麻醉等作用。如复方草珊瑚含片、利巴韦林含片等。

(2) 舌下片（sublingual tablets）　系指置于舌下能迅速溶化，药物经舌下黏膜吸收发挥全身作用的片剂。舌下片中的药物应易于直接吸收，主要用于急症的治疗。由于药物未通过胃肠道吸收，可避免肝脏的首过效应，如硝酸甘油舌下片、盐酸丁丙诺啡舌下片等。

(3) 口腔贴片（buccal adhesive tablets）　系指粘贴于口腔，经黏膜吸收后起局部或全身作用的片剂。如替硝唑口腔贴片、醋酸地塞米松粘贴片（意可贴）等。

3. 外用片剂

(1) 可溶片（soluble tablets）　系指临用前能溶解于水的非包衣片和薄膜包衣片剂。可溶片应溶解于水中，溶液呈轻微乳光，可供外用、含漱、口服等用。目前常见的上市品种多用于漱口、消毒、洗涤伤口等，如复方硼砂漱口片等。

(2) 阴道片（vaginal tablets）与阴道泡腾片（vaginal effervescent tablets）　系指置于阴道内应用的片剂。阴道片在阴道内应易溶化、溶散或融化、崩解并释放药物。阴道泡腾片还应符合《中国药典》发泡量检查的规定。此类片剂主要起局部消炎杀菌作用，也可为性激素类药物。如壬苯醇醚阴道片、奥硝唑阴道泡腾片等。

片剂品种丰富，除以上种类外，还有特殊用途的片剂，如植入片（implant tablets），是指埋植到人体皮下缓缓溶解、吸收的片剂，疗效可维持几周、几个月甚至几年。皮下注射用片（hypodermic tablets），是经无菌操作制成的片剂，用时溶解于灭菌注射用水中，供皮下、肌内注射之用，但此类制剂目前应用极少。

二、片剂的特点及质量要求

（一）片剂的特点

片剂的优点：①剂量准确。片剂是分剂量制剂，以片数作为剂量单位；②质量稳定。片剂是一种密度较高、体积较小的固体制剂，受外界空气、光线、水分等因素的影响较少，物理、化学稳定性较好；③携带、贮存、服用均较方便；④机械化、自动化程度较高，产量大、成本较低；⑤种类多，可适应临床医疗或预防的多种需求。

片剂也有不足之处：①婴幼儿及昏迷病人不易吞服；②普通片剂对难溶性或难吸收的药物来讲可能涉及生物利用度问题；③含有挥发性成分的片剂，久贮可能含量有所下降。

（二）片剂的质量要求

根据《中国药典》（2020年版）四部通则0101的规定，片剂的质量要求主要有以下几个方面：①外观完整光洁，色泽均匀；②有适宜的硬度和耐磨性，非包衣片的脆碎度应符合要求；③重量差异、崩解时限、溶出度、释放度、含量均匀度、微生物限度等应符合要求。此外，不同的片剂品种还有各自的质量标准，应符合要求。

扫码“学一学”

第二节　片剂的常用辅料

片剂由药物（即主药）和辅料（excipients或adjuvants）两大类物质组成。辅料亦称赋形剂，系指片剂内除主药以外的一切附加物料的总称。辅料加入的目的一方面是使片剂有一定的重量和体积，在压制过程中易于成型，使压片过程顺利进行，满足各种片剂的质量要求；另一方面，辅料还对片剂的稳定性和药物的生物利用度产生影响。根据它们所起作用的不同，常将辅料分成如下四大类：填充剂（fillers）、黏合剂（adhesives）、崩解剂（disintegrants）和润滑剂（lubricants）。此外，片剂中还可加入一些着色剂、矫味剂等辅料以改善口味和外观。

片剂的辅料应符合药用辅料要求，对人体无毒、无害，不与主药发生反应，不影响主药的含量测定，也不影响主药的疗效。

一、湿法制粒压片用辅料

（一）填充剂

填充剂，又称稀释剂（diluents），其主要作用是增加片剂的重量和体积。为了应用和生产方便，片剂的直径一般不小于6mm，片剂总重一般不小于100mg，而有些药物剂量较小，如一些维生素、激素等药物的剂量只有几毫克或几十毫克，因此在压片时需要加入填充剂。片剂中若含有挥发油或其他液体成分时，须加入适当的辅料将其吸收后再加入其他成分压片，此种辅料亦称为吸收剂（absorbents）。

1. 淀粉（starch）　淀粉是常用的片剂辅料，价廉易得。其种类有玉米淀粉（maize starch）、马铃薯淀粉（potato starch）、木薯淀粉（tapioca starch）等，其中玉米淀粉较为常用。淀粉为白色或类白色粉末，不溶于冷水和乙醇，在水中加热到62～72℃时可糊化。淀粉的压缩成型性与含水量有关，含水量在10%左右时压缩成型性较好。淀粉性质较稳定，能与多种药物配伍。淀粉单独使用黏性较差，压片时易出现“松片”（压成的片剂松散）或不能成型的现象，生产中常与糖粉、糊精混合使用。

2. 预胶化淀粉（pregelatinized starch）　预胶化淀粉又称为可压性淀粉，系淀粉通过物理方法加工，改善其流动性和可压性而制得。本品为白色或类白色粉末，不溶于有机溶剂，在冷水中有部分可溶性（20%左右）。本品具有良好的流动性、可压性、润滑性和干黏合性，并有较好的崩解作用，是一种多功能辅料，可作为填充剂、崩解剂和黏合剂。若用于粉末直接压片时，硬脂酸镁的用量不可超过0.5%，以免产生软化效应。

3. 糊精（dextrin）　糊精系淀粉不完全水解的产物，其分子式为 $(C_6H_{10}O_5)_n \cdot xH_2O$。本品为白色或类白色无定形粉末，无臭，味微甜，在冷水中溶解较慢，较易溶于热水，不溶于乙醇。因水解程度不同而有若干规格，主要区别在于黏度各不相同。本品为稀释剂时，用量应控制，若使用不当，会使片剂表面出现麻点、水印，甚至影响片剂的崩解及药物的溶出度。当片剂需加入较多的稀释剂时，不宜单独使用糊精，而常用糊精、淀粉及蔗糖适宜比例的混合物。

4. 蔗糖（sucrose） 本品从甘蔗和甜菜中提取而得，为 β-D-呋喃果糖基-α-D-吡喃葡萄糖苷，分子式为 $C_{12}H_{22}O_{11}$。本品为无色结晶或白色结晶性的松散粉末，无臭、味甜，易溶于水，微溶于乙醇，几乎不溶于无水乙醇。经粉碎后的蔗糖粉作为填充剂使用，其优点在于黏合力较强，可用来增加片剂的硬度，并使片剂的表面光滑、美观。其缺点在于吸湿性较强，长期贮存，会使片剂的硬度过大，崩解或溶出发生困难。除口含片或可溶性片剂外，一般不单独使用，常与糊精、淀粉配合使用。

5. 乳糖（lactose） 乳糖系从牛乳清中提取制得，为 4-O-β-D-吡喃半乳糖基-D-葡萄糖一水合物，分子式为 $C_{12}H_{22}O_{11} \cdot H_2O$。本品为白色的结晶性颗粒或粉末，无臭、味微甜。本品易溶于水，性质稳定，无吸湿性，是一种优良的片剂填充剂，可与大多数药物配伍，且压缩成型性较好，添加乳糖压成的片剂光亮美观，硬度较大，药物的溶出度较好。为改善其流动性，还可制成喷雾干燥乳糖，喷雾干燥乳糖流动性、可压性良好，可供粉末直接压片使用。

6. 微晶纤维素（microcrystalline cellulose，MCC） 本品系含纤维素植物的纤维浆制得的 α-纤维素，在无机酸的作用下部分解聚纯化而得，分子式为 $C_{6n}H_{10n+2}O_{5n+1}$。本品为白色或类白色粉末或颗粒状粉末，无臭，无味，在水、乙醇中几乎不溶，性质稳定，有一定吸湿性，安全性很好，在体内不吸收。本品压缩成型性较好，具有良好的可压性，对药品有较大的容纳量。本品有较强的结合力，压成的片剂有较大硬度，可作为粉末直接压片的“干黏合剂”使用。本品兼有崩解作用，被压缩时，粒子之间借氢键而结合，压成的药片硬度大，但遇极性溶剂，氢键断开，有利于片剂崩解，片剂中含 20% 以上微晶纤维素时崩解较好。

7. 甘露醇（mannitol） 本品为 D-甘露糖醇，与山梨醇互为同分异构体，分子式为 $C_6H_{14}O_6$。本品为白色结晶或结晶性粉末，无臭，味甜，其甜度约为蔗糖的一半，与葡萄糖相当；本品在水中易溶，在乙醇中略溶，性质稳定，与多数药物无反应；吸潮性差，其临界相对湿度约 85%，低于 85% 时，吸湿量很低；溶解时吸热，口服时有凉爽感并有甜味，因此适用于咀嚼片、含片等。用本品制粒压片时，润滑剂的用量需适当增加。

8. 无机盐类 常用一些钙的无机盐，如磷酸氢钙、硫酸钙等。

（1）磷酸氢钙（calcium hydrogen phosphate） 常用其二水物，分子式为 $CaHPO_4 \cdot 2H_2O$。本品为白色粉末，无臭、无味，不溶于水或乙醇；较稳定，可与很多药物配伍，但对四环素等的吸收有不良影响。

（2）硫酸钙（calcium sulfate） 常用其二水物，分子式为 $CaSO_4 \cdot 2H_2O$。本品为白色粉末，无臭、无味，微溶于水，不溶于乙醇；性质稳定，但易吸湿而结块。本品在干燥状态时与其他药物无反应，但有水分存在时，可与胺类、氨基酸类、肽类及蛋白质等形成复合物。本品如受热而失去 1 分子以上的结晶水后，则遇水能固化，所以应用本品为稀释剂时，应控制湿颗粒的干燥温度在 70℃ 以下。本品适于作大多数片剂的稀释剂和挥发油的吸收剂，但对四环素类药物的胃肠道吸收有干扰。

（3）轻质氧化镁（light magnesium oxide） 分子式为 MgO。本品与氧化镁的化学组成相同，两者的区别在于质点大小和紧密程度不同。相同的重量，轻质氧化镁的体积要比普通氧化镁的体积大3倍左右。因此，其比表面积较大，常用作油类及含油类浸膏的吸收剂，也可用作共熔混合物的吸收剂或阻滞剂。本品呈碱性，久置易吸收水分或二氧化碳造成结块。

（4）其他 如白陶土、药用碳酸钙等亦可用作片剂的填充剂。

（二）润湿剂和黏合剂

润湿剂系指本身没有黏性，但可润湿片剂的原辅料并能诱发待制粒物料的黏性，以利于制粒的液体。某些药物粉末本身不具有黏性或黏性较小，为了使其黏合起来，需要加入淀粉浆等黏性物质，所加入的黏性物质称为黏合剂（adhesives）。因为湿润剂和黏合剂所起的主要作用和目的相同，所以也可将它们总称为结合剂（binders）。常用的润湿剂和黏合剂有以下几种。

1. 蒸馏水（distilled water） 蒸馏水是最常用的湿润剂，一般应用于在水中不易溶解的药物。当原、辅料有一定黏性时，如中药浸膏或处方中含有的黏性物质，加入水即可制成性能符合要求的颗粒。应用时，由于物料往往对水的吸收较快，较易发生湿润不均匀的现象，可用低浓度的淀粉浆或乙醇代替，以克服上述不足。

2. 乙醇（ethanol） 遇水易分解或遇水黏性太大的药物可用乙醇作为润湿剂，润湿后所产生的黏性随着乙醇浓度的增大而降低，因此，乙醇的浓度要视原辅料的性质和天气冷热而定，一般为30%～70%（体积分数）。中药浸膏片常用乙醇作湿润剂，但应注意操作要迅速，以免乙醇挥发而产生强黏性的团块。

3. 淀粉浆（starch paste） 是片剂中最常用的黏合剂，常用8%～15%的浓度，并以10%淀粉浆最为常用。若物料可压性较差，可再适当提高淀粉浆的浓度到20%，相反，也可适当降低淀粉浆的浓度，如氢氧化铝片即用5%淀粉浆作黏合剂。

淀粉浆的制法主要有煮浆法和冲浆法，这两种方法都是利用淀粉能够糊化的性质。糊化（gelatinization）是指淀粉受热后形成均匀糊状物的现象（玉米淀粉完全糊化的温度是77℃，马铃薯淀粉的糊化温度是72℃）。糊化后，淀粉的黏度急剧增大，从而可以作为片剂的黏合剂使用。具体来说，冲浆法是将淀粉混悬于少量（1～1.5倍）水中，然后根据浓度要求冲入一定量的沸水，不断搅拌糊化而成；煮浆法是将淀粉混悬于全部量的水中，在夹层容器中加热并不断搅拌（不宜用直火加热，以免焦化），直至糊化。因为淀粉浆价廉易得且黏合性良好，因此是制粒中广泛选用的黏合剂。

4. 糖浆（syrup） 系指蔗糖的水溶液，为无色或浅黄色液体。其黏性随浓度不同而改变，常用浓度为50%～70%（g/g）。本品主要适用于植物性药物及其他质松的粉末，有时亦与淀粉浆合用，以增强黏结力。

5. 聚维酮（povidone，PVP） 本品为乙烯吡咯烷酮的聚合物，分子式为 $(C_6H_9NO)_n$。PVP有若干种规格，主要区别为分子质量和黏度，如K30、K60、K90等，其中最常用K30型（平均分子质量为 3.8×10^4）。本品为白色至乳白色粉末，无臭或稍有特臭，无味，具吸湿性。本品既溶于水，又溶于乙醇，因此可用作水溶性或水不溶性物料以及对水敏感性药物的黏合剂，还可用作直接压片的干黏合剂。对于湿热敏感的药物，可用PVP的无水乙醇溶液制粒，如用5%的PVP无水乙醇溶液作为含维生素C泡腾片的黏合剂。对于疏水性药物，则适宜用PVP的水溶液作为黏合剂，可改善药物的润湿性而有利于药物溶出。PVP用量常为片剂总重的0.5%～2%。本品常用于可溶片、泡腾片、咀嚼片等的制粒中，其5%～10%的溶液也可用于流化床制粒法（一步制粒法）的制粒。

6. 纤维素衍生物（cellulose derivatives） 是指天然的纤维素经处理后制成的各种纤维素衍生物。选用这类辅料时应控制其型号（取代度）和规格（黏度）等，否则易引起产品质量波动。

（1）甲基纤维素（methylcellulose，MC） 本品为甲基醚纤维素，含甲氧基（—OCH_3）27.0% ~32.0%。本品为白色或类白色纤维状或颗粒状粉末，无臭，无味，在水中溶胀成澄清或微浑浊的胶状溶液，在无水乙醇、三氯甲烷中不溶。本品在水中形成的黏稠性胶浆作为黏合剂，可应用于水溶性及水不溶性物料的制粒中。

（2）羟丙甲纤维素（hypromellose，hydroxypropyl methylcellulose，HPMC） 本品为2-羟丙基醚甲基纤维素，根据甲氧基与羟丙氧基含量的不同将羟丙甲纤维素分为不同取代型，如1828、2208、2906、2910型。本品为白色或类白色纤维状或颗粒状粉末，无臭，不溶于热水与乙醇，在冷水中溶胀成澄清或微浑浊的胶体溶液。常用其2% ~5%的水溶液作为黏合剂，制粒后压成的片剂外观、硬度好，药物的溶出度好。HPMC亦是一种常用的薄膜衣材料。

（3）羟丙纤维素（hyprolose，hydroxypropyl cellulose，HPC） 本品为2-羟丙基醚纤维素，为白色或类白色粉末，无臭，无味。本品易溶于冷水，加热至50℃发生胶化或溶胀现象。可溶于甲醇、乙醇、异丙醇和丙二醇中。本品既可做湿法制粒的黏合剂，也可做粉末直接压片的干黏合剂。

（4）羧甲基纤维素钠（carboxymethylcellulose sodium，CMC-Na） 本品为纤维素在碱性条件下与一氯醋酸钠作用生成的羧甲基纤维素钠盐。为白色至微黄色纤维状或颗粒状粉末，无臭，有引湿性。本品在水中溶胀成胶状溶液，在乙醇或三氯甲烷中不溶。其水溶液对热不稳定，黏度随温度的升高而降低。本品用作黏合剂的浓度一般为1% ~2%，其黏性较强，常用于可压性较差的药物，但应注意是否造成片剂硬度过大或崩解超限。

（5）乙基纤维素（ethylcellulose，EC） 本品为乙基醚纤维素，含乙氧基（—OC_2H_5）44.0% ~51.0%。本品为白色颗粒或粉末，无臭，无味，不溶于水，溶于乙醇、乙醚等有机溶剂中。乙基纤维素的乙醇溶液可作为对水敏感性药物的黏合剂。本品的黏性较强且在胃肠液中不溶解，会对片剂的崩解及药物的释放产生阻滞作用，因此常利用此性质将其作为缓（控）释制剂中的包衣材料。

7. 聚乙二醇（macrogol，polyethylene glycol，PEG） 为环氧乙烷和水缩合而成的混合物，分子式为HO（CH_2CH_2O）$_n$，n代表氧乙基的平均数。根据分子质量不同有多种规格，其中PEG 4000、PEG 6000常用作黏合剂。两者均为白色蜡状固体薄片或颗粒状粉末，能溶于水，形成透明的溶液，制得的颗粒压缩成型性好，片剂不变硬，适用于水溶性与水不溶性物料的制粒。

8. 其他黏合剂 5% ~20%明胶、10% ~25%阿拉伯胶、3% ~5%海藻酸钠溶液等。

常见黏合剂及参考浓度见表7-1。

表7-1 常用于湿法制粒的黏合剂与参考浓度

黏合剂	参考浓度（*W/V*,%）	制粒用溶剂
淀粉	8~15	水
蔗糖	50~70	水
聚维酮（PVP）	2~20	水或乙醇
甲基纤维素（MC）	1~5	水

续表

黏合剂	参考浓度（W/V,%）	制粒用溶剂
羟丙纤维素（HPC）	3～5	水
羟丙甲纤维素（HPMC）	2～10	水
羧甲基纤维素钠（CMC－Na）	1～6	水
乙基纤维素（EC）	1～3	乙醇
聚乙二醇（PEG 4000、PEG 6000）	10～50	水或乙醇
明胶	5～20	水或乙醇溶液
阿拉伯胶	10～25	水

（三）崩解剂

崩解剂是促使片剂在胃肠液中迅速碎裂成细小颗粒的辅料。片剂经过压缩，如果其中不含有可以促进崩解作用的辅料，则片剂在胃肠道中崩解很慢，影响疗效。崩解剂多为亲水性物质，具有良好的吸水膨胀性，能够瓦解片剂的结合力，使片剂从一个整体的片状物裂碎成许多细小的颗粒，实现片剂的崩解，有利于片剂中主药的溶解和吸收。除了缓（控）释片、含片、咀嚼片、舌下片等有特殊要求的片剂以外，一般的片剂都应加入崩解剂。

1. 常用崩解剂

（1）干淀粉（dry starch） 是一种经典的崩解剂，将淀粉在100～105 ℃下干燥1小时即可制得，含水量在8%以下。干淀粉吸水性较强且有一定的膨胀性，崩解作用较好，适用于水不溶性或微溶性药物的片剂，对易溶性药物的崩解作用较差。因其压缩成型性不好，因此用量不宜太多，一般为配方总量的5%～20%。

（2）羧甲淀粉钠（sodium starch glycolate，sodium carboxymethyl starch，CMS－Na） 本品为淀粉在碱性条件下与氯乙酸作用生成的淀粉羧甲基醚的钠盐，为白色或类白色粉末，无臭，有引湿性。本品具有良好的流动性及压缩成型性，且吸水膨胀作用非常显著，吸水后可膨胀至原体积的300倍，是一种性能优良的崩解剂。其用量一般为1%～6%，最常用量为2%。本品既适用于不溶性药物，也适用于水溶性药物的片剂。

（3）低取代羟丙纤维素（low－substituted hydroxypropyl cellulose，L－HPC） 本品为低取代2－羟丙基醚纤维素，含羟丙氧基（$—OCH_2CHOHCH_3$）5.0%～16.0%。为白色或类白色结晶性粉末，无臭，无味。本品在水中不溶但可吸水溶胀，由于它具有很大的表面积和孔隙度，所以有很好的吸水速度和吸水量，吸水膨胀率在500%～700%（取代基占10%～15%时），是国内近年来应用较多的一种崩解剂。崩解后的颗粒较细小，故而很利于药物的溶出。在片剂中可用于湿法制粒，也可加入干颗粒中应用，一般用量为2%～5%。

（4）交联羧甲基纤维素钠（croscarmellose sodium，CCNa） 本品为交联的、部分羧甲基化的纤维素钠盐。为白色或类白色粉末，有引湿性。本品虽为钠盐，但因有交联键的存在，故不溶于水，能吸收数倍于本身质量的水而膨胀，膨胀体积为原体积的4～8倍，所以具有较好的崩解作用。当本品与羧甲基淀粉钠合用时，崩解效果更好，但与干淀粉合用时崩解作用会降低。

（5）交联聚维酮（crospovidone，PVPP） 又称交联PVP、交联聚乙烯吡咯烷酮，是乙烯基吡咯烷酮的高分子量交联物。本品是流动性良好的白色粉末，在水、有机溶剂及强酸强碱溶液中均不溶解，但在水中可以迅速溶胀，且不会产生高黏度的凝胶层，因而其崩解性能十分优越。

(6) 泡腾崩解剂（effervescent disintegrants） 是专用于泡腾片的特殊崩解剂，最常用的是由碳酸氢钠与枸橼酸组成的混合物。遇水时能产生二氧化碳气体达到崩解作用。泡腾崩解剂的作用很强，在生产和贮存过程中，要严格控制水分，一般在压片时临时加入或将两种成分分别加于两部分颗粒中，临压片时混匀。含有这种崩解剂的片剂，应妥善包装，避免受潮造成崩解剂失效。

(7) 其他 微晶纤维素可作为稀释剂，当用量较多时，又有较好的崩解作用。海藻酸钠及海藻酸的其他盐类都有较强的吸水性，也有崩解作用。可压性淀粉为多功能辅料，处方中含量较多时，制成的片剂可快速崩解。黏土类，如皂土、胶体硅酸镁铝，亲水作用较强，用于疏水性药片中崩解作用较好。

表面活性剂能增加片剂的润湿性，使水易于渗入片剂，起到加速某些片剂崩解的作用。一般疏水性或不溶性药物对水缺乏亲和力，其孔隙中不易为水所透入，加入适量表面活性剂则能较好地解决。但表面活性剂选择不当或用量不当时，亦可能影响片剂的崩解。常用的表面活性剂有泊洛沙姆（poloxamer）、聚山梨酯 80、月桂醇硫酸钠以及蔗糖脂肪酸酯等。

常见的崩解剂及其参考用量见表 7－2。

表 7－2 常用崩解剂及其参考用量

崩解剂	参考用量（W/W,%）	崩解剂	参考用量（W/W,%）
干淀粉	5～20	交联聚维酮（PVPP）	0.5～5
羧甲淀粉钠（CMS－Na）	1～8	泡腾崩解剂	3～20
低取代羟丙纤维素（L－HPC）	2～5	海藻酸	5～10
交联羧甲基纤维素钠（CCNa）	5～10	海藻酸钠	2～5

2. 崩解机制 片剂的崩解一般要经历润湿、吸水膨胀、瓦解片剂结合力等过程。片剂的崩解机制因所用原、辅料的性质不同而异，主要有如下几种。

(1) 毛细管作用 这类崩解剂在片剂中能保持压制片的孔隙结构，形成易于润湿的毛细管通道，并在水性介质中呈现较低的界面张力，当片剂置于水中时，水能迅速地随毛细管进入片剂内部，使整个片剂润湿而促使崩解。属于此类崩解剂的有淀粉及其衍生物和纤维素类衍生物等。

(2) 膨胀作用 崩解剂自身能遇水膨胀而促使片剂崩解。如羧甲淀粉钠，在冷水中能膨胀，其颗粒的膨胀作用十分显著，致使片剂迅速崩解。这种膨胀作用还包括由润湿热所致的片剂内部残存空气的膨胀作用。

(3) 产气作用 泡腾片中的崩解剂常用枸橼酸或酒石酸加碳酸钠或碳酸氢钠，这些物料遇水产生二氧化碳气体，从而使片剂膨胀、崩解。

(4) 酶解作用 有些酶对片剂中某些辅料有作用，当联合应用时，遇水即能使片剂迅速崩解。如以淀粉浆作黏合剂时，可将淀粉酶加入到干颗粒中，由此压制的片剂遇水即能崩解。用酶作崩解剂的应用还不是很多。

3. 崩解剂的加入方法 在生产中，崩解剂一般采用“外加法”“内加法”或“内外加法”。

外加法：将崩解剂在压片之前加入到干颗粒中，片剂的崩解将发生在颗粒之间。内加法：将崩解剂加入到制粒前的物料中一同制粒，片剂的崩解将发生在颗粒内部。内外加法：是将崩解剂内加一部分，外加一部分，可以使片剂的崩解既发生在颗粒内部又发生在颗粒之间，从而达到良好的崩解效果，通常内加崩解剂量占崩解剂总量的75%～50%，外加崩解剂量占崩解剂总量的25%～50%（崩解剂总量一般为片重的5%～20%）。

在崩解剂用量相同时，片剂崩解的速度一般为外加法＞内外加法＞内加法，溶出速率为内外加法＞内加法＞外加法。

（四）润滑剂

广义的润滑剂包括三种辅料，即助流剂（glidant）、抗黏剂（antiadherent）和润滑剂（lubricant）（狭义）。其中，助流剂是降低颗粒之间摩擦力从而改善粉末流动性的物质；抗黏剂是防止原辅料黏着于冲头表面的物质，作用是保证压片操作的顺利进行以及片剂表面光洁；润滑剂（狭义）是降低药片与冲模孔壁之间摩擦力的物质。一种理想的润滑剂应该兼具上述助流、抗黏和润滑三种作用，但在目前现有的润滑剂中，还没有这种理想的润滑剂。按照习惯的分类方法，一般将具有上述任何一种作用的辅料都称为润滑剂。

1. 常用的润滑剂

（1）硬脂酸镁（magnesium stearate）　本品系以硬脂酸镁（$C_{36}H_{70}MgO_4$）与棕榈酸镁（$C_{32}H_{62}MgO_4$）为主要成分的混合物，含 Mg 为4.0%～5.0%。为白色轻松无砂性的细粉，与皮肤触摸有滑腻感，在水、乙醇或乙醚中不溶。本品易与颗粒混匀并附着于颗粒表面，减少颗粒与冲模之间的摩擦力，可显著改善片剂的外观，是最常用的疏水性润滑剂。用量一般为0.1%～1%，用量过大会使片剂的崩解（或溶出）迟缓。本品影响乙酰水杨酸、某些抗生素药物及多数有机碱盐类药物的稳定性，因此不宜用于这些药物的片剂中。

（2）滑石粉（talc）　本品主要成分为 $Mg_3Si_4O_{10}(OH)_2$，含镁（Mg）为17.0%～19.5%。为白色或类白色、无砂性的细微粉末，有滑腻感。本品不溶于水，但有亲水性。其助流作用大于润滑作用，常与硬脂酸镁合用以改善硬脂酸镁对片剂崩解的不良影响。本品可将颗粒表面的凹陷处填满补平，降低颗粒表面的粗糙性，从而达到改善颗粒流动性、降低颗粒间的摩擦力的作用，常用量一般为0.1%～3%，最多不要超过5%。

（3）氢化植物油（hydrogenated vegetable oil）　本品为白色至淡黄色块状物或粉末，是良好的润滑剂。应用时，将其溶于轻质液体石蜡或己烷中，然后将此溶液喷于干颗粒上，以便于均匀分布（若以己烷为溶剂，可在喷雾后采用减压的方法除去己烷）。用量一般为1%～6%，常与滑石粉合用。

（4）聚乙二醇类（PEG4000、PEG6000）与月桂醇硫酸钠（sodium lauryl sulfate）　两者均为水溶性润滑剂，润滑性能良好。PEG4000 和 PEG6000 不影响片剂的崩解与溶出。月桂醇硫酸钠不仅能增强片剂的强度，且能促进片剂崩解和药物溶出。月桂醇硫酸镁（magnesiun lauryl sulfate）也有相同的效果。

（5）微粉硅胶（aerosil）　本品为轻质无水硅酸，白色粉末，无臭无味，比表面积大，是优良的助流剂。可作为粉末直接压片的助流剂，常用量为0.1%～0.3%。

常用润滑剂及其参考用量见表7－3。

表 7－3　常用润滑剂及其参考用量

润滑剂	参考用量（W/W,%）	润滑剂	参考用量（W/W,%）
硬脂酸镁	0.1～1	麦子淀粉	5～10
硬脂酸	1～2	硼酸	1
月桂醇硫酸钠	1～5	微粉硅胶	0.1～0.3
月桂醇硫酸镁	1～3	滑石粉	0.1～5
PEG4000 或 PEG6000	1～5	蜡类	1～5

2. 作用机制　润滑剂的作用机制主要包括：①可附着于粒子表面，减少摩擦力；②改善粒子表面的粗糙度，使片剂表面光亮、平整；③气体的选择性吸附；④减弱粒子间的范德华力；⑤改善粒子表面的静电分布等。

（五）其他辅料

除以上辅料外，片剂中还可加入一些着色剂、矫味剂（芳香剂和甜味剂）等药用级或食用级辅料，以改善口味和外观。色素的最大用量一般不超过 0.05%，色素不应与药物发生反应以及干燥中颜色不能发生迁移。

二、干法制粒及粉末直接压片用辅料

干法制粒及粉末直接压片用辅料应有良好的流动性和压缩成型性，即干燥黏合作用。

1. 微晶纤维素（microcrystalline cellulose，MCC）　用喷雾干燥法制成的产品流动性较好，药品的容纳量较大（即加入较多药品时对其流动性及压缩成型性影响较小）。本品具有高度变形性、黏合性和吸水润胀作用，能牢固地吸附药物及其他物料，并起球化作用，可用作直接压片的黏合剂、崩解剂和填充剂。

2. 预胶化淀粉（pregelatinized starch）　部分预胶化淀粉亦称为可压性淀粉。本品是粉末直接压片理想的多功能辅料，流动性、可压性好；有润滑作用，可减少片剂从模孔顶出的力量；有良好的崩解作用和干燥黏合性，可增加片剂的硬度，减少脆碎度。用本品压片时，应含有适量的水分；为改善片剂的外观而加入润滑剂（如硬脂酸镁）时，应尽量减少用量，否则影响片剂的硬度。单用本品为稀释剂压成的药片硬度虽较好，但脆碎度不太好，如与微晶纤维素配合使用效果更佳。

3. 乳糖（lactose）　其喷雾干燥制品流动性、黏合性均好，压成的片剂表面光洁、美观，释放药物快，是较为理想的填充剂，适用于干法制粒压片及粉末直接压片。

4. 羧甲基淀粉钠（sodium starch glycolate，sodium carboxymethyl starch，CMS－Na）　本品为片剂优良的崩解剂，具有良好的亲水性和吸水膨胀性，并具有良好的流动性和可压性，可改善片剂的成型性，增加片剂的硬度而不影响其崩解。对难溶性药物的片剂，本品能改进其崩解。在粉末直接压片中用作崩解剂。

5. 复合辅料　国外有多种直接压片用的辅料，多数主要由糖类组成，如"Ludipress"由乳糖、PVP、交联 PVP 组成，并成细颗粒状；"Di－Pac"主要由蔗糖制成；"Soludex 15"由麦芽糖糊精等组成；"Emdex"中含有 90%～92% 的葡萄糖及 2.25% 麦芽糖。上述复合辅料的休止角均在 30°左右或小于 30°，压缩成型性和流动性好，片剂的外观、崩解及药物溶出均较好。

6. 其他　如磷酸氢钙、硫酸钙等均可用于干法制粒及粉末直接压片。

扫码“学一学”

第三节　片剂的生产工艺

制备片剂时，用于压片的物料（颗粒或粉末）需要具备三个前提条件，即应该具有良好的可压性、良好的流动性和良好的润滑性。可压性是指物料在受压过程中可塑性的大小，可塑性大即可压性好，亦即易于成型，在适度的压力下，即可压成硬度符合要求的片剂。在片剂的生产中还要求物料具有良好的流动性，否则，物料将难以顺利地流入压片机的模孔或者流入量忽多忽少，造成片剂重量差异过大及含量不均匀。物料有良好的润滑性才能在压片过程中不发生黏冲现象，得到完整、光洁的片剂。

目前，片剂生产主要采用三种制备方法：湿法制粒压片、干法制粒压片和粉末直接压片。

一、湿法制粒压片

湿法制粒压片就是将物料先用湿法制粒，颗粒经干燥后再压片的工艺。需要的单元操作包括：粉碎、过筛、称量与混合、制软材、制湿颗粒、湿颗粒干燥、干颗粒过筛整理、加入润滑剂等辅料混合、压片。其工艺流程如图 7－2 所示。

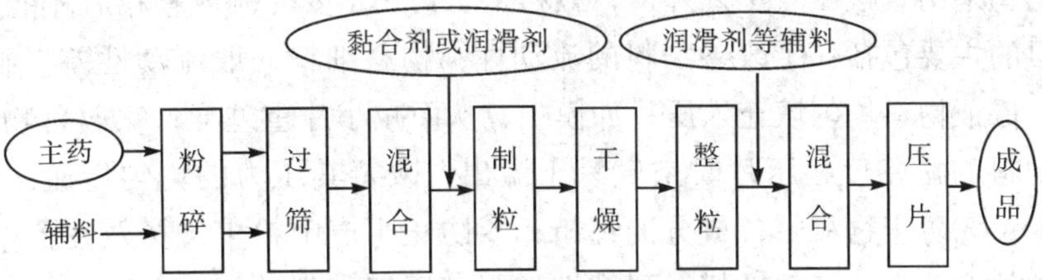

图 7－2　湿法制粒压片工艺流程示意图

湿法制粒压片是制备片剂广泛应用的方法，主要原因为：①加入黏合剂增加了物料的黏合性和可压性，压片时所需压力较低，设备损耗较低；②小剂量药物可以通过制粒达到分散均匀，色泽均匀，片剂含量准确；③流动性差的物料通过湿法制粒可改善流动性；④防止已混合均匀的物料在压片过程中分层。

湿法制粒压片适用于对湿热稳定的药物，对于热敏性、湿敏性、极易溶性等物料可采用其他工艺。

（一）粉碎、过筛、称量与混合

处方中的原、辅料均应符合药用标准。原辅料结晶或颗粒若在 80 目（五号筛）以下，应进行粉碎，过 80 目或 100 目（六号筛）以上的筛网，保证原辅料应有的细度，利于混合均匀。对于溶解度很小的原料，必要时经微粉化处理，使粒径减小（如 $<5\mu m$）以提高药物溶出度。为了提高粉碎效率，有时也可将药物与辅料共同研磨。处方中各组分用量差异较大时，应采用“等量递加混合法”或“溶剂分散法”进行混合，以保证物料混合均匀；有液体成分时，应先用辅料吸收；如果有挥发油或挥发性药物时，一般应先将辅料制粒、待颗粒干燥后再加入药物。

关于粉碎、过筛、称量与混合中的前 3 个工艺过程、生产设备详见第六章散剂的相关内容。

（二）制软材

将粉碎、过筛、称量混合后的物料细粉置于混合机内，加入适量的湿润剂或黏合剂，搅拌均匀，制成松、软、黏、湿度适宜的软材。这些物料细粉一般包括主药、填充剂、内加崩解剂或一些稳定剂。黏合剂的用量与其他原、辅料的理化性质及黏合剂本身的黏度有关。一般情况下，黏合剂的用量多、湿混的强度大、时间长，将使制得的颗粒密度较大或硬度较大，也会使片剂硬度大；而黏合剂用量少会使软材湿度低，制备的片剂太松软易松片。通常，黏合剂的用量由生产操作者凭借经验来掌握，以用手能握成团而不黏手，用手指轻压能裂开为度，即“握之成团，轻压即散”。近年来已有人采用仪表测量混合机内颗粒的动量扭矩，并自动控制软材制备的终点，从而保证软材的质量，加强生产的科学性。

黏合剂的作用是增加颗粒间的黏合力，以使压成的片剂保持完整。良好的黏合剂制成的片剂硬度适宜，不会对片剂中药物的释放产生不良影响。

制备软材的生产设备一般使用槽式混合机（见第六章散剂混合设备所述）。

（三）制粒

制粒是指原、辅料经加工制成一定形状和大小粒状物的操作。在片剂生产工艺中，除某些结晶性药物采用直接压片工艺外，一般粉末状药物都要先制成颗粒后才能顺利压片。

制粒的目的主要包括：①改善物料的流动性，物料细粉一般流动性差，制成颗粒可改善其流动性，保证物料均匀填充入压片冲模中，从而减小片重差异；②改善物料的可压性，制粒可增大物料的松密度，压片时空气易于溢出，改善其压力的均匀传递，从而使松片、裂片现象减少；③防止物料中各成分的离析；④防止生产中粉尘飞扬及在器壁上吸附。湿法制成的颗粒外形美观、流动性好、耐磨性较强、压缩成型性好，在医药工业中应用最为广泛，但本法不适用于热敏性、湿敏性、极易溶性等物料。

湿法制粒通常采用挤压过筛制粒法、高速搅拌制粒法、流化床制粒法（一步制粒法）、喷雾干燥制粒法等。

1. 挤压过筛制粒法　此法是用手工或机械的方式将软材挤压通过具有一定大小的筛孔而制粒的方法。小量生产时可由人工将软材搓压过筛网；大量生产时多用制粒设备，如摇摆式颗粒机、螺旋挤压式制粒机、旋转挤压式制粒机等。

（1）摇摆式颗粒机　这种设备结构简单，易于操作，在我国片剂生产中应用较广，不仅用于湿法制粒，还用于整粒，如图 7－3 所示。

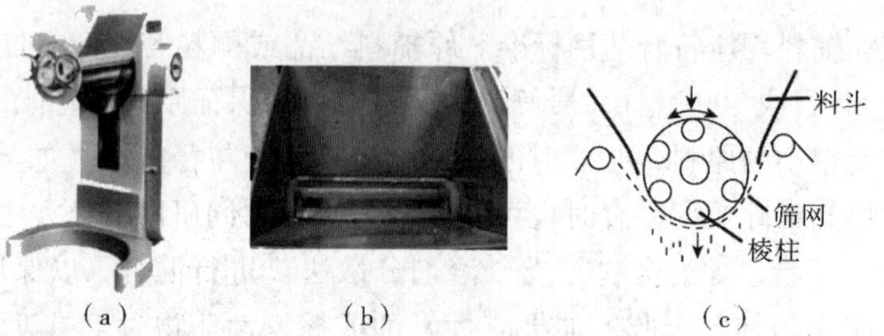

图 7－3　摇摆式颗粒机

（a）摇摆式颗粒机；（b）摇摆式颗粒机加料斗；（c）摇摆式颗粒机示意图

工作原理：颗粒机上部为加料斗，加料斗下部装有由六条钝六角形棱柱状棍组成的中空滚轴，两旁有筛网固定器，制粒时可将筛网固定在滚轴的下部，与滚轴接触程度应松紧适当，略具弹性。开机后，借机械动力使滚轴作摇摆式往复转动，将软材挤压搓过筛网，落于盛器之中。通常将软材通过筛网一次即可制得颗粒，有时也可将软材两次或三次通过筛网，使得颗粒更为均匀且细粉较少，同时也可减少黏合剂的用量，缩短下一步的干燥时间。当采用这种多次过筛制粒的方法时，第一次应该用较粗的筛网，然后再用较细的筛网。

目前市售的筛网有尼龙筛网、镀锌筛网和不锈钢筛网，可根据生产的实际需求加以选择。一般地说，尼龙筛网不会影响药物的稳定性，但有弹性，当软材较黏时，过筛较慢，制成颗粒的硬度亦较大。另外，尼龙筛网较易破损。镀锌筛网无上述缺点，但有时会有金属屑脱落，影响某些药物的稳定性。不锈钢筛网较好。

筛网的孔径可根据片剂的直径、工艺要求选定，表 7－4 列出了筛目、片重与片径的关系，可供参考。

表 7－4　筛目、片重与片径的关系

片重（mg）	筛目数（目）		片径（mm）	片重（mg）	筛目数（目）		片径（mm）
	湿粒	干粒			湿粒	干粒	
50	18	16～20	5～5.5	300	12	10～16	9～10.5
100	16	14～20	6～6.5	500	12	10	10～12
150	16	14～20	7～8	1000	8	8	16
200	14	12～16	8～8.5				

（2）螺旋挤压式制粒机　螺旋挤压制粒机分单螺旋型和双螺旋型，挤出形式有前出料和侧出料两种。螺旋挤压式制粒机如图 7－4 所示。以双螺旋挤压式制粒机为例，制粒时，将物料加于混合室内双螺杆上部的加料口，两个螺杆分别由齿轮带动作相向旋转，借助于螺杆上螺旋的推力将物料挤压到右端的制粒室，在制粒室内被挤压滚筒挤压，通过筛筒的筛孔而形成颗粒。

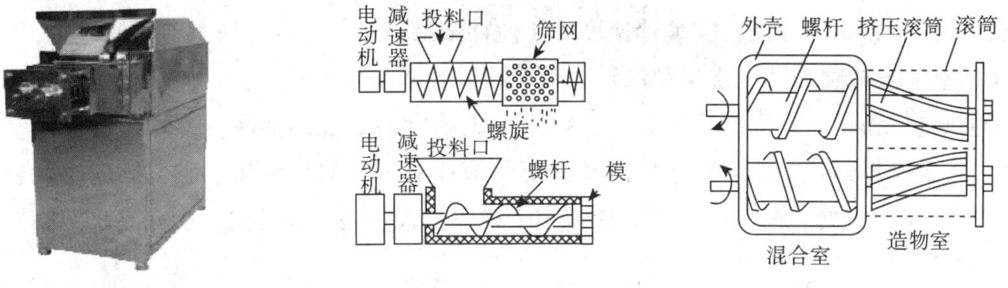

（a）　　　　（b）　　　　（c）

图 7－4　螺旋挤压式制粒机

（a）螺旋挤压式制粒机；（b）单螺旋挤压式制粒机示意图；（c）双螺旋挤压式制粒机示意图

（3）旋转挤压式制粒机　该机主要部件有由电机带动旋转的圆环形筛框（补强圈），筛框内置有筛圈，筛圈内有 1～3 个可自由旋转或由另一电机带动旋转的辊子，如图 7－5 所示。把软材投于筛圈内，被作相向旋转的辊子和筛圈挤压通过筛孔而成粒。挤压制粒的压力由筛圈和辊子间的距离调节。

2. 高速搅拌制粒法　高速搅拌制粒法是近年来发展较快的另一种湿法制粒方法。这种方法是使物料的混合、制粒在密闭的不锈钢容器内一次完成，制得的颗粒粒度均匀、大小适宜、近似球形。

高速搅拌制粒机结构如图 7－6 所示，混合槽内装有速度较慢的大搅拌桨和转速较快的小切割刀，两种桨片的转动由不同的动力系统控制，大搅拌桨主要使物料充分地混合并按一定的方向翻动，使加入的黏合剂分散、渗透到粉末状的物料之中，粉末再相互黏结而形成稍大一些的颗粒，小切割刀则将物料切割成粒度均匀的颗粒。

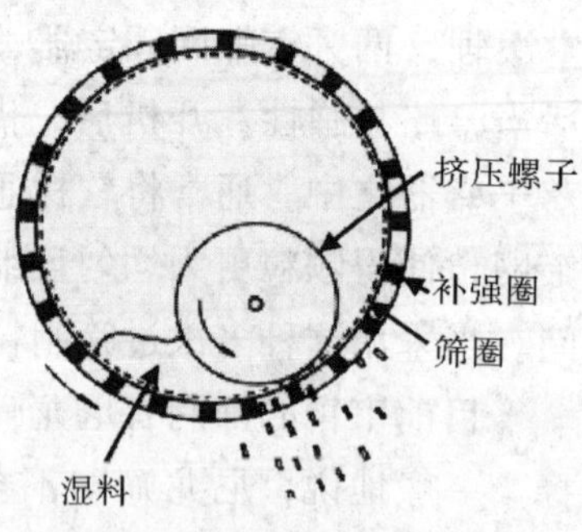

图 7－5　旋转挤压式制粒机示意图

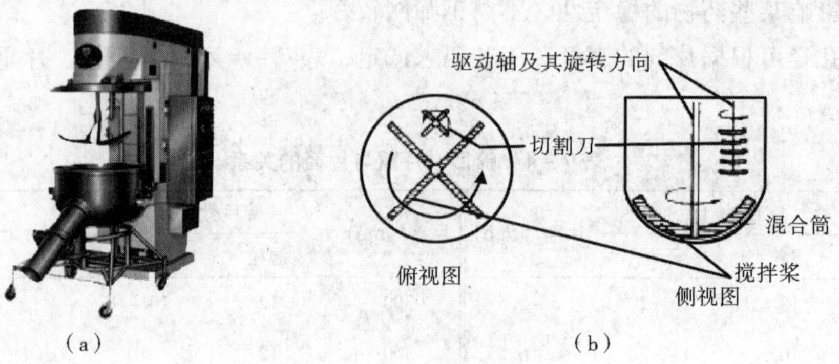

图 7－6　高速搅拌制粒机

（a）高速搅拌制粒机；（b）高速搅拌制粒机结构示意图

高速搅拌制粒机的特点：①制得的颗粒粒度均匀、流动性很好，能够满足高速压片机的要求，从而提高片剂的质量和压片效率；②减轻工人的劳动强度，缩短工时（造粒时间一般只需 8～10 分钟）；③黏合剂的用量比传统工艺减少 15%～25%；④可制备致密、高强度的适于填充胶囊的颗粒，也可制备松软的适合压片的颗粒，且没有粉尘飞扬，不存在细粉的回收问题。

高速搅拌制粒时影响粒子大小与致密性的主要因素有：①黏合剂的种类、用量、加入方式；②原料粉末的粒度；③搅拌速度；④搅拌桨的形状与角度、切割刀的位置等。

3. 流化床制粒法（一步制粒法）　流化床制粒法是在流化床内，物料粉末在自下而上通过的热空气作用下，保持流化状态，喷入一定浓度的黏合剂溶液，使粉末结聚成颗粒的方法。由于操作过程中粉末粒子的运动状态与液体沸腾相似呈流化状态，故也称之为“沸腾制粒”，又由于物料的混合、黏结成粒、干燥等过程在同一设备内一次完成，又称为“一步制粒法”。

这种方法使混合、制粒和干燥 3 道工序在一个设备内完成，有利于 GMP 的实施，生产效率较高，既简化了工序和设备，又节省了厂房和人力，制得的颗粒大小均匀，外观圆整，流动性好，压成的片剂质量较佳，因此，已被国内不少药厂采用。

流化床制粒机如图 7－7 所示，流化室底部装有 60～100 目的不锈钢筛网，它支撑原辅料粉末并将预先净化加热至 60℃左右的热空气均匀分配，流化室里装有喷雾装置，为了防止粉尘飞扬，设备顶部装有回收细粉的装置（滤袋）等。

流化床制粒的主要步骤如下：①用热空气流先将流化床中处方量的原辅料粉末混合；②将合适的润湿剂或黏合剂溶液（如羟丙纤维素溶液或聚维酮溶液）喷雾到流化床中流化状态的粉末上，使物料中的粉末被湿润并黏合聚结成一定大小的颗粒；③颗粒干燥至含水量适宜，水分则随气流蒸发逸出。

流化床制粒法的缺点是动力消耗较大，另外，当处方中含有密度差别较大的多种组分时，可能会造成片剂的重量差异较大或含量不均匀。

为了适应制剂工业对制粒技术及产品越来越高的要求，发挥流化床制粒的优势，近年出现了一系列以流化床为母体的多功能的新型复合型制粒设备，如搅拌流化制粒机、转动流化制粒机、搅拌转动流化制粒机等。

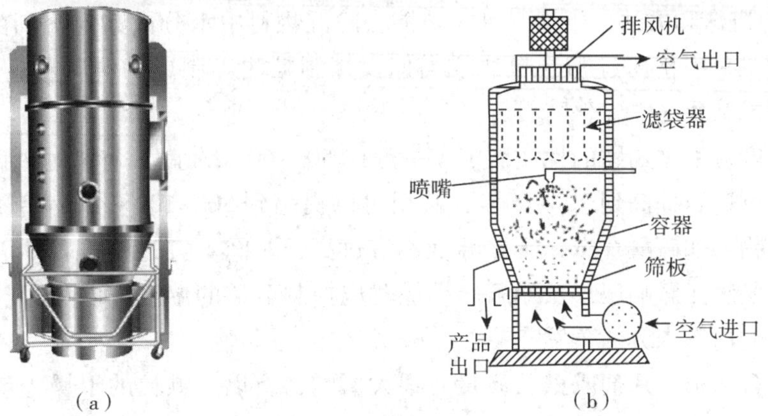

（a）　　　　　　　　　　（b）

图7-7　流化床制粒机

（a）流化床制粒机；（b）流化床制粒机示意图

4. 喷雾干燥制粒法　该法使用喷雾干燥制粒机，是将待制粒的药物、辅料与黏合剂溶液混合，制成固体量为50%~60%的混合浆，不断搅拌使之处于均匀混合状态，用泵输送至雾化器的高压喷嘴，在干燥室的热空气流中雾化成大小适宜的液滴，热空气流使得液滴中的水分迅速蒸发，形成细小的、近似球形的颗粒并落入干燥器的底部，设备如图7-8所示。

图7-8　喷雾干燥制粒机

雾化器有离心式雾化器、压力式雾化器和气流式雾化器，常用的热气流与雾滴流向的安排有并流型、逆流型和混合流型。干燥制粒时一般使用离心式雾化器，可由其转速等控制液滴（颗粒）的大小。

喷雾干燥制粒法的特点是：①由液态物料直接得到粉状固体颗粒，进一步简化操作；②干燥速度非常快（通常只需几秒至几十秒），物料的受热时间极短，干燥物料的温度相对低，适合于热敏性物料的处理；③制得的颗粒具有良好的溶解性、分散性和流动性。缺点是设备费用高、能量消耗大、操作费用高；黏性较大料液易黏壁使其使用受到限制，需用特殊喷雾干燥设备。

近年来开发出喷雾干燥与流化制粒结合在一体的新型制粒机。由顶部喷入的药液在干燥室经干燥后落到流态化制粒机上制粒，集喷雾干燥、流化制粒于一体，实现液态物料一步法制粒。

图7-9　离心制粒机

5. 离心转动制粒法　该法使用离心制粒机，如图7-9所示。设备主要由容器、转盘和喷头组成。物料在固定容器内，受到高速旋转的圆盘产生的离心作用而向器壁滚动；在容器壁部位，物料又受到从圆盘周边吹出的空气流的带动，向上运动的同时在重力作用下往下滑向圆盘中心；落下的粒子重新受到圆盘的离心旋转作用而运动，使物料沿转盘周边以螺旋方式旋转，有利于形成球形颗粒。黏合剂定量喷洒于物料层斜面上面，靠颗粒的剧烈运动使颗粒表面均匀润湿，散布的药粉或辅料得以均匀附着在颗粒表面层层包裹，如此反复操作可制得所需大小的致密球形颗粒。调整在圆盘周边上升的气流温度可对颗粒进行干燥。

（四）湿颗粒的干燥

1. 干燥的概念和方法 干燥是利用热能去除湿物料中水分或其他溶剂的操作过程。在制剂的生产中，采用挤压过筛制粒法或高速搅拌制粒法等制成的湿颗粒，都应立即干燥，以免受压变形或结块。

干燥的温度应根据药物的性质而定，一般以50～60℃为宜。个别对热稳定的药物，如磺胺嘧啶等，可适当提高到70～80℃，甚至可以提高到80～100℃以缩短干燥时间。一些含结晶水的药物，如硫酸奎宁，干燥温度不宜过高，时间不宜过长，否则因失去过多的结晶水，使颗粒松脆而影响压片及崩解。干燥时应控制合适的温度，以免颗粒表面变干结成一层硬膜而影响内部水分的蒸发。

干颗粒的含水量对片剂成型及质量有很大影响，所以，颗粒的干燥程度应适当。通常颗粒的含水量为1%～3%，含水量太多，压片时易黏冲，含水量太低也不利于压片。但对某些品种应视具体情况而定，如阿司匹林片的干颗粒含水量应低于0.3%～0.6%，否则药物易水解，而四环素片则要求水分控制在10%～14%，对氨基水杨酸钠的水分应为15%左右，否则影响压片或片剂崩解。

干燥方法的分类方式有多种：①按操作方式，可分为连续干燥和间歇干燥；②按操作压力，可分为减压干燥和常压干燥；③按热量传递方式，可分为传导干燥、对流干燥、辐射干燥和介电加热干燥等。其中，传导干燥是将热能通过与物料接触的壁面以热传导方式传给物料，使物料中的湿分汽化并由周围空气气流带走而干燥的操作；对流干燥是将热能以对流方式由热气体传给与其接触的湿物料，物料中的湿分受热汽化并由气流带走而干燥的操作，此时热空气既是载热体，又是载湿体；辐射干燥是将热能以电磁波的形式发射，入射至湿物料表面被吸收而转变为热能，将物料中的湿分加热汽化而干燥的操作；介电加热干燥是将湿物料置于高频电场内，由于高频电场的交变作用使物料中的水分加热、湿分汽化而干燥的操作。目前在制药工业中应用最普遍的是对流干燥。

2. 干燥的基本原理及影响因素

（1）干燥的基本原理 物料的干燥是由传热和传质同时进行的过程，如图7－10所示。在对流干燥过程中，当热空气与湿物料接触时，热空气将热能传至物料表面，再由表面传至物料内部，这是一个传热过程，其推动力是热空气温度 T 与物料表面温度 T_w 的温度差（$T-T_w$）；同时，湿物料得到热量后，其表面水分首先汽化，物料内部的水分以液态或汽态扩散至物料表面，并不断向热空气中汽化，这是一个传质过程，其推动力为物料表面产生的水蒸气压 P_w 与空气中的水蒸气分压P的压力差（P_w-P）。当物料表面产生的水蒸气分压 P_w 大于热空气中的水蒸气分压 P 时（$P_w-P>0$ 时），物料表面的水蒸气必然扩散到热空气中，在热空气不断地把热能传递给湿物料的同时，湿物料的水分不断地汽化并扩散至热空气中并由热空气带走，而物料内部的湿分又源源不断地以液态或气态扩散到物料表面，使湿物料中的湿分不断减少而达到干燥的效果。

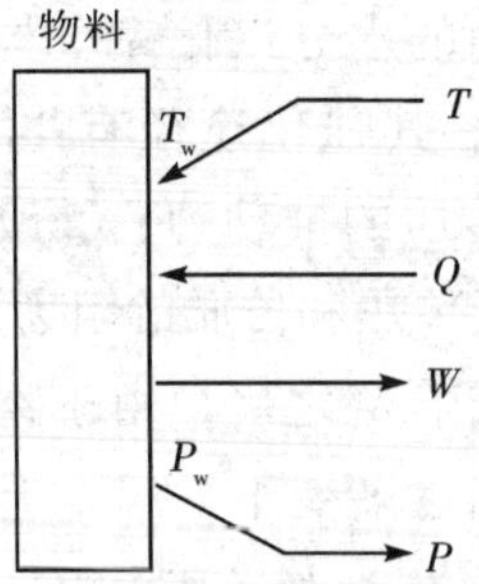

图7-10 热空气与物料间的传热与传质

干燥过程得以进行的必要条件是被干燥物料表面所产生的水蒸气分压 P_w 大于干燥介质（热空气）的水蒸气分压 P，即 $P_w-P>0$；如果 $P_w-P=0$，表示干燥介质与物料中水汽达到平衡，干燥即停止；如果 $P_w-P<0$，表示物料不仅不能被干燥反而会吸潮。

物料的干燥速率与物料中水分的性质、空气的性质有关。空气是绝干空气和水蒸气的混合物，称为湿空气，用于干燥的湿空气必须是不饱和空气。通常是将作为干燥介质的湿空气预热后与湿物料进行热量和质量的交换，其目的不仅是为了提供水分汽化所需的热量，而且是为了降低空气的相对湿度以提高空气的吸湿能力。

（2）物料中水分的性质　研究物料中水分的性质对提高干燥速率有很大帮助。

1）平衡水（equilibrium water）与自由水（free water）　根据物料中所含水分能否被干燥除去，可将水分划分为平衡水和自由水。平衡水是指在一定空气状态下，物料表面产生的水蒸气压与空气中水蒸气分压相等时，物料中所含的水分，是在干燥过程中不能除去的水分；自由水是指物料中所含的大于平衡水的那一部分水分，也称为游离水，是在干燥过程中能除去的水分。

平衡水分与物料性质、空气的状态有关，物料干燥时应根据物料性质、干燥要求选择适宜的空气条件。

2）结合水（bound water）与非结合水（nonbound water）　结合水是指主要以物理化学方式与物料结合的水分，与物料有较强的结合力，干燥速率缓慢。结合水仅与物料的性质有关，包括动、植物物料细胞壁内的水分、物料内毛细管中的水分及可溶性固体溶液中的水分等。非结合水是指主要以机械方式结合的水分，与物料的结合力很弱，干燥速率较快。

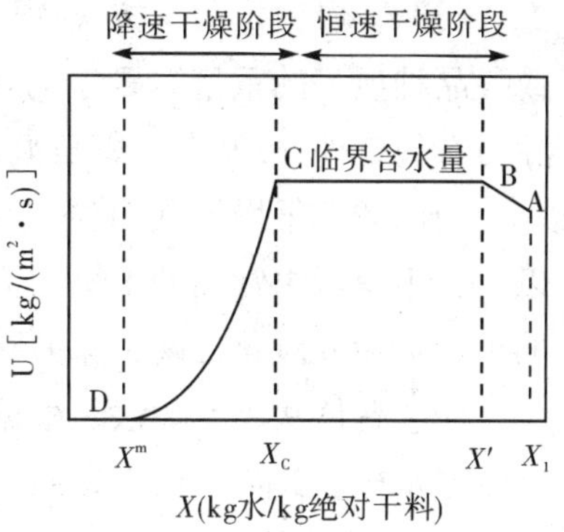

图7-11 干燥速率曲线

（3）干燥速率及其影响因素　干燥速率是指在单位时间、单位干燥面积被干燥物料所汽化的水分量，其单位为 kg/（m^2·s）。物料的干燥速率曲线如图7-11：从A到B为物料短时间的预热段；在含水量从 X' 减少到 X_c 的范围内，物料的干燥速率不随含水量的变化而变化（BC段），称为恒速干燥阶段。

在含水量低于 X_c 直到平衡水分 X^m 为止，干燥速率随含水量的减少而降低（CD段），称为降速干燥阶段。恒速干燥阶段与降速干燥阶段的分界点称为临界点（C点），该点所对应的含水量 X_c 为临界含水量。

不同干燥阶段的干燥机制不同，干燥速率的影响因素也不尽相同。

在恒速干燥阶段，物料内部水分含量较多，水分从物料表面汽化并扩散到空气中时，物料内部的水分能及时补充到表面，使表面保持充分湿润的状态，所以干燥速率取决于水分在物料表面的汽化速率，物料表面的水分汽化完全与纯水汽化时的情况相同，此时的干燥速率主要受物料外部条件的影响。其强化途径有：①提高空气温度或降低空气的湿度（或水蒸气分压 P），以提高传热和传质的推动力；②改善物料与空气的接触情况，提高空气的流速使物料表面气膜变薄，降低传热和传质的阻力。

在降速干燥阶段，当水分含量低于 X_c 之后，由于物料内部水分向表面的移动已不能及时补充表面水分的汽化，使物料表面逐渐变干，温度上升，物料表面的水蒸气分压低于恒速干燥阶段的水蒸气分压，因而传质推动力（$P_w - P$）下降，干燥速率也降低，其速率主要由物料内部水分向表面的扩散速率所决定，内部水分的扩散速率主要取决于物料本身的性质、结构、形状、尺寸等。其强化途径有：①提高物料的温度；②改善物料的分散程度，以促进内部水分扩散至表面。而改变空气的状态及流速对干燥的影响不大。

总之，在考虑强化干燥时，不仅要考虑空气的性质和操作条件，还要考虑物料性质、结构以及所含水分性质。

3. 水分含量的测定方法 用于压片的颗粒干燥程度应适当，一般颗粒的含水量为1%～3%，含水量太多或太低均不利于压片，个别品种可根据需要掌握。生产时可凭经验或使用仪器测定颗粒含水量。

（1）经验法 用手紧握干粒，在手放松后，颗粒不应黏结成团，也可将干粒放至食指与拇指间，挫捻时应粉碎，无潮湿感。

（2）水分快速测定仪 系利用红外灯加热，使水分蒸发而测定干颗粒的水分。该仪器使用方法较简便，称取样品5～10g置试料盘内加砝码称定重量，然后接通电源，于红外灯下（250W）10cm处干燥15～30分钟，待水分蒸发至一定程度，指针不再移动时，即可读取数字指示出含水量（%）。

（3）干燥失重法 按《中国药典》（2020年版）规定，取供试品，均匀混合，取约1g或各品种项下的重量，置于与供试品相同条件下干燥至恒重的扁形称量瓶中，精密称定，除另有规定外，105℃干燥至恒重。由减失的重量和取样量计算供试品的干燥失重。

当用减压干燥器或恒温减压干燥器时，除另有规定外，压力应在2.67kPa（20mmHg）以下；干燥器中常用的干燥剂为无水氯化钙、硅胶或五氧化二磷；恒温减压干燥器中常用的干燥剂为五氧化二磷，除另有规定外，温度为60℃。干燥剂应保持在有效状态。

（4）费休法 费休法是根据碘和二氧化硫在吡啶和甲醇溶液中能与水起定量反应的原理测定水分。其详细内容参照《中国药典》（2020年版）中相关内容。

4. 干燥设备

（1）箱式干燥器 箱式干燥器是传统的干燥设备，目前，国内许多药厂仍在使用。包括平行流式箱式干燥器、穿流式箱式干燥器、真空箱式干燥器、热风循环烘箱等种类。

平行流式箱式干燥器，箱内设有风扇、空气加热器、热风整流板及进出风口。料盘置于小车上，小车可方便地推进推出。

穿流式箱式干燥器与平行流式箱式干燥器的不同之处在于料盘底部为金属网（孔板）结构。导风板强制热气流均匀地穿过堆积的料层。

真空箱式干燥器，传热方式大多用间接加热、辐射加热、红外加热或感应加热等。间接加热是将热水或蒸汽通入加热夹板，再通过传导加热物料，箱体密闭在减压状态下工作。

热风循环烘箱是一种可拆装的箱体设备。它是利用蒸汽和电为热源，通过加热器加热，使大量热风在箱内进行热风循环，经过不断补充新风进入箱体，然后不断从排湿口排除湿热空气，使箱内物料的水分逐渐减少。图 7 - 12 为热风循环烘箱外形。

图 7 - 12　热风循环烘箱外形

箱式干燥器结构简单，操作简便，投资少，适用于小批量的生产或干燥时间要求比较长的物料以及易碎物料，缺点主要是劳动强度大，热能利用率低，生产效率低，物料干燥不均匀，尤其是干燥速率过快时，很容易造成外壳干而颗粒内部残留水分过多的"虚假干燥"现象，给下一步的制片工艺带来不利影响，有时也会造成可溶性成分在颗粒之间发生"迁移"而使片剂的含量不均匀。

（2）流化床干燥器　流化床干燥器又称沸腾干燥器，其操作是利用热的空气流使湿颗粒呈流化状态的干燥过程。

流化床干燥器如图 7 - 13 所示。在干燥时，放置于沸腾室底部筛网上的待干燥湿颗粒，在强热空气的吹动下，上下翻腾，处于流化状态（沸腾状态），并与热气流实现最充分的接触，从而得到迅速的干燥。

图 7 - 14 为卧式负压（抽气法）流化床干燥装置示意图，其主要结构分为以下几个部分。

1）热风进口　采用高效的蒸汽散热排管，空气预热温度可调节在 80℃以上，有时可达 100℃。

(a)　(b)

图 7 - 13　流化床干燥器

（a）流化床干燥器；（b）底部筛网

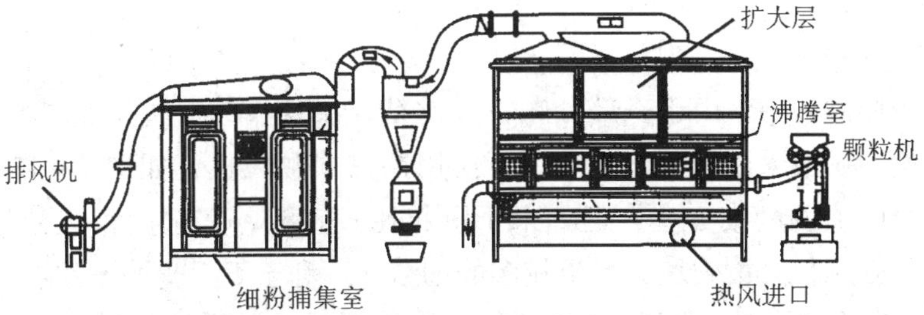

图 7 - 14　卧式负压流化床干燥装置示意图

2）沸腾室　上宽下窄，两边各开观察窗和清洗门，底部由多孔板组成，上铺一层绢丝筛网，多孔板下面有几个热风进口阀门。湿颗粒进入沸腾室后，立即在多孔板上流化翻腾，快速地与热气流进行热交换，蒸发的水分则经扩大层随着上升的热气流带走。这种传热、传质的过程，在沸腾室内连续不断地进行，从而实现了湿颗粒的干燥。

3）扩大层　扩大层是沸腾室上方的长方形室，比下面宽两倍、高一倍，借以降低物料的运动速度。

4）细粉捕集室　主要由几组布袋滤器组成，一端接排风机，另一端接旋风分离器后与沸腾室相通。沸腾室中的湿、热空气由布袋滤器滤过而排出，随之而来的细粉则留在布袋滤器内，待操作结束后由布袋滤器中放出，必要时也可回收再用。

5）排风机与颗粒机　最左方为排风机，主要起抽气形成负压的作用；最右方为颗粒机，主要是为了实现连续化生产而与流化床干燥器相互连接在一起。操作时，应先开蒸汽加热器，再开排风机，使沸腾室内部先干燥，然后由颗粒机送入湿颗粒，调节风量使颗粒处于良好的流化状态保持一定温度和一定时间，即可得到干颗粒。

流化床干燥法传热效果好、效率高、时间短，对某些热敏物料亦可采用，操作方便，劳动强度小，自动化程度高，所得产品干湿程度均匀，流动性良好，因此，应用很广。与箱式干燥法相比，由于在干燥过程中颗粒上下翻腾，互相并不紧密接触，所以一般不会发生可溶性成分的“迁移”现象，片剂的含量均匀度较好。但也有不足之处，如设备不易清洗、细颗粒比例较高等。

（3）喷雾干燥器　喷雾干燥的蒸发面积大，干燥时间非常短（几秒至几十秒），温度一般为50℃左右，适用于热敏物料。干燥的制品多为松脆的颗粒，溶解性好。

（4）红外干燥器　红外干燥是利用红外辐射元件所发出来的红外线对物料直接照射加热的一种干燥方式。红外线是介于可见光和微波之间的一种电磁波，其波长范围为0.72～1000μm，波长在0.72～5.6μm的区域称为近红外，5.6～1000μm的区域称为远红外。

红外线干燥时，由于物料表面和内部的分子同时吸收红外线，故受热均匀、干燥快、质量好。缺点是电能消耗大。

（5）微波干燥器　属于介电加热干燥器，是把物料置于高频交变电场内，使湿物料中的水分子迅速获得热量而汽化，从而使湿物料得到干燥。工业上使用的频率为915MHz或245 MHz。

微波干燥器加热迅速、均匀、干燥速率快、热效率高，对含水物料的干燥特别有利；微波操作控制灵敏、操作方便。缺点是成本高，对有些物料的稳定性有影响。因此常用于避免物料表面温度过高或防止主药在干燥过程中迁移等情况。

（6）冷冻干燥器　冷冻干燥器是利用固体冰升华去除水分的干燥方法，详见第五章注射剂的有关内容。

（五）整粒与总混

在湿颗粒干燥过程中，由于一部分颗粒彼此粘连结块，故需过筛整粒，使成大小均匀易于压片的颗粒。一般采用过筛法整粒，可使用摇摆式颗粒机，如图7－15所示。所用筛网一般比制粒时的筛网稍细一些，但如果干颗粒比较疏松，宜选用稍粗一些的筛网整粒，如果选用细筛，则颗粒易被破坏，产生较多的细粉，不利于下一步的压片。

“总混”是干颗粒处理的最后一道操作，目的是使干颗粒中的各种成分均匀一致。小量可用手工总混，生产上常用V型混合机，见图7－16。

向颗粒中过筛加入润滑剂（外加的崩解剂也在此时加入），然后置于混合机内进行总混。若处方中有挥发性的油类物质，可先从干颗粒内筛出适量细粉，吸收挥发油后再与干颗粒混匀；如果处方中主药的剂量很少或对湿、热很不稳定，则可先制成不含药的空白干颗粒，然后加入主药（为了保证混合均匀常将主药溶于乙醇喷洒在干颗粒上，密封贮放数小时后压片），这种方法常称为“空白颗粒法”。

图7-15　摇摆式颗粒机

图7-16　V型混合机

（六）压片

1. 片重的计算

（1）按主药含量计算片重　药物制成干颗粒时，由于经过了一系列的操作过程，原料药必将有所损耗，所以应对颗粒中主药的实际含量进行测定，然后按式（7-1）计算片重：

$$片重=\frac{每片含主药量（标示量）}{颗粒中主药的百分含量（实测值）} \tag{7-1}$$

例如，某片剂中主药每片含量为0.1g，测得颗粒中主药的百分含量为20%，则每片所需颗粒的质量应为0.1g/0.2 = 0.5g。

即片重应为0.5g，若以片重的重量差异限度为5%计算，本品的片重上下限为0.475～0.525g。

（2）按干颗粒总质量计算片重　在药厂中，已考虑到原料的损耗，因而增加了投料量，则片重的计算可按式（7-2）计算（成分复杂、没有含量测定方法的中草药片剂只能按此公式计算）：

$$片重=\frac{干颗粒质量+压片前加入的辅料质量}{预定的应压片数} \tag{7-2}$$

2. 压片机　常用压片机按其结构可分为单冲压片机和多冲压片机；按压制片形可分为圆形片压片机和异形片压片机；按压缩次数可分为一次压制压片机和二次压制压片机；按片层分为双层压片机、有芯片压片机等。

（1）单冲压片机　单冲压片机的基本结构如图7-17所示，主要由转动轮、冲模冲头及其调节装置、饲粉器三个部分组成。

1）转动轮是压片机的动力部分，可以电动也可以手摇，为上冲单向加压。

2）冲模冲头指的是上冲、下冲和模圈，是直接实施压片的部分，决定了片剂的大小、形状和硬度。调节装置包括压力调节器、片重调节器和推片调节器等。压力调节器是用于调节上冲下降的深度，下降深度大，上、下冲间的距离近，压力大，反之则小；片重调节器连在下冲杆上，用于调节下冲下降的深度，位置愈低，模孔中容纳的颗粒愈多，则片重愈大；推片调节器连在下冲，负责调节下冲抬起的高度，使之恰好与模圈的上缘相平，从而把压成的片剂顺利地顶出模孔。

3）饲粉器负责将颗粒填充到模孔，并把下冲顶出的片剂推至收集器中。

单冲压片机的压片过程如图7-18所示。①上冲抬起，饲粉器移动到模孔之上；②下冲下降到适宜深度，饲粉器在模上摆动，颗粒填满模孔；③饲粉器由模孔上移开，使模孔

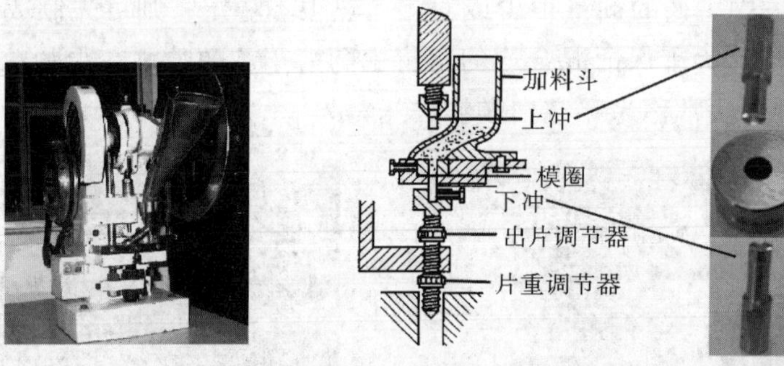

（a）（b）（b）

图7－17 单冲压片机及结构示意图

（a）单冲压片机；（b）结构示意图；（b）冲头及模圈

中的颗粒与模孔的上缘相平；④上冲下降并将颗粒压缩成片；⑤上冲抬起，下冲随之抬起到与模孔上缘相平，将药片由模孔推出；⑥饲粉器再次移到模孔之上，将模孔中推出的片剂推出，同时进行第二次饲粉，如此反复进行。

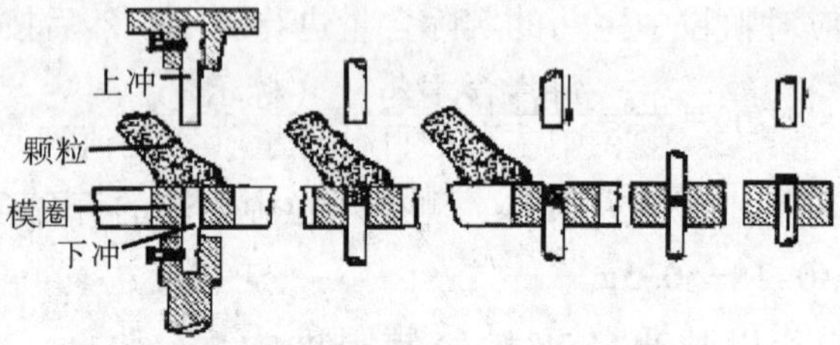

图7－18 单冲压片机压片流程

片剂的形状取决于冲头和模圈的形状，两者通常为圆形。片剂的直径大小取决于模孔和冲头的大小。单冲压片机产量为每分钟80～100片，多用于实验室和小量生产。

（2）旋转压片机　是目前常用的压片机，主要由动力部分、传动部分和工作部分组成。设备与工作原理如图7－19所示。

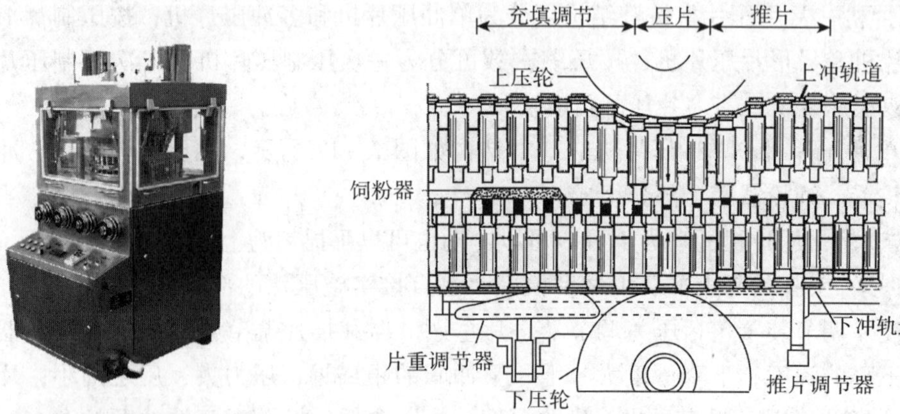

（a）（b）

图7－19 旋转压片机及工作原理示意图

（a）旋转压片机；（b）工作原理示意图

旋转压片机的工作部分有绕轴而旋转的机台，机台分为三层，机台的上层装着若干上冲，在中层与上冲对应的位置装着模圈，下层的对应位置装下冲；另有位置固定的上、下压轮、片重调节器、压力调节器、饲粉器、刮粉器、推片调节器以及附属机构，如吸尘器和防护装置等。机台装于机器的中轴上并绕轴而转动，机台上层的上冲随机台而转动并沿着固定的上冲轨道有规律地上、下运动；下冲也随机台沿下冲轨道作上、下运动；在上冲之上及下冲的之下的固定位置分别装着上压轮和下压轮，在机台转动时，上、下冲经过上、下压轮时，被压轮推动使上冲向下、下冲向上运动，并对模孔中的颗粒加压；机台中层有一固定位置的刮粉器，颗粒由固定位置的饲粉器中不断地流入刮粉器中并由此流入模孔；压力调节器用于调节下压轮的高度，从而调节压缩时下冲升起的高度，高度高则两冲间距离近，压力大；片重调节器装于下冲轨道上，通过调节下冲经过刮粉器时的高度而调节模孔的容积。

旋转压片机的压片过程如下：①填充，当下冲转到饲粉器之下时，其位置最低，颗粒填入模孔中；当下冲行至片重调节器之上时略有上升，经刮粉器将多余的颗粒刮去；②压片，当上冲和下冲行至上、下压轮之间时，两个冲之间的距离最近，将颗粒压缩成片；③推片，上冲和下冲抬起，下冲将片剂抬到恰与模孔上缘相平位置，药片被刮粉器推开，如此反复进行。

旋转压片机有多种型号，按冲数分有 16 冲、19 冲、27 冲、33 冲、55 冲、75 冲等。按流程来说，有单流程和双流程两种。如 19 冲压片机为单流程，即仅有一套压轮（上、下压轮各一个)，每冲旋转一圈只可压成一个药片，因而产量较低，每分钟为 350 ~ 750 片，大规模生产中已极少使用；33 冲压片机为双流程，它有两套压轮，每冲旋转一圈可压成两个药片，产量较高，每分钟可生产 1000 ~ 1600 片，又由于两套压轮交替加压，减少了机器的振动和噪音。55 冲双流程压片机的生产能力高达 50 万片/小时。目前压片机的最大产量可达 80 万片/小时。双流程旋转式压片机的冲数皆为奇数。

旋转压片机具有饲粉方式合理、片重差异小；由上、下冲同时加压，压力分布均匀；生产效率高等优点。

随着制药设备的发展，已有越来越多的制剂生产企业使用全自动高速压片机。全自动高速压片机由主机、电控和电脑组成，通过无极变速器带动转盘转动并通过导轨的作用使上、下冲头在冲模中产生相对运动，通过充填、预压、加压和出片等四道工序，将颗粒状物料压制成片剂。该机有压力信号处理装置，可对片重进行自动控制及剔废、打印等各种统计数据，对缺角、松裂片等不良片剂也能自动鉴别并剔除。该设备全封闭、无粉尘、保养自动化、生产率高，符合 GMP 要求。

全自动高速压片机的结构与工作原理如图 7 - 20 所示，包括填充、定量、预压、主压成型、出片等工序。上下冲头由冲盘带动，分别沿上下导轨由左向右运动，当冲头运动到填充段时，上冲头向上运动绕过强迫加料器，同时，下冲头经下拉凸轮作用向下移动，此时，下冲头上表面与模孔形成一个空腔，药粉颗粒经过强迫加料器叶轮搅拌填入中模孔空腔内，当下冲头经过下拉凸轮的最低点时形成过量填充。压片机冲头随冲盘继续运动，下冲头经过填充凸轮时逐渐向上运动，并将空腔内多余的药粉颗粒推出中模孔，进入定量段。在定量段，填充凸轮上表面为水平，下冲头保持水平运动状态，由定量刮板将中模上表面多余的药粉颗粒刮出，保证每一中模孔内的药粉颗粒填充量一致。为防止中模孔中的药粉被甩出，定量刮板后安装了盖板。下冲保护凸轮将下冲头拉下，上冲头由下压凸轮作用也向下运动，当中模孔移出盖板时，上冲头进入中模孔。当冲头经过预压轮时，完成预压动作再继续经过主压轮，通过主压轮的挤压完成压实动作，最后通过出片凸轮，上冲上移，下冲上推并将压制好的药片推出中模孔，药片进入出片装置，完成整个压片流程。

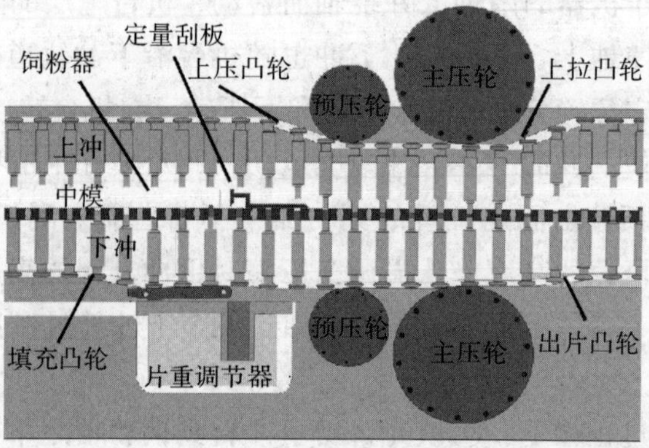

图7-20　高速旋转压片机的结构与工作原理示意图

二、干法制粒压片

干法制粒压片法是将干法制粒的颗粒进行压片的方法。其工艺流程如图7-21所示。常用于某些对湿、热较敏感，不够稳定，不宜采用湿法制粒的药物。

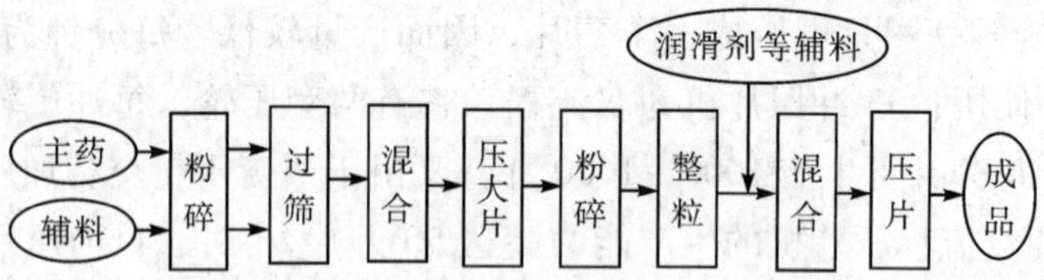

图7-21　干法制粒压片法的流程图

干法制粒是将药物和辅料的粉末混合均匀，用适宜的设备压缩成大片状或板状后，粉碎成所需大小颗粒的方法。该法靠压缩力使粒子间产生结合力，其制备方法有滚压法和压片法。

1. 滚压法制粒　是将药物和辅料混合均匀后，通过滚压机，加工1～3次即压成所需硬度的薄片，将薄片粉碎成颗粒，加润滑剂即可，如图7-22所示。

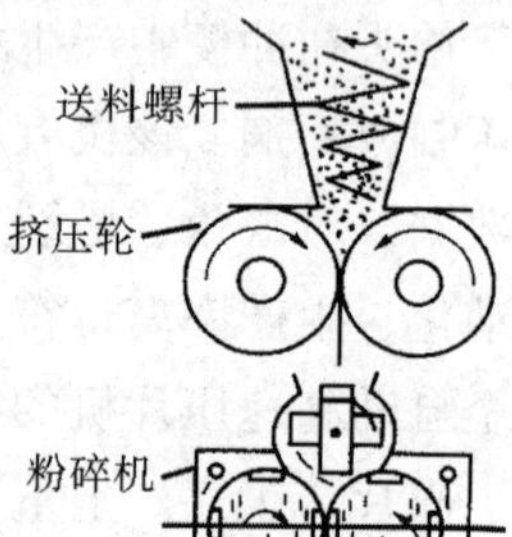

图7-22　滚压法制粒工作原理示意图

滚压法的优点：能大面积而缓慢地加料，粉层厚薄易于控制，薄片的硬度较均匀，而且加压缓慢，粉末间空气可从容逸出，故此种颗粒压成的片剂没有松片现象。不足之处是由于滚筒间的摩擦常使温度上升，有时所制颗粒过硬，片剂不易崩解。

2. 压片法制粒　是将药物与辅料混合均匀后，用较大压力的压片机（专供压大片用）压成大片（直径一般为19mm或更大）。大片经摇摆式制粒机，碎成适宜大小的颗粒。压片法的大片不易制好，大片击碎时的细粉多，需反复重压、击碎，耗费时间多，原料亦有损耗，且需有巨大压力的压片机。故目前应用较少。

三、粉末直接压片

粉末直接压片法是不经过制粒过程直接把药物和辅料的混合物进行压片的方法。其工艺流程如图 7－23 所示，将原辅料粉碎（或不粉碎）、过筛等处理后混合直接压片即可。

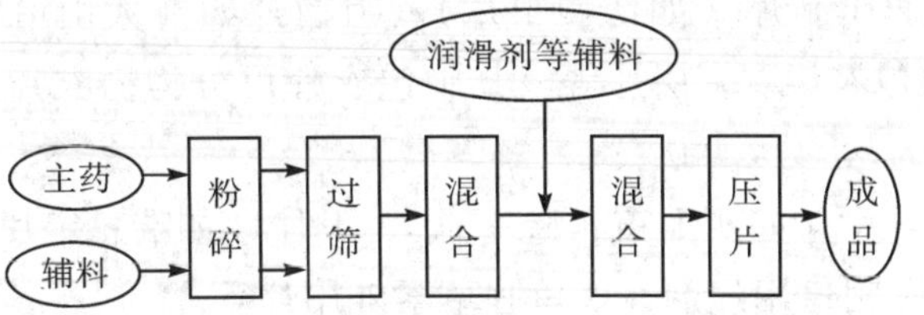

图 7－23 粉末直接压片法的流程图

粉末直接压片具有明显的优点，如不必制粒、干燥，工序少，省时节能，产品崩解或溶出快，成品质量稳定，尤其适用于遇湿、热不稳定的药物。同时由于工序少、时间短，减少了交叉污染的机会，不接触水分，也不容易受到微生物污染，符合 GMP 要求。

粉末直接压片法也有其不足，如粉末的流动性差，片重差异大，易产生裂片等。

国外已有多种用于粉末直接压片的药用辅料，如各种型号的微晶纤维素、喷雾干燥乳糖、磷酸氢钙二水合物、可压性淀粉、微粉硅胶（优良的助流剂）等。目前，某些发达国家已有 60% 以上的片剂品种采用了粉末直接压片工艺。随着我国医药科学技术的发展、药用辅料的开发以及压片机的改进，粉末直接压片工艺必将在国内得到更加广泛的应用。

四、中药片剂

（一）概念

中药片剂系指中药提取物、提取物加饮片细粉或饮片细粉与适宜辅料混匀压制或用其他适宜方法制成的圆片状或异形片状的制剂，有浸膏片、半浸膏片和全粉片等。以口服普通片为主，另有含片、咀嚼片、泡腾片、阴道片、阴道泡腾片和肠溶片等。

传统中药剂型落后，无用成分较多，剂量大、体积大，不便服用，也不便携带和保存。二十世纪二三十年代，国内一批有识之士致力于中药改进。新中国成立以后，党和政府十分重视中医中药事业的发展，在政策上扶持中药企业，积极支持中药厂改革传统工艺，走中药科学化的道路。1953 年 9 月中药最早的片剂，如银翘解毒片、黄连上清片、香莲片和女金片上市，宣告了中药片的诞生。随着中药化学、药理、制剂与临床几方面的综合研究，中药片剂的品种、数量不断增加，工艺技术日益改进，片剂的质量逐渐提高。在片剂生产工艺方面逐渐摸索出一套适用于中药片剂生产的工艺条件，如对含脂肪油及挥发油片剂的制备，如何提高中药片剂的硬度、改善崩解度、片剂包衣等方面逐渐积累经验，使质量不断提高。此外，对中药片剂中药物的溶出速率和生物利用度等方面的研究，已在逐步开展。

（二）分类

中药片剂按其原料特征可分为四种类型。

1. 有效成分片 中药材经过提取得到有效部位，以提纯物作为原料，加适宜的赋形剂制粒制成的片剂。

2. 全粉末片 指将处方中全部药材粉碎成细粉作为原料，加适宜的赋形剂制粒制成的片剂。

3. 浸膏片 指将处方中全部药材提取制成干浸膏，加适宜的赋形剂制粒制成的片剂。

4. 半浸膏片 指药材细粉和处方中部分药材经提取制得浸膏混合后加适宜的赋形剂制粒制成的片剂。

按用途分可分为三种类型。

1. 口服片剂 普通压制片（如伤痛宁片）、咀嚼片如（大山楂咀嚼片），泡腾片（如清开灵沸腾片），还有包衣片、多层片等。其中包衣片可分为糖衣片（如牛黄解毒片）、薄膜衣片、肠溶衣片。

2. 口腔用片剂 含片（如西瓜霜润喉片）、舌下片（如喘息定片）。

3. 其他用途片剂 阴道用片剂，如鱼腥草素外用片等。

（三）制备方法

中药片剂的制法和化学药物片剂的制法大体相同，但由于中药常含有大量的无效成分，如淀粉、糖类、纤维素、胶质等，所以中药片剂的制备具有一定的特殊性。目前中药片剂的制备以颗粒压片法应用最多，原料要经过一定的处理，然后根据原料的性状采用不同工艺来制粒压片。其生产流程为：将中草药提取或炮制，以利减少服用量，保存有效成分，粉碎成细粉。含有西药成分的原料化验合格后粉碎成细粉，加辅料混匀，加润湿剂或黏合剂，制成软材，再制成湿颗粒，于60～80℃干燥，抽样检验合格，整粒，加润滑剂与颗粒混匀后压片。

1. 中药材的处理 不同的药材采用不同的处理方法，其一般原则如下。

（1）用量极少的贵重药材、毒剧药材、细料药材，为避免损失应粉碎成细粉，过100目以上筛，制粒时或压片前加入。

（2）含挥发性成分的药材可采用蒸馏方法提取挥发性成分，或将残渣再煎煮，制成稠膏。

（3）有效成分已知的药材，可根据有效成分的特性，提取有效成分，精制分离出纯品。

（4）含醇溶性成分的药材，可用不同浓度的乙醇以渗漉法、浸渍法或回流提取法提取，并制成稠膏。

（5）含纤维较多、黏性较大、质地坚硬的药材以及方剂中可入汤煎药的药材，均采用水煎煮浓缩成稠膏备用。也可用水煎煮浓缩后，用醇沉淀法除去部分醇不溶性杂质，然后浓缩成稠膏或干燥成干浸膏备用。

（6）含淀粉较多的药材可部分或全部粉碎后作辅料加入，以节省其他辅料用量。

2. 制湿颗粒 制颗粒的方法根据中药片剂种类不同，方法也有所不同。

（1）有效成分片制粒 中药材经提取后得到有效部位或有效成分的单体混合物结晶，干燥、粉碎成细粉，经含量测定后，按西药片剂的工艺制备。

（2）全粉末片制粒 把中药磨成细粉，混匀，加入适量的赋形剂制成适宜软材，过筛、制粒。此法适用于药味少、剂量小、质地细腻的中草药制片。服用剂量太大的中药片不宜采用此法。

（3）全浸膏片制粒 全部药材提取浓缩成稠膏后干燥得干浸膏。其制粒过程分几种情况：干浸膏有一定黏性，可直接粉碎成大小适宜的颗粒，加崩解剂和润滑剂混匀后压片。干浸膏黏性差，将其磨成细粉，再加黏合剂制粒，干燥，整粒，加入崩解剂、润滑剂压片。干浸膏黏性很强，可采用较高浓度的乙醇作润湿剂以降低黏性，制成适宜颗粒。干浸膏片吸湿性强，需包衣防潮。此种片剂硬度大，崩解度差，制备时宜采用乙醇沉淀法去除一些黏性杂质，减压干燥制得较疏松的干浸膏。

(4) 半浸膏片制粒 处方中大部分药材提取、浓缩成稠膏，由于稠膏黏性强，所以可作为黏合剂；小部分药材磨成细粉，作为稀释剂和崩解剂，将这两部分混合，制软材、制粒压片。这类片剂吸湿性强，需包衣处理，另外贮存期间会使片剂变硬，崩解度超限。

3. 干燥与整粒

(1) 干燥 为避免颗粒中淀粉糊化而黏结成块，影响压片和崩解，湿粒干燥温度一般控制在60～80℃。含挥发性成分的颗粒应在60℃以下干燥，干颗粒水分含量控制在3%～4%。

(2) 整粒 相对于化学药物来说，中药颗粒较硬、颗粒粗，压成的片剂易出现花斑、麻面，因此，一般中药颗粒要求过22～40目筛或更细的筛整粒。全浸膏片的颗粒较硬，可用40目筛整粒，不过细粉不宜过多，以免产生裂片。

4. 压片

(1) 片重计算 有效成分片按前面化学片剂计算片重。大多数中药片剂投料量按式(7-3)计算。

$$片重=\frac{干颗粒重+压片前加入的辅料重}{投料总片数} \tag{7-3}$$

(2) 压片 中药片压片方法与一般化学片剂相同，压力需增大一些，以免出现松片和裂片。

(四) 存在的问题及解决方法

1. 松片、裂片、黏冲、崩解迟缓 含纤维多的粉末或挥发油成分的中药片易出现松片或裂片，制粒时需选用黏性较强的黏合剂，含挥发油较多时需用吸收剂吸收，压片时使用较大压力或采用二次压缩；全浸膏片或半浸膏片，由于浸膏黏性强，制成的颗粒易黏冲或颗粒太硬易导致崩解延缓，制粒时宜采用较高浓度乙醇降低颗粒黏性，压片时压力不宜太大。

2. 引湿受潮 中药片剂尤其是浸膏片，压片时控制环境的相对湿度，包装应选用防潮性能好的材料，或者进行包衣。

3. 花斑或麻面 通常是由于颗粒过粗或过硬，润滑剂混合不匀所造成，因此干粒不宜过粗、过硬，润滑剂应过细筛后加入，并应充分混匀。

4. 质量不够稳定 片剂中的药材细粉容易被细菌污染，中草药原料应经合理净化，加工压片过程中注意操作卫生，保证片剂质量和用药安全。

五、片剂的压缩成型性

片剂的压缩成型性直接影响片剂的质量，如硬度、崩解时限、溶出度等，甚至影响药物的药效和安全性。

(一) 颗粒在压缩过程中物理性状的变化

1. 比表面积 此处的比表面积是指片剂的外表面及片剂孔隙表面积的总面积。在颗粒压缩过程中比表面积并不全是随着压力的增大而缩小，有一个先破碎而后结合的过程。如阿司匹林、乳糖以及乳糖和阿司匹林的混合物压缩时，比表面积先随压力增大而逐步增大，达某一压力后，压力继续增大，其比表面积逐步降低。多数药物，如磺胺嘧啶、非那西丁均有此现象。塑性很强的药物，上述现象可能不明显。压力与比表面积的关系见图7-24。

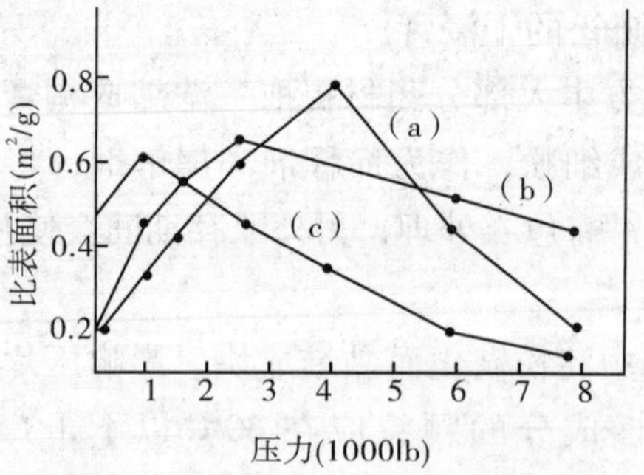

图 7－24　压力与比表面积的关系

（a）乳糖；（b）乳糖加阿司匹林；（c）阿司匹林

2. 相对体积　相对体积是指压成的片剂体积与高压下压制成的已无孔隙片体积的比值，可作为衡量压缩程度的参数。颗粒由于破碎及发生变形，粒子间距离缩短，体积变小，但片剂中仍有一定的孔隙；用很大压力压缩成的片剂，已基本无孔隙，其密度已接近物质的真密度。

一些颗粒的压缩过程可分为四个阶段。第 1 段的压力小，粒子因受压而移动并处于最合理的位置，如小粒子落到大颗粒之间的空隙中，排列紧密。第 2 段，压力稍大，在颗粒之间的接触点处发生塑性变形和弹性变形，体积变化的幅度增大。第 3 段，压力已足够大，致使大量颗粒破碎并伴随着塑性变形及弹性变形，使其密度增大，相对体积减小的幅度最大。第 4 段是粒子的结合过程，因粒子变形而致体积缩小，但变化幅度不很大。实际实验数据绘制的图形，四段曲线不是截然分开，而是一条近于平滑的 S 形曲线，见图 7－25。

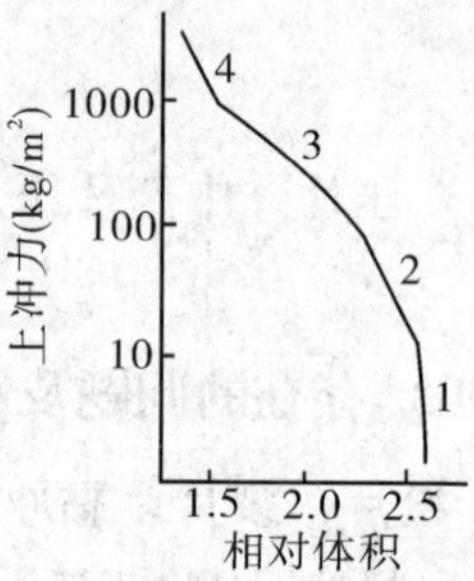

图 7－25　压力与相对体积的关系

（二）颗粒压缩成型的机制

片剂成型可能是多种因素作用的结果，归纳起来，有以下几方面。

1. 机械力的作用　被压缩的颗粒形态不规则，表面粗糙，颗粒相互嵌合，对片剂成型发挥作用。在压力下颗粒首先发生相对移动或滑动，使排列更加合理，然后颗粒被迫发生塑性或弹性变形，使体积进一步变形。

2. 颗粒间力的作用　压缩时由于颗粒破碎或塑性变形等，使粒子间的距离高度接近，接触面积增大。陈旧的表面因已吸附了空气、水分等，表面能降低，但在压缩过程中部分颗粒破碎生成大量新的未被污染的颗粒，而产生的新表面，表现出较强的结合力以及静电作用力，促使颗粒结合成具有一定孔隙率的片剂。

3. 片剂组分熔融形成固体桥　由于颗粒的形态不规则，颗粒间实际接触面积很小，又由于药物及辅料的导热性很差，接触点的局部温度可以升得很高，达到一些药物或辅料的熔点，颗粒受压后发生熔融现象，压力解除后形成“固体桥”而有利于成型。

4. 片剂中可溶性成分重结晶形成固体桥　颗粒中一般均含有少量水分，水溶性成分溶于此少量的水中成饱和溶液。压缩时，水（饱和水溶液）被挤到粒子间，当药片在成型干燥失水后，这些成分在粒子间结晶而成固体桥。

（三）片剂成型的影响因素

1. 物料的压缩成型性　物料被压缩后形成一定形状的能力称为压缩成型性。多数药物在受到外加压力时产生塑性变形和弹性变形。若其塑性较大，则其压缩成型性好，压缩时主要产生塑性变形，易于固结成型；若弹性较强，则压缩成型性差，即压片时所产生的形变趋向于恢复到原来的形状，从而减弱或瓦解片剂的结合力，发生裂片和松片等现象。

2. 药物的熔点 药物的熔点较低有利于“固体桥”的形成，在其他条件相同时，药物的熔点低，片剂的硬度大（但熔点过低，压片时容易黏冲）。

3. 药物的结晶形态与结晶水 结晶形态与压制成片剂的硬度有关。立方晶系的结晶对称性好、表面积大，压缩时易于成型；鳞片状或针状结晶容易形成层状排列，所以压缩后的药片容易分层裂片，不能直接压片；树枝状结晶易发生变形而且相互嵌接，可压性较好，易于成型，但缺点是流动性极差、片重差异较大。

4. 黏合剂 黏合剂增强颗粒间的结合力，黏合剂的浓度越高，黏度越大，片剂越易成型，片剂的硬度也就越大，崩解时间及药物的溶出性能等也随之发生变化。黏合剂用量过多易于黏冲，导致片剂崩解、溶出困难。

5. 润滑剂 粒子中加入润滑剂后有利于压片，同时也能对片剂的成型性产生影响。润滑剂常具有一定的疏水性（如硬脂酸镁），当其用量继续增大时会使颗粒间的结合力减弱，造成片剂的硬度降低，但在常用的浓度范围以内（$<1\%$），对片剂的成型影响不大。

6. 水分 结晶水或颗粒中含有适量的水分是片剂成型不可缺少的因素，干燥的物料往往弹性较大，不利于成型。颗粒中含有适量的水分在压缩时被挤到颗粒的表面形成薄膜，起到一种润滑作用，可以减少颗粒间及颗粒与模圈壁之间的摩擦力，使颗粒易于互相靠近，结合力大，从而片剂易于形成。另外，被挤压到颗粒表面的水分，可使颗粒表面的可溶性成分溶解，当药片在成型干燥失水后，水溶性部分发生重结晶现象而在相邻颗粒间架起“固体桥”，从而增加片剂的硬度。

7. 压力 压力是影响片剂成型的重要因素。一般情况下，压片力大，使颗粒间的距离变小，产生较大的塑性形变，粒子间接触面积增大，压成的片剂硬度也较大。但当压力超过一定范围后，压力对片剂硬度的影响减小，甚至会出现裂片。加压时间延长有利于片剂成型，并使片剂硬度增大。

（四）片剂压缩成型性的评价指标

评价片剂压缩成型性的方法主要有测定硬度与抗张强度、脆碎度、弹性复原率、顶裂比与顶裂指数等。

1. 硬度与抗张强度 T_S 硬度（hardness）是片剂的径向破碎力（kN）。在一定压力下压制的片剂，其硬度越大压缩成型性越好，但是片剂的直径或厚度不相同时，不能简单地用硬度来比较压缩成型性。

抗张强度（tensile strength）是表示单位面积的破碎力（kPa 或 MPa）。

$$T_S = 2F/\pi \cdot D \cdot L \qquad (7-4)$$

式中，F 为将片剂径向破碎所需的力，kN；D 为片剂的直径，m；L 为片剂的厚度，m。抗张强度的大小反映物料的结合力和压缩成型性的好坏。抗张强度不仅可以评价片剂质量而且广泛应用于处方设计中。

2. 脆碎度 片剂受到震动或磨擦之后容易引起碎片、顶裂、破裂等。脆碎度（breakage，Bk）反映片剂的抗磨损震动能力，也是片剂质量标准检查的重要项目。将片剂（片重为 0.65g 或以下者取若干片，使其总重约为 6.5g；片重大于 0.65g 者取 10 片），用吹风机吹去脱落的粉末，精密称重，置片剂脆碎度检查仪的圆筒中，转动 100 次；取出，用同法除去粉末，精密称重。按式（7-5）计算脆碎度。药典规定，脆碎度不得过1%。

$$\mathrm{Bk}=\frac{\text{试验前片重}-\text{试验后片重}}{\text{试验前片重}}\times 100\% \qquad (7-5)$$

3. 片剂的弹性复原率 将片剂从压片机模圈中移出后，由于内应力的作用发生弹性膨胀，这种现象称为弹性复原或弹性后效。弹性复原率（elastic recovery，E_R）是将片剂从模圈中推出后弹性膨胀引起的体积增加值和片剂在最大压力下的体积之比，可用式（7-6）表示。

$$E_R=\frac{V-V_0}{V_0}=\frac{H-H_0}{H_0}\times 100\% \qquad (7-6)$$

式中，V、H分别表示膨胀后片剂的体积和高度；V_0、H_0分别表示最大压力下（膨胀前）片剂的体积和高度。一般普通片剂的弹性复原率为2%～10%，如果药物的弹性复原率较大，片剂的硬度低，甚至易于裂片，此时可加入塑性好的辅料以改善压缩成型性、防止裂片等现象的发生。弹性复原率可以定量地衡量颗粒的弹性，弹性过强，不能压制成合格的片剂，可为处方筛选等提供依据。

六、片剂生产中可能发生的问题及解决方法

（一）裂片

片剂发生裂开的现象叫做裂片，如果裂开的位置发生在药片的顶部（或底部），习惯上称为顶裂，是裂片的一种常见形式；若裂开的位置发生在药片中部，习惯上称为腰裂，这种情况较少发生，见图7-26。

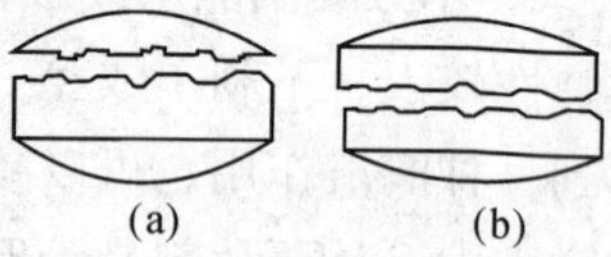

图7-26 片剂的裂片现象

（a）顶裂；（b）腰裂

裂片的主要原因及解决办法：

（1）压力分布不均匀以及由此引起的弹性复原率不同是裂片的主要原因之一。用单冲压片机压片时，片剂的上表面压力较大；用旋转压片机压片时，片剂的上、下表面的压力较大，在片剂上表面或上、下表面的弹性复原率高；由于物料产生塑性变形的趋势与受压时间有关，片剂的上表面受压时间最短并首先移出模孔脱离模孔的约束，所以易由顶部裂开。单冲压片机比旋转压片机易裂片。

（2）颗粒中细粉太多，压缩时空气不能排除，解除压力后，空气体积膨胀而导致裂片；颗粒过干、黏合剂黏性较弱或用量不足可造成裂片。

（3）易脆碎的物料和易弹性变形的物料塑性差，结合力弱，易于裂片；物料的压缩成型性差可造成片剂内部压力分布不均匀而易于裂片。

（4）压力过大、加压过快可造成裂片。

（5）模孔变形、磨损，压片机的冲头受损伤以及推片时下冲未抬到与模孔上缘相平的高度等，也可造成裂片。

解决裂片的主要措施包括调整处方，增加塑性强的辅料，改善颗粒的压缩成型性，如扑热息痛片易于裂片，加入适量的可压性淀粉可以解决此问题等；颗粒中含有适量水分，可增强颗粒的塑性并有润滑作用，因而改善压力分布，也可防止裂片；适当降低压力可以防止裂片，因为压力小，弹性复原率也小；增加压缩时间可增大塑性变形的趋势而防止裂片；选用适宜压片机，更换模圈、冲头等减少裂片；选用适宜的制粒方法减少细粉量、适当增加黏合剂用量或选用适宜的黏合剂可防止裂片；加入优质润滑剂和助流剂以改善压力

分布也是克服裂片问题的有效手段。

（二）松片

片剂硬度不够，稍加触动即散碎的现象称为松片。

松片的原因及解决方法：

（1）原、辅料的压缩成型性不好　有些原、辅料有较强的弹性，如中草药的粉末中有纤维素以及酵母粉等，在大压力下虽可成型，但一经放置即易因膨胀而松片；原料的弹性也与晶态有关，针状或片状结晶压片后易松片。解决办法是在处方中增加具有较强塑性的辅料，如可压性淀粉、微晶纤维素、乳糖等；也可选用更优良的黏合剂如 HPMC 等；必要时可先将针状或片状结晶粉碎。

（2）压缩条件不适宜　压力大小与片剂的硬度密切相关，压力过小，片剂硬度小易松片；压缩时间对松片也有影响，塑性变形的发展需要一定的时间，如压缩速度太快，塑性很强的材料弹性变形的趋势也将增大，使易于松片。解决办法是适当增加压力、适当降低压片速度，使松片现象减少。

（3）颗粒含水量低　过分干燥的颗粒具有较大的弹性，易于松片；含有结晶水的药物在颗粒干燥过程中失去较多的结晶水，使颗粒松脆，容易松裂片。解决办法是控制颗粒有适宜的含水量，颗粒含适量水，可增强其塑性，降低颗粒间摩擦力，改善力的传递和分布。另外，含水有利于形成固体桥，有增大片剂硬度，防止松片。

（4）黏合剂或润滑剂选择不当或用量不足　此种情况易造成颗粒质地疏松或细粉多，压片时即使加大压力亦不能克服松片。可选用适当的黏合剂或增加用量，改进制粒工艺等办法加以克服。

（三）黏冲

片剂的表面被冲头黏去一薄层或一小部分，造成片面粗糙不平或有凹痕的现象称为黏冲。若片剂的边缘粗糙或有缺痕，则可相应地称为黏壁。

产生黏冲的原因及解决途径：

（1）冲头表面锈蚀，光洁度不够，表面已磨损或冲头表面刻有图案或其他标志易黏冲。

（2）颗粒不够干燥、物料较易吸湿，颗粒中含水多也易黏冲。

（3）润滑剂选用不当或用量不足。

应采取针对性措施加以解决，如冲头应抛光，以保持高光洁度；调节处方，必要时可适当增加润滑剂用量；应控制颗粒中的含水量等。

（四）片重差异超限

片重差异超过规定范围，即为片重差异超限。

产生片重差异超限的主要原因及解决办法：

（1）颗粒流动性不好，引起片重差异超限，应重新制粒或加入较好的助流剂如微粉硅胶等，改善颗粒流动性。

（2）颗粒内的细粉太多或颗粒的大小相差悬殊，应重新制粒或除去颗粒内过多的细粉。

（3）加料斗内的颗粒时多时少，造成加料的质量波动。应保持加料斗内始终有 1/3 量以上的颗粒。

（4）冲头与模孔吻合性不好，造成下冲外周与模孔壁之间漏下较多药粉，导致物料填充不足。出现这种情况应更换冲头、模圈。

（五）崩解迟缓

除了缓释、控释等特殊片剂以外，一般的口服片剂都应在胃肠道内迅速崩解。若片剂超过了规定的崩解时限，即称为崩解超限或崩解迟缓。片剂崩解的首要条件是水分的透入，而水分透入的快慢与片剂内部的孔隙状态和物料的润湿性有关。片剂的外观为一压实的片状物，实际却是一个多孔体，水分正是通过这些孔隙而进入到片剂内部并与崩解剂作用使片剂崩解。

片剂崩解迟缓的主要原因及解决办法：

（1）压片压力大　一般情况下，压力大制备的片剂孔隙率小，则不利于水分的渗入。必要时可调节压片压力改善崩解。

（2）疏水性润滑剂用量过多　疏水性润滑剂增加片剂的疏水性，不利于水分渗入而影响崩解。降低用量或选择水溶性润滑剂、辅料中加入表面活性剂可改善片剂的润湿性而改善崩解。

（3）黏合剂的黏性大或物料的塑性变形大　易造成片剂内部的结合力大，不利于片剂的崩解。可以通过降低黏合剂用量或选择适当的黏合剂、辅料品种而调节结合力，改善崩解。

（4）崩解剂用量不足或选择不当　崩解剂吸水膨胀是瓦解片剂内部结合力从而使片剂崩解的主要因素，膨胀比越大，越有利于崩解。因此，可以增加崩解剂用量或选择优良的崩解剂改善崩解。

（六）溶出超限

片剂在规定的时间内未能溶解出规定量的药物称为溶出超限，也称为溶出度不合格。影响片剂溶出度的主要原因是：片剂不崩解，颗粒过硬，药物的溶解度差等，应根据实际情况予以解决。

（七）片剂含量不均匀

所有造成片重差异过大的因素，皆可造成片剂中药物含量的不均匀。而对于小剂量的药物来说，除了混合不均匀以外，可溶性成分在颗粒之间的迁移是其含量均匀度不合格的一个重要原因。

（1）混合不均匀　由于混合不均匀造成片剂中药物含量不均匀的因素有以下几个：①主药量与辅料量相差悬殊时，一般不易混匀，应该采用等量递加法进行混合，或者采用溶剂分散法，即将少量的药物先溶于适宜的溶剂中再均匀地喷洒到大量的辅料或颗粒中，以确保混合均匀。②主药与辅料的粒子大小相差悬殊，容易造成混合不均匀，应将主药和辅料进行粉碎，使各成分的粒子都较小并力求一致，以确保混合均匀。③如果粒子的表面光滑，则易在混合后的加工过程中相互分离，难以保持其均匀的状态。粒子的形态如果比较复杂或表面粗糙，则粒子间的摩擦力较大，一旦混匀后不易再分离。④当采用溶剂分散法将小剂量药物分散于空白颗粒时，由于大颗粒的孔隙率较高，小颗粒的孔隙率较低，所以吸收的药物溶液量有较大差异，在随后的加工过程中由于振动等原因，大、小颗粒分层，小颗粒沉于底部，造成片重差异过大以及含量均匀度不合格。控制颗粒粒径可改善药物含量均匀性。

（2）可溶性成分在颗粒之间的迁移　这是造成片剂含量不均匀的重要原因之一。在干燥过程中，物料内部的水分向物料的外表面扩散时，可溶性成分也被转移到颗粒的外表面，这就是所谓的可溶性成分的迁移。在干燥结束时，水溶性成分在颗粒的外表面沉积，导致颗粒外表面可溶性成分的含量高于颗粒内部，即颗粒内外的可溶性成分含量不均匀。当片剂中含有可溶性色素时，这种现象表现的最为直观：湿混时虽已将色素及其他成分混合均匀，但由于颗粒干燥后，大部分色素迁移到颗粒的外表面（内部的颜色很淡），压成的片剂表面会形成很多“色斑”。为了防止“色斑”出现，最根本的方法是选用不溶性色素，如使用色淀（即将色素吸附于吸附剂上再加到片剂当中）。如果在颗粒之间发生可溶性成分迁移，将大大影响片剂的含量均匀度，尤其是采用箱式干燥时，这种迁移现象最为明显。因此采用箱式干燥时，应经常翻动物料层，以减少可溶性成分在颗粒间的迁移。采用流化床干燥时，由于湿颗粒各自处于流化运动状态，并不相互紧密接触，所以一般不会发生颗粒间的可溶性成分迁移，有利于提高片剂的含量均匀度。不过，采用流化床干燥法时应注意：由于颗粒处于不断地运动状态，颗粒与颗粒之间有较大的摩擦、撞击等作用，会使细粉增加，而颗粒表面往往水溶性成分含量较高，所以这些被磨下的细粉中的药物（水溶性）成分含量也较高，不能轻易地弃去，也可在投料时把这种损耗加以考虑，以防止片剂中药物的含量偏低。

第四节 片剂的包衣

扫码“学一学”

一、概述

随着包衣技术和包衣材料的飞速发展，包衣技术在制药工业中占有越来越重要的地位。包衣一般是指在片剂（常称其为片芯或素片）的外表面均匀地包裹一定厚度的衣膜，它是制剂工艺中的一种单元操作，有时也用于颗粒或微丸的包衣。包衣主要是为达到美观、保护和功能性等目的，包括：①避光、防潮，隔离空气，提高药物的稳定性；②遮盖药物的不良气味，增加患者的顺应性；③隔离配伍禁忌成分；④采用不同颜色包衣，增加药物的识别能力，增加用药的安全性；⑤可着色，最后抛光，显著改善片剂的外观；⑥控制药物在胃肠道的释放部位及速度，如胃溶、肠溶、缓控释等，达到定位、定量、定时释药的目的，提高疗效，降低不良反应。

包衣可分为糖衣和薄膜衣，其中薄膜衣又可分为胃溶型、肠溶型和水不溶型三种。过去以糖衣为主，但糖衣具有不能定位释放、包衣时间长、所需辅料量多、防吸潮性差、片面上不能刻字、受操作熟练程度的影响较大等缺点，近年来逐步被薄膜包衣所代替。无论包制何种衣膜，都要求片芯具有适当的硬度和厚度，且经得住在包衣锅中的滚动和摩擦以及流化床内的碰撞，但是包衣后的芯料在消化液中还必须能快速崩解，达到生物利用度的要求。通常，用于薄膜包衣片芯的最大脆碎度应小于 0.5%，理想的是小于 0.1%；用于薄膜包衣的片芯硬度应大于 80kN，低片重的小剂量片剂在 50kN 时也可以实现理想的薄膜包衣，而大尺寸的异型片往往需要更高的硬度，以保证稳定的薄膜包衣生产。片芯还应有一定的弧度，供包衣用片芯的形状应两面凸起，以防包衣过程中片面相互粘连在一起。此外由于糖衣层较厚，能填平片芯表面的缺损；因此，糖衣可用于包覆表面粗糙的片芯。相反，薄膜包衣则需表面光滑、无细粉的片芯。对于表面较难湿润的片芯，不管采用糖衣还是薄膜衣工艺，均难以使包衣层与片芯间获得较强的黏附力。

包衣操作是一种较复杂的工艺，包衣片剂质量的优劣除了与包衣设备及方法有关外，还取决于操作人员的经验。目前随着包衣装置的不断改善和发展，包衣操作由人工控制发展到自动化控制，使包衣过程更可靠、重现性更好。

二、包衣的方法与设备

（一）滚转包衣法

滚转包衣法亦称锅包衣法，是经典且广泛使用的包衣方法，可用于糖包衣、薄膜包衣以及肠溶包衣等，包括普通滚转包衣法、改进的埋管包衣法及高效包衣机法。

1. 普通滚转包衣法 其主要由包衣锅、动力系统、加热系统和排风系统组成。包衣锅通常由不锈钢或紫铜等性质稳定且导热性能优良的材料制成，其形状有莲蓬形、荸荠形和梨形等，其中以荸荠形最常见，见图7－27。包衣锅一般倾斜安装于转轴上，倾斜角和转速均可以调节，适宜的倾斜角（一般30°～45°）和转速可使药片能在锅内达到最大幅度的上下前后翻动。工作时，包衣锅以一定的速度旋转，药片在锅内随之翻滚，由人工间歇地向锅内泼洒包衣材料溶液；经预热的热空气连续吹入包衣锅，必要时可打开辅助加热器，以保持锅体内的温度，并提高干燥速度。当包衣达到规定的质量要求后，即可停止出料。普通滚转包衣的有效区是包衣锅中雾化的包衣液喷出后可以覆盖物料表面的区域，存在锅内空气交换效率低、干燥慢，气路不能密闭，有机溶剂污染环境等不利因素，现在国内使用越来越少。改良方式为在物料层内插进喷头和空气入口，称埋管包衣锅。

图7－27 荸荠形包衣锅

2. 埋管包衣法 在包衣锅的底部装有输送包衣溶液、压缩空气和热空气的埋管，包衣溶液在压缩空气的带动下，由下向上喷至锅内的片剂表面，并由下部上来的热空气干燥，所以可以大大减轻劳动强度，加速包衣及干燥过程，提高劳动生产率。埋管包衣法如图7－28所示。

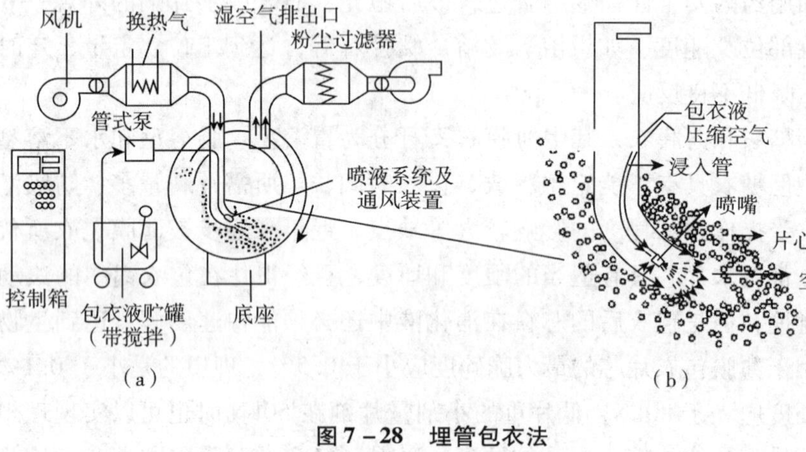

图7－28 埋管包衣法

（a）工作示意图；（b）喷头喷液系统

3. 高效包衣机法 高效包衣机为封闭式滚筒，自动喷浆包衣的机器，按滚筒结构型式分为有孔和无孔两种。近年来已大量应用于国内的生产实践。其结构原理为：包衣锅为短圆柱形并沿水平轴旋转，热风由上方引入，由锅底部的排风装置排出，具有密闭、防爆、防尘、热交换效率高的特点，并且可根据不同类型片剂的不同包衣工艺，将参数一次性地预先输入微机（也可随时更改），实现包衣过程的程序化、自动化、科学化，可适应 GMP 的要求。

高效包衣机主机结构如图 7－29 所示。工作时，将片芯放入包衣滚筒内，片芯在洁净密闭的旋转包衣滚筒内不停地做复杂的轨迹运动。在运动过程中，按工艺流程和合理的工艺参数，自动喷洒包衣介质，同时在负压状态下供给 10 万级洁净热风，热风通过片芯从包衣滚筒底部排出，使喷洒在片芯表面的包衣介质得到快速、均匀的干燥，形成坚固、致密、平整、光滑的表面薄膜。在薄膜包衣的整个过程中喷洒雾状包衣敷料是连续性的，喷雾应呈锥扇状、雾化均匀、喷枪口不应有水滴产生；主机运转及匀浆、干燥等工艺也同时连续进行，因此薄膜包衣过程中输浆泵、蠕动泵、主机滚筒、热风机、排风机自始至终处于连续运转状态。完成薄膜包衣全过程一般情况需 1～3 小时。

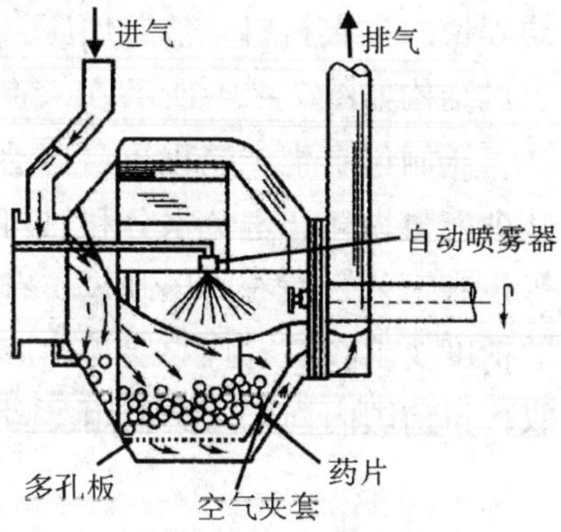

图 7－29　高效包衣机主机结构

包糖衣的基本工艺流程为：喷浆—匀浆—供热风—排风。喷浆：片芯装入包衣滚筒，通入热风预热后，应在启动蠕动泵的同时，启动主机，使滚筒同时进行不间断的运转。蠕动泵按工艺要求的转速将恒温糖浆输入多嘴滴管，并均匀地滴洒在滚筒内的片芯上。片芯在包衣滚筒中反复运动，使之表面均匀地包上一层糖浆。在已设定的工艺时间控制下，完成喷浆作业。匀浆：本次喷浆作业完成后包衣机滚筒继续运转。根据已设定的工艺时间间隔，自动开启热风机向包衣滚筒内连续输入干燥、洁净的热空气，对片芯加热干燥到工艺设定的时间。然后自动停止供热风并启动排风机，吸出包衣滚筒内潮湿的空气经除尘处理排到室外。糖浆锅应有温度调节装置，调节温度范围为室温至 90℃。这样就完成了一个工艺过程。按设定的循环次数，如上述工艺过程循环不断地进行。最后进行滚光（即只有主机运转）和冷却完成包糖衣的全部过程。全过程一般情况需 4～6 小时。

（二）流化包衣法

流化包衣法的基本原理与流化制粒法相似，经预热的洁净空气以一定的速度经气体分布器进入包衣锅，从而使药片在一定时间内保持悬浮状态，并上下翻动，然后利用雾化喷嘴将包衣液喷到药片表面，周围的热空气使包衣液中的溶剂挥发，并在药片表面形成一层薄膜，调节预热空气及排气的温度和湿度可对操作过程进行控制。流化包衣法根据喷枪位置不同可分为顶喷、切线喷和底喷 3 种。底喷流化包衣机包衣室如图 7－30 所示。

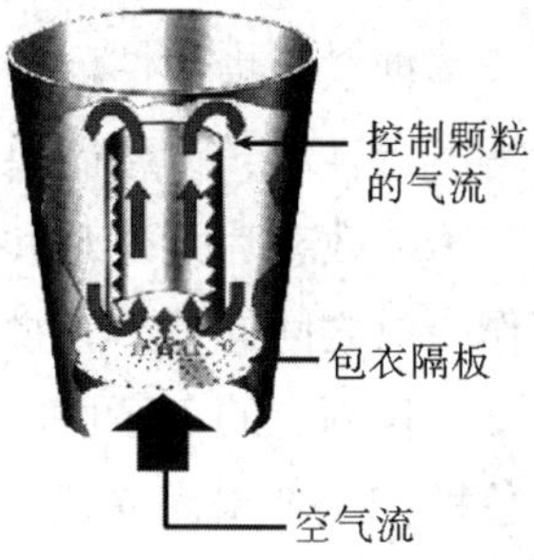

图 7－30　流化包衣机包衣室示意图

流化包衣机具有包衣速度快，效率高，用料少（薄膜包衣材料使片重一般增加 2%～4%），防潮能力强，对崩解影响小，不受药片形状限制等优点；缺点是包衣层太薄，且药片做悬浮运动时碰撞较强烈，因此片芯要有较高的硬度，外衣易碎，颜色也不佳，不及糖衣片美观；较多的应用于小颗粒物料的包衣。

（三）压制包衣法

压制包衣法一般采用两台压片机联合起来实施压制包衣，两台压片机以特制的传动器连接配套使用。一台压片机专门用于压制片芯，然后由传动器将压成的片芯输送至包衣转台的模孔中（此模孔内已填入包衣材料作为底层），随着转台的转动，片芯的上面又被加入约等量的包衣材料，然后加压，使片芯压入包衣材料中间而形成压制的包衣片剂。压制包衣机结构如图 7－31 所示。

压制包衣生产流程短，自动化程度高，劳动条件好，可缩短包衣时间，简化包衣过程，减少能量损耗，避免水分和热对药物稳定性的影响。从环境污染、包衣时间以及能量损耗等包衣工艺方面看，压制包衣有传统的包衣技术无法比拟的优越性。但由于其对压片机械的精度要求较高，且衣层与片芯难以结合牢固、片芯的膨胀导致包衣层破裂，片芯难以回收，目前国内尚未广泛使用。

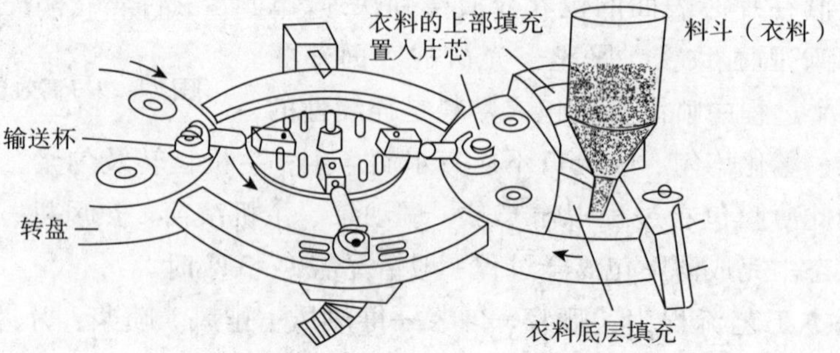

图 7－31　压制包衣机结构示意图

三、包衣的材料与工艺

片剂的包衣离不开包衣材料，而包衣材料的不同又决定了包衣工艺的不同。例如，包糖衣经常使用糖浆和滑石粉等包衣材料，工艺较为费时、复杂；而包薄膜衣通常选用羟丙甲纤维素（HPMC）等包衣材料，工艺较为快速、简单。下面根据所包衣层的不同（糖衣或薄膜衣），分别介绍包衣的材料及其工序。

（一）糖包衣材料与工艺

糖衣是指用蔗糖为主要包衣材料的包衣，是历史最悠久的包衣方法。包衣材料价廉易得、毒性小，设备简单，对片芯的硬度要求比薄膜衣小，制得的包衣片可掩盖药物的不良气味、改善片剂外观和口感；有一定防潮、隔绝空气作用。包衣过程的影响因素较多，操作人员之间的差异，批与批之间的差异经常发生。

包糖衣的工序可以分为以下步骤：①隔离层（如果需要）；②粉衣层；③糖衣层；④有色糖衣（如果需要）；⑤打光。包衣的整个过程可在荸荠形的包衣锅中进行。该包衣锅可以由镀锌铁、不锈钢或铜制成。工艺流程如图 7－32 所示。

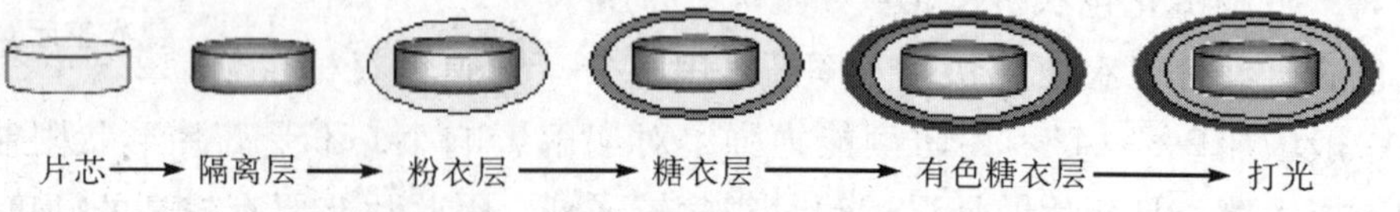

图 7－32　包糖衣工艺流程图

包衣过程及材料介绍如下：

1. 包隔离层（如果需要）　首先在素片上包不透水的隔离层，以防止在后面的包衣过程中水分浸入片芯。可供选用的包衣材料有：10% 的玉米朊乙醇溶液、15% ～20% 的虫胶乙醇溶液、10% 的邻苯二甲酸醋酸纤维素（CAP）乙醇溶液以及 10% ～15% 的明胶浆或 30% ～35% 的阿拉伯胶浆，但后两者的防潮效果不够理想。玉米朊最常用，其在水和无水乙醇中不溶。CAP 是肠溶性高分子材料，选用时应控制好此层厚度，以免影响其在胃中的崩解，此外，包隔离层使用的是有机溶剂，应注意防爆防火，一般采用中等干燥温度（40～50℃），每层干燥时间约 30 分钟，一般包 3～5 层。

2. 包粉衣层　在隔离层的外面包上一层较厚的粉衣层，以消除片剂的棱角。包粉衣层时，使片剂在包衣锅中不断滚动，加入润湿黏合剂使片剂表面均匀润湿后，再加入适量撒粉，使之黏着于片剂表面，不断滚动并吹风干燥。操作时洒一次浆、撒一次粉，然后热风干燥 20～30 分钟（40～55℃），重复以上操作，直到片剂的棱角消失，一般包 15～18 层。

常用润湿黏合剂有糖浆、明胶浆、阿拉伯胶浆或糖浆与其他胶浆的混合浆。常用撒粉是滑石粉、蔗糖粉、白陶土、糊精、淀粉等。其中糖浆浓度常为 65%（g/g）或 85%（g/ml），滑石粉一般为 100 目筛的细粉。

3. 包糖衣层　药片的粉衣层表面比较粗糙、疏松，再包糖衣层使其表面光滑细腻、坚实美观。操作时加入稍稀的糖浆，逐次减少用量（湿润片面即可），在低温（40℃）下缓缓吹风干燥，一般包制 10～15 层。

4. 包有色糖衣层　糖衣片多着色，使药片更美观，又便于识别或起遮光作用。与上述包糖衣层的工艺完全相同，只是糖浆中添加了食用色素，一般需包制 8～15 层。

5. 打光　打光一般用四川产的川蜡，用前需精制，将片剂与适量蜡粉共置于打光机中旋转滚动，充分混匀，在糖衣外涂上极薄的一层蜡，使药片更光滑、美观，兼有防潮作用。

（二）薄膜包衣材料与工艺

薄膜衣是指在片芯外包一层比较稳定的高分子材料，因膜层较薄而得名。与糖衣相比，薄膜衣具有以下优点：①操作简单、干燥快（一般仅需 2～3 小时）；②片重仅增加 2%～4%，包装、贮存、运输方便；③利于制成胃溶、肠溶或长效缓释制剂；④便于生产工艺的自动化；⑤不掩盖片芯标记。

薄膜包衣操作过程：先预热包衣锅，再将片芯置入锅内，启动排风及吸尘装置，同时用热风预热片芯，使片芯受热均匀，并吸掉吸附于素片上的细粉。开启压缩泵，调节好风量及流量，将已配制好的包衣材料溶液均匀地喷雾于片芯表面，同时采用热风干燥，使片芯表面快速形成平整、光滑的表面薄膜。工艺流程如图 7－33 所示。雾滴的形成、雾滴向片芯的移动，雾滴在片芯表面的撞击、铺展、聚结作用，以及薄膜的干燥都是影响薄膜包衣的重要因素。包衣过程完成后，包衣固体通常要立即存放在高于聚合物的玻璃化转变温度下，以进一步促进薄膜的聚结，并且要确保增塑剂的均匀分散。

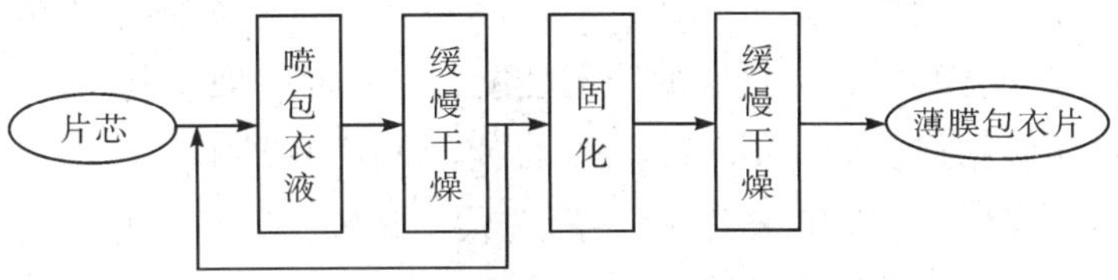

图 7－33　薄膜包衣工艺流程图

大多数薄膜衣材料常需采用有机溶媒溶解，虽易于成膜，但会给包衣工序带来不安全因素及环境污染、劳动保护等一系列问题。为避免以上缺点，水性包衣技术逐步取代了有机溶剂包衣技术。其中聚合物水分散体包衣是应用最广泛的技术，其优势在于固含量高、黏度低、包衣效率高，且不易产生静电作用，减少环境污染，降低生产成本。但是，由于包衣液中含有大量的水分，其蒸发潜热比大多数有机溶剂要高许多，需要较高的温度、更多量的干燥空气及较低的喷雾速度，包衣膜的老化时间较长，延长了制剂生产周期。聚合物水分散体制备方法包括：中性聚合物与水溶性或碱溶性辅料配合制成水分散体；甲基丙烯酸酯制成阴离子型聚合物乳液；纤维素衍生物的有机溶液在水中乳化，然后除去溶剂；部分置换有机溶剂，制成水-有机溶剂聚合物胶乳；用挥发性碱制成阴离子聚合物盐的水溶液，包衣后加热去碱或用酸快速处理；将微粉化聚合物分散在增塑剂的水溶液中，包衣后升温产生热凝胶化；中性、亲水性甲基丙烯酸酯在水中直接乳化。

薄膜包衣材料主要包含高分子材料、增塑剂、遮光剂和色素以及其他辅助材料等，在品种和数量上都有严格的配伍，以保证在片芯表面形成一层或数层连续、致密、持久并具有特定功能的衣膜。

1. 高分子包衣材料 按衣层作用性质不同分为胃溶型、肠溶型和水不溶型三大类。

（1）胃溶型　指在水或胃液中可以溶解的材料。

1）羟丙甲纤维素（HPMC）　属于纤维素衍生物类，是自20世纪90年代以来我国应用最广、效果最好的一种薄膜包衣材料。本品不溶于热水，能溶于60℃以下的水中；不溶于无水乙醇，但溶于70%以下的乙醇水溶液中，也能溶于异丙醇与二氯甲烷的混合溶剂中。HPMC作为水溶性包衣材料，具有良好的成膜性，形成的膜有适宜的强度，不易脆裂，性质稳定，对其他包衣材料相容性好，且易在胃肠液中溶解，对片剂崩解时限影响小。可使用色素使其着色，不加色素则形成透明的薄膜。USP收载的HPMC品种用对应取代度的一组数字标识型号：前两位数字代表甲氧基的平均百分含量，后两位数字代表羟丙基的百分含量。生产中常用较低浓度的HPMC进行薄膜包衣，衣膜在热、光、空气及一定的湿度下很稳定。新型的薄膜包衣材料欧巴代（opadry）即由HPMC、增塑剂和着色剂组成，采用电脑配方，能满足各种颜色的肠溶、胃溶、特殊防潮包衣需要的衣材。

2）羟丙纤维素（HPC）　常用本品的2%水溶液包制薄膜衣，操作简便，可避免使用有机溶剂，缺点是干燥过程中产生较大的黏性，影响片剂的外观，并且具有一定的吸湿性。

3）丙烯酸树脂Ⅳ号　本品是丙烯酸与甲基丙烯酸酯的共聚物，与德国Rohm公司的著名产品Eudragit E的性状相当（Eudragit L型和S型是肠溶性的），是目前国内较为常用的胃溶型薄膜衣材料，可溶于乙醇、丙酮、二氯甲烷等，不溶于水，形成的衣膜无色、透明、光滑、平整、防潮性能优良，在胃液中迅速溶解。

4）聚乙烯吡咯烷酮（PVP）　PVP也可用于包制薄膜衣，易溶于水、乙醇及胃肠液，但包衣时易产生黏结现象，成膜后也有吸湿软化的倾向。

5）聚乙烯缩乙醛二乙胺乙酸（AEA）　本品不溶于水，可溶于乙醇、丙酮和人工胃液。作为胃溶性薄膜衣材料，具有良好的防潮性能，包衣时一般用其5%～7%的乙醇溶液。加入少量滑石粉可防止粘连，如与HPMC等配合使用，效果更好。

6）聚乙烯醇（PVA）　近年来PVA逐渐取代HPMC成为薄膜包衣的主要成膜材料。以PVA为成膜材料的包衣配方可以提高片剂表面标识的清晰度，提高包衣液的固含量至20%～25%，提高包衣效率，降低综合成本；PVA包衣膜比HPMC包衣膜具有更低的水汽/氧气通透率，可以提供更好的防潮/隔氧性能。以PVA为成膜材料的包衣材料可以提高包衣片稳定性，提高新药研发的速度。

（2）肠溶型　指在胃液中不溶，但可在pH较高的水及肠液中溶解的成膜材料。使用肠溶型包衣材料可以避免药物对胃壁的刺激或避免药物被胃液破坏，或达到小肠或结肠定位给药的目的。

1）虫胶　虫胶是最早应用的肠溶包衣材料。它是热带、亚热带一种昆虫的分泌物。由于是天然产品，来源广，价格低，防酸性能可靠，包衣均匀，使其得到一定程度的应用。但其缺点也较为明显，如其作为天然产物质量不稳定，在生产中包衣较难控制，膜稍薄，在人工胃液中易出现气泡现象，胃液检查不合格；膜稍厚，在人工肠液中崩解缓慢，经贮藏后崩解和溶出时间将延长。由于上述缺点，目前已基本停用。

2）纤维醋法酯（CAP）　亦称醋酸纤维素酞酸酯。本品为白色纤维状粉末，不溶于水、乙醇、烃类及氯化烃，可溶于丙酮或乙醇－丙酮的混合液中，吸湿性不大。本品包衣时一般使用8%～12%的丙酮－乙醇混合溶液，成膜性好，操作方便。包衣后不溶于酸性溶液而能溶解于pH 5.8～6.0的缓冲液中。胰酶能促进其消化，因此为良好的肠溶衣材料。

3）丙烯酸树脂类　这是一类由两种或两种以上单体形成的聚合物，该类聚合物无毒、无刺激性，在体内不被酶破坏，不被吸收和代谢。用作薄膜衣材料的丙烯酸树脂是由甲基丙烯酸酯、丙烯酸酯和甲基丙烯酸等单体，按不同比例共聚而成的一大类聚合物。由于构成的成分不同、比例不同、聚合度不同，所得产品的型号、规格也不同，性状差异较大。其已广泛用于药物制剂的胃溶包衣、肠溶包衣、缓控释包衣、保护隔离包衣、缓控释骨架材料和经皮给药制剂的骨架胶黏材料。尤特奇（Eudragit）是丙烯酸树脂的商品名，其系列产品由几种单体聚合而成，根据聚合物的溶解特性，可分为2类：①pH依赖型，包括Eudragit L、S、FS和E系列聚合物，因带有酸性或碱性基团溶于不同pH消化液中，可用于保护和隔离包衣或在胃肠道不同部位释放药物。如Eudragit L30 D－55、Eudragit L100和Eudragit S100分别在pH5.5、6.0和7.0的肠液中溶解。②pH非依赖型，包括Eudragit RL、RS及NE、NM系列，在消化液中不溶，但能溶胀，具有一定的渗透性，可用于缓控释制剂。Eudragit RL渗透性较大，Eudragit RS渗透性则较小，Eudragit NM30D柔韧性较强。国产Ⅰ、Ⅱ、Ⅲ号丙烯酸树脂为肠溶型薄膜包衣材料，分别相当于Eudragit L30D、L100和S100。国产肠溶丙烯酸树脂Ⅱ号树脂外观较差，但具有包衣过程中不易粘连的优点；Ⅲ号树脂易成膜，光泽性较好，但包衣过程中易粘连。应用中通常将两者按一定比例混合，可取长补短，收到很好的效果。

4）羟丙甲纤维素酞酸酯（HPMCP）　本品不溶于酸性溶液，但可溶于pH5～5.8或以上的缓冲液中。本品的成膜性能好，膜的抗张强度大；安全无毒，常用浓度为8.5%；本品亦为酯类化合物，但其稳定性较CAP好；可在小肠上端溶解。

（3）水不溶型　指在水中不溶解的高分子薄膜衣材料。

1）乙基纤维素（EC）　本品是纤维素的乙基醚，在乙醇、丙酮、二氯甲烷等大多数有机溶剂中溶解，但不溶于水、甘油等。是目前广泛采用的缓控释包衣材料，由于疏水性好，不溶于胃肠液，故常与水溶性聚合物共用以改变其通透性，调节乙基纤维素与水溶性聚合物的比例可控制衣膜层的释放速度。EC具有良好的成膜性，即良好的抗张强度和弹性，但缺乏柔性，所以常需加入增塑剂改善热塑性。EC包括有机溶剂包衣和水分散体包衣两种。Aquacoat和苏立丝（surelease）是两种乙基纤维素水分散体品种，两者均具有固含量高、黏度低的特点，有利于包衣操作和缩短包衣时间。

2）醋酸纤维素　本品是用棉花或木纤维以少量硫酸为催化剂，与冰醋酸和醋酸混合液经部分或全部乙酰化而制得。因分子中所含结合酸量的不同，有一醋酸纤维素、二醋酸纤维素和三醋酸纤维素之分。一醋酸纤维素和二醋酸纤维素常供药用，缓释和控释包衣材料则多用二醋酸纤维素。二醋酸纤维素的平均相对分子质量约为50000，为白色疏松小粒、条状物或片状粉末，无毒，不溶于水、乙醇、酸、碱溶液；溶于丙酮、三氯甲烷、醋酸甲酯和二氧六环等有机溶剂，溶液具有好的成膜性能。包衣后，衣膜具有半透性，是渗透泵式控释制剂最常用的包衣材料；亦可以通过加致孔剂的方法来控制药物的释放达到缓控释的效果。

2. 增塑剂 指用来改变高分子薄膜的物理机械性质，使其更具柔顺性、可塑性的物质。增塑剂一般为高沸点的液体，还有一些能均匀分散在成膜剂中的低分子量聚合物。常用的增塑剂有水溶性的丙二醇、甘油、聚乙二醇；非水溶性的甘油三醋酸酯、乙酰化甘油酸酯、邻苯二甲酸酯、硅油等。最有效的增塑剂一般与被增塑的聚合物有相似的结构，其可与成膜剂聚合物相互作用，降低玻璃化转变温度，减弱聚合物分子链之间的分子引力，增强聚合物链的流动性，改善膜的物理和机械性能，如降低膜的脆性，增加膜的柔韧性，容易在芯料表面铺展和改善成膜性。

3. 溶剂 指能溶解成膜材料和增塑剂并将其均匀分散到片剂表面的物质。常用的溶剂有乙醇、甲醇、异丙醇、丙酮、三氯甲烷等。包薄膜衣时，溶剂的蒸发和干燥速率对包衣膜的质量有很大影响：速率太快，成膜材料不均匀分布致使片面粗糙；太慢又可能使包上的衣层被溶解而脱落。

4. 着色剂与蔽光剂 应用着色剂目的是易于识别不同类型的片剂，改善片剂外观，并可遮盖有色斑的片芯或不同批号片芯间色调的差异。常用的有水溶性、水不溶性和色淀（lakes）等三类。色淀是一类不溶性着色剂，由可溶性有机染料与金属（如铝、钙）生成盐，或经表面固定化制得，应用色淀主要是为了便于鉴别、防止假冒，并且满足产品美观的要求，也有遮光作用。色淀比水溶性着色剂更稳定，在干燥时不易发生颜色迁移，并可以改善包衣的水汽阻隔性；但色淀的加入有时存在降低薄膜的拉伸强度，增加弹性模量和减弱薄膜柔性的作用。蔽光剂可提高片芯内药物对光的稳定性和避免片芯原有颜色对着色的影响，一般选用散射率、折射率较大的无机染料，应用最多的是二氧化钛。

5. 释放速度调节剂 在薄膜衣材料中加有蔗糖、氯化钠、表面活性剂、PEG 等水溶性物质时，一旦遇到水，水溶性材料迅速溶解，留下一个多孔膜作为扩散屏障，这些水溶性物质就是释放速度调节剂，又称释放速度促进剂或致孔剂。薄膜衣的材料不同，调节剂的选择也不同，如聚山梨酯、司盘、HPMC 作为乙基纤维素薄膜衣的致孔剂；黄原胶作为甲基丙烯酸酯薄膜衣的致孔剂。

四、包衣过程中易出现的问题及原因分析

（一）包糖衣过程中可能出现的问题和解决方法

1. 糖浆不黏锅 若锅壁上蜡未除尽，可出现粉浆不黏锅，应洗净锅壁或再涂一层热糖浆，撒一层滑石粉。

2. 黏锅 可能由于加糖浆过多，黏性大，搅拌不匀。解决办法是保持糖浆含量恒定，一次用量不宜过多，锅温不宜过低。

3. 片面不平 由于撒粉太多、温度过高、衣层未干又包第二层。应改进操作方法，做到低温干燥，勤加料，多搅拌。

4. 色泽不匀 片面粗糙、有色糖浆用量过少且未搅匀、温度过高、干燥太快、糖浆在片面上析出过快，衣层未干就加蜡打光。解决办法是采用浅色糖浆，增加所包层数，“勤加少上”控制温度，情况严重时洗去衣层，重新包衣。

5. 龟裂与爆裂　可能由于糖浆与滑石粉用量不当、片芯太松、温度太高、干燥太快、析出粗糖晶体，使片面留有裂缝。进行包衣操作时应控制糖浆和滑石粉用量，注意干燥温度和速度，更换片芯。

6. 露边与麻面　原因是衣料用量不当，温度过高或吹风过早。解决办法是注意糖浆和粉料的用量，糖浆以均匀润湿片芯为度，粉料以能在片面均匀黏附一层为宜，片面不见水分和产生光亮时再吹风。

7. 膨胀磨片或剥落　片芯层与糖衣层未充分干燥，崩解剂用量过多，包衣时注意干燥，控制胶浆或糖浆的用量。

（二）包薄膜衣过程中可能出现的问题和解决方法

1. 黏片　主要是由于喷量太多，溶剂没能充分蒸发，片面湿度过高而使片相互粘连。出现这种情况，应适当降低包衣液喷量，提高热风温度，加快锅的转速等；也可在包衣处方中加入抗黏剂消除。

2. 出现“橘皮”膜　主要是由于干燥不当，包衣液喷雾压力低而使喷出的液滴受热浓缩程度不均匀造成衣膜出现波纹。出现这种情况，应立即控制蒸发速率，提高喷雾压力。

3. “架桥”　是指刻字片上的衣膜造成标志模糊。解决的办法是放慢包衣喷速，降低干燥温度，同时应注意控制好热风温度，避免黏片。

4. 出现色斑　这种情况是由于配包衣液时搅拌不匀或固状物质细度不够所引起的。解决的方法是配包衣液时应充分搅拌均匀。

5. 药片表面或边缘衣膜出现裂纹、破裂、剥落或者药片边缘磨损　若是包衣液固含量选择不当、包衣机转速过快、喷量太小引起的，则应选择适当的包衣液固含量，适当调节转速及喷量的大小；若是片芯硬度太差所引起，则应改进片芯的配方及工艺。

6. 药片间有色差　这种情况是由于喷液时喷射的扇面不均或包衣液固含量过高或者包衣机转速慢所引起的。此时应调节好喷枪喷射的角度，降低包衣液的固含量，适当提高包衣机的转速。

7. 衣膜表面有针孔　这种情况是由于配制包衣液时卷入过多空气而引起的。因而在配液时应避免卷入过多的空气。

第五节　片剂的质量控制

扫码“学一学”

一、片剂质量控制的目的及意义

片剂质量直接影响其药效和用药的安全性。因此，为了使制成的片剂符合《中国药典》（2020年版）要求，保证临床疗效和安全用药，必须对片剂进行质量监控，经检查合格后方可临床使用。片剂的质量控制主要包括片剂的半成品和成品的质量检查。

（一）半成品质量控制

半成品质量控制亦称车间监控，在压片过程中每隔一段时间，抽样检查一次，如外观、硬度、崩解时限、重量差异等可在车间检查。在包装过程中亦应抽样检查。检查包装封口是否严密，标签、规格、批号、包装数量等是否相符。

（二）成品质量控制

成品质量控制亦称成品检查，应在包装完毕后进行。在全部成箱药物中抽取若干箱，检查其包装情况，核对标签、数量，并做片剂的物理、化学和生物学方面的检验。

二、片剂的质量控制项目

（一）外观性状

《中国药典》（2020 年版）制剂通则的片剂项下规定，“片剂外观应完整光洁，色泽均匀”。片剂表面应在规定的有效期内保持不变。良好的外观可增强病人对药物的信任，因此应严格控制。一般抽取样品 100 片平铺于白底板上，置于 75W 光源下 60cm 处，在距离片剂 30cm 处以肉眼观察 30 秒，检查结果应符合下列规定：色泽一致；杂色点 80 ~ 100 目应 $<5\%$；麻片 $<5\%$；中草药粉末片除个别外 $<10\%$，并不得有严重花斑及特殊异物，对包衣片有畸形者不得 $>0.3\%$。

（二）片重差异

在片剂的生产过程中，有些因素诸如颗粒的均匀度和流速等都会引起片剂有重量差异。片重差异大，意味着每片的主药含量不一。因此必须将片剂的重量差异控制在合理的限度范围内。片重差异应符合《中国药典》（2020 年版）对片重差异限度的要求，见表 7－5。

表 7－5　《中国药典》（2020 年版）规定的片重差异限度

片剂的平均重量（g）	重量差异限度（%）
0.30g 以下	±7.5
0.30g 及 0.30g 以上	±5.0

检查方法及标准如下：取药片 20 片，精密称定总重量，求得平均片重后，再分别精密称定各片的重量。每片重量与平均片重相比较（凡无含量测定的片剂或有标示片重的中药片剂，每片重量应与标示片重比较），超出重量差异限度的药片不得多于 2 片，并不得有 1 片超出限度 1 倍。

糖衣片的片芯应检查重量差异并符合规定，包糖衣后不再检查重量差异，薄膜衣片应在包薄膜衣后检查重量差异并符合现定。另外，凡规定检查含量均匀度的片剂，一般不再进行重量差异的检查。

计算片剂的重量差异限度有两种方法。

第一种：

$$\text{重量差异上、下限度} = \text{平均片重} \pm \text{平均片重} \times \text{重量差异限度（\%）} \tag{7-7}$$

求出上、下限度范围后，将每片片重与之比较，来判定是否合格。

第二种：

$$\text{重量差异（\%）} = \frac{\text{每片重} - \text{平均片重}}{\text{平均片重}} \times 100\% \tag{7-8}$$

把最重和最轻的片子代入式中，计算正负偏差，按《中国药典》规定的有效位数修约，再与《中国药典》规定的重量差异限度比较。若修约值在差异限度范围内，则其余片子不再一一计算；若超过，再计算次最重和次最轻的重量差异，然后修约、比较再判定。

（三）硬度和脆碎度

《中国药典》尚未规定片剂硬度检查的具体方法，但片剂应有足够的硬度，以免在包装、运输等过程中破碎或被磨损，以保证剂量准确；而且硬度和脆碎度也对片剂的崩解、主药的溶出度等都有直接影响，为了保证质量，进行硬度检查是很重要的。糖衣片和肠溶衣片在包衣时能耐受长时间的转动摩擦，外面加上一层衣，使片剂更加坚固，所以一般不做硬度检查。

片剂硬度或脆碎度的测定方法有以下几种。

1. 指压法　取药片置于中指和食指之间，以拇指用适当的力压向药片中心部位，如立即分成两半，则表示硬度不够。但在测试过程中要注意药片在中指和食指间的位置，以及拇指所加的压力大小。这是在生产中检查硬度的常用方法。

2. 高处下落法　取药片 10 片，从 1m 高处平坠于厚为 2cm 的松木板上，以碎片不超过 3 片者为硬度合格，否则应另取 10 片，重新检查，如碎片仍超过 3 片，应判为硬度不合格。本法对缺角不超过全片的 1/4 时，不做碎片论。此法简单方便，但仍缺少精确的量的数值。

3. "压痕"法　此法用于测定表面硬度。即用一坚固的圆锥体，用一定的力在材料表面"压痕"，由"压痕"的大小及深浅来评定其表面硬度。用本法测定片剂的表面硬度，可以反映药片的抗磨损的性能，并可测定压力分布情况。

4. 仪器测定法　以上几种方法虽然比较方便，但只能进行定性的检查。可以用适当的仪器测定片剂的硬度或脆碎度，得到定量的结果。常用的测试仪器有：

（1）孟山都（Monsanto）硬度测定仪　如图 7－34 所示。该测定仪系由一圆筒、弹簧和螺栓等组成。把弹簧装于空心圆筒中，依靠手柄螺栓的旋转，将弹簧压紧，经锥形头将压力传给片剂，片剂破碎时所需的压力，由刻度上读出。本测定仪器尺寸小，便于在车间应用。

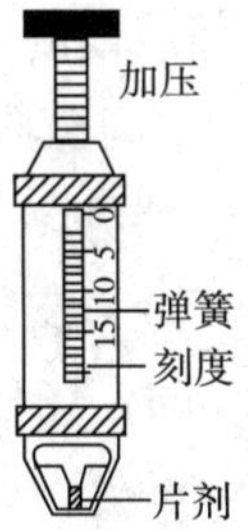

图 7－34　孟山都硬度测定仪

具体的测定方法：将药片立于两个压板之间，沿直径方向徐徐加压，刚刚破碎时的压力即为该片剂的硬度，一般能承受 29.4～39.2N 的压力即认为合格。

（2）片剂脆碎度检查仪　如图 7－35 所示，仪器的装置有内径约为 286mm、深度为 39mm、内壁抛光、一边可打开的耐磨塑料圆筒，筒内有一自中心向外壁延伸的弧形隔片（内径为 80mm ±1mm），圆筒转动时，片剂产生滚动。圆筒直立固定于水平转轴上，转轴与电动机相连，转速为每分钟 25 转 ±1 转。每转动一圈，片剂滚动或滑动至筒壁或其他片剂上。

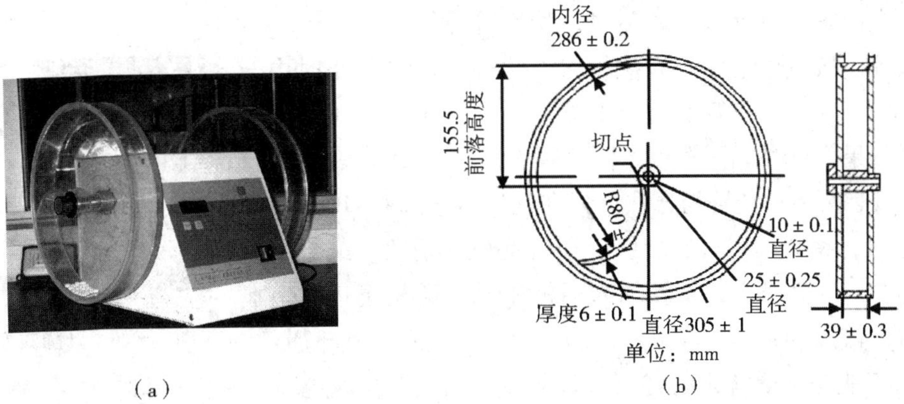

图 7－35　片剂脆碎度检查仪

（a）片剂脆碎度检查仪；（b）结构示意图

《中国药典》(2020年版)的检查方法为:片重为0.65g或以下者取若干片,使其总重约为6.5g;片重大于0.65g者取10片。用吹风机吹去脱落的粉末,精密称重,置圆筒中,转动100次,取出。同法除去粉末,精密称重,减失重量不得超过1%,且不得检出断裂、龟裂及粉碎的片。本试验一般仅作一次。如减失重量超过1%,可复检2次,3次的平均减失重量不得超过1%,并不得检出断裂、龟裂及粉碎的片。

如供试品的形状或大小使片剂在圆筒中形成不规则滚动时,可调节圆筒的底座,使与桌面成约10°的角,试验时片剂不再聚集,能顺利下落。

对泡腾片及咀嚼片等易吸水的制剂,操作时应注意防止吸湿(通常控制相对湿度小于40%)。

(四)崩解时限

崩解系指口服固体制剂在规定条件下全部崩解溶散或成碎粒,除不溶性包衣材料或破碎的胶囊壳外,应全部通过筛网。如有少量不能通过筛网,但已软化或轻质上漂且无硬心者,可作符合规定论。除某些特殊的片剂(如咀嚼片等)以及《中国药典》规定检查溶出度、释放度的片剂外,一般片剂均需做崩解时限检查。

《中国药典》(2020年版)崩解时限检查法规定采用升降式崩解仪测定片剂的崩解时限。仪器见图7-36,其吊篮示意图见图7-37。检查方法为:将吊篮通过上端的不锈钢轴悬挂于金属支架上,浸入1000ml烧杯中,并调节吊篮位置使其下降至低点时筛网距烧杯底部25mm,烧杯内盛有温度为37℃±1℃的水,调节水位高度使吊篮上升至高点时筛网在水面15mm处,吊篮顶部不可浸没于溶液中。除另有规定外,取供试品6片,分别置上述吊篮的玻璃管中,启动崩解仪进行检查,各片均应在15分钟内全部崩解。如有1片不能完全崩解,应另取6片复试,均应符合规定。药材原粉片与浸膏(半浸膏)片,按上述装置,每管加挡板1块,启动崩解仪进行检查,药材原粉片各片均应在30分钟内全部崩解;浸膏(半浸膏)片各片均应在1小时内全部崩解。如果供试品黏附挡板,应另取6片,不加挡板按上述方法检查,应符合规定。如有1片不能完全崩解,应另取6片复试,均应符合规定。

薄膜衣片,按上述装置与方法检查,并可改为在盐酸溶液(9→1000)中进行检查,化药片应在30分钟内全部崩解。中药片,则每管加挡板1块,各片均应在1小时内全部崩解,如果供试品黏附挡板,应另取6片,不加挡板按上述方法检查,应符合规定。如有1片不能完全崩解,应另取6片复试,均应符合规定。

糖衣片,按上述装置与方法检查,化药片应在1小时内全部崩解。中药片,则每管加挡板1块,各片均应在1小时内全部崩解,如果供试品黏附挡板,同薄膜衣片的处理方法。

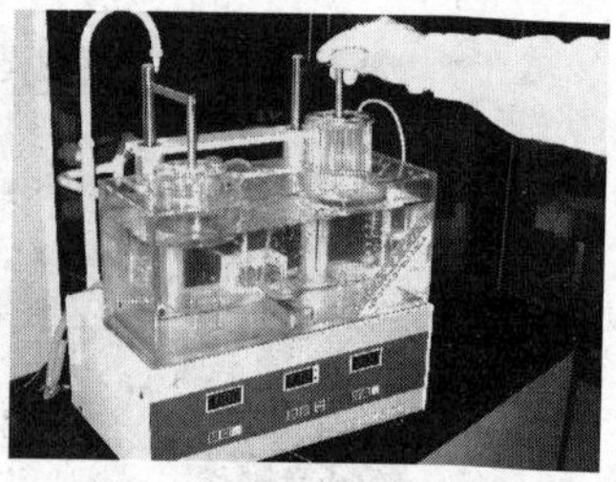

图7-36　升降式崩解仪

肠溶片,按上述装置与方法,先在盐酸溶液(9→1000)中检查2小时,每片均不得有裂缝、崩解或软化现象;继将吊篮取出,用少量水洗涤后,每管加入挡板1块,再按上述方法在磷酸盐缓冲液(pH6.8)中进行检查,1小时内应全部崩解。如有1片不能完全崩解,应另取6片复试,均应符合规定。

此外,《中国药典》还规定了含片、舌下片、可溶片、口崩片、泡腾片以及结肠定位肠溶片的检查方法及限度。

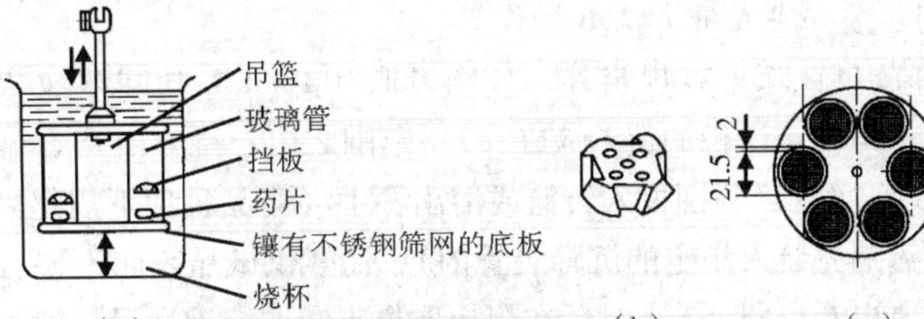

（a）　　（b）　　（c）

图 7－37　崩解仪吊篮示意图

（a）崩解装置；（b）挡板；（c）镶有不锈钢筛网的底板

（五）溶出度

溶出度系指活性药物从片剂、胶囊剂或颗粒剂等常规制剂在规定条件下溶出的速率和程度，在缓释制剂、控释制剂、肠溶制剂及透皮贴剂等中也称释放度。片剂等固体制剂口服后一般都应崩解，药物从崩解形成的细粒中溶出后，才能被吸收而发挥疗效。对于难溶性药物来说，溶出经常是其吸收的限速过程，影响药物溶出的因素，也影响其吸收和疗效。

《中国药典》（2020 年版）收载了转篮法（第一法）、桨法（第二法）、小杯法（第三法）；新增了桨碟法和转筒法，这两种方法均用于透皮贴剂释放度的测定。

1. 篮法和桨法

（1）常规制剂　测定前，应对仪器装置进行必要的调试，仪器的装置如图 7－38 所示，使转篮或桨叶底部距溶出杯的内底部 25mm ±2mm。分别量取溶出介质置各溶出杯内，实际量取的体积与规定体积的偏差应在 ±1% 范围之内，待溶出介质温度恒定在 37℃ ±0.5℃后，取供试品 6 片（粒、袋），如为篮法，分别投入 6 个干燥的转篮内，将转篮降入溶出杯中；如为桨法，分别投入 6 个溶出杯内（当品种项下规定需要使用沉降篮或其他沉降装置时，可将片剂或胶囊剂先装入规定的沉降篮内），注意供试品表面不要有气泡，立即按各品种项下规定的转速启动仪器，计时；至规定的取样时间（实际取样时间与规定时间的差异不得过 ±2%），吸取溶出液适量（取样位置应在转篮或桨叶顶端至液面的中点，距溶出杯内壁 10mm 处；需多次取样时，所量取溶出介质的体积之和应在溶出介质的 1% 之内，如超过总体积的 1% 时，应及时补充相同体积的温度为 37℃ ±0.5℃的溶出介质，或在计算时加以校正），立即用适当的微孔滤膜滤过，自取样至滤过应在 30 秒内完成。取澄清滤液，照该品种项下规定的方法测定，计算每片（粒、袋）的溶出量。

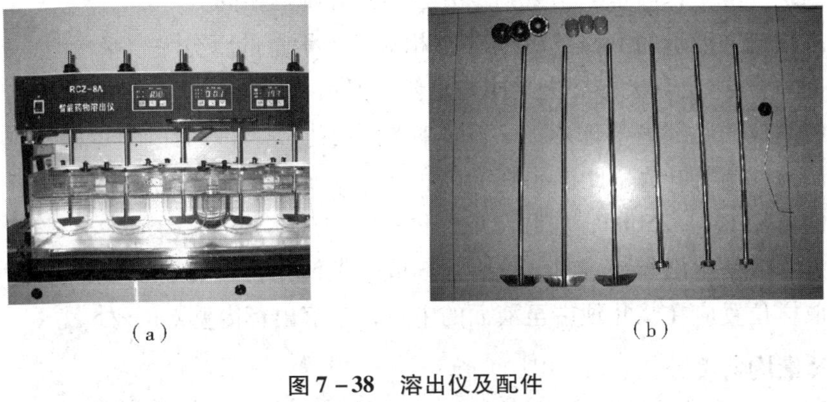

（a）　　（b）

图 7－38　溶出仪及配件

（a）溶出仪；（b）溶出仪配件

（2）肠溶制剂　按方法 A 或方法 B 操作。

方法 A 酸中释放量：除另有规定外，分别量取 0.1mol/L 盐酸溶液 750ml 置各溶出杯内，实际量取的体积与规定体积的偏差应在 ±1% 范围之内，待溶出介质温度恒定在 37℃ ±0.5℃，取供试品 6 片（粒）分别投入转篮或溶出杯中（当品种项下规定需要使用沉降装置时，可将片剂或胶囊剂先装入规定的沉降装置内），注意供试品表面不要有气泡，立即按各品种项下规定的转速启动仪器，2 小时后在规定取样点吸取溶液适量，滤过，自取样至滤过应在 30 秒内完成。按各品种项下规定的方法测定，计算每片（粒）的酸中释放量。

缓冲液中释放量：上述酸液中加入温度为 37℃ ±0.5℃的 0.2mol/L 磷酸钠溶液 250ml（必要时用 2mol/L 盐酸溶液或 2mol/L 氢氧化钠溶液调节 pH 值至 6.8），继续运转 45 分钟，或按各品种项下规定的时间，在规定取样点吸取溶液适量，滤过，自取样至滤过应在 30 秒内完成。按各品种项下规定的方法测定，计算每片（粒）的缓冲液中释放量。

方法 B 酸中释放量：除另有规定外，量取 0.1mol/L 盐酸溶液 900ml，注入每个溶出杯中，照方法 A 酸中释放量项下进行测定。

缓冲液中释放量：弃去上述各溶出杯中酸液，立即加入温度为 37℃ ±0.5℃的磷酸盐缓冲液（pH 6.8）（取 0.1mol/L 盐酸溶液和 0.2mol/L 磷酸钠溶液，按 3∶1 混合均匀，必要时用 2mol/L 盐酸溶液或 2mol/L 氢氧化钠溶液调节 pH 值至 6.8）900ml，或将每片（粒）转移入另一盛有温度为 37℃ ±0.5℃的磷酸盐缓冲液（pH 6.8）900ml 的溶出杯中，照方法 A 缓冲液中释放量项下进行测定。

结果判定：符合下列条件之一者，可判为符合规定。

常规制剂：①6 片（粒、袋）中，每片（粒、袋）的溶出量按标示量计算，均不低于规定限度（Q）；除另有规定外，Q 应为标示量的 70%；②6 片（粒、袋）中，如有 1～2 片（粒、袋）低于 Q，但不低于 Q－10%，且其平均溶出量不低于 Q；③6 片（粒、袋）中，有 1～2 片（粒、袋）低于 Q，其中仅有 1 片（粒、袋）低于 Q－10%，但不低于 Q－20%，且其平均溶出量不低于 Q 时，应另取 6 片（粒、袋）复试；初、复试的 12 片（粒、袋）中有 1～3 片（粒、袋）低于 Q，其中仅有 1 片（粒、袋）低于 Q－10%，但不低于 Q－20%，且其平均溶出量不低于 Q。

肠溶制剂

酸中释放量：①6 片（粒）中，每片（粒）的释放量均不大于标示量的 10%；②6 片（粒）中，有 1～2 片（粒）大于 10%，但其平均释放量不大于 10%。

肠溶制剂缓冲液中释放量：结果判定方法和常规制剂相同。

以上结果判断中所示的 10%、20% 是指相对于标示量的百分率（%）。

2. 小杯法　搅拌桨形状与桨法搅拌桨相似，但尺寸较小；溶出杯一般为由硬质玻璃或其他惰性材料制成的底部为半球形的 250ml 杯状容器。常规制剂：测定前，应对仪器装置进行必要的调试，使桨叶底部距溶出杯的内底部 15mm ±2mm。分别量取溶出介质置各溶出杯内，介质的体积 150～250ml，实际量取的体积与规定体积的偏差应在 ±1% 范围之内（当品种项下规定需要使用沉降装置时，可将片剂或胶囊剂先装入规定的沉降装置内）。以下操作同桨法。取样位置应在桨叶顶端至液面的中点，距溶出杯内壁 6mm 处。

（六）含量均匀度

含量均匀度系指小剂量的固体、半固体和非均相液体单剂量制剂的每一个单剂含量符合标示量的程度。《中国药典》（2020 年版）明确要求：除另有规定外，片剂或硬胶囊剂，每一个单剂标示量小于 25mg 或主药含量小于每一个单剂重量 25% 者；包衣片剂（薄膜包衣除外）、内充非均一溶液的软胶囊、单剂量包装的复方固体制剂（冻干制剂除外）均应检查含量均匀度。片剂和硬胶囊剂的复方制剂仅检查符合上述条件的组分。凡检查含量均匀度的制剂，包括复方制剂在内，一般不再检查重（装）量差异。除另有规定外，不检查多种维生素或微量元素的含量均匀度。

检查方法：除另有规定外，取供试品 10 片，照各品种项下规定的方法，分别测定每片以标示量为 100 的相对含量 X_i，求其均值 $\overline{X}$ 和标准差 S 以及标示量与均值之差的绝对值 A（$A=|100-\overline{X}|$）；如 $A+2.20S\leqslant L$，则供试品的含量均匀度符合规定；若 $A+S>L$，则不符合规定；若 $A+2.20S>L$，且 $A+S\leqslant L$，则应另取 20 片复试。根据初、复试结果，计算 30 片的均值 $\mathrm{Bk}=\dfrac{\text{试验前片重}-\text{试验后片重}}{\text{试验前片重}}\times100\%$、标准差 S 和标示量与均值之差的绝对值 A。当 $A\leqslant0.253L$ 时，若 $A^2+S^2\leqslant0.253L^2$，则供试品的含量均匀度符合规定；若 $A^2+S^2>0.253L^2$ 则不符合规定。当 $A>0.253L$ 时，若 $A+1.70S\leqslant L$，则供试品的含量均匀度符合规定；若 $A+1.70S>L$，则不符合规定。

含量均匀度的限度应符合各品种项下的规定。除另有规定外，限度为 ±15%，即上述公式中 $L=15.0$；单剂量包装的口服混悬剂、内充非均一溶液的软胶囊、胶囊型或泡囊型粉雾剂、单剂量包装的眼用、耳用、鼻用混悬剂、固体或半固体制剂，其限度均应为 ±20%，即 $L=20.0$；透皮贴剂、栓剂的限度应为 ±25%，即 $L=25.0$。

如该品种项下规定含量均匀度的限度为 ±20% 或其他数值时，应将上述各判断式中的 15.0 改为 20.0 或其他相应的数值，但各判断式中的系数不变。

在含量测定与含量均匀度检查所用方法不同时，而且含量均匀度未能从响应值求出每片含量情况下，可取供试品 10 片，照该品种含量均匀度项下规定的方法，分别测定，得仪器测得的响应值 Y（可为吸光度、峰面积等），求其均值 $\overline{Y}$。另由含量测定法测得以标示量为 100 的含量 X_A，由 X_A 除以响应值的均值 $\overline{Y}$，得比例系数 K（$K=X_A/\overline{Y}$）。将上述诸响应值 Y 与 K 相乘，求得每片标示量为 100 的相对含量（%）X（$X=KY$），同上法求 X 和 S 以及 A，计算，判定结果，即得。

（七）卫生学检查

大多数片剂口服给药，应符合口服给药制剂关于微生物限度的规定。

《中国药典》（2020 年版）非无菌药品微生物限度标准规定：口服给药的固体制剂需氧菌总数不得超过 10^3 cfu/g（非无菌含药材原粉的中药制剂，不含豆豉、神曲等发酵原粉为 10^4 cfu/g，如含则为 10^5 cfu/g。），霉菌和酵母菌数不得超过 10^2 cfu/g，不得检出大肠埃希菌（1g 或 1ml），含脏器提取物的制剂还不得检出沙门菌（10g 或 10ml）。

三、包衣片的质量控制

（一）外观检查

主要检查片剂外形是否圆整，有无缺陷，表面粗度及光泽度。对一般衣膜，外观可用肉眼检查，也可用电子显微镜直接观察包衣片的表面状态，有条件时可用粗度记录仪检查粗度，反射光泽计测试光泽度。

（二）片剂的直径、厚度、重量及硬度测量

在包衣前后进行对比，以检查包衣操作的均匀程度。

（三）耐冲击强度检查

对包衣片测试其衣膜对冲击的抵抗程度，简单的方法是让包衣片在一定高度下落至玻璃板上，统计外表发生异常变化的比例。或将片剂固定，用一定重量的锤子，使其下落击打在包衣片上，以包衣片龟裂50%锤子落下的距离来评定耐冲击强度。此外也可用孟山都硬度测定仪测定其硬度来表示表面强度。

（四）衣层强度检验

衣层强度是指衣层耐受来自片剂内部压力的程度。具体检查方法有两种：一种是片剂内部插入一根压入针，借压入针将压缩空气通入片内，以压片破裂时的压力表示衣层强度；另一种检查法是将包衣片放入试管内加热，测定片剂的破裂时间，求出片剂中的水分和包衣强度的关系。

（五）耐湿耐水试验

将包衣片置于恒温、恒湿装置中，经过一定时间，以其增重作为耐湿耐水指标。或将包衣片置蒸馏水中浸渍 5 分钟，测定其干燥后失重，比较耐湿耐水性。

（六）残留溶剂检查

对非水溶剂包衣，须从安全方面进行有机溶剂残留量的检查；若以水为分散介质，亦应检查包衣片中水分含量，因残留水分可影响药物稳定性和包衣片的质量。检查水分残留量有红外干燥、真空干燥测定失水重量，或用费休法测定水分含量；检查有机溶剂残留量主要用气相色谱法。

（七）稳定性评价

将包衣片置室温下长期保存，或进行加热（40～60℃）、加湿（40%～80%相对湿度）、热冷（－5～45℃）及光照试验等，观察片剂内部、外观变化，测定主药含量及崩解、溶出等性质的改变。这些数据可反映包衣片的主药稳定性，预测包衣片的质量以及包衣操作的优劣。

（八）药效评价

包衣片比一般片剂增加了一层衣膜，且包衣片的片芯较为坚硬。崩解时限比一般口服片剂延长数倍。如果包衣不当会严重影响吸收，甚至造成排片。因此，必须重视崩解时限和溶出度的测定。此外，还应考虑生物利用度的问题，以确保包衣片的药效。

扫码"学一学"

第六节　片剂的包装

片剂一般均应密封包装与贮存，包装材料直接接触药物，必须确保所装药物的药效，同时还要保证药物使用可靠、方便。作为药品生产企业在选用包装材料时，要了解包装材料、容器的性质、特点，以便结合药品的某些特殊要求，合理、准确选择药用包装材料。

一、多剂量包装

几片至几百片包装在一个容器中，常用的容器多为玻璃瓶或塑料瓶，也有用软性薄膜、

纸塑复合膜、金属箔复合膜等制成的药袋。多剂量包装较经济，患者易接受。而片剂是否适合多剂量包装，应根据其化学性质与用药情况决定。

1. 玻璃瓶　玻璃瓶优点是密封性好，不透水汽和空气，化学惰性，不易变质，价格低廉，有色玻璃瓶有一定的避光作用。其缺点是重量较大、易于破损。

2. 塑料瓶　塑料瓶是日益广泛应用的一类包装容器。优点是质量轻，不易碎、清洁、美观，不必清洗烘干可以直接使用。其缺点是密封隔离性能不如玻璃制品，在高温及高湿下可能会发生变形等。在使用材料的品种上有高密度聚乙烯瓶（HDPE）、聚丙烯瓶（PP）、聚碳酸酯瓶（PC）、聚酯瓶（PET）、聚萘二甲酸二乙酯（PEN）塑料瓶，其中 PEN 性质比 PET 更优，PEN 强度高，耐热性能好、耐紫外线照射、对二氧化碳气体和氧气阻隔性能优良，耐化学药品性能好，比 PET 的用途更加广泛。

一般片剂选用 HDPE 瓶、PP 瓶，如需要透明度可选用 PET 瓶，如药品需要阻隔性能更高，且阻光、不透明，则选用棕色 PET 瓶，PEN 瓶阻隔性能更佳。

多剂量包装所用数片机如图 7 – 39 所示。

二、单剂量包装

单剂量包装是将片剂单个包装，每个药片均处于密封状态，提高对产品的保护作用，杜绝交叉污染。主要分为泡罩式包装和窄条式包装两种形式。

包装设备为泡罩式包装机，如图 7 – 40 所示。

图 7 – 39　双盘片剂胶囊数片装瓶机

图 7 – 40　泡罩式包装机

一般应将包装好的片剂放在阴凉（不超过 20℃）、通风、干燥处贮藏。对光敏感的片剂，应避光保存（宜采用棕色瓶包装）。受潮后易分解变质的片剂，应在包装容器内放干燥剂（如干燥硅胶）。

片剂是一种较稳定剂型，只要包装和贮存适宜，一般可贮存较长时间，但不同片剂的药物性质不同，片剂质量也不同。含挥发性药物的片剂久贮存易有含量的变化；糖衣片易有外观的变化，有些片剂久贮后片剂的硬度变大等，应给予注意。

第七节　片剂 GMP 车间构造

根据我国 2010 版 GMP 及其附录：口服液体和固体制剂、腔道用药（含直肠用药）、表皮外用药品等非无菌制剂生产的暴露工序区域及其直接接触药品的包装材料最终处理的暴露工序区域，应当参照“无菌药品”D 级洁净区的要求设置，企业可根据产品的标准和特性对该区域采取适当的微生物监控措施。D 级洁净区：应当将头发、胡须等相关部位遮盖。应当穿合适的工作服和鞋子或鞋套。应当采取适当措施，以避免带入洁净区外的污染物。

片剂车间现多为多品种同时生产，所以一定要注意防止交叉污染，其布局设计应注意。

1. 称量室 原则上是防止污染和交叉污染。其宜布置在带有围帘的层流罩下或采取局部排风除尘，以防止粉尘外逸造成交叉污染。要注意按照物料的理化性质、用量和产尘情况科学设置称量室。乙醇等液体试剂不适合与原料放在一起。同一产品、同一批号使用的物料可以在一个操作间内进行称量，否则需进行彻底清洁后再进行下一批号所需物料的称量。

2. 混合、制粒间 应既能防止室外空气的污染，又能防止本室对其他室的污染。

3. 干燥室 可单独设置，也可与混合、制粒设在同一房间内。但干燥设备的风机应与该房间隔开，以减少噪声，防止污染。

4. 压片室 应单独设置，以防止粉尘污染，便于清扫。

5. 包衣室 除要求防污染、易清扫外，还必须保持一定的温度和湿度。包衣如采用了大量的有机溶媒，根据安全要求高效包衣工作室应设计为防爆区，设门斗防爆。防爆区采用全部排风，不回风，防爆区相对洁净区公共走廊为负压。

6. 分装间 必须与其他操作间隔离，以防污染。

7. 包装室 应光线充足，便于清扫，各包装线应进行分隔或划分，以防药品混杂和差错。

第八节　片剂的处方工艺设计及制备实例

一、片剂的处方工艺设计

片剂的处方设计应注意活性成分可控的崩解和溶出性质必须与可生产性及固体压制物的外观与机械耐磨性达到平衡；并且应考虑患者的顺应性，包括片剂的大小、颜色及口感；还应注意片剂的可生产性，以及考虑高效和低成本。应根据药物的理化性质、临床用药途径和方法，结合国内生产的实际条件选择适宜的辅料，拟定试制处方和制备工艺及生产条件，进行片剂的试制。通过对小试产品的硬度、崩解时限、溶出性能、稳定性、含量均匀性及药效学等各方面的全面考察后，对基本符合要求的处方和工艺再进行适当的调整并中试。

1. 药物及辅料的理化性质

（1）药物的有关性质　①了解药物的稳定性。可根据药物的结构预测该成分是否易于发生水解、氧化或其他降解反应，并需考察影响稳定性的因素，必要时需进行稳定性试验，了解其影响因素，以便在处方和工艺设计中采取适宜的预防措施。②了解药物的溶解性。溶解度小的药物易发生溶出度和生物利用度问题，所以固体制剂中药物的溶解度对其疗效有很大影响。③了解药物有无同质多晶型及购入原料的晶型。许多药物都具有同质多晶体，同一药物若晶型不同其熔点、溶解度等也不同，制剂中一般选择溶解度较大的亚稳定型以改善药物的溶出度。此外晶型不同流动性和可压性不同，还应考虑各种晶型的稳定条件。④了解药物的吸湿性。药物粒子表面易被胃肠液润湿，对其溶出有利。原料的润湿性可用接触角来衡量，必要时需测定药物或整个片剂的润湿性；吸湿性较强的药物或辅料压片时易产生黏冲，压成片剂后，可在空气中吸潮而影响药物及制剂的质量。⑤了解药物的熔点。药物的熔点与片剂的硬度、崩解时间和干燥温度等有关。有些复方制剂中各成分混合后还可形成低共熔物，使片剂的硬度增大，有时可使崩解时间延长。⑥了解原料药粉末或颗粒的其他性质。粒子的大小及分布、形态及堆密度、流动性、可压性、混合性等对片剂的制备工艺和产品质量都有重要影响。

(2) 辅料的有关性质 辅料可对制剂质量产生重要的影响，辅料大多为生理惰性物，一般不与药物发生化学反应，但近年在片剂处方中使用的高分子辅料多，应了解影响高分子材料性质的因素，如聚合度、取代度、平均分子质量及分子质量分布等；应测定高分子材料的有关参数并确定其型号和规格；应了解某些辅料（用量多）的压缩行为等；应了解药物与辅料的相互作用，如药物被辅料吸附、辅料改变药物或制剂的润湿性等。

2. 拟定处方，确定生产工艺

(1) 根据主药的各项性质，结合医疗要求及各类片剂的特点，初步拟定片剂的种类和规格。

(2) 结合生产设备条件选择适当的辅料和制备方法，可同时设计几个处方，采取适宜的工艺过程，小量试制素片。

(3) 对素片进行一系列检查，视需要分别进行外观、稳定性、生物利用度、含量及安全性等试验。

(4) 将各种处方的成品质量进行分析比较，选出较好的处方和工艺（或在此基础上进一步试制），选用合适的包装材料，进行加速试验并留样观察。

(5) 在小试的基础上进行放大试验，鉴定质量，提供生产依据，并按药品注册管理办法的有关规定准备资料，申请生产。

二、片剂制备实例

(一) 普通片

1. 化学性质稳定的药物片剂

例 7-1 复方磺胺甲噁唑片（复方新诺明片）

【处方】 磺胺甲噁唑（SMZ）400g 甲氧苄啶（TMP）80g 淀粉（120 目）40g 10%淀粉浆 24g 干淀粉 23g 硬脂酸镁 3g 制成 1000 片

【制法】 将 SMZ 与 TMP 过 80 目筛，与淀粉混合均匀，加入淀粉浆制成软材，用 14 目筛制粒，于 70~80℃干燥后用 12 目筛整粒，加入干淀粉及硬脂酸镁混匀后压片，即得。

【处方分析】 处方中的 SMZ 为磺胺类抗菌消炎药物，TMP 为抗菌增效剂，两药配伍，能双重阻断细菌的叶酸合成，抑制细菌的生长和繁殖，作用明显增强。制备时，两种主药必须分别粉碎，否则易熔融；处方中淀粉主要作为填充剂，同时兼有内加崩解剂的作用，淀粉浆为黏合剂，干淀粉为外加崩解剂，硬脂酸镁为润滑剂。

本品主要用于治疗细菌感染，包括尿路感染、急性中耳炎、慢性支气管炎急性发作、肠道感染、肺炎、腹泻等。

2. 化学性质不稳定的药物片剂

例 7-2 复方阿司匹林片

【处方】 阿司匹林 268g 对乙酰氨基酚 136g 咖啡因 33.4g 淀粉 266g 淀粉浆（15%~17%）85g 滑石粉 25g 轻质液体石蜡 2.5g 酒石酸 2.7g 制成 1000 片

【制法】 将对乙酰氨基酚、咖啡因分别磨成细粉，与约 1/3 量的淀粉混匀，加淀粉浆制成软材（10~15 分钟），用 14 目尼龙筛制粒，湿颗粒于 70℃干燥，干颗粒过 12 目筛整粒，将此颗粒与阿司匹林混合均匀，加入剩余的淀粉（预先在 100~105℃干燥）及吸附有液体石蜡的滑石粉（将轻质状石蜡喷于滑石粉中混匀），共同混匀后，再过 12 目筛，颗粒经含量测定合格后，用 12mm 冲压片，即得。

【处方分析】阿司匹林、对乙酰氨基酚、咖啡因为主药，先加的淀粉为填充剂，后加的淀粉为崩解剂，淀粉浆为黏合剂，酒石酸为稳定剂、液体石蜡和滑石粉为润滑剂。

化学性质不稳定的药物片剂在处方工艺设计时，应注意辅料和制备工艺的选择。处方中阿司匹林、对乙酰氨基酚及咖啡因三种成分在润湿混合后，药物熔点降低，压缩时有熔融和再结晶现象，故先将对乙酰氨基酚与咖啡因用湿法制粒，再与阿司匹林及滑石粉混合后压片。阿司匹林水解受金属离子的催化，因此必须采用尼龙筛网制粒，同时不得使用硬脂酸镁，硬脂酸镁能促进乙酰水杨酸的水解，故用滑石粉和少量液体石蜡作为润滑剂。液体石蜡的作用是使滑石粉能黏附在颗粒表面，压片时不易因振动而脱落。因阿司匹林的可压性极差，因而采用了较高浓度的淀粉浆（15% ~17%）作为黏合剂，阿司匹林具有一定的疏水性，因此必要时可加入适宜的表面活性剂，如聚山梨酯 80 等，以加快其崩解和溶出。

本品用于发热、头痛、神经痛、牙痛、月经痛、肌肉痛、关节痛。

例 7-3 维生素 C 片

【处方】维生素 C 100g 可压性淀粉 18g 微晶纤维素 16g 微粉硅胶 5g 枸橼酸 0.5g 硬脂酸镁 2g 制成 1000 片

【制法】将维生素 C、可压性淀粉、微晶纤维素、微粉硅胶、枸橼酸和硬脂酸镁置混合容器中，混合均匀，过 40 目筛 2 ~3 次，将粉末直接压片，即得。

【处方分析】维生素 C 为主药，可压性淀粉为黏合剂，微晶纤维素为填充剂，兼具有黏合和崩解的作用，微粉硅胶为助流剂，硬脂酸镁为润滑剂，枸橼酸为稳定剂。维生素 C 易被光、热、氧等破坏，在金属离子的催化下更易被氧化，制备时勿与金属筛网等接触，为保证产品质量，应对所有辅料进行铁盐检查。枸橼酸可与铁离子形成配位化合物，避免铁离子与维生素 C 作用而变色。

本品可用于防治坏血病等，也可用于各种急慢性传染性疾病及紫癜等的辅助治疗。还可用于治疗慢性铁、砷、汞、铅、苯中毒。

3. 难溶性药物片剂 在难溶性药物的处方和工艺设计中，应注意提高难溶性药物的溶出度以提高疗效。常用的方法如微粉化等；还应注意辅料和工艺的选择。药物疏水性强，应选用亲水性辅料及适宜的表面活性剂，并应注意控制疏水性辅料硬脂酸镁的用量。

例 7-4 卡维地洛片

【处方】卡维地洛 10g 微晶纤维素 120g 羧甲基淀粉钠 10g 十二烷基硫酸钠 2g 8% 淀粉浆适量 硬脂酸镁 0.75g 制成 1000 片

【制法】将处方量的卡维地洛与羧甲基淀粉钠、微晶纤维素用等量递增法混匀，加入含十二烷基硫酸钠的淀粉浆（8%）适量，制软材，18 目筛制粒，于 50℃干燥后加入硬脂酸镁混匀，用 16 目筛整粒、压片，即得。

【处方分析】卡维地洛为主药，微晶纤维素为填充剂，羧甲基淀粉钠为崩解剂，淀粉浆为黏合剂，硬脂酸镁为润滑剂。卡维地洛在水中的溶解度很小，其片剂中必须加亲水性辅料，如微晶纤维素或羧甲基淀粉钠及表面活性剂十二烷基硫酸钠等；由于剂量较小，在操作工艺中应该采用等量递加法混合，以确保制剂的含量均匀。

本品可用于治疗原发性高血压及有症状的充血性心力衰竭。

4. 小剂量药物片剂　当药物的剂量小时，应特别注意片剂的含量均匀度，混合时可采用等量递增法或溶剂分散法。水溶性小剂量药物用水性润湿剂时，应特别注意防止湿颗粒干燥过程中药物“迁移”而致均匀度不合格，此种药物的湿颗粒宜用流化床干燥。难溶性小剂量药物如选用有机溶剂溶解并用溶剂分散法混合，应注意防止挥散溶剂时造成药物“迁移”，也可考虑采取药物与辅料共同研磨混合，注意混合均匀。

例7-5　硝酸甘油片

【处方】 乳糖88.8g　糖粉38.0g　17%淀粉浆适量　10%硝酸甘油乙醇溶液0.6g（硝酸甘油量）　硬脂酸镁1.0g　制成1000片

【制法】 首先将乳糖、糖粉以淀粉浆为黏合剂制成空白颗粒，然后将硝酸甘油制成10%的乙醇溶液（按120%投料）拌于空白颗粒的细粉中（30目以下），过10目筛两次后，于40℃以下干燥50~60分钟，再与事先制成的空白颗粒及硬脂酸镁混匀，压片，即得。

【处方分析】 硝酸甘油为主药，乳糖、糖粉为填充剂，糖粉同时兼有矫味作用，硬脂酸镁为润滑剂。硝酸甘油片为一种通过舌下吸收治疗心绞痛的小剂量药物片剂，属于急救药，除要注意片剂不宜过硬，以免影响其舌下的速溶性外，处方中不宜加入不溶性的辅料（微量的硬脂酸镁作为润滑剂除外）；为防止混合不均匀造成含量均匀度不合格，采用主药溶于乙醇再加入（也可喷入）空白颗粒的方法。在制备过程中还应注意防止振动、受热和吸入，以免造成爆炸以及操作者的剧烈头痛。

（二）包衣片

例7-6　红霉素肠溶片

【处方】 片芯处方：红霉素1亿单位　淀粉52.5g　干淀粉5g　10%淀粉浆10g　硬脂酸镁3.6g　制成1000片

肠溶衣膜处方：Ⅱ号丙烯酸树脂28g　苯二甲酸二乙酯5.06g　聚山梨酯805.06g　85%乙醇560ml　蓖麻油16.8g　滑石粉16.8g

【片芯制法】 将红霉素与淀粉混匀，加淀粉浆搅拌使成软材，用10目尼龙筛制粒，80~90℃干燥后，干颗粒加入硬脂酸镁和干淀粉，经12目筛整粒，混匀，压片。

【肠溶片制法】 将Ⅱ号丙烯酸树脂用85%乙醇溶解制成5%树脂溶液，将滑石粉、苯二甲酸二乙酯、聚山梨酯80、蓖麻油等混匀、研磨后加入5%Ⅱ号丙烯酸树脂溶液中，加入色素混匀后，过120目筛备用；将红霉素片芯置包衣锅中，按一般包衣方法包粉衣六层后，喷入树脂包衣液，包衣锅温度控制在35℃左右，在4小时内喷完。

【处方分析】 红霉素在肠道吸收迅速，但与胃酸作用，化学结构易被破坏，故需包肠溶衣进行保护。片芯处方中红霉素为主药，淀粉为稀释剂，10%淀粉浆为黏合剂，干淀粉为崩解剂，硬脂酸镁为润滑剂；衣膜处方中Ⅱ号丙烯酸树脂为肠溶材料，85%乙醇为肠溶材料的溶剂，苯二甲酸二乙酯、蓖麻油为增塑剂，聚山梨酯80为膜衣的致孔剂，滑石粉为固体粉料防止片剂粘连。

本品可作为青霉素过敏患者治疗下列感染的替代用药：溶血性链球菌、肺炎链球菌等所致的急性扁桃体炎、急性咽炎、鼻窦炎；溶血性链球菌所致猩红热、蜂窝织炎；白喉及白喉带菌者；气性坏疽、炭疽、破伤风；放线菌病；梅毒；李斯特菌病等。还可用于治疗军团菌病，肺炎支原体肺炎，肺炎衣原体肺炎，衣原体属、支原体属所致泌尿生殖系感染，沙眼衣原体结膜炎，淋病奈瑟菌感染，厌氧菌所致口腔感染，空肠弯曲菌肠炎，百日咳。

（三）咀嚼片

例7－7 盐酸西替利嗪咀嚼片

【处方】 盐酸西替利嗪5g　甘露醇192.5g　乳糖70g　微晶纤维素61g　预胶化淀粉10g　8%聚维酮乙醇溶液100ml　苹果酸适量　阿斯巴甜适量　硬脂酸镁17.5g　制成1000片

【制法】 称取原辅料分别粉碎，辅料与盐酸西替利嗪原料按等量递加法过80目筛混匀，加入8%聚维酮乙醇溶液制软材，24目筛制粒，50℃干燥，使水分在3%左右，过24目筛整粒，加入硬脂酸镁后混合均匀，压片，即得。

【处方分析】 盐酸西替利嗪为主药，甘露醇、微晶纤维素、预胶化淀粉、乳糖为填充剂，甘露醇兼有矫味作用，苹果酸、阿斯巴甜为矫味剂，聚维酮乙醇溶液为黏合剂，硬脂酸镁为润滑剂。

本品可用于治疗季节性和常年性变应性鼻炎、慢性特发性荨麻疹。

（四）分散片

例7－8 尼美舒利分散片

【处方】 尼美舒利100g　可溶性淀粉25g　低取代羟丙基纤维素（L－HPC）10g　聚维酮K30（PVP K30）2.5g　硬脂酸镁1g　制成1000片

【制法】 将尼美舒利、低取代羟丙基纤维素、可溶性淀粉粉碎过120目筛，混合均匀，将聚维酮K30溶于适量40%（体积分数）乙醇溶液作黏合剂，湿法制粒，烘干，加硬脂酸镁，整粒，混匀，压片，即得。

【处方分析】 制备尼美舒利分散片的关键是选用适宜的辅料和控制尼美舒利和辅料的粒度。尼美舒利为主药，可溶性淀粉为填充剂，低取代羟丙基纤维素为崩解剂，聚维酮K30乙醇溶液为黏合剂，硬脂酸镁为润滑剂。

本品为非甾体抗炎药，具有抗炎、镇痛、解热作用；可用于慢性关节炎症（如类风湿关节炎和骨关节炎等），手术和急性创伤后的疼痛和炎症，耳鼻咽部炎症引起的疼痛，痛经，上呼吸道感染引起的发热等症状的治疗。

（五）口腔崩解片

例7－9 辛伐他汀口腔崩解片

【处方】 辛伐他汀10g　微晶纤维素64g　直接压片用乳糖59.4g　甘露醇8g　交联聚维酮12.8g　阿斯巴甜1.6g　橘子香精0.8g　2，6－叔丁基对甲酚（BHT）0.032g　硬脂酸镁1g　微粉硅胶2.4g　制成1000片

【制法】 原辅料分别过80目筛，按处方量将各辅料与主药混合均匀，采用直接压片法压片，即得。

【处方分析】 辛伐他汀为主药，直接压片用乳糖、甘露醇为填充剂，甘露醇兼有矫味作用，交联聚维酮为崩解剂，阿斯巴甜为甜味剂，橘子香精为芳香剂，硬脂酸镁为润滑剂，微粉硅胶为助流剂，BHT为抗氧剂。

本品可用于治疗高胆固醇血症、冠心病。

（六）泡腾片

例7－10 左旋多巴肠溶泡腾片

【处方】 左旋多巴100g　碳酸氢钠56g　微晶纤维素30g　酒石酸50g　羧甲基纤维素

20g 滑石粉 6g 硬脂酸镁 2g 制成 1000 片

【制法】按处方制成片重为 264mg 的片芯。将羟丙甲纤维素酞酸酯（HPMCP）溶于二氯甲烷－乙醇（1:1）混合溶剂中，制成 10% 的包衣液，对片剂包衣，使片重增至 290mg，即得。

【处方分析】处方中碳酸氢钠与酒石酸（或柠檬酸）为泡腾剂，微晶纤维素为填充剂，羧甲基纤维素为黏合剂，滑石粉为润滑剂。工艺中的羟丙甲纤维素酞酸酯为肠溶性薄膜衣材料，亦可采用醋酸纤维素酞酸酯（CAP）和 PEG6000（含量分别为 8% 和 2%）的丙酮溶液包衣。

本品用于治疗帕金森综合征。

（七）中药片

例 7－11 当归浸膏片

【处方】当归浸膏 262g 淀粉 40g 轻质氧化镁 60g 硬脂酸镁 7g 滑石粉 80g 制成 1000 片

【制法】取浸膏加热（不用直火）至 60～70℃，搅拌使之熔化，将轻质氧化镁、滑石粉及淀粉依次加入混匀，分别铺于烘盘上，于 60℃ 以下干燥至含水量小于 3%；烘干的片（块）状物粉碎成 14 目以下的颗粒，最后加入硬脂酸镁、滑石粉（20g）混匀，过 12 目筛整粒、压片、质检、包糖衣，即得。

【处方分析】本品为全浸膏片制粒工艺，当归浸膏中含有较多糖类物质，吸湿性较大，加入适量滑石粉（60g）可以克服操作上的困难；当归浸膏中含有挥发油成分，加入轻质氧化镁吸收后有利于压片；淀粉为填充剂；本品的物料易造成黏冲，可加入适量的滑石粉（20g）克服，并控制在相对湿度 70% 以下压片；硬脂酸镁为润滑剂。

本品具有养血活血，调经止痛的功能。用于月经失调与痛经。

例 7－12 牛黄消炎片

【处方】人工牛黄 5.8g 蟾酥 2.9g 天花粉 9.6g 珍珠母 9.6g 青黛 3.8g 大黄 9.6g 雄黄 9.6g 制成 1000 片

【制法】以上七味，雄黄水飞成极细粉，珍珠母粉碎成极细粉；大黄、天花粉粉碎成细粉，青黛研细，蟾酥加白酒研成糊状，与上述粉末及辅料适量混匀，制成颗粒，干燥；将人工牛黄研细，加入上述颗粒中，混匀，压制成 1000 片，包糖衣或薄膜衣，即得。

【处方分析】本品为中药全粉末片制粒工艺，处方中各成分均为主药，每片相当于总药材 0.05g，蟾酥加白酒研成的糊状物作润湿剂，本品具有清热解毒，消肿止痛的功能。用于热毒蕴结所致的咽喉肿痛、疔、痈、疮疖。

例 7－13 功劳去火片

【处方】功劳木 604g 黄柏 302g 黄芩 202g 栀子 302g 制成 1000 片

【制法】以上四味，取黄柏 100g，粉碎成细粉，剩余的黄柏与功劳木加水煎煮三次，每次 2 小时，合并煎液，滤过，滤液浓缩成稠膏。黄芩、栀子加水煎煮两次，每次 3 小时，合并煎液，滤过，滤液浓缩成稠膏。上述两种稠膏分别加入黄柏粉，混匀，干燥，粉碎成细粉，混匀，制成颗粒，压制成 1000 片，包糖衣；或压制成 600 片，包薄膜衣，即得。

扫码“练一练”

【处方分析】处方中各味药经水提取，以减少服用量，保存有效成分；部分黄柏细粉作为稠膏的吸收剂，利于干燥；本品素片味苦，故包糖衣或薄膜衣遮味。

本品具有清热解毒的功能，用于实热火毒所致的急性咽喉炎、急性胆囊炎、急性肠炎。

（刘 伟 潘 昊）

第八章　膏剂、膜剂与凝胶剂

学习目标

1. 掌握　软膏剂、贴膏剂、凝胶膏剂和凝胶剂的含义、特点、基质的种类与制法。

2. 熟悉　膏药、膜剂和涂膜剂的含义、特点与制法。

3. 了解　膏药、膜剂和涂膜剂的基质种类。

第一节　软膏剂

扫码"学一学"

一、概述

软膏剂（ointments）系指原料药物与油脂性或水溶性基质溶解或混合制成的均匀的半固体外用制剂。因药物在基质中的分散状态不同，分为溶液型软膏剂和混悬型软膏剂。溶液型软膏剂为原料药物溶解（或共熔）于基质或基质组分中制成的软膏剂；混悬型软膏剂为原料药物细粉均匀分散于基质中制成的软膏剂。软膏剂主要发挥保护创面、润滑皮肤和局部治疗作用。

软膏剂应符合下列质量要求：

（1）基质应均匀、细腻，涂于皮肤或黏膜上应无刺激性。

（2）具有适当的黏稠度，易涂布于皮肤或黏膜上，不融化，黏稠度随季节不同变化应很小。

（3）性质稳定，应无酸败、异臭、变色、变硬等现象；乳膏剂不得有油水分离及胀气现象。

（4）除另有规定外，微生物限度照非无菌产品微生物限度检查：微生物计数法（通则1105）和控制菌检查（通则1106）及非无菌药品微生物限度标准（通则1107）检查，应符合规定；用于烧伤或严重创伤时，照无菌检查法（通则1101）检查，应符合规定。

二、软膏剂的基质

软膏剂由药物、基质和附加剂组成，基质的类型与软膏剂的发展紧密相关。我国古代主要使用豚脂、羊脂、麻油、蜂蜡等作为基质，近代随着化工业的发展，广泛采用凡士林、石蜡作为基质，现代随着各种高分子材料的应用，乳剂型基质和水溶性基质被大量应用。

理想的软膏基质应具备以下特点：①性质稳定，与主药和附加剂不发生配伍变化，长期贮存不变质；②无刺激性和过敏性，不影响皮肤的正常功能；③黏度适宜、润滑，易于涂布；④具吸水性，能吸收伤口分泌物；⑤易清洗，不污染衣物。目前常用的基质主要为油脂性基质、水溶性基质及乳剂型基质。

（一）油脂性基质

油脂性基质是指从动植物中得到的油脂、类脂、烃类及硅酮类等物质。该类基质的特点是润滑、无刺激性，在皮肤形成封闭性油膜，促进皮肤水合作用，对皮肤有保护作用，适用于慢性皮肤破损和某些感染性皮肤病的早期治疗，但不适用于有渗出液的皮肤破损部位。该类基质由于释药性差，不易清除，应用较少，目前主要用于遇水不稳定的药物，在乳剂型基质中作为油相。

1. 烃类　烃类是从石油蒸馏后得到的各种烃的混合物，其中大部分属于饱和烃。

（1）凡士林（vaselin）　凡士林是矿物油和蜡的混合物。有黄、白两种，后者是前者漂白而成，熔点为45～60℃，苯中易溶，三氯甲烷中溶解，乙醚中微溶，乙醇或水中难溶。本品化学性质稳定，无臭味，无毒，无刺激性，有适宜的黏稠性和涂展性，不易酸败，能与多种药物配伍，尤其适用于遇水不稳定的抗生素类药物。

凡士林吸收水分的能力小，仅为5%，故不能配伍水性溶液。凡士林中加入适量羊毛脂、鲸蜡醇等可提高其吸水性，如加入15%羊毛脂，可使其吸收水分增至50%。凡士林可与蜂蜡、石蜡、硬脂酸、植物油融合，有适宜的黏稠度和涂布效果。

例8－1　单软膏

【处方】黄蜂蜡 50g　黄或白凡士林 950g

【制法】取黄蜂蜡在水浴中加热熔化，然后加入黄凡士林混合均匀，再搅拌冷却至凝结即得。

单软膏被《美国药典》收载，分别被制成“黄软膏”和“白软膏”。

（2）石蜡（paraffin）　石蜡为固体饱和烃混合物，无臭、无味，熔点为50～65℃，易溶于三氯甲烷、乙醚、挥发油、矿物油与大多脂肪油，微溶于无水乙醇。主要用于调节基质的稠度。

（3）液体石蜡（liquid paraffin）　液体石蜡为液体饱和烃。除蓖麻油外，液体石蜡能与多种植物油或挥发油混合，主要用于调节凡士林基质的稠度，也可用于研磨药物粉末以利于与基质混匀。

2. 类脂类　类脂类是指高级脂肪酸与高级脂肪醇化合而成的酯及它们的混合物，有类似脂肪的物理性质，但化学性质较脂肪稳定，且具一定的表面活性作用和一定的吸水性能，多与油脂类基质合用，增加油脂性基质的吸水性能，常用的有羊毛脂、蜂蜡、鲸蜡等。

（1）羊毛脂（lanolin）　羊毛脂是从羊毛中获得，经纯化、除臭和漂白而制得的淡黄色黏稠性微具特臭的半固体脂肪性物质混合物，主要成分是胆固醇类的棕榈酸酯及游离的胆固醇类，游离的胆固醇和烃基胆固醇等约占7%，熔点为36～42℃，碘值为18～35，酸值小于1.5。羊毛脂具有良好的吸水性，可吸收约为其质量两倍的水而形成W/O型乳剂型基质。羊毛脂的性质类似皮肤脂质，适用于透皮吸收的药物，但由于本品过于黏稠而很少单用作基质，常与凡士林合用，以改善凡士林的吸水性与药物的渗透性。羊毛脂有时会导致过敏反应，其经皂化及进一步纯化可得纯净的W/O型乳化剂胆固醇。

例8－2　单眼软膏

【处方】羊毛脂 100g　凡士林 800g　液体石蜡 100g

【制法】取处方量的羊毛脂在水浴中熔化，然后加入液体石蜡搅拌均匀，最后加入白凡士林，在搅拌下冷却，即得。

（2）羊毛醇（wool alcohols）　羊毛醇是粗制的甾类化合物和三萜醇类化合物的混合

物，胆固醇含量大于28%，溶点大于58℃，酸值小于2，经精制可得到纯胆固醇。

例8-3 羊毛醇软膏

【处方】 羊毛醇60g 凡士林100g 石蜡240g 液体石蜡600g

【制法】 取处方量的羊毛醇和石蜡在水浴中熔化，然后加入液体石蜡搅拌均匀，最后加入凡士林，在搅拌下冷却凝结即得。

（3）蜂蜡（beeswax） 蜂蜡是蜜蜂分泌的蜡质，主要成分为棕榈酸蜂蜡醇酯，并含有少量的游离高级醇及游离高级酸而具有乳化性，有黄、白之分，后者系前者精制而成，熔点为62~67℃。不易酸败，为较弱的W/O型乳化剂，在O/W型乳剂型基质中起稳定作用，并常用于取代乳剂型基质中部分脂肪性物质以调节稠度或增加稳定性。

例8-4 白软膏

【处方】 羊毛脂50g 白蜂蜡50g 白凡士林900g

【制法】 取处方量的羊毛脂在水浴中熔化，然后加入白蜂蜡搅拌直至溶解，最后加入白凡士林，在搅拌下冷却，即得。

（4）鲸蜡（spermaceti） 鲸蜡是从鲸鱼头部获得，经精制而成的蜡质，主要成分为棕榈酸鲸蜡醇酯及十六醇，也含少量游离高级脂肪醇及它们的脂肪酸酯，有表面活性作用，溶点为42~50℃。不易酸败，为较弱的W/O型乳化剂，在O/W型乳剂型基质中起稳定作用，并常用于取代乳剂型基质中部分脂肪性物质以调节稠度或增加稳定性。

3. 硅酮类（silicones） 硅酮类是一系列不同相对分子质量的聚二甲基硅氧烷的总称，简称硅油，其通式为 $CH_3[Si(CH_3)_2 \cdot O]_n \cdot iCH_3$）。常用二甲基硅油，为无色或淡黄色的透明油状液体，无臭、无味，黏度随分子质量的增加而增大，在-40~150℃范围内，黏度变化极小，化学性质稳定，无毒性，对皮肤无刺激性，不污染衣物，具有良好的润滑作用，易于涂布，能与羊毛脂、硬脂醇、鲸蜡醇、硬脂酸甘油酯等混合。因此常用于乳膏中作润滑剂，最大用量可达10%~30%，也可与其他油脂类基质合用制成防护性软膏。本品对眼睛有刺激性，不宜作眼膏基质。

例8-5 防护性软膏基质

【处方】 二甲基硅油DC-200 300g 白蜂蜡35g 白凡士林665g

【制法】 取处方量的白蜂蜡在水浴中熔化，然后加入二甲基硅油搅拌混匀，最后加入白凡士林，在搅拌下冷却，即得。

4. 油脂类 油脂类是指从动物或植物中得到的高级脂肪酸甘油酯及其混合物。因含有不饱和双键，在长期贮存过程中易氧化，需加入抗氧化剂和防腐剂。动物来源的油脂类已很少应用；常用的植物油有麻油、花生油和棉籽油，不能单独用作软膏基质，在软膏基质中用作润滑剂或用于降低其他基质的熔点，中药油膏剂常用麻油与蜂蜡熔合为基质。

例8-6 油膏基质

【处方】 蜂蜡100g 麻油900g

【制法】 取处方量的麻油加热至60℃，然后加入蜂蜡，在搅拌下冷却，即得。

（二）水溶性基质

水溶性基质是由天然或合成的水溶性高分子物质所组成。溶解后形成胶体或溶液而制成的半固体的软膏基质。常用基质有聚乙二醇、甘油明胶、纤维素衍生物等。其中纤维素衍生物为水凝胶（见第六节内容）。

1. 聚乙二醇（polyethylene glycol，PEG） 聚乙二醇系由环氧乙烷与水或乙二醇聚合而成的低分子质量的水溶性聚醚。分子式为 $HOCH_2(CH_2OCH_2)_nCH_2OH$。常用平均相对分子质量在 200～6 000 的 PEG。PEG 200、PEG 400 及 PEG 600 为无色透明的液体；PEG 1000 及 PEG 1500 为糊状半固体；PEG 2000、PEG 4000 及 PEG 6000 为固体。PEG 的黏度随相对分子质量的增大而增大。固体 PEG 与液体 PEG 以适当比例混合后可得半固体的软膏基质。PEG 易溶于水，性质稳定，耐高温，不易酸败和霉败。但由于其有较强的吸水性，用于皮肤常有刺激感，且长期应用可引起皮肤脱水干燥，不适用于遇水不稳定的药物，与季铵盐类、山梨糖醇及苯酚等有配伍反应。

例 8-7 含聚乙二醇的水溶性基质

【处方】 聚乙二醇 4000 400g 聚乙二醇 400 600g

【制法】 将两种聚乙二醇混合后，在水浴中加热至65℃，搅拌均匀，冷却即得。

2. 甘油明胶（glycerinated gelatin） 甘油明胶系由明胶、甘油及水加热制成。明胶用量一般为1%～3%，甘油用量一般为10%～30%。本品温热后易涂布，涂后能形成一层保护膜，有弹性，使用时比较舒适。

（三）乳剂型基质

《中国药典》（2020 年版）将乳剂型基质的软膏剂修订为乳膏剂。乳剂型基质由水相、油相和乳化剂组成。油相含固体或半固体成分，加热液化后与水相在乳化剂的作用下混合乳化，最后在室温下形成半固体的基质。油相主要有硬脂酸、石蜡、蜂蜡、高级醇（如十八醇、十六醇）等，为调节稠度需加入液体石蜡、凡士林或植物油等。常用的乳化剂有皂类、月桂醇硫酸钠、多元醇的脂肪酸酯（如单硬脂酸甘油酯）、聚山梨酯、壬烷基酚、聚乙二醇醚（乳化剂 OP）等。

乳剂型基质分为 O/W 型与 W/O 型两类，乳化剂在基质成型过程中起关键作用。W/O 型基质的内相是水相、外相是油相，能吸收部分水分，水分只能缓慢蒸发，在皮肤可产生缓和的冷爽感，故称“冷霜”，同时该基质不易用水从皮肤上洗掉；O/W 型基质能与大量水混合，无油腻感，易于涂布和清洗，色白如雪，故称“雪花膏”。

乳剂型基质不阻止皮肤表面分泌物的分泌和水分蒸发，因此对皮肤的正常功能影响较小。一般乳剂型基质特别是 O/W 型基质软膏中药物的释放和透皮吸收速度较快。但是采用 O/W 型基质制成的软膏剂用于分泌物较多的皮肤病（如湿疹）时，其吸收的分泌物可重新进入皮肤（反向吸收）而使炎症恶化，因此需正确选择适应证。通常乳剂型基质适用于亚急性、慢性、无渗出的皮损和皮肤瘙痒症，忌糜烂、溃疡、水疱及化脓性创面。

由于 O/W 型基质外相含有大量水，在贮存过程中会霉变，因此常需加入防腐剂（如尼泊金类、氯甲酚、三氯叔丁醇等），同时水分也易蒸发而使软膏变硬，故常需加入保湿剂（如甘油、丙二醇、山梨醇等），一般用量为5%～20%。遇水不稳定的药物如金霉素、四环素等不宜用乳剂型基质制备软膏。

乳剂型基质常用的乳化剂。

1. 皂类

（1）一价皂 系一价金属离子钠、钾、铵的氢氧化物、硼酸盐或三乙醇胺、三异丙胺等有机碱与脂肪酸（如硬脂酸或油酸）作用生成的新生皂，HLB 值为 15～18，为 O/W 乳化剂，其降低水相表面张力的作用强于降低油相的表面张力作用，因此易形成 O/W 型的乳剂型基质，但若处方中油相含量过多时能转相为 W/O 型的乳剂型基质。一价皂的乳化能力随脂肪酸中碳原子数从 12 到 18 而递增。但碳原子数大于 18 的脂肪酸的乳化能力又降低，故碳原子数为18的硬脂酸为最常用的脂肪酸，其用量通常为基质总量的10%～25%，主要作为油相成分，部分与碱反应形成新生皂。未皂化的硬脂酸作为油相被乳化为分散相，并增加基质的稠度。以硬脂酸制成的乳剂型基质，外观光滑美观，涂于皮肤，水分蒸发后在皮肤表面形成一层硬脂酸膜而具保护性。单用硬脂酸为油相制成的乳剂型基质润滑作用小，故常需加入适当的油脂性物质（如凡士林、液体石蜡等）调节其稠度和涂展性。

新生皂反应碱性物质的选择，对乳剂型基质的影响较大。新生钠皂为乳化剂制成的乳剂型基质，较硬。钾皂有软肥皂之称，以钾皂为乳化剂制成的基质较软。以新生有机铵皂为乳化剂制成的基质较为细腻、光亮美观。因此后者常与前两者合用或单用作乳化剂。一价皂基质易被酸、碱、钙、镁、铝等离子或电解质破坏，不宜与酸性或强碱性药物配伍。同时一价皂为阴离子型表面活性剂，忌与阳离子型表面活性剂及药物配伍（如醋酸洗必泰、硫酸庆大霉素、硫酸新霉素、盐酸丁卡因等）。制备用水宜用蒸馏水和去离子水，制成的软膏pH值在5～6或以下时不稳定。

例8-8 含一价铵皂的乳剂型基质

【处方】 硬脂酸120g 液体石蜡60g 单硬脂酸甘油酯35g 羊毛脂50g 甘油50g 凡士林10g 三乙醇胺4g 尼泊金乙酯1g 蒸馏水加至1000g

【制法】 将处方量的硬脂酸、液体石蜡、单硬脂酸甘油酯、羊毛脂、凡士林在水浴（75～80℃）中加热使熔化；另取处方量的三乙醇胺、甘油、尼泊金乙酯与水混匀，加热至同温度后，缓慢加入油相中，边加边搅拌直至乳化完全，冷却即得。

【注解】 处方中三乙醇胺与部分硬脂酸形成有机铵皂，为O/W乳化剂。未皂化的硬脂酸可增加基质的稠度；羊毛脂可增加油相的吸水性和药物的渗透性；硬脂酸甘油酯能增加油相的吸水能力，作辅助乳化剂，增加乳剂的稳定性；液体石蜡和凡士林可调节基质的稠度，增加润滑性；尼泊金乙酯作防腐剂。

（2）多价皂 系由二、三价的金属（钙、镁、锌、铝）氧化物与脂肪酸作用形成的多价皂，其HLB值<6，可作为W/O型乳剂型基质。新生多价皂较易形成，且油相比例大，黏度较水相高，形成的W/O型基质也较一价皂为乳化剂形成的O/W型基质稳定。

例8-9 含多价钙皂的乳剂型基质

【处方】 硬脂酸14g 单硬脂酸甘油酯17g 蜂蜡5g 地蜡75g 液体石蜡410ml 白凡士林67g 双硬脂酸铝10g 氢氧化钙1g 尼泊金乙酯1g 蒸馏水400ml

【制法】 取处方量的硬脂酸、单硬脂酸甘油醋、蜂蜡、地蜡在水浴中加热熔化，再加入液体石蜡、白凡士林、双硬脂酸铝，加热至85℃，另将氢氧化钙、尼泊金乙酯溶于蒸馏水中，加热至同温度，缓慢加入油相中，边加边搅拌，冷凝即得。

【注解】 处方中氢氧化钙与部分硬脂酸作用形成的钙皂与处方中的双硬脂酸铝为W/O型乳化剂；在水相中氢氧化钙为过饱和溶液，应取上清液加至油相中。

2. 高级脂肪醇与脂肪醇硫酸酯类

（1）十六醇及十八醇 十六醇（cetyl alcohol，鲸蜡醇），熔点45～50℃；十八醇（stearyl alcohol，硬脂醇），熔点56～60℃，两者不溶于水而溶于乙醇，无刺激性，吸水后形成W/O乳剂型基质，可增加乳剂的稳定性和稠度。新生皂为乳化剂的乳剂型基质中，用十六醇及十八醇取代硬脂酸形成的基质光滑、细腻。

例8-10 含十八醇的乳剂型基质

【处方】 十八醇220g 白凡士林250g 月桂醇硫酸钠15g 丙二醇120g 尼泊金乙酯

1g　尼泊金丙酯 0.15g　蒸馏水加至 1000g

【制法】 取处方量的十八醇、白凡士林在水浴中加热至 70～80℃熔化，将月桂醇硫酸钠、丙二醇、尼泊金乙酯、尼泊金丙酯、蒸馏水加热至同温度，将水相慢慢加至油相中，边加边搅拌，冷凝即得。

（2）月桂醇硫酸钠（sodium lauryl sulfate）　月桂醇硫酸钠又称十二烷基硫酸钠，为阴离子型表面活性剂和优良的 O/W 型乳化剂，HLB 值为 40，通常用量为 0.5%～2%，常用的辅助 W/O 型乳化剂有十六醇或十八醇、硬脂酸甘油酯和司盘类等。

本品不能与阳离子型表面活性剂及阳离子药物（如盐酸苯海拉明、盐酸普鲁卡因等）配伍，其乳化作用的适宜 pH 值为 6～7。

3. 多元醇/酯类

（1）硬脂酸甘油酯（glyceryl monosterate）　硬脂酸甘油酯是单、双硬脂酸甘油酯的混合物，主要含单硬脂酸甘油酯。本品不溶于水，溶于热乙醇、液体石蜡、脂肪油与植物油，熔点 56～58℃，通常用作 O/W 型或 W/O 型乳剂型基质的稳定剂或增稠剂，用量一般为 3%～15%。

例 8－11　含硬脂酸甘油酯的乳剂型基质

【处方】 硬脂酸甘油酯 35g　硬脂酸 120g　液体石蜡 60g　白凡士林 10g　羊毛脂 50g　三乙醇胺 4g　尼泊金乙酯 1g　蒸馏水加至 1000g

【制法】 将处方量的硬脂酸甘油酯、硬脂酸、液体石蜡、白凡士林、羊毛脂在水浴中加热至 80℃混匀，将三乙醇胺、尼泊金乙酯、蒸馏水加热至 80℃，将油相慢慢加入水相中，边加边搅拌，制成 O/W 型乳剂型基质。

（2）脂肪酸山梨坦与聚山梨酯类　脂肪酸山梨坦即司盘类，HLB 值为 4.3～8.6，为 W/O 型乳化剂；聚山梨酯即聚山梨酯类，HLB 值为 10.5～16.7，为 O/W 型乳化剂。两者为非离子型表面活性剂，可单独制成乳剂型基质，但为调节适当的 HLB 值常与其他乳化剂合用。司盘类和聚山梨酯类表面活性剂无毒、中性，不挥发，对热稳定，对黏膜与皮肤的刺激性比离子型乳化剂小，能与酸性盐、电解质配伍，但不能与碱类、重金属盐、酚类及鞣质配伍。聚山梨酯类能与某些酚类、羧酸类药物（如间苯二酚、麝香草酚、水杨酸等）作用，使乳剂破坏。聚山梨酯类能严重抑制某些消毒剂、防腐剂的效能，如与尼泊金类、季铵盐类、苯甲酸等络合而使之部分失活，但可以适当增加防腐剂用量予以克服。在非离子型表面活性剂为乳化剂的基质中可加入山梨酸、洗必泰碘、氯甲酚等作为防腐剂，用量通常为 0.2%。

例 8－12　含聚山梨酯的 O/W 型乳剂型基质

【处方】 硬脂酸 150g　白凡士林 100g　单硬脂酸甘油酯 85g　聚山梨酯－80 30g　甘油 75g　山梨酸 2g　蒸馏水加至 1000g

【制法】 将处方量的硬脂酸、单硬脂酸甘油酯、白凡士林在水浴中加热至 80℃混匀，将聚山梨酯－80、甘油、山梨酸、水分别加热至 80℃，将油相慢慢加入水相中，边加边搅拌，冷凝即得。

例 8－13　含司盘的 W/O 型乳剂型基质

【处方】 单硬脂酸甘油酯 120g　蜂蜡 50g　石蜡 50g　白凡士林 50g　液体石蜡 250g　司盘－80　20g　聚山梨酯－80 10g　尼泊金乙酯 1g　蒸馏水加至 1000g

【制法】 将处方量的单硬脂酸甘油酯、蜂蜡、石蜡、白凡士林、液体石蜡、司盘－80

在水浴中加热至80℃混匀，将聚山梨酯－80、尼泊金乙酯、蒸馏水加热至80℃，将水相慢慢加入到油相中，边加边搅拌，冷却即得。

【注解】 处方中的司盘－80和单硬脂酸甘油酯为主要乳化剂，形成W/O型乳剂型基质；聚山梨酯－80用于调节HLB值，起稳定作用；蜂蜡、石蜡用于调节基质稠度。

4. 聚氧乙烯醚类

(1) 平平加O (peregol O)　平平加O为脂肪醇聚氧乙烯醚类非离子型O/W乳化剂，分子式为$C_{17}H_{35}C—O—(CH_2-CH_2O)_nH$，HLB值为16.5，本品在冷水中溶解度比在热水中大，水溶液澄清透明，pH 6~7，对皮肤无刺激性，性质稳定，用量一般为油相的5%~10%。本品常和其他乳化剂一起应用，制得稳定的乳剂型基质。

例8－14　含平平加O的O/W型乳剂型基质

【处方】 平平加O 30g　十六醇100g　白凡士林125g　液体石蜡100g　甘油50g　尼泊金乙酯1g　蒸馏水加至1000g

【制法】 将处方量的十六醇、液体石蜡、白凡士林在水浴中加热至80℃混匀，将平平加O、甘油、尼泊金乙酯、蒸馏水加热至80℃，将油相缓慢加入水相中，边加边搅拌，冷却即得。

三、软膏剂的制备及举例

软膏剂的制备方法，根据软膏的类型、处方成分的性质与制备量和设备条件的不同，分为熔合法、研合法和乳化法。

软膏剂在制备时必须使药物在基质中分布均匀、细腻，以保证药物的剂量与药效，此与制备方法的选择，尤其是基质和药物处理的正确与否密切相关。

(一) 基质和药物的处理

1. 基质的处理　油脂性基质一般在加热熔融后通过数层细布或120目铜丝筛网趁热滤过除去杂质，然后加热至150℃灭菌1小时，并除去水分。

2. 药物的处理

(1) 可溶于基质中的药物宜溶解在基质中制成溶液型软膏。

(2) 不溶性药物，应先采用适宜方法研磨成细粉，并通过6号筛，然后先与少量基质研匀，再与其余基质研匀；若处方中含有液体石蜡、植物油和甘油等液体组分，可先与这些组分研匀成细糊状后再与其余基质混匀；也可选择适当的溶剂将其研磨成均匀的混悬液，然后再与其他基质混匀。溶剂应与药物和基质具有良好的相容性，如乳剂型基质外相是油相的常选择液体石蜡，外相是水相的常选择甘油等。

(3) 处方中含量较小的药物（如皮质激素、生物碱等），可用少量适宜的溶剂溶解后，再加至基质中混匀。水溶性药物用蒸馏水溶解后，若与油脂性基质混合，可先与羊毛脂或吸水性基质混匀，然后再与其他基质混匀；若与乳剂基质混合，可加入水相；与水溶性基质混合时可直接混合。但遇水不稳定的药物，如一些抗生素、盐酸异丙嗪、盐酸氮芥等均不宜用水溶解或用含水基质配制，抗生素如新霉素、多黏菌素及杆菌肽在烃类基质中均不溶解，故应考察其释放度及生物利用度。

(4) 半固体黏稠性药物，如鱼石脂中某些极性成分不宜与凡士林混匀，可先加等量蓖麻油和羊毛脂混匀，再加入基质中；煤焦油可加少量聚山梨酯等表面活性剂，再与基质混匀；中药煎剂、流浸膏等可先浓缩至糖浆状，再与基质混合；固体浸膏可加少量水或醇使之软化或研成糊状，再与基质混匀。

（5）樟脑、薄荷脑、冰片等挥发性共熔成分共存时，可先研磨至共熔后再与冷至45℃以下的基质混匀；单独使用时可用少量适宜溶剂溶解，再加入基质中混匀，或溶于约40℃的油脂性基质中。

（6）将易氧化、水解的药物和挥发性药物加入基质时，基质温度宜在60℃以下，以减少药物的破坏和损失。

（二）制备方法及设备

1. 研合法　基质为油脂性的半固体时，可直接采用研合法。一般在常温下将药物细粉与基质采用等量递加法混合均匀。少量制备时用软膏刀在陶瓷或玻璃的软膏板上调制，也可在乳钵中研制。大量生产可采用电动研钵。

2. 熔合法　熔合法系将部分或全部组分加热熔化后混合成均匀基质的制备方法。不能被熔化的组分，在熔化液搅拌冷却的过程中加入。热不稳定及挥发性的组分（如冰片）要在熔化液温度低于其分解或挥发温度时加入。处方成分可以以溶液形式或将不溶性成分先与部分基质混合后，再加入到冷却的混合物中。在小规模生产中，熔合过程可在陶瓷盘或烧杯中进行。在大规模生产中，熔合过程是在大的蒸汽夹层加热的搅拌罐中进行。

由蜂蜡、石蜡、硬脂醇和高分子量的聚乙二醇等组成的软膏在熔合时，熔点高的基质应先在所需的最低温度加热熔化，其他组分在熔化液搅拌冷却过程中加入，直至混合液冷却凝结。

油脂性基质的软膏主要采用研合法和熔合法。

3. 乳化法　乳化法系将处方中的油脂性和油溶性组分一起加热至80℃左右成油相，另将水溶性组分溶于水后一起加热至80℃成水相，水相温度略高于油相温度，然后将水相逐渐加入油相中，边加边搅拌直至冷凝，在水相和油相均不溶解的组分最后加入，搅匀。如果水相温度较低，加入油相中会导致部分油相凝固。在大规模生产时，由于油相温度不易控制均匀冷却，或两相混合时搅拌不匀而使形成的基质不够细腻，因此在温度降至30℃左右时再通过胶体磨或软膏研磨机使基质更细腻均匀。也可使用旋转型热交换器的连续式乳膏机制造装置。

图8-1　自动灌装机

软膏制备的程序主要有预处理、真空乳化、均质、填充、封尾等，仪器设备有真空乳化搅拌机、真空均质机、软膏滚筒搅拌机、膏体填充封尾机等，如图8-1所示的自动灌装机。

（三）举例

1. 油脂性基质软膏处方

例8-15　冻疮膏

【处方】樟脑30g　薄荷脑20g　硼酸50g　羊毛脂20g　凡士林880g　液体石蜡

【制法】先将樟脑、薄荷脑混合研磨使共熔，然后加入硼酸（过100目筛）和约10ml液体石蜡，研成细腻糊状；另将羊毛脂和凡士林共同加热熔化，待温度降至50℃时，以等量递加法分次加入以上混合物中，边加边研磨，冷却即得。

【注解】本品采用油脂性基质，加适量羊毛脂增加药物在皮肤内的扩散。处方中樟脑与薄荷脑共研即可液化，并且易溶于液体石蜡，因此加少量液体石蜡有助于分散均匀，而使软膏更细腻，待基质温度降至50℃再加入，可防止樟脑、薄荷脑挥发。

2. 乳剂型基质软膏处方

例8－16 阿米卡星软膏

【处方】 阿米卡星2.5g 硬脂酸80g 十六醇60g 液体石蜡100g 白凡士林100g 司盘－80 10g 尼泊金乙酯1g 甘油60g 平平加O 20.25g 蒸馏水加至1000g

【制法】 将阿米卡星用适量蒸馏水溶解，备用；将硬脂酸、十六醇、液体石蜡、白凡士林加热至80℃熔融并搅拌均匀作为油相；将司盘－80、甘油、尼泊金乙酯、平平加O及余量蒸馏水加热至80℃，搅拌均匀作为水相；将油相逐渐加入水相中，边加边搅拌；将阿米卡星水溶液加入上述体系中，搅拌均匀，冷却即得。

【用途】 用于治疗铜绿假单胞菌、变形杆菌、大肠杆菌或金黄色葡萄球菌等引起的外伤感染性疾病。

例8－17 克林霉素甲硝唑软膏

【处方】 克林霉素10g 甲硝唑8g 单硬脂酸甘油酯120g 白凡士林90g 液体石蜡90g 司盘－60 30g 甘油100g 尼泊金乙酯1g 聚山梨酯－80 35g 月桂醇硫酸钠2.5g 蒸馏水加至1000g

【制法】 将单硬脂酸甘油酯、白凡士林、液体石蜡，司盘－60加热至80℃熔融并搅拌均匀作为油相；将甘油、尼泊金乙酯、聚山梨酯－80、月桂醇硫酸钠和蒸馏水加热至80℃搅拌均匀作为水相；将克林霉素、甲硝唑加入水相中，搅拌使溶解，并混合均匀；将油相逐渐加入至上述体系中，边加边搅拌，冷却即得。

【用途】 用于治疗痤疮、毛囊炎及细菌性皮肤感染。

四、软膏剂的质量评价

（一）含量测定

软膏剂应按《中国药典》或其他标准测定药物含量。准确测定软膏剂含量的关键是排除基质对主药含量测定的干扰和影响，以及如何将药物从基质中准确提取出来，可通过空白试验和回收率试验验证含量测定方法。

（二）物理性质的检测

1. pH值 由于软膏基质在精制过程中需用酸、碱处理，有时还需通过pH调节软膏的黏度，因此应对软膏的酸碱度进行测定，以免引起刺激。测定方法是取样品加适量水或乙醇分散混匀，然后用酸度计测定，一般控制pH 4.4～8.3。

2. 粒度 软膏和基质的外观要求色泽均匀，质地细腻，无粗糙感，无污物。混悬型软膏剂、含中药饮片细粉的软膏剂应进行粒度检查。取供试品适量，置于载玻片上，涂成薄层，覆以盖玻片，照粒度分布测定法（通则0982）测定，均不得检出大于180μm的粒子。

（三）刺激性研究

软膏剂涂于皮肤或黏膜时，不得引起刺激性。刺激性研究的方法：用于皮肤的软膏，在家兔背部剃去毛3cm×3cm，24小时后，取0.5g软膏均匀涂布于剃毛部位，然后用两层纱布（2.5cm×2.5cm）和一层玻璃纸或类似物覆盖，再用无刺激性胶布和绷带加以固定，贴敷至少4小时。24小时后观察涂敷部位有无红斑和水肿等情况，并用空白基质作对照。用于黏膜者，在家兔眼内涂敷0.1g软膏，在给药后1、2、4、24、48和72小时对眼部进行检查，观察角膜、结膜和虹膜是否有混浊、充血和水肿现象。对人体皮肤做刺激性试验时，将软膏涂敷于手臂或大腿内侧等柔软的皮肤面上，24小时后观察涂敷部位的皮肤有何反应。

（四）稳定性研究

软膏剂的稳定性要求，主要有性状（酸败、异臭、变色、分层、涂展性）、鉴别、含量测定等方面，在一定的贮存期内应符合规定要求。

软膏按市售包装在30℃ ±2℃、RH 65% ±5%条件下进行6个月的加速试验。在试验期间第0、1、2、3、6个月末取样检测考察指标。检查其性状、均匀性、含量、粒度及有关物质等，乳膏剂还应检查有无分层现象。

（五）药物释放、穿透及吸收的测定方法

1. 体外试验法　体外试验法有离体扩散池法、半透膜扩散法、凝胶扩散法和微生物扩散法等，其中以离体皮肤法较接近应用的实际情况。

（1）离体扩散池法　将人或动物的皮肤固定在扩散池的供给池和接收池之间，测定在不同时间由供给池穿透皮肤到接收池溶液中的药物量，计算药物透过皮肤的渗透率。

（2）半透膜扩散法　取软膏（如水杨酸软膏）装于内径及管长均为约2cm的短玻璃管，管的一端用玻璃纸封贴上并扎紧，将软膏紧贴于一端的玻璃纸上，并应无气泡，放入装有100ml 37℃的水中，在一定间隔时间内取样5ml，加入1ml 8%硫酸铁铵溶液，在波长530nm测定吸光度，并补加5ml蒸馏水，根据标准曲线计算溶液中药物量，并绘制药物累积释放度图。

（3）凝胶扩散法　以含显色指示剂的琼脂凝胶为扩散介质，放入长约10cm的试管内，在上端10mm空隙处装入软膏，紧密接触，每种软膏各装两管，隔一定时间测定呈色区高度，以呈色区高度（即扩散距离）的平方为纵坐标，时间为横坐标作图，拟合一直线，直线的斜率即为扩散系数。扩散系数越大释药速率越快，可作不同软膏基质释药能力的比较。

（4）微生物扩散法　本法适用于抗生素软膏，将细菌接种于琼脂平板培养基上，在平板上打若干个大小相同的孔，填入软膏，经培养后测定孔周围抑菌区大小。

2. 体内试验法　将软膏涂于人体或动物的皮肤上，经一定时间后进行测定，具体方法有体液与组织器官中药物含量测定法、生理反应法、放射性核素标记法等。

五、软膏剂的包装及贮藏

软膏剂可用广口软膏瓶或软膏管（锡管、铝管、塑料管、复合铝塑管）包装，软膏管密封性好，使用方便，不易污染。软膏剂的容器不应与药物或基质发生反应，有些药物遇金属软管易引起化学反应，可在管内涂一薄层蜂蜡与凡士林（6∶4）的熔合物或环氧酚醛型树脂防护层隔离。

软膏剂应包装于密封性好的容器中并在阴凉干燥处保存。贮存温度不宜过高或过低，其中乳膏剂应于25℃条件下贮存，不得冷冻以免基质分层及药物化学降解而影响软膏的均匀性与药效。

扫码"学一学"

第二节 贴膏剂

一、概述

贴膏剂系指将原料药物与适宜的基质制成膏状物，涂布于背衬材料上供皮肤贴敷，可产生全身性或局部作用的一种薄片状柔性制剂。

贴膏剂包括凝胶膏剂（原巴布膏剂）和橡胶膏剂。贴膏剂可以起保护创伤、封闭和治疗作用。如含药橡胶膏剂起外治和内治作用，用于治疗跌打损伤及风湿痹痛等；不含药的橡胶膏剂可以在皮肤表面起固定敷料、保护创伤的作用。

二、橡胶膏剂

橡胶膏剂系指药物与橡胶等基质混匀后，涂布于背衬材料上制成的贴膏剂。

（一）橡胶膏剂的组成

1. 膏料层 由药物和基质组成，基质主要由以下成分组成。

（1）生橡胶 是基质的主要原料，不透气、不透水，有良好的黏性和弹性。

（2）增黏剂 常用松香，松香中的松香酸可加速橡胶膏剂老化。

（3）软化剂 可以使生胶软化，增加可塑性、柔软性、耐寒性及黏性。软化剂的用量应适当，常用软化剂有凡士林、羊毛脂、液体石蜡及植物油等。

（4）填充剂 常用氧化锌。氧化锌有缓和的收敛作用，并且能增加膏料与裱背材料间的黏附性。

2. 背衬材料 背衬材料常用棉布、无纺布、纸等。

3. 膏面覆盖物 一般用硬质纱布、塑料薄膜、防粘纸、铝箔－聚乙烯复合膜等。

（二）橡胶膏剂的制备方法

1. 溶剂法

（1）提取药料 通常采用浸渍、加热回流和渗漉等方法提取，能溶于基质中的药物（如冰片等）直接加入基质中。

（2）制备胶浆 胶浆由药物和基质混合而成，制法如下：

1）压胶 取生胶洗净，于50～60℃干燥或晾干，切成大小合适的条块，在炼胶机中压成网状胶片，摊在铁丝网上去静电。

2）浸胶 将网状胶片浸入适量汽油中，密闭浸泡18～24小时，至完全溶胀成凝胶状。

3）打膏 将胶浆移入打膏机中，依次加入凡士林、羊毛脂、液体石蜡、松香及氧化锌等制成基质，再加入药物浸膏，搅拌均匀，在滤胶机上压过筛网，即得。

（3）涂布 将膏料置于装好细白布的涂料机上（图8－2），利用上下滚筒将膏料均匀涂布在布面上，调节两滚筒间的距离控制涂膏量。

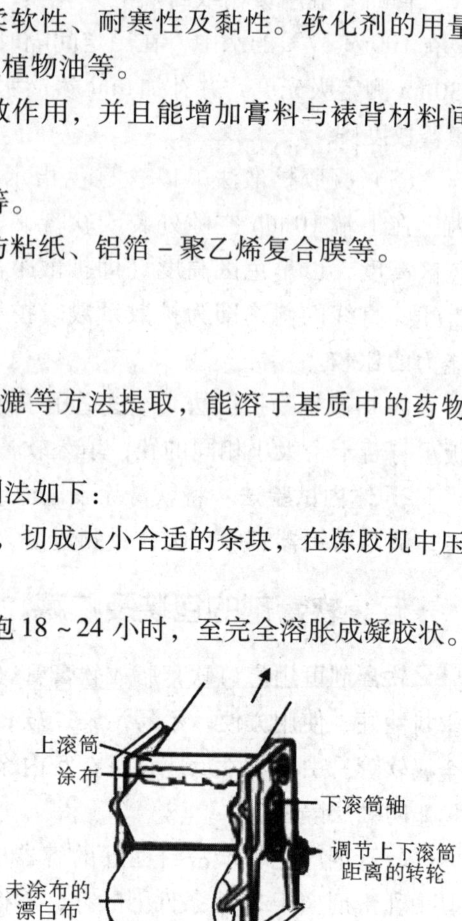

图8－2 橡胶膏剂涂料机的涂布部分

（4）切割加衬及包装 用切割机将干燥好的

橡胶膏切成规定的宽度，再用纱布转桶装置在膏面上覆盖一层脱脂硬纱布或塑料薄膜，最后再切成合适尺寸后包装（图8-3、图8-4）。

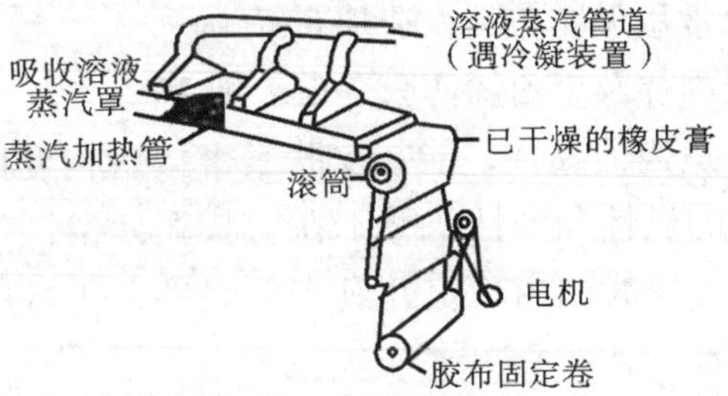

图8-3　橡胶膏剂涂料机的溶剂回收装置与拉布部分

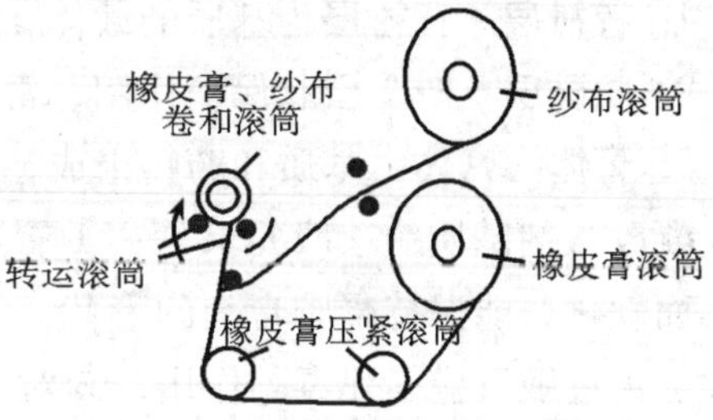

图8-4　橡胶膏纱布卷筒装置示意图

2. **热压法**　热压法是将胶片用处方中的油脂性药物浸泡，溶胀后再加入其他药物和氧化锌、松香等，炼压均匀，涂膏盖衬。

（三）举例

例8-18　复方牵正膏

【**处方**】白附子　地龙　全蝎　僵蚕丝　川芎　白芷　当归　赤芍　防风　生姜　樟脑　冰片　薄荷脑　麝香草酚

【**制法**】以上十四味，除樟脑、冰片、薄荷脑、麝香草酚外，其余十味药粉碎成粗粉，用85%乙醇浸渍、渗漉，渗漉液回收乙醇并浓缩至相对密度约1.05，与其他四味药混匀，加入4倍量重的由橡胶、松香、氧化锌、凡士林和羊毛脂制成的基质，制成涂料，涂膏，切膏，盖衬，切成小块，即得。

（四）橡胶膏剂的质量评价

1. **外观**　膏面应光洁，薄厚均匀，色泽一致，无脱膏、失黏现象。布面应平整、洁净，无漏膏现象。

2. **含膏量**　按《中国药典》（2020年版）含膏量检测第一法进行，取供试品2片（每片35cm^2），除去盖衬，精密称定，置于有盖玻璃容器中，加适量有机溶剂（如三氯甲烷、乙醚等）浸渍，并时时振荡，待背衬与膏料分离后，将背衬取出，用上述溶剂洗涤至背衬无残附膏料，挥去溶剂，在105℃干燥30分钟，移置干燥器中，冷却30分钟，精密称定，减失重量即为膏重，按标示面积换算为100cm^{2}含膏量，应符合各品种项下的规定。

3. **耐热性**　按《中国药典》（2020年版）耐热性试验方法进行，取供试品2片，除去盖衬，在60℃加热2小时，放冷后，膏背面应无渗油现象；膏面应有光泽，用手指触试应仍有黏性。

4. **黏附性**　按《中国药典》（2020年版）橡胶膏剂照贴膏剂黏着力测定法测定，均应符合各品种项下的规定。

三、凝胶膏剂

凝胶膏剂系指药物与适宜的亲水性基质混匀后，涂布于背衬材料上制成的贴膏剂。常用基质有聚丙烯酸钠、羧甲基纤维素钠、明胶、甘油和微粉硅胶等。

凝胶膏剂具有以下优点：①对皮肤无刺激性、无致敏性、无疼痛感，提高患者依从性；②体内血药浓度更为平稳，药效持久；③载药量较大，起效迅速；④保湿性能好、不干燥，具有良好的透气性能，使用舒适；⑤可反复揭贴；⑥使用后无残留，不污染衣物。

（一）凝胶膏剂的组成

1. **背衬层** 背衬层为基质的载体，一般常用无纺布、人造棉布等。

2. **防黏层** 防黏层起保护作用，常用聚丙烯及聚乙烯薄膜、玻璃纸等。

3. **膏体** 膏体由基质和药物组成，应有适当的黏性，能与皮肤紧密接触，发挥治疗作用。凝胶膏剂基质的一般要求是：①有适当的黏性和弹性；②不在皮肤上残留、不因汗水作用而软化、能保持凝胶膏剂的形状；③在一定时间内稳定并具有保湿性；④对皮肤无刺激性、无过敏反应、无毒副作用；⑤对主药的稳定性无影响。

常用基质有明胶、羧甲基纤维素（钠）、甲基纤维素、聚丙烯酸、白陶土、聚乙烯醇、聚乙烯吡咯烷酮、甘油、丙二醇等。

（二）凝胶膏剂的制备

凝胶膏剂因主药的性质及基质的不同制备工艺也不同。通常将高分子材料溶解后，加入黏合剂、保湿剂及填充剂等制成均匀的基质，加入药物混合均匀，涂布，压合防黏层，切割，包装即得（图8－5）。

图8－5 凝胶膏剂涂布机

（三）举例

例8－19 来氟米特凝胶膏剂

【处方】 来氟米特15g 明胶18g 羧甲基纤维素钠30g 聚乙烯吡咯烷酮65g 山梨醇357g 聚丙烯酸钠15g 高岭土70g 丙二醇300g 25%戊二醛溶液130g

【制法】 将明胶充分溶解于水中，再将羧甲基纤维素钠、聚乙烯吡咯烷酮、山梨醇混合均匀后加入明胶溶液中，加水充分溶胀，得基质；将来氟米特和聚丙烯酸钠、高岭土一起分散于丙二醇中，搅拌均匀，加入基质中，搅拌均匀后得到均匀黏稠膏体；将戊二醛溶液加入该膏体中，搅拌，充分交联后铺于无纺布上，盖上防黏膜，烘干后即得。

【用途】 治疗类风湿关节炎。

（四）凝胶膏剂的质量评价

1. **外观** 膏面应光洁，薄厚均匀，色泽一致，无脱膏、失黏现象。布背衬面应平整、洁净，无漏膏现象。

2. **含膏量** 按《中国药典》（2020年版）含膏量检测第二法进行，取供试品1片，除去盖衬，精密称定，置烧杯中，加适量水，加热煮沸至背衬与膏料分离后，将背衬取出，用水洗涤至背衬无残留膏体，挥干，在105℃干燥30分钟，移置干燥器中，冷却30分钟，精密称定，减失重量即为膏重，按标示面积换算为100cm^{2}含膏量，应符合各品种项下的规定。

3. **赋形性** 按《中国药典》（2020年版）赋形性试验方法进行，取供试品1片，置37℃、相对湿度64%的恒温恒湿箱中30分钟，取出，用夹子将供试品固定在一平整钢板上，钢板与水平面的倾斜角为60°，放置24小时，膏面应无流淌现象。

4. **黏附性** 按《中国药典》（2020年版）（除另有规定外），凝胶膏剂照贴膏剂黏着力测定法（通则0952第一法）测定，均应符合各品种项下的规定。

扫码“学一学”

第三节　膏　药

一、概述

膏药系指饮片、食用植物油与红丹（铅丹）或官粉（铅粉）炼制成膏料，摊涂于裱背材料上制成的供皮肤贴敷的外用制剂。前者称为黑膏药，后者称为白膏药。

黑膏药应乌黑，无红斑；白膏药应无白点。膏体应该油润细腻、光亮、老嫩适度、摊涂均匀、无飞边缺口，加温后能粘贴于皮肤上且不移动。

二、膏药的基质

1. 植物油　植物油应选用质地纯净、沸点低、熬炼时泡沫较少，成品软化点及黏着力适当的植物油。麻油较好，花生油也可应用。

2. 红丹　红丹又称樟丹或铅丹，主要成分是四氧化三铅，含量在95%以上。红丹为橘红色粉末，含水易聚集成颗粒，下丹时沉于锅底，不易与油充分反应，使用前应炒去水分，过五号筛。

三、膏药的制备

1. 提取　药料的提取按其质地有先炸后下之分，少量制备可以用铁锅，大量生产用炼油器（图8-6）。将药料中质地坚硬的中药及含水量高的药材置于炼油器中的铁丝笼内，加盖，将油加热至200～220℃先炸；质地疏松的中药（如花、草、叶、皮等）在上述药料炸至枯黄后入锅，炸至药料表面呈深褐色，内部焦黄，去药渣，得药油。

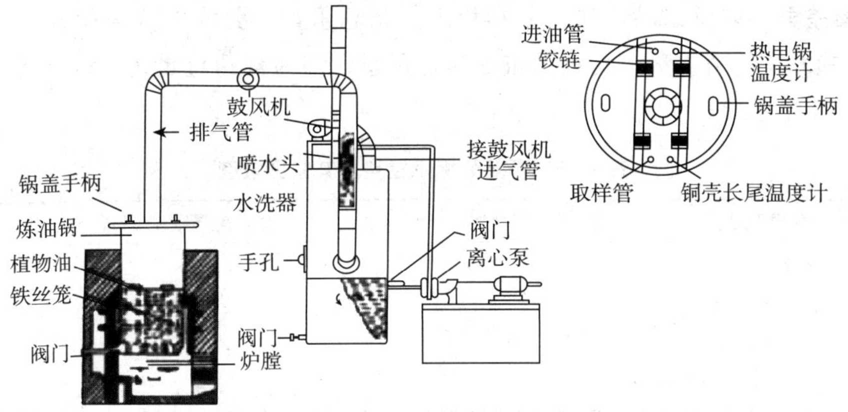

图8-6　膏药提取与炼油器

2. 炼油　将药油于270～320℃继续加热熬炼，使油脂在高温下氧化聚合、增稠，炼制滴水成珠。取少许油滴于水中，如药油聚集成珠不散，则药油炼好。

3. 下丹　将红丹加入炼好的油中反应生成脂肪酸铅盐，促进油脂进一步氧化、聚合、增稠成膏状。每500g药油用150～210g红丹。当油温达到300℃左右时，缓缓加入红丹，不断搅拌，使油和红丹充分反应，至成为黑褐色稠厚状液体。

4. 去火毒　炼成的膏药直接应用，常对皮肤产生刺激性，轻者出现红斑、瘙痒，重者出现发疱、溃疡，这种刺激俗称火毒。将炼成的膏药慢慢倒入冷水中，强烈搅拌，待冷却凝结取出。反复搓揉，挤出水分制成团块，并将团块置冷水中，每日换水一次，除尽火毒。

5. 摊涂 将膏药用文火加热熔化，中药细粉在70℃以下加入，混合均匀，涂于裱背材料上。

由于炼油及下丹过程中会产生大量刺激性浓烟，注意通风、防火。生产中产生的刺激性气体需要通过废气管排入洗水池中，水洗后排出。

四、膏药举例

例8-20 狗皮膏

【处方】 生川乌80g 生草乌40g 羌活20g 独活20g 青风藤30g 香加皮30g 防风30g 威灵仙30g 苍术20g 蛇床子20g 麻黄30g 高良姜9g 小茴香20g 官桂10g 当归20g 赤芍30g 木瓜30g 苏木30g 大黄30g 油松节30g 续断40g 川芎30g 白芷30g 乳香34g 没药34g 丁香15g 肉桂11g 冰片17g 樟脑34g

【制法】 以上29味药，乳香、没药、丁香、肉桂分别粉碎成粉末，与樟脑、冰片粉末配研，过筛，混匀；其余23味药，酌予碎断，与植物油3495g同置锅内炸枯，去渣，滤过，炼制滴水成珠；取红丹1040g，加入油内，搅拌均匀，收膏，浸泡于水中；取膏，用文火熔化，加入上述粉末，搅拌均匀，摊涂于布上，即得。

【用途】 风寒湿邪、气滞血瘀引起的四肢麻木、腰腿疼痛、筋脉拘挛、跌打损伤、闪腰岔气、湿寒带下、积聚痞块等。

五、膏药的质量检查

1. 软化点 照膏药软化点测定方法（通则2102）测定，应符合各品种项下的有关规定。

2. 重量差异 取供试品5张，分别称定每张总重量，剪取单位面积（cm^2）的衬背，称定重量，换算出衬背重量，总重量减去衬背重量，即为膏药重量，与标示重量比较，应符合表中8-1的规定。

表8-1 膏药的标示重量及其差异限度

标示重量	重量差异限度
3g及3g以下	±10%
3g以上至12g	±7%
12g以上至30g	±6%
30g以上	±5%

扫码“学一学”

第四节 膜 剂

一、概述

膜剂（pellicle）系指药物与适宜的成膜材料经加工制成的膜状制剂。膜剂可供口服、口含、舌下及黏膜给药。外用可覆盖皮肤创伤、烧伤或炎症表面。根据用途可制成单层膜、多层膜（复合膜）和夹心膜。膜剂外观应完整光洁，厚度一致，色泽均匀，无明显气泡。

多剂量的膜剂，分格压痕应均匀清晰，并能按压痕撕开。膜剂所用的成膜材料、辅料及包装材料均应性质稳定，无毒、无刺激性，不与药物发生理化反应。

膜剂的优点是制备工艺简单；无粉末飞扬；含量准确，稳定性好，疗效好；成膜材料用量少；携带方便。根据成膜材料的不同，可以制备速释膜剂，也可以制备缓控释膜剂。

膜剂的缺点是载药量少，仅适用于小剂量药物，重量差异难控制，收率低。

二、成膜材料及附加剂

（一）成膜材料

成膜材料的性能、质量对膜剂的成型工艺、质量及药效有重要影响。理想的成膜材料应与主药不发生理化反应，无毒、无刺激；用于皮肤、黏膜、创伤、溃疡或炎症部位，不妨碍组织愈合；不干扰含量测定，无不良味道；成膜和脱膜性能良好；有适当的强度和柔韧性；用于口服和黏膜用的成膜材料应有良好的水溶性，可生物降解、吸收或排泄。

常用成膜材料主要是天然高分子材料及合成高分子材料。天然高分子成膜材料有明胶、虫胶、阿拉伯胶、淀粉、糊精、琼脂等。这类成膜材料多数可以生物降解或溶解，但成膜脱膜性能差，因此常与其他合成成膜材料合用。合成的高分子成膜材料有聚乙烯醇、乙烯-醋酸乙烯共聚物和纤维素衍生物，这类成膜材料成膜性能优良，强度与韧性均较好。

1. 聚乙烯醇（polyvinyl alcohol，PVA）　聚乙烯醇是由醋酸乙烯在甲醇中进行聚合反应生成聚醋酸乙烯，再在氢氧化钾的醇溶液中发生醇解反应而得。因其聚合度和醇解度不同则有不同的规格和性质。一般认为醇解度为87%～89%时的水溶性最好，在冷水和热水中均能很快溶解。

目前国内最为常用的是PVA05-88和PVA17-88两种规格，它们的醇解度均为88%。平均聚合度分别为500～600和1700～1800。其中PVA05-88聚合度小、相对分子质量小、水溶性大、柔韧性差；PVA17-88聚合度大、相对分子质量大、水溶性小、柔韧性好。两者可以适当的比例（1:3）混合使用。

PVA对眼黏膜和皮肤无刺激、无毒，口服后在消化道中很少吸收，80%的PVA在48小时内随粪便排出，是目前国内最常用的成膜材料。

2. 乙烯-醋酸乙烯共聚物（ethylene vinyl acetate copolymer，EVA）　乙烯-醋酸乙烯共聚物是乙烯和醋酸乙烯在一定条件下共聚而成的水不溶性高分子聚合物。其性能与相对分子质量和醋酸乙烯含量关系密切。随着相对分子质量的增加，EVA的玻璃化温度和机械强度均升高。在相对分子质量相同时，随醋酸乙烯比例的增大，材料的溶解性、柔韧性、弹性和透明性越好。EVA无毒、无刺激、无臭，生物相容性好，成膜性能优良，柔软，强度大，适用于制备眼用、阴道用和子宫用的控释膜剂。

（二）附加剂

膜剂除主药和成膜材料外，通常还含有着色剂（如色素、二氧化钛），增塑剂（如甘油、山梨醇、丙二醇），填充剂（淀粉、糊精、碳酸钙、二氧化硅），表面活性剂（聚山梨酯-80、十二烷基硫酸钠、卵磷脂）及脱膜剂（如液体石蜡、甘油、硬脂酸）等附加剂。

（三）制备方法

膜剂的制备方法根据主药性质和成膜材料性能的不同，分为匀浆流延成膜法、压-融成膜法和复合制膜法三种制备方法。

1. **匀浆流延成膜法** 将成膜材料（如 PVA）溶解于水，滤过，加入主药，搅拌溶解。不溶于水的主药需预先制成微晶或粉碎成细粉，均匀分散于成膜材料的胶体溶液中。然后涂膜，少量制备时可将成膜材料浆液倒于平板玻璃上，用推杆涂成宽厚一致的涂层；大量生产时可用涂膜机涂膜。干燥后，分割，包装。

2. **压 - 融成膜法** 将粉碎后的药物细粉和成膜材料颗粒（如 EVA）混合均匀，热压成膜，或将药物细粉加入热融的成膜材料中，使药物溶解或混合均匀，冷却成膜。

3. **复合制膜法** 以不溶性的成膜材料（如 EVA）作为外膜，分别制成具有凹穴的下外膜带和上外膜带，另以水溶性的成膜材料（如 PVA）用匀浆流延成膜法制成含药的内膜带，剪切后置于下外膜带的凹穴中，或用易挥发性溶剂制成含药匀浆，定量注入下外膜带的凹穴中，吹干后，盖上上外膜带，热封即得。该法一般适用于缓控释膜剂的制备。

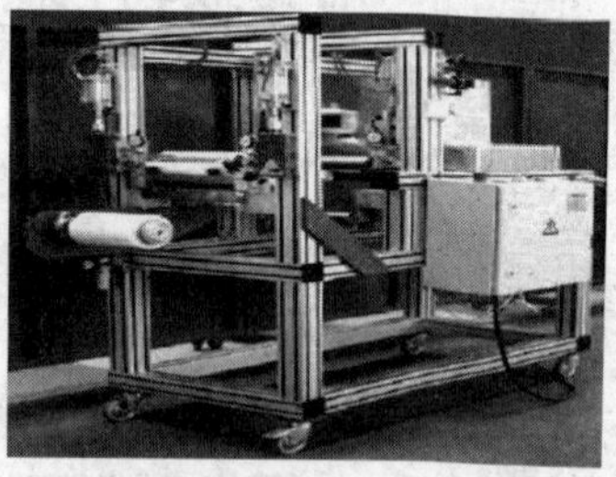

图 8 - 7　膜剂涂布机

涂布是制备膜剂的关键工艺，常用设备为涂布机（图 8 - 7）。

（四）举例

例 8 - 21　硝酸毛果芸香碱眼用膜剂

【处方】 硝酸毛果芸香碱 150g　PVA05 - 88 280g　甘油 20g　蒸馏水 550ml

【制法】 将 PVA05 - 88，甘油和蒸馏水搅拌膨胀后于 90℃ 水浴加热溶解，趁热过 80 目筛网，滤液放冷后加入硝酸毛果芸香碱，搅拌，溶解，然后在涂膜机上制成宽 10mm、厚 0.15mm 的药膜带，干燥后封闭于聚乙烯薄膜中。最后用紫外灯灭菌 30 分钟（正反面各 15 分钟）即得。

【用途】 用于治疗青光眼。

（五）质量检查

1. **重量差异** 膜剂应做重量差异检查。取供试品 20 片，精密称定总重量，求得平均重量，再分别精密称定各片的重量。每片重量与平均重量相比较，按表 8 - 2 中规定，超出重量差异限度的不得多于 2 片，并不得有 1 片超出限度的 1 倍。

表 8 - 2　膜剂的平均重量及重量差异限度

平均重量	重量差异限度
0.02g 及 0.02g 以下	±15%
0.02g 以上至 0.20g	±10%
0.20g 以上	±7.5%

扫码“学一学”

2. **微生物限度** 照非无菌产品微生物限度检查：微生物计数法（通则 1105）和控制菌检查（通则 1106）及非无菌药品微生物限度标准（通则 1107）检查，应符合规定。

第五节　涂膜剂

涂膜剂系指原料药物溶解或分散于含成膜材料的溶剂中，涂搽患处后形成薄膜的外用液体制剂。涂膜剂用时涂布于患处，有机溶剂迅速挥发，形成薄膜保护患处，并缓慢释放药物起治疗作用。涂膜剂一般用于治疗无渗出液的损害性皮肤病等。涂膜剂应无毒、无局部刺激性，无酸败和变色现象。涂膜剂的特点是制备工艺简单，不用背衬材料，不需要特殊设备，使用方便。

涂膜剂的处方由药物、成膜材料和挥发性溶剂组成。常用成膜材料有聚乙烯醇、聚乙烯吡咯烷酮、乙基纤维素和聚乙烯醇缩甲乙醛等，增塑剂常用甘油、丙二醇、三乙酸甘油酯等；溶剂常用乙醇。涂膜剂应稳定，根据需要可加入抑菌剂或抗氧剂。抑菌剂的抑菌效力应符合抑菌效力检查法（通则1121）的规定。涂膜剂应遮光，密闭贮存，在启用后最多可使用4周。

（一）制法

涂膜剂的一般制法为能溶于溶剂的药物，可直接加入溶解；如为中药，则应先制成乙醇提取液，再加入到基质溶液中去。

（二）举例

例8-22　复方鞣酸涂膜剂

【处方】鞣酸50g　间苯二酚50g　苯甲酸30g　水杨酸30g　苯酚20g　聚乙烯醇124 40g　甘油100ml　蒸馏水400ml　乙醇加至1000ml

【制法】将聚乙烯醇用适量蒸馏水溶胀后，水浴加热溶解；将鞣酸、间苯二酚、苯甲酸、水杨酸溶于适量乙醇中，加入苯酚、甘油，再加乙醇至550ml，搅拌均匀后缓慢加入聚乙烯醇溶液中，边加边搅拌，搅拌均匀后滤过，再自滤器上加乙醇至全量，搅匀即可。

【用途】用于治疗脚癣、甲癣、体癣、股癣及神经性皮炎等。

（三）涂膜剂的质量检查

1. 装量　除另有规定外，照最低装量检查法（通则0942）检查，应符合规定。

2. 无菌　用于烧伤［除程度较轻的烧伤（Ⅰ°或浅Ⅱ°外）］、严重创伤或临床必须无菌的涂膜剂，照无菌检查法（通则1101）检查，应符合规定。

3. 微生物限度　除另有规定外，照非无菌产品微生物限度检查；微生物计数法（通则1105）和控制菌检查（通则1106）及非无菌药品微生物限度标准（通则1107）检查，应符合规定。

第六节　凝胶剂

扫码“学一学”

一、概述

凝胶剂（gels）系指原料药物与能形成凝胶的辅料制成的具有凝胶特性的稠厚液体或半固体制剂。乳状液型凝胶剂又称为乳胶剂。由高分子基质制成的凝胶剂又称为胶浆剂。小分子无机药物凝胶剂是由分散的药物胶体小粒子以网状结构存在于液体中，属两相分散系统，也称混悬凝胶剂。混悬型凝胶剂可有触变性，静止时形成半固体而搅拌或振摇时成为液体。局部用凝胶剂属单相分散系统，有水性凝胶剂与油性凝胶剂之分，水性凝胶剂的主要基质一般由水、甘油或丙二醇与纤维素衍生物、卡波姆和海藻酸盐、西黄蓍胶、明胶、淀粉构成；油性凝胶剂的主要基质由液体石蜡与聚氧乙烯或脂肪油与胶体硅或铝皂、锌皂构成。在本节中将单相分散体系的凝胶剂称为普通凝胶剂，简称凝胶剂；将具有触变性的两相分散体系的凝胶剂称为原位凝胶剂（in situ gel）。

最早商品用的凝胶剂是口腔用凝胶剂，称为 Orabase Gel，它主要以脂溶性果胶为基质，可黏附于口腔黏膜上。近年来，以聚合物为基质的生物黏附产品已经用于阴道（壬苯醇醚凝胶剂）、口腔（对乙酰氨基酚凝胶剂）、鼻腔（特非那定凝胶剂）和眼部给药系统中（氧氟沙星眼用凝胶剂）等。

凝胶剂具有制备简单、易洗脱、不污染衣物、使用方便、与用药部位亲和力强、滞留时间长、毒副作用小等优点。

二、凝胶剂的基质

（一）凝胶剂基质

水性凝胶基质大多在水中溶胀成水性凝胶（hydrogel）而不溶解。该类基质易涂展和洗除，无油腻感，能吸收组织渗出液不妨碍皮肤正常功能，还由于黏度较小而利于药物释放。该类基质缺点是润滑作用较差，易失水和霉变，需加入保湿剂和防腐剂。

1. 卡波姆 卡波姆（carbomer）是丙烯酸与丙烯基蔗糖或季戊四醇烯丙醚交联的高分子聚合物，商品名为卡波普（carbopol），按黏度不同常分为 934、940、941、980、981、934P、974P 等规格。本品是一种白色、疏松、酸性、引湿性强的粉末。由于分子中存在大量的羧酸基团，可以在水中迅速溶胀，但不溶解。分子结构中的羧酸基团使其水分散液呈酸性，1% 水分散液的 pH 为 2.5～3.0，黏性较低。当用碱中和时，随大分子逐渐溶解，黏度也逐渐上升，在低浓度时形成澄明溶液，在浓度较大时形成有一定强度和弹性的透明状凝胶。卡波姆在被碱中和时黏度逐渐增大，在 pH 6～11 时黏度最大，在更高 pH 值时黏度下降。一般情况下，中和 1g 卡波姆约消耗 1.35g 三乙醇胺或 0.4g 氢氧化钠，本品制成的基质无油腻感，涂用润滑舒适，特别适宜于治疗脂溢性皮肤病。与聚丙烯酸相似，盐类电解质可使卡波姆凝胶的黏性下降，碱土金属离子以及阳离子聚合物等均可与卡波姆结合成不溶性盐，强酸也可使卡波姆失去黏性，在配伍时须避免。

例 8－23 卡波姆基质处方

【处方】卡波姆 980 10g 乙醇 50g 甘油 50g 聚山梨酯－80 2g 尼泊金乙酯 1g 三乙醇胺 13.5g 蒸馏水加至 1000g

【制法】将卡波姆、聚山梨酯－80 加入 800g 蒸馏水中，不断搅拌，溶胀成半透明的溶液，加入 1/2 处方量的三乙醇胺，将尼泊金乙酯溶于乙醇后逐渐加入基质中搅匀，再加入余量的三乙醇胺及蒸馏水，搅拌均匀，即得。

2. 纤维素衍生物 纤维素衍生物在水中可溶胀或溶解形成具有一定黏度的凝胶剂基质。凝胶剂基质常用的纤维素衍生物有甲基纤维素（methyl cellulose，MC）、羧甲基纤维素钠（carboxymethylcellulose sodium，CMC－Na）和羟丙基纤维素（hydroxypropyl methyl cellulose，HPC），常用的浓度为 2%～6%。甲基纤维素在冷水中溶胀生成澄明或乳白色的黏稠胶体溶液，不溶于热水，温度上升，黏度下降，再加热胶化，冷却后再溶解。因此在配制 MC 溶液时，将 MC 加入 70℃左右的热水中，分散均匀，再加冷水混匀，即得澄明溶液。MC 在 pH2～12 范围内，对酸碱稳定，易霉变，需热压灭菌，与常用防腐剂有配伍变化。CMC－Na 在任何温度下均可溶解，1% 的水溶液 pH 值在 6～8，在 pH 值低于 5 或高于 10 时黏度显著降低。该类基质涂布于皮肤时有较强黏附性，易失水，干燥而有不适感，常需加入 10%～15% 的甘油作保湿剂。在 CMC－Na 基质中不宜加硝（醋）酸苯汞及其他重金属盐作防腐剂。也不宜与阳离子型药物配伍，否则会与 CMC－Na 形成不溶性沉淀物，从而影响防腐效果或药效。

例 8－24　甲基纤维素基质处方

【处方】甲基纤维素 20g　甘油 100g　蒸馏水加至 1000g

【制法】将甲基纤维素加到预热至 70℃的 500g 蒸馏水中，搅拌均匀，加入甘油和余量的蒸馏水，搅拌均匀，溶胀，即得。

（二）原位凝胶剂基质

原位凝胶剂的形成机制是利用高分子材料对外界环境的响应，使聚合物在生理条件下发生分散状态或构象的可逆变化，完成由溶液向凝胶的转化过程。

1. 结冷胶　结冷胶是伊乐藻假单胞菌（Pseudomonas elodea）分泌的阴离子型脱乙酰化细胞外多糖，由一分子 α－L－鼠李糖、一分子 β－D－葡萄糖醛酸和两分子 β－D－葡萄糖的四糖重复单元聚合而成。Gelrite®溶解于 90℃的水中，呈无序的线团状，降低温度时可逆地转化为半交错半并行的逆时针双螺旋连接带。溶液中的一价或二价阳离子与聚合物链上的羰基络合，参与形成稳定双螺旋的链间氢键。每两条双螺旋逆向聚集，构成三维凝胶网络。

2. 卡波姆　卡波姆由于存在大量的羧基，加入无机或有机碱类中和剂使羧基离子化，负电荷间的排斥作用导致分子链膨胀、伸展并相互缠结形成凝胶。

3. 海藻酸钠　海藻酸钠（alginate sodium）为褐藻的细胞膜组成成分，是由 β－D－甘露糖醛酸（M）和 α－L－葡萄糖醛酸（G）残基通过 1，4－糖苷键连接构成的线型多糖类嵌段共聚物。海藻酸钠为无臭、无味、白色至淡黄色的粉末，能缓慢溶于水中形成黏稠的液体，其水溶液的黏度与 pH 值和离子强度有关，pH 值小于 4 时或在其水溶液中加入二价或三价金属离子形成凝胶，pH 值大于 10 时不稳定。

4. 泊洛沙姆　泊洛沙姆（poloxamer）是聚氧乙烯和聚氧丙烯组成的嵌段共聚物，其中聚氧乙烯链段分子质量比例为 10%～80%。高浓度的泊洛沙姆 407 水溶液具有受热反向胶凝的性质，即冷藏温度下是自由流动的液体而室温或体温时形成澄明的凝胶。泊洛沙姆溶液的胶凝温度受聚氧乙烯链段和聚氧丙烯链段的比例、聚合物浓度和溶液中电解质的影响，随聚氧乙烯链段的增加，其胶凝的温度增加。

三、凝胶剂的制备及举例

将药物用适当的溶剂溶解（蒸馏水或乙醇、丙二醇）或用少量蒸馏水或甘油研匀，备用；将其余处方成分按基质配制方法制成凝胶基质，再将药物加入基质中搅拌均匀，即得。

例 8－25　尼美舒利凝胶

【处方】尼美舒利 10g　乙醇 50g　丙二醇 100g　尼泊金乙酯 1g　卡波姆 10g　三乙醇胺 6.75g　蒸馏水加至 1000g

【制法】将卡波姆与 500ml 蒸馏水混合溶胀成半透明溶液，边搅拌边滴加处方量的三乙醇胺，将尼美舒利溶于乙醇搅拌均匀，再将尼泊金乙酯溶于丙二醇搅拌均匀，加入剩余量的蒸馏水，搅拌均匀，即得。

例 8－26　依诺沙星眼用凝胶剂

【处方】依诺沙星 3g　羟丙基甲基纤维素 20g　冰醋酸适量　乙二胺四乙酸二钠 2g　氢氧化钠适量　苯扎氯铵 0.1g　去离子水加至 1000g

【制法】将羟丙基甲基纤维素加入800g去离子水中，边加边搅拌，使羟丙基甲基纤维素完全溶解形成透明的溶液；将依诺沙星用适量冰醋酸溶解后加入基质中，搅拌均匀；用适量氢氧化钠调节pH至6~7，加入乙二胺四乙酸二钠、苯扎氯铵及剩余量的去离子水搅拌均匀，热压灭菌，即得。

例8-27 黄榆口腔溃疡温敏凝胶剂

【处方】地榆　大黄　黄芩　黄柏　黄连　泊洛沙姆407 190g　泊洛沙姆188 72.1g　聚乙二醇6000 10.9g　HPMC E4M 1g　尼泊金乙酯1g　去离子水加至1000g

【制法】称取处方量的地榆、大黄、黄芩、黄柏、黄连，分别按上述最佳工艺提取药材，过滤药渣合并滤液，回收乙醇，浓缩至适量，备用。将处方量卡波姆撒于适量水中，使其充分溶胀，用适量乙醇将尼泊金乙酯溶解后与甘油、丙二醇一起加入卡波姆中，使用高速搅拌机边搅拌边加入药液，充分搅匀。加入适量的三乙醇胺调节pH至6.0，再加蒸馏水至足量，充分搅匀，即得。

【用途】用于治疗口腔溃疡等。

四、凝胶剂的质量评价

1. 粒度　混悬型凝胶剂取适量供试品，置于载玻片上，涂成薄层，薄层面积相当于盖玻片面积，共涂三片，照粒度和粒度测定法（通则0982）检查，均不得检出大于180μm的粒子。

2. 装量　照最低装量检查法（通则0942）检查，应符合规定。

3. 无菌　除另有规定外，用于烧伤［除程度较轻的烧伤（Ⅰ°或浅Ⅱ°外）］、严重创伤或临床必须无菌的凝胶剂，照无菌检查法（通则1101）检查，应符合规定。

4. 微生物限度　照非无菌产品微生物限度检查：微生物计数法（通则1105）和控制菌检查（通则1106）及非无菌药品微生物限度标准（通则1107）检查，应符合规定。

扫码“练一练”

（刘志东）

第九章 栓 剂

学习目标

1. 掌握 栓剂的概念、分类和特点，常用栓剂基质种类及附加剂种类，全身作用栓剂吸收途径及影响吸收的因素，置换价的定义及计算。

2. 熟悉 栓剂的质量要求、局部作用栓剂吸收的特点，栓剂的制备方法，栓剂的质量评价项目。

3. 了解 栓剂种类及形状，基质要求，新型栓剂等。

第一节 概 述

扫码“学一学”

一、定义

栓剂（suppositories）系指将药物和适宜的基质等制成的具有一定形状供腔道给药的固体状外用制剂。栓剂在常温下为固体，塞入人体腔道后，在体温下迅速软化、熔融或溶解于分泌液，逐渐释放药物而产生局部或全身作用。

栓剂最初被认为以起局部作用为主，如用于肛门、阴道等部位，主要起润滑、收敛、抗菌、杀虫、局麻等作用。随着研究的深入，发现栓剂经直肠给药具有可避免肝首过作用和不受胃肠道影响的特点，而且适合于口服片剂、胶囊、散剂困难的患者用药，因此，栓剂的全身治疗作用越来越受到重视。目前，以起局部作用为目的的栓剂有消炎药、局部麻醉药、杀菌剂等，以起全身作用为目的的栓剂有解热镇痛药、抗生素类药、副肾上腺皮质激素类药、抗恶性肿瘤治疗剂等。

由于栓剂最初被认为是仅起局部作用，同时存在患者使用不便、生产效率低、生产成本高等缺点，因此严重制约了其发展。随着医药事业的发展，逐渐发现栓剂不仅能起局部治疗作用，而且可通过黏膜（直肠或阴道）吸收起全身治疗作用。另外，由于新基质的不断出现、栓剂生产的自动化，以及应用单个栓剂密封包装技术等，近年来国内外栓剂生产的品种和数量显著增加，有关栓剂的研究报道也日益增多，栓剂又引起了新的重视。

栓剂也称为坐药或塞药，是古老的剂型之一，在公元前1550年的埃及《伊伯氏纸草本》中即有记载。我国关于栓剂最早的记载可追溯到《史记·扁鹊仓公列传》，后汉张仲景《伤寒论》中有通便肛门栓的记载；晋葛洪《肘后备急方》中有用半夏和水制成小丸置于鼻中的鼻用栓剂和用巴豆鹅脂制成的耳用栓剂等；这是最早的关于鼻用栓和耳用栓的记载。

二、分类

可按照不同的分类方法对栓剂进行分类。

1. 按栓剂作用进行分类 一类是在腔道中起局部作用，如润滑、收敛、抗菌消炎、杀虫、止痒、局麻等作用，如甘油栓和苯佐卡因栓等；栓剂局部给药使药物直接产生作用，疗效显著，全身性副作用小。一类是药物经腔道黏膜（直肠或阴道）进入血液而产生全身治疗作用，如镇痛、镇静、兴奋、扩张支气管和血管、抗菌等作用。例如，吗啡栓、苯巴比妥钠栓及氨哮素栓等。直肠吸收的干扰因素较口服给药少，并能减少肝脏的首过效应，有些药物经直肠吸收比经口服吸收有更大的生物利用度。

2. 按栓剂应用腔道进行分类 按其应用腔道的不同，可将栓剂分为肛门栓、阴道栓、尿道栓、喉道栓、耳用栓和鼻用栓等，目前，常用的栓剂有直肠栓和阴道栓，这两种栓剂的形状和大小各不相同。其中以肛门栓更为常用，肛门栓的形状有圆锥形、圆柱形、鱼雷形等；阴道栓的形状有球形、卵形、鸭嘴形等，阴道栓主要用于阴道疾病的局部治疗，并逐渐被阴道用其他剂型所取代，最近出现了作为阴道用软胶囊产品，如达克宁阴道用软胶囊等。

3. 按栓剂的形状进行分类 栓剂因使用的腔道而异，其形状、重量与大小均不同。肛门栓的形状有圆锥形、圆柱形、鱼雷形等，成人用每颗重约 2g，长 3 ~ 4cm，儿童用约 1g，常见鱼雷形，此形状的栓剂塞入肛门后，由于括约肌的收缩易压入直肠内。阴道栓的形状有球形、卵形、鸭嘴形等，每颗重 2 ~ 5g，直径 1.5 ~ 2.5cm，其中鸭嘴形较为适宜，其原因是重量相同情况下，鸭嘴形的表面积较大。栓剂的形状如图 9 - 1 所示。

图 9 - 1 栓剂的形状

4. 按药物释放性质进行分类 栓剂可分为普通栓和持续释药的缓释栓。

三、质量要求

供栓剂用的固体药物，除另有规定外，应预先用适宜方法制成细粉，并全部通过六号筛。根据使用腔道和使用目的不同，制成各种适宜的形状。根据需要可加入表面活性剂、稀释剂、吸收剂、润滑剂和防腐剂等。药物与基质应混合均匀，栓剂外形应完整光滑；塞入腔道后应无刺激性，能融化、软化或溶解，并与分泌液混合，逐步释放出药物，产生局部或全身作用；应有适宜的硬度或韧性，以便于使用，且避免在包装或贮存时变形；缓释栓应进行释放度检查；除另有规定外，应在 30℃以下密封贮存，防止因受热、受潮而变形、发霉、变质。

四、特点

栓剂具有以下特点：

1. 可降低药物在腔道降解 由于直肠或阴道内相应的酶较少，pH 变化不大，因此，药物不会像口服给药易受胃肠道 pH 或酶的破坏而失去活性。

2. 可改变对胃肠道有刺激性药物的给药方式 对胃有刺激作用的药物，制备成栓剂，直肠给药后可使胃免受刺激。

3. 避开肝脏首过效应，发挥全身治疗作用 在栓剂引入直肠的深度较浅（约距肛门 2cm 处）的情况下，栓剂中的药物可经直肠中静脉和直肠下静脉及肛管静脉而入下腔静脉，绕过肝脏而直接进入体循环，发挥全身治疗作用。

4. 可发挥局部治疗作用 由于栓剂为局部给药，因此可针对局部具体疾病进行有效的治疗。

5. 更适于某些特殊人群的用药 对于不能口服或不愿吞服片剂、胶囊剂的患者以及伴有呕吐的患者等特殊人群而言，栓剂具有一定的给药优势，尤其对于婴儿和儿童进行腔道给药更为有效。

栓剂给药的主要缺点是使用不如口服给药方便；栓剂生产成本比片剂、胶囊剂高；生产效率低等。

第二节 栓剂的组成

扫码“学一学”

一、基质

栓剂需要有一定的硬度或韧性，以便于塞入腔道；进入腔道后应在一定时间内融化、软化或溶解，无刺激性，能按照需要起局部或全身作用。

为了满足上述要求，用于制备栓剂的基质应具备下列性质：室温时具有适宜的硬度，当塞入腔道时不变形，不破碎。在体温下易软化、融化，能与体液混合或溶于体液；具有润湿或乳化能力，水值较高；不因晶型造成的软化而影响栓剂的成型；基质的熔点与凝固点的间距不宜过大，油脂性基质的酸价在0.2以下，皂化值应在200～245，碘价低于7；应用冷压法及热熔法制备栓剂，且易于脱模。起局部作用的基质要求使药物释放缓慢而持久，起全身作用的基质要求引入腔道后迅速释药。

栓剂基质主要分油脂性基质和水溶性基质两大类。

1. 油脂性基质 采用油脂性基质制备栓剂时，若主药为水溶性药物，则药物能释放于体液中，作用较快；若为脂溶性药物，则药物必须先从油相中转入水相体液中，才能发挥作用。药物从油相释放到水相与药物的油水分配系数有关。

（1）可可豆脂（cocoa butter） 可可豆脂是梧桐科植物可可树（theobromacocao）的种仁，经过烘烤、压榨而得到的一种固体脂肪。主要是含硬脂酸、棕榈酸、油酸、亚油酸和月桂酸的甘油酯，其中可可碱含量可高达2%。可可豆脂为白色或淡黄色、脆性蜡状固体，可塑性好，性质稳定，无刺激性，能与多种药物配伍使用而无禁忌证。熔程为31～34℃，加热至25℃时开始软化，在体温下迅速融化，但在10～20℃时具有脆性，粉碎易得粉末。可可豆脂是制备肛门栓的优良基质。本品细粉能与多种药物混合制成可塑性团块，若加入10%以下的羊毛脂，可增加其可塑性。每100g可可豆脂可吸收20～30g水，若加入5%～10%聚山梨酯-60可增加吸水量，且还有助于药物混悬在基质中。本品与药物水溶液配伍时，可加2%胆固醇或5%～10%的羊毛脂，制成水/油型乳剂型基质，可吸收10%～20%的水溶液；若加入卵磷脂、月桂醇硫酸钠、聚山梨酯、泊洛沙姆等亲水性乳化剂时，形成油/水型乳剂型基质，可吸收约25%的水溶液。乳剂型基质会增加药物的释放速度。有些药物如挥发油、樟脑、薄荷油、冰片、酚及水合氯醛等可使可可豆脂熔点显著下降。在可可豆脂中存在α、β、γ三种晶型，其中α和γ晶型不稳定，熔点分别为22℃和18℃，β晶型为稳定晶型，熔点为34℃。特别值得注意的是，温度骤变可使晶型发生转变，例如，将可可豆脂加热至36℃熔化后立即冷却，此可可豆脂的熔点仅为24℃，原因是最稳定的β晶型部分转化为其他不稳定晶型，这种熔点下降对可可豆脂在栓剂中的使用是非常不利的，在实际使用中应避免发生，因此，在可可豆脂加热熔化的操作过程中，通常应缓慢升温待熔化至总量的2/3时，停止加热，利用余热使其全部熔化，这样可减少由稳定晶型转化为不稳定晶型的可能性。虽然可可豆脂是优良的栓剂基质，由于存在价格和来源等问题，采用半合成或全合成脂肪酸酯替代天然可可豆脂是一种趋势。

(2) 半合成或全合成脂肪酸甘油酯　系由天然植物油（如椰子或棕榈种子等天然植物油）经水解、分馏所得 C_{12} ~ C_{18} 游离脂肪酸，经部分氢化再与甘油酯化而得的三酯、二酯、一酯的混合物，即称半合成脂肪酸酯。这类基质化学性质稳定，成形性能良好，具有保湿性和适宜的熔点，不易酸败，是替代天然油脂较理想的栓剂基质。国内已生产有半合成椰油酯、半合成山苍子油酯、半合成棕榈油酯、硬脂酸丙二醇酯等。

1）半合成椰油酯　系由椰油加硬脂酸再与甘油酯化而成。本品为乳白色块状物，熔点为33~41℃，凝固点为31~36℃，有油脂臭，水中吸水能力大于20%，刺激性小。

2）半合成山苍子油酯　系由山苍子油水解，分离得月桂酸再加硬脂酸与甘油经酯化而得的油酯。也可直接用化学品合成，称为混合脂肪酸酯。三种单酯混合比例不同，产品的熔点也不同，其规格有34型（33~35℃）、36型（35~37℃）、38型（37~39℃）、40型（39~41℃）等，其中栓剂制备中最常用的为38型。本品的理化性质与可可豆脂相似，为黄色或乳白色块状物。

3）半合成棕榈油酯　系以棕榈仁油经碱处理而得的皂化物，再经酸化得棕榈油酸，加入不同比例的硬脂酸、甘油经酯化而得的油酯。本品为乳白色固体，抗热能力强，酸价和碘价低，对直肠和阴道黏膜均无明显的刺激性，是较好的半合成脂肪酸甘油酯。

4）硬脂酸丙二醇酯　是硬脂酸丙二醇单酯与双酯的混合物，为乳白色或微黄色蜡状固体，稍有脂肪臭。水中不溶，遇热水可膨胀，熔点35~37℃，对腔道黏膜无明显的刺激性，安全、无毒。

(3) 氢化植物油　本品为白色粉末状固体。不溶于水，可溶于热轻质矿物油、热异丙醇、三氯甲烷、乙烷和石油醚。酸值在2以下，碘值在5以下，皂化值为188~198，熔点为60℃左右。

2. 水溶性基质

(1) 甘油明胶（gelatin glycerin）　甘油明胶系将明胶、甘油、水按一定的比例在水浴上加热融合，蒸去大部分水，放冷后经凝固而制得。本品具有很好的弹性，不易折断，虽在体温下不融化，但能软化并缓慢溶于分泌液中，具有缓慢释放药物等特点。其溶解速度与明胶、甘油及水三者用量有关，甘油与水的含量越高则越容易溶解，且甘油能防止栓剂干燥变硬。通常组成为：水/明胶/甘油=10/20/70。水分过多成品变软。本品多用做阴道栓剂基质，明胶是胶原的水解产物，凡与蛋白质能产生配伍变化的药物，如鞣酸、重金属盐等均不能用甘油明胶作基质。

(2) 聚乙二醇（polyethylene glycol，PEG）　本品随平均分子质量的增加，物理性状由液体逐渐到半固体、固体，熔点随之增高。常温下，相对分子质量200~600为无色透明液体，1000~2000为半固体，4000以上为固体。通常可将两种或两种以上不同相对分子质量的聚乙二醇加热熔化、混合，用于制备栓剂的基质，即多用熔融法制备成形，为难溶性药物的常用载体，于体温时不熔化，能缓缓溶于体液中而释放药物。本品吸湿性较强，对黏膜有一定刺激性，加入约20%的水，可减轻刺激性。为避免刺激还可在纳入腔道前先用水湿润，也可在栓剂表面涂一层蜡醇或硬脂醇薄膜。PEG 栓剂基质中含 30% ~50% 的液体，硬度为 2.7 ~2kg/cm，接近或等于可可豆脂的硬度，硬度较为适宜。栓剂在水中的溶解度随液体 PEG 比例的增多而增大。如 PEG 4000 中加入 PEG 400 时，一般含 30% PEG 400 为最佳。PEG 基质不宜与银盐、鞣酸、奎宁、水杨酸、乙酰水杨酸、苯佐卡因、氯碘喹啉、磺胺类配伍。

（3）聚氧乙烯（40） 单硬脂酸酯类（polyoxyl 40 stearate）系聚乙二醇的单硬脂酸酯和二硬脂酸酯的混合物，并含有游离乙二醇，呈白色或微黄色，无臭或稍有脂肪臭味的蜡状固体。熔点为 39 ~45℃，可溶于水、乙醇、丙酮等，不溶于液体石蜡。商品名 Myri52，商品代号为 S-40，S-40 可以与 PEG 混合使用，制得释放性能较好的栓剂，缺点是具有较大的吸湿性，并且与某些药物配伍时，所制备的栓剂表面有水珠出现，且易黏手。

（4）泊洛沙姆（poloxamer 188） 本品为乙烯氧化物和丙烯氧化物的嵌段聚合物（聚醚），为一种表面活性剂。易溶于水，能与许多药物形成间隙固溶体。本品型号有多种，随着聚合度的增大，物态从液体、半固体至蜡状固体，易溶于水，可用作栓剂基质。较常用的型号为 188 型，商品名为 pluronic F68，熔点为 52℃。型号 188，编号的前两位数 18 表示聚氧丙烯链段相对分子质量为 1800（实际为 1750），第三位 8 乘以 10% 为聚氧乙烯分子质量占整个分子质量的百分比，即 8 ×10% =80%，其他型号类推。本品能促进药物的吸收并起到缓释与延效的作用。

二、添加剂

栓剂的处方中，根据不同目的需加入不同添加剂。

1. 硬化剂 若制得的栓剂在贮藏或使用时过软，可加入适量的硬化剂，如白蜡、鲸蜡醇、硬脂酸、巴西棕榈蜡等调节，但效果十分有限。因为它们的结晶体系和构成栓剂基质的甘油三酯大不相同，所得混合物明显缺乏内聚性，而且其表面异常。

2. 增稠剂 当药物与基质混合时，因机械搅拌情况不良或生理上需要时，栓剂制品中可酌加增稠剂，常用的增稠剂有氢化蓖麻油、单硬脂酸甘油酯、硬脂酸铝等。

3. 乳化剂 当栓剂处方中含有与基质不能相混合的液相，特别是在此相含量较高时（大于 5%）可加适量的乳化剂。

4. 吸收促进剂 起全身治疗作用的栓剂，为了增加全身吸收，可加入吸收促进剂以促进药物被腔道黏膜吸收。常用的吸收促进剂与黏膜给药或经皮给药相似，主要是表面活性剂。在基质中加入适量的表面活性剂，能增加药物的亲水性，尤其对覆盖在直肠黏膜壁上的连续的水性黏液层有胶溶、洗涤作用并造成表面有孔隙，从而增加药物的穿透性，提高生物利用度。例如，将不同量的 Azone 和表面活性剂基质 S-40 混合后，含 Azone 栓剂均有促进直肠吸收的作用，说明 Azone 直接与肠黏膜起作用，改变生物膜的通透性，能增加药物的亲水性，从而加速药物向分泌物中转移，因而有助于药物的释放、吸收。而不含 Azone 栓剂的吸收则较少。但 Azone 使用量继续增加对药物吸收的增加无显著性影响。此外氨基酸乙胺衍生物、乙酰醋酸酯类、β-二羧酸酯、芳香族酸性化合物、脂肪族酸性化合物也可作为吸收促进剂。

5. 着色剂 可选用脂溶性着色剂，也可选用水溶性着色剂，但加入水溶性着色剂时，必须注意加水后对 pH 和乳化剂乳化效率的影响，还应注意控制脂肪的水解和栓剂中的色移现象。

6. **抗氧剂** 对易氧化的药物应加入抗氧剂，如叔丁基羟基茴香醚（BHA）、叔丁基对甲酚（BHT）、没食子酸酯类等。

7. **防腐剂** 当栓剂中含有植物浸膏或水性溶液时，可使用防腐剂及抗菌剂，如对羟基苯甲酸酯类。使用防腐剂时应验证其溶解度、有效剂量、配伍禁忌以及直肠对其的耐受性。

第三节 栓剂的制备及处方举例

扫码“学一学”

一、制备方法

（一）处方设计原则

在设计栓剂处方时应考虑以下几点：用药目的，即栓剂是起局部还是全身治疗作用；用药部位，即栓剂是用于阴道还是直肠；药物理化性质，即药物在基质中的溶解情况；适宜基质及添加剂的选择。

1. **根据临床治疗目的选择基质** 在局部治疗过程中，药物不必进入体循环，因此宜选用熔化或溶解速率慢的基质，此时可确保药物缓慢释放，维持较长时间的药效，如水溶性基质甘油明胶；在全身治疗过程中，要求药物迅速释放，进入体循环，因此宜选用熔化或溶解速率快的基质，使药物迅速进入体循环，如油脂性基质可可豆脂等。全身作用的栓剂一般多为直肠栓，阴道栓多起局部治疗作用，但目前亦有起全身治疗作用的阴道栓的报道。起局部作用的栓剂仅在腔道中发挥作用，应尽量减少药物的吸收。同时为增加药物的作用时间、提高疗效，一般局部作用应维持在4小时以上，液化时间也不宜过长，否则患者将感到不适，药物可能无法全部释放，有时甚至出现被排出的现象。

2. **根据药物的理化性质选择基质** 栓剂在临床应用时，药物首先需从基质中释放后才能产生相应的治疗作用，而药物在基质中的溶解状况对药物的释放和随后的吸收具有直接影响。一般而言，药物在基质中的溶解度大，不利于药物的释放，进而影响药物的吸收。因此，要保证栓剂中药物的释放、吸收及药效，应选择与药物溶解行为相反的基质，故一般水溶性药物选择油脂性基质，脂溶性药物应选择水溶性基质。

3. **选择适宜的添加剂** 栓剂的赋形剂除基质外，还可以加入其他添加剂，如吸收促进剂、防腐剂、抗氧剂、着色剂、乳化剂等。

（二）置换价

通常情况下栓剂模型的容量是固定的，但它会因基质或药物的密度不同而容纳不同的重量。一般栓模容纳重量（如1g或2g）是指以可可豆脂为代表的基质重量。加入药物会占有一定体积，特别是不溶于基质的药物。为保持栓剂原有体积，就要考虑引入置换价（displacement value，DV）的概念。药物的重量与同体积基质重量的比值称为该药物对基质的置换价。可以用下述方法和公式求得某药物对某基质的置换价：

$$DV=\frac{\text{药物的密度}}{\text{基质的密度}} \tag{9-1}$$

$$DV=\frac{W}{G-(M-W)} \tag{9-2}$$

式中，G为纯基质平均栓重；M为含药栓的平均重量；W为每个栓剂的平均含药重量。

测定方法：取基质作空白栓，称得平均重量为G，另取基质与药物定量混合做成含药栓，称得平均重量为 M，每粒栓剂中药物的平均重量为 W，将这些数据代入式（9-2），即可求得某药物对某一新基质的置换价。

用测定的置换价可以方便地计算出制备这种含药栓需要基质的重量 x：

$$x = \left(G - \frac{y}{DV}\right) \cdot n \tag{9-3}$$

式中，y 为处方中药物的剂量；n 为拟制备栓剂的枚数。

（三）栓模

在实际生产中，栓模具有种类多、型号全、精度高、剂量准、耐腐蚀等特点，栓模可分为子弹头形、鱼雷形、鸭嘴形等。子弹头形模具根据孔数分为10孔、57孔、100孔，按照剂量大小考虑则有0.6g、0.7g、1.0.g、1.2g、1.5g、1.8g、2.0g、2.5g、3.0g等规格；鱼雷形根据孔数分为10孔、100孔，按照剂量大小则有1.0g、1.5g、2.0g、2.5g等规格；鸭嘴形根据孔数分为10孔、50孔、100孔，按照剂量大小有2.0g、2.5g、3.0g等规格（图9-2）。

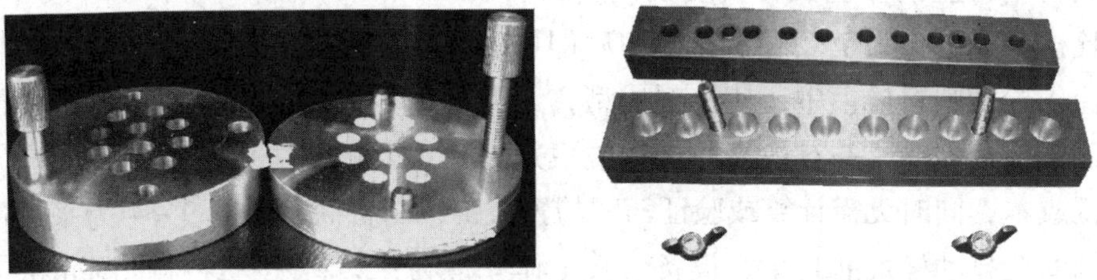

图9-2　生产用栓模

（四）脱模剂的选择

在栓剂灌模前，栓模孔应内涂润滑剂，以便栓剂顺利取出。通常使用的润滑剂有两类：

1. 水溶性润滑剂　对于脂溶性基质的栓剂而言，使用水溶性润滑剂，如肥皂胷，常用软肥皂、甘油各一份与95%乙醇五份混合所得。

2. 脂溶性润滑剂　对于水溶性或亲水性基质的栓剂而言，使用油性润滑剂，如液体石蜡或植物油等。此外，若基质与栓模不发生粘膜现象时，可不使用润滑剂。

（五）制备方法

栓剂制备的基本方法主要有冷压法与热熔法。

1. 冷压法（cold compression method）　主要用于油脂性基质制备的栓剂。其方法是将基质和药物研磨成细粉，不论是搓捏或模型冷压，均是将药物与基质的锉末置于冷却的容器内混合均匀，然后手工搓捏成形或装入制栓模型机内压成一定形状的栓剂。此法操作简单，避免了加热对主药或基质稳定性的影响，不溶性药物也不会发生基质沉淀的问题，但生产效率不高。

2. 热熔法（fusion method）　是最常用的栓剂生产制备方法。将计算量的基质锉末，用水浴或蒸气浴加热熔化，但温度不易过高，时间不易过长。若需要，熔化的基质可用纱布等滤过除去杂质，然后按药物性质以不同方法加入，混合均匀，倾入冷却并涂有润滑剂的模型中至稍微溢出模口为度。放冷，待完全凝固后，削去溢出部分，开模取出。热熔法应用较广泛，工厂生产一般均已采用机械自动化操作来完成，如旋转式制栓机每小时可生产3500~6000颗。灌注时混合物的温度在40℃左右为宜，或待混合物由澄明变为混浊时立即灌注，以免不溶性主药或其他与基质密度不等的组分在模孔中沉降。继续冷却，冷却温

度为 +2 ~ -2℃下进行。如栓剂表面存在多余的润滑剂或水分，应尽快除去，少量时可用滤纸吸去，以免贮存过程中发生酸败、长霉等。自动旋转式制栓机操作时，首先将药物及基质加入加料斗中，斗中保持恒温并持续搅拌，通过刷涂或喷雾完成栓模的润滑，灌注时，灌注液应略高于栓模上沿。待液体凝固后，削去多余部分，注入和刮削装置均由电热装置控制温度。冷却系统可依据栓剂内容物的性质进行针对性调节，一般调节冷却转台的转速。凝固的栓剂转至抛出位置时，栓模即可打开，栓剂被推杆推出，栓模随后自行闭合。温度和生产速度可按照要求进行调节。图 9-3 为旋转式制栓机的示意图。

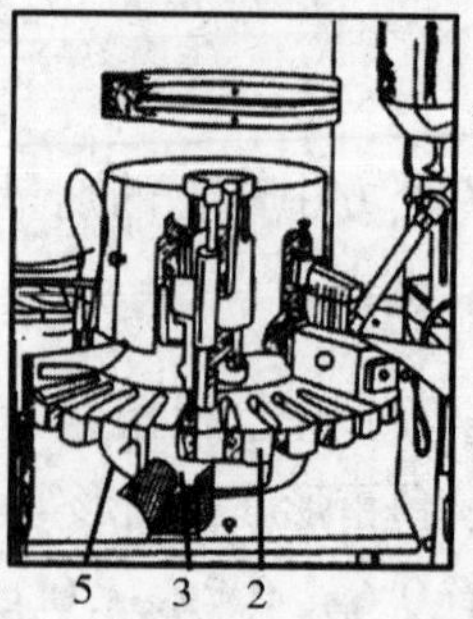

图 9-3　旋转式制栓机示意图

1. 饲料装置及加料斗；2. 旋转式冷却台；3. 栓剂抛出台；4. 刮削装置；5. 冷冻剂进出口

3. 简易栓模法（disposable molds）　由于制备栓剂所使用的金属栓模价格昂贵，且包装设备成本较高，因此，塑料盒铝箔包装材料可取代金属栓模作为简易栓模，亦可作为包装容器，使用后即可丢弃。因此，在制备栓剂时，可将熔化的药液直接注入栓剂塑料栓模中，使栓剂成型，无需进一步的包装。栓剂塑料栓模使用的材料为聚氯乙烯或聚乙烯，并对内表面进行脱模剂处理。采用该法可节省制备工序，节约时间并可降低成本，同时无需计算或验证药物的置换价，制备简单。图 9-4 为采用简易栓模法制备栓剂的全自动栓剂灌封生产设备，其工作原理为：塑料片材经栓剂制壳机正压吹塑成型，自动进入灌注工序，已搅拌均匀的药液通过高精度计量泵自动灌注空壳，被剪成多条等长的片段，经低温定型，实现液 - 固态转化，变成固体栓粒，通过整形、封口、打批号和剪切工序，制成成品栓剂。

图 9-4　全自动栓剂灌封生产设备

二、包装材料和贮藏

将栓剂分别用蜡纸或锡纸包裹后置于小硬纸盒或塑料盒内，以免互相粘连，避免受压。于干燥阴凉处 30℃以下贮存。甘油明胶栓及聚乙二醇栓可于室温阴凉处贮存，并宜密闭于容器中以免吸湿、变形、变质等。

三、处方举例

例 9-1　野艾栓

【处方】 野艾叶粉 45g　白及粉 15g　无水羊毛脂 10g　柏油 150g　共制 100 枚

【制法】 取柏油加热融化后，加入野艾叶粉、白及粉、无水羊毛脂，随加随搅拌。搅匀后倾入栓剂模具内，冷却，取出即得。

【注解】本品有消炎、止血、止痛等功效。用于内痔及直肠炎症。

例9-2　吡罗昔康栓

【处方】吡罗昔康10g　硬脂酸聚烃氧（40）酯500g　共制1000枚

【制法】取硬脂酸聚烃氧（40）酯在水浴上熔化，将吡罗昔康研细，加入上述熔化的基质研磨均匀，保温灌模即得。

【注解】本品为全身作用栓剂，有镇痛、消炎、消肿作用，用于治疗风湿性及类风湿关节炎。

例9-3　蛇黄阴道栓

【处方】蛇床子（九号筛）100g　黄连（九号筛）50g　硼酸50g　葡萄糖50g　甘油适量　甘油明胶加至2000g　共制1000枚

【制法】取蛇床子、黄连、硼酸、葡萄糖加适量甘油研成糊状，将甘油明胶置水浴上加热熔化后，将上述糊状物加入甘油明胶中，不断搅拌使均匀，迅速倾入已涂有润滑剂的栓模中，至稍溢出模口。冷后削平，取出包装即得。

第四节　栓剂的质量评价

扫码“学一学”

《中国药典》（2020年版）规定，栓剂的一般质量要求有：栓剂中的原料药物与基质应混合均匀，其外形应完整光滑，放入腔道后应无刺激性，应能融化、软化或溶解，并与分泌液混合，逐渐释放出药物，产生局部或全身作用；并应有适宜的硬度，以免在包装或贮存时变形。栓剂所用内包装材料应无毒性，并不得与药物或基质发生理化作用。并应作重量差异、融变时限和微生物限度等多项检查。

1. 重量差异　检查法：取供试品10粒，精密称定总重量，求得平均粒重后，再分别精密称定各粒的重量。每粒重量与平均粒重相比较（有标示粒重的中药栓剂，每粒重量应与标示粒重比较），按表9-2中的规定，超出重量差异限度的不得多于1粒，并不得超出限度1倍。凡规定检查含量均匀度的栓剂，一般不再进行重量差异检查。栓剂重量差异限度如表9-1。

表9-1　栓剂重量差异限度

平均重量（g）	重量差异限度（%）
1.0以下至1.0	±10
1.0以上至3.0	±7.5
3.0以上	±5

2. 融变时限　《中国药典》（2020年版）规定，对栓剂进行的融变时限检查。依法测定，脂肪性基质的栓剂3粒均应在30分钟内全部融化、软化或触压时无硬心；水溶性基质的栓剂3粒在60分钟内全部溶解。如有1粒不符合规定，应另取3粒复试，均应符合规定。

3. 药物溶出速度和吸收试验　药物溶出速度和吸收试验可作为栓剂质量检查的参考项目。

（1）溶出速度试验　将栓剂放入盛有介质并附有搅拌器的容器中，于37℃每隔一定时间取样测定，每次取样后需补充同体积的溶出介质，求出介质中的药物量，作为在一定条件下基质中药物溶出速度的参考指标。

（2）体内吸收试验　可选择家兔为试验动物，开始时剂量不超过口服剂量，以后再两倍或三倍地增加剂量。给药后按一定时间间隔抽取血液或收集尿液，测定药物浓度。最后计算动物体内药物吸收的动力学参数和 AUC 等。

4. 稳定性和刺激性试验

（1）稳定性试验　将栓剂在室温（25℃ ±3℃）和4℃下贮存，定期检查外观变化和软化点范围、主药的含量及药物的体外释放。

（2）刺激性试验　由于栓剂为经黏膜给药，因此考察栓剂对黏膜的刺激性有助于对栓剂进行安全性评价，黏膜刺激性检查一般采用动物进行试验，即将基质检品的粉末、溶液或栓剂，施于家兔的眼黏膜上，或纳入动物的直肠、阴道，观察有何异常反应。在动物试验基础上，临床验证多在人体肛门或阴道中观察用药部位有无灼痛、刺激以及不适感觉等反应。

5. 微生物限度　除另有规定外，照非无菌产品微生物限度检查，微生物计数法（通则1105）和控制菌检查法（通则1106）及非无菌药品微生物限度标准检查，应符合规定。

扫码“学一学”

第五节　栓剂的治疗作用及临床应用

栓剂起全身和局部治疗作用，下面对栓剂的治疗作用及新型栓剂进行简单介绍。

一、全身作用的栓剂

全身作用的栓剂一般要求迅速释放药物，特别是解热镇痛类药物宜迅速释放、被吸收。一般应根据药物性质选择与药物溶解性相反的基质，以有利于药物释放，增加吸收。如脂溶性药物，应选择水溶性基质；水溶性药物，则选择脂溶性基质，这样溶出速度快，体内药物血药浓度峰值高，达峰时间短。为了提高药物在基质中的均匀性，可用适当溶剂将药物溶解或者将药物粉碎成细粉后再与基质混合。

栓剂给药后，药物吸收途径有两条：通过直肠上静脉进入肝，进行代谢后再由肝进入大循环；通过直肠下静脉和肛门静脉，经髂内静脉绕过肝进入下腔大静脉，再进入大循环。为此栓剂在应用时塞入距肛门口约2cm 处为宜，这样可使给药总量50% ~75% 的药物不经过肝，以避免或减少肝的首过效应。同时为避免塞入的栓剂逐渐自动进入深部，可以设计延长在直肠下部停留时间的双层栓剂。双层栓的前端由溶解性高、在后端能迅速吸收水分膨润形成凝胶塞而抑制栓剂向上移动的基质组成。因此根据栓剂直肠吸收的特点，在栓剂处方和结构设计以及在栓剂的应用方法上均需加以考虑。

在设计全身作用栓剂处方时还应考虑主药性质对释放、吸收的影响。这主要与药物本身的解离度有关。非解离型药物易透过直肠黏膜吸收进入血液，而完全解离的药物则吸收较差。酸性药物 pK_a 值在4 以上、碱性药物 pK_a 值低于8.5 者可被直肠黏膜迅速吸收。故可以用缓冲剂改变直肠部位的pH 值，由此增加非解离药物的浓度以提高其生物利用度。在家兔直肠实验中，给不同 pH 值的胰岛素栓剂，给药量为100μg/kg，结果证明，配制栓剂的 pH 值，以及直肠环境 pH 值对药物的解离度和药物吸收有明显影响，血药浓度顺序为 pH3 > pH5 > pH7 > pH8。另外药物的溶解度、粒度等性质对栓剂的释药、吸收也有影响。

二、局部作用的栓剂

局部作用的栓剂只在腔道局部起作用，应尽量减少吸收，故应选择融化或溶解、释药速度慢的栓剂基质。水溶性基质制成的栓剂因腔道中的液体量有限，使其溶解速度受限，释放药物缓慢，较脂肪性基质更有利于发挥局部药效。如甘油明胶基质常用于起局部杀虫、抗菌的阴道栓基质。局部作用通常在半小时内开始，要持续约 4 小时。但液化时间不宜过长，否则会使病人感到不适，而且可能不会将药物全部释出，甚至大部分排出体外。

三、新型栓剂

随着栓剂研究的不断深入，目前出现一些新型栓剂，例如，中空栓剂、双层栓剂、凝胶栓剂、微囊栓剂等，下面对其进行简要介绍。

1. 中空栓剂 中空栓剂是日本人渡道善造于 1984 年首先报道的。栓中有一空心部分，可供填充各种不同类型的药物，包括固体和液体。经研究证明，包在中空栓剂中水溶性药物的释放几乎不受基质和药物填充状态的影响，可起到速效作用，较普通栓剂有更高的生物利用度。中空栓剂中的药物，无论是水溶性或脂溶性，还是固体或液体形式均可填充其中。中心是液体的中空栓剂放入体内后外壳基质迅速熔融破裂，药物以溶液形式一次性释放，达峰时间短起效快。根据栓剂中空部位填充药物的分散状态不同，有自乳化中空栓、环糊精中空栓、固体分散体中空栓、泡腾中空栓等多种类型。

2. 双层栓剂 双层栓一般有三种，第一种为内外两层栓，内外两层含有不同药物，可先后释药而达到特定的治疗目的；第二种为上下两层栓，下半部的水溶性基质使用时可迅速释药，上半部的脂溶性基质能起到缓释作用，可较长时间使血药浓度保持平稳；第三种也是上下两层栓，不同的是其上半部为空白基质，下半部是含药栓层，空白基质可阻止药物向上扩散，减少药物经上静脉吸收进入肝脏而发生的首过效应，提高药物的生物利用度。同时为避免塞入的栓剂逐渐自动进入深部，有人已研究设计出可延长在直肠下部停留时间的双层栓剂：双层栓的前端由溶解性高、在后端能迅速吸收水分膨润形成凝胶塞而抑制栓剂向上移动的基质组成。这样可达到避免肝首过效应的目的。这种剂型在当今世界各地日益得到关注，有着极大的应用前景。

3. 泡腾栓剂 在栓剂中加入碳酸氢钠等与有机酸组成的泡腾剂，在使用过程中，栓剂与腔道液体接触时，泡腾剂发挥作用，与泡腾片机制相似，可加速栓剂的熔融和药物的释放。此类栓剂也有利于药物分布和渗入黏膜的皱褶内，但是，视发泡量的不同，应注意药液外溢的问题。

4. 海绵栓剂 海绵栓剂为海绵状的栓剂。常用明胶为基质制备，由于明胶海绵在体内可被酶降解而吸收，故使用方便。其特点为可持久分散于黏膜表面，避免一般栓剂因基质融化而流失的不足，药效维持时间长，增强了药物的疗效。如以明胶为基质制备的替硝唑海绵栓剂。转篮法测定其体外释放度，在 pH 4.5 ±0.5 的模拟阴道介质环境下，4 小时体外累积释放百分率为 48.9%，药物缓释特征明显。临床试验显示，100 例滴虫性阴道炎患者治愈 92 例，8 例好转，所有患者在治疗期间无任何不良反应。

5. 凝胶栓剂 此类栓剂是利用具有亲水黏附性和生物学惰性的乙烯氧化物为药物载体制成的。栓剂基质吸水后体积膨胀，柔软而富有弹性，避免栓剂纳入人体腔道后产生异物感。由于凝胶对生物黏膜具有特殊的黏合力从而延长药物的滞留和释放时间，促进药物的吸收，提高药物的生物利用度。如以壳聚糖和不同分子质量 PEG（1000 ~ 6000）制备的酮洛芬缓释凝胶剂，达峰时间与普通栓剂一致，但血药浓度平稳。

6. 微囊栓剂 微囊栓剂是 1981 年日本 Chemrphar 株式会社研制的一种长效栓剂。系先将主药微囊化，再制成栓剂，从而延缓药物释放。之后 Nakagawa 也报道了吲哚美辛复合微囊栓，栓中同时含有药物细粉及微囊，经实验证明，复合微囊栓同时具有速释和缓释两种性能，也是一种较为理想的栓剂新剂型。

7. 渗透泵栓剂 渗透泵栓剂是美国 Alza 公司采用渗透泵原理研制的一种长效栓剂。其最外层为一不溶解的微孔膜，药物分子可由微孔中慢慢渗出，因而可较长时间维持疗效，是一种较理想的控释型栓剂。

扫码“练一练”

8. 缓释栓剂 为英国 Inversesk 研究所研制的一种长效栓剂，该栓在直肠内不溶解、不崩解，通过吸收水分而逐渐膨胀，缓慢释药而发挥疗效。M. Knaar 制备了一种硫酸吗啡控释栓，采用 Witepsol－25 作基质，加入 HPMC4000 和 Aerosil R972 控制直肠液黏度，测定其在 13 名健康人体的生物利用度，结果与口服控释片相同。

（王永军）

第十章　气雾剂、喷雾剂与粉雾剂

学习目标

1. **掌握**　肺部给药的吸收特点，影响药物在呼吸系统吸收的因素；气雾剂的定义、分类及特点。
2. **熟悉**　抛射剂作用及种类，粉雾剂的处方设计。
3. **了解**　气雾剂、喷雾剂、粉雾剂的装置及质量评价。

第一节　概　述

扫码“学一学”

药物通过雾化的方式给药在医疗卫生领域发挥了不可或缺的作用，令全世界众多使用者受益。近年来，有关气雾剂、喷雾剂和粉雾剂等领域的研究越来越活跃，产品越来越多。首先，从药物角度而言，从治疗哮喘的药物，逐渐增加到抗生素药物、心血管药物、抗病毒药物、镇痛药物、镇静药物、外用消炎镇痛药物、局部麻醉药物、激素类药物等。此外，蛋白多肽类药物的气雾剂、喷雾剂和粉雾剂经鼻腔或肺部给药的研究已越来越多，某些疫苗及其他生物制品的喷雾给药系统也在研究中。其次，给药装置系统的完善，尤其是吸入粉雾剂给药装置，使应用越来越方便，患者更易接受。第三，新型制剂技术，如脂质体、前体药物、高分子载体等在气雾剂、喷雾剂和粉雾剂中应用，这些新技术在提高药物疗效、延长药物停留时间、产生缓释作用等方面具有重要意义。第四，在抛射剂研究方面，新型抛射剂及氟利昂替代品等研究，为气雾剂的研究提供了良好的赋形剂。

一、肺部给药的吸收特点

气雾剂、喷雾剂和粉雾剂通过肺部给药的吸收速度很快，几乎与静脉注射相当。肺部由气管、支气管、细支气管、肺泡管和肺泡囊组成，从上到下逐级分组，其生理环境明显改变。表 10－1 列出了肺部各级有关的特性参数。肺泡是人体进行气－血交换的场所，药物的吸收也主要在肺泡部位完成，在肺泡吸收迅速的主要原因是：①肺泡的数目达到 3～4 亿个，总表面积可达 70～100m^2，为体表面积的 25 倍；②肺泡壁由单层上皮细胞所构成，厚度仅 0.1～0.5μm，细胞间隙存在致密的毛细血管。因此，由于肺部可提供巨大的吸收表面积和丰富的血流量，而且从肺泡表面到毛细血管的转运距离极短，所以药物在肺部的吸收非常迅速。

表 10－1　呼吸道各级的特性参数

区域	直径（cm）	长度（cm）	气流速度（cm/s）	流经时间（s）
口部	2	7	100	0.07
喉部	3	3	45	0.07
气管	1.4	11	150	0.07

续表

区域	直径（cm）	长度（cm）	气流速度（cm/s）	流经时间（s）
支气管				
初级	1.0	6.5	190	0.03
二级	0.4	3	200	0.015
三级	0.2	1.5	100	0.015
四级	0.15	0.5	22	0.02
终端	0.06	0.3	2	0.15
呼吸性细支气管	0.05	0.15	1.4	0.1
肺泡管	0.02	0.02		
肺泡囊	0.03	0.03		

二、影响药物在呼吸系统吸收的因素

1. 生理因素 人体上呼吸道气管壁有大量的纤毛，有向上运动的趋势，可不断地将异物以黏液或痰的形式经口腔排出。呼吸道越往下纤毛运动越弱，在支气管部位，粒子可停留几小时到24小时。而肺泡部位无纤毛存在，粒子可被包埋，停留时间达24小时以上。在病理条件下，上呼吸道的黏液分泌增多、纤毛运动减弱，使粒子的停留时间延长。治疗目的不同，要求药物粒子沉积区域不同。支气管扩张剂和哮喘治疗剂要求药物在下呼吸道停留；而一些抗生素药物和抗病毒药物则要求药物在上呼吸道被感染部位停留。

呼吸道的直径对药物粒子到达的部位亦有影响。随着支气管分支增加和气道方向的改变，药物粒子向肺部运动中易因碰撞等原因而被截留。支气管病变的患者，腔道往往较正常人狭窄，很容易截留药物。使用治疗药物之前，应先用支气管扩张药，可提高药物的治疗作用。

另外，覆盖在呼吸道黏膜上的黏液层和黏膜中存在的巨噬细胞和多种代谢酶也会对药物的吸收造成影响。

2. 呼吸气流 正常人每分钟呼吸15～16次，每次吸气量为500～600cm^3，其中约有200cm^3存在于咽、气管及支气管之间，气流常呈湍流状态，呼气时可被呼出。当空气进入支气管以下部位时，气流速度逐渐减慢，多呈层流状态，易使气体中所含药物粒子沉积。通常药物粒子在呼吸道系统的沉积率与呼吸量成正比，与呼吸频率成反比。

3. 药物粒子的大小 粒子大小是影响药物能否深入肺泡囊的主要因素。最适宜的空气动力学粒径为0.5～7.5μm。大于等于7.5μm的粒子主要在口咽部沉积，而多数小于0.5μm的粒子沉积后又随气流吸入。

4. 药物理化性质 呼吸道上皮细胞为类脂质，药物从肺部吸收以被动扩散为主。药物的脂溶性和油水分配系数影响药物的吸收。可的松、地塞米松等脂溶性药物易通过脂质膜吸收，吸收半衰期为1.0～1.7分钟。水溶性化合物主要通过细胞旁路吸收，吸收较脂溶性药物慢，如季铵盐类化合物、甘露醇的吸收半衰期为45～70分钟。药物的分子质量也是影响肺部吸收的因素之一，小分子药物吸收快，大分子药物吸收相对慢。

三、气雾剂、喷雾剂、粉雾剂的优缺点

气雾剂、喷雾剂、粉雾剂具有其他剂型所不能替代的优点，在临床治疗中占有一定地

位，但同时亦有许多缺点，在应用过程中应特别注意，以充分发挥其治疗作用。

气雾剂、喷雾剂、粉雾剂的主要优点包括：①具有速效和定位作用，如治疗哮喘的气雾剂可使药物粒子直接进入肺部，吸入两分钟即能显效；②药物密闭于容器内，且由于容器不透明，能保持药物清洁无菌，避光且不与空气中的氧或水分直接接触，增加了药物的稳定性；③药物经肺吸收可避免胃肠道的破坏和肝脏首过作用；④使用定量阀门可以准确控制剂量；⑤使用方便。

主要缺点表现为：①因气雾剂需要耐压容器、阀门系统和特殊的生产设备，所以生产成本高；②抛射剂有高度挥发性因而具有致冷效应，多次使用于受伤皮肤可引起不适与刺激；③氟氯烷烃类抛射剂在动物或人体内达一定浓度都可致敏心脏，造成心律失常，故治疗用的气雾剂对心脏病患者不适宜；④气雾剂、喷雾剂、粉雾剂在使用时需掌握正确呼吸方式，若使用不当，不易达到最佳肺部药物治疗效果。

第二节　气雾剂

扫码“学一学”

一、概述

（一）定义

气雾剂（aerosols）系指原料药物或原料药物和附加剂与适宜抛射剂共同装封于具有特制阀门系统的耐压容器中，使用时借助抛射剂的压力将内容物呈雾状物喷出，直接喷至腔道黏膜、皮肤的制剂。

（二）分类

1. 按分散系统分类　气雾剂可分为溶液型、混悬型和乳剂型。

（1）溶液型气雾剂　系指药物（固体或液体）溶解在抛射剂中，形成均匀溶液，喷出后抛射剂挥发，药物以固体或液体微粒状态到达作用部位。

（2）混悬型气雾剂　药物以微粒状态分散在抛射剂中形成混悬液，喷出后抛射剂挥发，药物以固体微粒状态达到作用部位。此类气雾剂又称为粉末气雾剂。

（3）乳剂型气雾剂　药物水溶液和抛射剂按一定比例混合可形成 O/W 型或 W/O 型乳剂。O/W 型乳剂以泡沫状态喷出，因此又称为泡沫气雾剂。W/O 型乳剂，喷出时形成液流。

2. 按气雾剂组成分类　按容器中存在的相数可分为两类。

（1）二相气雾剂　一般指溶液型气雾剂，由气液两相组成。气相是抛射剂所产生的蒸气；液相为药物与抛射剂所形成的均相溶液。

（2）三相气雾剂　有三种情况。其一是药物溶解在水中或其他水性溶液中为一相，液化抛射剂作为分散相为一相，部分汽化抛射剂为一相；其二是药物水溶液或药物溶液与液化抛射剂形成 O/W 型乳剂，而另一相为抛射剂的汽化部分；其三是固体药物混悬在抛射剂中固、液、气三相，即混悬型气雾剂。

3. 按医疗用途分类　可分为三类。

（1）呼吸道吸入用气雾剂　吸入气雾剂系指药物与抛射剂呈雾状喷出时随呼吸吸入肺部的制剂，可发挥局部或全身治疗作用。

（2）皮肤和黏膜用气雾剂　皮肤用气雾剂主要起保护创面、清洁消毒、局部麻醉及止血等作用；鼻黏膜用气雾剂主要是一些肽类的蛋白类药物，用于发挥全身作用。

（3）空间消毒用气雾剂　主要用于杀虫、驱蚊及室内空气消毒。喷出的粒子极细（直径不超过50μm），一般在10μm以下，能在空气中悬浮较长时间。

4. 按给药定量与否分类　可分为两类。

（1）定量气雾剂　采用定量阀门系统的气雾剂，包括用于口腔、鼻腔和吸入的气雾剂，定量吸入的气雾剂也称为定量吸入剂（metered dose inhaler，MDI）。

（2）非定量气雾剂　未采用定量阀门系统的气雾剂，主要用于局部，如用于皮肤、空间等的气雾剂。

二、气雾剂的组成

气雾剂是由抛射剂、药物与附加剂、耐压容器和阀门系统所组成。

抛射剂与药物（必要时加附加剂）一同装封在耐压容器内，容器内产生压力（抛射剂气体），若打开阀门，则药物、抛射剂一起喷出而形成气雾。雾滴中的抛射剂进一步汽化，雾滴变得更细。雾滴的大小取决于抛射剂的类型、用量、阀门和揿钮的类型，以及药液的黏度等。

（一）抛射剂

抛射剂（propellents）是气雾剂的动力系统，是喷射压力的来源有时还兼有药物的溶剂作用。抛射剂多为液化气体，在常压下沸点低于室温。由于抛射剂的蒸气压高，需装入耐压容器内，由阀门系统控制，当阀门开放时，压力突然降低，抛射剂急剧汽化，克服了液体之间的引力，将药物分散成微粒，通过阀门喷射成雾状，到达作用或吸收部位。抛射剂喷射能力的大小直接受其种类和用量的影响，同时也要根据气雾剂用药目的和要求加以合理的选择。理想的抛射剂在常温下的蒸气压应大于大气压；应无毒、无致敏反应和刺激性；不易燃、不易爆炸；无色、无臭、无味，性质稳定，不与药物、容器发生相互反应；价廉易得。但一个抛射剂不可能同时满足以上各个要求，应根据用药目的适当选择。

1. 分类　抛射剂一般可分为液化气体和压缩气体两类。

（1）液化气体　包括氟碳化合物和碳氢化合物。

1）氟碳化合物　氟碳化合物是药用气雾剂中使用最广的一类抛射剂。例如，氟氯烷烃类，又称氟里昂（Freon），各国药典均有收载，特点是具有比大气压高的蒸气压、沸点低、毒性不大，性质稳定、不易燃，不溶于水，可作为脂溶性药物的溶剂。虽然氟里昂是一种性质比较优良的抛射剂，但因其对大气臭氧层的破坏，国际有关组织已经要求停用，1987年9月，40个国家在加拿大蒙特利尔签订了《关于消耗臭氧层物质的蒙特利尔议定书》，对5种氟里昂产品（F11、12、113、114、115）提出禁用时间表：发达国家将于2000年全部禁用，发展中国家可推迟10年。1990年6月，包括中国在内的90个国家在伦敦通过了《蒙特利尔议定书（修正案）》，扩大了禁用的品种，并提前了禁用时间。原国家食品药品监督管理总局已宣布在2010年全面禁用氟里昂作为抛射剂用于药用吸入气雾剂之中。

药物工作者正在寻找氟里昂的代用品。1994年FDA注册的四氟乙烷（HFA 134a）、七氟丙烷（HFA227）及二甲醚（DME）作为新型抛射剂，其性状与低沸点氟里昂类似，但化学稳定性较差，极性更小，表10－2列出了新的氟代烃烷的性质及其与氟里昂的比较。

表 10-2　氟代烷烃与氟利昂性质比较

名称	三氯一氟甲烷	二氯二氟甲烷	二氯四氟乙烷	四氟乙烷	七氟丙烷
分子式	$CFCl_3$	CF_2Cl_2	CF_2ClCF_2Cl	CF_3CFH_2	CF_3CHFCF_3
蒸气压（kPa/20℃）	-1.8	67.6	11.9	4.71	3.99
沸点（℃）	-24	-30	4	-26.5	-17.3
密度（g/ml）	1.49	1.33	1.47	1.22	1.41
臭氧破坏作用	1	1	0.7	0	0
温室效应*	1	3	3.9	0.22	0.7
大气生命周期（年）	75	111	7200	15.5	33

*以三氯一氟甲烷为参照。

2）碳氢化合物　作抛射剂的主要品种有丙烷、正丁烷和异丁烷等，已被《美国药典》与《美国处方集》收载。此类抛射剂虽稳定，毒性不大，密度低，沸点较低，但易燃、易爆，不易单独应用，常与氟氯烷烃类抛射剂合用。

（2）压缩气体　用于抛射剂的压缩气体主要包括二氧化碳和氮气等，均为惰性气体，无毒，价廉，在低温下可液化，但在室温下除二氧化碳外均完全汽化。液化的二氧化碳蒸气压很高，在 31.3℃以下为液态，临界压力是 7599.4Pa，要求包装容器的耐压性能高；如仅在常温下冲入它们的低压（196～294Pa）气体，则压力容易迅速降低，达不到持久的喷射效果。压缩气体作为抛射剂目前仅用于喷雾剂。

2. 抛射剂的用量　抛射剂的用量不同，可直接影响雾粒的大小、干湿及泡沫状态。此外，气雾剂喷射能力的强弱也取决于抛射剂的用量及自身蒸气压。一般说，用量大，蒸气压高，喷射能力强，反之则弱。根据医疗要求选择适宜抛射剂的组分及用量，一般多采用混合抛射剂，并通过调整用量和蒸气压达到调整喷射能力的目的。

根据 Raoult 定律，在一定温度下，溶质的加入导致溶剂蒸气压下降，蒸气压的下降与溶液中的溶质摩尔分数成正比；根据 Dalton 气体分压定律，系统的总蒸气压等于系统中不同组分分压之和，由此可计算混合抛射剂的蒸气压：

$$P = P_A + P_B \tag{10-1}$$

$$P_A = N_A \cdot P_A^0 = \frac{N_A}{N_A + N_B} P_A^0 \tag{10-2}$$

$$P_B = N_B \cdot P_B^0 = \frac{N_B}{N_A + N_B} P_B^0 \tag{10-3}$$

式中，P 为混合抛射剂的总蒸气压；P_A、P_B 分别表示抛射剂 A 和 B 的分压；P_A^0、P_B^0 分别为纯抛射剂 A、B 的饱和蒸气压；N 表示抛射剂摩尔分数。抛射剂用量与气雾剂种类、用途有关。

（1）溶液型气雾剂　抛射剂的种类及用量比均会直接影响雾滴大小。抛射剂在处方中的用量比一般为 20%～70%（g/g），所占比例大者，雾滴粒径小。可根据所需粒径调节用量，如发挥全身治疗作用的吸入气雾剂，雾滴要求较细，以 1～5μm 为宜，抛射剂用量较多；皮肤用气雾剂的雾滴可粗些，直径为 50～200μm，抛射剂用量较少，约为 6%～10%（g/g）。

（2）混悬型气雾剂　除主药必须微粉化（<2μm）外，抛射剂的用量较高，用于腔道给药，抛射剂用量为 30%～45%（g/g），用于吸入给药时，抛射剂用量高达 99%，以确保

喷雾时药物微粉能均匀地分散。此外，抛射剂与混悬的固体药物间的密度应尽量相近，常以混合抛射剂调节密度，如 $F_{12}/F_{11}=35/65$ 时密度为1.435g/ml，适合一般固体药物。

（3）乳剂型气雾剂　其抛射剂的用量一般为8%～10%（g/g），有的高达25%以上，产生泡沫的性状取决于抛射剂的性质和用量，抛射剂蒸气压高且用量大时，产生有黏稠性和弹性的干泡沫；若抛射剂的蒸气压低而用量少时，则产生柔软的湿泡沫。

（二）药物与附加剂

根据临床需要若将液态、半固态及固态粉末状药物开发成气雾剂时，应按气雾剂的吸收作用特点，首先测定其血药浓度，计算出有效剂量等。就药物而言，目前应用较多的药物有呼吸道系统用药、心血管系统用药、解痉药及烧伤用药等，近年来多肽类药物的气雾剂给药系统研究得越来越多。为制备质量稳定的气雾剂可适当添加附加剂，如潜溶剂、润湿剂、乳化剂、稳定剂，必要时还需添加矫味剂、防腐剂等。

溶液型气雾剂是将抛射剂作溶剂。为使药物与抛射剂混溶，可加乙醇、丙二醇、聚乙二醇等有机溶媒。应注意所加入乙醇、丙二醇等的量对肺部的刺激性及气雾剂稳定性的影响，必要时需加入抗氧剂、防腐剂。

混悬型气雾剂是将药物混悬于抛射剂之中，适用于药物在抛射剂中不溶或溶解度差且无合适的潜溶媒的情况。混悬型气雾剂相对于溶液型气雾剂而言稳定性好但制备要求高。混悬型气雾剂常用的辅料有：①固体润湿剂，如滑石粉、胶体二氧化硅等；②表面活性剂，低HLB值的表面活性剂及高级脂肪醇类可使药物易分散于抛射剂中，常用的有油酸、司盘85、油醇、月桂醇等，它们同时可润滑阀门系统；③水分调节剂，如无水硫酸钙、无水氯化钙、无水硫酸钠的加入使水份控制在300ppm以下，使用浓度为0.1%～0.5%；④比重矫正剂，如超细粉末的氯化钠、硫酸钠、磷酸氢钠、亚硫酸氢钠、乳糖和硫酸钙等可调节药物的比重，使之与抛射剂的比重接近。

乳剂型气雾剂是将药物制成稳定的乳剂，目前多采用水性基质为外相，抛射剂为内相，制成O/W型乳剂。

（三）耐压容器

气雾剂的容器应不与药物和抛射剂产生作用、耐压（有一定的耐压安全系数）、轻便、价廉等。耐压容器有金属容器和玻璃容器，以玻璃容器较常用。

（1）玻璃容器　化学性质稳定，但耐压和耐撞击性差。因此，在玻璃容器外面裹一层塑料防护层，以弥补这种缺点。

（2）金属容器　包括铝、不锈钢等容器，耐压性强，但对药液不稳定，需内涂聚乙烯或环氧树脂等。

（四）阀门系统

气雾剂的阀门系统，是控制药物和抛射剂从容器喷出的主要部件，其中设有供吸入用的定量阀门，供腔道或皮肤等外用的泡沫阀门等特殊阀门系统。阀门系统坚固、耐用和结构稳定与否，直接影响制剂的质量。阀门材料必须对内容物为惰性，加工应精密。定量型吸入气雾剂阀门系统目前使用最广，其结构与组成部件见图10－1。

1. 封帽　通常为铝制品，将阀门固封在容器上，必要时涂上环氧树脂等薄膜。

2. 阀杆（轴芯）　常用尼龙或不锈钢制成。顶端与推动钮相接，其上端有内孔和膨胀塞，其下端还有一段细槽或缺口以供药液进入定量室。

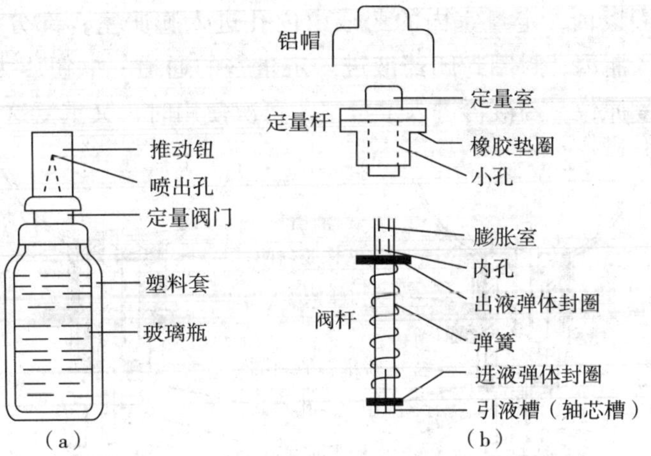

图 10－1　气雾剂的定量阀门系统装置外形及部件图

（a）外形；（b）定量阀部件

（1）内孔（出药孔）　是阀门沟通容器内外的极细小孔，其大小关系到气雾剂的喷射雾滴的粗细。内孔位于阀杆之旁，平常被弹性封圈封在定量室之外，使容器内外不沟通。当揿下推动钮时内孔进入定量室与药液相通，药液即通过它进入膨胀室，然后从喷嘴喷出。

（2）膨胀室　在阀杆内，位于内孔之上，药液进入此室时，部分抛射剂因减压汽化而骤然膨胀，以致使药液雾化、喷出，进一步形成微细雾滴。

3. 橡胶封圈　有弹性，通常由丁腈橡胶制成。分进液封圈和出液封圈两种。进液封圈紧套于阀杆下端，在弹簧之下，它的作用是托住弹簧，同时随着阀杆的上下移动而使进液槽打开或关闭，且封着定量室下端，使杯内药液不致倒流。出液弹性封圈，紧套于阀杆上端，位于内孔之下，弹簧之上，它的作用是随着阀杆的上下移动而使内孔打开或关闭，同时封着定量室的上端，使杯内药液不致溢出。

4. 弹簧　由不锈钢制成，套于阀杆，位于定量室内，供推动钮上升的弹力。

5. 定量室　由塑料或金属制成，其容量一般为 0.05～0.2ml。它决定剂量的大小。由上下封圈控制药液不外逸，使喷出准确的剂量。

6. 浸入管　塑料制成，图 10－2 为设有浸入管的定量阀门启闭示意图，浸入管的作用是将容器内药液向上输送到阀门系统的通道，向上动力是容器的内压。

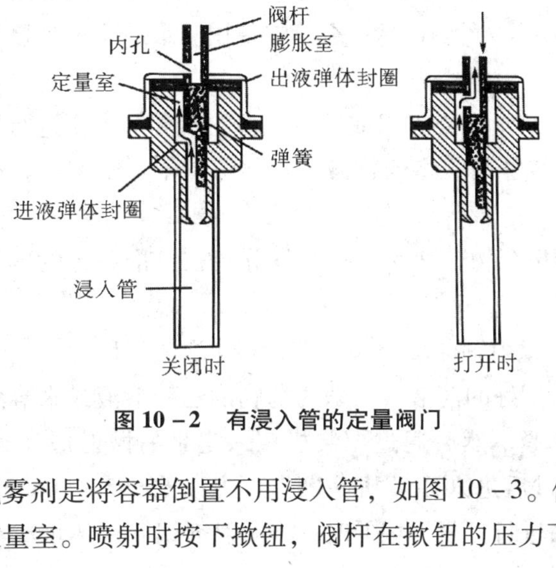

图 10－2　有浸入管的定量阀门

国产常用的吸入气雾剂是将容器倒置不用浸入管，如图 10－3。使药液通过阀杆上的引液槽进入阀门系统的定量室。喷射时按下揿钮，阀杆在揿钮的压力下顶入，弹簧受压，内孔进入出液橡胶封圈以内，定量室内的药液由内孔进入膨胀室，部分汽化后自喷嘴喷出。同时引液槽全部进入瓶内，封圈封闭药液进入定量室的通道。撤钮压力除去后，在弹簧作用下，又使阀杆恢复原位，药液再进入定量室，再次使用时，又重复这一过程。

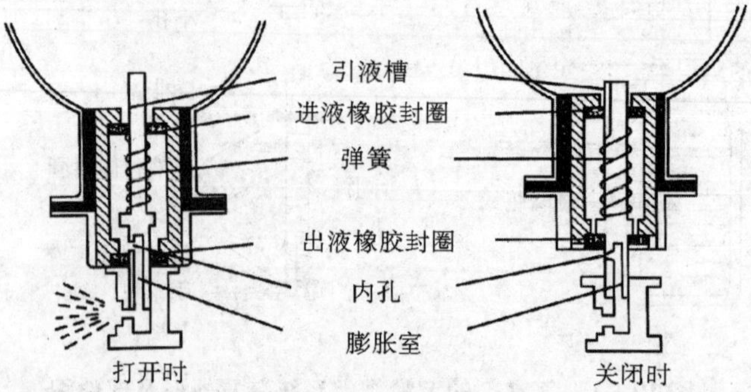

图 10－3　气雾剂阀门启闭示意图

7. **推动钮**　常用塑料制成，装在阀杆的顶端，推动阀杆用以开启和关闭气雾剂阀门，上有喷嘴，控制药液喷出方向。不同类型的气雾剂，选用不同类型的喷嘴推动钮。

三、气雾剂的制备

（一）制备工艺

气雾剂的生产环境、用具和整个操作过程，应注意避免微生物的污染。它的制备过程可分为：容器阀门系统的处理与装配，药物的配制、分装和充填抛射剂三部分，最后经质量检查合格后为气雾剂成品。

1. 容器、阀门系统的处理与装配

（1）玻瓶搪塑　先将玻瓶洗净烘干，预热至 120～130℃，趁热浸入塑料黏浆中，使瓶颈以下黏附一层塑料液，倒置，在 150～170℃烘干 15 分钟，备用。对塑料涂层的要求是：能均匀地紧密包裹玻瓶，万一爆瓶不致玻片飞溅，以及外表平整、美观。

（2）阀门系统的处理与装配　将阀门的各种零件分别处理。①橡胶制品可在 75% 乙醇中浸泡 24 小时，以除去色泽并消毒，干燥备用；②塑料、尼龙零件洗净再浸在 95% 乙醇中备用；③不锈钢弹簧在 1%～3% 碱液中煮沸 10～30 分钟，用水洗涤数次，然后用蒸馏水洗两三次，直至无油腻为止，浸泡在 95% 乙醇中备用。最后将上述已处理好的零件，按照阀门的结构装配。

2. 药物的配制与分装　按处方组成及所要求的气雾剂类型进行配制。溶液型气雾剂应制成澄清药液；混悬型气雾剂应将药物微粉化并保持干燥状态；乳剂型气雾剂应制成稳定的乳剂。

将上述配制好的合格药物分散系统，定量分装在已准备好的容器内，安装阀门，轧紧封帽。

3. 抛射剂的填充　抛射剂的填充有压灌法和冷灌法两种。

（1）压灌法　先将配好的药液（一般为药物的乙醇溶液或水溶液）在室温下灌入容器内，再将阀门装上并轧紧，然后通过压装机压入定量的抛射剂（最好先将容器内空气抽去）。液化抛射剂经滤过后进入压装机。操作压力以 68.65～105.975kPa 为宜。压力低于 41.19kPa 时，充填无法进行。压力偏低时，将抛射剂钢瓶用热水或红外线等加热，使达到工作压力。当容器上顶时，灌装针头伸入阀杆内，压装机与容器的阀门同时打开，液化的抛射剂即以自身膨胀压入容器内。

压入法设备简单，不需要低温操作，抛射剂损耗较少，目前我国多用此法生产。但生产速度较慢，且在使用过程中压力的变化幅度较大。目前，国外气雾剂的生产主要采用高速旋转压装抛射剂的工艺，产品质量稳定，生产效率大为提高。

（2）冷灌法　药液借助冷却装置冷却至 -20℃左右，抛射剂冷却至沸点以下至少5℃。先将冷却的药液灌入容器中，随后加入已冷却的抛射剂（也可两者同时进入）。立即将阀门装上并轧紧，操作必须迅速完成，以减少抛射剂损失。

冷灌法速度快，对阀门无影响，成品压力较稳定。但需致冷设备和低温操作，抛射剂损失较多。含水品不宜用此法。

（二）常用灌装设备

对于大生产而言，多采用自动化灌装设备，如瑞士 Pharmaceu 公司产品，国内某些制药企业采用此设备生产。但是，国内还是以半自动和手动灌装为主。实验室采用手动灌装设备：由液体灌装机、抛射剂灌装机、封口机组成。例如，手动液体灌装机，最大容量为250ml，生产能力为300～500罐/小时，手动抛射剂灌装机，最大容量为100、250、400ml，生产能力为300～500罐/小时，手动封口机，生产能力为500罐/小时等。有关设备参见图10-4。

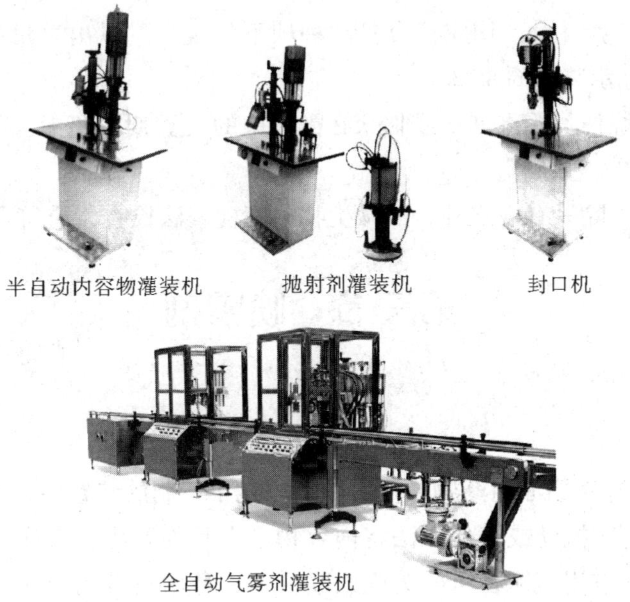

图10-4　气雾剂常用设备

四、气雾剂的质量评价

按照《中国药典》（2020年版）规定，二相气雾剂应按处方制得澄清的溶液后，按规定定量分装。三相气雾剂应将微粉化（或乳化）原料药物和附加剂充分混合后制得稳定的混悬液或乳状液，如有必要，抽样检查，符合要求后分装。在制备过程中还应严格控制水分，防止水分混入。吸入气雾剂的雾滴（粒）大小应控制在10μm以下，其中大多数应为5μm以下。根据气雾剂所需要的压力，可将两种或几种抛射剂以适宜比例混合使用。气雾剂的容器，应能耐受气雾剂所需要的压力，各组成部件均不得与药物或附加剂发生理化作用，其尺寸精度与溶胀性必须符合要求，每揿压一次，必须喷出均匀的雾滴（粒）。定量气雾剂释出的主药含量应准确。制成的气雾剂应进行泄露和压力检查，确保使用安全。定量气雾剂应标明每瓶总揿次、总揿从阀门释出的主药含量和（或）每揿从口接器释出的主药含量。除另有规定外，气雾剂应进行相应的检查，主要检查项目还包括递送剂量均一性、每揿主药含量、微细粒子剂量、揿射速率、揿出总量、粒度等，具体检查方法参照《中国药典》。

1. 递送剂量均一性 吸入气雾剂产品放行时需作罐间递送剂量均一性测定。取 10 罐供试品，采用收集管分别收集 1 个产品说明书中的临床最小推荐剂量，共 10 个递送剂量。符合下述条件者，可判为符合规定：

（1）10 个测定结果中，若不少于 9 个测定值在平均值的 75% ~125%，且全部在平均值的 65% ~135%。

（2）10 个测定结果中，若 2 ~3 个测定值超出 75% ~125%，但全部在平均值的 65% ~135%，另取 20 罐供试品测定。若 30 个剂量中，超出 75% ~125% 的测定值不超过 3 个，且全部在平均值的 65% ~135%。

2. 每揿主药含量 每揿主药含量应为每揿主药含量标示量的 80% ~120%。

3. 微细粒子剂量 除另有规定外，微细粒子剂量应不少于每揿主药含量标示量的 15%。

4. 揿射速率和揿出总量 针对非定量气雾剂，按照《中国药典》规定的项下进行，每罐的平均揿射速率（克/秒），均应符合各品种项下的规定。揿出总量应符合规定，即每罐揿出量均不得少于标示装量的 85%。

5. 无菌 用于烧伤、严重创伤或临床必需无菌的气雾剂，照无菌检查法检测，应符合规定。

6. 微生物限度 除另有规定外，照微生物限度检查法检查，应符合规定。

扫码“学一学”

第三节 喷雾剂

一、概述

喷雾剂（sprays）系指原料药物或适宜辅料填充于特制的装置中，使用时借助手动泵的压力、高压气体、超声振动或其他方法将内容物呈雾状物释出，直接喷至腔道黏膜、皮肤及空间消毒的制剂。按用药途径可分为吸入喷雾剂、鼻用喷雾剂及用于皮肤、黏膜的喷雾剂。按给药定量与否，喷雾剂还可分为定量喷雾剂和非定量喷雾剂。按使用方法分为单剂量和多剂量喷雾剂。按分散系统分类为溶液型、乳状液型和混悬型喷雾剂。其中，溶液型喷雾剂药液应澄清；乳状液型喷雾剂的液滴在液体介质中应分散均匀；混悬型喷雾剂应将药物细粉和附加剂充分混匀，制成稳定的混悬剂。

喷雾剂不含抛射剂，借助手动泵的压力将内容物以雾状等形态喷出。喷雾剂的雾滴粒径较大，不适用于肺部吸入，多用于舌下、鼻腔黏膜给药。吸入喷雾剂的雾滴大小应控制在 10μm 以下，其中大多数应在 5μm 以下。喷雾剂应置于凉暗处贮存，防止吸潮。单剂量吸入喷雾剂应标明每剂药物含量、液体使用前置于吸入装置中吸入而非口服、有效期以及贮藏条件。多剂量喷雾剂应标明每瓶装量、主药含量、总喷次、每揿主药含量以及贮藏条件等。

配制喷雾剂时，可按药物的性质添加适宜的附加剂，如溶剂、抗氧剂、表面活性剂等。所加入附加剂应对呼吸道、皮肤或黏膜无刺激性、无毒性。烧伤、创伤用喷雾剂应采用无菌操作或灭菌。

二、喷雾装置

喷雾装置的主要结构为喷射用阀门系统（手动泵），该系统采用手压触动器产生压力，使喷雾器内含药液以所需形式释放，使用方便，仅需很小的触动力即可达到全喷量，适宜范围广。

该装置中各组成部件均应采用无毒、无刺激性、性质稳定、与药物不起作用的材料制造。目前采用的材料多为聚丙烯、聚乙烯、不锈钢弹簧及钢珠。喷雾剂无需抛射剂作动力，无大气污染，生产处方与工艺简单，产品成本较低，可作为非吸入用气雾剂的替代形式，具有很好的应用前景。

三、喷雾剂的质量评价

喷雾剂检查内容与气雾剂类似，应检查每瓶总喷次、每喷喷量、每喷主药含量、递送剂量均一性、递送速率和递送总量、无菌和微生物限度等，此外，还需要检查装量差异和装量。

1. 装量差异　主要针对单剂量喷雾剂，除另有规定外，单剂量喷雾剂装量差异应符合规定，即每个装量（共 20 瓶）与平均装量相比较，超出装量差异限度（0.3g 以下为 ±10%；030g 及 0.3g 以上为 ±7.5%）的不得多于 2 个，并不得有 1 个超过限度 1 倍。凡规定检查递送剂量均一性的单剂量喷雾剂，一般不再进行装量差异的检查。

2. 装量　主要针对多剂量喷雾剂，照最低装量检查法检查，应符合规定。

第四节　粉雾剂

扫码“学一学”

一、概述

粉雾剂（powder aerosols）按用途可分为吸入粉雾剂、非吸入粉雾剂和外用粉雾剂。吸入粉雾剂系指固体微粉化原料药物单独或与合适载体混合后，以胶囊、囊泡或多剂量贮库形式，采用特制的干粉吸入装置，由患者吸入雾化药物至肺部的制剂。非吸入粉雾剂系指药物或与载体以胶囊、囊泡形式，采用特制的干粉吸入装置，将雾化药物喷至腔道黏膜的制剂。外用粉雾剂系指药物或与适宜的附加剂灌装于特制的干粉给药器具中，使用时借助外力将药物喷至皮肤或黏膜的制剂。

吸入粉雾剂（aerosol of micropowders for inspiration）也被称为干粉吸入剂（dry powder inhalers，DPI），其优点在于：①无需抛射剂，其动力系统为患者的呼吸气流，可避免因抛射剂带来的不利影响。②无喷量限制，定量阀门系统气雾剂每次喷量有一定限制，一般最大剂量为 1mg，有时这样的剂量无法满足治疗要求，而干粉吸入剂也可使剂量稍大的药物进行气雾给药。③患者使用有抛射剂的气雾剂时吸气与手揿阀门的动作应同步，否则不易将药物吸入，而干粉吸入剂则不同，患者的吸气气流是粉末进入体内的唯一动力，故不存在协同困难的问题，此特点使干粉吸入剂越来越受到欢迎和普及。目前临床已证明干粉吸入剂的优点及疗效，极有可能成为药用气雾剂发展的方向之一。

理想的干粉吸入剂应为：装置内应预先装入足够单剂量，使患者易于使用；在低气流时易于被患者吸入；装量应准确；对湿不敏感；无过剂量的危险；计量装置可提示患者使用情况；体积不宜过大，易于携带；价格合理。且所有干粉吸入剂均应具有定量，雾化，药物粒子从载体上去聚集，直接给药至患者口腔的特点。

二、处方设计

（一）处方

1. 药物 药物粒子大小是制备干粉吸入剂的关键。一般认为理想的药物粒径为0.5～8μm，大于此范围的粒子不能进入细支气管内，而更小的粒子则易随呼吸呼出。药物的粉碎常采用气流粉碎机进行，其原理是在强气流的作用下“拆开”结晶与结晶之间的联结。2～3μm是这种干粉粉碎的极限。采用喷雾干燥的方法，可得到更小的粒径。

2. 辅料 药物经微粉化后，具有较高的表面自由能，粉粒聚集成团。因此在处方设计中，常加入粒径较大的载体物质，以改善粉末的流动性，使在机械自动填充时剂量准确。而在多剂量贮库中，每次能释放一个剂量的药物，当药物剂量很少时（几微克），载体还起稀释剂的作用。载体要求为无毒、惰性、能为人体所接受的可溶性物质，如乳糖、阿拉伯胶、木糖醇、葡聚糖、甘露醇等。为增加粉末的流动性，还可加入少量润滑剂，如苯甲酸钠。在吸入气流的作用下，药物粒子从其聚集状态分散成单个微粒或从载体表面分离，重新分散的药物粒子应在具有治疗意义的肺部沉积，它依赖于粒子的气体动力学性质和药物与载体之间的黏附性。而药物从载体表面的分离是药物起作用的关键，它受装置的结构及病人的吸入方式影响。在上述混合物中，药物与载体之间的黏附性受以下几个因素的影响：药物与载体的表面性质、药物与载体的比例、各组分的粒子大小、有无其他组分存在、相对湿度、静电性质及贮存条件等。

（二）影响因素

1. 湿度 由于表面张力与毛细管作用，较高的相对湿度将导致黏附力的增加，不同处方及组成对湿度的敏感度不同，因而应选择一种在相对湿度较大的环境中吸湿最少的处方。

2. 静电作用 静电力与黏附力相反，在低湿度时占优势，且随混合物力学稳定性的不同而变化。力学稳定性与各组分的电性质有关，粉末荷电性在混合时增加，粉末的流动和吸入均可诱使粉末表面荷电。

3. 药物和载体的表面性质 采用气流粉碎机对药物进行微粉化处理，获得可供吸入的粒子。该粉碎方法存在一定的局限性，因它不能改变药物的表面性质。采用喷雾干燥技术可获得非结晶结构的球形粒子，其粒径小于前者，但球形的药物粒子更易于从载体表面分离，为改善粉末混合物的性质，可采用控制载体性质的方法。载体的最佳粒径为70～100μm，过于粗大则机械阻力增加，反之，粒子间则有内聚力。微细的药物粒子将嵌入载体的裂隙和凹陷处，故药物与多孔性载体可形成较强的黏结物。理想的载体应是：在加工和填充时与药物粒子具有一定的内聚力，混合物不分离，而在经吸入器吸入时，药物可最大限度地从载体表面分离，混悬于吸入气流中。

4. 药物－载体比例 药物－载体比例可用Heresy的混合理论解释：载体表面有些面积

无结合位置，而另一些面积结合力可能较其他部位强，该活性位置的数目是有限的，过剩的药物粒子则不能与载体形成较强的结合，而形成结合力较弱的或成为混合物中的独立粒子。载体量低于形成单粒子层时，药物粒子则可形成多粒子层，吸入时不易分散成单个的、可供吸入的粒子。

5. 操作条件 生产条件通常对吸入粉末的性质无直接影响，但应加以控制，使用的各种原材料及容器结构应保持不变。药物粒子的吸附趋势随混合时间的增加而增加，各种混合最稳定的混合时间为5~25分钟。

6. 粉末的混合 干粉吸入剂中一般仅含药物与载体，但在该二元体系中加入一些其他物质有可能改善粉末的黏着性。如加入第三种物质如硬脂酸镁，粉末的稳定性降低。这是由于硬脂酸镁使得药物粒子间的摩擦力及其静电行为降低，使混合物稳定性降低的缘故。在加入润滑剂时，应对其进行毒性评价。

三、装置

药物粒子经吸入装置可从密集状态变为松散状态或从载体表面上重新分散，产生可供吸入的粒子，这与上面所述的粉末性质及装置产生的分散力有关，因此，处方与装置设计直接影响药物的重新分散。

粒子重新分散的力量来源于患者的吸入力量，湍流气流有利于药物的分散，其分散水平依赖于装置的几何结构，通道愈窄愈易产生湍流，但肺功能差的患者，即使压力差较高，产生的气流速度亦较低，因此，理想的装置结构应是在较低的压差条件下，即可产生较高的湍流流速。

吸入装置是干粉吸入剂开发的重点。第一个吸入装置Spinhaler由Fisons公司推出，在使用此装置时，胶囊被金属刀片刺破，在吸入过程中胶囊随刀片旋转，粉末从胶囊壁上的孔中释放出来，进入相对较宽的气道中，当气体流速达35L/min时，胶囊壁发生强烈颤动。

吸入器Rotahaler是于1977年研制成功的，该装置最初用于沙丁胺醇，后又用于倍氯米松二丙酸酯（BDP）的给药。该装置较为简单，通过装置的转动，胶囊分为两部分，药物粉末从中释放进入给药室中，在气流的作用下进入患者的口腔。

ISF公司还研制了一种螺旋式吸入器，称之为ISF haler，它是由小针将胶囊两端刺破，吸入时，胶囊象螺旋桨一样，在一小腔中旋转，粉末则通过小孔进入吸入气流中，该吸入器和Spinhaler常用于色甘酸钠（SCG）的给药。

吸入器“Berotec haler”用于非诺特罗给药，吸入时，刺孔的胶囊呈静态。其气道与ISF。Haler一样，均较窄，吸气阻力较高，易于产生湍流。若气体流速适当，则可产生到达肺深部的“粉雾云”。药物在呼吸道深部的沉积比例明显高于Spinhaler和Rotahaler，且药物似乎能更有效地分布到肺的周边部位。

上述几种装置是第一代DPI，均为胶囊型，具有简单可靠、便于携带、可清洗和直观的特点。但它们也存在一些缺点：单剂量给药，如在哮喘急症时常不易装药，药物的防湿作用取决于贮存的胶囊质量；当每剂活性药物小于5mg时，为保证胶囊充填的准确性，必须有附加剂；需经常清理。

为克服上述装置的不足Allen公司又推出了Diskhaler，药物装在铝箔上的8只水泡眼中，吸入时，刺破一水泡眼的铝箔，药物即可从中释出。该装置可用于沙丁胺醇和倍氯米松二丙酸酯（BDP）的给药，患者无需重新安装装置便可吸入几个剂量，防湿性能优于第一代 DPI。但仍需经常更换药板。

目前市场上最好的产品为贮库型装置，如 Turbuhaler，能将许多剂量贮存在装置中。使用时，旋转装置，药物即由贮库释放到转盘上，单位剂量的药物粉末进入到吸入腔中，在湍流气流的作用下，药物从聚集状态分散，吸入后能很好地沉积于肺部。表 10－3 列出了部分上市的干粉吸入器及其主要特点。

表 10－3　部分上市的干粉吸入器类型、开发企业及其主要特点

名称	开发企业	主要特点
Spinhaler	Fisons	第一个干粉吸入器，吸入时，胶囊被金属刀片刺破，随刀片旋转并强烈颤动，使粉末释放进入相对宽的气道中
Rotahaler	GSK	通过装置的转动，胶囊分为两部分，药物粉末从中释放进入给药室，在气流的作用下进入患者的口腔
ISFhaler	ISF	一种旋转式吸入器，使用时用小针将胶囊两端刺破，胶囊像螺旋桨一样旋转，粉末则通过小孔进入吸入气流中
Handihaler	Boehringer Ingelheim	新型 DPI，体外实验显示最低吸气流速仅为 20L/min
Nektar Pulmonary Inhaler	Nektar Therapeutics	压缩空气驱动药物喷出，不依赖于患者呼吸能力，可使药物到达肺部深处
Turbospin	P H and T	外形如钢笔，输出剂量高，造价相对低廉，方便携带，适用的载药剂量范围较宽
Monohaler	Miat	对吸入气流的要求较低，可以用于幼儿、老人或由重度呼吸损伤的患者
Diskhaler	GSK	较早的多剂量干粉吸入装置，又称蝶式干粉吸入器，目前仍在应用
Turbuhaler	AstraZeneca	1988 年上市，多剂量贮库型的代表，目前应用广泛，肺部沉积率较好
Diskus/Accuhaler	GSK	新型囊泡式给药装置，可载有数 10 个单独剂量，具有较好的防潮性能和剂量显示功能
Clickhale	Innovota Biomed	由于可释放不同规格的剂量，适用范围广，采用了许多安全装置，即使在低吸气流速下也有较好的肺部沉积率
Spiros	Dura	配有微型装置，虽由吸入气流驱动药粉雾化，但药物靠电池动力喷出，不依赖吸气气流大小
SkyeHaler^{TM}	SkyePharm	1995 年研制，贮库型多剂量干粉吸入器，能装纳 300 个剂量，防潮性能好
Gyrohale	Vectura	多剂量 DPI（含有 60 个剂量），结构简洁，轻巧便携，造价低廉
Novolizer	Viatris	具有多重反馈控制功能，确保给药剂量准确，最大吸气流速为 54～99L/min，药物的平均肺部沉积率为 19.9%～32.1%
Airmax	Ivax	具有特殊结构的旋流室，药物和载体在此可有效地分散成微小颗粒
Pulvinal	Chiesi	对于最大吸气流速的要求小，同样适用于老年患者和深吸气有一定困难的患者
MAGhaler	Mundipharma	药物及载体被压成环形药片，当按下释药按钮时，引轮牵动单剂量药物释放，并且在装置内被磨压成粒径为 0.63～5.4μm 的微粒后释放
Ultrahaler	Aventis	贮库型干粉吸入器
FlowCaps	Hovione	外形如钢笔，结构简单，由 6 个塑料原件构成，包含有 14 个给药剂量，气流速度在 35L/min 以上，肺部沉积率较好，但不适用于气流速度低于 20L/min 的情况
Easyhaler	Orion	利用文达尔效应，可以更好地驱动药物输出
Twisthaler	Schering Plough	贮库型干粉吸入器，吸嘴处有独特的药物释放通道，使药物和载体以更细小的均匀微粒释出
Tainfun	Focus Inhalation	贮库型干粉吸入器，药物输出前经过独特结构的旋转室，分散成微小颗粒后释出

四、粉雾剂粒径测定法

对于气雾剂而言，药物粒径大小是决定其稳定性及疗效的重要因素。有关气雾剂药物粒径的测定方法发展很快，有些已为药典所收载，下面进行简单介绍。

1. 冲击法　此法已为英国药典（BP）收载，包括 A、B 两种装置，可模拟气雾剂给药后药物在呼吸道不同部位的分布状况及可吸入的情况，该装置可分为上冲击室和下冲击室。使用时，气体被以 60L/min 的速度抽出，气雾剂给药后，分别测定上、下冲击室的药量，下冲击室为可吸收的药量。它是一种间接法，虽无法给出具体粒径数值，但可将药物粒子分为可吸入部分及不可吸入部分进行描述。

2. 激光衍射法　激光衍射法是通过测定粒子衍射角度的大小及衍射光的强度来表示的，是一种间接测定粒子的方法，且需要有已知的标准粒径进行校正，它的特点是可以测定药物粒子在飞行过程中的瞬时粒子大小及分布，可真实反映实际使用时的粒径。国产化激光颗粒测量法，是以激光为光源，综合应用经典的米氏散射原理和夫琅禾费衍射原理，测定 $0.5 \sim 10^{12}\mu m$ 大小的各种颗粒。

3. 显微镜法　显微镜法是一种直接测定药物粒子大小及形态的方法，为美国药典所收载。测定方法为：交替振摇及喷射数次后，启动阀门，垂直于喷射方向，距气雾剂 5cm 处，放置一清洁干燥的载玻片，将一次喷出量的药物粒子进行镜检，分别记录最长轴小于 5μm 的粒子大小及数量，且要求大于 10μm 的粒子不得多于 10 个。该方法简单、直观。但测定乳滴时易引起变形，且存在费时、工作量大、易产生因眼睛疲劳而造成的误差等问题。目前，已将显微镜通过视频照相机与计算机相连，大大地提高了该法的测定速度及准确性。

4. Doppler 角速法　Doppler 角速法（phase doppler anemometry，PDA）是一种可以同时测定喷雾速度及粒子大小的方法，是利用粒子通过两束激光交叉处发生散射的原理，将被捕获的信息收集并输送入视波器中，以此来测定粒子的大小及速度。该法为一种先进的测定法，它的局限在于测定粒子被假定为球形，同时要求通过测定光区的粒子为单个粒子，否则会造成误差，而且对操作者的技术要求较高。

以上为几种测定气雾剂粒子大小的方法，其原理各不相同，且各有优劣，值得提出的是它们所测定的结果不具可比性，因而应注明所使用的测定方法。

五、粉雾剂的质量评价

配制粉雾剂时，为改善粉末的流动性，可加入适宜的载体和润滑剂。吸入粉雾剂中所有附加剂均应为生理可接受物质，且对呼吸道黏膜和纤毛无刺激性、无毒性。粉雾剂质量检查与气雾剂类似，也需进行递送剂量均一性、微细粒子剂量、多剂量吸入粉雾剂总吸次、微生物限度等的检查。

扫码“学一学”

第五节　举　例

一、气雾剂

例 10-1　盐酸异丙肾上腺素气雾剂

【处方】　盐酸异丙肾上腺素 2.5g　维生素 C 1.0g　乙醇 296.5g　F_{12} 适量　共制

1000 瓶

【制备】 盐酸异丙肾上腺素在 F_{12} 中溶解性差，加入乙醇作潜溶剂，维生素 C 为抗氧剂。将药物与维生素 C 加乙醇制成溶液分装于气雾剂容器，安装阀门，轧紧封帽后，充装抛射剂 F_{12}。

例 10－2 溴化异丙托品气雾剂

【处方】 溴化异丙托品 0.374g 无水乙醇 150.000g HFA－134a 844.586g 柠檬酸 0.040g 蒸馏水 5.000g 共制 1000g

【制备】 将溴化异丙托品、柠檬酸和水溶解在乙醇中制备活性组分浓缩液。将活性组分浓缩液装入气雾剂容器中。容器的上部空间用氮气或 HFA－134a 蒸气填充并用阀门密封。然后将 HFA－134a 加压充填入密封的容器内即得。

该制剂为溶液型气雾剂，无水乙醇作为潜溶剂增加药物和赋形剂在制剂中的溶解度，使药物溶解达到有效治疗量；柠檬酸调节体系 pH 值，抑制药物分解；加入少量水可以降低药物因脱水引起的分解。

例 10－3 沙丁胺醇气雾剂（salbutamol aerosol）

【处方】 沙丁胺醇 1.313g 磷脂 0.368g Myrj－52 0.263g HFA－134a 998.060g 共制 1000g

【制备】 将药物、磷脂、Myrj－52 与溶剂混合在一起后进行超声，直到平均粒子大小达到 0.1～5μm。然后通过冷冻干燥或喷雾干燥得到干燥粉末，再将该粉末悬浮在 HFA－134a 中即得。

沙丁胺醇主要作用于支气管平滑肌的 β 受体，用于治疗哮喘。气雾剂吸入副作用小于口服。沙丁胺醇气雾剂为混悬型气雾剂，水分不超过 50×10^{-5}。药物用磷脂和至少再加一种表面活性剂包裹制成 0.1～5μm 的微粒，其目的：调节药物微粒的密度，使其与抛射剂的密度相当，以减小混悬颗粒上浮或沉降；使药物颗粒具有适宜的极性和表面张力，避免颗粒聚结，从而获得稳定的药物混悬液。

二、喷雾剂

例 10－4 甲酚唑啉盐酸长效鼻腔喷雾剂

【处方】 甲酚唑啉盐酸盐溶液 5ml 盐酸苯佐卡因（1∶5000）适量 羟丙基纤维素适量 磷酸钾适量 磷酸钠适量 氯化钠适量 硫柳汞适量 水适量 共制 100 瓶

【制备】 将甲酚唑啉盐酸盐溶液（浓度为 0.05%）、盐酸苯佐卡因（1∶5000）、羟丙基纤维素、磷酸钾、磷酸钠、氯化钠、硫柳汞 0.002% 溶于水中，装于带有手动泵式气雾剂塑料瓶中，按半无菌制剂的生产条件生产。

本品为长效鼻腔喷雾剂，主要起收缩鼻腔黏膜血管作用，从而使鼻腔疏通。临床用于感冒、鼻炎、枯草热或其他上呼吸道感染引起的鼻腔过敏症状的缓解，一次喷量，疗效可维持 12 小时以上。

例 10－5 异丙乙基去甲肾上腺素喷雾剂

【处方】 异丙乙基去甲肾上腺素 2.48g 甘油适量 氯化钠适量 亚硫酸钠适量 盐酸适量 注射用水加至 4000ml 共制 1000 瓶

【制备】 将异丙乙基去甲肾上腺素溶于含有甘油、氯化钠、亚硫酸钠、盐酸的无菌注射用水中，其中甘油为矫味剂，且起增稠作用，氯化钠调节等渗，亚硫酸钠为抗氧剂，盐酸调节 pH。本品为无菌制剂，按无菌制剂工艺条件制备，包装材料为塑料小瓶，适用于各种病因导致的支气管哮喘。每次剂量为 0.25 ~ 0.5ml。

例 10－6　莫米松气雾剂

【处方】莫米松糠酸酯 3g　聚山梨酯 80 适量　注射用水适量　共制 1000 瓶

【制备】将莫米松糠酸酯用适当方法制成细粉，加入表面活性剂混合均匀，再加入到含有防腐剂和增稠剂的水溶液中，分散均匀，分装于规定的喷雾剂装置中即可。

本品为混悬型喷雾剂，用于鼻腔给药。每揿体积为 0.1ml，含莫米松糠酸酯 50μg。莫米松糠酸酯是一种皮质激素类抗变态反应药，用于治疗季节性和成年性鼻炎，对过敏性鼻炎有较好的预防作用。处方中加入聚山梨酯 80 和增稠剂是为了有利于混悬剂的稳定，但由于本制剂为混悬型气雾剂，用前应充分振摇。

例 10－7　缩宫素鼻喷雾剂

【处方】缩宫素 4 万单位　甘油 1.3%　氯化钠 0.45%　枸橼酸适量　碳酸钠适量　蒸馏水加至 1000ml

【制备】将上述辅料溶于水中，过滤至澄明，加入缩宫素，溶解，加水至全量，搅匀，分装于规定的喷雾剂装置中即可。

本品为溶液型喷雾剂，用于鼻腔给药。处方中枸橼酸和碳酸钠为 pH 调节剂，使溶液的 pH 在 6.5 ~ 7.5；甘油具有稳定作用，并与氯化钠一起可产生等渗作用，减少对鼻黏膜的刺激，促进药物的吸收。

例 10－8　莨菪子气雾剂

【处方】莨菪子 8g　乙醇适量

【制备】莨菪子用乙醇回流提取三次，合并提取液，回收乙醇，用盐酸调节 pH 值 5.0，冷藏，调整药液每毫升含中药材 1g，灌装，即得。

本品具有止咳平喘作用。用于气管炎。喷雾吸入，每揿 2 次为一剂量。

三、粉雾剂

例 10－9　鲑降钙素粉雾剂

【处方】鲑降钙素 300 IU　乳糖 10 ~ 50mg　共制 96 粒胶囊

【制备】鲑降钙素经微粉化处理，得动态粒径为 1 ~ 3μm 的粉体，与乳糖混合后置于胶囊或泡囊内，使用时通过吸入装置给药。

本品使用时，粉末全部排空吸入，装置内残留量极低，控制药物粒径使其易在吸收部位沉积，且无需加入吸收促进剂，不会对呼吸道黏膜造成破坏，尤其适用于不能使用雌激素的妇女绝经后骨质疏松症，患者的依从性明显高于注射液。

例 10－10　福莫特罗干粉吸入剂

【处方】福莫特罗 12mg　乳糖 25mg

【制备】每粒胶囊内含微粉化福莫特罗 12mg（85% 的粒径应小于 5μm）、乳糖 25mg（粒径应在 80 ~ 150μm）。将原辅料按处方量混合均匀，灌装于干粉吸入装置即可。

本品用于治疗中度或重度哮喘，由于主药单剂量较大，混合后流动性差，应注意给药剂量的准确性。

例 10－11　色甘酸钠干粉吸入剂

【处方】色甘酸钠 20g　乳糖 20g　共制 1000 粒胶囊

扫码“练一练”

【制备】 每粒胶囊内含微粉化色甘酸钠 20mg（85% 的粒径应小于 5μm）、乳糖 20mg（粒径应在 80～150μm）。将原辅料按处方量混合均匀，灌装于干粉吸入装置即可。

本品为抗变态反应药物，用于预防各种类型的哮喘，色甘酸钠在胃肠道吸收差，仅为 1%，在肺部吸收较好，可快速起效。

（王永军）

第十一章 固体分散体、包合物与微粒

学习目标

1. **掌握** 固体分散体、包合物、微粒给药系统的概念、特点及其制备方法。

2. **熟悉** 固体分散体、包合物、微囊与微球的载体材料及适用性；固体分散体、包合物形成的表征方法；固体分散体的速释与缓释原理。

3. **了解** 微粒给药系统中药物释放的机制、影响因素及微粒制剂的质量评价。

第一节 固体分散体

扫码“学一学”

一、概述

固体分散体（solid dispersion），又称固体分散物，通常是药物高度分散在适宜载体材料中形成的一种固态物质。将药物分散于固体载体的技术叫做固体分散技术（solid dispersion technology）。

根据分子排列方式，固体分散体主要分为以下类型。

1. 共晶混合物（eutectic mixture） 将药物与载体材料在适当的比例下共熔后，通过快速冷却等方式获得药物与载体材料的极细晶体物理混合物。

2. 固态溶液（solid solution） 药物主要以分子状态分散在载体材料中所形成的固体分散体。根据药物在载体材料中的互溶情况，可分为完全互溶与部分互溶的固体分散体两类。完全互溶固体分散体又称为置换结晶溶液（substitutional crystalline solution），即药物分子取代了载体材料晶格中的载体材料分子，共同形成晶格。部分互溶固体分散体又称为（interstitial crystalline solid solution）间质结晶固态溶液，即药物分子插入到载体材料分子晶格结构内的空隙。

3. 非晶态固态溶液（amorphous solid solution） 即药物分子在非结晶状态下的载体材料分子中分散，但为不规则分散状态。

4. 玻璃态溶液和玻璃态悬浮液（glass solution and glass suspension） 药物分子在玻璃态高分子材料中溶解或分散形成的均质或非均质系统，玻璃态的特点是透明性和在玻璃化温度下具备脆性。

固体分散体的主要特点：①可以将药物高度分散于不同性质固体载体中，达到不同释药目的；如采用水溶性材料作为载体制备固体分散体，可实现药物速释作用；采用难溶性载体制备固体分散体，则可实现缓释作用；肠溶性载体还可控制药物于肠中释放。②速释型固体分散体可提高药物溶出速率，从而提高难溶性药物口服吸收率与生物利用度；③增加药物的稳定性，掩盖药物的不良气味和刺激性。④使液态药物固体化。例如以聚乙烯吡咯烷酮 K30（polyvinylpyrrolidone K30）PVP_{K30} 为载体制备米非司酮固体分散体，药物以无定形状态分散在载体中，大大提高了米非司酮的溶解度和溶出速率；以丙烯酸树脂 Eudragit

EPO 为载体材料制备布洛芬固体分散体可提高药物溶出度并掩盖其苦味；米索前列腺醇稳定性较差，在含有微量水时，酸或碱均可引发 11 位—OH 脱水形成 A 型前列腺素，将米索前列醇制成以 Eudragit RS 及 RL 为载体材料的固体分散体，稳定性明显提高。

固体分散体存在的主要缺点：①载药量小，制备时载体用量往往很大，对大剂量的药物难以制成易于吞咽的片剂或胶囊剂；②物理稳定性差，药物在载体中高度分散的状态使其有可能自发聚集成晶核，微晶逐渐生长成晶粒，亚稳态（无定形）可转化成稳定晶型，该过程称为老化（aging）；③工业化生产困难，固体分散体往往在高温或大量使用有机溶剂的情况下生产，操作过程比较复杂，影响质量的关键环节比较多。

1961 年，Sekiguchi 和 Obi 首先提出固体分散体的概念，采用熔融法制备了以磺胺噻唑为模型药物、尿素为载体材料的固体分散体，口服给药后药物的吸收比普通片剂显著性提高。根据固体分散体的研究情况，其发展大致分为三个阶段：第一代固体分散体使用晶体载体制备，如尿素和糖类等。这些固体分散体具有热力学不稳定性，且无法实现药物快速释放。第二代固体分散体使用非晶态聚合物材料替换晶体载体材料，药物以分子分散在聚合物材料中。常用的材料包括合成聚合物，如聚维酮、聚乙二醇和聚甲基丙烯酸酯等，以及天然聚合物，如羟丙基甲基纤维素、乙基纤维素、淀粉衍生物等。第三代固体分散体利用表面活性剂或非晶态聚合物/表面活性剂混合物作为载体材料，可显著提高溶解性差药物的生物利用度。用于第三代固体分散体的表面活性剂材料包括泊洛沙姆等。

固体分散体是制剂的一种中间体，添加适宜辅料并通过适宜制剂工艺可进一步制成片剂、胶囊剂、微丸、滴丸剂、颗粒剂等。如将硝苯地平首先利用熔融法制备硝苯地平 - PEG600 固体分散体作为制剂中间体，然后用羟丙基甲基纤维素（hydroxypropyl methyl cellulose，HPMC）作为缓释骨架材料制备缓释多层片，该片与上市普通片比较，其生物利用度显著提高，维持治疗血药浓度达 24 小时。

近年来固体分散体技术用于制备缓释、控释和速释制剂的研究日益增多，大大扩展了固体分散技术的应用范围，特别是在中药新剂型研究中具有重要意义。中药挥发油具有多种药理活性，但该类成分除易挥发外，通常还易被氧化、分解，稳定性较差，采用固体分散体技术制成滴丸剂，使其包埋在固体基质中，可使稳定性大大提高，且使其在体内易于分散、吸收，提高生物利用度。例如，采用固体分散体技术将传统中药冠心苏合丸有效成分苏合香油制成苏冰滴丸，该制剂具有剂量小、释药快和起效快等特点，有利于迅速缓解胸闷、心绞痛和心肌梗死等症。另某些中药制成滴丸后，可掩盖其刺激性和不良气味，提高患者顺应性。例如，将盐酸小檗碱制成固体分散体，不仅可以提高药物溶出度、改善吸收，且可使其特有苦味得以缓解。

目前已上市的固体分散体产品有诺华（Novartis）公司的抗真菌药灰黄霉素（griseofulvin，Gris - PEG）；礼莱（Lilly）公司的抗焦虑药大麻隆（nabilone，Cesamet）；罗氏（Roche）公司的抗病毒药沙奎那韦（saquinavir，Invirase）；日本藤泽药业（Fujisawa）的免疫抑制药他克莫司（tacrolimus，Prograf）；西安杨森制药公司的抗真菌药伊曲康唑；诺华制药的免疫抑制药依维莫司（everolimus，Certican）；雅培公司的抗高血压药维拉帕米（verapamil，Isoptin SRE）。国内利用固体分散体技术生产且已上市的产品有联苯双酯丸、复方炔诺孕酮丸、尼群地平片等。

二、固体分散体的载体材料

固体分散体中药物的分散程度和溶出速率在很大程度上取决于所应用载体的特性。载体材料应符合以下条件：①无毒、无致癌性；②化学稳定性好，不与药物发生化学反应，不影响主药的化学稳定性，不影响药物药效与含量测定；③能使药物得到最佳分散状态；④具有适宜的理化性质，易于制备固体分散体；⑤价廉易得。常用的载体材料分为水溶性、难溶性和肠溶性三大类。可根据要求选择适宜的载体，也可几种载体材料联合应用，以达到要求的释药速率。

（一）水溶性载体材料

水溶性载体材料包括常用水溶性高分子聚合物、表面活性剂、有机酸和糖类等。

1. 聚乙二醇类（polyethylene glycol，PEG）　聚乙二醇类是最常用的水溶性载体材料，一般选用相对分子质量在1000～20000的PEG作为固体分散体载体，最常用的型号是PEG 4000和PEG 6000，相对分子质量分别为3400～4200和5400～7800，常温下为蜡状固体，熔点分别为50～54℃和53～58℃，由于熔点较低，适宜用熔融法制备固体分散体。由于PEG溶于乙醇等有机溶剂，亦可采用溶剂法制备固体分散体。油类药物宜使用相对分子度量较高的PEG，如PEG 12000或PEG 6000与PEG 20000的混合物。药物与PEG的比例是影响药物分散性质的重要因素。以熔融法制备载药PEG固体分散体时，熔融状态PEG分子的两列平行的螺旋状链展开，小分子质量的药物进入载体的卷曲链中形成分子水平的分散。当药物分子与载体分子大小相近时，药物分子可代替PEG分子进入其晶体结构生成固态溶液或玻璃溶液。若药物比例过高，在分散体中形成小结晶，不再以分子状态分散。如制备吲哚美辛－PEG固体分散体，含药量在5%～10%时，药物以分子状态分散，若提高含药量，药物则以微晶状态分散。PEG中药物的分散性质还与PEG的聚合度有关，有研究表明，药物溶出速率随PEG链的增长而成比例的降低。另外，制备方法也影响分散性质，PEG与同一药物采用不同方法制备的固体分散体，药物的溶出速率不相同。

2. 聚维酮类（polyvidone，PVP）　化学名称为聚乙烯吡咯烷酮（polyvinylpyrrolidone），为无定形高分子聚合物，无毒，对热稳定，一般加热到150℃以上才会变色分解。易溶于水和乙醇等极性有机溶剂，不溶于醚及烷烃类非极性有机溶剂，用溶剂法制备固体分散体时，由于氢键或络合作用，对多种药物有较强的抑制晶核形成和成长作用，使药物形成非结晶性无定形物。由于PVP具有很强的吸湿性，用PVP制备固体分散体的过程中会遇到产物黏稠、溶剂难以除尽的问题。同时，PVP的强吸湿性容易使形成的固体分散体老化。

依据聚合度不同聚维酮相对分子质量在1万～70万，一般以k值的大小表示，k越大，相对分子质量（M_W）越高。如PVPk15（分子量M_W 8000），PVPk25（M_W 30000），PVPk30（M_W 50000），PVPk60（M_W 400000），PVPk90（M_W 1000000），PVPk120（M_W 3000000）等。固体分散体制备中常用规格为PVPk15、PVPk30及PVPk90等。

近年来，共聚维酮［Poly（N－Vinyl－2－pyrrolidone－Vinyl acetat），PVP/VA］为N－乙烯基吡咯烷酮（N－Vinyl－2－pyrrolidone，NVP）与醋酸乙烯酯（vinyl acetate，VA）的线性共聚物，为水溶性高分子材料。PVP/VA保留了PVP良好的水溶性、黏结性和成膜性，同时降低了PVP吸湿性，可作为固体分散体的良好载体。研究者以PVP/VA（Plasdone S630）作为载体材料制备尼莫地平固体分散体。与尼莫地平物理混合物和原料药比较，尼莫地平固体分散体能显著提高药物生物利用度。

3. 表面活性剂类　常用水溶性表面活性剂材料包括泊洛沙姆类、卖泽类、聚氧乙烯蓖麻油类等。其中非离子型表面活性剂泊洛沙姆是聚氧乙烯和聚氧丙烯的共聚物，溶解性好，载药量大，有抑晶性能，是较理想的速效载体材料。泊洛沙姆熔点较低，可用熔融法和溶剂法制备固体分散体。常用泊洛沙姆188（Poloxamer 188，即Pluronic F68），毒性小，对黏膜刺激性小，可用于静脉注射。表面活性剂类可与其他载体联用，以增加药物的润湿性或溶解性，提高溶出速率。

4. 纤维素类 如羟丙纤维素（hydroxypropylcellulose，HPC）、羟丙甲纤维素（hydroxypropylcellulose，HPMC）等，均可作为固体分散体的载体，主要可使难溶性药物在制剂中以分子态或过饱和态的形式存在，从而提高难溶性药物的生物利用度。根据选用的型号不同可起到速释或缓释的作用。

5. 其他水溶性材料 其他水溶性材料主要有有机酸类和糖醇类等。

有机酸类载体材料分子质量较小，易溶于水而不溶于有机溶剂。常用作载体的有枸橼酸、酒石酸、富马酸、琥珀酸、胆酸及脱氧胆酸等，多与药物形成低共熔混合物。例如5%的灰黄霉素和20%的枸橼酸用熔融法制成玻璃态固体分散体，其中的灰黄霉素溶出速率显著增大。本类载体材料不适用于对酸敏感的药物。

糖醇类具有良好的水溶性，但熔点较高（如甘露醇的熔点为165～168℃），且不溶于多种有机溶剂，适用于剂量小、熔点高的药物。其固体分散体一般采用熔融法，在较高温度下制备。常用的糖醇类载体有果糖、半乳糖、蔗糖、甘露醇、山梨醇等。其特点是水溶性强、毒性小，分子中的多个羟基可与药物的氢键结合形成固体分散体，其中以甘露醇为佳。糖类多用于配合PEG类高分子形成联合载体，利用糖类相对分子质量小、易溶解的特点，可克服PEG溶解时形成富含药物的表面层妨碍对基质进一步溶蚀的缺点。

此外，聚乙烯醇（polyvinyl alcohol，PVA）、微晶纤维素、淀粉及微粉硅胶也可用做固体分散体的载体。

（二）难溶性载体材料

难溶性载体材料包括纤维素类、含季铵基团的聚丙烯酸树脂类以及脂质类材料。

1. 乙基纤维素 乙基纤维素（ethyl cellulose，EC）不溶于水，但能溶于乙醇、丙酮等多种有机溶剂中，是一种载药量高、稳定性好、不易老化的理想载体材料，广泛用于制备缓释固体分散体。可加入水溶性材料如HPC、HPMC、PEG、PVP等，或表面活性剂类如月桂醇硫酸钠等调节药物释放速率。EC固体分散体常采用溶剂蒸发法制备，将药物与EC溶解或分散于乙醇等有机溶剂中，将溶剂蒸发除去后干燥即得。EC溶解在溶液中呈网状骨架结构，药物以分子状态进入网状骨架结构中，溶剂蒸发后即以分子或微晶状态包埋在EC网状骨架中，药物的溶出必须首先通过EC的网状骨架，故释放缓慢。以EC为载体的固体分散体中药物的释放属于扩散控释，EC的黏度和用量均影响释药速率。Dangprasirt等以EC为载体材料，采用喷雾干燥法制备水溶性药物双氯芬酸钠（DS）－EC固体分散体，可显著延缓药物释放。

2. 聚丙烯酸树脂类 常用含季铵基的聚丙烯酸树脂（polyacrylic resin，国外商品名为Eudragit E、RL、RS等）。在胃液中可溶胀，在肠液中不溶，不能被吸收，故对人体无害，可广泛用作缓释固体分散体载体，多采用溶剂法制备固体分散体。选择适宜类型的Eudragit，确定适宜的药物与聚合物比，是控制释药速率的关键。盐酸维拉帕米缓释固体分散体以Eduragit L－100和EC（45厘泊）为载体，12小时内药物均匀释放，且释放不受pH影响。

3. 脂质类 胆固醇、β－谷甾醇、棕榈酸甘油酯、胆固醇硬脂酸酯、巴西棕榈蜡及蓖麻油蜡等脂质材料，可用于制备缓释固体分散体，一般药物的溶出速率随脂质含量的增加而降低。这类固体分散体常采用熔融法制备。脂质类载体降低了药物溶出速率，药物溶出速率随脂质含量增加而降低，加入适当的表面活性剂、糖类等水溶性材料，如硬脂酸钠、硬脂酸铝和十二烷基硫代琥珀酸钠等，可提高释药速率，达到适宜的缓释效果。

（三）肠溶性载体材料

1. 纤维素类 常见的肠溶性纤维素，如醋酸纤维素酞酸酯（acetylcellulose ester of phthalic acid，CAP）、羟丙甲纤维素酞酸酯（hydroxypropylmethyl cellulose phthalate，HPMCP，商品规格分为两种，分别为 HP50、HP55）、羧甲乙纤维素（carboxymethylethylcellulose，CMEC）等，可与药物制成肠溶性固体分散体，适用于在胃中不稳定或要求在肠中释放的药物。

2. 聚丙烯酸树脂类 丙烯酸树脂已广泛用作制备缓（控）释和肠溶固体分散体的载体。国产的Ⅱ号和Ⅲ号丙烯酸树脂（相当于国外商品 Eudragit L 型和 Eudragit S 型）为肠溶性材料。常用的有 Eudragit L100 和 Eudragit S100，前者在 pH 6 以上的介质中溶解，后者在 pH 7 以上的介质中溶解，有时两者联合使用，可制成较理想的肠溶固体分散剂。丙烯酸树脂类型和用量可影响释药速率，选择适宜类型的载体和配比是控制释药速率的关键。配合使用两种具有不同溶解性能的丙烯酸树脂，或配合使用水溶性材料可以获得理想释药速率。还可使用不同载体材料分别制备固体分散体后混合使用，如 PEG 固体分散体为速释部分，肠溶性Ⅱ和Ⅲ号丙烯酸树脂固体分散体为缓释部分，可制得具有理想释药速率的制剂。

三、常用的固体分散体制备方法

固体分散体的制备过程可分为药物的分散过程和固化过程两个阶段。制备固体分散体的基本方法分为三种，即熔融法（melting method）、溶剂法（solvent method）及机械分散法（mechanical method）。实际应用中应根据药物的性质和载体的结构、性质、熔点及溶解性能选择适宜的制备方法。除机械分散法外，熔融法和溶剂法又可细分为若干种方法（表 11－1）。

表 11－1 固体分散体制备方法

制备方法	分散过程	固化过程	常用方法
熔融法	有	有	热融/冷凝法、热融/制粒法、滴制法、热融/挤出法
溶剂法	有	有	溶剂挥发法（加热或减压干燥）、喷雾干燥法、冷冻干燥法、流化床干燥法、超临界流体法
机械分散法	有	无	研磨法

（一）熔融法

将药物与载体材料混匀，加热至熔融，在剧烈搅拌下将熔融物迅速冷却成固体，或将熔融物倾倒在冷却的不锈钢板上，使成薄层，钢板下可吹以冷空气或用冰骤冷，使之迅速冷却固化，形成低共熔固体分散体。该方法的关键在于熔融物必须迅速冷却固化，以保证药物的高度过饱和状态，得到高度分散的固体分散体。本方法适用于对热稳定的药物，多采用熔点低、不溶于有机溶剂的载体材料，如 PEG、糖类及有机酸等。

其中，熔融挤出技术由于易于工业化生产而广受关注。熔融挤出技术又称为热熔挤出技术，是一种将物料在加热条件下熔融或软化，熔体同时在剪切、混合和挤出的多种力的作用下实现物料的均匀混合、相互渗透及分子或微晶分散，最后以一定的形状和速度挤出冷却成固态分散体的连续工艺过程。该工艺将传统挤出方法中的多个工艺步骤（如溶解、混合、捏合、通气和挤出等）合并到一个连续的工艺中，具有生产条件可控，可连续、大批量生产，重现性好和可与多个药物配方生产的优点，适合工业化生产。

热熔挤出技术使用的设备主要是螺杆式挤出机（图 11－1），分为单螺杆、双螺杆和多螺杆 3 种。螺杆式挤出机的核心部分是螺杆机筒，一般分为 3 个区段：①加料段；②压缩段或熔融段；③计量段。其生产过程为将药物和载体等物料加入到逐段控温的机筒中（加料段），物料在螺杆的推进下前移，在一定的区域熔融或软化（熔融段），熔体在剪切元件、混合元件的作用下均匀混合，最后以一定的压力、速度和形状从机头口模挤出（计量段）。制备过程无需有机溶剂，同时可用两种以上的载体材料，制备温度可低于药物熔点和载体材料的软化点，药物不易破坏，制得的固体分散体稳定。

图 11－1　双螺杆挤出机

有研究以联苯双酯为模型药物，设定各区段至机头一至四区的温度均为 180℃，平衡 20 分钟后，设定螺杆转速为 25r/min。将预先混合均匀的药物与载体的（质量比为 1∶4）物理混合物 100g 投入加料斗中，1 分钟后，物料由机头模孔以条状挤出，盛接于不锈钢盘中，室温条件下放置 4 小时后，粉碎，过 100 目筛，即得。该设备用于固体分散体制备过程操作简便，生产时间短，应用前景良好。

熔融法还可直接制成滴丸，将熔融物滴入液体石蜡等冷凝液中，使之迅速冷却，凝固成丸。制得的滴丸药物释放速率加快，生物利用度提高，如苏冰滴丸、氯霉素滴丸等。

（二）溶剂法

溶剂法也称共沉淀法或共蒸发法。系将药物与载体共同溶解在有机溶剂中，蒸发除去溶剂后，药物与载体同时析出，干燥后即得共沉淀物固体分散体。常用的溶剂有二氯甲烷、三氯甲烷、乙醇、丙酮等。除去溶剂的干燥方法有喷雾干燥法、冷冻干燥法、流化床干燥法、超临界流体法等。本法适用于对热不稳定或易挥发的药物。

溶剂法的主要特点是避免了高温，适用于对热不稳定的药物。但使用有机溶剂的成本高，且较难除尽，存在残留溶剂问题和使药物重结晶而降低药物分散度的隐患。

（三）溶剂－熔融法

将固体药物用适当溶剂溶解后，再混入熔融的载体中，随后迅速冷却固化。该法的优点是药物受热时间短，药物的稳定性和分散性优于熔融法。药物溶液在固体分散体中一般不得超过 10%（*W/W*），否则难以形成脆而易碎的固体。本法适用于液态药物，如鱼肝油、维生素 A、D、E 等，但只适用于药物剂量小时。凡适用于熔融法的载体材料均可采用本法。如将联苯双酯 1 份溶于三氯甲烷中，在搅拌的条件下加入 9 份熔融的 PEG6000 中，混匀，不断搅拌蒸去三氯甲烷，然后倾入置于冰浴中的不锈钢板上，冷却，固化。40℃真空干燥，粉碎过 60 目筛即得。

（四）喷雾（冷冻）干燥法

将药物和载体共溶于适当的溶剂中，再喷雾干燥或冷冻干燥，即得固体分散体。该法生产效率高，并可连续生产。冷冻干燥法适用于对热不稳定的药物。常用的载体材料为 PVP、PEG、β－CD、乳糖、甘露醇、纤维素类、聚丙烯酸树脂类。喷雾干燥法能实现快速干燥且产品不易粘连，工艺简便，可连续操作和批量生产。

热熔喷雾制粒机可用于热熔喷雾法或冷冻喷雾干燥法制备各类固体分散体及相关产品（图 11－2）。在物料槽内的物料、辅料充分混合熔融，通过恒压恒流装置输送至冷冻室顶部的气流式喷嘴，在冷冻室内被空气压缩机产生的压缩空气雾化成微小雾滴，与经过超低温冷冻的空气充分接触，进行传热交换，完成固化过程，固化后的产品沉降到干燥室底部的粉料杯内。可以根据不同的产品性能要求调节进风温度、排风温度、料液给料量、压缩空气流量、引风机风量等参数。

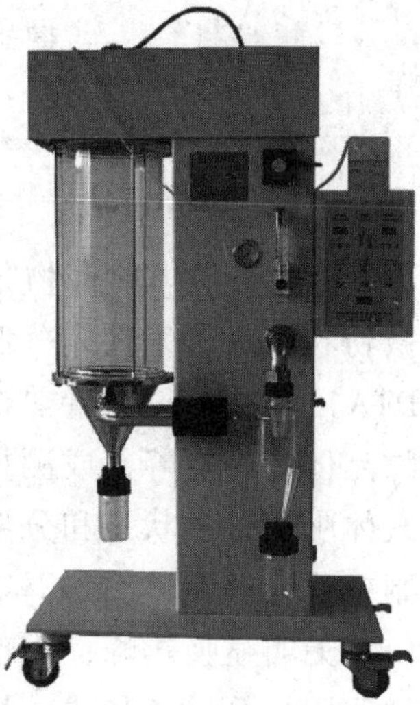

图 11－2　热熔喷雾制粒机

（五）机械分散法

将药物与载体材料混合，强力持久地研磨一定时间，借助机械力降低药物的粒度，或使药物与载体之间以氢键结合，形成固体分散体。常用的载体材料有交联聚乙烯吡咯烷酮、聚乙烯吡咯烷酮、聚乙二醇 4000、聚乙二醇 6000、CD 及其衍生物、乳糖、微晶纤维素等。如西洛他唑与交联聚乙烯吡咯烷酮以 1.5∶1 采用机械分散法制备固体分散体，能显著增大药物的溶解度，提高药物的溶出度和生物利用度。

（六）其他方法

还可采用超临界流体技术，制备固体分散体。如超临界二氧化碳法制备布地奈德（budesonide，BUD）－聚氧乙烯（polyoxyethylene，PEO N750）固体分散体。将按比例混合均匀的 BUD 和 PEO N750（1∶10，*W/W*）置于高压反应釜中，将加压至超临界状态的 SC－CO_2注入，反应釜温度控制为 40℃、压力指标控制在 20MPa，静态反应 18 小时后，快速减压，收集反应釜内的颗粒。BUD 的表观溶解度为 20.8μg/ml，而 BUD－PEO N750（1∶10）固体分散体中 BUD 的溶解度为 645.2μg/ml，显著提高了 BUD 的溶解度。

四、固体分散体的验证

药物与载体材料是否形成固体分散体，可根据设备条件选用下列几种方法进行鉴定，必要时可同时采用几种方法。

（一）溶出速率法

药物制成固体分散体后，溶解度和溶出速率会改变，可据此判断是否形成固体分散体。

Kwan Yeol Yang 等以 PVP 为载体材料，制备了水飞蓟素 PVP 固体分散体。图 11－3 为药物粉末、市售制剂和载药固体分散体的药物溶出速率。体外溶出结果发现，固体分散体在 15 分钟内释放量达 80%，为市售制剂的 3 倍、药物粉末的 5 倍（图 11－3）。

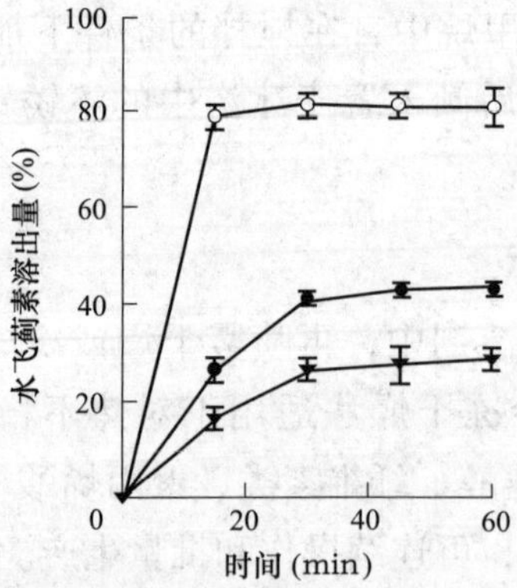

图 11－3　水飞蓟素 PVP 固体分散体溶出速率测定结果

●市售制剂；○固体分散体；▼药物粉末

（二）热分析法

固体分散体中药物分散状态呈分子状态、亚稳定型及无定形、胶体状态、微晶或微粉状态。若以固体分散体为测试物，采用差示热分析法（differential thermal analysis，DTA）或差示扫描量热法（differential scanning calorimetry，DSC），主要测试是否有药物晶体的吸热峰，或测量其吸热峰面积的大小，并与物理混合物比较，可考察药物在载体中的分散状态和分散程度。如王彦坤以聚乙烯吡咯烷酮（PVP－K30）为载体材料制备炔雌醇固体分散体，炔雌醇原料药在 175℃ 有吸热峰，为炔雌醇的熔点；PVP－K30 无明显吸热峰；物理混合物出现炔雌醇熔点峰；固体分散体中炔雌醇熔点峰消失，说明固体分散体形成，炔雌醇以无定形状态存在于固体分散体中（图 11－4）。

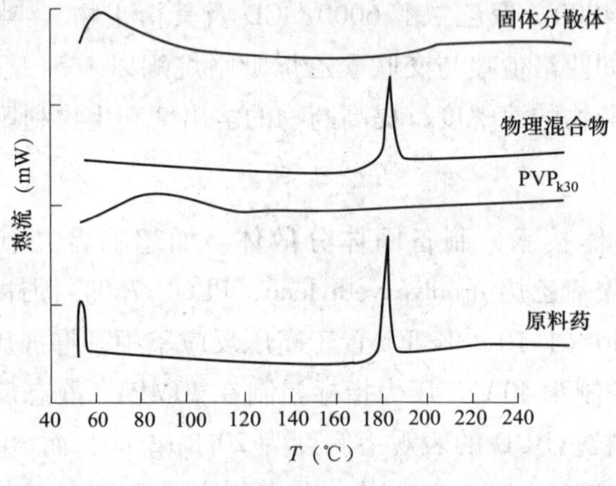

图 11－4　炔雌醇固体分散体 DSC 图谱

（三）X 射线衍射法（x－ray diffraction，XRD）

每一种物质的结晶都有特定结构，其粉末 X 射线衍射图也都有特征。鉴别固体分散体时，根据是否存在药物的特征衍射峰，可定性地将药物晶体从载体晶体中区别出来，进而分辨固体溶液（药物以无定形分散，无 X 射线衍射）和固体分散体（至少部分药物以晶体形式存在）。需要注意的是，结晶度在 5%～10% 或以下的晶体是无法用 X 射线衍射法测出的。

（四）傅里叶变换红外光谱（Fourier transform infrared spectroscopy，FTIR）

由于药物与高分子载体间发生某种反应（如氢键）而使药物红外吸收发生位移或强度改变，因此，红外光谱也可用于固体分散体的鉴别。如 Shah 以泊洛沙姆 188 为载体，用熔融法制备了罗非考昔固体分散体口溶片。分别用 X 射线衍射和 FTIR 验证了固体分散体的形成，见图 11－5 和图 11－6。在 X 射线衍射图谱中，与原料药罗非考昔比较，罗非考昔固体分散体中原料药结晶峰消失，说明药物转变为无定形态。在红外光谱图中，罗非考昔原料药在 1748、1383 和 1148 cm^{-1} 处有 C ═O 和 O ═S ═O 特征吸收峰，在罗非考昔固体分散体中这些峰消失或减小。

因拉曼光谱是一种源自非弹性光散射的分子振动光谱，具有快速、简单及可重复的特点，可无损伤地进行定性定量分析，样品无需前处理，其分析原理与红外光谱类似。因此，将拉曼光谱与红外光谱结果合并分析，对于阐述固体分散体中的分子间相互作用，可得到更全面的判断。

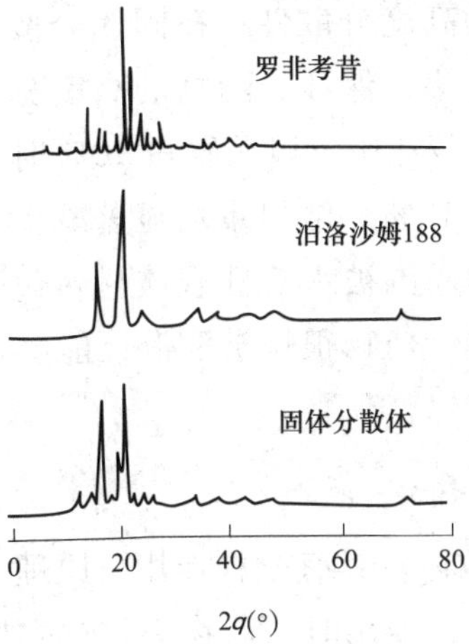

图 11－5　固体分散体 X 射线衍射图谱

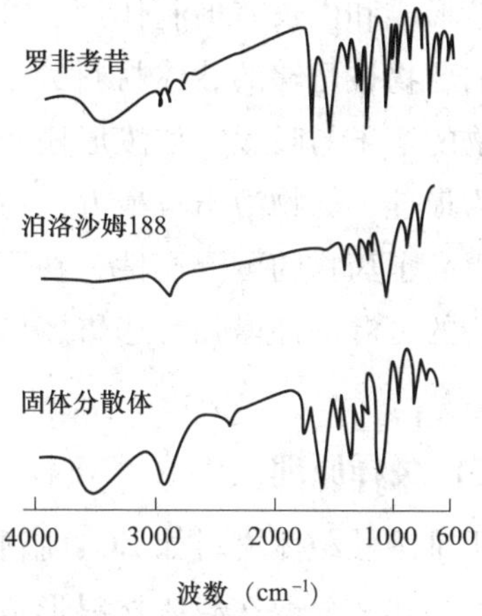

图 11－6　固体分散体红外图谱

（五）核磁共振法（nuclear magnetic resonance，NMR）

根据核磁共振图谱中的峰进行判断。如醋酸棉酚－PVP 固体分散体，将醋酸棉酚、PVP、1∶7 固体分散体及固体分散体经重水交换后分别测定核磁共振谱，发现醋酸棉酚图谱中 δ15.2 有一个共振尖峰，这是由分子内氢键产生的化学位移。当利用 PVP 形成固体分散体后，δ15.2 峰消失，但在 δ14.2 和 δ16.2 出现两个钝型化学位移峰，与重水交换后消失。这是 PVP 对醋酸棉酚氢键磁场干扰而出现的自旋分裂现象，提示 PVP 破坏醋酸棉酚分子内氢键，而形成了醋酸棉酚与 PVP 的分子间氢键，即形成了固体分散体。

（六）扫描电子显微镜法（scanning electron microscopy，SEM）

药物分子与载体材料在制成固体分散体后，其晶型等发生改变，直接通过扫描电子显微镜观察固体分散体与药物分子、载体材料及药物分子与载体材料的物理混合物之间外观形态的变化判定固体分散体的形成。例如，利用海藻酸钠制备洛伐他汀固体分散体，在扫描电子显微镜下，洛伐他汀呈柱状晶体，而海藻酸钠呈大小不同的不规则形状或球形颗粒。在物理混合物和固体分散体样品中均能清楚地观察到洛伐他汀晶体，但其晶体结构在固体分散体中的形态发生了显著变化。

五、固体分散体的速释与缓释原理

（一）速释原理

1. 药物的高度分散状态 药物在固体分散体中所处的状态是影响药物溶出速率的重要因素。药物一般以分子状态、胶体状态、亚稳定态、微晶态以及无定形存在于载体材料中，载体材料可阻止已分散的药物再聚集粗化。

药物分散于载体材料中可以两种或多种分散状态存在，如联苯双酯－PEG6000 固体分散体中，药物可以微晶状态、胶体状态或分子状态分散。药物在载体材料中的分散状态与药物的相对含量以及载体材料的种类有关。不同药物与不同载体形成的无固定形态的固体分散体，其溶出速率和速效程度有差别。固体分散体中药物分散状态不同，溶出速率也不同，一般溶出速率大小关系为分子分散状态＞无定形分散状态＞微晶分散状态。

2. 载体材料对药物溶出的促进作用 ①载体材料对药物有抑晶性：药物与载体在制备过程中（如 PVP 与药物在共蒸发过程中），由于氢键作用、络合作用或黏度增大，而对药物的晶核形成和生长有抑制作用。②载体保证了药物的高度分散性：在固体分散体中，高度分散的药物被足够的载体材料分子包围，不易重新聚集，保证了药物的高度分散性，加快了药物的溶出与吸收。如泼尼松龙在 PEG－尿素混合载体中，以药物占 10% 时的分子状态分散为最佳，药物溶出量最大，药物含量小于或大于 10%，溶出量均显著减少。③水溶性载体提高了药物的可湿润性：在固体分散体中，药物周围被水溶性载体材料包围，使难溶性药物的可湿润性增强，遇胃肠液后，载体材料溶解，药物很快被润湿，能够迅速溶解与吸收。

（二）缓释原理

采用难溶性载体材料如 EC、脂质类制成的固体分散体，具有缓释作用。原理是药物以分子或微晶状态分散在载体材料形成的网状骨架结构中，溶出时，药物必须首先扩散通过疏水性网状骨架，故延缓了药物的释放速率。以 EC 为材料的固体分散体中，含药量愈低、固体分散体的粒径愈大、EC 黏度愈高，则溶出速率愈慢，缓释作用愈强。其缓释作用符合零级、一级或 Higuchi 方程等规律。

六、固体分散体的稳定性

固体分散体在贮存过程中会逐渐老化。贮存时固体分散体的硬度变大、析出晶体或结晶粗化，从而降低药物的生物利用度的现象称为老化。老化的原因包括药物浓度较大时结晶变大；载体材料的晶型变化，如 PEG6000 在温度高出 55℃时，逐渐变成稳定的长键结晶；药物的水解（如氨苄西林和沙丁胺醇）和氧化（如可的松）；载体材料与药物发生相互作用等。

老化与药物浓度、贮存条件及载体材料的性质有关，因此必须选择合适的药物浓度及载体材料。固体分散体中药物含量不应太高，应占 5% ~20%。也可采用联合载体材料，以调节载体材料的物化性质等。如氯噻酮是酸性药物，选用酸性载体材料枸橼酸或富马酸，制得的固体分散体高温放置 3 个月后仍能保持释放速率不变。其次是积极开发新型载体材料，保持良好的贮存条件，如避免较高的温度与湿度等，以保持固体分散体的稳定性。

例11-1 尼群地平片

【处方】 尼群地平800g PVP-K30 5kg HPMC 300g 聚乙二醇100g 乳糖500g 滑石粉50g 硬脂酸镁50g 无水乙醇5kg

【制法】 将800g尼群地平用5kg无水乙醇溶解，将2kg聚乙烯吡咯烷酮K30（PVP-K30）、100g羟丙基甲基纤维素（HPMC）和100g聚乙二醇混入，使充分混匀成均质物；另将3kg聚乙烯吡咯烷酮、200g羟丙基甲基纤维素、500g乳糖混合，使充分混匀，制成预混料；将上述均质物混入上述预混料中，使充分混匀；将此混合物制成颗粒；再置真空干燥器内干燥至干燥失重3%以下，得到尼群地平固体分散体；混入50g滑石粉、50g硬脂酸镁，充分混合均匀，并筛选粒度为20~30目的颗粒，将颗粒通过压片机制成素片含量为30mg，片重为250mg；将得到的素片用包衣粉包裹上薄膜衣，包衣后片增重3%，得到尼群地平片。

以固体分散体可以制成速释的滴丸剂（详见第六章第五节丸剂）。

第二节 包合物

扫码“学一学”

一、概述

包合物（inclusion compound）是指一种药物分子被全部或部分包入另一种物质的分子腔中而形成的独特形式的络合物。包合物由主分子（host molecule）和客分子（guest molecule）两种组分加合而成。主分子一般具有较大的空穴结构，足以将客分子容纳在内，形成分子囊。包合物根据主分子形成空穴的几何形状可分为管形包合物、笼形包合物和层状包合物。

包合过程是物理过程而非化学过程，因此包合物能否形成及其是否稳定，主要取决于主客分子之间的范德华力。包合物中的主分子和客分子比例一般为非化学计量，主、客分子数之比可在较大范围内变动。影响包合作用的主要因素有空间效应和电子效应，即客分子必须和主分子的空穴形状及大小相适应。由于包合物的形成是一个平衡可逆的过程，因此温度、辅料、溶剂等因素也影响包合作用。

包合技术在药剂学中研究和应用很广泛。药物作为客分子被包合后，可提高稳定性，增大溶解度，防止挥发性成分挥发，掩盖药物的不良气味或味道，影响药物的吸收和起效时间，调节释药速率，使液态药物粉末化，提高药物的生物利用度，降低药物的刺激性与毒副作用等。应用包合技术研制药物的新剂型和新品种，近年来已有不少报道。如纳他霉素结构不稳定，在光、氧、高温等条件下易发生降解，制成包合物后其耐热性及贮藏稳定性均可得到改善。难溶性药物前列腺素 E_2 经包合后溶解度大大提高，并可制成注射用粉末。盐酸雷尼替丁具有不良臭味，制成包合物加以改善，可提高病人用药的顺应性。陈皮挥发油制成包合物后，可粉末化且可防止挥发。将诺氟沙星制成β-环糊精（β-cyclodextrin，β-CD）包合物胶囊后，起效快，相对生物利用度提高到141.6%。异山梨醇酯-二甲基-β-CD包合物片剂的血药水平可维持相当长时间，具有明显的缓释性。包合技术可用于多种制剂剂型的生产，如包含片剂、注射剂、栓剂、眼用制剂等。目前国内外生产上市的包合物制剂包含西地碘含片、西地吡罗昔康片、西地磷酸苯丙哌林泡腾片、尼古丁舌下片、前列腺素 E_1 注射液、地塞米松软膏、吲哚美辛滴眼液、西沙必利栓等。

二、包合材料

包合物中的主分子物质称为包合材料，能够作为包合材料的有环糊精、胆酸、淀粉、纤维素、蛋白质、核酸等。药物制剂中目前最常用的包合材料是环糊精，近年来环糊精衍生物由于能够改善环糊精的某些性质，更有利于容纳客分子，研究和应用日趋增加。

（一）环糊精

环糊精（cyclodextrin，CD）是淀粉经 CD 葡萄糖基转移酶（由嗜碱性芽孢杆菌产生）作用生成的分解产物，是由 6～10 个 D－葡萄糖分子以 α－1，4－糖苷键结合的环状低聚糖化合物，为水溶性、非还原性白色结晶性粉末。常见 α－CD、β－CD、γ－CD 三种，分别由 6、7、8 个葡萄糖分子构成，其立体结构为上窄下宽两端开口的环状中空圆筒状，内部呈疏水性，开口处为亲水性，该结构易被酸水解破坏。由于这种环状中空圆筒形结构，CD 呈现出一系列特殊性质，能与某些小分子物质形成包合物。

三种类型 CD 的空穴内径及物理性质有很大差别（表 11－2），它们包合药物的状态与 CD 的种类、药物分子的大小、药物的结构和基团性质等有关，三种 CD 可根据其溶解度差异进行分离。三种 CD 中 β－CD 最为常用，已作为药用辅料收载入《中国药典》（2020 年版）四部通则。β－CD 分子质量为 1134.99Da，为白色结晶性粉末，空穴大小适中，水中溶解度最小，最易从水中析出结晶，随着温度的升高溶解度增大。经安全性评价证明，β－CD 毒性很低，可作为碳水化合物被人体吸收。这些性质为制备 β－CD 包合物提供了有利条件。β－CD 的分子结构示意图见图 11－7。

表 11－2　三种 CD 的基本性质

项目	α－CD	β－CD	γ－CD
葡萄糖单体数	6	7	8
分子质量（Da）	973	1135	1297
分子空穴（nm，内径）	0.45～0.6	0.7～0.8	0.85～1.0
分子空穴（Å，外径）	14.6±0.4	15.4±0.4	17.5±0.4
空穴深度（nm）	0.7～0.8	0.7～0.8	0.7～0.8
α_D^{25}（H_2O）	+150.5°±0.5°	+162.5°±0.5°	+177.4°±0.5°
溶解度（20℃，g/L）	145	18.5	232
结晶形状	针状	棱柱状	棱柱状

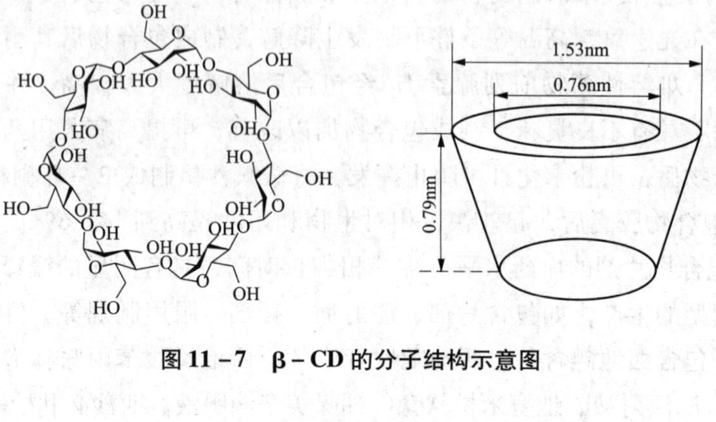

图 11－7　β－CD 的分子结构示意图

CD 形成的包合物一般为单分子包合物，即药物包入单分子空穴内，而不是嵌入 CD 的晶格中。药物与 CD 形成包合物的分子示意图见图 11-8 和图 11-9。

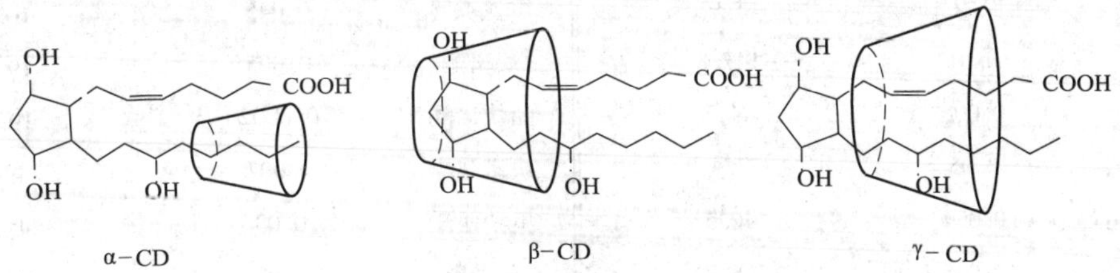

图 11-8　前列腺素 $F_{2\alpha}$ 三种不同包合状态

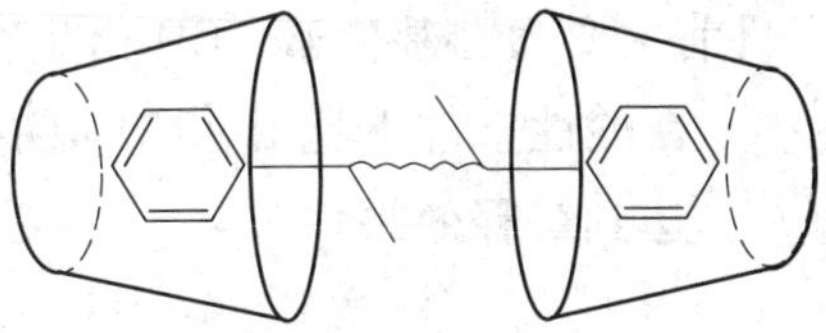

图 11-9　β-CD 包合苯丙酸光化脱羧二聚物示意图

适宜制备包合物的有机药物条件是：原子数一般大于 5，稠环数应小于 5，分子质量一般要求在 100~400Da，水中溶解度小于 10g/L，熔点低于 250℃。无机药物一般不宜用 CD 包合。药物的极性或缔合作用可影响包合作用。由于 CD 空穴内为疏水区，非极性脂溶性药物易进入而被包合，形成的包合物溶解度较小；极性药物可嵌在空穴口的亲水区，形成的包合物溶解度大。疏水性药物易被包合，非解离型的比解离型的药物易被包合。自身可缔合的药物，往往先发生解缔合，然后再嵌入 CD 空穴内。包合作用具有竞争性，包合物在水溶液中与游离药物呈平衡状态，如加入其他药物或有机溶剂，可将原包合物中的药物取代出来。

（二）环糊精衍生物

β-CD 水溶解度较低，形成的包合物最大溶解度也仅为 1.85%（25℃），使其在药剂学中的应用受到一定限制。近年来为了改善 CD 的性质，通过对 β-CD 结构改造制得了一系列 CD 衍生物，如将甲基、乙基、羟乙基、羟丙基、葡萄糖基等基团取代 β-CD 分子中羟基上的 H，破坏了 β-CD 分子内氢键，改变了 CD 的某些理化性质，使其水溶性发生显著变化，扩大了 CD 包合物在药剂学上的应用范围。

1. 水溶性 CD 衍生物　常见的有甲基衍生物、羟乙基衍生物、羟丙基衍生物、葡萄糖基衍生物等。羟丙基-β-环糊精（HP-β-CD）是 β-CD 的羟烷基化衍生物，羟丙基可取代的位置包括每个葡萄糖基的 C-2 位、C-3 位、C-6 位，其中 C-2 位取代得到的 2HP-β-CD 已作为药用辅料收载入《中国药典》（2020 年版）四部通则，为白色结晶粉末，羟丙基取代度为 4~9，可极大的增加包合药物的溶解度（表 11-3）。与 β-CD 比较，HP-β-CD 同样具有化学稳定性、无还原性、只在强酸条件下分解等优点，具备更大的优势：①常温下水中溶解度大于 50%，在水中具有更高的摩尔浓度，对药物包合能力增强；②极大的降低了 β-CD 的溶血性，可用于注射给药；③口服不吸收，注射给药后极少分解或代谢，无蓄积作用。上市制剂伊曲康唑注射液、丝裂霉素注射液等采用 2HP-β-CD 制备。

表 11－3　25℃一些药物在水中和 50%（g/g）2－HPCD 中的溶解度（g/L）

药物	水中的溶解度	2－HPCD 中的溶解度	药物	水中的溶解度	2－HPCD 中的溶解度
阿昔洛韦	1.7	3.9	甲氨嘌呤	0.045	10.0
氯氮䓬	0.01	147.8	炔诺酮	0.005	19.0
地塞米松	0.008	44.3	醋炔诺酮	0.0002	19.5
地西泮	0.05	7.4	炔诺孕酮	0.002	4.9
17β－雌二醇	0.004	40.5	奥沙西泮	0.03	4.2
17α－炔雌醇	0.008	68.2	苯妥英	0.02	9.3
炔雌醇－3－甲醚	0.001	13.3	维生素 A	0.001	4.6

2. 疏水性环糊精衍生物　目前主要为乙基化 β－CD 衍生物，乙基－β－CD 溶解度比 β－CD 更低，比 β－CD 吸湿性小，在酸性条件下比 β－CD 更稳定。用作水溶性药物的包合材料，能够降低药物的溶出速率，达到缓释效果。

三、常用的包合方法

将 CD 与客分子共混于溶液中是制备包合物的一般方法，水是最常选用的溶剂，也可以采用水与甲醇、乙醇、丙酮、乙醚、乙腈等的混合溶剂。多数情况下，生成包合物后溶解度急剧下降，简单滤过即可将生成的包合物从溶液中回收。采用加热处理或超声波技术有利于包合物的形成。

（一）饱和水溶液法

饱和水溶液法又称重结晶法或共沉淀法，系将 CD 配成饱和水溶液，加入药物（难溶性药物可用少量丙酮或异丙醇等有机溶剂溶解）混合 30 分钟以上，使客分子药物被包合，形成的包合物溶解度降低可从溶液中分离出来。对于一些水中溶解度大的药物，部分包合物仍可溶解在溶液中，这时可加入某些有机溶剂，促使包合物沉淀析出，将析出的沉淀滤过，根据药物性质选择适当的溶剂洗净、干燥即得。

如吲哚美辛－β－CD 包合物的制备：称取吲哚美辛 1.25g，加 25ml 乙醇，微温使溶解，滴入 500ml、75℃的 β－CD 饱和水溶液中，搅拌 30 分钟，停止加热再继续搅拌 5 小时，得白色沉淀，室温静置 12 小时，滤过，将沉淀在 60℃干燥，过 80 目筛，经 P_2O_5 真空干燥，即得包合率在 98% 以上的包合物。又如阿司匹林包合物的制备：精密称取 β－CD 和阿司匹林，质量比为 2∶1，先将 β－CD 在 60℃水浴中加热溶解制成饱和溶液。再将阿司匹林用少量无水乙醇溶解后，缓慢滴加到 β－CD 饱和溶液中，60℃搅拌 1.5 小时，取出，置冰箱冷藏 24 小时后减压抽滤，用少量无水乙醇洗去未包合的 β－CD 与阿司匹林，真空干燥即得，包合率可达 70%。

（二）研磨法

研磨法又称捏合法，系将 β－CD 与 2～5 倍量的水混合，研匀，加入客分子药物（难溶性药物应先溶于有机溶剂中），充分研磨至糊状，低温干燥后，再用适宜的有机溶剂洗净，干燥即得包合物。如维 A 酸易被氧化，制成包合物可提高稳定性。维 A 酸与 β－CD 按 1∶5 摩尔比称量，将 β－CD 于 50℃水浴中用适量蒸馏水研成糊状，维 A 酸用适量乙醚溶解加入上述糊状液中，充分研磨，挥去乙醚后糊状物已成半固体物，然后置于遮光的干燥器中减压干燥，即得。

（三）冷冻干燥法

若制得包合物易溶于水，且在干燥过程中易分解变色的药物，可先用上述饱和水溶液法或研磨法制备包合物，然后采用冷冻干燥法干燥。冷冻干燥所得成品疏松，溶解性好，可制成粉针剂。如对光不稳定的姜黄素（CUR）用此法制成 HP－β－CD 包合物。称取一定量的 CUR，加少量无水乙醇润湿，加入稀乙醇溶液溶解，称取一定量的 HP－β－CD（物质的量之比 1∶1），加水 50ml 溶解，电磁搅拌下将 CUR 溶液滴加入 HP－β－CD 溶液中，继续搅拌数小时。然后冷冻干燥，收集干粉。包合物收率为 99. 34%，包合率为 87. 12%。考察其光照稳定性，50 天后 CUR－HP－β－CD 包合物水溶液中 CUR 剩余量为 95%，明显高于 CUR 乙醇溶液，说明制成 CUR－HP－β－CD 包合物后，明显改善了 CUR 的光不稳定性。

（四）喷雾干燥法

若制得的包合物易溶于水，对热性质稳定，可先用饱和水溶液法或研磨法制备包合物，再采用喷雾干燥法干燥，产率高，适合于大生产。用喷雾干燥法制备盐酸小檗碱－β－CD（2∶3，*W/W*）包合物。

上述几种方法适用的条件不一样，包合率与产率等也不相同。如吲哚美辛－磺丁基醚－β－CD 采用饱和水溶液法、研磨法与冷冻干燥法进行比较，包合率为研磨法 > 冷冻干燥法 > 饱和水溶液法，故选用研磨法较为适宜。又如维 A 酸－β－CD 包合物采用研磨法与饱和水溶液法进行比较，结果在水中的溶解度，饱和水溶液法的包合物（维 A 酸 173mg/L） > 研磨法的包合物（维 A 酸 104mg/L） ≫ 原药维 A 酸（0. 2 g/L）。

四、包合物的验证

根据包合物的性质，可采用下述的一种或多种方法验证药物与 CD 是否形成包合物。

（一）相溶解度法

相溶解度法可确证包合物的形成，也是评价包合物溶解性能的常用方法。一般形成包合物后，难溶性药物的溶解度增大。通过测定药物在一系列不同浓度的 CD 溶液中的溶解度，绘制溶解度曲线，可以判断是否形成了包合物，并可获得包合物的溶解度，计算包合常数（又称为包合物的表观稳定性常数）。根据药物包合后溶解度的改变可以将相溶解度曲线分为 A_L、A_P、A_N、B_S和 B_L五种（图 11－10），由此可以确定包合类型。A 型表示可溶性包合物的生成，B 型表示生成的可溶性包合物具有饱和性。A_L型表示每分子包合物包含一分子 CD，A_P表示每分子包合物包含一分子以上 CD，A_N表示 CD 发生自我结合或者 CD 溶液浓度较高使得溶剂性质发生改变，B_S表示 CD 能包合一定量的药物，当药物过量时包合物溶解度不再增加，此时增加 CD 的量药物将从溶液中析出，B_L与 B_S相似，不同的是形成的包合物不溶，溶解度没有增加。如卡维地洛－HP－β－CD 包合物相溶解度曲线呈 A_L型，表明卡维地洛与 HP－β－CD 形成 1∶1 的包合物。

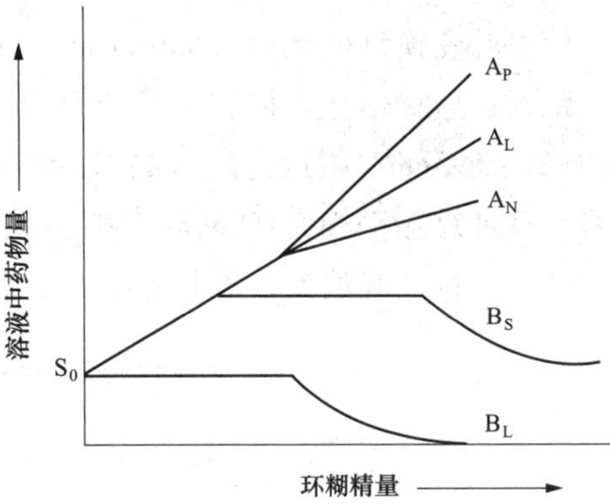

图 11－10　不同类型的相溶解度曲线图

（二）X射线衍射法

X射线粉末衍射（X－ray diffraction，XRD）技术是判断是否生成包合物以及包合物纯度的有用方法。如果客分子本身是晶体，在生成包合物后，它们自身的特征峰即消失，CD的晶体特征峰也将消失，出现了包合物的晶体特征衍射峰。如果主、客体是物理混合物，则在衍射图上同时出现两者的特征峰。

（三）热分析法

热分析法中以差示热分析法（differential thermal analysis，DTA）和差示扫描量热法（differential scanning calorimetry，DSC）较为常用，如酮洛芬－磺丁基醚－β－CD包合物的DSC曲线中，酮洛芬在93℃附近有明显的吸收峰，混合物中该吸收峰存在，而包合物中酮洛芬的吸收峰消失，由此证明包合物的形成，见图11－11。

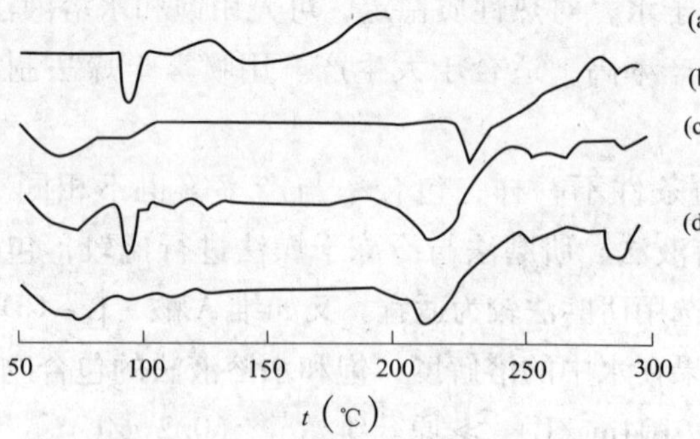

图11－11　酮洛芬－磺丁基醚－β－CD包合物的DSC曲线

（a）酮洛芬；（b）磺丁基醚－β－CD；（c）酮洛芬与磺丁基醚－β－CD物理混合物；（d）酮洛芬－磺丁基醚－β－CD包合物

（四）傅里叶变换红外光谱

傅里叶变换红外光谱（fourier transform infrared spectroscopy，FTIR）可提供分子振动能级的跃迁，这种信息直接和分子结构相关。如叶酸在1500～1750cm^{-1}处存在3个特征伸缩振动峰，1695cm^{-1}附近为羧基的C═O伸缩振动峰，1637cm^{-1}附近为叶酸分子中酰胺Ⅰ带的C═O伸缩振动峰，1608cm^{-1}附近为芳环环内碳－碳伸缩振动。而在包合物的红外光谱中，这3个特征峰消失，表明叶酸分子被包合进入HP－β－CD空腔，如图11－12所示。

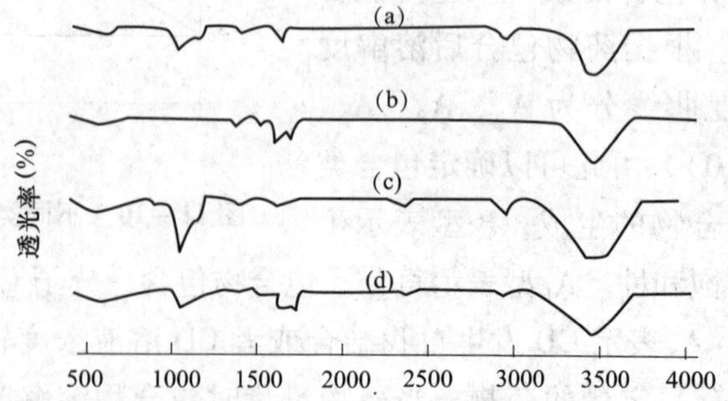

图11－12　红外光谱图

（a）叶酸－HP－β－CD包合物；（b）叶酸；（c）HP－β－CD；（d）叶酸与HP－β－CD物理混合物

（五）圆二色谱法

非对称的有机药物分子对组成平面偏振光的左旋和右旋圆偏振光的吸收系数不相等，称为圆二色性。药物分子与包合材料之间无圆二色性存在差异，故可通过比较产物与药物分子的圆二色性差异判定包合物的形成。如在圆二色谱图中，紫杉醇在 230nm 和 290nm 处显示两个 CD 带，而紫杉醇 β－CD－g－PG（β－CD－g－聚甘油）包合物两条谱带的强度明显增加，由此证明包合物的形成，见图 11－13。

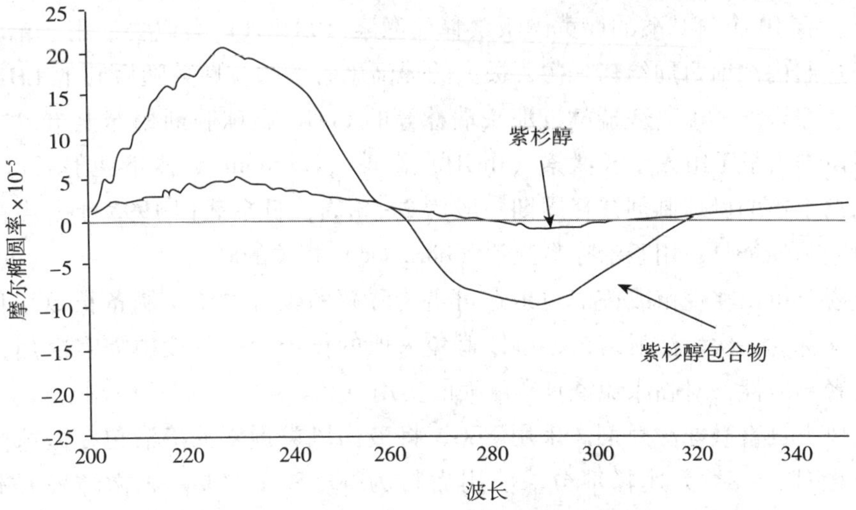

图 11－13　圆二色谱图（紫杉醇与紫杉醇包合物）

（六）其他方法

如利用扫描电镜观察含药包合物与不含药包合物的形状差异；从核磁共振谱上氢原子、碳原子的化学位移大小、从紫外可见吸收曲线与吸收峰的位置和高度变化等可推断包合物是否形成。如药物有荧光，亦可通过荧光光谱曲线中峰的位置和强度变化来判断包合物的形成。

第三节　微　粒

一、概述

扫码“学一学”

微粒制剂，也称微粒给药系统（microparticle drug delivery system，MDDS），系指药物或与适宜载体（一般为生物可降解材料），经过一定的分散包埋技术制得具有一定粒径（微米级或纳米级）的微粒组成的固态、液态或气态药物制剂，具有掩盖药物的不良气味与口味、液态药物固态化、减少复方药物的配伍变化，提高难溶性药物的溶解度，或提高药物的生物利用度，或改善药物的稳定性，或降低药物不良反应，或延缓药物释放、提高药物靶向性等作用的一大类新型药物制剂。本章节仅介绍微球与微囊。

微球（microspheres）系指药物溶解或分散在载体辅料中形成的微小球状实体。通常粒径在 1～250μm 的称微球，而粒径在 0.1～1μm 的称亚微球，粒径在 10～100nm 的称纳米球。微囊（microcapsules）系指固态或液态药物被载体辅料包封成的微小胶囊。通常粒径在 1～250μm 的称微囊，而粒径在 0.1～1μm 的称亚微囊，粒径在 10～100nm 的称纳米囊。

微球可制成混悬剂供口服、皮下植入或关节腔内注射，主要目的是缓释长效，如肌内注射用长效利培酮微球，可缓释两周，极大提高了患者的顺应性。蛋白多肽类药物一般给药剂量小但体内易于降解失活，往往需长期给药，这就为缓释微球制剂的应用提供了机会。将蛋白多肽类药物包封于微球载体中，通过皮下或肌内给药，可使药物发挥长效缓释的作用，改变其体内转运的过程，延长药物在体内的作用时间（可达 1 ~ 3 个月），大大减少给药次数，明显提高患者用药的顺应性。目前已有蛋白多肽类药物的长效微球注射制剂问世。其中，最早最成功的是由法国 Ipsen 公司研发的曲普瑞林 PLGA 微球，1986 年上市，其主药曲普瑞林是含有 10 个氨基酸的促黄体激素释放激素（LHRH）类似物，用于治疗转移性前列腺癌，通过肌内注射每周给药一次，极大的提高患者的顺应性。随后其他 LHRH 类似物，如亮丙瑞林、布舍瑞林、高舍瑞林、那法瑞林等的 PLGA 微球制剂相继上市。2000 年美国 Genetech 公司推出了重组人生长激素（rhGH）微球（Nutropin），皮下注射后可缓释 1 或 2 个月。目前已上市的微球制剂缓释周期一般为 2 ~ 8 周，日本武田 1995 年开发的亮丙瑞林微球缓释时间为 6 个月，用于治疗与激素（hormone）相关的肿瘤。

采用微囊化可以将疫苗或佐剂包裹在可生物降解的聚合物中，制备长效缓释的免疫微球注射剂，又称为一次性注射疫苗，可以避免采取的传统免疫手段中需多次加强注射的弊端，提高患者顺应性，对临床免疫具有巨大的实用意义。第一个被 WHO 批准的一次性注射疫苗是破伤风类毒素微球注射剂。采用 PLGA 将破伤风类毒素油溶液包在微球内，注射剂中含有两类微球：一类为速释部分，使用囊材为 50∶50 的 PLGA，微球粒径较小（1 ~ 15μm），含较高量的破伤风类毒素（142ng/mg），这种粒径的微球易被巨噬细胞吞噬；另一类为缓释部分，采用 75∶25 的 PLGA 制成直径 10 ~ 60μm 的微球，内含较低量破伤风类毒素 T（3ng/ml），第一速释部分发生在微球注射后的突释效应期内，第二释放相发生在注射后 3 ~ 11 周。实验表明这种脉冲释药模式与水溶性破伤风类毒素免疫相比，可获得更高的抗毒素抗体水平。

栓塞性微球和磁性微球属于物理化学靶向制剂，栓塞性微球是指注射大于 12μm 的微球于癌变部位的动脉血管内，微球随血流阻滞在靶区周围的毛细血管中，既可阻断肿瘤的营养供应，又可发挥靶向性化疗作用；磁性微球是指在制备过程中将磁性铁粉包入微球中，利用二度空间磁场在体外定位，使具有靶向性。

二、微球和微囊的常用载体材料

用于制备微囊和微球的各种材料一般要求是：性质稳定；有适宜的释药速度；无毒、无刺激性；能与药物配伍，不影响药物的药理作用和含量测定；有一定的强度和可塑性，包封率高；有适宜的黏度、渗透性、溶解性等。常用的载体材料有以下几种。

（一）天然高分子材料

天然高分材料是最常用的载体材料，具有稳定、无毒、成膜性能好的特点。

1. 明胶 明胶（gelatin）的原料胶原是一种动物来源的纤维蛋白，明胶是胶原在酸性或碱性条件下温和水解的产物，它是一种水溶性蛋白质，可生物降解，几乎无抗原性。明胶分子与其他蛋白质一样，是一种两性高分子电解质，在不同 pH 值溶液中呈正离子、负离子或两性离子。药用明胶按制备时水解方法不同，分为酸法明胶（A 型）和碱法明胶（B 型）。A 型明胶的等电点为 7 ~ 9，25℃时 10g/L 溶液的 pH 为 3.8 ~ 6.0；B 型明胶稳定而不易长菌，等电点为 4.7 ~ 5.0，25℃时 10g/L 溶液的 pH 值为 5 ~ 7.4。两者成囊、成球性无明显差别，通常可根据药物对酸碱性的要求选择A型或B型明胶。微囊制备常用量为20～100g/L，明胶也可与阿拉伯胶等量配合使用，用量为20～100g/L。

2. 阿拉伯胶　阿拉伯胶作为一种天然植物胶，有着复杂的分子结构，主要包括树胶醛糖、半乳糖、葡萄糖醛酸等。一般与明胶等量配合使用，作囊材用量为20～100g/L，亦可与白蛋白配合作复合囊材。

3. 海藻酸盐　海藻酸盐（alginate）系多糖类化合物，常用稀碱从褐藻中提取而得，一般以钙盐或镁盐形式存在。海藻酸钠可溶于不同温度的水中，不溶于乙醇、乙醚及其他有机溶剂。可与甲壳素或聚赖氨酸合用作复合囊材。因海藻酸钙不溶于水，故海藻酸钠可用$CaCl_2$固化成囊。

4. 壳聚糖　壳聚糖（chitosan），又称脱乙酰壳多糖，是甲壳素脱乙酰化后制得的一种天然聚阳离子多糖，甲壳素来源于昆虫、甲壳类动物的外骨骼，是*N*－乙酰－氨基葡萄糖以β－1，4糖苷键结合而成的一种氨基多糖。甲壳素在水及有机溶剂中均难溶解，而壳聚糖可溶于酸或酸性水溶液，且无毒、无抗原性，在体内能被葡萄糖苷酶或溶菌酶等酶解，表现出良好的生物相容性和生物可降解性。

5. 蛋白类及其他　常用作囊材的有白蛋白（如人血清白蛋白、小牛血清白蛋白）、玉米蛋白等，可生物降解，无明显抗原性。其他还有羟乙基淀粉、羧甲基淀粉等淀粉衍生物和右旋糖酐及其衍生物。

（二）半合成高分子囊材

多系纤维素类衍生物，其特点是毒性小、黏度大、成盐后溶解度增大。由于易水解，故不宜高温处理，需临用时现配。

1. 羧甲基纤维素盐　羧甲基纤维素盐属阴离子型高分子电解质，如羧甲基纤维素钠（carboxymethylcellulose sodium，CMC－Na），常与明胶合用作复合囊材，一般分别配1～5g/L CMC－Na及30g/L明胶，再按照体积比2∶1混合。

2. 醋酸纤维素酞酸酯　醋酸纤维素酞酸酯（cellulose acetate phthalate，CAP）分子中含游离羧基，为肠溶性，在强酸中不溶，pH＞6时可溶。可单独作囊材，用量一般为30g/L，也可与明胶配合作复合囊材。

3. 乙基纤维素　乙基纤维素（ethyl cellulose，EC）化学稳定性好，适用于多种药物的微囊化，不溶于水、甘油和丙二醇，可溶于乙醇，但遇强酸易水解，故不适用于强酸性药物。

4. 甲基纤维素　甲基纤维素（methyl cellulose，MC）作囊材用量为10～30g/L，亦可与明胶、聚维酮、CMC－Na等配合作复合囊材。

5. 羟丙甲纤维素　羟丙甲纤维素（hydroxypropyl methyl cellulose，HPMC）能溶于冷水成为黏性溶液，不溶于热水，长期贮存稳定性好。具有表面活性，表面张力为$42\times10^{-5}\sim56\times10^{-5}$N/cm。

（三）合成高分子囊材

有生物不降解和生物降解两类。生物不降解且不受pH影响的囊材有聚酰胺、硅橡胶等。生物不降解，但可在一定pH条件下溶解的囊材有聚丙烯酸树脂、聚乙烯醇。近年来生物降解的合成聚合物材料发展迅速，可以通过水解或酶解使大分子的链长或骨架改变或破坏而发生降解，由不溶性的大分子变为可溶性的小分子。如聚碳酯、聚氨基酸、聚乳酸

(PLA)、乙交酯丙交酯共聚物（PLGA)、聚乳酸－聚乙二醇嵌段共聚物（PLA－PEG）等，其特点是无毒、成膜性及成球性好、化学稳定性高，可用于注射。

聚酯类是羟基酸或其内酯的聚合物，是迄今研究最多、应用最广的生物可降解合成高分子。常用的羟基酸是乳酸（lactic acid）和羟基乙酸（glycolic acid)。乳酸缩合得到的聚酯用 PLA 表示，由羟基乙酸缩合得到的聚酯用 PGA 表示，由乳酸与羟基乙酸直接缩合得到的聚酯也可叫作丙交酯乙交酯共聚物，用 PLGA 表示。聚合比例不同、分子质量不同，可获得不同的降解速度。合成聚酯类高分子和 PLGA 微球电镜照片见图 11－13。目前用于制备缓释微球的骨架材料主要是 PLGA 和 PLA，其中又以 PLGA 更常用。两者均为被美国 FDA 批准的可用于人体的生物降解性材料，而且已有产品上市，部分产品见表 11－4。

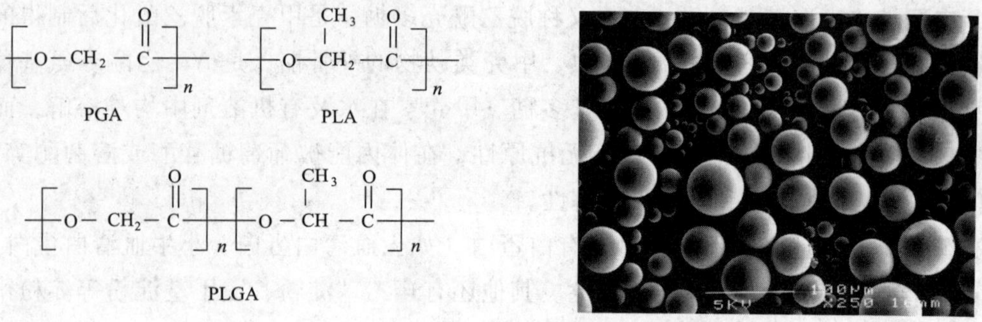

图 11－13　合成聚酯类高分子和 PLGA 微球电镜照片

表 11－4　部分已经上市的 PLGA 微球制剂

商品名	有效成分	生产公司	应用
Lupron Depot	醋酸亮丙瑞林	武田制药	前列腺癌
Zoladex	醋酸性瑞林	I. C. I.	前列腺癌
Suprecur MP	醋酸布舍瑞林	赛诺菲－安万特	前列腺癌
Trelstar TM Depot	曲普瑞林扑酸盐	辉瑞制药	前列腺癌
Decapeptyl	曲普瑞林扑酸盐	辉凌制药	前列腺癌
Somatuline LA	兰乐肽	益普生制药	肢端肥大症
Somatuline LA	醋酸奥曲肽	诺华制药	肢端肥大症
Vivitrol	纳曲酮	Alermes/Cephalon	酗酒
Bydureon	艾塞那肽	Lilly/Alkermes	2 型糖尿病
Trelstar	双羟萘酸曲普瑞林	爱力根	前列腺癌
Nutropin Depot	重组人生长激素	罗氏	矮小症
DC Bead	多柔比星	Biocompatibles 公司	介入治疗
Hepasphere	多柔比星	Biosphere 公司	肝癌介入治疗

三、微囊和微球的制备

微囊和微球的制备方法可归纳为物理化学法、物理机械法和化学法三大类。根据药物、囊材的性质和微囊的粒径、释放度要求以及靶向性要求，选择不同制备方法。

（一）物理化学法

本法成囊在液相中进行，系在囊心物与囊材的混合溶液中，加入另一种物质或不良溶剂，或采取适宜方法使囊材溶解度降低而凝聚在囊心物周围，形成一个新相。这种制备微囊的方法又称为相分离法。由于设备简单，高分子材料来源广泛，可将多种药物微囊化，相分离法现已成为药物微囊化的主要工艺之一。相分离法可分为单凝聚法、复凝聚法、溶剂-非溶剂法、改变温度法和液中干燥法。

1. 单凝聚法　单凝聚法是相分离法中较常用的方法，它是在一种高分子囊材溶液中加入凝聚剂以降低囊材溶解度而凝聚成囊的方法。现以明胶为囊材说明制备微囊的基本原理：将药物分散在明胶材料溶液中，然后加入凝聚剂（强亲水性电解质硫酸钠或硫酸铵的水溶液，或强亲水性的非电解质如乙醇或丙酮），由于明胶分子水化膜中的水分子与凝聚剂结合，使明胶溶解度降低，分子间形成氢键，从溶液中析出而凝聚成囊。此凝聚过程是可逆的，一旦解除促进凝聚的条件，就会发生解凝聚，使凝聚囊很快消失。在制备过程中可以利用这种可逆性，经过几次凝聚与解凝聚过程，直到析出满意的凝聚囊为止（可用显微镜观察）。最后再采取适当措施将囊壁交联固化，使之成为不凝结、不粘连、不可逆的球形微囊。欲制得不可逆的微囊，必须加入固化剂固化。凝聚囊的固化可利用囊材的理化性质：如明胶为囊材时，常使用甲醛作固化剂，通过胺缩醛反应使明胶分子相互交联而固化；如用CAP作囊材时，可利用CAP在酸性下不溶的性质，凝聚成囊后，立即倾入强酸介质中进行固化。

影响高分子囊材凝聚的主要因素是囊材的浓度、温度及电解质的性质。囊材浓度越高，越易凝聚；温度升高，不利于凝聚；电解质中阴离子促进胶凝作用比阳离子大。

明胶是最常用的囊材，以明胶为囊材单凝聚法的制备工艺流程如图11-14。

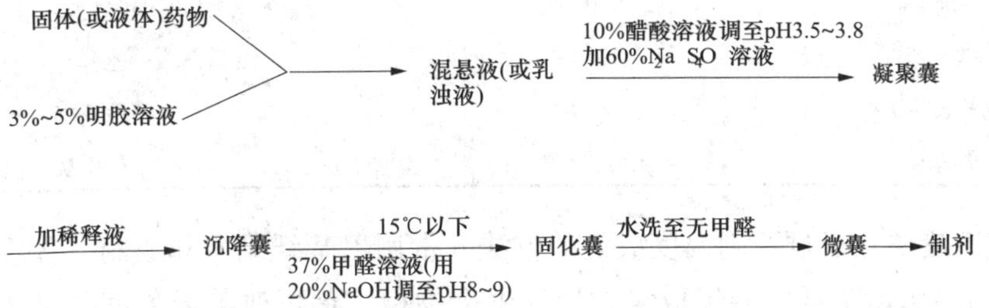

图11-14　单凝聚法制备工艺流程图

2. 复凝聚法　复凝聚法系使用两种在溶液中带相反电荷的高分子材料作为复合囊材，在一定条件下，两种囊材相互交联且与囊心物凝聚成囊的方法。经常使用的两种在溶液中带相反电荷的高分子材料组合包括：明胶-阿拉伯胶（或CMC、CAP、海藻酸盐）、海藻酸盐-聚赖氨酸、海藻酸盐-壳聚糖、海藻酸-白蛋白、白蛋白-阿拉伯胶。

现以明胶-阿拉伯胶为例说明复凝聚法的基本原理：当pH在等电点以上时将明胶与阿拉伯胶的水溶液混合，此时由于明胶与阿拉伯胶均带负电荷，体系不发生凝聚作用。当用醋酸把溶液pH值调到明胶的等电点以下时（pH4.0~4.5），明胶带正电荷，阿拉伯胶带负电荷。带正电荷的明胶与带负电荷的阿拉伯胶相互吸引发生交联，溶解度降低而凝聚成囊。复凝聚法是经典的微囊化方法，它操作简便、容易掌握，适合于难溶性药物的微囊化。其工艺流程如图11-15。

复凝聚法及单凝聚法对于固态或液态的难溶性药物均能得到满意的微囊，但药物表面必须能被囊材凝聚相润湿，从而使药物能混悬或乳化于囊材凝聚相中，随凝聚相分散成囊，因此可根据药物性质加入适当的润湿剂。此外还应使凝聚相保持一定流动性，如控制温度或加水稀释等，这是保证囊形良好的必要条件。

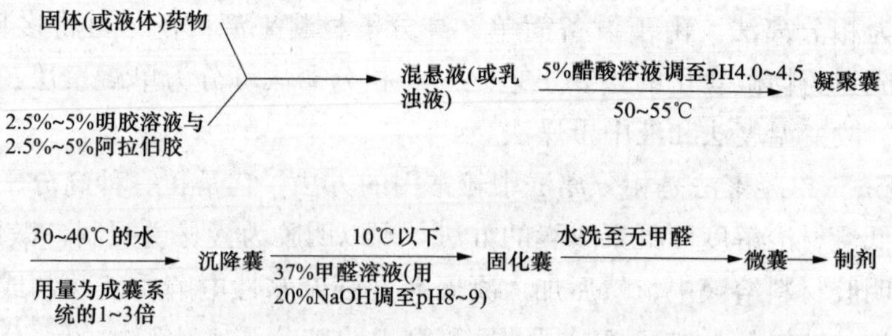

图 11-15　复凝聚法制备工艺流程图

3. 溶剂-非溶剂法　将囊材溶于一种溶剂中（作为溶剂），药物混悬或乳化于囊材溶液中，然后加入一种对囊材不溶的溶剂（作为非溶剂），使囊材溶解度降低，引起相分离，而将药物包裹成囊的方法。药物可以是固态或液态，但必须对溶剂和非溶剂均不溶解，也不起反应。常用囊材的溶剂和非溶剂的组合见表 11-5。

表 11-5　常用囊材的溶剂、非溶剂

囊材	溶剂	非溶剂
乙基纤维素	四氯化碳（或苯）	石油醚
苄基纤维素	三氯乙烯	丙醇
醋酸纤维素丁酯	丁酮	异丙醇
聚氯乙烯	四氢呋喃（或环己烷）	水（或乙二醇）
聚乙烯	二甲苯	正己烷
聚醋酸乙烯酯	三氯甲烷	乙醇
苯乙烯马来酸共聚物	乙醇	乙酸乙酯
纤维醋法酯	丙酮/乙醇	三氯甲烷

4. 改变温度法　通过控制温度成囊的方法。常用乙基纤维素作囊材，先在高温下将其溶解，降温时溶解度降低而凝聚成囊。加入聚合物稳定剂可改善微囊间的粘连。如用聚异丁烯（PIB）为稳定剂与 EC、环己烷组成的三元体系，在 80℃溶解成均匀溶液，缓慢冷却至 45℃，再迅速冷却至 25℃，EC 即可凝聚成囊。

5. 液中干燥法　从乳浊液中除去分散相挥发性溶剂以制备微囊的方法称为液中干燥法，亦称乳化-溶剂挥发法，其工艺流程示意图见图 11-16。此法既可以制备微囊亦可以制备微球。

大部分疏水性聚合物都可用作液中干燥法的载体材料，如乙基纤维素、醋酸纤维素、乙烯酯及丙烯酸酯共聚物、聚碳酸酯类、聚酰胺类等。囊心物可为水溶液、水分散体系或固体粉末。首先制备载体材料的溶液，药物可以分散或溶解在载体材料的溶液中。将此溶液作为分散相与连续相乳化得到乳浊液。溶解载体材料的溶剂可以被连续相萃取并挥发，得到干燥的微囊或微球。

液中干燥法的干燥工艺包括两个基本过程：溶剂萃取过程（两液相之间）和溶剂蒸发（液相和气相之间）过程。乳化后的载体材料溶液处于乳浊液的分散相，与连续相不相混溶，但载体材料的溶剂应对连续相有一定溶解度，否则萃取过程无法进行。按操作方法，可分为连续干燥法、间歇干燥法和复乳法。连续干燥法及间歇干燥法中，如使用的囊材溶剂亦能溶解药物，则制得的是实体状微球，否则得到的是微囊，复乳法制得的是微囊。用 O/W 型乳状液的连续干燥法所得微囊表面常含药物微晶体。但如果控制干燥速率，使初步干燥的微囊迅速萃取形成硬膜后再继续干燥，即可得满意的微囊，称间歇干燥法。

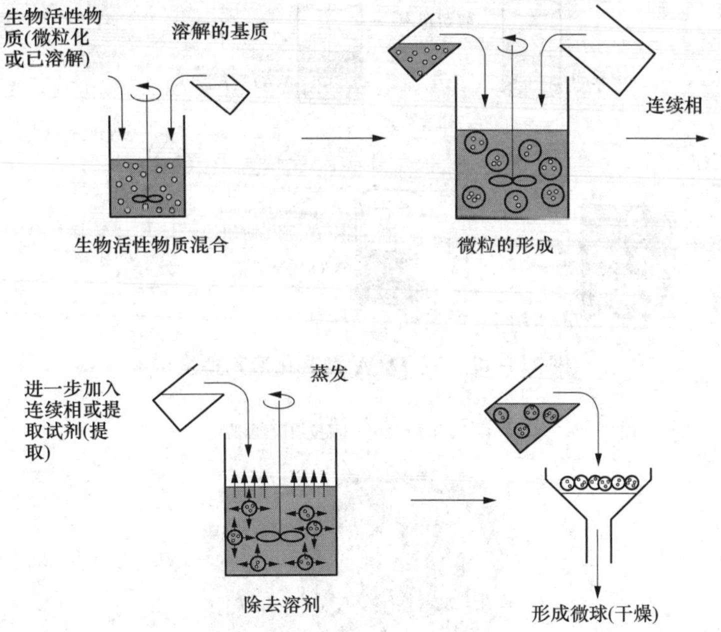

图 11－16　乳化－溶剂挥发法工艺流程示意图

采用连续干燥法制备微囊时，如囊材的溶剂与水不相混溶，多用水作连续相，加入亲水性乳化剂（如极性的多元醇），制成 O/W 型乳液；亦可用高沸点的非极性液体，如液体石蜡作连续相，制成 O/O 型乳液。如囊材的溶剂能与水混溶，则连续相可用液体石蜡，加入油溶性乳化剂（如 Span80 或 Span85），制成 W/O 型乳液。根据以上连续相的不同，又分别称为水中干燥法及油中干燥法。连续干燥法或间歇干燥法如用水作连续相，不宜制作水溶性药物的微囊，因其中的药物易进入水相而降低包封产率和载药量，此时可用 O/O 型乳液。如罗替戈汀微球的制备，配制 0.5% 聚乙烯醇溶液为水相，将罗替戈汀原料药与 PLGA 组合，溶解于二氯甲烷中配制油相，在高速剪切条件下，将油相加入水相中，得到 O/W 型乳液，然后在低速搅拌条件下挥发有机溶剂，5 小时后停止搅拌，将所得混悬液过滤收集微球，并以纯化水清洗微球 3～5 次后，于真空冷冻干燥机中冻干即得。所得的罗替戈汀微球表面光滑圆整，无多孔现象。载药量为 27.0%，包封率为 90.2%，平均粒径为 71.5μm。

复乳法中常用的是 W/O/W 型复乳法，制备过程见图 11－17。以阿拉伯胶和 EC 为囊材制备微囊时，可将阿拉伯胶水溶液分散在含 EC 的乙酸乙酯有机相中形成 W/O 型乳液；阿拉伯胶与 EC 在分散相和连续相的界面分别形成两层吸附膜，乳状液进一步与阿拉伯胶溶液乳化，形成 W/O/W 型复乳；此时出现新的水/油界面，阿拉伯胶与 EC 再一次形成两层吸附膜。透析除去内、外 EC 膜中的乙酸乙酯有机溶剂，过滤，得内外层为阿拉伯胶膜、中间为 EC 膜（具有三层膜）的微囊（图 11－18），其粒径在 50μm 以下。

1989 年在美国上市的醋酸亮丙瑞林长效微球，以 PLA 和 PLGA 为骨架材料。工艺过程为：将药物水溶液、增稠剂溶液与聚合物有机溶剂乳化制备 W/O 型初乳，再与 0.25% PVA 水溶液形成 W/O/W 型复乳，缓慢搅拌 3 小时，聚合物的有机溶剂从系统中移除后，制得半固态微球，经 74μm 细筛除去大微粒，水洗，然后以 1000r/min 转速离心，除去上清液中的小微粒，再经多次水洗，离心后，用甘露醇溶液分散，经冷冻干燥即得亮丙瑞林微球。

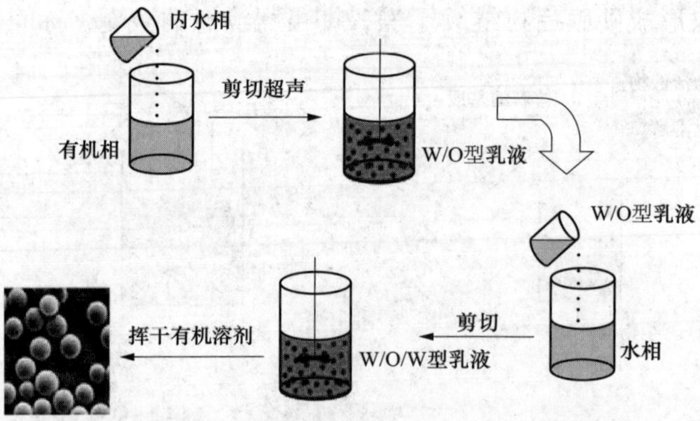

图 11－17　W/O/W 型乳化溶剂挥发法

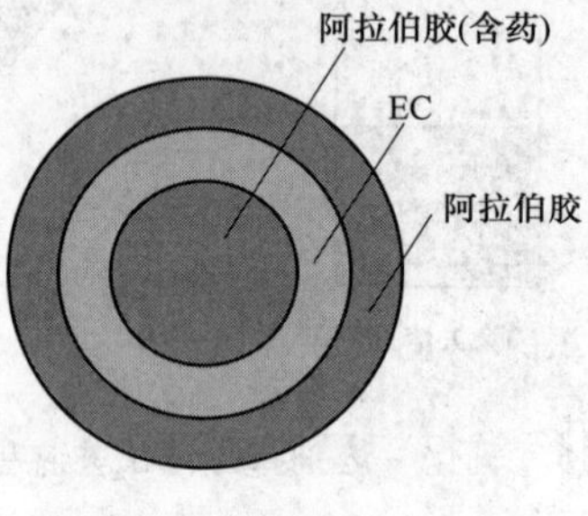

图 11－18　复乳法制备微囊

6. 沉淀法　沉淀法是一种在挥发法基础上的改进方法，乳液是由分散在极性介质中的极性小液滴组成的，使用助溶剂可以将溶剂从小液滴中除去，聚合物－药物浓度的增加引起聚合物－药物沉淀从而形成微球的混悬液。

（二）物理机械法

1. 喷雾干燥法　喷雾干燥法又称液滴喷雾干燥法。可用于固态或液态药物的微囊化，粒径范围为 5～600μm。工艺是先将囊心物分散在囊材溶液中，再用喷雾法将此混合物喷入惰性热气流使液滴干燥固化。如囊心物不溶于囊材溶液，可得到微囊；若能溶解，可得微球。例如，帕金森治疗药物 Parlodel LAR 是溴隐亭长效注射微球，采用喷雾干燥法制备，体内释药长达一个月。

喷雾干燥法的影响因素包括混合液的黏度、均匀性、药物及囊材的黏度、喷雾的速率、喷雾方法及干燥工艺等。微囊带电容易引起粘连，囊材溶液中可加入聚乙二醇、二氧化硅、滑石粉及硬脂酸镁作为抗黏剂，或在处方中使用水或水溶液，或采用无间歇连续喷雾工艺，均可减少微囊带电而避免粘连。

2. 喷雾冻凝法　喷雾冻凝法系将囊心物分散于熔融的囊材中，再喷入冷气流中凝聚成囊的方法。常用的囊材有蜡类、脂肪酸和脂肪醇等，它们在室温均为固体，在较高温度能熔融。

3. 流化床包衣法　系利用垂直强气流使囊心物悬浮在包衣室中，囊材溶液通过喷嘴喷射于囊心物表面，包衣室中的热气流迅速将囊材的溶剂挥干，在囊心物表面形成膜壳而成微囊。本法制备的微囊粒径一般在 35～5000μm，囊材可以是多聚糖、明胶、树脂、蜡、纤维素衍生物及合成聚合物。

4. 多孔离心法　多孔离心法系利用离心力使囊心物高速穿过囊材的液态膜，再进入固化浴固化微囊的制备方法。

5. 超临界流体法 超临界流体法（supercritical fluids）是利用超临界流体的溶解－增强分散（solution－enhanced dispersion）能力制备微球。将药物溶液通过超临界流体装置的喷头分散于超临界流体中，有机溶剂溶解于超临界流体中而被萃取，药物即形成微球，其中有机溶剂的残留量通常低于3ng/g。

6. 锅包衣法 锅包衣法系利用包衣锅将囊材溶液喷在固态囊心物的表面，同时吹入热空气使囊材溶剂蒸发成囊。

（三）化学法

化学法是利用单体或高分子在溶液中发生聚合反应或缩合反应，产生囊膜而制成微囊。本法的特点是不加凝聚剂，通常先制成W/O型或O/W型乳剂，再利用化学反应交联固化。

1. 界面缩聚法 亦称界面聚合法，系将两种以上不相溶的单体分别溶解在分散相和连续相中，通过在分散相与连续相的界面上发生单体的缩聚反应，生成微囊囊膜包裹药物形成微囊。

2. 辐射交联法 该法系将明胶或聚乙烯醇等囊材在乳化状态下，经γ射线照射发生交联，再处理制得粉末状微囊。再将微囊浸泡于药物水溶液使其吸收，待水分干燥后即得含药微囊。该法特点是工艺简单，适合于水溶性药物，且不引入其他成分。

四、微粒中药物的释放

药物制成微粒后，一般要求药物能定时定量地从微粒中释放出来，达到临床预定的要求。

（一）微粒中药物释放的速率与机制

微粒中药物释放的规律视微粒的种类和药物的性质而定，有的是零级释放，有的是一级释放，也有的符合Higuchi方程。要深入了解微粒释药的规律，应考虑释药机制，通常有以下三种。

1. 扩散 即微粒进入体内后，体液向微粒中渗透，使药物逐渐溶解而扩散或沥滤出囊壁或骨架，微粒不溶解，这是物理过程。有的药物释放首先是已溶解或黏附在囊壁或微球骨架表面的少量药物发生短暂的快速释放，被称为突破效应，然后内部的药物才溶解形成饱和溶液而扩散出微粒。

2. 囊壁或骨架的破裂或溶解 囊壁或骨架可由压力、剪切力、磨损等因素而破裂，囊壁或骨架亦可溶解于体液。破裂或溶解的速率主要取决于载体材料的性质、体液的体积、组成、pH值以及温度等，不涉及酶的作用，亦属于物理化学过程。

3. 囊壁或骨架的消化与降解 是在酶的作用下的生化过程。当微粒进入体内后，囊壁或骨架可被胃蛋白酶或其他酶消化与降解成为体内代谢产物，而使药物释放出来。但是一般用合成的可生物降解的聚合物作载体的微粒，在降解之前，药物早已开始释放。

需要注意的是，在同一微球中药物的溶出过程比较复杂，往往各种机制均发挥作用。

（二）影响微粒中药物释放速率的因素

1. 微粒的粒径 在载体材料和微粒囊壁厚度相同的条件下，一般微粒径愈小则表面积愈大，释药速率也愈大。如磺胺嘧啶微囊的释放速率随粒径减少而增加。

2. 囊壁的厚度 囊壁材料相同时，囊壁或骨架愈厚，释药愈慢。也可以说，囊心物与囊壁的重量比愈小，释药愈慢，主要是囊膜或骨架厚时药物的释放路径延长的缘故。

3. 载体材料的物理化学性质 不同的载体材料形成的囊壁具有不同的物理化学性质。孔隙率较小的载体材料，形成的微粒释药慢。如明胶形成的囊壁具有网状结构，孔隙很大，药物嵌入网状孔隙中，释放较快。聚酰胺形成的囊壁孔隙较小（约1.6nm），药物释放比明胶慢得多。常用的几种载体材料形成的囊壁释药速率的顺序如下：明胶 > 乙基纤维素 > 苯乙烯－马来酸酐共聚物 > 聚酰胺。

若用界面缩聚法包囊，在水相中加入二乙撑三胺（或三乙撑四胺）作交联剂，所形成的聚酰胺囊壁孔隙增大，可使释药加快。用明胶－阿拉伯胶复凝聚法成囊，若欲延缓释放，可加入适量低黏度（0.4 cPa · s）的乙基纤维素，使其沉淀在囊壁孔隙内堵塞部分孔隙而降低释药速率。磺胺嘧啶乙基纤维素微囊采用不同量的硬脂酸为阻滞剂，随着阻滞剂含量增加，药物体外释放速率降低。

复合载体材料亦有不同的释药速率。如磺胺噻唑微囊化时，以明胶－海藻酸钠形成的囊壁释药最快，明胶－果胶形成的囊壁释药最慢。

4. 药物的性质 药物的溶解度及分配系数与微粒中药物释放速率有密切关系，在载体材料等条件相同时，溶解度大的药物释放较快，如以乙基纤维素为材料，分别制成巴比妥钠、苯甲酸及水杨酸微囊。这三种药物在37℃水中溶解度分别为255g/L、9g/L、0.63g/L，以巴比妥钠的溶解度最大，而微囊中药物的释放速率也是巴比妥钠最大。药物在囊壁与水之间的分配系数大小亦影响释放速率。如巴比妥钠、苯甲酸、水杨酸的乙基纤维素微囊，在乙基纤维素和水之间的分配系数分别为0.67、58、151，$t_{1/2}$分别为22、70、80分钟，结果是巴比妥释药最快。因此使药物缓释的方法之一是将药物先制成溶解度较小的衍生物或缓释型固体分散体，然后再微粒化。

5. 附加剂的影响 加入疏水性物质，如硬脂酸、蜂蜡、十六醇以及巴西棕榈蜡等作附加剂，能够延缓药物释放。

6. 微粒制备的工艺条件 制微粒时采用不同的工艺条件，对释药速率也有影响。如其他工艺相同，仅干燥条件不同，则释药速率也不同。冷冻干燥或喷雾干燥的微粒，其释药速率比烘箱干燥的微粒要大些，可能是由于后者干燥颗粒大，表面积小，因而释药速率变慢。通常微囊（球）均有缓释作用。尼莫地平的未干燥微囊和自然干燥的微囊均在pH1.4盐酸溶液中释药，未干燥化比干燥化微囊释药速率快一倍。因为干燥的微囊要经过吸水溶胀才能有效释药。

7. pH 的影响 在不同pH条件下微粒的释药速率也可能不同。如以壳聚糖－海藻酸盐为载体材料的尼莫地平微囊，在pH7.2时释药速率明显快于pH1.4时，这是由于载体材料中的海藻酸盐在pH较高时可以缓慢溶解以致微囊破裂。

8. 溶出介质离子强度的影响 在不同离子强度的溶出介质中微粒释放药物的速率不同。例如，将荧光素尼龙微囊50mg混悬在4L、pH7.4、粒子强度分别为0.8、1.0、1.2的磷酸盐缓冲溶液中，其1小时体外释药结果分别为38.78%、64.35%、71.99%。说明虽然介质其他条件相同，但不同离子强度时微囊释放荧光素的速率也不同。

五、微粒的质量控制指标和评价方法

微粒在制剂生产中往往需要进一步加工成片剂、胶囊剂以及肌内注射剂等剂型，所以微粒的质量要求是重要环节。除制成制剂应符合药典有关制剂的规定外，微粒制剂质量标准应符合《中国药典》（2020 年版）微粒制剂指导原则，主要包括以下内容。

1. 微粒的形态、粒径及分布　可采用光学显微镜、扫描或透射电子显微镜观察形态并提供电镜照片。微囊形态应为圆整球形或椭圆形封闭物，微球应为圆整球形或椭圆形实体。

粒径测定方法有许多种，如光学显微镜法、电感应法、光感应法或激光衍射法等。粒径的分布除用粒径分布图，还可用跨距（Span）表示。

$$\text{Span} = (D_{90} - D_{10}) / D_{50}$$

式中，D_{10}、D_{50}、D_{90}分别指粒子累积图中 10%、50%、90% 处所对应的粒径，跨距愈小分布愈窄，即粒径分布愈均匀。

除此之外，粒径分布也常用多分散系数（polydispersity index，PDI）表示，PDI 通常为 0.1 ~0.5，PDI 越小表示粒径分布越均匀，在 0.1 以下则是非常均匀。

2. 微粒的载药量与包封率　微囊（球）中药物的百分含量称为载药量（drug loading），其测定一般采用溶剂提取法。溶剂的选择原则，主要应使药物最大限度溶出而最少溶解载体材料，溶剂本身也不应干扰测定。对于粉末状微囊（球），可以仅测定载药量；对于分散在液体介质中的微囊（球），应通过适当方法分离微粒后测定，计算载药量和包封率（entrapment rate）。包封率一般不得低于 80%。

载药量可由以下公式求得：

$$\text{微粒载药量} = \frac{\text{微粒内的药量}}{\text{微粒的总重量}} \times 100\%$$

包封率可由下式计算：

$$\text{包封率} = \frac{\text{微粒内的药量}}{\text{微粒内药量} + \text{介质中的药量}} \times 100\%$$

3. 微粒中药物释放速率　根据微粒的特点，可参考《中国药典》（2020 年版）中溶出度测定法进行测定，亦可将试样置透析袋中测定，如条件允许，可采用流通池测定。进行体内释放实验时，表面吸附的药物会快速释放，称为突释效应。开始 0.5 小时内释放量要求低于 40%，此外，若微囊（球）产品分散在液体介质中储藏，应检查渗漏率，可由下式计算：

$$\text{渗漏率} = \frac{\text{产品在贮藏一定时间后渗漏到介质中的药量}}{\text{产品在贮藏前包封的药量}} \times 100\%$$

4. 体内分布实验　通常采用以下两种方法测定药物在体内组织的浓度：

（1）给药部位微球残余药量的测定　如将醋酸亮丙瑞林微球经皮下或肌肉注入大鼠体内（注射部位多为背部或腹部中间），定期处死动物，剖开皮肤或肌肉，小心取出注射处的结缔组织，冷冻后切成碎片，加入流动相匀浆，离心，取上清液采用 HPLC 法检测给药部位药物微球中残余药量，计算累积药物释放百分率（%）。

（2）血药浓度的测定　采用 HPLC、LC - MS 联用法或放射免疫法（RIA）可直接检测动物血清中药物浓度。

5. 稳定性考察　稳定性可依据《中国药典》（2020 年版）中原料药与药物制剂稳定性试验指导原则，通过加速试验和长期试验，对微粒的外观、形态、粒径分布、载药量等进行考察。

6. 有害有机溶剂的限度　生产过程中引入有机溶剂时，照《中国药典》（2020 年版）中残留溶剂测定法测残留量，应符合规定限度。

7. 表面特性　影响微囊（球）的表面特性的因素主要有制备工艺、囊材或骨架材料、附加剂的种类和浓度、pH 和温度等。

8. 生物相容性和生物可降解性 选择适当的缓释材料，将药物载入其中，经植入、皮下或肌内注射等给药途径，可达到缓释的目的。由于载体材料较长时间滞留在体内，其生物相容性和生物降解性至关重要，一般要求完全生物相容，且在体内无害，最终降解成无毒的甚至可经生理途径排泄的产物，无需经手术取出。

9. 靶向性评价 具有靶向功能的微粒制剂应该提供靶向性数据，如药物的体内分布数据以及体内分布动力学数据等。

例 11-2 生长激素缓释微球

【处方】 重组人生长激素（rhGH）13.5mg　醋酸锌 1.2mg　碳酸锌 0.8mg　PLGA 68.9mg

【制法】 rhGH 与醋酸锌（摩尔比 1∶6）形成不溶性复合物，经微粉化处理达 1～6μm 后，与碳酸锌一起加入到 PLGA 的二氯甲烷溶液中，超声喷雾至覆盖有液氮的固化乙醇和正己烷的萃取罐中，在 -80℃下，二氯甲烷不断被乙醇萃取，由此得到固化的微球。

【注释】 rhGH/PLGA 混悬液中加入 1% 碳酸锌微粉（<5μm）。首先，Zn^{2+} 能与 rhGH 形成难溶性络合物，降低 rhGH 的溶解度，减少突释作用。其次，Zn^{2+} 形成络合物后 rhGH 的疏水性增加从而提高稳定性。另外，难溶性碱性 $ZnCO_3$ 作为抗酸剂，维持提供低浓度 Zn^{2+}，有效抵御降解而产生酸性环境，提高 rhGH 在释药过程中的稳定性。

扫码“练一练”

（张　娜）

第十二章　缓（控）释制剂

学习目标

1. **掌握**　缓（控）释制剂的概念、分类和临床意义；缓（控）释制剂的类型、释药机制、常用辅料和质量评价的方法和意义。

2. **熟悉**　缓（控）释制剂的设计原理及处方设计。

3. **了解**　缓（控）释制剂的其他类型，以及增溶技术在制备缓（控）释制剂中的应用。

第一节　概　述

扫码“学一学”

一、缓（控）释制剂的概念

缓释制剂（sustained - release preparations）系指在规定释放介质中，按要求缓慢地非恒速释放药物的制剂，其与相应的普通制剂比较，给药频率比普通制剂减少一半或给药频率比普通制剂有所减少，且能显著增加患者的依从性。

控释制剂（controlled - release preparations）系指在规定释放介质中，按要求缓慢地恒速或接近恒速释放药物的制剂，其与相应的普通制剂比较，给药频率比普通制剂减少一半或有所减少，血药浓度比缓释制剂更加平稳，且能显著增加患者的依从性。

缓释和控释制剂之间的差别主要体现在两个方面：

1. **释药特征不同**　药物从缓释制剂释放的速度，在一定时间内随时间变化，先多后少非恒速释放，在动力学上往往体现为一级动力学；而药物从控释制剂释放的速度在一定时间内不随时间的推移而变化，保持恒定，在动力学上体现为零级动力学。

2. **体内药动学特征不同**　控释制剂的药物血药浓度在一定时间内能维持在一个恒定的水平，“峰谷”波动更小，直至基本吸收完全，而缓释制剂一般达不到这种效果。

二、缓（控）释制剂的临床意义

1. **减少毒副作用，增强疗效**　由于该类制剂中的药物可缓慢地释放进入体内，血药浓度平稳，“峰谷”波动小，因此可避免由于血药浓度超过治疗浓度范围所导致的毒副作用，同时又能保持在有效浓度范围（治疗窗）内得以维持疗效，见图 12 - 1 和图 12 - 2。

2. **减少药物对胃部的刺激**　药物口服后延迟到肠内释放，可以减轻或避免易刺激胃部的药物产生的副作用（如双氯芬酸钠、阿司匹林缓释制剂）。

3. **提高药物的稳定性**　对胃酸不稳定的药物（如红霉素），可以制成肠溶片，药物口服后延迟到肠内释放，从而避免药物在胃内的灭活。

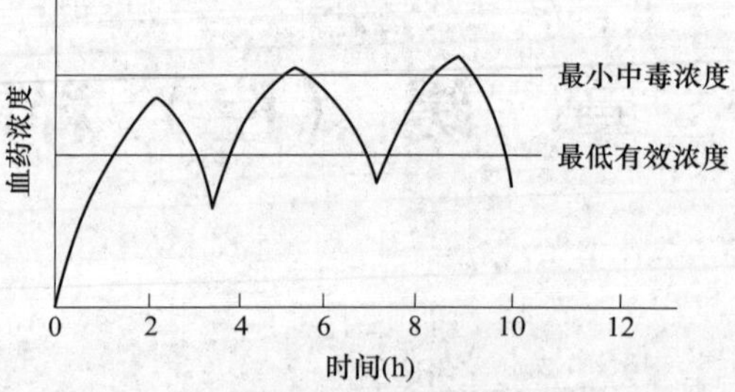

图 12－1　普通制剂多次给药后产生的血药浓度峰谷现象

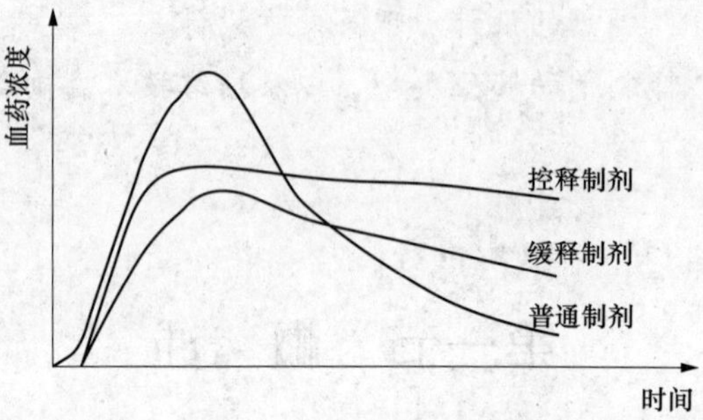

图 12－2　普通制剂、缓释制剂与控释制剂的血药浓度－时间曲线

4. 药物定位释放　药物在适当部位（如结肠）停留较长时间并按要求释放一定量，提高药物生物利用度，并达到局部治疗的目的。此类释药系统不仅可用于结肠疾病的治疗，还可用于蛋白质或多肽类药物，以避免药物被胃酸或胃肠道某些酶破坏。

5. 减少服药次数，提高患者依从性性　对半衰期短或需要频繁给药的药物，可以减少服药次数，如普通制剂每天 3 次，制成缓释或控释制剂可改为每天 1 次。特别适用于需要长期服药的慢性疾病患者，如心血管疾病、心绞痛、高血压、哮喘患者等。这样可以大大提高病人服药的依从性，使用方便。

6. 减少用药的总剂量　因此可用最小剂量达到最大药效。

缓（控）释制剂虽然具有上述重要优点，但也存在一些问题：

（1）在临床应用中对剂量调节的灵活性降低，如果遇到某种特殊情况（如出现较大副作用），往往不能立刻停止治疗。

（2）缓释制剂往往是基于健康人群的平均动力学参数而设计，当药物在体内的动力学特性有所改变时，不能灵活调节给药方案。

（3）制备缓（控）释制剂所涉及的设备和工艺费用较普通制剂昂贵。

三、缓（控）释制剂的分类

缓（控）释制剂有许多种类型，但目前研究与开发较多的主要有以下几种：骨架型缓（控）释制剂、膜控型缓（控）释制剂、渗透泵型缓（控）释制剂、微丸型缓（控）释制剂和其他类型的缓（控）释制剂等。

四、缓（控）释制剂的处方设计

（一）药物的选择

（1）缓（控）释制剂一般适用于半衰期较短的药物，即 $t_{1/2}$ 为 2 ~ 8 小时的药物，如盐酸普萘洛尔（$t_{1/2}$为3.1～4.5小时）、茶碱（$t_{1/2}$为3～8小时）、伪麻黄碱（$t_{1/2}$为6.9小时）、吗啡（$t_{1/2}$为2.28小时）等药物。半衰期小于1小时或大于12小时的药物，一般不宜或不需制成缓（控）释制剂。个别情况例外，如半衰期很短（小于1小时的硝酸甘油）和半衰期很长（如半衰期长达32小时的地西泮）也已经被制成缓（控）释制剂。

（2）传统观点不主张将抗生素药物制成缓释制剂，因为容易导致细菌的耐药性。但是，目前国内外均有研制的专利和报道，头孢氨苄缓释胶囊、克拉霉素缓释片等均已上市。

（3）其他如剂量很大、药效很剧烈、溶解吸收很差或剂量需要精密调节的药物，一般不宜制成缓（控）释制剂。

（4）在缓（控）释制剂的设计中，药物的理化性质起着决定性的作用。药物的水溶性、油水分配系数、化学稳定性、电荷以及蛋白结合率等性质，不仅对药物在体内的吸收产生影响，而且对缓（控）释制剂的释药行为有很大影响。

近年来，随着缓（控）释制剂技术的快速发展，适于制成缓（控）释制剂的药物范围已无明显界定，只要其每服剂量不超过具体剂型的适用范围，或是制成缓（控）释制剂后生物利用度没有显著降低或变得不稳定即可。当然，对于不同类型的口服缓（控）释制剂，适宜的药物范围也不同，这需要在实际应用中加以区别和考虑。

（二）设计要求

1. 生物利用度　缓（控）释制剂应与相应的普通制剂生物等效，即相对生物利用度为普通制剂的80%～125%。若药物主要在胃和小肠吸收，宜设计成12小时口服一次，若药物在大肠也有一定吸收，则可考虑24小时口服一次。为了保证缓（控）释制剂的生物利用度，应根据药物在胃肠道中的吸收速率控制药物在制剂中的释放速率。

2. 峰浓度与谷浓度之比　缓（控）释制剂稳态时的峰浓度与谷浓度之比（也可用波动百分数表示）应小于或等于普通制剂。一般半衰期短、治疗指数窄的药物，可设计为每12小时给药一次，而半衰期长或治疗指数宽的药物，可24小时给药一次。若设计成零级释放剂型（如渗透泵），其峰谷浓度比可显著小于普通制剂。

（三）药物剂量的设计

缓（控）释制剂的剂量，一般依据普通制剂的用法和剂量来设定。例如，若某药物普通制剂用量为每日两次，每次5mg，若改为缓（控）释制剂，则为每日一次，每次10mg。但是，许多心血管类药物和内分泌类药物往往存在最低起始剂量，因此制成缓（控）释制剂时，往往将最低起始剂量设定为制剂的剂量，具体用药时，可视病情酌情添加服用剂量。也有人采用药动学参数进行计算来设定剂量，但由于涉及因素很多，计算结果往往只作为参考。

（四）安全性

设计某种药物的缓（控）释制剂，要尽可能查阅或了解该药物的安全范围信息（如最低有效浓度、最低中毒浓度等），根据这种安全范围（或称为治疗指数）的大小，选择适宜的方式制备缓（控）释制剂，使其释药效果符合药物的安全范围。通常情况下，治疗指数越大，表示该药越安全。对于治疗指数小、治疗浓度的安全范围窄的药物，在设计缓（控）释制剂时应精确控制剂型中药物的释放，防止药物大量突释或释药速率过快导致血药浓度超过最低中毒浓度，引起相应的毒副作用。

扫码"学一学"

第二节　缓（控）释制剂的设计原理及释药机制

一、骨架型缓（控）释制剂

骨架型缓（控）释制剂是指药物和一种或多种惰性固体骨架材料通过压制或融合等特定工艺制成的固体制剂，具体有片剂、微丸、颗粒剂等。不同的骨架型缓（控）释制剂的制备工艺过程是不同的，多数的骨架型制剂可用常规的生产设备、工艺制备，也有特殊的设备和工艺，如微囊法、融熔法等。以下主要以介绍片剂为主。

（一）缓（控）释骨架片

1. 缓（控）释骨架材料　采用不同性质的骨架材料可以制成释药机制和行为不同的骨架型缓（控）释制剂。

（1）亲水凝胶性骨架材料　亲水凝胶性骨架材料有羟丙甲纤维素、海藻酸钠、壳聚糖、卡波普、羧甲基纤维素钠、聚氧乙烯等。

例如，萘普生骨架缓释片，取 HPMC（相对分子质量为 80 000 ~ 130 000）4% ~ 9%，萘普生或其盐 81% ~ 96% 和润滑剂 0.1% ~ 2%，制成含萘普生 500 ~ 1000mg 的缓释片，服用 1 次可维持体内有效治疗血药浓度达 24 小时以上。由于缓释片内仅含有 4% ~ 9% 的 HPMC，片剂体积不大，患者完全可接受，每日服用 1 片此种缓释片与日服 2 片普通萘普生片呈生物等效。

（2）蜡质骨架材料　蜡质骨架材料有硬脂酸、硬脂醇、巴西棕榈蜡、单硬脂酸甘油酯等。

例如，取盐酸伪麻黄碱 100mg，加于熔化的巴西棕榈蜡 80mg 中，搅匀后放冷，磨细。再加入羟丙甲纤维素 100mg，微晶纤维素 50mg，用乙基纤维素的乙醇溶液作黏合剂制粒，压片，即得。该缓释片在体外可维持 12 小时的缓释效果，并可有效地防止释药初期的药物突释现象。

（3）不溶性骨架材料　不溶性骨架材料有乙基纤维素、聚乙烯、聚丙烯、聚硅氧烷、乙烯 - 醋酸乙烯共聚物和聚甲基丙烯酸甲酯等。

例如，将 4 g 乙基纤维素用 95% 乙醇溶解后，将 3g 茶碱分散于其中，蒸干后，粉碎过筛，制粒，压片，即得一天给药一次的茶碱缓释片。体外释放度实验结果表明，其释药行为呈现近似零级动力学的特征。

2. 缓（控）释骨架片的分类　按其结构来说，缓释骨架片可以分为多孔型骨架片和无孔型骨架片，多孔型骨架片中的药物通过众多微孔的孔道而释放，一般服从 Higuchi 方程，个别也可达到零级释放。无孔型骨架片的释药是片剂表面的溶蚀 - 分散 - 溶出过程（扩散不是释药的主要途径），它的释药过程服从一级或近似一级释药动力学过程，少数也可调节至零级过程。根据骨架材料的性质可分为亲水凝胶骨架片、生物溶蚀性骨架片和不溶性骨架片。

（1）亲水凝胶骨架片　是指由亲水性聚合物与药物制成的骨架片。这类聚合物遇水发生膨胀，形成凝胶屏障从而控制药物的溶出。选择不同性能的聚合物及不同的用量可调节亲水性凝胶骨架片的释药速率。

释药机制：亲水凝胶骨架片属于可溶胀骨架系统，其释药过程往往是骨架溶蚀和药物扩散综合效应的过程。一般认为，药物的释放动力学依赖于亲水凝胶骨架材料的溶蚀、溶胀与溶剂扩散前沿之间的相对运动。因而，扩散和溶蚀前沿之间的距离是影响药物释放的重要参数，而不是溶胀和溶蚀前沿之间的距离。亲水凝胶骨架片中溶解度不同的药物，释放机制也不同，水溶性药物主要以药物扩散为主，难溶性药物则以骨架溶蚀为主。但它的释药特征均符合下述动力学过程。

当骨架中固体药物尚未完全溶于骨架内介质中时，药物释放量可用修改的 Higuchi 方程表示：

$$\alpha = D \cdot \gamma^{-1} \cdot \left[(2C/V - \varepsilon C_s)\ t \right]^{1/2} \tag{12-1}$$

式中，α 为时间 t 时的单位面积的药物释放量（g/cm^2），D 为药物扩散系数（cm^2/s），ε 为骨架的孔隙率，C_s 为药物溶解度，C 为固体制剂中的药物浓度（g/cm^2），γ 为基质中微细孔道的扭曲系数，V 为水合骨架的有效容积。

若骨架中药物能完全溶解于水化凝胶层，则药物的释放量可用下面简化式表示：

$$\alpha = \frac{2C_0}{V} (Dt/\gamma\pi)^{1/2} \tag{12-2}$$

式中，C_0 为骨架中药物溶液的浓度。

（2）蜡质骨架片　蜡质骨架片是指由蜡质材料与药物制成的缓释骨架片，由于蜡质材料的逐渐溶蚀而缓缓将药物释放出来。

释药机制：在蜡质骨架片中，药物的释放取决于蜡质材料的逐渐溶蚀，故而 pH 值、消化道因素能很大程度地影响药物的释放。若用可水解的酯作骨架，则药物释放速率与酯的水解速率呈平行关系。例如，棕榈酸的甘油酯（单、双、三元酯）对磺胺的缓释作用，是按单酯、双酯、三酯的顺序缓释效果依次递增的。另外，表面活性剂对药物的释放也有一定影响，各种表面活性剂因其水中溶解度不同，影响大小也不同。

例如，在盐酸去敏灵的巴西棕榈蜡和硬脂醇蜡质骨架片中，加入不溶性表面活性剂单硬脂酸甘油酯，则不影响释放速率，如加入微溶或溶解缓慢的表面活性剂如硬脂酸钠等，则中等程度增加药物的释放；如加入水溶性的聚氧乙烯 23 - 月桂醇醚则相当大程度地增加药物的释放。不加表面活性剂的盐酸去敏灵长效片 8 小时释放率为 38%，加入表面活性剂聚氧乙烯 23 - 月桂醇醚，8 小时释放率为 50% 以上。由于蜡质骨架材料的熔点往往较低，若单独使用或用量较高，则在高速压片时往往会出现材料熔融的现象，因此，蜡质骨架材料更多的是与亲水凝胶材料混合使用，以适应工业化的生产。

蜡质骨架片的制备方法有三种：①溶剂蒸发技术，将药物与辅料的溶液或分散体系加入熔融的蜡质相中，然后将溶剂蒸发除去，干燥，混合制成团块，再制成颗粒；②熔融技术，将药物与辅料直接加入熔融的蜡质中，温度控制在略高于蜡质熔点（约 90 ℃），将熔融的物料铺开冷凝、固化、粉碎，或者倒入一旋转的盘中使成薄片，再粉碎过筛形成颗粒。在未加附加剂的情况下，药物释放延长成为非线性，若加入 PVP 或聚乙烯 23 - 月桂醇醚，则呈表观零级释放；③药物与十六醇在 60℃ 混合，所得团块用玉米朊醇溶液制粒，此法制得的片剂释放性能稳定。

（3）不溶性骨架片　不溶性骨架片是指由不溶于水的高分子材料与药物制成的骨架片。通常水溶性较好的药物适合制成这类骨架片。用药后，胃肠液渗入骨架孔隙使药物溶解，药物将通过错综复杂的骨架孔道，缓缓向外释放出来，最后，骨架将随粪便排出体外。

释药机制：多数情况下，不溶性骨架片属于多孔性骨架系统，其药物释放符合 Fick 定律，动力学过程可以用 Higuchi 及其改进模型描述。

由于不溶性骨架片中的药物分散在不溶性的骨架材料中，药物的释放速率将取决于药物的扩散速率而与药物的溶解速率无关，其释药机制符合 Higuchi 方程：

$$\alpha = [D\varepsilon(2A - \varepsilon C_s)C_s t/T]^{1/2} \tag{12-3}$$

式中，α 为单位面积药物的释放量，mg/cm^2；D 为药物在释放介质中的扩散系数，cm^2/s；ε 为骨架材料孔隙率；T 为骨架的曲折因子；C_s 为药物在释放介质中的溶解度，mg/cm^3；A 为药物在片剂骨架中单位体积的药量，mg/cm^3；为了便于简化数据处理，可对上式作如下假设：①药物释放期内药物释放保持稳态；②$A >> C_s$，即总有剩余的溶质存在；③充分的漏槽条件；④药物颗粒远小于制剂的体积；⑤扩散系数保持恒定；⑥药物和骨架材料无相互作用。则上式通常可简化为下式：

$$\alpha = kt^{1/2} \tag{12-4}$$

即药物的累积释放量对时间的平方根作图则为一直线，可以通过调整下列参数来改变药物的释放速率：①药物在骨架材料中的原始浓度；②药物的溶解度；③骨架材料的孔隙率；④骨架材料的曲折因子；⑤组成骨架的高分子材料种类。应该指出：采用这种类型的骨架片很难做到零级释放。

另外，由于药物在不溶性骨架片的释放是溶出和扩散共同控制的过程，所以，Ritger 和 Peppas 将药物释放的扩散项与溶出项相加，提出了一个简单的半经验指数方程：

$$\frac{M_t}{M_\infty} = k' t^{0.5} + k^n t = kt^n \tag{12-5}$$

式中，n 定义为扩散指数，n 值与释放机制间的关系明显依赖于释药系统的几何形状、粒度分布以及偏离理想溶出条件的程度等。对于片状聚合物系统，$n = 0.5$ 对应于 Fick 扩散；$n = 1$，对应于溶出控制，药物以零级释放；n 在 0.5 ~ 1 之间，为 Fick 扩散和溶出机制的偶合。

（4）杂化型骨架片　除上述亲水凝胶骨架片、蜡质骨架片和不溶性骨架片三大类骨架片以外，还有利用这三类材料的混合物与药物制成的混合材料骨架片，我们将其称为杂化型骨架片。例如，某种骨架片的释药速率过低，为了促进药物迅速释放，立即达到具有治疗作用的首剂量，然后再以恒定速度释药以维持有效血药浓度，常在其中加入致孔剂，产生许多孔道，使药物易于释出；而某些药物的水溶性太大或凝胶穿透能力太强，为了避免初期的药物突释，往往在骨架片外包裹衣膜，制成膜控 - 骨架混合的杂化型骨架片。这些杂化型骨架片的释药机制往往比较复杂，多数难以用简单的公式进行拟合。

（二）胃内滞留型缓（控）释制剂

胃内滞留型缓（控）释制剂是指一类能滞留于胃液中，延长药物在消化道释放时间，改善药物吸收，提高生物利用度的释药系统。大多数的缓（控）释系统可较好地控制药物从系统中释放，却无法确保药物的有效吸收，因此会产生生物利用度不高的问题。胃肠道是大多数药物的有效吸收部位，故而延长制剂的胃肠内滞留时间，可达到增加药物吸收、提高生物利用度的目的。这类制剂包括胃漂浮系统、胃内膨胀系统、生物黏附系统等。

1. 胃漂浮系统　胃漂浮给药系统是指口服后可以维持自身密度小于胃内容物密度，而在胃液中呈漂浮状态的制剂，它主要是根据流体动力学平衡体系（HBS）设计而成。20 世纪 80 年代初 Hofmann - La Roche 公司首先推出了 Valrelease 和 Valium CR 两个漂浮制剂品种。目前，国内亦有这类制剂获得新药证书。胃漂浮制剂可以延缓胃排空时间，从而延长了制剂在胃肠道的滞留时间，使吸收时间延长，增大吸收量，提高生物利用度。HBS 型漂浮制剂与普通亲水凝胶骨架缓释片都是以亲水凝胶为主要材料，普通亲水凝胶骨架片药物的生物利用度往往难以提高，甚至常低于普通固体制剂，但漂浮制剂在使药物缓释的同时，可以提高其生物利用度。亲水性胶体材料多用 HPMC，加入疏水性而且相对密度较小的酯类、脂肪醇类、脂肪酸类或蜡类，可提高滞留能力；加入乳糖、甘露糖等可以加快释药速率；加入聚丙烯酸Ⅱ、Ⅲ号树脂，可减缓释药；加入十二烷基硫酸钠等表面活性剂可增加制剂的亲水性。

2. 胃内膨胀系统 胃中的内容物通过幽门排入小肠，如果改变药物剂型的大小，使之无法通过幽门，则可延长制剂在胃中的滞留时间。当然如此大的剂型难以服用，因此设计了一种可在胃内迅速发生膨胀的给药系统。体积以膨胀到无法通过幽门，但又不阻塞幽门为宜。该给药系统的关键在于选择一种合适的膨胀剂。

3. 生物黏附系统 该类给药系统可以把药物黏附在胃粘膜或上皮细胞表面，达到延长胃内滞留时间的目的，其基本机制是该给药系统中的聚合物同黏膜通过静电吸引或水化形成的氢键而相互结合。实验结果表明：阴离子型聚合物的结合能力高于中性及阳离子型聚合物。由于胃内特殊的生理环境（胃液呈酸性，胃黏膜厚且总处于更新之中），使得这种给药系统可行性较小。

（三）生物黏附片

生物黏附片由具有生物黏附性的聚合物与药物混合组成片芯，然后由此聚合物围成外周，再加覆盖层而成，剂型的特点是加强药物与黏膜接触的紧密性及持续性，因而有利于药物的吸收，而且容易控制药物吸收的速率及吸收量。生物黏附是指两种物质其中至少一种具有生物属性，在外力影响下，通过表面张力作用使此两种物质界面较持久地紧密接触而黏在一起的状态。生物黏附片既可安全有效地用于局部治疗，如口腔、鼻腔、眼眶、阴道及胃肠道特定区段，也可用于全身治疗。口腔、鼻腔等局部给药可使药物直接进入大循环而避免首过效应。常用舌下片中的药物是在唾液中溶解后吸收的，口腔黏附片中药物则是直接由黏膜吸收，从而为改善药物的释放和吸收提供多种可能性。常用的生物黏附材料有卡波普、羟丙纤维素、羧甲基纤维素钠。

二、膜控型缓（控）释制剂

膜控型缓（控）释制剂是指通过包衣膜来控制和调节剂型中药物的释放速率和释放行为的一类释药系统。对于这类释药系统，不同性质的成膜材料、包衣膜中各种添加组分以及制备方法都会对释药系统的释药行为产生极大的影响。

（一）包衣膜处方组成

1. 成膜材料 成膜材料影响衣膜的物理及化学性质。各种成膜材料成分的理化性质相差很大，在选择时，需要考虑包衣材料在胃肠道的释放部位，以及聚合物在包衣用溶剂及胃肠生理环境下的溶解度、通透性、黏度及机械性能等，以确定选择不溶性、胃溶性或肠溶性包衣材料。

（1）不溶性成膜材料 这类成膜材料在水中呈现惰性，既不溶解，也不溶胀，所制成的膜呈现一定的刚性结构，体积形状不易变化，因此，最适宜制成以扩散和渗透为释药机制的膜控型缓（控）释制剂，而且体外释药较易获得稳定的零级效果。目前比较常用的有醋酸纤维素、乙基纤维素和丙烯酸树脂类。目前，市售的 Surelease 和 Aquacoat 均有采用乙基纤维素与适宜增塑剂（如明胶、聚维酮和聚乙烯醇）等添加剂制成的水分散体型包衣材料。

（2）胃溶性成膜材料　这类材料主要有纤维素类衍生物（如羟丙甲纤维素、羟丙基纤维素、甲基纤维素等）、聚维酮、聚丙烯酸树脂（Eurdragit E 型）等。

（3）肠溶性成膜材料　肠溶性成膜材料有耐酸性，而在十二指肠很容易溶解，常用的有醋酸纤维素酞酸酯（CAP）、聚乙烯醇酞酸酯（PVAP）、醋酸纤维素苯三酸酯（CAT）、羟丙基甲基纤维素酞酸酯（HPMCP）、丙烯酸树脂 L100 型和丙烯酸树脂 S100 型等。

2. 包衣溶剂　由于各种溶剂的蒸发潜热不同，包衣操作时，有不同的蒸发速率，而且成膜材料的溶胀及链的松弛程度均受到溶剂的影响，会直接影响膜的质量，故而溶剂系统在很大程度上决定最终形成衣膜的性质和特点。选择包衣溶剂的首要条件是其必须与成膜材料具有良好的相互作用，即成膜材料在溶剂中能最好和最大范围地溶解。一般认为成膜材料的最适宜的溶剂应能使成膜材料在溶液中获得最大的伸展，形成的膜具有最大的黏结或内聚强度，从而使膜具有最佳的机械强度。

常用的溶剂有水、醇类、酮类、酯类和氯化烃类。由于常用的成膜材料难溶于水，所以一般用有机溶剂进行薄膜包衣，但由于有机溶剂存在明显的缺点，如易燃、易爆、污染空气、毒性较大、难以回收等。因此，以水为分散介质的包衣液目前已成为缓（控）释包衣制剂的主要材料，它的最大优点是彻底革除有机溶剂、固体含量高、黏度低、易操作、成膜快等。这种被称为水分散体的包衣材料主要有：①水不溶聚合物的胶乳或伪胶乳，胶乳是用液态单体通过乳化聚合作用而制得的合成聚合物的水分散体，如罗姆公司的丙烯酸树脂类的水分散体包衣液；而伪胶乳是将聚合物溶解在与水不相混溶的有机溶剂中，然后在有乳化剂和稳定剂情况下在水中乳化，初乳匀化后产生微乳滴，真空蒸去有机溶剂而成，因制备时未加增塑剂，包衣前须塑化，如市售的 Surelease 和 Aquacoat 均属于此类。②微粉混悬液，是将水不溶性聚合物制成微粉，然后分散在含水溶性增塑剂的水溶液中。例如，卡乐康公司的欧巴代Ⅱ就属于微粉混悬液型包衣材料。

3. 增塑剂　上述成膜材料单独使用所形成的衣膜往往机械性能较差，脆性较大易断裂，故而常在包衣液处方中添加增塑剂以提高包衣材料的成膜能力，增强衣膜的柔韧性和强度，并可以调节包衣膜的释药速率。同一种成膜材料，所用的增塑剂种类和用量不同，会得到不同性质的包衣膜。水分散包衣液，如果增塑剂用量太少，不能克服胶乳粒子变形的阻力，结果会形成不完整或不连续的衣膜；而增塑剂用量过大，由于聚合物薄膜太软，会引起包衣制剂的聚集、粘连和流动性差，包衣时难以操作，也不能获得完整的衣膜。增塑剂在包衣溶液处方中的浓度由许多因素决定，包括聚合物的性质、使用方法以及处方中所用的其他附加剂的性质。一般增塑剂的常用浓度相当于聚合物重量的 15% ~30%。对特定的包衣溶液或分散体中的最适用量，则必须经过细致的实验才能确定。例如，Saettone 等报道将多种增塑剂分别加入 EC 控释膜中，加入量为 8% ~30%，以茶碱为模型药物测定释药速率。结果表明，增塑剂的介入使控释膜的通透性变小，并且随着增塑剂用量的增加，EC 控释膜的通透性逐渐减小。当增塑剂的用量超过一定标准后，通透性减小的趋势变得不明显。用不同类型的增塑剂配制同一聚合物包衣溶液，则能分别制成具不同释药速率的包衣制剂，这往往与增塑剂的水溶性有密切的关系。

通常加入增塑剂时需要注意三点：① 配伍相容性，应用增塑剂的目的在于降低成膜材料的玻璃化转变温度（Tg），使其柔软而有韧性。所谓玻璃化转变温度是聚合物由硬而脆的状态转化成黏液态或橡胶态的温度，在实践中，可用差示扫描量热法（DSC）来测定加入增塑剂前后的玻璃化转变温度（Tg）来筛选适当的增塑剂。若成膜材料的 Tg 较高，则在常温下像玻璃一样硬而脆，这对包衣是非常不利的，因此增塑剂与聚合物应有相似的分子间力，两者结构愈相似，降低玻璃化转变温度愈显著，其增塑作用愈好。例如，甘油、丙二醇、PEG 等带有—OH，可作为某些纤维素成膜材料的增塑剂；脂肪族非极性聚合物可用精制椰子油、蓖麻油、玉米油、液体石蜡、甘油单醋酸酯、甘油三醋酸酯等。②稳定性，增塑剂的稳定性与膜的物理和机械稳定性密切相关。增塑剂的分子质量较大时，其蒸气压和扩散速度较低，形成的薄膜也较稳定。刚性较大的纤维素成膜材料，一般用 30% ~60% 的增塑剂，而柔性较好的聚合物或共聚物所用的增塑剂用量很少超过 10% ~20%，一般只用 0.03% ~0.05%。③潮解性与水溶解性，增塑剂的潮解性影响薄膜衣的吸水能力和防水能力，增塑剂的水溶解度也非常重要，特别是其用量较大时，影响药物的稳定性。

总之，优良的增塑剂应与成膜材料具有良好的混溶性，即成为热力学稳定的分子气分散，否则在衣膜干燥或贮存时，小分子增塑剂会形成粒子凝聚在衣膜表面而失去增塑效果。此外增塑剂应能长期保留在衣膜内，并在使用和贮存过程中损失越少越好，这就要求增塑剂化学性质稳定、具高沸点和低挥发性，当然还应无毒、无味、无臭、耐寒、耐热等。实际上要求某种增塑剂具备以上全部特点是不可能的，因此常将两种或两种以上增塑剂混合使用。常用的增塑剂可分为水溶性和脂溶性增塑剂两大类。

4. 致孔剂　无渗透性或低渗透性成膜材料（如醋酸纤维素或乙基纤维素等）单独制成的包衣膜，往往对水分或药物的通透性很低，难以满足释药的要求，故常在这些材料的包衣液中加入水溶性的物质（通称为致孔剂），来增加包衣膜的通透性，以使制成的制剂获得所需的释药速率。常用的致孔剂为 PEG 类、PVP、蔗糖、盐类以及其他水溶性成膜材料（如 HPMC、HPC 等）。有时，也将部分药物加在包衣液中作致孔剂，同时这部分药物又起速释作用。当含致孔剂的缓释包衣制剂与水或消化液接触时，衣膜上的致孔剂逐渐溶解，将使膜形成微孔或海绵状结构，从而增加介质和药物的通透性。

5. 抗黏剂　在以有机溶剂制成的包衣液处方中加入少量（一般为包衣液体积的 1% ~3%）滑石粉、硬脂酸镁、二氧化硅、二氧化钛等抗黏剂，可以有效地防止包衣过程中易于出现的粘连、结块等问题，从而降低包衣工艺操作难度，缩短操作时间。

6. 其他　包衣液处方中除以上一些成分外，有时还需加入着色剂、消泡剂、稳定剂等，例如，色淀的应用主要是为了便于鉴别、防止假冒，并且满足产品美观的要求，也有遮光的作用，EC 水胶乳包衣液中加表面活性剂十二烷基硫酸钠作为稳定剂，常用二甲基硅油作为消泡剂。

（二）包衣方法

1. 锅包衣法　目前多采用改进的包衣锅，如高效包衣锅、加档板包衣锅及埋管式喷雾包衣锅进行包衣。高效包衣锅是在锅壁上开数千个小孔，孔径约 1.5mm，热空气通过小孔吹入锅内，可大大提高包衣效率，高效包衣锅仅适用于片剂包衣。埋管式喷雾包衣是在普通包衣锅的底部装有通入包衣溶液、压缩空气和热空气的埋管，仅适用于以水为分散介质的混悬型包衣液，由于喷雾包衣连续操作，可缩短包衣时间，能用于小粒子的包衣。

2. 空气悬浮流化床包衣法　流化床包衣法是制备缓释包衣常用的生产方法。本法是借助急速上升的空气流使片剂、小丸剂、颗粒等在包衣室内处于悬浮流化状态，同时将包衣液以雾状喷入，使之包裹在制剂表面，并被不断通入的热空气所干燥，反复包衣直至所需厚度。此法的特点是操作连续，进料和出料无须停止操作；操作时流化床湿度易于控制并能很快达到等温条件。目前常用于缓释包衣的流化床类型有：顶喷造粒和包衣两用的流化床；底喷包衣流化床及旋转式流化床等。以独特的空气流型结合离心力旋转式流化床使既适用于造粒又可包衣，能均匀地混合物料，制成粒度重现性好的球形颗粒。

3. 压制包衣法 压制包衣法是将聚合物包衣材料粉末加入适量辅料，制成颗粒后直接经包衣压片机压包在片芯表面，但此法需要由两台旋转式压片机组成的特殊的包衣压片机。

4. 热熔包衣法 本法是采用熔点较低的聚合物材料，将其加热成液态或黏流态，喷洒至丸心或颗粒表面，再使之冷却成膜。目前，该法尚处于研究阶段，报道的应用实例尚少。

（三）包衣工艺对包衣膜性质的影响

在膜控型缓（控）释制剂的制备中，包衣工艺往往也会对包衣膜的性质产生重要影响。具体见下：

1. 包衣设备的影响 处方相同的包衣液采用不同的包衣设备制得的同一药物的膜控制剂，结果可能获得不同释药行为的产品。例如，以乙基纤维素水分散体为包衣材料制备的氯化钾控释片，采用流化床包衣法和传统锅包法制得的产品在释药行为上有较大的差异。用传统锅包法制得的氯化钾控释片的释药缓慢，但零级特征很好；而流化床包衣法制得的氯化钾控释片则释药较快，释药曲线具有S形特征。

2. 包衣液雾化效果的影响 包衣液雾化效果在膜控制剂的生产中是一个重要的参数，它往往会直接影响最终产品的释药行为。理想的雾化效果应能产生大小相等的雾滴，以使它们的传热、传质和干燥的时间相同，从而保证其在片剂表面均匀分布，获得均匀、稳定的包衣效果。包衣液雾化效果除了受包衣液黏度等处方因素的影响外，主要还受喷液速率（包衣液流量）、雾化气压以及喷枪的位置和构造的影响。喷液速率过快，雾化效果往往不佳，会造成制剂表面过湿而产生聚集和粘连影响衣膜的均匀性，包衣液的水分与底物的过量接触也会产生各种质量问题，如药物的化学稳定性、开裂和霉变等。雾化压力过高，则会产生类似喷雾干燥的效果，即包衣液尚未到达片床就已成为干燥颗粒，无法在片面有效的铺展、成膜，增加包衣材料的损耗。喷枪口径的大小也影响包衣液雾化效果，喷嘴口径小，喷出的雾滴细，则包衣材料相互重叠、交联紧密，药物释放速率缓慢。

3. 片床温度的影响 片床温度对膜控制剂的衣膜结构往往会有很大的影响。多数有机溶剂包衣的操作温度往往在30℃左右，温度过高会导致干燥迅速，使衣膜表面粗糙、呈现颗粒感。由于水分散液中的胶粒只有在较高温度下才发生变形、相互凝集，借助聚合物的毛细管作用和表面张力成膜，因此，在包衣过程中温度起到使水分蒸发和软化胶粒并使之聚结的双重作用。为使水分散液中的胶粒形成连续的衣膜，包衣温度应高于聚合物的软化点或玻璃化转变温度。但操作温度过高，水分蒸发加速，过早干燥，会阻止变形所需的毛细管压的产生，也会产生不连续的膜而使衣膜易脱落，此外还可造成聚合物过度软化粘连，难以控制操作。水分散体的操作温度根据不同的包衣材料而有不同的要求。例如，乙基纤维素水分散液流化床包衣操作的较佳温度为30～40℃，低于或高于这一温度，都会使药物释放过快。而丙烯酸树脂的水分散体包衣液的操作温度则要求在25～35℃，温度过高会使黏性增加，成膜不均匀。

（四）包衣膜性质的评价方法

1. 包衣膜通透性质的测定 对于膜控缓（控）释制剂，膜的通透性对于最终产品的释药行为具有重要影响。缓（控）释膜的通透性主要是指控释膜对药物的通透能力，一般用药物对控释膜的穿透系数来表示。目前对膜通透性的研究，大多采用游离膜作为模型膜的方法进行研究，该法可比较客观地反映膜本身的特性，为设计最佳包衣配方提供依据。

为了排除重力因素的影响，控释膜通透性的测定方法一般采用水平扩散池法。整个扩散池由供给池和接收池两个半池组成，把模型膜截取成适当的形状，夹在两个半池中间。为防止扩散池中的溶液渗出，接口处可用黏合剂黏住。每个半池内均有搅拌子，使池中溶液始终保持均一。实验时整个装置置于恒温水浴中，供给池中加入药物溶液，接收池中加入同温度的扩散介质，定期测定接收池中的药物浓度，计算药物的渗透速率，并根据 Fick 定律，求得药物对控释膜的穿透系数。在测定接收池中药物的浓度时，可根据实际情况将溶液吸取出来，同时补充等量的扩散介质。

采用该法研究游离膜的通透性，实验误差小，能反映膜组成的变化对通透性的影响，可用于研究控释膜本身的性质，如附加剂种类和用量、溶剂性质、增塑剂的影响以及 pH 值对药物透膜速率的影响等。虽然药物在扩散池中的透膜与药物从制剂中释放的情况不太一样，有其局限性，但仍不失为研究缓（控）释膜特性的有效方法。

2. 包衣膜力学性质的测定　控释膜的力学性质主要是指控释膜的抗张强度、疲劳功、弹性模量、黏弹性、成膜材料的 Tg 等。抗张强度是施加于膜破碎点的最大应力。疲劳功指破坏模型膜所作功的函数，它表示膜的硬度。弹性模量则是最基本的力学性质，它是在线性形变的范围内对模型膜所施应力和相应形变的比值，是衡量模型膜硬度的标准。控释膜力学性质的研究目的在于考察力学性质对控释膜通透性的影响，为释药机制的提出和包衣工艺的优化奠定基础。

例如，有人测定了张力对 EC 控释膜通透性的影响，指出在张力的作用下，该控释膜对 KCl 的通透性明显增加。这是由于张力引起控释膜的微小变化，导致控释膜通透性改变。张力小于控释膜的破碎力时，这种变化是可逆的。同时也有报道利用负载 - 时间曲线计算 EC 控释膜的抗张强度、疲劳功、弹性模量。此外，还有利用热分析仪测定 CA 控释膜的玻璃转化温度（Tg），并就控释膜的这些力学性质对药物释放的影响进行了讨论。这些研究成果为探讨控释膜力学性质提供了极有价值的参考。

（五）膜控型缓（控）释制剂的种类

膜控型缓（控）释制剂除了渗透泵制剂外，尚有以下几种类型：

1. 微孔膜包衣片　微孔膜控释剂型通常是用胃肠道中不溶解的聚合物，如醋酸纤维素、乙基纤维素、乙烯 - 醋酸乙烯共聚物、聚丙烯酸树脂等作为衣膜材料，在其包衣液中加入少量水溶性物质（如 PEG、PVP、PVA、十二烷基硫酸钠、糖和盐等）作为致孔剂，也有加入一些水不溶性粉末，如滑石粉、二氧化硅等，甚至将药物加在包衣膜内既作致孔剂又作速释部分，用这样的包衣液在普通方法制成的片剂上包衣即成微孔膜包衣片。水溶性药物的片芯应具有一定的硬度和较快的溶出速率，以使药物的释放速率完全由微孔包衣膜来控制。

例如，磷酸丙吡胺缓释片，先按常规制成每片含丙吡胺 100mg 的片芯（硬度 4 ~6 kg，20 分钟内药物溶出 80%）。以低黏度乙基纤维素、醋酸纤维素及聚甲基丙烯酸酯为包衣材料，PEG 类为致孔剂，蓖麻油、邻苯二甲酸二乙酯为增塑剂，以丙酮为溶剂配制包衣液包衣，通过控制形成的微孔膜的厚度（膜增重）来调节释药速率。人体血药浓度研究表明上述各种包衣材料制成的包衣片均有缓释效果，其中以乙基纤维素包衣的缓释血药浓度最平稳。

2. 膜控释小片 将药物与辅料按常规方法制粒，压制成小片，其直径约为3mm，用缓释膜包衣后装入硬胶囊使用。每粒胶囊可装几片至20片不等，在同一胶囊内的小片可包具不同缓释作用的包衣或不同厚度的包衣。此类制剂无论在体外还是体内均可获得恒定的释药速率，生产工艺也比控释小丸简便，质量也易于控制。如茶碱膜控释小片，每20片装入一只硬胶囊内，犬口服后血药浓度平稳，显示膜控释小片在体内既具缓释作用又具生物利用度高的特点。

3. 肠溶膜控释片 一种肠溶控释片系将药物压制成片芯，外包肠溶衣，再包含药的糖衣层而得。含药糖衣层在胃液中释药，起速效作用。当片剂进入肠道后，肠溶衣膜溶解，片芯中的药物释出，因而延长释药时间。

例如，普萘洛尔控释片即为此类型，将60%的药物加入HPMC压制成骨架型片芯，外包肠溶衣，其余40%的药物掺在外层糖衣中，包在肠溶衣外面。此片在肠道缓慢释药，可维持药效12小时以上。肠溶衣材料可用羟丙基纤维素酞酸酯，也可与不溶性膜材料如乙基纤维素混合包衣，制成在肠道中释药的微孔膜包衣片，肠溶衣在肠道中溶解，包衣膜上形成微孔，药物的释放则由乙基纤维素微孔膜控制。

4. 膜控释小（微）丸 膜控释小丸由丸芯与芯外包裹的控释薄膜衣两部分组成。丸芯含药物、稀释剂、黏合剂等辅料，所用辅料与片剂大致相同。包衣膜亦有亲水薄膜衣、不溶性薄膜衣、微孔膜衣和肠溶衣（详见微丸型缓（控）释制剂）。

（六）膜控型缓（控）释制剂的释药机制

药剂学中所论及的包衣膜可以分为半透膜和微孔膜两种。半透膜只允许水以渗透方式通过，但不允许溶质分子通过，这类膜致密孔隙率低，常用于制备渗透泵式控释制剂（将在下面加以具体介绍）。微孔膜除了允许水分自由通过外，溶质分子也可以扩散形式通过，这正是以下需要讨论的膜控型缓（控）释制剂的释药机制。

对于膜控型缓（控）释制剂，药物的溶出有三个限速步骤：①水分经膜渗入片芯；②片芯中的药物溶出或溶解；③含药溶液经膜向外扩散，从而呈现出S形的释药曲线。

对药物颗粒进行薄膜包衣后（设控释膜的包衣层厚度为h_m），颗粒中的药物分子发生溶解、透过控释膜，最后进入溶出介质中（设其水化扩散层厚度为h_d），假设扩散层的厚度很小并保持恒定，则药物分子向溶出介质中的扩散可简化为二维的平面过程，其单位面积体外累积释放量Q可用下式表示。

$$Q = \frac{C_P K D_d D_m}{K D_d h_m + D_m h_d} t - \frac{D_m D_d}{K D_d h_m + D_m h_d} \int_0^t C_{b(t)} \mathrm{d}t \quad (12-6)$$

式中，C_s为药物在介质中的溶解度；C_P为药物在聚合物膜中的溶解度；K为C_s/C_p，即分配系数；D_m为药物分子在厚度为h_m的聚合物薄膜中的扩散系数；D_d为药物分子在厚度h_d的水化层中的扩散系数；$C_{b(t)}$为药物在扩散层和本体溶液介面的浓度，t为时间。

如果在整个释放过程中始终保持足够的漏槽条件，即$C_{b(t)}=0$或$C_s \gg C_{b(t)}$，则式（12-6）可简化为：

$$Q = \frac{C_p K D_d D_m}{K D_d h_m + D_m h_d} t \quad (12-7)$$

则其释药速度可用下式表示：

$$Q/t = \frac{C_p K D_d D_m}{K D_d h_m + D_m h_d} \quad (12-8)$$

如果采用厚度较大的包衣膜（即 h_m 较大）或 D_m 较小时，则式（12-8）可简化为：

$$Q/t = \frac{CPD_m}{h_m} \tag{12-9}$$

即在此种条件下，药物分子的释放速率与 C_P 和 D_m 成正比，而与包衣层的厚度成反比。

如果药物分子具有很厚的水化扩散层（即 h_d 较大）或 K 值较小时，则式（12-8）可简化为：

$$Q/t = \frac{KD_dC_P}{h_d} \tag{12-10}$$

因为 $KC_p = C_s$，故：

$$Q/t = \frac{D_dC_s}{h_d} \tag{12-11}$$

即在此种条件情况下，药物的释放速率将与药物在介质中的溶解度（C_s）和水化层中的扩散系数 D_d 成正比，而与水化扩散层厚度成反比。仔细分析式（12-8）和式（12-9），不难发现其均是 Fick 扩散定律的体现。

三、渗透泵型缓（控）释制剂

渗透泵制剂的研究始于 1955 年，随着药剂学理论和科学技术的发展，1973 年 Higuchi 设计并申请了渗透泵专利。而 Theeuwes 于 1975 年发表的渗透泵的基本理论，则奠定了渗透泵制剂在控释制剂中的特殊地位，并提出初级单室渗透泵的概念及构造，简化了渗透泵的结构，从而使之走向工业化生产和临床实际应用。

渗透泵型控释制剂是以渗透压作为释药动力，以零级释放动力学为特征的一种释药系统。在当前众多释药系统中，由于渗透泵控释制剂具有零级释药的明显特征，释药行为不受介质环境 pH 值、胃肠蠕动和食物等因素的影响以及体内外释药相关性较好等特点，成为迄今为止口服控释制剂中最为理想的一种。渗透泵控释制剂的形式多种多样，主要有单室和双室渗透泵片。

（一）单层渗透泵片

1. 处方组成　对于大多数水溶性药物（溶解度为 5~30 g/100ml），可通过将药物与适宜的渗透活性物质制成片芯后，用醋酸纤维素等不溶性高分子材料对片芯进行包衣，形成半透性的刚性外膜，然后用激光或机械方式在该膜上制成孔径适宜的释药小孔制得初级单室渗透泵片（elementary osmotic pump，EOP），如图 12-3 所示。

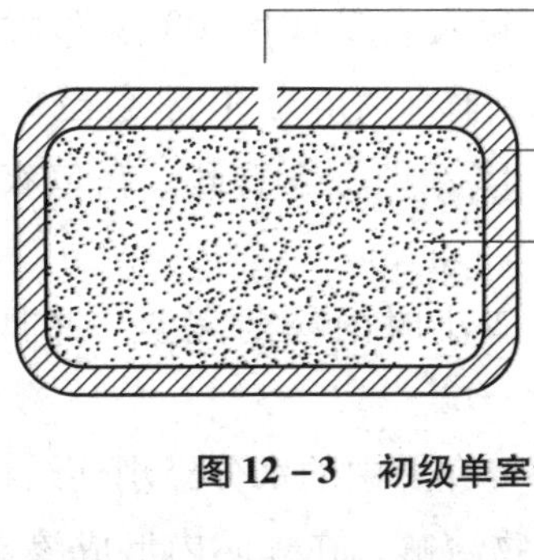

图 12-3　初级单室渗透泵片模式图

渗透泵控释制剂外包衣所用的成膜材料有醋酸纤维素、乙基纤维素、聚氯乙烯、聚碳酸酯、乙烯醇-乙烯基乙酸酯和乙烯-丙烯聚合物等，但最为常用的是醋酸纤维素。醋酸纤维素的乙酰化率决定了醋酸纤维素对水的渗透性，乙酰化率越高，其亲水性越差，因此通过调整不同乙酰化率醋酸纤维素的比例，可以控制包衣膜的渗透性，从而控制药物的释放速率。

在包衣膜内也可以加入致孔剂，即多元醇及其衍生物或水溶性高分子材料，形成海绵状的膜结构，药物溶液和水分子均可以通过膜上的微孔，这种结构导致的药物释放机制遵循以渗透压差为释放动力的渗透泵式释药过程。常用的致孔剂有聚乙二醇、羟丙基甲基纤维素、聚乙烯醇、尿素等。致孔剂在一定程度上也可以增强膜的柔韧性，并且使渗透泵制剂的制备工艺简化。

渗透活性物质是指能够产生较高渗透压的物质，包括氯化钠、氯化镁、硫酸镁、硫酸钠、硫酸钾、甘露醇、尿素、琥珀酸镁、酒石酸等，当药物本身的渗透压较小时，加入这些渗透活性物质可产生较高的渗透压，作为药物释放的动力，主要用于初级渗透泵控释制剂。还有一类主要用于多层或多室渗透泵控释制剂的渗透活性物质（常称为促渗透聚合物），主要有聚羟基甲基丙烯酸烷烃酯、聚乙烯吡咯烷酮、阴离子水凝胶、Carbopol 羧酸聚合物、Goodrite 聚丙烯酸、聚氧乙烯（Polyox）等。它们具有遇水强烈膨胀或溶胀的特性，膨胀后的体积可增加 2～50 倍，对药物的释放形成较大的推动力。促渗透聚合物可以是交联或非交联的亲水聚合物，一般以共价键或氢键形成的轻度交联为佳。

2. 制备工艺 对于单室渗透泵制剂而言，其制备工艺与普通薄膜包衣片的制备工艺类似：将药物与黏合剂、填充剂、渗透活性物质等混合均匀后制粒，干燥，压成片芯，用醋酸纤维素或醋酸纤维素水分散体进行包衣，最后在包衣膜上打释药孔。渗透泵控释片上的释药孔，可以通过机械法、激光法和膜致孔法制成，其大小可以从几十微米到几百微米不等，应视具体情况而定。当口服渗透泵制剂置于含水的环境时，水分在渗透压差的作用下进入包衣膜的内部，形成药物溶液或混悬液从释药孔中释放出来。释药孔径过大则药物无法控制释放，过小则药片内的压力会增加。因此，释药孔径的设计对于口服渗透泵的释药速率有较大的影响。

例 12－1 硫酸沙丁胺醇渗透泵片

【处方】片芯处方：硫酸沙丁胺醇 9.6g　氯化钠 189g　黏合剂 1.4g

包衣溶液：醋酸纤维素 24g/L　PEG1500 4.0g/L　包衣溶媒为丙酮∶95% 乙醇（19∶1）的混合溶剂　制成 1000 片

【制法】①片芯制备，将药物和辅料混合均匀，加入 60% 乙醇制软材，过 18 目筛制粒，于 40 ℃干燥 12 小时，经 20 目筛整粒后，加入硬脂酸混匀，压片。②包衣，采用改进的糖衣锅进行包衣，每批包衣量为 1200 片，包衣温度 40～50℃，包衣液流速为 10ml/min，包衣锅转速为 35r/ min，包衣锅内径为 30cm，垂直倾角为 30°。包至每个片芯上的衣层增重为 7.5mg。将包衣片置于 40℃干燥箱中干燥 12 小时。③打孔，在包衣片上打一释药小孔，孔径为 0.4mm。

体外试验结果表明：上述渗透泵片在 12 小时内释药完全，并具有良好的零级释药特征。

3. 释药机制 单层渗透泵片口服时，环境介质中的水分经刚性结构的半透性衣膜渗透进入片芯内，使片芯中的渗透活性物质和药物溶解，在片芯内形成渗透压很高的饱和溶液（可达 400～500 大气压），从而引起药物和促渗剂的饱和水溶液从释药小孔中释出，达到恒速释药的良好效果，其释药速率符合 Theeuwes 提出的如下公式：

$$dm/dt = (A/h)\ L_p\ (\sigma\Delta\pi - \Delta P)\ \cdot C_s \qquad (12-12)$$

式中，dm/dt 为释药速率；A 为膜的面积；h 为膜厚度；L_p 为膜的通透系数；σ 为膜对物质的反射常数；$\Delta\pi$ 和 ΔP 分别是包衣膜内外的渗透压差和静压差；C_s 为药物在片芯中形成的溶液浓度。

当流体静压差与渗透压差相比，$\Delta\pi \gg \Delta P$ 时，而且片膜内渗透压又远大于膜外渗透压时，上式可简化为：

$$dm/dt = (A/h)\ k\Delta\pi \cdot C_s \qquad (12-13)$$

式中，$k = L_p\sigma$，为常数；因 $\Delta\pi$、C_s 皆为常数，故只要芯心内药物浓度 C_s 保持不变，则可获得恒定的零级释药速率。

（二）双层渗透泵片

1. 处方组成 难溶性药物溶解度较低，在片芯的微环境内难以形成较高的浓度和渗透压来维持有效的释药速度，或者要维持持久恒定的渗透压需要大量的渗透压促进剂（超过正常的片重范围），所以难溶性药物通常不能像水溶性药物一样制成单室初级渗透泵，而要采取双层或多层渗透泵制剂技术，使药物与含药层高分子以混悬液形式被助推层高分子推出释药孔，达到恒速释药的目的。以双层渗透泵控释片为例：片芯为双层结构，一层由药物与适当的辅料所构成（简称为含药层），另一层主要由促渗透聚合物所构成（简称为推动层或助推层，它是药物释放的主要动力）。

2. 制备工艺 双层渗透泵控释片的制备较为复杂：首先要采用特殊的压片机，将药物与适当的辅料压制成含药层；然后选用适宜的高分子材料（通常采用聚氧乙烯，其遇水膨胀后可提供很大的释药动力）作为助推层（本层内可以加入一些无机盐等渗透活性物质，以增大包衣膜内外的渗透压差）加在含药层的上面，进行第二次加压，最终压成双层片；然后用醋酸纤维素等成膜材料进行包衣，为防止衣膜破裂导致药物突释，保证安全有效地释药，所需包衣膜的厚度要高于单室渗透泵，包衣工艺操作时间也较长，同时也可能出现释药初期“时滞”过长的问题；最后采用自动化程度较高的制孔设备，对片剂的正反面进行辨识，在含药层一侧制备释药孔，制成双层渗透泵控释片，如图 12－4 所示。

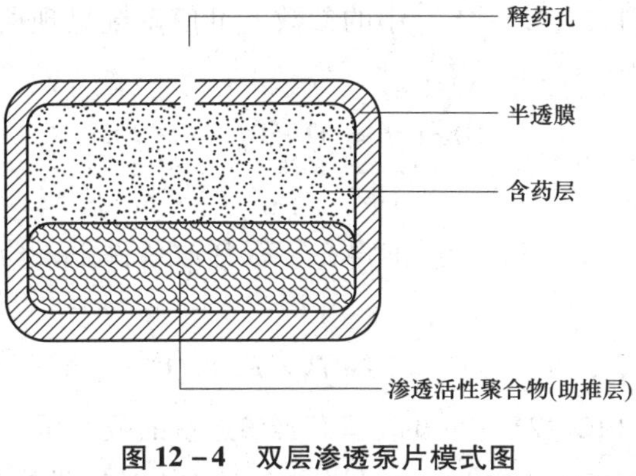

图 12－4 双层渗透泵片模式图

3. 释药机制 双层渗透泵片口服时，水分经半透膜渗入片芯，在含药层，难溶性药物与高分子材料迅速水化形成具有一定黏度的混悬液；在助推层，高分子材料吸水膨胀后，推动含药层中的混悬液从释药孔中释出。这里将通过引入一些公式及定义式对该类型渗透泵装置释药机制及其影响因素进行一些讨论。式（12－14）是适用于各种类型渗透泵装置的通式。

$$\mathrm{d}m/\mathrm{d}t = (\mathrm{d}v/\mathrm{d}t) \cdot C_s \quad (12-14)$$

式中，$\mathrm{d}m/\mathrm{d}t$ 为释药速率；$\mathrm{d}v/\mathrm{d}t$ 为流入装置内水分的总体积流量；C_s 为药物在药室水中形成的混悬液或溶液的浓度。

$$Q = (\mathrm{d}v/\mathrm{d}t)_O \quad (12-15)$$

$$F = (\mathrm{d}v/\mathrm{d}t)_D \quad (12-16)$$

式中，Q 为渗透室的渗透体积流量；F 为药室的渗透体积流量。

$$C\mathrm{s} = F_D \cdot C_O \quad (12-17)$$

式中，C_O为药室中所有固体物质的浓度（药物 + 辅料）；F_D为药室中药物所占的分数。

式（12－17）表明，可通过选择适宜的辅料，避免在使用（或贮存）过程中药物与辅料间的迁移现象，从而实现 F_D的恒定（即使 F_D为常数）。

由式（12－14）～式（12－17）得：

$$\mathrm{d}m/\mathrm{d}t = (Q+F) \cdot F_D \cdot C_O \quad (12-18)$$

另外，有：

$$Q = (K/h) \cdot A_p(H) \cdot \Pi_p(H) \quad (12-19)$$

式中，K 为膜的渗透系数；h 为膜厚度；$A_p(H)$ 为渗透室面积；$\Pi_p(H)$ 为渗透室吸水压力。

$$F = (K/h) \cdot [A - A\mathrm{p}(H)] \cdot \Pi_D(H) \quad (12-20)$$

式中，A 为整个装置的总面积；$\Pi_D(H)$ 为渗透室的吸水压力。

对于水溶性药物，且药室和渗透室中的溶质具有恒定的渗透压时，式（12－18）～式（12－20）可以很好地阐明释药机制。但对于难溶性药物，药室和渗透室中（具有吸水性的）聚合物的吸水压力并不恒定，是水合度 H 的函数。

$$H = W_H/W_p \quad (12-21)$$

式中，W_H为吸水聚合物的重量；W_p 为干聚合物的重量。

在系统使用过程中，渗透室的体积将发生扩张，因此，渗透室的面积 A_p也是水合度 H 的函数。显然，通过控制式（12－18）中的参数，可使系统呈现所需的释药规律。当系统符合零级释放规律时，则：

$$\mathrm{d}m/\mathrm{d}t = Q \cdot P_D \cdot F_D \quad (12-22)$$

式中，P_D为药室的密度。

由式（12－18）和（12－22），可推得在零级释放条件下，药室中的固体物质浓度将满足以下条件：

$$C_O = Q \cdot P_D / F + Q \quad (12-23)$$

由式（12－19）和（12－23）可知，只有当渗透室的吸水压力与面积 A_p的乘积为恒定值时，才可获得零级释药规律。由此，可为制剂的处方设计提供信息。

目前，在工业生产中，含药层中所采用的高分子材料主要是相对分子质量在 10 万～30 万的聚氧乙烯；而助推层所采用的膨胀性材料则主要为相对分子质量在 500 万～700 万的聚氧乙烯。市售的拜新同（Procardia XL，硝苯地平控释片）、瑞易宁（Glucotrol XL，格列吡嗪控释片）、多沙唑嗪控释片和奥昔布宁控释片都属于双层渗透泵控释片。但是，制备工艺的繁杂限制了双层渗透泵片的广泛应用。

四、微丸型缓（控）释制剂

（一）概述

1. 微丸的概念　微丸亦称为小丸（pellets），是药物溶解、分散在球形或类球形骨架中或吸附在骨架上的实体小球，直径通常为0.25～2.5mm，主要用于口服。可根据不同需要将其制成速释微丸、缓释微丸和控释微丸。速释微丸在体内可快速崩解和溶出，药物释放速度较快，一般在3分钟内释放药物不低于70%，如硝苯地平速释微丸；缓（控）释微丸可使药物按一定规律缓慢非恒速或恒速地释放，降低血药浓度“峰谷”现象，在服用的间隔时间（12小时或24小时）内累积释药百分率应高于90%，如异丁司特控释微丸等。

微丸技术是从20世纪50年代开始迅速发展起来的，在国外已引起了广泛重视，成为开发研究的热点，世界上许多著名制药公司都有微丸品种上市，如美国Meyer公司生产的缓释茶碱胶囊剂、USV公司生产的长效硝酸甘油胶囊剂，其中填充物均为缓释微丸。近年来，我国随着新辅料的开发、新设备的研制成功，微丸在缓（控）释剂型方面的应用显示了独特的优越性，如天津中美史克制药有限公司生产的康泰克即是缓释微丸胶囊剂；另外，微丸在脉冲式给药系统中的应用也越来越广泛，对许多有较强昼夜节律性的常见病尤为适宜。

2. 微丸的特点　微丸在现代药物制剂中愈来愈显示出重要性，其流动性好，既可直接分装为剂量分散型小丸，也可填充于空心胶囊中成为一种剂量分散型胶囊剂，还可与适当填充剂混合压制成片应用。微丸具有以下特点。

（1）能将一个剂量的药物分散在千百个微小圆形隔室内，用药后药物质点广泛分布在胃肠道黏膜表面，使药物吸收完全，从而提高生物利用度。

（2）通过几种不同释药速率的小丸组合，可获得理想的释药速率，达到预期的血药浓度，并能维持平稳的、长时间的有效浓度，降低药物的毒性作用，避免对胃黏膜的刺激等不良反应，对治疗窗狭窄的药物尤为适用。

（3）微丸释药行为是组成一个剂量的多个小丸释药行为的总和，个别小丸制备上的缺陷不致于对整个制剂的释药行为产生严重影响，因此释药重现性和一致性好。

（4）由于粒径小，受消化道输送食物节律影响小，所以药物在体内很少受到胃排空功能变化的影响，在体内的吸收具有良好的重现性。

（5）可由不同药物分别制成微丸而组成复方制剂，增加药物的稳定性。

（6）在微丸表面包衣制成缓释或定向释放制剂的工艺比在片剂表面包衣易行可靠，可避免片剂等包衣不均匀而引起的药物冲漏等危险。

（7）微丸的粒径均匀，流动性好，不易压碎。

（8）能掩盖某些药物的不良臭味。

微丸因有普通制剂难以比拟的优越性而倍受瞩目，但是由于辅料的品种、规格不全，生产机械设备的相对滞后等给微丸的研究和生产带来很多困难。可以预见，随着科技的进步，各种高新技术的涌现，微丸在未来的医药领域中必将有更加广阔的应用前景。

（二）微丸的分类及释药机制

1. 微丸的分类　根据处方组成和结构不同，将微丸分为以下三种类型。

（1）骨架型微丸　是由药物与骨架材料混合，通过适当方法制成微丸。根据所用的骨架材料不同，可分为凝胶骨架微丸、蜡质类骨架微丸和不溶性骨架微丸。

（2）膜控型微丸　是将含药微丸或空白丸芯上药后，在其外包裹不同材料的衣膜而制备的微丸。根据所用包衣材料种类不同，可分为胃溶型微丸、肠溶型微丸和缓（控）释微丸。

（3）膜控与骨架技术相结合制成的微丸　是在骨架微丸基础上进一步包薄膜衣制成，可以从更多的角度控制药物释放。首先，可以通过骨架材料的选择控制药物释放，对于易溶于水的药物，常加入一些水不溶性填充剂来控制药物释放速率；对于水不溶性药物，可以在骨架材料中加入水溶性填充剂、表面活性剂或崩解剂，使药物首先分散成小颗粒，再进一步释放出来，也可加入一些在液体环境下可产生较强渗透压的物质如盐类，利用渗透压原理促使药物扩散出来；其次，可通过衣膜材料的选择控制药物释放。目前，常用的衣膜材料是水性分散体包衣材料，如 Sureleaseor 和 Aquacoator 等。

2. 微丸的释药机制

（1）骨架型微丸的释药机制　骨架材料不同，骨架型微丸的释药机制也不同。

1）亲水凝胶骨架型微丸　与水接触形成黏稠的凝胶层，药物通过该凝胶层扩散、释放，其释药机制与亲水凝胶骨架片一样，是骨架溶蚀和药物扩散的协同作用。

2）脂肪、蜡类材料或其他阻滞性高分子材料骨架型微丸　由于该类骨架材料为疏水性物质，环境中的水分不能迅速渗入丸芯溶解药物。但蜡质骨架材料，可被胃肠液溶蚀，逐渐分散为小颗粒，从而释放出所含的药物，其释药机制是外层表面的溶蚀－分散－溶出过程。

（2）膜控型微丸的释药机制　根据微丸的包衣类型及释药特性，膜控型微丸释药机制可分为以下几类：

1）包亲水薄膜衣的微丸　由亲水性聚合物形成包衣膜。药物可加在丸芯中，亦可包含在薄膜衣内，或两者兼有。口服后遇消化液，薄膜衣吸水溶胀形成凝胶屏障控制药物的释放。药物释放速率很少受胃肠道生理因素和消化液变化的影响。

2）包不溶性薄膜衣的微丸　利用在水和胃肠液中不溶解的聚合物为包衣材料，在水溶性药物与适宜辅料制成的丸芯周围形成完整的衣膜，口服后水分渗入衣膜进入丸内，使药物溶解成饱和溶液，溶解的药物通过连续的高分子膜向胃肠道内扩散和渗透，吸收生效。包衣聚合物膜上交联的聚合物链间存在分子大小的孔隙，药物分子经溶解、分配过程进入并通过这些孔隙扩散。如果丸芯由高渗物质组成，则膜内外所产生的渗透压差对释药的作用是非常重要的。其释药速率可用 Fick 定律为基础导出的下式：

$$J = \frac{P_m}{\delta}(C_m - C) \qquad (12-24)$$

式中，J 为释放速率，即单位时间内的释放量；C_m 为药物在膜内溶解度；C 为膜外介质中药物浓度，δ 为膜厚度；P_m 为膜的穿透系数。

$$P_m = \frac{D_m EK}{\tau\beta} \qquad (12-25)$$

式中，D_m 为药物分子在膜内的扩散系数；E 为孔隙的体积分数；K 为药物在膜与水之间的分配系数；τ 为孔隙弯曲率；β 为链的静止因素，反映聚合物中洁净的交联程度。

在完整的聚合物膜中，膜的穿透系数（P_m）在 $10^{-18} \sim 10^{-19}\,cm^2/s$ 被认为是合理的。当穿透系数 P_m 和膜厚度 δ 为常数时，释放速度 $J \propto (C_m - C)$；如果能维持（$C_m - C$）为常数，这时就是零级释放。

3）微孔膜包衣的微丸　利用水不溶性聚合物作为衣膜材料，在包衣液中加入致孔剂。口服后致孔剂遇消化液溶解或脱落，在微丸衣膜上形成无数的孔道，通过这些微孔控制药物的释放。其释药速率方程仍可用 Fick 定律为基础导出下式：

$$J = \frac{P_m}{\delta}(C_m - C) \tag{12-26}$$

但膜的穿透系数改用下式表示：

$$P_t = \frac{D_t E_t K_t}{\tau_t} \tag{12-27}$$

式中，P_t与P_m的含义一样。

包衣系统的释药规律往往不仅受一种释药机制控制，而是受几种释药机制的综合控制。最常见的是通过不溶性膜扩散和水溶性通道共同起作用。

（3）膜控与骨架技术相结合微丸的释药机制　膜控与骨架技术相结合制成的微丸，其释药机制为两种或多种机制综合作用的结果。

（三）微丸的制备技术及影响因素

1. 骨架型微丸　骨架型微丸一般由药物、阻滞剂和致孔剂组成。阻滞剂可分为亲水性凝胶类、水不溶性高分子聚合物和蜡质脂肪类；骨架材料中添加致孔剂的目的在于增加微丸内部孔隙率以调节药物释放速率。随着辅料种类的不断丰富和发展，一些新型辅料也用于骨架微丸的制备。

（1）骨架型微丸常用的辅料　骨架型微丸所需辅料与经典的片剂辅料相似，大致有如下几种。

1）普通骨架型微丸的辅料　①乳糖、蔗糖、淀粉、二磷酸钙、纤维素类等稀释剂；②天然植物胶、动物胶、聚乙烯醇、聚乙烯吡咯烷酮、纤维素衍生物（微晶纤维素、微晶纤维素/羧甲基纤维素钠、羟丙基纤维素、羟丙甲基纤维素、甲基纤维素）等黏合剂；③淀粉、羧甲基淀粉钠、微晶纤维素、低取代羟丙基纤维素、交联羧甲基纤维素钠、交联聚维酮等崩解剂；④常用水、乙醇或乙醇/水的混合物；如有必要亦可加润滑剂，如矿物油、植物油、油酸、硬脂酸钙或硬脂酸镁等润滑剂。

2）疏水性骨架型微丸的辅料　常用一些可加热熔融的物质，如单硬脂酸甘油酯、硬脂酸、硬脂醇、氢化蓖麻油、蜂蜡、巴西棕榈蜡、微晶蜡和其他脂肪酸的甘油酯类及乙基纤维素、聚甲基丙烯酸树脂的衍生物、乙酸丁酸纤维素等热塑性聚合物等。

3）凝胶骨架型微丸的辅料　常用的有羟丙甲纤维素、甲基纤维素、卡波普、甲壳素等材料。

（2）骨架型微丸的形成机制　分为成核、聚结、层结和磨蚀转移四个过程。成核过程是将液体加入药粉中形成丸核，丸核的数量随着不断加入的固体粉末和黏合剂的增加而增多，该过程靠液桥作用完成；聚结过程是丸核随机碰撞形成较大粒子的过程，该过程主要通过处于液滴状态的丸核的结合作用完成，只有表面稍带过量水分的丸核才能发生有效碰撞；层结过程是在成核体系中加入原粉使核成长的过程；磨蚀转移过程是丸芯在相互撞击过程中，物质从一个丸芯表面剥落而黏附到另一个丸芯表面的过程，随时间延长，磨蚀转移变化逐渐变小。微丸就是这四个过程相互渗透、相互作用的结果。

微丸在成型过程中不断地滚动、碰撞、摩擦、旋转，受到揉捏、挤压等机械作用力，因此必须具备足够的机械强度以维持外形。微丸的机械强度与溶出度、生物利用度有密切关系，机械强度过小的微丸极易松散，机械强度过大则溶出减慢、溶出度降低、生物利用度降低。要得到适宜硬度的微丸，辅料的选择至关重要，黏合剂的种类、浓度、包衣材料的性质、辅料的配比等也应考虑。

（3）骨架型微丸的成型技术与影响因素　根据设备类型和制备过程微丸的制备方法大体上可归纳为如下几类。

1）包衣锅旋转－滚动制丸法　包衣锅旋转－滚动制丸法又称泛丸法，是一种古老的制丸法，研究最多，应用最充分，常用的设备是包衣锅。

影响微丸圆整度的因素：主要有药物粉末的性质；赋形剂及黏合剂的种类和用量；环境的温度、湿度；物料一次投入量的多少；包衣锅的形状、转速；母核的形状等。

2）挤出－滚圆制丸法　挤出－滚圆制丸法是目前应用最广泛的成丸方法。该法制微丸的工艺流程主要有以下五步：①干粉混合；②制软材；③软材挤出；④挤出物滚圆；⑤小丸干燥，进一步进行加工和质量控制。该过程适用于空白母核或骨架型微丸的制备，制得的微丸可继续进行包衣。

挤出－滚圆制丸法的特点：该法制得的微丸与其他技术制得的微丸相比，在成品丸的理化和机械特性、释药行为和体内过程以及制剂的处方、工艺控制等方面，都有独特的优点：①微丸的圆整度和流动性更好；粒度分布更集中，相应收率较高；硬度大，脆碎度小；形状、大小均一，工艺重现性好，这些特性利于进一步包衣，从而获得衣膜分布均匀、释药特征理想的膜控小丸。②微丸载药量相对较大，如药物和辅料理化特性允许，可制成含药量达80%以上的微丸；载药量可变范围较宽，可为1%（或更小）至95%（或更大）。③微丸密度大，活性成分含量均匀，较常规方法可选填充剂种类多。④生产效率高，劳动强度小，工艺过程参数化，易于控制，便于科学管理。该工艺对水溶性药物缓释剂的制备较为适宜。

挤出－滚圆制丸法影响微丸质量及释药行为的因素可以从处方和工艺两方面考虑。

处方因素：如软材流变性/机械特性；润湿剂类型、组成和用量；黏合剂的种类；辅料与药物的粒度；辅料和药物的性质等对湿料的挤出特性、流变性及微丸的圆整度、粒度分布和药物的释放度等均有很大影响。

工艺因素：制备小丸时操作条件不同会在很大程度上影响小丸的成型和质量，如挤出速率影响小丸的产量，滚圆速率与时间影响成丸大小，干燥的方法和时间影响小丸的机械性能和骨架结构等。另外，挤出机类型、挤出机筛网特性、挤出温度、滚圆机载料量大小等工艺因素对微丸的机械特性、表面结构和释药速率的影响均较大。

3）离心－流化制丸法　离心流化制丸包衣机是一台同时具有流化作用的离心机，主要由离心转盘、外筒体、喷雾系统、供粉装置、热风系统等组成。它可在一密闭系统内完成混合、起模、成丸、干燥、包衣全过程，又可直接投入空白母核进行粉末上药和包衣。

离心－流化制丸法的特点：该法制出的丸粒均匀致密、成丸速度快、表面光洁、真球度很高、药粉黏锅少，既适用于骨架型微丸又适用于膜控型微丸的制备。但对于一些流动性差、黏度大的药粉则难以起模、成丸。如果能在加粉器的出口处同时输入有一定速度和压力的气体将聚合粘连在一起的粉团吹打成雾状，则制成的微丸会更均匀，收率更高。

离心－流化制丸法影响微丸质量的因素如下：

a. 转盘速度：转盘转速通过电机变频调速，目的是促使物料远离转子中心进入流化区。转速太低，物料黏附在转盘表面，造成粒度不均；转速太快，会造成物料粘贴在腔体内壁，粒子间相互剧烈碰撞形成粉尘。

b. 喷液速度：供液速度对粒径的影响甚为显著。当供液速度较小时，由于热风干燥的影响，粉尘较多；当供液速度较大时，床内湿度分布不均，局部出现黏结，附着在床体内壁和转盘表面，大颗粒粗糙不均。

c. 供粉速度：离心流化床进行微丸放大操作采取撒粉方式，其速度较喷涂法快得多。当供粉速度较低时，因干燥的影响，粉末附着表面能力较差，由于碰撞出现粉尘；而选用较大的供粉速度，同时提高喷雾能力，部分粉末与黏合剂接触造粒形成部分细粒子。

d. 雾化压力：采用双流体雾化器时，雾粒的粗细可通过调节压缩空气压力来完成。雾化压力过低，物粒不均，产生粒子黏附结合；当压力过高时，虽然雾化均匀，雾粒细小，但伴随严重的飞溅现象。

4）流化床制丸法　流化床装置由空气压缩系统、动力加热系统、喷雾系统及控制系统组成。按喷雾系统的安装形式可分为顶喷、底喷和侧喷三种。其方法是将物料置于流化室内，一定温度的空气由底部经筛网进入流化室，使药物、辅料在流化室内悬浮混合，然后喷入雾化黏合剂，粉末开始聚结成均一的球粒，当颗粒大小达到规定要求时，停止喷雾，形成的颗粒直接在流化室内干燥。顶喷装置是流化床用于制粒、包衣的最初形式，它的制粒强度低，不适宜做微丸。底喷和侧喷装置能够克服顶喷装置在包衣和制粒工艺上的局限性，使应用范围得到拓宽。

流化床制丸法的特点：该法的优点是在一个密闭系统内完成混合、制粒、干燥、包衣等工序；制得的小丸大小均匀，粒度分布较窄，外形圆整，无粘连；流化床设有粉末回收装置，原辅料不受损失，包衣液的有机溶剂也可回收，有利于操作环境的改善和生产成本的降低；生产过程劳动强度小，质量易控制。

5）喷雾干燥制丸法　即将药物溶液或混悬液喷雾干燥，由于液相蒸发而成丸的方法。制备0.1～0.3mm的微丸时不可能采用挤出法或流态化方式，可采用喷雾干燥直接获取微丸，其真球度高、均匀，并可实现空心、多孔和实心微球等方面的产品要求。实现这一工艺的装备是压力式喷雾干燥造粒机。

喷雾干燥制丸法工艺技术要点：液体喷雾前处理是成丸的关键，增塑剂、黏结剂的配比非常重要。对于油性维生素制品而言，水溶性或油溶性乳化剂及壁材等在一定条件下均匀混合，乳化均匀后方可进行喷雾操作。

以上介绍的是实际生产中微丸的制备技术，它们都适合于批量生产。

6）其他类型制丸法

a. 球状成形机制丸法：即药物与辅料的混合物，加入黏合剂，制软材，经筛网制粒，制成的湿颗粒投入球状成形机内高速滚动成丸的方法。

b. 液相中制备微丸：即药物在溶剂中结晶的同时发生聚结制备微丸。又可分直接球形结聚法（将药物微粒直接混悬于液相中发生结聚）和结晶球形结聚法（药物先溶解，再结晶，在结晶的同时发生凝聚）。此技术的优点：①整个操作过程在液相中完成，操作简单，仪器要求低；②缩短操作时间；③实验条件（辅料、方法）选择范围大。

c. 振动喷嘴微成形技术制丸：即将熔融的丸芯物料通过一个振动喷嘴滴入冷却液中制备小丸，形成丸芯的直径取决于振动喷嘴的直径、振动的频率和振幅，采用该法时必须考虑丸芯物料的溶解度、密度和熔点，制备丸芯的物料在室温时须为固态，加热后为液态，形成的液滴在冷却液中不溶解、不扩散，熔融和固态时丸芯的密度应大于冷却液密度，该法的关键在于选择溶剂体系种类和比例，药物浓度、操作温度和搅拌速度等也影响制剂的质量。

d. 喷雾冻凝法：即将药物与熔化的脂肪类或蜡类混合从顶部喷入一冷却塔中，由于液滴受冷硬化而成丸的方法。

e. 熔融法制备微丸：熔融法是指通过熔融的黏合剂将药物、辅料粉末黏合在一起制成微丸，再将微丸包衣制得。此法尤适于对水、热不稳定的药物。用此法可得到粒径为0.5～2.0mm的微丸。熔融制粒法又可分为熔融高速搅拌混合制粒法和流化熔融制粒法。所用黏合剂通常熔点小于120℃并且能够抵抗胃肠道酶的破坏作用。熔融高速搅拌混合制粒法主要步骤为：在一个高速搅拌器中，在操作温度高于黏合剂熔点的条件下，将熔融的黏合剂与固体药物粉末进行搅拌、黏合而成颗粒或微丸。

小丸的制备方法与装置有多种，各有其优缺点。在选择时应根据药物与辅料特性、产品要求、批量规模和实际条件等因素综合考虑，合理选择。相信随着研究的深入和设备的完善，微丸将有更广阔的前景。

2. 膜控型微丸 膜控型微丸通常由丸芯和外层聚合物衣膜组成，可利用渗透压原理或衣膜材料的溶胀爆破特性设计出各种微丸衣层结构，也可利用聚合物材料功能特性不同，制备不同释药规律的微丸制剂，如普通缓释微丸、脉冲微丸和肠溶微丸。一般多通过调节衣膜材料的种类、用量及在包衣材料中加入水溶性小分子物质来调节衣膜的组成，并以此来调节膜控型微丸的释药速率，达到定时、定位和定速释药的目的。

微丸包衣的目的：①防潮、避光、隔绝空气以增加药物稳定性；②掩盖药物不良臭味，减少药物对胃肠道的刺激性；③改善外观，便于识别；④控制药物释放部位，如在胃液中易被破坏者，使其在肠中释放；⑤控制药物扩散、释放速度，以达到缓（控）释作用；⑥克服复方制剂中的配伍禁忌等。

（1）微丸包衣膜的处方组成 包衣液的处方一般含有以下基本成分，如薄膜衣材料、增塑剂、溶剂（或分散介质）有时还需要加入掩盖剂、抗黏剂、打光增强剂和致孔剂等。

1）微丸包衣材料一般应具有如下要求 ①无毒、化学惰性，在热、光、水分、空气中稳定，不与包衣药物发生反应；②能溶解或均匀分散在适于包衣的分散介质中；③能形成连续、牢固、光滑的衣层，有抗裂性并具良好的隔水、隔湿、遮光、不透气作用；④其溶解性应满足一定要求，有时需不受pH影响，有时只能在某特定pH范围内溶解。同时具有以上特点的一种材料并不多见，故多倾向于使用混合包衣材料，以取长补短。常用的包衣材料有胃溶型微丸包衣材料、肠溶型微丸包衣材料、不溶型包衣材料和水分散体包衣材料。对于前三种包衣材料在膜控型缓（控）释制剂中已经详细介绍，下面简单介绍水分散体微丸（薄膜）包衣材料。

近年来，用于薄膜包衣的水分散体（aqueous polymeric dispersion）薄膜包衣材料发展较快。水分散体具有固体含量高，黏度低，易于包衣操作，缩短包衣时间，降低制剂成本而且成膜均匀等优点，多用于缓释、肠溶制剂的制备。目前已经有聚丙烯酸树脂水分散体、乙基纤维素水分散体、醋酸纤维素水分散体、硅酮弹性体（即硅橡胶）水分散体、邻苯二甲酸醋酸纤维素水分散体、邻苯二甲酸聚乙酸乙烯酯水分散体、羟丙甲基纤维素邻苯二甲酸酯水分散体、琥珀酸乙酸羟丙甲基纤维素水分散体等。

a. 乙基纤维素水分散体，也称为乳胶，是乙基纤维素呈微小胶状颗粒在分散剂（水）中悬浮且具有良好物理稳定性的非均相系统。其组成为：乙基纤维素24.0%～30.0%、硬蜡醇1.7%～3.3%、月桂醇硫酸钠0.9%～1.7%，固体含量占总量的28.0%～32.0%。其特点是：乙基纤维素水分散体均为全水溶剂体系，不含有机溶剂、固体含量高、黏度低，操作性能良好，设备易清洗，防潮性能优良，溶出不受pH影响，使用安全，无臭无味。利用水性分散体进行包衣时，根据可溶性药物释放条件和释放时间，可以选择无孔型（适用于小分子、易于释放药物）、微孔型（适用于小分子、较易于释放药物）、大孔型（适用于大分子、难于释放药物）三种规格包衣配方，加入所需增塑剂及稀释至所需浓度，按照水性包衣技术要求进行包衣操作。

b. 聚丙烯酸树脂水分散体是以丙烯酸树脂为分散相的水分散体系，是一种0.01～0.1μm的聚合物乳胶粒在水中的分散体，聚合物含量为30%（*W/W*），黏度低，易于喷雾包衣操作。成膜过程中，乳胶粒形成堆积层，随水分蒸发，表面张力增大，使胶粒紧密聚集，在最低成膜温度以上环境中形成薄膜。这种膜的抗水渗透性优于用有机溶剂包衣液形成的膜。有机溶剂包衣液中溶剂的蒸发（由于溶剂化热）需要消耗能量比水分散体中水蒸发消耗能量更多，加之后者固体含量高，所以水分散体包衣的能耗较低，有利于节约生产成本。显然，用水分散体包衣液代替有机溶剂包衣液，有利于安全生产和环境保护。

2）增塑剂　增塑剂可降低高分子化合物的玻璃化转变温度和软化温度，改善衣膜的脆性，提高衣膜在室温时的柔韧性，增加其抗撞击强度。增塑剂的选择对衣膜的性质及药物的释放都有较大的影响。常用的水溶性增塑剂有丙二醇、甘油、PEG等；非水溶性增塑剂有甘油醋酸酯、蓖麻油、乙酰甘油酸酯、邻苯二甲酸酯、硅油和司盘等。

3）包衣液的溶剂　包衣液的溶剂以前多用有机溶剂，有机溶剂系统的操作周期短，对热不稳定药物的应用价值较高，但因安全性、高成本以及残留量等问题限制了其进一步的发展，现今趋势是水分散体系统逐渐取代了有机溶剂系统。但它也存在一定的缺陷，如易受微生物污染，操作时间的延长给湿热敏感的药物带来不利，易溶性药物在包衣过程中可能会迁移到膜中而使稳定性受到影响等。

4）致孔剂　以不溶于水或水溶性极小的高分子材料为微丸的成膜材料时，如药物的释放过于缓慢，则不能及时达到有效的血药浓度。为促使药物迅速释出而快速达到有效血药浓度水平，常需要在包衣溶液中添加致孔剂。常用致孔剂多为一些水溶性物质，如PEG类、PVP、蔗糖以及盐类等。

5）其他　掩盖剂的使用可使中药丸剂较深的外观颜色更加均匀，钛白粉、滑石粉、硬脂酸镁等为最常用的掩盖剂。薄膜衣处方中有时除加入调味剂和蜡类物质外，近来又出现了一类新的辅助物质，如葡聚糖、麦芽糖、糊精和乳糖等，当这些物质与传统薄膜衣处方组分混合时表现出原来缺乏的特质，如增强纤维素体系对基质的黏着性，但到目前为止，这些辅助材料的作用机制尚不完全清楚。

（2）膜控型微丸的制备与应用实例　在膜控型微丸制备中，按上药方法不同可分为溶液上药法和粉末上药法两种，在溶液上药法中按稀释剂和黏合剂的性质，又可分为水溶性混悬衣料和有机性溶媒衣料。按所用设备不同分为流化床包衣、包衣锅旋转包衣等。例如，法莫替丁脉冲控释微丸的制备，于丸芯中加入有机酸，应用有机酸诱导机制，采用挤出－滚圆法制备法莫替丁含药微丸，用Eudragit RS－100作为包衣材料，制备法莫替丁脉冲控释微丸。

1）含药丸芯的制备　采用挤出－滚圆法，将药物与MCC过筛混匀，再加入适量有机酸与乳糖，加入与粉料重量比为1∶1的水制成湿料，经挤出－滚圆造粒机制成微丸。挤出转速300r/min，滚圆转速1000r/min，滚圆时间为4分钟。取出微丸于50℃烘干，筛分18～24目间的微丸待用。

2）脉冲控释微丸的制备　将适量Eudragit RS100溶于95%乙醇后，再加入适量增塑剂TEC及滑石粉制成包衣液。将丸芯置于微型流化床包衣机中进行包衣，工艺条件为：喷气压力0.2 MPa，恒流泵速为1ml/min，出口温度为（30±1）℃，包衣完毕，将微丸于50℃烘箱中干燥5小时。

3）影响脉冲控释微丸释药的机制

a. 脉冲微丸丸芯中有机酸种类：将不含有机酸的丸芯进行包衣，由图12-5可见，当包衣增重为10%及20%时，药物释放符合一级及零级方程，而增重30%时，虽然时滞很长，但后期释药过慢，故均无法形成“S”形曲线。所以，若在时滞后使药物较快地释放，即药物对膜的通透性显著提高，则必须通过包衣膜与丸芯中附加剂的相互作用来改变膜的结构。

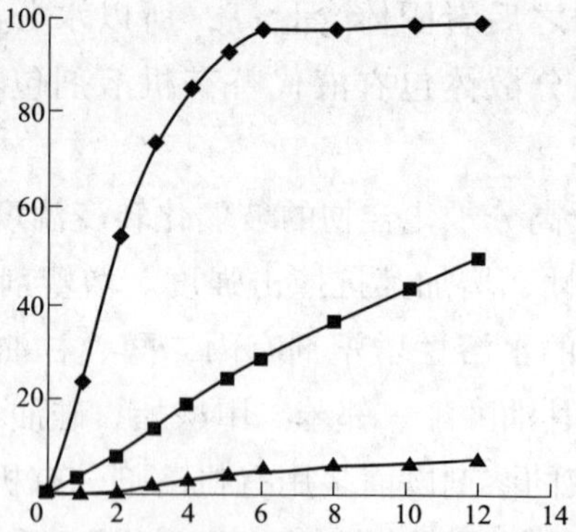

图12-5　包衣增重对微丸中药物释放的影响

—◆—10%；—■—20%；—▲—30%

将上述包衣微丸，分别在0.5mol/L琥珀酸、酒石酸、枸橼酸及水中考查释放行为。在水中，药物几乎不释放（图12-6）；而在各有机酸溶液中药物释放显著提高。所以，有机酸的加入是十分必要的。其中，以琥珀酸的效果最为明显，故在丸芯中加入琥珀酸。

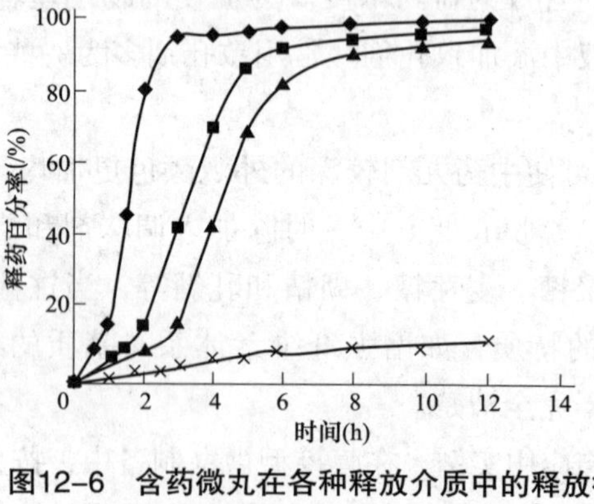

图12-6　含药微丸在各种释放介质中的释放行为

—◆— 琥珀酸；—■— 酒石酸；—▲— 枸橼酸；—×— 水

b. 包衣厚度对脉冲微丸释放度的影响：维持丸芯中琥珀酸含量不变，改变包衣膜厚度。由图12-7可见，随包衣膜厚度增加，时滞由2.05小时增至4.33小时，而时滞之后的释药速率几乎相等。故通过改变包衣膜厚度可以得到想要的时滞，而对后期的释放速率没有显著影响。

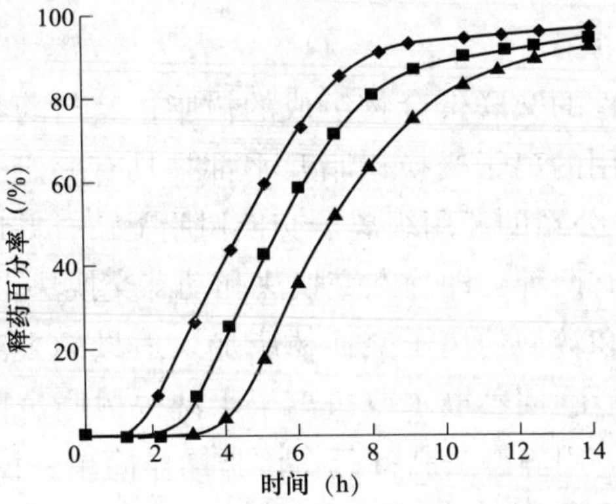

图12-7 包衣厚度对脉冲微丸释放度的影响

—◆— 20%; —■— 35%; —▲— 50%

c. 增塑剂用量对脉冲微丸释放度的影响：Eudragit RS100 包衣液中需添加增塑剂，以提高其成膜能力。由图 12 - 8 可见，随 TEC 浓度增加，时滞后的释药速率下降。若增塑剂用量过低，不能有效降低 MFT（最低成膜温度），会形成不完整、不连续的衣膜；但用量过大，则会在包衣过程中引起微丸粘连，使操作困难。

结果表明，脉冲微丸的时滞由丸芯中酸量及包衣膜厚度共同决定。当包衣膜厚度固定时，随丸芯中琥珀酸含量提高，释药速率明显加快，时滞也有所缩短；而当酸量一定时，随包衣膜增厚，时滞逐渐延长，但时滞后的释药速率基本一致。可见，包衣膜厚度、丸芯中琥珀酸的含量可以影响时滞长短，而后者是决定释药速率的关键因素。

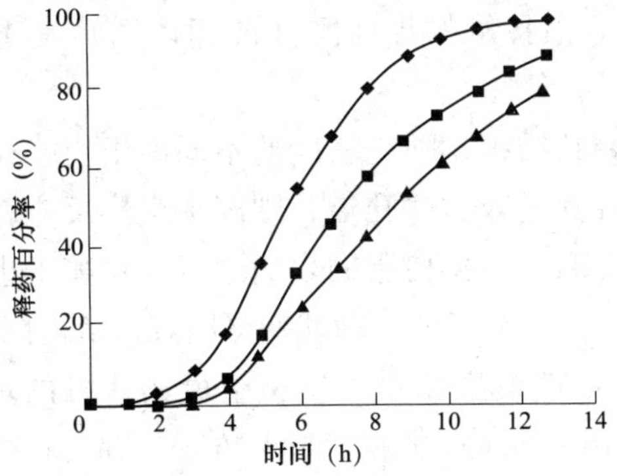

图12-8 增塑剂的用量对脉冲微丸释放度的影响

—◆— 10%TEC; —■— 15%TEC; —▲— 20%TEC

3. 缓控释微丸的释药机制 骨架型缓控释微丸与骨架型缓控制剂相同，膜控型缓控释微丸与膜控缓释制剂相同（详见本章第二节相关内容）。

五、其他类型缓（控）释制剂

目前，由高通量药物筛选所得的活性物质约有 40% 是水难溶性的，水难溶性药物因其口服后在胃肠液中溶出度小、溶出速率慢、吸收缓慢且不完全，从而影响疗效的发挥。缓（控）释制剂所研究的大多数药物也是水难溶性的，因此应用必要的技术与缓（控）释相结合已成为药剂学研究的重点。其中离子交换树脂技术、固体分散体技术、包合物技术和微囊（球）技术等已得到大量的应用。下面简要介绍这几个技术的应用实例。

（一）离子交换树脂技术

离子交换树脂是水不溶性的交联聚合物组成的树脂，其与药物通过离子键结合形成药物 - 树脂复合物。目前所使用的离子交换树脂几乎都是具有一定交联度的球形共聚物，美国 FDA 已批准 Rohm & Hass 公司的药用级离子交换树脂上市，并已经收录于《美国药典》。药物与树脂结合的方法主要有两种，即静态交换法和动态交换法。

静态交换法：将经净化和转型的离子交换树脂加入适量的去离子水，在搅拌下加入药物混匀，静置，待达到平衡后，用蒸馏水或去离子水洗去树脂表面吸附的未结合药物，在 40 ~ 60℃ 干燥即得药物树脂。用静态法制备药物树脂操作简单，设备要求低，可分批进行，但是交换不完全，树脂有一定的损耗。此外，用静态交换法制备药物树脂时，氢离子浓度不断增加，从而增加与药物离子竞争交换树脂的机会，减少药物的交换容量。

动态交换法：高浓度药物溶液从离子交换树脂柱上端缓缓注入，当加入液和流出液的药物浓度大致相等时，说明树脂与药物的交换接近饱和，随后用蒸馏水或去离子水洗去树脂表面的未结合药物，在 40 ~ 60℃ 干燥即得药物树脂。由于动态交换能把交换后的溶液和树脂分离，并使溶液在整个树脂层中进行多次交换，因而交换完全，提高了树脂的载药量。此外，通过对交换柱进行加热可增加强酸性阳离子交换树脂对药物的吸附量，且减小药物的释放速率。但是动态法操作工序较长。

1. 药物 - 树脂复合物的形成机制 当离子交换树脂与离子型药物溶液接触时，具有交换功能的平衡离子就会与带有同种电荷药物离子进行交换反应，从而得到药物 - 树脂（drug - resin，D - R）复合物。药物树脂复合物的制备是依据离子交换机制进行的，是一种在固态的树脂与液态的药物溶液接触的界面间（两相体系）发生的可逆性离子交换反应（图 12 - 9）。

离子交换树脂具有空间网状结构，随交联度的不同离子交换树脂内部的孔道大小也不同，如果药物离子的大小允许其进入这些孔道，则离子交换反应就可以发生在离子交换树脂的内部，反之就只能发生在离子交换树脂的表面。当药物离子进入离子交换树脂的孔道中后，由于空间位阻的原因，药物离子的运动就变得困难，从而降低离子交换反应的速度。描述离子交换过程及机制的物理模型和数学模型中最具认可的理论模型为“缩核模型”（图 12 - 10），此外还有 Nernst - Planck 方程、Fick 方程、Stefan - Maxwell 模型、Thomas 模型和 Rosen 模型等。它们成功地阐述了离子交换树脂的交换原理，并从不同侧面描述交换过程及影响交换的因素。

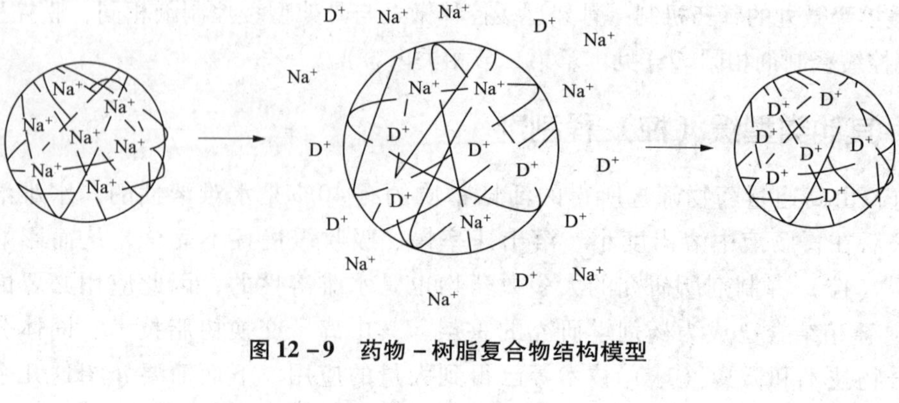

图 12 - 9 药物 - 树脂复合物结构模型

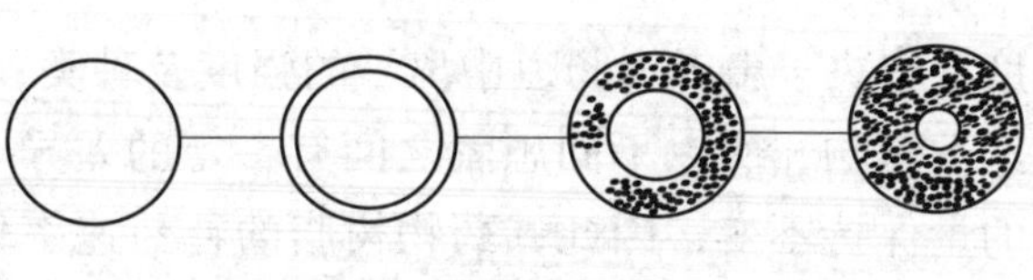

图 12-10　“缩核模型”示意图

阴影部分表示反应后的壳层，空白部分表示未反应

离子交换反应过程可以分为七个步骤：①药物离子在树脂颗粒外围液体中扩散，并达到树脂表面与离子交换树脂表面的活性基团进行交换反应；②药物离子通过离子交换树脂颗粒表面的液膜层；③药物离子进入离子交换树脂的孔道之中，在树脂颗粒内部扩散，到达未反应的树脂内部表面；④药物离子与未反应的离子交换树脂内部表面的活性基团进行交换反应；⑤被交换下来的平衡离子在离子交换树脂颗粒内部孔道中扩散，并到达树脂表面；⑥平衡离子穿过液膜；⑦平衡离子在液体中扩散，并离开离子交换树脂。因此，离子交换过程是液固两相间的传质与化学反应过程，包括对流扩散（①和⑦）、膜扩散（②和⑥）、粒扩散（③和⑤）和化学反应四种类型的步骤。化学反应一般被认为可以瞬间完成，因此它不能决定离子反应的速度；离子交换过程的主流液体由于混合与对流，离子扩散作用很快，所以离子交换过程的速率往往是由膜扩散和粒扩散所决定的。根据上述分析，药物离子进入离子交换树脂内部进行离子交换反应，必须克服三种阻力。

（1）离子交换树脂表面的液膜阻力

$$\overline{D}\left[\frac{\partial \bar{c}}{\partial r}\right]_{r=R} = K_{\mathrm{f}}\ (c_0 - c) \qquad (12-28)$$

（2）离子交换树脂内部扩散阻力

$$\overline{D}\left[\frac{\partial \bar{c}}{\partial r}\right]_{r=\hat{r}} = aQ\frac{\mathrm{d}\hat{r}}{\mathrm{d}t} \qquad (12-29)$$

（3）化学反应阻力

$$\overline{D}\left[\frac{\partial \bar{c}}{\partial r}\right]_{r=\hat{r}} = aK_{\mathrm{c}}Qc_0 \qquad (12-30)$$

式中，$\overline{D}$ 表示药物离子在树脂相中的扩散系数，K_{f}表示药物离子在膜中的扩散系数，K_{c}表示化学反应速率常数，$\hat{r}$ 表示未反应核的半径。Q 表示树脂交换容量，c_0表示溶液中的药物的浓度，c 表示树脂液膜上药物的浓度，$\bar{c}$ 表示树脂相药物浓度，a 表示树脂交联系数，上划线“－”表示树脂相，$\left[\frac{\partial \bar{c}}{\partial r}\right]$ 表示树脂相药物浓度梯度。

2. 药物－树脂复合物的释药机制　药物树脂口服后，在胃肠道中与体内 Na^+、H^+、K^+、Cl^- 等内源性离子进行交换，缓慢释放药物，其释药过程由以下三步组成：溶液中反离子扩散进入树脂骨架；药物离子与反离子进行离子交换；药物离子扩散进入溶液中。见下式和图 12-11。

$$\mathrm{Resin}^+ - \mathrm{Drug}^- + \mathrm{Cl}^- \rightleftharpoons \mathrm{Resin}^+ - \mathrm{Cl}^- + \mathrm{Drug}^-$$

$$\mathrm{Resin}^- - \mathrm{Drug}^+ + (\mathrm{Na}^+、\mathrm{H}^+、\mathrm{K}^+) \rightleftharpoons \mathrm{Resin}^- - (\mathrm{Na}^+、\mathrm{H}^+、\mathrm{K}^+) + \mathrm{Drug}^+ \qquad (12-31)$$

因为在胃液中具有较高的 H^+ 浓度和 Cl^- 浓度，因此无论是荷正电药物还是荷负电药物，它们在胃中的释放均很快，肠液中的 Na^+、K^+ 及 Cl^- 继续与药物树脂交换，释放药物并吸收入体内，因而药物树脂在胃肠道中可持续释药。第二步的化学交换过程与传统的释药体系相比是其最具特色的，这一化学过程实质上是一个动态离子交换平衡过程，药物树脂的释药速率在很大程度上取决于患者胃肠道中离子的强度及种类，也受胃肠道胃液分泌、离了竞争等其他生理因素的影响，所以不同患者之间有一定的差异。但对于同一个体，胃肠液中上述内源性离子的量保持不变，因此，药物树脂的释药速率较为恒定。药物从载药树脂中的释放不一定符合一级或零级动力学，目前药物树脂复合物的释药动力学研究主要采用 Btyd 方程、指数方程及对数方程，其中对数方程适合所有药物树脂复合物的体外释放过程，因而被普遍采用。

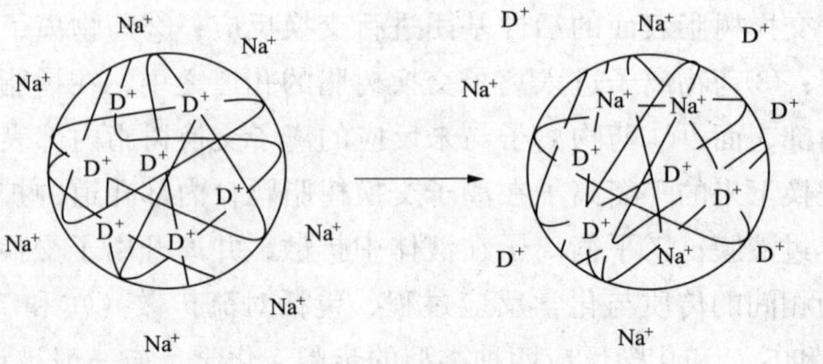

图 12－11　离子交换平衡示意图

3. **药树脂缓控释制剂的应用实例**　鉴于药物从药树脂复合物中释放较快，因而采取微囊化技术进一步控制药物的释放，从而形成了第一代的口服药树脂控释系统。同时为避免贮存期及在胃肠道内因树脂膨胀而引发的控释膜破裂，造成药物“突释”，美国 Pennwalt 公司对第一代离子交换胃肠道控释给药系统进行了改进，即将药物树脂用浸渍剂（impregnating agent）如 PEG4000 和甘油处理，阻止树脂在水性介质中膨胀，最后采用空气沸腾床包衣等技术，用水不溶性但可渗透的聚合物，如乙基纤维素对药物树脂包衣作为速率控制屏障来调节药物释放，由此得到第二代口服药树脂控释系统，即 Pennkinetic 系统。

（二）固体分散体技术

固体分散体是将药物均匀分散于固体载体中，固体分散体是一种制剂的中间体，采用水溶性载体，可制成速释的固体分散体；采用难溶性或肠溶型载体可以制成缓释或肠溶的固体分散体（详见固体分散体章节）。

固体分散体的应用在缓（控）释制剂中的实例：以布地奈德作为模型药物，亲水性聚合物 PEO N750 为载体，采用新型固体分散体制备方法——超临界流体技术，成功制备布地奈德－PEO N750 固体分散体，并制成结肠靶向微乳型渗透泵定位片。

（三）包合物技术

包合物是指一种分子被全部或部分包合于另一种分子的空穴结构内形成的特殊的复合物。形成包合物的药物，其溶解度增大，稳定性提高，通过调节释放速率提高药物的生物利用度。

包合物技术在缓（控）释制剂中的应用：将长春西汀制成包合物，提高其溶解度和生物利用度，并对长春西汀包合物以聚氧乙烯为骨架材料制备长春西汀包合物控释片，其体内外控释效果良好。

（四）微囊与微球技术

微囊是将药物包裹于天然的或合成的高分子材料中形成微囊。而微球是药物溶解或分散在高分子材料中，形成骨架型微小球状实体。微囊与微球的粒径为 1～250μm。使药物微囊（球）化，可以提高药物的稳定性，也可制成缓（控）释制剂。

微囊微球技术应用在缓控释制剂中的实例：用乙基纤维素作为包裹囊材，采用液中干燥法制备阿莫西林微囊，阿莫西林微囊口服给药后与阿莫西林粉末相比，具有明显的缓释作用。

第三节　缓（控）释制剂的体内外评价方法

扫码“学一学”

一、体外释药行为评价

（一）体外释放度试验

体外释放度试验是在模拟体内消化道条件下（如温度、介质、pH 值、搅拌速度等），对制剂进行药物释放度试验，最后制订出合理的体外药物释放度，以监测产品的生产过程并对产品进行质量控制。体外释放度试验主要包括实验装置、释放介质、取样时间等。

1. 实验装置　《美国药典》共收录了 7 种装置用于释放度的测定。装置 1 为转篮法、装置 2 为桨法、装置 3 为往复筒法（reciprocating cylinder），装置 4 为流通池法（flow through cell），它们可用于缓（控）释制剂释放度的测定。装置 5 和 6 用于透皮给药系统释放度的测定。装置 7 为往复夹法（reciprocating holder），在缓（控）释制剂释放度的测定和透皮给药系统释放度的测定中均适用。《中国药典》共收录了 3 种方法。第一法与第二法分别对应于《美国药典》的装置 1 和 2，第三法（小杯法）实际上是一个小型的桨法，其溶出杯只有 250ml。

转篮法和桨法是目前应用最多也是最成熟的方法。但桨法有一个缺点，即供试品会上浮，所以在《美国药典》有三项测定使用了防止上浮的辅助装置［不锈钢圈（stainless steel spiral）；六角线圈（wire helix）等］。不同装置赋予释放介质不同的流体动力学性质，这与人体胃肠运动所造成的复杂的内容物运动形态相比，还有很大的差距。一般认为，用非循环介质的流通池法（装置 4）更接近于人体的情况。但转篮法和桨法经过长期的应用，一般还是首选的方法。

2. 释放介质　如果说实验装置是在模拟人体，释放介质则是在模拟胃肠道的内容物，但无论如何也只能是很粗略的模拟。

（1）介质种类　在口服缓（控）释制剂的体外释放度测定中，溶剂种类的选择十分重要。通常情况下，水性介质（水、0.1mol/L 的盐酸溶液和不同 pH 值的缓冲盐溶液）为首选溶出介质。对于水难溶性药物，通常不宜采用有机溶剂，可选用水性介质加适量表面活性剂以满足“漏槽条件”，漏槽条件的生理学解释为：药物一旦释放出来，立即在体内被迅速吸收。另外，《英国药典》还规定事先应除去溶入的气体，《美国药典》规定介质中的气体应不影响释放度。

（2）体积　释放介质的体积共有 5 种：250ml、500ml、750ml、900ml、1000ml，其中 900ml 和 1000ml 比较常用。除另有规定外，《美国药典》规定释放介质为 900ml，《英国药典》规定为 1000ml。选择释放介质体积的一个重要的标准是漏槽条件，即药物所在释放介质中的浓度远小于其饱和浓度，这是在测定释放度时，需要控制的主要试验参数之一。

（3）pH　生理 pH 在胃内为 1 ~ 3.5，在小肠约为 7，在结肠约为 7.5。在释放度的测定中，常用人工胃液、人工肠液、0.1mol/L 盐酸、pH6.8 的磷酸盐缓冲液或 pH4 ~ 8 的缓冲液。通常先用低 pH 的人工胃液再换用高 pH 的人工肠液可以模拟制剂将要经历的体内 pH 变化，但在各 pH 区经历的时间却是无法确定的。药典一般规定低 pH 区所用的时间为 2 小时，显然是在模拟胃内的低 pH 环境。但这样的模拟只是一种比较粗糙的模拟，精确模拟 pH 环境是不现实的。

（4）温度与黏度　因为人体的体温一般为 37℃，所以大多数口服缓（控）释制剂的释放度测定温度都选用了 37℃。进食状态下的胃肠道内液体往往具有一定的黏度，因而会对释药系统的释放行为有很大影响。有时选择适宜黏度的释放介质，可能会获得比较理想的体内外相关性效果。例如，文献报道中有采用甲基纤维素来增加介质黏度的报道。

（5）离子及离子强度　胃液中主要的离子是 H^+ 和 Cl^-，肠液中主要的离子是 HCO_3^-、Cl^-、Na^+、K^+、Ca^{2+}。释放度实验常使用的人工胃液即稀盐酸，而人工肠液则使用磷酸盐缓冲液，并未模拟肠内的离子环境。《美国药典》中有的项目明确规定了缓冲盐的种类和含量。离子的种类及含量一方面可能会与控释辅料相互作用，直接影响释药系统的释药特性，这对于自身可以解离荷电的高分子材料作用最为显著；另一方面，离子的种类及含量还会导致介质的渗透压大小不同，从而影响水分向释药系统内部渗透的速度，最终影响释药系统的释药特性。

（6）表面活性　释放介质的表面活性对于药物及释药系统均有影响。胆汁中的胆盐、胆固醇和卵磷脂不仅可以增加难溶性药物的溶解速度和程度，获得较高的生物利用度，还可以提高水分对于释药系统的浸润性，使释药系统的释药开始时间缩短，从而减小释药初期的“时滞”。在体外实验中，使用十二烷基硫酸钠、聚山梨酯或其他表面活性剂来增加难溶性药物溶解度的报道很多。

3. 搅拌　为了模拟胃肠道的运动，体外释放测定中都规定一定的搅拌速度和强度，一般为 25 ~ 150r/min（《美国药典》规定搅拌速度的差异要保持在 ±4% 以内，《英国药典》规定在 ±5% 以内），无特殊规定时，一般桨法为 50r/min，转篮法为 100r/min。

4. 取样时间　《中国药典》对取样时间的规定如下：释药全过程的时间不应低于给药的间隔时间，累积释放量要求达到 90% 以上，在制剂的质量研究中，应以累积释放率对时间做出释药曲线图，制订合理的释放度取样时间。除另有规定外，从释药曲线图中应至少选出 3 个取样时间点，第一点为开始的取样时间点（0.5 ~ 2 小时，累积释放量约 30%），用于考察药物是否有突释；第二点为中间的取样时间点（累积释放量约 50%），用于确定释药特征；最后的取样点（累积释放量 > 75%），用于考察释药量是否基本完全。应该引起注意的是对于大多数口服缓（控）释制剂，胃肠道的有效吸收时间为 8 ~ 12 小时。因此在开发研制新的口服缓（控）释制剂时，体外释放度测定往往测到 8 ~ 12 小时，取样点应在初期设置多些，而在末期设置少些。但有些药物在结肠末端甚至直肠上部仍可以被吸收，这样的药物在制成一天给药一次的释药系统时，体外释放度的测定往往可以测到 14 ~ 18 小时。

5. 取样点　《美国药典》规定取样的位置应在桨或转篮的顶部到液面这段距离的 1/2 处，而且应距离容器内壁 1cm 以上；《英国药典》规定在容器壁与转篮外部距离的 1/2 处及转篮中部的交叉处；EP 桨法的取样点在搅拌叶的尖端和距离容器最低点 50 ~ 60mm 处。

（二）药物释放曲线的比较

累积释放曲线是反映缓（控）释制剂体外释药行为的最重要方式，它往往与释药系统的体内释药行为紧密相关，因而在特定的条件下可以替代生物等效性实验评价释药系统的体内释药行为。

在口服缓（控）释制剂的研究开发中，通过对比不同处方之间（或受试制剂和参比制剂之间）的累积释放度曲线，可以判断处方因素、工艺因素以及释放条件对药物体外释放行为的影响，也可以判断不同厂家之间相同制剂释药行为的差别。因此，关于如何定量评判累积释放曲线之间的差别始终是药学工作者关注的问题之一，有关的文献报道也较多，可分为模型依赖法和非模型依赖法两类。模型依赖法是将释放度数据进行模型拟合后，利用模型的参数判断曲线的相似性。而非模型依赖法是对实验测得的累积释放度进行直接的数据处理，利用多元方差分析或其他方法评价曲线的相似性。在非模型依赖法中最具代表性的就是方差分析法和相似因子法（f_2）。方差分析法中涉及复杂的协方差矩阵的计算，显得较为繁琐，本书不再做详细介绍；而相似因子法（f_2）的计算简单可行，已成为 FDA 的推荐方法，正在被广泛的应用。

$$f_2 = 50\lg\left\{\left[1 + (1/T)\sum_{i=1}^{T}(\bar{x}_{ti} - \bar{x}_{ri})^2\right]^{-1/2} \times 100\right\} \quad (12-32)$$

其中，$\bar{x}_{ti}$ 和 $\bar{x}_{ri}$ 分别代表受试和参比制剂第 i 点的平均累积释放度；T 为测试点数。

但是，通常所采用的 f_2 因子是基于受试和参比制剂的样本均值求得的，并没有考虑受试或参比制剂本身不同样本之间的差别，因此基于少数样本求得的 f_2 值与总体样本的 f_2 值相比往往偏小，即依据 f_2 值所做出的判断往往偏于保守。有关文献报道对 f_2 因子进行了相应的校正，提出目前比较常用的无偏相似因子（f_2^*）的概念。

$$f_2^* = 50\lg\left\{1 + (1/T)\left[\sum_{i=1}^{T}(\bar{x}_{ti} - \bar{x}_{ri})^2 - \sum_{i=1}^{T}(s_{ti}^2 + s_{ri}^2)/n\right]\right\}^{-1/2} \times 100 \quad (12-33)$$

其中，s_{ti}^2 和 s_{ri}^2 分别代表受试和参比制剂第 i 点的累积释放度的方差，n 为样本数。

当 f_2（或 f_2^*）的值在 50～100 时，表明两条释放曲线在各个观测点的平均差值不超过 10%，即可认为相似。当 f_2（或 f_2^*）值越接近 100，则表明两条释放曲线相似程度越高。

二、体内释药行为评价

缓（控）释制剂最终需要进行体内试验评价，其意义在于：用动物或人体验证该制剂在体内控制释放性能的优劣，并将体内数据与体外数据进行相关性考察，以评价体外实验方法的可靠性，同时通过体内实验进行制剂的体内动力学研究，求算各种动力学参数，给临床用药提供可靠的依据。

（一）临床前药代动力学试验

对于试制的口服缓（控）释制剂，首先应进行动物试验，研究单次给药和多次给药后的药代动力学特点，考察其缓释特征。在试验中原则上采用成年 Beagle 犬或杂种犬，体重差值一般不超过 1.5kg。参比制剂应为上市的被仿制产品或合格的普通制剂。

1. 单剂量给药　采用自身对照或分组对照进行试验，每组动物数不应少于 6 只。禁食 12 小时以上，在清醒状态下，按每只动物等量给药，给药剂量参照人体临床用药剂量。取血点设计参照有关的要求。血药浓度 - 时间数据可采用房室模型法或非房室模型法估算相应的药代动力学参数。至少应提供 AUC、$T_{\max}$、$C_{\max}$、$t_{1/2}$ 等参数，并与同剂量普通制剂的药动学参数比较，阐述试验制剂吸收程度是否生物等效，试验制剂是否具有所设计的释药特征。

2. 多剂量给药　对于缓（控）释制剂可采用自身对照或分组对照进行试验，每组动物数不应少于6只。每天1次给药时，动物应空腹给药；每天多次给药时，每天首次应空腹给药，其余应在进食前两小时或进食后至少两小时后给药，连续给药4~5天（7个半衰期以上），在适当的时间（通常是每次给药前）至少取血3次，以确定是否达到稳态水平。最后一天给药一次，并取稳态时完整给药间隔的血样分析。采用房室模型法或非房室模型法计算药代动力学参数。提供$T_{\max}$、$C_{\max}$、稳态药时曲线下面积（AUC_{ss}）、波动系数（DF）和平均稳态血药浓度（C_{av}）等参数，与被仿制药或普通制剂比较吸收程度，DF及C_{av}是否有差异，并考察试验制剂是否具有缓（控）释释药特征。

（二）人体生物利用度和生物等效性试验

生物利用度（bioavailability）是指剂型中药物吸收进入人体血液循环的速度和程度。生物等效性是指一种药物的不同制剂在相同试验条件下，给予相同的剂量，反映其吸收速率和程度的主要动力学参数没有明显的统计学差异。缓（控）释制剂在完成临床前试验后，报经国家药审部门批准后，应进行人体生物利用度和生物等效性试验进一步考察制剂在人体内的释药情况。生物利用度和生物等效性试验应在单次给药和多次给药达稳态时进行。

1. 单次给药双周期交叉试验 旨在比较受试者在空腹状态下服用缓（控）释受试制剂与参比制剂的吸收速率和吸收程度的生物等效性，并确认受试制剂的缓（控）释药代动力学特征。

（1）参比制剂 应选用该缓（控）释制剂相同的国内外上市主导产品作为参比制剂；若系创新的缓（控）释制剂，则以该药物已上市同类普通制剂的主导产品作为参比制剂，据此证实受试制剂的缓（控）释动力学特征及与参比制剂在吸收程度方面的生物等效性。

（2）试验过程 与普通制剂给药方法相同。

（3）药代动力学参数与数据 各受试者受试制剂与参比制剂的不同时间点生物样品药物浓度，以列表和曲线图表示；计算各受试者的药代动力学参数并计算均值与标准差：$AUC_{0\to t}$、$AUC_{0\to\infty}$、$C_{\max}$、$T_{\max}$、F值，并尽可能提供其他参数，如吸收速率常数（K_a）、体内平均滞留时间（MRT）等。

（4）生物利用度及生物等效性评价 缓（控）释受试制剂单次给药的相对生物利用度估算同普通制剂。缓（控）释受试制剂与相应参比制剂比较，AUC、$C_{\max}$、$T_{\max}$均符合生物等效性的统计学要求，可认定两制剂于单次给药条件下生物等效；若缓释、控释受试制剂与普通制剂比较，AUC符合生物等效性要求，而$C_{\max}$明显降低，$T_{\max}$明显延长、K_a显著延长，则显示该制剂具缓（控）释动力学特征。

2. 多次给药双周期交叉试验 旨在比较缓（控）释受试制剂与参比制剂多次连续用药达稳态时，药物的吸收程度、稳态血药浓度及其波动情况。试验设计如下：

（1）服药方法 每天1次用药的缓释控释制剂，受试者于空腹10小时后晨间服药，服药后继续禁食2小时，每天2次（1次/12小时）的制剂，首剂于空腹10小时后服药，并继续禁食2小时，第二剂应在餐前或餐后2小时服药。每次用150~200ml温开水送服。以普通制剂作为参比制剂时，该参比制剂照常规方法服用，但应与缓（控）释受试制剂的剂量相等。

（2）采样点的设计 连续服药的时间达7个消除半衰期后，应连续测定至少3次谷浓度，以证实受试者血药浓度已达稳态。谷浓度采样时间应安排在不同日的同一时间内。达稳态后最后一个给药周期内，参照单次给药采样时间点设计，测定血药浓度。

（3）药代动力学参数与数据 各受试者缓（控）释受试制剂与参比制剂不同时间点的

血药浓度数据以及均数和标准差；各受试者至少连续3次测定稳态谷浓度（C_{min}）；各受试者在血药浓度达稳态后末次给药的血药浓度－时间曲线；C_{max}、T_{max}及C_{min}的实测值；并计算末次剂量服药前与达τ时间点实测C_{min}的平均值；各受试者的AUC_{ss}、C_{av}（$C_{av}=AUC_{ss}/\tau$，式中，AUC_{ss}系稳态条件下用药间隔期0～τ时间的AUC，τ是用药间隔时间）；受试者血药浓度波动度DF［DF（$=C_{max}-C_{min}$）$/C_{av}\times100\%$］。

（4）统计学分析与生物等效性评价　与缓（控）释制剂的单次给药试验基本相同。

三、体内外相关性评价

缓（控）释制剂的体外评价，目的是用体外实验代替体内实验，以控制制剂的质量。然而，只有当体外实验与体内实验呈现相关关系时，才可能通过体外数据预测体内的情况，即需要在体内、体外实验的基础上对所得实验数据进行相关性的评价。如果体外实验结果与体内数据不具相关性，则体外实验的工作是没有意义的。

（一）体内外相关性的分类

从体外释放曲线准确地、精确地预测体内生物利用度是我们长期追求的目标。在释放度的测定中，释放介质和实验装置都是在试图模拟一个近似体内的环境，以便从体外数据推测体内的释药情况。体外释放度试验的重要性：①提供生产过程的控制和质量保证；②确定在整个时间过程中产品的稳定释放特性；③促进某些规定的设计空间（如微小的处方改变或制备场所的改变不会影响释放行为）。在某些情况下，尤其是对于缓（控）释制剂处方，释放度试验不但能提供制备过程中的质量控制，而且还能预示该处方在体内的行为。但胃肠道的环境比较复杂，在目前条件下是无法精确模拟的。因此，对体外释放数据与体内吸收数据进行相关性分析十分必要，如果两者显著相关，可用体外释放结果作为该产品体内生物利用度特性质量相关的指标，也可用于处方筛选和批间质量控制，以减少在初始审批过程中和中试放大及审批后的改变过程中所进行的生物等效性研究的数目。一般地，按照相关程度将体内外相关性进行分类。

1. A水平相关　A水平的相关性常用两个阶段的步骤评估：对各时间点体内药物吸收分数与相应时间点体外药物释放分数进行相关。此类相关性通常是线性的，在体内溶出与体外输出速率间存在一个点－点关系（如药物从剂型中的体外溶出）。在线性关系中，体内溶出与体外释放曲线可直接重叠；或者通过使用一个比例因子使两者重叠。

（1）反卷积分法　缓（控）释制剂在体内的动态过程是一个稳态的线性系统，可用卷积分－反卷积分对其进行描述。根据质量守恒原则，药物在体内的浓度可用下列卷积分方程表示：

$$C(t)=\int_0^T R(\theta)W(T-\theta)\mathrm{d}\theta \tag{12-34}$$

式中，$R(\theta)$为给药速度，数学上成为输入函数，对缓（控）释制剂来说，$R(\theta)$就是描述药物通过吸收部位进入体循环的特征函数；$W(T-\theta)$是单位脉冲给药后体内药物浓度随时间变化的函数，也称权函数。方程的意义即为：时间T时的体内药物浓度$C(t)$可表示为无限个微小函数与权函数乘积的和。

当W是静脉注射的药物浓度函数，$R(\theta)$为口服输入函数时，C为口服缓（控）释制剂后的药物浓度函数；当W是口服溶液或标准速释制剂的药物浓度函数，$R(\theta)$是口服缓（控）释制剂的输入函数时，C为口服缓（控）释制剂后的药物浓度函数。

通常选择普通片剂或胶囊作为标准速释制剂，对上述方程进行反卷积分，可以求得缓（控）释片剂或胶囊的输入函数 $R(\theta)$。以 $R(\theta)$ 对相应时间点的累积释放度进行直线回归，直线的相关系数大于相关系数临界值即表示相关性良好。

（2）模型依赖法　模型依赖法是根据药物动力学模型进行计算，本法对吸收动力无须假设。若是单室模型，应用 Wagner - Nelson 方程可根据质量平衡推导而得。

$$X_{\alpha} = X_{t} + X_{e} \tag{12-35}$$

式中，X_{α}、X_{t}、X_{e}分别为 t 时的药物吸收量、体内药量及消除药量。

$$\frac{dX_{\alpha}}{dt} = \frac{dX_{t}}{dt} + \frac{dX_{e}}{dt} = \frac{dX_{t}}{dt} + KX_{t} = V\frac{dC_{t}}{dt} + KVC_{t}$$

$$(X_{\alpha})_{T} = VC_{T} + KV\int_{0}^{T} C_{t}dt$$

$$F_{\alpha}(T) = \frac{(X_{\alpha})_{T}}{(X_{\alpha})_{\infty}} = \frac{C_{T} + K\int_{0}^{T} C_{t}dt}{K\int_{0}^{T} C_{t}dt} \tag{12-36}$$

式中，$F_{\alpha}(T)$ 为 T 时吸收药物的分数（F_{D}）。实际上，Wagner - Nelson 法是反卷积分法的特例。

对于多隔室模型药物则可应用 Loo - Rieglman 法进行吸收分析。Loo - Rieglman 方程为用于 1 ~3 隔室药物吸收分析的通式，但需要静脉注射给药。对于双指数配置，根据质量守恒原则有：

$$(X_{\alpha})_{T} = X_{c} + X_{p} + X_{e} \tag{12-37}$$

式中，X_{c}及 X_{p}分别为 T 时中心室及外周室中的药量。经推导得：

$$\frac{(X_{\alpha})_{T}}{Vc} = C_{T} + K_{12}e^{-K_{12}T}\int_{0}^{T} C_{t}e^{-K_{12}t}dt + K_{10}\int_{0}^{T} C_{t}dt \tag{12-38}$$

对于三次指数配置，根据质量平衡原理也可推得类似方程：

$$\frac{(X_{\alpha})_{T}}{Vc} = C_{T} + K_{12}e^{-K_{12}T}\int_{0}^{T} C_{t}e^{-K_{12}t}dt + K_{13}e^{-K_{13}T}\int_{0}^{T} C_{t}e^{-K_{13}t}dt + K_{10}\int_{0}^{T} C_{t}dt \tag{12-39}$$

Loo - Rieglman 法同样是体内二次或三次指数配置的反卷积分的特例。

尽管体内外相关性研究的方法很多，在实际应用时，最常用的还是利用模型参数 K_{e}求算药物的体内吸收分数（一室模型药物用 Wagner - Nelson 法，多室模型药物用 Loo - Rieglman 法），以吸收分数与同时间点的体外累积释放百分率回归得直线方程，从相关系数判断相关性好坏。隔室模型拟合法应用所有体内外数据点，数据上的点 - 点对应能较完整地反映药物的体外释放与体内吸收情况，这种相关性水平较高，适用于缓（控）释制剂。

但是隔室模型拟合的方法有其不足，计算吸收分数时引入参数 K_{e}，K_{e}是根据血药浓度 - 时间曲线尾数数据回归得到的，而对于缓（控）释制剂体内消除时间长，根据口服试验数据计算的 K_{e}与实际值有较大偏差。而直接以实验数据进行计算的反卷积分法是研究缓（控）释制剂体外释放与体内吸收相关性的最佳方法。反卷积分不需要模型拟合，通过数学处理由实验数据直接获得药物体内动态情况，对于模型化困难的药物尤其适用。但反卷积分方程中输入函数的计算需要同一药物的另一剂型（如溶液剂或标准速释制剂），有关反卷分法在缓（控）释制剂体内外相关性研究中的应用国内涉及极少。

2. B 水平相关　B 水平的相关性运用了统计矩的分析原理。是指体内平均驻留时间与体外平均溶出时间的相关性。B 水平的相关性就像 A 水平的相关性一样，所使用的仍是体内和体外的数据，但不同的是它没有看成是点－点的相互关系。

应用统计矩分析方法可分别算出平均体内残留时间（*MRT*）、平均吸收时间（*MAT*）或平均体内释药时间以及体外平均溶出时间（$MDT_{in\ vitro}$）。比较体内外数据可得较高水平的相关关系。体内参数：

$$MRT = AUMC/AUC$$

$$MAT_{po} = MRT_{po} - MRT_{iv}$$

$$MDT_{solid} = MRT_{solid} - MRT_{liquid} \tag{12-40}$$

式中，*AUMC* 为时间与血药浓度乘积－时间曲线下面积；*AUC* 为血药浓度－时间曲线下面积；po、iv 分别表示口服和静脉注射后。

体外参数 $MDT_{in\ vitro}$ 和 $MRT_{in\ vitro}$ 的计算方法有多种，包括非模型依赖法（如平面几何、推算面积及过渡曲线等）以及模型依赖法（如多项指数式、二重抛物积分等）。若未知释药级数，则可应用溶出速度曲线及梯形法则计算：

$$MDT_{in\ vitro} = ABC/At_{max} \tag{12-41}$$

式中，*ABC* 为药物溶出速度曲线的渐进线与坐标轴之间的面积，At_{max} 为药物溶出的最大量。

水平相关的特点是无须假设药物在系统中的转运动力学。本法应用所有的体内外数据进行计算，理应反映完整的溶出及血药浓度情况，但实可能不同的曲线可得到相同的平均时间值。这是本法的不足之处。

3. C 水平相关　C 水平的相关性是建立溶出参数间的简单的点的关系，例如，半衰期、4 小时内的药物释放百分数和药物动力学参数（*AUC*、C_{max}、T_{max}）。C 水平的相关性不能反映整个血浆浓度－时间曲线的形状，而该曲线形状对定义缓（控）释产品的性能是至关重要的。

另外，还有人提出多重 C 水平相关，即把一个或几个重要的药物动力学参数与溶出曲线的几个时间点的药物释放量联系起来。

（二）建立体内外相关性的通常原则

在通常情况下，应采用具有不同释放速率的两种或多种制剂评价体内外相关性［若缓（控）释制剂的释放速率不随释放条件的改变而变化，则单一释药速率的处方亦可］：首先，应在相同的条件下测得各制剂的体外释放度数据，然后，采用足够数量的受试个体，进行交叉实验设计，获得各制剂的体内血药浓度经时曲线；最后，采用上述的方法建立不同水平的体内外相关性。如果不具有点点相关的关系，则应改变体外释放的条件或引入“时间比例因子”以建立点点相关的关系（但“时间比例因子”对于所有的受试制剂处方应该是相同的）。另外，如果受试制剂处方中释药速率最快或最慢的处方之一不符合已建立的体内外相关性，则该处方可从建立的相关性关系中除去，只利用满足相关性的另外两个处方建立体内外相关性；若释药速率中等的处方不符合体内外相关性，即使释药速率最快或最慢的处方均满足同一相关性，则该制剂的体内外相关性关系不存在。

总之，建立和评价体内外相关性的主要目的就是建立释放度试验替代人体生物等效性研究，以减少在初始审批过程中和中试放大及审批后的改变过程中所进行的生物等效性研究的数目。因此，体内外相关性的研究对于口服缓（控）释制剂的开发和生产都具有重要的意义。

（三）体内外相关性的应用

已建立的具有预测性的体内外相关性主要有两个方面的应用。

1. 进行体内预测 通过已建立的体内外相关性，可以用体外释药特征对体内释药行为进行预测，但应对这种预测能力进行相应的评价。

2. 免除生物利用度或生物等效性实验 在生产地点、生产设备、生产工艺及处方组成等发生改变时，具有较好预测能力的体内外相关性可以确保体外释放度实验替代体内生物利用度或生物等效性实验时可对相应的变化做出较好反应。但是，当制剂的处方组成发生改变时，若其释药机制也随之发生变化（例如，释药机制由扩散机制变为溶蚀机制），则已建立的体内外相关性关系将不适用。另外，对于新的制剂处方，其 C_{max} 和 AUC 与相应参比制剂的差别不应超过 20%，而且其体外释药应符合即定的释放限度规定，只有这样，才可以免做体内生物利用度或生物等效性实验。

3. 设置具有临床意义的体外释放度限度 一般来说，在没有进行体内外相关考察的情况下，缓（控）释制剂在每一时间点的释放度变化一般不应超过 20%，最大也不应超过 25%。但在体内外相关性已经确定的情况下，则在每一时间点的释放限度变化可通过如下方法设定：在 C_{max} 和 AUC 的差异不超过 20% 的前提下，最快和最慢释药速率的处方在每一时间点的释放度，即为该时间点释放限度的上限和下限。

扫码“练一练”

总之，体内外相关性能够赋予体外释放度实验一定的体内意义，在一定的条件下能够替代生物等效性实验。因此，体内外相关性的研究对于口服缓（控）释制剂的开发和生产都具有十分现实的意义。

（潘卫三　杨星钢）

第十三章　经皮吸收制剂

扫码"学一学"

学习目标

1. **掌握**　经皮吸收制剂的概念、特点、类型及基本组成；药物经皮吸收的途径、影响因素及常用促渗方法。

2. **熟悉**　经皮给药制剂的质量评价方法及基本制备方法。

3. **了解**　经皮吸收制剂的制备设备，促进药物经皮吸收的新技术与新方法。

第一节　概　述

经皮吸收制剂系指通过完整皮肤给药，使药物透过表皮由真皮内的毛细血管吸收进入全身循环，实现治疗或预防疾病的一类制剂，又称经皮给药系统（transdermal drug delivery systems，TDDS）或经皮治疗系统（transdermal therapeutic systems，TTS）。从广义上来说，具有全身作用的凝胶剂、软膏剂、硬膏剂、巴布剂、贴剂、涂剂、涂膜剂、气雾剂等均属于经皮吸收制剂，但一般所讲的经皮吸收制剂主要是指经皮给药的新制剂，即经皮贴剂（transdermal patch）。本章所讲的经皮吸收制剂是指经皮贴剂，又称贴片。

一、经皮吸收制剂的发展与特点

虽然皮肤用药具有悠久的历史，但由于角质层的屏障作用，过去的皮肤给药主要用于治疗皮肤局部疾病，很少有人相信经皮给药可达到全身治疗的目的。然而，20 世纪 60 年代以来工农业生产上不断发生毒物透过皮肤而引发中毒事件，启发了药学工作者对药物通过皮肤吸收治疗全身性疾病的研究。1965 年 Stoughton 首次提出了经皮吸收的概念，随后经皮吸收制剂的研究日益活跃，成为第三代药物制剂开发研究的重点领域之一。1979 年 12 月第一个经皮吸收制剂——东莨菪碱贴剂经美国 FDA 批准上市，现在已有硝酸甘油、可乐定、雌二醇、芬太尼、烟碱、睾酮、酮洛芬、妥洛特罗等数十种贴片产品，全球年销售值已过百亿美元。

经皮吸收制剂的飞速发展主要得益于其独特的优点。

（1）可避免口服给药可能发生的肝脏首过效应和在胃肠道的降解，药物的吸收不受胃肠道等因素影响，且可减少胃肠道的副作用。如硝酸甘油采用口服给药有 90% 的药物被肝脏破坏，采用舌下给药维持时间很短，若制成经皮贴剂可避免首过效应并能维持 24 小时以上的有效治疗。

（2）可使药物按预定的速度进入体内，维持恒定的治疗浓度，避免口服或注射给药血药浓度的峰谷现象，降低毒副作用。如东莨菪碱常规口服或注射给药存在较大的副作用，如疲劳、口干、视力模糊，而制成经皮贴剂给药后 8 小时达到峰浓度 0.42nmol/L，并在 12 小时内保持这个水平，副作用明显降低。

（3）一次给药可以长时间使药物以恒定速率进入体内，延长给药间隔，减少给药次数，增加患者的顺应性。一般的口服缓（控）释制剂只能维持有效作用12～24小时，而经皮贴剂则可更长时间维持有效的血药浓度。如国内外现已上市的雌二醇周效贴片，可持续作用1周。

（4）患者可以自主用药，使用方便，避免注射时的疼痛和口服给药时的吞咽困难，尤其适合于婴儿、老人或不宜口服的患者。可通过改变给药面积调节给药剂量，也可以随时停止用药。

当然，经皮吸收制剂也有一些局限性。由于皮肤的屏障作用，药物透过皮肤吸收的速率很慢，一般给药几小时后才能起效，且只有少数分子质量小、脂溶性强、剂量低的药物才适合制成经皮吸收制剂。皮肤存在的代谢行为也会使一些药物不能达到有效的治疗浓度。虽然可以通过扩大给药面积增加透过量，但过大的用药面积容易增加对皮肤的刺激，影响患者的顺应性。一些本身对皮肤有刺激性和过敏性的药物不宜设计成TDDS。另外，运输保存不当或其他原因造成控释膜破裂或使药物溢出，会使药物释放速率急剧增加，从而导致严重的后果。

二、经皮吸收制剂的分类

按照药物释放机制，经皮吸收制剂可分成两大类，即膜控型和骨架扩散型。膜控释型经皮吸收制剂是药物及附加剂包裹在控释膜或其他控释材料中形成贮库，由控释膜或控释材料的性质控制药物的释放速率。骨架扩散型经皮吸收制剂是药物溶解或均匀分散在聚合物骨架中，由骨架的组成成分控制药物的释放。根据骨架材料和性质的不同，骨架扩散型经皮吸收制剂又可分为胶黏剂骨架型和聚合物骨架型等。

1. 膜控型TDDS 膜控型TDDS（membrane moderated type TDDS）主要由无渗透性的背衬层、药物贮库、控释膜、黏胶层和防黏层五部分组成，基本构造如图13－1所示。根据药物贮库的物理状态和产品生产工艺的不同，膜控型TDDS又可分为充填封闭型和复合膜型两类，前者的药物贮库为混悬液或凝胶，常采用充填热合工艺制备，后者的药物贮库为聚合物固体微粒，常用涂膜复合工艺制备。为了使药物能较快达到所需的治疗浓度，可在胶黏层中加入一定量的药物制成复合膜型。市售的多瑞吉（芬太尼）贴剂就属于该类。

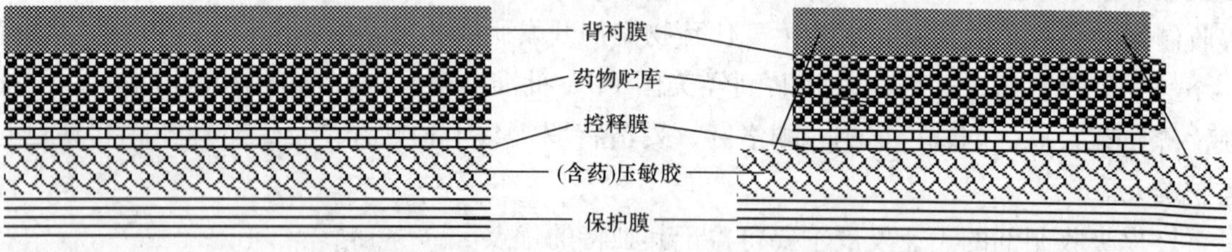

图13－1 膜控型经皮吸收制剂示意图

（左图为复合膜型，右图为充填封闭型）

2. 聚合物骨架型TDDS 聚合物骨架型TDDS（polymeric matrix type TDDS）将药物均匀分散或溶解在疏水或亲水的聚合物骨架中形成药物贮库，利用药物在聚合物中的扩散控制药物的释放。此类TDDS的基本构造如图13－2所示，主要由背衬层、聚合物药物贮库层、压敏胶层及保护膜组成，可采用骨架黏合工艺来制备。如“Nitro－Dur”硝酸甘油TDDS，系以聚乙烯酸、聚维酮和乳糖等形成的亲水性凝胶为骨架，制备圆形膜片，与涂布压敏胶的圆形背衬层黏合，加防黏层制得。

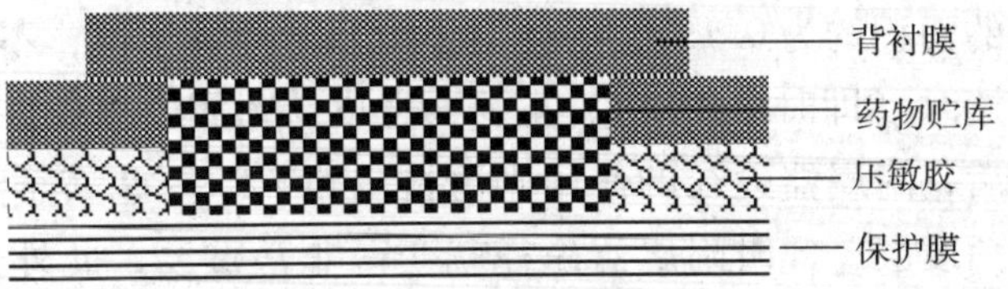

图 13－2　聚合物骨架型经皮吸收制剂示意图

3. 黏胶剂骨架型 TDDS　黏胶剂骨架型 TDDS（adhesive dispersion type TDDS）将药物分散或溶解在黏胶材料中形成药物贮库，由药物在黏胶材料中的扩散速率控制药物的释放。该类 TDDS 的结构非常简单，主要由背衬层、含药压敏胶和保护膜组成（如图 13－3 所示），产品厚度较小，皮肤相容性好，且生产较为简单，故很受欢迎，但应注意胶黏层控释药物的稳定性。由于药物扩散通过的黏胶层厚度随释药时间延长而不断增加，故释药速率随之下降。为了保证恒定的释药速率，可以将药物贮库按照适宜的浓度梯度制备成多层含不同药量及速率调节剂的压敏胶层。如 Dermestril 雌二醇经皮贴剂就属于黏胶剂骨架型。

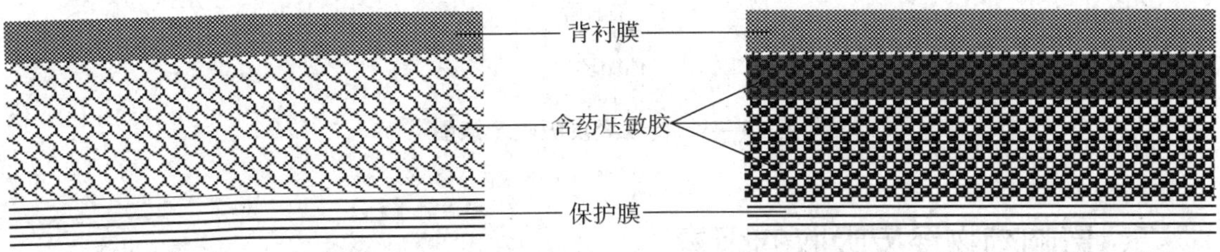

图 13－3　胶黏剂骨架型经皮吸收制剂示意图

（左图为单层型，右图为多层型）

三、经皮吸收制剂的质量要求

贴剂要求外观完整光洁，有均一的应用面积，冲切口光滑，无锋利的边缘；具有良好的黏性，用手或手指轻压即能牢牢地贴于皮肤表面，除去时不对皮肤造成损伤，或引起制剂从背衬层剥离；重复使用后对皮肤无刺激或引起过敏；药物含量准确，含量均匀度应符合规定；药物在体外能缓慢持久释放；压敏胶涂布需均匀，有机溶剂残留量应符合规定等。

第二节　药物经皮吸收机制及促进方法

一、药物经皮吸收机制

经皮吸收制剂应用于皮肤后，药物从制剂中释放到皮肤表面，通过两种途径吸收进入体循环——表皮途径和附属器途径（图 13－4）。表皮途径是药物经皮吸收的主要途径，即皮肤表面溶解的药物分配进入角质层，通过角质层扩散进入水性的活性表皮，继续扩散通过活性表皮进入真皮层，被真皮上部毛细血管吸收进入体循环。在整个渗透吸收过程中，富含类脂的角质层起主要的屏障作用。药物可以通过角质层细胞到达活性表皮，也可以通过角质层细胞间脂质扩散到达活性表皮。由于通过角质层细胞扩散阻力大，所以药物分子主要由细胞间扩散通过角质层。

药物经皮吸收的另一条途径是通过皮肤附属器吸收，即通过皮肤表面开孔的毛囊、皮脂腺和汗腺等直接进入真皮而被吸收，该途径药物的穿透速度要比表皮途径快，但皮肤附属器在皮肤表面所占的面积约为0.1%，因此对于大部分药物来说，不是其经皮吸收的主要途径。当药物经皮开始时（即时滞阶段），主要通过皮肤附属器途径被吸收，当经表皮途径的药物到达血液循环后，附属器途径的作用则可被忽略。但一些离子型药物及水溶性的大分子，由于难以通过角质层，此时附属器途径就变得非常重要。此外，在通过电场的离子导入过程中，皮肤附属器是离子型药物通过皮肤的主要通道。

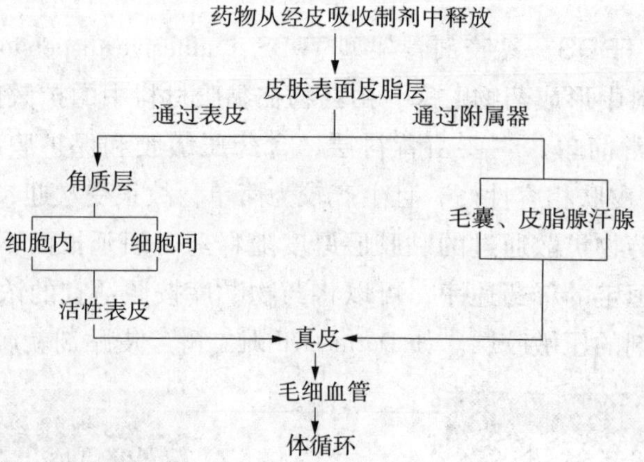

图13－4　药物经皮吸收示意图

二、影响药物经皮吸收的因素

影响药物经皮吸收的因素很多，可分为药物因素、生理因素和制剂因素三方面。

药物的理化性质主要决定它在制剂及皮肤内的扩散速率，了解各种理化性质对经皮速率的影响，有助于经皮吸收制剂药物的选择与对药物经皮性能的估计。影响药物经皮吸收的理化性质有药物的分子质量、熔点、溶解性、油水分配系数、pK_a等。一般说来，分子质量小、熔点低、脂溶性强、油水分配系数大、分子型比例高的药物经皮吸收好。

皮肤的生理状态是影响药物吸收的重要因素，皮肤的渗透性存在个体差异，人种、年龄、性别、用药部位、皮肤的水化及疾病状态都可能会引起皮肤渗透性的差异，了解皮肤生理对经皮渗透速率的影响对临床给药方案设计有重要意义。身体不同部位的皮肤角质层厚度与附属器密度不同，因而药物的经皮渗透速率也不同，一般药物经皮渗透速率大小为阴囊＞耳后＞腋窝区＞头皮＞手臂＞腿部＞胸部，但不尽相同。皮肤水化后经皮渗透速率增加，老年人皮肤较干燥、萎缩，附属器功能下降，因此药物的经皮渗透速率可能小于青年人，而婴幼儿的皮肤经皮渗透速率可能较高。

制剂因素也对药物的经皮吸收存在重要影响。给药系统和制剂组方的不同，药物的经皮渗透速率有很大的差别，因此在经皮吸收制剂的开发中应认真细致地研究制剂处方各成分对药物经皮渗透速率的影响，合理设计经皮吸收制剂。液体或半固体制剂的经皮渗透速率比固体制剂要快。微乳、脂质体、传递体和醇质体等新型给药系统一般具有更强的经皮渗透能力。

三、促进药物经皮吸收的方法

由于皮肤角质层的屏障作用，很多药物的经皮吸收速率很小，在可接受的给药面积范围内往往不能达到有效的治疗浓度，因此需采用各种方法以促进药物的经皮吸收。目前这方面的研究很多，使用的方法五花八门，概括起来可分为药剂学方法、化学方法和物理学方法等。使用最多的药剂学方法是采用经皮吸收促进剂和各种新型的给药系统。化学方法主要是对药物进行化学结构改造，合成具有较大经皮渗透速率的前体药物。近年来离子导入、超声波、电致孔以及微针阵列技术等物理学方法亦用于促进药物的经皮吸收，尤其是水溶性大分子药物的经皮吸收，已有产品成功应用于临床。

1. 促进药物经皮吸收的制剂学方法

（1）经皮吸收促进剂　经皮吸收促进剂（penetration enhancers）是指能够降低药物通过皮肤的阻力，加速药物穿透皮肤的物质。经皮吸收促进剂促进经皮吸收的机制主要有以下几种假说：①改变皮肤角质层中类脂双分子层的有序排列，增加它们的流动性，促使药物分子顺利通过；②提高皮肤表面角蛋白中含氮物质与水的结合能力，提高角质层的水合作用，便于药物分子穿透；③渗入皮脂腺管内溶解皮脂或腺腔壁上皮脂性分化细胞，从而降低皮脂腺管内的疏水性，使皮脂腺成为离子型药物透过皮肤的主要通道；④膨胀和软化角质层，使汗腺和毛囊的开口变大，有利于药物通过而促进药物经皮吸收。使用经皮吸收促进剂是目前研究最多最为常用的方法，常用的经皮吸收促进剂见本章第三节。

（2）微粒载体　将药物制成微粒系统，改变药物的物理特性也能促进药物的经皮吸收。研究较多的有脂质体、传递体、醇质体、非离子型表面活性剂泡囊、微乳等。

对于脂质体的详细描述请参见本书第十四章。脂质体能有效地包封药物，增加难溶性药物的溶解度，从而增加扩散的驱动力，促进药物的经皮渗透；脂质体可使角质层湿润，水合作用加强，而且脂质体中的类脂能与角质层的脂质发生相互作用，增加皮肤脂质的流动性，从而促进药物的渗透。许多报道认为脂质体能促进药物透过角质层并增加在局部的滞留，但一般认为其不能增加全身性的吸收，故适合于皮肤治疗给药。

传递体（transfersomes）亦称为柔性纳米脂质体，基本组成为磷脂酰胆碱 20% ~50%、胆酸钠适量、乙醇或丙二醇 3% ~7%，其制备方法与脂质体基本一致。据报道，胰岛素传递体应用于皮肤 30 分钟内相当于皮下注射 50% 量的穿透皮肤进入体内，明显降低糖尿病小鼠的血糖浓度。传递体的促透机制主要为变形作用和渗透压作用。传递体在受到足够大的应力时，在不改变皮肤角质层性质和结构的情况下，由于其本身的柔性而产生很大程度的变形，同时迫使药物分子变形，能顺利穿透比自身小 1/10 的角质层小孔，大小为 200 ~300nm 的传递体能通过完整的皮肤，从而促进药物经皮吸收。

醇质体（ethosomes）一般由磷脂、乙醇及药物组成，是一种乙醇含量很高的（20% ~50%）的脂质体，基本的制备方法是将磷脂和亲脂性药物溶于乙醇中，在密闭的容器中，于持续的搅拌下缓慢地加入重蒸水，操作过程保持在 30℃，然后冷至室温，即得。醇质体中含有的高浓度醇可增加药物在角质层的溶解度，还能使角质层脱水和脱脂，改变角质层脂质分子的紧密排列，增强脂质的流动性。另外，高浓度的乙醇增强醇质体膜的柔性和流动性，使醇质体在传递过程中发生变形，促进药物通过皮肤。如米诺地尔醇质体的裸鼠皮肤渗透速率为其乙醇溶液的 37 倍。

2. 促进药物经皮吸收的化学方法　由于皮肤内存在许多非特异性酶，这些酶可对进入皮肤内的药物进行代谢。因此，可通过前药设计，改变原药的某些理化性质，使之顺利通过角质层，后被皮肤内的酶降解，恢复具有生理活性的原药结构，而经毛细血管吸收进入体循环。如亲水性药物可酯化成脂溶性大的前药，增加在角质层内的溶解度；强亲脂性的药物引入亲水性基团，有利于从角质层向水性的活性皮肤组织分配。如氟尿嘧啶是一种低脂溶性药物，难以透过角质层，在皮肤局部给药时难以达到有效浓度，Sloan 等在氟尿嘧啶1位引入烷酰基制得一系列前药并进行经皮渗透实验，发现最有效的前药的渗透速率几乎是原药的40倍。

3. 促进药物经皮吸收的物理学方法

（1）离子导入（iontophoresis） 离子导入是通过在皮肤上应用适当的电流而增加药物透过皮肤进入机体的过程。在电场作用下，阳离子药物在阳极透过皮肤，阴离子药物在阴极透过皮肤，中性分子在电渗作用下也能够透过皮肤。离子导入在临床上的应用已有100多年的历史，但主要用于局部组织疾病的治疗，如导入局部麻醉药或解热镇痛药用于止痛或局部消炎止痛等。最近二三十年来，随着经皮吸收制剂研究的发展，该技术也被成功应用于治疗全身性疾病的研究，尤其是在多肽、蛋白类药物经皮给药系统的开发研究方面。除了具有经皮吸收制剂的一般优点外，离子导入还具有能瞬时产生疗效和可程序化给药等优良性能。离子导入不仅能通过恒定的给药速率消除血药浓度的峰谷现象，而且能根据时辰药理学的需要，调节电场强度满足不同时间的剂量要求。离子导入给药还能适应个体化给药，只要简单地调节电场强度就能解决个体之间药物动力学差异问题。离子导入系统有三个基本组成部分，它们是电源、药物贮库系统和回流贮库系统。其促进药物的基本原理是，当两个电极与皮肤接触，电源的电子流到达药物贮库系统转变成离子流，离子流通过皮肤，在皮肤下面转向回流系统，回到皮肤进入回流系统，再转变成电子流。Alza 公司开发的 E－TRANS 给药系统已成功应用于芬太尼的经皮给药，其由电池、系统控制线路、电极、药物贮库、开关按钮和黏胶带组成，如图 13－5 所示。

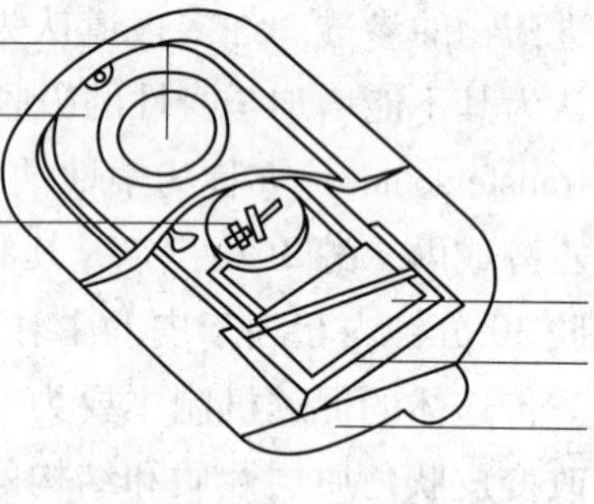

图 13－5 E－TRANS 给药系统结构示意图

（2）电致孔（electroporation） 电致孔技术最早由 Chizmadzher 等人于 20 世纪 70 年代末提出，用于细胞生物学和生物工程方面的研究，90 年代初被用于促进药物经皮吸收，取得了良好的效果，使得采用传统方法无法经皮吸收的药物也可成为经皮给药的待选药物。经皮电致孔是在皮肤上加一个瞬时（ms 或 μs）的高脉冲电压，使角质层脂质双分子层的定向排列发生改变，产生一个短暂的水性通道，药物可通过形成的通道，穿过皮肤而被吸收。脉冲电场结束后，类脂分子重新排列成有序结构，孔洞自动消失，故为一可逆性过程，控制合适参数一般对皮肤不会产生损伤。另外荷电药物在电场力的作用下产生转运，同时也存在电渗作用。与离子导入相似，电致孔也可实现程序化给药，且无时滞，与离子导入合用，可大大提高药物的经皮渗透速率。

（3）超声导入（sonophoresis） 超声导入是指把药物加入导声胶（如水剂、乳剂、油膏等）中，药物分子在超声波作用下通过皮肤被机体吸收的过程。早在 1954 年，Fellinger 用超声波促渗氢化可的松油膏治疗关节炎，取得良好的效果。现在采用超声波促进经皮吸收的研究非常活跃，已有抗生素、甾体类药物、蛋白质类药物、烟酸酯类药物及胰岛素等药物的超声经皮导入的大量报道。超声波促进药物经皮吸收的机制主要有热效应、空化作用、机械效应和辐射压力等。影响超声波促进药物吸收的因素主要有超声波的波长、输出功率以及药物的理化性质等。

（4）微针阵列（microneedles array）　贴片表面是一片微针阵列（图 13 - 6），每平方厘米有 100 ~ 400 根针，每根针长约 150μm，刚能穿透角质层到达活性表皮层，而不会触及深层组织，给药时不会造成出血和疼痛（血管和神经组织基本都排列在真皮层），故具有良好的依从性。微针的制作材料主要有硅及金属，可为实体针或中空针，药物可涂蘸在硅微针表面或者药物溶液填充于金属针空间。由于微针穿破角质层，克服药物经皮转运的主要障碍，药物的经皮吸收显著增加，如人生长激素的经皮吸收速率可提高 100 万倍。Alza 公司的研究者发现采用微针技术转运一个分子质量为 45kDa 的蛋白质抗原的免疫反应好于同剂量的肌内或皮下注射给药。目前国外已有数家企业将微针用于胰岛素、寡核苷酸、蛋白疫苗及多肽的经皮给药研究，并已有商品化的 Macroflux 产品上市。目前国内外研究者还在进一步设计制备具有降解性能的微针阵列系统，以利于更便利使用和产生局部的缓慢释放。

图 13 - 6　微针阵列贴片

第三节　经皮吸收制剂的组成

经皮吸收制剂的类别不同，构造和组成略有不同，但主要由以下几部分组成：①由聚合物、药物、赋形剂或渗透促进剂组成的贮库装置，必要时还有限速膜；②胶黏系统，常用压敏胶，起把制剂黏附到皮肤上的作用；③不透性薄膜构成的背衬层及使用时撕去的保护层。

一、药物及附加剂

1. 药物　经皮吸收制剂尤其适用于慢性疾病的治疗和预防，目前已开发的产品主要集中于心血管药物、抗组胺药、平喘药、解热镇痛药和激素药等。易在胃肠道降解、首过效应大、生物半衰期短、需长期给药的药物都是经皮吸收制剂重点开发的领域。如目前上市的产品硝酸甘油的半衰期只有几分钟，雌二醇的半衰期为 2 小时。由于皮肤的屏障作用，药物的经皮吸收量一般很小，故经皮吸收制剂的药物一般为药理活性强、剂量小的药物，并且还需具有合适的理化性质，具体要求见表 13 - 1。

表 13 - 1　经皮吸收制剂选用药物的理想条件

物理化学性质	药理性质
相对分子质量 <500	剂量小（<50mg/d）
熔点 <200℃	生物半衰期短（<5 小时）
溶解度：在液体石蜡与水中都大于 1mg/ml	首过效应大
pH：饱和水溶液为 5 ~ 9	对皮肤无刺激性、不发生过敏反应

以下几类药物是经皮贴剂开发的热点。①性激素：如雌二醇、18－甲基炔诺酮、睾酮等；②心血管药：如硝酸甘油、单硝酸异山梨醇酯、双硝羧异山梨醇酯、可乐定等；③神经系统用药：如芬太尼、扑尔敏、罂粟碱等；④戒烟药：如尼古汀；⑤多肽类药物：如胰岛素、干扰素、小分子肝素、降钙素等生物技术产品；⑥其他类：如平喘药如茶碱、舒喘灵、克伦特罗，抗组织胺药如氯苯那敏等。

2. 溶剂 为了保证各层组成的均匀性，在制备经皮吸收制剂时，常需加入一些溶剂使药物、压敏胶及高分子聚合物溶解或使其分散均匀。经皮吸收制剂常用的溶剂主要有乙醇、丙二醇等低级醇类，矿物油、庚烷等烃类溶剂，也可采用丙酮、三氯甲烷、二氯甲烷等有机溶剂，但这些有机溶剂在涂布后需完全去除。有些溶剂除了能增加药物的溶解度外，还能促进药物的经皮吸收。如乙醇对雌二醇就有较强的经皮吸收促进作用，雌二醇在70%乙醇溶液中的经皮吸收速率为0.25μg/（cm^2·h），比水饱和溶液大20倍，因此乙醇已被用在雌二醇经皮吸收制剂Estraderm中。

3. 经皮吸收促进剂 一般药物的经皮速率较小，常需加入经皮吸收促进剂以达到治疗浓度的要求。理想的经皮吸收促进剂应具备以下条件：对皮肤及机体无药理作用、无毒、无刺激性及无过敏反应；应用后立即起作用，去除后皮肤能恢复正常的屏障功能；不引起体内营养物质和水分通过皮肤损失；性质稳定，不与药物及其他附加剂产生相互作用；无色、无臭，价格便宜。目前常用的经皮吸收促进剂很多（表13－2），大致可分为以下几类：①有机溶剂类，如乙醇、丙二醇、乙酸乙酯、二甲亚砜及二甲基甲酰胺；②表面活性剂，如阳离子型、阴离子型和非离子型表面活性剂；③月桂氮䓬酮及其同系物；④有机酸、脂肪醇，如油酸、亚油酸及月桂醇；⑤角质保湿与软化剂，如尿素、水杨酸及吡咯酮类；⑥萜烯类：薄荷醇、樟脑、柠檬烯、桉树脑等。

表13－2 常用的经皮吸收促进剂

类型	举例	药物	作用机制
亚砜类	二甲基亚砜、癸基甲基亚砜	氢化可的松、水杨酸、溴乙啡啶、茶碱、氟灭酸、丙炎松等	角质层细胞内蛋白质变性；破坏角质层细胞间脂质的有序排列；脱去角质层脂质和脂蛋白
吡咯酮类	2－吡咯酮、5－甲基－2－吡咯酮、1，5－二甲基－2－吡咯酮	咖啡因、正辛醇、苯甲酸倍他米松、甲灭酸	低浓度分配进入角蛋白，高浓度影响角质层脂质流动性并促进药物在角质层的分配；增加角质层的水含量
月桂氮䓬酮及其类似物	月桂氮䓬酮	氯林可霉素磷酸酯、褐霉素钠、氟尿嘧啶、丙缩羟强龙、地塞米松、醋酸环戊酮缩去炎松	渗入皮肤角质层，降低细胞间脂质排列的有序性；脱去细胞间脂质形成孔道；增加角质层含水量；降低角质层脂质的相转变温度
脂肪酸及其酯	油酸、肉豆蔻酸异丙酯、丙二醇二壬酸酯、癸二酸二乙酯	水杨酸、雌二醇、芬太尼、硝酸甘油、肝素、吲哚美辛	渗入角质层脂质，影响其有序排列；降低角质层脂质双分子层的相转变温度；引进角质层脂质固－液相分离和晶型转变；增加药物在角质层的分配
表面活性剂	月桂醇硫酸钠、泊洛沙姆	氟灭酸、水杨酸	使角质层脂质排列无序化；乳化皮肤表面脂质，改善药物在角质层分配
醇类	乙醇、异丙醇、正十二醇、正辛醇	水杨酸、雌二醇、纳洛酮、左旋－18－甲基炔诺酮	作为溶剂增加药物在角质层的溶解度；脱去角质层脂质；渗入角质层脂质，影响其排列的有序性
多元醇类	丙二醇、丙三醇	水杨酸、氟尿嘧啶	使角蛋白溶剂化，占据蛋白质的氢键结合部位，减少药物－组织间结合；增加并用的其他渗透促进剂在角质层的分配

续表

类型	举例	药物	作用机制
萜烯类	桉树脑、d-苎烯、橙花叔醇	普鲁卡因、吲哚美辛、氟尿嘧啶、肝素	促进药物在角质层的扩散；破坏角质层细胞间脂质屏障；提高组织电导率，打开角质层极性孔道；增加药物从基质向角质层的分配
胺类	尿素、十二烷基-N、N-二甲氨基乙酯	氟尿嘧啶	促进角质层水化，在角质层形成亲水性孔道；破坏角质层脂质结构
酰胺类	二甲基甲酰胺、二甲基乙酰胺	咖啡因、正辛醇、氢化可的松	低浓度时分配进入角蛋白区，高浓度时影响角质层脂质的流动性
环糊精类	环糊精、2-羟丙基-环糊精	Liavozolel	将药物制成包合物，提高溶解度，并可把药物分子传递到皮肤表面
氨基酸及其酯	L-异亮氨酸、十二烷基焦谷氨酸酯	雌二醇、左18-甲基炔诺酮、茶碱	松弛皮肤的角蛋白，影响角质层脂质排列的有序性
大环化合物	十五烷酮	氢化可的松	增加药物在角质层中的溶解度
有机溶剂类	乙酸乙酯	水杨酸	破坏角质层脂质排列的密实性
磷脂类	卵磷脂、豆磷脂、磷脂酰甘油、磷脂酰乙醇胺	二氢麦角胺、异山梨醇硝酸酯、茶碱吲哚美辛	促进药物从基质中释放，增加药物在皮肤中的扩散；作用于角质层细胞膜脂质，改善其渗透性

（1）二甲基亚砜及其类似物　二甲基亚砜（DMSO）早在20世纪60年代就应用于经皮吸收制剂，具有较强的经皮吸收促进作用。它可与水、乙醇、丙酮、三氯甲烷、乙醚等任意混溶，对各种物质都有很强的溶解能力，素有万能溶媒之称。与角质层脂质发生相互作用和对药物具有增溶作用是其主要的促渗机制。DMSO的缺点是具有皮肤刺激性和恶臭，长时间及大量使用DMSO可严重刺激皮肤，甚至能引起肝损害和神经毒性等，为此，美国FDA已经禁止DMSO在制剂中使用。

为了克服DMSO的一些缺点，出现了一些DMSO的烷基同系物，其中癸基甲基亚砜（DCMS）具有较好的性能，已获FDA批准。它的刺激性、毒性和不适臭味都比DMSO小，在低浓度即有良好的促渗作用，且对极性药物的促透效果大于非极性药物，常用浓度为1%～4%。用含15% DCMS的丙二醇溶液作溶剂可使甘露醇通过人离体皮肤的经皮速率提高260倍，而使氢化可的松提高8.6倍。由于DCMS不分配进入皮肤脂质，其促渗作用还与载体性质有关。如在氟尿嘧啶水溶液中加入1% DCMS可使经皮速率提高200倍，而在丙二醇溶液中即使加入15%的DCMS其经皮速率仅提高7倍。

（2）月桂氮䓬酮及其类似物　月桂氮䓬酮（laurocapam）又称氮酮，化学名为1-十二烷基氮杂环庚烷-2-酮，国外商品名为Azone，是第一个专门作为经皮吸收促进剂而开发的化合物。本品为无臭、几乎无味、无色的澄清油状液体，不溶于水，但可与多数有机溶剂混溶，与药物水溶液混合振摇可形成乳浊液。本品安全性能高，大鼠和小鼠口服 $LD_{50}>7000mg/kg$，浓度高达50%也未对皮肤产生刺激性和致敏性。

月桂氮䓬酮能与皮肤脂质发生相互作用，增加脂质的流动性，减少药物的扩散阻力，因此对各种类型的药物都有促透作用，其中对亲水性药物的促渗作用强于亲脂性药物。月桂氮䓬酮发挥促透作用需一定时间（即时滞），如Azone对甲硝唑10小时才发挥促进效果，但一旦发生作用，则能维持较长时间，即使在清除皮肤表面残留后，其作用仍能持续数日，这可能是其在角质层中贮积的结果。月桂氮䓬酮常用浓度为1%～10%，其最佳浓度与药物的理化性质及所用介质有关。制剂的处方成分能显著影响月桂氮䓬酮的经皮吸收促进作用。

如丙二醇和乙醇能提高月桂氮䓬酮的促透作用，而一些溶剂能降低其促透作用。如在含1%月桂氮䓬酮的甲硝唑乙醇溶液中加入18%丙二醇，其促透作用大为加强；如加入18% PEG400，则显著抑制其促透作用。液体石蜡和凡士林等辅料亦会削弱月桂氮䓬酮的促透作用，这可能是这些辅料与它有较强的亲和力，降低了它向角质层的分配，从而影响其促透作用。

（3）脂肪酸与脂肪醇　脂肪酸与长链脂肪醇能作用于角质层细胞间类脂，增加脂质的流动性，对很多药物的经皮吸收有促进作用。油酸是应用较多的经皮吸收促进剂，为无色油状液体，微溶于水，易溶于乙醇、乙醚、三氯甲烷和油类等。油酸能促进水杨酸、咖啡因、阿昔洛韦、氢化可的松、甘露醇和尼卡地平等药物的经皮渗透。

脂肪醇具有与角质层类脂相似的长链结构，能增加类脂双分子层的流动性，其效果与碳原子数有关，也与药物的性质有关，应用较多的有月桂醇等。

（4）表面活性剂　表面活性剂广泛地应用于各类剂型中，也是经皮给药制剂中的常见组分，用作增溶剂、乳化剂、润湿剂或稳定剂等。表面活性剂还可渗入皮肤并与其发生相互作用，改变其渗透性，增加药物的经皮吸收。非离子型表面活性剂主要增加角质层类脂流动性，刺激性最小，但促渗效果也最差。离子型表面活性剂与皮肤的相互作用较强，尤其是阴离子型表面活性剂不仅能与角质纤维作用，还能与细胞间类质发生相互作用，导致脂质流动或移除、细胞骨架结构改变等，促透作用较强，但在连续应用后会引起红肿、干燥或粗糙化。需注意的是，表面活性剂的浓度过高时，可因形成胶束而降低药物的透过速率。

（5）吡咯酮衍生物　吡咯酮及其衍生物能增加角质层与水的结合能力，促进药物经皮吸收，常用的有α-吡咯酮（NP）、*N*-甲基吡咯酮（1-NMP）、5-甲基吡咯酮（5-NMP）、1，5-二甲基吡咯酮（1，5-NMP）、*N*-乙基吡咯酮（1-NEP）、5-羧基吡咯酮（5-NCP）等。这些促进剂的作用部位可能是角质层内的极性途径，对极性和半极性药物都有一定的促透作用。与DMSO相似，低浓度时吡咯酮类选择性地分配进入角质层，高浓度时影响脂质流动性和促进药物分配，但用量较大时对皮肤有红肿、疼痛等刺激作用。

（6）其他吸收促进剂　有研究表明氨基酸以及一些水溶性蛋白质能增加药物的经皮吸收，如α-氨基酸可以使18-左炔诺酮和雌二醇的经皮吸收速率增加10倍，其作用机制可能是增加皮肤角质层脂质的流动性。与角质层类脂成分类似的磷脂等易渗入角质层而发挥吸收促进作用，以磷脂为主要成分制备成载药脂质体也可以增加许多药物的皮肤吸收。

中药挥发油如一些含萜类的挥发油也被发现具有皮肤促透作用，其作用原理主要为改变角质层细胞类脂双分子层结构，增加其流动性，刺激皮下毛细血管的血液循环。近年来我国学者对中药促透剂进行了大量研究，已经使用的中药促透剂包括薄荷脑、薄荷醇、薄荷油、川芎、冰片、小豆蔻、桉叶油、肉桂醇等。薄荷类中药促透剂对扑热息痛、甲硝唑、氟尿嘧啶、水杨酸、曲安缩松、氯霉素、曲安西龙、吲哚美辛、双氯灭痛等许多药物都有促渗作用。桉叶油则可有效促进马来酸噻吗洛尔、氟尿嘧啶等的经皮渗透。

此外，近年来的许多研究表明二元或多元促进剂组合有时会比单一渗透促进剂产生更好的效果。如有研究者采用多元组合促透剂考察对黄体酮凝胶经皮渗透的影响，结果经皮效果为：丙二醇+氮酮>丙二醇+氮酮+油酸>丙二醇，氮酮的理想浓度为1%，而丙二醇为10%。另有一系列实验表明桉油、松节油、薄荷油与丙二醇合用能有效地促进噻吗洛尔的经皮渗透。但许多研究也表明，多元促透剂的使用关键在于促透剂的剂量组合，而这与药物本身的理化性质、基质环境等因素有关，因此往往需要通过实验筛选出合理有效的组合剂量。

4. 其他附加剂　为了保证药物在基质溶液中分散均匀，避免在制备和贮存过程中析出药物结晶，经皮吸收制剂的处方中常加入微粉硅胶、液体石蜡等吸附剂和填充剂。此外为了使压敏胶获得良好的性能，经常加入一些抗老化剂、增塑剂、增黏剂等物质。

二、控释材料

1. 控释膜材料　经皮吸收制剂的控释膜可分为均质膜与微孔膜两类。

用作控释膜的均质膜常用的是高分子材料，主要有乙烯－醋酸乙烯共聚物（EVA）和聚硅氧烷等。EVA是乙烯和醋酸乙烯经共聚而得，具有良好的化学稳定性和生物相容性，熔点较低，加工成型方便，机械性能好，为使用较多的控释膜材料。但EVA对强氧化剂、蓖麻油等油脂及高温的耐受性差。工业上一般采用吹塑法制备EVA控释膜，厚度一般为50μm左右，少量制备也可用溶剂浇铸法或热压法。共聚物中醋酸乙烯的含量与EVA的性能和药物的渗透系数有很大的关系。分子质量相同时，醋酸乙烯含量越大，溶解性、柔软性、弹性和透明性越好，而硬度、抗张强度和软化点则降低，药物在其中的扩散系数和分配系数也随之改变。如醋酸乙烯含量从9%增至16%时，黄体酮的渗透性增大1倍。

控释膜中的微孔膜常用的是聚丙烯拉伸微孔膜，也有用醋酸纤维素膜的。另外，还可用核孔膜，它是生物相容的薄膜经高能重粒子照射，得到形状规则、大小分布均匀的微孔膜，其微孔大小精确可调，但成本较高，也可用α粒子照射塑料膜后经特殊化学蚀刻而成。

2. 骨架材料　经皮吸收制剂的骨架材料为天然或合成的高分子材料，应具有以下特性：性质稳定，不与药物发生作用，在高湿高温条件下能保持结构与形态的完整；有良好的生物相容性，对皮肤没有刺激性，最好能黏附于皮肤；具有合适的药物释放速率。经皮吸收制剂的骨架材料很多，有压敏胶类、疏水性高分子和亲水性高分子材料。一般用作缓释、控释制剂的聚合物都可以用作经皮吸收制剂的骨架，目前常用的有聚乙烯醇、聚维酮、聚丙烯酸树脂、聚硅氧烷、卡波普、各种纤维素及多糖等，这些材料在其他章节中已介绍，在此不再介绍。

三、压敏胶

压敏胶（pressure sensitive adhesive，PSA）是指在轻微压力下（如指压）即可实现黏贴同时又容易剥离的一类胶黏材料，在经皮吸收制剂中起着保证释药面与皮肤紧密接触以及药物贮库、控释等作用。压敏胶的选择对经皮吸收制剂非常重要，不管何种类型的TDDS都必须使用PSA。理想的PSA应具有良好的生物相容性，对皮肤无毒、无刺激性，不会引起过敏反应；具有较强的黏附力和内聚强度，能适应皮肤表面柔软、伸缩性强及多皱褶的特点；化学性质稳定，对温度与湿气（如汗液）耐受性能良好，且有能黏接不同类型皮肤的适应性，能容纳一定量的药物与经皮吸收促进剂而不影响化学稳定性与黏附力。在黏胶分散型TDDS中，PSA还应具有稳定控制药物释放的性能。目前使用的PSA有溶液型、水分散型和热熔型等多种。

压敏胶有四个黏合性能，即初黏力T、黏接力A、内聚力C和黏基力K。初黏力指压敏胶与被黏物轻轻接触时表现出的对被黏物的黏接能力，即所谓的手感黏性。黏接力是指用适当的压力和时间进行黏贴后，压敏胶制品和被黏表面之间所表现出来抵抗界面分离的能力，一般用胶黏制品的180°剥离强度来表示。内聚力是指胶黏剂层本身的内聚力，一般用胶黏制品黏贴后，抵抗剪切蠕变能力即持黏力来表示。黏基力是指胶黏剂与背衬材料之间的黏合力。经皮吸收制剂所用的压敏胶在加入药物和一些附加剂后，必须满足 $T<A<C<K$。如果 $T\not<A$，就没有对压力敏感的性能；若 $A\not<C$，则揭去经皮制剂时就会出现胶层破坏，导致拉丝或胶黏剂残存在皮肤表面等现象；若 $C\not<K$，就会产生胶黏层与背衬材料脱离现象。

1. 聚异丁烯类压敏胶　聚异丁烯（PIB）为由异丁烯单体在三氟化硼或三氯化铝的催化下经聚合制得的均聚物，能溶于苯、三氯甲烷、二硫化碳和庚烷等烃类溶剂中，可用作溶液型压敏胶。本品性质稳定，有很好的耐候性、耐氧性和耐水性，对植物油有较强的耐受性，但对极性基材的黏性弱，可加入树脂或其他增黏剂予以克服。采用不同的聚合条件，可以制得各种分子质量的产品。低分子质量聚异丁烯为黏稠流体，与高分子质量混合使用可起到增黏及改善胶黏层的柔软性、润湿性和韧性的作用；而高分子的聚异丁烯为弹性固体，可增加压敏胶剥离强度和内聚力。通常不同分子质量的聚异丁烯混合使用，并加入适当的增黏剂、增塑剂和填充剂，以适当溶剂溶解后涂布。

2. 丙烯酸酯类压敏胶　丙烯酸酯类压敏胶是以丙烯酸高级酯为主要成分与其他丙烯酸类单体共聚而制得，具有优良的黏合性和耐老化性，长期存放对压敏性没有明显影响。常用的聚合单体有丙烯酸、醋酸乙烯以及丙烯酸酯等。改变聚合单体组成及比例，可以获得不同性能的压敏材料。增加共聚物中的酯基碳原子数，有利于提高聚合物的无序程度，降低结晶度和玻璃化温度，增加黏性，改善柔软性和抗剪强度等。丙烯酸酯类压敏胶主要有溶液型和水分散型两类，溶液型压敏胶一般由30%～50%的丙烯酸酯共聚物及有机溶剂组成，对各种膜材有较好的涂布性能和密着性能，剥离强度和初黏性也很好，但其黏合力及耐溶剂性较差，在高温时更差；水分散型压敏胶是各种丙烯酸酯单体以水为分散介质进行乳液聚合后加入增稠剂和中和剂等得到的产品。这类压敏胶对极性基材亲和性较好，而对聚乙烯和聚酯等基材不能很好地润湿，可加入丙二醇、丙二醇单丁醚等润湿剂加以改善。

3. 聚硅氧烷类压敏胶　聚硅氧烷类压敏胶是硅树脂与线性聚二甲基硅氧烷经缩聚反应而成，化学性质稳定，耐水、耐高、低温，玻璃化转变温度低，柔软性良好，贴于皮肤后变软并黏贴于皮肤，具有良好的生物相容性、透气性和透湿性。本品可溶于乙烷、戊烷、庚烷、二氯甲烷、石油醚、甲苯及二甲苯等有机溶剂，适合各种基材表面的涂布。压敏胶中聚二甲基硅氧烷与硅树脂的比例对压敏胶的黏贴性能有很大的影响，硅树脂所占的比例一般为50%～70%，增加硅树脂比例，则黏性降低，但易于干燥；增加聚二甲基硅氧烷的比例，可使压敏胶的黏着力提高，而且增加柔软度。

三类压敏胶的结构及性能的比较见表13－3。

表13－3　三类压敏胶的结构及性能

分类	聚异丁烯类	聚丙烯酸酯类	聚硅氧烷类
结构	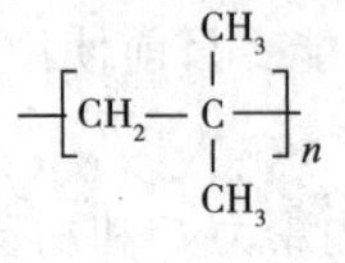	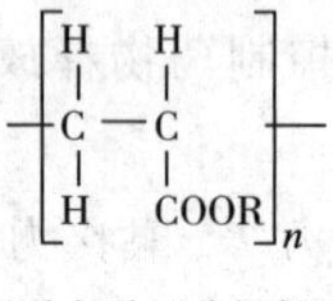	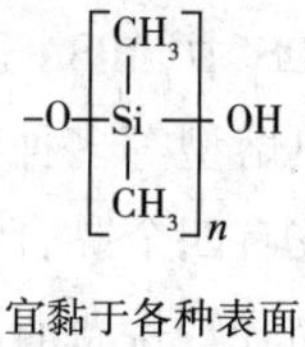
黏附性	宜黏于非极性物质上	较不适宜黏于非极性表面	宜黏于各种表面
抗溶剂性	差	好	好

续表

分类	聚异丁烯类	聚丙烯酸酯类	聚硅氧烷类
对氧化和热的敏感性	敏感	较稳定	较稳定
水蒸气和氧的透过性	差	较好	好
价格	便宜	一般	贵

四、背衬材料及保护膜

1. 背衬材料　背衬材料是用于支持药库或压敏胶等的薄膜，一般要求在厚度很小（0.1～0.3mm）时，即对药物、胶液、溶剂、湿气和光线等有较好的阻隔性能，并且有良好的柔软性和一定的拉伸强度。背衬材料还应具有良好的化学稳定性，不与药物发生作用，耐水、耐有机溶剂，药物在其中不扩散。目前使用的背衬材料主要有聚氯乙烯、聚乙烯、铝箔、聚丙烯和聚酯等，常用它们的复合膜，厚20～50μm。

铝箔是最常用的一种背衬材料，但铝箔本身易破裂，缺乏柔软性，不能热合，所以在作背衬材料使用时，常用多层复合铝箔，即由铝箔、聚乙烯或聚丙烯等膜材复合而成的双层或三层复合膜，可提高机械加工性能和对温度、潮气、光线及油脂等的阻隔性能，也便于与骨架膜或控释膜热合。

2. 保护膜　保护膜的作用是防止胶黏层在使用前被污染或破坏，一般用防黏材料。为了防止压敏胶被转移到保护膜上，保护膜的表面自由能应低于压敏胶的表面自由能，与压敏胶的亲和力小于压敏胶与药库或控释膜的亲和力。常用的防黏材料有聚乙烯、聚苯乙烯、聚丙烯、聚碳酸酯、聚四氟乙烯等分子质量适中、不含剂型基团的聚合物膜材，一般用有机硅隔离剂处理，避免压敏胶黏附。也可选用石蜡或甲基硅油处理而成的不黏纸。

部分国外市售经皮吸收制剂的构成见表13－4。

表13－4　部分国外市售经皮吸收制剂的构成

药物	制造厂名	商品名	构成类型	背衬层材料	贮库或骨架材料	控释膜材料	胶黏剂	防黏层	包装
硝酸甘油	Alza/Ciba－Geigy	Transder－Nitro	贮库型药袋封闭	肉色的铝塑复合膜	硝酸甘油的硅油混悬液	乙烯/醋酸乙烯共聚物	硅橡胶	氟碳聚酯薄膜	铝箔
硝酸甘油	Key	Nitro－Dur Ⅰ	整体型	铝箔－纸复合膜	聚维酮－聚乙烯醇			铝箔及纸复合物	纸
硝酸甘油	Key	Nitro－Dur Ⅱ	整体型					氟碳聚酯薄膜	
硝酸甘油	Pharma Schwarz	Deponit	整体型贮库	肉色的铝塑复合膜	含药的聚异丁烯压敏胶层骨架		聚异丁烯	硅化铝箔	铝箔
硝酸甘油	Searle	Nitrodisc	整体型贮库	铝箔及聚乙烯复合膜	交键硅橡胶骨架			铝箔及纸复合	

续表

药物	制造厂名	商品名	构成类型	背衬层材料	贮库或骨架材料	控释膜材料	胶黏剂	防黏层	包装
硝酸甘油	Health ChemBolar		整体型	聚氯乙烯	塑化聚氟乙烯		丙烯酸酯压敏胶		纸
二硝酸异山梨醇	Nitto Electric	Frandol Co.	整体型	聚酯	含药压敏胶		丙烯酸酯压敏胶	硅纸	铝箔
东莨菪碱	Alza/Ciba - Geigy	Transderm - Scop	贮库	肉色铝 - 聚酯复合膜	液体石蜡及聚异丁烯骨架	矿物油浸润的多孔聚丙烯	聚异丁烯压敏胶		铝箔
可乐定	Alza/Bochringer	Catapres - TTS	贮库	肉色聚酯	液体石蜡 - 微粉硅胶 - 聚异丁烯		聚异丁烯压敏胶	聚酯薄膜	铝箔
雌二醇	Alza/Ciba - Geigy	Estraderm	贮库	透明的聚酯聚乙烯复合膜	乙醇	乙烯醋酸乙烯共聚物	聚异丁烯压敏胶		铝箔
睾酮	Alza	Testoderm	整体	聚酯	乙烯/醋酸乙烯共聚物	乙烯/醋酸乙烯共聚物	丙烯酸酯		铝箔
睾酮	Smithkline beechman	- Androderm	贮库	铝箔	乙醇、卡波姆、单甘酯、月桂酸甲酯等	乙烯/醋酸乙烯共聚物	丙烯酸酯		铝箔

第四节　经皮吸收制剂的制备工艺

经皮吸收制剂的制备方法因结构类型与组成不同而异，但根据其工艺特点大致可分为三种：涂膜复合工艺、充填热合工艺和骨架黏合工艺。涂膜复合工艺是将药物分散在高分子材料中，涂布于合适的膜材上，加热使溶解高分子材料的有机溶剂蒸发，形成适当厚度的薄膜，再进行第二层或多层膜的涂布，亦可以制成含药物的高分子材料膜，再与各层膜叠合或黏合。充填热合工艺是在定型机械中，于背衬膜与控释膜之间定量充填药物贮库材料，热合封闭，覆盖涂有胶黏层的保护膜。骨架黏合工艺是在骨架材料溶液中加入药物，浇铸冷却成型，切割成小圆片，黏贴于背衬膜上，加保护膜而成。

一、制备工艺流程

各类经皮吸收制剂的典型制备工艺流程如图 13 - 7 ~ 图 13 - 10 所示。

二、基本工艺

1. 基质溶液的制备　经皮吸收制剂制备的第一步是制备各种基质溶液，包括压敏胶溶液（或混悬液）、药库溶液（或混悬液）或其他成膜溶液，如防黏纸上的硅油等。基质溶液的制备方法与普通的液体或半固体制剂基本相同，可参见相关章节。需要注意的是经皮吸收制剂的基质中常含有大量的高分子聚合物及一些增黏树脂等，黏度较大，对搅拌混合设备的要求较高，必须保证混合的均匀性。通常使用的设备包括混料机、贮料罐及管道输送系统。基质中的聚合物一般先加适宜溶剂溶解，也可采用加热熔融，后加入各种添加剂，如软化剂、填充剂、防老化剂、增黏剂等。药物可以溶解或分散在适当的液体介质中加入，也可以吸附在惰性的固体上加入基质溶液中。基质液或混悬液的批量大小由现所需涂布的厚度、材料的含量及用于涂布的胶层面积而定。基质溶液的终产品应保持均匀、洁净，如有可能应经过滤，在送到下一生产工艺时，应检查药物含量及黏性等指标。

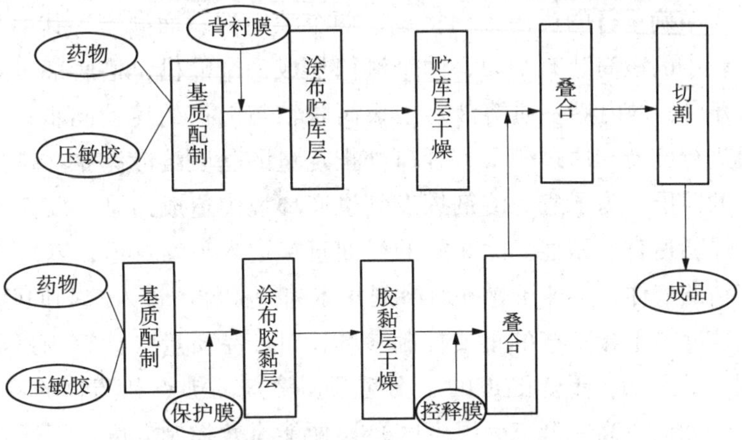

图 13－7　复合膜型经皮吸收制剂制备工艺流程示意图

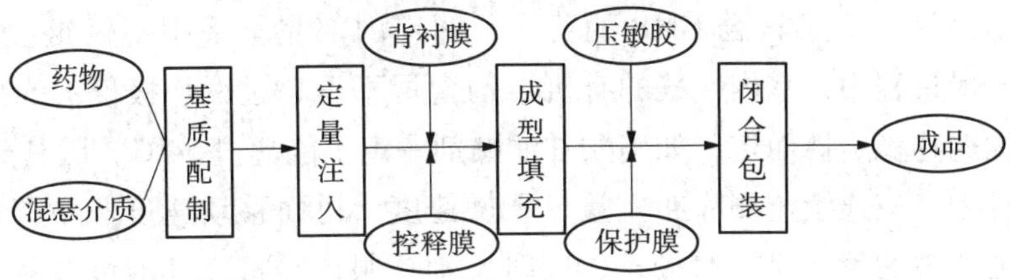

图 13－8　充填封闭型经皮吸收制剂制备工艺流程示意图

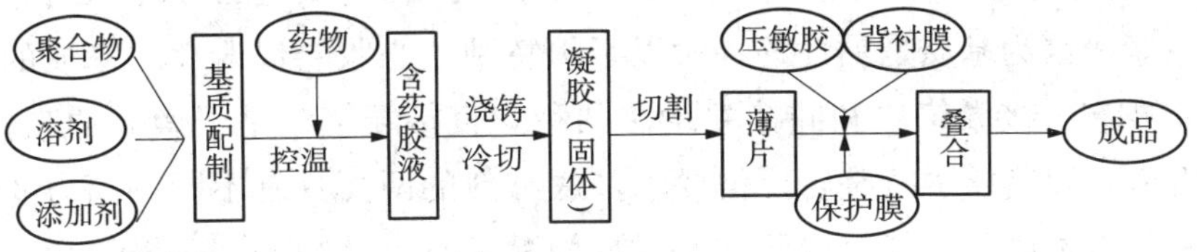

图 13－9　聚合物骨架型经皮吸收制剂制备工艺流程示意图

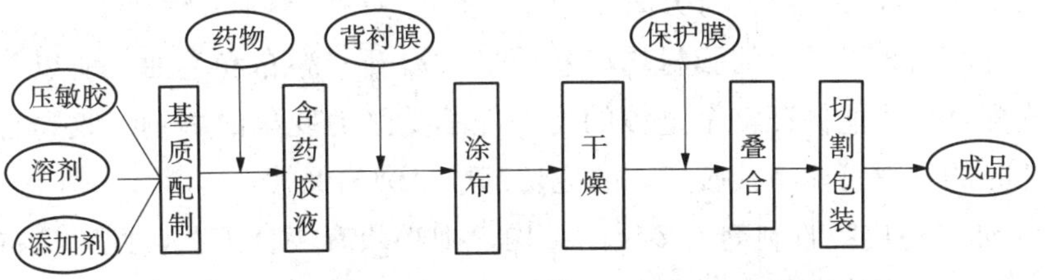

图 13－10　胶黏剂分散型经皮吸收制剂制备工艺流程示意图

2. 涂布和干燥　基底材料送入涂布车间前，先用压缩空气除灰尘，有的产品要涂一层单面底胶以增加胶液在基材上的黏结力，如果是卷筒型压敏胶产品，则在压敏胶面的基材另一面涂布防黏剂。涂布和干燥是经皮吸收制剂的基本工艺过程，是经皮吸收制剂制备的关键，该工序主要在涂布机中完成，涂布机基本由三个单位组成：涂布装置、干燥隧道和层合设备，此外还有卷绕机等辅助单元。涂布装置包括加液系统、转筒和刮刀三部分，是涂布工艺的关键，尤其是含药涂层和起控释作用的涂层，涂布装置的涂布精度对药物含量度和释药速率具有非常重要的影响。在实践中，对于具有基底层为 $300g/m^2$ 的多层系统而言，涂布量误差应保持 $\pm 5g/m^2$。一般生产中每个涂层的重量从 $20g/m^2$ 到 $200g/m^2$ 不等，制备不同的涂层，都必须重新调整涂布的槽液出口。在涂布时因有机溶剂蒸发，甚至有些药物具有挥发性，因此涂布基质液应适当封闭，涂布后的胶带在密闭环境下进入干燥单元。精密的涂布装置由精确运行的反向滚筒构成，两个滚筒的表面抛光，其中较大的主滚筒包绕黏性的基材，较小的滚筒装有刮刀，两个滚筒形成一个贮槽，槽底部具有一个可精确调节到0.01mm 的开口，槽内盛基质溶液。主滚筒联轴与电机的传动同步，反向滚筒以同向但不同速的方式进行旋转，通过槽下方开口处把定量的基质溶液涂布在基底层，这样就可以得到一个均匀的薄层。为了避免溶剂挥发到生产环境中造成污染和安全性问题，涂布装置应密闭并与干燥隧道直接相连。涂布好的衬面直接进入干燥隧道，基质中的溶剂受热蒸发，同时吹入清洁的气体，加速干燥并对溶剂气体进行稀释，进入溶剂回收系统或燃烧器。干燥温度和气流速度是干燥工艺的重要控制参数，对产品质量（如溶剂残留量、黏性、药物含量等）有很大的影响。干燥隧道的温度应根据溶剂的沸点和药物的稳定性合理设定，一般应分成几段（如低 - 高 - 低三个温度区）以便能有效控制温度。干燥隧道应采用拱形结构，避免运转时涂层与机架接触。已被涂布的基材通过调整皮带轮使其拉紧，在此情况下转动通过干燥隧道。为了符合 GMP 的要求，隧道内部完全采用不锈钢，易于拆洗。另外，应注意在干燥过程中，室内空气的有机溶剂含量不得超过爆炸极值的50%，且干燥隧道的温度要根据药物稳定性而定，如硝酸甘油贴剂一定不能超过54℃，因其受热易挥发。

在干燥过程中，应连续监测涂布重量、干燥速度、衬面移动速度和空气循环速度等参数，发现与标准参数的偏差应及时校正，同时鉴别针眼、皱折、气泡以及灰尘等影响内在质量或外观的疵点，做出标记，在后续工艺中予以剔除。

3. 收卷　基材先在一对滚筒间放卷，经涂布和干燥隧道到达位于干燥隧道末端的卷绕架，然后被卷紧。因为基质是黏性的，所以必须特别小心收卷以避免对基质的损害。常用的收卷方法主要有直接卷绕法和间接卷绕法两种。直接卷绕法是干燥后的膜材直接卷绕，操作简单，开卷后可直接进行叠合，但要求基底材料的两面具有不同剥离力的防黏性，即基材反面具有很好的防黏性能，以防止基材反面黏上胶黏性物质。间接卷绕法是在干燥后的基材上覆盖防护性膜材再进行卷绕，成本较高，但防黏效果更为可靠。如果需要多层复合，可在第二次涂布或叠合前先行分离。

涂布前膜材和涂布干燥后的膜材均以卷筒形式展开、涂布和卷曲，所以各个部分的速度均必须正确配合，才能保证整个过程的均一性不受张力变化的影响。收卷后的卷筒如重量过大，保存时的重力可能将其破坏，故应切割成小圆筒保管。

4. 层合　如果经皮吸收制剂为多层的结构，则必须有层合工艺。此时涂布工艺开始于接触皮肤的表层，一直涂布到背衬层。表层覆盖一层防黏片，这层片在层合的开始时即被除去，此时第二层被层合到除去防黏层的第一层的表面，如此继续直至形成所需的多层，最后经两个滚筒反向挤压（其中一个滚筒包有橡皮，另一滚筒为表面抛光的钢质滚筒）叠合而成（图 13 - 11）。层合工艺可在单次涂布机上分次完成，也可以在多层涂布复合机上一次完成。层合时，必须使涂布机所有单元的转动速率同步，且控制好叠合压力，既要保证待叠合的不同基质充分黏合在一起，又要防止压力过大破坏叠合层的结构，从而影响药物的释放。

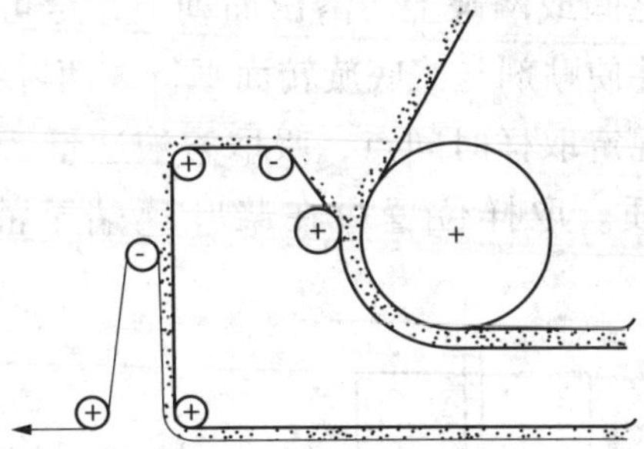

图 13－11　层合工艺示意图

5. 切割与包装　将制备好的胶带按释药面积用特殊工艺的冲割机冲成规定大小的小片，密封在内包装袋中包装得成品，经检验合格后入库。

6. 充填热合工艺　当经皮吸收制剂中的药物或添加剂易挥发或处方组成物为液体时，无法通过涂布工艺制得膜状基材，可采用充填热合工艺制备。该工艺的基本过程如下：将背衬层和控释膜热合形成三边密封、一边开口的充填袋（form fill pouch），填装时用抽空鸭嘴器打开，将半固体药物贮库组成物用定量注射泵填充入内，再用电热片封口形成牢固的密闭性软袋，涂布压敏胶，覆盖防黏层，即得。背衬层和控释膜形成的药物贮库装置必须具有良好的密封性和牢固性，以免内容物外泄，可通过脱气水、染料水或特殊气体来检测。

7. 多层膜系统生产的 GMP 要求　根据国家医用压敏贴膏生产的 GMP 要求，经皮吸收的治疗贴膏的生产 GMP 要求除等同于片剂等胃肠道用药生产的一般要求外，还应在以下几方面作特殊考虑：①车间要装置安全和应急设施；②采用快速喷射自动清洗装置，涂布装置不留沉积物；③设备在有覆盖的条件下操作（包括清洗），避免灰尘；④胶液应低温特殊保管，避免污染。

第五节　经皮吸收制剂的质量评价

经皮吸收制剂的质量评价可分为体外和体内评价两部分。体外评价包括含量测定、体外释放度检查和体外经皮渗透性的测定及黏着性能的检查等，体内评价主要是指生物利用度的测定和体内外相关性的研究。《中国药典》（2020 年版）规定贴剂应进行黏附力、含量均匀度、重量差异、释放度和微生物限度检查。

一、释放速率和释放度

释放速率是经皮吸收制剂非常重要的质量指标，对维持稳定的血药浓度具有重要意义。一般地，药物的释放速率应小于经皮渗透速率，这样可通过给药系统的设计来控制药物的释放，从而控制药物的吸收速率，减少个体内和个体间的差异。也有少数产品的药物释放速率大于经皮渗透速率，则释放度试验仅仅起到控制产品质量的一种间接作用。

经皮给药系统释放速率的测定可以在扩散池中进行，亦可以在溶出仪中进行。《中国药典》（2020 年版）规定透皮贴剂的释放度采用“溶出度与释放度测定法”中第四法（桨碟法）、第五法（转筒法）来测定。

采用第四法测定时，所用的装置见图 13－12，测定时分别量取溶出介质置各溶出杯内，实际量取的体积与规定体积的偏差应在 ±1% 范围之内，待溶出介质预温至 32℃ ±0.5℃；将透皮贴剂固定于两层碟片之间或网碟上，溶出面朝上，尽可能使其保持平整。再将网碟水平放置于溶出杯底下部，并使贴剂与桨底旋转面平行，两者相距 25mm ±2mm，按品种正文规定的转速启动装置。在规定取样时间点，吸取溶液适量，及时补充相同体积的温度为 32℃ ±0.5℃ 的空白溶出介质。取样位置应在桨叶顶端至液面的中点，距溶出杯内壁 10mm 处。

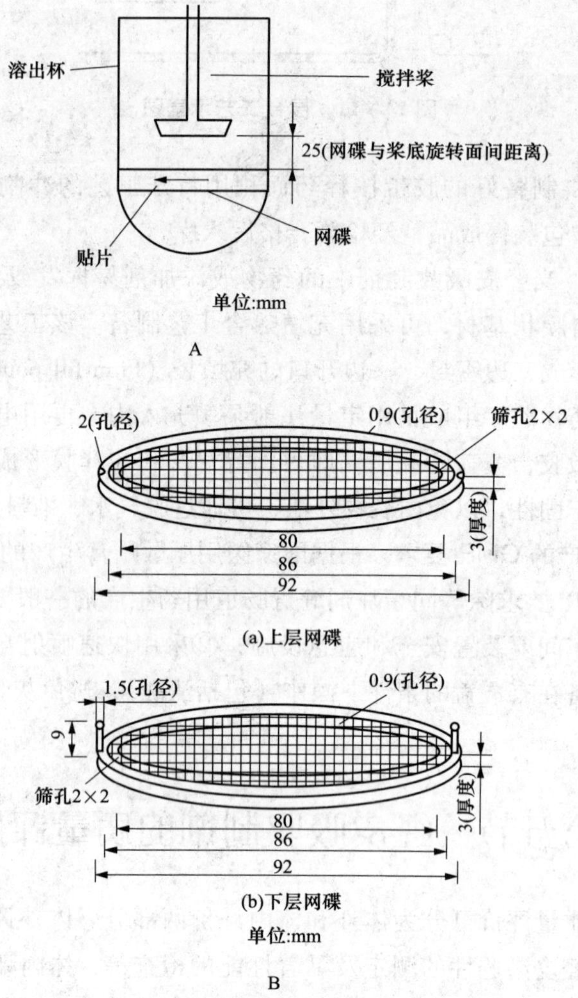

图 13－12　桨碟法检测装置

A. 桨碟装置图；B. 网碟

采用第五法测定时，装置见图 13－13。测定时分别量取溶出介质置各溶出杯内，实际量取的体积与规定体积的偏差应在 ±1% 范围之内，待释放溶出介质预温至 32℃ ±0.5℃；除另有规定外，按下述进行准备，除去贴剂的保护套，将有黏性的一面置于一片铜纺上，铜纺的边比贴剂的边至少大 1cm。将贴剂的铜纺覆盖面朝下放置于干净的表面，涂布适宜的黏合剂于多余的铜纺边。如需要将黏附剂涂布于贴剂背面。干燥 1 分钟，仔细将贴剂涂有黏合剂的面安装于转筒外部，使贴剂的长轴通过转筒的圆心。挤压铜纺面除去引入的气泡。将转筒安装在仪器中，试验过程中保持转筒底部距溶出杯内底部 25mm ±2mm，立即按品种正文规定的转速启动仪器。在规定取样时间点，吸取溶液适量，及时补充相同体积的温度为 32℃ ±0. 5℃的空白溶出介质。取样位置在介质液面与转筒顶部的中间位置，距溶出杯内壁 10mm 处。

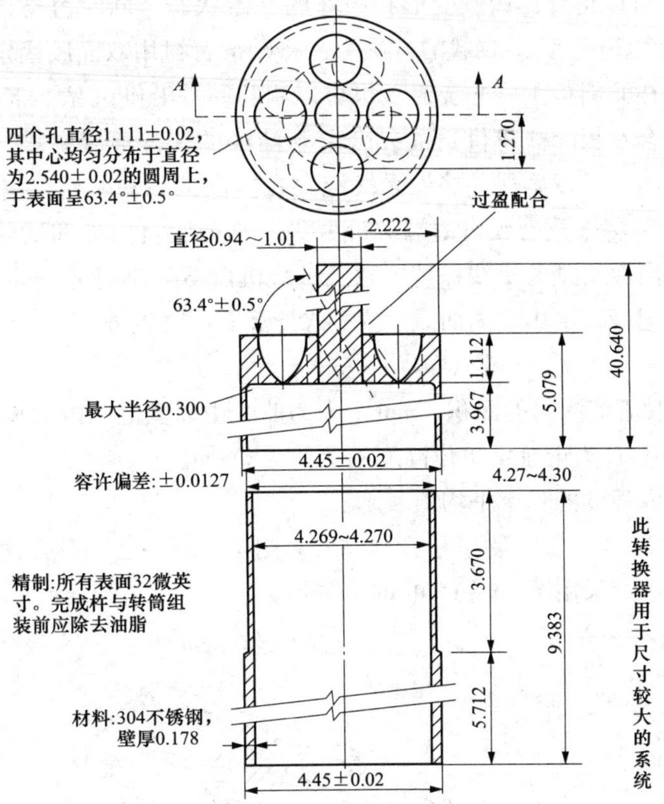

图 13－13　转筒法搅拌装置

二、黏贴性能

经皮吸收制剂需要黏贴于皮肤上，与皮肤紧密接触才能产生作用，因此，黏附性能是一个重要的质量指标。通常贴剂的压敏胶与皮肤作用的黏附力可用三个指标衡量，即初黏力、持黏力及剥离强度，可参考压敏胶带的黏力测定方法测定经皮吸收制剂的黏附力。

1. 初黏力　又称快黏力，为压敏胶与皮肤轻轻地快速接触时表现出对皮肤的黏接能力，即通常所谓的手感黏性。由于经皮吸收制剂在应用时采用手指加压，因此初黏力是很重要的性质。目前测定初黏力的方法有很多种，如拇指试验、滚球试验、90°玻璃试验等。《中国药典》（2020 年版）采用滚球斜坡停止法测定贴剂的初黏力，即将一不锈钢球从置于倾斜板上的供试品黏性面滚过，根据供试品黏性面能够黏住的最大球号钢球来评价其初黏性的大小，图 13－14 为一种按《中国药典》标准制备的初黏力测定装置，其倾斜角可适当调整。

图 13－14　初黏力测定装置

2. 持黏力　持黏力是表示压敏胶抵抗持久性剪切外力所引起蠕变破坏的能力，《中国药典》（2020 年版）用持黏力表示贴剂压敏胶的内聚力。具体操作为：将贴剂黏性面黏贴于试验板表面，垂直放置，沿贴剂的长度方向悬挂一规定质量的砝码，记录贴剂滑移直至脱落的时间或在一定时间内下移的距离。

3. 剥离强度 剥离强度可表示经皮吸收制剂压敏胶黏接力的大小，一般推荐使用剥离角度为180°，因其可以得到压敏胶变形和破坏的一定状态，同时容易得到重现性良好的结果。《中国药典》（2020年版）收载的方法为：将贴剂背衬用双面胶固定在试验板上，用胶黏带将供试品固定在倾斜板上，必要时，也可以用胶黏带沿供试品上下两侧边缘加以固定，使供试品平整地贴合在板上。将供试品黏合层与洁净的聚酯薄膜黏接，然后用2000g重压辊在供试品上来回滚压，以确保黏接处无气泡存在。供试品黏贴后，应在室温下放置20～40分钟后进行试验。将聚酯薄膜自由端对折180°，把薄膜自由端和试验板分别上、下夹持于试验机上。使剥离面与试验机线保持一致，试验机以下降速度300mm/min±10mm/min连续剥离，并由自动记录仪绘出剥离曲线。按下式计算剥离强度σ：

$$\sigma = S/(LB) \cdot C \tag{13-1}$$

式中，S为曲线中取值范围内的面积，mm^2；L为曲线中取值范围内的长度，mm；B为供试品实际的宽度，mm；C为记录纸单位高度的负荷，kN/m。

试验结果以剥离强度的算术平均值表示。

《中国药典》（2020年版）除了贴膏剂黏着力测定的第一法、第二法和第三法外，新增黏附力测定的第四法，采用图13－15的试验装置。

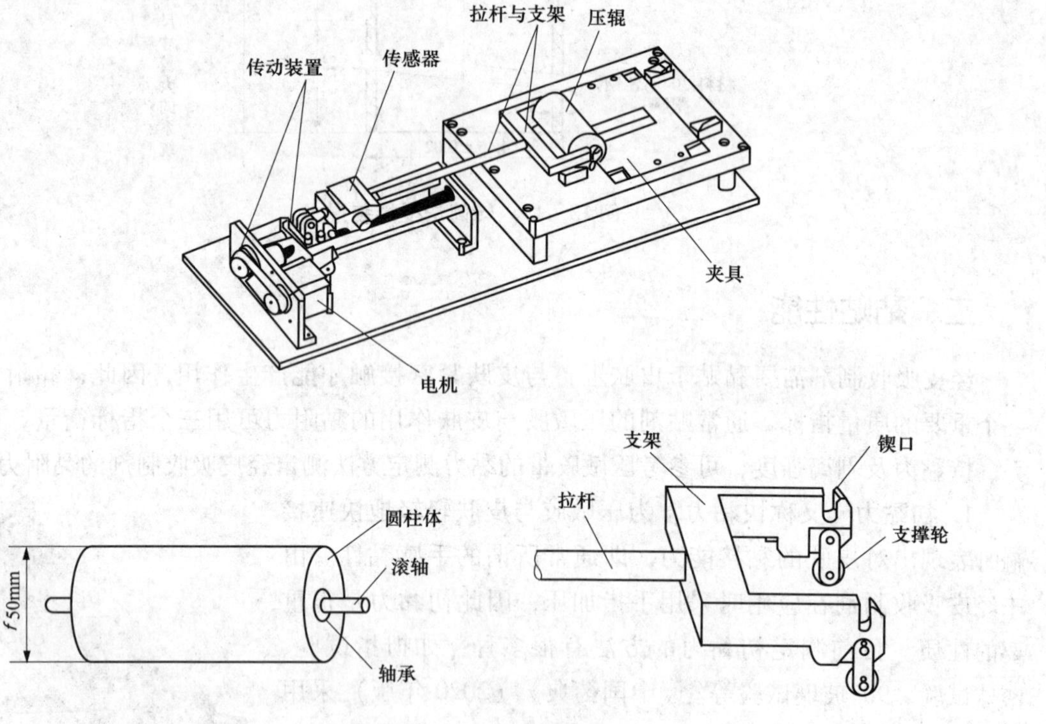

图13－15 黏着力测定装置

三、药物含量及含量均匀度

经皮吸收制剂的药物含量测定与其他制剂相同，按药典或其他规定的标准和方法测定，一般先用适宜的溶剂溶解提出，再进行含量测定。其关键是如何排除基质对主药含量测定的干扰和影响，以及如何将药物从基质中准确提取出来，可通过空白试验和加样回收率试验来验证。

《中国药典》（2020 年版）规定：除另有规定或来源于动、植物多组分且难以建立测定方法的贴剂外，所有的经皮贴剂应进行含量均匀度的测定，其限度为 ±25%。

四、体外经皮渗透速率

药物经皮渗透速率是经皮吸收制剂的重要质量指标，是经皮吸收制剂的药物、经皮渗透促进剂和基质材料等处方组成设计和筛选的主要依据。体外经皮渗透速率测定常在扩散池中进行，将剥离的皮肤夹在扩散池中，经皮吸收制剂黏贴于皮肤的角质层面，在一定的时间间隔测定皮肤另一面接收介质中的药物浓度，分析药物通过皮肤的动力学。

1. 实验装置　体外经皮渗透速率的测定主要是利用各种经皮扩散池模拟药物在体渗透过程，获得药物的皮肤渗透性能。扩散池主要由供给室（donor cell）和接收室（receptor cell）组成，在两个室之间可夹持皮肤样品、经皮吸收制剂或其他膜材料，在接收室填装接收介质。常用的扩散池有水平式扩散池、立式扩散池和流通扩散池（图 13－16），可根据研究对象和研究目的合理选用。Franz 扩散池和改良的 Franz 扩散池是垂直的单室扩散池，常用于药物制剂的经皮渗透速率测定，如软膏和经皮贴片；也可用于饱和溶液的经皮渗透速率和扩散系数的测定。Vilia－Chien 扩散池为双室扩散池，每个室都充满液体，皮肤的两面都浸在介质中，适合研究液体介质中成分的经皮扩散而不受重力的影响，而且在两侧加上电极，则很容易用于离子导入给药系统的研究。流通扩散池供应室大，接收室小，接收介质以一定速度泵入、流经接收室，使接收室保持漏槽条件，特别适合于溶解度小的药物。流通扩散池可与自动检测装置连接，连续测定接收介质的药物浓度。

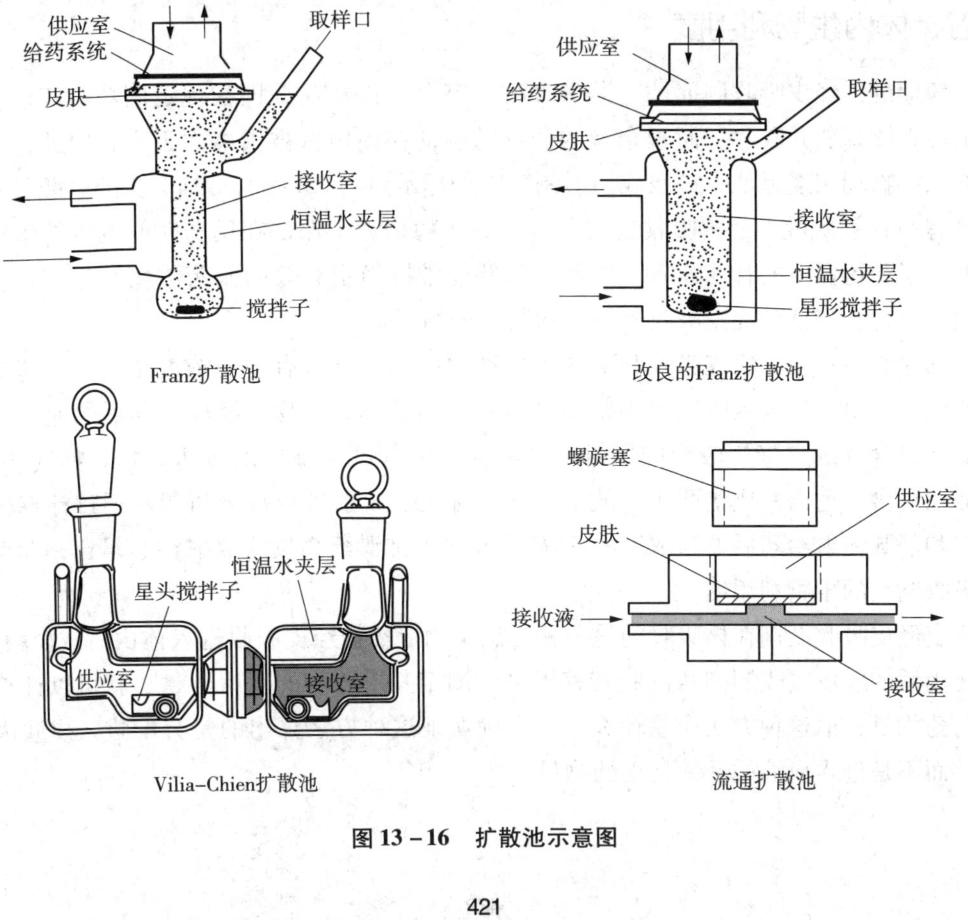

图 13－16　扩散池示意图

2. 皮肤的选择和处理 体外经皮渗透速率研究的皮肤模型最理想的是人的皮肤，考虑不同部位的皮肤药物通透性有很大差别，最好是取自临床上该制剂应用部位的皮肤。但实际人皮肤不易得到，且很难使条件保持一致，因此常需用动物皮肤代替，大多数动物皮肤的角质层厚度小于人体皮肤，毛孔密度高，药物透过动物皮肤较人皮肤容易。一般认为兔、大鼠和豚鼠等动物皮肤的可透性大于人皮肤，而乳猪和猴的皮肤与人皮肤的渗透性相近。以下为一组研究者进行不同种动物皮肤体外渗透性研究结果，其渗透性大小的排列次序为：小鼠 > 豚鼠 > 羊 > 兔 > 马 > 猫 > 狗 > 猴 > 乳猪 > 人 > 黑猩猩。

不同研究者采用不同的模型药物，可能得到不同的排列次序。

有毛动物的皮肤用前需脱毛或剃毛，但应注意不损伤角质层或影响皮肤的渗透性，经去毛的动物皮肤应立即用生理盐水淋洗，去除脂肪，置4℃生理盐水中保存备用。研究用的皮肤最好新鲜取用，如要留存可用真空包装后低温冷冻贮存，但应注意皮肤的贮存条件对皮肤渗透性的影响。

除了动物皮肤，近年来开发的多种人工膜也被用于体外经皮渗透研究。

3. 接收液的选择 由于在体内药物穿透皮肤后很快即被微循环移去，故体外经皮渗透时接收液也应提供漏槽条件以模拟这一生理现象。常用的接收液有生理盐水、林格液和等渗磷酸盐缓冲液等，在长时间的经皮实验中，可加入少量不影响测定的防腐剂以抑制微生物的生长。当药物在接收液中的溶解度较小时，可加入适量 PEG、乙醇、甲醇或表面活性剂等，以维持未饱和状态，但应注意添加剂对皮肤渗透性能的影响，也可以采用不断更换新鲜介质以维持漏槽条件，但需要高灵敏度的含量测定方法。为了使皮肤表面的温度维持在32℃，接收室外一般有水夹层。为了减少气泡的影响，接收液在加入接收室前需经脱气处理。

五、体内生物利用度

一般地讲，经皮吸收制剂是一类“吸收不完全”的产品，即在规定用药时间内仅有部分药量由系统释放并吸收，而剩余量的药物随制剂在使用后被撕离而丢弃，因此，经皮吸收制剂的生物利用度远低于口服或注射制剂。如标示量为 25mg 的每日 1 次的硝酸甘油贴剂大约只有 5mg 被吸收。经皮吸收制剂中过量的药物是为了保证在用药时间内维持恒定的浓度梯度，以获得恒定的释药速率，因此，只要能维持稳定有效的血药浓度和显著延长的作用时间，可合理降低对经皮吸收制剂生物利用度的要求。

与其他制剂相同，经皮吸收制剂的生物利用度测定方法有血药浓度法、尿药速率法和药理效应法。由于经皮吸收制剂中都是药效强、剂量小的药物，经皮给药后的血药浓度往往很低，给含量测定带来较大的困难，必须采用一些高灵敏度的分析方法，如气相色谱、高效液相色谱、色谱－质谱联用、放射性核素标记、放射性免疫分析等。通过计算经皮吸收制剂和静脉注射给药后血药浓度的 *AUC* 比或尿中排泄药物量或放射性总量比，即可求得经皮吸收制剂的生物利用度。

确定经皮吸收制剂在体吸收的另一种方法是测定药物经皮吸收进入体内后减少的药量，即将使用后的经皮吸收制剂从皮肤转移下来，测定其中药物的残留药量，就可以计算出被吸收的药物量，但这种方法误差较大，而且确切地这种方法算出的是分配进入皮肤内的药物量，而不是进入血液循环的真正药物量。

第六节 经皮吸收制剂的开发及举例

经皮吸收制剂的开发和生产与其他普通剂型有很大的区别，而且就目前已经上市的品种而言，在生产处方和工艺上也有很大的不同，各个厂家都有自己独特的生产设备和工艺技术。本节以常见几种的经皮吸收制剂典型产品为例，简要说明经皮吸收制剂的开发和生产制备工艺。

一、经皮吸收制剂的开发研究程序

经皮吸收制剂的开发研究程序一般可按图 13－17 进行。首先应选择开发的药物。一般可从常见病、慢性病用药入手，重点考虑首过效应明显、副作用较大、需长期多次给药的药物。通过文献查阅和实验获得药物的理化性质、药理学和药动学性质，从药物的分子结构、分子质量、溶解性能、油水分配系数、解离常数和化学稳定性估计药物经皮透过性能；根据药物剂量、生物半衰期、消除速率常数、表观分布容积、最小有效血药浓度以及剂量－效应相互关系等分析经皮给药的可行性，确定要开发的药物。其次，建立专属性强、灵敏度高、重现性好的药物分析方法，并进行方法学研究，一般可采用高效液相色谱法。然后根据药物性质初步设计给药系统，测定药物的经皮渗透速率与时滞，了解药物皮肤渗透性，如果在可接受的给药面积范围内（$60cm^2$）不能达到临床治疗要求，应选用合适的吸收促进剂或前体药物。考察辅料、pH 值、皮肤来源及部位等条件对药物透过速率的影响，确定各影响因素。根据体外释放实验和体外经皮试验结果，筛选给药系统的处方组成（包括药物贮库组成，高分子材料和压敏胶等）并进行优化设计。按确定的最佳处方制备样品，制定产品质量标准，对所制样品进行加速稳定性试验，并进行药动学、药效学、皮肤刺激性、过敏性等试验。按国家有关规定进行新药申报和临床研究，考察人体用药部位、年龄、性别所引起的药动学差异及同一部位皮肤重复用药可能产生的药动学变化。制定完善的生产工艺和生产过程中的质量控制方法，整个生产过程要严格按照 GMP 的要求进行生产。

二、经皮吸收制剂举例

例 13－1 东莨菪碱经皮贴剂（Scopolamine Transdermal Patch）

东莨菪碱为 M 胆碱受体拮抗剂，临床上可用于防治晕动症及各类呕吐，减少胃酸分泌，辅助临床麻醉等，常用剂量为 0.2～0.5mg，但常规的口服及注射制剂会产生较严重的不良反应，如口干、面红、散瞳、视力模糊、心率加快等。研究表明，这些不良反应与血药浓度有关，控制给药速率使血药浓度保持在一定的水平可显著减少不良反应的发生。由于该药剂量小、半衰期短（小于 1 小时）、分子质量小（303.4Da）、油水分配系数和解离度适宜（pK_a7.55），且对皮肤无刺激性，适合经皮给药，最早由 Alza 公司开发成为第一个经皮吸收制剂。

【处方】	药库层	黏附层
聚异丁烯（MML－100）	29.2g	31.8g
聚异丁烯（LS－MS）	36.5g	39.8g
矿物油	58.4g	63.6g
东莨菪碱	15.7mg	4.6mg
三氯甲烷	860.2ml	360.2ml

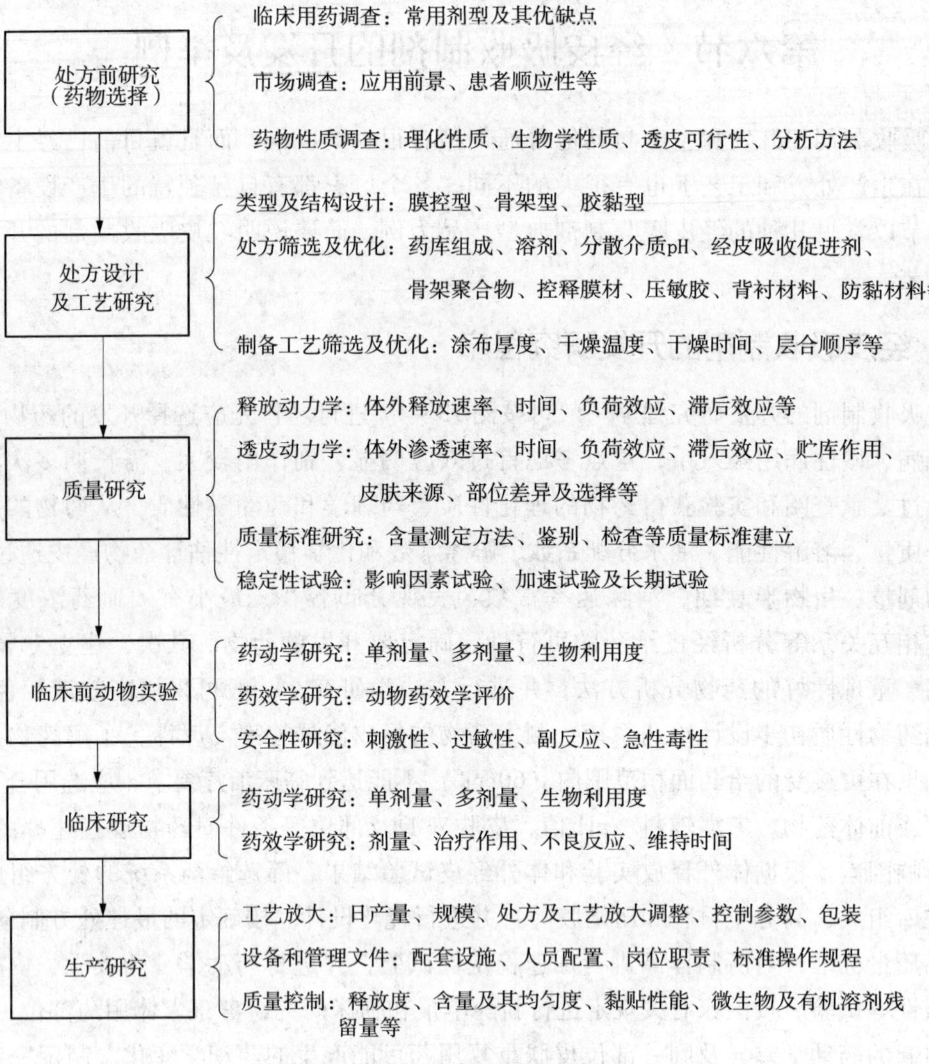

图13－17　经皮吸收制剂的开发研究程序

【制备】 称取处方各组分，搅拌溶解，分别制成药库层基质和黏附层基质，将药库层基质涂布在65μm厚的铝塑膜上，烘干或自然干燥，制成约50μm厚的药库层。将黏附层基质涂布在200μm厚的硅纸上，制成约50μm厚的黏附层。将50μm厚的聚丙烯膜复合到药库层上，然后将黏附层复合到控释膜的另一面，切成1cm^{2}大小的圆形贴片，即得。

【注解】

（1）本品为复合膜型的经皮吸收制剂，由五层结构组成：第一层为背衬层，由铝塑膜或其他非渗透性聚合物构成，能防止挥发性成分的逸出，也是该制剂的支持层；第二层为药库层，药物以一定浓度溶于或以极小粒子分散于矿物油及高分子材料胶浆中；第三层为控释膜层，控制药物从药物贮库层中的释放速率；第四层为胶黏层，含有少量的药物，可提高首剂量并能黏贴于皮肤上；第五层为保护层，在制剂的贮存过程中起保护作用，使用时揭去，常由防黏纸或玻璃纸组成。所设计的释药量为：初始量150～250μg/(cm^2·h)，维持量3～3.5μg/(cm^2·h)。

（2）本品采用高、低分子质量混合的聚异丁烯为压敏胶材料，MML－100型聚异丁烯的平均相对分子质量为106万～144万，可增加压敏胶的剥离强度和内聚力，LM－MS型的平均相对分子质量为43 000～45 000，在压敏胶中主要起增黏及改善胶黏层柔软性的作用。

由于聚异丁烯不溶于水和醇等极性溶剂，常用三氯甲烷或庚烷等烃类等非极性来溶剂。

(3) 研究表明，当东莨菪碱的尿药排泄速率略低于1μg/h即能产生镇吐作用，而且避免嗜睡等严重的副作用。当药物以5μg/h的速率从贴片中释放并进入体循环时，即可保持上述治疗所需的尿药排泄速率及最佳的镇吐作用。本法所制的东莨菪碱贴片，药库含药1.5mg，3天释药0.5mg，即可达到这一水平。

(4) 本品的用药部位为耳后，因不同部位皮肤的渗透性是不同的，其顺序为：耳后 > 背部 > 胸部 > 腹部 > 手臂 > 腿部。

例13－2 可乐定经皮贴剂（Clonidine Transdermal Patch）

可乐定是强效降压药，对各种类型的高血压都有一定的降压效果，还可用于防治偏头痛与治疗开角型青光眼。常用剂型为注射剂与片剂，口服剂量开始每次0.075～0.15mg，每日3次，以后逐渐增加剂量，每日维持剂量为0.15～1.2mg。该药的常见副作用有口干、嗜睡、乏力、便秘、心动徐缓等，控制血药浓度可以减少副作用的发生。可乐定的分子质量为230.1Da，pK_a是8.25，具有一定的水溶性与较高的亲脂性，体内半衰期6小时，对皮肤几乎无刺激性，因此适宜于制备成经皮给药系统给药。Alza公司研制的可乐定经皮贴剂（catapres－TTS）为膜控型TDDS。

【处方】	药库层（%）	黏附层（%）
聚异丁烯（MML－100）	5.2	5.7
聚异丁烯（LS－MS）	6.5	7
矿物油	10.4	11.4
可乐定	2.9	0.9
庚烷	75	75
胶态二氧化硅适量		

【制备】 按药库层处方量称取可乐定、矿物油和庚烷于匀浆机中，在5000～10 000r/min条件下搅拌10分钟，加入高、低分子质量的聚异丁烯，低速混合至完全溶解，加入胶态二氧化硅吸附的药物粒子使其均匀混悬在胶浆中。将上述药库基质涂布于背衬膜上，自然干燥一夜，然后在60℃下烘15分钟，制得厚约50μm的药库层。

称取黏附层处方组分，与上述相同方法制备黏附层基质，并涂布于保护膜上，制得厚约50μm的黏附层。

将控释的微孔聚丙烯膜复合到黏附层上，再将药库层复合到控释膜的另一面，切成面积为1.1cm^2的圆块，密封于内包装袋包装得成品，检验合格后入库。

【注解】

(1) 本法所制的可乐定贴剂为周效制剂。经皮给药后血药浓度缓慢增加，第三天达到稳态血药浓度，此时降压作用最佳。揭去贴剂后，最初8小时仍可保持稳态，然后以清除半衰期为21小时的速率下降。

(2) 采用Franz扩散池进行体外释放度和经皮渗透速率的研究结果表明，在初24小时释放速率很快，然后以恒速释放，释放速率为3.02μg/（cm^2·h）。经皮渗透过程经历3.5小时的时滞后达到稳态渗透，渗透速率为2.43μg/（cm^2·h），小于药物释放速率，表明本品为皮肤控释。

(3) 可乐定的血药浓度与贴剂的给药面积有较好的相关性，而与用药部位无关。从前臂到脑部不同部位应用贴剂后，3～7天内的稳态血药浓度均在0.3ng/ml以上，不同用药部位产生的血药浓度无显著性差异。

（4）与口服制剂相比，释药速率为0.1mg/d的贴剂与0.1mg的片剂一天服药两次后产生的血药浓度相当，但经皮贴剂的血药浓度稳定得多，血药控制稳定，有效避免了口服给药因血药浓度波动大而产生药效波动的情况。

例13－3　雌二醇经皮贴剂（Estradiol Transdermal Patch）

雌二醇是机体内卵巢分泌的一种雌激素，临床上用于治疗卵巢功能不全或卵巢激素不足所致的各种疾病。但需长期给药，临床常用剂量为0.5～1.5mg，分子质量为272Da，熔点176℃，油水分配系数为490，适合开发成经皮吸收制剂，最早由瑞士Ciba公司开发上市，现已有多家公司生产，有复合膜型、填充封闭型、聚合物骨架型和压敏胶分散型等多种类型。在此以压敏胶分散型的产品为例说明其制备工艺，因为这种类型的TDDS具有结构简单、生产简便等优点，已受到很大的重视。

【处方】雌二醇4g　异丙醇100ml　聚丙烯酸压敏胶170g　乙酸乙酯450ml

【制备】称取处方量的聚丙烯酸压敏胶，加300ml的乙酸乙酯，搅拌溶解，得压敏胶溶液。称取雌二醇加入处方量的异丙醇和剩余的乙酸乙酯，搅拌溶解，得药物溶液。在搅拌条件下，将药物溶液加入压敏胶溶液中，继续搅拌混合均匀，蒸去部分溶剂制得适合涂布的浆液。将浆液涂布于防黏纸或聚酯保护膜上，30～80℃干燥除去溶剂，得到重为98g/m^{2}的药物骨架胶黏层，加聚氨酯、聚氯乙烯与聚乙烯组成的复合膜，叠合，切成18cm^{2}大小的贴剂，包装即得。

【注解】

（1）由于雌二醇的皮肤渗透性较差，常需加入一些经皮吸收促进剂，乙醇、丙二醇、聚乙二醇等溶剂不仅能增加药物的溶解度，还能对药物的吸收有很好的促进作用，故在许多雌二醇贴片中常用这些溶剂。

（2）本品中聚丙烯酸压敏胶由61%～64% 2－乙基己基丙烯酸、25%～28%甲基丙烯酸酯、4%～5%丙烯酸、4%～5%醋酸乙烯和1%羟乙基丙烯酸酯通过辐射共聚而得。由于该压敏胶组成合理，采用其作为药物骨架，不仅具有良好的胶黏性能，还使药物具有很好的渗透性，使得不需经皮吸收促进剂就可获得良好的经皮渗透效果，从而避免经皮吸收促进剂可能产生的皮肤刺激性和毒副作用。

（3）本法制得产品的体外释放度曲线如图13－18，从中可看出约30%的药物在6小时内释放，约60%的药物在24小时内释放，而约80%的药物在36小时内释放。从6小时至36小时，雌二醇的释放呈0级动力学，可用式$Q = 1.6169h + 22.369$表示。

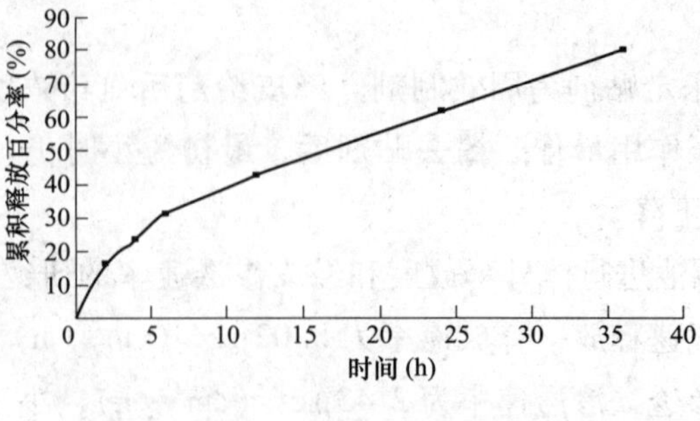

图13－8　雌二醇透皮贴剂的体外释放曲线线

（4）生物利用度测定　用放射免疫法测定血清中的雌二醇浓度，以20位绝经期妇女作受试者，应用2片本品，及2片对照品（为膜贮库型给药系统，贮库内含有乙醇作为溶剂与促透剂的凝胶，含雌二醇4mg）贴于皮肤上96小时后撕去，经交叉研究，所得血药浓度-时间曲线见图13-19。从图中可见本品产生的血药浓度曲线较平稳，它的 C_{max}、T_{max}、$AUC_{0-\infty}$ 分别为66.18pg/ml、35.0小时和4286pg/ml·h，而对照品分别为87.35pg/ml、18.8小时和4268pg/ml·h。故本品的峰浓度小，达峰时大，相对生物利用度为100.4%。

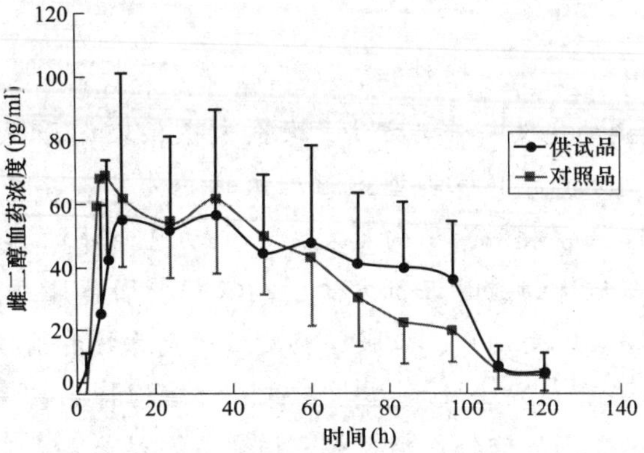

图13-19　雌二醇透皮贴剂的血药浓度经时曲线

（高建青）

扫码"练一练"

第十四章　靶向制剂

学习目标

1. **掌握**　靶向制剂的定义、分类方法；靶向制剂按靶向原理分类、按药物分布水平分类和按照结构类型分类的具体类型；脂质体的定义、分类方法；脂质体制备方法的类型，重点掌握薄膜-分散法、逆向蒸发法、主动包封法的具体步骤；脂质体未包载药物的分离方法；脂质体的质量评价方法；纳米粒、固体脂质纳米粒和脂肪乳剂的定义及其制备方法；磁性靶向制剂、口服结肠定位给药系统和前体药物的定义。

2. **熟悉**　靶向性评价的方法及类型；脂质体的结构特点、理化性质、制备材料；新型脂质体及脂质体的靶向性修饰；纳米粒、固体脂质纳米粒和脂肪乳剂的制备材料；磁性靶向制剂、栓塞靶向制剂的制备方法、口服结肠靶向制剂的类型；磁性靶向制剂与栓塞靶向制剂的材料和磁性靶向制剂的质量评价。

3. **了解**　靶向制剂的特点；脂质体的特点、磷脂和药物性质对脂质体载药的影响、脂质体的作用机制和给药途径；纳米粒、固体脂质纳米粒和脂肪乳剂的靶向性修饰；磁性靶向制剂的特点、前体药物在特定的靶部位再生为母体药物的基本条件。

扫码“学一学”

第一节　概　述

一、靶向制剂的定义和特点

（一）定义

靶向制剂，亦称靶向给药系统（targeting drug delivery system，TDDS），系指采用载体将药物通过循环系统浓集于或接近靶器官、靶组织、靶细胞和细胞内结构的一类新制剂，具有提高疗效并可显著降低对其他组织、器官及全身的毒副作用。

靶向制剂的概念是由 Ehrlich. P 在 1906 年提出的。靶向制剂同先前涉及的普通制剂有明显的区别。对于普通制剂而言，药物的体内分布主要取决于药物的性质，通常情况下，药物在体内分布较为均匀，而对药物作用部位而言并非具有特异性分布。这种非作用部位的药物分布，均会产生一定的毒副作用，但是，若在可接受的范围，也不会引起人们的重视。需要指出的是，上述情况对于药理作用强烈的药物而言，如抗肿瘤药物，则需要引起应有的重视。因为，药理作用强烈的药物针对病灶部位是起治疗作用，但是对于正常组织器官则产生的是损伤作用，甚至在治疗过程中出现严重的毒副作用。因此，通过制剂手段，借助于载体将药物定向输送到病灶部位或产生治疗作用的部位，减少药物在非作用部位的分布，最终达到提高药效降低毒副作用的目的，即制备靶向制剂或构建靶向给药系统，是近年来药剂学的研究热点及重点之一。

(二) 特点

与普通制剂相比，靶向制剂最为突出的特点是：利用载体的载带作用最大限度地将治疗药物运送到作用部位，使药物在该部位的浓度达到普通制剂的数倍乃至数百倍，治疗效果明显提高。同时，由于靶向制剂中药物在正常组织分布量较普通制剂减少，药物的毒副作用和不良反应会明显减轻，以此达到高效低毒的治疗效果，从而提高药品的安全性、有效性、可靠性和患者的顺应性。需要指出的是，靶向制剂中载体的作用是非常重要的，它是输送药物达到靶部位所必需的。

理想的靶向制剂首先应具有良好的靶向性，即靶向制剂进入体内后可迅速到达靶区，且在到达靶区前药物应尽可能存在于载体中，释放的药物量应尽量少，而到达靶部位后迅速释放药物使达到有效药物浓度；其次，以预期速率释放药物的靶向制剂，应尽可能确保药物释放按照设计要求进行；再次，靶向制剂应具有良好的生物相容性，对于静脉注射的靶向制剂，应具有良好的血液相容性；最后，构建载体的材料应无毒可生物降解，并具有较好的安全性。

二、靶向制剂的分类

靶向制剂依据不同的标准有不同的分类。目前较多采用的有以下几种分类方法。

(一) 按靶向原理分类

按靶向原理可分为被动靶向（passive targeting）制剂和主动靶向（active targeting）制剂。目前，该分类方法是最为常见的方法。

1. 被动靶向制剂 也称自然靶向制剂。由于机体的物理和生理学特性，载药微粒进入体内即被巨噬细胞作为外界异物吞噬而产生体内不均匀分布。这类靶向制剂利用脂质、类脂质、蛋白质、生物降解型高分子物质等作为载体，将药物包裹或嵌入其中制成各种类型的微粒给药系统，如脂质体、乳剂、纳米粒等，注射给药后，载药微粒被单核-巨噬细胞系统的巨噬细胞（尤其是肝的 Kupffer 细胞）摄取，通过正常生理过程运送至肝、脾、肺及淋巴等巨噬细胞丰富的器官且在这些器官聚集，逐渐释放药物而发挥疗效。被动靶向的微粒经静脉注射后，其在体内的分布首先取决于粒径大小：小于 100nm 的微粒可缓慢积集于骨髓，也能进入肝实质细胞；小于 3μm 时一般被肝、脾中的巨噬细胞摄取；7～12μm 的微粒通常被肺的最小毛细血管床以机械滤过方式截留，进而被巨噬细胞摄取进入肺组织或肺气泡。动脉注射大于 12μm 的微粒，可阻滞于毛细血管床，到达肝、肾或其他荷瘤器官中。

除粒径外，微粒表面性质，如荷电性、疏水性和表面张力等对分布也起着重要作用。一般而言，表面带负电荷的微粒易被肝脏摄取，表面带正电荷的微粒易被肺摄取，疏水性微粒易被单核-巨噬细胞系统摄取。如用亲水性的 PEG 修饰微粒表面后，可减少单核-巨噬细胞系统的吞噬，使微粒在机体血液中存在的时间延长。

需要指出的是，许多图书也提及物理化学靶向制剂，即采用某些物理和化学方法对载体进行修饰，使其在特定部位发挥药效。如将铁磁性材料与药物共同包裹于微粒载体中制成磁导向制剂，静脉注射后，利用足够强的体外磁场引导药物在体内定向移动并定位浓集于特定靶区；针对肿瘤部位加热可进行热疗，此时应用对温度敏感的材料包裹抗癌药物制成热敏制剂，使其在肿瘤部位释药；也可应用对 pH 敏感的载体材料制备 pH 敏感制剂，使其在相应肿瘤部位的低 pH 区进行释药；此外，用栓塞制剂阻断靶区的血液供应与营养，起到栓塞和靶向化疗的双重作用等。对于物理化学靶向而言，多数也可归纳为环境响应释药的范畴。

2. 主动靶向制剂 利用特定的配体或受体修饰的药物载体作为“导弹”，将药物定向地运送到靶区浓集，发挥药效的靶向制剂。一种方法是载药微粒的表面经亲水性高分子材料修饰后，使其在血液中不易被巨噬细胞吞噬，再在微粒表面连接特定的配体或单克隆抗体，通过生物识别作用，与靶细胞上的受体结合，从而使微粒聚集在特定的靶部位；另一类主动靶向制剂，系将药物修饰成无活性或活性低于原药的前体药物，输送到特定靶区后药物被激活，发挥作用。

（二）按药物分布水平分类

按药物分布水平可将靶向制剂分为三级：一级靶向（first - order targeting）系指进入靶部位的毛细血管床释药，或指将药物输送到特定的靶组织或靶器官（如肝、肾等）；二级靶向（second - order targeting）系指药物进入靶部位的特殊细胞（如肿瘤细胞）释药，而不作用于正常细胞；三级靶向（third - order targeting）系指药物作用于细胞内的一定部位，如到达病变细胞内的某些特定靶点（如细胞核）。药物如能制成二级或三级靶向制剂，则可使药物在细胞水平上发挥作用，药物专门攻击病变细胞，对正常细胞没有或几乎没有不良影响，可使药物的疗效达到最理想的程度。

（三）按给药途径分类

按给药途径可分为两类：注射方式给药的靶向制剂，即通过注射方式给药后，能使药物靶向所需发挥作用的部位；非注射方式给药的靶向制剂，即通过非注射方式给药，如口服给药、局部给药等。

除上述三种分类方法外，还有其他的分类方法，在此就不再一一介绍。

三、靶向性评价

靶向制剂区别于普通制剂的显著特征即是其对体内特定靶点的靶向性。靶向制剂的靶向性如何，通常采用相对摄取率 r_e、靶向效率 t_e 和峰浓度比 c_e 三个参数来衡量。

1. 相对摄取率 r_e

$$r_e = (AUC_i)_p / (AUC_i)_s \tag{14-1}$$

式中，AUC_i 是由浓度 - 时间曲线求得的第 i 个器官或组织的药物浓度 - 时间曲线下面积，下标 p 和 s 分别表示试验药物制剂和药物溶液。r_e 大于 1 表示药物制剂在该器官或组织有靶向性，等于或小于 1 表示无靶向性。

2. 靶向效率 t_e

$$t_e = (AUC)_{靶} / (AUC)_{非靶} \tag{14-2}$$

式中，t_e 值表示药物制剂或药物溶液对靶器官的选择性。t_e 值大于 1 表示药物制剂对靶器官比某一非靶器官有选择性，t_e 值愈大，选择性愈强。药物制剂与药物溶液的 t_e 值相比，说明药物制剂靶向性增强的倍数。

3. 峰浓度比 c_e

$$c_e = (C_{max})_p / (C_{max})_s \qquad (14-3))$$

式中，C_{max} 为峰浓度，每个组织或器官中的 c_e 值表示药物制剂改变药物分布的效果，c_e 值愈大，表明改变分布的效果愈明显。

第二节 脂质体

扫码“学一学”

一、概述

（一）脂质体的定义

脂质体（liposomes）系指药物被类脂双分子层包封成的微小囊泡。脂质体是由双层磷脂包裹，具有水相内核的脂囊，是一种人工合成的脂质膜性小球。脂质体是目前被研究得最广泛、技术最成熟的靶向给药系统。

脂质体最早是作为生物膜的模型而提出的。20世纪60年代初，英国学者Bangham等发现，当磷脂分散在水中时能形成多层囊泡，且每层均为脂质双分子层，厚度约4nm，各层之间被水相隔开。这种具有类似生物膜结构的双分子层小囊被称为脂质体。20世纪70年代初，脂质体作为药物的载体开始逐渐引起人们的重视，其后迅速发展，对脂质体的处方组成、粒径控制、稳定性、体内过程、安全性及药效学等方面进行了广泛深入的基础研究，并且随着化学、化工、药剂学等相关学科研究的长足发展，脂质体已由基础研究最终走向临床应用。自1988年第一个含药脂质体在美国进入临床试验以来，据不完全统计，国内外已经有10余种脂质体制剂上市，还有更多脂质体在进行临床前或临床研究，相信将有更多的脂质体产品在临床使用。

两性霉素B脂质体（AmBisome）是第一个采用注射方式给药，产生全身治疗作用的脂质体，该脂质体于1990年在爱尔兰上市销售，随后在欧洲上市。两性霉素B脂质体的处方组成为两性霉素B、氢化大豆磷脂酰胆碱、二硬脂酸磷脂酰甘油、胆固醇。之后两性霉素B胶体分散体（Amphocil）和两性霉素B脂质复合物（Abelcet）产品也相继上市。上述产品均用于治疗真菌感染，可有效降低游离两性霉素B引起的急性毒性。由于脂质体和脂质复合物或脂质分散体的粒子相对于由于两性霉素B而言，主要聚集在网状内皮系统，可降低药物在肾脏的摄取，因此，此时可通过增加给药剂量，达到更好的治疗效果。阿霉素脂质体（Doxil）是首个批准上市用于抗肿瘤治疗的脂质体。该脂质体于1995年获FDA批准，随后，在欧洲获得批准。该脂质体并非普通脂质体，而是经过PEG修饰的脂质体，也称长循环或隐形脂质体。此外，还有其他如正定霉素脂质体（DaunoXome）、阿糖胞苷脂质体（DepoCyt）、制菌霉素脂质体（Nyotran）等脂质体也已批准上市。

（二）脂质体的特点

脂质体具有以下特点：①构成脂质体的主要材料磷脂和胆固醇是细胞膜的天然组成成分，对机体无毒、无抗原性，完全生物相容，体内能彻底降解。②脂质体在血液中稳定，可随血液循环流动，在体内可被巨噬细胞作为异物吞噬，浓集在肝、脾、淋巴系统等单核-巨噬细胞丰富的组织器官中。作为抗肿瘤药物载体的主要优点是降低对非靶向组织的毒性继而保持对肿瘤的细胞毒作用，如阿霉素或柔红霉素脂质体在保持抗肿瘤作用时可明显降低心脏毒性和皮肤毒性；另外脂质体可作为抗寄生虫、原虫药物载体，用于治疗肝寄生虫病、利什曼病等单核-巨噬细胞系统疾病。③与细胞膜亲和力强，可以增加被包裹药物透过细胞膜的能力，将亲水性药物尤其是多肽、质粒基因等送入细胞内，发挥作用。④根据需要，可以调整处方组成，制备出不同粒径和表面电荷的脂质体，并可对表面进行

PEG 化修饰，延长血液循环时间，或与适当的抗体连接，提高药物的靶向性。⑤载药范围广，脂质体既可包裹水溶性药物，也可包裹脂溶性药物。⑥包裹在脂质体中的药物和外部介质隔绝，不易受外部环境的影响，能够提高一些易降解或易失活的药物如酶等的稳定性。

（三）脂质体的结构特点及分类

1. 脂质体的结构特点 脂质体的结构特点是磷脂双分子层，内部是水相的囊泡。

2. 脂质体的分类 脂质体可以按照结构类型、结构性能、荷电性等方式进行分类。

（1）按照结构类型，脂质体可分为单室脂质体与多室脂质体。单室脂质体：含有单一类脂质双分子层的脂质体称为单室脂质体，其中粒径为 20～80nm 的称为小单室脂质体，通常小单室脂质体也可称纳米脂质体，粒径在 0.1～1μm 的单室脂质体称为大单室脂质体。多室脂质体：含有多层类脂质同心双分子层的脂质体称为多室脂质体，粒径在 1～5μm。此外，某些脂质体由于没有相同的圆心，其内部是由很多大小、形态不一的小脂质体紧密堆积而成的，小脂质体之间被脂质双层膜隔开，结构类似于泡沫，可将该脂质体称为多囊脂质体。单室脂质体、多室脂质体和多囊脂质体的结构示意图见图 14－1。

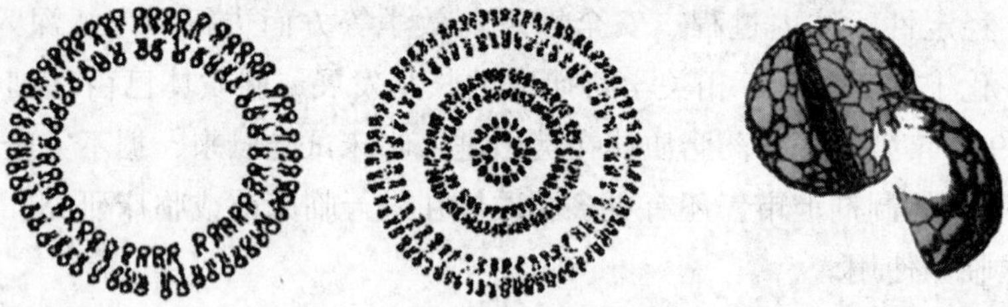

图 14－1 单室脂质体、多室脂质体和多囊脂质体的结构示意图

A. 单室脂质体；B. 多室脂质体；C. 多囊脂质体

（2）按照结构性能，脂质体可分为普通脂质体和特殊性能脂质体。特殊性能脂质体是在普通脂质体的基础上添加特殊材料或经过特殊修饰而赋予普通脂质体更好的功能，如长循环脂质体、靶向脂质体、前体脂质体、热敏脂质体、pH 敏感脂质体、光敏脂质体等。

（3）按照荷电性，脂质体可分为：中性脂质体、负电荷脂质体及正电荷脂质体或阳离子脂质体。

（四）脂质体的理化性质

1. 相变温度 脂质体的物理性质与介质温度有密切关系。当温度升高时，脂质体双分子层中的疏水链可从有序排列变为无序排列，从而引起一系列变化。如膜厚度减小，流动性增加，产生由胶晶态（固态）向液晶态的转变等。这一转变温度称为相变温度。它取决于磷脂的种类。如脂质体膜由两种以上磷脂组成，它们各有特定的相变温度，在一定条件下它们可以同时存在不同的相。在相变温度以下时，磷脂分子的脂肪酸链为全反式构象，排列紧密，膜刚性和膜厚度增加，膜结构处于“胶晶态”；当在相变温度以上时，由于脂肪酸链的运动显著增加，膜结构处于“液晶态”，脂质体膜的流动性增加，被包裹的药物容易释放。因此，膜的流动性直接影响脂质体的药物释放和稳定性。

2. 膜的通透性 脂质体的磷脂双分子层膜是脂溶性的半透膜，水分子能自由扩散通过，但溶解在水中的不同分子、离子透膜能力差异很大。极性大的或高分子质量的化合物一般不容易透过；在水和有机溶剂中溶解度都好的化合物，磷脂膜的屏障作用很弱。带电离子的透膜行为差别很大，H^+ 和 OH^- 可自由穿过磷脂膜，可能是水分子间氢键结合的结果，钠和钾离子跨膜则非常慢。不同磷脂分子构成的磷脂膜对同一化合物的屏障作用也不同，磷脂脂肪酸链延长，会增加膜的厚度，通透性下降。

3. 荷电性　含酸性脂质如磷脂酸（PA）和磷脂酰丝氨酸（PS）等的脂质体荷负电，含碱性（氨基）脂质如十八胺等的脂质体荷正电，不含离子的脂质体显电中性。脂质体的表面电荷与其包封率、稳定性、靶器官分布及对靶细胞作用有重要关系。

二、脂质体的制备材料

制备脂质体的材料主要包括磷脂类和胆固醇（图 14－2）。

1. 磷脂类　磷脂是一大类化合物的总称，有几十种之多。

卵磷脂是制备脂质体的常用材料之一，又称磷脂酰胆碱（phosphatidylcholine PC），来源有天然和合成两种，天然卵磷脂主要来自于大豆和蛋黄，通过一定方法进行提取而得。此外，其他磷脂材料，如磷脂酰乙醇胺（phosphatidylethanolamine，PE）、磷脂酰甘油（phosphatidylglycerol，PG）、磷脂酰肌醇（phosphatidylinositol，PI）、磷脂酰丝氨酸（phosphatidylserine，PS）、磷脂酸（phosphatic acid，PA）等。经过修饰的磷脂包括二棕榈酰磷脂酰胆碱（dipalmitoyl phosphatidylcholine，DPPC）、二棕榈酰甘油磷脂（dipalmitoyl phosphatidylglycerol，DPPG）、二硬脂酰磷脂酰胆碱（dimyristoyl phosphatidylcholine，DMPC）等。磷脂又可分为中性磷脂、酸性磷脂（负电荷磷脂）和正电荷脂质。中性磷脂主要包括 PC 和 PE 等；酸性磷脂主要包括 PG 和 PS 等；正电荷脂质主要包括硬质酰胺（stearylamine，SA）、DC－胆固醇、DOTMA 等。

2. 胆固醇　制备脂质体的另外一类材料是胆固醇。虽然单用磷脂也可以制备脂质体，但通常情况下，制备脂质体时处方中要添加适量的胆固醇。胆固醇本身不能形成脂质双层结构，但它能在很宽的比例范围内与磷脂相结合。胆固醇高浓度渗入磷脂膜内，具有双相调节磷脂膜流动性的作用，当低于相变温度时，可使膜减少有序排列，增加流动性；高于相变温度时，胆固醇可增加膜的有序排列，减少膜的流动性。因此，胆固醇被称为脂质体的“流动性缓冲剂”。

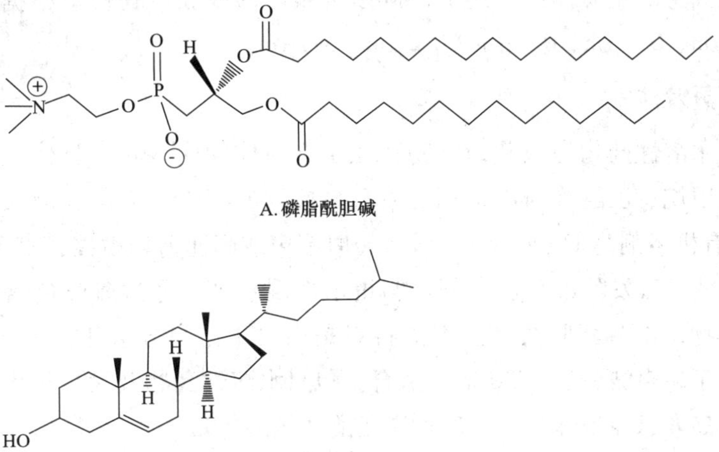

A. 磷脂酰胆碱

B. 胆固醇

图 14－2　磷脂酰胆碱和胆固醇结构

三、脂质体的制备方法

有关制备脂质体的方法较多，本节将对主要和常用的方法进行介绍。

（一）薄膜分散法

薄膜分散法最先由 Bangham 报道，目前是最经典的制备脂质体的方法。该方法尤其适用于包载脂溶性药物，脂溶性药物包载于脂质体的脂质膜中。具体方法为：将磷脂等膜材及脂溶性药物用适量有机溶剂（三氯甲烷、乙醚等）溶解，减压蒸除有机溶剂，使形成薄膜，加入缓冲液，振摇，经后处理得脂质体。虽然水溶性药物也采用本法进行制备，即药物通过溶解在缓冲液中，依法操作，可完成水溶性药物的包载，但是，本法对水溶性药物的包载率低。

通常情况下，后处理可采用不同的方法，如振荡、超声、匀化、挤压等。因此，薄膜分散法还可进一步分为：薄膜－振荡分散法、薄膜－超声法、薄膜－匀化法、薄膜－挤压法等方法。

1. 薄膜－振荡分散法 当脂质膜加入缓冲液后，采用液体快速混合器室温下振荡一段时间（通常 2～5 分钟），则可形成脂质体，但是该法制备的脂质体的均匀性欠佳。

2. 薄膜－超声法 当脂质膜加入缓冲液后，采用超声的方法进行处理，制备脂质体。通过控制超声的能量和超声时间，可控制脂质体的粒径大小及分布。采用超声处理，可制备单室脂质体。需要注意的是，超声可产生热，此时需注意对温度进行控制，防止升温对脂质体乃至对包载药物的影响。超声的方式有两种，即探头型和水浴型超声。探头型超声产生的能量高，有助于制备粒径小且均匀的脂质体，适用于制备体积量小的脂质体，具体操作时需要注意采用间断式给予超声。水浴式超声更适合于制备大体积量的脂质体，但是由于功率的限制，超声处理时间长，此时需要注意水浴温度的升高对脂质体的影响。

3. 薄膜－匀化法 将采用薄膜分散法制备的大粒径脂质体，通过组织匀浆机或高压乳匀机进行匀化处理，可制备粒径均匀且较小的脂质体，该方法更适用于工业化生产。

4. 薄膜－挤压法 通过挤压的方式将脂质体通过固定孔径的滤膜，脂质体粒径逐渐变小且更加均匀，上述方法被称为薄膜－挤压法（membrane extrusion）。该方法在较低的压力下即可完成，目前已有用于制备脂质体的手动挤压仪，通过挤压次数及滤膜孔径的控制，即可制备出令人满意的脂质体。常用的滤膜多为聚碳酸酯膜，孔径可根据制备需要依次选择 1.0μm、0.8μm、0.6μm、0.4μm、0.2μm、0.1μm。

（二）逆相蒸发法

本法适用于水溶性药物的包载，药物存在于脂质体的内水相。具体方法如下：将磷脂等膜材溶于三氯甲烷、乙醚等与水不相混溶且易挥发的有机溶剂中，加入待包封药物的水溶液［水溶液: 有机溶剂为 1:（3～6）］进行短时超声或高速剪切搅拌，直到形成稳定的 W/O 型乳剂，然后减压蒸发除去有机溶剂。制得水性混悬液，通过凝胶色谱法或超速离心法除去未包封的药物，得载药脂质体。本法特点是相对于薄膜分散法而言包封的药物量大，体积包封率可大于超声波分散法 30 倍，适合于包封水溶性药物及大分子生物活性物质，如各种抗生素、胰岛素、免疫球蛋白、碱性磷脂酶、核酸等。

（三）主动包封法

如果先形成空白脂质体，再将药物装入其中，则称为脂质体的主动载药技术。其基本原理是一些两亲性的弱酸、弱碱药物能够以电中性的形式跨越脂质双层，进入脂质体内水相后在缓冲溶液作用下电离，不能再跨越脂质双层扩散到外水相中（图 14－3）。技术的关键在于通过透析、柱层析等手段使空白脂质体膜内外形成电位梯度、pH 值梯度或其他适宜的梯度，促使外水相中的药物自发透膜向脂质体内水相聚集。主动载药技术克服了被动载药技术包载水溶性药物包封率低的缺点，使得制备高包封率脂质体成为可能。由于主动载药技术的出现，极大地促进了脂质体制剂的产业化发展。

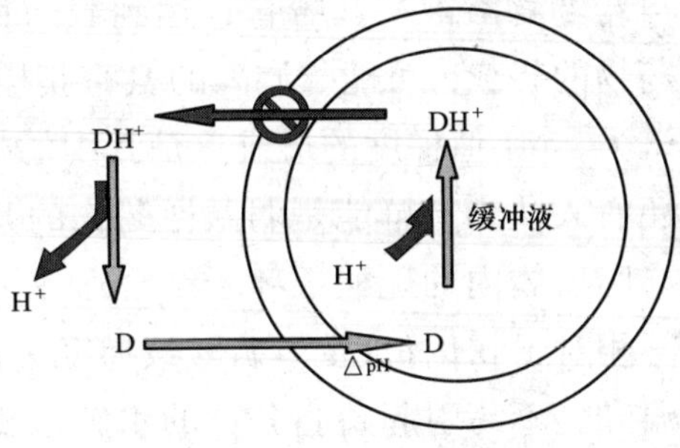

图 14－3　pH 梯度法原理示意图

但是，主动载药技术并非适用于所有药物，对于药物性质有比较严格的限制，只有符合下述条件的药物才可能得以应用：①药物在生理 pH 条件下有可离解的基团，具有合适的油水分配系数，为弱酸或弱碱性药物。因为这样的药物才能在加热孵育过程中以游离的形式穿过磷脂双分子层，进入脂质体内水相。②药物和脂质体内水相缓冲液可生成较稳定的复合物或者沉淀。此时才可保持内水相游离药物一直处于低浓度，从而维持内外药物浓度梯度，促使药物扩散进入脂质体内，保证在贮存期维持其包封率和载药量，并且给药后，不会由于体液的稀释效应导致药物的大量泄漏。但是这种复合或沉淀作用又不宜太强，否则可能影响药物在靶部位的释放，导致药物疗效下降。

主动载药技术的基本过程包括三个步骤：①制备空白脂质体，方法可采用薄膜分散法，需要指出的是，内水相缓冲液的选择是非常重要的，且该缓冲溶液并非是药物溶液。②通过透析等手段除去外水相中的缓冲物质，形成脂膜内外特定缓冲溶液的梯度。③将欲包裹的药物溶解在空白脂质体的外水相中，在适宜温度下孵育一段时间，即可完成药物的装载。

根据缓冲物质的不同，人们把常用的主动载药技术细分为：pH 梯度法、硫酸铵梯度法和醋酸钙梯度法。对于弱碱性药物可采用 pH 梯度法或硫酸铵梯度法，而对于弱酸性药物则可采用醋酸钙梯度法。

1. pH 梯度法　pH 梯度法制备脂质体的步骤如下：①空白脂质体的制备，称取磷脂、胆固醇和维生素 E 等材料，溶于三氯甲烷中混合均匀，减压旋转蒸发除去三氯甲烷，形成脂质薄膜；配制 0.05mol/L 的柠檬酸溶液（pH4.0），水化脂质薄膜，温度控制在 60～65℃，水化完全后用高压均质机制备平均粒径为 80nm 的空白脂质体混悬液。②形成 pH 梯度，用 0.5mol/L 的无水碳酸钠水溶液调节空白脂质体混悬液 pH 为 7.5±0.3，使脂质体膜内外形成 H^+ 的梯度，脂质体膜内为酸性（pH4.0），膜外偏碱性（pH7.5）。③孵育载药，将药物（盐酸柔红霉素或盐酸阿霉素）溶于 9% 的蔗糖水溶液，加热到 60～65℃，和碱性空白脂质体混悬液混合均匀并保温 10～30 分钟。弱碱性的药物（柔红霉素或阿霉素）在脂质体外水相呈分子型，可穿透脂质体膜，进入脂质体后即在酸性条件下质子化，而质子化的药物（柔红霉素或阿霉素）不易透膜，因而被包封在脂质体内，药物包封率达 97% 以上。④制剂调整，配制 9% 的蔗糖水溶液并加入 0.5% 的甘氨酸，得脂质体分散液，并用其洗涤含盐酸柔红霉素的脂质体，利用渗析过滤法使盐酸柔红霉素脂质体外溶液也置换为 pH5.0～6.0 的脂质体分散液，用注射用水定容并调节至盐酸柔红霉素的浓度为 0.5mg/ml，经0.22μm的微孔滤膜过滤除菌，分装即得成品，可在2～8℃下保存或冻干保存。

2. 硫酸铵梯度法 硫酸铵梯度法的制备过程与pH梯度法非常类似。首先使用硫酸铵缓冲液制备空白脂质体，然后采用交叉流透析等手段除去脂质体外水相的硫酸铵，形成脂质体膜内外的硫酸铵梯度，再与药物溶液一起孵育，达到载药目的。起初的研究表明，硫酸铵梯度法之所以能够实现药物的装载，可能与游离的氨跨膜扩散，造成磷脂膜内外的pH值差异有关，但后来的研究认为，pH值梯度的形成只是其中的一个影响因素，可能是一个比较复杂的双向扩散过程。还有人认为，可能是弱碱性药物的其他盐水溶性好，且易于穿透脂质体膜进入脂质体内，与脂质体内的硫酸根离子结合形成溶度积很小的硫酸盐，成为胶态沉淀，聚集在脂质体内。相对于pH梯度法，硫酸铵梯度法在制备脂质体时使用接近中性的硫酸铵水溶液，条件更温和，不易引起磷脂分子的水解。要包裹弱酸性药物，可以考虑醋酸钙梯度法或者内碱外酸的pH梯度法，其工艺流程与上述方法近似。

（四）其他方法

1. 注入法 将磷脂/胆固醇和脂溶性药物共溶于有机溶剂中作为油相，水溶性药物加入磷酸盐缓冲液中作为水相。将油相经注射器注入加热至温度适宜（并用磁力搅拌器搅拌）的水相中，继续搅拌，由于有机溶剂在水中很快稀释或挥散，磷脂分子分散到水中形成脂质体。有机溶剂一般采用乙醚或乙醇。注入法的优点是简单快速，条件温和，不易引起药物或脂质的变性；缺点是使用有机溶剂，由于脂质在乙醇中溶解度低，限制了分散脂质的量，制备的脂质体悬液浓度通常较低；另外，乙醇不易从磷脂膜中去除。使用乙醚作油相，需精确控制注入脂质的速度。注入法制得的脂质体粒径较大，不宜静脉注射，同样需后续处理。

2. 复乳法 该方法与逆相蒸发法相比，多一步二次乳化步骤，即将脂质膜材溶于有机溶剂中，药物溶于第1水相。有机相和第1水相混合，形成W/O型乳剂，再将此乳剂加入第2水相中，形成W/O/W型复乳，减压蒸发，除去有机溶剂，即得单室脂质体。如果在膜材中再添加入适量的三酰甘油，并严格控制复乳的成乳条件和除有机溶剂的条件，就会得到蜂窝状的多囊脂质体。该脂质体尤其适合作为水溶性药物的缓释载体，局部注射后，根据处方不同，缓释时间从数天到数周不等。

此外，脂质体制备方法还有冷冻干燥法、熔融法、表面活性剂处理法、离心法、前体脂质体法和钙融合法等，此处不再详细介绍。

四、脂质体的分离和灭菌

（一）未包封药物的分离

脂溶性药物能够自发地分配到脂质体的磷脂双分子层中，可获得较高的包封效率，但是部分未包载药物存在于外水相溶液中或沉淀于外水相。水溶性药物在制备时包入脂质体内水相，部分药物仍存在于外水相。因此，在制备脂质体后，需要将未包裹的药物除去。常用的方法如下。

1. 透析法 本法尤其适用于小分子药物的分离。将要分离的脂质体混悬液装入透析袋内，置于洗涤液中，定时更换透析袋外部洗涤液，即可在10～24小时内除去95%以上的脂质体外的游离药物。洗涤液的渗透压与脂质体混悬液的渗透压应相同，以避免被包裹药物的泄漏。透析法设备简单可靠，改进的交叉流透析法适用于大量物料的分离。

2. 柱分离法　以葡聚糖凝胶作为填料进行柱层析。葡聚糖凝胶颗粒上有许多小孔，游离药物能够自由进入，相对体积较大的脂质体渗入小孔的比例小得多。当被分离的物料缓慢流过葡聚糖凝胶柱时，脂质体先从柱上洗脱下来，游离药物后流出，即达到分离的目的。针对不同粒径的脂质体，在选用葡聚糖凝胶时要注意颗粒的大小，参考相关文献及使用说明。

3. 离心法　采用离心的方法将未包载药物和脂质体进行分离也是一种有效的方法，该方法可将沉淀于外水相的药物除去，也可通过沉淀脂质体的方式将溶解于外水相的药物除去。因此，可通过选择适宜的离心条件，除去未包载药物。

（二）脂质体的灭菌

一般注射液首选的高压蒸汽灭菌法不适合于脂质体的灭菌，因为在103.4kPa、121℃灭菌可以造成脂质体不可逆转的破坏；γ射线灭菌也可能造成脂质体膜的破坏。常用的灭菌方式是滤过除菌和全程无菌操作。无菌操作成本较高，不适于大规模生产。滤过除菌适用于粒径小于0.22μm的脂质体的灭菌。将脂质体挤压通过0.22μm的聚碳酸酯膜，可同时完成粒径的调整和除菌，得到无菌的脂质体。

五、脂质体的质量评价

脂质体的粒径大小、粒度分布、包封率和稳定性等可直接影响脂质体在体内的分布与代谢。除应符合药典有关制剂通则的规定外，《中国药典》（2020年版）提出了“微粒制剂指导原则”。脂质体需要特殊控制的项目如下。

1. 形态、粒径及其分布　脂质体的形态为封闭的多层囊状或多层圆球，可采用光学显微镜观察，粒径小于2μm时须用扫描电镜或透射电镜观察，均应提供照片。脂质体粒径大小可用显微镜法测定，也可用电感应法（如Coulter计数器）、光感应法（如粒度分布光度测定仪）或激光散射法测定脂质体的粒径及其分布。应提供粒径的平均值及其分布的数据或图形，常用各粒径范围内的粒子数或百分率表示；有时也可用跨距表示，跨距愈小分布愈窄，即粒子大小愈均匀。

$$\text{跨距} = (D_{90} - D_{10}) / D_{50} \qquad (14-4)$$

式中，D_{10}、D_{50}、D_{90}分别指粒径累积分布图中10%、50%、90%处所对应的粒径。

如需作图，将所测得的粒径分布数据，以粒径为横坐标，以频率（每一粒径范围的粒子个数除以粒子总数所得的百分率）为纵坐标，即得粒径分布直方图；以各粒径范围的频率对各粒径范围的平均值可作粒径分布曲线。

激光散射法是20世纪80～90年代发展起来的微粒测量技术，主要使用动态光散射技术（DLS，也称为PCS－光子相关光谱）进行脂质体以及其他纳米级材料粒径分布的测量。其基本原理如下：使用一束光源如激光照射小粒子，粒子将在各个方向散射。将检测屏幕靠近粒子，屏幕即被散射光照亮。如果以千万个粒子代替单个粒子，屏幕上将出现由明亮和黑暗的区域组成的散射光斑。光的明亮区域是粒子散射光以同一相位到达屏幕，相互叠加相干形成的亮斑。黑暗区域是粒子散射光不同相位到达屏幕互相消减，形成黑斑。如果粒子是不运动的，则散射光斑也将是静止的，即散射光斑位置和散射光斑大小都是不变的。实际上，悬浮于液体中的粒子从来不是静止的。由于布朗运动，粒子不停地运动，因此散射光斑也将出现移动，散射光的建设性和破坏性相位叠加，将引起光亮区域和黑暗区域呈光强方式增加和减少。大颗粒由于运动缓慢，散射光斑的强度波动缓慢。相反，小粒子由于运动快速，散射光斑的强度波动快速。通过测量光强波动的速度，即可计算出粒径，并绘制出粒径分布曲线。

由 DLS 生成的基础粒径分布是光强度分布（lntensity distribution），可将其转化为体积分布（volume distribution），也可进一步将这种体积分布转化为数量分布（number distribution）。但是，数量分布的运用有限，因为相关方程采集数据中的小错误将导致数量分布的巨大误差。

基于 DLS 测定的试样粒径范围在 30nm 至 3μm，范围较宽，使用简便快速，只需将样品稀释，消除多重散射及粒子间相互作用的影响后，把试样放入检测槽中进行粒径分布的测定即可。几分钟就可以测定一个样品，且不需要实验后进行复杂的数学计算。

2. 包封率和载药量测定 对处于液态介质中的脂质体，可用柱色谱法、离心法或透析法等分离脂质体，分别测定介质和脂质体中的药量，按下式计算包封率：

包封率 =（脂质体中包封的药量/脂质体中包封与未包封的总药量）×100%　　(14-5)

包封率一般不得低于 80%。

载药量是指脂质体内含药物的重量百分率，即：

载药量 =（脂质体中所含药物量/脂质体的总量）×100%　　(14-6)

3. 突释效应或渗漏率测定 脂质体可分散在液体介质或冻干保存，其不稳定的主要表现为突释或渗漏。在体外释放试验时，表面吸附的药物会快速释放，称为突释效应。开始 0.5 小时内的释放量要求低于 40%。若脂质体在液体介质中贮藏，应检查渗漏率，渗漏率表示脂质体在液态介质中贮存期间包封率的变化，可由下式计算：

渗漏率 =（贮存一定时间后渗漏到介质中的药量/贮存前包封的药量）×100%　(14-7)

4. 脂质体氧化程度的检查 制备脂质体的磷脂含有不饱和脂肪酸，容易氧化，影响脂质体的稳定性，有必要检查氧化程度。《中国药典》规定采用氧化指数作为指标。由于氧化偶合后的磷脂在波长 230nm 左右具有紫外吸收峰而有别于未氧化的脂质体，因此将磷脂溶于无水乙醇配成一定浓度的澄明溶液，分别测定在波长 233nm 及 215nm 的吸光度，由下式计算氧化指数：

$$\text{氧化指数} = A_{233\ \mathrm{nm}}/A_{215\ \mathrm{nm}} \qquad (14-8)$$

氧化指数应控制在 0.2 以下。

5. 靶向性评价 脂质体应提供靶向性的数据，如药物体内分布数据及体内分布动力学数据等。通常以小鼠为受试对象，静脉注射脂质体后，测定不同时间血药浓度，并定时处死动物剖取脏器组织，匀浆分离取样，以同剂量药物作对照，比较各组织的滞留量，进行药动学处理，评价脂质体在动物体内的分布。

六、新型脂质体

1. 长循环脂质体 是指含有神经节苷脂 GM1 或聚乙二醇衍生物的脂质体。神经节苷脂 GM1 引入了唾液酸残基可增强脂质体膜的稳定性，大大降低血浆成分诱发的脂质体溶解的敏感度和其内容物的泄漏率，明显减少网状内皮系统对脂质体的摄取，延长脂质体的体内循环时间；脂质体用聚乙二醇（PEG）修饰后，其表面被柔顺而亲水的 PEG 链部分覆盖，极性的 PEG 增强脂质体的亲水性，也增加脂质体表面的空间位阻，从而减少血浆蛋白与脂质体膜的相互作用，降低脂质体被巨噬细胞吞噬的可能性，延长在循环系统的滞留时间，有利于肝脾以外组织或器官的靶向性。

利用长循环原理可以增加药物在肿瘤中的分布。肿瘤组织的病理生理特征与正常组织存在显著不同：大多数正常组织的血管内皮的孔径为2nm，毛细血管后微静脉的孔径为6nm，而不连续的肿瘤血管的孔径为100～780nm，因此，纳米级别的药物载体，不能进入正常组织，但可以进入肿瘤组织；其次，由于肿瘤部位的淋巴循环较正常组织的透过率低，药物清除缓慢，可长时间、高浓度蓄积在肿瘤部位，这种作用称为渗透和滞留增强（EPR）效应。在药物或载体表面连接亲水性聚合物如PEG等，可抵抗调理素（opsonin）的调理作用，在体循环中长期滞留而不被单核吞噬细胞系统（MPS）捕获，再通过EPR效应，有效蓄积在实体瘤部位，更好地发挥主动靶向作用。PEG修饰的阿霉素长循环脂质体（Doxil）因较原药有较好的肿瘤靶向性和较低的不良反应，而成功用于临床。另外，柔红霉素长循环脂质体也已上市。阿霉素长循环脂质体处方中含有HSPC、胆固醇和mPEG2000－DSPE，质量比为3∶1∶1，药脂比为1∶8，其粒径为100nm左右。采用硫酸铵梯度法主动载药。

虽然PEG在修饰脂质体方面显示出诸多优点，但随着研究的深入，PEG化（PEgylation）产生相应的问题：①PEG链的空间位阻作用抑制靶细胞对脂质体的摄取；②PEG妨碍携载基因、蛋白类药物的pH敏感脂质体（pH－sensitive liposomes，PSL）的“核内体逃逸”（endosomal escape），导致该类药物在溶酶体内降解失效；③同一动物体内重复注射PEG化脂质体诱发“加速血液清除”（accelerated blood clearance，ABC）现象。上述问题已引起人们的重视。

2. 热敏感脂质体 在相变温度时，脂质体的类脂质双分子层从排列整齐致密的胶晶态过渡到疏松混乱的液晶态，脂质体膜的通透性会显著增加，释放出内容物。利用此性质，由相变温度稍高于体温的脂质组成脂质体，包裹药物，转运至靶部位时，通过适当技术使靶部位局部温度高于磷脂相变温度，导致脂质体快速释放出内容药物，发挥治疗作用。这种脂质体称为热敏感脂质体。按一定比例混合含不同长链脂肪酸结构的磷脂酰胆碱，可产生预期的相变温度。如将不同比例的二棕榈酰磷脂（DPPC）和二硬脂酰磷脂（DSPC）混合，可制得不同相变温度的脂质体。应用热敏感脂质体，可使甲氨蝶呤在局部用微波加热的肿瘤部位摄取量增大10倍以上，有效抑制肿瘤的生长。

3. pH敏感脂质体 针对肿瘤间质液的pH值显著低于周围正常组织的特点，设计了pH敏感脂质体。这种脂质体是在普通脂质体的双分子膜中加入一定量的对pH敏感的磷脂（如二油酸乙醇胺、DOPE）和脂肪酸。在pH7.4时，脂肪酸抑制DOPE形成六角相的趋势，脂质体膜为紧密的双分子层结构；在低pH值（4.5～6.5）范围内，脂肪酸的羧基质子化，DOPE变成为六角相结构，致使脂质体膜变疏松，脂质体内的药物不断释放。

4. 前体脂质体 系指脂质体的前体形式，磷脂通常以薄膜形式吸附在骨架粒子表面形成的粉末、或以分子状态分散在适宜溶剂中形成的溶液，应用前与稀释剂水合即可溶解或分散重组成脂质体。

七、脂质体的靶向性修饰

1. 抗体修饰 脂质体表面连接某种抗体，特别是单克隆抗体，制成免疫脂质体，就具有对靶细胞表面抗原决定簇的识别能力，可有效地将载有药物的脂质体运送到靶细胞，通过细胞吞噬内化进入细胞内，有效地杀灭病变细胞，而不伤及周围正常细胞。如阿昔洛韦脂质体连接抗细胞表面病毒糖蛋白抗体，得到阿昔洛韦免疫脂质体，可以识别并靶向于眼部疱疹病毒结膜炎的病变部位，病毒感染2小时给药，能特异地与被感染细胞结合，并抑制病毒生长。游离药物或未免疫的脂质体无此效果。

抗体修饰脂质体的连接方法最常见的是偶联方法，包括共价键偶联、非共价键偶联，还有一种为“后插入”方法（post - insertion approach）。共价键偶联是通过偶联剂，将脂质体上的疏水基团与抗体共价结合，这种方法具有稳定性高、重现性好等优点，但易使抗体丧失免疫活性。非共价键偶联是指直接将抗体加入到磷脂中，通过混合制备抗体 - 脂质体的方法。这种方法不需要偶联剂，制备过程简单，但抗体与脂质体的结合率相对较低，且易分离，稳定性较差。“后插入”方法是先将抗体偶联到 PEG 化磷脂胶束的末端功能基上，另外单独制备载药脂质体，然后抗体 - PEG 化磷脂结合物通过简单的孵育步骤从胶束转移插入至已制备好的载药脂质体的外部单层。这种方法明显降低制备过程的复杂性。

2. 配体修饰 常用的配体包括糖类、叶酸、转铁蛋白和多肽等。脂质体表面结合天然或人工合成的糖基，可改变脂质体的体内分布。不同的糖基在体内可产生定向分布，如带有半乳糖残基的脂质体被肝实质细胞所摄取，带有甘露糖残基的脂质体被 K 细胞所摄取，含氨基甘露糖衍生物的脂质体在肺中明显蓄积。由于脑组织毛细血管内皮细胞的转铁蛋白受体有较高水平的表达，因此转铁蛋白修饰的脂质体是极具潜力的脑靶向载体系统。叶酸受体在卵巢癌、乳腺癌、肺癌等肿瘤细胞表面充分表达，故叶酸修饰的脂质体通过受体 - 配体结合可以靶向到肿瘤细胞，对其选择性地杀灭。

八、磷脂和药物性质对脂质体载药的影响

1. 脂肪链的长度和饱和度 磷脂的脂肪酸链长度增加，使膜的厚度增加，也就降低药物的通透能力，减少药物的泄漏。脂肪链的饱和度影响脂膜的排列紧密度，进而影响脂质体的稳定性。如果制备脂质体用的是全饱和磷脂，则脂质体较稳定，药物的泄漏较少，原因是饱和磷脂排列更加紧密；相反，使用不饱和磷脂制备的脂质体，双层膜磷脂分子之间排列不够紧密，药物就很容易泄漏。

2. 药物的性质 根据药物的亲水亲油性，药物可能定位在脂质体中的不同位置：亲水性的药物一般溶解于内水相中，由于磷脂膜的半透性，膜内外的物质浓度不同会产生渗透压差，当包裹于内水相的药物浓度显著高于外水相时，水分子会透过膜，引起内水相体积增大，膜张力增加，药物泄漏的趋势增强；两亲性药物存在于内水相和双分子膜向内交界的磷脂上；亲脂性药物则渗入磷脂双分子层中间，由于组成脂质体膜的磷脂及胆固醇之间是以非共价键的形式结合的，流动性很好，很容易接受和保留脂溶性的药物。一般情况下，载入质量比为 1% ~10% 的脂溶性药物，不会明显破坏双分子层的结构。但是，某些物质如多烯类抗生素即使浓度很低，也可以使膜彻底破坏。另外，还有两类药物一般不能制成脂质体制剂：一类是水不溶脂难溶的物质，很难包入脂质体；另一类是在水油两相溶解性都很好的物质，双分子层对它无屏障作用，即使包入脂质体，也会很快泄漏到外水相中。

九、脂质体的作用机制和给药途径

1. 脂质体与细胞的相互作用 脂质体属于胶体分散系统，且与细胞膜的组成相似，在体内能够显著增强细胞摄取。脂质体在体内与细胞的作用过程分为吸附、脂交换、内吞、融合四个阶段。吸附是脂质体作用的开始，机制属于普通物理吸附，受粒子大小、密度和表面电荷等因素影响；脂交换是脂质体的脂类与细胞膜上脂类发生交换；内吞是脂质体的主要作用机制，脂质体易被单核 - 巨噬细胞系统的细胞，特别是巨噬细胞作为外来异物吞

噬，进入溶酶体，进而被溶酶体中的降解酶所降解，释放药物进入细胞。通过内吞，脂质体能特异地将药物集中于要作用的细胞内，也可使不能通过浆膜的药物达到细胞内；融合指脂质体的膜与细胞膜构成成分相似，少量脂质体可通过融合作用使药物进入细胞浆内。包裹在脂质体中的生物大分子物质 mRNA 和病毒 DNA 可通过融合作用进入细胞内而保持活性。

2. 给药途径　脂质体由与细胞膜成分相同的磷脂组成，可完全生物降解，一般无毒，能够制备成具有不同大小或不同表面性质的脂质体，适用于多种给药途径。①静脉注射：是脂质体最常见的给药途径。静脉滴注后迅速从血液中消除，其消除率与脂质体大小及所带电荷有关，大脂质体比小的消除快。静脉注射的脂质体优先被肝、脾等富含单核－巨噬细胞的组织脏器所摄取，并迅速被单核－巨噬细胞吞噬和降解，少数被肺、骨髓及肾摄取。②肌内与皮下注射：脂质体经肌内或皮下注射后，缓慢从注射部位消除，随后吸收进入淋巴管，最后进入血液循环并广泛分布于肝、脾的单核－巨噬细胞系统中。③口服给药：有些药物以游离形式通过胃肠道时，不能被吸收或被破坏。但包封于脂质体后可通过胃肠道吸收。可应用脂质体延长药物的作用或包封在胃肠道不吸收或不稳定的药物。④眼部给药：脂质体对外眼组织、结膜和巩膜具有很强的亲和力，滴眼后可迅速分散，增强药物对角膜的穿透性。⑤肺部给药：脂质体经静脉注射后，只有少量分布到肺部，不能在肺中达到有效治疗浓度，通常采用经肺吸入的脂质体气雾剂。⑥经皮给药：脂质体能使难渗透皮肤的药物透入皮肤，并可维持恒定的释放。也可使药物滞留在表皮－真皮之间，提高局部治疗作用，从而减少全身的副作用。⑦鼻腔给药：脂质体经鼻腔滴入后很快转移到支气管处被机体吸收，如粒径太大则给药后沉积在无纤毛的鼻腔前部，影响吸收。

第三节　纳米粒、固体脂质纳米粒和脂肪乳剂

扫码“学一学”

一、纳米粒

（一）概述

1. 定义　纳米粒（nanoparticles，NP）系指药物或与载体辅料经纳米化技术分散形成的粒径 <500nm 的固体粒子。仅由药物分子组成的纳米粒称纳晶或纳米药物，以白蛋白作为药物载体形成的纳米粒称白蛋白纳米粒，以脂质材料作为药物载体形成的纳米粒称脂质纳米粒。

2. 特点　高分子材料制备的纳米粒除具有微粒给药系统通常的缓释、靶向、保护药物、提高疗效和降低毒副作用的一般特点外，还具有其他的优点：①粒径较小，采用一般方法就可以很容易地制备出粒径小于 100nm 的纳米粒，适合静脉注射；②比脂质体等载体的物理稳定性好，可加热灭菌和长时间贮存；③药物可比较牢固地吸着在载体上，故载药量大；④纳米粒与单克隆抗体连接时，纳米粒吸附的单克隆抗体分子比脂质体多（1 个纳米粒 2000 个 IgG 分子数，而 1 个脂质体 1～10 个 IgG 分子），因而纳米粒的靶向性强，靶区药物浓度高，疗效好。

纳米粒可提高药物的疗效与降低毒副作用，如阿霉素制成纳米粒后，能显著提高其粉针剂的治疗指数，而且降低其心脏毒性；又如放线菌素 D 制成纳米粒后，对小鼠软组织肉瘤 S250 的抑制率明显提高；氨甲蝶呤制成纳米粒后，对骨肉瘤的抑制率比普通注射液提高

50%以上。1989年国外已将纳米粒试用于临床，国内研制的盐酸米托蒽醌纳米粒完成了100多例临床试验，表明纳米粒有可能成为一种靶向给药制剂的良好载体。紫杉醇白蛋白纳米粒已在临床广泛使用，是一个非常成功的纳米粒制剂产品。

（二）载体材料

用于制备纳米粒的载体材料，在性质上主要应具有生理相容性、生物降解性、靶向性、细胞渗透性以及良好的载药能力。目前多使用天然或合成的可生物降解的高分子化合物。天然高分子及其衍生物可分为蛋白类（白蛋白、明胶和植物蛋白）和多糖类（纤维素和淀粉及其衍生物、海藻酸盐、壳多糖和脱乙酰壳多糖等），由于许多药物与蛋白质亲和性好，所以载药容易。缺点是制备工艺复杂，有时用于人体具有抗原反应。合成高分子材料主要有聚乳酸/聚乙醇酸、聚氰基丙烯酸酯等，使用这类载体材料时，制备工艺简单，载药量高。至今，纳米粒应用于临床的最大障碍是载体材料缺少足够的生物相容性，国际上仅批准了PLGA供肌内注射使用，还没有一种高分子材料被批准用于血管内注射。

（三）制备方法

制备纳米粒的方法很多，常见有聚合法、天然高分子凝聚法、液中干燥法等。

1. 聚合法 合成高分子材料多采用聚合法制备，包括胶束聚合法、乳化聚合法和界面聚合法。由于该方法是通过单体分子聚合反应而成的，最终产物中将会残留未反应的单体、引发剂或催化剂等，因此，纳米粒的分离以及残留物质的安全性需引起重视，且该方法并非是制备载药纳米粒的主流方法。制备纳米粒的聚合法中，以水为连续相的乳化聚合法是目前最重要的制备方法。该法一般在机械搅拌下将单体分散于含乳化剂的水相中的胶束内或乳滴中。单体遇OH^-或其他引发剂或经高能辐射发生聚合，单体的快速扩散使聚合物的链进一步增长，胶束及乳滴作为提供单体的仓库，而乳化剂对相分离以后的聚合物微粒也起防止聚集的稳定作用。该法可避免使用有机溶剂。如制备注射用盐酸米托蒽醌纳米粒，系将药物、右旋糖酐和亚硫酸氢钠溶解于蒸馏水中，稀盐酸调节pH为1～2，搅拌下缓缓加入氰基丙烯酸正丁酯，继续搅拌3小时，加入无水硫酸钠，再继续搅拌1小时，用稀氢氧化钠溶液调节pH至近中性，微孔滤膜滤过，即得蓝色胶体溶液。该法制得的米托蒽醌纳米粒的平均粒径为55nm，包封率为86%，载药量为46%。聚合在室温进行，水中的OH^-作引发剂，故pH值对聚合反应速率影响较大：碱性溶液中聚合反应速率快，形成的纳米粒粒径大；酸性溶液中聚合反应速率慢，形成的纳米粒粒径小。水相pH值在4～10内较好。处方中右旋糖酐作为稳定剂，防止纳米粒粘连，其稳定机制是右旋糖酐解离后的阴离子可取代OH^-作为聚合反应的引发剂，由于右旋糖酐阴离子比OH^-大，空间位阻大，可使聚合反应减慢，即可防止纳米粒继续聚合粘连，保持较小粒径。另外，体系中单体的浓度和搅拌速度也是影响粒径的重要因素。

2. 天然高分子凝聚法 天然高分子材料可由于化学交联、加热变性或盐析脱水而凝聚成纳米粒。①高温变性法：主要利用蛋白质在100～180℃变性形成含有水溶性药物的纳米粒。将药物溶入或分散入白蛋白或明胶水溶液中作水相，在油相中搅拌或超声乳化得W/O型乳浊液。将此乳浊液快速滴加到100～180℃的热油中并保持10分钟，白蛋白即可变性形成含有药物的纳米粒，再搅拌并冷至室温，用醚等分离、洗涤纳米球，即得。②化学交联法：利用甲醛交联固化蛋白质，形成纳米粒。这种不加热的方法可用于热敏感药物。第一步同高温变性法，首先制备W/O型乳浊液；第二步将乳滴在冰浴中冷却至胶凝点以下，使明胶乳滴完全胶凝，再用丙酮稀释，过滤，洗涤除去油相；第三步加入含10%甲醛的丙酮溶液使纳米粒固化10分钟，然后再用丙酮洗去多余的甲醛，在空气中自然干燥，即得。

此外，还可以通过改变pH、加入盐析剂等方法，使明胶、白蛋白等高分子材料发生盐析脱水而凝聚。如将药物和载体材料明胶溶于水中，在表面活性剂存在下，高速搅拌，徐徐加入盐类沉淀剂（如硫酸钠溶液）使盐析。加入少量乙醇或异丙醇，至混浊刚消失，继续搅拌并加入适量固化剂（如戊二醛水溶液），固化，经透析或葡聚糖凝胶柱除去盐类，即得。

3. 液中干燥法　液中干燥法也称溶剂挥发法，是制备载药纳米粒的常用方法。通常情况下，将载体材料溶于含有药物、可挥发且在水中可适当溶解的有机溶剂中，制成O/W型乳浊液，再挥发除去有机溶剂而得载药纳米粒。纳米粒的粒径主要取决于溶剂蒸发之前形成的乳滴的粒径，可通过调节搅拌速率、分散剂的种类和用量、有机相及水相的量和黏度、容器及搅拌器的形状以及温度等因素，来控制纳米粒的粒径；也与有机溶剂中载体材料的含量有关。该法既可包裹水溶性药物，也可包裹水不溶性药物。

（四）体内分布与消除

纳米粒可经静脉注射，一般被单核－巨噬细胞系统摄取，主要分布于肝（60%～90%）、脾（2%～10%）、肺（3%～10%），粒径小于50nm的纳米粒可进入骨髓。纳米粒亦可由细胞内或细胞间穿过内皮壁到达靶部位。

纳米粒具有在肿瘤聚集的倾向，因此作为抗癌药物载体是纳米粒最有价值的应用之一。其原因可能有：①许多肿瘤细胞吞噬活性增强；②纳米粒能从肿瘤部位有隙漏的内皮组织血管中逸出而滞留在肿瘤内；③有些纳米粒对肿瘤的血管壁有生物黏附性。

给药途径不同或使用的聚合物材料不同，纳米粒在体内的分布和消除也不同。聚氰基丙烯酸乙酯纳米球在眼内的消除半衰期达15～20分钟，如黏附在结膜和角膜上，随眼泪消除的半衰期比水溶液滴眼剂延长5～20倍。裸鼠单次静脉注射氟尿嘧啶聚氰基丙烯酸己酯纳米粒（粒径200～300nm），28天药物慢慢消除到剩余45%，140天剩余8%；间隔28天注射一次，多次注射后，发现脾和肺中相对药物量最高，且未见肝、脾、肺组织的改变。

（五）纳米粒的修饰

1. 聚乙二醇修饰　用两嵌段PLA/PGA共聚物与PEG（相对分子质量350～20000）以液中干燥法制备纳米粒，所得纳米球表面被PEG覆盖，具有长循环作用。此外，目前已有许多经PEG修饰的PLA、PLGA材料，直接利用这些PEG修饰的载体材料也可制备具有长循环作用的载药纳米粒。

2. 表面活性剂修饰　研究证明，一些表面活性剂，如聚山梨酯－20、聚山梨酯－40、聚山梨酯－60、聚山梨酯－80和一些泊洛沙姆（poloxamer）如Pluronic－F68包衣的纳米粒可使许多药物，如多柔比星、洛哌丁胺、筒箭毒碱和肽类等通过血脑屏障进入脑内，靶向于脑组织。推测可能的机制是聚山梨酯－80等表面活性剂包衣的纳米粒进入血液，纳米粒表面吸附载脂蛋白E（ApoE），因与低密度脂蛋白（LDL）颗粒很相似而被血脑屏障上的LDL受体胞吞摄取，进入脑内。

3. 抗体或配体修饰　前述用于修饰脂质体的单克隆抗体或叶酸、糖等配体也可以与载药纳米粒结合，实现主动靶向。与药物直接同单克隆抗体结合相比，修饰纳米粒的单克隆抗体较少失活且载药量大。

二、固体脂质纳米粒

(一) 概述

1. 定义 固体脂质纳米粒（solid lipid nanoparticles，SLN）系指以固态的天然或合成类脂，如卵磷脂、三酰甘油等为载体材料，将药物包裹或内嵌于类脂核中，制成粒径约为50～1000nm的固体胶粒给药系统。固体脂质纳米粒是以脂质材料作为药物载体形成的纳米粒，也称脂质纳米粒。

2. 特点 SLN的最大特点：一是采用生理相容性好、毒性低的类脂材料为载体，降低对人体的毒副作用；二是可采用已有成熟工艺的高压均质法等进行工业化生产。同时，固体基质又使它具有聚合物纳米粒的优点，如可以控制药物的释放、避免药物的降解以及良好的靶向性等，主要适合于载亲脂性药物，亦可先将亲水性药物通过酯化等方法制成脂溶性较强的前体药物后，再制备SLN。此外，SLN的水分散系统可以进行高压灭菌，具有长期的物理化学稳定性，也可通过冻干或喷雾干燥法制成固体粉末，然后加工成片剂、胶囊剂、丸剂等剂型，以改善患者的顺应性。

SLN与传统的载体相比具有独特的优点。但是，初期的SLN完全采用高熔点的固态脂质也有一个较大的缺点，即在脂质重结晶的过程中，形成具有较少缺陷的完美晶体，这样便没有足够的空间容纳药物分子，以致载药量低，且在长期贮存的过程中，微粒包载的药物还可能以结晶析出。为了克服上述缺点，20世纪90年代末人们开发出第二代的SLN：纳米结构脂质载体（nanostructured lipid carriers，NLC）和药脂结合体（lipid drug conjugate，LDC）。NLC包括三种类型：①缺陷型，将空间结构不同的固体脂质混合，从而增大甘油酯脂肪链间的距离而导致结晶缺陷，可以提高载药量；②多元型，固体脂质中添加一定量的液态脂质，由于相分离而在固体脂质中形成许多油相小室，药物溶解在液态油中；③无定形：某些特定固体脂质（如羟基硬脂酸酯和异丙豆蔻酸酯）混合使用时，可避免冷却过程中结晶形成及晶型转换，从而有效降低药物析出。目前，已经开发出局部给药的NLC，且其在注射给药方面存在巨大的潜力。LDC是将药物与固体脂质通过成盐反应或形成共价键结合在一起，加入一定的乳化剂高压均质形成纳米颗粒，可以超细小的囊状、胶束或聚集体存在，一般粒径范围为10～200nm。药物与脂质结合，可大大提高亲水性药物的包封率，且可避免各种传统药物载体存在的药物从载体中渗漏或骨架没有足够稳定性的缺陷。

(二) 制备材料

通常制备材料按组分可以分为固体脂质和乳化剂两类。

1. 固体脂质 用于制备SLN的固体脂质材料有多种，针对不同的给药途径，应使用不同的脂质材料。常用的高熔点脂质为生理相容性好、可生物降解的饱和脂肪酸甘油酯、脂肪酸、混合脂质等。包括：三酰甘油类，如三棕榈酸甘油酯、三硬脂酸甘油酯、单硬脂酸甘油酯、二十二酸单、双、三甘油酯混合物；脂肪酸类，如硬脂酸、棕榈酸等；类固醇类，如胆固醇；蜡质类，如鲸蜡醇十六酸酯、鲸蜡醇棕榈酸酯等。其中硬脂酸应用较多，因硬脂酸是机体脂肪的主要成分和能量来源，作为一种长链饱和脂肪酸，在室温下呈固态，理化性质稳定，体内有现成的降解途径，生理相容性好，是一种理想的载体材料。此外也可通过使用混合脂质来提高载药量。

2. 乳化剂 常用的乳化剂有磷脂类，如大豆磷脂、卵磷脂；非离子表面活性剂类，如泊洛沙姆系列、聚山梨醇酯系列（如聚山梨酯80）等；胆酸盐类，如胆酸钠、甘胆酸钠、牛磺胆酸钠等。许多研究表明，联合使用乳化剂更能有效阻止SLN聚集而保持其稳定性。

（三）制备方法

1. 高压均质法　高压均质法是目前最有效、可靠和常用的SLN生产方法，市场上有不同规格的高压均质机可供选择，也可以利用现有的静脉乳生产线进行工业化大生产。包括两种基本技术，即热均质法和冷均质法。

（1）热均质法　热均质法是在高于脂质熔点温度以上制备SLN，载药熔融脂质和相同温度的水、乳化剂的初乳可以用高剪切混合设备制备，再在脂质熔点以上温度进行初乳的高压均质，冷至室温或以下即得。SLN粒径与均质压力和均质次数有关，一般来说，温度越高，由于内相的黏度降低，SLN粒径越小，但同时高温也使药物和载体的降解增加。

（2）冷均质法　由于热均质法存在高温易诱导热稳定性差的药物降解等问题，因此冷均质法发展起来。该法是将药物溶解于熔融脂质材料中，由于低温能够增加脂质的脆碎度从而有助于粒子的粉碎，故物料固化后应在液氮或干冰等介质中快速冷却，用球磨机粉碎成粒径为50～100μm的粉末，然后在高速搅拌下分散于冷的表面活性剂溶液中得到初乳。再将初乳于室温下以更高压力通过高压均质机多次循环，就得到SLN。冷均质法可以克服由于高温引起的敏感性药物降解，降低均质过程中药物在水相中的分布，同时避免纳米乳结晶步骤复杂化所引起的几种中间相的形成，适用于对热不稳定的药物和熔点低的脂类，但制备的SLN具有较大的粒径和较广的粒子分布。

高压均质法用于SLN的大生产不存在明显的技术障碍，因为其生产工艺与现有的静脉脂肪乳等很接近，包括灭菌方法都是相似的。

2. 微乳法　又称乳化－分散法，先将低熔点的脂肪酸（如硬脂酸）在65～70℃下加热熔化，再加入药物、乳化剂、辅助乳化剂和水制成外观透明、热力学稳定的O/W型微乳，搅拌条件下将微乳分散至2～3℃的冷水中，即可形成SLN分散体系，一般微乳和水的体积比为1∶25～1∶50。冷却时，微乳和冷水的温度差对制备小粒径的SLN非常重要，微乳中的油滴快速结晶有助于形成小粒径的SLN，并且避免油滴之间的融合。与高压均质法相比，微乳分散法制备设备简单，不需耗费大量能量。缺点是稀释步骤使得分散液的固体含量较低，且需要使用大量的乳化剂和辅助乳化剂。

3. 溶剂乳化挥发法　溶剂乳化挥发法是将药物与脂质溶于有机溶剂中构成油相，将表面活性剂溶于水中构成水相，加热至相同温度，在机械搅拌下将油相倾入水相中，继续搅拌将有机溶剂蒸发，所得混合物快速分散于另外的低温水相中，搅拌即得。此方法装置简单，操作简便，但是制备过程中使用的有机溶剂难于除尽，使药物具潜在的毒性，而且制备过程中易析出晶体。

4. W/O/W型复乳法　本法以溶剂乳化挥发法为基础，用于制备亲水性药物SLN。亲水性药物被包裹在W/O/W型复乳的内水相中，同时还需在内水相中加入稳定剂以阻止在有机溶剂挥发的过程中药物分配到外水相。

5. 薄膜－超声分散法　此方法与制备脂质体的方法相似，具体为：将脂质材料和药物等溶在合适的有机溶剂中，减压除去有机溶剂，成膜，注入适量的乳化剂水溶液，超声分散，即可制成粒径小而且分布均匀的SLN。该方法操作简单，易于控制。

另外，还有溶剂乳化扩散法、溶剂分散凝聚法、熔融－高速剪切超声法等方法制备SLN，在此不再赘述。

（四）质量评价

与脂质体类似，除应符合药典有关制剂通则的规定外，还要对 SLN 的形态、粒径及其分布、表面电位、再分散性、载药量、包封率、突释效应/渗漏率、有机溶剂残留量等项目指标进行控制。

（五）SLN 作为药物载体的应用

1. 作为口服给药系统的载体 SLN 可直接以液体形式口服，或经冷冻干燥、喷雾干燥制成粉末后再加工成其他剂型口服，如片剂、丸剂、粉剂、胶囊等。将难溶性药物或易被胃酸破坏的药物，如抗生素、多肽类、酶类药物等制成 SLN 口服制剂后，具有独特的药物保护作用及明显的纳米粒整体淋巴吸收特性，还可提高药物的生物利用度，减少不规则吸收。

2. 作为注射给药系统的载体 SLN 注射给药途径主要包括静脉注射、皮下注射、肌内注射、关节腔注射、腹腔注射等。研究较多的是 SLN 静脉注射给药。SLN 平均粒径均小于 1μm，可以制成胶体溶液或冻干粉针，或喷雾干燥后用于静脉注射，不会引起血液凝块、聚结及毛细血管栓塞，可以达到缓释、靶向的目的。

3. 作为肺部给药系统的载体 SLN 水分散体雾化后形成气溶胶可用于肺部给药，其最大优点是可以控制药物释放，延长释放时间，产生靶向作用，且雾化前后粒径分布基本一致，仅观察到少量粒子聚结，对肺部给药不会产生明显的影响。与聚合物纳米粒相比，SLN 可较快降解，具有较好的生理相容性和耐受性。肺部的吞噬细胞极易吞噬 SLN 可用于治疗肺部 MPS 系统感染，尤其像真菌等感染，使用传统治疗药物载体难以到达感染菌体。

此外，SLN 作为经皮给药系统、眼部给药系统等的载体，具有促进药物吸收、控制药物释放、提高疗效的作用。

（六）固体脂质纳米粒存在的问题

虽然 SLN 给药系统自身具备诸多优点，应用前景广阔，但目前还存在着一些不足。

载药量低：SLN 载药量一般只有 1% ~10%。通常采用单一的脂质材料载药量有限，且药物易从晶格中漏出。使用甘油单酯、双酯和三酯的混合物作为脂质材料或由不同链长脂肪酸组成混合脂质可降低结晶度，以容纳更多的药物分子，但混合脂质易形成过冷熔融液而非固态粒子，从而无法达到缓释效果。

突释现象：药物在 SLN 中的分布主要由药物性质（如熔点、极性等）、脂质材料性质、表面活性剂浓度和工艺参数（如制备温度等）决定，若药物熔点高于脂质材料的熔点，冷却时药物会优先凝固形成药物核心，表现出缓释行为和高包封率；若药物熔点低于脂质材料，脂质优先重结晶形成脂质核心，药物分布在其外层，则表现出突释行为和包封率低。药物亲脂性越强，分布于脂质核心的药物就越多；药物分子极性越大，包封率越低。

SLN 中药物的渗漏：三酰甘油类脂质在加热或贮存过程中会发生晶型转变，通常是从亚稳态 α 型经过 β′变为具有完整结晶态的 β 型，随着晶格的有序性提高，容纳药物的能力降低，药物逐渐渗漏出来。

SLN 的稳定性：SLN 的粒径很小，是一种热力学不稳定体系，长期放置的物理稳定性仍然是一个难题。

总之，为了解决上述问题，需要从分子水平上进一步了解 SLN 的结构特征，借助于 NMR、ESR、同步辐射等一些新的手段研究药物与脂质是否真正结合、结合的方式以及 SLN

分散体样品中是否存在游离的脂质或药物的纳米粒子等，以及研究 SLN 在体内生物环境中的吸附与解吸附过程、聚结过程、酶降解情况以及被吞噬细胞吞噬等情况。此外，开发新型脂质材料也是 SLN 未来发展的需要。

三、脂肪乳剂

（一）概述

1. 定义　亚微乳，也称为脂肪乳剂，系指将药物溶于脂肪油/植物油中经磷脂乳化分散于水相中形成 100～600nm 粒径的 O/W 型微粒载药分散体系，粒径在 50～100nm 的称纳米乳。干乳剂系指亚微乳或纳米乳经冷冻干燥技术制得的固态冻干制剂，该类产品经适宜稀释剂水化分散后可得到均匀的亚微乳或纳米乳。

2. 特点　脂肪乳剂，简称为脂肪乳，用作肠外营养已有 40 多年的历史，而将其作为药物载体的研究近年来才日趋广泛。脂肪乳具有许多独特的优点：乳剂对药物的包裹作用可以减小静脉给药对血管的刺激性；载体材料对人体无毒，安全性好；工艺成熟，可进行工业化大生产；能够耐受高压蒸汽灭菌；载药量较脂质体高。因此，脂肪乳剂作为新型给药载体的应用前景十分广阔。

脂肪乳剂的靶向性特点在于它对淋巴系统的亲和性。油状药物或亲脂性药物制成 O/W 型乳剂静脉注射后，药物可在肝、脾、肾等单核－巨噬细胞丰富的组织器官中浓集。水溶性药物制成 W/O 型乳剂经口服、肌内或皮下注射后易浓集于淋巴系统。如胰腺癌患者口服氟尿嘧啶乳后，胰周淋巴结药物浓度显著高于对照组，用于预防胰腺癌的转移，弥补手术与放疗的不足。W/O/W 型和 O/W/O 型复乳口服或注射给药后也具有淋巴系统的亲和性，复乳还可以避免药物在胃肠道中失活，增加药物稳定性。

（二）制备材料

制备空白脂肪乳剂的基本材料是甘油三酯和磷脂。甘油三酯的种类有长链（LCT）、中链（MCT）、鱼油（FO）及结构甘油三酯。LCT 通常来自植物油，如大豆油、红花油及橄榄油，主要脂肪酸（FA）成分分别为多不饱和 $n-6$ FA 和单不饱和 FA；MCT 则来自重新酯化的椰树油，主要含中链 FA；FO 中的 FA 成分主要为多不饱和 $n-3$ FA。结构甘油三酯是指通过化学方法将不同链长的 FA 引入同一甘油骨架中而合成的，具有易于被氧化利用等特点。可以单独或将不同甘油三酯按一定重量比经物理性混合而形成乳剂。除了单用磷脂作为注射用脂肪乳剂的乳化剂外，还可联合使用磷脂和泊洛沙姆 188 或 PEG－660－12－羟基－硬脂酸等非离子共聚物表面活性剂，可在乳滴表面形成致密的混合膜，且非离子表面活性剂还具空间稳定作用，故能增加乳剂稳定性。

（三）制备方法

1. 两步乳化法　首先在轻微加热下将药物溶解于油相中，磷脂和水溶性成分溶解或分散在水相中，水油两相各自加热至 80℃，混合，高速剪切分散得粗乳，再迅速冷却至室温，经高压均质机（high－pressure homogenizer）或微射流机（microfluidizer）乳化，即得脂肪乳，最后将脂肪乳的 pH 调至 8～9，经 5～10μm 滤芯过滤，分装，高压蒸汽灭菌（121℃，15 分钟），即可。所有操作均在氮气流下进行。这种制备方法适合大批量生产。

2. SolEmul 技术　主要针对许多难溶于注射用油的药物，即将难溶性药物以极细粉（药物先经流能磨微粉化）或者纳米晶体（药物粉末与表面活性剂溶液直接高压均质）形式加入预先制备的空白乳剂中，经高压均质，得到含药脂肪乳。该法增加微粉化或高压均质步骤，使药物直接载入脂核或 O/W 脂肪乳的界面膜上。用该法将油水均难溶的药物卡马西平、两性霉素 B 及依曲康唑等制备成静脉注射乳剂，其载药量可达 10g/L，粒径为 200nm 左右。值得注意的是，这种方法制得的脂肪乳仅限用于注射给药。

此外，为了解决脂肪乳在贮存和放置过程中的稳定性问题，可以在制备的脂肪乳中加入葡萄糖、乳糖、麦芽糖、PVP、氨基酸等冻干保护剂，冷冻干燥成干乳。

（四）靶向性修饰

分别以磷脂和泊洛沙姆 338 作为乳化剂，豆油为油相，甘油作助乳化剂制备布洛芬辛酯微乳，两种微乳粒径几乎无差异，静脉注射相同剂量时，以磷脂为乳化剂的微乳在循环系统很快消失，且主要分布于肝、脾、肺。而后者由于泊洛沙姆的亲水性使微乳表面性质改变，在循环系统中存在的时间较长，到达炎症部位的药物浓度较前者高 7 倍。类似于脂质体或纳米粒，也可通过 PEG 化或配体/抗体修饰，增加其靶向性。

（五）药物的淋巴转运

通常血液流速比淋巴液流速大 200 ~ 500 倍，所以血液是药物转运的主要通道。但动物越高级，淋巴系统的分化越发达。某些脂溶性物质及大分子物质，如脂肪、胆固醇、维生素 A、酶类的转运，人体的淋巴系统起着重要作用。如果淋巴系统存在细菌感染或癌细胞转移等病灶，将药物输送到淋巴系统就更有必要。如氟尿嘧啶的 W/O 型乳剂经口服后，在癌组织及淋巴组织中的含量明显高于血浆。

药物经淋巴转运的可能途径如下：

（1）经血液循环向淋巴转运　脂肪乳皮下注射后向淋巴转移，血药浓度较低，可降低药物的全身毒性。

（2）经消化道向淋巴转运　脂肪乳经口服后，药物直接进入小肠淋巴，然后到达胸淋巴管转运，而不是进入肝门静脉，故可避免肝脏的首过效应，提高药物的生物利用度。脂溶性药物也有明显的淋巴定向性。

（3）经组织向淋巴转运　细胞周围组织间隙中的液体量约为血液的 3 倍。相对分子质量较小的物质，如葡萄糖和无机离子等，在血液 - 组织液 - 淋巴液之间迅速扩散达到平衡。蛋白质等高分子物质很难从组织返回血液，而是进入淋巴管。根据淋巴管的结构特征，组织间隙的高分子物质及乳剂的油滴在淋巴转运时几乎没有障碍。W/O 型和 O/W 型乳剂虽然都有淋巴定向性，但两者程度不同。如丝裂霉素 W/O 型和 O/W 型乳剂在大鼠肌内注射后，药物在淋巴液中的浓度均较血浆大，但 W/O 型乳剂在淋巴液中药物浓度明显高于血浆，O/W 型乳剂则与水溶液差别较小。

W/O 型乳剂经肌内、皮下或腹腔注射后，易聚集于附近的淋巴器官，是目前将抗癌药物运送至淋巴器官最有效的剂型。

扫码"学一学"

第四节　其他靶向制剂

一、磁性靶向制剂

1. 定义　磁性靶向制剂（magnetic drug delivery systems）系将药物与铁磁性物质共同包

裹在载体中，用于体内后，在体外磁场的作用下，引导药物在体内定向移动和定位集中的制剂。这类制剂有磁性微球、磁性纳米粒、磁性脂质体、磁性乳剂、磁性片剂、磁性胶囊和将单克隆抗体偶联在磁性制剂表面的免疫磁性制剂。其中较为常见的是磁性微球和磁性纳米粒，通常作为抗肿瘤药物的靶向载体，可通过静脉、动脉导管、口服或注射等途径给药。

2. 特点　磁性靶向制剂的应用可以把单核-巨噬细胞系统的干扰降到最低程度。这类制剂的特点是：①药物被磁性载体引导到靶区周围，使靶区很快达到所需浓度，在其他部位的分布相应减少，因此可降低用药剂量；②药物大部分局部起作用，相对减少药物对正常组织的副作用，特别是降低对肝、脾、肾等重要器官的损害；③加速产生药效，可提高药物疗效。

磁性纳米粒还有更多的优点：①在磁场作用下，可更有效地避免 RES 的吞噬；②在磁场作用下能够超向聚集，成簇状形成纵向直线排列的短圆柱形链，在肿瘤组织微血管中引起栓塞，阻断肿瘤组织的血液供应，而导致肿瘤细胞死亡。而在非磁区，纳米粒的粒径比毛细血管或肝窦的直径小，呈单个分散存在，一般不会造成栓塞，对非磁区组织血流影响不大。

3. 准备材料　磁性靶向制剂主要由磁性材料、骨架材料、抗癌药物和其他成分组成。注射用磁性物质通常是超细磁流体如 Fe_3O_4、磁铁矿、纯铁粉等，由粒径在 10～15nm 的超细球形粒子组成，口服磁性微球粒径可稍大，这样制成的微球或纳米粒才能不聚积、不堵塞血管，在毛细血管内能均匀分布并扩散到靶区。此外，磁流体可吸收交变磁场中电磁波的能量转化为热能，使局部温度升高而杀伤肿瘤组织。临床实验表明，磁性微球中的磁性超微粒子可定期、安全地排出体外。骨架材料有聚天然氨基酸类，如白蛋白、明胶；聚多糖类，如葡聚糖、淀粉、壳聚糖等；类脂成分，如磷脂酰胆碱、磷脂酰甘油等：有机合成大分子，如聚乳酸、乙基纤维素、聚烷基氰基丙烯酸酯等。

4. 制备方法　磁性微球或磁性纳米粒可用一步法或两步法制备，一步法是在成球前处方中加入磁性物质，再按照相应的微粒制备方法包裹成球。两步法是先制成微球或纳米粒，再将微球或纳米粒磁化；或者先制备磁性高分子聚合物微粒，再共价结合或吸附药物。

例如，一步法制备磁性明胶微球，将一定量明胶与超细磁流体混匀，置 55℃ 水浴中使明胶溶解，振荡混匀。将明胶液滴入加热并搅拌的液体石蜡和 Span 85 混合溶液中乳化，置冰浴中滴加甲醛交联固化，继续搅拌加异丙醇除去甲醛，滤过，用有机溶剂多次洗涤除去残留液体石蜡，真空干燥，^{60}Co 灭菌，得无菌的圆整微球，粒径范围 8～88μm，分散性良好。该磁性微球经兔耳静脉注射，在兔头颈部加磁场 20 分钟后，微球主要集中在头颈部靶区，未加磁场时微球主要集中于心、肺。

5. 质量评价　磁性微球或磁性纳米粒的形态、粒径分布、溶胀能力、吸附性能、体外磁响应、载药稳定性等均有一定要求。应用时需要外加磁场，磁场强度、磁场梯度及磁场使用时间和立体定位等因素对给药系统的靶向性影响较大。其对治疗离表皮较近的肿瘤，如乳腺癌、口腔颌面癌、食管癌等效果较好，但对深层部位的靶向性较差。

二、栓塞靶向制剂

栓塞靶向制剂适用于中晚期不能手术的癌症，原理是通过选择性地插入动脉的导管将含药栓塞微球等输送到靶组织或靶器官，阻断对靶区的血供和营养，使靶区的肿瘤细胞缺血坏死，同时缓慢释放抗肿瘤药物，使化疗药物在肿瘤部位保持较高浓度和较长时间，故可显著提高抗癌药物的疗效，降低全身的毒副作用。目前，动脉栓塞技术除应用于治疗肝、脾、肾、乳腺等部位的肿瘤外，还可用于治疗巨大肝海绵血管瘤、肺癌、脑膜瘤、颅内动静脉畸形、额面部肿瘤等。

栓塞靶向制剂主要有栓塞微球和复乳。

栓塞微球的载体材料主要有两类：可生物降解类，包括白蛋白、明胶、淀粉及其衍生物、聚乳酸、葡聚糖等，此类材料制备的微球在体内的降解时间从数小时到数周不等，因其可生物降解，所以适用于反复栓塞的病例。不可生物降解类，包括乙基纤维素、聚乙烯醇，此类微球用于手术前辅助栓塞和永久性栓塞。

抗肿瘤药物的栓塞微球直径一般为 40 ~ 200μm。用于肿瘤的栓塞化疗有两大优点：微球对肿瘤毛细血管网的栓塞较为完全，直径大于 12μm 的微球被一级毛细血管网所截获，直径更小的微球能到达毛细血管末梢；微球中药物不断向肿瘤区域扩散，不但使肿瘤区的药物长时间维持在较高水平，而且降低体循环中的药物浓度，故可提高药物的治疗指数。

栓塞微球的制备方法主要有乳化 - 液中干燥法和乳化 - 化学交联法等。

淀粉微球栓塞时间短，适用于需多次反复栓塞的病例。如国外 Pharmacia 公司研制的 Spherex 生物降解淀粉微球已上市，用于肝脏肿瘤的靶向栓塞治疗，效果良好。其制备方法如下：称取 333g 相对分质子量约为 20000 的可溶性淀粉，溶于 533ml 含有 53g 氢氧化钠和 2g 四氢硼酸钠的水溶液中，搅拌 4 小时，将溶液表面封一层辛醇（约 0.5ml），静置两天，得到澄清的溶液；将 20g Gafac. RTM. PE 510（一种乳化剂）溶解于 1L 的 1，2 - 二氯乙烷中，加入先前制备的淀粉溶液，搅拌，使分散为 W/O 型乳剂，控制搅拌速度，使液滴的平均粒径为 70μm 左右；向液体中加入 40g 的环氧氯丙烷，50℃反应 16 小时；形成的产品用丙酮、水反复洗涤，除去未反应的原料和小分子产物，最后一次丙酮洗涤后 50℃真空干燥两天，即得。微球平均粒径在 40μm 左右。

上述淀粉微球的制备工艺中，环氧氯丙烷作为交联剂，在碱性条件下，与淀粉反应，形成二醚键，使两个或两个以上的淀粉分子之间"架桥"在一起，形成多维空间网状结构。此制备工艺简便，从淀粉原料到微球成品一步即可完成。环氧氯丙烷分子中具有活泼的环氧基和氯基，是一种交联效果极好的交联剂。反应条件温和，易于控制，不过交联速度很慢，选用较高的反应温度和碱性可明显加速淀粉与环氧氯丙烷的反应速率。四氢硼酸钠作为还原剂，将多糖链末尾的葡萄糖还原成多元醇。

通常应用淀粉微球进行肝动脉栓塞治疗有两种方式：一是将灭菌空白淀粉微球与化疗药物溶液一起进行肝动脉灌流，另一种是以载药淀粉微球进行栓塞。近年来，越来越多的研究证明将淀粉微球栓塞结合热疗和化疗等方法，治疗效果更为显著。

三、口服结肠靶向药物制剂

口服结肠靶向给药是通过药物传输系统，使药物口服后在消化道不释放，而将药物运送到人体回盲部后开始崩解或蚀解释放出来，从而使药物在人体大肠发挥局部或全身治疗作用。口服结肠定位给药系统（oral colon specific drug delivery system，OCSDDS）对治疗结肠局部病变特别有用，而且由于结肠部位的蛋白水解酶远小于消化道其他区段，在胃肠道上段易降解的肽类和蛋白质类药物，制成 OCSDDS 能够显著提高吸收率，使口服给药成为可能。

结肠的生理学特点①有由特殊菌落产生的酶，如偶氮还原酶、糖苷酶等，可使含偶氮化合物、多糖类物质的释药系统在结肠酶解；②结肠液 pH 值最高（7.6～7.8 或更高），而胃液 pH 值最低（空腹时 1.5～2，饱腹时 2～5），其余的居中（十二指肠 5～6，小肠 6～7.4）；③空腹药物经消化道转运的时间，从胃排空约为 3 小时，经十二指肠、小肠到达结肠，约为 12 小时以上。这三点均可作为设计结肠靶向制剂的基础，设计酶控制型、pH 控制型、时间控制型、压力控制型、生物黏附型、复合型和特异性的结肠靶向药物制剂，主要剂型包括包衣片、胶囊、微丸、微球、微囊等。例如，国内已上市的结肠溶空心胶囊，利用结肠 pH 值较高的特点，采用丙烯酸树脂类 Eudragit S/L 作为包衣材料对普通胶囊壳包衣，不溶于水及低 pH 消化液中，但能在结肠 pH 较高的环境溶解，填充药物即制成 pH 敏感型 OCSDDS。

四、前体药物和大分子载体给药系统

前体药物（prodrug）是由活性药物衍生而成的体外药理惰性物质，在体内经化学反应和酶反应，使活性的母体药物再生而发挥其治疗作用。前体药物在特定的靶部位再生为母体药物的基本条件是：①使前体药物转化的反应物或酶应仅在靶部位存在或表现出活性；②前体药物能同药物受体充分接近；③有足够量的酶以产生足够量的活性药物；④产生的活性药物应能在靶部位滞留，而不漏入循环系统产生毒副作用。有些前体药物由于不够稳定，或者由于在体内转运受到阻碍，可再制备其衍生物，称为双重前体药物。

如果与活性药物偶联的是水溶性大分子物质，依靠大分子载体对靶部位的识别作用，载带药物聚集到靶部位，再经水解或酶解释放出药物，发挥作用。这类前体药物被称为大分子载体给药系统，主要用于抗肿瘤治疗。大分子物质本身可以是有活性的，如各种单克隆抗体；也可以是生理惰性物质，如聚 *N*－（2－羟丙基）甲基丙烯酰胺（HPMA）、苯乙烯－马来酸酐共聚物等。

抗癌药物前体药物：单克隆抗体对相应抗原具有高度的特异性，是比较理想的大分子载体。重组细胞工程的发展也使肿瘤抗体的低成本工业化生产成为可能，许多常用抗肿瘤药物被用于制备单克隆抗体－药物的偶联物。在前体药物的基础上，抗体介导的酶前体药物疗法（antibody directed enzyme prodrug therapy，ADEPT）是一种新的肿瘤导向治疗方法。其基本思想是将单克隆抗体与一种活化酶偶联，制备抗体－酶偶联物，借助抗体识别肿瘤细胞表面抗原的特性，把酶带到靶部位，某些无抗癌活性或低活性的前体药物在酶的催化下可转化为细胞毒性药物，实现抗癌药物在靶部位的特异性释放，提高疗效。无活性的前体药物对正常细胞毒性较小。一般情况下，肿瘤组织的特点是 pH 低、碱性磷酸酯酶和酰胺酶浓度高。某些抗癌药物制成磷酸酯或酰胺类前体药物可在癌细胞再生发挥作用；一些肿瘤能产生大量纤维蛋白酶原活化剂，可活化血清纤维蛋白溶酶原成为活性的纤维蛋白溶酶，故将抗癌药物与合成肽连接，成为纤维蛋白酶的底物，可在肿瘤部位使药物再生。

脑部靶向前体药物：脑部靶向释药对于治疗脑部疾患有重大意义。许多药物由于脂溶性小而难以透过血脑屏障，一些药物虽然有足够亲脂性，能够进入脑部，但这种药物也易于进入其他组织器官，产生不必要的毒副作用。故必须采取一定措施，使药物仅在脑部发挥作用。目前比较成功的脑靶向前体药物是氧化－还原脑内释药系统，已用于多巴胺、雌二醇、青霉素等药物的脑内特异释药。其基本原理是药物与二氢吡啶连接，形成的前体药物亲脂性强，能进入脑内，在脑内二氢吡啶经 NAD^+/NADH 辅酶系统氧化成为难以跨过血脑屏障的季铵盐而滞留其中，经脑脊液的酶或化学反应水解，缓慢释放药物而延长药效；而在外周组织形成的季铵盐由于亲水性强，迅速经胆、肾消除，全身毒副作用明显降低。

肾靶向前体药物：利用肾特有或相对浓度较高的酶，如 L－氨基酸脱羧酶、*N*－乙酰转移酶、γ－谷酰胺转肽酶（GGT）等，可将经化学修饰前药在肾脏定位释放。如在糖皮质激素泼尼松龙分子上引入 *N*－乙酰谷氨酰基，合成得到 *N*－乙酰谷氨酰－泼尼松龙酯前体药物，考察其体内分布和对大鼠骨密度的影响。结果表明，与原药相比，前药在肾中的浓度增高，并能降低泼尼松龙致骨质疏松的副作用。分子质量低于 30 000Da 的低分子质量蛋白质（low molecular weight proteins，LMWP，如溶菌酶、细胞色素 C、抑肽酶等）静脉注射后，约占注射剂量 80% 的 LMWP 可被肾小球自由滤过并通过近端小管迅速吸收，并在细胞溶酶体内被分解成小肽和单个氨基酸。在机体的其他部位几乎无蓄积。利用这一性质，将治疗肾炎的免疫抑制剂雷公藤内酯醇偶联到溶菌酶上，制备雷公藤内酯醇－溶菌酶结合物，给药后肾靶向效率从 11.74% 提高到 95.54%，很低的结合物剂量就能够明显改善实验所致大鼠肾炎和缺血再灌注引起的损伤，对肝脏和生殖系统的毒性降低，对机体整个免疫系统的影响较小，达到局部免疫抑制效果。最近的研究还发现，50% 脱乙酰化的低分子质量壳聚糖在肾脏分布较多，可能是一个潜在的肾靶向载体材料。

扫码“练一练”

其他前体药物：如无环鸟苷与月桂酸酰氯和棕榈酸酰氯分别制成亲脂性的前体药物，再制成脂质体。体外抗疱疹病毒实验表明，前体药物进入细胞的量增加，从而使抗病毒的能力增强。又如环孢苷接二条长疏水链成为环孢苷二棕榈酸酯前体药物，再制成脂质体，前体药物可缓慢水解得到环孢苷，避免环孢苷被迅速脱氨破坏，延长作用时间。

（张　烜）

第十五章　药物制剂的稳定性

扫码"学一学"

学习目标

1. **掌握**　影响液体药物制剂稳定性的因素，避免这些因素影响液体制剂稳定的方法。影响因素试验、加速试验和长期试验等试验方法；数据处理分析，根据数据计算药品有效期。

2. **熟悉**　药物制剂的主要化学降解途径，影响固体药物制剂稳定性的因素，避免这些因素影响固体制剂稳定的方法。

3. **了解**　药物制剂降解反应属于零级、一级或伪一级反应的依据；不同药物制剂稳定性需重点考察的项目；新药申报需提供的药物稳定性的试验资料。

第一节　概　述

一、研究药物制剂稳定性的意义

药物制剂的稳定性（stability）是指某一包装的处方制剂保持其在体外的理化特性，以及保持其疗效和体内安全性的能力。安全、有效、稳定是任何药物制剂都应达到的最基本要求。但是由于各种因素的影响，药物制剂在生产、贮存和使用过程中都有可能发生分解变质。若药物制剂不稳定，不仅产品的外观性状不能合格，而且有效成分的含量也会发生改变，甚至直接影响制剂应用的有效与安全。例如，四环素遇热发生差向异构化，生成差向四环素，使产品的毒性大大增加；乙酰水杨酸易水解生成水杨酸，导致药物解热镇痛的疗效降低，而胃刺激性的副作用增加；而且，现代药物制剂已基本实现了机械化规模生产，若产品因不稳定而变质，将会给制药企业造成巨大的经济损失。因此，为了提高药物制剂的质量、确保药品在临床使用的安全与有效，以及提高行业经济效益，必须重视药物制剂在研究、开发、生产与应用各环节中的稳定性。

二、药物制剂稳定性研究的内容

药物制剂稳定性研究的内容包括化学稳定性、物理稳定性、微生物稳定性、疗效稳定性和毒性稳定性。化学稳定性的要求是指制剂中药物的有效成分在所示规格范围内，其化学特性和含量（或效价）不变。物理稳定性是指制剂的物理性质，如外观、气味、均匀性、溶解、混悬、乳化、溶出等在允许的范围内均未发生变化。微生物稳定性的要求是指制剂保持无菌或微生物学检查不超标。疗效和毒性稳定性是指药品疗效不改变，毒性不增加。上述稳定性研究内容中，疗效稳定性与毒性稳定性是最关键的，但是目前还缺少对这两种稳定性的定量评价。由于药物制剂的化学、物理和微生物稳定性在很大程度上决定了疗效稳定性和毒性稳定性，因此在药物制剂稳定性研究中，主要从化学、物理和微生物三方面来评价药物制剂的稳定性。

药典是开展药物制剂稳定性研究的指导文本。我国自2000年版药典开始，就增加了药物稳定性试验指导原则，规范了稳定性的测定方法，并且对各类制剂的稳定性分别提出了具体的要求，其中即包括物理、化学及微生物稳定性方面的内容及包装、贮存条件方面的要求。同时《药品注册管理办法》对新药的物理、化学及微生物稳定性也极为重视，规定新药申请必须呈报稳定性资料。美国食品药品管理局也要求对所申报药品的稳定性做详细地描述，给出有关物理、化学及微生物稳定性的数据。《美国药典》（USP）亦有专门章节论述药物制剂稳定性的定义、标准、评价方法，并根据不同制剂的特点，列出了相应制剂的物理、化学或微生物稳定性的要求。近年来，随着世界各国在医药科技和药品贸易上交往的与日俱增，国际上已经逐渐意识到统一药品稳定性标准的必要性。目前较有影响的国际药物稳定性试验指导原则主要有两个：一是WHO药物制剂标准专家委员会（WHO Expert Committee on Specifications for Pharmaceutical Preparations）于1996年确定的WHO指导原则；另一个是ICH各工业国家于1993年达成的ICH指导原则。ICH，实际是指人用药物注册技术要求国际协调会议（International Conference on Harmonization OF Technical Requirements for Registration of Pharmaceuticals for Human Use）的简称，是由欧盟、美国、日本三方成员国发起，并由三方成员国的药品管理当局与三方成员国的制药企业管理机构为主要成员所组成。这两个国际性原则已分别进行了若干次修订，适用性增强，对于推动药品的全球化注册具有极其积极的意义。

由于物理稳定性和微生物稳定性在本书的有关章节已作了介绍，本章主要讨论药物制剂的化学稳定性，具体内容包括制剂中药物的降解途径、影响药物稳定性的因素及稳定化方法、固体制剂的稳定性、稳定性试验方法以及包装材料对药物制剂稳定性的影响。

三、新药研发各阶段药物制剂稳定性研究的要求

药物制剂的稳定性研究是工业药剂学的一项重要研究内容，贯穿于药物制剂的研制、生产、包装、贮运和使用的全过程。

药物处方前的稳定性研究主要是开展原料药的稳定性试验，主要内容：活性成分稳定性的测定，决定是否需要特殊的条件保证活性成分的稳定性，为下一步的处方稳定性研究准备数据，预测处方中的辅料是否与活性成分有相互作用。

制剂研究阶段稳定性研究的主要内容：测定处方中的活性成分及其主要降解产物，比较试验处方及包装制剂的稳定性，决定影响制剂稳定性的主要因素，以及用哪些关键参数来筛选处方。

申报新药阶段应该综合科学、法律、市场等因素确定药品的加工及包装工艺，完成初步的稳定性研究及药品的有效期预测。申报样品获得批准后，需要较大规模地生产该产品，监督连续生产批号的稳定性，核实产品稳定性结论，确定产品最终的有效期。如果需要改变工艺、处方、包装，就必须重新进行稳定性的研究。

第二节　药物制剂稳定性研究的动力学基础

为预测药物制剂的有效期，必须了解药物发生化学降解的速率，并对影响化学降解速率的因素进行分析，进而采取有效措施防止或延缓药物降解。20世纪50年代初期Higuchi等即用化学动力学的原理评价药物的稳定性。目前，化学动力学仍然是研究药物制剂稳定

的理论基础，正确运用化学动力学对预测或确定药物制剂的有效期具有十分重要的意义。

在多数情况下，化学降解反应速率随反应物浓度的变化而改变。反应降解速率与反应物浓度之间的关系可以用反应级数来阐明。

一、反应速率、反应速率常数、反应级数

（一）反应速率

反应速率常用单位时间内、单位体积中反应物浓度的减少或生成物浓度的增加来表示，研究药物的降解速率与浓度的关系用 $-\mathrm{d}C/\mathrm{d}t$ 表示，式中 C 为 t 时间反应物的浓度，负号表示反应物的浓度逐渐减少。

（二）反应速率常数

根据质量作用定律，反应速率与反应物浓度之间有下列关系：

$$V_{\mathrm{A}} = -\mathrm{d}C/\mathrm{d}t = kC^{n} \tag{15-1}$$

式中，k 为反应速率常数；C 为反应物的浓度。

k 是指各反应物为单位浓度时的反应速率，单位为 t^{-1}，其大小与反应温度有关，k 值越大，表示反应物的活泼程度越大，药物制剂越不稳定。

（三）反应级数

式（15-1）中的 n 为反应级数，$n=0$ 为零级反应；$n=1$ 为一级反应；$n=2$ 为二级反应，以此类推。

对于一种反应物发生的反应：$a\mathrm{A} \rightarrow m\mathrm{C} + n\mathrm{D}$，其反应速率为：

$$V_{\mathrm{A}} = -\mathrm{d}C/\mathrm{d}t = k\mathrm{C}^{n} \tag{15-2}$$

对于2种以上反应物发生的反应：$a\mathrm{A} + b\mathrm{B} = l\mathrm{L} + m\mathrm{M}$ 其反应速率表示为：

$$V_{\mathrm{A}} = -\mathrm{d}C_{\mathrm{A}}/\mathrm{d}t = k_{\mathrm{A}}C_{\mathrm{A}}^{\alpha}C_{\mathrm{B}}^{\beta} \tag{15-3}$$

反应级数 $n=\alpha+\beta$，n 可以为整数、分数或零，一般 n 在0～3，很少超过3，少数情况下 n 为负数。在药物与药物制剂的各类降解反应中，尽管有些药物的降解反应机制十分复杂，但多数药物及其制剂可按零级、一级或伪一级及二级反应处理。

1. **零级反应**　若反应速率与反应物的浓度无关，这种反应称为零级反应。如部分药物因光照发生光化反应引起药物降解，其药物反应速率与反应物的浓度无关，而只与光照强度或时间有关。

根据式（15-1）可知，零级反应速率方程式为：$-\mathrm{d}C/\mathrm{d}t = kC^{n}$，零级反应的 $n=0$；其积分式为：$C = -kt + \mathrm{C}_0$。

如当氟罗沙星溶液的浓度≥8mg/ml时，氟罗沙星在光照下的降解反应速率不随氟罗沙星浓度的增加而出现增大或减少。

混悬液中药物的降解仅与溶液相中的药物量即药物的溶解度有关，而与混悬的固体药量无关；当药物降解后，固体相中的药物就溶解补充到溶液相中，保持溶液中的药量不变；而药物的溶解度为常数，这类降解反应也为零级反应，但与真正的零级反应有所不同，故为假零级反应。

2. **一级反应**　若反应速率与反应物浓度的一次方成正比，则称为一级反应。大多数药物以一级反应降解。

根据式（15-1）可知，一级反应速率方程式为：$-\mathrm{d}C/\mathrm{d}t = kC$，一级反应的 $n=1$；其

积分式为：$\lg C = -kt/2.303 + \lg C_0$。

如水杨酸初始浓度分别为0.1ppm、0.3ppm、0.6ppm和1ppm时，水杨酸的降解速率随其初始浓度的增加呈现递减趋势；又如头孢呋辛钠在水溶液的降解速率也随其初始浓度的升高而增加。

3. 伪一级反应 对于两种或两种以上反应物参加反应，若其中一种反应物的浓度大大超过另一种反应物，或其中一种反应物的浓度恒定不变，则此反应表现出一级反应的特征，故称为伪一级反应（或准一级反应）（pseudo first - order reaction）。符合该反应特点的典型例子是酸或碱催化酯的水解，其动力学方程为：

$$-\frac{d[酯]}{dt} = k[酯][H^+] \tag{15-4}$$

$$-\frac{d[酯]}{dt} = k[酯][OH^-] \tag{15-5}$$

式中，[酯] 为酯的浓度，$[H^+]$ 与 $[OH^-]$ 分别为 H^+ 与 OH^- 的浓度，因此该水解反应属于二级反应，k 为二级反应速率常数。但实际情况中，常用适当的缓冲溶液保持系统 $[H^+]$ 与 $[OH^-]$ 不变，或使 $[H^+]$ 或 $[OH^-]$ 的浓度比酯的浓度高，则可认为 $k'=k[H^+]$ 或 $k'=k[OH^-]$，动力学方程式（15-4）或（15-5）可改写为：

$$-\frac{d[酯]}{dt} = k'[酯] \tag{15-6}$$

由此，反应将表现为一级反应，故称为准一级反应。在某一恒定 pH，测定残留的酯，以酯的残留浓度的对数对时间作图，可得到与一级动力学方程式相一致的直线图形。如图15-1。

因此，无论反应体系中反应物的数量为多少，如果在实验安排上，可以使其他反应物大大过量（含量超过反应物10倍、40倍、100倍，甚至更多），或者能保持基本恒定量，那么反应即可服从一级反应动力学方程。

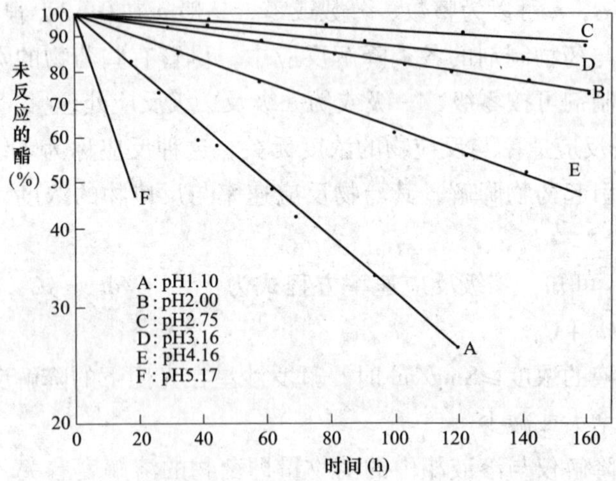

图15-1 某酯类药物在不同pH值时水解的伪一级反应速率图

4. 二级反应 反应速率与反应物的二次幂或两种反应物浓度的乘积成正比的反应称为二级反应（second - order reaction），该类型反应更为复杂，反应产物不止一种。

根据式（15-1）可知，二级反应速率方程式为：$-dC/dt = kC^2$，二级反应的 $n=2$；其积分式为：$(C_0 - C)/(C_0C) = kt$。

如乙酸乙酯皂化反应是一个典型的二级反应：

$$CH_3COOC_2H_5 + NaOH \rightarrow CH_3COONa + C_2H_5OH$$

$dC_t/dt = k\ (C_e - C_t)^{\alpha}\ (C_s - C_t)^{\beta}$，其中，$C_e$表示乙酸乙酯的浓度，$C_s$表示氢氧化钠的浓度，$C_t$表示经过时间 t 后消耗的反应物浓度，k 表示反应速率常数，α 和 β 分别表示反应物乙酸乙酯和 NaOH 的分级数。

5. **复杂反应**　除以上反应类型，有些药物的降解途径更为复杂，如发生可逆反应、连续反应或平行反应，甚至多种反应的混合。

（1）可逆反应　可逆反应是指正逆反应同时进行的反应，也称为对峙反应。例如，头孢菌素酯的可逆碱催化异构化和维生素 A 的可逆顺反异构。可逆反应动力学方程包括两个速率常数，k^1为正向反应速率常数，k^{-1}为逆向反应速率常数。

反应 $A \underset{k^{-1}}{\overset{k^1}{\rightleftharpoons}} B$，若正逆反应都是一级反应，则：

$$-\frac{dC_A}{dt} = k^1 C_A - k^{-1} C_B \tag{15-7}$$

在正向反应中，如果以 C_{A0}代表反应物 A 的初始浓度，设 C_A为反应时间间隔 t 时单位体系中反应物 A 的浓度，则反应速率可用下式表示：

$$V_A = -\frac{dC_A}{dt} = k^1 C_A - k^{-1}(C_{A0} - C_A) \tag{15-8}$$

达平衡时，$V_A = 0$，设 C_{Aeq}代表反应达平衡时反应物 A 的浓度，则：

$k^1 C_{A\,eq} = k^{-1}(C_{A0} - C_{A\,eq})$，即：

$$C_{A0} = \frac{k^1}{k^{-1}} C_{A\,eq} + C_{A\,eq} \tag{15-9}$$

将式（15-9）代入式（15-8）得：$V_A = -\frac{dC_A}{dt} = (k^1 + k^{-1})(C_A - C_{Aeq})$，将上式变形为：

$$-d(C_A - C_{Aeq})/(C_A - C_{Aeq}) = (k^1 + k^{-1})dt \text{ 积分得：}$$

$$-\ln[(C_A - C_{Aeq})/(C_{A0} - C_{Aeq})] = (k^1 + k^{-1})t \text{ 即：}$$

$$\ln(C_{Aeq} - C_A) = -(k^1 + k^{-1})t + \ln C_{Aeq} \tag{15-10}$$

以 $\ln\ (C_{Aeq} - C_A)\ \sim t$ 作图，可得到一拟合直线，从直线的截距求出 C_{Aeq}，将 C_{Aeq}代入式（15-9）所得的式子和直线的斜率联立，即可求出 k^1和 k^{-1}。

（2）平行反应　在许多情况下，药物的降解可同时按两种或两种以上不同的途径进行，降解条件决定各降解途径对药物降解的贡献。例如，硝基安定在潮湿条件下可分别经两个准一级平行反应，生成 2-氨基-5-硝基二苯酮和 3-氨基-6-硝基-4-苯基-2-喹诺酮，两种分解产物的比例与环境湿度有关。

对于平行反应：$A \xrightarrow{k_1} B$，$A \xrightarrow{k_2} C$，若均为一级反应，则：

$$V_A = -\frac{dC_A}{dt} = (k_1 + k_2)C_A = k_{exp} C_A \tag{15-11}$$

式中，C_A为反应时间 t 时单位体积中反应物 A 的物质的量，k_1和 k_2分别是两个平行反应的反应速率常数，k_{exp}是实验测得的速率常数。k_1和 k_2可以通过测定反应生成物 B 和 C 的比率 R 来确定。$R = C_B/C_C = k_1/k_2$。

由于平行反应的总反应速率是各平行反应速率的加和，即 $k_{exp} = k_1 + k_2$，所以 $k_{exp} = k_1 + k_1/R$ 则：

$$k_1 = k_{\exp}\left(\frac{R}{R+1}\right), k_2 = \frac{k_{\exp}}{R+1} \tag{15-12}$$

（3）连续反应　连续反应指反应物经历几个连续的中间过程才生成终产物。如青霉素和氯氮䓬的水解均属于连续反应。

$A \xrightarrow{k_1} B \xrightarrow{k_2} C$，B 称为活性中间物质。

$v_A = -\frac{dC_A}{dt} = k_1 C_A$，　则：

$$C_A = C_{A,0}e^{-k_1 t} \tag{15-13}$$

将式（15－13）代入 $v_B = -\frac{dC_B}{dt} = (k_2 - k_1)C_B$，解一阶常系数线性微分方程得：

$$C_B = \frac{C_{A,0}k_1}{k_2 - k_1}(e^{-k_1 t} - e^{-k_2 t}) \tag{15-14}$$

$$C_C = C_{A0} - C_A - C_B \tag{15-15}$$

二、有效期、半衰期

（一）有效期

药物制剂中的有效期是指药物制剂中的药物降解 10% 所需的时间，常用 $t_{0.9}$ 表示。

一级反应的有效期为：$t_{0.9} = 0.1054/k$。

（二）半衰期

药物制剂中的半衰期是指药物制剂中的药物降解 50% 所需的时间，常用 $t_{1/2}$ 表示，一级反应的半衰期为：$t_{1/2} = 0.693/k$。

零级、一级和二级反应的速率方程、半衰期和有效期的比较见表 15－1。

表 15－1　零级、一级和二级反应的速率方程、半衰期和有效期

反应速率	反 应	速率方程	动力学方程	k 的单位	半衰期（$t_{1/2}$）	有效期（$t_{0.9}$）
零级	$A \to P$	$-(dC_A/dt) = k$	$C = C_0 - kt$	mol/(L·s)	$C_0/2k$	$C_0/10k$
一级	$A \to P$	$-(dC_A/dt) = kC_A$	$\lg C = \lg C_0 - (k/2.303)t$	s^{-1}	$0.693/k$	$0.1054/k$
二级	$2A \to P$	$-(dC_A/dt) = kC_A^2$	$(C_0 - C)/(C_0 C) = kt$	mol/(L·s)	$1/(C_0 k)$	$1/(9C_0 k)$
	$A + B \to P$	$-(dC_A/dt) = kC_A C_B$	$[1/(C_{0A} - C_{0B})] \times \ln[(C_{0B} C_A)/(C_{0A} C_B)] = kt$	mol/(L·s)	对 A 和 B 不同	

注：C_0 为 $t=0$ 时反应物的初始浓度，C 为 t 时反应物的浓度，k 为反应速率常数，下标 A 和 B 分别表示反应物，$t_{1/2}$ 为药物降解 50% 所需的时间，即半衰期，$t_{0.9}$ 为药物剩余 90% 或降解 10% 所需的时间，即有效期。表中公式在预测药物稳定性时经常使用。

第三节　药物制剂的化学降解途径

水解和氧化是药物化学降解的两个最主要的途径，此外还包括异构化、聚合、脱羧等反应。药物化学降解的途径主要由药物的化学结构决定，同时处方因素和环境因素会对药物化学降解的程度造成很大影响。在一定情况下，有些药物还可同时发生两种或两种以上的降解反应。例如，临床上常用的青光眼治疗剂和缩瞳药硝酸毛果芸香碱，由于分子结构中同时含有亚胺唑核及内酯结构，其水溶液受 H^+、OH^- 催化水解，降解产物中不仅含有内酯水解开环生成的毛果芸香酸，还包括异构化生成的异毛果芸香酸和异毛果芸香碱，导致体系中降解产物复杂化，在进行药物制剂的降解研究中必须注意。

一、水解

（一）酯类药物的水解

水解是酯类药物的主要降解途径之一，很多含酯基团的药物在水中容易发生水解反应，导致制剂物理性状的变化，如 pH 的降低，以及药效的改变。例如，乙酰水杨酸片由于吸收水分发生水解反应，产生酸性的水杨酸，引起胃肠道刺激性。局部麻醉药盐酸普鲁卡因水解后生成对氨基苯甲酸与二乙胺基乙醇，导致麻醉作用明显削弱。

酯的水解就是酯分子［R—C（═O）—O—R′］中的酰基［R—C（═O）—］和烃氧基（-OR′）之间的键断裂，生成酸和醇混合物的过程。

如乙酰水杨酸水解反应：

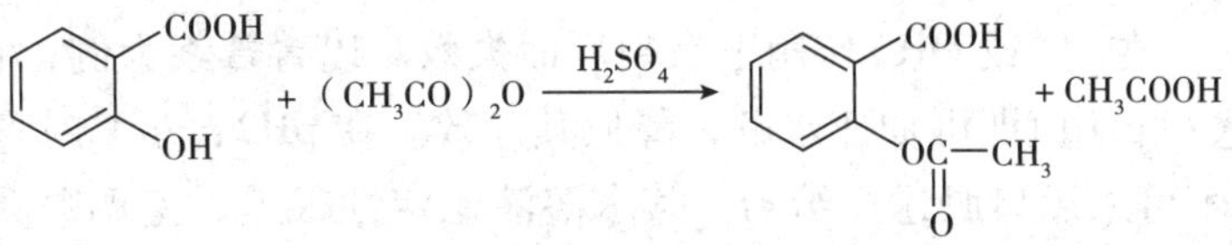

酯水解反应的通式：$RCOOR' + H_2O \longleftrightarrow RCOOH + HOR'$

可见，酯的水解反应就是酯化反应的逆反应。属于这类水解反应的药物还有盐酸可卡因、盐酸丁卡因、硫酸阿托品、溴丙胺太林等，这些药物的水溶液均不稳定。

羧酸酯的水解程度与 R 或 R′的结构关系很大，R 或 R′基占据的空间体积愈大，则阻碍 H 或 OH 对酯进攻的作用愈大，故该酯类药物愈不易被水解。所以溴甲胺太林、溴丙胺太林就比较稳定，但要制成可以长久使用的水溶液还是困难的，制成片剂时水分也应注意，溴丙胺太林片剂的水分如果超过 3%，贮藏一年以后水解产物呫吨酸的含量将超过药典规定（>2%）。

内酯的水解机制与酯一样，但是内酯水解后开环，分子链一端生成羧基，另一端生成醇羟基。例如，毛果芸香碱、穿心莲内酯和华法林。

（二）酰胺药物的水解

含酰胺基的药物也能通过水解反应而降解，例如，青霉素类、头孢菌素类、巴比妥类、利多卡因、非那西丁等。该类药物结构中，酰胺基的水解方式与酯的水解方式类同，与酯的水解比较，酰胺水解的主要特点在于：① 酰胺水解后生成酸和胺，其水解反应通式为：$RCONHR' + H_2O \longleftrightarrow RCOOH + H_2NR'$；② 酰胺基有更高的稳定性，通常较酯的水解反应速率慢，水解需要酸或碱催化。

酰胺水解的典型实例分析如下：

1. 氯霉素　氯霉素的化学性质比较稳定，干燥粉末密闭保存两年，其抗菌效力几乎不变。但是临床常用的氯霉素滴眼液，稳定性就比较差，在生产和贮存过程中酰胺基易水解，产生水解物 2-氨基-1-(4-硝基苯)-1,3-丙二醇（二醇物），影响抗菌活性。

酸碱、高温、日光对氯霉素水解均有催化作用。水溶液为 pH 为 2~7 时，pH 对水解影响不大，在 pH 6 最稳定。pH 2 以下或 pH 8 以上水解作用加速，而且 pH >8 还有脱氯的水解作用（图 15-2）。氯霉素水溶液 120℃高温加热，氨基物可能进一步分解生成对硝基苯甲醇。水溶液暴露于日光下，颜色明显变黄，可能是进一步发生氧化、还原和缩合反应所致。通常选用硼酸盐缓冲液作溶媒，控制 pH6 ~ 7，避光，阴凉处保存。

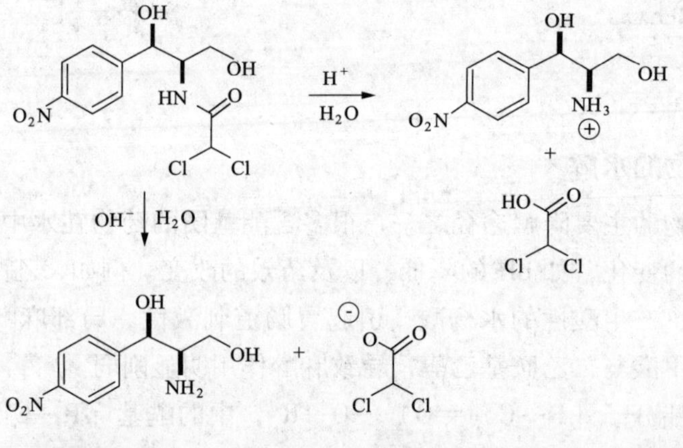

图 15 – 2　氯霉素在碱性（pH 9 以上）或强酸性（pH 2 以下）的水解反应

2. 青霉素类与头孢菌素类药物　青霉素类药物分子结构中的 β – 内酰胺环是四元环，内部存在较大张力，在 H^+ 或 OH^- 作用下易裂环而失效。以青霉素为例，它的最适宜 pH 为 6.0 ~ 6.8，偏离这一 pH 值即可加速水解，降低其疗效。在 pH2，24℃时青霉素钾的半衰期仅 18.5 分钟，故不可采用口服途径给药。其水溶液稳定性很差，室温贮藏 7 天，效价下降 80% 左右，即使用枸橼酸盐缓冲液维持最适 pH6.5 制成的溶液至多也只能保质三天，因此青霉素钾只能制成注射用灭菌粉针剂，在使用前可用 0.9% 氯化钠注射液溶解后输液。但临床上常用的 10% 葡萄糖、5% 葡萄糖盐水 pH 为 3.2 ~ 3.5，而且葡萄糖是一种具有还原性的己糖，能催化青霉素水解，糖浓度愈高，催化水解作用愈强，因此不可作为青霉素的溶媒。

青霉素类的结构通式表示见图 15 – 3。青霉素类药物，由于 R 不同，稳定性也有差别。青霉素的 R 为苄基，稳定性较差，而青霉素 V、苯氧乙基青霉素、苯唑青霉素，由于 R 基为苯氧基、苯氧乙基、5 – 甲基 – 3 – 苯基 – 4 – 噁唑基，稳定性有所提高。

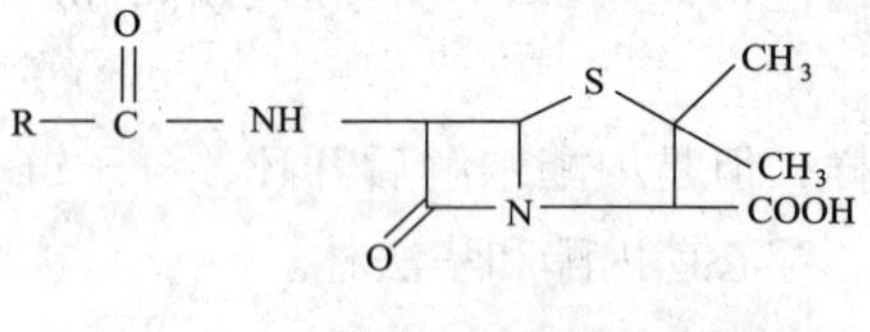

图 15 – 3　青霉素类药物的结构通式

头孢菌素类药物分子中同样含有 β – 内酰胺环，在有水分子存在的条件下易被水解，碱、酸和温度升高均能促进水解，所以临床应用的头孢菌素注射剂型多制成注射用无菌粉末剂。如头孢唑啉（头孢菌素 V，cefazolin）在酸与碱中都易水解失效，水溶液 pH4 ~ 7 较稳定，在 pH4.6 的缓冲溶液中半衰期约为 90 小时。在 5% 葡萄糖盐水和 0.9% 氯化钠中较稳定，室温下 24 小时含量下降小于 3%，但是在 10% 葡萄糖盐水中，pH 小于 3.38 时立即出现沉淀或结晶。头孢唑啉与维生素 C 注射液在 5% 葡萄糖盐水中配伍，48 小时外观、pH 无显著变化；6 小时内含量变化不大，但 24 小时时下降 8.9%，48 小时时下降 18.4%。其他头孢菌素类药物与维生素 C 注射液配伍后会发生不同程度的变化，但在正常输液时间（2 ~ 4 小时）内基本还是能确保药物的安全性和有效性。

3. 巴比妥类药物　巴比妥类是六元环的内酰胺类药物，在碱性溶液中容易水解。由于巴比妥类在水中溶解度小，通常用钠盐作注射液使用，但巴比妥类钠盐水溶液（灌注于安瓿中，无 CO_2）在室温贮藏一个月，约有 22% 分解。因为巴比妥类分子结构中的亚酰基的酸性比碳酸还弱，故其钠盐溶液可被空气中的 CO_2 作用生成巴比妥酸的沉淀，因此灭菌粉针在临用前宜用无 CO_2 的注射用水溶解。

（三）其他类型药物的水解

具有苷键及其类似结构的药物容易水解生成苷元，如庆大霉素水解成苷元和糖，阿糖胞苷和环胞苷等药物也可水解。

卤烃类药物若卤原子连接在碳原子上时，通常较易水解，如氯霉素；连接于氮原子上也易水解；连接在芳环上时则相对不易水解，如地西泮、氯丙嗪等。

具有缩胺类结构的药物也易水解，如碘解磷定。

二、氧化

药物的氧化分解亦是很多药物制剂不稳定的原因。药物氧化后，常使制剂色泽变深、产生沉淀和不良气味，降低药品质量，更为严重的是导致有效成分的含量降低，直接影响产品的药效，甚至产生严重的毒副作用。

药物的氧化反应都是由游离基或分子氧引起的，但是氧化反应的机制和过程一般都较复杂。通常一种药物如果失去电子，即获得负电性的原子或基团，或者失去正电子的原子或基团，就被认为是发生氧化反应。

在药物制剂中，氧化分解最常见的形式是自氧化反应。自氧化反应是在空气中氧的影响下进行的缓慢氧化过程，常为游离基的链式反应。这些游离基是高度不饱和的，并且容易从其他物质取得电子而引起氧化反应。若以 RH 代表药物分子，发生的自氧化反应可简单描述成如下的三步链反应：

链引发：$RH = R\cdot + H\cdot$

链传播：$R\cdot + O_2 = RO_2\cdot$

$RO_2\cdot + RH = ROOH + R\cdot$

链终止：$RO_2\cdot + RO_2\cdot \xlongequal{(X)}$ 非活性产物

X 为游离自由基阻止剂，如偏亚硫酸钠、硫脲、盐酸半胱氨酸等。

在自氧化反应中，自由基通常受光、热、氧气的作用而引发。重金属特别是二价或二价以上具有适当的氧化－还原电势，都能增加游离基的引发速率，缩短氧化作用的诱导期，催化氧化还原反应。此外，很多氧化反应也能被氢离子和氢氧离子催化，因此氧化还原反应也受反应 pH 影响。

药物的氧化降解作用与其化学结构有关。

1. 酚类药物　分子结构中具有酚羟基的药物，如肾上腺素、多巴胺、吗啡、去水吗啡、水杨酸钠等，在金属离子、光线、湿度等条件下，均易氧化变质。酚类药物被氧化，大多因为酚羟基变成醌式结构而呈黄棕色。

2. 烯醇类药物　维生素 C 的分子结构不存在酚羟基，但有烯醇结构，很易氧化生成一系列有色的无效物质。维生素 C 的氧化分解已有广泛、深入的研究，资料累积很多，但它的自氧化反应机制还是很不清楚。在无空气的情况下，维生素 C 降解后生成糠醛和二氧化碳，糠醛很易氧化，聚合生成有色物质。空气中的氧可氧化维生素 C 为去氢维生素 C，若有还原剂存在，后者仍可转变为维生素 C，去氢维生素 C 很不稳定，迅速生成 2，3－二酮基古罗酸（钠）等分解物，溶液由黄色变为橙红色。维生素 C 溶液最稳定的 pH 值为 5.4。如果溶液中没有金属离子，维生素 C 只在 pH 9 以上时才发生比较明显的氧化反应，但如有铜离子存在，即使 pH 值为 6.5，氧化反应仍极为迅速。维生素 C 溶液需加焦亚硫酸钠药用抗氧剂，溶液通二氧化碳比通氮气好。氯化钠、丙二醇、甘油、蔗糖、螯合剂对维生素 C 都有稳定作用。

3. **芳胺类药物** 如磺胺类钠盐、盐酸普鲁卡因、对氨基水杨酸钠等芳胺药物，也比较容易氧化。与酚类药物一样，多数芳胺类药物的氧化反应过程都异常复杂，很多还不够明了。

4. **其他类型药物** 吡唑酮类药物，如氨基比林、安乃近的水溶液，也比较容易氧化，变成黄色。对于氧化机制，一般认为是吡唑酮环上的不饱和键被氧化。吩噻嗪类药物如盐酸异丙嗪、盐酸氯丙嗪等，在光、金属离子、氧等作用下，极易氧化变色，注射液常用焦亚硫钠，维生素 C、乙二胺四乙酸盐（$EDTA-Na_2$）等为稳定剂，以减缓氧化。含有不饱和键的药物，常常也很易氧化，如维生素 A、维生素 D、油脂，在光线、氧、水分、金属离子以及微生物等影响下，都能发生氧化反应而分解。挥发油中含有的成分萜烯、萜烯，氧化后有醛、酮形成，所以有特殊气味，萜烯和萜烯等氧化后尚可聚合生成树脂状物。盐酸硫胺可被空气中的氧气氧化生成无效的硫色素，但不可用亚硫酸钠为抗氧剂，因后者可使盐酸硫胺完全分解失效。

三、其他反应

（一）异构化

通常药物的异构体具有不同的生理活性，因此药物的异构化常常使药物生理活性降低或丧失。异构化分为光学异构化和几何异构化两种。

1. **光学异构化** 光学异构化是指药物的光学特性发生变化，可分为外消旋化作用与差向异构作用。外消旋反应是指具有光学活性的药物在溶液中受 H^+、OH^-或其他催化剂及温度等的影响下转变成它的对映体的过程，这个反应过程一直进行到生成等量的两种对映体为止，因此最后得到 1/2 量的左旋体和 1/2 量的右旋体混合物，结果这个药物溶液的旋光度等于零。绝大多数药物的左旋体生理活性大于右旋体（泛酸钙和乙胺乙醇例外），但右旋体往往也有一定的生理活性，故外消旋药物的生理活性一般超过纯粹左旋体的一半多一些。外消旋反应是否发生取决于不对称碳原子上相连的基团，不对称碳原子连接醇羟基或具有苄醇的结构，则外消旋反应较易进行。因此左旋肾上腺素和左旋莨菪碱都容易发生外消旋化。左旋肾上腺素的活性比右旋肾上腺素大 15~20 倍，一般 pH 为 4 左右，消旋化反应最慢，pH 过低，消旋化反应则加剧，故药典规定盐酸肾上腺素注射液的 pH 应为 2.5~5.0。因此，在药品生产中，既要考虑其稳定性又要延缓其消旋化，一般配制注射液时控制 pH 在 3.6~4.0 为宜。通常外消旋反应与水解反应相似，是按一级反应动力学原理进行的，通过测定速率常数可以确定反应对 pH 和温度的依赖关系，从而建立有利于提高制剂稳定性的处方和贮藏条件。

差向异构化是指具有多个不对称碳原子的药物，其中一个不对称碳原子上的基团发生立体异构化的现象。四环素在酸性条件下，4 位碳原子上发生差向异构，生成 4 差向四环素，治疗活性降低。毛果芸香碱在碱性条件下，α 碳原子上发生差向异构，生成异毛果芸香碱，药效降低。

2. **几何异构化** 几何异构化是指化合物的顺式结构和反式结构之间发生的转化。有些药物的几何异构体间存在药理活性的差别，几何异构化将导致药效的改变。例如，维生素 A 分子中有五个共轭的双键，理论上有 16 个几何异构体，各异构体的生理活性互有不同，其中以全反式的异构体的药理活性最高。在 pH 较低的水中，发生几何异构化生成的 2，6

位顺式异构体，活性明显降低。再如，维生素 A 棕榈酸脂与其他维生素制成的复合维生素混悬剂（助悬剂为聚山梨酯 - 80，pH 为 5.3），经过一年左右的贮藏以后，除了因氧化而分解外，还有 10 - 顺式和 10，15 - 二顺式两种异构体生成，这两种异构体的生理活性都很弱。

（二）聚合反应

由于两个以上相同的药物聚合作用而产生药物变质的实例不多，比较熟知的是甲醛聚合生成三聚甲醛，在甲醛溶液中加入 10% ~15% 甲醇可以减缓其聚合。氨苄西林的浓水溶液在贮存过程中也易发生聚合，形成高聚物，可能诱发过敏反应。此外，药物本身由于聚合作用而出现沉淀、变色等现象比较常见。例如，葡萄糖注射液热压灭菌后有少量 5 - 甲基呋喃甲醛形成，后者聚合生成有颜色的聚合物，因而使注射液微显黄色。

（三）脱羧反应

脱羧反应是由于药物分子结构中的羧基脱裂而引起药物分解的情况。对氨基水杨酸钠注射液因为分解脱去羧基生成间氨基苯酚而易使颜色变深。对氨基水杨酸钠的脱羧反应与溶液的 pH 有很大关系，偏碱性时比较稳定，pH6.3 开始明显产生脱羧，pH2.7 时达最高峰。因此本品以制成无菌粉末安瓿为宜，且不宜与葡萄糖注射液配伍静脉滴注。普鲁卡因水解产物对氨基苯甲酸，也可慢慢脱羧生成苯胺，苯胺在光线影响下氧化生成有色物质，这就是盐酸普鲁卡因注射液变黄的原因。

第四节　液体药物制剂的稳定性

一、液体药物制剂稳定性的一般特点

液体制剂是按形态分类的一大类制剂，液体制剂系指药物分散在适宜的分散介质中制成的液体形态的制剂。液体药物制剂因药物分散度大和溶液中化学反应更快，引起药物的化学降解、物理不稳定性和霉变等导致药效降低甚至失效。液体制剂中药物的化学结构是决定药物制剂是否容易降解的基本因素。除此以外，由于任何一种药物都必须以某一种制剂形式给药，处方的组成，包括 pH 值、广义的酸碱催化、溶剂、离子强度、附加剂等因素，均会对药物制剂的降解造成影响。同时，非处方因素，如温度、光线、空气（氧）、金属离子、湿度和水分等也会影响药物制剂的稳定性。深入研究影响药物制剂降解的处方因素和外界环境因素，对开展合理化处方设计、优化制剂工艺条件、改善制剂包装等工作都具有重要的实际意义。

溶液型、混悬型、乳剂型液体制剂以及液体形态存在的气雾剂的稳定性均呈现出液体制剂的一般特点。

二、液体药物制剂稳定性的影响因素

（一）处方因素

液体制剂的处方组成比较复杂，除主药外，还加入了溶剂、抗氧剂等各种辅料，处方组成对制剂的稳定性影响较大。

1. pH　液体药物制剂的 pH 不仅影响药物的水解反应，许多药物的降解速率主要由溶液的 pH 决定，而且 pH 影响药物的氧化反应。酯类、酰胺类药物的水解受 H^+ 或 OH^- 的催

化，这种催化作用称为专属酸碱催化或特殊酸碱催化，其水解速率主要由溶液的 pH 决定。

（1）pH 对药物水解反应速率的影响　许多含酯和酰胺基的药物经 H^+ 或 OH^- 催化水解，这种催化作用称为专属酸碱催化或特殊酸碱催化。当 pH 很低时，主要是酸催化；当 pH 较高时，主要是碱催化。

药物水解的速率受 pH 影响，其关系可用下式表示：

$$k = k_0 + k_{H^+}[H^+] + k_{OH^-}[OH^-] \tag{15-16}$$

式中，k_0 表示参与反应的水分子的催化速率常数；k_{H^+} 和 k_{OH^-} 分别表示酸和碱的催化速率常数。

在 pH 很低时，水解主要以酸催化为主，式（15－16）可改写为：

$$k' = k_{H^+}[H^+],\ \lg k' = \lg k_{H^+} + \lg[H^+] = \lg k_{H^+} - pH \tag{15-17}$$

以 $\lg k'$ 对 pH 作图得一直线，斜率为－1，从直线截距可以计算得到 k_{H^+}。

在 pH 较高时，水解主要以碱催化为主，式（15－16）可改写为：

$$k' = k_{OH^-}[OH^-] = k_{OH^-}k_w/[H^+]$$

$$\lg k' = \lg k_{OH^-} + \lg k_W - \lg[H^+] = \lg k_{OH^-} + \lg k_W + pH \tag{15-18}$$

式中，k_W 为水的离子积，$k_W = [H^+][OH^-]$，当温度为 298.15K 时，$k_W = 10^{-14}$。以 $\lg k'$ 对 pH 作图得一直线，斜率为 1，从直线截距可以计算得到 k_{OH^-}。

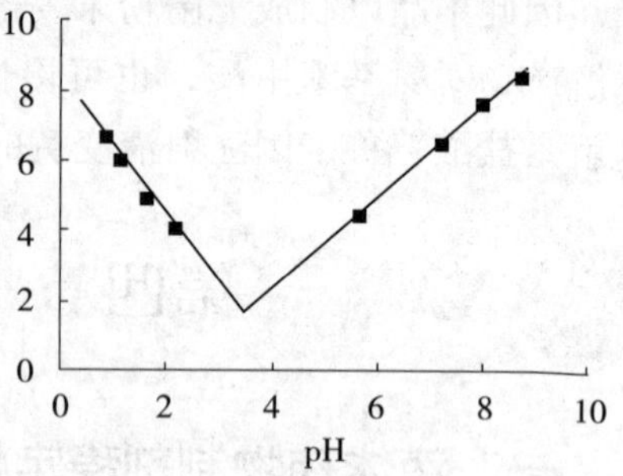

图 15－4　V 形 pH－速率图

由 $\lg k'$ 对 pH 作图可以得到水解速率与 pH 关系的图形，该图称为 pH－速率图。对于非解离型药物，水解速率常数的对数随 pH 变化的曲线呈 V 形，见图 15－4。曲线最低点所对应的 pH 为药物水解最慢，即药物最稳定的 pH，表示为 pH_m。对于可解离药物的水解，由于溶液中药物的各种存在形式受特殊酸碱催化的程度不同，所得到的 pH－速率曲线图更为复杂，曲线性状偏离 V 形，如普鲁卡因的水解 pH－速率图（图 15－5）和硫酸可待因的水解 pH－速率图（图 15－6）。

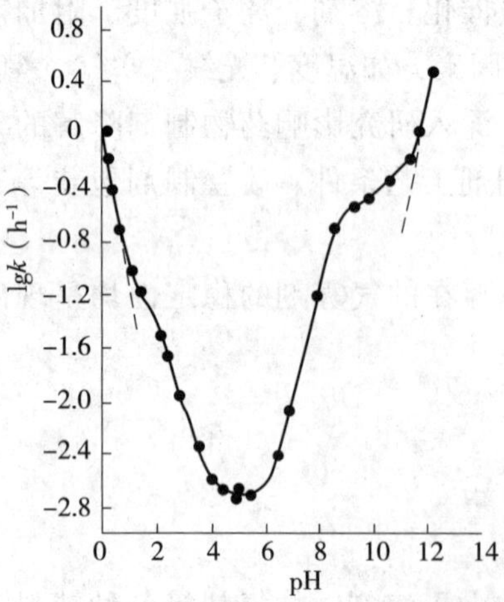

图 15－5　37℃普鲁卡因 pH－速率图

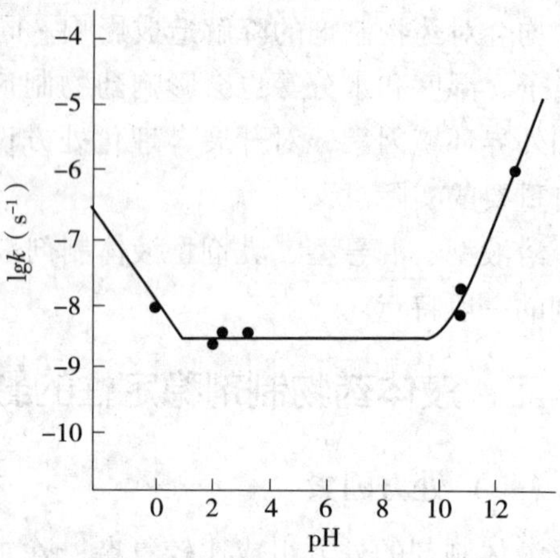

图 15－6　60℃硫酸可待因 pH－速率图

药物 pH_m 是表示 pH 对药物稳定性影响的关键参数，利用药物的水解 pH－速率图可以观察到药物最稳定的 pH 范围，得到 pH_m。pH_m 也可以通过公式进行计算：

$$pH_m = \frac{1}{2}pk_w - \frac{1}{2}\lg\frac{k_{OH^-}}{k_{H^+}} \tag{15-19}$$

（2）pH 对药物氧化反应速率的影响　药物的氧化反应也能被 H^+ 或 OH^- 催化，原因在于很多反应的氧化－还原电位是由 pH 决定的，这在弱酸类的药物尤其明显。醌/氢醌系统是一个典型的例子。

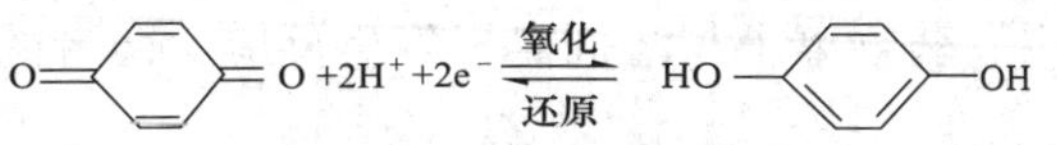

氧化－还原电位可用 Nernst 方程式表述：

$$E = E_0 + \frac{0.06}{n}\lg\frac{[H^+][Q]}{[HQ]} \tag{15-20}$$

式中，Q 为氧化型醌；HQ 为还原型醌；E 为实际氧化－还原电位；E_0 为标准氧化－还原电位；n 为氧化型转变为还原型获得的电子数，在此为 2；0.06 是近似的计算常数。从该方程可知，氢离子浓度增加可使 E 增大，说明当 pH 低时，还原型的醌不容易被氧化。

泼尼松龙水溶液易发生氧化降解，在有氧和无氧的条件下，降解速率都随氢氧离子浓度的增加而增加（表 15－2）。类似的，泼尼松龙和吗啡的氧化都属于碱催化类型。

表 15－2　波尼松龙的碱催化降解的反应速率常数（35℃）

NaOH 当量浓度	k/h^{-1}，无氧	k/h^{-1}，有氧
0.01	0.0311	0.0589
0.02	0.0531	0.0839
0.03	0.071	0.110
0.04	0.103	0.097
0.05	0.120	0.110

2. 广义酸碱催化　按照 Brönstee－Lowry 酸碱理论，能给出质子的物质被称为广义酸，而接受质子的物质称为广义碱。除了氢离子和氢氧离子这些特殊酸和碱能催化药物水解，一些广义酸碱也能催化药物的水解反应。药物经广义酸碱催化而发生的水解，称为广义酸碱催化。

为保持恒定 pH 值，药物溶液常常用缓冲剂配制。常用缓冲剂醋酸盐、磷酸盐、枸橼酸盐、硼酸盐等，均可作为广义酸碱催化药物水解。因此在这种情况下，不仅要考虑氢离子和氢氧离子的催化作用，还要考虑缓冲剂的催化作用，方程式（15－16）修正为：

$$k = k_0 + k_{H^+}[H^+] + k_{OH^-}[OH^-] + k_{HX}[HX] + k_{X^-}[X^-] \tag{15-21}$$

式中，k_{HX} 和 k_{X^-} 是广义酸、碱催化速率常数，［HX］和［X^-］是质子化和未质子化缓冲剂的浓度。

以抗菌药头孢呋辛钠的稳定性研究为例，在温度和离子强度一定时，用不同浓度 pH4.0～8.5 的醋酸缓冲液进行实验，研究发现 pH 是影响头孢呋辛钠稳定性的重要因素之一。在偏中性水溶液中其稳定性最高，在偏酸性的条件下降解速率随着 pH 降低变化较为缓慢，然而在偏碱性的条件下随着 pH 增大降解速率迅速增大。

硫酸可待因也是一个能很好解释缓冲剂的水解催化作用的例子。当溶液中没有缓冲剂存在时，药物在很大 pH 范围内都非常稳定，但是在 0.05mol/L pH7.0 的磷酸盐缓冲液中，其降解速率提高了近20倍。

由此可见，当药物水解速率随缓冲剂的浓度增加而加快时，可推断缓冲剂对药物有广义酸碱催化作用。因此在药物处方设计时必须注意，应选择对药物降解无催化作用或催化作用弱的缓冲剂，并在允许情况下降低缓冲剂浓度。

3. 溶剂 液体制剂中药物的降解会受到溶剂的影响，大部分药物在非水溶剂中的稳定性比水高，但是也有一些药物反而在水溶液中比非水溶液更稳定。溶剂对药物降解的作用主要通过影响离子间的引力来实现。溶剂对药物的作用可表现为三种情况。

（1）离子－离子作用　药物离子与溶剂离子发生反应，两者的电荷分别为 Z_A 和 Z_B，则

$$\lg k = \lg k_\infty - \frac{k' Z_A Z_B}{\varepsilon} \qquad (15-22)$$

式中，在恒定的温度，k' 是一个常数，为正值，k 是反应速率常数，ε 为溶剂的介电常数，k_∞ 是 $\varepsilon \to \infty$ 时的反应速率常数。以 $\lg k$ 对 $1/\varepsilon$ 作图得一直线，斜率为 $k' Z_A Z_B$。

如果药物和与之相作用的溶剂离子荷电性质相同，则直线的斜率为负值，这时，药物的降解反应速率随溶剂介电常数的增大而增大，因此选用介电常数小的溶剂可减缓药物水解。相反，若药物和与之相作用的溶剂离子荷电性质相反，则为提高药物的稳定性，应选用介电常数大的溶剂。

例如，巴比妥类药物在水中以阴离子形式存在，易发生 OH^- 催化水解。加入介电常数比水小的溶剂，如甘油、乙醇或丙二醇等，均能使药物的水解速率减慢，提高药物稳定性。

（2）离子－偶极作用　若药物与溶剂发生离子－偶极作用，反应速率方程为：

$$\lg k = \lg k_\infty + k' Z_A P_B / \varepsilon \qquad (15-23)$$

式中，P_B 为 B 分子的偶极矩。可见，当 A 分子荷正电时，介电常数小的溶剂，药物降解速率快；当 A 分子荷负电时，选择介电常数小的溶剂，药物降解速率慢，更稳定。

（3）偶极－偶极作用　若药物与溶剂均不解离，两者偶极矩分别为 P_A 和 P_B，则：

$$\lg k = \lg k_\infty - k' P_A P_B / \varepsilon \qquad (15-24)$$

由此可见，药物在介电常数小的溶剂中总是比在介电常数大的溶剂中更稳定。

4. 离子强度 离子强度是溶液中离子浓度的量度，是溶液中所有离子浓度的函数，离子化合物溶于水中时，会解离成离子。水溶液中电解质的浓度会影响其他盐类的溶解度。尤其是当易溶的盐类溶于水中时，增强难溶盐类的溶解度。

溶液配制时常常加入电解质，如缓冲剂、抗氧剂、抑菌剂、等渗调节剂等，这些电解质的存在使溶液的离子强度增大，而离子强度会影响药物的降解速率。例如，60℃时，青霉素在 pH8.8 磷酸缓冲液中的水解速率常数（$k = 0.049, 0.056, 0.068, 0.078\ h^{-1}$）随着离子强度的增加（$\mu = 0.270, 0.380, 0.490$）而增加。

药物的降解速率与溶液的离子强度之间存在如下关系：

$$\lg k = \lg k_0 + 2AZ_A Z_B \sqrt{\mu} \qquad (15-25)$$

式中，k 为降解速率常数，k_0 为溶液无限稀释（$\mu = 0$）时的降解速率常数，μ 为溶液的离子强度，A 为一个常量，Z_A 和 Z_B 分别是两种相互作用的离子所带的电荷。以 $\lg k$ 对 $\mu^{1/2}$ 作图可得一直线，其斜率为 $2AZ_A Z_B$，直线外推到 $\mu = 0$，即可得到 k_0。当离子强度很高时（接近 0.1），最好用改进的方程表示：

$$\lg k = \lg k_0 + 2AZ_A Z_B \frac{\sqrt{\mu}}{1 + \sqrt{\mu}} \qquad (15-26)$$

该情况下以 $\lg k$ 对 $\mu^{1/2}/(1+\mu^{1/2})$ 作图也可得一直线，其斜率为 $2AZ_AZ_B$，截距为 $\lg k_0$。

根据以上式子，当A、B带相同电荷，加入电解质可加速药物降解，直线斜率为正；当A、B带异种电荷，离子强度的增加反而抑制药物的降解；当药物为中性分子，因 $Z_AZ_B=0$，所以离子强度的变化对药物降解没有影响（图15-7）。

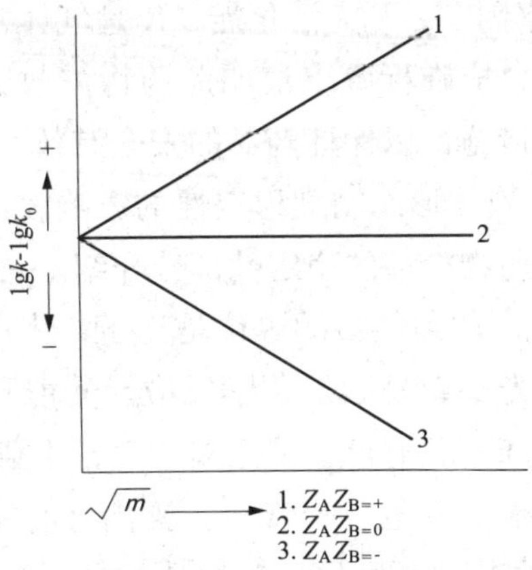

图15-7　离子强度对反应速率的影响

5. 表面活性剂　表面活性剂在液体制剂中既作为辅料用于难溶性成分的增溶、脂溶性成分的乳化和混悬型成分的助悬，也可作为靶向、经皮给药及缓控释等制剂的组成成分，通常溶液中的表面活性剂会有利于药物稳定性的保持，这是因为表面活性剂在溶液中形成胶束，可阻碍 H^+、OH^- 对药物分子的进攻。由于药物化学结构的特性，其在胶束中分布的位置也会有所不同。疏水性药物能够溶解在胶束的亲脂区，与吸附在胶束表面的物质相比，就更容易受到表面活性剂的保护。但有时表面活性剂也会加速药物的降解，如聚山梨酯80使维生素D的稳定性下降。因此，在处方设计中应通过实验选择合理的表面活性剂。

6. 其他辅料　以上主要讨论的是液体制剂中处方成分对药物稳定性的影响，对于半固体制剂和固体制剂，在选择辅料的时候也应当考虑药物稳定性的问题，因为已有很多例子证明辅料对药物稳定性的影响的确存在。

制备戊酸倍他米松乳膏时，选用pH为中性或碱性的基质，会使戊酸倍他米松17位上酯键向21位转移而降低活性；氢化可的松栓剂，若使用聚乙二醇作基质，药物很快降解，有效期仅为6个月；乙酰水杨酸栓剂也不能用聚乙二醇作基质，否则乙酰水杨酸与聚乙二醇作用生成水杨酸和乙酰聚乙二醇；硬脂酸镁作为乙酰水杨酸片剂的润滑剂时，可能与乙酰水杨酸反应生成乙酰水杨酸镁，使制剂pH升高，进一步加快乙酰水杨酸的分解。由此可见，对于化学性质不稳定、易降解的药物，必须注意辅料的选择。

（二）非处方因素

1. 温度　温度是环境因素中影响药物制剂稳定性的重要因素之一，对药物的各种降解途径均有影响，在制剂制备过程中，很多单元操作需要升高温度，如加热溶解、干燥、灭菌等，应注意药物稳定性随温度的变化，特别是对热敏感的药物，如不耐热的生物技术类药物，须通过降低温度、减少受热时间、采用冷冻干燥、无菌操作等工艺来避免温度对药物稳定性的不良影响。通常，温度升高能显著增加药物的降解速率。温度对药物降解速率的影响可以用Vant Hoff经验规则和Arrhenius指数定律来说明。根据Vant Hoff经验规则，温度每升高10℃，反应速率增加2～4倍，虽然这种计算对于某些制剂相当准确，但是该规则仅能粗略估计温度对反应速率的影响。而Arrhenius指数定律可定量地描述温度与反应速率之间的指数关系，故已作为药物制剂稳定性预测的主要理论依据被广泛应用。该定律的表述如下：

$$k = Ae^{-E/RT} \tag{15-27}$$

式中，k是速率常数，A为频率因子，E为活化能，R是气体常数，T是绝对温度。

若药物在室温时极不稳定，应在标签上注明此药物需放阴凉处或冰箱贮存，同时在药物运输过程中，也应采取相应措施，以保证药品的安全有效。

2. 湿度 湿度和水分对于液体形态制剂稳定性的影响较小，但对固体药物制剂稳定性的影响很大，有关内容在固体药物剂型的稳定性部分介绍。

3. 光线 光是一种辐射能，辐射能量的单位是光子，光的波长越大，光子的能量就越小，因此紫外线比其他波长的光更容易激发化学反应。光能不仅可激发氧化反应，也能激发药物的分解反应。吗啡、可待因、奎宁、维生素C、肾上腺素和水杨酸酯都能被光能激发而氧化，在紫外或可见光照射下变色。吩噻嗪、氢化可的松、核黄素、维生素C和叶酸等易受光辐射而分解。以上这些因光照而降解的物质被称为光敏化合物。

光化反应的动力学比热反应动力学复杂。药物结构与光敏感性有一定关系，如酚类和分子中有双键的药物，一般对光敏感。在有些情况下，药物的光解速率与药物浓度成正比，如氢化可的松、泼尼松龙等醇溶液在黄光灯照射下为一级反应，但是也有例子说明光解速率与药物浓度没有关系，如维生素B_{12}中性溶液在光照下的降解为零级反应。

光化反应的速率影响因素主要是光的强度，温度对其的影响较小。如浓度2%的强效速效降压药硝普钠可耐受115℃20分钟的热压灭菌，但对光极为敏感，临床上用5%葡萄糖配制成0.05%的硝普钠溶液静脉滴注，在阳光下10分钟就分解13.5%，室内光线条件下，半衰期为4小时。但需注意的是，温度对光化反应并不是完全没有影响。因为光化反应除最主要的初级反应外，还有次级反应。在初级反应阶段，分子吸收光子而分解活化，因此该阶段必须在光照条件下进行，反应速率与温度无关。在次级反应阶段，活化分子与普通分子通过大量碰撞而变成产物，温度高则碰撞次数增加，反应速率加快，因此在此阶段，温度会影响光化反应速率。光化反应还受反应溶剂、反应器形状及其他杂质的影响。

对光敏药物，如氢化可的松、辅酶Q_{10}、氯丙嗪等，在制剂制备过程中应采取避光操作，贮存时应选择合适的包装材料，将药物贮存于棕色或黑色容器中，并于暗处存放。

4. 氧气 氧气是药物发生氧化降解的必要条件。制剂暴露在空气中，药物直接与氧气接触发生氧化反应。此外，液体药物制剂包装容器中残留的氧气和处方溶剂中溶解的氧气常常是引起药物氧化降解的主要原因。

为防止药物氧化，首先应考虑除去溶剂和容器中的氧气。在配制药物溶液时，采用新鲜处理的去离子水可有效减少进入制剂的氧气量。然后在溶液中通入惰性气体，如氮气或二氧化碳，充分置换溶液和容器空间的氧气。对于固体药物，可采取真空包装，避免氧气与药物的接触。

对氧气敏感的药物，制剂中微量的氧气即可使之发生氧化反应，因此除采取上述措施外，还必须加入抗氧剂。根据不同的抗氧机制，抗氧剂可分为两类。一类抗氧剂本身是强还原剂，如亚硫酸盐，首先被氧化而保护主药不被氧化，在此过程中抗氧剂逐渐被消耗，因此必须要注意抗氧剂的用量。另一类抗氧剂是链反应阻化剂，能与反应中的游离基结合，中断反应，在此过程中本身不被消耗，它们一般为酚类化合物，具有电子给予体的作用，如丁基羟基茴香醚、特丁基对苯二酚、生育酚等。按照抗氧剂的溶解性，抗氧剂可分为水溶性和油溶性两类。常用水溶性抗氧剂包括亚硫酸钠、亚硫酸氢钠、焦亚硫酸氢钠、硫代硫酸钠、半胱氨酸等。叔丁基对羟基茴香醚、二丁甲苯酚、维生素 E 等属于油溶性抗氧剂。按照来源属性，又可分为合成抗氧剂和天然抗氧剂，如维生素 E 和卵磷脂。天然抗氧剂通常具有较好的生物相容性，毒性低。选择抗氧剂时，应考虑抗氧剂的毒性、发挥抗氧作用的条件，以及是否与主药发生相互作用。例如，亚硫酸氢钠不宜作静脉注射剂的抗氧剂，焦亚硫酸氢钠用于弱酸性药液，而亚硫酸钠常用于偏碱性药液。肾上腺素注射液中，加入亚硫酸氢钠破坏主药活性，改用0.02%焦亚硫酸氢钠能保证药物稳定性。此外，还可以在处方中添加协同剂，以增强抗氧剂的效果，如枸橼酸、酒石酸和磷酸等。

5. 微生物　主要以水、油为溶剂的液体制剂，易被微生物污染而发霉变质，尤其是含有糖类、蛋白质等营养物质的液体制剂和富含有机成分的中药液体制剂，更容易引起微生物的滋长和繁殖。抗菌药的液体制剂也能生长微生物，因为抗菌药物都有一定的抗菌谱。污染微生物的液体制剂会引起理化性质的变化，严重影响制剂质量，有时会产生细菌毒素有害于人体。

液体制剂的微生物稳定性在作制剂质量评价时应检测微生物，如无菌制剂应作无菌检查，其他制剂应作微生物限度检查。

6. 金属离子　液体制剂中的微量铜、铁、钴、镍、锌、铅等金属离子都对药物氧化反应有显著的催化作用，它们主要是缩短氧化作用的诱导期，增加游离基生成的速率。如2×10^{-4}mol/L 的 Cu^{2+}能使维生素 C 氧化速率增大10000 倍。

液体制剂中的微量金属离子主要来自原辅料、溶剂、容器以及操作过程中使用的工具等，要避免金属离子的影响，应选用纯度较高的原辅料，操作过程中不要使用金属器具，同时还可加入螯合剂，如乙二胺四乙酸盐或枸橼酸、酒石酸、磷酸、二巯乙基甘氨酸等附加剂，有时螯合剂与亚硫酸盐类抗氧剂联合应用，效果更佳。

7. 包装材料　包装是药物制剂生产的最后步骤，同样也是一个需要重视的环节。由于包装材料与药物制剂将在长期的贮存过程中接触，因此包装材料的选择除考虑其与药物制剂是否会产生相互作用，还应进一步考察包装材料对药物制剂稳定性的影响。理想的包装材料不仅应具有稳定而惰性的化学性质，而且还应起到防止药物制剂发生降解反应的作用，这一点对保证药物制剂的稳定性具有非常重要的意义，因此近年来包装材料及包装技术亦是蓬勃发展。目前常用的包装材料有玻璃、塑料、橡胶和金属四种。

玻璃理化性质稳定，不具透气性，是目前应用最多的一类容器。但由于玻璃中所含成分不同，对药物制剂的稳定性也有影响。如普通的钠钙玻璃会释放碱性物质和脱落不溶性碎片，一般不能用作注射剂的容器。

塑料为聚氯乙烯、聚苯乙烯、聚乙烯、聚丙烯、聚酯等高分子材料的总称。为了便于成型或防止老化等原因，塑料中常加入增塑剂、防老剂等附加剂。有些附加剂具有毒性，药用包装塑料应选用无毒塑料，塑料的主要问题是有透气性，可导致容器中的药物氧化变质；有透湿性，可导致药物吸湿降解；有吸着性，药液中物质可被塑料吸附，塑料中的物质也可迁移入药液。高密度聚乙烯容器，刚性、表面硬度、拉伸强度增大，水蒸气与气体透过速率下降，可作为片剂、胶囊剂的包装材料。

橡胶主要加工成塞子、垫圈和滴头等。它在使用中的主要问题是有吸附性，可吸附溶液中的药物和抑菌剂，导致主药浓度降低和抑菌效果减弱；橡胶在成型时添加的硫化剂、填充剂与防老剂等附加剂会被药液浸出，而污染药液。

金属包装材料常用的是黑铁皮、镀锌铁皮、马口铁、铝箔等，该类包装耐压、密封性能好，常用作气雾剂包装和铝箔袋等药品包装。它在使用中的主要问题是：部分药物可能对金属有腐蚀，金属离子进入药物影响药物的稳定性，金属上的保护膜完整性因破损对药物产生影响等。

鉴于包装材料与药物制剂稳定性的关系较大，因此在产品试制、包装设计过程中，要进行“装样试验”，在一定的贮存条件下进行加速试验，对各种包装材料进行认真选择，确定合适的包装材料。

三、液体药物制剂稳定化的其他方法

（一）改进剂型与生产工艺

1. 制成固体剂型 在水溶液中不稳定的药物，制成固体剂型可提高其稳定性。如青霉素类、头孢菌素类等药物液体制剂不稳定，将其制成注射用灭菌粉针剂是目前青霉素类、头孢菌素类抗生素的基本剂型。其他药物还可制成片剂、胶囊剂、颗粒剂、膜剂等。

2. 制成微囊或包合物 某些药物制成微囊后可增加药物的稳定性，如β-胡萝卜素、维生素C、硫酸亚铁制成微囊后，稳定性都较原药提高。包合物也可增加药物的稳定性，如见光易分解的维生素A制成β-环糊精包合物后，稳定性明显提高。

3. 采用直接压片或包衣工艺 对一些遇湿热不稳定的药物压片时，为避免高温和水分对药物稳定性的影响，可采用直接压片或干法制粒压片等工艺。包衣也可改善药物对光、湿、热的稳定性，是解决片剂稳定性的常规方法之一。

（二）制成稳定衍生物

对不稳定的药物进行结构改造，如制成难溶性盐、酯类、酰胺类或高熔点衍生物，可以提高其稳定性。一般水溶性越小，稳定性越好。

（三）加入干燥剂及改善包装

易水解药物可与某些吸水性较强的物质混合压片，这些物质起到干燥剂的作用，能够吸走药物所吸附的水分，提高药物稳定性。

第五节　固体药物制剂的稳定性

一、固体药物制剂稳定性的一般特点

药物在水溶液中易降解，改成固体剂型一般可提高药物的稳定性，但药物在固体状态时也会发生化学反应，而且反应机制更加复杂，研究过程较液体制剂困难。固体药物制剂的稳定性具有如下特点：①药物降解速率缓慢，实验时需要较长的时间和精确的分析方法；②降解机制复杂，制剂中的多种辅料，如片剂中的润滑剂、填充剂、黏合剂都可能与药物发生相互作用；③反应体系往往属于包含气相（空气和水汽）、液相（吸附的水分）和固相的多相体系，多种类型的降解反应常常同时在不同的相间发生；④降解反应一般始于固体表面，反应过程中，内部分子受到外部分子保护，造成表里变化不一；⑤药物在固体制剂中降解不均匀，导致实验结果的重现性差。

固体制剂中药物的降解也是通过氧化、水解、光分解、热分解等途径完成。除少数氧化、光解、热解反应可直接在固相完成外，固体制剂中大部分药物的降解仍必须在液相进行。当固体制剂中发生低熔点药物或辅料的熔化、湿法制粒、辅料吸湿等情况，就会在固相中产生液相，从而引发药物的降解。药物在溶液中的降解一般符合一级动力学方程，但是由于固体制剂中非液相部分与液相部分共存，非液相部分会影响药物产生不规则不均匀的降解反应，因此对于固体制剂不能用简单的零级或一级动力学方程来描述。

二、固体制剂药物降解动力学理论

（一）成核作用理论

成核作用理论适用的经典例子是对氨基水杨酸钠在无水条件下的热分解，以已分解的药物摩尔分数对时间作图，得到S形分解曲线，说明分解过程由初始诱导期、中间加速期和尾端衰变期组成（图15－8）。符合这类分解曲线特点的降解可用成核作用理论解释。

降解过程受结晶表面和内部活性核的形成核生长情况控制。诱导期，晶体上出现一些裂隙，药物呈零级降解；加速期，晶体破裂，产生大量活性核，药物降解速率明显加快，可用零级、伪一级或更高级动力学方程来描述；衰变期，颗粒大小比较均匀，药物降解速率减慢，降解反应基本结束。

S形分解曲线，一般在较高温度下出现，如对氨基水杨酸钠在70～80℃发生固相热解，因此在固体制剂制备过程中，应注意干燥温度对药物稳定性的影响。

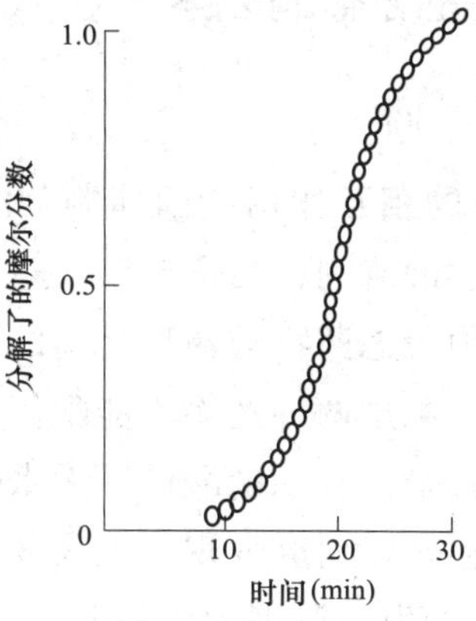

图15－8　S形分解曲线

（二）局部化学降解模型理论

有些药物的分解曲线是开始快，以后逐渐变慢，如乙酰水杨酸片在碳酸氢钠碱性环境中的分解，这类曲线可用局部化学降解模型原理来解释。假设固体制剂为圆柱体，降解反应发生在圆柱的表面，圆柱的半径随时间线性递减（图15－9）。则t时间，药物未降解的摩尔分数为：

$$(1-X)^{1/3}=1-(k/r_0)t \tag{15-28}$$

式中，X为t时间药物降解的摩尔分数，$1-X$为药物未降解的摩尔分数，k为反应速率常数，r_0为制剂的原始半径，t为时间。局部化学降解模型理论主要适用于在制剂表面开始的局部化学降解反应。

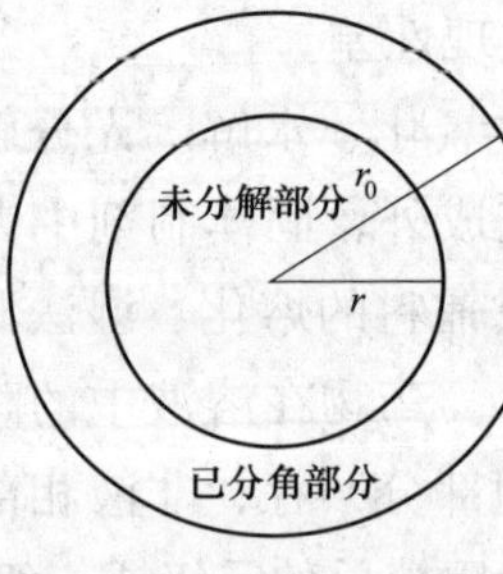

图 15－9　圆柱体模型图

（三）非线性理论

非线性理论主要用于解释固体制剂中水溶性药物的降解动力学。该理论认为固体制剂中药物的降解是时间的函数，当相对湿度大于临界相对湿度且药物的降解小于50%时，药物的降解过程符合如下方程式：

$$x = kt^n \tag{15-29}$$

式中，x 表示药物的降解量，t 为时间，n 和 k 都是常数，n 是独立常数，而 k 是与温度、水蒸气压力有关的常数。

当相对湿度小于临界相对湿度时，药物的降解可用零级动力学方程来描述。因此固体制剂药物的降解受湿度影响，表现出不同的降解动力学。只有当固体制剂的含水量非常低时，药物的降解才与水分无关。

三、固体药物制剂稳定性的影响因素

（一）处方因素

1. 固体药物制剂各组分之间的相互作用　固体制剂中除主药以外，还含有大量的辅料，常用的包括稀释剂、崩解剂、助流剂、黏合剂等。药物与辅料的相互作用可能导致药物的降解。对于复方制剂，还必须考虑药物与药物之间的相互作用，如果这种相互作用影响药物的药效或制剂的理化性质，则这两种药物不能配伍，或修改处方以增加各药物的稳定性。如头孢环己烯胺欲制成粉针剂，选用磷酸钠、无水碳酸钠、三羟甲基氨基甲烷等碱性物质使之成盐而增加溶解度。稳定性研究发现，该药物只能与无水碳酸钠配伍，与其他碱性物质配伍后，DTA 曲线上头孢环己烯胺特征峰消失。对乙酰氨基酚与乙酰水杨酸制备复方片剂，37℃加速试验发现片剂的游离水杨酸明显增加，原因可能是对乙酰氨基酚与乙酰水杨酸之间发生乙酰转移。而且助流剂的性质对该复方制剂稳定性也有影响，使用0.5%硬脂酸镁使药物水解加速，选用1%滑石粉比较稳定。因此固体剂型处方筛选时需要进行辅料与药物相互作用研究，一般是将药物与辅料按比例配合，在热、光、湿气等条件下进行加速试验，考察药物与辅料之间是否有相互作用发生。差示热分析（DTA）和差示扫描量热（DSC）法常用于研究药物与辅料之间的相互作用。在试验中，将混合物的 DAT 或 DSC 曲线与单组分的 DAT 或 DSC 曲线进行比较，观察吸热峰或放热峰的峰形消失、改变或位移，从而判断混合物组分之间是否存在相互作用。其他方法还有漫反射光谱法、薄层层析法等。

2. 药物晶型变化与稳定性的关系　药物在结晶时由于受各种因素影响，使分子内或分子间键合方式发生改变，导致分子或原子在晶格空间排列不同，形成不同的晶体结构，这种形成多种晶型的现象称为多晶型现象。多晶型在固体药物中是一种非常普遍的现象，如磺胺噻唑有3种晶型，黄体酮有5种晶型，烟酰胺有4种晶型。不同晶型的药物，其理化性质如熔点、溶解度、密度、光学和电学性质有很大差异，故化学稳定性也可能出现差异。药物多晶型从稳定性分类可分为稳定型、亚稳定型和不稳定型。一些药物的稳定性与晶型有关。利福平有无定形、晶型A和晶型B，各分解温度为172～180℃、183～190℃、240℃。在70℃加速试验15天，无定形药物含量下降10%，而晶型A和B含量下降1.5%～4%，比无定形稳定。甲泼尼龙Ⅱ型暴露于一定温度和湿度时发生降解，而Ⅰ型比较稳定。多沙唑嗪的A、B、C三种晶型的热分解活化能分别为44.17kJ/mol、35.13 kJ/mol、49.07kJ/mol，C型最稳定。在制剂制备中，许多单元操作，如粉碎、加热、熔融、冷却、湿法制粒等过程都可能使晶型发生改变，因此为确保固体制剂的稳定性，必须选择稳定的药物晶型，并了解与掌握晶型转变的因素，通过建立合理的处方和制备工艺，避免晶型的转变，确保药物制剂的质量。研究晶型的方法有差示热分析和差示扫描量热、X线单晶衍射、X线粉末衍射、红外光谱、核磁共振、偏光显微镜、溶出速率测定等。

（二）非处方因素

1. 固体药物制剂的吸湿　固体制剂暴露在空气中，会吸收空气中的水分，在制剂表面形成一层液膜，由于水是化学反应的介质，固体药物吸收水分后，降解反应就可以在液膜中进行。无论是水解反应还是氧化反应，微量的水分均可加速药物的降解，如乙酰水杨酸、青霉素钠、氨苄西林钠、硫酸亚铁等固体制剂或粉针剂的降解。生产中这类制剂的原料药水分含量一般应控制在1%以下，因为水分含量愈高，药物降解速率愈快。此外，制剂吸湿也可导致粉末固结、流动性降低等性状问题，影响正常生产和产品质量。

固体制剂的吸湿程度与大气中水蒸气压和药物性质有关，其关系可用下式表示：

$$\frac{dw}{dt}=kA\ (P-P_A) \tag{15-30}$$

式中，k为比例常数，w为固体吸湿量，A为固体药物的表面积，P为大气蒸气压，P_A为药物表面吸水所形成的饱和溶液蒸气压。若$P_A<P$，则固体吸湿；$P_A>P$，则固体干燥；$P_A=P$，固体药物临界吸湿。因此要减少药物的吸湿，首先得保证大气干燥，即使P降低。

从上式亦知，即使在相同的大气条件下，不同药物的吸湿量也会出现不同，这是由药物的吸湿性决定的，固体药物的吸湿性通常用临界相对湿度（CRH）来表示。相对湿度是指在相同条件下空气中水蒸气压与饱和水蒸气压之比。当相对湿度达到某一值时，药物的吸湿量会急剧增加，此时的相对湿度称为该药物的临界相对湿度。药物的CRH高，则表示药物不易吸湿；相反，表明药物吸湿性强。为探讨固体制剂的吸湿性能，需进行湿度加速实验，即在各种湿度条件下测定其吸湿速率和平衡吸湿量，通过绘制吸湿曲线或吸湿平衡图，求出临界相对湿度。

对于CRH值较小的药物，用该药物制备的固体制剂会有较强的吸湿性，因此，需在生产、包装和贮存过程中采取适宜的防止吸湿的措施，如生产车间要求控制低湿度、加入适宜辅料或吸水剂、采用防湿包衣、防湿包装等。

有些固体药剂由于包装、贮存、生产工艺或剂型不合适，制剂吸湿而产生固结、流动性降低、潮解、晶型改变等现象，进而使含量下降、颜色变化、组分间产生配伍变化。所以，必须重视吸湿对药物稳定性的影响，各国药典已将吸湿性作为固体药物及其制剂的重要性质来研究。

2. 微生物污染　固体制剂由于水分含量极低，不利于微生物的生长繁殖，因此，微生物对固体制剂稳定性的影响较小。

第六节 药物制剂稳定性试验方法

稳定性试验的目的是考察原料药或药物制剂在温度、湿度、光线的影响下随时间变化的规律，为药品的生产、包装、贮存、运输条件提供科学依据，同时通过试验建立药品的有效期。《中国药典》(2020 年版) 有关原料药与药物制剂稳定性试验指导原则对药物及其制剂稳定性的考察内容与实验方法均有明确规定。本节将重点介绍药物制剂稳定性测定方法中一些实验研究手段，为初步制订药物制剂的有效期奠定基础。

一、稳定性试验的基本要求

(1) 稳定性试验包括影响因素试验、加速试验与长期试验。影响因素试验用一批原料药进行；加速试验与长期试验要求用三批供试品进行。

(2) 原料药供试品应是一定规模生产的，供试品量相当于制剂稳定性试验所要求的批量，原料合成工艺路线、方法、步骤与大生产一致。

(3) 供试品的质量标准应与临床前研究及临床试验和长期试验所使用的供试品质量标准一致。

(4) 加速试验与长期试验所用供试品的包装应与上市产品一致。

(5) 研究药物稳定性，要采用专属性强、准确、精密、灵敏的药物分析方法与有关物质（含降解产物及其他变化所生成的产物）的检查方法，并对方法进行验证，以保证药物稳定性试验结果的可靠性。在稳定性试验中，应重视降解产物的检查。

(6) 由于放大试验比规模生产的数量要小，故申报者应承诺在获得批准后，从放大试验转入规模生产时，对最初通过生产验证的三批规模生产的产品仍需进行加速试验与长期稳定性试验。

二、原料药物与制剂稳定性试验指导原则

稳定性试验的目的是考察原料药物或制剂在温度、湿度、光线的影响下随时间变化的规律，为药品的生产、包装、贮存、运输条件提供科学依据，同时通过试验建立药品的有效期。

稳定性试验的基本要求如下：

(1) 稳定性试验包括影响因素试验、加速试验与长期试验。影响因素试验用 1 批原料药物或 1 批制剂进行；如果试验结果不明确，则应加试 2 个批次样品。生物制品应直接使用 3 个批次。加速试验与长期试验要求用 3 批供试品进行。

(2) 原料药物供试品应是一定规模生产的。供试品量相当于制剂稳定性试验所要求的批量，原料药物合成工艺路线、方法、步骤应与大生产一致。药物制剂供试品应是放大试验的产品，其处方与工艺应与大生产一致。药物制剂如片剂、胶囊剂，每批放大试验的规模，至少是中试规模批次。大体积包装的制剂如静脉输液等，每批放大规模的数量通常应为各项试验所需总量的 10 倍。特殊品种、特殊剂型所需数量，根据情况另定。

(3) 加速试验与长期试验所用供试品的包装应与拟上市产品一致。

(4) 研究药物稳定性，要采用专属性强、准确、精密、灵敏的药物分析方法与有关物

质（含降解产物及其他变化所生成的产物）的检查方法，并对方法进行验证，以保证药物稳定性试验结果的可靠性。在稳定性试验中，应重视降解产物的检查。

（5）放大试验比规模生产的数量要小，故申报者应承诺在获得批准后，从放大试验转入规模生产时，对最初通过生产验证的3批规模生产的产品仍需进行加速试验与长期稳定性试验。

（6）对包装在有通透性容器内的药物制剂应当考虑药物的湿敏感性或可能的溶剂损失。

（7）制剂质量的“显著变化”通常定义为：①生物或免疫法测定时效价不符合规定。②降解产物超过标准限度要求。③外观、物理常数、功能试验（如颜色、相分离、再分散性、粘结、硬度、每揿剂量）等不符合标准要求，④pH值不符合规定。⑤12个制剂单位的溶出度不符合标准的规定。

本指导原则分两部分，第一部分为原料药物，第二部分为药物制剂。

（一）原料药物

原料药物要进行以下试验。

1. 影响因素试验　此项试验是在比加速试验更激烈的条件下进行。其目的是探讨药物的固有稳定性、了解影响其稳定性的因素及可能的降解途径与降解产物，为制剂生产工艺、包装、贮存条件和建立降解产物分析方法提供科学依据。供试品可以用1批原料药物进行，将供试品置适宜的开口容器中（如称量瓶或培养皿），分散放置，厚度不超过3mm（疏松原料药厚度可略高些）。当试验结果发现降解产物有明显的变化，应考虑其潜在的危害性，必要时应对降解产物进行定性或定量分析。

（1）高温试验　供试品置适宜的恒温设备中，高温试验一般高于加速试验温度10℃以上，考察时间点应基于原料药本身的稳定性及影响因素试验条件下稳定性的变化趋势设置。通常可设定为0天、5天、10天、30天等。若供试品含量有明显变化，则在40℃条件下同法进行试验。

（2）高湿试验　供试品置恒湿密闭容器中，在25℃分别于相对湿度90%±5%条件下放置10天，于第5天和第10天取样，按稳定性重点考察项目要求检测，同时准确称量试验前后供试品的重量，以考察供试品的吸湿潮解性能。若吸湿增重5%以上，则在相对湿度75%±5%条件下，同法进行试验；若吸湿增重5%以下，其他考察项目符合要求，则不再进行此项试验。恒湿条件可在密闭容器如干燥器下部放置饱和盐溶液，根据不同相对湿度的要求，可以选择NaCl饱和溶液（相对湿度75%±1%，15.5～60℃），KNO_3饱和溶液（相对湿度92.5%，25℃）。

（3）强光照射试验　供试品开口放在光照箱或其他适宜的光照装置内，光源可选择任何输出相似于D65/ID65发射标准的光源，或同时暴露于冷白荧光灯和近紫外灯下，并于照度为4500lx±500lx的条件下放置10天，光源总照度应不低于1.2×10^6lx·h，近紫外灯能量不低于200W·h/m^2，并于第5天和第10天取样，按稳定性重点考察项目进行检测，特别要注意供试品的外观变化。

2. 加速试验　此项试验是在加速条件下进行。其目的是通过加速药物的化学或物理变化，探讨药物的稳定性，为制剂设计、包装、运输、贮存提供必要的资料。供试品要求3批，按市售包装，在温度40℃±2℃、相对湿度75%±5%的条件下放置6个月。所用设备应能控制温度±2℃、相对湿度±5%，并能对真实温度与湿度进行监测。检测至少包括初始和末次的3个时间点（如0、3、6个月）。如在25℃ ±2℃、相对湿度60% ±5%条件下进行长期试验，当加速试验6个月中任何时间点的质量发生了显著变化，则应进行中间条件试验。中间条件为30℃ ±2℃、相对湿度60% ±5%，建议的考察时间为12个月，应包括所有的考察项目，检测至少包括初始和末次的4个时间点（如0、6、9、12个月）。

加速试验，建议采用隔水式电热恒温培养箱（20～60℃）。箱内放置具有一定相对湿度饱和盐溶液的干燥器，设备应能控制所需温度，且设备内各部分温度应该均匀，并适合长期使用。也可采用恒湿恒温箱或其他适宜设备。

对温度特别敏感的药物，预计只能在冰箱中（2～8℃）保存，此种药物的加速试验，可在温度25℃ ±2℃、相对湿度60% ±5%的条件下进行，时间为6个月。

对拟冷冻贮藏的药物，应对一批样品在温度如5℃ ±3℃或25℃ ±2℃下放置适当的时间进行试验，以了解短期偏离标签贮藏条件（如运输或搬运时）对药物的影响。

3. 长期试验　长期试验是在接近药物的实际贮存条件下进行，其目的是为制定药物的有效期提供依据。供试品3批，市售包装，在温度25℃ ±2℃，相对湿度60% ±5%的条件下放置12个月，或在温度30℃ ±2℃、相对湿度65% ±5%的条件下放置12个月，这是从我国南方与北方气候的差异考虑的，至于上述两种条件选择哪一种由研究者确定。每3个月取样一次，分别于0个月、3个月、6个月、9个月、12个月取样按稳定性重点考察项目进行检测。12个月以后，仍需继续考察，根据产品特性，分别于18个月、24个月、36个月等，取样进行检测。将结果与0个月比较，以确定药物的有效期。由于实验数据的分散性，一般应按95%可信限进行统计分析，得出合理的有效期。如3批统计分析结果差别较小，则取其平均值为有效期，若差别较大，则取其最短的为有效期。如果数据表明，测定结果变化很小，说明药物是很稳定的，则不作统计分析。

对温度特别敏感的药物，长期试验可在温度5℃ ±3℃的条件下放置12个月，按上述时间要求进行检测，12个月以后，仍需按规定继续考察，制订在低温贮存条件下的有效期。

对拟冷冻贮藏的药物，长期试验可在温度－20℃ ±5℃的条件下至少放置12个月。

长期试验采用的温度为25℃ ±2℃、相对湿度为60% ±5%，或温度30℃ ±2℃、相对湿度65% ±5%，是根据国际气候带制定的。

原料药物进行加速试验与长期试验所用包装应采用模拟小桶，但所用材料与封装条件应与大桶一致。

（二）药物制剂

药物制剂稳定性研究，首先应查阅原料药物稳定性有关资料，特别了解温度、湿度、光线对原料药物稳定性的影响，并在处方筛选与工艺设计过程中，根据主药与辅料性质，参考原料药物的试验方法，进行影响因素试验、加速试验与长期试验。

1. 影响因素试验　药物制剂进行此项试验的目的是考察制剂处方的合理性与生产工艺及包装条件。供试品用1批进行，将供试品如片剂、胶囊剂、注射剂（注射用无菌粉末如为西林瓶装，不能打开瓶盖，以保持严封的完整性），除去外包装，并根据试验目的和产品特性考虑是否除去内包装，置适宜的开口容器中，进行高温试验、高湿度试验与强光照射试验，试验条件、方法、取样时间与原料药相同，重点考察项目见表15－3。

对于需冷冻保存的中间产物或药物制剂，应验证其在多次反复冻融条件下产品质量的变化情况。

2. 加速试验　此项试验是在加速条件下进行，其目的是通过加速药物制剂的化学或物理变化，探讨药物制剂的稳定性，为处方设计、工艺改进、质量研究、包装改进、运输、贮存提供必要的资料。供试品要求3批，按市售包装，在温度40℃ ±2℃、相对湿度75% ±5%的条件下放置6个月。所用设备应能控制温度±2℃、相对湿度±5%，并能对真实温度与湿度进行监测。检测至少包括初始和末次的3个时间点（如0、3、6个月）。如在25℃ ±2℃、相对湿度60% ±5%，条件下进行长期试验，当加速试验6个月中任何时间点的质量发生了显著变化，则应进行中间条件试验。中间条件为30℃ ±2℃、相对湿度60% ±5%，建议的考察时间为12个月，应包括所有的考察项目，检测至少包括初始和末次的4个时间点（如0、6、9、12个月）。溶液剂、混悬剂、乳剂、注射液等含有水性介质的制剂可不要求相对湿度。试验所用设备与原料药物相同。

对温度特别敏感的药物制剂，预计只能在冰箱（2～8℃）内保存使用，此类药物制剂的加速试验，可在温度25℃ ±2℃，相对湿度60% ±5%的条件下进行，时间为6个月。

对拟冷冻贮藏的制剂，应对一批样品在温度如5℃ ±3℃或25℃ ±2℃下放置适当的时间进行试验，以了解短期偏离标签贮藏条件（如运输或搬运时）对制剂的影响。

乳剂、混悬剂、软膏剂、乳膏剂、糊剂、凝胶剂、眼膏剂、栓剂、气雾剂、泡腾片及泡腾颗粒宜直接采用温度30℃ ±2℃、相对湿度65% ±5%的条件进行试验，其他要求与上述相同。

对于包装在半透性容器中的药物制剂，例如低密度聚乙烯制备的输液袋、塑料安瓿、眼用制剂容器等，则应在温度40℃ ±2℃、相对湿度25% ±5%的条件（可用 $CH_3COOK \cdot 1.5H_2O$ 饱和溶液）进行试验。

3. 长期试验　长期试验是在接近药品的实际贮存条件下进行，其目的是为制订药品的有效期提供依据。供试品3批，市售包装，在温度25℃ ±2℃、相对湿度60% ±5%的条件下放置12个月，或在温度30℃ ±2℃、相对湿度65% ±5%的条件下放置12个月，这是从我国南方与北方气候的差异考虑的，至于上述两种条件选择哪一种由研究者确定。每3个月取样一次，分别于0个月、3个月、6个月、9个月、12个月取样，按稳定性重点考察项目进行检测。12个月以后，仍需继续考察，分别于18个月、24个月、36个月取样进行检测。将结果与0个月比较以确定药品的有效期。由于实测数据的分散性，一般应按95%可信限进行统计分析，得出合理的有效期。如3批统计分析结果差别较小，则取其平均值为有效期限。若差别较大，则取其最短的为有效期。数据表明很稳定的药品，不作统计分析。

对温度特别敏感的药品，长期试验可在温度5℃ ±3C的条件下放置12个月，按上述时间要求进行检测，12个月以后，仍需按规定继续考察，制订在低温贮存条件下的有效期。

对拟冷冻贮藏的制剂，长期试验可在温度－20℃ ±5℃的条件下至少放置12个月，货架期应根据长期试验放置条件下实际时间的数据而定。

对于包装在半透性容器中的药物制剂，则应在温度25℃ ±2℃、相对湿度40% ±5%，或30℃ ±2℃、相对湿度35% ±5%的条件进行试验，至于上述两种条件选择哪一种由研究者确定。

对于所有制剂，应充分考虑运输路线、交通工具、距离、时间、条件（温度、湿度、振动情况等）、产品包装（外包装、内包装等）、产品放置和温度监控情况（监控器的数量、位置等）等对产品质量的影响。

此外，有些药物制剂还应考察临用时配制和使用过程中的稳定性。例如，应对配制或稀释后使用、在特殊环境（如高原低压、海洋高盐雾等环境）使用的制剂开展相应的稳定性研究，同时还应对药物的配伍稳定性进行研究，为说明书/标签上的配制、贮藏条件和配制或稀释后的使用期限提供依据。

附　稳定性重点考察项目

原料药物及主要剂型的重点考察项目见表15－3，表中未列入的考察项目及剂型，可根据剂型及品种的特点制订。对于缓控释制剂、肠溶制剂等应考察释放度等，微粒制剂应考察粒径、或包封率、或泄漏率等。

表15－3　原料药物及制剂稳定性重点考察项目参考表

剂型	稳定性重点考察项目
原料药	性状、熔点、含量、有关物质、吸湿性及根据品种性质选定的考察项目
片剂	性状、含量、有关物质、崩解时限或溶出度或释放度
胶囊剂	性状、含量、有关物质、崩解时限或溶出度或释放度、水分，软胶囊要检查有无沉淀
注射剂	性状、含量、pH值、可见异物、不溶性微粒、有关物质，应考察无菌
栓剂	性状、含量、融变时限、有关物质
软膏剂	性状、均匀性、含量、粒度、有关物质
乳膏剂	性状、均匀性、含量、粒度、有关物质、分层现象
糊剂	性状、均匀性、含量、粒度、有关物质
凝胶剂	性状、均匀性、含量、有关物质、粒度，乳胶剂应检查分层现象
眼用制剂	如为溶液，应考察性状、可见异物、含量、pH值、有关物质；如为混悬液，还应考察粒度、再分散性；洗眼剂还应考察无菌；眼丸剂应考察粒度与无菌
丸剂	性状、含量、有关物质、溶散时限
糖浆剂	性状、含量、澄清度、相关密度、有关物质、pH值
口服溶液剂	性状、含量、澄清度、有关物质
脂质体	性状、粒径、包封率、溶血磷脂、含量等
口服乳剂	性状、含量、分层现象、有关物质
口服混悬剂	性状、含量、分层现象、有关物质
散剂	性状、含量、粒度、有关物质、外观均匀度
气雾剂（非定量）	不同放置方位（正、倒、水平）有关物质、揿射速率、揿出总量、泄漏率
气雾剂（定量）	不同放置方位（正、倒、水平）有关物质、揿射速率、揿出总量、泄漏率
喷雾剂	不同放置方位（正、倒、水平）有关物质、每喷主药含量，递送剂量均一性（混选型和乳液型定量鼻用喷雾剂）、微生物限度（鼻用喷雾剂）、浸出物（鼻用喷雾剂）
吸入气雾剂	不同放置方位（正、倒、水平）有关物质、微细粒子剂量、递送剂量均一性、泄漏率、微生物限度、浸出物
吸入喷雾剂	不同放置方位（正、倒、水平）有关物质、微细粒子剂量、递送剂量均一性、无菌、浸出物
吸入粉雾剂	有关物质、微细粒子剂量、递送剂量均一性、水分、微生物限度
吸入液体制剂	有关物质、微细粒子剂量、递送速率及递送总量、无菌、浸出物
颗粒剂	性状、含量、有关物质、释放度、黏附力
贴剂（透皮贴剂）	性状、含量、有关物质、分层能力（乳状型）、分散性（混悬型）
冲洗剂、洗剂、灌肠剂	冲洗剂应考察无菌
搽剂、涂剂、涂膜剂	性状、含量、有关物质、分层现象（乳状型）、分散性（混悬剂），涂膜剂还应考察成膜性
耳用制剂	性状、含量、有关物质、耳用散剂、喷雾剂与半固体制剂分别按相关剂型要求检查
鼻用制剂	性状、pH值、含量、有关物质、鼻用散剂、喷雾剂与半固体制剂分别按相关剂型要求检查

注：有关物质（含降解产物及其他变化所生成的产物）应说明其生成产物的数目及量的变化，如有可能应说明有关物质中何者为原料中的中间体，何者为降解产物，稳定性试验重点考察降解产物。

三、加速试验的主要研究方法

由于药物制剂的稳定性试验周期可长达2年，因此常常需要能够预测化学稳定性的加速实验方法，以便在产品研制期间能加快处方筛选和工艺优化的确认。在研究工作中，常用的加速实验方法包括经典恒温法、温度指数法和 Q_{10} 法。

（一）经典恒温法

经典恒温法的理论依据是 Arrhenius 公式：$k = A \cdot e^{-E/RT}$

其对数形式为：

$$\lg k = -\frac{E}{2.303RT} + \lg A \tag{15-31}$$

以 $\lg k$ 对 $1/T$ 作图为一条直线，称 Arrhenius 图，从直线斜率［$-E/(2.303R)$］可计算出反应的活化能 E。将直线外推至室温，就可求出室温时的降解反应速率常数 k_{25}，由 k_{25} 可求出降解10%所需的时间，即有效期 $t_{0.9}$。

正式试验前，应通过预试验确定药物的定量分析方法、试验温度和取样时间。试验温度应尽量靠近25℃，且药物加热时间不宜过长。但是在合理的温度药物的降解量一般应大于30%，若药物降解量低于15%，试验误差会增大。试验温度的设置应不少于4个，每个温度应有4个以上的取样操作，然后按试验设计将样品放入各种不同温度的恒温水浴中，定时取样测定，求出各温度下随时间变化的药物浓度，以药物浓度或浓度的函数对时间 t 作图，以判断反应级数，若以 $\lg C$ 对 t 作图得一直线，则为一级反应，由该直线斜率求出各温度下的降解反应速率常数 k，然后按 Arrhenius 公式求出活化能 E 和 $t_{0.9}$。

例15-1　某药物制剂在40℃、50℃、60℃和70℃四个温度下进行恒温加速试验，测得加速温度各时间点的药物浓度，该药物的降解符合一级动力学，求出各温度下的反应速率常数 k，结果见表15-4，求该药物在25℃时的有效期。

表15-4　动力学数据

T（℃）	$k \times 10^3$（h^{-1}）	$1/T \times 10^3$（K^{-1}）	$\lg k$
40	0.11	0.003195	-3.959
50	0.28	0.003096	-3.553
60	0.82	0.003003	-3.086
70	1.96	0.002915	-2.708

将 $\lg k$ 对 $1/T$ 作图为一条直线，得回归方程：$\lg k = -4529.77/T + 10.5$ 则：

$$E = -(-4529.77) \times 2.303 \times 8.319 = 86784.31\ (\text{J/mol})$$

当 $T = 25℃$，$k_{25} = 1.99 \times 10^{-5}$（$h^{-1}$）

$t_{0.9} = 0.1054/k_{25} = 5296.48$（h）≈7（个月）

根据 Arrhenius 方程，假设反应在两个温度 T_1 和 T_2 下的 $\lg A$ 不变，则可得到：

$$\lg\frac{k_2}{k_1} = -\frac{E}{2.303R}\left(\frac{1}{T_2} - \frac{1}{T_1}\right) \tag{15-32}$$

若其中一个温度为室温，而且 E 已知，则可以利用该式直接计算室温25℃时的反应速率。

例15-2　某药物在120℃时的一级水解速率常数为 $9 \times 10^{-6} s^{-1}$，E 为94kJ/mol，计算25℃时的水解速率常数。

解：根据式（15－32）：$\lg\frac{k_{25}}{k_{120}}=-\frac{94\times10^{3}}{2.303\times8.314}(\frac{1}{298}-\frac{1}{393})=-3.98$

$k_{25}=1.04\times10^{-4}\times9\times10^{-6}=9.4\times10^{-10}(\mathrm{s}^{-1})$

（二）温度指数法

设药物在室温 T_0、低温 T_1 和高温 T_2 下降解 10% 的时间分别为 t_0、t_1、t_2，从 Arrhenius 指数规律可导出下式：

$$t_0=t_1\left(\frac{t_1}{t_2}\right)^{a} \tag{15－33}$$

式中，a 为温度指数，可由已知的温度 T_0、T_1 和 T_2 求出

$$a=T_2(T_0-T_1)/T_0(T_1-T_2) \tag{15－34}$$

例 15－3　选择 100℃为高温，82.1℃为低温，则 $a=4$。使药物在此两种温度下恒温降解，定时取样测含量。然后作此两种温度的 lgC－t 图，得到两条回归直线，由图上分别找出此两种温度下药物降解 10% 的时间 t_1 和 t_2 分别是 7.16 小时和 2.29 小时，代入式（15－32）得室温降解 10% 的时间 t_0 为 684 小时，即为有效期。

此法比较简单，只完成两个温度的实验，但若实验结果稍有偏差，最后求得的有效期误差就很大。

（三）Q_{10} 法

根据 Vant－Hoff 经验规则：$\frac{k_{T+10}}{k_T}=2\sim4$，或：

$$\frac{k_2}{k_1}=Q_{10}^{\frac{T_2-T_1}{10}} \tag{15－35}$$

式中，Q_{10} 为温度系数，其数值为 2～4，即温度每升高 10℃，反应速率常数增加 2～4 倍。

不同温度下药物降解相同量所需时间 t 与其反应速率常数 k 成反比，即 $\frac{k_2}{k_1}=\frac{t_1}{t_2}$，将该比例关系代入式（15－35）得：

$$\frac{t_1}{t_2}=Q_{10}^{0.1(T_2-T_1)} \tag{15－36}$$

所以 $t_1=t_2Q_{10}^{0.1(T_2-T_1)}$　　（15－37）

例 15－4　药物水溶液 100℃水解 10% 需 2 小时，80℃加热水解 10% 需 8 小时，试求在 25℃时的有效期。

解：已知 $t_1=2$ 小时，$t_2=8$ 小时，则 $\Delta T=20$，根据式（15－36）得：

$$\frac{8}{2}=Q_{10}^{0.1\times20}$$

则：$Q_{10}=2$

同理将 $t_1=8$ 小时，$Q_{10}=2$，$T_1=80$℃，$T_0=25$℃代入式（15－36）得：

$$\frac{t_0}{t_1}=Q_{10}^{0.1(T_1-T_0)}$$

则：$t_0=2^{0.1\times55}\times8=362$ 小时 $=15$ 天

即该药物在 25℃的有效期为 15 天。

（四）其他加速试验方法

1. 威布尔（Weibull）分布拟合法　经典恒温动力学方法多用于简单反应，而且必须首

先确定反应级数。但是在生产、科研实践中常常会遇到一些比较复杂的反应系统，如混悬液、乳剂等多相物系的变化，有的反应级数很难确定，用威布尔分布拟合法处理恒温动力学的实验数据就可以避免上述方法的不足，不必事先确定反应级数，适用于均相或多相药物处方中药物组分的任何级数的降解。很多药物的降解规律与威布尔分布很接近，用威布尔概率纸使威布尔分布曲线直线化，就可以很容易求出各温度下药物的降解速率 k，然后再利用 Arrhenius 指数规律，以 $\lg k$ 对 $1/T$ 作图，即可求得药物在贮存温度下的有效期。

2. 变温动力学方法 恒温动力学方法预测药物稳定性需要将制剂分别放在不同温度下研究整个动力学过程，所以需要样品较多，工作量大，时间长。随着实验技术的发展，变温动力学方法发展很快，该研究方法主要分为两类：一类为计划升温法，按预先给定变温规律即设定的温度－时间程序来升高样品的温度；另一类为自由升温法，实验后再总结温度变化规律，最终求出动力学常数，但是数据处理方法繁琐，需借助计算机进行多元回归处理。

（五）加速试验注意事项

以上介绍的加速试验多是以 Arrhenius 指数规律为基础进行的，必须注意如下问题：

（1）只适用于活化能在 41.84～125.52 kJ/mol 的热分解反应，对于活化能只有 8.37～12.55kJ/mol 的光化反应，不宜采用热加速反应。若活化能过高，如某些多羟基药物降解，活化能达到 209～292.6kJ/mol，温度升高使反应速率急剧增加，用热加速试验预测室温稳定性没有实际意义。

（2）因为 Arrhenius 指数规律假设反应活化能不随温度而改变，因此要求加速试验中，反应机制和反应级数不变。而且某一个加速试验结果只能用于所研究的制剂，不能推广到同一药物的其他制剂。

（3）加速试验预测的有效期，必须与长期试验观察的结果对照，才能确定药物制剂的实际有效期。

扫码“练一练”

（罗 雷）

第十六章 药品的包装

学习目标

1. **掌握** 药品包装的定义，药品包装的功能，药品包装材料的定义及要求，玻璃、塑料、金属和复合膜药包材的特点，泡罩包装技术的特点，包装材料与药物相容性的重点考察项目。

2. **熟悉** 药品包装重要性，药品包装的分类，药品包装的要求，玻璃、塑料、金属和复合膜药包材的种类及性质，泡罩和条形包装，药品包装材料与药物相容性试验指导原则，化学药品注射剂与塑料包装材料相容性研究技术指导原则。

3. **了解** 药包材监督管理的相关法规，玻璃、塑料、金属和复合膜药包材的应用，药包材国家标准，药包材生物学实验和理化性质检查。

第一节 概 述

扫码"学一学"

一、药品包装的概念及重要性

1. **包装的定义** 我国国家标准（GB/T4122.1—2008）中将包装定义为："包装是为在流通过程中保护产品，方便贮运，促进销售，按一定技术方法而采用的容器、材料及辅助物等的总体名称。也指为了达到上述目的而采用容器、材料和辅助物的过程中施加一定技术方法等的操作活动。"在这里，包装有两重含义：一是指盛装产品的容器及其他包装用品，即"包装物"；二是指把产品盛装或包扎的活动。

2. **药品包装的定义** 参照上述包装的定义并根据药品是特殊商品的特点，可以将药品包装定义为：为了在药品的贮存、运输、销售和使用的整个过程中保护药品安全、有效、稳定，方便贮运，指导患者合理用药，提高患者用药的顺应性和便利性及促进销售，按一定技术方法而采用的容器、材料及辅助物等的总体名称，也包括为了达到上述目的而采用容器、材料和辅助物的过程中施加一定技术方法等的操作活动。广义上的药品包装可以分为两个方面：一是指包装药品所用的物料、容器及辅助物；二是指包装药品时的操作过程，包括药品包装的设计及方法。本章所介绍的药品包装侧重于药物制剂包装的物料、容器及辅助物。

3. **药品包装的重要性** 药品包装作为药品不可分割的一部分，伴随药品生产、流通及使用的全过程；尤其是药品制剂，一些剂型本身就是依附包装而存在的（如胶囊剂、气雾剂、水针剂等）。随着科学技术的发展及新型包装材料的不断开发和应用，药品包装已不再是单纯地作为盛装药品的附属工序和辅助项目，而是已经成为方便临床使用的重要形式。如已出现单剂量包装、疗程包装、按给药途径要求的一次性使用的包装，以及为提高药物疗效、降低毒副作用而设计的一些特殊剂型的包装。合适的药品（药物制剂）包装作为药物的载体，对保证药品在运输、贮藏过程中的质量，保障公众用药安全具有十分重要的作用；但由于药品的特殊性，药品包装经常面临很多问题。如由于药品包装材料、容器组成配方、所选择原辅料及生产工艺不同，有的组分可能被所接触的药品溶出，或与药品互相作用，或被药品长期浸泡腐蚀脱片而直接影响药品质量。而且，有些对药品质量及人体的影响具有隐患性（即通过对药品质量及人体的常规检验不能及时发现问题）。例如，安瓿、输液瓶（袋），如果不是针对不同药品采用不同配方和生产工艺，常常会有组分被溶出及玻璃脱片现象，一般在常规药检时不能发现，细微的玻璃脱片是堵塞血管形成血栓或肺肉芽肿的隐患等。同时药品的包装还面临防掺假、防伪；防儿童误用、方便老年人服用并能保护隐私等多方面的要求。

随着各种功能性包装的应用，如预充药物的包装（预灌封注射器和气雾剂）、自我药疗给药包装（电子注射剂笔）、即配型给药包装（自动混药装置和多室袋输液）、具有实时质量监测功能的包装等，药品包装的概念也从简单的药品容器，延伸为包装系统及给药装置。与国外发达国家相比，我国药包材生产企业自主创新能力弱、标准化体系缺失、中低端产品低水平重复、产品质量不稳定等问题还存在，包装对医药经济发展的贡献率相比发达国家还是较低。同时我国制药企业对包装、包材与药品质量关系普遍认识不清，对药品包装、包材与药品相互影响的研究重视不够，一些落后包装形式、包装技术在我国制药企业中仍被采用。因此药品包装在我国越来越受到药品研究、生产、经营、使用和管理者的重视和关注。

为贯彻落实国家“十三五”规划纲要和《中国制造2025》，工业和信息化部研究编制了《医药工业发展规划指南》（工信部联规［2016］350号，以下简称《指南》）。《指南》指出：加快包装系统产品升级，开发应用安全性高、质量性能好的新型材料，逐步淘汰质量安全风险大的品种，重点加快注射剂包装由低硼硅玻璃瓶向中性硼硅玻璃瓶转换，发展注射器、输液袋、血袋等产品使用的环烯烃聚合物、苯乙烯类热塑性弹性体等新型材料，易潮、可氧化药品用的高阻隔材料，提高医药级聚丙烯、聚乙烯和卤化丁基橡胶的质量水平。开发新型包装系统及给药装置，提供特定功能，满足制剂技术要求，提高患者依从性，保障用药安全，重点发展气雾剂和粉雾剂专用给药装置，自我给药注射器、预灌封注射器、自动混药装置等新型注射器，多室袋和具备去除不溶性微粒功能的输液包装，带有记忆功能、质量监控功能的智能化包装系统，家庭常用药的儿童安全包装和老年友好包装等。

二、药品包装的基本功能

药品离不开包装，是因为包装具有多种功能。

1. 适当的保护功能　包装的保护功能是最基本，也是最重要的功能，特别对药品这个特殊的商品尤显重要。药品包装应能保护药品，使之不受损害与损失。总的说，药品包装应对以下几种主要的危害起保护作用。

（1）环境危害　环境条件，如温度、湿度、气体（包括氧气和二氧化碳）、光线、颗粒污染、微生物、昆虫、动物（尤其是啮齿类动物）及其人（人为的偷窃及掺假）等，它们均可能损害包装，危害药品的安全、有效和稳定。适宜的药品包装应能保护药品在贮藏、使用过程中不受环境的影响，达到保证药品数量完整和质量安全的目的。

（2）机械危害　即药品在运输、装卸、贮存过程中，因操作不慎或不当，使药品受到冲击、挤压、振动、跌落而受到物理危害。因此，应根据不同产品的形态、特征、运输环境、销售环境等因素，以最适当的材料、设计合理的包装容器和技术，赋予包装充分的机械保护功能，保护内装产品的安全，减少损耗。

（3）对人的损害　要注意药品对与其接触的人的损害，特别是儿童。要采用特殊包装，防止药品对周围环境及人和生物的伤害。

2. 方便功能　药品的方便功能对于提高药品的生产效率，保证人民群众日益增长的用药需要和提高广大患者的顺应性都发挥着重要作用。药品包装的方便功能应体现在以下几方面。

（1）方便生产　药品包装要适应药品生产企业机械化、自动化的需要，尽可能地提高劳动生产率。

（2）方便贮运　将药品按一定的数量、形状、尺寸规格进行包装，同时在药品的外包装上有明显的贮运标志，便于药品运输和贮存。

（3）方便使用与指导患者合理用药　方便使用性能主要指患者在开启、使用、保管药品时应感到方便。药品包装应便于开启和取出内装物，同时便于再封闭而不易破裂。此外药品包装必须按照规定印有或者贴有标签并附有说明书，向患者提供药品信息，说明使用的注意事项及使用方法，起到指导患者合理用药的作用。

3. 销售功能　设计新颖、造型美观、色彩鲜艳的现代药品包装可以在患者心中留下美好的印象，在一定程度上有扩大和促进药品销售的作用。

4. 环保功能　环境保护越来越受到人们的重视。药品包装要有利于环保，有利于节省资源和降低能量消耗，尽量减少对环境的污染，尽可能选择绿色包装材料，注意药品包装材料处理和回收的方式。

5. 经济功能　经济功能主要指要经济合理地使用包装材料，尽量的降低药品包装的费用，以减轻患者的负担。

三、药品包装的分类

药品包装主要分为以下几种类型。

1. 按包装材料分类　可分为塑料、玻璃、金属、复合材料、橡胶、纸张、陶瓷等，详见本章第二节药用包装材料。

2. 按包装容器的形态分类　可分为瓶类包装、袋类包装、管类包装、泡罩包装、窄条包装、罐类包装、盒式包装等。

3. 按包装层次分类　或者说按药品包装作用分类。药品的包装可分为内包装与外包装。内包装系指直接与药品接触的包装（如安瓿、注射剂瓶、片剂或胶囊剂泡罩包装铝箔等），在 GB/T4122. 1—2008 中被定义为初包装。内包装应能保证药品在生产、运输、贮藏及使用过程中的质量，并便于医疗使用。药品内包装的材料、容器（药包材）的更改，应根据所选用药包材的材质，做稳定性试验，考察药包材与药品的相容性。本章主要介绍内包装材料。

外包装系指内包装以外的包装，按由里向外分为中包装和大包装。外包装主要是用于美化药品外观，展示、提供药品信息，达到仓储和销售目的的附属材料。外包装应根据药品的特性选用不易破损、防潮、防冻、防虫鼠的包装，以保证药品在运输、贮藏、使用过程中的质量；其有时还应根据内包装的包装形式和材料特性选择合适的包装材料和包装技术来显著延长药品有效期。

4. 按剂量分类　可分为单剂量包装与多剂量包装，其分别指对药品按照用途和给药方法进行分剂量和多次给药剂量的包装。单剂量包装如注射剂的玻璃安瓿包装，多剂量包装如普通口服制剂的塑料或玻璃瓶包装。

5. 按包装技术分类　如防潮包装、防水包装、防霉包装、防盗包装、防伪包装、儿童安全包装、真空包装、无菌包装、泡罩包装、施药包装等。

四、药品包装的要求

药品包装是构成药品的重要组成部分，是实现药品价值和使用价值的手段，与人们的生活密切相关。包装系统一方面为药品提供保护，以满足其预期的安全有效性用途；另一方面还应与药品具有良好的相容性，即不能引入可引发安全性风险的浸出物，或引入浸出物的水平符合安全性要求。作为药品包装，在设计和选择中应始终突出以人为本，优先并充分考虑患者的需求，紧密结合临床用药需要，根据患者用药特点，以药物的性质为基础，选择适宜的包装材料及包装技术，合理设计。药品包装直接影响药品安全和有效，其成本由患者间接负担，因此应强调药品包装的安全、卫生、舒适、方便、可靠等因素，以及环境保护与节约资源等方面的需要。

1. 法律　2019 年 8 月 26 日新修订的《中华人民共和国药品管理法》第四章药品生产对直接接触药品的包装材料和容器、药品包装、药品标签和说明书三方面的监督管理做了规定。具体条款如下：

第四十六条　直接接触药品的包装材料和容器，应当符合药用要求，符合保障人体健康、安全的标准。对不合格的直接接触药品的包装材料和容器，由药品监督管理部门责令停止使用。

第四十八条　药品包装应当适合药品质量的要求，方便储存、运输和医疗使用。发运中药材应当有包装。在每件包装上，应当注明品名、产地、日期、供货单位，并附有质量合格的标志。

第四十九条　药品包装应当按照规定印有或者贴有标签并附有说明书。

标签或者说明书应当注明药品的通用名称、成分、规格、上市许可持有人及其地址、生产企业及其地址、批准文号、产品批号、生产日期、有效期、适应证或者功能主治、用法、用量、禁忌、不良反应和注意事项。标签、说明书中的文字应当清晰，生产日期、有效期等事项应当显著标注，容易辨识。

麻醉药品、精神药品、医疗用毒性药品、放射性药品、外用药品和非处方药的标签、说明书，应当印有规定的标志。

另外，《药品管理法》第九十八条规定了："禁止使用未按照规定审评、审批的原料药、包装材料和容器生产药品。"第一百二十八条规定了："除依法应当按照假药、劣药处罚的外，药品包装未按照规定印有、贴有标签或者附有说明书，标签、说明书未按照规定注明相关信息或者印有规定标志的，责令改正，给予警告；情节严重的，吊销药品注册证书。"

2. 法规及工作文件　2004 年局令第 13 号《直接接触药品的包装材料和容器管理办法》。为落实中共中央办公厅、国务院办公厅《关于深化审评审批制度改革鼓励药品医疗器械创新的意见》（厅字〔2017〕42 号），原国家食品药品监督管理总局发布的《关于调整原料药、药用辅料和药包材审评审批事项的公告》（2017 年第 146 号），《国家药监局关于进一步完善药品关联审评审批和监管工作有关事宜的公告》（2019 年 第 56 号）进一步明确了原料药、药用辅料、直接接触药品的包装材料和容器（以下简称原辅包）与药品制剂关联审评审批和监管有关事宜，其附件中明确了实行关联审评的剂型与包装系统分类，详见表16－1。

表16－1　实行关联审评的剂型与包装系统分类

制剂类别	剂型	包装系统	包装组件
经口鼻吸入制剂	气雾剂、喷雾剂、粉雾剂	吸入制剂密闭系统	罐（筒）、阀门
注射制剂	小容量注射剂	预灌封注射剂密闭系统	针筒（塑料、玻璃）、注射钢针（或者鲁尔锥头）、活塞
		笔式注射器密闭系统	卡式玻璃瓶＋玻璃珠、活塞、垫片＋铝盖
		抗生素玻璃瓶密闭系统	玻璃瓶、胶塞、铝盖（或者铝塑组合盖）
		玻璃安瓿 塑料安瓿	
	大容量注射剂	玻璃瓶密闭系统	玻璃瓶、胶塞、铝盖（铝塑组合盖）
		软袋密闭系统	多层共挤输液膜、塑料组合盖、胶塞、接口
	冲洗液、腹膜透析液、肠内营养液等	塑料瓶密闭系统	塑料瓶、塑料组合盖
		软袋密闭系统	输液膜、塑料组合盖或者其他输注配件
眼用制剂	眼用液体制剂	塑料瓶密闭系统	
	其他眼用制剂，如眼膏剂等	眼膏剂管系统	软膏管、盖、垫片
透皮制剂	贴剂	透皮制剂包装系统	基材、格拉辛纸＋复合膜
口服制剂	口服固体制剂	塑料瓶系统、玻璃瓶系统	
		复合膜袋	复合膜
		中药球壳	
		泡罩包装系统	泡罩材料、易穿刺膜
	口服液体制剂	塑料瓶系统、玻璃瓶系统	瓶身、瓶盖、垫片
外用制剂	气雾剂、喷雾剂、粉雾剂	外用制剂密闭系统	罐（筒）、阀门
	软膏剂、糊剂、乳膏剂、凝胶剂、洗剂、乳剂、溶液剂、搽剂、涂剂、涂膜剂、酊剂	外用制剂包装系统	
	药用干燥剂		
其他			

3. **药典**　2020年版《中国药典》的《药包材通用要求指导原则》规定：药品生产企业生产的药品及医疗机构配制的制剂应使用国家批准的、符合生产质量规范的药包材，药包材的使用范围应与所包装的药品给药途径和制剂类型相适应。药品应使用有质量保证的药包材，药包材在所包装药物的有效期内应保证质量稳定，多剂量包装的药包材应保证药品在使用期间质量稳定。不得使用不能确保药品质量和国家公布淘汰的药包材，以及可能存在安全隐患的药包材。

扫码“学一学”

第二节　药用包装材料

包装材料是指用于制造包装容器和构成产品包装的材料的总称（GB/T4122.1－2008）。药品包装材料就是指用于制造药品包装容器和构成药品包装的材料的总称，是药品包装的物质基础，是药品包装各项功能的承担物。药品包装首先要考虑的就是选择药品的包装材料。

选择药品包装，必须根据药品的特性要求和药包材的材质、配方及生产工艺，选择对光、热、冻、放射、氧、水蒸气等因素屏蔽阻隔性能优良，自身稳定性好、不与药品发生作用或互相迁移的包装材料和容器。

《中国药典》的《药包材通用要求指导原则》规定：药包材即直接与药品接触的包装材料和容器，系指药品生产企业生产的药品和医疗机构配制的制剂所使用的直接与药品接触的包装材料和容器。作为药品的一部分，药包材本身的质量、安全性、使用性能以及药包材与药物之间的相容性对药品质量有十分重要的影响。药包材是由一种或多种材料制成的包装组件组合而成，应具有良好的安全性、适应性 、稳定性、功能性、保护性和便利性，在药品的包装、贮藏 、运输和使用过程中起到保护药品质量、安全、有效、实现给药目的（如气雾剂）的作用。

药包材在生产中应符合下列要求：药包材的原料应经过物理、化学性能和生物安全评估，应具有一定的机械强度、化学性质稳定、对人体无生物学意义上的毒害。药包材的生产条件应与所包装制剂的生产条件相适应；药包材生产环境和工艺流程应按照所要求的空气洁净度级别进行合理布局，生产不洗即用药包材，从产品成型及以后各工序其洁净度要求应与所包装的药品生产洁净度相同。根据不同的生产工艺及用途，药包材的微生物限度或无菌应符合要求；注射剂用药包材的热原或细菌内毒素、无菌等应符合所包装制剂的要求；眼用制剂用药包材的无菌等应符合所包装制剂的要求。

药品包装材料常用的有玻璃、塑料、金属、纸、陶瓷、橡胶、空心胶囊、干燥剂及复合材料等。本节主要介绍药品内包装常用的玻璃、塑料、金属及复合材料。空心胶囊及橡胶参见本书相关的章节。

一、玻璃药包材

玻璃是由石英砂、长石（或氢氧化铝）、硼砂、纯碱等物料经高温熔融、冷却而得到的非晶态透明固体，是化学性能较稳定的材料。药用玻璃亦即玻璃药包材，以 SiO_2为主成分，添加一定比例的 B_2O_3和少量碱金属氧化物、碱土金属氧化物和三氧化二铝等。其是玻璃制品的一个重要组成部分，其性能及质量要求都优于普通的玻璃制品，是药品包装的主要材料。

1. 玻璃药包材的特点

（1）化学稳定性高，耐蚀性，与药物相容性较好，吸附小。

（2）保护性能优良，不透气，不透湿，有一定强度，能起到保护药品的作用。

（3）表面光滑易于清洗，无毒无异味，安全卫生。

（4）具有良好的耐热性和高熔点，便于消毒。

（5）易于造型，品种规格多样；透明性好，美观；对产品商品化的适应性强。

(6) 价廉易得，可回收再生。

其作为包装材料的主要缺点是易破碎；有一定耐热性，但不耐温度急剧变化；使用前需清洗、干燥，劳动强度大，不利于药厂 GMP 的实施；与水、碱性物质长期接触或刷洗、加热灭菌，会使其内壁表面发毛或透明度降低，并且能使玻璃水解，释放出的物质直接影响药物的稳定性、pH 和透明度；相对密度大、质重，不便携带；熔制玻璃时能耗大。

2. 玻璃药包材的种类及性质 药用玻璃化学成分。

《中国药典》的《药用玻璃材料和容器指导原则》：药用玻璃国家药包材标准（YBB 标准）根据线热膨胀系数和三氧化二硼含量的不同，结合玻璃性能要求将药用玻璃分为高硼硅玻璃、中硼硅玻璃、低硼硅玻璃和钠钙玻璃四类。各类玻璃的成分及性能要求见表 16－2。

表 16－2 玻璃材料种类及其成分和性能要求

化学组成及性能	玻璃类型			
	高硼硅玻璃	中硼硅玻璃	低硼硅玻璃	钠钙玻璃
B_2O_3（%）	≥12	≥8	≥5	＜5
SiO_2（%）	约 81	约 75	约 71	约 70
Na_2O+K_2O（%）	约 4	4－8	约 11.5	12～16
$MgO+CaO+BaO+SrO$（%）	/	约 5	约 5.5	约 12
Al_2O_3（%）	2～3	2～7	3～6	0～3.5
平均线热膨胀系数（$10^{-6}K^{-1}$，20～300℃）	3.2～3.4	3.5～6.1	6.2～7.5	7.6～9.0
121℃颗粒耐水性	1 级	1 级	1 级	2 级
98℃颗粒耐水性	HGB1 级	HGB 1 级	HGB 1 级或 2 级	HGB 2 级或 3 级
内表面耐水性	HC1 级	HC1 级	HC1 级或 HCB 级	HC2 级或 HC3 级
耐酸性能 重量法	1 级	1 级	1 级	1～2 级
耐酸性能 原子吸收分光光度法	100 μg/dm^2	100 μg/dm^2	/	/
耐碱性能	2 级	2 级	2 级	2 级

注：表中 SiO_2、Na_2O+K_2O、$MgO+CaO+BaO+SrO$、Al_2O_3 的含量不作为限定值，因为玻璃成分在一定范围内的差异，实际上并不影响其理化性能。

为了改善药用玻璃的性能，通常会在玻璃中添加不同的氧化物，如加入氧化钠、氧化钾、氧化钙、氧化钡、氧化锌、三氧化二硼和氟化物可降低玻璃的熔化温度和(或)改善玻璃内表面耐受性；加入三氧化二铝可以改进玻璃的力学性能；加入铁、锰、钛等过渡金属氧化物形成着色玻璃以产生遮光效果；加入氧化砷、氧化锑等物质以除去玻璃中气泡，增加玻璃的澄清度。玻璃中的 B_2O_3 是提高热稳定性和化学稳定性的主要成分，其含量提高能降低玻璃的热膨胀系数和改善玻璃的成型性能；并能降低玻璃的结晶能力，提高玻璃的折光率，使玻璃具有良好的光泽。但 B_2O_3 的含量也并非愈高愈好，有实验证实玻璃中的 B_2O_3 ＞13% 时，玻璃的耐酸性可能下降。

热膨胀系数是玻璃的主要性能之一，是决定玻璃热稳定性即玻璃能承受温度剧变能力的主要因素，而且热膨胀系数主要由玻璃的化学成分决定。

玻璃的化学稳定性：

(1) 水对玻璃的侵蚀 在抵抗水对玻璃的侵蚀时，硼硅玻璃对水的稳定性明显高于钠钙玻璃。药用玻璃材料按颗粒耐水性的不同分为Ⅰ类玻璃和Ⅲ类玻璃。Ⅰ类玻璃即为硼硅类玻璃，具有高的耐水性；Ⅲ类玻璃即为钠钙类玻璃，具有中等耐水性。Ⅲ类玻璃制成容器的内表面经过中性化处理后，可达到高的内表面耐水性，称为Ⅱ类玻璃容器；但要注意此类玻璃制成的输液瓶仅限于一次使用，如反复使用，在洗瓶及灌装消毒过程中极薄的富硅层会遭到破坏而导致性能下降。

（2）酸对玻璃的侵蚀　硅酸盐玻璃对一般酸性介质（氢氟酸和磷酸除外）具有较好的抗侵蚀能力。由于酸一般是通过酸性溶液中水的作用侵蚀玻璃，所以浓酸对玻璃的侵蚀能力低于稀酸。

（3）碱对玻璃的侵蚀　硅酸盐玻璃的耐碱性能远不如其耐酸性能和耐水性能。碱溶液有能力将玻璃完全溶解。

3. 玻璃容器及玻璃药包材的应用　玻璃制造容器按制造方法可分为模制瓶和管制瓶。模制瓶是以各种不同形状的玻璃模具成型制造的产品，广泛用于食品、日用化工产品及药品的包装。模制玻璃容器瓶特点是价格低廉、强度高。管制瓶是用已拉制成型的各类玻璃管二次加工成型制造的产品，专门用于医药品的包装。管制玻璃容器的特点是质量轻、器壁薄而均匀、外观透明度好，但价格较高且易破碎。

模制瓶的主要品种有大容量注射液包装用的输液瓶、小容量注射剂包装用的模制注射剂瓶、口服制剂和外用制剂包装用的药瓶等；管制瓶的主要品种有小容量注射剂包装用的安瓿、管制注射剂瓶、预灌封注射器玻璃针管、笔式注射器玻璃套筒和口服制剂包装用的管制口服液体瓶、药瓶等。由于高硼硅玻璃线热膨胀系数小，耐热冲击性能高，故制作低温冻干粉针瓶比较理想。中硼硅玻璃也称为国际中性玻璃（5.0 中性玻璃），在药包材中用途广泛，国际上注射液一般都采用中性玻璃。低硼硅玻璃是我国特有的药用玻璃产品。由于这种玻璃和国际中性玻璃相比，含硼量较低，线热膨胀系数较大，耐水性略低，故制作安瓿质量不够理想。但我国具有成熟的工艺和丰富的经验，生产成本较低，故生产安瓿以外的药用玻璃产品还是能满足各项技术要求，以补充我国国际中性玻璃尚未形成大规模生产的不足。与硼硅玻璃相比，钠钙玻璃容易熔制和加工、价廉，多用于制造对耐热性、化学稳定性要求不高的玻璃制品。普通的无色玻璃具有透光性，琥珀色（棕色）玻璃瓶配方中含有铁盐，能阻止波长在470nm以下的光透过，但要注意如药品中所含成分受铁的催化将发生反应时，则不能采用琥珀色玻璃；蓝色和绿色的玻璃容器能透过很强的紫外光，如包装光敏性药物，则不能避免药品的光学降解。

《中国药典》的《药用玻璃材料和容器指导原则》规定：药用玻璃容器应清洁透明，以利于检查药液的可见异物、杂质以及变质情况，一般药物应选用无色玻璃，当药物有避光要求时，可选择棕色透明玻璃，不宜选择其他颜色的玻璃；应具有较好的热稳定性，保证高温灭菌或冷冻干燥中不破裂；应有足够的机械强度，能耐受热压灭菌时产生的较高压力差，并避免在生产、运输和贮存过程中所造成的破损；应具有良好的临床使用性，如安瓿折断力应符合标准规定；应有一定的化学稳定性，不与药品发生影响药品质量的物质交换，如不发生玻璃脱片、不引起药液的 pH 变化等。药品生产企业应根据药物的物理、化学性质以及相容性试验研究结果选择适合的药用玻璃容器。对生物制品、偏酸偏碱及对 pH 敏感的注射剂，应选择121℃颗粒法耐水性为1级及内表面耐水性为HC1级的药用玻璃或其他适宜的包装材料。

二、塑料药包材

塑料是可塑性高分子材料的简称，是指以高分子量的合成树脂为主要组分，加入适当添加剂，如增塑剂、稳定剂、阻燃剂、润滑剂、着色剂等，经加工成型的塑性材料，或固化交联形成的刚性材料。其和玻璃相比具有质轻、耐腐蚀、力学性能高、便于封口和成本低等特点，因而近年来被广泛用来包装药品。

1. 塑料药包材的特点

（1）机械性能好，具有一定的强度、弹性，抗压、抗冲击、抗弯曲、耐摩擦、不易破碎。

（2）化学稳定性好，对一般的酸、碱、盐及包装外部环境中的水、氧气、二氧化碳等各种化学介质均有良好的抗耐能力。

（3）具有一定的阻隔性，选择合适的塑料材料，可以阻隔气体、水分等。

（4）质轻，其密度约为金属的1/5、玻璃的1/2。

（5）具有良好的加工性能，便于成型、热封和复合。

（6）光学性能优良，可透明也可不透明，印刷和装饰性能良好。

（7）价格便宜，运输成本也较低。

其作为药用包装材料的主要缺点是：耐热性和耐寒性和玻璃相比较差，高温容易变形，低温容易变脆；强度和硬度不如金属材料高；大部分塑料包材容易透气、透湿和透光，处方中的组成中如含有挥发性药品，其可能会通过容器壁而损失；易老化：有些塑料内部低分子物有可能渗入内装物；可吸收或吸附处方中的成分，如一些防腐剂；缺少适当的灭菌方法；通常所用的塑料助剂有十几类，如增塑剂、热稳定剂、光稳定剂、抗氧剂、润滑剂、着色剂、抗静电剂等，要注意助剂是否有毒性和刺激性；不易再生，容易造成环境污染。

2. 塑料药包材的种类及性质 塑料的分类方法有多种，最常用的是根据受热加工时的性能特点分为热塑性塑料和热固性塑料两大类。前者多属软性材料，后者属刚性成型材料。

热塑性塑料本身多为长链大分子，线型或支链聚合物，加热时可以塑制成型，冷却后固化保持其形状。这种过程能反复进行，即可反复塑制。药品包装上常用的聚乙烯、聚丙烯、聚氯乙烯、聚苯乙烯、聚酯等均属于热塑性塑料。

热固性塑料原来是由较低分子质量的物质组成，为线型结构，加热后生成具三维交联的体型结构高分子化合物；其加热时可塑制成一定形状，一旦定型后即成为不熔、不溶最终产品，不能反复塑制。酚醛塑料、脲醛塑料、环氧树脂等均为热固性塑料。

包装常用塑料：

（1）聚乙烯（PE） 聚乙烯是乙烯通过加成反应得到的聚合物的总称，为外观呈乳白色的蜡状固体，是应用最广泛、用量最大的塑料之一。有良好的柔韧性；耐低温，在低温时也能保持较好的柔软性；化学稳定性较好，在常温下几乎不和任何物质反应；能耐大多数酸碱的侵蚀（不耐具有氧化性质的酸）；常温下不溶于任何一种溶剂；阻湿性好；热封性好；无味、无毒、价廉。其缺点是具有一定的透湿性；对氧气和二氧化碳的阻透性差，不适宜易氧化药物；对烃类及油类稳定性较差；对于环境应力（化学与机械作用）敏感，耐热老化性差；因其分子无极性，故极性油墨对其附着力较差，导致印刷性能较差。

可按密度和结构的不同将其分为高密度聚乙烯（HDPE）、中密度聚乙烯（MDPE）、低密度聚乙烯（LDPE）以及线型低密度聚乙烯（LLDPE）等。HDPE是相对硬和韧的材料、对化学品耐受性强、阻透性好，透明性相对较低；LDPE柔软、透明、热封性能好，但是对气体和气味的阻透性较差；LLDPE韧度、断裂伸长率和阻透性优于LDPE，其厚度比低密度聚乙烯减薄20%，可制成更薄和更柔韧的薄膜，并且热封性很好。

（2）聚丙烯（PP）　聚丙烯是丙烯的高分子聚合物，外观与聚乙烯相似，但比聚乙烯更轻，是目前塑料中最轻的一种。其有很高的耐化学性；力学性能要优于 PE，尤其是具有较好的刚性和抗弯曲性；比 PE 更透明；防潮能力好，阻气性优于 PE，可防止异味通过；耐热性好，能耐沸水煮，可作为需高温消毒灭菌的包装材料；无味、无毒；其缺点是耐老化性比 PE 差，常需加入一些抗氧剂；印刷性能不好；耐寒性远不如 PE，低温时很脆，不适宜在低温下使用，通过与乙烯共聚可以克服这一缺点；气密性也不良。双向拉伸的聚丙烯薄膜（BOPP）透明性、阻隔性等均优于未拉伸的聚丙烯薄膜（CPP）。

（3）聚氯乙烯（PVC）　聚氯乙烯是由氯乙烯单体聚合而成。可分为软质和硬质两类，软质薄膜多用来制作薄膜、袋等；硬质的可塑制成各种瓶、杯、盘、盒等包装容器。目前大量的 PVC 片材被用作片剂、胶囊剂的铝塑泡罩包装的泡罩材料。其透明性好，强度高，印刷性优良。缺点是虽然 PVC 无毒，但氯乙烯单体有致肝癌作用，用于药品包装的 PVC 片材的氯乙烯单体含量不超过 1×10^{-6}；PVC 耐热性较差，受热易变形，常需加入稳定剂和增塑剂以降低加工温度和调整 PVC 的软硬程度，药用 PVC 片材应注意采用无毒助剂。

（4）聚偏二氯乙烯（PVDC）　聚偏二氯乙烯是偏二氯乙烯（VDC）与氯乙烯（VC）聚合而成。其透明性好，印刷性、热封性能及耐化学性能优异；最突出的特点是具备极低的透水和透氧性能，是性能极佳的高阻隔性材料。如国家药包材标准规定：聚氯乙烯固体药用硬片水蒸气透过量不得过 2.5g/（m^2·24h），氧气透过量不得过 $30cm^3$/（m^2·24h·0.1MPa）；而以聚氯乙烯（PVC）硬片为基材，复合低密度聚乙烯（LDPE）而制成的复合硬片水蒸气透过量不得过 2.5g/（m^2·24h），氧气透过量不得过 $20cm^3$/（m^2·24h·0.1MPa）；而以聚氯乙烯（PVC）树脂、聚偏二氯乙烯（PVDC）为主要原料，制成的复合硬片水蒸气透过量不得过 0.4g/（m^2·24h），氧气透过量不得过 $3.0cm^3$/（m^2·24h·0.1MPa）。其缺点是和 PVC 相比热稳定性较差；耐老化性差；其残余的偏氯乙烯单体也有毒性，长期接触有致癌和致畸作用，因而用作药品包装材料时应严格控制其质量，用于药品包装的 PDVC 片材其偏氯乙烯单体的含量不得超过 3×10^{-6}；由于其价格昂贵，在医药包装中主要与 PE、PP 等制成复合膜，充分发挥其气密性能好的特性，大大改善包装的防潮、隔氧及密封性能。

（5）聚酯（PET）　聚酯是一种含有酯键的聚合物，是一类树脂的总称。药品塑料包材中的聚酯通常指聚对苯二甲酸乙二醇酯。其具有优良的力学性能，韧性在常用的热塑性塑料中是最大的，薄膜的拉伸强度与铝箔相似，抗冲击强度为一般薄膜的 3~5 倍，耐折性好，但耐撕裂强度差；耐化学性能较好，但不耐浓酸和浓碱；耐热性及耐寒性均较好；有较好的气体（氧气、二氧化碳及水汽）阻隔性，属于中等阻隔材料；透明度高、光泽性好，且对紫外线有较好的遮蔽性；无味无毒，卫生安全性好。其缺点是在热水中煮沸易降解，不能经受高温蒸汽消毒，且易带静电，热封性差。

3. 塑料容器及塑料药包材的应用　塑料能够做成各种规格和形状的塑料瓶和塑料袋，还能与多种包装材料复合制成高性能的复合包装材料。较柔软的包装材料可以选择低密度聚乙烯。高密度聚乙烯及聚丙烯主要应用于要求具有一定防水性能的硬质容器，其通常对一些易溶解于低密度聚乙烯中的化学品（包括防腐剂）的耐受性强。聚酯是口服液体制剂的玻璃容器的良好替代品。输液用塑料袋使用时可依靠自身张力压迫药液滴出，无需形成空气回路，可以避免使用玻璃输液瓶可能造成的二次污染。

药用塑料瓶具有质轻、强度高、不易破损、密封性能好、防潮、卫生，符合药品包装的特殊要求等优点，可不经清洗、烘十直接用于药品包装，是一种优良的药用包装容器，广泛用于口服固体药品（如片剂、胶囊剂、颗粒剂等）和口服液体药品（如糖浆剂等）的包装。固体药用塑料瓶生产时一般加入钛白粉或白色母粒，使瓶为白色不透明，对液体药用或需要透明的场合一般加入茶色或其他颜色母粒，使带上一定颜色以阻挡阳光。由于塑料瓶的密封性和水蒸气渗透性，对油脂性、挥发性药品使用塑料瓶包装可能会出现一些问题，如挥发性药品的逸出，塑料中的组分可能被所接触的药品溶出等。

《药包材生产申请技术审评资料申报要求（试行）》规定：由于低密度聚乙烯容器阻隔性能差，包装药品后易引起药物质量的变化，因此不宜采用低密度聚乙烯容器包装口服和外用液体制剂（开塞露用低密度聚乙烯瓶除外）。由于低密度聚乙烯输液容器耐灭菌性能差，包装药品后不能进行过度灭菌处理，因此终端过度灭菌产品不宜采用低密度聚乙烯输液容器包装。由于聚氯乙烯包装材料和容器中可能有添加邻苯二甲酸酯类等多种增塑剂及材料本身的风险，给药品质量带来安全隐患，在提交聚氯乙烯包装材料和容器的注册申请时，请参照 GB/T 21928 等相关技术要求进行增塑剂的检测，且不得使用邻苯二甲酸酯类增塑剂。根据工信部发布的工产业［2010］122 号文件的规定，输液用聚氯乙烯软袋为淘汰产品，腹膜透析液、冲洗液暂时可用聚氯乙烯袋，但必须进行提取、迁移等相容性的研究。由于聚氯乙烯材料和容器存在药用安全和环境保护方面的风险隐患，该类材料目前只用于口服固体制剂用的硬片生产，如聚氯乙烯硬片、聚氯乙烯/聚乙烯复合硬片、聚氯乙烯/偏二氯乙烯复合硬片等。液体制剂（包括滴眼剂）含聚氯乙烯的产品（除腹膜透析、冲洗液用外）不得使用，已批准的产品再注册时不予批准。

三、金属药包材

金属包装材料，主要是将金属压延成薄片，用于商品包装的一种材料，是传统包装材料之一。

1. 金属药包材的特点

（1）具有优良的力学性能，其机械强度优于其他包装材料，容器可薄壁化，不易破损，适合危险品的包装，便于携带、运输和装卸。

（2）综合保护性能好，阻气性、防潮性、遮光性（特别是阻隔紫外光）优于其他包装材料，耐高温、耐温湿度变化、耐虫害，货架期长。

（3）加工成型性能好，金属有良好的延伸性，容易加工成型，且制造工艺成熟，能连续自动化生产。

（4）外表美观，金属表面有特殊的光泽，适印性好，便于将商品装潢得外表华丽、美观，提高商品的销售价值。

（5）金属易再生利用，污染小。

其主要缺点是化学稳定性差，耐腐蚀性能差；金属材料中含有的铅、锌等重金属离子可影响药品质量并危害人体健康；容器较重，能量消耗大；成本较高等。

2. 金属药包材的种类及性质 金属种类很多，而包装用的金属材料主要有钢制和铝制包装材料。常用的有以下几种。

（1）镀锡薄钢板（马口铁） 镀锡钢板是将低碳薄钢板放在熔融的锡液中热浸或电镀，将其表面镀上锡的保护层。低碳薄钢板（含碳量≤0.25%）具有良好的塑性和延展性，制罐工艺性好，有优良的综合保护性能；但耐蚀性差，易生锈，镀锡后能形成钝化膜增强抗腐蚀能力。涂酚醛树脂可装酸性制品，涂环氧树脂可装碱性制品。

（2）铝箔　铝箔是一种具有优良特性的重要包装材料，由电解铝经压延而成，极富延展性，厚薄均匀，作为包装用铝箔厚度均在0.2mm以下。铝箔可单独使用，但更多的是与纸、玻璃纸、塑料薄膜等复合使用的铝箔。其质轻密度小，仅为钢材的1/3；经处理的铝箔有很好的延展性，加工性能好；表面镀锡或涂漆可增加其防腐性，铝表面形成的氧化铝薄膜可防止其继续氧化；为高阻隔性材料，遮光，有较好的水分及气体阻隔性；有漂亮的金属光泽，装潢适应性好；导热性好，易于杀菌消毒；铝箔无毒，表面极为干净、卫生、任何细菌或微生物都不能在其表面生长；耐热耐寒性好。其缺点是易被强酸强碱腐蚀；不可热封，除非经涂层或层合；材质较软，强度较低。为了适应药品包装市场的需要，彩色药用铝箔也得到应用；主要是将各种颜色的颜料或染料均匀分散到保护剂和黏合层体系中，使药用铝箔的保护层和黏合层呈现不同的颜色。

阻隔复合的铝箔要求针孔数少，且针孔孔径尽可能小。因为铝箔针孔是穿透性缺陷，影响铝箔的阻隔性能，尤其是用于药品包装，很容易使氧气光线穿透而使药品的药效降低。国家标准药品包装用铝箔（YBB 0015 =2002 -2015）要求取长400mm，宽250mm（当宽小于250mm时，取卷幅宽）试样10片，逐张置于针孔检查台上，在暗处检查其针孔。不应有密集的、连续性的、周期性的针孔；每一平方米中，不允许有直径大于0.3mm的针孔；直径为0.1~0.3mm的针孔数不得超过1个。GB/T22645 -2008规定泡罩包装用铝及铝合金箔的要求、试验方法、检验规则及标志、包装、运输、贮存等内容。

因铝箔容易在包装、使用过程中形成针孔而降低其阻隔性能，所以铝箔常与高分子塑料聚合物、纸或其他金属薄板等制成复合材料使用；把铝箔的屏蔽性与纸的强度、塑料的热密封性融为一体，进一步提高作为包装材料所必需的对水汽、空气、紫外线和细菌等的屏蔽性能，大大拓宽铝箔的应用市场。实践证明，铝塑复合材料可大大提高包装的阻隔性，提高铝箔的力学强度和机械性能，尤其适合制做复合软包装及包装衬里，广泛应用于食品、医药、化妆品等商品的包装。在复合前一般要对铝箔进行表面处理，以清除铝箔在加工中残留的油脂等。

3. 金属包装容器及药包材的应用　金属作为药包材使用主要有铝箔、金属软管、喷雾罐等三种形式。其中金属软管是一种优良的包装容器，其基材为铝。它开启方便，可分批取用内容物，易于控制给药剂量，具有良好的重复密闭性能，并对药品有充分的保护作用，未被挤出的内装物被污染机会比其他包装方式少得多。例如，具有稠度的糊剂、凝胶、乳膏或软膏，可以方便地装入软管里。金属软管比塑料软管的阻隔性好，但取出部分内容物后金属软管变瘪，外观不如后者；同时金属软管还需加入树脂内壁涂层来增加化学稳定性。

四、复合包装材料药包材

为了进一步增强包装材料对现代包装的适应性，除了对它们进行多方面的改进外，一个重要的方向就是发展多种复合技术，即设法将几种材料复合在一起，使其兼具不同材料的优良性能。

复合包装材料是指“把纸张、塑料薄膜或金属箔等两种或两种以上材料复合在一起适应用途要求的包装材料”（GB/T4122.1 -1996）。国家标准药品包装用复合膜通则（YBB 0013 =2002 -2015）中提到“复合膜系指各种塑料与纸、金属或其他塑料通过黏合剂组合而形成的膜，其厚度一般不大于0.25mm。复合袋系将复合膜通过热合的方法而制成的袋，按制袋形式可分为三边封袋、中封袋、风琴袋、自立袋、拉链袋等。本标准适用于非注射剂用的药品包装用复合膜、袋。”

1. 复合包装材料药包材的特点

（1）综合性能好，具有构成复合薄膜的所有单膜的性能，并具有某些特殊性能。即通过对原材料的选择、各组分分布设计和工艺条件的保证等，使原组分材料优点互补，来满足药品包装所需的各种要求和功能，提高综合保护性。

（2）改进包装材料的耐水性、耐油性、耐药品性。

（3）增强对气体、气味、水分、光的阻隔性。

（4）增强对虫、尘、微生物的防护性能。

（5）复合薄膜的强度均高于所有基膜强度，故其机械适应性更强，增强刚性和耐冲击性。

（6）改善加工适用性，易成型、易热封、尺寸稳定并规格多样。

（7）改善耐热、耐寒性能。

（8）具有良好的印刷及装饰效果且卫生可靠。

（9）适于单剂量包装，方便开启并具有触动标识作用。

（10）可通过选择不同复合材料及复合形式，来节省材料，降低能耗和成本。

其主要缺点是其为多种材料制成，回收利用时分离困难，回收再利用性差。

2. 复合包装材料药包材的种类及性质

（1）种类及性质　按照国家标准药品包装用复合膜通则，药品包装用复合膜按材料组合分类及阻隔性能，如表16－3所示。复合膜的机械性能如表16－4所示。

表16－3　复合膜种类及阻隔性能

种类	材质	典型示例	水蒸气透过量［g/（m²·24h）］	氧气透过量［cm³/（m²·24h·0.1 MPa）］
Ⅰ	纸、塑料	纸或PT/黏合层/PE或EVA、CPP	≤15	≤4000
Ⅱ	塑料	BOPET或BOPP、BOPA/黏合层/PE或EVA、CPP	≤5.5	≤1500
Ⅲ	塑料、镀铝膜	BOPET或BOPP/黏合层/镀铝CPP；BOPET或BOPP/黏合层/镀铝BOPET/黏合层/PE或EVA、CPP、EMA、EAA、离子型聚合物	≤2.0	≤10
Ⅳ	纸、铝箔、塑料	纸或PT/黏合层/铝箔/黏合层/PE或EVA、CPP、EMA、EAA、离子型聚合物涂层/铝箔/黏合层/PE或CPP、EVA、EMA、EAA、离子型聚合物	≤1.5	≤3.0
Ⅴ	塑料（非单层）、铝箔	BOPET或BOPP、BOPA/黏合层/铝箔/黏合层/PE或CPP、EVA、EMA、EAA、离子型聚合物	≤0.5	≤0.5

注：PT，玻璃纸；BOPP，双向拉伸聚丙烯；BOPET，双向拉伸聚酯；BOPA，双向拉伸尼龙；PE，聚乙烯；CPP，流延聚丙烯；EVA，乙烯与醋酸乙烯酯共聚物；EAA，乙烯与丙烯酸共聚物；EMA，乙烯与甲基丙烯酸共聚物。

复合时可用干法复合或无溶剂复合，这时黏合层为一般的黏合剂。也可用挤出复合，这时黏合层为PE或EVA、EMA、EAA等树脂。

表16－4　复合膜的机械性能

项目	典型示例	指标（N/15mm）
内层与次内层剥离强度	Ⅰ、Ⅱ、Ⅲ（双层复合）	≥1.0
	Ⅲ（多层复合）、Ⅳ、Ⅴ类	≥2.5

续表

项目	典型示例	指标（N/15mm）
热合强度	Ⅰ、Ⅱ、Ⅲ（双层复合）	≥7.0
	Ⅲ（多层复合）、Ⅳ、Ⅴ类	≥12

对于聚氯乙烯/聚乙烯/聚偏二氯乙烯固体药用复合硬片和聚氯乙烯/聚偏二氯乙烯固体药用复合硬片阻隔性能和PVDC的涂布量有关，见表16－5。

表16－5　药用复合硬片不同PVDC的涂布量其阻隔性能的要求

PVDC涂布量［(g/m^2)］	水蒸气透过量［$g/(m^2 \cdot 24h)$］	氧气透过量［$cm^3/(m^2 \cdot 24h \cdot 0.1MPa)$］
40	≤0.8	≤3.0
60	≤0.6	
90	≤0.4	

（2）组合原则　内层要求安全无毒、无味、化学惰性，不与包装物发生作用，具有良好的热封性或黏合性，常用材料有PE、CPP、EVA等。外层要求光学性能好、有优良的印刷装潢性，较强的耐热性、耐磨擦、具有较好的强度和刚性，常用的材料有BOPET、BOPP、纸、PT、BOPA等。如果要求较高的阻隔性，还可加上高阻隔的中间层或增加层数。中间阻隔层要求能很好地阻止内外气体或液体等的渗透，避光性好（透明包装除外），常用材料有铝或镀铝膜、EVOH、PVDC等。

如果两种复合材料的相容性好，则可以直接复合；如复合材料之间相容性较差，则需要使用适当的黏合剂。塑料与铝箔无相容性，因此必须使用黏合剂。黏合剂的品种常因复合材料的用途不同而不同。

3. 复合包装材料药包材的应用

（1）药品泡罩包装技术

1）概述　药品泡罩包装技术是指将药品封合在用透明塑料薄片形成的泡罩与底板（用纸板、塑料薄膜或薄片、铝箔或它们的复合材料制成）之间的一种包装方法。药品的泡罩包装又称水泡眼包装（press through packaging，PTP），是药品单剂量包装的主要形式之一，适用于片剂、胶囊、栓剂、丸剂等固体制剂药品的机械化包装。国内也有使用于膏剂的包装，但该膏剂必须是非有机溶剂型或很弱的有机溶剂型。

2）药品泡罩包装的组成　药品的泡罩包装主要由具有热塑性的塑料薄片和衬底组成，罩壳和底板两者采取热合等方式组合。我国现行通用的成泡基材绝大多数为药用PVC硬片，也有少量使用PVC/PVDC复合片、PET、PE和PP等材料。要注意PVC在阻湿阻气方面性能不够理想。药品泡罩包装的衬底基本都是铝箔（称为药品泡罩包装用铝箔，亦称为PTP铝箔）。

3）泡罩包装技术的特点　药品采用PTP包装，重量轻，运输携带方便；包装后的药品被固定在泡罩和衬底之间，在运输和贮存中可以得到各种有效的保护，可适用于形状复杂、怕压易碎的药品；由于铝箔阻隔性能好，PVC亦有一定阻隔性能，同时泡罩包装本身具有的密封性，使其具有较好的阻气性、防潮性、防尘性，对药品有一定的保护作用；适于单剂量包装，药品可以分别得到保护；具备触动标识和防触动性质，不存在开启后重封闭的可能，可以防盗，防掺伪，保护儿童安全；内容物清晰可见，同时铝箔表面可以印上设计新颖独特、容易辨认的图案、商标说明文字等；取药方便；泡罩包装较容易自动化适于工业化大生产等优点。故这种包装形式在医药领域得到广泛的应用。

4）冷冲压成型泡罩　其是药品包装的较新形式之一，也称机械成型泡罩。塑料和箔的复合膜可以在改进的泡罩设备上通过冷机械成型操作实现物理成型。成型材料主要由基材和封盖材料组成。基材为铝塑复合膜，封盖材料为热封 PTP 铝箔或铝塑复合膜，适用于阻隔性能要求比较高的片剂、胶囊、栓剂、丸剂等药品的包装。其和热成型相比具有灌装填充容易，力学稳定性好；价格相对实惠；成型过程中不必预热，节省能源；能充分延长药品的使用期限等优点。

5）热带铝泡罩包装　热带铝泡罩包装是一种专为增强铝塑泡罩包装的阻隔性能而发展起来的包装形式，相当于铝塑泡罩包装的一层“保护罩”，可对水蒸气、氧气、光线起到很好的阻隔作用，特别适用于对阻隔性能要求较高的食品、药品、保健品等产品的包装。其密封性优良、外观精美，药品可独立包装，目前已受到国内包装企业和消费者的广泛关注，并被越来越多的包装企业采用。

（2）条形包装　条形包装也称窄条包装，是单剂量包装的另一种形式。其与泡罩包装相似，是由再生纤维素、纸、塑料、铝箔或任何它们的复合物制成的一层或两层膜片，药品插入与加热平板或滚筒上的凹槽相对应的泡眼，两个内层可通过加热或压力封合，药品之间存在齿痕，形成的一种单位包装形式。取用药品时，可沿着齿痕撕开条形包装即可。其具有良好的易撕性，方便消费者取用产品；良好的气体、水汽阻隔性，保证内容物具有较长的保质期；良好的降解性，有利于环保；适用于泡腾剂、胶囊等药品的包装。窄条包装的生产效率通常比泡罩包装低，所占据的容积也更大。其成本与玻璃容器相当，这主要取决于所用材料、生产速率及产品的尺寸。

要注意泡罩和窄条包装的产品水平放置时所起的保护作用很小。因为顶部的重量完全由产品承受。而竖直放置不仅可使包装材料的强度最大，还可消除对产品的直接挤压。

第三节　药包材的质量评价

扫码“学一学”

药包材的质量直接关系药品的安全、有效和稳定，在 2004 年局令第 13 号《直接接触药品的包装材料和容器管理办法》中明确规定：“药包材国家标准，是指国家为保证药包材质量、确保药包材的质量可控性而制定的质量指标、检验方法等技术要求。药包材国家标准由国家食品药品监督管理局组织国家药典委员会制定和修订，并由国家食品药品监督管理局颁布实施。”我国现行的药包材标准是原国家食品药品监督管理总局 2015 年第 164 号文件公告发布的 YBB 00032005－2015《钠钙玻璃输液瓶》等 130 项直接接触药品的包装材料和容器国家标准，该标准于 2015 年 12 月 1 日起实施。

《中国药典》的《药包材通用要求指导原则》规定：药包材标准是为保证所包装药品的质量而制定的技术要求。国家药包材标准由国家颁布的药包材标准（YBB 标准）和产品注册标准组成。药包材质量标准分为方法标准和产品标准，药包材的质量标准应建立在经主管部门确认的生产条件、生产工艺以及原材料牌号、来源等基础上，按照所用材料的性质、产品结构特性、所包装药物的要求和临床使用要求制定试验方法和设置技术指标。上述因素如发生变化，均应重新制定药包材质量标准，并确认药包材质量标准的适用性，以确保药包材质量的可控性；制定药包材标准应满足对药品的安全性、适应性、稳定性、功能性和便利性的要求。不同给药途径的药包材，其规格和质量标准要求亦不相同，应根据实际情况在制剂规格范围内确定药包材的规格，并根据制剂要求、使用方式制定相应的质量控制项目。在制定药包材质量标准时既要考虑药包材自身的安全性，也要考虑药包材的配合性和影响药物的贮藏、运输、质量、安全性和有效性的要求。药包材产品应使用国家颁布的 YBB 标准，如需制定产品注册标准的，其项目设定和技术要求不得低于同类产品的 YBB 标准。

按照药包材的国家标准，我国药包材的质量评价主要包括以下几个方面的内容。

一、药包材的生物学试验方法

1. YBB 00012003－2015 细胞毒性检查法　本法是将一定量的供试品溶液加入细胞培养液中，培养细胞，通过对细胞生长、增殖和抑制影响的观察，评价供试品对体外细胞的潜在毒性作用。试验用细胞推荐使用小鼠成纤维细胞（L－929），采用的方法有相对增殖度法、琼脂扩散法、直接接触法和浸提法。

2. YBB 00022003－2015 热原检查法　本法系将供试品溶液静脉注入家兔体内，在规定时间内，观察家兔体温升高的情况，以判定供试品中所含热原的限度是否符合规定。

3. YBB 00032003－2015 溶血检查法　本法是通过供试品与血液直接接触，测定红细胞释放的血红蛋白量以检测供试品体外溶血程度的一种方法。血液采集为健康家兔心脏采血 20ml，要求溶血率应小于 5%。

4. YBB 00042003－2015 急性全身毒性检查法　本法系将一定剂量的供试品溶液由静脉注入小鼠体内，在规定时间内观察小鼠有无毒性反应和死亡情况，以判定供试品是否符合规定的一种方法。

5. YBB 00052003－2015 皮肤致敏检查法　本法系将一定量的供试品溶液与豚鼠皮肤接触，以检测供试品是否具有引起接触性皮肤变态反应的可能性。

6. YBB 00062003－2015 皮内刺激检查法　本法系将一定量的供试品溶液注入家兔皮内，通过对局部皮肤反应的观察，评价供试品对接触组织的潜在刺激性。

7. YBB 00072003－2015 原发性皮肤刺激检查法　本法是将材料或材料浸提液与动物皮肤在规定时间内接触，通过动物皮肤的局部反应情况来评价材料对皮肤的原发性刺激作用。动物一般采用家兔。

二、理化性质检查方法

1. 不同包装材料的理化性质的检查　见表 16－6。

表 16－6　国家药包材标准对不同包装材料的理化性质检查要求

<table>
<tr><th>玻璃</th><th>塑料</th><th>橡胶</th><th>陶瓷</th></tr>
<tr><td colspan="4">YBB 00092003－2015 水蒸气透过量测定法</td></tr>
<tr><td colspan="4">YBB 00142002－2015 药品包装材料与药物相容性试验指导原则</td></tr>
<tr><td colspan="3">YBB 00272004－2015 包装材料不溶性微粒测定法</td><td>YBB 00402004－2015 药用陶瓷吸水率测定法</td></tr>
<tr><td>YBB 00162003－2015 内应力测定法</td><td colspan="2">YBB 00262004－2015 包装材料红外光谱测定法</td><td>YBB 00182005－2015 药用陶瓷容器铅、镉浸出量限度</td></tr>
<tr><td>YBB 00172003－2015 耐内压力测定法</td><td colspan="2">YBB 00242005－2015 环氧乙烷残留量测定法</td><td>YBB 00192005－2015 药用陶瓷容器铅、镉浸出量测定方法</td></tr>
</table>

续表

玻璃	塑料	橡胶	陶瓷
YBB 00182003 - 2015 热冲击和热冲击强度测定法	YBB 00082003 - 2015 气体透过量测定法	YBB 00302004 - 2015 挥发性硫化物测定法	
YBB 00192003 - 2015 垂直轴偏差测定法	YBB 00102003 - 2015 剥离强度测定法	YBB 00322004 - 2015 注射剂用胶塞、垫片穿刺力测定法	
YBB 00202003 - 2015 平均线热膨胀系数测定法	YBB00112003 - 2015 拉伸性能测定法	YBB00332004 - 2015 注射剂用胶塞、垫片穿刺落屑测定法	
YBB 00212003 - 2015 线热膨胀系数测定法	YBB 00122003 - 2015 热合强度测定法	YBB 00262005 - 2015 橡胶灰分测定法	
YBB 00232003 - 2015 三氧化二硼测定法	YBB 00132003 - 2015 密度测定法		
YBB 00242003 - 2015 121℃内表面耐水性测定法和分级	YBB 00142003 - 2015 氯乙烯单体测定法		
YBB 00252003 - 2015 玻璃颗粒在121℃耐水性测定法和分级	YBB 00152003 - 2015 偏二氯乙烯单体测定法		
YBB 00342004 - 2015 玻璃耐沸腾盐酸浸蚀性测定法	YBB 00282004 - 2015 乙醛测定法		
YBB 00352004 - 2015 玻璃耐沸腾混合碱水溶液浸蚀性测定法	YBB 00292004 - 2015 加热伸缩率测定法		
YBB 00362004 - 2015 玻璃颗粒在98℃耐水性测定法和分级	YBB 00312004 - 2015 包装材料溶剂残留量测定法		
YBB 00372004 - 2015 砷、锑、铅、镉浸出量测定法			
YBB 00382004 - 2015 抗机械冲击测定法			
YBB 00392004 - 2015 直线度测定法			
YBB 00172005 - 2015 药用玻璃铅、镉、砷、锑浸出量限度			

2. YBB 00082003 -2015 气体透过量测定法 气体透过量系指在恒定温度和单位压力下，在稳定透过时，单位时间内透过试样单位面积的气体的体积。以标准温度和压力下的体积值表示，单位为：$cm^3/(m^2 \cdot 24h \cdot 0.1MPa)$。气体透过系数系指在恒定温度和单位压力下差，在稳定透过时，单位时间内透过试样单位厚度、单位面积的气体的体积。以标准温度和压力下的体积值表示，单位为：$cm^3 \cdot cm/(m^2 \cdot S \cdot Pa)$。测试环境：温度：23℃ ±2℃，相对湿度：50% ±5%。其测定法包括压差法和电量分析法 。

3. YBB 00092003 -2015 水蒸气透过量测定法 水蒸气透过量系指在规定的温度、相对湿度，一定的水蒸气压差下，试样在一定时间内透过的水蒸气量。

药用薄膜、薄片及药用铝箔水蒸气透过量系指在规定的温度、相对湿度，一定的水蒸气压差和一定厚度的条件下，$1m^2$的试样在 24 小时内透过的水蒸气量。单位为：$g/(m^2 \cdot 24h)$。

液体瓶水蒸气透过量系指在规定的温度、相对湿度环境中，一定时间内瓶中水分损失的百分比。单位为:%。

固体瓶水蒸气透过量系指在规定的温度、相对湿度环境中，每升容量的瓶在 24 小时内透入的水蒸气量。单位为：mg/（24h · L）。

输液用容器水蒸气透过量系指在规定的温度、相对湿度环境中，一定时间内容器中水分损失的百分比。单位为：%。

药用包装材料及容器的水蒸气透过量测定法有四种：杯式法、电解分析法、重量法和红外检测器法。

三、药包材与药物的相容性

药包材与药物的相容性研究是选择药包材的基础，药物制剂在选择药包材时必须进行药包材与药物的相容性研究。

1. 药包材指导原则　药包材与药物的相容性试验应考虑剂型的风险水平和药物与药包材相互作用的可能性（表 16 – 7），一般应包括以下几部分内容：①药包材对药物质量影响的研究，包括药包材（如印刷物、黏合物、添加剂、残留单体、小分子化合物以及加工和使用过程中产生的分解物等）的提取、迁移研究及提取、迁移研究结果的毒理学评估，药物与药包材之间发生反应的可能性，药物活性成分或功能性辅料被药包材吸附或吸收的情况和内容物的逸出以及外来物的渗透等；②药物对药包材影响的研究，考察经包装药物后药包材完整性、功能性及质量的变化情况，如玻璃容器的脱片、胶塞变形等；③包装制剂后药物的质量变化（药物稳定性），包括加速试验和长期试验药品质量的变化情况。

表 16 – 7　药包材风险程度分析

不同用途药包材的风险程度	制剂与药包材发生相互作用的可能性		
	高	中	低
最高	1. 吸入气雾剂及喷雾剂 2. 注射液、冲洗剂	1. 注射用无菌粉末 2. 吸入粉雾剂 3. 植入剂	
高	1. 眼用液体制剂 2. 鼻吸入气雾剂及喷雾剂 3. 软膏剂、乳膏剂、糊剂、凝胶剂及贴膏剂、膜剂		
低	1. 外用液体制剂 2. 外用及舌下给药用气雾剂 3. 栓剂 4. 口服液体制剂	散剂、颗粒剂、丸剂	口服片剂 胶囊剂

2. YBB 00142002 –2015 药品包装材料与药物相容性试验指导原则　药品包装材料与药物相容性试验是指为考察药品包装材料与药物之间是否发生迁移或吸附等现象，进而影响药物质量而进行的一种试验。

（1）相容性试验测试方法的建立　在考察药品包装材料时，应选用三批包装材料制成的容器对拟包装的一批药品进行相容性试验；考察药品时，应选用三批药物用拟上市包装的一批材料或容器包装后进行相容性试验。当进行药品包装材料与药物的相容性试验时，可参照药物及该包装材料或容器的质量标准，建立测试方法。必要时，进行方法学的研究。

（2）相容性试验的条件

1）光照试验　采用避光或遮光包装材料或容器包装的药品，应进行强光照射试验。将供试品置于装有日光灯的光照箱或其他适宜的光照装置内，照度为 4500lx ± 500lx 放置 10

天，于第5天和第10天取样，按相容性重点考察项目，进行检测。

2）加速试验　将供试品置于温度40℃ ±2℃、相对湿度为90% ±10%或20% ±5%的条件下，放置6个月，分别于0、1、2、3、6个月取出，进行检测。对温度敏感的药物，可在25℃ ±2℃、相对湿度60% ±10%条件下，放置6个月后，进行检测。对于包装在半透性容器中的药物，例如聚丙烯输液瓶、多层共挤输液袋、塑料安瓿等，则应在温度40℃ ±2℃、相对湿度为25% ±5%条件下进行检测。用于预测包装对药物保护的有效性，推测药物的有效期。

3）长期试验　将供试品置于温度25℃ ±2℃、相对湿度60% ±10%的恒温恒湿箱内，放置12个月，分别于0、3、6、9、12个月取出，进行检测。12个月以后，仍需按有关规定继续考察，分别于18、24、36个月取出，进行检测，以确定包装对药物有效期的影响。对温度敏感的药物，可在6℃ ±2℃条件下放置。

4）特别要求　将供试品置于温度25℃ ±2℃、相对湿度为20% ±5%或温度25℃ ±2℃、相对湿度90% ±10%的条件下，放置1、2、3、6个月。本试验主要对象为塑料容器包装的眼药水、注射剂、混悬液等液体制剂及铝塑泡罩包装的固体制剂等，以考察水分是否会逸出或渗入包装容器。

5）过程要求　在整个试验过程中，药物与药品包装容器应充分接触，并模拟实际使用状况。如考察注射剂、软膏剂、口服溶液剂时，包装容器应倒置、侧放；多剂量包装应进行多次开启。

6）必要时应考察使用过程的相容性。

（3）包装材料与药物相容性的重点考察项目

1）包装材料重点考察项目　取经过上述试验条件放置后的装有药物的三批包装材料或容器，弃去药物，测试包装材料或容器中是否有药物溶入、添加剂释出及包装材料是否变形、失去光泽等。

①玻璃　常用于注射剂、片剂、口服溶液剂等剂型包装。玻璃按材质可分为高硼硅、中硼硅、低硼硅和钠钙玻璃。不同成分材质的性能有很大差别，应重点考察玻璃中碱性离子的释放对药液pH的影响；有害金属元素的释放；不同温度（尤其冷冻干燥时）、不同酸碱度条件下玻璃的脱片；含有着色剂的避光玻璃被某些波长的光线透过，使药物分解；玻璃对药物的吸附以及玻璃容器的针孔、瓶口歪斜等问题。

②金属　常用于软膏剂、气雾剂、片剂等的包装。应重点考察药物对金属的腐蚀；金属离子对药物稳定性的影响；金属上保护膜试验前后的完整性等。

③塑料　塑料常用于片剂、胶囊剂、注射剂、滴眼剂等剂型的包装。按材质可分为高、低密度聚乙烯、聚丙烯、聚对苯二甲酸乙二醇酯、聚氯乙烯等。应重点考察水蒸气的透过、氧气的渗入；水分、挥发性药物的透出；脂溶性药物、抑菌剂向塑料的转移；塑料对药物的吸附；溶剂与塑料的作用；塑料中添加剂、加工时分解产物对药物的影响；以及微粒，密封性等问题。

④橡胶　通常作为容器的塞、垫圈。按材质可分为异戊二烯橡胶、卤代丁基橡胶、硅橡胶。鉴于橡胶配方的复杂性，应重点考察其中各种添加物的溶出对药物的作用。橡胶对药物的吸附以及填充材料在溶液中的脱落。在进行注射剂、口服液体制剂等试验时，应倒置、侧放，使药液能充分与橡胶塞接触。

2）原料药及药物制剂相容性重点考察项目　取经过上述试验条件放置后带包装容器的

三批药物，取出药物，按标准附表项目考察药物的相容性，并观察包装容器。

3. 玻璃材料指导原则　玻璃容器与药物的相容性研究应主要关注玻璃成分中金属离子向药液中的迁移，玻璃容器中有害物质的浸出量不得超过安全值，各种离子的浸出量不得影响药品的质量，如碱金属离子的浸出应不导致药液的 pH 变化；药物对玻璃包装的作用应考察玻璃表面的侵蚀程度，以及药液中玻璃屑和玻璃脱片等，评估玻璃脱片及非肉眼可见和肉眼可见玻璃颗粒可能产生的危险程度，玻璃容器应能承受所包装药物的作用，药品贮藏的过程中玻璃容器的内表面结构不被破坏。

影响玻璃容器内表面耐受性的因素有很多，包括玻璃化学组成、管制瓶成型加工的温度和加工速度、玻璃容器内表面处理的方式（如硫化处理）、贮藏的温度和湿度、终端灭菌条件等；此外药物原料以及配方中的缓冲液（如醋酸盐缓冲液、柠檬酸盐缓冲液、磷酸盐缓冲液等）、有机酸盐（如葡萄糖酸盐、苹果酸盐、琥珀酸盐、酒石酸盐等）、高离子强度的碱金属盐、络合剂乙二胺四乙酸二钠等也会对玻璃容器内表面的耐受性产生不良影响。因此在相容性研究中应综合考察上述因素对玻璃容器内表面耐受性造成的影响。

4. 化学药品注射剂与塑料包装材料相容性研究技术指导原则（试行）　本指导原则主要针对注射剂与塑料包装材料的相容性研究进行阐述，内容包括相容性研究的基本思路、相容性研究的主要内容、相容性试验内容与分析方法，以及试验结果分析与安全性评价等，旨在指导药品研发及生产企业系统、规范地进行药品与包装材料的相容性研究，在药品研发初期对包装材料进行选择，并在整个研发过程中对包装系统适用性进行确认，以有效避免包装材料可能引入的安全性风险，从而选择使用与药品具有良好相容性的包装材料。

扫码“学一学”

（刘　伟）